| 家畜相关术语 | | | | | | | | |
|---|---|---|---|---|---|---|---|---|
| | 奶牛 Cattle | 狗 Dog | 山羊 Goat | 马 Horse | 驴 Donkey | 鸡 Chicken | 绵羊 Sheep | 猪 Swine |
| 种 | Bos | Canis | Capra | Equus | Equus | Galus[a] | Ovis | Sus |
| 群体 | Herd | Pack | Band | Band | Band | Flock | Flock | Herd |
| 初生的 | Calf | Pup | Kid | Foal | Foal[b] | Chick[c] | Lamb | Pig |
| 幼年公畜 | Bull calf | Pup | Buck kid | Colt | Colt | Cockerel | Ram lamb | Boar pig |
| 幼年母畜 | Heifer calf | Pup | Doe kid | Filly | Filly | Pullet | Ewe lamb | Gilt |
| 成年公畜 | Bull | Dog | Buck | Stallion | Jack | Cock | Ram | Boar |
| 成年母畜 | Cow | Bitch | Doe | Mare | Jennet | Hen | Ewe | Sow |
| 去势公畜 | Steer | | Wether | Gelding | | Capon | Wether | Barrow |
| 产仔 | Calving | Whelping | Kidding | Foaling | Foaling | Hatching | Lambing | Farrowing |

a. Galus(原鸡属)是鸡的种名,Aves(鸟纲)是鸡的纲名。

b. Mule(骡)是母马与公驴的杂交后代,hinny(駃騠)是母驴与公马的杂交后代,二者均不育。

c. Poult 是新生火鸡,gosling 是小鹅,duckling 是小鸭子。

## 用到的缩写

| US | |
|---|---|
| Bushel | bu |
| Cup | c |
| Degrees Fahrenheit | ℉ |
| Fluid ounce | fl oz |
| Foot | ft |
| Gallon | gal |
| Hundred weight | cwt |
| Inch | in. |
| Parts per million | ppm |
| Peck | pk |
| Pound | lb |
| Quart | qt |
| Square | sq |
| Tablespoon | T or Tbsp |
| Teaspoon | t or tsp |
| Yard | yd |
| **公制** | |
| Centimeter | cm |
| Degrees Celsius | ℃ |
| Gram | g |
| Hectare | $hm^2$ |
| Kilogram | kg |
| Kiloliter | kL |
| Kilometer | km |
| Liter | L |
| Meter | m |
| Milligram | mg |
| Milliliter | mL |
| millimeter | mm |

## 用到的质量、面积和体积单位换算

| | |
|---|---|
| 1 mg | 0.001 g |
| 1 g | 1 000 mg |
| 1 kg | 1 000 g |
| 1 lb | 453.5 g or 0.453 5 kg |
| 1 kg | 2.205 lb |
| 1 ppm | 1 μg/g |
| | 1 mg/L |
| | 1 mg/kg |
| 1 in. | 2.54 cm |
| 1 cm | 0.393 7 in. |
| 1 m | 39.37 in. |
| 1 mi | 5 280 ft |
| 1 km | 0.621 4 mi |
| 1 acre | 43 560 sq ft |
| 1 sq mi | 640 acres (1 平方英里) |
| 1 acre | 0.404 7 $hm^2$ |
| 1 ha | 2.471 acres |

## 躯体相关的方向性术语

| 术语 | 平面或方向 |
|---|---|
| Anterior | 在前面 |
| Bilateral | 双边的 |
| Distal | 末梢的 |
| Dorsal | 背的,脊的 |
| Lateral | 侧部 |
| Medial | 中间的 |
| Posterior,caudal | 近尾部的 |
| Proximal | 最接近的 |
| Ventral | 腹侧的 |

国家重大出版工程项目

# 动物科学与动物产业

第7版

# Animal Science and Industry

SEVENTH EDITION

[美] Merle Cunningham
普度大学动物科学荣誉教授
[美] Mickey A. Latour
普度大学动物科学副教授
[美] Duane Acker
堪萨斯州立大学荣誉校长
艾奥瓦州立大学动物科学合作教授

张 沅 王楚端 主译

中国农业大学出版社

**主　　译**　张　沅　王楚端

**副 主 译**　任　军　曾勇庆　黄瑞华

**翻译人员**　（以姓氏笔画为序）

于　艳　马　妍　马孝斌　王俊玲　王楚端　王　鑫　王　慧　邓　慧
丘　瑾　卢　昕　田见辉　乔红光　任　军　刘　林　孙东晓　孙传禹
安建勇　初　芹　初蔚林　吴彩凤　张　沅　张拎燕　张　莉　张　博
李玉林　李学文　李　欣　李　荣　李　想　陈　军　周同改　周家蓬
林　盈　罗海玲　范启鹏　侯卓成　俞　英　姚俊峰　柳　南　唐韶青
徐桂云　袁建敏　贾　晋　郭　刚　郭庆睿　高　宇　高　强　曹兵海
黄瑞华　曾申明　曾勇庆　蒋晓哲　韩国才　翟丽维　蔡传江　戴慧洁

Original English language title: Animal Science and Industry, 7th edition by Merle Cunningham, Mickey A. Latour, Duane Acker, copyright © 2005
EISBN: 013046256X



著作权合同登记图字:01-2006-1470

# 目　　录

整理编辑:翟丽维

# 前　言

## 本书内容适合于学生和教师

《动物科学与动物产业》一书的最主要目的是带给学生一些愉悦和有益的经验，它可以为学生的进一步学习打下坚实的基础，激发学生继续学习其他课程的兴趣以及积累在动物科学方面的经验。第 7 版《动物科学与动物产业》有 2 个主要目标：

- 为那些非动物科学专业学生和没有农业知识背景的学生提供一些适当的信息，以便有助于他们理解畜牧业以及畜牧业在社会经济中的地位。要实现这个具有挑战性的目标，仅仅熟悉本书的知识是不够的，还需要教师和学生的加倍努力。为了确保学生成功，教师应该精心准备讲稿，给学生指定恰当的读物，有可能的话为其提供有组织的实验室练习，并为他们及时提供一些帮助性的讨论。学生应该尽可能参加每一节课，形成一种知识框架并将本书每个特定主题加入框架，通过阅读正文前面的概要，对即将学习的课程主题有所了解。通过学生和老师的努力，每个学生都应该能够在此课程的学习中获得大的进步，学生和老师都将受益匪浅。
- 为动物科学专业的学生以及那些准备从事相关职业的学生提供素材、原理及概念等方面的知识，这将有助于他们为学习更专业、更高深的课程做好准备。

作者非常感激教师在给具有不同知识背景和不同兴趣的学生讲授动物科学引导性课程中所发挥的作用。我们希望教师从本书获得足够深度和广度的材料，并提出易于阅读和理解的方法。我们不仅给出动物科学的基本原理，也提供这些原理实际应用于动物生产的例子，以使教学变得更容易和更具启发性。

这一修订版把重点放在了动物科学原理及其与家畜和家禽生产的相互关系上，其包容的信息和讨论主要集中在：(1)动物机能和饲养管理的生物学原理；(2)不同种类动物生产系统的特点；(3)高质量肉、奶、蛋、毛等动物产品的生产，以及用于劳作和娱乐的马匹的生产；(4)商品畜禽及其产品加工的体系和概念。

多数动物科学教师发现，如果具备相关的基础，则学习引导性课程将会更加有效，其介绍的原理也将会更加实用。因此，本书全面而深刻地阐述了畜牧业生产中所涉及到的大多数畜种的科学原理，并描述了这些畜种间的主要差异。

第 7 版《动物科学与动物产业》秉承为动物科学的主要学科提供具有相当深度的科学素材的宗旨，同时，还拓宽了内容覆盖面及更新了大量的主题。科学技术研究为动物生产实践、市场和畜产品营销策略等方面带来了极大进步，关于这些进步的讨论已经被整合到所选的相关章节。

本书自始至终把学生的需要作为最高要求，考虑到具有不同知识背景的学生报名参加动物科学课程的学习。《动物科学与动物产业》不要求学习已对畜禽种类和养殖企业有很多了解，因此对当前常见的动物饲养业给出了适当的介绍和相应词汇。本版也为具有深厚动物生产知识背景的学生提供一些新的并具有挑战性的学习素材。

## 本版的主要变化

我们在以前版本的基础上做了最大努力以改善和提高第 7 版的质量。以前版本中的大页面印刷已经得到广大读者的一致认可，这一特点在第 7 版中被继续保持，新版的组织结构和图解更加令人满意。

这本书解决了教师在课程起始部分常常遇到的一个问题，即从广义的角度给出了关于动物科学及其相关产业的概述。通过这一途径，我们可以更好地理解和评价随后的讨论。在第 1 章中对每一动物生产产业进行了扼要的介绍，因此在各独立章节的起始部分也就没有必要再对特定动物种类进行介绍。第 1 章中也对伴侣动物进行了介绍。

伴侣动物在动物科学中的地位变化非常快，它在传统农业之外为学生提供了一种可供选择的学习和从事职业的动物。这些动物是人类社会和经济的重要组成部分，因此在第 37 章专门论述了这一新的主题。

## 助学措施

为了帮助学生理解重要的概念和术语，在第 7 版中我们整合了几种助学的方法，包括：

- 章节引言：每章开始部分都给出关于本章主题的一个简要的导言和概述，列出读者在学习本章之后应该掌握的一系列内容，包括定义、描述、解释。
- 思考题：为了强调重要的素材和复习每章所讲的概念及常识，在每章的结尾都提出了学习和讨论的问题。这些问题是为了激励学生进行独立思考，巩固和加强他们在课堂和实验室已学到的知识。
- 页边术语：这一方式是为了进一步强调和理解包含在邻近文中的重要术语及其定义。对于在页面正文中出现但却难以理解的术语，学生通过页边术语就可查阅其具体描述。
- 术语表：每章出现的重要新术语都用粗体标了出来，并且在这本书末尾的术语表中列出。
- 彩色插图和表格：彩色插图和里面的信息描述，使学生能够熟悉各种动物生产企业及其特性，以及常见的术语，并且对于动物科学的主要科目进行深入讨论能够发挥更为有效的引导作用。

- 信息框：在第 7 版的许多章节中仍然保留了信息框。这些信息框不仅能够加强学生理解和判断与这些章节主题相关的素材，而且还可以提高学生在动物科学领域的学习兴趣。
- 其他辅助措施：有几章涉及到的附加信息可以查阅本书的附录 A（提供了家畜市场评级的图片）和附录 B（介绍家畜的外形各部位及其相关术语）。遍及全书的简短的页脚注释对某些内容进一步进行了阐明并提供了附加信息。

## 主题的编排顺序

这本书的内容及其编排结构为指导教师提供了多种教学安排选择。每一章都是独立编写的。教师手册提供了辅助性材料，例如主题的概述、附加素材和用于小测验和考试的习题。

本书的前两章为读者介绍动物农业以及动物饲养业概况，接下来的几章主要是动物营养方面的介绍：营养成分、反刍动物和非反刍动物的消化、常见家畜适宜的饲料和饲养。这些内容使大多数已接触动物生产管理的学生能够更加精通这方面的工作。在动物营养之后编排的章节是关于动物的舒适性、应激与生产性能，动物的生长，饲养业，动物环境、健康和行为特性方面的内容。

第 14 至第 16 章中生殖和泌乳对于获得畜群繁殖和管理的成功同样重要。这几章重点介绍公畜和母畜的繁殖系统构造和正常功能，以及正常的授精、妊娠和分娩等一系列内容。泌乳这一章逻辑性地紧随其后，对所有家畜的乳腺系统、乳汁的合成以及产奶量下降的了解是获得理想乳汁产量和质量的先决条件。乳汁是哺育后代茁壮成长或用于人们消费的特殊产品。

第 17 至第 20 章关于遗传学、遗传改良、动物评定和配种方法的介绍，使学生能够学习并易于理解这方面的基本原理。第 21 章主要介绍常见的品种及其在动物改良的过去、现在和将来所起的作用。我们希望这些品种作为不可缺少的 DNA 资源，在 21 世纪生产符合人们消费需求的具有竞争力动物产品的地位将逐渐得到认可。

动物科学专业的学生几乎都不熟悉动物及其副产品的销售。因此，第 22 至第 26 章提供了这方面丰富的知识，这些内容包括销售的专业术语以及流程，人性化的处理和屠宰，以及肉类加工和营销策略等。

在第 27 至第 36 章讨论动物生产和管理，重点是强调动物科学基本原理的应用。第 37 章的重点是伴侣动物这一广泛领域。这些主题包括特种养殖业以及现行实际生产概述，还包括最近的技术进展以及提高动物生产效率的一些值得推荐的做法。

作者非常赞赏大学和学院的指导教师们在实际教学中根据自己的能力和想法去分配各章节的教学内容。本书有这样的灵活性。例如：一个教师可能更愿意把动物产品或某些种类的动物生产系统放在这门课的开始讲，而将动物遗传、繁殖和环境生理学、营养和动物行为等较为深奥的内容放在其后讲。本书的这种内容编排方式有利于教师和学生更加方便地学习参考各章节的内容。

## INTERNET 网络资源

### 农业超级网站

该网站是对农业领域学生和教师免费的在线资源中心，网址是 http://www.prenhall.com/agsite。网站为学生提供了大量资源，包括附加的学习问题、搜索职位的链接、各种图表、PowerPoint 幻灯片、纽约时报的电子文档以及其他与农业相关的链接。

在这一网站上，教师们可以找到 Prentice Hall 出版的所有农业教材列表，并可以直接下载教师补充材料，下载口令请与 Prentice Hall 出版商的销售代理联系。

**纽约时报关于农业和农业综合企业主题的电子文档**

可以直接从《纽约时报》的网页上下载那些经过精心收集的文章，这些文章可以使同学们洞察到当今畜牧业最热点的话题。这些补充材料可以通过登陆农业超级网站免费获得。网址：http://www.prenhall.com/agsite.

### 农业书籍：一种为农业定制出版的读物

如果你找不到一本适合你课堂的教材，你可以从 Prentice Hall 出版的农业教科书中摘取并组合你理想的课本。适合自己习惯课本的 20% 可以由你自己编辑或者来自其他资料。请浏览我们的网站：http://www.prenhall.com/agribooks.

## 致谢

本书的出版是所有作者共同努力的结果，得益于很多知名科学家、教师和企业领导者的帮助和建议，还有 Prentice Hall 出版社的编辑和相关工作人员做出的贡献。

我们要特别感谢各章节的起草、修订者以及以前版本中感谢的那些人。这些学者分别来自美国的艾奥瓦州立大学、堪萨斯州立大学、路易斯安那州立大学、路易斯安那门罗大学、俄亥俄州立大学、俄勒冈州立大学，新墨西哥州立大学、北卡罗来纳州立大学、普度大学、南达科塔州立大学、得克萨斯 A&M 大学、得克萨斯工学院、阿肯色州大学、加利福尼亚大学戴维斯分校、佛罗里达大学、伊利诺伊大学、内布拉斯加大学、威斯康星大学和弗吉尼亚工学院。

在课堂上使用本书的同行们提供了重要的反馈信息，这些信息对第 7 版的出版有很大帮助。我们对给予本书的再版以巨大帮助的西肯塔基大学的 Gordon F. Jones、科罗拉多州大学的 R. Kraig Peel、东北联合大学的 Michael S. Roeber 深表谢意。

作者同样要感谢那些在动物饲养业、动物生产领域以及其他大学和学院工作的同行们为本书提供了图片和插图。作者对在本书第 36 章水产养殖业的编写中给予指导和帮助的奥本大学水产专家 LaDon Swan 博士，以及伊利诺伊—印第安纳海洋基金项目深表感谢。还要特别感谢给我们提供最新统计信息的美国农业部的工作人员。

本书尽可能列出了各种插图、数据和其他引用资料的出处，并向这些资料所有权的个人、机构和组织深表谢意。在此方面，如果因疏忽而有遗漏之处，这一定不是有意而为，我们对此深表歉意。出版社的 Cindy Miller 和 Holly Henjum 以及卡莱尔通讯公司的工作人员在本书第 7 版的编辑和排版过程中做出了巨大贡献，对此我们表示由衷的谢意。

最后，作者还要特别感谢很多他们曾经教过的学生们，是他们给予了作者灵感来写出一本更适合于课程学习以及之后可用于参考的教材。

翻译：曾勇庆，王慧；校对：王楚端

# 第1章

# 畜 牧 业

# Animal Agriculture

农业的基础产品是食物，其中动物性食物又占据了大部分。此外，如羊毛、马海毛和棉花等天然纤维，以及皮革、酒精、某些药物、石油和塑料也都是重要的农产品，它们无论是对一个国家还是整个世界而言，都有重要的社会价值和经济价值。

谷物、蔬菜、水果、肉、蛋和奶等动植物产品在为人类提供必需营养物质的同时，也给人类带来精神上的享受和满足。形形色色的美味，如奶油夹心饼干、新鲜草莓、烤牛排、猪排、羊排和鸡肉，以及口感润滑的冰巧克力酸凝酪或新鲜的水果沙拉，给人类所带来的乐趣是很难从其他途径得到的。

本章主要以美国和世界上其他国家为例讲述家养动物的重要性，如提供食物、生产纤维和娱乐消遣。

本章的另一个目的是阐述畜牧业的一些重要特征，这将有助于更好地理解遗传、繁殖和营养理论在动物生产中的应用。

本章的第3个目的是使读者了解畜牧业所面临的一些环境问题，尤其是动物福利和粪便处理方面。学习本章后，读者应掌握以下内容：

1. 描述美国以及其他发达国家和发展中国家动物性产品人均消费量的总体变化趋势。
2. 说明在发展中国家，家庭收入与动物性产品消费量之间的关系。
3. 关注全世界人口数量预期增长最快的地区。
4. 了解美国农场在数量、规模和从业人数上的变化情况。
5. 描述美国适宜饲养家畜的土地资源的利用情况。
6. 深入了解美国农民高生产力的原因。
7. 举例说明家畜对人类的益处。
8. 描述几种最常见家养动物的生物学分类。
9. 比较反刍动物和单胃动物在饲料利用能力上的差别。
10. 举例说明动物对气候条件及疾病适应性的差异。

11. 熟悉畜牧业的几个基本要素。
12. 深入了解各类动物养殖业，并能够区分各养殖业的劳动力及资本投入和商业风险程度。
13. 讨论畜牧业垂直一体化问题、一体化程度以及盛行的地区。
14. 动物生产体系中有哪些变化导致生产者和消费者更加关注动物福利。
15. 掌握动物养殖企业为控制空气、水和土壤污染而必须采用的粪便处理措施和其他一些措施。
16. 评价育种者和生产者为改进动物福利和改善环境质量而采取的措施和手段。

## 1.1　全球动物性产品的消费趋势

在20世纪，美国动物性产品人均消费量保持稳定的增长趋势。从1970年以后，普通消费者都可以根据他们对肉类和其他动物性产品的需求来消费，购买力已不是限制因素。所以，在美国，肉类消费更多地受需求的影响，而不是像一些发展中国家那样取决于经济水平。

表1-1给出了自1970年以来美国人均肉类消费情况的重大变化。1978年牛肉的消费量达到高峰，此后开始下降，这一趋势大约一直持续到1990年，以后徘徊在每人66～68 lb。与此形成鲜明对比的是，在这期间肉鸡和火鸡的消费量却翻了一番，这在很大程度上是由于宣传力度加强、零售价格降低和产品种类丰富。目前，鸡肉消费量在各种肉类消费中最大，人均达到77 lb/年，而小牛肉和羔羊肉所占比重一直很小。

液态奶和鲜干酪消费量逐渐减少，但其他类型干酪(如成熟干酪和比萨饼等)的需求增长很快。同时，冷冻奶制品的需求依然强劲。

人均鸡蛋消费量在20世纪90年代中期达到低谷后，近年来有所回升，但目前仍然显著低于1970年的消费量。2002年全年鸡蛋消费量估计达到250个/人，比1998年大约多了7个，蛋液、冻蛋或蛋粉的消费量呈上升趋势。

近年来，美国人的就餐方式一直在改变。20世纪80年代早期，人们在家中就餐的费用是外出就餐的2倍(图1-1)，但有预测表明到2010年两者将会持平。为什么这么说呢？这是因为在2001—2002年经济低迷期间，投资比例最大的行业中就有餐饮业。此外，人们外出就餐费用的增长速度比在家就餐费用的增长速度要快。

尽管美国消费组成有很大比例是外出就餐的开销，但肉类出口仍出现增长的趋势(图1-2)。1970年美国肉类的出口量不足100万t，但是据估计2010年会跃升到约700万t。对世界各国来说，到2010年出口额都会增加，但是美国增长百分比最高，这表明美国肉类大部分是出口到国外。这种趋势可以从以下两方面来解释：(1)美国生产的肉类超过了国内消费量，所以经过市场调查后产品可以出口；(2)其他国家工业化不断提高，具备了购买更多肉产品的经济实力。

表 1-1 1970—2002 年美国动物性产品的消费量

| 产品 | 1970 | 1978 | 1986 | 1998 | 2002 |
|---|---|---|---|---|---|
| 肉类校正无骨肉量(lb) | | | | | |
| 牛肉 | 79.6 | 82.2 | 74.4 | 64.9 | 65.7 |
| 猪肉 | 48.0 | 42.3 | 45.2 | 49.1 | 51.6 |
| 小牛肉 | 2.0 | 2.0 | 1.6 | 0.7 | 0.6 |
| 羔羊肉 | 2.1 | 1.0 | 1.0 | 0.9 | 1.1 |
| 肉鸡 | 24.9 | 28.8 | 35.8 | 50.6 | 77.6 |
| 火鸡 | 6.4 | 6.9 | 10.2 | 14.2 | 18.2 |
| 仔鸡 | 2.5 | 1.5 | 1.4 | 0.2 | 1.5 |
| 肉类总消费量 | 165.5 | 164.8 | 169.5 | 180.5 | 216.3 |
| 奶产品(lb) | | | | | |
| 液态奶和奶油 | 275.0 | 254.0 | 240.0 | 219.0 | 209.4 |
| 黄油 | 5.4 | 4.4 | 4.7 | 4.2 | 4.6 |
| 干酪(除鲜干酪) | 11.4 | 17.0 | 23.1 | 28.5 | 29.8 |
| 鲜干酪 | 5.2 | 4.7 | 4.1 | 2.7 | 2.6 |
| 淡炼乳和甜炼乳 | 7.2 | 4.1 | 3.6 | 2.2 | 2.1 |
| 脱脂牛奶(散装和罐装) | 5.0 | 3.5 | 4.3 | 4.2 | 5.8 |
| 冷冻奶制品 | 28.5 | 27.3 | 27.8 | 29.5 | 27.8 |
| 奶粉 | 7.2 | 6.0 | 6.8 | 7.3 | 3.1 |
| 蛋类 | | | | | |
| 带壳蛋(个数) | 275.9 | 237.2 | 214.4 | 175.8 | 176.7 |
| 蛋产品(蛋数当量[a]) | 33.0 | 34.3 | 39.1 | 67.8 | 73.0 |
| 总量(蛋数当量) | 308.9 | 271.5 | 253.5 | 243.6 | 249.6 |

a. 蛋产品包括经巴氏消毒的破碎蛋混合物:蛋液、蛋粉、冻蛋;全蛋、蛋白、蛋黄。

来源:改自 USDA, ERS, Statistical Bulletin 965, July 1999 & January 2003.

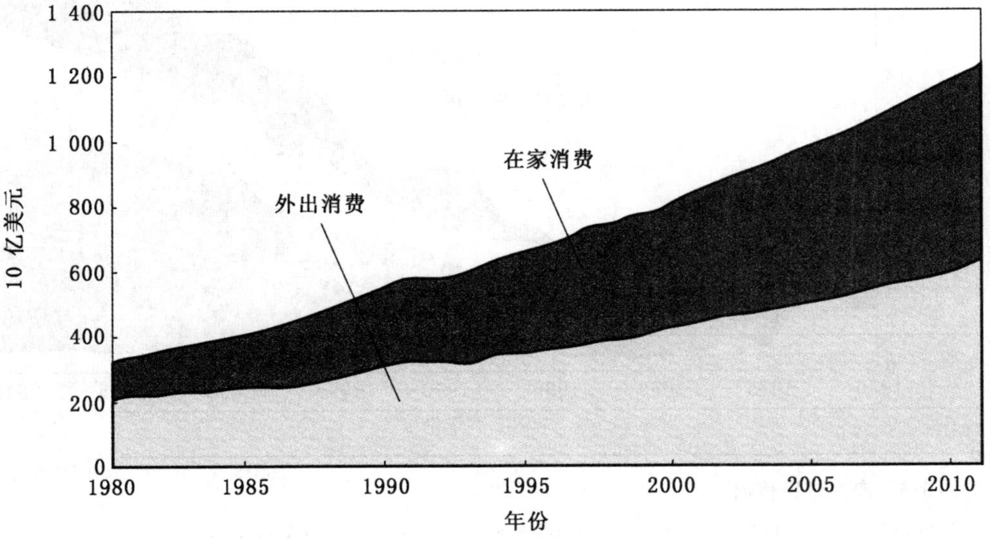


**图 1-1 美国食物开支的变化情况。**

来源:USDA Agricultural Baseline Projections to 2011, February 2002.
USDA Economic Research Service.

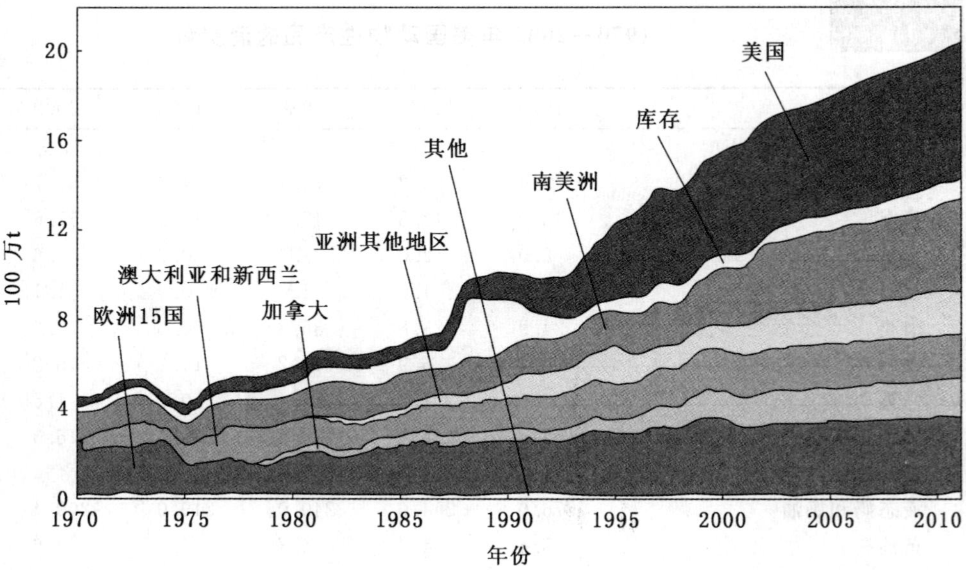


**图 1-2 肉类出口情况。**

来源:USDA Agricultural Baseline Projections to 2011, February 2002. USDA Economic Research Service.

肉类进口最多的地区是东亚、南亚和东南亚,其次是中国,另外库存也占有相当比例。所谓库存指的是肉类产品被冷藏等待销售或运输的阶段。此外,还有一点要注意的是西欧的肉类进口量大幅度下降(图 1-3)。

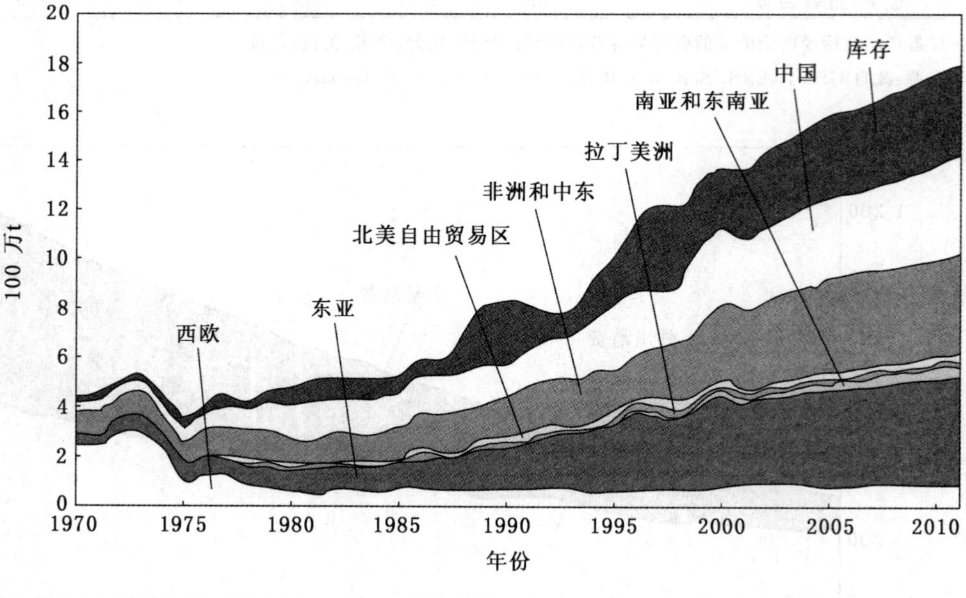


**图 1-3 肉类进口情况。**

来源:USDA Agricultural Baseline Projections to 2011, February 2002. USDA Economic Research Service.

其他发达国家如日本和西欧国家，第二次世界大战结束后经过国家改革，动物性产品的消费量迅速增长。这是因为家庭收入快速增长允许人们去购买更多的营养品和喜欢吃的动物性食品。虽然近些年来这种增长趋势有所减慢，但总体上来说仍然是逐步增加(图 1-4)。

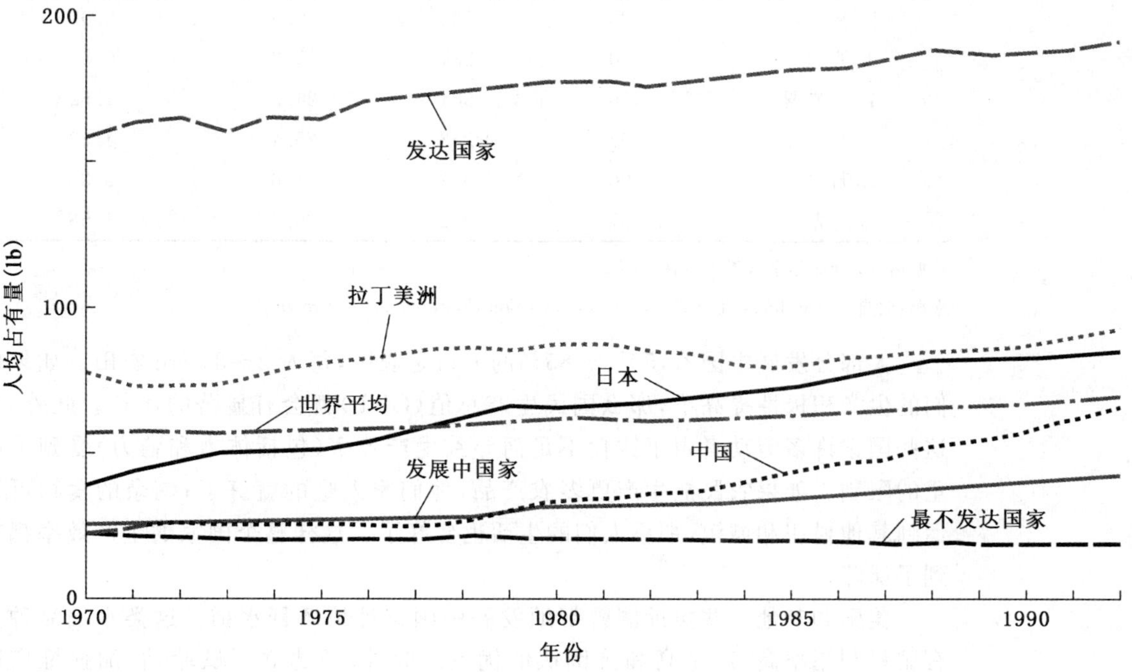


**图 1-4 人均肉类消费量在发达国家中最高，发展中国家正在逐渐增加，不发达国家中最低。**
来源：USDA.

在东欧国家和前苏联，由于实行计划经济，人们的生产积极性不高，所以在1950—1990 年间经济增长缓慢，人们的日常饮食也仍旧是以谷物类和根茎类食物为主，而动物性产品种类稀少、数量有限。20 世纪 90 年代早期这些国家开始逐步向市场经济转变，期望可以借此提高家庭收入，增加对动物性产品的需求，但事实上经济复苏依然非常缓慢，并没有达到预期目的。

然而，世界上许多国家的家庭收入非常低，饮食构成主要是谷物类(大米、高粱和玉米)、根茎类(山药、红薯、花生和木薯)和豆类(菜豆和豌豆)，动物性产品非常少。这些国家大部分位于热带和亚热带的中美和南美、非洲、南亚以及近东地区。这些地区从事农业生产的劳动力资源丰富，但是优质土资匮乏，多是山区，经常遭受洪灾或旱灾。

因此，在这些地方面临的最大问题就是为不断增长的人口提供充足的食物。首先要做的仍然是先满足基本的营养需要，而不是对动物性或是植物性食品的选择，这一问题对于像非洲这种人口增长率持续过高的一些地区来说尤为突出(表 1-2)。

美国和其他发达国家一直为许多发展中国家提供资金、技术和食物援助他们发展，并且成效显著。1950 年以来，中国台湾、韩国、泰国和马来西亚发展迅速。这些国家和地区的发展一般都开始于改变政府决策，激发人们的生产积极性，以及加大对社会的基础产业——农业的投资。

表 1-2 不同地区以及全世界人口增长的预测[a]

| 地区 | 1994 ($10^6$) | 2010 ($10^6$) | 总增长 (%) | 年均增长 (%) |
|---|---|---|---|---|
| 欧洲 | 728 | 734 | 0.8 | 0.05 |
| 北美 | 290 | 334 | 15.2 | 0.95 |
| 拉丁美洲 | 470 | 584 | 24.3 | 1.52 |
| 亚洲 | 3 392 | 4 253 | 25.4 | 1.59 |
| 非洲 | 700 | 1 078 | 54.0 | 3.38 |
| 全世界 | 5 607 | 7 022 | 25.2 | 1.58 |

a. 据估计，2003 年全世界人口达 63 亿。

来源：改自 Proceedings of 1995 Maryland Nutrition Conference，E. Brown.

大部分发展中国家，50％～85％的人口是农民，每人 2～3 acre 农田。如果他们的生产积极性提高了，那么国民生产总值(GNP)就会有显著的增长。此外，在这些国家许多劳动者由于饮食不足而导致生产效率(包括体力和脑力)受到了严重的限制。如果农民能生产更多农产品，他们家人吃的就好了；剩余的食物可以运到其他村庄和城镇，那里人们的生活也变好了。这样整个国家的生产效率都得到了保障。

美国和其他一些援助国曾帮助发展中国家种植矮秆水稻。这类水稻品种具有肥料利用率高，产量高和抗倒伏的优点。此外，还建立了试验站，加强推广服务，开办农业院校，当然这是一项长期工作。因为农民还必须寻找渠道把农产品推向市场，并且带回种子、肥料和设备等。这样就需要不断完善农业综合企业、银行体系和市场体制。与此同时，美国和其他国家还直接把剩余的农产品提供给发展中国家，改善他们的饮食。这样，产业链就不断得到巩固。

当全世界所有发展中国家的国民生产效率都提高，收入增加，消费者对各种消费品的需求也会相应增长，包括自行车、优质食品、衣服等等商品。整个社会的经济得到发展，就业机会增加，反过来又会进一步提高家庭收入。同时，国民的饮食结构也会由大米转向小麦，然后是越来越多的肉类和蔬菜。

一旦发展中国家的农业进步了，经济开始启动了，那么家庭收入的增长和对食品需求的增长会更快，这对于严重依赖出口的美国农业来说，具有非常特殊的意义。在亚洲，GNP(国民生产总值)年增长率达到 5％～9％(表 1-3)，然而农产品年增长率达 3％都非常罕见。

韩国就是一个典型的例子。从 20 世纪 70 年代早期到 80 年代早期，尽管韩国农产品的人均占有量提高了 27％，但每年从美国进口的日用农产品价值却从 2 亿美元增长到 17 亿美元。随着收入的提高，韩国消费者不仅吃得多了，而且肉类和其他动物性产品的比重也增加了，而生产这些动物性产品需要消耗谷物饲料和植物源蛋白。

在过去的几十年中，发展中国家对美国农产品的进口是全球增长速度最快的，今后同样也会是增长潜力最大的。西欧、日本等国家，跟美国一样，人口增长已进入平台期，消费者根据个人喜好或专家建议挑选食物，因此，食品消费的增长潜力非常有限。

表 1-3 不同地区和全球的经济增长,基于国内生产总值(GDP)年增长率(%)

| | 1990 | 1994 | 1998 | 2000[a] | 2002 |
|---|---|---|---|---|---|
| 发达国家 | | | | | |
| 美国 | 1.2 | 3.5 | 3.9 | 1.0 | 2.2 |
| 加拿大 | (−0.3) | 4.7 | 2.8 | 3.3 | 3.4 |
| 日本 | 4.9 | 0.7 | (−3.1) | 2.4 | (−0.6) |
| 欧盟 | 3.0 | 3.0 | 2.8 | 2.5 | 1.3 |
| 前苏联 | (−3.2) | (−13.9) | (−5.3) | 0.0 | 3.7 |
| 发展中国家 | | | | | |
| 亚洲 | 5.7 | 9.4 | 2.3 | 5.8 | 4.83 |
| 拉丁美洲 | 0.0 | 5.1 | 2.0 | 2.3 | (−0.84) |
| 中东 | 2.9 | 0.3 | 1.2 | 3.5 | 3.47 |
| 非洲 | 1.4 | 2.7 | 3.5 | 3.7 | 3.91 |
| 全球 | 2.1 | 3.2 | 2.0 | 2.6 | 1.72 |

a. 数据为预测值。

来源:改自 USDA, ERS, Agricultural Outlook, April 1996, March 1999, and February 2003.

然而在世界上其他地区,主要是亚洲、拉美和非洲,人口超过 45 亿(表 1-2),还有许多人吃不饱、吃不好。在这些国家,家庭收入增长部分的 60%是用于购买更多或更高档的食品。

对于发展中国家、东欧和其他一些早期实行"计划经济"的国家来讲,随着经济的持续增长,畜牧业发展前景广阔,并且进口畜牧业的需求也随之增加,比如谷物类和蛋白类饲料、种子、精液、机械设备以及专家咨询的进口都会大幅度增加。

## 1.2 美国农业人口和农场数量、规模的变化

与 100 年前、50 年前甚至 6 年前相比,美国目前种植业和畜牧业都发生了很大变化。变化的结果就是从事农业的人数越来越少,农场数目越来越少而规模越来越大(表 1-4,图 1-5)。

今天,美国农场总数不足 170 万,而 50 年前却接近 550 万。而农场的平均规模却从 50 年前的 220 英亩(acre)扩大到约 490 英亩(图 1-6)①。

美国农场改革主要发生在 20 世纪 40 年代中期到 50 年代,从形式多元化走向规模更大、更专业化。专业化的推进,包括农场数目的减少、产量的增加、新型自动化设备的应用,都保证了农场效益的稳步提高。

美国农民的生产效率是全世界所赞叹的。虽然从事农业生产的人数越来越少,却仍然可以满足日益增长的人口的需要。多年以来,美国农村人口比例逐步降低,但是生产的产品,不仅满足了国内增长的需求,而且还能为其他国家提供食物。

---

①1 英亩相当于 43 560 $ft^2$,单位土地面积等于 1 $mi^2$ 或 640 acre。美国农场平均占地面积约 0.75 $mi^2$。

表 1-4 美国农场的数量、规模和从业人数的变化情况

| 年份 | 农场数量 | 从业人数 | | 农场规模 |
|---|---|---|---|---|
| | ($10^3$) | $10^3$ 人 | 占美国总人口的百分数(%) | (acre) |
| 1951 | 5 248 | 21 890 | 14.2 | 225 |
| 1956 | 4 515 | 18 712 | 11.1 | |
| 1961 | 3 825 | 14 803 | 8.1 | |
| 1966 | 3 257 | 11 595 | 5.9 | |
| 1971 | 2 902 | 9 425 | 4.6 | 384 |
| 1976 | 2 497 | 8 253 | 3.9 | |
| 1981 | 2 434 | 5 850 | 2.6 | 425 |
| 1986 | 2 212 | 5 226 | 2.2 | 447 |
| 1991 | 2 105 | 4 361 | 1.8 | 467 |
| 1996 | 2 075 | 2 842 | | 470 |
| 1997 | 1 900 | 2 670 | | 487 |

注:空缺表明数据不可用。
来源:改自 USDA data.

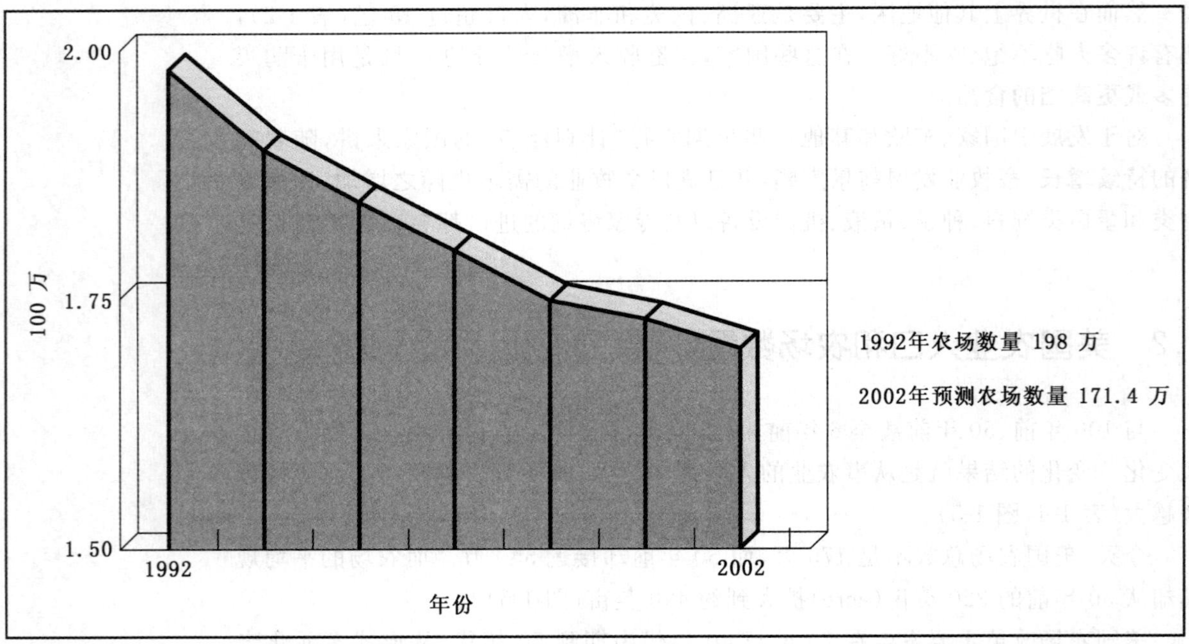


图 1-5 1992—2002 年间美国农场总数的变化情况。
来源:U. S. Census.

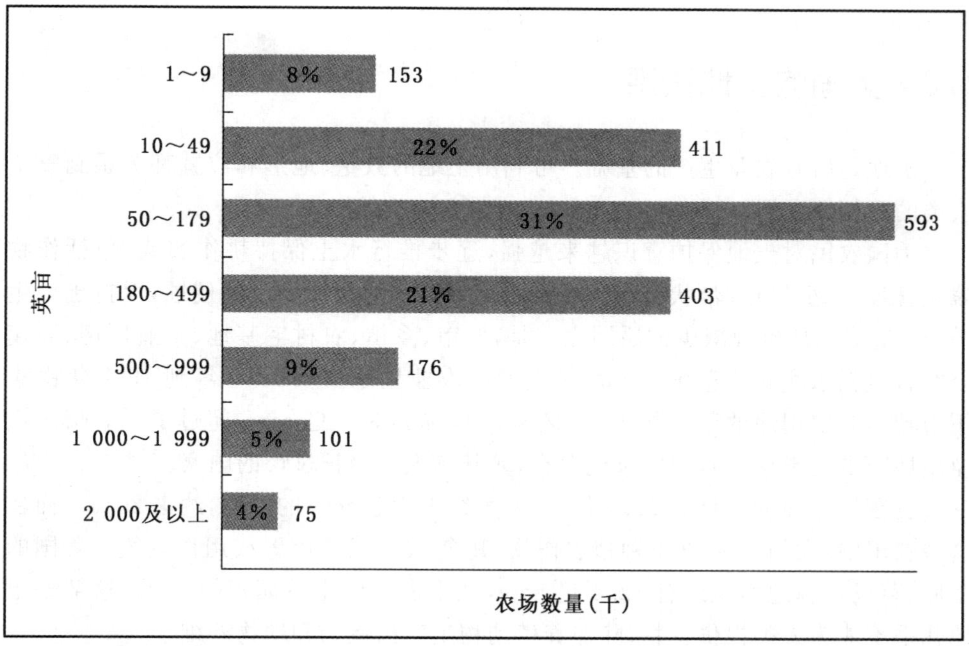


**图 1-6 1997 年美国农场平均面积 487 acre。从上图可以看出每种规模农场的数量、比例以及平均占地面积。例如,593 也就表示 31%的美国农场占地面积在 50～179 acre 之间。这类农场占地总面积约为 190 万 acre。**
来源:USDA,NASS data.

到 2000 年,美国农业人口的比重将会低于 2%。1940 年一个美国农民生产的食物和纤维总量可以养活 18.5 个人,估计 2000 年会达到 140 人,其中有 98 个美国人、42 个外国人(图 1-7)。

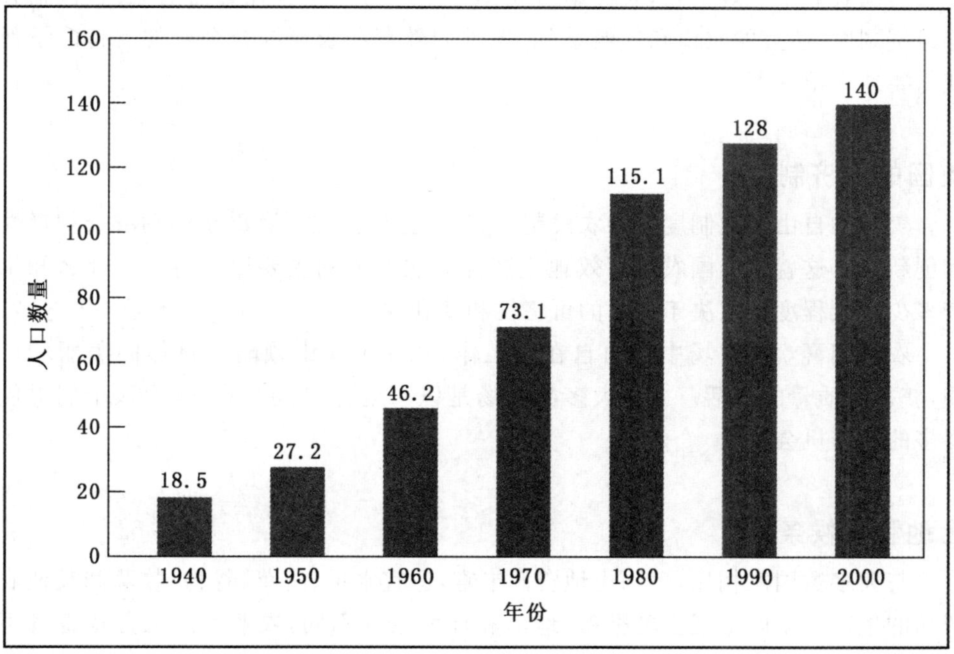


**图 1-7 以食物和纤维计算,从 1940 年到 2000 年美国平均每个农民大约可养活的人数。**
来源:改自 USDA data.

## 1.3 美国的土地资源

土地是所有农业生产的基础。可利用土地的数量、地形和位置都关系到整个人类的可持续发展。

美国农民对土地保护意识越来越强，逐步推行水土保持耕作实践（包括作物残茬管理、减少耕作、带状耕作和水渠绿化等），目的是减少土壤侵蚀，保持土地生产力。造成土地资源减少的原因之一是，城市、乡镇、农村宅基地、工业厂房、高速公路、机场、水库和休息场所占用了大量的农业用地。从1959年到1992年由农用地转向非农用地的数量从1.47亿acre增加到3.4亿acre，超过了2.3倍。农业用地减少的现象在其他国家也存在，尤其是人口增长过快的国家。

美国国土面积估计有22.6亿acre，大约4.6亿acre的农田，约占20%。而在这些农田中，大约15%真正种植农作物，其余75%或者闲置或用作放牧。美国的草原、草场和林地面积约有12.4亿acre，几乎占了国土总面积的55%，这部分土地几乎不能为人类提供食物，除非养殖动物生产肉蛋奶和动物纤维。

在20世纪90年代中期，美国私有农场只占国土面积的40%，其他土地都属于国有的山脉和森林。如果农场主为每头牲畜交纳一定的费用后就允许在这些土地上放牧。

## 1.4 为什么美国农业生产效率如此之高?

美国农业生产效率高，农民本身功不可没。另外还有几方面的原因，包括私有经济制度、适宜的农田和气候条件、先进的教育和农业综合企业的支持。下面就简要地介绍一下。

### 美国的经济制度

美国的自由企业制度鼓励农民制定和实现家庭梦想，有助于调动群众积极性和创新性。这就是美国农民高效地生产优质农产品的主要原因。生产什么和生产多少很大程度上取决于产品的可售性和获利性。

农民们喜欢在农场中自由自在地工作，并在工作中领略大自然的美丽和广阔，获得高质量的生活。并且大多数农场是以家庭为单位经营的，为孩子们提供很多的参与机会。

### 土地和气候条件

与大多数国家相比，美国土地资源丰富，适宜水果、蔬菜、谷物、牧草和其他农产品的生产。不同地区土壤类型、地形和环境条件不同，农业生产的方式也各不相同。

中西部土壤肥沃，农作物产量就高。西部和西南部的一些干旱和半干旱地区的土地灌溉充足，可以作为高产农田。北方地区则适宜种植牧草和短日照植物品种。美国各地都有一些贫瘠的耕地(丘陵地),最适合饲养家畜。

### 美国的教育体制

各式各样教育机构都为农业提供信息,进一步提升了美国农业的生产效率。全美国共有68所"政府赠与地"大学和学院,它们的建立得益于1862年通过的莫里尔法案(Morril Act),该法案准许在每个州内授权赠地建立至少1所大学或学院。在美国,每100个农民中就有44个受过大学教育①。

1887年通过的哈奇法案(Hatch Act)为各州建立实验站提供了依据。研究人员在各实验站攻克难题,更新观念,带来农业技术和生物科学的最新发展。

科研成果都是对外公布的,尤其是农民和农业综合企业成员。1914年通过史密斯—莱沃法案(Smith-Lever Act),在美国各州设立合作推广组织(the Cooperative Extension Service),大大促进了信息的传播。

基础理论教学、科学研究以及新知识的传播(推广教育)共同造就了美国农业的辉煌,然而如果美国农业要持续高效,则需要更强大更进步的教育系统来支撑。

### 专业化的农业综合企业

今天美国农民的成功与农业综合企业提供的优质产品和一流服务是分不开的(见第2章)。农业生产的每个环节都需要专业化的技术——不管是种植业的播种、收割和储藏,还是畜牧业的育种、饲养、畜舍和管理。农业综合企业不仅为农民提供技术支持,而且还委派训练有素、有经验的专业人士现场指导。

### 美国的专业研究

在近50年中,美国农业的投入基本保持稳定,只是在1980—1996年有所下降(图1-8)。而农业产出和生产效率却一直是稳步上升,更确切地说,在这期间农业产出和生产率增加了1倍。这一"倍增效应"可归结为以下几方面原因:(1)畜禽遗传进展的增加;(2)农场管理实践的改善;(3)谷类作物质量的提高;(4)农业机械的改进;(5)所有个人和公共部门的研发成果。

## 1.5 畜牧业:动物的作用

自古以来,动物的驯化就对人类进步有重要的意义。直到今天,它们仍然是食物和纤维的固定来源。新型畜禽除了提供食物和纤维外,还具有以下方面的作用:

**提供高生物学价值的食物蛋白** 动物性食品含有生物学价值很高的蛋白质成分。意思是说,动物源蛋白质的氨基酸组成和人体组织的氨基酸组成相似,必需氨基酸比例也与人体几乎一致。因此,动物源蛋白质效价更高,因为植物源蛋白质常常缺少一种或多种必需氨基酸。但是如果同时食用多种植物源蛋白质,也可以保证氨基酸的种类。

---

①美国农业部1998年农业统计结果。

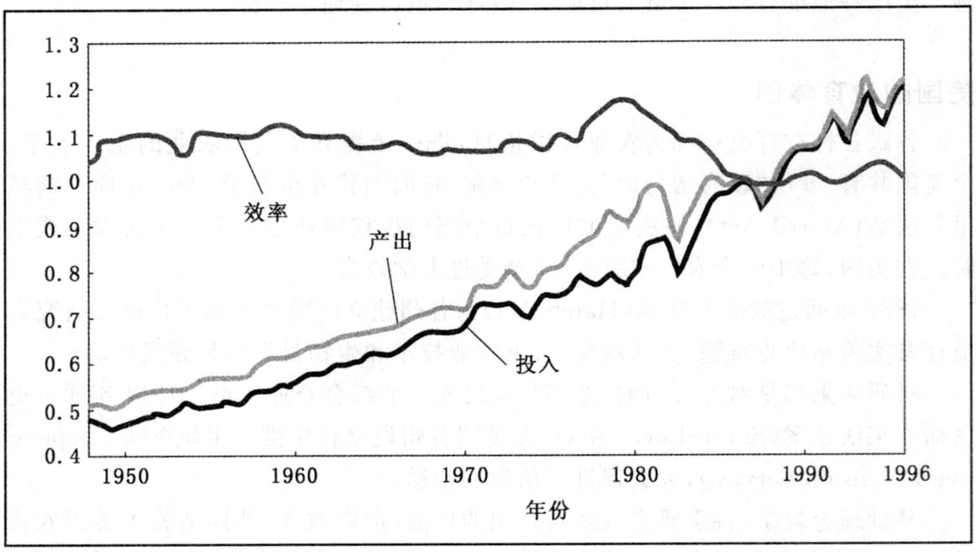


**图 1-8 1948—1996 年美国农业生产效率。**
来源：USDA-ERS.

大多数美国人日常饮食都能保证有足够的动物性食品，包括牛奶、奶酪、肉类、鱼类和禽肉等。因此，可能对他们中的一些人来说，很难理解在发展中国家的许多人仍然依靠植物性食物为生，并且普遍缺乏蛋白质。

**增加食品可口性** 经过精心的动物性食物制作不仅营养，而且美味。家庭会餐（尤其是晚宴）和社交聚餐常常都有精美的动物性食物（见彩图）。食物的香味、风味和多汁性能增加可口感，刺激唾液和胃酸的分泌。

**保护和改善土质** 一些贫瘠的农田、山坡、草场，不适合种植农作物，却可以生长植被。而放牧是把植被转化成有用营养物质的有效方式（见彩图）。如果管理良好，放牧可以通过减少水土流失，从而保护土壤。此外，动物排泄物可以提高土壤的可耕性和增加土壤有机质含量。

**稳定食品经济** 饲养肉用畜禽的国家在遭受自然灾害和经济困难时，缺吃短粮的风险相对较低。如果遇到旱灾或作物歉收，可以通过增加动物性食物减少饥荒的发生。如果碰到丰收年，则可以把更多的畜禽饲养时间延长，等到达到理想上市条件时再出售。

**伴侣动物与娱乐** 动物可以给人类带来很多乐趣。家畜尤其是马和狗，被广泛地用于体育比赛和休闲娱乐。动物的培育、训练和才艺展示无不充满了成就感。有些人不喜欢或者没有机会直接与动物接触，可以观看动物的表演。

## 1.6 基因库和动物分类

> **反刍动物**
> 具有多个胃、能反刍食物的动物。

现存的已知的哺乳动物种类超过了 1.5 万种。其中，牛、绵羊和山羊是食物和纤维的主要动物来源。在遥远的北极，驯鹿承担了这些责任。这几类**反刍动物**（具有复胃能反刍食物的动物）适合放牧，能有效地利用饲草。其他的反刍动物也有类似的适应性，然而并不普遍地用作食物——如美国北部平原的叉角羚、印度的瞪羚、非洲大羚羊、大角斑羚、非洲矮羚羊(仅 13 ft 高,已知最小的反刍动物)、长颈鹿(高达 18 ft,现存的最高哺乳动物)、野牛、鹿、石山羊、麋鹿、驼鹿等。这些物种和其他物种一起共同代表了一个基因库,为今后提高动物性产品的生产潜力提供可能,至少在草原地区如此。

目前存在的反刍动物种类成千上万。由于自然选择和近几个世纪人类活动的影响,不同洲不同地区都形成了特有的常见或优势物种。在地球上,人类因为自身的优势而成为主宰的力量,人与家养动物之间形成了一种共生的关系。家养动物繁盛了,反过来给人类提供了伴侣和产品——肉、蛋、奶、纤维、畜力与运输等。在一个物种内,通过我们对个体或群体间的隔离、照料、饲喂和选配,发展了相对纯种的群体,叫做品种。

瑞士有 16 种奶山羊,美国有 25 种或更多的肉牛品种,这些表明了人类为实现最大化地利用动物资源而在种内进行选择和改良的强烈程度。

人类也对动物的生命形式进行了研究,并且根据它们的躯体结构进行了分类,以期更好地理解进化和现存的或曾经存在的各物种之间的关系。例如,山羊和牛都属于牛科,而牛科是反刍动物亚目 5 个科中的 1 个。

动物学家对动物进行分类的方法多种多样。图 1-9 给出的是一种常用的方法。例如,哺乳动物纲包括真兽亚纲和其他 2 个亚纲;真兽亚纲(有胎盘的动物)包含 11 个目,有蹄目(长有蹄子的哺乳动物)是其中之一;反刍动物亚目是有蹄目的一种。可以看出,在地球表面存在的食草的哺乳动物的数目是十分惊人的。

猪是哺乳动物纲、真兽亚纲中的一个物种。鸟类共同组成了鸟纲,其重要性在陆地脊椎动物中仅次于哺乳动物纲,已知有 8 600 种鸟类存在。

在美国,家鸡、火鸡、野鸡、鹌鹑、松鸡和母珍珠鸡一般作为肉用,是鸡形目的一部分,在世界范围内都普遍存在。它们外形似鸡,在地上筑巢。另外,鸟纲的其他 17 个目中的一些物种对人类也有很高的营养价值,包括鸽形目的鸽子,雁形目的鸭和鹅,鸵形目的鸵鸟。

今天的商用肉鸡是一种专门产肉的鸡品种,经人工选择和选配而孵出的小鸡,从一开始就适应笼养的生活,它们生长迅速,能利用高能量的饲料,净肉率高。蛋禽也同样适应了它们的饲养环境。或许其他的 8 600 种鸟类中的某些个体就携带着一些特殊的基因,这些个体经过选择,几十年或几百年后可以作为人类食物的主要生产者。

地球表面的 71%被海水覆盖,它们与河流和湖泊共同组成了地球的水环境。丰富的水资源包含了另一个无穷的基因库,由鱼类和其他水生动物组成。很早以前人类收集的海产品很有限,直到近几十年许多国家才出现了发达的捕捞(牡蛎、小虾和鱼)业。

随着世界人口的增长,鱼类和海洋食品将会给人类的饮食提供越来越多的蛋白质(见第 36 章)。水产业,指的是在人为控制的环境下繁殖、饲养和销售水生动物和植物。这一非传统形式的农业,借助专业化的设备和技术,将来可以有效地为人类供应蛋白质。

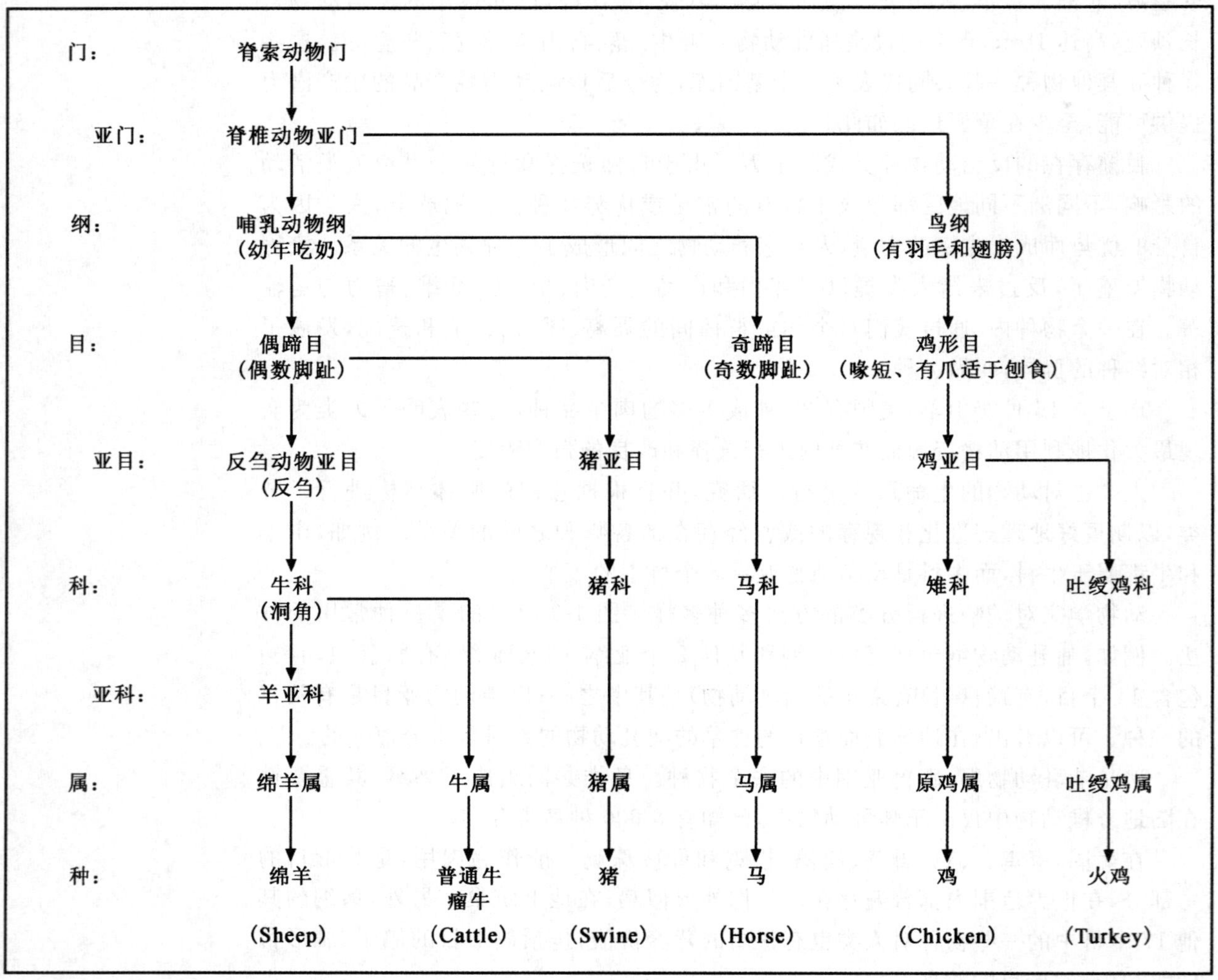


**图 1-9　某些家畜分类方法的比较。**

来源：Plimpton，R. F.，and J. F. Stephens，Animals and Science for Man：A Study Guide，2nd ed. Minneapolis，MN：Burgess Publishing，1979.

## 1.7　动物的适应性

物种本身的特点决定了它们生活的地理环境或生产条件。动物能够利用的饲料种类、体形大小，以及对极端温度、寄生虫和疾病等的抵抗力在很大程度上决定了各物种盛产的地域。

家禽和猪的消化系统与人的类似，胃的体积相对较小，属于单胃，不能消化大量的饲草，所以这些动物(图 1-10)主要依靠高能量的谷物或类似的饲料。成年母猪可利用一定量的草料，但是生长猪、肉鸡和蛋鸡不能有效地消化牧草来供能。

**图 1-10 猪和家禽所需的大部分能量来自浓缩料。**
来源:HY-Line Poultry Farms and Purina Mills, Inc.

牛、绵羊和山羊是天生的草食动物。它们有 4 个大胃,能容下大量的青草和干草。前 3 个胃通过微生物发酵和反复地咀嚼把纤维性的饲草转变成可直接利用的形式。马虽然不是反刍动物,但它拥有发达的盲肠和结肠,也非常适合食草。

虽然牛和羊只利用饲草便可以生长、成熟和繁殖,但若饲养的目的是屠宰,通常会有几个月需要增加精料饲喂量,以提高生长的速度和产生"大理石花纹"肉,即脂肪在肌肉组织间沉积。饲养奶牛的目的是多产奶,因此在它们的日粮中也需要提高精料比例。

山羊能够在崎岖的山坡上采食,利用其他动物不能利用的饲草。它们行动敏捷,四肢强健,喜食嫩叶,尤其喜欢灌木丛和杂草,而不喜欢典型的牧场和草场上的草。绵羊对山坡放养的适应能力居第 2 位,其次才是牛。绵羊和牛同时放牧可以提高牧场的利用率。因为牛喜好在开阔的地方采食高草(图 1-11),绵羊则可以利用陡坡上的矮草。

绵羊比牛更能适应高海拔环境,所以在美国西部的高处山坡常能看到羊群。位于美国西部中心得克萨斯州的某些山区和干旱、多石地带,山羊更常见。

绵羊品种不同,食草能力也各异。如美利奴细毛羊和兰布莱绵羊由于对崎岖、多山的地形有很好的适应性,所以在高山区很受农民的欢迎。然而肉用类型绵羊品种由于腿短、体形小,并且行动迟缓,所以更适宜在优质饲草充足的农场饲养。

极端的高温或低温对所有的动物都是一种应激,并且在某些情况下后果还很严重。奶牛对高温闷热的天气是极其敏感的,在夏末产奶量会明显地下降,一般在南方地区下降得更快。而寒冷和干燥天气的影响却不大,因为奶牛会进食大量的饲料,产生更多的体热。

温度变化给大多数肉牛品种带来的影响基本是相似的。由于肉用母牛和育

**图 1-11　牛群从饲草中获得所需营养的大部分。**
来源：National Livestock Producers Assn.

肥牛饲料充足，所以寒冷干燥气候对它们影响不大。但是大部分肉牛品种通过排汗散失的热量很小，因此高温会引起它们强烈应激。然而瘤牛品种，如美国的婆罗门牛和它们的杂交种却是个例外，它们能排出大量的汗液，加上还有其他一些遗传特征，所以瘤牛更适应高温气候。

圈养家禽和猪长时间呆的地方，通常需要安装通风设备、洒水装置、升温和降温系统来控制温度和湿度。

所有的幼畜和小动物如家禽、犊牛、羔羊和仔猪，对寒冷潮湿的气候非常敏感。因为它们的单位体重的表面积大，通过传导、辐射和蒸发等形式散失的热量相对较多。另外，幼年时动物自身的体温调节功能还不完善。

高温高湿天气的另一个影响是，即使给予足量饲料，动物采食量依然会下降。

不同的动物对病原体和寄生虫的易感性也有不同。例如幼畜相比成年动物更容易患传染病和寄生虫病。

疾病暴发对家禽和猪的影响更大。因为二者通常是舍饲，密度大，一旦发病，病情很容易加重并迅速扩散。

绵羊和马非常容易遭受寄生虫的侵袭，所以在夏天应经常驱虫。相比之下，高原地区寄生虫较少，这也是绵羊适应高海拔生活的另一个原因。

相比其他物种，肉牛和奶牛受到疾病和寄生虫的侵扰较少。一方面是由于它们体形巨大、皮厚毛粗；另一方面如果在草地上散养，接触的病原体较少。而如果舍饲的话，乳房炎、肢蹄病和呼吸性疾病等就会接踵而至。

## 1.8　畜牧业的基本要素

食品生产行业与零售业、采矿业，以及制造业间竞争着管理人才、劳动力和资金。换句话说，动物生产者只有有效地利用这些资源才能获利。

要想成功生产出消费者所需的优质肉、蛋、奶，需要极高水平的商业技能和动物管理技巧。每一物种的养殖都有它自己的特点和要求（见本章1.9节）。但是有几点是所有养殖业共同的，下面一一讲述。

## 劳动力的数量和素质

大多数畜舍都引进了现代技术，这需要富有经验的工人，同时也需要进行管理。动物生产力和生命力的潜在损失迫使农场主尽可能的雇佣最好的职员。但偶尔也可以雇佣新手，但他们必须勤奋好学，尽早掌握农场管理的一些重要方面的内容。

所有的职工都必须关心动物的福利和企业的发展。他们必须留意畜舍建筑和设备出现的异常，如果不能修理就要立即上报。同样的，那些与畜禽直接接触的人必须了解正常和反常的动物行为，关注动物健康状况，当发觉不正常的迹象时能采取合理的措施。

今天的管理者中，有一部分是刚从大学毕业的学生，他们必须具有足够的人格魅力来管理雇员。企业需要采取各种手段来挽留敬业的优秀员工，如高薪水、各种福利和奖励措施。

## 资金投入

大多数农场主和牧场主在早期阶段资金紧缺，需要资金快速回流，而且不能承担大风险。所有的企业都希望用最少的投入换取最大的利益。有些时候，新人可以与农场主建立合作关系，减少雇佣劳动力的资金投入。当取得一定成绩后，往往要考虑扩大生产规模，获取更多利润。可是，在此之前最明智的做法是先评估整个企业并重点投资那些用少量资金就能获得回报的领域。“做大前先做好”是一个非常有用的行为准则。

## 放牧或圈养的占地面积

许多家畜和家禽养殖场已开始实行半舍饲或全舍饲。这种养殖方式下，动物、畜舍、饲料贮藏和粪便管理的占地面积相对要少。

适合农作物生产的地域圈养动物有很多的优势。因为可以种植、收割更多的自家产的饲料（牧草和谷物）贮藏在全年不变的建筑中，并通过自动化系统喂养。舍饲，不管投入低或高，都能改善劳动效率，更好地观察畜禽，控制动物的生长环境。

然而，有个别奶牛和肉牛生产者通过高效的集中放牧体系来利用草场。具体做法是：牛在有鲜嫩牧草的许多小块地段上轮牧，每一地段集中放牧1～3 d，恢复40 d后，再次放牧。

现在，舍饲应用非常广泛，如猪、牛和家禽的饲养，肉牛和肉羊的肥育，小牛肉的生产，以及绵羊的快繁等。

由于牧区青草和干草是最主要的饲料，所以饲养品种限制在奶牛、肉牛和小公牛，以及绵羊、山羊、牧马生产。

在1.7节中曾讨论过，家禽和家畜对温度非常敏感，因此需要构建封闭畜舍。

冬天出生的仔猪、羔羊和犊牛需要一个温暖、干燥、无风的环境。幼鸡及幼禽也要饲养在温暖、干燥、无风的圈舍中。

成年动物一般采取半封闭圈舍，圈舍不需要结构精致，但必须设计合理以保证温暖、湿润的空气可以流通。高温天气在南部和西南各州非常普遍，在这些地区的大规模的农场通常会提供遮阴设施。通过降低周围的热量，牛群才能更舒适、更高产。

全封闭式畜舍的通风装置不仅要求更加美观，而且必须始终能良好运作。这些装置必须能排出过多的水汽、降低舍内湿度、保证空气流通、避免冷风进入，以及减少空气中微生物和颗粒物的数量。

### 产品稳定性

动物对某地区的适应性，对产品的稳定性并不重要，但确实会影响到企业的成本和利润。肉、蛋、奶产品的冷藏和其他一些保存技术，以及快速、及时的运输都已经很成熟。

畜禽屠宰后，肉质很容易变坏。上市的动物通过现代发达的运输业和公路系统可以迅速地运送到很远的地方。冷冻、制成罐头以及其他一些方式都能有效地保存肉类产品，因此目前肉产品生产的唯一限制因素就是成本。

羊毛是一种相当稳定的畜产品，如果贮藏良好，可以贮藏好几个月。因此，羊毛的运输可以选择一种相对便宜的运输方式。

## 1.9　各种养殖业的特点

美国全部家畜和家禽工业（包括所有种类）的规模，可以通过每年销售家畜和家禽创造的经济价值来评定。最近几年的销售额将近1 000亿（图1-12）。每种动物养殖业都有它明显的特点、优势和劣势。但是，赢利的关键是具有良好的管理和充足的启动资金。

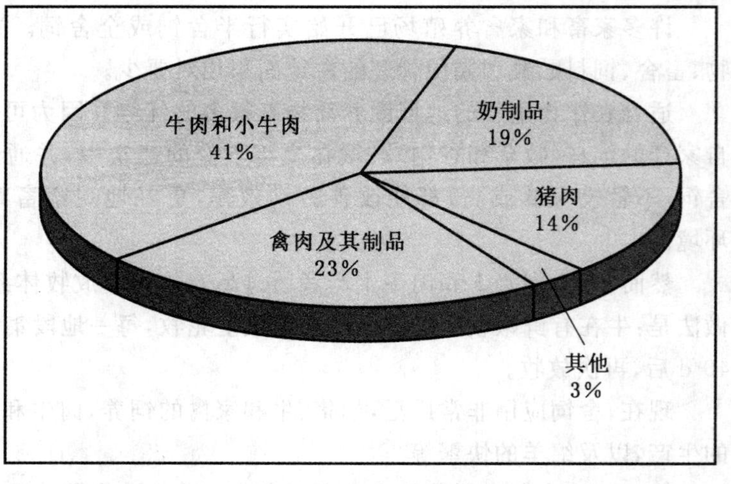


**图1-12　1997年美国家畜和家禽产品的总产值大约990亿。**
来源：USDA，NASS.

这一部分内容简要介绍了部分动物养殖业的概况，目的是让读者对畜牧业有一个大致的认识和了解。对不同物种养殖的初步理解有助于更好地学习动物科学原理在生产和管理中的应用。在第 28 到第 36 章将更加全面地介绍各种动物产业。

## 奶业

从事奶业管理和生产的人员，要求受过专业训练、经验丰富并且有敬业精神（见彩页 A）。母牛每天挤奶 2 次，某些情况下要每天挤奶 3 次，而且一年 365 天每天都需要工作。此外，挤奶相对于其他的工作耗费的精力和时间更多，所以奶业是一个很耗费人力的行业。

生产优质牛奶需要投入大量的资金购买设备和器材（图 1-13）。现代化的牛场场主可以最快地采用最新的技术来维持牛场高效生产。另外，育种、繁殖、营养、畜舍和粪便处理领域高技术的出现都促进了乳业的发展。优质牧草合理的种植和收割也有助于牛场在竞争中保持领先地位。

**图 1-13 现代化高效的工人挤奶厅和正确的挤奶操作，从挤奶至运送到奶加工车间整个过程都确保了高的卫生标准。**
经 Blue Diamond Manufacturing Co. 授权。

鲜奶运输到加工厂的频率至少要 2 天 1 次，资金流动顺畅，所以可以肯定地说奶业是一个相对低风险、长期回报的行业（见第 31 章）。

任何一个奶牛场每年都需要一定数量的 2 岁头胎后备牛，来替换牛群中 1/3 的淘汰母牛。母牛淘汰的主要原因是乳房问题和繁殖障碍。大多数牛场的后备母牛都是在自己牛场出生和饲养的母牛。但是，有些大的奶牛场会把小母牛包给一些专业养殖户，由他们负责从母犊牛 6 个月大饲养到头胎产犊前几周。

奶牛场一般不饲养小公牛，即使有也非常少；一般公犊牛在 5～10 日龄就被卖给专门生产架子牛或肉用奶牛的养殖场。当然，也有个别牛场饲养公犊牛用于育种。实际上，75%以上的美国奶牛场主要是通过人工授精（AI）服务来获得遗传进展的。经过慎重选择的公牛精液，保存在液氮罐中，由专业的配种员完成输精。

## 绵羊生产

美国饲养的大多数绵羊是肉用品种而不是毛用品种。羊场主要生产 2 种类型绵羊，一种是待肥育羔羊，买到肥育场进行肥育；另一种是完成肥育上市屠宰的羔羊。每年肉羊生产创造的利润大约是销售羊毛价值的10倍。

母羊场劳动力需求通常不高,但有季节性,特别是生小羊时期要谨慎。规模小于100头的羊群,雇佣一定数量工人的投资是相当必要的;而设备和器材则不需要精心制作(见彩页B)。

为了将扩大农场的羊群作为农场的主要事业,有些羊场母羊数扩大到几百只,有些羊场则采取快速扩繁技术,也就是母羊每年产羔大于一胎。冬天产羔要特别关注羊舍和生产管理,注意羔羊保暖。有些羊场选用圈养羔羊的饲养方式,在这种情况下,就需要更高水平的管理技术和更多的设备投入(见29.8)。

美国西南和西北部各州的羊场规模通常超过1 000头,占据美国市场的大部分。这种牧区散养方式需要特殊的管理技术,包括牧草的管理,羊群天敌的防御,以及在极端的天气条件下羊群的管理。

羔羊肥育由生长、发育和育肥几个部分组成,育肥羔羊在秋天出栏。羔羊在养殖场饲养大约60 d达到理想的体重(约110 lb),肥育过程结束,然后上市。由于存在市场的不确定性、疾病暴发以及饲养成本等因素,因此羔羊肥育是一个相对高风险的产业。

## 肉牛业

美国各地的带犊母牛场在群体规模、品种选择、商业目的上都有很大的差异。但是,他们有共同的生产目标,那就是断奶犊牛成活率高,平均断奶重高、经济创收高(见彩页C)。

许多带犊母牛场拥有者依靠其他产业作为主要的收入来源。例如,一些人可能拥有适合养牛的土地,但他生活在城市里,会雇佣工人来处理牛场每天的常规事务。另一些人可能拥有或者经营着带犊母牛农场,但是他同时还有其他的土地用来生产农作物,作为主要的收入来源。

牧场在适于放牧的地域比较盛行。这些地方包括得克萨斯州、密苏里州、俄克拉荷马州、内布拉斯加州、南达科他州、蒙大拿州、堪萨斯州、肯塔基州和田纳西州这几个最主要的州。当然,位于密苏里州西部的带犊母牛场的群体规模要远远超过位于美国中西部和东部地区的牛场,后者的典型规模不足100头母牛。

母牛群周期性的需要增加一些工人,一般都在产犊后280 d左右开始,持续60～80 d,因为这段时间需要投入大量的精力。在繁殖季节开始后的200～240 d犊牛断奶,断奶后需要合理的管理措施确保犊牛健康,正确喂草和给水,按时接种疫苗(见第29章)。

大多数犊牛断奶后先要经过生长发育阶段后再进入肥育场。它们或者继续呆在相同的牧场或农场,或被卖到其他养殖场。最典型的饲养过程是,先经过一个冬季的高粗饲料、低精料的阶段,然后它们被放置于春夏的牧场继续生长,最后才进入肥育场育肥(图1-14)。

影响育肥牛生长和发育效益的因素有几个,主要的一个是价格的差额(买和卖时价格和体重差异)。另外,生产者必须很好的掌握牛群健康管理和饲养技术,只有如此才能保证其继续生长获利。

肥育就是把牛放在肥育场饲养,达到屠宰加工厂要求的体况和体重。肥育场有2种,一种是农家肥育场,一种是商业肥育场。

**图 1-14 进入肥育场育肥前，1 岁犊牛在春夏牧场散养。**
来源：Purdue University.

农场主饲养员可以选择自己肥育肉牛，利用自产的饲料和自己的工人。但是，大多数肉牛还是在商业肥育场育肥的，这些肥育场可以同时饲养成千上万头牛。商业肥育场要顺利运作，必须有专业的理财技术、一定的生产规模、低价购买的饲料和合理的营养配方、正确的保健项目。

大多数肉牛肥育场都位于美国北部和南部平原地区。这些地区远离居民区，架子牛来源充足，邻近能量类饲料产地，并且屠宰加工厂较多(见第 10 章)。

典型的架子牛（如小公牛）体重 700～730 lb 时进入肥育场，饲养 140～160 d，体重达到 1 150～1 250 lb，准备屠宰。小母牛体重在进入肥育场时一般就要比小公牛轻 60～90 lb，上市时为 1 075～1 100 lb。

## 养猪业

美国是最主要的猪肉生产国之一，1999 年猪肉产量达 194 亿 lb。近些年来美国猪肉出口量远远超过进口量(图 1-15)。其中，日本是美国猪肉最大的销售市场。

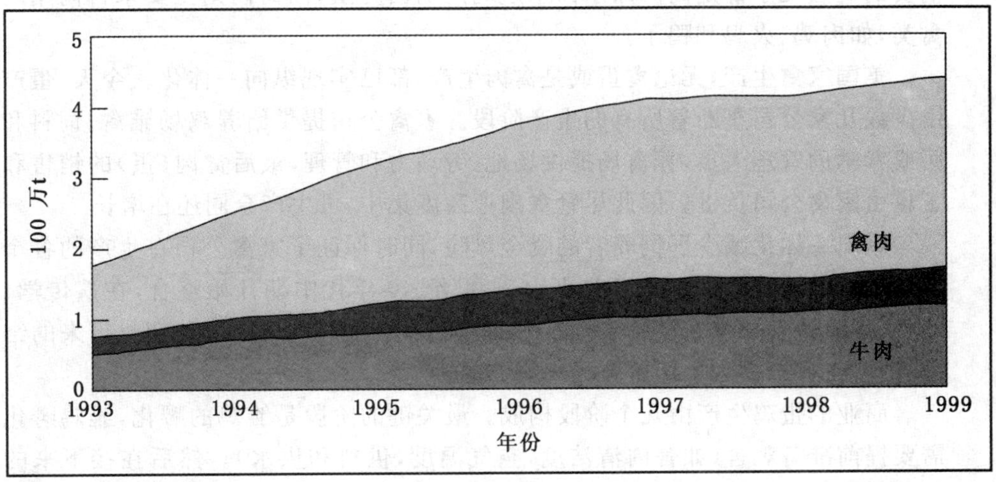


**图 1-15 美国出口肉类主要是家禽肉(大部分是肉鸡)，其次是牛肉和猪肉。**
来源：USDA，ERS.

最近几年养猪业发生了重大的改变。包括少数几个大规模的生产单位的集中，遗传选择目标向低脂肪猪的转变，通过育种公司培育出新的遗传家系，生产效率逐步提高(见彩页 D)。

养猪管理方式也发生了改变,全进全出的经营模式得到了广泛的应用。全进全出的运作能更好地控制疾病。此外,还有其他一些转变,如早期断奶隔离、不同性别分开饲养、体系多样化和网络化(见第 28 章)。

美国猪肉的生产大多数集中在中西部的各州,那里饲料成本低。可是,最近几年由于大规模猪场的集中以及加工业的发展,北卡罗来纳州和其他南部各州相对于中西部各州养猪生产出现了一个明显的增长。

大多数养猪生产采用自繁自养经营模式,仔猪出生后育肥到 230～270 lb 重时屠宰,在母猪配种、妊娠和分娩、仔猪保育、生长和育肥等阶段配备不同设备。少数猪场采用放牧方式进行生产,大多数则采用全进全出的舍饲方式进行生产。

某些猪场专门从事断奶仔猪经营。除了猪是在断奶时或断奶后体重达 40～60 lb 期间出售外,运作流程与自繁自养猪场相似。大多数情况下,仔猪生产场都没有固定的饲料来源。

仔猪生产场经济效益主要取决于断奶仔猪数量和断奶仔猪的重量,所以猪场非常重视受胎率、窝产活仔数、仔猪死亡率和母猪母性。母猪分娩需要特殊的畜舍和设备,因此分摊到每头母猪的投资相对很高,此外,产仔和保育需要专业人员护理。

有些猪场只生产肥猪,其养殖模式与自繁自养猪场相比有很大的差别。猪被饲养到 230～270 lb 上市,因此要求猪场有充足的能量饲料,而对设施设备的要求较低。但是,购买小猪需要相当多的资金,且小猪来源不同增加了疾病传染带来经济损失的风险。

## 家禽生产

美国的养禽业非常发达,无论禽蛋还是禽肉的生产和加工效率都很高。市场消费的鸡蛋几乎都是高产品系白来航鸡产的白壳蛋,而禽肉则主要来自肉用型的禽类,如肉鸡、火鸡和鸭子。

美国家禽生产,无论禽蛋或是禽肉生产,都已实现纵向一体化。今天,蛋产业由少数几家公司垄断着所有的生产阶段。家禽公司提供给养鸡场雏禽、饲料和兽医或者辅助管理人员,养禽场提供场地、劳动力和管理,最后禽肉(蛋)的销售和加工也由家禽公司负责。因此尽管禽肉业高度集中,可生产合同还在增长。

纵向一体化减少了饲养者的资金风险,同时保证了家禽公司在生产的各个环节对产量和质量的控制。家禽业从 20 世纪 40 年代中期开始整合,在遗传学、营养学、健康管理和建筑设备工程学方面都取得了重大进展。这种变化带来的结果是:消费者可以买到质优价廉的肉蛋产品。

商业的蛋鸡生产由几个阶段构成。最关键的阶段是雏鸡的孵化,雏鸡孵化前需要提前准备鸡舍(如舍内清洁度,空气温度,供料和供水)。然后在接下来的育雏、生长和发育、产前阶段,都要细心地管理(见彩页 E)。

管理在很大程度上影响产蛋鸡的产蛋性能,特别是最初的 6～20 周。营养(饲料和水)、免疫及环境卫生、空气(通风和温度)和照明都是影响小母鸡发育的主要因素。

在大约 18 周的时候,小母鸡被移到产蛋鸡舍,在这里光照的时间和强度都有增加。光控的目的是为了让小母鸡能同时开始产蛋,这也有助于确保蛋的大小和品质一致。

大部分鸡场产蛋母鸡群保持 2 个产蛋周期，共约 90 周。大约在产蛋的第 50 周，母鸡开始换羽(产蛋中止)，然后进入第 2 个产蛋周期。许多蛋鸡场可以达到平均每年每只鸡产 290～300 个蛋的高产水平。现阶段，美国的所有蛋鸡群的平均产蛋量是每年每只鸡 264 个(见第 33、34 章)。

美国对于禽肉(主要是肉鸡)的需求大并且日益增长，在 20 世纪 90 年代美国禽肉的消费量以每年至少 5%的速度上升。同时，全球——特别是中国，俄罗斯和墨西哥对禽肉的需求增长也导致了美国禽肉出口额上涨了 2 位数。目前，世界上其他国家进口禽肉的 50%以上都来自美国。美国禽肉出口量在所有肉类出口中居首位(图 1-15)。

肉鸡场都是一些大型养殖场，每年能饲养 6 批鸡，每批 120 000～130 000 只鸡[①]。肉鸡公司和生产者提前决定每批鸡的上市日期，一般都在入舍后第 45 天至第 50 天。肉鸡饲养实行全进全出制，在鸡入舍之前要彻底打扫、消毒并安装地板。当一批鸡上市后，就要为下一个循环做准备，按时间表下一批鸡应在 10～12 d 内抵达(见彩图 F)。

现代的肉用商品系饲料利用率高且生长快。在 45～50 日龄就能达到理想的肉质和体重(4.8～5 lb)。而且饲料转化率高，每增重 1 lb 耗料仅 1.9～2.0 lb。今天，大规模的自动化的肉鸡场工作效率和管理水平都很高(见第 35 章)。

火鸡的生产与肉鸡相似，但有一定的周期性。纵向一体化程度接近肉鸡生产的水平。可是，火鸡可以在放养区散养也可以在围栏内舍饲，所以设备花费相当低(见彩图 D)。在 1994 年，公火鸡典型的上市时间约在 127 d，重 30 lb；母火鸡平均的上市时间在 100 d，体重稍微高于 15 lb。

一些育种公司培育的火鸡品系根据上市体重分 2 类：中等重量和超级重量。他们的目标是使中等重火鸡品系的母火鸡在 84 d 体重 14 lb 时上市，公火鸡在 99 d 体重 24 lb 时上市。超级重量品系的母鸡在 122 d 约 22 lb 时上市，公鸡在 125 d 体重 32 lb 时上市。

一些专门从事去骨生产的加工厂希望将来火鸡体重能更重(36～38 lb)[②](见 35.6、35.7 其他肉用禽类生产)。

## 马的管理

目前在很大程度上，美国的马和骡子已不再作役用。可是在全美国的所有农场和牧场，品种好、训练好的马匹仍然十分珍贵。

现在虽然马匹的数量只有 80 年前顶峰时期的 1/3，但它们仍然是动物农业的重要组成部分之一。今天，马、矮马以及骡子更多地是为人们提供娱乐，它们在全国保持一个相当稳定的群体，大约有 650 万匹。

许多成年人会沿袭他们小时候对马或小型马的所有权，并且家里可能拥有一匹或者更多的马匹。他们更看中的是养马娱乐成分和家庭承担的责任，特别是当孩子参与到其中时。当孩子在照顾、训练和乘骑他们的矮马或马匹时可以培养他们的责任感。相对于其他家畜，一匹训练有素的矮马或马常常陪伴一个家庭十几

---

①Lance, G. Chris, *Poultry Sci*, 74(1995): 398.

②*Turkey World*, July-August 1995.

年或更长。

有些人没有养马经验，但有充足的时间和金钱，选择养马作为一种娱乐活动。而有些人以马的育种、训练、表演和销售为乐趣甚至是职业。

虽然马、矮马和骡子只占美国动物群体很小的一部分，但对于马的照料和管理仍具有重要的经济意义。在美国，当考虑到所有与马业有关的经济因素时，估计马业的商业价值有250亿。例如，每年要购买的马和骡子的饲料就高达140万t。当然，他们对于国家的经济贡献也是相当客观的。在肯塔基州，1996年马和骡子是第二大的农业商品，现金收入估计有628亿美元。

马业对于许多地区的经济发展有很大的贡献。赛马、马术表演和马的展览都很流行，并能吸引大量的观众。当考虑到所有权各个方面时，资金流动是相当大的，包括土地、围栏、马厩、卡车和拖车、食物以及动物成本。与此相关的还包括饲料、医疗、兽医管理、育种、饲养、品种协会费用和定期的培训和食宿。

马作为我们社会的重要组成部分应该受到动物科学学生的重视。在美国，虽然马不提供肉和纤维，但是动物科学基本原理除了用于提供肉、奶、蛋外，还包括动物的健康和福利。

对于马的主人和提供马产品和服务的人来讲，遗传学、营养学、生殖和环境生理学、哺乳学、行为学、马的照料和管理学知识都非常重要(见第32章)。

## 水产业

在美国，养殖、培育、销售如鱼虾一类的水生生物是一个快速增长的产业。水产业这个术语起源于拉丁文 *aqua*(水)和 *culture*(意思是饲养或培养)。属于动物农业范畴，是利用水域养殖水生生物提供人类食物的一种产业。

虽然美国普通家庭鱼和其他海产品的消费量不及牛肉、猪肉或家禽，但平均每年的消费量也在15 lb左右。野生鱼类的产量已经不能满足人类对高品质鱼类的需求，因此不久的将来，科学养殖水产获利的可能性很大。

水产业，如养鱼，是一种相对劳动密集型的产业，它需要密切关注水的质量、有规律的饲养并保持鱼的健康。如果是池塘养殖，早期要建池塘和堤坝，因此资金投入非常高。其他的养殖方式还包括水道法、笼养法和水循环法。水产养殖企业可以建立在美国北部的地区，把水循环装置放在室内，但这需要高的投入来建设厂房并维持生产。

美国最常见的鱼品种有斑点鲶鱼、罗非鱼、杂种斑纹鲈鱼、虹鳟鱼。其中，鲶鱼是最流行的鱼种。另外还有一些其他的水生生物，如牡蛎、小龙虾、淡水虾等。

水产业的成功很大程度上取决于是否有清洁新鲜的水源以及能否保持较高的水质量。水的温度必须在物种要求的范围内。如杂种花条鲈鱼、罗非鱼、斑点鲶鱼相对于虹鳟鱼或大眼狮鲇，需要的水温较高。保持高的水质需要溶解足够量的氧气，保持低的二氧化碳水平，并且pH值的范围要保持6.5～9.0。当然如果高氮废物的过度积累也会损害鱼的健康。

鲶鱼养殖通常是每英亩产鱼6 000 lb。饲料配方也必须适合物种特点——蛋白质含量范围从鲶鱼的30%到鲑鱼的45%不等。所有成分的添加都要依据目前全国咨询中心(NRC)的推荐。

当鱼到上市的大小时必须立即捕捞加工。在捕捞之前应该先采样以确保鱼肉没有不好的味道。很多养鱼业的成功依靠的是好的市场行情，以及稳定的优质鱼肉产品。如果想获利,每一个水产养殖者都应该制定一个合理的市场计划(详见第36章)。

在过去的10～15年里,人类对伴侣动物产生了浓厚的兴趣,涌现出大批动物科学学生进入兽医学校,并且这些人愿意从事与小动物相关的工作,如猫和狗。另外,从事伴侣动物研究的学生和教师都在不断增加,伴侣动物研究反过来又为研究生的课题提供资金,并在他们毕业后提供工作机会。现在,越来越多的学生对伴侣动物产生兴趣并希望从事农业领域这方面的研究。

## 1.10 动物农业、动物福利和伴侣动物

过去一谈到福利,很有可能指的是他或她的幸福,即他们是否健康、富裕或快乐。今天,动物福利,是经常讨论的主题。可是如何定义或理解动物福利,更大的程度上取决于不同人或人群的背景,他们对动物的关注程度,他们的社会信仰,他们对动物福利感兴趣的程度。

联邦政府也参与了动物的福利研究。美国农业部(USDA)做出了以下的任务书声明:"动物福利和应激控制系统项目任务书是为科学饲养管理家畜家禽提供依据:减少动物应激,提高动物舒适度,改善动物生长和生产环境,提高动物福利。"在美国农业部的支持下,课题研究定位在以下方面:(a)动物福利的衡量指标;(b)动物的适应性;(c)动物群体行为;(d)认知和动机;(e)改善动物福利的实践和系统的评估;(f)环境管理的生物能量指标。目前,美国农业部在以下地方设有动物福利中心:家畜行为研究中心(西拉斐特,IN),动物生理学研究中心(哥伦比亚,MO),美国肉用动物研究中心,生物工程研究中心(克莱中心,NE)和家禽研究中心(密苏里州,MS)。要想了解美国农业部所资助的这4个中心的具体工作,可以登陆他们的网站 http://www.usda.gov/。

有人也许会问,为什么要在一本讲述动物科学和动物产业的书中讨论动物福利呢?事实上如果看看过去的趋势、现在的实践和将来的动物农业发展方向,我们就不能不涉及这一话题。在今天,动物福利关系到每一个人——动物育种者和饲养员、消费者和一般大众,以及动物权利主义者等。在过去,提到动物的处理和动物福利时,只是限定在偶尔发生的动物虐待事件上。今天,我们社会所强调的伦理观念已超过了不虐待动物,还包括动物的舒适度和动物生产力。

为了更好地讲述动物福利,下面讲述一些发生在动物生产中的例子,这更有助于大家理解动物福利的转变。

- 大约60年前运营的每100个农场中,现在只剩下25个在运营,并且规模更大、效率更高。今天,只有不足2%的美国人在从事农业生产。其他的家庭都迁到城市或城郊,他们的子孙现在很少接触到家养动物或家养动物的管理。
- 几十年前一个人可以在一个比较小但从事多种经营的农场中见到不同种类的家畜和家禽。今天,由于更大规模的限制、技术和知识的增加、大量资金的投入,大多数农场只专门生产一种家畜或家禽。
- 在以前,夏天可以看见奶牛群在牧场上自由采食或在小溪或池塘中冲凉。今天,几乎没有放养的奶牛群。取而代之的是,它们全年被关在人为提供

的舒适设备中，为生产优质牛奶提供了一个干净、卫生环境。遗传学和管理学的发展将每头牛每年的产奶量由过去的 4 500 lb 提高到 18 000 lb。

- 过去我们可以在牧场中放置的独立的产仔猪舍中见到母猪和小猪，而今天大部分母猪被安置在一个高效运作的设施中，母猪在一个精心设计的网床中产仔。今天，肥育猪生长速度变快，上市体重也有所增加，并且胴体瘦肉率要比几十年前饲养的脂肪型猪品种高得多。
- 蛋鸡在过去以家庭为单位饲养，母鸡在独立的巢中产蛋并得到一些谷物来补充饮食(散养时可以自由采食)。发展到现在，家禽在一个具有高度专业化环境控制设备的鸡舍中圈养，并且饲养规模非常大。大部分鸡都被限制在固定的笼子里，每天饮食受到严格控制。今天一只高效的母鸡每年能产大约 300 个蛋，而在 60 年前，平均每只鸡每年只能产约 200 个蛋。

以上的例子反映了畜禽养殖业向更大、更集中、更高效方向转变的过程。现在对动物生产力有了更多的要求，而且这些要求将一直持续存在。由于遗传学的发展和动物饲养管理技术的提高，畜牧业已经可以满足消费者对优质产品的需求。今天各养殖业已经意识到人们对动物的关心程度是决定动物是否高产的关键因素，所以对动物的应激必须降低到最小。

许多从事畜牧业的人，特别是生产者认识到，动物的福利除了指动物健康外，还指与动物生产力和获利性最相关的环境和管理条件要舒适[①]。这包括在动物科学领域涉及的所有合理的活动，如营养、畜舍、疾病和寄生虫的防治，对食肉动物的防御，当然，还有最重要的一点是动物的主人和管理者细心的照料和管理。

美国兽医协会(AVMA)给动物福利采用了一个相似的解释："动物福利是人类的一种责任，它包括使动物幸福的所有方面，包括舒适的畜舍、正确的管理、合理的营养、及时的疾病防治和治疗、负责任的照料、温和的处理、以及必要时人性化的安乐死[②]。"

几乎所有人都同意以上由生产者和兽医给出的定义。可是，值得注意的是，美国人群中有相当高比例的人并不从事农业生产或者说不熟悉现代的农业实践。这些消费群体，或者说普通的公众所关心的动物福利倾向于他们将如何对待他们的宠物(狗、猫或马)。他们更关心的是动物的高产和高效可能给动物自身带来的厌烦、不快乐感和痛苦。

对于动物福利的认识还存在占比例很小的第三类人，即动物权利激进分子，他们在动物福利上表现出强硬的观点。这些激进分子鼓吹动物应该和人类拥有相同的权利，这些权利不能以任何理由剥夺。可是，大多数动物权利主义者的观点还是相对保守的，他们承认人类权利和动物权利有差异，但强调动物的自由、足够的活动空间，并鼓励群居，使动物表现它们自然的本能。

在动物生产中最重要的是清楚地理解动物福利和动物权利的差别。一些人也担心动物权利极端分子的游说可能导致一些不切实际的法规出现，这将极大地改变动物生产的效率和成本。因此，在教育机构成员和畜牧业行内人士的共同努力下明确了动物权利和动物福利内涵，并有多种动物权利和福利的出版物出版。

---

①Rollin, B. E. *Farm Animal Welfare. Social, Bioethical, and Research Issues*. Ames: Iowa State University Press. 1995.

②DeHart, H. "Animal rights position allows no room for Compromise." *Feedstuffs* 65, no. 1 (1993): 8.

通过思想交流、教育、深入理解以及相关组织间的合作，很可能推出更多更好有关动物饲养管理的方针。

大部分的美国动物农业学家也是动物福利的倡导者，他们关于动物权利的观点既不极端（废奴主义者）也不保守（统治主义者）。反而，他们可以归为实用主义的忠实拥护者①。这些人主张动物应该拥有权利，但是，人类对动物在食品、纤维、工作和科研上的需要可能违反动物权利。实用主义者主张要富有同情心地利用动物来满足人类利益。

动物生产和动物福利中最关键的是，尽可能地减少可能引起动物疼痛、痛苦或过强应激的环境。通过深入观察和彻底了解动物的行为（见第 13 章）有助于同时提高动物福利和养殖业的整体生产率。

## 1.11 环境和动物粪便处理

从动物第一天被驯化开始，动物粪便处理问题就在不断地加剧。正如上文所述，动物生产在几十年前并不是很集中，所以大部分的粪便被动物随意播撒到牧场和草地上。表 1-5 说明了美国目前舍饲经营的肉用动物（牛、猪、羊和家禽）、奶牛和蛋鸡每年产生的大量粪肥（见 11.11）。如果将所有家养动物（如放牧的马或其他动物）都考虑在内，每年产生的粪便将远远高于 4.22 亿 t②。因为集约化饲养在一个小的地理空间内产生大量的粪肥，所以很可能导致空气、水和土壤的污染。

表 1-5 美国舍饲动物每年生产的粪肥估计量

| 物种 | 动物数量 | 每头动物每日产粪肥量[a] | 饲养天数 | 每年总产量 |
|---|---|---|---|---|
| | $(10^6)$ | (lb) | (d) | $(10^6$ t) |
| 肉用动物[b] | | | | |
| 育肥牛 | 22.0 | 58.00 | 150 | 95.70 |
| 猪 | 101.8 | 6.50 | 170 | 56.24 |
| 育肥羔羊 | 5.6 | 3.30 | 130 | 1.20 |
| 肉鸡 | 7 934.3 | 0.28 | 50 | 55.54 |
| 火鸡 | 301.3 | 0.95 | 114 | 16.32 |
| 奶牛[c] | 9.2 | 105.00 | 365 | 176.30 |
| 蛋鸡 | 318.1 | 0.36 | 365 | 20.90 |
| 总计 | | | | 422.20 |

a. 湿重主要指每天排泄的粪便；不包括尿、草垫或额外的水分。

b. 指每年上市屠宰的动物；不包括育种群动物，其他家禽和引进的动物。

c. 不包括后备种畜。

来源：改自 Council for Agricultural Science and Technology (CAST) Task Force Report No. 128 Integrated Animal Waste Management, November 1996 and USDA sources.

美国农业部指出，家禽和家畜粪肥中的营养成分是水的主要污染源。1972 年

①*Instructional Materials about Animal Welfare*, National FFA Foundation, Madison, WI.

②In addition to the fecal waste of animals, animal waste includes a variety of materials such as urine, used bedding, spilled feed, etc.

净水法案(Clean Water Act)的出台就是畜禽集约化和专业化养殖所导致的结果。自1972年开始,农场的数量有所减少,但农场的规模却变得更大,因此每个农场每英亩家禽和家畜数量的增加也导致了水污染风险的提高,因为原始规定的方式并不能使动物的粪肥得到充分的处理。为了适应已经改变的畜禽经营规模,美国环境保护局(EPA)提出了新的条例,它迫使大规模的动物养殖场根据一个营养管理计划来处理动物的粪肥。这些新的条例在2003年开始执行,被称为国家统一养殖饲养战略(Unified National Strategy for Animal Feeding Operations),它由美国农业部和美国环境保护局共同制定。它的总体目标是:将由于对动物粪肥不合理操作给水资源和人类健康造成的影响减到最小。该战略主要针对的是大规模的养殖场。对于小规模养殖场,一个营养管理计划是应该提倡的,但这并不需要。表1-6描述了不同动物、不同规模养殖场所包含的动物数量。

表 1-6 大、中、小养殖场舍饲的动物数量

| 饲养动物 | 大 | 中 | 小 |
|---|---|---|---|
| 牛或一对母牛和小牛 | 1 000 或更多 | 300～999 | 少于 300 |
| 猪(体重不到 55 lb) | 10 000 或更多 | 3 000～9 999 | 少于 3 000 |
| 猪(体重超过 55 lb) | 2 500 或更多 | 750～2 499 | 少于 750 |
| 成年奶牛 | 700 或更多 | 200～699 | 少于 200 |
| 火鸡 | 55 000 或更多 | 16 500～54 999 | 少于 16 500 |
| 蛋鸡或肉鸡(流体粪肥处理制度) | 30 000 或更多 | 9 000～29 999 | 少于 9 000 |
| 除蛋鸡外的其他鸡(非流体粪肥管理制度) | 125 000 或更多 | 37 500～124 999 | 少于 37 500 |

来源:改自 7191 Federal Register 68, no. 29, Wednesday, February 12, 2003, Rules and Regulations.

下面的例子说明了美国的动物养殖场规模如何扩大,并且一直在持续扩大。

- 新的奶牛场的数量从700个到10 000(或更多)不等,它们建立在饲料、气候和其他资源都非常适合的地区。
- 今天在美国大约有400个商品肉牛肥育场,主要集中在平原地区的各个州,每一个场规模都在8 000头以上。这些肥育场中,约有1/4可以在1 d内饲养32 000头以上的肉牛。
- 商业养猪场可以同时管理4 000～6 000头母猪,甚至更多。某些公司希望在一个小的地理范围内多个场同时养100 000头母猪[①]。
- 许多蛋鸡设备可以养几十万只鸡,有些鸡场可以养超过200万只鸡。

由于舍饲的优势越来越明显,因此许多养殖场规模越来越大,集约化程度越来越高。可是,当动物变得更加集中时,产生的粪便也就更多——这无形中加剧了污染问题。

当养殖场扩大的同时,人类也随着住房的增加迁到了郊区或农村。这样动物养殖场和他们的非农业邻居间共存所带来的潜在问题便增加了。今天的动物养殖不仅要更高效、获得更多,而且要正确管理,降低动物粪便污染的危险。如果管

①Herrick, J. B. Large Animal Veterinarian, January-February 1995.

理和利用不合理，那么大量的动物粪便将给水、空气和土壤带来严重的污染。

因为动物的粪便主要是有机物，并且大部分通过微生物的活动可以分解，所以可能引起空气污染或者产生异味。当粪便分解时气味随之释出，一旦被搅动，特别是在田间施肥时，产生的气味可能严重地冒犯附近居民并招来警告。有些气味是一些家畜特有的，即使不会让主人感到不舒服，但却常常惹附近居民反感。因此要谨慎建舍，要选择合理的位置和设计方案，当在野外搬运和撒播动物粪便时需要考虑到附近居民的感受，避免受到附近居民的疏远和起诉。

水的质量必须保证人类使用的安全性，同时也要保证动物饮用、农业、工业、渔业、野生动物和娱乐活动使用的安全。美国环境保护局负责制定标准，以避免人类、植物、动物和水生生物受到伤害，保证人类在饮用水时不受到有害污染物（例如病原体和有毒的化学物质）的伤害。1972 年通过的联邦净水法案这些标准已经被制定成法律。所有的养殖场必须防止污染任何水源。如果不这样，他们就触犯了水污染规定。对于动物数量超过一定范围（例如：1 000 头屠宰的育肥牛，2 500 头猪，700 头成年奶牛）的养殖场，在养殖场粪肥管理计划批准后，才能得到许可证。最近，美国农业部针对合理的管理和处理家畜粪便发起了一个计划，要求所有的养殖场都要贯彻营养管理计划，以尽可能地减小对水的污染①。

粪便管理疏忽，或偶然的粪便溢出，可导致地下水（地下井和蓄水层）和地表水（如湖泊和河流）被污染。水的污染可能是由于开放式养殖场流出的水、田间施用的粪肥、或蓄粪池的泄漏物渗入到土壤水中所导致。

过多地施用动物粪便造成的土壤污染和土壤性质的改变是有害的。例如，由于土壤溶解的盐浓度已经足够，过量的施加动物粪肥导致土壤盐度过高，反而抑制作物生长。另外，动物粪肥中含有大量的有机氮，分解后释放出铵，铵可以在土壤里积累，富集区产生大量氨气，将抑制种子萌发和植物秧苗生长活力。

不同动物的粪肥成分存在着一定的差异。例如，家禽的粪肥尿酸含量很高，它能快速地转变成氨水，当它以家畜的粪肥相似的比率施用时，很可能对农作物造成很大的危害。

考虑到以下资源，畜禽生产者应该对动物粪便管理制定一个制度或策略②：

- **土壤**　在土壤中施用粪肥必须控制在一定的水平，不要超过土壤吸收和贮藏的能力。
- **水**　地表水和地下水的质量必须得到维护。被污染的水，如户外堆放粪便的溢流，必须要留下来处理或在以后合适的条件下施放到田地里。
- **空气**　生产者必须考虑到圈养的动物和粪池区，包括污水池和田间施粪时所带来的令人反感的气味，并采用一切办法将对空气产生的影响降到最低。空气流动、温度、湿度和气味的强度，这些问题在户外施用粪肥时都必须考虑到。
- **植物**　植物能高效的循环粪便中的营养。施用比例不能对植物造成毒害作用，或者说不能超过植物的需求量。树的种植，如常青树，在养殖场的隔离区非常有用，指示风向或挡风、减少噪声和防止水土流失。

---

①美国农业部畜牧场环境及公共卫生管理草案（The USDA plan is referred to as the Draft Strategy for Addressing Environmental and Public Health Impacts from Animal Feeding Operations.）。

②Boyd, W. H. Supplement to the Journal of Soil and Water Conservation 49, no. 47 (1994): 53.

- **动物**　一个健康安全的环境和好的粪便管理体系可以保证动物不受有毒气体、疾病、寄生虫和昆虫的伤害。严禁给动物提供污染的饮水。

一些处理营养物质的措施对于防止土壤、水和空气的污染非常有益。异味和氮污染主要都是由于粮草中的天然蛋白质产生的。许多异味组成都与蛋白和氨基酸降解有关。一些研究针对挥发气味的来源和条件来进行改善:(1)改变肠道微生物菌群的类型;(2)通过改变日粮的成分改变散发异味物质的结构,并通过饲喂添加剂和使用粪池(例如地下深坑或污水池);(3)通过特殊的排气系统抑制讨厌的气味①。

过量的氮和磷是土壤和水的主要污染物。例如,从农田或养殖场流出的有营养物质的污水进入到池塘将导致藻类(或池塘浮游生物)的快速生长。最后,藻类的死亡和分解过程消耗了水中大量的溶解氧——给水中的鱼和其他水生生物的生长带来不利影响(见第36章)。

日粮的改变将减少由于过量氮磷造成土壤和水污染的危险。为了确保合理的氨基酸平衡,在传统的非反刍动物的日粮中,有时包括不止一种高蛋白饲料。可是,通过添加商业可利用氨基酸(如赖氨酸、蛋氨酸、色氨酸和苏氨酸)常常可以减少它们的用量,大大降低排泄物中氮的含量。另外,有研究表明,饲料防腐剂中含有丙酸,它可以将猪胃肠道中的铵氮含量减少到25%。

大多数植物种子中的磷是以肌醇六磷酸结合磷的形式存在,它不能被单胃动物利用,直接被排泄,最终回到土壤中。在动物的饮食中补充酶,如微生物的肌醇六磷酸酶,将有助于动物更好的利用肌醇六磷酸结合磷,在排泄物中磷的含量将减少25%～30%。目前,大多数养殖场严格按照营养需要来配制日粮,并利用阶段饲养(根据年龄分组)进一步减少氮和磷的排泄。今天,养殖场更加关心土壤的测试,以便更好地利用氮磷钾,并减少土壤和水被污染的危险。

越来越多的农场开始使用全球定位系统(GPS)来辅助田间施肥。这个系统被安置在施肥设备上,它从卫星接受到精确的地理位置信息。信号被一个随车携带的电脑接收,指出设备操作地点在田间的位置。根据这些信息,操作员可根据田地特殊位置的土壤肥力(或产量数据)精确的施肥。这个系统有助于减少肥料(无论是商业还是动物来源)的过量使用,进而减少由于过量施肥造成的土壤和水的污染。

将动物粪便返归大自然的方法有几种。其中之一是用传统的撒肥机,把固体或黏稠的泥浆状肥料播撒到地面上。今天,大多数的舍饲系统用罐式货车来装肥料,并且越来越多的养殖场使用的是配有注射刀的罐式货车(图1-16)。这种方法直接把肥料洒到土壤里,降低营养损失、减少粪便四溢和减少异味挥发。现在的养殖场要求准确记录粪肥总产量,以及什么时间、用什么方式播撒在什么地方,播撒量多少。施肥要随时考虑到天气的情况,特别是风向和风力,避免异味影响到附近居民。施肥的频率不能超过土壤的承载能力和种植农作物对养分的吸收能力,避免土壤和水的污染。

养殖场还采用其他一些措施来管理动物粪便,以减少空气、水、土壤被污染的危险,包括:

---

①Coelho, M. B. Feedstuffs, June 20, 1994.

图 1-16 罐式货车普遍使用,可以高效均一地喷洒动物粪便,注射刀(下面的照片)的使用能够减少营养损失并降低异味挥发。

来源:Purdue University.

- 过滤带种草来吸收沉淀池流出的液体和固体物质,田间留出隔离带有助于控制粪便溢流。
- 贮藏动物粪便要远离环境敏感地带。
- 使用空气“吸尘器”除去动物圈舍中的异味和灰尘颗粒。
- 转移水源,远离畜栏和粪池。
- 在粪池上盖上人工合成的有渗透性的覆盖材料,减少气体的释放。
- 进行排泄物固—液态分离和堆肥,并在某些情况下对外出售堆肥,如庭院和花园用品商店。
- 利用肥料生产沼气,提供能源。

每一个动物养殖单位的粪便管理计划都或多或少存在差异,但是其处理、贮藏和施用过程都必须是环保和经济的。当然,每一个企业都必须要执行政府规定和联邦法规。

## 思考题

1. 在 20 世纪 80 年代和 90 年代哪种动物性产品的人均消费量显著增加?

2. 简要的讨论一下发展中国家(LDCs)的发展情况和美国给他们提供的帮助。

3. 世界上哪些地区的人口增长速度高于平均水平?

4.美国农民占总人口的比例是多少？平均每个农场有多少英亩的土地？

5.请介绍一下在美国前人是如何通过制订适当的法律法规来支持农业教育的。

6.适口性和蛋白质生物学价值的定义。

7.羊属、牛属、猪属、马属、原鸡属各有哪些物种？

8.通过比较，说明物种本身的特点是如何影响其对环境适应性以及消耗的饲料类型的，如猪与牛进行比较。

9.所有这些重要的养殖业中哪种类型养殖业单位动物需要高的劳动力投入和资金投入？哪种养殖业提供了良好的资金流动？哪种有巨大的经济风险？

10.小母牛在什么年龄产犊进入产奶群？

11.奶牛场产下的小公牛命运将是什么样子？

12.美国绵羊养殖场主要的收入来源是什么？

13.育肥猪一般的上市体重范围是多少？

14.简要的描述家禽业各环节的纵向一体化。

15.大部分蛋鸡在多少周龄开始产蛋？

16.如果1日龄肉鸡在3月1日入舍，那么它预计应该在哪天，多大体重时被运到加工厂。

17.请解释说明人类对动物的照料如何给动物生产者和消费者以及提倡动物权利和福利群体带来益处的？

18.估算一个400头母牛的奶牛场一年产生的粪肥的量。

19.动物营养和饲料中的哪些改变能减少土壤、水和空气被污染的危险？

20.养殖场为减少环境污染所采用的其他措施有哪些？请列出几项。

翻译：李学文，李玉林；校对：初芹

# 第2章

## 动物产业

## The Animal Industry

动物产业与其他行业的发展是息息相关的。动物生产依托于其相关产业、院校及政府部门提供的产品、设备和服务。反过来在产品和服务销售方面，农业综合企业的许多部门也依赖于动物生产。本章将讲述整个动物产业和相关科学的全部内容。

在最近几年，由于养殖数量和市场价格的变化，畜牧业的总收入在900亿～1 000亿美元之间波动，这些收入主要来自于养殖场和牧场生产销售的畜禽及畜产品。表2-1中列出了各类动物或动物产品以及主要农作物的总收入。许多收入较少的农作物种类没有被给出。而且，由于在农场中饲喂了大量的玉米，所以在这些数据中它被计算了2次。

自从1620年移居美洲的英国清教徒定居后，肉制品加工开始成为美国农业的重要组成部分。毛纺厂和奶牛场也得到早期发展。由于兽医的专业理论训练和技能水平的提高，从20世纪早期，兽医就已经是畜牧业不可分割的组成部分。

随着时间的推移，科学技术的发展，专业化的形成，对改进生产和降低劳动的需求导致了从畜牧业中分化出几个新的产业，如饲料生产、动物保健与制药和畜禽设备生产。食品零售商和饭店也是广义畜牧产业的一部分，它们是畜牧产品面向消费者的终端出口。

从传统畜牧业分化出来或正在分化的产业还有动物遗传育种业。普通养殖场中饲养了大量的纯种畜禽，为商业扩繁提供种畜。然而，禽类育种完全由商业化育种公司垄断，猪的育种也正在向这一阶段过渡。

农业和兽医兽药学府、农业实验站和教育推广项目，还有美国农业部以及其他一些联邦研究单位为畜牧生产及其相关的行业提供了有价值的信息。

如果整个畜牧业想成功持续地向消费者提供优质健康的食物和其他产品及富有竞争力的价格，那么必须要求从事畜牧业的所有成员在动物科学方面受过良好培训和教育，而且要有经验。营养学家、销售和服务人员、买商、生产管理者、遗

**表 2-1 美国部分动物、动物产品和主要农作物的总收入**

单位：百万美元

| | 2002 | 2001 | 2000 |
|---|---|---|---|
| 牛 | 38 302 | 40 804 | |
| 猪 | 9 651 | 12 462 | 53 395 |
| 羊 | 439 | 405 | |
| 肉鸡 | 13 400 | 16 693 | 13 988 |
| 火鸡 | 2 700 | 2 790 | 2 822 |
| 鸡蛋 | 4 200 | 4 446 | 4 345 |
| 牛奶 | 20 688 | 24 848 | 20 771 |
| 所有肉类和动物产品[a] | 89 445 | 102 514 | 95 407 |
| 棉花 | 3 594 | 3 122 | 4 260 |
| 玉米类谷物 | 21 213 | 18 888 | 18 499 |
| 小麦 | 5 863 | 5 440 | 5 782 |
| 干草 | 12 433 | 12 603 | 11 407 |
| 大豆 | 14 755 | 12 606 | 12 467 |
| 土豆 | 3 151 | 3 058 | 2 591 |
| 烟草 | 1 726 | 1 952 | 2 002 |

a. 包括绵羊、山羊、羊毛和马海毛的估计数据。

来源：USDA，NASS.

传学家、兽医、生理学家、食品专家等等也是必不可少的。此外，还要雇佣记者、广告专家、会计师、办公室管理人员、化学家、经济学家、工程师以及其他相关人员，并且这些人要有相关畜牧业的实践和教育背景。

与畜牧业和畜产品加工相关的科学领域活跃着一批世界上最聪明和最有才能的人。他们被培养成为营养学家、数学家、群体遗传学家、生物学家、物理学家、经济学家、微生物学家和一些其他学科的专家。他们潜心研究动物生活、生长、繁殖和生产的奥秘。解决这些问题将使全社会的消费者受益。

读完本章后，要求掌握以下内容：

1. 美国畜群密度最大的地区有哪些？为什么？
2. 举例说明在本世纪期间动物分布密度的变化，并陈述原因。
3. 从规模、地理分布、集中程度及其变化几方面对饲料加工业、肉类加工业及其他动物产品加工业进行描述。
4. 列出兽医在整个动物生产中所起到的三个不同的作用。
5. 描述一下与动物生产及加工相关科学的前景。
6. 列举大学和政府机构在畜牧业中的几项职能。

本章列出了大量的统计数据，不要求记住。这些数据只是用来更好的阐明在畜牧科学和畜牧产业的规模和发生的变化。

## 2.1 畜禽地理分布

畜牧业的地理分布密度在很大程度上依赖于饲料的供给。一般来说，运输动物饲料来生产动物产品比直接运输动物产品花费要高。然而，近些年来，由于对环境的关注以及大型集约化养殖企业自身的特点，一些企业开始逐渐把养殖场建在人口密度小、离饲料产区较远的地方。

对于饲料生产来说，降雨量和土壤肥力是重要的影响因子。水是植物生长和新陈代谢所不可缺少的，而土壤必须为植物生长提供养分。土壤结构与温度和土层中有机物含量有关。优质土壤要求结构松散、透气性好、排水性好、保水性也好，这样才能在无雨期为植物生长提供足够的水分。

谷物和草料更多地生长在平原和轻度起伏地区，而不是丘陵和山脉地带。因为陡峭和贫瘠的土地易受侵蚀，而且土层浅薄，它通常用于生产牧草和木材。

因此，要实现最大量的生产畜禽饲料必须同时满足上面提到的多个条件，包括地形平坦、土壤肥沃、降水充足、排水和灌溉良好(图 2-1)。美国中部地区就完全符合这些条件，尤其是玉米种植带。艾奥瓦州牛和肥猪群密度一直最高，每平方米生产的鲜肉比美国其他任何州都多。由于具备肥沃的土壤、良好的地形、充足的降水和其他适宜的气候条件，邻近州的饲料和动物生产方面也非常繁荣。在美国的其他一些不适宜农作物种植的区域，根据各自劳动力、设备、谷物运输和其他花费情况，在畜牧业领域也有一定的竞争优势。

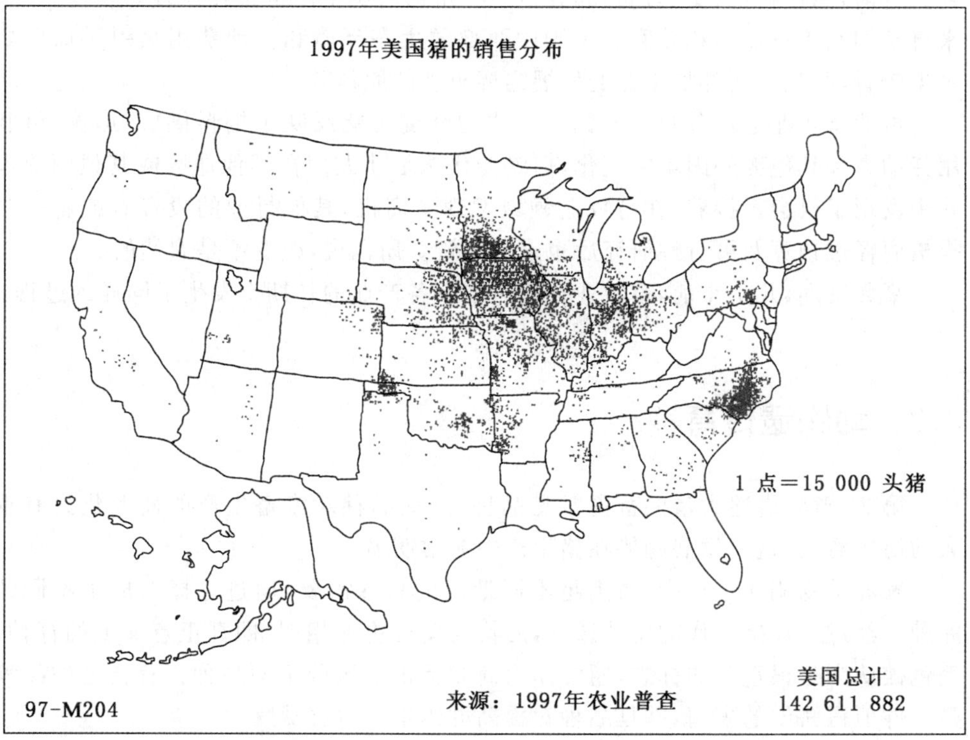


**图 2-1 肥猪市场分布证明主要的玉米种植带为肉品生产提供粮食。**

来源：USDA, NASS. at：http：/www. nass. usda. gov.

集约化农业区域主要集中在灌溉良好的新墨西哥州、亚利桑那州、加利福尼亚州和其他西部平原地区。在那里水是由灌溉用水来提供的，但是土地肥沃并且农作物生产密集，这些有益于高水平的肉蛋奶的生产。此外，东北部地区、阿巴拉契亚、东南部地区、华盛顿、爱尔达州和加拿大省同样拥有良好的土壤而且那些地方有充足的降水和灌溉用水。

气候和地理位置对动物本身的直接影响也很重要。某些畜禽品种更适应于美洲中部的气候条件，而不适于墨西哥湾沿岸各州、美国中部和南部附近的热带或亚热带气候。

动物的地理分布不是固定不变的。在20世纪中期，肉牛工业中心朝美国东南部移动，棉花地转变为草地以及对昆虫的控制的改进和牛更耐热的特点等对这一转移起了促进作用。鸡蛋的生产从玉米种植带及东北部向东南部和阿肯色州转移。因为在东南部，饲料企业和加工厂可以雇用大量有知识背景的贫困农民，这一点正好满足了玉米带的专业化企业和其他有前景的企业的需要。

但在20世纪80年代，鸡蛋的生产又回到玉米种植带。20世纪50年代，艾奥瓦州从产蛋量第1位下降到第15位，然后在2002年，又上升到了第1位。东南部地区的某些设备已经陈旧了，在重新建造之前，主要的产蛋公司通过比较谷类饲料成本发现玉米种植带的玉米更便宜。

肉牛养殖从地理分布和饲养类型两方面均发生了变化。地理分布从印第安纳州、伊利诺伊州和澳洲的中心玉米种植带转移到西部玉米种植带和北部平原地区，饲养方式也从传统的小农养殖变为商业性的规模化饲养。

在20世纪后期，奶牛生产从传统的"奶牛养殖带"即威斯康兰州转移到了纽约。目前，南达科他、艾奥瓦州和其他一些州的奶业生产也正在恢复，这些生产者来自于加利福尼亚州和北欧。美国中西部的生态环境和土地费用吸引了那些奶牛生产者，并且中西部加工业的发展需要更多的原料乳。

虽然畜牧业地理分布以及饲养方式的转变可能反映了饲料供应、运输、可利用劳动力和其他额外因素的变化，但是变化总是让人们在其他地区或其他商业模式中发现了机会。接着，在畜牧业领域发现了商机，其他行业的投资者或者一些投机商经过预算及可行性研究后也进行投资。所以说，改变不是偶然的。

毫无疑问，几十年前，畜牧业分化出如下各产业的初期也发生了同样的过程。

## 2.2 动物遗传育种

第21章将讲述大量的畜禽常见品种，这些品种对家畜生产的商业化具有重大的历史意义，这一发展趋势在猪生产中非常明显。

家养动物驯化过程中，为满足不同地区的特殊需要，通过选择形成了不同的品种。经过一代接一代的持续选择，后代与父母更加相似，即真正意义上的育种。毛色被认为是很重要的标志，通常作为商业标识来区分不同品种。有自己的品种是一件值得骄傲的事情，并且品种对提高群体生产力贡献巨大。

20世纪后半叶，家禽改良主要集中在品种内品系的选育，这是禽肉和禽蛋生产最有效和最受欢迎的途径。因为这些品系的毛色基本一致，因此通过名字和数字来识别。由于禽类高产（每年每只鸡产200多个蛋）和世代间隔短的特点，因此相对于其他动物品种而言，它的遗传进展速度更快。

与家禽育种相伴随的是肉鸡和蛋鸡生产的产业化，每个养殖场都有上千只鸡被实施集约化管理，满足了消费者对产品质量一致性的要求。

家禽业发展的结果是，到21世纪早期，仅有几家家禽遗传公司能培育和提供祖代和父母代种鸡用来生产商品肉鸡和蛋鸡。其中有4家公司销售市场遍布全球并提供大部分的蛋鸡品系，同样，美国市场大部分肉鸡品系也仅由少数几个公司供应。

家禽育种公司通常出售杂交父母代鸡给特定的扩繁场，在扩繁场利用父母代产蛋、孵化，向肉鸡或蛋鸡养殖场提供商品鸡。

猪的育种与家禽相似，同样是由几个全球性的大公司培育和出售父母代，但是在猪育种上，个别品种或种猪群也起着非常重要的作用。然而，一个优秀的种猪群必须保持足够数量的父母代猪——约几百头母猪，目的是生产足够多的性能均一的公猪和小母猪，以满足大型的自繁自养猪场和断奶仔猪生产猪场的需求。

有个别种猪群，他们拥有种畜数量有限，虽然可以向个体养殖户提供一头或几头公猪，但考虑到养猪业集约化的持续发展，它们最终的发展机会还是受限制的。

从上面的叙述可以明显看出，相对繁殖力的高低是影响遗传进展速度的最根本原因。如肉牛生产，虽然品种内培育出一些品系，但是育种重点一直集中在选择公牛进行杂交。因此肉牛育种群，即肉牛业的遗传资源，都是通过拍卖或私人交易方式从基础农场或基础牧场育种群选择的。

在奶牛方面，奶牛品种保留了它们全部的特点和特性，但是由于奶业最关注的是产奶量，所以高产荷斯坦奶牛的数量远远超过了其他品种。早在20世纪就开始的详细生产性能记录体系可以更精确的预测青年公牛的育种值。再加上相对成熟的人工授精技术，因此奶牛育种的焦点在种公牛上。育种公司高价购买青年公牛，生产、加工精液，然后向全国的母牛群出售。与家禽育种领域一样，商业合并最终导致少数几个公司控制了为奶牛生产的大部分遗传资源。

动物遗传育种的另一部分内容，也是比较新的内容，就是胚胎移植和克隆。胚胎移植使得从遗传素质比较优秀的父母代，繁殖多个遗传相似的后代（如犊牛，仔猪，或者羊羔）成为现实。胚胎移植技术包括激素诱导的超数排卵技术和人工授精技术，在早期收获胚胎，再将这些胚胎移植到雌性受体体内。受体动物与供体动物的发情周期是同步进行的。移植前根据性别将胚胎分类，冷冻保存，便于以后进行胚胎移植或胚胎分割。用显微操作技术将胚胎分割成2个、3个或是4个细胞群，产生多个完全相同的同胞（如：双胞胎、三胞胎、四胞胎）。

与**胚胎移植**技术相比较，克隆技术产生的动物个体拥有的遗传物质，包括性染色，与被克隆的个体是完全相同的。克隆能够获得遗传素质一致的畜群，无论是同一世代的个体，还是下一代、下下一代个体，遗传物质都是相同的（框2-1）。

胚胎移植和克隆技术都是高新科技，它们同样都需要操作熟练的技术员和先进的设备。此外，也需要兽医、生理学家、内分泌学家以及很多高学历人才。大多数畜牧生产者都拥有优秀的种畜群，他们预测，市场对动物的需求量要远远高于他们按照传统的繁育技术生产的数量。所以，胚胎移植和克隆技术有着良好的发展前景。

**胚胎移植(ET)**
来自于优良母畜的5～6日龄的胚胎被移植到受体母畜的1个子宫角，如果是2个胚胎则移植到2个子宫角内。主要在牛上应用。

框2-1

## 牛的克隆过程

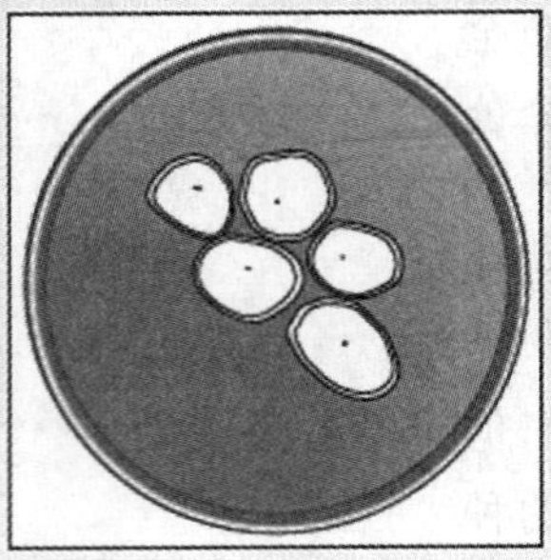

1. 克隆使用的遗传资源来自30日龄的犊牛胚胎细胞，这些细胞也叫原始生殖细胞。

2. 将促生长蛋白导入到原生殖细胞使其长成干细胞，该步骤涉及专利。

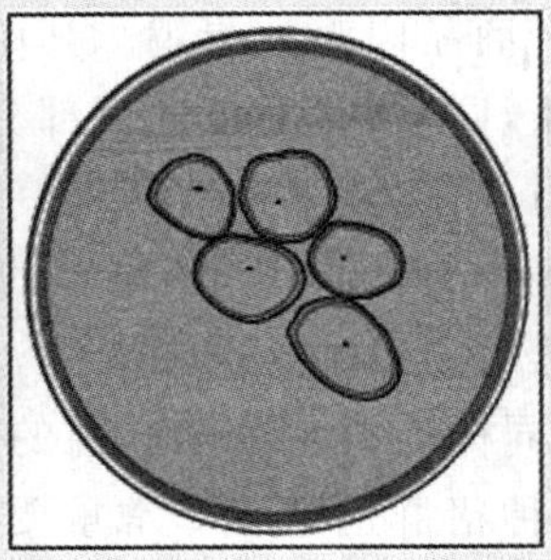

3. 永久性胚胎干细胞的发育。这类细胞与30日龄原始生殖细胞不同，因为它们能发育成一头小牛。

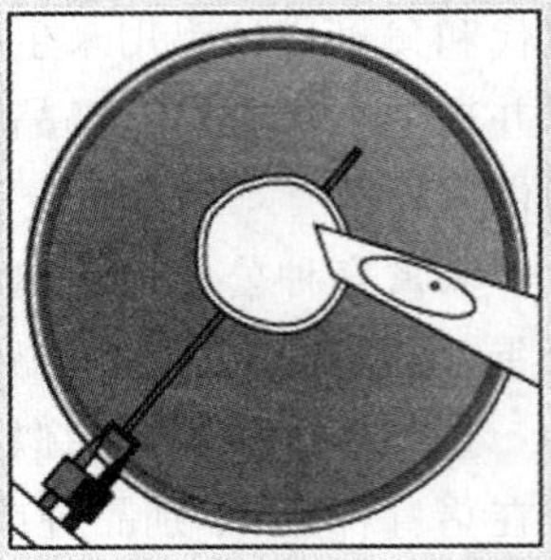

4. 将一个未受精的卵子去核，然后将胚胎干细胞注入该细胞中。

5. 胚胎干细胞被注入到未受精卵子透明带内。通过低压电流处理使其发生融合。

6. 现在细胞里有来自于30日龄胚胎的遗传物质，包裹在透明带内。使用一种蛋白质激活细胞生长。

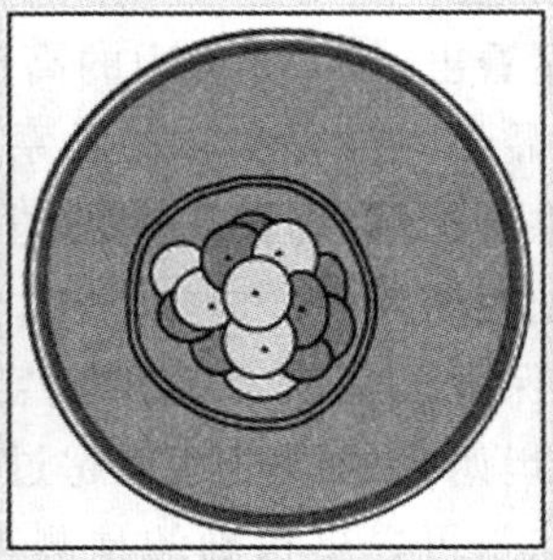

7. 细胞迅速生长，精卵结合生成合子，这一步生成更多的遗传物质复制品。细胞生长 7 d。

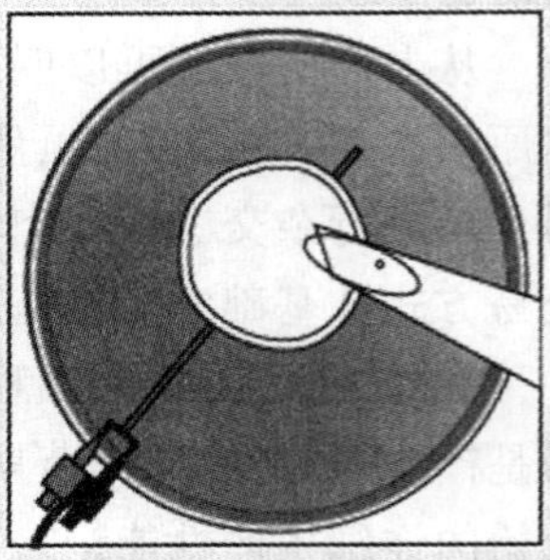

8. 与第4步一样。取出另一个未受精卵子的细胞核，用来生长第 7 步得到的克隆细胞。

9. 与第5步相似，除了注入透明带内的细胞是复制后的细胞。同样用低压电流处理进行融合。

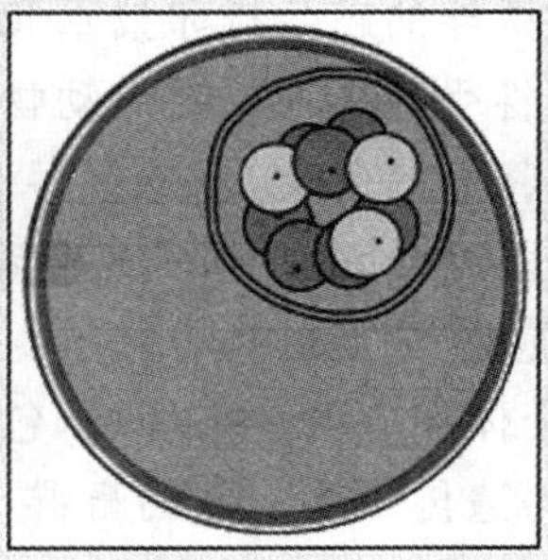

10. 发育 7 d得到的胚胎与正常胚胎一样。7 d后，检查胚胎是否合格，适于移植。

11. 到该步为止，整个实验室操作完成。然后7日龄的胚胎被移植到受体牛体内并发育成小牛。

12. 280 d妊娠期后，克隆牛出生了。采集小牛及父母的DNA来验证遗传是否一致。

来源：Hoards Dairyman，August 25，1997。

## 2.3 饲料工业

2003 年，美国饲料工业协会(the American Feed Industry Association)指出：该协会的 181 个饲料加工公司生产了 75%的美国商用饲料和宠物食品。这些公司规模较大，而且许多公司在国内和国外都有多个饲料加工厂。除此之外，还有几千家生产混合料的其他一些公司，包括合作组织，但它们只对有限的区域或是一些固定的客户提供饲料(图 2-2)。

**图 2-2 上图给出的是美国一个北方中心公司的研究机构和示范农场，下图是美国中西部的一家饲料加工厂。** 来源：Cargill Animal Nutrition Division，Inc. and Kent Feeds，Inc.

除了饲料加工公司以外，美国饲料工业协会还包含了 25 家生产出售微生物制剂和酶制剂(制剂能大大改善草料的利用价值)的公司，73 家提供混合饲料主要成分的公司，66 家微量元素(维生素、痕量元素等)供应公司。由此可见，饲料工业覆盖范围很广，并且暗示了多种行业机遇，其中有科学研究、日粮配方、质量控制、工厂运作、广告、顾客咨询和销售等方面。

对于大型集约化养殖企业，饲料厂提供的大多数饲料是全价料，由于饲养规模大，所以通常是每天把散装饲料（非袋装）用卡车运输和卸载到各饲喂点的饲料箱内。而对于一些小型和业余（hobby）的养殖场，以及雏鸡、犊牛和宠物养殖单位，饲料厂通常把全价料包装成 20 lb 或 40 lb 进行出售。对于一些马、肉牛、奶牛养殖场，没有自己的饲料混合设备，还有一些小型商业畜禽场以谷物类饲料为主，所以饲料厂为他们提供混合好的饲料添加剂，这些添加剂通常是袋装的或散装的，富含高蛋白、维生素和矿物质元素以弥补粗饲料和谷物的营养。

在 21 世纪早期，美国饲料工业就被认为是一种“成熟工业”，意思是在规模和人员配置方面不会再飞速发展。但这并不意味着饲料工业不再发生改变。2003 年工业调查显示，饲料业发生了许多的变化①。例如：现今 27%的公司生产的一些饲料不含抗生素，6%的公司生产一种或多种的有机饲料。

虽然一些饲料公司业务仍在继续扩大，但就整个行业来说，生产力有一些过剩。这是因为以前的一些小型养殖企业的日粮和添加剂都依靠购买，现在已发展成为大型的养殖企业，拥有自己的混料厂并且都是直接购买大宗的饲料原料的。

## 2.4 兽医和动物保健

畜牧业和各养殖企业在很多方面都是离不开兽医和动物保健产品供应商的，如维持动物健康、提高生产率和保持动物个体及群体的生活力，并对染病动物或受伤动物进行治疗。

2003 年美国兽医协会（AVMA）成员达到 69 000 个。其中，有 74%的人在私人诊所或合作诊所工作，而且这些人中有一半以上专门治疗马、猫、狗、禽类、鼠类、爬行动物或者其他伴侣动物。另外，有很多人在联邦或州政府机构任职，这些机构包括美国农业科研局（ARS）、食品安全检查局（FSIS）、美国农业部动植物健康检查局（APHIS）；疾病控制与预防中心（CDC）；美国环境保护局（EPA）；美国内务部鱼类和野生动物中心（FSW）及其他平级的州政府机构。在这些机构中，兽医的职责一般包括调研、监控动物疾病、检查动物加工设备和动物产品，以及和其他国家谈判关于动物和动物产品进出口的标准或者是协调动物和人类健康问题。

大多数兽医协会的成员都是从 17 个美洲的或 4 个加拿大的兽医药大学毕业的，这几所大学都是被美国兽医协会承认的。并且有 1 000 个或者更多的协会成员在大学担任教员，从事教学、科研或者临床教学工作。

对于大多数商业化禽、猪和奶牛场来说，兽医无论是提供私人服务还是作为公司雇员，他们的职责就是设计一个完整的畜禽保健计划，如果出现问题，则负责诊治和解决问题。一般常规处理，诸如阉割、接种疫苗、妊娠检查或是助产之类的工作，都是由养殖场工作人员完成的。在伴侣动物和小的畜禽群，兽医对个别动物的护理是很普遍的。

美国饲料工业协会的成员中有 28 家动物保健与制药公司。这些公司雇用兽医或经过其他专业培训的人员，从事研发、检测，以及向诊所、畜禽生产者和伴侣动物的主人出售疫苗、饲料添加剂和其他动物保健产品。

---

①Feedstuffs 75, no. 28 (2003): 12.

## 2.5 工厂和设备

为了满足畜禽工业的需要，出现了上百家制造和销售畜禽生产设备的公司。这些设备包括大门、便携式畜栏、滑道、拖车、仔猪保育箱、比例尺、饲槽、饲料运送车、青贮料装载车、饮水器、厩肥运输车和撒播机。有一些设备具有高度的专业性和创新性，例如："鼻泵"是专门为牛从饮水槽中饮水而设计的。在水桶背部加的一块木板就是"鼻泵"的按钮。当奶牛把它的鼻子放进桶里，下压木板，就可以喝到桶底的水，并且同时会流出更多的水。

这些设备公司的销售范围和生产规模都存在很大差异。有的在全国都有市场，但多数仅负责小范围区域。有的公司只是加工单一产品的小焊接店，有的公司大到雇用几百个工人去设计、制作和出售全套设备。

生产家禽设备的公司相当少，并且大多数是全国性的或者至少也横跨几个地区。这是因为与家畜业相比家禽业较单一化。大多数家禽养殖场高度集约化生产，使用的链条或者可变的螺旋喂送系统和乳头式饮水器都相似。对于雏鸡来说，所用的饲槽也基本雷同。

3 家或 4 家公司承担了大部分的蛋鸡舍所需的鸡笼及鸡蛋收集和打包设备的生产。这些公司不仅生产这些设备，而且还经常提供经过培训和有经验的安装人员上门服务。

许多养殖场还需要一件重要的设备那就是计算机，外加专门编写的软件，自动运行通风扇或窗帘、加热（有的是空气调节装置）、饲料分配和鸡蛋传输和打包系统。计算机会对温度变化或其他传感器的信号以及操作员录入的参数做出相应反应，控制畜舍内的温度保持在一定范围并在 24 h 内按规定时间把新鲜饲料运送给动物，甚至可以收集一个或更多鸡笼里的鸡蛋达到预定每打的重量后进行打包。

每个地区都有几家公司专门从事家禽、猪和其他动物的厂房建设。他们有丰富的建筑经验，耗费低并且设计精巧，同时满足了动物及经营者的需要。

畜牧业要用到的小项目成百上千，譬如饲养宠物，就要用到笼头、刷子、梳子、缰绳、鞍等等。毋庸置疑，畜牧业带来了上百万的商机。

## 2.6 市场

在 21 世纪早期，由于动物或动物性产品的缺乏，所以许多动物和动物性产品市场都刚刚起步。在当时，通常以阶段性协商合同交易，或通过电讯形式（电话、传真、电子邮件等），或面对面地对具体买卖事宜进行谈判。甚至有些在家畜拍卖会（图 2-3）上，投标人直接考察动物后再进行交易。近几年又出现了电子拍卖，买主可以在任何地方从计算机或电视屏幕上看到被拍卖的动物，并通过电子通讯设备进行讨价还价。

期货市场为远期交货合同提供了买卖机制，它为买方和卖方提供了价格保护，在后面的章节将会对它进行详细描述。期货市场是生产者市场计划的一

**图 2-3 美国西北部的一家育肥猪拍卖市场。**
来源:USDA.

部分。

在电子工具出现和长期合同流行以前,许多牛羊和大部分育肥猪都在“农产品集散市场”进行交易。这些市场位于主要的畜禽养殖地区,设有大量畜禽围栏。在那里,代理商会代表生产者和加工厂或牛羊肥育场的经营者进行谈判。虽然一些育成猪也在农产品集散市场出售,但是大部分是被送到乡镇上的购买站。在送货之前,生产者会打电话比较不同收购站当天的价格。但是,像这类的农产品集散市场和购买站在 20 世纪后半叶就消失了。

今天常见的畜禽拍卖市场上,买方可以看到动物并且听见拍卖商的叫卖声,其中交易的动物包括来自全国各地的架子牛、种畜、马和 4-H 认证动物以及地方和国家展览会 FFA 成员。拍卖会结束后,为了支持刚起步的市场,当地的市民和商人会以高价购买动物,然后以较低的价格转售给加工厂。

家畜行销协会(the Livestock Marketing Association),是一个全国性的组织,其目的是维护大约 800 个拍卖会成员的利益,其多数成员 1 周或者 2 周要举办一次拍卖会。规模最大的拍卖会使许多架子牛从西部的艾奥瓦州穿过内布拉斯加州和达科他州到达东部的蒙大拿州。在艾奥瓦州,也会有一些拍卖会处理大量的育成牛,目的是吸引有竞争力的买主。

1990 年以前,90%多的火鸡、肉鸡和鸡蛋的交易是通过和加工厂签订长期合同的方式进行的,或者产品在生产过程中就已经属于加工厂。相反,整个 20 世纪,猪牛羊的大多数交易是在集贸市场进行的。在集贸市场上,价格都是当天被商讨确定的。牛奶通常由生产者共同所有的合作社负责送到一个加工厂,根据“混合”或“配比”系统来确定当天牛奶的价格。然而,在 20 世纪 90 年代,肥猪生产是在长期的合同下进行的,这类长期合同或者是一份销售合同或者一份肥猪所有者付款给养殖者的合约,后者占比例约 80%。而牛奶的长期合同也变得相当普遍,无论加工厂是不是奶牛合作社。但是,在育成牛的交易方面,买主仍然在商业交易市场或肥育场购买。关于市场和交易内容将在后面几章给以更加详细的讨论。

## 2.7 畜产品加工

牛、肥猪、羊和家禽经过屠宰加工,生产出盒装牛肉和猪肉、火腿、片状腊肉、羔羊腿、法兰克福香肠、腊肠、袋装肉鸡、猪油和其他形形色色的肉质品。肉类加工不仅进行肉用动物的分解,而且生产一些便于烹饪或直接食用的肉制品(图 2-4)。第 25 章将对肉制品加工进行全面介绍。

**图 2-4 美国西南部堪萨斯州的一个现代肉制品加工厂。牛在右边的馅饼状的围栏内候宰。屠宰区在右边,分割区在中间,包装区在左边。**

来源:Iowa Beef Processors. Vol 75, No. 27.

鸡蛋通过加工,形成各种产品,如蛋清液、煎蛋卷混合料、沙拉用的熟煎蛋或零售的盒装鸡蛋。全国牛奶加工厂生产了大约 10 亿 lb 黄油、70 亿 lb 干酪、15 亿 lb 酸乳酪、10 亿 gal 冰激凌,当然还有饮用的液态奶。

在美国有 7 000 多家肉制品加工厂,大部分加工厂主要加工一个品种动物,如肉鸡、火鸡、羔羊或猪。并且加工市场分布集中,如前五家肉牛加工公司就占据了大约肉牛加工业的 75%,而前五家猪肉和鸡肉加工公司则分别占了 65% 和 60%①。

一些加工厂直接生产零售包装的产品,另外一些公司则把畜体运到其他工厂进行深加工后,再提供给零售业或食品服务业。大多数肉类加工厂,无论雇用的人员在 10 个人以内还是 1 000 人以上,都要符合联邦政府的检查计划。大约有 70 家鸡蛋加工厂也要服从联邦政府的检查计划。此外,美国有 25 个州共同制定了一项肉类检验规程,有 2 000 多家加工厂,通常都是小型工厂,要按照此规程进行生产,并且产品只能在加工厂所在州内销售。

考虑到人道主义和生产效率,动物要避免长时间停留在候宰围栏内,动物被

---

① *Feedstuffs.*

送到大的加工厂的时间是有严格规定的。此外，缩短鸡蛋和牛奶在生产单位的储存时间也是十分重要的，在大的牛奶厂中，牛奶从奶牛体内排出后被直接送到冷藏车内迅速冷却保存，然后运输 10 km、100 km 或 1 000 km 才到达加工厂。

一个肉、蛋、奶加工厂可以是私营公司或是生产者组成的合作组织，也可以是合资企业。但是无论哪种形式，都离不开生产合作社提供的动物或动物产品，如牛奶和鸡蛋。

在美国东北部的大部分地区，100 多家毛纺制造商每年生产价值 10 亿多美元的毛纺织品。对这些加工厂来说，羊毛是重要的。最近几年，美国的绵羊数量和羊毛产品产量有所下降。关于羊毛纤维的吸引人的故事和怎样将羊毛变成衣服，还有关于羊毛市场的简短讨论将在第 27 章进行描述。

## 2.8 餐饮和食品零售业

餐馆和食品零售商不仅是所有动物的终端出口，而且也是连接畜牧业和消费者的重要信息纽带。根据消费者点的菜及购买的产品，可以了解到他们的爱好和需求量。因此，可以说畜牧业是由消费者主导的。只有满足了顾客的需求，包括产品的质量、数量和需求形式，畜牧业才能兴旺。

20 世纪大部分时间里，大部分美国农业，尤其是动物农业，被认为是受生产的季节性和便利性主导的。大多数犊牛和羔羊在春季出生，因此母体的奶产量得益于茂盛的青草，而且幼年动物发育的前几个月必须是好天气。猪的分娩主要是在春季，也有一些在秋季。那些在秋季出生的仔猪、犊牛和羔羊通过新收获的谷物来越过冬季。运输成本和时间原因导致不会从其他地区大量进口动物产品。

在今天，这些限制因素是很少的。多数动物产品被储存在控温设备中。产品的冷藏和迅速运输也变得很普遍，进口产品充斥国内市场。但消费者现在期望能常年得到他们喜欢的产品。

人种的偏爱性正在改变，当今美国公民出生在其祖先属于亚洲东南部、加勒比海和美洲中部地区的人占很大一部分。写本书的时候，在美国，第一类人的 25%是美籍西班牙人。

美国人多半时间是在外面就餐的，并且快餐店非常方便。大量的快餐需求使他们对产品的类型、质量、大小比例和形式提出许多要求，从产品运输到加工，甚至是养殖。汉堡包、切片肉制品、破碎蛋混合物或其他产品签署的长期合同一般对生产和加工有详细说明。

大量的零售商通过电子工具记录和核查产品销售数据，并且将第二天或下一周的需求量传达给供应商。这样既给大型零售商提供了缓冲时间，又可以向供应商反映产品的特点。

## 2.9 动物科学

动物农业是一个有竞争力的行业，其重要基础是动物科学的原理、概念和数据。畜牧管理者和生产者掌握的营养学、动物行为学、产品质量和消费者行为等方面的知识越多，其成功的几率就越高。动物科学家们正在探索大自然的奥秘，并能够学以致用。

要探知动物生产的规律，如最佳日粮配方、最优交配体系、最有效的畜舍和最安全的食品保存技术，需要有好的教育、设施、设备和时间。在这一知识探寻过程中，具有遗传、动物管理或其他子学科知识背景的动物科学家可能要与化学家、物理学家、数学家、经济学家和其他方面专家密切合作。

一些科学期刊，如奶牛科学（*Journal of Dairy Science*）、营养学报（*Journal of Nutrition*）、家禽科学（*Poultry Science*）、细胞学（*Cytology*）和动物科学杂志（*Journal of Animal Science*）（图 2-5）都是权威的有完整研究记录的杂志。在州立农业试验站、美国农业部实验室和其他的公共或私人研究所完成的研究大都在这些杂志或期刊上发表，并且越来越多的试验结果可以从网上获得。

**图 2-5　为了便于动物科学方面的研究人员、教师、推广教育家以及畜禽育种者和养殖者及时获取新的研究结果，各类研究性杂志、试验站和农业部报告、推广服务手册都是可以利用的，而且许多信息可以从网上获得。**

来源：Purdue University.

下面按学科分别阐述畜牧业涉及的知识领域，同时讲述部分学科的发展过程。

## 营养学

从 20 世纪初开始，动物营养学知识就得到了迅速发展。虽然认识到在动物日粮中，碳水化合物、蛋白质和脂肪是必需的，但是直到 1910 年 Babcock 和其他学者才证明其他的元素也是必需的①。他们采用的是单一饲料饲喂方法，发现了一种动物必需营养物质即维生素 A 及其前体胡萝卜素。

其他的维生素、氨基酸和矿物质元素也陆续被发现，并且掌握了其物理和化学特征，包括分子量、与常见物质的反应活性、颜色反应和光的传输能力。一旦一种营养成分的化学组成和结构被确定，就可以尝试去生产。化学家可以模仿植物的功能用化学方法制造纯的营养物质，或者通过生物学方法在细菌或动物体内生产。

①Babcock 构思的方法是在一次饲喂中只含一种饲料，才能更好地确定动物的营养需求。他和他的威斯康星州试验站的同事发现如果日粮只含小麦（加上盐）不能满足小母牛正常的生长和繁殖需要。然而小母牛只吃玉米（和盐）却生长的更加健壮，能正常繁殖并且产犊后的第 1 个月可生产 3 倍还多的奶。这些显著差异后来被确定是由于黄玉米中含有胡萝卜素而小麦谷物中缺乏胡萝卜素。

无论哪种动物，其营养成分的利用率都受肠道微生物的影响，因此营养学家已经开始对这些微生物的特征和生理功能进行研究。在一些研究中，通过对一部分消化道，如瘤胃或小肠插管和取样来进行**体外试验**和实验室分析。

> **体外试验**
> 在一个人工控制的环境下，如实验室内，而不是在活体动物体内直接进行研究。

## 环境生理学和动物管理

这个领域的研究主要是解决周围环境对动物本身及其生产性能的影响。在冬季，什么样的遮盖物才能维持动物高的生产性能？集约化饲养时，需要多大风速才能排出湿气同时保证动物舒适？在夏季，空气调节装置能满足生产需要吗？如果不符合，我们需要做哪些调整呢？对于笼养蛋鸡来说，每只鸡需要的空间又多大呢？

尽管畜禽遮蔽物最初的目的只是动物保暖和防暑，但后来的研究着重于确定动物维持最高生产性能时的环境需要。在宾夕法尼亚州、密苏里州、加利福尼亚州和其他实验站隔热室进行的基础研究已经度量了温度和湿度对奶牛生产、生长和繁殖的影响。这些数据为我们确定遮蔽物和人工加热或降温装置以抵消不利的气候条件提供了依据。

在 20 世纪 90 年代后期，许多动物饲养在围栏中，因此越来越多的研究集中在空间、地面或草垫类型和其他的舍饲设施对动物舒适度和生产性能的影响。动物舍饲的生产率与饲养密度比值已经可以精确计算。当前有许多调查者试图去研究整个动物福利和这些高度集约化的动物设施的生产率之间的关系。

## 动物健康

动物疾病的有效控制包括以下几点：(1)识别病原体；(2)了解病毒或细菌的生长和生理习性；(3)研发药物、疫苗或制定好防疫措施以对疾病进行预防和治疗；(4)通过遗传改变增加抵抗力。

细菌学家和病毒学家对细菌和病毒进行研究，并根据它们的生长习性、生长的介质和它们的外观进行分类。对含有致病病原体的溶液持续稀释，研究分离出的病原体的特征，常常能找到致病的病原体。

众所周知，化学方法生产的或者用其他活的有机体生产的药物含有某些抑制因子，因此需要进行效力检测。对于特殊的疾病常常需要不断研制新药。如果用低水平的病原体感染动物，可以用来生产专门的免疫血清，但在使用前，必须确定不同年龄和体重的动物的使用剂量，并且要检测药物和免疫血清对动物体生理学和生产性能可能带来的影响。

## 遗传学与动物繁殖

> **脱氧核糖核酸(DNA)**
> 即双链核苷酸，染色体组成成分，含有编码的遗传信息。基因组就是动物所有的 DNA。

20 世纪，科学家发现了基因(**脱氧核糖核酸**或 DNA 片段)在遗传传递特征方面的功能，如毛色、瘦肉率、马的奔跑速度。此外还计算了性状遗传力(遗传变异与环境变异的相对值)的范围。科学家们还发现了杂种优势，即不同遗传特性的父母杂交产生的后代，性能要高于其父母平均值(如果遗传相似的父母交配，后代性能与父母的平均值接近)。

有些科学研究揭露了内分泌系统是如何调控繁殖周期的，如蛋鸡产蛋周期，加上精液的稀释、保存和处理技术，从而保证了高的受精率。

在21世纪初，科学家试图获得每个物种的基因组图谱，即影响各性状的DNA片段或基因以及它们在该物种的DNA分子(染色体)上的位置。这是一个艰巨的任务，因为有意义的基因片段数量可能达到数百万个。这些准确信息集合起来有重要意义，可以实现把一个物种的基因导入到另一个物种中，从而提高产品质量或疾病抵抗力。

20世纪后期，动物科学家开始学习怎样使一群母畜同期发情和怎样胚胎移植以及怎样克隆动物。这些技术使得一组优秀的公畜和母畜可以同时产生多个遗传相似的后代，具体内容将在2.2部分进行讨论。

在20世纪末，出现了一个新兴的领域，即生物技术，包括转基因、胚胎移植、克隆和其他最近新发展的生物技术和方法。实际上，所有的动物过程都是生物学范畴。动物科学家一直不断追求新的技术，因此这一领域包含的内容要更广。然而，就当前来说，生物技术可以被定义为借助生物有机体或者生物学方法来生产新产品(消费产品或中间产品，如酶，有新的或其他特性的有机体)的过程。

## 其他生物技术举例

运用分子生物技术，基因能从一个生物体(如奶牛)被转移到另一个不相关的生物体(细菌)从而产生一个转基因生物体。有一个极好的例子是在奶牛上为了提高产奶量而研发并应用的牛的**生长激素**。其生产过程就是把牛生长激素基因转移到大肠杆菌细胞内，通过细菌的扩繁表达牛的生长激素(图2-6)。

**大肠杆菌**有机体通过**发酵**，可以大量扩繁。然后将这些大肠杆菌进行收集、杀死并对蛋白进行分离纯化和定量后就可应用到牛上。如果使用最好的母牛结合优秀的管理，可以将奶产量提高10%～20%，饲料转化率提高5%～10%。

牛生长激素是一种肽类激素，它由191个氨基酸构成，所以，如果口服，它可以像其他蛋白质一样被消化。因此，它必须有计划性的导入(注射或移植)到母牛体内。使用生长激素的母牛奶中的牛生长激素水平并没有增加，而且会在消化道中被降解，所以该技术对人类来说是绝对安全的。

同样，可以使用相似的基因工程技术生产重组的**猪生长激素**。天然的猪生长激素，如果给育肥猪使用，能提高饲料转化率、增加瘦肉率和减少脂肪沉积。

在生物技术上的另一个突破，是用转基因动物生产有价值产品。这些动物的DNA是由人类或其他动物的基因嵌入到它们的基因而组成。所谓的转基因动物，就是把人类或其他动物的基因导入到该动物基因组内，新导入DNA片段在动物体细胞和生殖细胞中都有拷贝，并且能够正常表达。转基因动物能被用来生产有价值的产品，如含有人类疫苗的医药品、有药用价值的食物和食品调料，甚至生产的器官可以不用防排斥药物就能移植。

生物技术也被应用于农作物的生产，改善农作物质量，如除草剂有选择的抗性和抗虫作用，还可以生产更适合畜牧业需要的植物。

例如，在美国，豆粕是畜禽生产中最重要的蛋白质来源。通过遗传工程，富含赖氨酸和蛋氨酸的大豆已经研发成功，从而降低了动物日粮中昂贵的蛋白质饲料的数量。

低植酸盐玉米提高了磷的利用率。肌醇六磷酸盐(植酸盐)是一种复合物，它可以吸附磷并且减少消化道对磷的直接吸收。玉米是畜禽日粮的重要组成部分，

**生长激素**
由垂体分泌的一种蛋白质激素，可以促进动物生长。

**大肠杆菌**
它是生活在大多数脊椎动物肠道中的一类细菌。因为它有良好的遗传特性，所以许多DNA重组技术有关的试验都是借助它完成的。

**发酵**
通过微生物的作用将一种或多种物质转化为容易吸收的物质的过程(例如：瘤胃发酵)。

**猪生长激素**
猪分泌的一种生长激素。

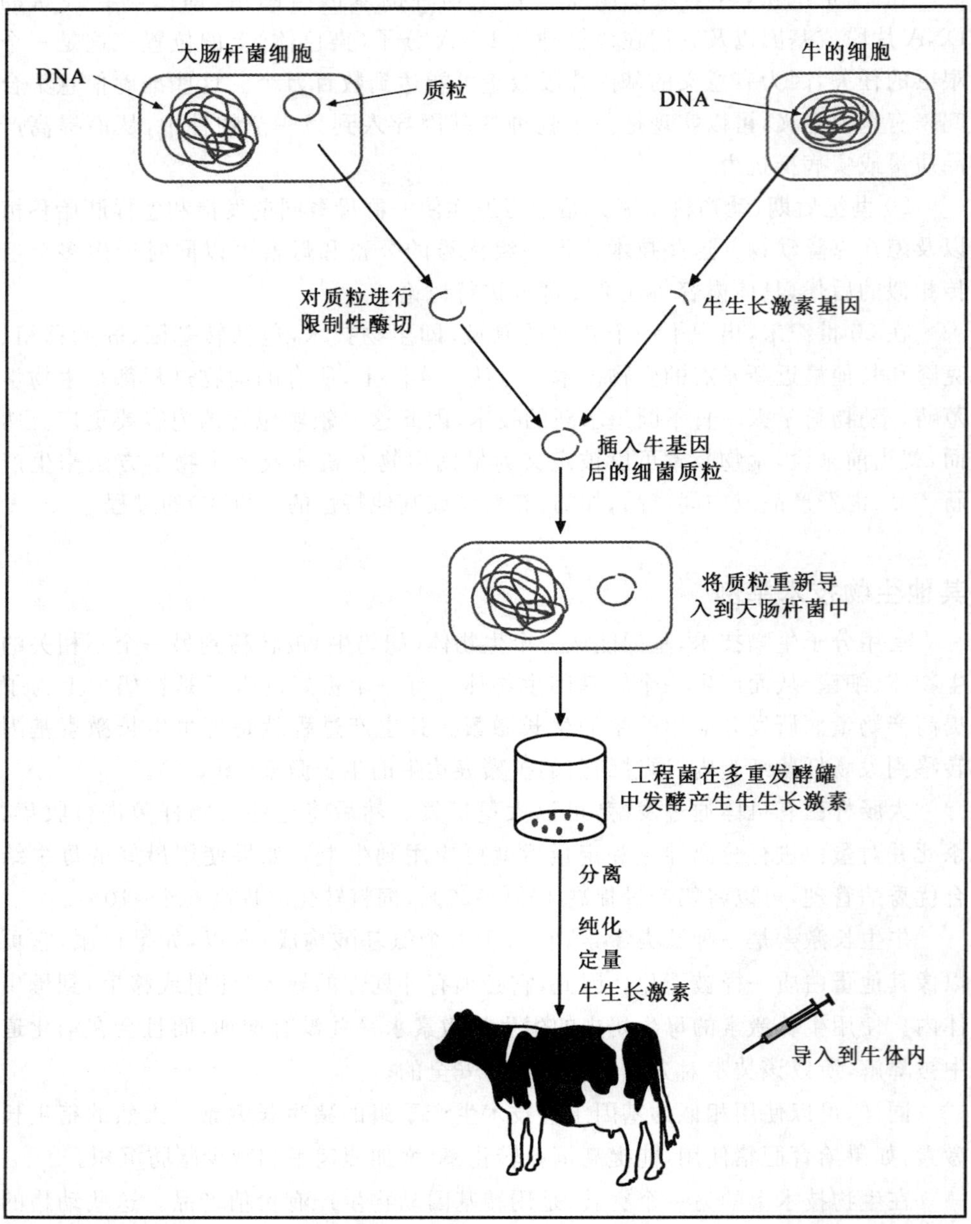


**图 2-6 牛生长激素的生产过程。**
来源:Monsanto.

因此高磷玉米的使用,可以增加磷的吸收,减少饲料添加剂磷的使用量,从而降低饲料成本。低植酸盐玉米的另一个优点是动物的粪便中磷的含量会降低,减少土壤和水受污染的危险。

## 畜产品加工

无论是肉蛋奶还是它们加工后的产品,在处理和存储过程中有可能发生化学和生物学变化。20 世纪期间,我们对潜在的化学和微生物反应进行了研究,并发展了罐装技术、冷冻技术、脱水、食物加工和放射处理技术。

此外,质量评估方法也受到了很多关注。早在20世纪,用来确定牛奶中油脂含量的巴布考克(Babcock)检测方法就已形成,并且在该世纪后半期电泳技术和其他的技术迅速发展大大降低了大多数奶成分的检测费用。

科学家早期研究表明,照蛋(将一个有壳的鸡蛋放在一束细光源前面)可以检测鸡蛋的内部异常状况并且可以估计鸡蛋的新鲜程度。后来在有壳蛋和鸡蛋产品评估上,发展了更精确和自动化的检测技术。黄玉米可以为蛋黄提供色素,有时候蛋鸡日粮中也使用其他的色素原料。

在中世纪,科学家通过用一个薄的金属探针测量背膘厚来估计猪胴体脂肪含量,不久之后发展了适应这种需求的超声波探测技术,它可以发射出声波并且通过测量声波从皮肤穿过腰肌再反弹回来的时间来计算脂肪厚度。也有许多研究注意到不同饲喂方法对产品性状的影响。例如:高粗饲日粮中的胡萝卜素和其他色素会导致脂肪呈淡黄色,这种肉在做汉堡时很不受欢迎;饲喂高蛋白日粮和一定的饲料添加剂可以增加肥猪的瘦肉率。

肉、蛋或其他产品的口感好坏不容易评定。用电子或机械模仿口味是困难的,口味主要指风味、香味或其他美味(图2-7)。早在20世纪就发展了测量肉嫩度的剪切设备和通过挤压检测多汁性的设备,并且有一些比较精细,但是对于整体口感的评估,仍一直沿用“专家小组”品尝打分的方法。

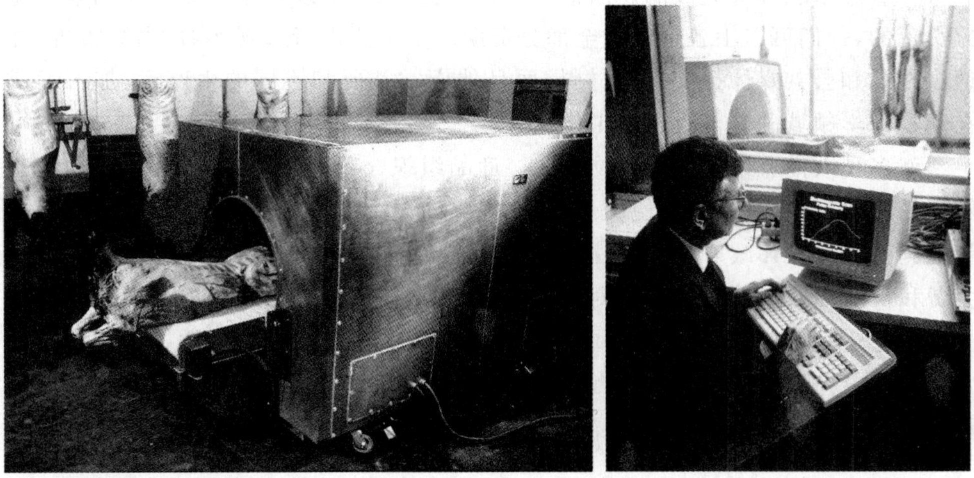

**图2-7 利用TOBEC™进行电磁扫描能对酮体和初步分割的瘦肉进行非常精确的测量。**
来源:Purdue University.

也有许多研究致力于产品开发。例如:(1)在低脂牛奶中,用其他的奶成分代替牛奶中的部分脂肪而仍保持黄油的颜色和易于涂抹的物理属性;(2)通过机械化的结构调整将嫩度差的猪肉调整成较嫩的产品但系水力几乎不变;(3)对火鸡进行加工并成为火腿生产有竞争力的原料来源。

食品加工不当致病、食品召回和恐怖袭击的威胁,引起消费者的高度重视,也促使当前对动物产品的研究主要集中在食品安全方面。研究重点包括动物和产品的常规加工,有可能被细菌污染的加工场所和加工步骤。随着科研成果的积累,动物及其产品加工会有所改进或者将会变得更加精细。

经济学家和社会学家在动物产品研究方面也起到了一定作用。经济学家要对产品需求及价格、整体或局部经济体及就业率或其他因素对需求的影响进行跟踪并做出预测。社会科学家可以对消费者做问卷调查,从而确定不同地域、收入或人种对饮食的偏好,掌握消费者对新产品或改良产品的反应,以及决定如何更好地对产品进行包装和宣传。

## 2.10 政府机构和私人组织

美国出台了与动物、动物生产体系、动物性产品有关的全国性法规,并由美国农业部、环境保护局、食品和药物管理局以及其他代表国会的机构共同撰写和执行。关于这些规章的详细条文将在后几章进行讨论。

作为消费者或零售商的引导者,美国农业部已经建立许多动物和动物性产品的相关质量及产量等级指标,并雇佣了专门训练的人员做等级鉴定。同时还对加工厂进行检查并且对加工流程进行监控。

美国农业部和许多政府赠地大学在动物及相关科学领域做了大量的科学研究和推广教育项目。在这些大学里,科研工作是由各州和政府资助的农业试验站和推广服务组织统筹完成的。而推广教育,是由在一个或多个国家工作的实践专家负责的,他们可以由各地税收金部分资助。学生要进行参观实习,书写报告,并通过网站和公共媒体提交报告材料,而且他们常常要和不同的生产者、加工者或在动物科学领域的其他人一起工作。

许多私人商业组织参与动物产业。商品组织(commodity organizations)通过对产品进行宣传,鼓励消费使用,并支持大学的研究工作,而且为了保护该组织成员的利益要对联邦政府和州立法机构进行游说。这些组织的大部分资金来源于会费和从动物及产品出售的核对扣除费。然而,在撰写本书时,几个核对项目的立法正在法庭上接受审核,并且它们的附加部分也在待定。

畜禽育种和其他的产业组织,例如设备厂或饲料加工厂也在实施教育和科研,并且努力游说以服务于他们的各产业部门。

## 思考题

1. 在美国哪些地区的动物生产集约化程度很高?为什么?
2. 给出一个能反映畜牧业发生的明显地理迁移的例子,并解释原因。
3. 列出兽医4种不同的职业机会。
4. 哪些品种的种群培育和销售已经从农场转变到了专业化的遗传育种公司?
5. 谁"控制"着畜牧业,对畜牧业的长期生存力和兴旺影响最大?
6. 列出动物科学领域几本科学杂志。
7. 生物技术的定义是什么?阐述牛生长激素的生产过程。

8. 动物克隆对动物生产者和社会有什么益处?

9. 对基因组下个定义,并解释为什么要研究动物基因组图谱。

10. 列出由政府机构和教育机构对生产者、消费者和畜牧生产人员所提供的3种服务。

翻译:郭刚,于艳;校对:初芹

# 第 3 章

# 营养物质及其来源

# Nutrients and Their Sources

家畜高效生产肉、蛋、奶，以及伴侣动物和役用动物生活力和生产性能的维持，都需要合理的营养和饲养管理。这包括种畜正确的饲养和管理，强健后代的生产，幼畜从出生到进入市场或者作为种用过程的稳健的生长发育。

生产力高低、畜群的健康状况和产品的成本都与营养有很大关系。营养涉及饲料的种类和数量，饲料所含的营养成分，动物的用途和营养物质的消化与代谢。营养搭配合理的**日粮**和推荐的实施方案都能降低畜禽的生产成本，而这部分成本占总成本的 50%～70%。

**日粮**
将多种饲料混合在一起的混合物，能够满足动物的营养需求。不同日粮在饲料种类和添加量上可能存在差异。

**营养物质**（养分）是食物的基本组分，是维持生命所必需的要素。营养物质可能是单一元素，如铁或铝，也可能是由很多不同单元组成的大分子复杂化合物，如淀粉或蛋白质。

畜禽日粮中包含的已知有价值的营养物质大概 100 种，其中有很多是新陈代谢、生长和繁殖过程必需的，是不可替代的，而另外有一些不是必不可少的，或者说是可以被其他营养物质所取代的。

**营养物质**
机体正常新陈代谢所必需的化学元素或化合物。

本章详细讲述了与营养物质相关的内容，包括它们的一般作用和特殊作用，它们在植物中的形式，以及如何根据营养组分对饲料分类。学习本章后，要求掌握以下内容：

1. 列出 6 大营养物质，并描述它们在新陈代谢中的作用。
2. 知道碳水化合物、蛋白质及脂肪主要的组成单元是什么。
3. 了解动物的用途不同，养分的需求和使用也不同。
4. 了解纤维素、淀粉、木质素之间的差异，以及它们对动物的功能。
5. 比较碳水化合物及脂肪在提供能量上的作用，它们的相似与不同之处。
6. 理解饱和脂肪酸及不饱和脂肪酸如何影响脂肪的性质。
7. 列出 10 种必需氨基酸。
8. 解释为什么在有些物种中非蛋白氮能代替部分蛋白质。
9. 了解水的需要量是如何影响采食量和一些其他方面的。

10. 列出所有的常量矿物元素和微量矿物元素。
11. 了解维生素的分类及其与溶解性有关的差异有哪些。
12. 植物体中营养物质是如何形成的?
13. 粗饲料和精饲料有哪些不同?
14. 列出4种测定能量的方法,定义是什么,如何区分。
15. 列出至少3种富含蛋白质、胡萝卜素、钙和维生素B的饲料。

## 3.1　营养物质的分类

大部分的营养物质可以根据它们的化学性质和功能归入6类中——碳水化合物、脂肪、蛋白质、水、矿物质和维生素,其主要功能如图3-1。由于篇幅有限我们不能对这6大类中所有的营养物质一一列出分别讨论。

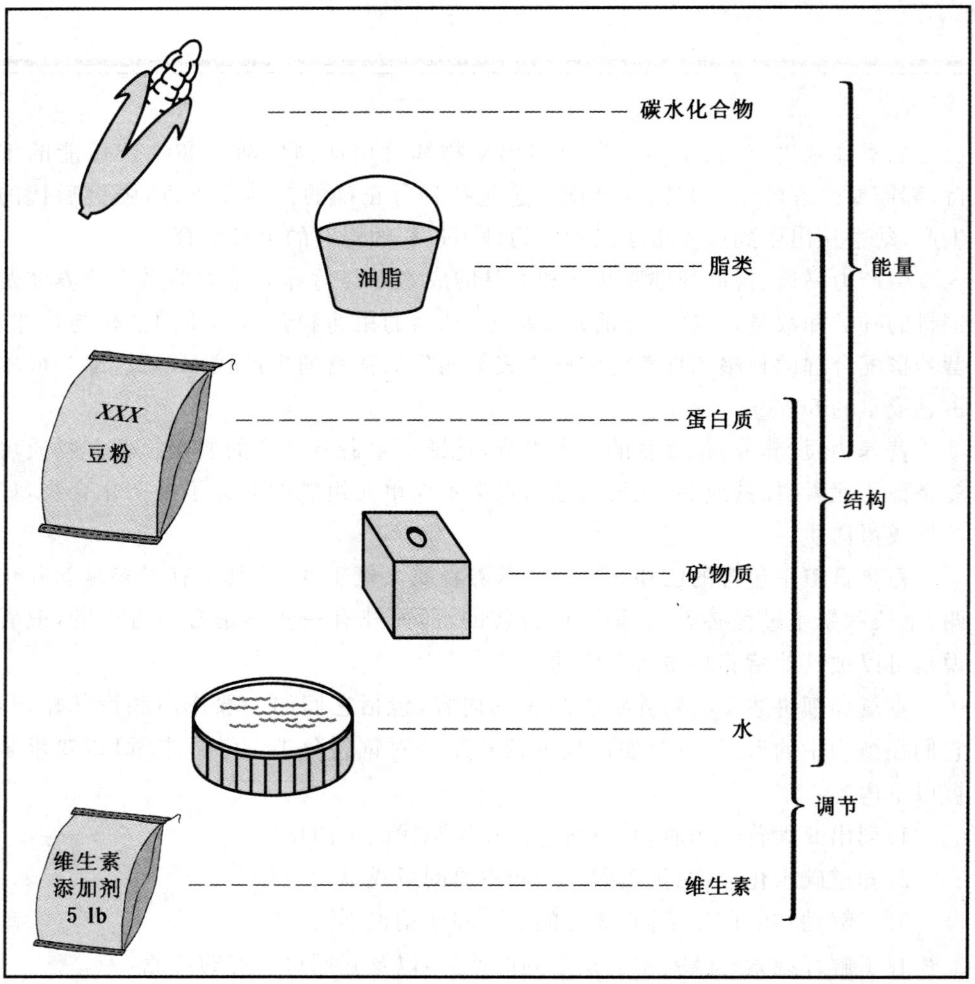


**图3-1　6大营养物质按照功能分类。营养物质的功能并非是单一的。如果蛋白质摄入过量或者碳水化合物及脂肪的摄入不足,则蛋白质会提供能量。有调节功能的营养物质作用包括:(1)运输养分、酶或激素;(2)组成酶或激素的一部分;(3)激发或催化酶和激素活性。**

来源:Iowa State University and Purdue University.

碳水化合物有着相似的化学性质和功能，它们都含有相同的元素而且都能提供能量。蛋白质之间也有化学相似性，如都是由氨基酸组成的。大部分的蛋白质都是新生组织、激素或者酶的组成部分。

矿物质在化学上没有十分紧密的联系，都是单一的无机元素。但是它们的功能是相似的。大部分参与机体结构组成，并且影响机体内的新陈代谢。

这 6 大类营养物质在化学性质及功能上的相似性将在后面介绍。当然，我们不可能列举所有的营养物质的功能，不过，我们将举例说明。

## 3.2 营养物质的利用

为使动物生长得更好，必须供给动物平衡日粮，即在满足所有的营养物质需求的同时，比例要合理。在大多数农场，动物们处于不同的大小，不同的生长阶段，或者不同的生产目的。因此，它们需要不同的日粮。通常是将它们分组根据营养需求来饲养。这些营养需求可以分成几个方面：维持、繁殖、哺乳、生长和育肥及役用。

用维持日粮饲养的动物经常是处于非生产期。如成年肉用母牛在犊牛断奶后到下次怀孕之前，不使役或不参加训练的成年马匹以及乏情种畜群都应该用接近它们维持需求的日粮饲养。

维持需求是指能满足机体正常功能（如：组织修复、呼吸、循环、新陈代谢）的所有营养需求。当然，物种不同，动物的年龄、体重以及季节不同，这些需求也会发生变化。

但动物怀孕的时候就要用繁殖需求日粮，因为这时候生殖系统、胎盘和胎儿发育，对营养的需求增加。这些需求比日常维持需求高，而且在怀孕阶段稳步增长，在怀孕的最后 3 个月达到最高值（图 3-2）。尽管在营养不足时母体的储备能通过胎盘提供营养，但是长期的营养供给不足会造成后代虚弱或体型小，同样也会对母体的生产性能造成影响并对接下来的哺乳期及下一次繁殖有不利影响。对雄性动物来说，则没有如此严重，因为只要日粮满足它们的维持和配种需求，就可以保持高的生产性能。

哺乳需求是指**分娩**后母体为合成乳汁，满足仔畜早期生长和发育的需要，因而对营养的需求是显著增加。对于高产母牛，**哺乳期**的前几个月，维持正常功能和高产过程，对营养需求是相当严格的。同样，哺乳期的营养需求也因物种不同而异。母猪窝产 9～10 头仔猪，乳汁含有高蛋白和高脂肪成分，因此，必须严格按哺乳需求来饲养，以保证母猪体重，产活仔数以及乳汁的成分。

**分娩**
生育的过程，如产牛犊、产羊羔、产仔猪及产马驹等。

**哺乳期**
乳腺分泌乳汁的时期。一般是从分娩后开始到幼畜断奶哺乳结束，但对奶牛来说，哺乳期一直持续到产奶结束。

所有健康的年幼动物会将吸收的蛋白质用于构建机体组织和器官。另外，它们的骨骼生长也很快。生命的早期，体重增加及骨骼发育都非常迅速，因此，幼畜必须用高养分的日粮来喂养，如乳汁，或者高消化性的日粮，以保证初期正常的生长及发育。营养需求是用每磅饲料中所含的营养物质的百分含量表述的，在快速生长时期最高，随着动物成熟有所下降。如：生长猪经常要用含有 16%～18% 蛋白质的日粮，育成猪只需要用 14% 的蛋白含量的饲料喂养即可。

当制定动物营养需求时，其他的生产目的和物种也是必须考虑的因素。例如，生产孵化用蛋及商品蛋，除了考虑到营养需求外，还要考虑日粮对鸡蛋和蛋壳

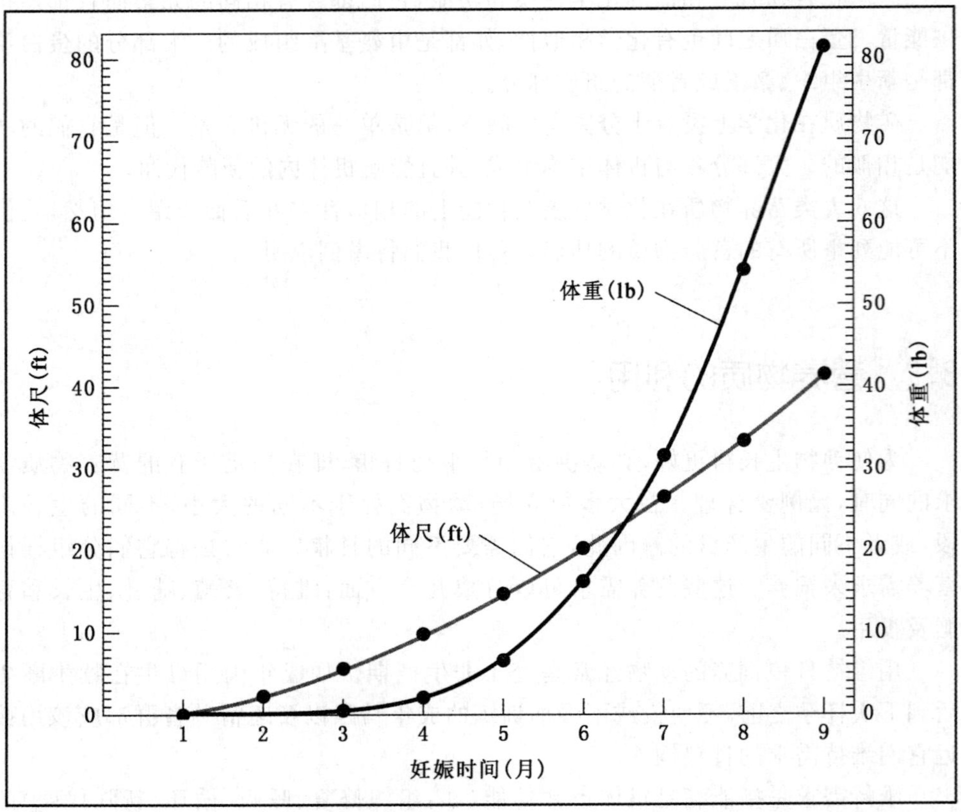


**图 3-2　奶牛胎儿的发育过程，在 280 d 妊娠期的最后 3 个月胎儿生长得极为迅速。**
来源：Texas A&M University.

质量的影响，如大约 2.75%的高钙需求，是钙正常沉积形成蛋壳必需的。某些饲料，尽管能提供很好的营养来源，但是因为它们含有一些异味或者会使蛋黄颜色发暗，所以不受欢迎。

羊毛生产也有其特殊的营养需求，因为羊毛纤维含有大量的蛋白成分。

同样，上面的营养法则也适用于役用动物的管理。这就是说，日粮量必须适应轻、中、重不同劳动需求。能量需求增加与劳动强度成正比。尽管是在役用时期，动物蛋白需求即使增加，量也很少，它们一般是需要更多的碳水化合物和脂肪供能。如果持续工作，要格外关注大量的矿物质和水分流失，因为可能会影响到排汗和呼吸。

## 3.3　碳水化合物

> **碳水化合物**
> 营养物质中的一类，由碳、氢、氧 3 种元素组成，并且氢、氧元素比为 2∶1。

**碳水化合物**是大多数畜禽品种日粮中主要的功能物质。几乎所有谷物及粗饲料干重的 65%～80%是碳水化合物。碳水化合物提供的能量被用来：(1)维持；(2)生长，包括产肉和产毛；(3)繁殖；(4)生产动物产品，如蛋或奶；(5)役用。用于维持的能量包括自觉的和不自觉的肌肉运动，比如走路、吃饭、血液循环和消化道蠕动。

大多数的碳水化合物提供的能量不是吸收后马上就被利用，而是在动物体内以糖原或脂肪形式持久的或者暂时性的储存起来。所有的碳水化合物都含有碳、氢、氧;氢氧元素比例与水($H_2O$)分子相同。由于这一化学相似性和所有的碳水化合物都能产能,所以它们被归为一大类营养物质(表 3-1)。表 3-1 中,碳水化合物被分成:(1)单糖;(2)二聚糖;(3)多糖。

**表 3-1　常见碳水化合物的来源和功能**

| 名称 | 来源 | 功能 |
|---|---|---|
| | 单糖 | |
| 戊糖(五碳糖) | | |
| 己糖(六碳糖) | | |
| 葡萄糖 | 谷物浆汁,水果 | 血糖主要成分 |
| 果糖 | 水果,蜜 | 在肝脏中转化成葡萄糖 |
| 半乳糖 | 奶中的两类分子中的一种 | 同果糖 |
| | 二糖 | |
| 乳糖 | 奶 | 经消化产生葡萄糖和半乳糖 |
| 麦芽糖 | 发芽的种子 | 经消化产生 2 分子的葡萄糖 |
| 蔗糖 | 糖甘蔗和甜菜 | 经消化产生葡萄糖和果糖 |
| | 多糖 | |
| 多聚戊糖 | | |
| 多聚己糖 | | |
| 淀粉 | 种子,块茎 | 单胃动物的首要能量来源 |
| 纤维素 | 植物的叶和茎(细胞壁) | 反刍动物主要能量来源;需要纤维素酶 |
| 糖原 | 只存在于动物组织中 | 肌肉和肝脏组织中存储葡萄糖 |

注:本表仅给出了部分的碳水化合物,但是包含了学生需要掌握的常见碳水化合物。

来源:Iowa State University and Purdue University.

碳水化合物中有一类是单糖,包括从含有 2 个碳的二碳糖到多个碳的大量的五碳及六碳糖(化学分子式为 $C_5H_{10}O_5$ 和 $C_6H_{12}O_6$)。**单糖**的数量和它们连接在一起的方式影响着碳水化合物的溶解和消化。

> **单糖**
> 只含单个分子的糖类,属于碳水化合物。

蔗糖(食用糖)、乳糖(奶糖)、麦芽糖(谷物中可溶解的碳水化合物,如图 3-3)都含有 2 分子单糖,称之为二糖。因为它们的连接很易断开,这些碳水化合物很容易溶解而且它们的甜味很容易被舌头感知。

畜禽饲料中的碳水化合物大部分都是多糖(多个单糖的聚合物)。当 2 分子六碳糖结合时会产生 1 分子的水,所以多糖的分子式为$(C_6H_{10}O_5)n$。字母 $n$ 代表多糖中单糖单元的个数。玉米、小麦以及其他谷物中的淀粉是一种含有大量的麦芽糖单元(由 2 个六碳糖组成)的物质,容易被消化酶迅速而完全地水解。

**图 3-3　2分子葡萄糖结合时生成1分子麦芽糖及1分子水。植物中更多的葡萄糖结合在一起形成淀粉。消化时发生相反的过程，生成单糖和水。**

来源：Iowa State University and Purdue University.

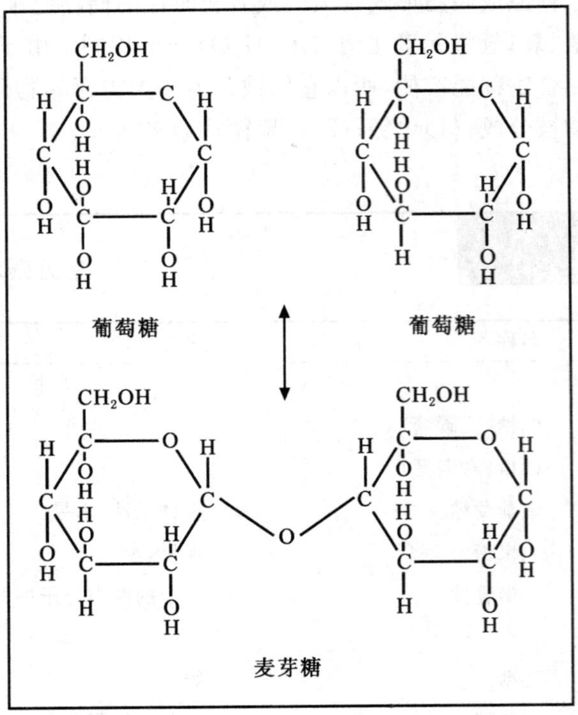


**纤维素**

植物含纤维部分中一种常见多糖；可以被动物瘤胃、盲肠和结肠中微生物产生的纤维素酶消化。

**非反刍动物**

没有瘤胃的动物，有时被称为单胃动物。

**木质素**

不能被吸收的物质，不属于碳水化合物，但是为植物细胞壁及木质原料的组成成分。随着植物的成熟含量逐渐增加，因而植物营养价值降低。

**无氮浸出物(NFE)**

饲料的一部分，主要是糖与淀粉。

**纤维素**是组成植物的茎和叶的重要物质，在植物的细胞壁中大量存在。它与淀粉一样是由六碳糖单元构成，但是连接方式很牢固。就因为两种物质中糖单元排列不同，所以纤维素被非反刍动物①食用后是不能被消化的。但是，在**反刍动物**中由于存在纤维素酶，所以纤维素是一种很好的能量来源物质。

**木质素**尽管不是碳水化合物，但是也是植物含纤维部分中的一种重要物质。它是成熟植物中一种非碳水化合物的纤维成分，而且不能被反刍及非反刍动物所消化。当植物成熟时，木质素迅速增多。由于木质素不能被吸收，而且还会阻止某些碳水化合物的吸收，所以牧草最好在没有完全成熟前收割。另外，因为木质素和纤维素都占日粮中的纤维部分，所以应尽量减少木质素的含量。

碳水化合物通过小肠吸收进入动物体的循环系统，最后都被降解成单糖形式被吸收，只有很少的以二聚糖或多糖单元被吸收。

当化学家或者营养学家评价饲料中的碳水化合物成分时，它们将这一类物质分成2大类，纤维和**无氮浸出物(NFE)**。当将饲料样品用弱酸及弱碱交替洗涤后，纤维也不会溶解。这种洗涤在某种程度上是对肠道消化酶的模拟，纤维很难被溶解消化，因此它们只是效率很低的能量来源，纤维主要是纤维素和木质素。

一般来说，干草中含有28%的纤维及38%的NFE。玉米中含有2%的纤维，大约70%的NFE。大部分的谷物中含有少于12%的纤维，而含有大约60%的NFE。这些统计数字再加上谷物的体积比干草小，这些就可以解释为什么畜禽饲喂谷物可以快速提高产奶、产蛋量。谷物类饲料提供大量高消化率的碳水化合物。

---

①非反刍动物是指有一个胃的动物，例如猪和家禽（还有人类）。牛、羊和其他一些有几个胃的动物为反刍动物，因为它们的第一个胃瘤胃已经相当的完善（见第1章的定义）。

尽管粗纤维与 NFE 分析仍在使用,但是目前出现了一些更准确的估计草料中的有效能的方法。如:测定植物中的**中性洗涤纤维(NDF)**和**酸性洗涤纤维(ADF)**含量。这种 NDF-ADF 法能有效区分可消化成分和纤维素成分。

此外,科学家已经研究出一种快速测定干草成分与干草质量的技术方法,这种方法被称为**近红外光谱法(NIR)**。先用已知样品校正后,用红外分光光度计测反射率然后连接到一个小型的仪器上,显示每一份测定样品的质量估计值。

因为纤维素和其他的纤维性碳水化合物不是有效的能量来源,营养学家应推荐低纤维素及木质素的草料。除了保证牧草直立,便于收割,吸收阳光以及种子成熟,植物育种者也努力降低纤维素和木质素含量至最低。

日粮中很少使用 NFE 和纤维。每 100 lb 干物质中含有的能量数,可以更精确地反映饲料中可消化能量值。这将在 3.10 节和第 5、第 6 章进一步介绍。

**中性洗涤纤维(NDF)**
纤维素、半纤维素、木质素和草料不能溶解的灰分;反应草料中被采食但不能被消化的部分。

**酸性洗涤纤维(ADF)**
纤维素饲料中可被消化的部分。

**近红外光谱法(NIR)**
利用近红外分光光度计,快速评估牧草质量的方法。

## 3.4 脂类:脂肪和油脂

如果生产者或者营养学家希望能提高动物体能量的吸收,而不需要让动物吃得更多,就要在日粮中用脂肪或油脂代替一些碳水化合物。这可能是因为脂肪是更有效的能量来源。1 lb 脂肪经消化提供的能量大概是 1 lb 碳水化合物或蛋白质的 2.25 倍。

脂肪和油脂通称为**脂类**,在能量估计中它们是统一的。它们不溶于水,但溶于有机溶剂。因为醚提取法能测量饲料样品中的脂肪和油脂含量,所以饲料分析时可以在饲料分析标签上列出**醚提取物**或者“粗脂肪”的量。

大多数谷物和粗饲料含有低于 5% 的脂肪,所以由脂肪提供的总能量就比碳水化合物提供的总能量少。尽管每单位的脂肪提供的能量更多,但是也要控制它们在猪及家禽饲日粮中的含量,大约为 15%。在反刍动物的日粮中若脂肪量过多,哪怕就多很少的一点,都可能有改变瘤胃功能和降低消化作用。动物营养学研究表明,在反刍动物日粮中脂肪水平应该限制在 6%~8%,同时还要增加钙的含量以促进它们的吸收。

当脂肪来源充足而又价格低廉的时候,它们经常被作为低成本的能量来源与谷物混合作为饲料。脂肪中不含有其他养分,它们的添加会使其他营养物质的比例下降,所以必须调整饲料配方以达到日粮平衡。

**甘油三酯**,或者称真脂肪分子,都由 3 个脂肪酸分子与甘油通过化学键相连(图 3-4)。其中,与甘油相连的脂肪酸的种类和大小决定了整个分子的大小和化学性质。如:油脂一般分子量小,在室温下是液体。而且油脂是不饱和性的,因为有些碳原子之间的化学键为双键。不饱和脂在双键区更活泼,因此,使用含大量非饱和脂肪酸的脂肪添加剂需要同时添加抗氧化剂以防止饲料在使用前变质。

如果脂肪是由大量饱和脂肪酸构成,那么在室温下,它不仅是固体而且更稳定,不容易在储存时被氧化变质。

真脂肪是由碳、氢、氧元素构成,这和碳水化合物一样,但是其中的氧含量较少。如二糖的化学式为 $C_{12}H_{22}O_{11}$,与之形成对比,三硬脂酸甘油酯,牛脂中的一种,其组成为 $C_{57}H_{110}O_{6}$。营养物质在体细胞内的代谢过程是一个氧化反应过程。动物体通过肺吸入大量氧气,通过血液循环进入各细胞内,与营养物质反应。具

**脂类**
脂肪、油脂及类脂物质的总称。

**醚提取物**
饲料中能够用醚提取的脂类(脂肪、油脂),也称为粗脂肪。

**甘油三酯**
由甘油和 3 个脂肪酸分子组成的化合物。

体过程是氧与碳和氢结合，产生二氧化碳和水，同时释放能量。因为脂肪中含有的氧少，发生的氧化反应更多，所以释放能量更多。这就是1 g脂肪可以产生大约9 cal热量而1 g碳水化合物只能产生4 cal热量的主要原因。

**图3-4 脂肪由甘油和三分子脂肪酸组成。脂肪酸分子在大小、长度和其他性质上都有很大变化，脂肪中的3个脂肪酸没有必要是相同的。**

来源：Iowa State University and Purdue University.

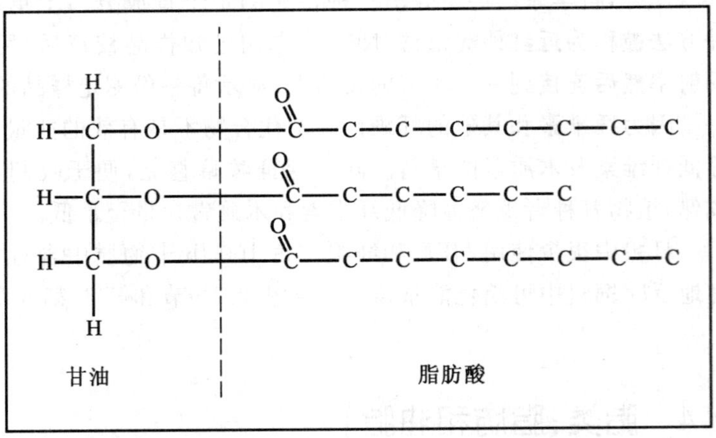


日粮中添加脂肪的另一个重要原因是，单胃动物机体脂肪沉积与其摄入的脂肪有很大关系。如果用多聚不饱和脂肪酸如花生油来饲养猪，猪的脂肪会变得松软，这点不利于屠宰和加工，而且也不受消费者喜爱。当添加少量脂肪的时候，反刍动物不会发生类似情况，因为瘤胃中的微生物会将其转化成饱和的脂肪酸。所以牛脂比猪脂硬。

除了提供能量外，脂肪和油脂还有其他有用的功能。

- 脂肪有利于维生素A、维生素D、维生素E和维生素K的吸收，因为这些都是脂溶性维生素。
- 脂肪保护着机体至关重要的器官。脂肪一方面作为能量的储存库，另一方面辅助悬挂机体重要器官，便于其**蠕动**以及减少撞击和突然的运动而造成伤害。
- 脂肪沉积到肌肉中，既可以作为能量来源，而且可以使肉变得多汁，增加牛排、排骨、烤肉的风味。常用“**大理石花纹**”来描述脂肪在肌肉中的沉积分布情况。
- 添加少量的脂肪可以提高饲料的物理性质，如增加饲料颜色，减少粉尘。饲料生产商也乐于添加油脂，因为它可以起到润滑剂作用，减少设备的摩擦。

**蠕动**
消化器官壁内肌肉波状移动，通过这种方式使里面的东西移出口外。

**大理石花纹**
在瘦肉组织内嵌入的脂肪颗粒，或称肌间脂肪。

## 3.5 蛋白质(氨基酸)

**蛋白质**对畜禽生产有很重要的意义。如果蛋白质缺乏会降低动物的生产性能。除了人工养殖的鱼外，大部分的动物日粮，蛋白含量为12%～20%。蛋白质饲料的购买是饲料总成本的重要组成部分。因此，有经验的管理者会尽量降低饲料的成本而又不影响动物的生产效率。

**蛋白质**
在饲料中存在的由氨基酸组成的一类营养物质。由碳、氢、氧、氮元素组成，通常还含有硫元素。

在化学上，蛋白质是一种由碳、氢、氧组成的与碳水化合物和脂肪不同的有机化合物，含氮量约16%。另外，大部分的蛋白质含有硫元素。事实上蛋白质是由不同种类和数量的氨基酸连接而成的。

估计饲料中蛋白含量，可以用化学方法先测量氮含量，然后再除以16%或乘以6.25(16%的倒数)。另一方法是利用“蛋白分析仪”。此方法需要昂贵的仪器，但测定更为迅速而且更节省人力。这两种方法均得到**粗蛋白**含量。

有些饲料,尤其是草料中,并非所有的氮都是蛋白氮。当未成熟的植物被动物食用或收割,植物中的氮是以硝酸盐、胺、氨基化合物或者单个氨基酸形式存在,不能转化成蛋白质。这些形式的氮为**非蛋白氮(NPN)**,这些氮可被反刍动物利用,而在非反刍动物中几乎不能被利用。因此,用氮含量计算得到的粗蛋白量不是蛋白的准确量。但是,谷物或者动物副产品类型的饲料中,NPN量可以忽略不计。

**粗蛋白**
饲料中的氮乘以6.25,这是因为氨基酸含有大约16%的氮,所以可以粗略计算蛋白质含量。粗蛋白包括非蛋白氮成分。

**非蛋白氮(NPN)**
饲料中含氮但是不构成蛋白质的化合物,如尿素。

在饲料中或者在动物蛋白质中存在有22种不同的氨基酸。每一种氨基酸都有一定的机体功能,但是其中有一些是机体自己不能生成的,或者是不能在机体需要时立即合成的。这些氨基酸被称为必需氨基酸。大多数动物有10种必需氨基酸,可以通过这些氨基酸首字母“PVTMAT HILL”来记住。它们分别是:

| | | |
|---|---|---|
| 苯丙氨酸 | 甲硫氨酸 | 组氨酸 |
| 缬氨酸 | 精氨酸 | 异亮氨酸 |
| 苏氨酸 | 色氨酸 | 亮氨酸 |
| | | 赖氨酸 |

非必需氨基酸也有其重要作用,不过它们能由其他氨基酸转化而来,所以不是必须在饲料中添加它们。这些非必需氨基酸包括:

| | | |
|---|---|---|
| 丙氨酸 | 胱氨酸 | 羟基脯氨酸 |
| 天冬氨酸 | 谷氨酸 | 脯氨酸 |
| 瓜氨酸 | 氨基乙酸 | 丝氨酸 |
| | | 酪氨酸 |

为了实现鸡最佳的生长,除了上面列出的10种必需氨基酸外,还需要添加3种氨基酸(谷氨酸、氨基乙酸、脯氨酸)。

营养学家用第一限制性氨基酸评价非反刍动物日粮中的蛋白效率。日粮中由于某种氨基酸的不足,会限制动物对其他氨基酸的利用。其中比值最低的称第一限制性氨基酸。在大多数的家禽日粮中,要添加含硫氨基酸(蛋氨酸和胱氨酸),而使用玉米-豆粕型日粮的猪,赖氨酸是第一限制氨基酸。

有些氨基酸是由化学合成或微生物合成,添加到缺乏这种氨基酸的日粮中去,以满足动物需要。日粮中通过添加商业来源的氨基酸可以提高总蛋白利用率。人工合成赖氨酸(图3-5)、蛋氨酸或蛋氨酸羟基衍生物(MHA)、苏氨酸、色氨酸可以在市场买到,并在家禽和猪日粮中广泛使用。

幸运的是,反刍动物瘤胃微生物可以产生所有的必需氨基酸。大部分天然的饲料含有的氨基酸比例并不是动物所需的,甚至有些饲料中完全缺乏某种必需氨基酸。通过微生物合成必需氨基酸可以防止反刍动物氨基酸缺乏以及改善日粮中蛋白质的利用率。如果没有这些微生物,日粮蛋白利用率会受限于第一限制氨基酸水平。

因为反刍动物能合成氨基酸,所以在其日粮中可以使用一些蛋白的代替品,尤其是当植物蛋白很贵时。如果日粮能充分混合,而且有足够的时间让动物和微生物消化吸收,成年牛和绵羊大约1/3的蛋白需求可由NPN提供。商业生产的NPN有氨基化合物、缩二脲、含尿素的蛋白添加剂和饲料级尿素(图3-6)。

**图 3-5 赖氨酸，非反刍动物的一种必需氨基酸。$NH_2$ 为氨基，COOH 为酸根。这类化合物同时存在氨基和酸根，所以被称为氨基酸。**

来源：Purdue University.

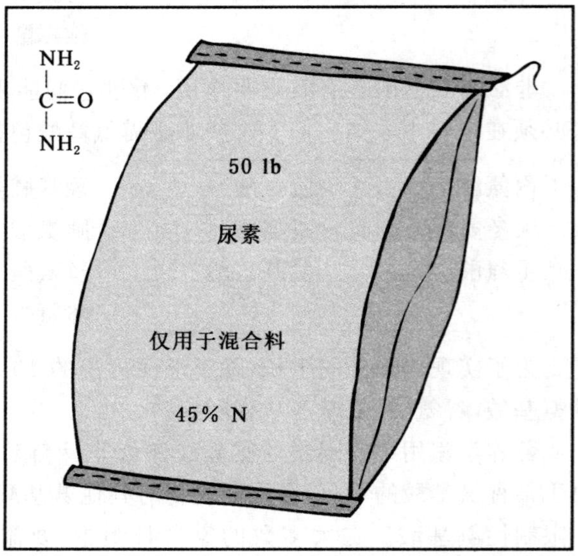


**图 3-6 尿素。根据各元素的原子量计算尿素含有大约 46%氮元素。商业尿素含有 45%的氮元素。因为粗蛋白含有 16%的氮，所以如果将尿素转化成蛋白质，则相当于 281%的粗蛋白(45×6.25=281)。**

来源：Iowa State University and Purdue University.

瘤胃微生物借助 NPN 中的氮元素、谷物或其他能量来源饲料中碳水化合物提供的碳、氢、氧元素，合成菌体氨基酸，然后形成微生物的蛋白质。这些瘤胃微生物随着一些没有被消化的蛋白质进入皱胃和小肠，通过消化和吸收作用满足动物体蛋白质需求。

成年马也能利用日粮中的一些 NPN，尽管利用率较反刍动物要低。家禽、猪和其他非反刍动物不能利用 NPN 合成氨基酸。

动物细胞膜的主要成分是蛋白质，换而言之，蛋白质首要的功能是组织构建和修复。另外有些氨基酸有着其他特殊的重要的功能。这里只讲几个例子。例如，胃和小肠中的消化酶以及催化新陈代谢反应的酶都是由氨基酸组成的。有些氨基酸是激素的组成部分，这些激素参与机体调节功能。还有些氨基酸用于形成抗体，另外一些与毛发和皮肤色素沉积有关。

## 3.6 水

水是每个活体细胞中含量最大的组成成分，同样也是维持机体正常生理活动的重要物质。因为水是最廉价的营养物质，所以它的重要性有时会被忽略，直到动物出现缺水症状或生产性能受到影响时才被注意到。

胚胎发育期水占机体的比例可以达到 90%，在新生动物体内占 70%。虽然水的需要量随着体尺、活动量和生产性能的增加而增加，但是动物生长和成熟或者肥育过程中，机体含水量渐渐减少到 60%左右。

动物缺水时机体很快就受到影响。当失水 10%的时候会出现机体功能紊乱，达到 20%时动物可能死亡。饮水不足会降低采食量，进而导致家畜的生产力和生产效率下降。

水的一项重要功能就是充当化学反应的介质，包括消化道内消化酶的消化作用及细胞内新陈代谢过程。除了作为化学反应介质外，水还参与很多化学反应。脂肪、碳水化合物和蛋白质的消化主要是水解过程。当它们分解成较小的单元时会与水电离出的 $OH^-$ 和 $H^+$ 结合。水分子的参与能使更复杂的化合物分解。

如：水与蔗糖发生反应，蔗糖会水解成 2 分子单糖，即葡萄糖和果糖。

$$\underset{\text{蔗糖}}{C_{12}H_{22}O_{11}} + \underset{\text{水}}{H_2O} \rightarrow \underset{\text{葡萄糖}}{C_6H_{12}O_6} + \underset{\text{果糖}}{C_6H_{12}O_6}$$

水是很好的运输媒介，将养分运送到组织细胞中，同时将细胞产生的废物排出体外。此外，水是调节体温的重要物质，因为它吸收和释放能量非常缓慢，从而防止机体突然的温度变化。而且，肺部和皮肤表面水分的蒸发（呼吸、出汗）会带走大量的热。

动物从下面 3 条途径获得机体每日需要的水：新陈代谢产生的水；食物中的水和饮用水（图 3-7）。机体中 10%的水是由产能营养物质发生氧化反应时生成的。新陈代谢释放的氢、氧原子结合产生水。

**图 3-7 水是最廉价的营养物质，要实现动物生产性能最佳应该保证充足饮水。水是机体组织和动物产品，如奶和蛋的主要组成成分。**
来源：Bohlmann，Inc.

饲料中的水可以部分代替动物直接饮水。未成熟的牧草含有80%的水分,青贮饲料含有50%～75%的水分。干燥环境中储藏的干草或者谷类饲料通常含水量不足14%。

干物质一词将在后面日粮配方和饲料采食中再做讨论。未成熟的牧草含有80%的水,也就等于含有20%的干物质;谷物含有14%的水分,那么干物质含量86%。认识到这一点是很重要的,因为,饲料含水量直接影响每磅饲料中干物质的含量。

动物的饮用水大部分是来自水井、农场的池塘或者蓄水池。一般来说,这些水的质量是符合动物生产要求的,除非被外界污染了。有些生物体,如:沙门氏菌和大肠杆菌,如果饮用水被它们污染,那么对动物生产是十分危险的。高硫酸盐可能影响某些营养物质的利用。还有,高硝酸盐和亚硝酸盐含量可能对动物的健康有害。

有几个原因会造成水摄入量不足:(1)在干旱的条件下水的供应不足;(2)水阀出现问题导致水流缓慢;(3)供水仪器电压不稳常常不宜被饲养员发现,却会影响动物饮水,导致动物缺水而出现异常行为。因此,饲养员应每日检查仪器和动物的表现及行为。马匹持续高强度工作时,要经常补水防止出现脱水现象。幼龄动物腹泻可能引起严重脱水,这时补充水和电解质是最重要的。

温度对动物饮水量有重要影响。例如:一头体重1 000 lb的哺乳肉牛在气温为50°F时每日饮水量为100～110 lb,当气温达到90°F时,每日饮水量超过150 lb。产奶牛每产1 lb奶就需要4～5 lb的水。因此,一头每天产80 lb奶的牛需要至少40 gal的水。

成年家畜每日水摄入量的近似值如下:

| | gal① | lb |
|---|---|---|
| 育成牛 | 7.5～10.8 | 50～150 |
| 奶牛 | 10～42 | 84～350 |
| 马 | 8～12 | 67～100 |
| 猪 | 3～5 | 25～42 |
| 绵羊和山羊 | 1.1～4 | 9～33 |

产蛋鸡平均每只每天需水量91～325 mL,或者说每采食1 g饲料需要饮水1.1～3.6 mL。

如上面所示,水的摄入量受很多因素影响,如:年龄、体重、动物体表面积,还有饲料的种类、环境温度和动物的用途。

动物的需水量也与采食干物质量有关。大多数单胃动物每摄入1 lb干物质需要2～3 lb水。而反刍动物需要3～4 lb水。因此,饲养管理人员要牢记,每日的饮水量会大大影响干物质的摄入量和动物生产性能。

大型养殖场每天需水量可以根据每只动物需水量乘以动物总数快速估算。

---

①1 gal纯水等于8.34 lb。

## 3.7 矿物质

矿物质是不能被机体分解和合成的固体、晶体状的无机元素。含有碳的有机化合物(如:碳水化合物、脂肪、蛋白质和维生素)能燃烧,当饲料样品在600℃下燃烧至重量不再减轻时,剩下的灰分就是矿物质了。因此,饲料分析时灰分指的就是总矿物质含量。机体所必需的矿物元素分为微量矿物元素和常量矿物元素。常量矿物元素一般在体内的含量在100 ppm以上,在饲料中常常以百分含量(%)表示。而微量矿物元素在体内含量在100 ppm以下,在饲料中含量也以百万分之一(ppm)表示。

常量矿物元素

| | |
|---|---|
| 钙(Ca) | 镁(Mg) |
| 磷(P) | 钾(K) |
| 钠(Na) | 硫(S) |
| 氯(Cl) | |

微量矿物元素

| | |
|---|---|
| 铜(Cu) | 铬(Cr) |
| 铁(Fe) | 氟(F) |
| 锰(Mn) | 硒(Se) |
| 钼(Mo) | 硅(Si) |
| 锌(Zn) | |

机体99%的钙和80%的磷存在于骨骼中,这是矿物元素作为机体组成功能的有力证据。另外,镁,氟等也是牙齿和骨骼的重要组成。当机体需要增加时,钙以及其他元素就会从骨骼中释放,满足机体其他功能。例如,奶牛接近分娩时,钙从骨骼释放到奶中。在产奶前摄取的多余的钙会暂时贮存在骨骼中。

另外,矿物元素对机体的一些生命过程和能量代谢有调节作用。一种矿物质能有多种作用。例如,钙是神经冲动传导和凝血过程所必需的,而且是细胞内物质氧化产能的催化剂。

磷,在体内含量仅次于钙,除了维持骨骼的硬度和强度外,还有其他功能。磷在细胞的能量传递,维持维生素B和很多酶的活性方面,都发挥积极作用。

饲料中80%的磷以植酸磷形式存在,不能被动物,特别是非反刍动物很好地利用。这些不被利用的磷都会排泄掉,这就给集约化养殖场粪肥处理带来难题。美国大部分州都规定,施肥时必须以土壤对磷的需要量为依据,包括土壤含磷量和植物生长所需磷量。

养猪和养禽生产者以添加植酸酶的方法来提高植酸磷的利用率。目前研究的焦点在通过遗传改良来提高谷物类作物中非植酸磷形态磷的含量。如果谷物饲料中所有的磷都是非植酸磷,那么就不用在饲料中添加骨粉、无钙磷酸盐等磷源添加剂。

碳水化合物消化的产物单糖，需要有钠的存在，才能被小肠绒毛吸收进入血液循环。钠和钾能够调节血细胞和肌肉细胞内外的渗透压，以防止它们皱缩和破裂。

氯离子不仅能调节体液的酸碱度（pH 值），还能以 HCl 的形式，维持动物肠道中较低的 pH 值。

**pH 值**
物质酸碱度的指标，pH 值＝7.0 表示中性，pH 值>7.0 呈碱性，pH 值<7.0 呈酸性。

某些矿物元素是构成机体的重要成分。例如，铜、铁和钴是血红蛋白合成的重要成分，血红蛋白负责将氧气从肺运输到体内各器官。碘是构成甲状腺素的成分。锌是胰岛素的组成成分，胰岛素能影响碳水化合物的利用效率。还有很多例子能说明矿物元素是机体的重要组成成分。

反刍动物消化道中的微生物需要借助一些矿物元素来发挥作用。例如，磷和铁是细菌消化粗饲料所必需的①，还有一些矿物质是氨基酸和 B 族维生素合成所必需的。硫是蛋氨酸微生物所必需的，钴是维生素 $B_{12}$ 合成不可或缺的。

上面讲述的只是畜禽日粮中矿物元素的部分作用，只涉及到其作用的类型和一些特殊功能。消化和代谢过程起催化剂作用的矿物质，需要量非常少，而构成骨架的矿物质需要量却很大，如钙和磷。

许多矿物元素存在于天然饲料中。含量受很多因素影响，如植物种类、土壤类型、收割时期以及其他一些因素。许多由植物和各种副产品构成的日粮缺乏钠、钙和磷，所以家畜通常要补充食盐，或者让动物自由舔食，或者在日粮中添加 0.5%。

石灰石含 38%钙元素，通常作为钙源添加剂。畜禽日粮中有时也添加骨粉、去钙磷酸盐和脱氟磷酸盐来同时补充钙和磷。为了平衡高钙日粮中钙、磷比例，有时使用单钠磷酸盐。单钠磷酸盐含磷量约为 22%。

日粮中其他一些矿物质，如钾、镁和锰，有时也是非常关键的。框 3-1 描述了牛羊缺乏镁的症状。所有畜禽都需要足量的碘，特别是在土壤缺碘的地区。大部分动物需要添加食盐，同时还要添加其他微量矿物元素。例如，猪矿物质添加剂中除含食盐外，还要添加足够数量的微量矿物元素，包括锰、锌、铁、铜和钴（图3-8）。

**框 3-1**　**泌乳牛低镁症**

镁是与某些与营养代谢相关的酶的辅助因子。它也是维持神经肌肉正常功能所必需的。如果细胞外液中镁水平过低会出现低镁症。

低镁症通常发生在早春，泌乳早期的经产母牛由于采食大量青草较易患此症。有些情况下，虽然日粮中镁含量足够，但由于存在其他因子降低镁的利用率，也会引起低镁症（如：日粮高钾高氨）。

如果缺镁严重，牛的表现是情绪不安，步履蹒跚，甚至有可能兴奋奔跑。接下来会倒下、痉挛和抽搐。

患病动物必须迅速治疗，如静脉注射钙和镁。所有放牧动物都应该在能量饲料或糖蜜舔砖中添加镁。目前已经生产一种放在牛和羊瘤胃内的“镁缓释丸剂”，可以缓慢释放镁以供动物需要。

来源：Purdue University.

①意思是这些营养物质不仅是必需的，而且常规日粮中经常缺乏。

**图 3-8 在数吨混合料中添加少量的微量矿物元素和维生素预混料，并充分混匀，可以防止营养缺乏，减少经济损失。**
来源：Purdue University.

有些矿物元素虽然是必需的，但如果过量，即使剂量很少也可能导致中毒。如硒，在日粮中仅需 0.1 ppm，但如果日粮中硒的含量超过了 5 ppm 就有毒。尽管很少量的氟和钼对机体特定功能有着重要作用，但是小剂量也可能导致中毒。

## 3.8 维生素

维生素是动物所必需的有机化合物，既不是能量物质，也不能合成蛋白质。然而，某些维生素在碳水化合物、脂肪、蛋白质正常利用过程中起着不可替代的作用。因此，它们主要作为**催化剂**起作用，或者作为辅酶参与酶正常功能的发挥。维生素的需求量很少，例如，1 t 猪日粮只需添加大约 0.01 g 的维生素 $B_{12}$ 就能满足要求。

**催化剂**
一种能加速化学反应速率，而本身不会发生变化的物质。

不同于葡萄糖和氨基酸分子，各种维生素不一定在化学性质或功能上有联系，也不通过化学键互相连接。虽然它们按功能归为一大类，主要起调控作用，但是每一种维生素都有其特殊的作用。

已证实动物体内存在15种对代谢有特殊功能的维生素。有些维生素可以在动物体不同部位合成，所以畜禽日粮不要求含有所有的维生素。

## 维生素的溶解性

维生素根据其溶解性分为脂溶性(维生素A、维生素D、维生素E、维生素K)和水溶性(B族复合维生素和维生素C)2大类。两者在吸收、转运和贮存上有很大差别，下面就讨论一下二者的区别。

在消化道内脂溶性维生素的吸收是随着脂肪酸一同穿过肠壁进入淋巴系统。相反，水溶性维生素直接被吸收，进入血液循环，在血液里，它们可以自由移动。而脂溶性维生素必须与血液里的**脂蛋白**结合变成可溶性物质后才能被血液循环系统转运。因为它们特殊的结构，这些脂蛋白能使脂类和脂溶性维生素在血液循环系统里自由移动。

> **脂蛋白**
> 脂类和蛋白质复合物，脂类在血液中是以脂蛋白的形式转运的。

两类维生素在机体内的存储方式也不同。当过量供给时，脂溶性维生素在脂肪沉积处能被存储，所以脂溶性维生素的存储量往往大于水溶性维生素。然而，水溶性维生素供给过量时，则从机体大量排出，所以必须按照动物需求每天供给，至少B族维生素是这样的。

## 维生素的来源

新鲜草料和动物性产品中，尤其是肝脏，维生素A或维生素A原含量丰富。干旱牧草和干草中维生素A原含量很低。因此，长期干旱时期常发生维生素A缺乏。新鲜草料中胡萝卜素和其他植物色素是很好的维生素A原，被动物摄入后，这些前体在小肠壁或其他组织内转化成维生素A。加工过程中，干草中的胡萝卜素部分被日光破坏。其他因素，如高热以及饲料中矿物质含量高，也会破坏部分维生素A原。

舍饲动物如肉鸡、蛋鸡、奶牛、猪，对日粮维生素D的需求较多。当动物处于太阳光下时，紫外线能催化皮肤中特定的化合物转变成维生素D。然而，舍饲动物必须依赖于日粮提供足够的维生素D。

维生素D有多种形式，最重要的有$D_2$和$D_3$ 2种。植物成熟后或收割后经太阳紫外线照射，催化麦角固醇转化成维生素$D_2$。因此，生长的牧草维生素$D_2$的含量很低，然而，太阳照射处理的干草含量较高(收割干草经太阳照射处理后，部分维生素A原损失，而维生素D含量增加)。在动物中，紫外线催化动物皮肤或皮下组织的7-脱氢胆固醇转化成维生素$D_3$。

对于人和家畜(和其他四条腿动物)，维生素$D_2$和维生素$D_3$的效价相同，但对于家禽，只有维生素$D_3$表现出高的效价。通过紫外光照射酵母(单细胞植物)生产动物饲料添加剂和人食物用浓缩维生素$D_2$。通过紫外光照射动物固醇生产维生素$D_3$。

维生素E(生育酚)在谷物、特别是胚芽中含量丰富。新鲜草料和多叶植物也是维生素E的良好来源。饲料长期储存时，维生素E易被氧化破坏。

维生素K是消化道细菌的代谢产物，除了新生动物或有严重消化障碍的动物，通常不需在饲料中添加维生素K。因为在无菌生殖系统生长发育和出生后的新生动物，要经过几天后，消化系统里才能生长出能产生足够维生素K的菌群。

虽然出生前肝脏中有些储存，奶或卵黄囊提供额外的量，但直到肠道能合成足量维生素 K。绿色蔬菜中维生素 K 含量丰富。同时，营养家可以通过添加甲萘醌化合物来补充日粮中维生素 K 的含量，如维生素 $K_2$。

新鲜优质草料、动物副产品以及奶产品可提供 B 族维生素。乳酪、酿造和蒸馏工业发酵副产品也是 B 族维生素的良好来源(图 3-9)。健康反刍动物的瘤胃微生物系统能产生足够的 B 族维生素。

畜禽饲料中很少添加抗坏血酸(维生素 C)。通常，除鸡外，动物组织能合成足够的维生素 C。

大多数维生素主要起代谢调节作用。一些已知功能的维生素见表 3-2。

表 3-2 一些重要维生素的功能及缺乏症状

| 脂溶性 | 特殊作用 | 缺乏症状 |
|---|---|---|
| A | 对视力有影响 | 光线弱视觉差 |
| | 上皮细胞健康 | 容易感染 |
| | | 后代体弱 |
| D | 有助于钙吸收 | 骨畸形，软骨病 |
| E | 抗氧化剂 | 鸡脑软化 |
| | 有助于硒吸收利用 | 犊牛白肌病或羔羊僵硬病 |
| K | 凝血因子 | 凝血时间延长，出血 |
| 水溶性 | | |
| B 族复合物 | 族的一般作用 | 多重维生素缺乏症状[a] |
| 硫胺($B_1$) | 能量释放过程作为辅酶 | 体弱 |
| 核黄素($B_2$) | | 瘫痪 |
| 烟酸 | 皮肤健康 | 厌食 |
| 吡哆醇($B_6$) | | 皮炎 |
| 叶酸 | | 嘴唇和舌溃疡 |
| 泛酸 | | 退化 |
| 生物素(维生素 H) | | 氧运输不足，贫血 |
| 维生素 $B_{12}$ | 红细胞再生 | 生长缓慢 |

a. 如果发生了某种维生素缺乏症，很有可能同时缺乏几种。所有的 B 族复合维生素都不需要在健康反刍动物日粮中添加，因为瘤胃微生物可以合成。

来源：改自 National Academy of Science publications, Nutritional Requirements of Domestic Animals, 1985, 1988, 1996.

## 维生素的特殊作用

除了视觉功能外，维生素 A 也对神经系统、上皮细胞的维持和生长，雄性和雌性生殖道健康以及脂肪代谢起作用。

维生素 D 是很多功能所必需的，包括：(1)钙吸收，(2)骨钙化，(3)肝脏和细胞中碳水化合物的贮存，(4)蛋白质终产物的肾排出，以及(5)脂肪和碳水化合物的氧化供能。

图 3-9 B族维生素和抗生素用不锈钢发酵罐生产。右图中为用于加热的管道和用于搅拌的搅拌器。发酵产品经干燥，测定效价后出售，混合到家畜饲料中使用。
来源：Merck and Company, Inc.

除了矿物元素钙外，血液凝固还需要维生素 K 的参与。肝脏中维生素 K 量必须充足才能促进某些物质的形成，随后参与凝血过程。

抗坏血酸（维生素 C）参与骨的矿物质沉积，也参与伤口愈合。它是一种抗氧化剂，因此，可保护其他营养物质免受氧化，它能以某种方式提高铁的沉积。虽然鱼饲料中通常加维生素 C，但是，因为动物能合成足量的维生素 C，所以，大多数情况下，日粮中不添加维生素 C。鸡处于强烈应激时期（如，运输或高温气候）往往补加维生素 C。

维生素 E 也是一种抗氧化剂，参与维持毛细血管的完整性。维生素 E 和硒能协同防止犊牛白肌病或“羔羊僵硬病”，这类病由肌肉营养不良引起。

在动物组织中，B 族维生素通常参与碳水化合物、脂肪和蛋白质 3 大物质释放能量，参与分解摄入的蛋白质和氨基酸，以及参与体蛋白形成。它们也有助于神经系统和上皮组织的维持。B 族维生素每一个成员都有其独特的作用，很多功能前面都没提到。某些 B 族维生素成员能刺激食欲，维持单胃动物的正常采食量。高热气候动物采食量下降时，特别是家禽，可补加 B 族维生素用于提高采食量。

维生素可能有很多未知的特殊功能。特定维生素缺乏症能提供一些线索。

商业公司能生产多种合成维生素。这些维生素同饲料天然的维生素有相同的作用，当天然维生素不足时，可补加商业维生素。猪维生素的推荐添加量见表3-3。

表 3-3 猪从断奶到上市期间维生素推荐添加量（每磅日粮中添加量）

| 维生素 | 开食日粮 | 生长-肥育日粮 |
|---|---|---|
| 维生素 A | 2 000 IU[a] | 1 200 IU |
| 维生素 D | 200 IU | 120 IU |
| 维生素 E | 5 IU | 5 IU |
| 维生素 K | 1 mg | 1 mg |
| 核黄素 | 1.5 mg | 1.2 mg |
| 泛酸 | 8 mg | 6 mg |
| 烟酸 | 10 mg | 8 mg |
| 维生素 $B_{12}$ | 10 μg | 6 μg |
| 胆碱 | 85 mg | 50 mg |

a. IU＝国际单位（International Unit）。

来源：Pork Industry Handbook，PIH-2.

## 3.9 植物养分的吸收与形成

植物通过很多细而深的根从土壤中吸收单个营养成分。这些成分在土壤中以游离形式或以简单化合物形式存在。植物吸收养分图见图 3-10。

碳水化合物、脂肪、蛋白质，是相对复杂的营养物质，可通过光合作用和植物组织的其他化学过程产生。以绿色植物细胞中的叶绿素作为催化剂，光合作用可将土壤、空气和水中的碳、氢、氧转换成碳水化合物分子。太阳光的能量被这些分子捕获后转变成分子能。光合作用的净过程如下：

$$6CO_2 + 6H_2O + \text{太阳能量}\ (673\ \text{cal}) \xrightarrow[\text{叶绿素}]{\boxed{\text{光合作用}}} C_6H_{12}O_6 + 6O_2$$

碳水化合物是植物的主要能量储备形式，构成植物的大部分组织结构。大部分植物脂肪（由光合作用产生的碳水化合物形成）在种子蓄积，为下一代的萌芽和早期生长提供能量。

氨基酸（随后结合形成蛋白质）是由先前从土壤中吸收的氮和由碳、氢、氧组成的有机单位形成的。在一些植物中，这一过程是光合作用的一部分。然后，各种氨基酸连接在一起形成蛋白质，参与植物代谢和生长以及种子生成。

正如 3.8 节的介绍，维生素是动物必需的有机化合物。植物的光合作用能够产生这些物质，并通过进一步的合成代谢将氮和其他成分固定到这些化合物中。

植物和动物中的维生素也起重要的催化作用，促进营养物质形成、组织生长和繁殖。植物中含有这些维生素，意味着收割植物和植物产品可提供这些重要营养物质。

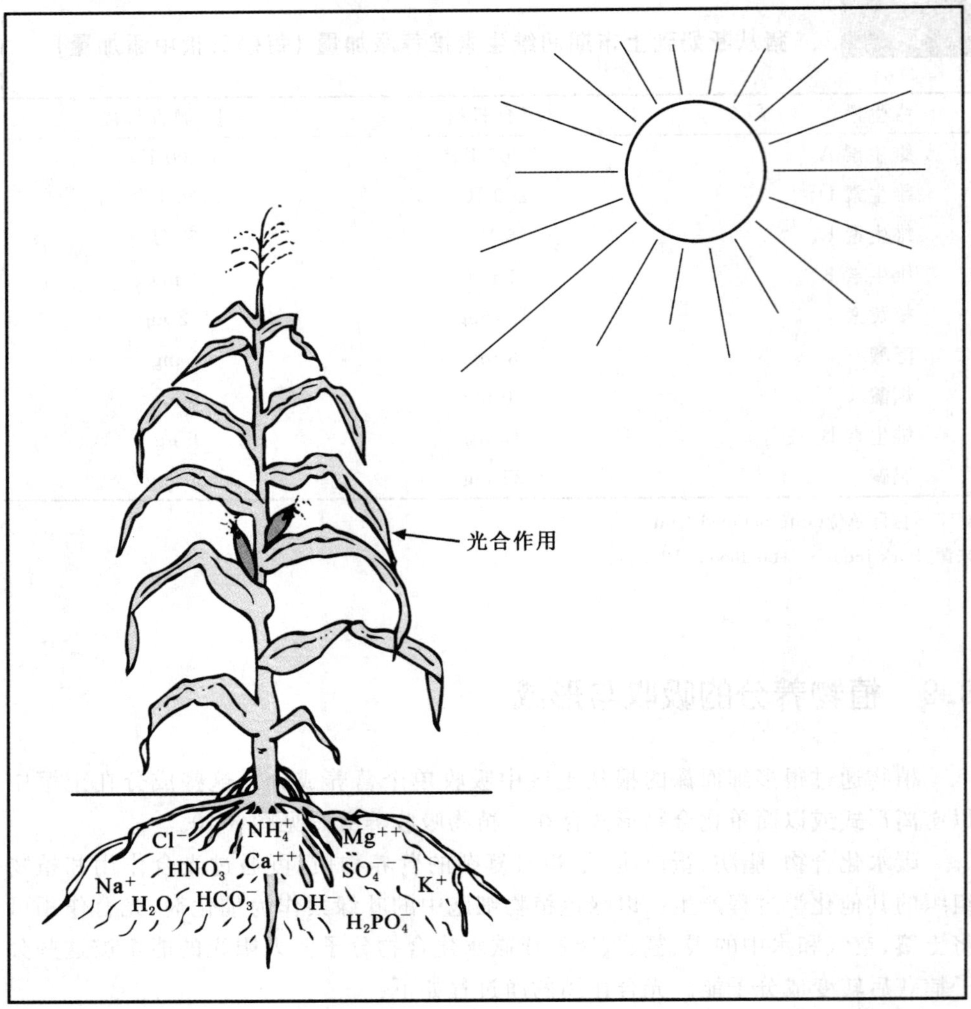


**图 3-10　植物，如玉米，通过根系从土壤吸收获得大部分氮及其他成分，叶的光合作用能利用光能将空气中的 $CO_2$ 和空气、土壤中的 $H_2O$ 转变成基本有机化合物，如碳水化合物。**

来源：Iowa State University and Purdue University.

## 3.10　饲料及其养分含量

大多数动物饲料是植物，如牧草、干草、谷类、豆粕（榨油后的大豆残渣）以及蒸馏谷物（发酵生产乙醇后的谷物糟渣）。另外有些饲料，如肉骨粉、鱼粉、乳清，是动物产品加工的副产品。

**浓缩饲料**
高消化能，低纤维含量的一类饲料。

**粗饲料**
消化能低，纤维含量高的一类饲料。

一般将饲料分成浓缩饲料和粗饲料。**浓缩饲料**纤维含量低，有效能高，包括谷物、动植物副产品。**粗饲料**纤维含量高，有效能低。国家研究委员会（NRC）制定了饲料分类方法（表 3-4），这有助于科学利用饲料。

表 3-5 和表 3-6 给出了一些常见动物饲料的营养价值。值得特别注意的是，为了便于比较及配制日粮时数据统一，青贮饲料和牧草的营养价值以干物质为基础。正确配制的青贮饲料，一般含 50%～65%的水分。青绿饲料通常含 75%～90%的水分。高水分谷物青贮饲料水分含量为 25%～32%，然而，干谷物和干饲

料水分含量通常为10%～14%。青贮玉米或青贮豆科牧草应定期测定水分含量。成熟时间和收割时间不同，植物水分含量往往变化很大。如框3-2所示，不校正水分含量会严重影响动物的干物质实际采食量。

表 3-4 NRC饲料分类、各类型特征及代表种类

| 分类 | 特征(S) | 代表种类 |
|---|---|---|
| 1—干草和粗饲料 | 纤维>18%[a] | 干草、麦秆、秕壳、稻草、秣草 |
| 2—青绿饲料 | 纤维>18% | 牧草、青草、罐头厂残渣 |
| 3—青贮饲料 | 纤维>18% | 整株谷物作物、枯萎或含水低的青草、豆科植物 |
| 4—能量饲料 | 蛋白<20%[b]<br>纤维<18% | 谷类、磨坊副产品、根和茎、酿酒厂副产品 |
| 5—蛋白质饲料 | 蛋白>20%<br>纤维<18% | 动物副产品(碎肉)、水产副产品(鱼粉)、鸟类副产品(羽毛水解产物)、植物副产品(豆粕、棉籽粕、亚麻籽粕、玉米麸子) |
| 6—矿物质饲料 | 保证分析 | 蒸骨粉、无钙磷酸盐、加碘盐、含微量矿物质盐 |
| 7—维生素饲料 | 保证效价 | 维生素A、维生素D、维生素E、B族维生素复合物 |
| 8—非营养性添加剂 | 专用 | 抗生素(氯四环素、土霉素、泰乐菌素)<br>着色剂、调味剂<br>激素<br>药物 |

a. 符号>表示高于。

b. 符号<表示低于。

来源：改自 National Academy of Science publications.

饲料的能量值以卡来计量①。1 cal相当于1 g水升高1℃所需要的热量。1 **千卡(kcal)**等于1 000卡(calories)，有时也表示成1 calorie。1兆卡(Mcal)等于1 000千卡(kcal)，有时也称为1撒姆(therm)。

**千卡(kcal)**
1 kg水温度升高1℃所需要的热量，或者说1 lb水温度升高大约4℉所需要的热量。

饲料能量度量和测定方法如下：

- 总能：燃烧放出的热。
- 消化能：被胃肠道吸收的那部分饲料的能量(总能减去粪能)。
- 代谢能：总能减去粪能、尿能和消化道可燃气体能。为体细胞有效能。
- 净能：用于维持和生长或泌乳的能量(代谢能减去用于采食、咀嚼、运动和饲料消化所消耗的能量)。
- 兆卡(Mcal)：等于1 000千卡能量。

①有些刊物也以可消化养分总量(TDN)作为饲料能量值的度量指标。这一术语是在20世纪早期发展起来的，英文全拼"total digestible nutrients"，可以看出这是一个错误的概念。TDN＝可消化脂肪×2.25(因为脂肪能更有效提供能量)＋可消化碳水化合物(NFE和粗纤维)＋可消化蛋白质。由于它是饲料能量值的一个指数，比本章提到的能量度量方法准确性差，所以现在使用也越来越少了。

表 3-5 反刍动物日粮常用饲料的营养价值,以干物质为基础

| 饲料 | $NE_m$[a] (Mcal/kg) | $NE_g$[b] (Mcal/kg) | $NE_l$[c] (Mcal/kg) | 蛋白质 (%) | 钙 (%) | 磷 (%) | 维生素 A (IU/kg) |
|---|---|---|---|---|---|---|---|
| 粗饲料 | | | | | | | |
| 苜蓿干草 | 1.24 | 0.59 | 1.30 | 17.2 | 1.25 | 0.30 | 72 000 |
| 脱水苜蓿草粉 | 1.31 | 0.73 | 1.40 | 19.7 | 1.32 | 0.24 | 27 000 |
| 苜蓿青贮 | 1.24 | 0.59 | 1.30 | 17.2 | 1.25 | 0.30 | 72 000 |
| 甜菜渣 | 1.79 | 1.19 | 1.79 | 8.0 | 0.75 | 0.11 | — |
| 狗牙根干草 | 1.03 | 0.19 | 1.05 | 6.0 | 0.46 | 0.18 | 25 000 |
| 早熟禾,早期 | 1.60 | 1.03 | 1.64 | 17.3 | 0.56 | 0.47 | 179 000 |
| 早熟禾,花期 | 1.52 | 0.95 | 1.57 | 14.8 | 0.46 | 0.39 | 112 000 |
| 须芒草,成熟期 | 1.00 | 0.11 | — | 4.5 | 0.40 | 0.11 | — |
| 须芒草,早期 | 1.23 | 0.57 | — | 11.0 | 0.63 | 0.17 | 219 000 |
| 雀麦草干草 | 1.33 | 0.73 | 1.40 | 10.5 | 0.30 | 0.35 | 26 000 |
| 玉米穗轴 | 1.01 | 0.15 | 1.03 | 2.8 | 0.12 | 0.04 | — |
| 玉米青贮 | 1.54 | 0.97 | 1.59 | 8.0 | 0.27 | 0.20 | 18 000 |
| 玉米秸 | 1.26 | 0.62 | 1.32 | 5.9 | 0.60 | 0.09 | 2 |
| 棉籽壳 | 0.86 | — | 0.81 | 4.3 | 0.16 | 0.73 | — |
| 豇豆干草 | 1.36 | 0.76 | 1.42 | 18.4 | 1.34 | 0.32 | 14 000 |
| 羊茅牧草 | 1.33 | 0.73 | 1.40 | 12.4 | 0.61 | 0.42 | 135 000 |
| 格兰马草牧草,早期 | 1.39 | 0.79 | — | 13.1 | 0.53 | 0.19 | — |
| 燕麦青贮 | 1.33 | 0.73 | 1.40 | 12.8 | 0.50 | 0.10 | 65 000 |
| 豆秸 | 0.96 | 0.01 | 0.96 | 5.2 | 1.59 | 0.06 | — |
| 苏丹草牧草 | 1.54 | 0.97 | 1.59 | 16.8 | 0.43 | 0.41 | 79 000 |
| 野豌豆干草 | 1.33 | 0.73 | 1.40 | 19.0 | 1.18 | 0.34 | 154 000 |
| 冰草牧草 | 1.64 | 1.07 | — | 28.6 | 0.42 | 0.40 | 520 000 |
| 精料 | | | | | | | |
| 大麦 | 1.96 | 1.31 | 1.91 | 13.9 | 0.05 | 0.37 | — |
| 酿酒厂谷物粉 | 1.44 | 0.86 | 1.52 | 26.0 | 0.29 | 0.54 | — |
| 玉米,粒 | 2.15 | 1.42 | 2.03 | 10.0 | 0.03 | 0.31 | 1 000 |
| 玉米,穗 | 1.86 | 1.24 | 1.84 | 9.3 | 0.05 | 0.26 | 3 000 |
| 棉籽粕 | 1.69 | 1.11 | 1.72 | 44.8 | 0.17 | 1.31 | — |
| 糖蜜,甜菜 | 1.69 | 1.11 | 1.72 | 8.7 | 0.21 | 0.04 | — |
| 燕麦 | 1.73 | 1.14 | 1.74 | 13.6 | 0.07 | 0.39 | — |
| 黑麦 | 1.86 | 1.24 | 1.84 | 13.8 | 0.07 | 0.36 | — |
| 高粱 | 1.86 | 1.24 | 1.84 | 11.7 | 0.03 | 0.33 | — |
| 豆粕 | 1.89 | 1.26 | 1.86 | 49.6 | 0.36 | 0.75 | — |
| 小麦 | 2.15 | 1.42 | 2.03 | 14.4 | 0.05 | 0.45 | — |

a. $NE_m$＝维持净能(net energy for maintenance)。

b. $NE_g$＝生长净能(net energy for growth or gain)。

c. $NE_l$＝泌乳净能(net energy for lactation)。

来源:改自 National Research Council, Nutrient Requirements of Dairy Cattle, 1988;须芒草和格兰马草以及冰草数据改自 National Research Council, Nutrient Requirements of Beef Cattle, 1996.

表 3-6 非反刍动物日粮中常用饲料的营养价值，以干物质为基础

| 饲料 | 代谢能(kcal/kg) | 蛋白质(%) | 赖氨酸(%) | 蛋氨酸(%) | 色氨酸(%) | 钙(%) | 磷(%) | 钠(%) |
|---|---|---|---|---|---|---|---|---|
| 脱水紫花苜蓿粉 | 2 270 | 17.5 | 0.73 | 0.2 | 0.28 | 1.44 | 0.22 | 0.08 |
| 大麦 | 2 870 | 11.6 | 0.42 | 0.2 | 0.14 | 0.05 | 0.36 | 0.04 |
| 血粉 | 1 927 | 85.0 | 8.10 | 1.5 | 1.10 | 0.30 | 0.25 | 0.33 |
| 玉米 | 3 325 | 8.8 | 0.24 | 0.2 | 0.05 | 0.02 | 0.28 | 0.02 |
| 棉籽粕 | 2 555 | 41.4 | 1.71 | 0.5 | 0.47 | 0.15 | 0.97 | 0.04 |
| 鲱鱼粉 | 2 230 | 60.5 | 4.83 | 1.8 | 0.68 | 5.11 | 2.88 | 0.41 |
| 肉骨粉(各 50%) | 2 434 | 50.4 | 2.60 | 0.7 | 0.28 | 10.10 | 4.96 | 0.72 |
| 燕麦 | 2 668 | 11.4 | 0.40 | 0.2 | 0.16 | 0.06 | 0.27 | 0.06 |
| 花生粕 | 2 920 | 47.0 | 1.76 | 0.4 | 0.48 | 0.20 | 0.65 | 0.10 |
| 黑麦 | 2 712 | 12.6 | 0.49 | 0.2 | 0.12 | 0.08 | 0.30 | 0.02 |
| 脱脂奶粉 | 3 360 | 33.5 | 2.40 | 0.9 | 0.44 | 1.28 | 1.02 | 0.44 |
| 高粱 | 3 229 | 8.9 | 0.22 | 0.1 | 0.10 | 0.03 | 0.28 | 0.01 |
| 豆粕 | 3 090 | 44.0 | 2.93 | 0.7 | 0.62 | 0.29 | 0.65 | 0.34 |
| 冬小麦 | 3 220 | 14.1 | 0.40 | 0.2 | 0.18 | 0.05 | 0.37 | 0.04 |
| 乳清粉 | 3 190 | 13.6 | 0.97 | 0.2 | 0.19 | 0.97 | 0.76 | 2.00 |
| 矿物质添加剂 | | | | | | | | |
| 骨粉 | — | — | — | — | — | 28.0 | 13.0 | — |
| 无钙磷粉 | — | — | — | — | — | 26.0 | 20.0 | — |
| 石灰石 | — | — | — | — | — | 39.0 | — | — |

表 3-6

| 饲料 | 锰 (mg/kg) | 铁 (mg/kg) | 锌 (mg/kg) | 维生素 A (IU/kg) | 核黄素 (mg/kg) | 烟酸 (mg/kg) | 泛酸 (mg/kg) | 胆碱 (mg/kg) | 维生素 $B_{12}$ (μg/kg) |
|---|---|---|---|---|---|---|---|---|---|
| 脱水紫花苜蓿粉 | 28.0 | 310 | 17 | 27 000 | 15.7 | 38 | 28.4 | 1 097 | 0.004 |
| 大麦 | 8.0 | 50 | 17 | — | 1.2 | 63 | 9.2 | 990 | — |
| 血粉 | 6.4 | 3 000 | 306 | — | 1.3 | 22 | 1.1 | 749 | 0.440 |
| 玉米 | 5.0 | 35 | 10 | 1 000 | 1.0 | 34 | 7.5 | 530 | — |
| 棉籽粕 | 20.2 | 110 | — | — | 4.0 | 40 | 9.9 | 2 933 | — |
| 鲱鱼粉 | 33.0 | 440 | 147 | — | 4.9 | 55 | 9.0 | 3 056 | 0.150 |
| 肉骨粉(各 50%) | 14.2 | 490 | 93 | — | 4.4 | 46 | 4.1 | 1 996 | 0.070 |
| 燕麦 | 43.2 | 70 | 1 | — | 1.1 | 15 | 29.2 | 1 100 | — |
| 花生粕 | 29.9 | — | — | — | 11.0 | 165 | 50.6 | 1 960 | — |
| 黑麦 | 66.9 | 100 | 31 | — | 1.5 | 16 | 9.2 | — | — |
| 脱脂奶粉 | 2.0 | 50 | 40 | — | 22.0 | 12 | 33.0 | 1 250 | 0.010 |
| 高粱 | 12.9 | 40 | 14 | — | 1.1 | 41 | 12.0 | 678 | — |
| 豆粕 | 29.3 | 120 | 27 | — | 2.9 | 60 | 13.3 | 2 794 | — |
| 冬小麦 | 62.2 | 50 | 14 | — | 1.4 | 56 | 1.35 | 1 090 | — |
| 乳清粉 | 6.1 | 130 | — | — | 27.1 | 10 | 44.0 | 1 980 | 0.015 |
| 矿物质添加剂 | | | | | | | | | |
| 骨粉 | — | — | — | — | — | — | — | — | — |
| 无钙磷粉 | — | — | — | — | — | — | — | — | — |
| 石灰石 | — | — | — | — | — | — | — | — | — |

来源:改自 National Research Council, Nutrient Requirements of Swine, 1979.

**框 3-2** **饲料中水分含量对动物干物质和养分采食量的影响**

饲料中总是含有一些水分，少至 3%～5%，多则 90%～92%。养分只包含在日粮干物质中。水分只提供水，不能提供其他养分。

中等苜蓿青贮饲料干物质中蛋白质含量为 17.2%，见表 3-5。

100 lb×0.172＝ 17.2 lb per 100 lb DM

然而，动物吃的是实样（含水分和干物质）。

假设一个动物采食这种苜蓿青贮饲料 50 lb，水分测定结果为：40%的干物质。

回答下列问题：

（1）采食了多少干物质？

50 lb×0.40 ＝ 20 lb

（2）采食了多少蛋白质？

20 lb×0.172 ＝ 3.44 lb

因为蛋白质只含于干物质中。

因为饲料水分含量变化很大，所以必须经常进行测定并相应校正日粮中的水分含量。

来源：Purdue University.

猪和家禽的能量需要和饲料的能值（表 3-6）通常表示为代谢能。因为这些动物主要采食浓缩料，因此它们饲料能值之间差异不大（例如，玉米和高粱的能量值分别为 3 325 和 3 229 kcal/kg）。

然而反刍动物浓缩料和粗饲料之间，以及不同的粗饲料之间，在采食、咀嚼、消化时耗能存在很大差异。不同的粗饲料，其粗糙程度、体积大小和动物利用这些饲料时消耗的能量不同。因此，反刍动物能量需要和饲料能值（表 3-5）通常以净能表示。

研究表明饲料的维持净能值（呼吸、行走、正常体散热）高于维持需要之上相同饲料的增重净能值。这是每种饲料有 2 个净能值的原因所在，见表 3-5。维持净能（$NE_m$）是饲料用于动物维持的能值，增重净能（$NE_g$）是饲料用于动物生长（增重）的能值。

肉牛的研究结果表明，很多饲料的维持净能和增重净能与奶牛的研究数据有些差别。这表明两者的维持净能和增重净能不能分开比较。表 3-5 中大部分数据是以奶牛为研究基础的。在这里只是用来说明几种常见的日粮配方。从表 3-5 可以看出，奶牛用于维持和产奶的能量效率是相似的。

粗饲料主要用于反刍动物（如成年牛和羊）和马，某些情况下比谷物类饲料更经济。反刍动物日粮中一定比例的粗饲料是反刍动物消化系统发挥正常功能所必需的，包括瘤胃和网胃运动以及胃上皮组织的健康。其他的益处将在后面的章节讨论。

粗饲料（或饲草）可分为高、中、低 3 个档次。目前，比较普遍和精确的粗饲料质量评定指标是相对饲料价值（RFV），以中性洗涤纤维消化率、粗蛋白、无氮浸出物、粗脂肪为基础计算出的数值。高品质的饲草要求养分含量高、消化率高、适口性好。大部分牧草和豆科植物的养分含量和消化率与收割时植物的成熟阶段呈负相关。

苜蓿或 RFV 相似（150～200）的饲草适用于高产奶牛。为获得高的饲料价值，苜蓿第一茬应该在初花期或之前收割、打捆或晴天剁碎且避免叶子损失，然后盖好用于存储。以后几茬的收割，应根据生长条件而定，一般每 22～24 d 收割 1 次。高质量的豆科牧草蛋白质含量将超过 20%，适口性也很好。

相对饲料价值在100～125的饲草建议用于体重1 000 lb的妊娠肉用母牛，因为这些母牛能量和蛋白质需求少于产奶母牛，而这些饲草的蛋白质含量通常为10%～15%。更高相对饲料价值的饲草提供的消化能和其他养分将超出妊娠肉用母牛的需要，造成浪费。

为了更合理地生产和利用苜蓿，有人建议，苜蓿生产者需有奶牛或肉牛，或这两类牛的干草销路。适时收割且无雨贮存的苜蓿可用作奶牛饲料；而收割后和打包前淋雨或收割过迟的苜蓿可用作肉牛饲料。

成年牛和羊也能利用低品质粗饲料，如玉米芯或秸秆、稻草、秕壳或类似的粗饲料能添加到优质粗饲料和/或浓缩料中。低品质粗饲料的蛋白质含量一般为0～4%，维持净能不超过1 Mcal/kg，增重净能和矿物质含量微乎其微，维生素A含量很少或没有。

无水氨处理可提高反刍动物低品质饲草的消化率、适口性和蛋白含量。当饲草缺乏时，如长期干旱，可以氨化处理谷物秸秆，具体做法为：小心盖上塑料布并使之密闭，每吨干物质加60 lb无水氨。氨化时间大约为3周，饲喂前移走塑料布，使氨气散发。氨化秸秆的蛋白质含量和能量值相当于中等品质的干牧草。

单胃动物日粮中很少使用粗饲料。青贮饲料和碎干草有时可用来喂成年母猪，一些家禽和生长猪的日粮可加少量脱水苜蓿粉来提供一些必需维生素。

尽管优质禾本科干草可以作为马的饲料，但大部分马饲养者还是尽可能买最好的苜蓿喂马。关于马的饲草将在第7章详细讨论。

浓缩料(如谷物)主要用于家禽、猪和其他单胃动物，也用于肉牛和肉羊、高产奶牛日粮。它们的有效能高，蛋白质含量可高可低。

谷物类饲料主要提供能量。玉米和高粱，是最普遍的谷物，因为其淀粉含量高、纤维含量少，所以消化率高。它们的蛋白质含量相对较低，其蛋白质中某些氨基酸含量也较低。只有玉米的胡萝卜素含量高。

高饲用价值谷物和大豆的遗传改良内容见2.9节相关段落。

小麦是一种能量饲料，但价格高，不宜用于家畜饲料。大麦和燕麦，纤维含量高，有效能低，所以饲用价值很低。

**副产品**
副产品是价值较主产品低的农产品，在榨油业中含油籽粒将油榨取后剩余的部分就做高蛋白动物饲料。

豆粕、棉籽粕、亚麻籽粕和花生粕——榨油**副产品**，是主要的植物蛋白源。盛产这些作物的地区用量最大，也经济实惠。由于豆粕的适口性好，限制性赖氨酸含量高，所以是单胃动物日粮最好的蛋白补充料。豆粕的蛋白质含量为44%～50%，与榨油和烘烤后是否混入大豆皮有关。

肉加工厂的副产品——碎肉碎骨、肉骨粉、肝粉和血粉以及鱼粉可作为蛋白补充料。为了防止物种特异性牛病的传播，如牛海绵状脑病(BSE，俗称疯牛病)，所以牛日粮中不允许添加牛加工的副产品。对于单胃动物，这些产品能补充谷物和植物油饼蛋白中相对缺乏的某些氨基酸，以及某些矿物质和维生素。

脱脂奶粉、啤酒干酵母、鱼粉、乳清和其他一些饲料成分均富含蛋白质，所以是单胃动物很好的添加料。

蛋白源的总价值不单是取决于蛋白质的量和特殊氨基酸含量，加工技术也是非常重要的。因为加工技术能影响到氨基酸的消化率和利用率。在购买蛋白质饲料前，购买者可借助某些实验室检测方法来检验其加工方法和蛋白质品质。

## 思考题

1. 六大类营养物质分别是什么？哪些提供能量？哪些是功能物质？哪些参与调节作用？

2. 什么是维持日粮？请举出一种使用维持日粮饲养的动物。

3. 动物在什么阶段生长最快？

4. 举例说明繁殖动物对养分的需求。

5. 家畜和家禽日粮的主要能量饲料有哪些？

6. 举出家畜饲料中常见的 2 种多糖。

7. 单胃动物不能有效利用哪种重要的多糖？为什么？

8. 六碳糖有哪 3 种？哪一种机体含量最丰富？

9. 饲料中木质素含量对营养比例有哪些影响？

10. 定义粗纤维和无氮浸出物(NFE)。举出 1 种纤维素含量高、无氮浸出物含量低的饲料，1 种纤维素含量低、无氮浸出物含量高的饲料。

11. 相比于大多数碳水化合物，脂肪供能的效率如何？大多数饲草和谷物饲料中脂肪含量是多少？

12. 甘油三酯的组分有哪些？室温下，为什么有些脂肪是液体，而有些脂肪是固体？

13. 单胃动物(猪和鸡)体脂肪类型往往与饲料中脂肪类型相同，这样说对吗？反刍动物也如此吗？请解释原因。

14. 除了提供能量，说出日粮中添加脂肪的其他 2 个原因？

15. 氨基酸总含有哪些元素？

16. 解释必需氨基酸和非必需氨基酸定义的差别。

17. 下列动物中，哪些的日粮不需要包含所有的必需氨基酸？牛、鸡、绵羊、马、猪、山羊、犊牛、羔羊、驴。

18. 定义非蛋白氮(NPN)，并举出一个应用实例。

19. 除了机体本身水外，说出动物机体能利用的另外 2 种水源。

20. 举例说明，什么情况下动物不能摄入足够的水？

21. 饮水与饲料干物质摄入的关系如何？

22. 区分常量矿物元素和微量矿物元素。

23. 列出矿物质的 3 个重要功能。

24. 哪 3 种矿物质，虽然日粮中比例很低但仍要考虑其毒性？

25. 区别脂溶性维生素和水溶性维生素，并掌握它们的吸收和贮存过程。

26. 某些维生素只能由添加剂提供，不能由饲料供给，举出 2 个例子。

27. 蛋白质饲料、能量饲料以及饲草和青贮饲料的纤维素和蛋白质含量有哪些区别？

28. 饲料的总能和净能有什么差异？

翻译：初蔚林，蔡传江；校对：初芹

# 第4章

## 消化和代谢系统

## The Digestive and Metabolic Systems

动物是如何利用饲料中的营养物质的呢？它们将饲料中的特定营养物质释放出来，吸收进入机体的器官和细胞内，并转化成自身的一部分，满足自身需要或形成动物产品，所有这一切的机制是什么？肉、奶、蛋，同羊毛和皮革等不能通过人工合成的产品一样，都是养分利用的结果——消化、吸收、周转和代谢。

我们在前一章中讨论了正常动物维持健康和生产所必需的营养物质，以及畜禽生产中常用的饲料。这一章我们将着眼于畜禽解剖学和消化道功能等内容，以及畜禽对养分的利用。

**消化**包括饲料在胃肠道中(口腔、食道、胃以及小肠)所发生的物理和化学的变化过程，以及单个营养物质是如何释放并进行吸收。咀嚼、吞咽、磨碎等活动以及胃和小肠的节律性运动使得饲料经物理消化变成细小颗粒，增加了化学消化的作用面积。某些化学作用可以通过物理破碎含养分的物质来增进消化。例如，胆汁对于脂肪的乳化作用形成了更多更小的脂肪粒，这样大大增加了与消化酶作用的表面积。

**消化**
胃肠道中营养物质经物理和化学分解变成易吸收物质的过程。

饲料的化学变化是通过酶[①]来完成的。同时，动物消化道和消化器官中的细菌和其他微生物也共同参与消化。酶催化碳水化合物、脂肪以及蛋白质水解为可被吸收利用的小分子。

非反刍动物中绝大部分营养物质的**吸收**(反刍动物中也有许多)是在小肠中进行的，它们通过肠壁、血管壁或者淋巴管壁进入到循环系统中，通过循环进入到单个细胞中，最终被分解利用。

**吸收**
营养物质通过胃肠道壁或者毛细血管壁进入循环系统。

这里谈到的细胞可以是典型的肌肉细胞、肝脏细胞、肾细胞，或是一些其他组织的细胞。组成器官的细胞有特殊的功能，可以利用吸收的营养物质来完成这些功能。

---

①如第2章提到的，酶是有机催化剂。它们可以加快其他有机化合物反应的速度，自身不发生变化。所有已知的酶都是由氨基酸组成的。

**代谢**
生物体内发生的所有物理或者化学过程。

在这些细胞中，通过**代谢**，碳水化合物和脂肪被进一步降解产生能量，满足重新合成氨基酸，生成蛋白质以及组织、激素或是酶等需要。维生素和矿物质在碳水化合物、脂肪和蛋白质的利用中起着很重要的作用。

畜禽对日粮的利用包含 4 步：(1)消化；(2)吸收；(3)营养物质的周转；(4)细胞中的代谢。基于器官和组织的种间特异性，接下来将对这些过程进行简单讨论。第一部分着重探讨非反刍动物的消化和吸收，然后讨论反刍动物独特的消化系统特性。

学习本章后，要求掌握以下内容：

1. 区分反刍动物和非反刍动物的消化系统。
2. 识别每个系统中的重要部分。
3. 描述出马和禽类消化系统的独特性。
4. 弄清采食、咀嚼、消化、吸收、代谢、乳化以及其他重要名词。
5. 明确营养物质代谢的发生场所。
6. 明确与养分利用相关的循环系统的作用。
7. 明确营养物质在动物体内的沉积部位和贮存形式。

## 4.1 非反刍动物的消化系统

非反刍动物，诸如猪和鸡(也包括人)只有 1 个胃。犊牛和羔羊等幼年反刍动物也算功能性的非反刍动物，直到瘤胃开始发育成熟后才出现真正意义上的反刍。这是一个逐渐发展的过程，直到反刍动物出生几个月后它们的瘤胃发育才体现出完整的功能。图 4-1 中简单描述了猪的消化器官(包括附属器官肝和胰腺)。

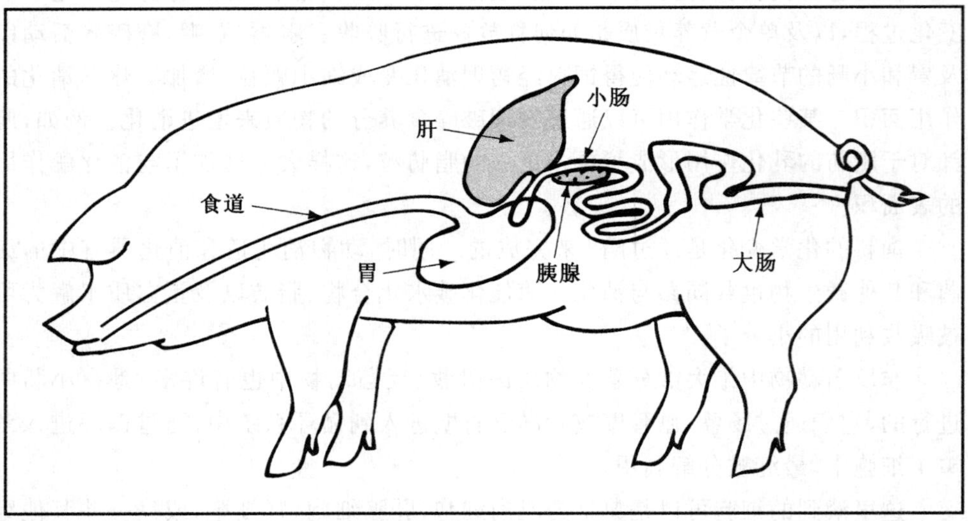


**图 4-1 猪消化系统示意图。其中小肠实际长度要比图中表示长得多。**
来源：Iowa State University.

对于猪等**单胃动物**，在口腔中形成的饲料小团被吞咽后经过快速**蠕动**由食道进入胃里。经过胃的消化，物质（食糜）进入小肠并依次经过小肠的3段：十二指肠、空肠和回肠。肝、胰腺以及小肠壁的细胞向小肠的这3个部分分泌某些物质。小肠是养分消化吸收的主要场所。

> **单胃动物**
> 与反刍动物具有4个胃室相比，这类动物只有1个胃室。

> **蠕动**
> 肌肉收缩以推动食物通过消化道的过程。

未降解的成分直接从回肠进入大肠。大肠的长度要比小肠短得多，但直径和体积却大很多。整个大肠分为结肠和直肠2部分，直肠在肠道的末端。整个消化道的最末端是肛门，开口于体外。

综上所述，单胃动物，如猪，消化途径为：

口→食道→胃→小肠（十二指肠、空肠、回肠）→大肠→直肠→肛门

从图4-1中可以看出，相对于动物体尺，胃所占体积很小，这是单胃动物的特点之一，也是长期饲喂和使用低纤维浓缩料的结果。2周龄猪的胃容积只有0.7 lb，体重200 lb的猪胃容积则达到了8.5 lb。相比而言，体重仅100 lb的羔羊4个胃的总容积却可以达到3 gal，也就是24 lb。

对于家禽，饲料颗粒则很快地从嘴进入食道，见图4-2。这个管状的结构使饲料可以直接进入一个临时的贮存点——嗉囊。饲料与唾液混合后从嗉囊进入食道的膨大部分，即腺胃。之所以被称为腺胃是因为可以分泌HCl和消化酶。食糜从腺胃中很快进入肌胃中，肌胃壁肌肉发达，可以降低饲料的颗粒大小。如果饲料粉碎较好，则在肌胃中几乎不停留，迅速进入小肠。

鸟类的小肠是消化和吸收的主要部位。第一部分十二指肠是一个环状结构，被称为十二指肠环。胰腺位于环中间，释放分泌物进入十二指肠。鸡的十二指肠大约有5 ft长。在禽类的小肠和大肠之间有2个盲端小袋，称为盲肠。它们的消化作用不大，但却可以吸收有害的生物体（诸如球虫等）。这项检查可以在屠宰之前进行，因而生产者可以对整个生产过程中鸡的健康状况进行监测。与小肠情形不同的是，鸟类的大肠很短，鸡仅有4～5 in长。因此消化后的残渣会很快通过这个区段。代谢产物从大肠进入一个球茎状结构，即泄殖腔，也是母鸡产蛋时贮存蛋的场所。**泄殖腔**的开口处就是肛门，蛋和代谢产物都从这里排出体外。

> **泄殖腔**
> 鸟类消化道最末端的球茎状结构：消化产物、尿排泄以及生殖通道。

综上所述，禽类的消化途径为：

（盲肠）
↗ ↘
口腔→食道→嗉囊→腺胃→肌胃→小肠 ——→ 大肠→泄殖腔→肛门

在家畜中，固体代谢废物和尿是分开排泄的。但在禽类中，尿被排入泄殖腔，与粪便一起排出体外。尿（尿酸）在禽的排泄物中表现为白色覆盖型物质。

## 4.2 采食、咀嚼和唾液分泌

采食，或者说是摄取食物，根据动物种类不同有所差异，受嘴唇形状、牙齿的类型和排列以及舌头结构差异的影响。

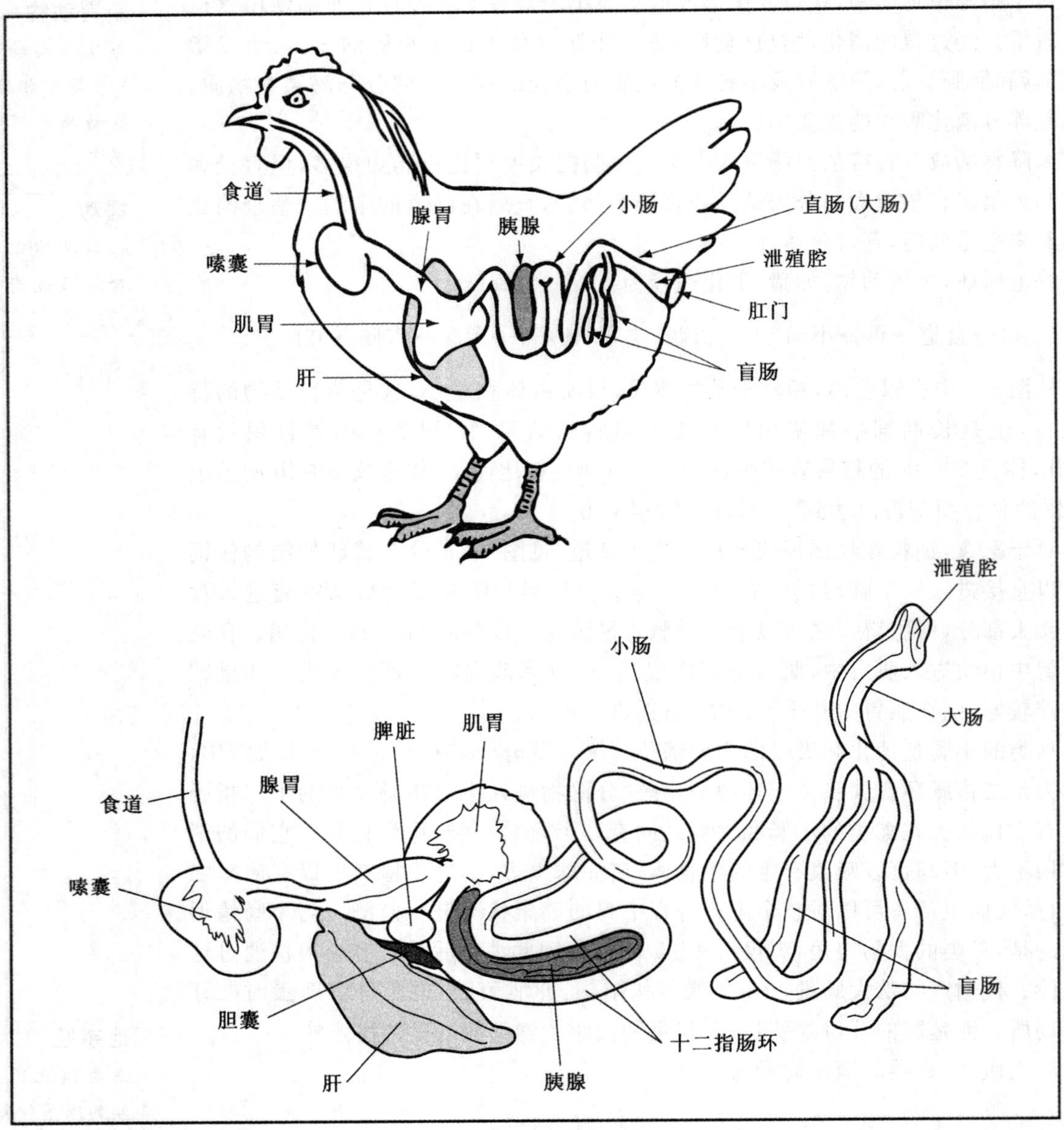


**图 4-2　鸡消化系统示意图。十二指肠环中部分为胰腺。图中也标明了盲肠和极短的大肠。**
来源：Iowa State University and Purdue University.

采食上的差异在放牧家畜中尤为值得注意。举例来说，牛没有柔软灵活的嘴唇，就不能像绵羊和山羊一样细嚼慢咽。相反，它们是用有力而粗糙的舌头配合下颚上的门牙食入饲草并扯断。绵羊和山羊上唇的形状允许它们将草料细嚼慢咽，因而它们似乎更喜欢采食短小、柔嫩的草料，尤其是贴近地面的细草。当然，马同样具有柔软的上唇，似乎也是细嚼慢咽的好手。马的上下门牙可以通力合作，因而可以采食贴近地面的小草。猪的嘴唇相对较硬，对采食没有什么帮助。

咀嚼，是将饲料磨碎为较小颗粒的机械过程，为在口腔、胃以及小肠中更为复杂的酶消化增加接触表面积。猪具有一整套完整的门牙和臼齿，可以进行更完善、更高效的咀嚼。牛和绵羊没有上门牙，只有1个硬质牙垫。但是，由于它们的臼齿可以完成磨碎等工作，也就能够高效地咀嚼饲料。

因为禽类没有牙齿，它们依靠肌胃来完成对饲料的机械破碎。粗糙的内壁、内部砂石的存在以及强有力的肌肉能保证彻底的磨碎饲料。

采食和咀嚼过程中唾液的分泌是最重要的(或者是当反刍动物对它们早先所吞咽的饲料进行反刍时伴随唾液的分泌)。猪和鸡的唾液中含有唾液淀粉酶①，唾液在形成饲料小团和吞咽时还能起到润滑剂的作用。反刍动物所产生的大量唾液也有助于维持其瘤胃内 5.8～7.0 的最适 pH 值。

舌头能将咀嚼和唾液分泌之后形成的饲料小团送入咽部，通过自然的吞咽动作，饲料小团随之进入食道。

## 4.3 酶消化

如前面所定义的，酶是一种由氨基酸组成的复杂物质，可以通过催化效应加快有机物质发生化学变化的速率。作为催化剂，酶在反应过程中不会被消耗，本身也不是反应物。酶会在动植物代谢的很多过程中出现并发挥作用，包括植物组织细胞中养分的形成和动物体细胞中养分的利用。这一部分主要探讨由消化道到分泌或者分泌到消化道中，通过促进动物饲料发生化学变化来提高营养物质吸收的消化酶的功能。

饲料进行酶消化并释放出养分的过程是在口腔中开始的。口腔中有许多唾液分泌腺。前面已经提到，唾液中含有许多唾液淀粉酶，可以催化某些碳水化合物，特别是糖和淀粉的降解。在口腔中发生的这些酶消化通常是不完全的，但是对于猪来说，可以释放出一些简单糖来增加其对某些饲料的甜感觉就已经足够了。牛和绵羊的唾液显然几乎不含唾液淀粉酶。

因为在咀嚼的时候，唾液和咽下的饲料进行充分的混合，如果存在唾液淀粉酶，其将会在饲料进入胃之后继续水解碳水化合物。

胃中饲料的存在会刺激胃壁分泌胃液。胃液中含有盐酸、酶以及水等。盐酸在蛋白质的消化过程中扮演了 2 种重要角色：(1)形成蛋白质水解所必需的酸性环境(pH 值为 2 或更低)；(2)将其中以未激活形式存在的蛋白水解酶——胃蛋白酶原激活为胃蛋白酶，可以将蛋白质降解为多肽。

在胃液中也存在某些能够消化脂肪的**脂酶**，但其在胃中的作用效果很小。限制其作用的主要原因是：(1)早期消化以乳化形式存在的脂肪极少；(2)盐酸所产生的低 pH 值环境限制了脂酶的活性。但是，已被乳化的脂肪将被分解成甘油和游离脂肪酸。在胃液中也可能出现第 3 种酶，高血压蛋白原酶，我们在文本框 4-1 中对其进行讨论。

**脂酶**
胃液中存在的酶，作用于脂肪，生成甘油和脂肪酸。

①唾液淀粉酶：催化或加快碳水化合物的水解消化的一种酶。这个名词代表了所有能够分解碳水化合物的一类酶。唾液中的糖酶也是淀粉酶，为相对非特异性的糖酶，能够使绝大多数碳水化合物发生水解。某些其他的淀粉酶可以水解特异性的碳水化合物。淀粉酶也通常被称作碳水化合物酶。消化酶通常依据其作用的化合物类型命名，并加上“ase”后缀。例如，蛋白酶(Protease)就是催化蛋白质消化的酶而脂酶(lipase)就是能催化脂质消化的酶。

**框 4-1** 凝乳酶——高血压蛋白原酶

高血压蛋白原酶能够将乳凝结，在犊牛胃中发现，在单胃动物中不存在。

根据古代传说，干酪是在一个旅行者由绵羊胃制成的饭盒中被发现的，奶在饭盒中凝结变成结块和乳清。许多年后，根据凝乳能力原则从哺乳期小牛的胃中分离高血压蛋白原酶，被用于乳酪的制作中。现在，可以用人工方法合成高血压蛋白原酶用于乳酪的制作。

高血压蛋白原酶在消化奶中的主要蛋白质——酪蛋白时起很重要的作用。高血压蛋白原酶将酪蛋白转化为含Ca离子的副酪蛋白。凝结物——副酪蛋白—Ca复合物可以降低奶通过胃的速率，使得可以有更多时间来进行蛋白消化，降低消化紊乱的危险。

胃壁的细胞可以分泌一种保护性黏液，这种黏液可以保护这些细胞不受酶和酸的作用。

**食糜**
包括已消化饲料、唾液、含有其他酶类的消化液以及/或消化道中存在的微生物产物的混合物。

**胆汁**
由肝脏分泌，存储于胆囊之中，排放入小肠中可以乳化脂肪。

部分消化的物质(**食糜**)进入小肠，一个碱性的环境。胰腺和肝脏分泌到小肠中的物质使得其中的pH值升高，使得脂酶和胰腺以及小肠壁分泌的酶能有效地发挥作用。

**胆汁**也能辅助脂肪消化。它由肝脏分泌，在胆囊中贮存，当小肠中有脂类物质时进入十二指肠。与胆汁接触之后，脂肪被乳化。脂肪酸更易溶于水，与酶的接触面积大大增加，pH值也上升到更为合适的程度，提高了胰腺中分泌的脂酶分解小肠中脂肪的效果。

营养物质的有效吸收依赖于持续消化为最小单位，包括碳水化合物、脂肪和蛋白质最终被完全分解的产物。显然，氨基酸可以被小肠壁最有效地吸收。但是某些二肽，尤其是那些由小分子量氨基酸构成、体积较小的也能够被吸收。

小肠和胰腺分泌的蛋白酶，继续分解未被胃降解的蛋白质。胰腺中生成的酶对碳水化合物继续消化，释放出单糖(简单糖)以供吸收。

禽类小肠在消化中所扮演的角色要相对大于猪。实际上，胃中分泌的酶在食糜进入小肠后才发挥更多的作用。禽类胰腺分泌物的碱性很小，因此所消化的物质更多是在酸性环境中来经过禽类的消化道。

## 4.4 吸收

营养物质进入循环系统，多数营养物质并非是通过简单渗透，而是只能在活组织中进行且需要特定条件才能进行的主动吸收行为。多数营养物质的有效吸收依赖营养物质的存在形式、食糜流过肠道的速率以及其他一些因素。

大部分非反刍动物吸收作用(以及反刍动物相当数量的吸收)发生在小肠，这里酶消化达到了顶峰。因为小肠是一个相当长的器官，在食糜到达大肠之前一直可以进行养分吸收，特别在回肠段。举例来说，一头100 lb重猪的小肠大约有60 ft长。胃和大肠除吸收水和一些小分子脂肪酸外，几乎不吸收别的物质。

小肠内壁指状结构绒毛的存在，为主动吸收和对营养物质分子的吞饮提供了非常大的表面积。每根绒毛都有更为细微的微绒毛存在，由此形成的两层细胞膜可以将被小肠消化的营养物质与血液或是毛细淋巴管中流动的液体分开。

碳水化合物消化之后所产生的单糖的消化需要**腺苷三磷酸**(ATP)——一种含磷的分子提供能量,同时还需要一定浓度的钠存在。有证据表明,氨基酸的吸收也需要钠。脂肪酸和糖苷的吸收也需要ATP以及甘油一磷酸中间产物存在的情况下才能进行。

**腺苷三磷酸(ATP)**
通用能量传递分子。有机物质氧化时,能量被捕获,以ATP形式储存。需要利用能量时发生相反的反应释放能量。

以离子形式存在的矿物质是以简单扩散,或者渗透压控制的主动吸收的。某些情况下,饲料中所含的矿物质被结合于复杂化合物中不能被完全消化,相对也就不能被吸收了。谷物中半数以上的磷就是以一种复合物肌醇六磷酸钙镁(植酸钙镁)的形式存在的,不能被禽类吸收和利用,只能部分被猪所利用。瘤胃中的细菌可以生产一些酶来分解植酸复合物,释放出其中的磷来供机体吸收。某些饲料含有高水平的草酸盐、有机复合物等,与钙紧密结合也使得钙不能被机体吸收利用。

维生素吸收的机制还不完全清楚。水溶性的维生素似乎直接被吸收进入血液,而脂溶性的维生素会被淋巴系统吸收再进入血液。

大肠在水的吸收上起重要作用,盲肠和结肠能够重吸收水分来完成身体的功能,而更为重要的是微生物消化产物的吸收也在这段消化道中进行。

## 4.5 马的消化系统

马和骡并不属于反刍动物(牛、绵羊和山羊)或是非反刍动物(猪和鸡)。但是,咀嚼以及其他物理消化过程、酶消化以及消化终产物在小肠的吸收等都与猪类似。

马有整套的门齿和臼齿,这使得马在吞咽混有唾液的草料或是谷物之前可以把它们磨碎或咀嚼更彻底。酶消化也发生在胃和小肠中。

值得注意的是,尽管马是草食动物,能够从牧草中获得它们所需的养分,但它们对于纤维素的消化也不是在胃中进行的。这是因为马的胃不像反刍动物的瘤胃一样,不存在发酵降解。马胃与其体尺、饲料消耗,以及其对于纤维的消化能力相比,相对很小(图4-3)。

马的大肠由**盲肠**、大结肠、小结肠、直肠和肛门组成。所有这些组成了一个长达30 ft、容积为35 gal的复杂结构(成年马)。盲肠处于小肠和大结肠之间,其中有1个大的盲囊。在盲肠和大结肠中存在相当多的微生物消化。

**盲肠**
马大肠前端一个袋状结构。

因为酶消化发生在胃和小肠中,养分的吸收则在小肠中,大肠中的发酵是针对酶未能作用的纤维性物质和其他物质。**挥发性脂肪酸**(VFAs)是细菌发酵的主要最终产物,能提供动物所需能量的25%。

**挥发性脂肪酸(VFAs)**
瘤胃发酵所得的挥发性有机酸;主要包括乙酸、丙酸和丁酸。

因为大肠中的细菌还能合成B族维生素和某些氨基酸。所以,在马的大肠中也能进行与饲粮中相同的常规营养物质的吸收。B族维生素缺乏在怀孕马中并不常见,氨基酸平衡问题也不是那么重要。但对于青年马来说,在配制饲粮时通常也要补充B族维生素及考虑氨基酸的水平。

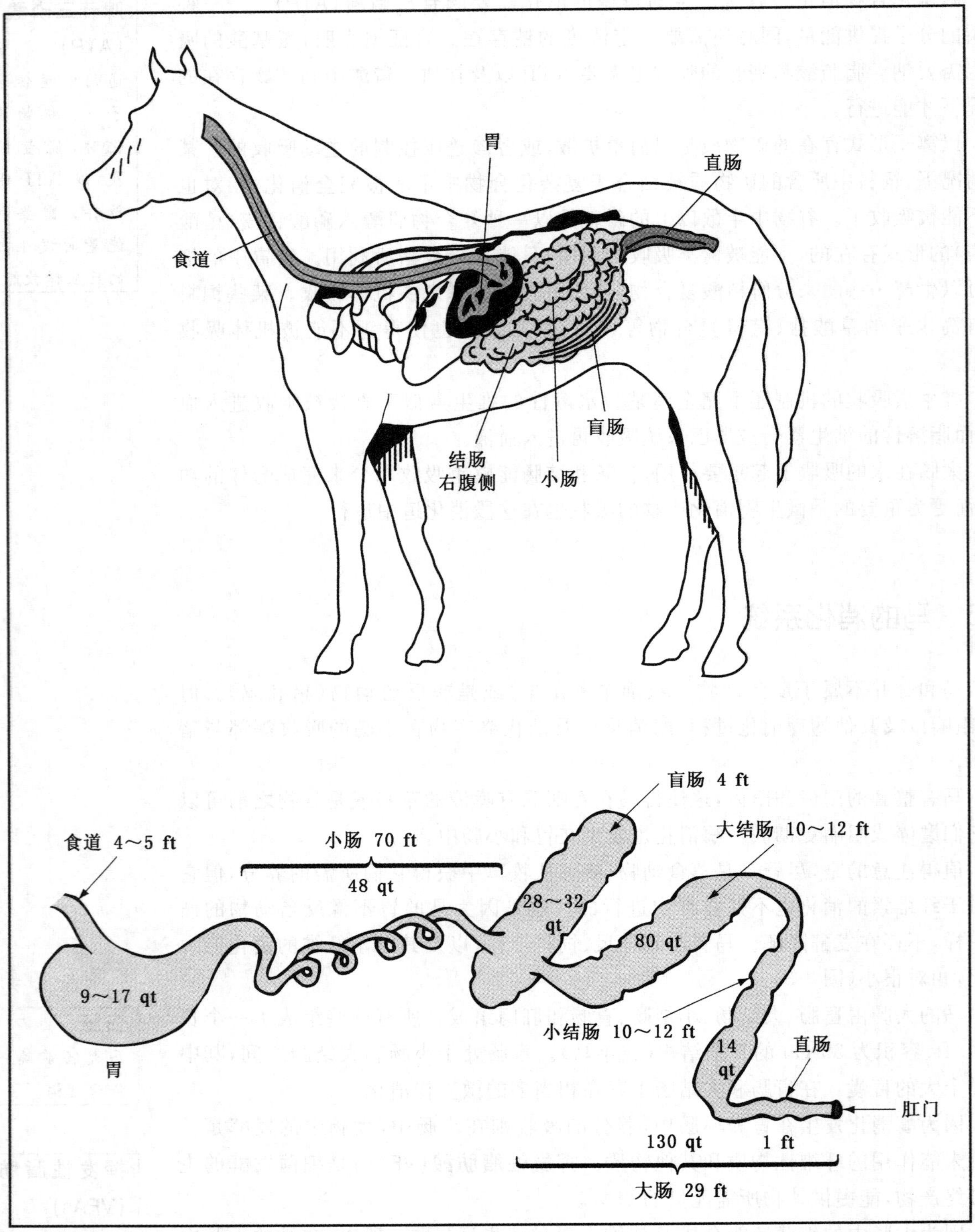


**图 4-3 马消化系统的概略图。上半部分显示左视为其他器官所环绕的消化道的部分(标签所示)概略结构以及它们在体内的近似位置。下半部分显示了完整消化道以及每个结构的大概容量。**

来源:Purdue University.

## 4.6 反刍动物消化系统

反刍动物对于人类来说极为重要，它们可以将纤维性的食物转化为肉、奶和纤维（羊毛和马海毛），而且与人类无直接食物源竞争。不管是驯养的牛、绵羊、山羊还是非驯养的种类（例如羚羊、水牛、鹿以及麋鹿），其复杂的消化系统以及寄生在其体内有共生关系的微生物，都具有这个能力。

成熟的反刍动物有 4 个功能性的胃室（图 4-4）。最大的是**瘤胃**，位于身体的左侧，占主要位置。紧挨瘤胃前方较小的胃称为**网胃**。第 3 个胃室称为**瓣胃**，位于网胃的右侧，身体纵切面稍靠右一点。**皱胃**是第 4 胃室，也在身体右侧，在瓣胃腹侧（下面）一直沿瘤胃右侧延伸到后方。皱胃与非反刍动物的胃相似，而且，从某种角度上来说，它是“真胃”。

**瘤胃**
成年反刍动物 4 个胃室中最大的一个。活跃的微生物消化位点。

**网胃**
反刍动物的第 2 个胃室，这里仍然有细菌消化。有蜂房状粗糙内壁。通常被称作“蜂房”或者“硬件”胃。

**瓣胃**
反刍动物的第 3 个胃室，从网瓣口接受物质。

**皱胃**
反刍动物的第 4 个胃室，出现酶消化。通常称为“真胃”

反刍动物的消化系统是逐步发育的。犊牛和羔羊出生时，因为前 3 个胃相对较小，应当算功能性非反刍动物。但如表 4-1 所示，这 3 个胃生长要快于真胃，功能是逐渐开始完善的。

在具体讨论各个胃室及其功能之前，还应提及一些反刍动物和非反刍动物之间其他的差异。牛和绵羊没有上门牙和上颚，只有齿垫。这一点没有明显优势。这些动物也似乎不需要上门牙。草料等反刍动物的主要饲料被舌头卷入口中后就由下门牙将其撕碎。

牛和绵羊等几乎并不咀嚼就将饲料直接吞下①。它们可以长时间连续吃草而没有明显停顿。过后当它们找到舒适的地方卧下时则开始重新进行咀嚼，也就是反刍。

反刍包括如下几步：已咽入瘤胃饲料的逆呕、唾液再分泌、再咀嚼和重新吞咽入瘤胃。这时瘤胃收缩将饲料块回推过贲门（食道的下方开口），并沿食道反向蠕动至口中。在口腔，饲料块被以比初次摄入时更慢的速度、更深的程度重新咀嚼及唾液再次浸泡。反刍动物每天使用 8 h 或更长时间来进行反刍，在这期间，分泌大量含有碳酸氢钠的唾液（成熟奶牛每天分泌 100～120 lb）进入瘤胃以维持 pH 值接近 7.0。

因为每个饲料小团都是和其他食物一起混合被咽下进入瘤胃的，就有可能单个饲料小团被逆呕、咀嚼以及再次吞咽，如此可能反复进行几次。

这里提到的逆呕不像人类或者其他非反刍动物所体验到的那种苦的感觉，因为牛逆呕的饲料小团是来自于 pH 值中性的瘤胃，而不是酸性的真胃。

瘤胃是 4 个胃室中最大的一个，也是大量饲料最先进入的场所，就像一个巨大的发酵罐。瘤胃壁不能产生任何消化酶，牛和羊的唾液中显然也没有碳水化合物酶。因此，瘤胃中发生的酶的消化，几乎完全是由细菌和原虫的酶消化作用的结果。

瘤胃为数目庞大的微生物的生存和繁殖提供了近乎理想的环境：适宜的温度、充分的湿度、来源于饲料的营养物质、适宜的 pH 值、巨大的厌氧环境、充分的混合以及发酵产物的连续流动②。微生物依次进行：

---

①因为反刍动物，特别是牛，采食非常快而不进行彻底的咀嚼，就不能将饲料中较硬的物质挑出来，有时会将饲料中异质的物质吞咽下去。如果吞下的物质中含有尖的物体（电线或是钉子），就可能扎穿瘤胃或者网胃壁，可导致“硬损伤”。动物生产者有时会在瘤网胃中放入磁铁来吸附金属以减少扎穿的危险。

②每克瘤胃内容物中的细菌数目估计为近 $10^{10}$。而每克瘤胃内容物中原虫的数目近似为 $10^{6}$。

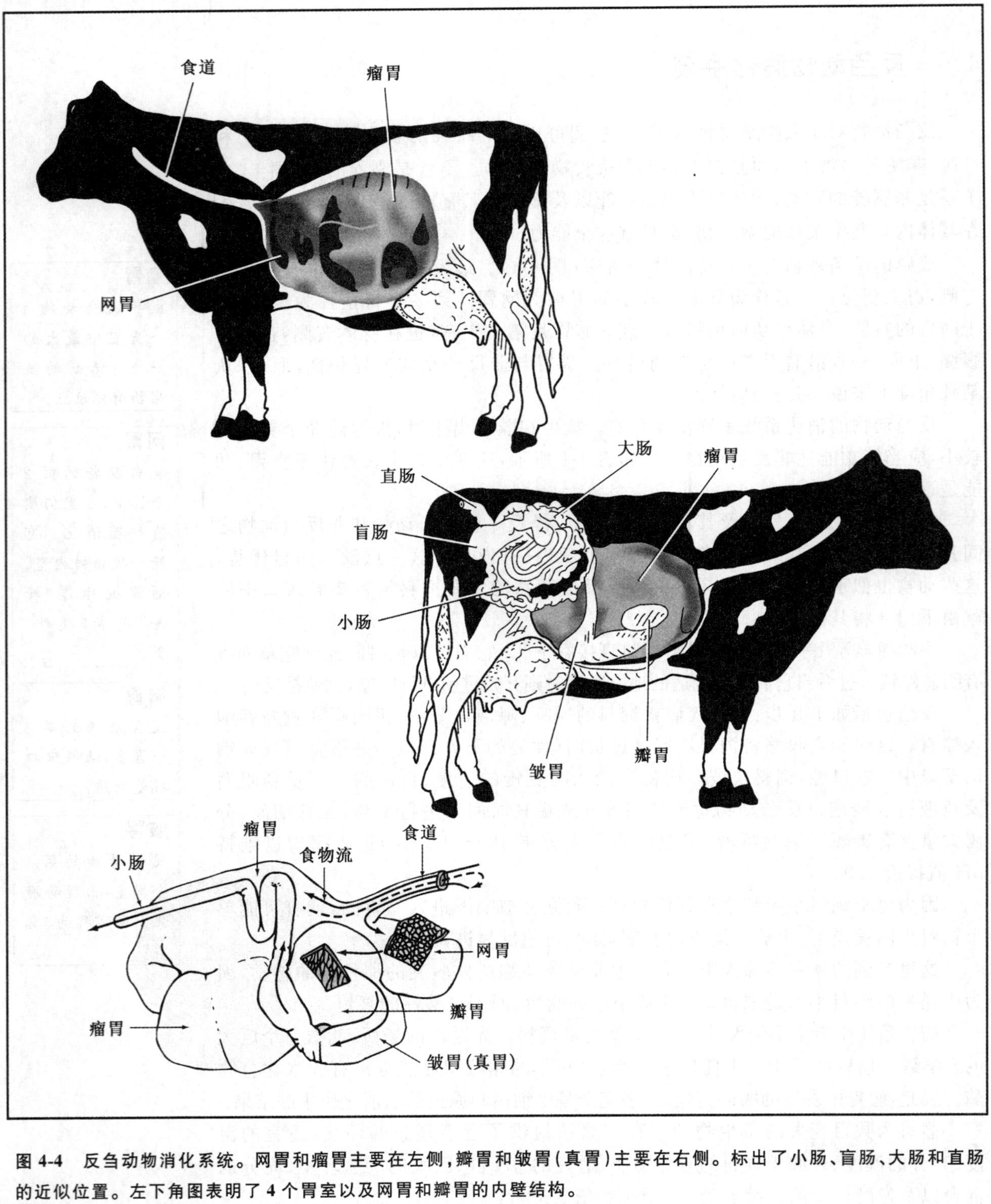


**图 4-4 反刍动物消化系统。网胃和瘤胃主要在左侧,瓣胃和皱胃(真胃)主要在右侧。标出了小肠、盲肠、大肠和直肠的近似位置。左下角图表明了4个胃室以及网胃和瓣胃的内壁结构。**

来源:Purdue University.

表 4-1 反刍动物胃室近似相对容积(%)

| 胃室 | 出生时 | 4 月龄 | 成熟后 |
|---|---|---|---|
| 瘤胃 | 25 | 75 | 80 |
| 网胃 | 5 | 5 | 5 |
| 瓣胃 | 10 | 9 | 7 |
| 皱胃 | 60 | 11 | 8 |
| 总计 | 100 | 100 | 100 |

来源:Church, D. C. The Ruminant Animal, Digestive Physiology and Nutrition. Upper Saddle River, NJ: Prentice Hall, 1988.

1. 将大量的淀粉和纤维素转化成 VFA 供能。

2. 将蛋白质和非蛋白氮转化为微生物性或者原虫性的蛋白质,作为宿主可利用的包含所有必需氨基酸的蛋白质来源。

3. 合成维生素 K 以及几乎所有的 B 族维生素。

反刍动物饲粮中绝大部分的可消化碳水化合物都在瘤胃中被微生物降解为 VFA,主要是乙酸、丙酸和丁酸。这些酸可以直接通过瘤胃壁被吸收进入循环系统的毛细管中。少量的碳水化合物不被结合到微生物的产物中去,而是作为其能量源储存起来。当这些微生物的产物到达小肠,通过小肠酶的消化就能将其中的碳水化合物和微生物蛋白质释放出来并被吸收利用。胃中碳水化合物消化的一些其他中间产物,例如矿物质、水、氨和葡萄糖则通过瘤胃壁吸收进入循环系统。

因为较小的网胃是完全开口向瘤胃的,在这里也发生发酵以及食物随瘤胃节律性蠕动来回进出。然而,网胃的内壁表面就像蜂房一样。反刍和收缩都能使小的食物颗粒移动到第 3 胃——瓣胃。

如图 4-4 所示,瓣胃是由大量伸展、彼此靠得很近以及彼此平行的小叶组成,表面非常粗糙。这些小叶可以使食物有规律地移动,并且可以对食物进行轻微地摩擦和破碎,但是可以吸收相当数量的水。

综上所述,反刍动物的消化途径为:

口腔→食道→瘤网胃→(逆呕、重咀嚼、唾液重分泌和重咽)→瘤网胃→

瓣胃→皱胃→小肠——→大肠→直肠→肛门(小肠↗盲肠↘大肠)

幼年反刍动物对液体日粮的消化途径与此并不相同,甚至是独特的。瘤网胃的右侧是一个凹槽状结构,它从食道末端的贲门一直延伸到瓣胃的开口处,即网瓣口。这种凹槽结构内壁也由一些小叶 T 组成,当其闭合时,就形成一个管子可以直接将奶(或者其他液体)送入瓣胃中。这样,这个在幼年保育或是饮水时闭合的网状凹槽就有利于直接将奶送入皱胃中消化,而不是让其在未发育的瘤网胃中堆积。

## 4.7　营养物质转运

吸收后的营养物质随血液循环进入全身的器官和组织。由于毛细淋巴管可以将血浆从组织间隙中带回血液循环中去,淋巴系统就在营养物质转运中扮演一个恰当的角色。实际上,禽类的淋巴系统并不十分发达,因此营养物质的转运也主要发生在门脉系统。

大多数的血液在离开小肠吸收区域之后最终进入通向肝脏的门静脉。肝脏不仅是代谢(降解和重新合成氨基酸、对分泌产物进行脱毒、合成血细胞,以及合成数量丰富的维生素)的场所,也是各种营养物质的储存地点。

整个循环系统,通过循环液进入或浸泡每一个细胞而成为营养物质分配最有效的系统。如果养分供应充足的话,健康动物任意细胞对于营养物质的需要都会被满足。这种分配系统的传递介质主要依赖极其丰富的神经系统。激素和其他因素也通过神经系统刺激来调控对养分利用和分配的作用。

## 4.8　营养物质储存

畜禽饲粮中所含营养物质的摄入是不连续的,而且每一天、每一周或者每一月的养分摄入也都不尽相同。动物机体对于营养物质的需要也不是连续的或是相同的。就像城市中修建蓄水池来保证两次雨季之间的水供应一样,动物机体也有相应的储存地点,临时或暂时储存必需的营养物质。

钙、磷以及其他矿物质元素主要储存在骨骼和牙齿中。当奶牛不产奶或者小母鸡开产之前这些矿物质元素就沉积在这里,需要时再动员出去。每一枚鸡蛋的蛋壳约包含 2 g 的钙,故此就需要骨中有大量的储备。

肝脏也是养分主要的储存地点。它的储存功能可以以高营养价值的粗肝粉——一种肉类加工工业的副产品来表明。人的营养学家也认可这些肝粉的价值。

脂溶性维生素、必需氨基酸和碳水化合物是在肝脏中临时储存的营养物质。奶牛夏季采食青草在肝中储存的维生素 A 可能有助于弥补冬季由于采食低胡萝卜素干草所造成的不足。肝中储存的糖原是一个能量的应急库,能够提供给紧急状态下应用。新生幼畜可以依靠胚胎发育时期肝中所储存的养分进行生存。

每个体细胞中都有一定量的养分储备,其储量根据细胞的类型和功能,以及所储存营养物质颗粒的大小而变化。前腿、后腿以及爪子中的活性肌肉细胞必须有碳水化合物的储存以及某些特定 B 族维生素、维生素 D 和矿物质的存在才能通过氧化释放能量来供给肌肉收缩需要。为血红细胞提供血色素的骨髓细胞除碳水化合物之外,还需要储存和利用氨基酸、铁、铜、钴、叶酸以及其他营养物质才能正常工作。

**动物脂肪**
全身脂肪松散连接的组织。

**动物脂肪**和皮下组织细胞是最重要的能量载体,这里几乎不发生活性代谢。脂肪由过量的碳水化合物吸收转化而来,充斥于这些细胞之中,成为动物机体能量储存的主要形式。

## 4.9 细胞中营养物质的利用

营养物质在细胞中发挥作用。大多数供能营养物质，例如单糖和脂肪酸，在体细胞中被氧化或“燃烧”。当然，这种“燃烧”并非是高温的。比较合适的提法是每个细胞中的酶（不同于消化系统中的酶，但功能上有相似之处）促进了这种氧化，使得氧化作用在体温条件下就能进行。氧化，不同于植物的光合作用，是释放ATP中所含能量，以二氧化碳和水为最终产物。

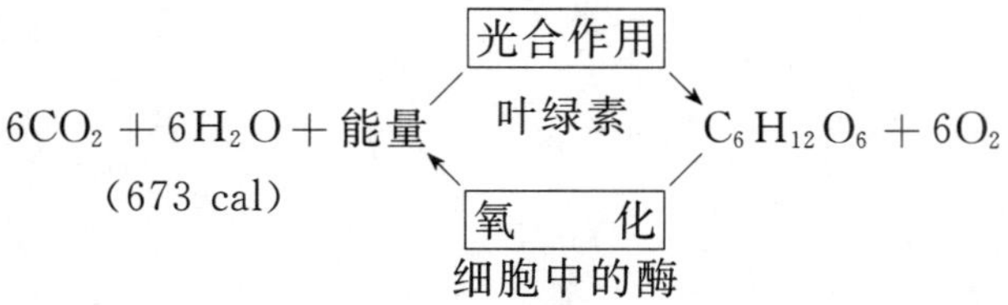


所释放能量随即被用于维持、生长、繁殖以及生产动物产品。当一个快速育肥动物屠宰之前，所有的都不是被氧化，而是以脂肪分子形式储存在细胞中。

通过小肠消化，氨基酸被从完整蛋白中释放出来，随即被吸收转运到细胞中，成为细胞组成的一部分，用于细胞生长或是分裂。肌肉的发育，其实就是氨基酸或者蛋白质的沉积。某些特定氨基酸构成了毛发或是皮肤细胞的色素分子。其他则被腺体或者器官利用形成激素或者酶。

日粮中超过特定功能性需要之外的多余蛋白质，通常被转运至肝脏，转化成为供能复合物。这些蛋白质并非有害，而是浪费。利用饲粮中动物副产品来源的蛋白质供能，其成本总要比通常的能量源如谷物中的碳水化合物和脂肪要高。

其他的大多数营养物质，除钙、磷以及其他组成骨骼结构的营养物质之外，在各种细胞中扮演各式各样的角色，或者辅助供能，或者在组织中合成内源氨基酸及产品。它们的一些功能已经在前面的章节中有所提及。

## 思考题

1. 哪种家畜可以采食贴近地面的牧草？为什么？
2. 食物如何下移到食道中？
3. 小肠三段区域的名称分别是什么？
4. 小肠和大肠交界的区域该如何命名？
5. 考虑体尺，如何比较禽类和猪的大肠长度？
6. 小肠哪一部分接收胰腺分泌物？
7. 物理消化过程中的两种方式该如何命名？
8. 分泌入胃的HCl的两种化学作用该如何命名？
9. 进入小肠的胆汁的作用是什么？
10. 尽管并非是真正的反刍动物，为什么马可以利用其饲粮中相当数量的粗饲料？
11. 反刍动物的4个胃室如何命名？哪2个最初处于身体左侧？哪个是最大

的？哪一个胃真正执行“真化学消化”？

12. 如何命名和描述反刍的具体过程？

13. 唾液的重要作用是什么，尤其对于反刍动物消化？

14. 瘤胃中适宜微生物繁殖的环境是什么？

15. 瘤胃微生物对于宿主的3个有益作用是什么？

翻译：张博；校对：袁建敏，初芹

# 第5章

# 非反刍动物营养

# Nutrition of Nonruminants

畜禽管理者有给所有的动物饲喂合适配方日粮的责任，但考虑到动物的生产性能和经济收入，必须实行一些措施。本章围绕以下内容进行讨论。

1. 营养需要量取决于期望的生产性能、体重、年龄、环境条件（如气候和应激），有些情况下还与性别有关。
2. 当地固定的饲料来源，饲料营养价值和消化性的测定或估计。
3. 决定饲料添加剂如药物或抗生素的需要量。
4. 考虑日粮变化、成本和适口性。
5. 配方计算，饲料混合，以及饲喂。

单胃动物如猪、家禽、犊牛、羔羊以及几月龄的山羊，由于胃容积很小，没有足够的微生物消化纤维素，通常需要高营养浓度、低纤维含量、高消化率的日粮。非反刍动物，尤其是猪和禽，生长发育快，所以日粮能量和其他营养物质浓度需要相对于其采食量和胃容积要高。

非反刍动物①最常见的饲料是浓缩料，是一种纤维素很低（通常低于12%），可消化能含量高的饲料。如同前面（3.10）介绍，浓缩料可能含高或低蛋白。谷物通常含8%～14%蛋白，主要用于满足能量。糖蜜、食糖和动植物油脂均为很好的能量来源，但是几乎不含蛋白质。多数其他的精料，如油饼，肉、奶和鱼肉的副产品，含20%～60%蛋白质，少部分如血粉含蛋白质80%以上。

浓缩料含有充足的营养和饲料添加剂，可以满足快速增重需要。猪、禽和小肉牛生产都希望尽快达到出栏体重，而要达到这个目标，每种动物**平均日增重**（ADG）和饲料转化效率都必须很高。延长达到上市体重和条件的时间，意味生产成本增加，尤其是饲料费用增加。由于日粮营养只有在满足维持需要后才用于生长和其他用途。动物疾病和死亡的危险一直持续到动物上市后，就像偿还用于发

**平均日增重（ADG）**
生长性状的度量指标，动物个体或群体每日增长状况。

①非反刍动物按后面提到的又称为单胃动物，由于反刍动物和非反刍动物都只有1个胃分泌消化酶用于消化，因而有些人避免使用该术语。

展畜禽生产的银行借贷利息一样。快速增重和迅速上市意味着效率提高，每年有更多的肥猪、肉鸡、火鸡和鱼等达到上市体重。

为什么母猪和后备母猪不能增重过快呢？因为当母猪自由采食时，会因采食过多导致能量摄入超过维持或妊娠需要量，变得过于肥胖。提高母猪繁殖效率的有效饲养管理措施是控制母猪妊娠期增重，减少哺乳期间体重和体脂的减少。粗饲料，比如苜蓿干草颗粒（粉），青贮饲料，青草等纤维素含量高，消化能低，常常用于母猪配合饲料中。也可以采用人工控制配合饲料的喂料量获得相同的结果，但劳动强度增加。粗饲料有时候是一种比谷物更便宜的能量来源。对于产蛋鸡，肉鸡，火鸡要实现低投入高产出，则要求日粮能量和消化性均高（图5-1）。

**图5-1　现代火鸡生产设施，多数家禽像火鸡一样饲喂经粉碎、混合，常常压制成颗粒的全价饲料。**

来源：Purdue University.

学习本章后，要求掌握以下内容：

1. 区分不同的营养需要或营养水平推荐值，能解释不同的原因。
2. 描述日粮蛋白质需要按日粮百分比是如何随动物的生长或成熟而变化。
3. 区分日粮中蛋白质、氨基酸、钙、微量元素、各种B族维生素的相对需要量。
4. 给出动物蛋白质需要和饲料原料蛋白质含量时，以蛋白质为基础用代数方法计算配方。
5. 列出乳猪，成年母猪，肉仔鸡，产蛋鸡和犊牛采食量占体重的大致比例。
6. 举例说明3种饲料添加剂。

## 5.1 营养需要

非反刍动物日粮营养水平通常用占日粮百分比表示，其中，蛋白质和常量矿物质元素需要量用占日粮百分比表示，微量元素和维生素需要量用每磅日粮中含有国际单位、毫克或微克表示(表 5-1)。

表 5-1 某些单胃动物营养占日粮百分比的最低需要量

| 营养物质 | 鸡 | | 猪 | | 犊牛[a] |
|---|---|---|---|---|---|
| | 肉鸡 0～21 d | 产蛋鸡 | 5～10 kg (11～22 lb) | 50～110 kg (110～242 lb) | 45 kg (99 lb) |
| 代谢能(kcal/kg) | 3 200 | 2 900 | 3 240 | 3 275 | 3 780 |
| 粗蛋白质(%) | 23[b] | 14.5 | 20 | 13 | 22 |
| 赖氨酸(%) | 1.2 | 0.64 | 1.15 | 0.60 | —[c] |
| 蛋胱氨酸(%) | 0.93 | 0.55 | 0.58 | 0.34 | — |
| 色氨酸(%) | 0.23 | 0.14 | 0.17 | 0.10 | — |
| 钙(%) | 1.00 | 3.40 | 0.80 | 0.50 | 0.70 |
| 有效磷(%) | 0.45 | 0.32 | 0.65 | 0.40 | 0.60 d |
| 钠(%) | 0.15 | 0.15 | 0.10 | 0.10 | 0.10 |
| 锰(mg/kg) | 60 | 30 | 4 | 2 | 40 |
| 铁(mg/kg) | 80 | 50 | 100 | 40 | 100 |
| 锌(mg/kg) | 40 | 50 | 100 | 50 | 40 |
| 硒(mg/kg) | 0.15 | 0.1 | 0.3 | 2 | 0.3 |
| 维生素 A(IU/kg) | 1 500 | 4 000 | 2 200 | 1 300 | 3 800 |
| 维生素 D(IU/kg)[e] | 200 | 500 | 220 | 150 | 600 |
| 核黄素(mg/kg) | 3.6 | 2.2 | 3.5 | 2 | (5)[f] |
| 尼克酸(mg/kg) | 27 | 10 | 15 | 7 | — |
| 泛酸(mg/kg) | 10 | 2.2 | 10 | 7 | — |
| 胆碱(mg/kg) | 1 300 | 4 000 | 500 | 300 | — |
| 维生素 $B_{12}$(μg/kg) | 9 | 3 | 17.5 | 5 | (15) |

注：由于羔羊的研究很少，因而羊的数据缺乏。同样，NRC 1994 年肉鸡氨基酸和常量矿物质需要量是根据日粮能量含量调整而推算的。目前，应根据多数新的 NRC 营养需要量配制日粮。

a. 犊牛用牛奶代替日粮。

b. 3 周龄时降低 20%，6 周龄时降低 18%，需要量根据氨基酸含量相应下降。

c. 表示数据缺乏。

d. 犊牛磷需要量为总磷。

e. 家禽维生素 $D_3$ 用 ICU(国家雏鸡单位)表示，猪和犊牛维生素 $D_3$ 或 $D_2$ 均可。

f. 圆括号中数据是根据一些研究数据估计而来。

来源：改自 National Academy of Sciences，Nutrient Requirements of Poultry，1984；Nutrient Requirements of Swine，1988；Nutrient Requirements of Dairy Cattle，1988.

多数营养物质的需要受采食容量的影响。由于多数非反刍动物日粮混合后饲喂，所以采用占日粮百分比表示营养需要量更加方便和有利。

由于维生素A和维生素D以及某些情况下其他的营养物质或抗生素的效果与饲料采食量无关。因而，这些物质推荐需要量常用某一体重、年龄、生产阶段的日粮百分比表示。由于换羽阶段产蛋鸡或断奶后母猪每日饲料饲喂量减少，但对某些营养物质和添加剂需要可能并没有改变（也许出于防止疾病和寄生虫需要），应该相应地调整日粮中营养物质的比例。

动物的营养需要量是如何确定的呢？一些方法常常被大学实验站、联邦、私人研究机构采用。通常使用大量的动物，这些动物可能个体饲喂或小群饲喂。在其他营养物质都得到满足的前体条件下，对所研究的营养物质如蛋白质，设立不同梯度水平。同时，还要求试验动物品种、体重、实验前营养水平均一致，饲养管理条件相同。这些前提条件保证动物生产性能的差异是由饲料蛋白质水平不同造成的，而不是其他条件影响的结果。

满足动物正常生长和生产性能的各种营养物质最低水平是在特殊试验条件下确定的，最低营养需要对于不同动物、不同环境条件可能不适宜。动物、季节、环境变化都将影响日粮营养物质需要。

庆幸的是，不同研究机构就同一品种，在不同的遗传背景、前期营养状况、不同的环境条件和饲料组成的日粮进行了营养需要研究。结果发现，有些营养物质在不同条件下需要量相似，营养需要相对稳定，受环境条件影响不是很大；但是，有些营养物质需要量在不同条件下差异很大，因而，在配制日粮时应加以考虑。

## 5.2 推荐营养水平

表5-1中，不同动物最低营养需要量是建立在动物健康、健壮、环境条件良好和其他营养物质完全满足的条件下，以防止缺乏症发生，达到正常健康和生产性能程度的营养需要，但不意味着不同条件下所有动物均可以达到最大生产性能。由于日粮混合后到饲喂给动物前并不能保证养分含量不发生改变，因而最低营养需要量必须增加安全系数，包括适合多数生产条件下合理的安全系数。

表 5-2 非反刍动物日粮营养推荐值

| 营养 | 蛋鸡 | | 猪 | | 犊牛 | 羔羊[a] |
|---|---|---|---|---|---|---|
| | 0～8周龄 | 产蛋期 | 11～22 lb | 110～240 lb | 75～100 lb | 25 lb |
| 粗蛋白质(%) | 22.0 | 16.0 | 24.2 | 14.3 | 24.20 | 22.50 |
| 钙(%) | 1.10 | 3.74 | 0.88 | 0.55 | 0.77 | 0.85 |
| 磷(%) | 0.50 | 0.35 | 0.72 | 0.44 | 0.66 | 0.70 |
| 食盐(%) | 0.42[b] | 0.42 | 0.28 | 0.28 | 0.25 | 0.10 |
| 铁(mg/lb) | 40.0 | 25.0 | 50.0 | 20.0 | 50.0 | —[c] |
| 锰(mg/lb) | 30.0 | 15.0 | 2.00 | 1.00 | 20.0 | — |
| 碘(mg/lb) | 0.18 | 0.15 | 0.07 | 0.07 | 0.12 | — |
| 锌(mg/lb) | 20.00 | 25.0 | 49.9 | 25.0 | 20.0 | — |

**表 5-2 续**

| 营养 | 蛋鸡 | | 猪 | | 犊牛 | 羔羊[a] |
|---|---|---|---|---|---|---|
| | 0～8 周龄 | 产蛋期 | 11～22 lb | 110～240 lb | 75～100 lb | 25 lb |
| 维生素 A(IU/lb) | 750 | 2 000 | 1 100 | 649 | 3 800 | — |
| 维生素 D(IU/lb)[d] | 100 | 250 | 110 | 75 | 600 | — |
| 硫胺素(mg/lb) | 0.90 | 0.40 | 0.50 | 0.50 | — | — |
| 核黄素(mg/lb) | 1.80 | 1.10 | 1.75 | 1.00 | — | — |
| 尼克酸(mg/lb) | 13.5 | 4.99 | 7.50 | 3.50 | — | — |
| 泛酸(mg/lb) | 4.99 | 1.10 | 4.99 | 3.50 | — | — |
| 胆碱(mg/lb) | 649 | ? | 250 | 150 | — | — |
| 维生素 $B_6$(mg/lb) | 1.50 | 1.50 | — | — | — | — |
| 维生素 $B_{12}$(μg/lb) | 4.50 | 2.00 | 8.75 | 2.50 | — | — |
| 叶酸(mg/lb) | 0.28 | 0.12 | 0.15 | 0.15 | — | — |
| 生物素 (mg/lb) | 0.075 | 0.05 | 0.02 | 0.02 | — | — |
| 添加剂(使用时) | | | | | | |
| 抗生素(mg/lb) | 0～10 | 0 | 25.00 | 5.00 | 20.00 | — |
| 乙氧基喹啉(mg/lb) | 50.5 | 50 | — | — | — | — |

a. 除食盐外，所有给出的数字都是按母羊乳风干样中营养物质含量计算而来。

b. 无机来源。

c. 表示数据缺乏。

d. 家禽维生素 $D_3$ 用 ICU(国家雏鸡单位)表示，猪和犊牛维生素 $D_3$ 或 $D_2$ 均可。

来源：Compiled by the authors and collagues.

缺乏对营养需要全面的了解是限制使用表 5-1 中最低需要量配制日粮的主要因素。由于动物某些营养物质知识稀少或完全缺乏，导致正常日粮缺少可信度，因而营养需要量研究工作没有进行。

对于相对不稳定的营养物质来说，经常需要额外补充。一个典型的例子是用草料配制日粮时。由于草料在成熟、收割和贮存(表 5-3)过程中会损失一些维生素 A(**胡萝卜素**)，因而需额外补充维生素 A。

**胡萝卜素**

维生素 A 前体物，大量存在于植物黄色和绿色色素中。

**表 5-3 黄玉米和苜蓿中维生素 A 近似含量(IU/kg)**

| 玉米 | | 苜蓿 | |
|---|---|---|---|
| 新鲜 | 1 920 | 脱水处理 | |
| 贮藏 | | 22%蛋白质 | 101 000 |
| 4 个月 | 1 440 | 17%蛋白质 | 52 000 |
| | | 晒干 | |
| 8 个月 | 1 000 | 干草(生长期) | 81 000 |
| 12 个月 | 720 | 干草(中花期) | 46 000 |
| 24 个月 | 680 | 干草(盛花期) | 26 000 |

来源：苜蓿数据改自 National Academy of Sciences, Nutrient Requirements of Dairy Cattle, 1988；玉米数据改自 Watson. Proceedings of 17th Corn Research Conference, American Seed Trade Association, Washington, D.C., 1962.

**抗氧化剂**

一种防止氧化反应的化合物，常用于配合饲料中防止维生素氧化损失。

**微量养分**

日粮中添加量极其微量的营养物质。

由于维生素和饲料添加剂在加工、储存过程中都会导致损失。光线照射、高浓度矿物质、潮湿、高温和压制颗粒将导致损失增加。饲料中维生素添加量大时，维生素损失也会成比例增加。为防止维生素被破坏，常常添加**抗氧化剂**和稳定剂，或使用更加稳定的维生素产品。

由于**微量养分**① 不太容易混匀，因而，必须考虑安全系数。乳猪每天采食量不足 1 lb，3 日龄雏鸡每日采食量不足 1/10 lb，除非混合效果非常好，否则小部分饲料中难以确保各种营养物质含量充足。

高温气候常常导致采食量下降，导致各种养分摄入量减少。因而，必须考虑加大安全系数，对于那些需要量与采食量比例并不明确的营养物质可能需要按日供给。

对于前期营养不足，或者是发生过疾病或应激的动物而言，常常需要在日粮中额外添加一定水平的关键性营养物质如维生素、微量元素和蛋白质。生长迟缓猪或装船远距离运输途中的需要饲喂就是典型例子（图 5-2）。这些动物对疾病或传染病比较易感，因而需要提高关键性营养物质、抗生素以及其他添加剂的安全系数。

**图 5-2 用高质量的营养饲喂猪是值得的。**

来源：Purdue University.

当所有已知营养物质需要得到满足后，在一些实例中表明添加一些成分还可以提高猪或鸡的生产性能。营养学家认为这种情况可能与未知营养因子有关，提示还需要进行更多的研究。

① 比如蛋鸡日粮中锰含量（表 5-2）30 mg/lb，或 30 ppm，几乎与 2 in 与 1 mi 比例相同，如此少的微量营养物质必须在添加到大量饲料之前，先在预混料中进行完全混合。

## 5.3 日粮配方

对于畜禽生产企业，尤其是猪、鸡养殖企业，由于饲料占最大成本，因此，必须对饲料原料加以选择，并设计高效配方。

设计配方时，需要了解特殊阶段和某一体重下生产性能期望值的营养需要和饲料原料含量。同时，还必须考虑饲料原料的适口性、购买的可能性、避免污染物或毒素污染以及每种营养物质含量。

蛋白质含量通常作为非反刍动物日粮中主要指标。蛋白质也是比较昂贵的常量营养物质（碳水化合物，脂肪和蛋白质），不能被替代，而脂肪可以替代碳水化合物提供能量。因此，必须使用高蛋白质的饲料原料才能提供充足的蛋白质。虽然过量的蛋白质在肝脏脱氨基后可以作为能量来源，但该过程效率很低，高蛋白饲料通常由于价格太高而不适于作为主要能量来源。

当用玉米或高粱配制全价配合饲料（必须补充蛋白质、矿物质、维生素和添加剂）时，必须通过简单的代数方程，计算既满足动物营养需要又较经济的配比。同样，当日粮中确定添加一定比例的某种谷物以后，其他饲料原料的添加也要用最低成本代数方程去计算（图 5-3，例 B）。这些解释表明用简单代数方程和手动计算器可能达到的精确度。

**例 A**（配制蛋白质 16％的日粮）

$x$ = lb 玉米，8.8％蛋白质

$100 - x$ = lb“全价日粮”补充物，35％蛋白质

$x + 100 - x = 100$ lb 日粮

$0.088\,x + 0.35\,y = 16$ lb 蛋白质

求解 $x$：

$0.088\,x + 35(100 - x) = 16.0$

$0.088\,x + 35 - 35\,x = 16 - 35$

$-0.262\,x = -19$

$x = 72.52$ lb 玉米

$100 - x = 27.48$ lb 补充物

核对结果：

72.52 lb 玉米×8.8％蛋白质 ＝ 6.38

27.48 lb 补充物×35.0％蛋白质 ＝ $\frac{9.62}{16.00}$ lb 蛋白质

**例 B**（养殖户希望日粮谷物中大麦、玉米各占一半）

$x$ = lb 谷物，10.20％蛋白质（玉米和大麦的平均值）

$y$ = lb“全价日粮”补充物，35％蛋白质

$x + 100 - x = 100$ lb 日粮

$0.102\,x + 0.35(100 - x) = 16$ lb 蛋白质

你可以从这里往下进行

**图 5-3 使用简单的代数方程计算浓缩料补充物的比例和农场中饲料可能的能值。**

几乎所有的饲料厂，以及多数家禽和猪生产企业均用计算机配制日粮，必须输入动物的营养需要，饲料原料的营养特性、价格以及添加量的限制，比如糖蜜最高添加比例限制。计算机按最低成本计算日粮配方。对于生产量比较大、原料的选择以及主要原料价格发生波动时，上述参数非常有用（图 5-4）。动物生长期和营养需要发生改变时，饲料配方也应调整。

除满足动物总的蛋白质需要量外，精准的单胃动物营养还要考虑蛋白质质量——满足动物必需氨基酸总量而且还要求氨基酸平衡。例如，肉鸡日粮中特别的氨基酸水平用占每磅饲料代谢能的比例表示。对于猪，采用理想蛋白质模式——常常用与赖氨酸的比例来表示其他氨基酸需要量。

饲料的适口性、成本、加工条件和饲料原料体积在日粮配方中的重要性如同营养物质含量一样重要。因而，对一些饲料原料用量要加以限制，如糖蜜、鱼粉、动物油。颗粒饲料必须进行破碎。饲料太脏或者适口性不好也不能饲喂。

由于蛋白质是最贵的营养物质，蛋白质来源价格对配方成本影响很大，因而也影响每千克增重的成本。在蛋白质来源比如油饼[①]相对便宜的季节，通常饲喂高蛋白质水平日粮更加经济。这种情况下，由于动物存栏时间短，用于维持需要少，摄入的大部分营养都用来生长，快速增重是最廉价的。

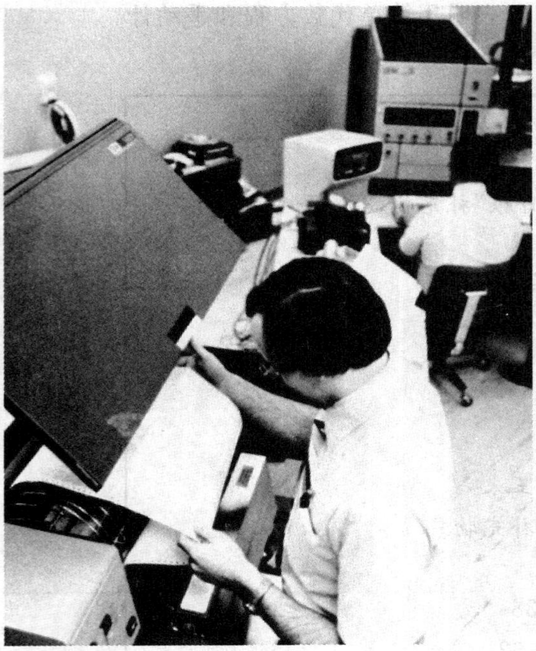

**图 5-4　最新的计算机软件在动物生产管理和畜禽日粮生产加工过程中广泛应用。OBS 模型™（Outcome-Based System）由 Cargill，Inc. 开发，用于估计饲养在特定环境、提供特定日粮、饲料消化率一定的猪的生产性能。下面会给出一个影响日粮配方因素的考虑和计算方法的例子。**

来源：Pfizer，Purina Mills Inc.，and Cargill Inc.

①油饼通常指高蛋白补充物，如棉粕（41%蛋白质），花生饼（48%蛋白），去皮豆粕（48.5%蛋白质）。

## 统计报告
### 老麦当劳农场
#### 总体性能报告

统计起始时间： 1996 年 11 月 27 日

| | | | |
|---|---|---|---|
| 平均日增重，lb： | 1.54 | [1]平均日瘦肉增加量： | 0.64 |
| 饲料/增重，lb： | 3.29 | 饲料/瘦肉增加量： | 7.85 |
| 花费/CWT 增加： | $22.06 | 花费/CWT 瘦肉增加量： | $52.77 |
| 饲养天数： | 131 | [1]瘦肉中 Est 比例 ： | 54.7 |

**假定的饲养计划**

[1]按瘦肉型基础计算

| | | | |
|---|---|---|---|
| 单位： | 农场 1 | 平均日采食量： | 5.03 lbs/(头·d) |
| 基因型： | 混合 | 起始体重： | 50.00 lbs |
| 性别： | 公母混群 | 结束体重： | 251.16 lbs |
| 平均温度： | 65.00℉ | 平均饲养密度： | 8.00 ft²/头 |

**体重结果**

| 日粮 | 1 | 2 | 3 | 4 | 5 | 6 |
|---|---|---|---|---|---|---|
| **假定** | | | | | | |
| 初始体重，lb | 50.00 | 101.32 | 150.29 | 200.58 | | |
| 结束体重，lb | 101.32 | 150.29 | 200.58 | 251.16 | | |
| 环境条件 | FIN | FIN | FIN | FIN | | |
| 平均温度，℉ | 65.00 | 65.00 | 65.00 | 65.00 | | |
| 饲料类型 | 粉碎混合料 | 粉碎混合料 | 粉碎混合料 | 粉碎混合料 | | |
| 饲料消耗量 | 6%～10% | 6%～10% | 6%～10% | 6%～10% | | |
| 饲养密度，ft²/头 | 8.00 | 8.00 | 8.00 | 8.00 | | |
| 结束时间 | 12/29/96 | 01/29/97 | 03/03/97 | 14/06/97 | | |
| 选择标准 | 天数 | 天数 | 天数 | 天数 | | |
| **生产性能** | | | | | | |
| 采食量，lb | 3.63 | 4.72 | 5.50 | 6.22 | | |
| 饲喂天数 | 33 | 31 | 33 | 34 | | |
| 平均日增重，lb | 1.56 | 1.58 | 1.52 | 1.49 | | |
| 平均日瘦肉增重，lb | 0.60 | 0.65 | 0.65 | 0.65 | | |
| 饲料/增重 | 2.33 | 2.99 | 3.61 | 4.18 | | |
| 饲料/瘦肉增重 | 6.02 | 7.27 | 8.47 | 9.57 | | |
| 投入/CWT 增重 | $16.97 | $20.68 | $23.68 | $26.68 | | |
| 投入/CWT 瘦肉增重 | $43.74 | $50.31 | $55.57 | $61.05 | | |
| Est 瘦肉比例 | 54.60 | 54.41 | 54.52 | 54.70 | | |

| | | | |
|---|---|---|---|
| 单位： | 农场 1 | 饲料采食量： | 6.22 lbs/(头·d) |
| 日粮名称： | 混合日粮 4 | 起始体重： | 200.00 lbs |
| 阶段： | 育肥猪 | 结束体重： | 250.00 lbs |
| 基因型： | 混合型 | 饲料消耗量： | 6%～10% |
| 性别： | 公母混合 | 饲料形态： | 粉状混合料 |

**每批重量 6 000 lbs**

| **成分** | **百分比** | **重量，lbs/批** | **累计，lbs** |
|---|---|---|---|
| 玉米 | 78.02 | 4 681.20 | 4 681.20 |
| 豆粕，48% | 19.98 | 1 198.80 | 5 880.00 |
| 预混料* | 2.00 | 120.00 | 6 000.00 |
| **总量** | 100.00 | 6 000.00 | 6 000.00 |
| **日粮价格** | $6.38/cwt | $127.60/t | |
| **猪数量：** | 200 | **每批饲喂量：** | 6.22 |
| **天数/阶段：** | 30 | **每批料饲喂天数：** | 4.82 |
| | | **每周耗料批次：** | 1.45 |

Optimix Premix 是 Walnut Grove Techmixes™ 的产品

[申明：Walnut Grove 不保证这些估计的准确度，这也不是达到生产性能的保证。

Version 1.03

但当油饼价格上涨，畜产品价格下降时，用少量的油饼配制低蛋白日粮可能更实际。低蛋白日粮导致低增重，意味着需要相对更多的饲料用于维持需要，而用于生长的部分较少。因而，每磅增重需要消耗的饲料更多，上市时间也延长。但如果低蛋白日粮非常便宜，增重成本非常低（假定市场上猪肉价格没有变化），这种低蛋白日粮也很实际。

## 5.4 饲料和饲喂效果

对于幼年鸡、猪、牛、羊等动物来说，希望采食量尽可能大来获得充足的营养满足需要（图5-5）。由于新鲜饲料有助于提高采食，动物喜欢采食新鲜饲料。由于猪、鸡场均采用机械喂料系统，可以给料槽提供新鲜的饲料或在24 h内能进行多次饲喂。这些系统通常由计算机控制，所以能容易地按照要求进行变化。在那些使用多次喂料器的地方，家禽管理者可以每天饲喂几遍，每天空槽1 h或2 h。当饲喂新鲜饲料时，鸡喜欢采食。

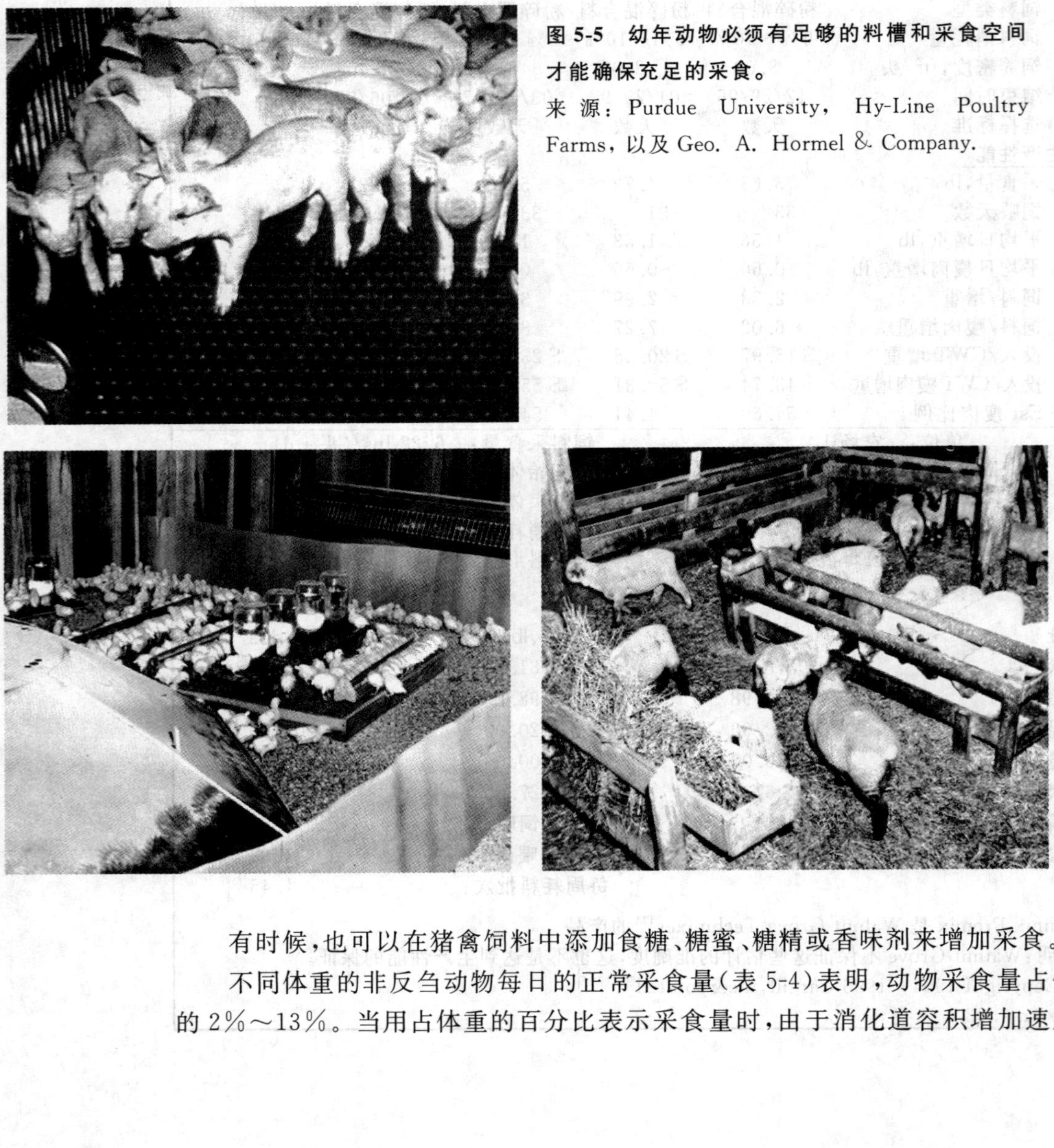

**图5-5 幼年动物必须有足够的料槽和采食空间才能确保充足的采食。**

来源：Purdue University，Hy-Line Poultry Farms，以及Geo. A. Hormel & Company.

有时候，也可以在猪禽饲料中添加食糖、糖蜜、糖精或香味剂来增加采食。

不同体重的非反刍动物每日的正常采食量（表5-4）表明，动物采食量占体重的2%～13%。当用占体重的百分比表示采食量时，由于消化道容积增加速度不如体重增加快，因而动物采食量占体重的比例将随年龄增加而下降。但是，由于犊牛和羔羊对低消化率的粗饲料采食增加，促进了瘤胃和其他胃肠道快速发育，结果其采食量占体重比例随年龄增长快于体重的增长。

表 5-4 不同动物日采食量近似值

| 品种、年龄或体重 | 风干料采食量 | | 增重(lb) |
|---|---|---|---|
| | lb | 体重 | |
| 猪 | | | |
| 25 lb | 2.00 | 8.00 | 0.80 |
| 50 lb | 3.20 | 6.40 | 1.20 |
| 100 lb | 5.30 | 5.30 | 1.60 |
| 150 lb | 6.80 | 4.53 | 1.70 |
| 200 lb | 7.50 | 3.75 | 1.90 |
| 250 lb | 8.30 | 3.32 | 1.90 |
| 妊娠小母猪，300 lb | 4.50 | 1.50 | 0.70 |
| 妊娠母猪，500 lb | 4.50 | 1.00 | 0.50 |
| 哺乳小母猪，350 lb | 11.00 | 3.14 | — |
| 哺乳母猪，450 lb | 12.50 | 2.78 | — |
| 成年公猪，500 lb | 5.0 | 1.50 | — |
| 家禽 | | | |
| 0.5～lb 肉仔鸡 | 0.065 | 13.00 | |
| 2.5～lb 肉仔鸡 | 0.190 | 7.60 | 0.04 |
| 4.0～lb 产蛋鸡 | 0.241 | 6.00 | 0.045 |
| 牛 | | | |
| 50 lb | 0.90 | 1.80 | 0.50 |
| 100 lb | 2.00 | 2.00 | 0.90 |
| 150 lb | 4.00 | 2.67 | 1.40 |
| 200 lb | 6.00 | 3.00 | 1.60 |
| 羔羊 | | | |
| 15 lb | 0.25（加牛奶） | 1.60 | 0.25 |

注：尽管母猪哺乳期体重稍微有所下降，但我们假定体重不变。

来源：改自 National Research Council Publications an other sources.

饲料的适口性变化很大，新玉米比储存了几年的陈玉米更容易促进采食。对于家禽来说，玉米的适口性比高粱或其他小粒谷物适口性好。在所有谷物中，小麦对于猪和家禽的适口性最好。谷物经破碎、压扁或粉碎后适口性比整粒好，但粉碎不能太细。

豆粕是一种适口性非常好的普通蛋白质饲料。由于中西部豆粕价格便宜，容易购买，品质好，质量稳定，在浓缩料中大量使用。

很多有价值的原料适口性相对差，使用时应注意限量或与适口性特别好的饲料混合使用。肉粉和骨粉适口性不太好，尤其对于幼年动物。牛奶副产品单独使用时适口性不好，但是在浓缩料或全价饲料中有所改善。

过量的矿物质对所有的动物来说，适口性不好。苜蓿粉、整粒燕麦、酿酒副产品，由于颗粒小，容易遭尘土污染而不太受欢迎，因而，用于母猪、公猪日粮中可以起到限制采食作用。

压制颗粒可以提高适口性，提高采食量，尤其对于使用适口性不好的原料。粉碎饲料通常破裂成小球，非常适合非反刍动物，除非粉碎过细。

清洁和新鲜的饲料有助于促进采食，动物喜欢新鲜的颗粒料和粉料。应精确调整自动喂料器，防止饲料在料槽中积累，导致不新鲜，甚至霉变。许多现代家禽养殖场采用自动喂料装置，连续不断地给家禽提供饲料。

据 South Dakota 研究认为，喂料器和饮水器之间距离超过 300 ft 将降低猪的采食量和增重，这对于其他动物来说也是非常重要的，尤其是在炎热的季节。

动物在极端炎热的季节采食量将下降，高温还导致某些维生素需要量大大提高。例如，如果动物采食量少，则食入 B 族维生素减少，而 B 族维生素对于维持正常采食量来说非常重要。因而，一些家禽养殖户在炎热季节每周采取在料槽中多次添加一些高营养浓度的“顶级饲料”的方法。这些顶级饲料通常含有 10 倍于正常水平以上的维生素和额外高水平的微量矿物质，用于促进采食防止产蛋下降。

在夏季，通过排风扇，喷雾，或良好的通风和空气流动达到人工降温，对于维持夏天采食量和饲料利用是最值的。

## 5.5 饲料添加剂

为提高生长速度、饲料转化率、降低死亡率、防止疾病感染，家禽和猪饲料中常常使用包括抗生素一类的饲料添加剂。抗生素由微生物合成，能抑制一种或多种微生物生长。合成的化学药品也常常用于饲料中，作用与抗生素相同。

但是，也有一些消费者担心在人药和动物饲料中长期大剂量使用相同的抗生素会导致人产生抗药性。因此，一些专业快餐公司考虑对购买的动物产品实施抗生素限制。此外，对用不含抗生素的日粮生产的“自然猪肉”的需求和生产在不断增加。

其他添加剂，如控制球虫的**驱虫药**则根据需要使用①。

> **驱虫药**
> 能杀死或驱除肠道寄生虫的药物。

美国食品药品管理局（FDA）对每种新饲料添加剂都要进行全面的评价。在被 FDA 认可前，每种新产品都必须标明“安全”、“有效”。每年出版的饲料添加剂纲要对添加剂名称、用量，以及能联合使用的其他添加剂进行介绍。多数药物饲料屠宰前还应有停药期。

## 5.6 营养失衡和缺乏

最近几年，营养物质之间的相互作用关系已被认识。例如，日粮中过量钙会导致锌缺乏，并影响磷的利用，如果不额外补充锌则导致典型的锌缺乏——常常出现被毛粗糙，皮炎。维生素 E 需要量与日粮中硒水平有关。充足的钙磷营养取决于对每种元素的添加量、合适的比例，以及维生素 D 的含量。

①伊维菌素是一种非常有效的驱虫药，抗菌谱广，能有效驱除体内、外寄生虫。

其他特别的缺乏相对较少。维生素D水平不够则导致蛋壳品质下降，以及其他典型的缺乏症。但是，多数猪和禽是根据目前所掌握的营养知识确定的营养需要而配制的高质量日粮进行生产的。

## 5.7 其他品种

鸭、雉鸡、鹌鹑、火鸡、狗、貂，以及其他未成年的用于杂耍的动物如鹿、羚羊的营养类似前面的描述。

NRC家禽营养(表5-1)出版物中还包含火鸡、鹅、鸭、雉鸡和鹌鹑的营养需要信息。NRC营养标准出版物还包括其他单胃动物如狗、兔、猫、灵长类、实验动物、鱼以及貂等。通常，动物越小，基础代谢越高，相应要求日粮中蛋白质和维生素的比例也高。轻型蛋鸡需要18%粗蛋白质的日粮，而轻型白鹌鹑需要日粮蛋白质水平26%。火鸡例外，尽管体型比鸡大，但是氨基酸需要高于鸡。

在不同非反刍动物品种之间，消化系统、饲料种类、计算和配制日粮的方法都具有相似性，清楚这点是非常重要的。

## 5.8 营养和初生幼畜

初乳，由哺乳动物乳腺在产后前3～4 d产生而分泌，对初生的犊牛、羔羊、猪和马驹来说非常重要。第一天的初乳含很高的蛋白质、维生素A、矿物质和大量抗体，有助于初生动物抵制疾病和感染(见表6-5各营养组成)。初生动物出生后血液中抗体物质含量很少，如果没有初乳的话短时间内就容易感染疾病(图5-6)。

**图5-6 初生仔猪出生后不久通过吸吮母猪初乳获得必需的抗体和营养。**
来源：Iowa State University.

许多奶牛场通常要储存所有头天的初乳，但不饲喂犊牛也不进行冷冻，以便于日后使用。因为母牛可能出现死亡或感染疾病，初乳对日后的动物来说非常有用。初乳也可以用于失去母亲的羔羊、猪或马驹。

在所有的家畜中，母畜的营养需要在哺乳后显著提高(表6-1，表6-2和表7-2)，泌乳对能量、蛋白质、矿物质和维生素的需要高于胎儿在子宫中发育的需要。

如同章节15.1和15.2所讨论，初生动物的健康和存活很大程度上受妊娠期间母畜饲喂条件的影响，如果妊娠期间饲喂不足，导致初生时又小又弱，结果成活的机会很低，而且生长速度很慢。反之，如果母畜过肥，导致体脂过多，胎儿太大，则容易出现难产。

## 思考题

1. 简述浓缩料和粗饲料的定义。
2. 举出当地4种常用的浓缩料和粗饲料。
3. 举例说明哪些场合营养需要用每日表示，哪些场合用占日粮百分比表示。
4. 解释最低营养需要和推荐营养水平的差异。
5. 列出几种容易导致营养物质降低需要提高日粮中营养物质添加量的因素。
6. 营养以外的哪些因素有助于确定日粮中是否需要添加特殊饲料？
7. 为何日粮中蛋白质过量不好？
8. 蛋白质质量意味着什么？
9. 列出一些用计算机很容易计算的饲料配方标准。
10. 举出一个用占体重百分比表示非反刍动物采食量（风干料）的实例（参考表5-4）。
11. 举出3类非营养性饲料添加剂。
12. 列举家禽、猪、牛、羊和马以外的3个NRC营养标准例子。
13. 举例说明哪些场合下两种营养物质相互关系是非常重要的。
14. 你是否试过，或者是否知道有谁曾试过在没有初乳的情况下饲养初生哺乳动物？为何非常困难？

翻译：袁建敏；校对：初芹

# 第6章

# 反刍动物营养

# Nutrition of Ruminants

在前一章中我们探讨的非反刍动物营养的规律也可以用于反刍动物。但是，鉴于成年反刍动物消化系统的解剖学和生理学特点，关于反刍动物的营养需要还需要进行特别讨论。本章的第一部分主要是对反刍动物以及它们作为食物和纤维制品供应源的正确评价，紧接探讨肉牛、绵羊以及奶牛的营养需要，影响采食量的因素以及某些特殊营养需要。

全人类所需的几乎所有的奶和约50%的肉都是由反刍动物提供的[①]。在美国，牛和绵羊是将草场和牧草资源转化成可出售产品——肉、奶、羊毛、皮革以及其他副产品的最重要物种。在有些国家中，水牛、骆驼、山羊、羊驼、驯鹿以及牦牛都是重要的驯养反刍动物。在大量饲喂精料条件下，反刍动物将饲料转化为肉的饲料转化率要比猪和禽类低。但是，由于它们的瘤、网胃中有数目庞大的微生物使得它们可以采食大量的纤维类饲料，故利用粗饲料效率要比非反刍动物高得多[②]。由于其消化系统比较独特，反刍动物也常常面临一系列严重的问题(框 6-1)。

美国农用土地中一半以上是固定的草场或者可以用于放牧。许多土地的生产能力变化很大，但总的牧草生产总量却是巨大的。现在每年耕种或者“种植”的土地中都有一部分是临时的草场，或是用来种植牧草，或是青贮。此外，种植谷物还产生一些副产品——粗饲料。玉米秆是种植玉米的粗饲料副产品，小型谷物及豆类收获之后所剩余的谷秸也是如此，甜菜根以及棉籽壳等也都是反刍动物可利用的“副产品”粗饲料。很容易看出，植物光合作用所储存的能量中有很大部分都储存在被营养学家称为粗饲料的植物部分中，仅可以被反刍动物利用(图 6-1)。

---

①全世界被驯养的用于为人类提供食物或其他用途的反刍动物共28亿，包括10亿只绵羊，10亿头牛，4亿只山羊，1.25亿头水牛，3千万只骆驼、牦牛和驯鹿，约几亿只野生反刍动物。(*The Role of Ruminants in Support of Man*, 1978. Winrock International Livestock Research and Training Center, Petit Jean Mountain, Morrilton, AR.)

②在我们的讨论中，粗饲料包括家畜可食用的所有纤维性的植物，其通性是体积较大、蓬松，纤维和木质素(植物细胞壁的主要组成部分)含量高，不易消化。草料指的是诸如改良草场及经营草场等地方出产的高质量的部分粗饲料。草料也包括草场或是全株谷类作物的青贮。

**框 6-1**

## 反刍动物——有时也是消化系统的牺牲品

反刍动物，因其消化生理和组织解剖上的特殊性，具有可以令人吃惊的快速采食大量饲料并反刍回流重新咀嚼的能力，它们和瘤胃内微生物的共生关系相当有趣。作为宿主动物，它们可以享受纤维性物质中纤维素消化的好处，还能利用微生物合成的蛋白质和B族维生素。然而，有时它们也会遭遇不利。第4章4.6部分中所提及的病症也时刻威胁着它们。接下来就对2种潜在的疾病进行简单描述——瘤胃臌胀和酮病。

瘤胃臌气有时会导致反刍动物非常难受，出现损失。多发于采食某些豆科植物的牛上。

瘤胃臌气的一个显著特征就是动物体的左侧出现膨大，主要由于瘤胃产生过多的气体并积累于瘤网胃中无法释放出去。这些气体是瘤胃发酵的正常产物，正常情况下会随嗳气排出体外。任何干扰这个步骤正常进行的因素都会导致瘤胃臌气。引起臌气的一个已知的原因就是，动物采食某些皂角苷类豆科植物会使得气体发泡或者气体被包于泡沫中不能嗳出。

臌气进一步发展，反刍动物体内压力就会上升，呼吸受到抑制，就可能导致死亡。在出现急性病症时，需要立即进行处理，向胃内通管来降低体内压力。但是，某些情况下，还需要用套管针刺破瘤胃壁来避免死亡。

预防瘤胃臌气的发生需要完善的放牧管理，诸如不将饥饿的动物引至豆科植物的草场中，以及条形放牧以强迫动物采食整个采食区域等。而且，在饲料里添加或是作为矿物质添加多洛沙烯这种轻泻药也对预防这种病有效。

酮病是一种代谢性疾病，常于泌乳奶牛中发生。它的主要特征是体内的酮体水平高，常见于产犊之后的几周之内。很多高产奶牛都处于酮病的临界点上，进一步就会导致食欲减退、意志消沉、体重和乳产量下降。

由于反刍动物瘤胃消化碳水化合物的主要产物是挥发性脂肪酸而不是葡萄糖，因此反刍动物的葡萄糖水平要远低于非反刍动物。而且，葡萄糖的水平也远远低于产奶所要求的水平，随之过多的脂肪被动员。酮病就是由于葡萄糖不足阻碍脂肪酸的完全氧化，生成了体内不能代谢而且有害的酮体。

酮病的处理包括改善静脉内葡萄糖含量，或注射糖皮质激素。病牛还应当接受口服丙二醇——一种调节葡萄糖的药剂，其并不破坏瘤胃。

降低酮病发生的措施还包括对奶牛的精心管理，特别是产犊前1周。奶牛不能过饲，过饲极易导致食欲下降直至酮病发生。

母羊怀孕后期也容易出现酮病。怀有双羔或是三羔的过饲母羊极易出现，特别是短期饲料或是高温环境中容易发生。

来源：Purdue University.

**图 6-1　牛可以较好地利用玉米秆或干草。**

来源：Purina Mills，Inc. 和 Union Pacific Railroad.

对于快速生长、快速育肥、泌乳期产奶量最大化或者为获得更高质量的胴体品质生产，就需要在除饲喂粗饲料之外添加精饲料。高产奶牛消耗大量的精饲料，但是精料是根据所饲喂牧草的品质和数量来配比的。肉用羔羊的精料日采食量将达到50%～60%，这样它们每天将能够得到足够多的能量，在出栏时才能达到预期体重。这种方法在肉用牛的生产中也是适用的。全精料或是极高精料比例(80%～90%)饲粮条件下，很难有牛或是羔羊能坚持到最终出栏。

学习完本章后，读者应掌握以下内容：

1. 明白为什么反刍动物可以将人所不能利用的粗饲料或是其他物质转化为人能够利用的肉或其他动物产品。
2. 明白为什么某些饲粮要在每日需要基础条件下配制，而其他却以干物质为基础配制。
3. 明白为何饲料的能量值和反刍动物的能量需要要进行测定，为什么需要二者吻合。同时明白如何进行反刍动物饲粮配制中最常用的几种能量指标的测定(总能、总消化养分、消化能以及净能等)。
4. 给定饲粮中每种使用成分的组成和用量，如何计算饲粮的营养素水平。
5. 明白牛和羔羊饲喂中精粗搭配的重要性。
6. 阐明生长小母牛能量水平变化对成熟后乳产量的影响。
7. 列出决定奶牛每日营养素需要量的3个不同因素。

## 6.1　营养需要量

先前已经讨论过反刍动物消化系统的独特性以及它们的营养需要和它们与非反刍动物之间的差异(概略回顾，见第4章4.6)。

当反刍动物的消化系统功能发育完善之后，它们就不像非反刍动物那样对日粮中特殊营养元素那么依赖了。反刍动物可以依靠自身瘤胃微生物合成必需的B族维生素。单个氨基酸也如此。瘤胃微生物可以从蛋白质以及其他氨基酸和含氮物质中收集原料合成必需氨基酸。瘤胃纤维素菌可以分解植物原料中的纤维素，并将其转化成有用的能量及挥发性脂肪酸(VFA)。

某些牛和绵羊的每日基础需要列在下表6-1中。这是因为放牧动物的营养摄入大多数由它们每日消耗的粗饲料的干物质的体积决定的。某些饲喂粗饲料较多的反刍动物每天是将粗料和精料分开饲喂的或者每日饲喂2次。

但是，因为全价饲粮在奶牛以及商业农场中的肉牛和羔羊上广泛使用，营养需要通常以饲粮中干物质的“百分数”或是“比例”来表示的(表6-2)。

值得注意的是，表6-1和表6-2中列出的需要量不仅依赖于动物的体重还依赖于预期的生产性能。这就是说，维持、出栏屠宰、小奶牛的生长、怀孕或是泌乳等都能对之产生影响。

如同第5章表述的那样，国家研究委员会(NRC)出版总结的需要量标准不仅适用于家畜还适用于那些特种动物，例如猫、狗、鱼、实验动物、貂、狐狸以及除人类外的灵长目动物。这些需要量是在平均基础上为达到较好生产性能目的并考虑每个营养素的水平来综合制定的。

不考虑安全范围单纯采用推荐需要量并不一定能达到最大生产性能。因此，在配制日粮时，在下列影响因素情况下，必须考虑到某些营养素的额外添加水平：

- 环境应激，诸如高热高湿、冷风疾风（风寒因素）以及缺乏遮挡；
- 遗传潜力；
- 健康状况；
- 之前的营养状况；
- 日粮的适口性；
- 营养的稳定性。

营养需要量以饲粮中所占比例来表示，为生命周期中的不同阶段或是不同物种之间进行相互比较提供了可能。表 6-2 中则记载了额外的需要量的具体数值，以供参考。

第 3 章 3.9 部分为所选定饲料的营养价值进行了简单讨论并且估计了饲料的能量水平。除过冬的幼牛或是待配种的成熟肉用母牛、母羊之外，大部分反刍动物的饲养程序都是直接针对快速生长，使动物可以消耗和利用尽可能多的饲料能量。大多数情况下，生长越快，生产的消耗就越低。饲养场的牛或羔羊短期之内就能达到上市的体重和体况。当然，仓储费用、利率变化以及劳动力消耗也得跟上，这样几乎没有生病或是死亡的危险了。

这就意味着需要在获得高能量摄入上更为用心。另一方面，因为饲料价钱很高，如果能量水平过高以至于导致消化问题，会导致利用效率下降。

很多研究提供了如何进行精确测量和估测维持、生长、泌乳以及胎儿发育这一系列生命活动所需的净能。当然，对于一头 1 000 lb 的公牛来说，它维持所需要的净能（7.65 Mcal）要比一头 500 lb 的公牛（4.55 Mcal）高得多。但是值得注意的是，这种差异并不是完全由体重造成的，因为大的动物，其单位体重所占有的表面积则较小，相对于小动物来说，通过传导和对流所散失的能量相对较少。

确定饲料的净能值以及反刍动物营养需要的数值，使得精确配制反刍动物日粮以达到能量利用效率最大化或是达到生产所需的特殊水平要求成为可能。

某些营养素的需要量在表 6-1 和表 6-2 中没有体现出来，原因是通常认为这些营养素在常规饲粮中是充足的。但是也有例外，比如，美国中部地区，某些饲料中碘和硒就是缺乏的。

对于颗粒饲料，盐的添加量则是可自由调整的。然而，在浓缩预混料或是全价饲粮中以 NRC 推荐剂量额外添加盐可以保证摄入足量的盐。

尽管一直以来，玉米被认为是含相当数量胡萝卜素（维生素 A 的前体物）的唯一谷物，但是几乎所有的高质量牧草都含有很高水平的胡萝卜素。对于表 6-1 和表 6-2 中列出的营养需要量，在饲喂青草或是豆荚、或是饲喂相当可观的青贮饲料、或是绿叶干草情况下都可以满足，但干燥时间过长会导致维生素 A 的缺乏。当青草转向休眠，被限制采食诸如麦秸、干草、除玉米外的谷类、储存时间过长的玉米或干草等含有低胡萝卜素水平的饲料时都会出现这种情况。大多数配合饲粮都会添加维生素 A，因为其价格较低，并且能保证避免缺乏的危险。

充足日光照射可使反刍动物将其皮肤内的胆固醇转化为有活性的维生素 D，合成足量的维生素 $D_3$。冬季日光照射较少则维生素 D 的合成也相应较少。饲喂晒干的草料或是添加维生素 D 都是冬季或舍饲动物推荐采用的。这一点在乳用家畜中特别重要，因为母牛为保证乳中物质及高产奶量，所需的钙要求有高水平的维生素 D。

**表 6-1 某些反刍动物每日营养需要量示例**

| | 预期每日增重 | | 每日干物质需要量 | | 粗饲料 | 维持净能[a] | 生长净能 | 粗蛋白质 | 钙 | 磷 | 维生素 A | 维生素 D |
|---|---|---|---|---|---|---|---|---|---|---|---|---|
| | kg | lb | kg | lb | (%) | (Mcal) | (Mcal) | (g) | (g) | (g) | (IU) | (IU) |
| 中等体尺的公牛,300 kg(约 660 lb) | | | | | | | | | | | | |
| 低日增重 | 0.2 | 0.44 | 6.9 | 15.1 | 100 | 5.55 | 0.69 | 499 | 14 | 12 | 15 200 | 1 900 |
| 中等增重 | 1.0 | 2.2 | 7.3 | 16.0 | 20～25 | 5.55 | 3.68 | 944 | 32 | 16 | 16 100 | 2 000 |
| 干乳牛,怀孕中期,545 kg(1 200 lb) | 0 | 0 | 8.8 | 19.4 | | 8.87 | NA | 960 | 16 | 13 | 24 640 | 2 420 |
| 生长的荷斯坦奶牛,100 kg(220 lb) | 0.8 | 1.76 | 3.0 | 6.6 | — | 2.72 | 1.66 | 483 | 18 | 10 | 4 240 | 660 |
| 奶牛 | | | | | | | | | | | | |
| 维持,600 kg(约 1 320 lb) | 0.72 | 0.33 | 11.4 | 25.1 | | 9.70 | | 404 | 24 | 17 | 46 000 | 18 000 |
| 日产 30 kg(66 lb)乳脂率 3.5%牛奶 | | | 8.6 | 19.0 | | 20.70 | — | 2 520 | 89 | 55 | — | — |
| 奶牛整体 | 0.70 | 0.33 | 20.0 | 44.1 | | 30.40 | | 2.924 | 113 | 72 | 46 000 | 18 000 |
| 母羊,70 kg(154 lb)怀孕最后 4 周,180%～225%产羔率 | 225 | 0.51 | 1.9 | 4.2 | | | | 214 | 7.6 | 4.5 | 5 950 | 388 |

a. 净能的一部分,用于维持和生长、产奶或是粪便形成之间的平衡。300 kg、每日增重 1.1 kg 的公牛大约每天需要 5.5 Mcal 用于维持,4.9 Mcal 用于生长。

来源:改自 National Academy of Sciences, Nutrient Requirements of Beef Catlle, 1996; Nutrient Requirements of Dairy Cattle, 1988; and Nutrient Requirements of sheep, 1985.

**表 6-2 以所占日粮中干物质比例来表示的某些反刍动物营养需要量示例**

| | 预期每日增重 | | 每日干物需要量 | | 粗饲料 | 维持净能[a] | 生长净能 | 粗蛋白 | 钙 | 磷 | 维生素 A | 维生素 D |
|---|---|---|---|---|---|---|---|---|---|---|---|---|
| | kg | lb | kg | lb | (%) | (Mcal) | (Mcal) | (g) | (g) | (g) | (IU/kg) | (IU/kg) |
| 1 岁出栏公牛,400 kg (约 880 lb) | 1.4 | 3.0 | 8.2 | 18 | 15 | 2.09 | 1.41 | 10.14 | 0.41 | 0.23 | 2 200 | 275 |
| 出栏羔羊,40 kg(88 lb) | 0.275 | 0.60 | 1.6 | 3.5 | 25 | 3.3 Mcal/kg 代谢能 | | 11.6 | 0.42 | 0.21 | 1 175 | 147 |
| 生长的荷斯坦奶牛,100 kg (220 lb) | 0.8 | 1.76 | 3.0 | 6.60 | 60 | 1.69 | 1.08 | 16.0 | 0.52 | 0.31 | 2 200 | 308 |
| 泌乳奶牛,600 kg(约 1 320 lb) 日产乳脂率 3.5%奶 30 kg (66 lb) | 0.15 | 0.33 | 20.0 | 44.1 | 60 | 1.62[a] | — | 16.0 | 0.58 | 0.37 | 3 200 | 1 000 |

a. 这里所示的为单个数据,因为产奶的能量有效性和维持需要的相同。

源自:改自 National Acadenmy of Sciences, Nutrient Requirements of Beef Catlle, 1996; Nutrient Requirements of Dairy Catlle, 1988; and Nutrient Requirements of Sheep, 1985.

## 6.2 影响饲料采食量的因素

在饲粮配制的时候需要考虑饲粮的体积是否过大、潮湿程度以及适口性。日粮配制需要考虑动物所需营养素的数量，但是如果所提供的只是过大体积的饲粮，超过动物所能摄食的或所愿意摄食的饲料的体积，这样的饲粮将不能提供足够的营养。表 6-1 和表 6-2 所建议的每日干物质消耗可以作为配制日粮的范例。

反刍动物庞大的胃室使得它们能够采食比非反刍动物所能采食的更多的饲料以及更大体积的饲料。维持期成年动物饲料的干物质消耗通常在体重的 1.5%～2%之间变动，而出栏羔羊或肉牛则在 2.5%～3.5%之间变化，泌乳奶牛产乳高峰期则在 3.8%～4.0%之间浮动。

如果牧草的组成(包括湿度)已知的话，就可以根据每日消耗的牧草估测其中所含的营养素的数量。除非饲草的适口性较高或是很低，否则反刍动物都会采食适口性同它们每天所采食的饲料相似的、差不多数量的“干物质”。

与此相关的是，干物质也经常被用于预测青贮饲料的消耗量，除非青贮饲料非常湿或者浸在水中，适口性非常差。因为绝大部分青贮饲料含有 33%～35%的干物质，而干草则含有 80%～90%的干物质，2.5～3 lb 的青贮大约相当于 1 lb 的干草。这被称为干草等价基础。现在，绝大多数的饲粮都以总干物质基础来计算，并且以**喂时状态**为基础衡量校正混合日粮中的营养。

然而，玉米、高粱或者小粒谷类作物的青贮料在配制粗饲料或是浓缩料时有相当高价值的，因为它们既像草料一样包含谷物又在总干物质基础上比青草或是豆荚青贮提供更高的能量(表 3-4)。

**喂时状态**

即采食时水分含量，饲料因水分含量不同，其他养分的含量随之变化，故饲料成分须说明是以何种含湿状态为基础的。

## 6.3 母牛和母羊的日粮配制

运用表 6-1 列出的每日需要量或者 NRC 推荐量指导配制反刍动物饲粮，再通过试验测定或者已有方法纠错。饲养者可以像表 6-1 和表 6-2 中所示的那样，绝大部分采用 NRC 推荐的值。当然，采用计算机配方软件可以更精确、更快捷地进行饲粮营养素的计算。这样做还有利于经常调整日粮的配方，在日粮成分上降低成本。

很明显，饲粮必须是适口的、经济的以及容易操作的。考虑这些因素，某些时候要比满足精确的营养素需要水平更重要。而且，就像我们之前指出的那样，营养素的需要必须根据动物的体况、饲料的价格以及其他一些因素来制定。表 6-3 给出了怀孕母羊的日饲粮配方。

## 6.4 育成牛或羔羊的日粮

绝大多数饲养者用全价料来饲喂育成牛或羔羊。研究结果建议，当饲喂全混日粮或是羔羊颗粒料时，应当根据最终饲粮及其有效利用而迅速调整配方。全价日粮应当采用诸如表6-2中所列出的NRC推荐标准那样极为精确地配制。

当配制全价饲粮时，一定要考虑精粗比，还要考虑矿物质、维生素以及饲料添加剂的添加水平。饲粮精料部分中所用的谷物和油料的数量通常都依赖于蛋白质的含量。与配制非反刍动物日粮所使用的算法步骤类似（图5-3），可以略作改动来配制反刍动物日粮或是混合料。表6-4中列出了典型的出栏公牛全价料的配方。

诸如糖蜜——精练糖的副产物，或者酒糟——乙醇生产的副产物等液体饲料都是常用的饲料来源，是良好的能量来源。实验室研究或者饲养场的试验等都说明，酒糟中可能含有除现已知的能量和营养素之外的别的营养价值。使用这些液体饲料是否经济还依赖于运输费和饲养场与加工厂之间的距离。

**肠毒血病**
肠道内产气荚膜梭菌所引起的急性病症。高致命性，采食精料过多的牛羊中常出现。

**肠毒血病**也会在牛中发生。这种失调表现的前兆通常是酸中毒，也就是瘤胃内pH值会从7.0以上降到6.5或是更低。肠毒血病是消化系统中某种特殊有机物质的过度增殖造成的。这种有机物质就是产气荚膜梭菌，能够产生一种毒素，使得牛或者羔羊"拒绝采食"并最终可能导致死亡。当动物经常采食高精料的饲粮时，这种菌会扩增并繁育旺盛。采用经常接种疫苗的方法可以降低肠毒血症的危险；有时也在羔羊给饲"全料"之前接种疫苗，也应用抗毒素来有效预防动物死亡损失。

**酸中毒**
相对于酸的含量，体液中碱含量下降。反刍动物突然更换饲粮时通常出现，可降低瘤胃pH值。

当羔羊开始采食时摄入谷物过快，就会导致采食过量。最先出现的症状可能就是**酸中毒**，也就是羔羊采食时来不及排除形成的酸，它们在瘤胃中移动缓慢，甚至干脆不动。羔羊通常表现出站在角落里或是围栏附近，后背拱起，头下垂。很多饲养场都有医疗人员来处理这些羔羊。通常的措施就是立即移走谷物饲料，只给饲干草和水，这样处理几天后再重新缓慢给饲谷物饲料。

因为这种病症时常出现并且对精料高度敏感，传统羔羊养殖上都是缓慢给饲谷类饲料。当从放牧区购买60～70 lb的羔羊时，通常它们从未采食过谷类饲料，以饲喂青草及哺乳长大。有经验的饲养者在购买到羔羊之后常常每天先只饲喂干草，接着给饲少量的燕麦（比玉米更蓬松）。然后以玉米或者豆类逐步替换燕麦，在3或4周之后达到整个饲粮的一半左右。某些地区的饲养者凭经验可以较快地增加精料的比例，有时甚至达到饲粮中60%～65%的比例。在配制全价料时，使用碾碎的原料，或者将饲粮混合并制粒可以有助于防止肠毒血症的发生。这是因为混合及制粒能防止羔羊在分别饲喂时只挑食高比例的精料部分。

像上面提到的那样，尽管羔羊可以接种疫苗来预防肠毒血症，但在实际生产中还是要提醒注意新繁育的羔羊需要给予新鲜的饮水、适当的休息以及包含高比例优质草料的饲粮，所有这些都是为了降低健康方面问题的发生，帮助其逐渐过渡到全饲粮饲喂阶段。这一点是在经济利益上十分重要，因为消费者更愿意零售分割的羔羊在其体重达到100 lb时以较好体况出栏。

尽管大多数的羔羊饲养者都使用了高比例的精料，也有人使用了颗粒料或是含有70%～80%的粗饲料的混合饲料。研究结果建议，粗料和精料之间的最优"物理平衡"在颗粒饲粮中表现出来的不同要比非颗粒饲粮更大。有证据表明制粒有助于提高某些饲料的利用效率。对于高比例的粗料饲粮，改进是相当大的。

当饲喂牛时，谷类饲料的推荐比例依赖于牛的体重和品质，以及它们预计的饲养期长度。高质量的牛因其有潜力能生产出更多的高等级胴体，可以卖出相对高的价钱，可以相对饲喂更多的谷物（图6-2）。

**表 6-3 140 lb(63 kg)怀孕母羊怀孕最后 6 周的冬季每日饲粮消耗[a]**

| 饲料 | 每日饲料量 | | 粗蛋白质 | 消化能 | | 钙 | 磷 | 维生素 A | 维生素 D |
|---|---|---|---|---|---|---|---|---|---|
| | 喂时状态基础 (lb) | 干物质基础 (lb) | (lb) | TDN (lb) | Mcal | (g) | (g) | (IU) | (IU) |
| 青贮玉米 | 6.0 | 1.8 | 0.13 | 1.10 | 2.22 | 2.72 | 1.91 | 13 922 | 324 |
| 苜蓿干草 | 1.0 | 0.9 | 0.15 | 0.50 | 1.02 | 5.10 | 1.10 | 3 946 | 905 |
| 黄玉米 | 1.0 | 0.9 | 0.08 | 0.80 | 1.62 | 0.09 | 1.22 | 520 | — |
| 总计 | 8.0 | 3.6 | 0.36 | 2.40 | 4.86 | 7.91 | 4.23 | 18 388 | 1 229 |
| 需要 | | | 0.36 | 2.40 | 4.80 | 4.60 | 3.50 | 3 160 | 350 |

a. 本饲粮营养充足、适口性好、经济实用。钙、维生素 A 和维生素 D 的过剩对机体无害。

来源：改自 National Academy of Sciences, Nutritional Requirements of Sheep, 1996.

表 6-4 750 lb(340 kg)1 岁牛全价饲粮示例[a]

| 饲料 | 干物质基础 | 喂时状态基础 | | 每日耗料 | | 饲料营养 | 计算分析 | 需要量 |
|---|---|---|---|---|---|---|---|---|
| | (%) | % | lb/t | 干物质基础(lb) | 喂时状态基础(lb) | | | |
| 高粱,谷物 | 70.0 | 50.3 | 1 006 | 12.6 | 14.2 | 粗蛋白质(%) | 11.64 | 11.25 |
| 青贮玉米 | 20.0 | 42.6 | 852 | 3.6 | 12.0 | TDN(%) | 80.3 | 85.0 |
| 补料[b] | 10.0 | 7.1 | 142 | 1.8 | 2.0 | 维持净能(Mcal/kg) | 1.84 | 2.09 |
| 总计 | 100.0 | 100.0 | 2 000 | 18.0 | 28.2 | 生产净能(Mcal/kg) | 1.22 | 1.41 |
| | | | | | | 钙(%) | 0.32 | 0.26 |
| | | | | | | 磷(%) | 0.32 | 0.25 |
| | | | | | | 维生素 A(IU/kg) | 3 670 | 2 250 |

a. 精粗比依赖牛的品质以及所饲喂的时间长短而定。每种成分所提供的营养素的数值表明了营养价值的不同。补料中预混料提供其余维生素、痕量矿物质及/或添加剂。由于预混料的“载体”可能是谷物或是油饼,也可以提供少量的营养素。尿素的蛋白等价请见第 4 章 4.5。

b. 补料中的成分(lb/t)高粱,1 320;豆粕,270;尿素,93;石粉,112;甘蔗废糖蜜,80;盐,100;预混料,25。

来源:改自 National Academy of Sciences, Nutritional Requirements of Beef, 1996.

**图 6-2 商业饲养场采用全价混合日粮(TMR)来饲喂生长牛和出栏牛以达到上市体重。**
来源:American Angus Association.

出栏牛可以饲喂全精料饲粮。这样做在粗饲料缺乏的地方可以降低饲料消耗,降低需要处理的饲料的体积,并可以进行机械化或是自动的饲喂使得饲喂更容易进行。这种做法并不常见,需要特殊的封闭化管理。因为这样做有时可能导致膨胀、酸中毒、跛病或是其他的问题。更为实际的做法是,在饲粮中混入约10%的粗饲料。

## 6.5 乳用犊牛和生长母牛(后备种畜)

同饲喂肉用犊牛和羔羊主要是为了生产高质量的肉不同的是,产乳小母牛通常是为了乳畜群替换的。因此饲养系统的目标就是:生长情况良好的小母牛在约24月龄时进入泌乳牛群。通常情况下,它们需要相同的营养素以及甚至是相同的饲料。这里需要注意几个事项,可能是奶牛饲养中独有的。

在大多数乳畜群中,小牛在初乳期不由它的母亲保育,因为产犊母牛产的奶已经准备上市销售了(图 6-5)。液态奶营养价值很高,所有的小牛都要迅速转入采食干的、固态代乳品。初乳的营养价值非常高(表 6-5)。如果可以获得比小牛所能利用到的更多的初乳,某些时候初乳会被冷冻存放以备日后使用。在饲喂这种初乳时,由于其所含营养物质较多,应当以1倍或是2倍的水来稀释。

在早晚饲喂中,尽管非乳源的例如特制的大豆浓缩粉也能提供一些蛋白质,但是高质量的代乳品,也应当与水混合,最好应用乳的副产品,包括20%~24%蛋白质。大多数情况下,代乳品中的能量是由动物饲粮所含的10%~15%的高质量的动物蛋白释放出来的。添加卵磷脂是为了增加脂肪的消化率以及增加额外的乳化效果，可使高脂肪的代乳品可以与水混合。小牛犊几乎没有利用诸如淀粉等非乳源性碳水化合物的能力。因此，主要的碳水化合物必须是乳制品中的乳糖。

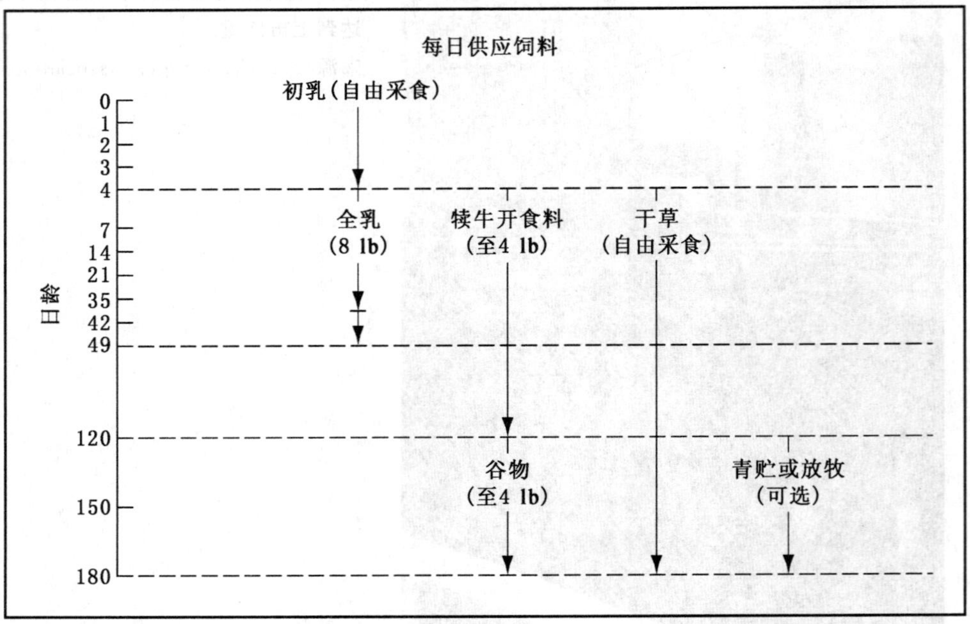


**图 6-3 生长期犊奶牛的限制性全乳—犊牛干开食料—干草系统图。通常也使用代乳品，断奶通常在 42～49 日龄中进行。每种饲料所需要的数量依据犊牛的体尺而定。**

来源：改自 Iowa Stale University Extension Pamphlet 258.

**表 6-5 犊牛初乳以及保育后期过渡性常乳的典型组成**

| 成分 | 初乳 | | | 常乳 |
|---|---|---|---|---|
| | 第 1 期 | 第 2 期 | 第 3 期[a] | |
| 全固型物(%) | 23.9 | 14.1 | 13.6 | 12.9 |
| 乳脂(%) | 6.7 | 3.9 | 4.4 | 4.0 |
| 乳蛋白(%) | 14.0 | 5.1 | 4.1 | 3.1 |
| 乳糖(%) | 2.7 | 4.4 | 4.7 | 5.0 |
| 维生素 A(mg/dL) | 295 | 113 | 74 | 34 |
| 免疫球蛋白(%) | 6.0 | 2.4 | 1.0 | 0.1 |

a. 第 5 次或第 6 次泌乳。

来源：Feeding the Newborn Dairy Calf, Special Circulor 311, Pennsylvania University.

按体重 1%比例(干物质基础)饲喂高品质的代乳品可以提供包括必需氨基酸在内的所有营养素，其是高消化率的、高能量的且纤维少于 0.5%。

大量繁育的荷斯坦或是瑞士褐牛的犊牛每天能够采食大约 1 lb 的干代乳品。繁育规模较小的爱尔夏牛、更赛牛以及娟姗牛的犊牛则适当的少些，大约每天 0.7～0.8 lb。每磅代乳品需要混合在 7～8 lb 温水中，则在最终饲喂时每磅饲粮中含 12.5%～14.5%代乳品。

每日的补充通常等分为 2 份，每天在早晚饲喂 2 次。因为犊牛是功能性非反刍动物，第 5 章中所表述的原理在小奶牛的营养上也适用(见表 5-1 和表 5-2 提供的营养素需要量和推荐剂量)。

除代乳品外,在4～7 d犊牛还需要采食一些高质量的浓缩料(干的开食料)和干草(图6-4)。因为犊牛消化系统容量有限,新鲜的干草是首选的草料。

**图6-4 幼年小牛将在7～10日龄时开始采食适口的小牛开食料,到42日龄断奶时已经可以采食1.5～2.0 lb。**

来源:Purdue University.

犊牛的开食料应当是适口的,要保证当犊牛42～49日龄断奶时能采食代乳品,每日采食量为1.5～2.0 lb。开食料应当是相对干净、无尘且带有粗糙破碎的谷类,约含18%的高质量蛋白质,另外要添加维生素和矿物质。如果干草不能满足其自由采食,开食料中至少应有10%的磨碎的、切碎的或是颗粒状的干草。

从非反刍动物到功能性反刍动物的转变在犊牛中出现相对较早并且是连续的(见第4章4.6)。高质量的开食料和干草有助于瘤胃的早期发育。瘤胃开始发育、开始形成消化系统中较大的部分,犊牛就能够利用水分更多的青贮饲料和粗饲料了。

当犊牛成熟时,它就能利用更便宜的精料作为能量来源。作为反刍动物,它可以开始合成必需氨基酸和B族维生素。饲粮中蛋白质需要的百分比开始轻微下降。因此,更成熟的犊牛所摄食的精混料就可以以更便宜的成分来配制了。

对于哺乳期的犊牛,看护和管理都应当具有优先权。当达到产乳期时,任何病症都会很轻易的扩散开来。有些时候,空气流通可能是不够的。而且,犊牛也许不能从日晒中获益来避免维生素D的缺乏。因此,就需要有特殊的优质管理以及提供清洁、相对干燥的、容易清理的圈舍。当病症或是其他应激程度很高时,营养就更为重要了。代乳品、开食料以及草料等都应是特殊高质量的。

对于奶牛营养所必须考虑的第2点就是,生长小母牛应是为生长而饲喂,而不是为育肥。图6-5中所示的荷斯坦牛这样一个乳用品种,要比肉牛品种海福特牛的体重增长还快。自然,直接选择高产乳量而不是选择育肥在育种场对乳畜群的选择中是自行进行的。为了降低成本,避免过肥,并且使瘤胃最大化发育,小母牛最重要的是应当在几月龄时采食到粗饲料。

过量饲喂能量,特别是6～12月龄的小奶牛的过饲,将导致生产能力低下。在康奈尔大学的研究中,三组荷斯坦小母牛在出生时随机分为3个能量水平,即"正常"水平的65%、100%以及140%,并以此饲喂直至它们产犊。然后各组依据体尺和生产能力随意采食。可获得的结果综合列于表6-6中。

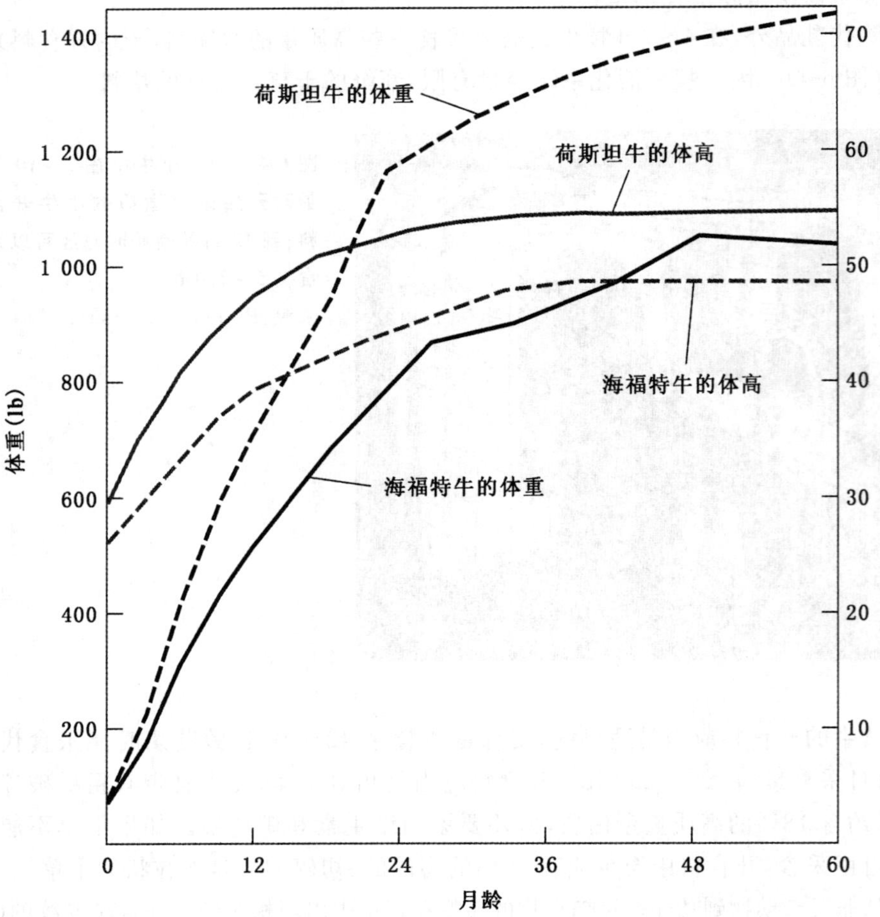


**图 6-5 荷斯坦牛和海福特牛生长的对比，在典型管理系统中均有升高。小奶牛应当以快速和最大生长为目的的饲喂而不是肥育。**

来源：改自 Davis，H. P.，and I. L. Hathaway，Nebraska Agr. Exp. Sta. Bull. 179；and Brown，C. J.，et al.，Arkansas Agr. Exp. Sta. Bull. 570.

**表 6-6 能量摄入对后期产奶影响(从出生到初次产犊)**

| | 饲养水平 | | |
|---|---|---|---|
| | 低水平 | 中等水平 | 高水平 |
| 开始时数目 | 33 | 34 | 34 |
| 精选后数目 | 16 | 24 | 22 |
| 每头牛产奶量(lb)[a] | | | |
| 初次泌乳 | 8 840 | 9 083 | 9 226 |
| 第 2 次泌乳 | 10 299 | 10 509 | 9 752 |
| 第 4 次泌乳 | 11 657 | 11 083 | 10 696 |
| 第 6 次泌乳 | 12 402 | 11 419 | 11 275 |

a. 每头奶牛每次泌乳的平均。其中某些，而不是全部，为六次泌乳后奶牛。

来源：Reid，J. T.，1960. J. Dairy Sci. 43：103；and private communication，1969. See also Table 15-2.

生长期脂肪沉积于乳房中，常导致乳腺组织发育很慢，故饲喂高能量日粮的小母牛进入泌乳群中时产乳能力很低。尽管在21世纪初，正常乳牛的产量已相当高，但这个经典研究所揭示的原理也一直都是正确的。

在6～12月龄时，单独饲喂粗饲料通常都不能满足小母牛的最大生长。甚至在瘤胃已经发育相当良好的情况下，能量的需要也是非常大的，快速生长期每天必须有2～5 lb的精料摄入。像其他反刍动物一样，精料的蛋白水平是由蛋白成分以及粗饲料的消耗情况决定的。

当小母牛1岁的时候，它们通常可以从干草、青贮料以及/或放牧中获得足量的营养素。仅当粗饲料的质量低或者供应量受限的情况才需要以谷物或者蛋白补充形式补饲精料。

## 6.6 乳用母牛

奶牛所需的营养素在表6-1(每天需要)和表6-2(饲粮比例)中也有相应示例。给出这些例子只是用来假设(1)营养素如何标识,(2)表明维持和维持+生产的巨大差别(表6-1)。影响需要量的主因子是体重、生产、乳成分以及所处的怀孕阶段。

前面提到的为其他反刍动物配制饲粮的原则也可以用于乳公牛。因为草料通常是经济的能量来源，而且高奶产量也要求非常高的蛋白和能量水平，所以高质量的草料对于动物来说在适口性、较易利用性上(相对饲料价值为150或者更高;见第3章3.10)非常重要。泌乳期的奶牛经常给饲其喜食的干草、青贮，或是放牧，以及/或新鲜切碎的草料(图6-6)。大多数奶牛每有100 lb体重都能采食2～3 lb的干草。如果所有饲粮中湿度不超过55%～60%，青贮料或者切碎的青绿物质都可以饲喂以获得相应的干物质采食量。

高产奶牛不能依靠足量的草料以满足产奶所需的能量和所有营养素的需要量。因此，就需要相应的精料给饲，可以根据预期的产奶量水平来确定适宜饲粮的精粗比。而且，高产奶牛也不可能在挤奶室中呆很长时间来采食它们所需要的足够体积的精料。因此，在大的畜群中，奶牛经常以产量分组，并提供粗精全价饲粮。高产组可以采食精粗比50∶50的饲粮，低产组则饲喂粗精比70∶30的饲粮。**全价混合日粮(TMR)**保证了每一头奶牛都能采食到适合比例的营养素。表6-7给出了大型高产奶牛的每日饲粮示例。

> **全价混合日粮(TMR)**
> 多合一的饲粮。饲粮的各种成分，依照理论要求组合起来，饲粮的每一部分都含有正确比例的所有营养素。

作为全价混合日粮的替代品，某些奶牛生产者采用了一种局部高精料的饲粮，在奶牛的舍区由计算机控制的精料饲喂器给饲。奶牛将头伸入料槽时，由耳标或是项圈触发的传感器控制精混料的发放，根据每天奶牛的生产记录安排给饲量。

泌乳中后期(通常为150 d左右)，乳产量和能量需要会下降，因此所喂精混料的数量或是全价料中精料的比例就应当降低。

饲粮中包含充足的粗饲料对于维持乳中适宜的脂含量以及维持良好的瘤胃和消化道功能都是必要的①。建议如下:(1)奶牛饲粮中粗饲料的干物质含量应当约等于动物体重的1.5%,(2)最少应含有17.0%的粗纤维和21.0%的酸性洗涤纤维，以及(3)饲粮总干物质中至少1/3应以长干草、青贮饲料或是其他的粗饲料形式存在。

---

①国家科学研究院.奶牛的营养需要,1988。

图 6-6 高质量草料——青草、干草或是青贮料是所有泌乳奶牛饲粮的基础(左图),垂直青贮塔仍然在某些农场中使用,但已经开始为罐式青贮塔或者大的塑料容器包所代替(下图)。因其所需的劳动力成本和维护费用较低。
来源:Holstein Assn and Purdue University.

产乳热,表现为血钙含量低,可以导致暂时瘫痪,因为高产奶量需要大量的钙,所以经常在高产奶牛分娩之后很短时间内出现。非泌乳期饲粮中高钙水平对于分娩后出现产乳热有很大影响。充足的维生素 D 含量、饲粮中适宜的钙磷比以及前面提到的干乳期适宜的钙及其他离子的水平都有助于高产奶牛维持充足的血钙水平。

自由供应清洁、新鲜的水对奶牛也特别重要。乳中含有约 87%的水。而且,相当数量的水对于大多数奶牛所消耗的大体积的饲料的消化和代谢来说也是必要的。产乳高峰期奶牛每生产 1 lb 牛奶就需摄入 4～5 lb 水,当然,也依赖于温度、湿度、所消耗粗料中水分含量以及其他一些因素。如表 6-7 中描述的那样,奶

**表 6-7 1 320 lb(600 kg)泌乳奶牛日产 66 lb(30 kg)乳脂率为 3.5%的奶的每日全价混合日粮(TMR)配方[a]**

| 饲料 | 每日饲料量 | | 每日干物质 | 代谢能 | 粗蛋白 | 钙 | 磷 | 维生素 A | 维生素 D |
|---|---|---|---|---|---|---|---|---|---|
| | lb | kg | (kg) | (Mcal)[b] | (g) | (g) | (g) | (IU) | (IU) |
| 青贮玉米 | 58.7 | 26.7 | 8 | 12.4 | 640 | 21.6 | 16.0 | 144 000 | 3 172 |
| 苜蓿干草 | 12.2 | 5.55 | 5 | 6.2 | 860 | 62.4 | 15.0 | 360 000 | 11 050 |
| 高粱谷物 | 12.2 | 5.55 | 5 | 9.3 | 585 | 1.5 | 16.5 | — | — |
| 豆粕 | 4.4 | 2.0 | 1.8 | 3.4 | 893 | 6.5 | 14.0 | — | — |
| 磷酸氢钙 | 0.12 | 0.05 | 0.05 | — | — | 13.0 | 10.0 | — | — |
| 微量元素盐 | 0.24 | 0.1 | — | — | — | — | — | — | — |
| 总计 | 87.86 | 39.95 | 19.83 | 31.3 | 2 978 | 105.0 | 71.5 | 504 000 | 14 222 |
| 需要 | | | 20[c] | 30.4 | 2 949 | 99 | 69.5 | 46 000 | 6 000 |

a. 钙、维生素 A 和维生素 D 的过剩对机体无害。

b. 包括维持净能和产乳净能。

c. A 指导量,但并非需要量;根据奶牛体尺和体重以及预期产奶量饲喂全混日粮;根据组中奶牛数进行分组饲喂。饲料必须进行规律性检测湿度并根据其校正本配方。

来源:改自 National Academy of Sciences, Nutritional Requirements of Dairy Cattle, 1988.

牛每日需要消耗 30～40 gal 的水。

怀孕后期，奶牛还处于非泌乳期，能量需要主要是用于维持和胎儿的发育。在这 40～60 d 时间段的前 2/3 时间中，优质饲料能提供充足的能量和营养素。常见的草料是干草、由草或草和豆荚混合制成的青贮饲料或者燕麦之类的小型谷物。通常青贮玉米能量是非常高的，可能导致过度肥胖；苜蓿的钙、磷含量很高，如果作为唯一的草料来源可能导致泌乳开始时出现产乳热。

在产犊前最后 2～3 周，应当更换为泌乳日粮并逐渐增加数量。这样做可以为(1)瘤胃微生物对高能日粮的适应；(2)泌乳的能量需要做好准备。

## 思考题

1. 反刍动物比非反刍动物利用更有效的饲料是什么？试举例说明。

2. 解释为什么蛋白质的品质在反刍动物营养中非常重要。

3. 举例说明为什么动物需要比 NRC 标准所列出的营养需要更多的营养素。

4. 干物质基础或者饲喂状态基础，采用哪种方法为基础来计算日粮？日粮最终以什么基础来制定？

5. 反刍动物饲养中进行饲粮的精粗比计算及饲粮改良为什么十分重要？

6. “肠毒血病”和“酸中毒”意味着什么？

7. 与饲养以出栏提供肉为目的不同，为种群置换而进行的小母牛饲喂的目标是什么？

8. 后备乳牛的乳蛋白和乳脂的典型百分比例是什么？

9. 在什么时期，大多数的小母牛中止液态奶或是代乳品的供给？断奶后相应的小牛的开食料如何配制？

10. 后备母牛过饲的不良效果是什么？

11. 当饲喂泌乳奶牛时，为何粗饲料的品质非常重要？

12. 什么叫全价混合日粮(TMR)？什么叫 50∶50 或是 70∶30 的粗精比饲粮？

13. 解释说明如何在奶牛饲养中高效利用计算机进料。

14. 试提出改变奶牛乳脂含量低的 3 点意见。

翻译：张博；校对：孙传禹，袁建敏

# 第7章

# 马的营养

# Nutrition of Horses and Ponies

无论是用来娱乐、观赏、役用、育种或竞技，要使马（或骡子和矮马）的外貌和性能达到最佳状况，适宜的营养水平是必要的。照顾他们的可能是新手，也可能是专职业主。饲养场所也是影响营养的重要因子。大多数养在家里，也有在租赁的牧场或固定的训练场地，它们日粮中饲草部分的质量和数量差异较大。本章主要介绍马的营养需要、适宜的饲料和其他一些只针对马营养的讨论。

正如前面第4.5节介绍的，马是一种非反刍草食动物。与猪类似，胃相对较小，仅占胃肠道容量的10%。所以，马利用大量饲草的能力取决于它的盲肠和结肠。马消化道对饲草的消化和吸收类似于反刍动物瘤网胃的消化作用。这个过程使得马比猪和家禽能够从更多饲草中的获得营养。

由于马可以利用适量的粗饲料，因此大多数的饲养程序都是基于优质牧草或干草。马本身也是更加倾向于这种牧草，日粮中的牧草或干草可以最大限度地减少管理事故，譬如，咀嚼木材、咬尾、摄入不宜食用的物质。

学习完本章后，读者应掌握以下内容：

1. 列举马日粮中典型的组成成分；
2. 比较役用和娱乐用马的营养需要；
3. 描述母马维持、生产和育儿期等不同阶段的能量需要；
4. 比较用于马饲料的几种谷物的不同；
5. 列举3种常用和理想的马用牧草；
6. 描述新生马驹从出生到1岁期间的典型饲喂模式；
7. 列举4种马营养和饲养的常见问题。

## 7.1 营养需要量

与其他农业动物一样，马需要足够的蛋白质、能量、维他命、矿物质和水。营养需要量主要由以下几个因素决定：

- 年龄和生长发育阶段(马匹愈年轻,营养需要愈高);
- 体型大小;
- 活动(空闲或劳役);
- 特殊需要(生产和哺乳期);
- 环境条件(极端冷或热);
- 个体特征("温顺还是桀骜不驯",受代谢率影响)。

**图 7-1 优质的牧草是饲喂与管理的基础。饲喂优质草料,马会更加健康。**
来源:Quarter Horse Journal.

能量和蛋白的需要量是最大的,所以,这部分的比例通常需要最先平衡好,然后再按需要添加维生素和矿物质。能量多以碳水化合物的形式提供,少量能量可由脂肪来提供。多数谷物中碳水化合物消化的首要产物是葡萄糖,其可通过小肠吸收。如果饲喂大量的粗饲料,微生物产生的挥发性脂肪酸也能提供能量。

发育成熟的马的能量需要变异较大,这决定于其劳作程度。而且,接近妊娠和泌乳的母马对能量的需要量也比较大。细心的饲养员应该增加牧草的比例以满足不同马的营养需要。但不幸的是,由于马主对个体间的差异未能给予足够的重视,能量不足或过高都时有发生。

未发育成熟、妊娠或泌乳的母马需要较高水平的蛋白。饲料的粗蛋白比例变化范围大,从成熟母马的8%到哺乳母马的13.2%,而马驹的高达18%。

除了蛋白水平,蛋白的质量也同样重要。补饲的蛋白应该含有足量的必需氨基酸,尤其是发育和妊娠马。大多数情况下,赖氨酸是马日粮中的限制性必需氨基酸。马的盲肠限制了蛋白的合成和氨基酸的吸收,只有当断奶马驹从日粮中获得平衡的氨基酸时,氨基酸的吸收和蛋白质的合成则能够更快速、更高效。

少量的矿物质盐应该自由选择,或者以浓缩的形式添加,占到总日粮比例的1%。活动量增加,尤其在温暖的天气,会因为出汗导致钠盐的损失。钙和磷的水平应该满足 NRC 的标准(表 7-1)。而且,钙、磷比例应该控制在 1∶1～3∶1 之间。但需要特殊说明的是,新出生的马驹和断奶马驹的钙、磷饲喂量分别为 0.85% 和 0.6%,钙、磷比例保持在 1.42～1 之间。如果马饲养在牧场,或饲喂优质牧草,则不必额外添加维生素。

表 7-1 以 100%干物质为基础的马日粮营养成分含量[a]

| | 消化能 | | 日粮成分 | | 赖氨酸 | 粗蛋白 | 钙 | 磷 | 维生素 A | |
|---|---|---|---|---|---|---|---|---|---|---|
| | Mcal/kg | Mcal/lb | 精料(%) | 粗料(%) | (%) | (%) | (%) | (%) | (IU/kg) | (IU/lb) |
| 成熟马和矮马的维持需要 | 2.0 | 0.9 | 0 | 100 | 0.28 | 8 | 0.24 | 0.17 | 1 830 | 830 |
| 母马,哺乳后 10 个月 | 2.25 | 1.0 | 20 | 80 | 0.35 | 10 | 0.43 | 0.32 | 3 650 | 1 660 |
| 哺乳母马,头 3 个月 | 2.6 | 1.2 | 50 | 50 | 0.46 | 13.2 | 0.52 | 0.34 | 2 750 | 1 250 |
| 哺乳母马,3 个月到断奶 | 2.45 | 1.15 | 35 | 65 | 0.37 | 11 | 0.36 | 0.22 | 3 020 | 1 370 |
| 马驹 | 3.5 | 1.6 | 100 | 0 | 0.6 | 18 | 0.85 | 0.6 | | |
| 马驹(4 月龄) | 2.9 | 1.4 | 70 | 30 | 0.6 | 14.5 | 0.68 | 0.38 | 1 580 | 720 |
| 断奶(6 月龄,中等发育) | 2.9 | 1.4 | 70 | 30 | 0.61 | 14.5 | 0.56 | 0.31 | 1 870 | 850 |
| 1 岁(12 月龄,中等发育) | 2.8 | 1.3 | 60 | 40 | 0.53 | 12.6 | 0.43 | 0.24 | 2 160 | 980 |
| 1 岁半(18 月龄,低强度训练) | 2.65 | 1.2 | 50 | 50 | 0.5 | 12 | 0.36 | 0.2 | 1 800 | 820 |
| 2 岁(低强度训练) | 2.65 | 1.2 | 50 | 50 | 0.45 | 11.3 | 0.34 | 0.2 | 2 040 | 930 |
| 成熟役畜 | | | | | | | | | | |
| 低强度[b] | 2.45 | 1.15 | 35 | 65 | 0.35 | 9.8 | 0.3 | 0.22 | 2 690 | 1 220 |
| 中等强度[c] | 2.65 | 1.2 | 50 | 50 | 0.37 | 10.4 | 0.31 | 0.23 | 2 420 | 1 100 |
| 高强度[d] | 2.85 | 1.3 | 65 | 35 | 0.4 | 11.4 | 0.35 | 0.25 | 2 040 | 890 |

a. 假设浓缩料包含 3.3 Mcal/kg 能量,干草包含 2.0 Mcal/kg 能量。

b. 例如:西方的娱乐用马、马术用马、出租马车用马等。

c. 例如:牧场用马,绳索赛、障碍赛、跳跃赛用马等。

d. 例如:赛马、马球用马等。

来源:改自 National Academy of Sciences, Nutrient Requirements of Horses,1989。

充足、新鲜、清洁的饮水是必要的。水的摄入量随活动量的变化而变化。非役用马每天需要 4～8 gal 水。高强度役用马每天需要 15～16 gal 水。水摄入量和干物质的摄入量密切相关，每磅干物质需要 2～4 lb 水。另外，泌乳母马的水需要量大约为维持需要的 2 倍。

不同运动量的马的营养需要见表 7-1，表中也给出了日粮中粗饲料的建议比例。长径粗饲料通常占到体重的 0.75%～1%。这个量可以满足消化系统的正常需要，也能阻止马再咀嚼木头或啃草垫。

## 7.2　饲料

### 能量饲料

马的浓缩料通常分为 2 类，能量饲料和蛋白补充料。

在正确饲喂的前提下，很多种谷物都可用作能量饲料(图 7-2)。燕麦为首选，因其适口性好，消化率低，比其他的谷物纤维含量高。所以，即使过量饲喂也不易引起消化问题。然而，燕麦与玉米及其他的谷物相比，能量单价较高，且质量参差不齐。燕麦或其他谷物(大麦或小麦)一般都以整颗饲喂给育成马，青年马最好是修正好牙齿后饲喂。完全粉碎后饲喂会引起呼吸方面的问题。

**图 7-2　马匹应独立饲养。如群养，则尽可能地保证每匹马都有独立的饲槽或足够的空间以保证自由采食。**
来源：Texas A&M University.

玉米属于高能量、低蛋白的饲料。按能量单位计算，通常比燕麦价格低廉。饲喂成年马匹时，玉米可以是整粒，也可以是粉碎的。每磅玉米的能量比燕麦高 20%。玉米的纤维含量低、淀粉含量高。

高粱也可用作能量饲料，只是其本身有难闻的气味且种皮坚硬，饲喂之前应该碾磨。与燕麦相比，通常高粱的单位能量价格更低、自然单位重量提供的能量更多、只是蛋白含量稍低。

糖蜜是能量饲料，通常为了增加适口性添加到日粮中。而且，当以 3%～5% 的比例添加到谷物中时，糖蜜还能起到黏附小的饲料颗粒和控制灰尘的作用。液体糖蜜的蛋白含量很低(4%～5%)。所以,如果糖蜜用量达到一定值时,其他饲料组分的含量也要随之变化以便能够提供足够的蛋白。另外需要注意的是,糖蜜含量高会有轻泻剂的效应。

其他的谷物,如大麦和限量的小麦,都可用作马的能量来源。黑麦因其适口性较差、易引发麦角症等,一般不宜作为原料。谷物加工副产品,如酒糟、甜菜渣和柑橘渣,如果方便实惠,也可作为饲料。另外,给劳动强度较大的马匹添加10%优质油料是常用的饲喂方式。既提高了能量浓度和适口性、又可减少尘埃。

## 蛋白质补充料

大豆粉是马最常用的蛋白饲料。其氨基酸组分好,是优质的蛋白来源,尤其是含有丰富的赖氨酸,在其他蔬菜蛋白中都含量不足。当所需要的赖氨酸可由其他途径提供时,亚麻籽粉和棉籽也作为原料使用。但由于棉籽含有有毒的棉酚,使用受到限制。亚麻籽的价格较贵,且不容易获得,限制了其应用。

## 草料

谈到饲喂模式,应该首先是优质牧草。包括禾本科牧草、豆科牧草和干草。典型的豆科牧草有苜蓿、红三叶草、胡枝子和三叶草。通常禾本科牧草有果园草、雀麦草、梯牧草和肯塔基蓝草。高羊茅是一种很坚硬的草,方便运输,但是夏季的适口性和营养成分下降。古老品种的高羊茅可能会有真菌寄生,母马食用会引起繁殖问题。

干草应该可口、无尘埃、无结块和异质。马对于灰尘和劣质干草引起的疝痛非常敏感(见7.6部分)。大部分豆科牧草的蛋白和钙的含量都高于禾本科牧草,但容易产生灰尘,尤其是打捆或贮存导致过于干燥时。苜蓿因为能量和蛋白含量都很高,因此是干草的首选。

在郊区,许多饲料、矿物质和维生素添加剂不容易获得,因此,马的主人需要购买针对干草或牧草的浓缩料。

几种能量饲料的混合比例分别见表7-2和表7-3。

表7-2 饲料的混合比例

| 成分[a] | 断奶和周岁马驹(%) | 种母马和妊娠母马(%) | 哺乳期母马(%) | 维持需要(%) |
|---|---|---|---|---|
| 燕麦 | 58.5 | 90 | 72.5 | 97.5 |
| 玉米 | 25 | | 15.0 | |
| 大豆粕 | 10 | 5 | 7.5 | |
| 糖蜜 | 2 | 2 | 2 | |
| 磷酸二钙 | 2 | | 0.5 | 1.0 |
| 石灰石 | 1 | 1.5 | 1 | |
| 盐(微量元素) | 1 | 1 | 1 | 1.0 |
| 维生素前体 | 0.5 | 0.5 | 0.5 | 0.5 |
| 总量 | 100 | 100 | 100 | 100 |

a. 可以使用7.2部分介绍的谷物和蛋白补充料调整蛋白和能量水平。

来源:改自 Horse Industry Handbook,HIH790-7.

**表7-3 马的典型日粮**

（所有年龄和类型的马都应该能够自由采食无机盐和钙磷补充物）

A. 轻型马，1 100 lb，轻型体力劳动：4 lb 燕麦，2 lb 玉米，14 lb 混合干草

B. 妊娠母马，1 100 lb：4.5 lb 大麦，4.5 lb 燕麦，1 lb 麦麸，12 lb 混合干草

C. 周岁，800 lb，夏季：足量的优质牧草

D. 周岁，800 lb，冬季：4 lb 燕麦，1 lb 麦麸，12 lb 混合干草

来源：改自 USDA，ARS Bull. 353，1972.

## 7.3 采食量及其影响因素

影响马采食量的最主要因素是体型大小。体型大的马需要较高的蛋白和能量维持需要，所以采食量相应较大。例如，体重为 100 lb 的马，建议其能量消耗为 16.38 Mcal；体重 320 lb 的马为 18.78 Mcal。显然，高生产强度的马，如赛马、役马、妊娠晚期或泌乳母马，均需要更多的饲料提供营养和能量。轻体力劳动的体成熟马需要的精料和牧草干料分别为体重的 0.5%和 1.5%左右。

## 7.4 营养和生产性能

营养是影响生产性能的重要因素。充足的、比例合适的养分，包括维生素和矿物质，对于劳动强度大的马匹来说非常重要。绝大部分的能量提供肌肉收缩的动力，当前 NRC 的营养需要指出，轻微、温和适中和高强度劳作的矮马和轻型马应在维持需要的基础上分别添加 25%、50%和 100%的能量需要。因此，长时间处于疲劳紧张状态的赛马和役马的能量需要比那些慢走和轻快小跑的马匹要高得多。

对于役用和竞技马，没有必要提高浓缩料中的氨基酸比例。物理劳作几乎不消耗蛋白质，只有呼吸和排汗造成的少量含氮化合物的损失。另外，为了能量需要而提高饲料摄入量，蛋白也会随之提高。过高水平的蛋白对马的生产性能是有害的。

尽管矿物质的比例平衡对于赛马和役马也是重要的，但是矿物质在日粮中的比例并不需要随工作量的增大而提高。维生素与其类似，但很多驯赛师补饲维生素 B 以促进采食。

总的来说，随着工作量的增加，饲料的摄入（尤其是能量饲料的浓度）应该随之提高，其大部分用来满足能量需要。如果饲料成分比例适宜，随着采食量的增加，所需蛋白、维生素和矿物质的量都会随之提高。其他针对马体重、活动、草料品质和身体状况的饲喂细则见框 7-1。

**框 7-1** 饲喂细则

● 总日粮的量与体重和活动量正相关。

例如，1 000 lb 成马饲喂体重 1.5%～2.0%烘干的基础日粮（平均 1.75%）。

1 000×0.017 5＝17.5 lb 烘干日粮

同样体重，依据不同的劳动强度，适量添加 1.5%～3.0% 的日粮，中等劳动强度的马需要：

1 000×0.022 5＝22.5 lb 烘干日粮

● 而且，日粮中干草的量也看马的劳动强度（维持或工作），马训练时应增大日粮中精料的比例。

例如，相同的马，维持需要饲喂中等牧草，能利用日粮中 100%的牧草。（体重的 1.5%～2.0%）。

1 000×0.017 5＝17.5 lb

如果是中等的劳动强度，仅日粮中牧草的一半即可（体重 2.25%的一半），以精料来平衡营养。

1 000×0.022 5＝22.5 lb 干饲料

1 000×0.011 25＝11.25 lb 牧草提供

11.25 lb 精料

饲料中尽量以少牧草、多精料为基础以便满足营养需要，尤其是蛋白和能量的需要。

● 牧草的质量（优质，中等，劣质）一定要考虑，质量下降的话，精料的比例要相应增加，然而，一次饲喂量精料的量不多于 0.75%，所以，按照上面的比例，料的量不多于 0.75%，所以，按照上面的比例，饲喂 11.5 lb 分成 2 份，应该没有问题。

● 很多有经验的饲养员或管理员应该估计马的环境评分，而且，要利用这个环境评分来调整饲养模式（例如，差＝1，极端肥胖＝9），包括视觉上的观察和几个身体部位脂肪的感觉。

来源：Compiled by the authors.

## 7.5 妊娠和马驹

**马驹**
新出生的马或小型马。

母马在分娩前几个月和泌乳前几周的营养水平对于**马驹**的健康非常重要。马驹的主要生长发育都发生在妊娠的最后 1/3 阶段，所以蛋白、能量、钙、磷和维生素 A 的需要量都很高（表 7-1）。

在泌乳的头 3 个月，母马的营养需要更高。每天需要大约 28 Mcal 的消化能量、1.4 kg 蛋白、56 g 钙和 36 g 磷。在泌乳早期，体重 1 000 lb 的母马每天产生 30 lb 奶，每千克奶含有 2.2%的蛋白、475 kcal 的消化能。这样才能满足马驹每天 2～3 lb 的生长速度。

母马的产奶高峰大约在泌乳期前 2 个月，之后便逐渐降低。因此，应尽快饲喂预混料或全价料。通常给 2 周龄的马驹饲喂经碾磨的燕麦，当母马的泌乳量下降时（进入泌乳期 3 个月），饲料量应随之增加以满足马驹的影响需要。典型的马驹预混料应含有 18%蛋白、0.8%钙和 0.6%磷，而且还应该含有玉米、燕麦、大豆粕、糖蜜、少量矿物盐、添加维生素和钙磷等。将预混料放置于幼畜补饲栏，使马驹可以自由采食，而母马无法触及。

马驹断奶前，大约 6 月龄，应饲喂平衡日粮以满足其营养需要，包括优质牧草或干草并额外添加 15%～16%的蛋白预混料。随着马驹的生长发育，每天需要更多饲料，但是蛋白和能量的比例应适当减少。大约 3 年时间可达到体成熟。

种马的营养需要和其他的体成熟马没有太大的区别。也需要优质牧草、预混料、盐、矿物质添加剂和充足的锻炼。如果使用强度比较大，种马的能量需要比维持需要稍高。

## 7.6 其他饲养管理的注意事项

饲料不足和营养过剩是饲养者最常遇到的问题，一般肥胖马繁殖力很低，生产性能也会降低，它们的健康和寿命也会受影响。

**图 7-3 种马应具有独立的生活空间，以利于他们得到足够的锻炼。生活场所加上足量牧草也是种马管理的重要因素。**

来源：Quarter Horse Journal.

**蹄叶炎**
马的一种严重消化障碍，通常由过度采食引起。症状为高温、马蹄畸形疼痛。

**疝痛**
腹部剧烈疼痛，与结肠有关。

过量饲喂通常导致**蹄叶炎**——一种严重的消化障碍，并伴有许多副作用。通常伴随酸中毒之后，蹄叶炎导致直肠温度从103℉升高到106℉。腿部的肌膜发炎，马因疼痛则不爱动（图7-4）。这样很容易导致肢蹄病和畸形。蹄叶炎也可能由过量饲喂绿色植物，或在坚硬的地面上高强度劳动，或在高强度训练之后迅速冷却，或胎衣不下母马子宫被感染所导致。如果及时发现并治疗蹄叶炎，就会康复，但常有复发。

另一种常见病就是**疝痛**，一种与消化系统密切相关的疼痛。寄生虫是常见的病因；有时日粮中的各组分比例忽然发生改变、训练前后立即饲喂、饲料过冷和过热、或消化异物也会引起疝痛。疝痛导致小肠运动减少，使得液体、气体和小肠内消化物积聚，从而引起相应不适，马的疼痛耐受力很低，即使轻微的疼痛也会引起马的焦虑、蜷缩、卧倒或打滚。

为了避免疝痛，管理者应避免给马饲喂时间过长的发霉饲料或干草，应尽量在每天的同一时间等量饲喂。改变日粮应逐渐进行，并避免其食入异物。

呼吸方面的问题，包括慢性肺气肿，饲喂多尘谷物或干草时时有发生。在牧

**图 7-4 图例为有肢蹄病的马站立姿势——前腿向前伸，体重随之移向后腿，后腿位于身体之下起支撑作用。**

来源：Purdue University.

场饲养、或饲喂颗粒料、或饲料中添加糖蜜都可降低患此类疾病的风险。

马氮尿症有时也会发生，主要由于连续几天劳动强度大，中间休息一天或几天时没有减少饲料的供给，又接着去劳动。在役用马，就是通常所说的“周一上午病”。紧张的训练或肌肉活动后，就会出现症状。肌肉变得僵硬、多汗、不爱动，解决办法通常是减少饲料、在非工作日仍保持一定运动。硒缺乏症的诸多症状与其类似，饲喂含硒的饲料或注射均可收到较好的效果。

所有的马主都应知道，莫能菌素可促进牛体重的增加，但对马则是致命的。尤其是当在牧场给牛提供含莫能菌素的矿物质添加剂时，马与其共同饲养极其危险。

马应该饲养在温暖的环境中、定期检查牙齿、提供充足的水。相对而言，马的胃较小，饲料在消化道内停留的时间很短，每天应饲喂至少 2 次，最好 3 次。而且，饲喂量应根据重量而定，而不是根据体积。1 gal 玉米的能量是 1 gal 燕麦的 2 倍，1 lb 玉米的能量却仅仅比 1 lb 燕麦高 15%。

绝大多数的营养问题或其他疾病都和管理不当有关。管理者的细致观察有利于及早发现病症，并及时采取相应治疗措施或改进管理措施。

## 7.7 营养缺乏和失衡

绝大多数的代谢紊乱症可以通过给水、锻炼、粗饲料、适当水平与比例的必需营养素来消除,尤其幼仔、或处于生长期和泌乳期的马、或使役马更是如此。

能量或蛋白缺乏的日粮可导致成年马的生产性能差、失重和外观差,并能严重降低马驹的生长速率。能量的过度摄入或其他营养成分的不平衡可引起马驹腿部构造生长畸形。近年来,部分饲养者总是试图让马驹在2岁时就达到成熟,因此,这个问题越来越普遍。

虽然由尿素引起的氨中毒在马已有报道,但与牛相比,马的敏感性更低。由于尿素转变为氨的过程发生于马消化道末端的盲肠,相对在瘤胃进行尿素转变的牛来说,较少的氨被吸收。

**软骨病**
骨头不正常发展,容易弯曲或变形。

钙或磷的缺乏可阻止骨的生长,导致骨发育不良,甚至可造成幼马的**软骨病**。在成年马,低水平的磷可导致骨的软化、食欲不振和生产性能差。

在钙、磷水平在合理范围以内,钙磷比例比其绝对量显得更重要。高磷低钙可导致"大头病",即颅骨连接处的钙被用于维持血钙浓度,代之以联结性组织,导致沿着面骨的颅骨明显膨大。

其他的缺乏症可能与地域有关,由于当地土壤或饲料中缺乏某种矿物质元素。这一类的潜在问题多数可通过日粮中添加微量元素来避免。科学家已观察到一些缺乏症,例如,碘缺乏或过量可导致马驹甲状腺肿大、铁缺乏导致贫血、锌缺乏导致角化不全、硒缺乏导致白肌病。

饲喂优质牧草或干草很少会出现维生素缺乏症,但在不丰茂的牧场饲养,维生素A需要经常补充。维生素A或胡萝卜素不足导致视力变弱,甚至引起夜盲症。B族维生素在优质牧草中含量丰富,也可由盲肠微生物产生,除非遭受严重应激,一般不必额外添加。

了解放牧地区或饲料产地的常见元素缺乏非常重要。异常、病症或健康水平差的迹象都应引起专家的注意,以便及时发现问题并对症下药。

饲养者和训练员常常为了获得马的最大生产性能而对其补饲过量的养分,有时会引起中毒症。高剂量易产生毒性的养分包括硒、碘、铁和维生素D。

## 思考题

1. 马消化系统的什么构造使得其可以利用大量草料?
2. 举例说明什么时候马对粗蛋白的需要量要高于维持需要。
3. 马的日粮也需要氨基酸平衡吗?并解释原因。
4. 水的摄入量与干物质进食量之间有什么相关关系?
5. 尽管不是必需,为什么养马者喜欢将燕麦作为日粮中的谷物来源?
6. 比较成年马的维持需要与泌乳期母马所需的日粮能量浓度(Mcal/lb)的不同(表7-1)。
7. 日粮中添加液体糖蜜可以起到什么作用?
8. 马日粮中使用豆粕通常有什么优点?
9. 以每百磅体重(或体重的百分比)计,使役马的最合理营养需要是什么?
10. 当使役马的劳动强度增加时,应显著提高哪些营养成分的需要量?

11. 什么时候增加怀孕母马的营养需要是最关键的？
12. 一般推荐在什么时候逐步增加小马驹的饲喂量？
13. 什么因素造成过食而导致马得蹄叶炎？
14. 简述 2 种与采食有关的马代谢紊乱症。

翻译：孙东晓，韩国才；校对：孙传禹

# 第8章

## 育肥家畜的评定

## Evaluation of Feeder Animals

育肥畜指应用高强度饲喂计划饲养，快速催肥的动物。这个术语多用于仔猪、羔羊和犊牛。

多数育肥猪被经营者从出生一直饲喂到屠宰，但是在断奶或断奶后不久就被卖到另外部门饲养的在日益增加。育肥牛①大多是小犊牛或者是1岁小牛，这样的牛大多是靠哺乳牛奶或者在山区及牧区的草场上长大的。育肥牛中仍然以肉牛为主，尽管奶牛比例越来越大。育肥羔羊通常在秋季断奶后不久卖给育肥经营者，由他们饲养到屠宰。育肥牛、育肥猪和育肥羊的区域流动见图8-1。

大部分牛羊围栏育肥场都处于灌溉便利的西部和西南部以及有充足饲草和高能量食物的地区。

本章主要讲述在挑选畜禽时应该注意的典型特征，各种畜禽在选择上的差异，包括增重潜力、饲料利用和高质量胴体生产等几个方面，对这几个方面重点讲解并附有插图。生理发育和身体生长对育肥畜质量的关系将在第9章讨论。育肥畜出栏上市的时间地点将在第22章进行讲述。第24章讨论畜禽的等级评分。第35章讨论待育肥肉仔鸡和幼小火鸡的饲养分布和来源。

学习完本章后，读者应掌握以下内容：

1. 了解育肥畜的增重和生产性能在多大程度上遗传给后代。
2. 确认并指出育肥牛、育肥羊和育肥猪主要饲养在哪些地区。
3. 对比不同家畜在不同体重时期的增重速度和饲料转化率。
4. 指出性别因素对育肥动物的影响。
5. 列出育肥牛评分标准，并区分育肥牛体躯和体宽的评分。
6. 列出6个影响羊、牛、猪采食量和饲料转化率的影响因素。

---

①育肥牛在进入围栏育肥场前以粗饲料饲喂为主，本章理论也适用于其他的育肥畜。

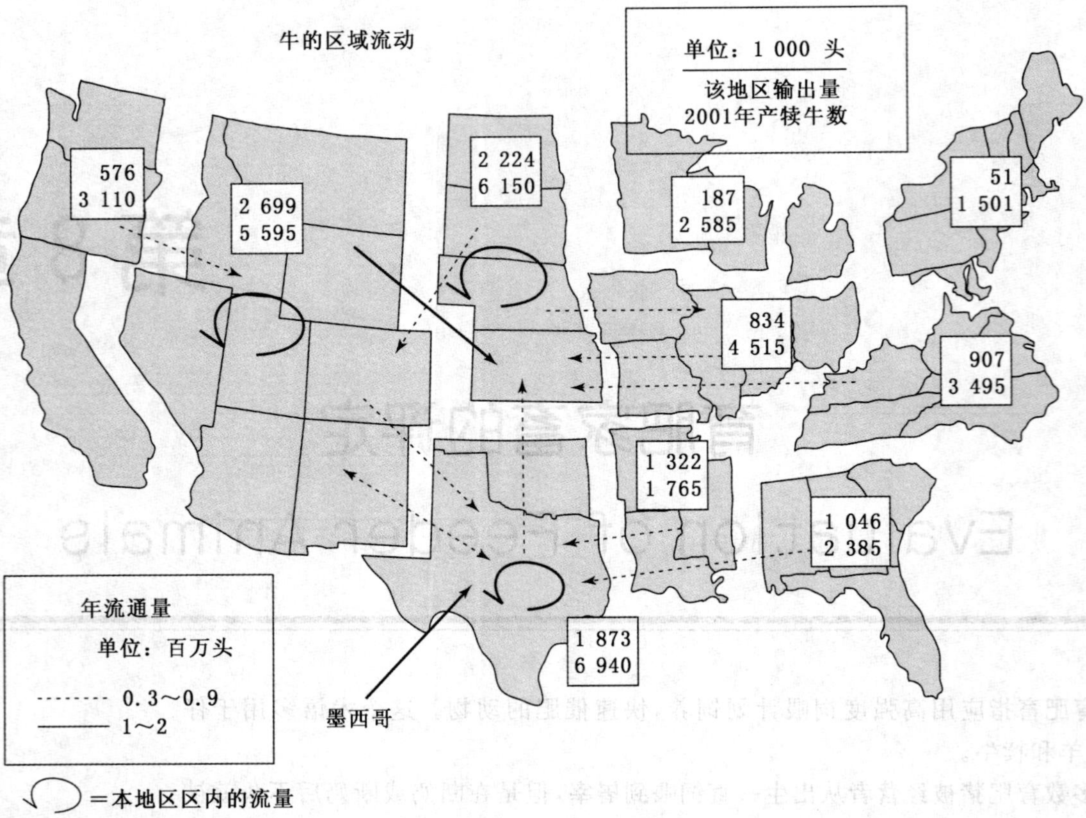


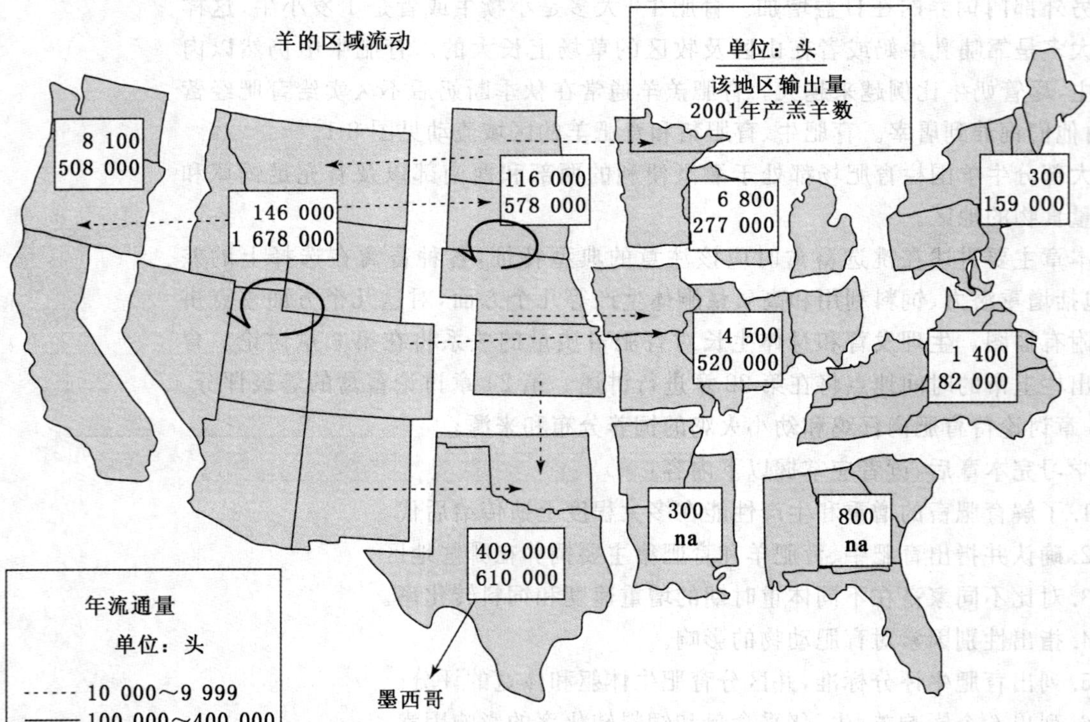


**图 8-1**　育肥牛、育肥猪和育肥羊的流通图。

来源：Economic Research，USDA 2003.

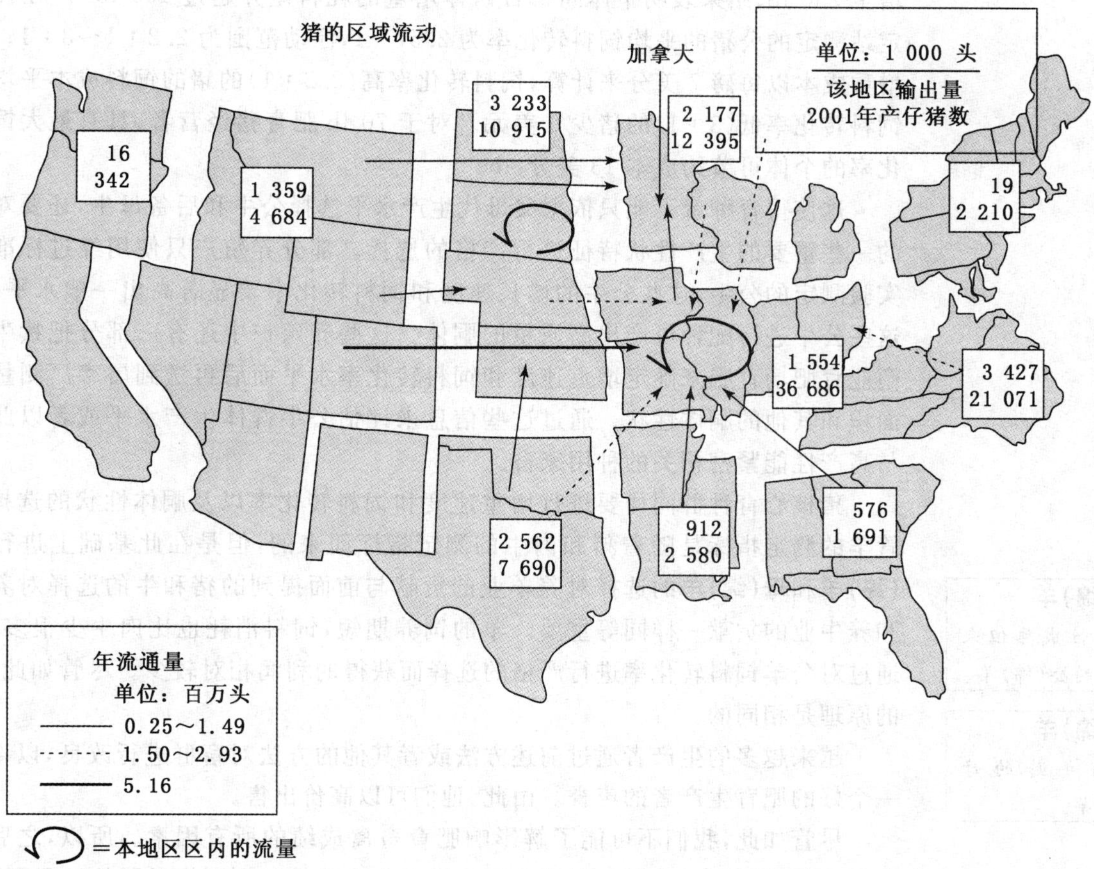


**图 8-1 （续）**

## 8.1 生产性能的遗传和变化范围

肉用动物的生产性能在不同个体间表现差异较大，生产性能主要包括：增重速度、料肉比、胴体评分和瘦肉率。下面的例子可以看出：肉公牛间的日增重和饲料转化率的差异很大，进而个体收入也受到影响。1987—1988 年，在阿肯色州性能测定站做了一个为期 140 d 的饲养试验：一体重为 603 lb 的海福特牛的饲料转化率为 3.65∶1①，而在同一次试验中的另外一头体重为 677 lb 的牛的饲料转化率仅为 2.60∶1。假如你买了后一头牛，在其体重到达 700 lb 的时候购入，饲养到 1 200 lb 时屠宰，如果两者售价相同且每磅成本 7 美分，与前一头牛（饲料转化率低）相比，每 50 kg 体重可以节省至少 5 美元的成本。日增重小、饲料转化率较低的牛则需要延长 2 个月的围栏育肥期才能达到相同的上市体重，这还要涉及到其他很多的影响因素，如劳动力、投资利润和较大的风险。另外，日增重小的牛到达市场时其肉质等级评分较低。

**成年公猪**
性成熟的未阉割公猪。

选择不同**成年公猪**的后代在艾奥瓦州公猪性能测定站饲养，使其体重由70 lb

①Arkansas Cooperative Beef Bull Performance Test，Research Series 375，Arkansas Agricultural Experiment Station，Fayetteville，September 1988.

增至 230 lb，结果表明个体间每百磅体增重的耗料差异超过 100 lb[①]。在性能测定站测定的公猪的平均饲料转化率为 2.57：1，浮动范围为 2.2：1～3：1。如果增重成本以每磅 7 美分来计算，饲料转化率高（2.2：1）的猪的饲料成本平均要比饲料转化率低（3：1）的猪少 9 美元。对于 70 lb 肥育猪经营者，具有最大饲料转化率的个体可节约成本 13 美分/lb。

这使得育种者不能只依据父母代生产水平选择公牛和后备母牛，还要对它们的一些重要的生产性状特征进行严格的选择。部分养殖户只使用经过标准饲养实验测定的公牛，这些公牛的增长速度和饲料转化率要显著高出一般水平，利用这些公牛进行配种可产出高质量的胴体。这些养殖户中还有一部分把犊牛送到商业育肥场育肥来确定增重速度和饲料转化率水平而后再送到屠宰厂测量眼肌面积和其他的胴体性状。通过这些信息来评估公牛群体生产水平或者以此选择与高产性能紧密相关的种用家畜。

猪核心育种群同样要进行增重速度和饲料转化率以及胴体性状的选择。尽管羊的测定指标是随着猪和肉牛的测定指标而来的，但是在此基础上进行的**公(绵)羊**和**母(绵)羊**的选择对养羊业的贡献与前面提到的猪和牛的选择对养猪业和养牛业的贡献一样同等重要。羊的饲养期短，饲料消耗也比肉牛少很多，所以通过对公羊饲料转化率进行严格的选择而获得的利润相对较少。尽管如此，选择的原理是相同的。

**公(绵)羊**
达到性成熟但未阉割的公(绵)羊。

**母(绵)羊**
任何年龄的母(绵)羊。

越来越多的生产者通过前述方法或者其他的方法对畜群进行改良，以期获得一个好的肥育生产者的声誉。由此，他们可以高价出售。

尽管如此，我们不可能了解影响肥育畜禽成绩的所有因素。所以，之后的部分讨论了其他影响选择的因素和某个性状作为成绩与利润指示器的重要原因。

## 8.2　育肥牛

育肥牛在美国各地都有饲养，但其大部分在牧区，成年母牛可以充分利用那里的草场资源，比如说：东南部。如图 8-1 所示，牛群主要在各个玉米带间以及平原地区的饲育场间流动，这些州的牧草产量大而且可以充分利用耐热和耐蚊虫叮咬的品种和品系的牛。落基山脉周边的几个州和草场平原所跨的几个州以及达科他地区的得克萨斯州长期以来都是几个重要的育肥畜产区。其他的牧区，如密苏里州、艾奥瓦州、肯塔基州、南伊利诺伊州、田纳西州以及其他几个州育肥牛的产出数量较多，但通常牛群较小。

一部分待育肥牛饲养在玉米带，饲养在玉米带的母牛群以采食谷物加工或农作物的副产品来满足自身维持需要。然而，每年的大部分时间进行舍喂粗饲料，又增添了管理和劳动力负担。

---

①Iowa Swine Testing, Box A, Iowa State University, Ames, Fall 1984 Summary.

## 品种差异

育肥牛的生产性能与品种没有必然的联系。每个品种内部个体生产性能有高低好坏之分。品种内生产性能要比品种间的平均水平差异大。

相当长的一个时期，海福特牛、安格斯牛在美国西部草原占有很大比例。直到近几年因安格斯品种牛体型太小无法适应当地恶劣的环境，其他种属的动物才被引进；尽管如此，育种的方向仍然是体型大、耐粗饲的家畜。海福特和安格斯牛在西部牛群中仍然很常见，但是短角牛和一些欧洲或大陆品种，如在 20 世纪 70 年代已经引入美国的利木赞牛和西门塔尔牛，现在广泛用于杂交生产育肥牛和后备牛（图 8-2）。

**图 8-2 左图为仲冬利木赞—海福特育肥牛在科罗拉多农场。右图为农场上的许多杂交品种。**
来源：North American Limousin Foundation and Iowa Beef Processors.

杂种优势（见第 20 章）在商品代母牛群中被反复应用，而且在所有进入育肥场育肥的牛中杂交牛占有很大的比例。

母—犊生产体系的饲养者因生产出品质较高的杂种犊牛而获得较好的声誉，他们不但可以从断奶前母牛良好的生产性能中获得利润，还可以从大量断奶后在育肥场表现生产性能良好的犊牛中获利。这都是杂交优势带来的利润。在 20 世纪 70 年代，通过杂交改良母牛群，美国引入了某些品种的优良特性。

婆罗门牛、圣格鲁迪斯牛、夏白雷牛以及它们和英格兰牛（海福特牛，安格斯牛，短角牛）的杂交后代，在西南部和沿海的几个州饲养较多，其主要原因是它们具有很强的耐热性并对当地的某种或多种昆虫的叮咬有一定耐受力。其他几个适合生活在热带的品种在近几年里也被引进并应用于生产。

在这里，我们也应该谈一下乳用品种牛的育肥情况。在加利福尼亚州、威斯康星、明尼苏达州、纽约和宾夕法尼亚等几个州每年都有大量的淘汰小公牛，这些牛有的在很小时被屠宰，有的在围栏育肥场完成育肥。育肥畜经营者对荷斯坦牛、瑞士褐牛或者两者的杂交牛多采用粗草料和部分谷物饲喂。通常来讲，这些牛要比英国当地品种增重快，单位饲料量胴体产量高而且瘦肉率高（表 8-1）。胴体等级评分可能因大理石纹少而评分较低。

**表 8-1　肉牛和奶用育肥牛的生长与胴体性状的数据**

| | 海福特牛 | 安格斯牛 | 瑞士褐牛 |
|---|---|---|---|
| 日增重(lb) | 2.38 | 2.30 | 2.52 |
| 屠宰重(lb) | 1 000 | 993 | 1 179 |
| 屠宰率 | 59.5 | 59.7 | 58.0 |
| 美国农业部质量评分[a] | 11.2 | 12.7 | 11.3 |
| 大理石纹评分[b] | 10.1 | 13.7 | 10.8 |
| 美国农业部产量评分 | 3.5 | 3.6 | 2.2 |
| 眼肌面积($in^2$) | 10.2 | 10.4 | 12.4 |
| 脂肪厚度(in) | 0.60 | 0.58 | 0.19 |

a. 11＝非常好，12＝较差，13＝一般。

b. 9＝ 很少＋，10＝少一，21＝稍多＋。

来源：USDA, SEA, Germ Plasm Evaluation Program, Progress Report No. 2, U.S. Meat Animal Research Center, Clay Center, Nebraska, 1975.

这种大体型的牛达到一定体重前脂肪沉积慢，即单位增重中瘦肉沉积比例大、脂肪沉积比例小，所以单位增重带来的效益更多。

在很多国家，密集化饲养生产牛肉是需要纳税的，所以消费的牛肉中有很大比例来自乳用牛。在这些国家，牛奶是一种很受欢迎的食品，其生产效率要比牛肉要高。奶牛生产具有双向性，其中的淘汰牛、阉牛可以育肥肉用。

在美国，人们很乐意拿出一部分资金用于肉牛的大理石纹和其他一些肉质性状的育种改良。

## 年龄和体重

除了品种因素外，饲料种类、饲喂量、劳动力和流动资金多少等因素都会影响购买育肥畜的年龄及体重。育肥犊牛一般在断奶后体重达到 550～600 lb 时购入(图 8-3)。1 岁阉公牛或小母牛体重 700～800 lb。年老但体重较大的牛在到达上市体重(1 100～1 300 lb)之前，如果品质较好的话，通过短期育肥就能够产出满足人们要求的(优质)胴体。品质较差的牛通常在体重较轻就屠宰上市，饲料主要是粗饲料和少量的精料。

几乎所有的待育肥犊牛并非在断奶后直接进入围栏、育肥场进行育肥，而是先制定一个较为适宜且经济的饲养程序或进入**预饲期**，然后再进入饲育场育肥。育肥牛的冬季饲料主要是粗饲料为主，比如说干草、限量的谷物，夏季在山间或农牧场放牧，这样可以避免浪费，节约饲养成本。在 120～180 日龄的时候，犊牛饲料以精料为主，以便生产高质量的牛肉，即体重达到 1 100 lb 的较好等级的牛，但这要求较好的饲养管理。

**预饲期**

犊牛到达育肥场后，在小块草场进行短期适应性饲养。体重大者经过短期适应后即可催肥，体重小者则需要较长的时间，然后催肥，此过程称为预饲期。

对于采用母—犊牛饲养体系的农场主来说，如果未达到上市体重而提前结束育肥，会减少所得利润。当出售犊牛到屠宰场时，销售价格中不仅包括已经转化到犊牛中的饲料和劳动力成本，还有所有的母牛、小牛和公牛的维持和生长的成本(两者都包含犊牛育肥的成本)。一头育肥期结束体重达到 700 lb 的犊牛，其单位体重销售价格要比体重更大的牛销售价格要高。

**图 8-3 围栏分组待装的育肥牛。**
来源：经 American Hereford Association 授权。

**表 8-2 育肥牛初期体重对增重速度和饲料转化率的影响**

| 育肥牛初期体重 | 日增重(lb) | | 干物质/增重 | |
|---|---|---|---|---|
| (lb) | 安格斯牛 | 荷斯坦牛 | 安格斯牛 | 荷斯坦牛 |
| 649～748 | 2.16 | | 6.60 | |
| 748～849 | 2.42 | | 7.01 | |
| 849～948 | 1.98 | 2.49 | 8.47 | 7.46 |
| 948～1 047 | 1.76 | 2.33 | 9.63 | 8.22 |
| 1 047～1 148 | 1.67 | 2.22 | 10.34 | 8.95 |
| 1 148～1 247 | | 1.69 | | 10.66 |
| 1 247～1 346 | | 1.72 | | 11.64 |

来源：Thonney, M. L., et al., J. Animal Sci. 53(1981): 354.

考虑到这个因素，处于生长后期的小牛(或者其他动物)，随着其生长和脂肪沉积增多，带来的效益会逐渐减小。所以体重每增加 1 lb，饲养成本就要比前一磅增重增加很多。例如：从表 8-2 中的数据可以看出体重在 1 000 lb 的安格斯牛，日增重只有同品种牛体重平均在 800 lb 增重的 2/3，且单位体重干物质需要量要高 2.62 lb。

体重较轻、年龄较小的家畜更容易受到疾病和外界应激影响，因此需要饲养管理员的更多的关注、更多的保护。但是，购买较小的动物承担较小的财政风险，犊牛的饲养时间较长，消耗同样的日粮需要的动物总数量也越少(意味着在动物上较少的投入)。

日增重是一个很重要的性状，它侧面反映了家畜饲料转化率的高低，一般情况下日增重越大，饲料转化率越高。日增重越快，饲喂期也就越短，到达上市体重的时间也越短。另外，到达相同的目标体重，日增重快且耗料量小的个体肉质更加鲜嫩。饲料中的营养大部分用于满足个体的维持需要，剩余的部分才用于生长，所以饲养期越短意味着饲料中用于生长的部分也就越大。

## 性别因素

**阉公牛**
公犊在幼龄去势后长大的为阉公牛。

**青年母牛**
常指未产犊的母牛,有时也指产二胎以前的母牛。

**公牛**
一般指性成熟但未阉割的牛。

**母牛**
常指第一次怀孕和产犊以后的牛。

围栏育肥场中大部分都是**阉公牛**和**青年母牛**,也有很少一部分**公牛**和**母牛**。育肥场中大部分是阉公牛,因为有30%~50%未开产母牛是用来做后备母牛的。

阉公牛和青年母牛相比日增重大而饲料转化率相近,但青年母牛脂肪沉积很快以至在较轻的体重时就可以屠宰(表23-2青年母牛、阉公牛和正常公牛的瘦肉率、胴体脂肪含量对比)。由于饲养期短而且价格便宜的特点,一部分人喜欢购买青年母牛。如果通过饲养可以改善牛肉的等级评分和个体价值,肥育场经营者就可以以高出购进价格很多的价钱出售,从而获得丰厚的利润。与阉公牛相比,由于饲养期短及单位动物饲料消耗少,青年母牛可以提前结束育肥上市。因此农场主可以有更多的空间饲养更多家畜。

青年母牛饲养期短有时未必就是优点,这要根据饲料供应和市场参考价格来定。在饲养期间没有进行发情抑制处理的母牛经常有发情表现,变得焦躁不安、相互追逐爬跨和食欲减退。从而使得青年母牛与阉割公牛相比,每百磅增重成本增加2.5~3.5美元甚至更多。

另外,由于青年母牛可能怀孕从而导致屠宰率低,因此屠宰场会压低购买价格。尽管这常常在销售价格有所体现,但同时对于肥育场设施投资带来的利润也会减少。

一定量的饲料添加剂,如甲烯雌醇乙酸酯(醋酸美伦孕酮),可以用来抑制育肥场青年母牛的发情表现,也相应提高日增重和饲料转化率。

有些公牛是用精料肥育后屠宰上市的(常用青年公牛或者未阉割公牛代称)。青年公牛的日增重和饲料转化率要比阉公牛分别高5%~9%和3%~7%,而且胴体瘦肉率高。表8-3是堪萨斯州农业试验站海斯贸易站的公牛饲养试验的结果。如果青年公牛在一个相对较早的时间断奶而自由采食饲养,15月龄之前就可以屠宰,不但减少了饲养时间而且有较高的瘦肉率和较低的瘦肉成本。

**表8-3 自由采食(从断奶到15月龄屠宰)阉公牛和公牛生长性能与屠宰性能的比较**

| | 阉公牛 | 公牛 |
|---|---|---|
| 数量 | 20 | 23 |
| 断奶重(lb) | 476 | 496 |
| 围栏育肥增重,247日龄(lb) | 674 | 747 |
| 每英担增重耗料量(lb) | 677 | 630 |
| 屠宰重(lb) | 1 146 | 1 256 |
| 屠宰率 | 64.7 | 65.5 |
| 背膘厚(in) | 0.64 | 0.50 |
| 肋眼肌面积($in^2$) | 11.51 | 13.05 |
| 平均产量评分[a] | 3.66 | 3.04 |
| 大理石纹评分[b] | 5.24 | 4.26 |

a. 美国农业部产量评分。评分为3的个体,其产量和肉价要比评分为4的高。
b. 评分越高说明瘦肉中大理石纹越明显。
来源:Brethour, J. R., Progress Report 384, Fort Hays Branch, Kansas Agr. Exp. Sta., 1980.

年龄较大的母牛,如淘汰肉牛或奶牛,有时候要在围栏育肥场进行短期育肥,以增加胴体脂肪含量和肉的多汁性,再送到屠宰场屠宰。这虽然不是常规但却很实用,如果这些牛体型较好且在年龄较小时就被淘汰,往往可以产出质量较高的胴体。历史上不止一次因为干旱使得大部分地区淘汰很多肉牛。淘汰母牛的市场价格(这种牛一般卖到屠宰场)下跌幅度很大,以至于只要有一定饲料存储量的农场主就可以购进饲养。

## 体型与生产性能

育肥母牛精心饲养可以生产出瘦肉含量较高的胴体——瘦肉比例大和较高价值的切割肉,充分展现个体部分肌肉的原本特色。肌肉主要指瘦肉,其中最有价值的肌肉部位是肋、腰和大腿。

当精肉率产量较高的待育肥畜行走时,你可以看到大腿和前臂肌肉丰满,后视呈现圆桶形,后裆宽。瘦肉率产量高的牛,其腹线与背线平行。胸部、尻和腰深而丰满。

为提供一个共同的贸易平台,一个有意义的市场供应和价格的报告是很重要的,政府制定了育肥牛等级评分制度。即便是买者和卖者都没见到牛,据此可以判定其等级。1979 年 1 月等级评分和相关规定施行,并考虑了躯体大小、膘情和强壮性(图 8-4)。当按照大小(大、中和小)分组时,主要考虑它们的骨骼大小(体高和体长)和年龄。

与体躯稍小的动物相比,大躯体动物的增重中肌肉和骨骼增重占的比例较高,脂肪增重较少。一般来讲,大体躯家畜(如阉公牛和青年公牛)活重必须达到或者超过 1 200 lb,青年母牛活重大约在 1 000 lb 和 1 050 lb 左右时才能产出较为理想的胴体(见第 24 章胴体等级讨论)。

中等架子牛通常屠宰产量等级评分要比相同骨架但较瘦得牛高(通常是 1、2 级而不是 3、4 甚至第 5 等级),这种胴体肌肉丰富、整洁漂亮,是理想的胴体。

这充分说明育肥牛评分高低与体型结构和潜在屠宰产量等级或者胴体出肉率存在很大程度相关。这就意味着当犊牛进入围栏育肥场育肥时,农场主会根据他们的体格和肌肉丰满度进行分组饲养,保证育肥结束时牛群胴体瘦肉率的一致性。膘情不是影响待育肥家畜等级的因素。

## 保持良好生产性能的管理措施

转运会给育肥牛,特别是待育肥的小犊牛,带来很大应激,很可能导致疾病、体重下降甚至死亡。有些牛在断奶当天就开始了这种旅行——经过数千公里甚至更长的运输——从犊牛舍转到育肥场。有些还可能会经过交易市场,经历气候突变、多种疾病交加。疾病、体重下降和采食量下降都会导致购买者成本增加。

我们可以通过某些处理来减少这种应激。在州际高速公路上不停的转运、进行有规律的供应食物和饮水,这都可以减少应激。还有些经营者通过对待运输犊牛进行简单的"预处理"来适应运输和育肥场的环境,但这会使成本增加。预处理的方法介绍详见第 29 章第 5 节。

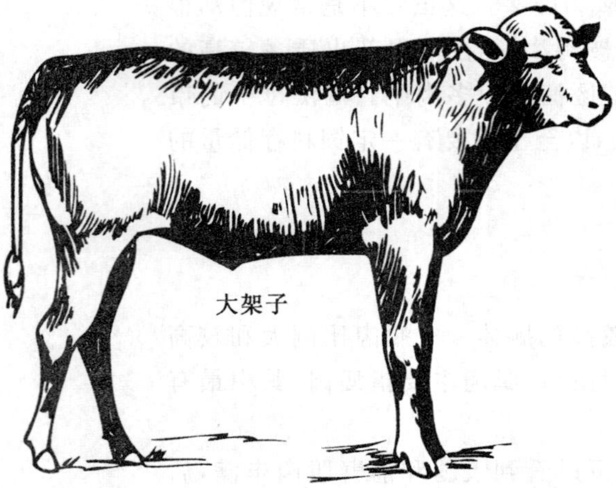


**大架子：**满足以下条件的牛架子稍大，体格大而体躯均匀细致，体稍高和长。

根据美国评分标准，我们不希望阉公牛和小母牛在活体重分别达到 1 200 lb和 1 000 lb的时候胴体第12肋骨有多余的脂肪(脂肪厚度一般为 0.5 in)。

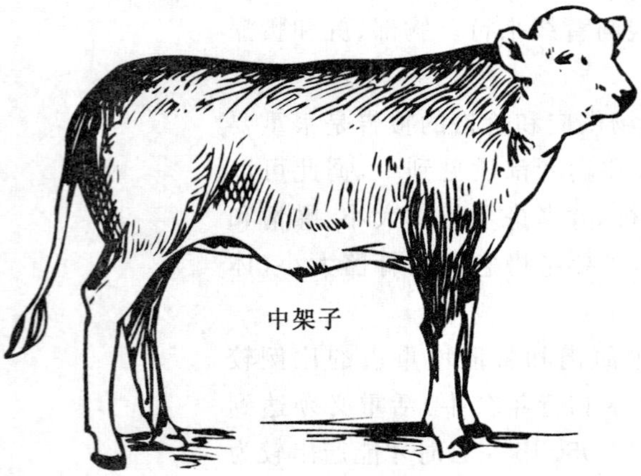


**中架子：**满足这个条件的牛架子稍大，体躯较均匀、细致，体稍高和长。

根据美国评分标准，我们希望这种牛的母牛和阉公牛活体重达到 850 lb和1 000 lb时胴体的第12肋骨脂肪厚度达到 0.5 in。

**小架子：**满足这个条件的牛架子较小，体躯均匀细致，体高、体长要比中等体格牛低、短。

根据美国评分标准，我们希望这种牛的母牛活体重不到 850 lb，阉公牛活体重不到 1 000 lb时胴体的第12肋骨脂肪厚度达到 0.5 in。

**图 8-4**　美国农业部架子牛评定等级。共 10 个等级：大架子，1 级、2 级、3 级；中架子，1 级、2 级、3 级；小架子，1 级、2 级、3 级；和劣等。

来源：改自 Cooperative Extension Service Bulletin，Iowa State University.

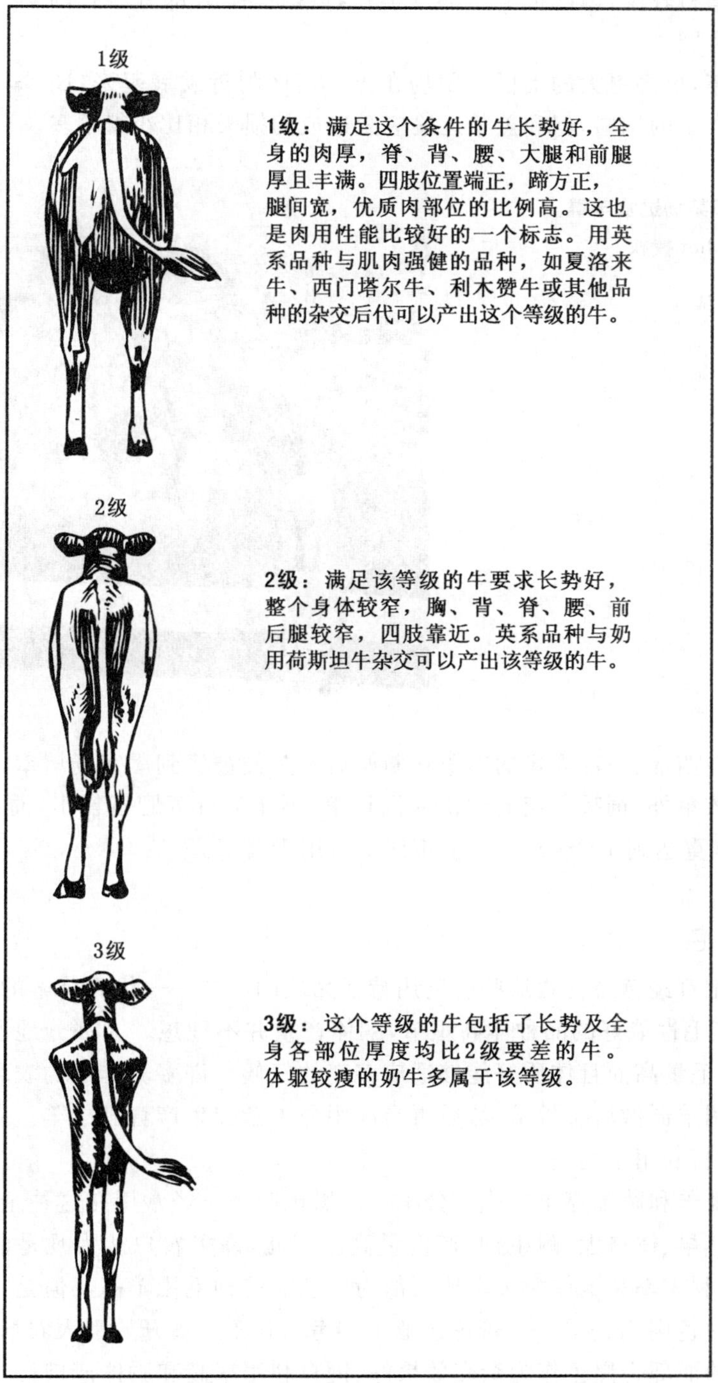


**图 8-4** （续）

## 8.3 育肥羔羊

羊适应能力较强，能够在寒冷的环境、陡峭的地区和较为贫瘠的土地上生活，因此大部分羊饲养在山地和干旱贫瘠的平原（图 8-1），羔羊在这些区域间流动。

由于牧区精料较少，因此很少一部分羊在牧区饲养，大部分羊在断奶后就进入围栏育肥场育肥。

近几年，更多更大的围栏育肥场在羔羊产区附近发展起来（图 8-5）。尽管每年要进口大量的饲料，但和羔羊运输应激造成的损失相比小得很多。

**图 8-5　西部某场进食羊群。**
来源：经 Feedlot 授权。

饲养在西部、中部农场的羔羊在断奶后不久便被卖到屠宰场屠宰。这类羊除了母乳和牧草外，饲喂一定的幼畜补饲日粮，不作为待育肥畜售出，而是在 120～140 日龄体重达到 100～110 lb 上市体重时用于屠宰。

## 育种与毛色

羔羊肥育经营者喜欢那些有肉用特征品质的羔羊——优秀公羊的后代（见第 21 章）。产毛性能好的品种体高躯窄，胴体产量并不理想。大部分地区毛用品种的母羊，产毛量高而且体质好能够适应多变的气候。许多养羊场的农场主通常保留一批毛用羊群做后备母羊，然后再与肉用公羊杂交生产育肥羔羊。杂交后代生活力强、饲料利用率高。

汉普夏羊和萨福克羊的成年公羊——黑斑脸——经常用在这种杂交上，这两种羊性成熟早、体格大、耐粗饲、产肉量高。因此，许多农户认为凡是面部为黑色的羊，饲料利用率和胴体瘦肉率比面部为白色的纯种毛用羊高。但是，近几年，某些面部为白色肉用公羊——哥伦比亚羊和考力代羊——开始引入农场，这就使得仅依靠羊的面部为黑色作为杂交效果好、饲料利用率高和胴体产肉性能高的表型进行选择不再像以前那样可靠了。

## 年龄和体重

基本上牧区所有的羊在断奶后 5～8 月龄，体重达到 65～95 lb 时，都被卖到围栏育肥场进行育肥。消费者喜欢较轻的切割肉和有一定脂肪含量（羔羊体重到达 60～65 lb 时，采用精粗料各半的饲料可增加肉中脂肪的含量）的羊肉。体重较轻的羔羊经过育肥到达上市体重时胴体等级评分较好。

人们认为体重较轻的待育肥羊利润高还有很多原因。在任何时候进行羔羊买卖，总会有市场消费成本和运输费用。如果买入 80 lb 体重的羔羊，100 lb 时售出，购买者的运输成本和市场消费成本占的比重大，获得利润减少。购买 80 lb 待育羔羊和 60 lb 的相比，买入、饲养和卖出 3 个环节的费用都会增加 1 倍。而且，一般来讲，体重较大的羊的饲料转化率低，因为体重较大的羊采食的饲料大部分转化为脂肪，而且每天的维持需要也很高。

与牛相同，相同日龄但较重的待育肥羔羊盈利多，但由于其中还掺杂其他与之相关的因素就显得不那么重要了。年龄超过 1 岁以上的羊的胴体气味很浓，这是消费者不喜欢的。

## 性别因素

尽管性别对羔羊生产性能会产生影响，但却很少根据性别分群。公羊比母羊增重快，部分原因是断奶体重大或者转入育肥场时体重大。所有的公羔在出生不久就被阉割（**阉公羊**）卖掉，但饲养未阉割公羔也可以获得很多的利润，这样可以避免因阉割带来的应激使之体重下降。未阉割公羊的饲料转化率比阉割公羊高，因此增重快，胴体瘦肉率也高。羔羊，特别是来自农场的羔羊，第二性征尚未表现时就被屠宰，因此不能证明胴体品质因此下降（表 8-4），但加工厂加工成本会因此折价，每 50 kg 折价 1 美元或更多。通常认为体重较大的公羊产出的胴体肉质软、脂肪含量高和风味较差，但尚未有证据支持这种说法。

**阉公羊**
在青春期前阉割的公绵（山）羊。

牧区公羔羊的屠宰年龄较大，因此必须进行阉割处理。尽管如此，仍然存在农场主利用某种激素抑制公羔的第二性征发育，这样就避免阉割带来的影响。

表 8-4 **阉羊和公羊的生长与胴体性能比较**

| | 公羊 | 阉羊 |
|---|---|---|
| 增重(lb/d) | 0.475 | 0.398 |
| 屠宰体重(lb) | 160.45 | 143.79 |
| 热胴体重 | 80.70 | 75.34 |
| 腿型[a] | 12.42 | 12.42 |
| 脂肪厚度(mm) | 6.46 | 8.58 |
| 产量评分 | 3.50 | 4.43 |
| 质量评分[a] | 11.73 | 12.40 |
| 风味评分[b] | 5.04 | 4.58 |

a. 低等＝10，中等＝11，高等＝12。
b. 九分制，1＝极细微，几乎不可见；9＝非常明显。
来源：Course, J. D., et al., J. Animal Sci. 53(1981)：376.

## 体型和等级

政府已经制定了羊的等级评分标准，但作用明显不如育肥牛的评估标准影响大。其主要原因是育肥羊胴体品质变化不大，因此对等级评定标准需要也相对较少。主要有以下原因：(1)产羔的季节依赖性较强；(2)牧区育肥羊生产受到经济条件限制；(3)进入育肥场时羔羊的体重和年龄限制，几乎所有的羔羊都有相似的

> **市场等级评分**
> 根据动物的不同特点划分等级，活体动物的等级一般是非官方的和国际性的，用于预测其市场价值。

年龄和体重。因此饲养管理就成了影响育肥的唯一因素。

每年的大多数时间，健康育肥羊的产肉等级评定较好或者很好(详见第24章)。等级评分较低的羊通常是毛用品种或者早期没有吃到青草(这个时期母羊的产奶量也很低)，或者发育较晚，或者是来自干旱地区牧草缺乏地区。

育肥羊生产对季节和牧草的依赖性很大，特别是在山区较多的州，每年的羔羊生产的数量和质量差异很大。有些年份羔羊瘦而轻，而且体质弱，但是这样的年份育肥经营者的利润却很大。有些年份水草丰富，产羔季节母羊的体重就大，羔羊体重相对也大，这些羊等级评定较好，直接卖给食品加工厂。尽管羔羊饲养条件较好，但是这样的年份对育肥经营者是不利的，羔羊体重大，无法制定合理的饲喂程序，而且饲料价格高，大多数育肥厂和食品加工厂争相购买有一定膘型的羔羊。

### 生产性能的其他影响因素

在那些饲料和奶供应不足的牧区，单羔的断奶重比两羔和多羔大，因此，这种单羔进入育肥场时的生产性能也较好。同理，成年母羊所产羔羊体重比初产母羊所产的羔羊大。

## 8.4 育肥猪

养猪业中育肥猪的流动要比养牛业和养羊业少得多，并且流动的距离也较短。由于母猪饲养以精料而不是牧草为主，因此猪的饲养大都在农作物产区直到育肥结束。猪的饲养分布见图8-1和表28-2。

随着养猪业的分工精细化、专业化和边缘产业的发展，待育肥猪的流动在逐渐增加。由于猪的产仔数较多，仔猪断奶前后要在不同的圈舍饲养。为了获得最大的利润，饲养者往往需要投入大量资金用于分娩舍、红外线灯、隔热间、控温设备和其他的硬件设施建设。

具有丰富生产经验，灵活商业头脑的母猪和仔猪养殖户，认为把仔猪销售到专业化育肥厂是有利可图的(图8-6)。专门的育肥猪企业有很多优势。

- 适合作物缺乏的地区。
- 使更多的劳动力对母猪进行精心的照顾管理。
- 投资成本比全进全出的饲养方式低。
- 饲养周期短。

但是，专业化的育肥猪生产企业要求有高水平的饲养管理体系和市场预测能力。

待育肥猪的饲养需要的劳动力、资金和设备相对较少，因此颇受小农户饲养者的欢迎。农户有较为充裕的谷物进行猪的饲养，但是在农场运转的其他方面欠缺，不够专业化。而且劳动力、设备、资金缺乏。

同时有很多因素妨碍了这种专业化饲养方式的快速发展，猪很容易受到传染病和高致病因子的侵染，并成为这些疾病的携带者。这就要求生物安全技术的快速发展，给动物提供安全保护措施，使其免受外界疾病的侵染。许多农场主反对将受到应激的猪带到农场，特别是经历过多个运输卡车或不同市场的猪只。育肥猪的销售价格比其本身的价值要高，体重为 40 lb 的猪的售价是 40 美元，500 lb 售价为 400 美元，700 lb 的为 525 美元，售价中包含了劳动力，生产技术和系谱记录等的成本。

**图 8-6 经过疾病预防免疫的待育肥猪正转往育肥场。**
来源：National Hog Farmer.

由于相对较高的市场成本，大多数待育肥猪直接卖给养殖户或中介商。育肥猪生产区服务体系发展较快。育肥猪买卖很少在中心市场进行交易，而是在当地拍卖场进行。几乎所有的猪在断奶后不久，体重大约为 40 lb 时出售的，而且基本上都是杂交猪。

## 健康检查和育肥准备

国家法律规定猪的流通限于本州内，引进猪必须经过免疫接种以保证其健康方可引进。本州内家畜可任意流通，但对饲养者和中介商来讲，也要保证出售猪只的健康，因为获得较好的信誉是至关重要的。不仅是农场建筑，而且度量工具、围栏和运输卡车的卫生保障也很关键的。

公猪去势和断尾是必要的，以防其咬尾。断尾是在距尾根 1/4～1/2 in 处用断喙器或者老虎钳切掉。

## 评估系统与体重

尽管美国农业部已经制定待育肥猪的等级标准，但是购买者还是非常注重猪只健康、整齐度以及饲养者和中介商的信誉。

由于饲养期较短，育肥猪的要价和售价对屠宰猪肉价格的依赖较大，猪肉价格还要考虑玉米、高粱作物以及饲料中其他成分的价格，即饲料成本。

对于健康猪只，没有视觉上的外在依据标准判定其生长性能和饲料转化率，信誉对供应商和中介商很重要。体型在一定程度上能反映其将来胴体的质量。

### 性别因素

**阉公猪**
性成熟前去势的公猪。

**青年母猪**
常指未产仔的母猪，有时也指产二胎以前的母猪。

**阉公猪**和母猪的饲料转化率相近，但去势公猪的增重比母猪快且相同上市体重时脂肪含量稍高。但是待育肥畜不会因性别不同而改变售价。

未阉割公猪采食量，瘦肉产量，饲料转化率比阉公猪和**青年母猪**都要高。由于未阉割公猪胴体往往会产生令人讨厌的气味，因而降低了未阉公猪肉在市场上所占的比例。

## 思考题

1. 美国哪些地区生产肉牛？
2. 请列举羔羊生产前5名的州。
3. 为什么以上5个州很适合牛、羊生产？
4. 举例说明美国引入的用于改良肉牛躯体大小的品种。当地品种的体型是否有所改良？
5. 进入育肥场育肥的去势公牛和母牛的平均体重是多少？一般的上市体重是多少？
6. 解释养殖较大体重的牛经济效益低的原因。
7. 解释小母牛的购买价格、饲养成本、屠宰价格与阉割牛不同的原因。
8. 年轻公牛的日增重快且饲料转化率高，在美国为什么不将更多的这种牛用于牛肉生产？
9. 列举育肥牛的3种体格。简要描述大体格牛。
10. 在中西部牧区，羔羊在多大年龄和体重时上市屠宰，这与草原羔羊饲育有哪些不同？
11. 列出猪只生产前5名的州。比较其地理位置与牛羊生产的差别。
12. 育肥猪企业的主要特点是什么？

翻译：乔红光；校对：孙传禹

# 第9章

# 动物的生长发育与胴体组成

# Animal Growth and Carcass Composition

家畜、家禽以及鱼类、伴侣动物的育种者和生产者们无不对这些动物的生长发育过程有很深的了解。每个育种者都对每个有计划地进行配种的动物的体貌和生产性能有着特别的兴趣，生产者也定期监测他们饲养的每一批市售动物在大小和重量上的生长速度和效率。但是人们常常忽视了细胞水平上的生长和发育过程，而这些方面也必须进行研究并受到重视。

有许多方法可用来定义、测量以及描述生长。生长可以简单地定义为个体大小的增长。在生物学的术语中，增生这个概念被定义为细胞数量的增加，而增肥这个概念被定义为细胞大小的增长。一些科学家将生长定义为**合成代谢**（原生质的合成）超过**分解代谢**（原生质的分解）的部分。换句话说，个体组织经历着连续不断的合成以及降解的过程，如果前者的速度大于后者，才会生长。在家养动物的生产中，生长被定义为动物组织的增加，包括肌肉、脂肪、骨骼以及相关的组织。

**合成代谢**
把消化后的营养重新组合。

**分解代谢**
将体内的大分子转化为小分子。

本章主要讨论生长的生物过程，这种过程是如何发生的，以及在动物整个一生中生长的各个要素。学习完本章后，读者应掌握以下内容：

1.定义生长、时序生长、生理生长以及其他重要的概念。

2.列出6种或6种以上的测量家禽、家畜生长的方法。

3.计算平均日增重以及某年龄日增重，得出数据以备计算之用。

4.绘制出生长曲线表，并在该表中标出一些关键的时间，如出生、性成熟、体成熟等。

5.描述激素对生长的影响。

6.绘图描述动物生长及成熟过程中瘦肉、脂肪以及骨骼的沉积速度。

7.描述在饲养过程中生长如何被调控从而影响肉质。

## 9.1 各生长发育时期的生理生长

为了更好地描述动物生长的能力，生长这个概念被分为2种类型：时序的以及生理的。时序生长指的是由于动物年龄增加而带来的大小或者机体功能的增加，而生理生长指由于组织和器官的生长和发育而带来的大小或者机体功能的增加。一般情况下这两种类型是难以区分的。自然状况下，在动物不断成长直到成年的时期内，它们的个头会不断增长，同时组织和器官也会成熟并生长。但是一个物种的机体功能可能与生理生长的关系更大，而另外一个物种的机体功能可能与时序成长的关系更大。以猪为例，它们第一个发情期的出现与雌性的年龄关系更大(时序生长)，而对牛来说，它们第一个发情期的出现与雌性的个体大小关系更大，这代表了与组织和器官发育程度的关系(生理生长)。

## 9.2 生长发育的测定

有许多方法可以测量生长的程度。对这些测量手段的选择应依据该物种的使用目的。用于屠宰的肉类动物，生长的测量必须表示屠宰后胴体中达到最低质量标准的可食用部分所占的比重。体重、眼肌面积以及背膘厚等客观测量值就是胴体可用部分的标志。一般来说，该动物越重(在一定限度内)，其眼肌面积就越大。越小的背膘厚代表了瘦肉组织的含量越高。

种用动物的生长与它们的繁殖力有关。体尺、体重、初情期、睾丸的大小等都可以说明一种动物的繁殖能力。年轻雌性动物的产奶量、产毛量以及产蛋量可以用于计算它们产生供人类利用的产品的生长能力。所有这些都可以大致体现这些雌性动物将来的生产性能。

马生长的测量指标包括马肩隆的高度、体重以及速度和力量等。依据马的潜在用途来选择一个客观的评价标准是最重要的。这些可能包括拖马车的力量、赛跑的速度、或者是速度、力量、役用和娱乐的综合。

除了上述的种种客观评价手段外，主观的或者视觉评价也是生产者们常用的手段。视觉评价有助于评估动物发育的程度和情况，并且是客观评价的补充。举个例子，1岁家畜的体重以及睾丸大小和发育情况可以是一头公牛生长及产生后代能力的非常好的客观评价标准。但是马后腿的笔直程度以及骹骨的力量等视觉评价可以帮助人们评价马的生长质量，与此相似的还有公牛是否跛或者是否可以健康行走，而这些都会影响公牛的性能。

家畜的质量等级以及整体得分既依靠客观的评价又依靠主观的评价。有几种分级或评分体系可以评价其潜在的生长率。家畜可以依据其臀部的高度以及肌肉评分来分级。那些更高的、身体更长的，有适度的肌肉以及最少的脂肪的家畜将会生长得更迅速。而矮小肥胖的家畜将会生长得更为缓慢。

生长发育的速率相对于单独的重量来说是对动物生长能力的更好的评价工具。平均日增重(ADG)代表了生长速率。平均日增重是指在一段时间内最终体重减去最初体重，再除以这段时间的天数所得的平均每日增加的重量。这是许多生产者评估用于屠宰的家畜的生长速率的手段。

平均日增重=(最后体重-最初体重)/(终止时间-起始时间)

另外一个有用的测量值是标准体重天数(WDA)。举例来说,在市售的屠宰的家禽必须在一个相对的短时间段内达到一定的标准体重,这样生长速度就以达到这个标准的天数来定义。适于烤焙的肉仔鸡应该在孵化以后 52 d 内达到 4.7~4.9 lb 的标准体重。对猪的标准经常是达到 230 lb 的天数或者平均日增重。WDA 也常用于计量生长速率并经常应用于育种的家畜。这个公式可用于确定 WDA:

$$\text{WDA}=\frac{\text{体重}}{\text{天数}}$$

牛育种者一般用 205 d 断奶重来计算哺乳期动物的生长速率。在不同年龄断奶的小牛也需要在数学上统一为 205 d 以求可以在平等的基础上比较它们的生长速率。这个调整后的 205 d 的断奶重通过这个公式确定:

$$\text{校正后的 205 d 的体重}=\frac{\text{实际体重}-\text{出生体重}}{\text{天数}}\times 205+\text{出生体重}$$

## 9.3 各阶段生长曲线

无论怎样定义生长,生长都不是一个线性的过程。年龄—生长曲线或者体重—年龄图是表示生长的常用方法(图 9-1)。所有家畜的生长曲线都是 S 型的,这代表了单个动物从出生到死亡的整个连续过程中生长和发育的情况。生长速率以图中任意一点的曲线斜率来表示。在曲线两个拐点之间的斜率要远大于刚出生或是临近成熟时的斜率。这段迅速成长的阶段接近性成熟期,这与人类在青春期时的迅速成长情况很相似。

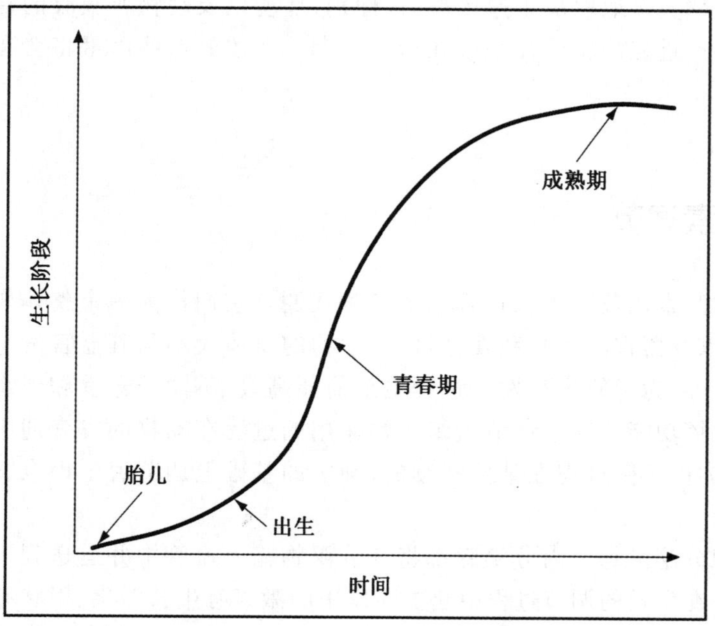


**图 9-1　一个哺乳动物从受精到成熟的年龄—生长曲线。身体特定部分的发育与这张图有所区别。**

来源:Iowa State University.

除了家禽以外，所有的家养动物的生长曲线可以分为3个阶段：(1)产前；(2)哺乳期前；(3)哺乳期后。**产前**生长是指从受精以后到出生这个阶段的生长，分为卵子、胚胎和胎儿期。研究生长的学者一般把从受精开始到附着在子宫壁的这段时间称为卵子阶段，对绝大部分肉类动物来说这个阶段大概有11 d时间。

**产前**
指胎儿还在母体内，尚未出生。

组织和器官以及各种生物系统在胚胎期开始形成或分化，但胚胎总重的增长非常缓慢。这个阶段因物种的不同需要25～45 d。

从胎儿期一直持续到出生这段时期，体重、器官以及组织的发育速率异常迅速。动物在出生时体重的60%～70%是在这个阶段积累的。各种器官和系统——包括循环系统和神经系统——在大小和功能上都进行发育。在动物出生以后有一些其他的变化，当动物开始食用固体食物时，消化道首先开始发育。

**断奶前**生长是从出生之时延续到哺乳期结束。大小和器官的生长在很大程度上取决于母体分泌乳汁的质量和数量。而母畜的饲料的数量和质量又影响所分泌的乳汁。年轻的、年老的或者体形太小的母畜比体形大的成熟母畜产奶量少，因此后代在哺乳期的生长速度较慢。当母猪所生小猪的数目比它可用乳头的数目还大的时候，小猪的成长就会受限制。由同只母羊哺乳的单只羔羊比双胞胎的羔羊发育得快，这与其乳汁的供给有关。

**断奶前**
指从出生到断奶这段时间。

幼年家畜的性别也会影响生长速度。在母畜得到足够食物的时候，未阉割的雄性比阉割的雄性生长得快而阉割过的雄性比雌性长得快。但这种差别相对比较小(10%～20%)，如果母畜的饲料供给不充足，这种情况将不会发生。

**断奶后**的阶段从哺乳结束开始直到家畜被屠宰(或者被选出来配种)。在这个时期，胴体继续增大，但随着成熟期的到来，生长速度将会减慢。早期生长速度受哺乳前期的影响很大。如果供给营养均衡的饲料，那些在哺乳前期限制哺乳或者其他办法限饲但是具有较高的遗传潜力的家养动物将会以很快的速度生长(图9-4)。如果供给太多的饲料甚至使动物过度肥胖，在哺乳前期或哺乳期后的早期它们将无法发挥最大的生长潜力。生长早期的肥胖可能会使动物的骨骼和肌肉组织无法得到充分的发育。

**断奶后**
从母畜结束哺乳一直到宰杀(或被选出用以配种)的阶段。

断奶后的生长速率更多地取决于遗传潜力、性别、环境以及动物所吸收的营养的质量。对动物生产过程的关注几乎都在这一时期。上述的这些因素将会在第9章第5节讨论。

## 9.4 生长的激素调节

作为化学信号的激素调节着生长过程中的各种代谢。它们作为一个整体作用于动物机体、组织以及器官的生长和发育，以使动物的身体大小与其器官发育程度相适应。除此之外，为了使生长发育过程更加简便高效，不同的器官和组织必须在不同的时期发挥功能。这个调节组织正常作用的过程在动物的发育期中经常起作用。此外，**体内平衡**过程在某些持续的、确定的基础上调节着生理意义上的机体的功能。

**体内平衡**
在外部环境条件发生改变时仍能保持生理的稳定。

激素由内分泌腺分泌。每个内分泌腺都将其分泌物输入血管中并运送到激素作用的“靶器官”。在生长的调节过程中起主要作用的激素有生长激素、甲状腺素、肾上腺皮质激素、雄性激素以及雌激素。

生长激素由位于大脑后部的垂体前叶分泌。值得注意的是，生长激素的得名是因为它是调节机体生长、调节骨骼和肌肉生长的主要激素。人们认为生长激素有增加肉及奶产品产量和效率的潜力，现在利用重组 DNA 的技术来产生足够的生长激素。比如**牛生长激素**(BST)可以促使乳牛生产更多乳汁，这可能与脂肪组织向乳腺重新分配营养有关。

**猪生长激素**(PST)是调节猪的蛋白质代谢和脂类代谢的主要激素。作为调节外来物质在猪的生长和育肥阶段代谢的物质，PST 可以增长约 30%的蛋白质的沉积。同时，它在不影响肉质的情况下可将脂肪的积累减少 45%。

位于咽喉前边以及两侧的甲状腺，分泌甲状腺素。甲状腺素调节基本代谢速率，从而控制蛋白质合成以及瘦肉的生长和动物机体的重量。当甲状腺由于缺碘或者其他原因不能分泌足够的甲状腺素时，动物体重下降，吃得更少，而且肌肉和骨骼的发育也受阻碍。这种情况称为甲状腺机能减退。当甲状腺分泌了过多甲状腺激素会发生甲状腺功能亢进。动物的代谢增加，以致没有足够的营养用于生长，这种情况也会使动物体重下降或者达不到正常的生长速率。

甲状腺素混合物可以以甲状腺蛋白的形式喂给动物。这种复合物不会使体重增加，但它可以有效地提高家禽的羽毛量、绵羊的羊毛、羊奶产量以及乳牛牛奶和乳脂肪的产量。当给乳牛喂甲状腺蛋白时，最初可以提高奶的产量，但停止后，产奶量将会迅速下降。

**雄激素**是与雄性第二性征的产生有关的一系列激素，但它在雄性和雌性动物的骨骼和肌肉的发育中也起着巨大的作用。睾丸激素作为主要的雄性激素，分泌于雄性的**睾丸**以及雌性的肾上腺。雄性激素的分泌在性成熟前呈倍数增长，并在这一时期动物机体的快速成长中发挥作用。由于雄性睾丸可以比雌性的肾上腺素分泌更多的雄激素而比雌性生长得快。

**雌激素**主要由卵巢分泌，在所有物种中起到促进雌性生殖管道成熟的作用。雌性激素亦在反刍动物的肌肉生长和家禽的脂肪沉积中起作用。在其他物种中，雌激素阻碍这些组织的生长。

肾上腺激素是位于肾脏之上形状与肾脏相似的肾上腺分泌的。虽然这对于正常的健康的动物来说并不是问题，但肾上腺激素促进身体内储备的营养分解以供机体能量之需，从而使动物体重和生长速度下降。

动物的基因在很大程度上决定了动物体内各种分泌激素的腺体以及他们所分泌的激素对身体的影响程度。换句话说，遗传因素在很大程度上通过激素对动物的生长和发育起作用。

**牛生长激素(BST)**
是分子生物技术生产的一种多肽荷尔蒙，将其注射给乳牛后可以提高牛奶的产量。

**猪生长激素(PST)**
猪分泌的一种典型的促生长激素。

**雄激素**
与雄性第二性征有关的雄性荷尔蒙。

**睾丸**
一对雄性生殖器官，在性成熟后产生精子。

**雌激素**
促进雌性生殖器官和乳房发育的雌性荷尔蒙。

## 9.5 影响生长的因素

如本章前部分所述，所有的动物都有相似的 S 型的生长曲线。几个影响因子决定了动物生长时的实际速率或者最终能达到的体重。

遗传决定了一个动物的潜在大小和生长状况。在不同的品种之间和同一品种内存在着许多遗传潜力上的差异。如图 9-2 所示，以两种动物作对比，其中之一可能有更高的成熟期体重、更快的生长速度，或者两者都有。

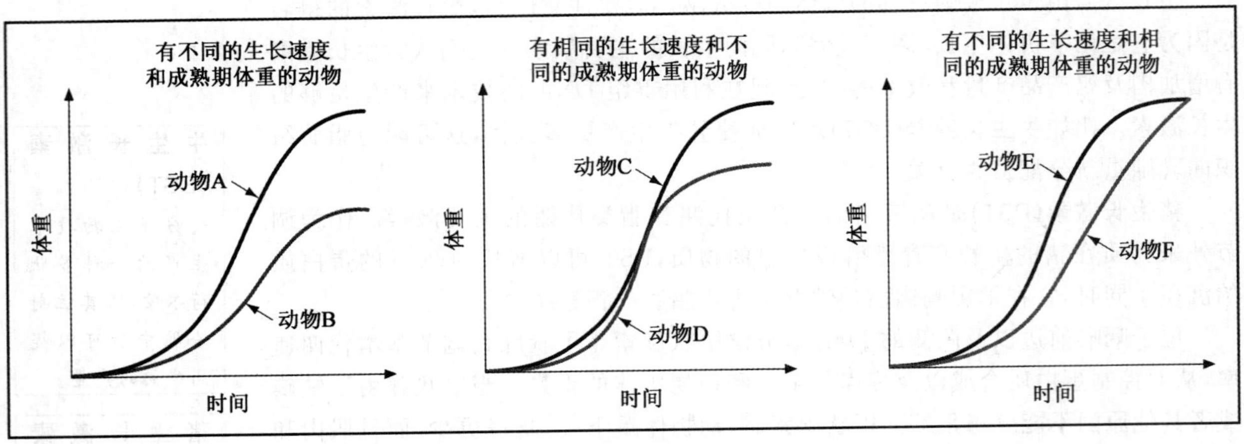


**图 9-2　三对动物的理论生长曲线。注意每对动物生长曲线的标注。**

来源：Iowa State University.

适当的环境条件是动物能发挥遗传潜力的基础。在第18章中将会讲到遗传因素在生长的某些过程和阶段会比在另一些阶段中起更大的作用。断奶后体重的增长更多地依赖遗传潜力，而断奶前的增长更多地依赖母乳的质量。

睾丸是雄性的生殖器官，成对存在，在雄性性成熟后产生精子。

雌性激素的作用是促进雌性生殖管道以及乳腺组织的成熟。

生长激素和甲状腺素由于遗传原因分泌不平衡将会严重地影响动物的生长。举例来说，一个特殊的抑制基因的表达将可能使牛的体态矮小、生长速度急剧下降。

动物的性别在绝大多数产肉动物的种类中对生长速度起重要作用。高的雄性激素水平将会促进肌肉的发育。因此，雄性将会比雌性有更大的成熟体重、更快的生长速度，尤其是在蛋白质的积累上(图9-3)。猪的性别间差异通常比牛小。绝大多数小母牛每年要比公牛少长0.2～0.3 lb，它们一般在1 000～1 100 lb的时候就被宰杀，而公牛可以长到1 100～1 300 lb。

动物生长过程中的营养水平作用于当时以及以后的生长特征以及需求。一般来说，动物吃得越多长得越快。饲料数量和质量必须选择性地与营养需求相适应。一般来说，很难达到最大生长速度。在早期饲喂过量将会加剧脂肪的沉积并影响骨骼和组织的发育。如果某种营养水平可以提供给动物足够的能量用以尽可能地促进骨骼和器官的发育，这种营养水平对于用于喂养幼畜的雌性来说就是再好不过的了。只有该动物完全是用于屠宰，人们才希望它将非常高比例的能量用于体重的增长和脂肪的沉积。

许多抗生素通过减少疾病的影响来增加生长速度和饲养的效率。在羊和牛中，它们也能改变瘤胃中的微生物群落从而提高饲养效率。在饲料、矿物质添加物以及水中可加入少量的抗生素。少量的镇静剂可以减轻牛以及羊对应激的敏感程度。虽然一般来讲不会给肉用动物喂镇静剂，但有研究表明他们可以增加生长速度和饲养效率。

其他饲料添加剂通过各种方式提高生长速率或者饲养效率。在反刍动物中，瘤胃素(莫纳菌素钙)以及牛安(拉沙里菌素钠预混剂)等离子载体改变了瘤胃中的小型微生物群体，从而使挥发性脂肪酸、丙酸等的产生减少，于是就增加了饲料

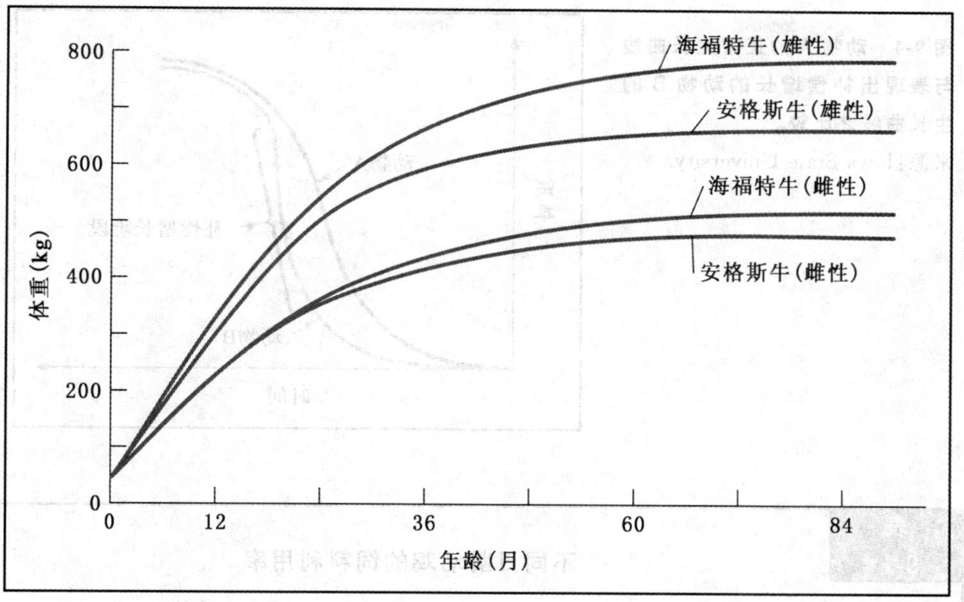


**图 9-3　性别对海福特肉用牛以及安格斯牛的生长曲线的影响。注意雄性的生长速率较高。**
来源:改自 Brown, et al., Arkansas Agr. Exp. Sta. Bull. 570 and 571, 1956.

利用率和养殖场的效益。类似地,添加 MGA(甲烯雌醇乙酸酯)可以阻止母牛发情及排卵,从而避免体重减少或增重损失。

右环十四酮酚、孕酮、MGA 以及醋酸三烯去甲睾酮、孕三烯酮酯等添加剂常以小颗粒的形式注入牛的耳根部,以此促进肌肉和骨骼的发育。小颗粒中的活性成分将会逐渐释放到循环系统中。这些添加剂被称为营养再分配剂,因为它们把本来用于积累脂肪的养分分配给蛋白质合成使用。

外部环境——栏舍、天花板的种类、每栏或每笼饲养的动物的头数、声音或者气候条件,都可以影响畜禽的生长速度。

如果羊和牛在断奶前以及断奶后生长的初期能量摄入不足,它们的发育就会被限制在一定的范围内。这是因为吸收的营养首先是用以保持生命所需,其次才是用于骨骼发育、肌肉发育、脂肪积累。按照这个顺序,营养不足的动物与营养平衡的动物相比可能骨骼生长相差无几,而肌肉发育、脂肪积累就会相差较多。于是当动物摄入均衡的、高能量的营养的时候,就可以产生**补偿性生长**。当营养丰富的饲料代替了营养不足的饲料,动物将会有非常快的生长(图 9-4),比如放牧在春季的肥美的草地、秋季的小麦草场以及喂以一定比例的玉米或玉米青贮饲料。

> **补偿性生长**
> 在零增长或慢速增长期后发生的超正常的快速增长。

## 9.6　胴体的组成

动物的胴体主要有 3 个组成部分:肌肉、脂肪和骨骼。这三者的增加都会带来整体的生长。但是如果三者中任一部分占了较高的比例,另两者的比例必然会降低。在动物不断成熟、体形变大的过程中,其脂肪在比重中变大而另两者相应变小。在动物幼年期骨骼和肌肉增加的比例大而脂肪增加的比例小。通常,动物年龄越大,骨骼和肌肉增加的比例越小,而脂肪增加的比例越大。

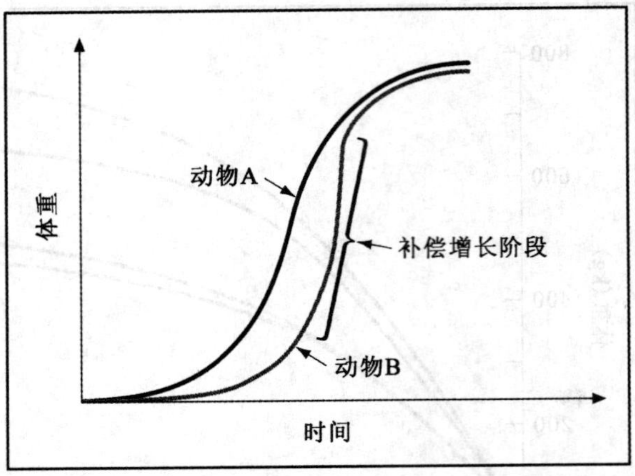


**图 9-4 动物A的正常生长曲线与表现出补偿增长的动物B的生长曲线之比较。**

来源：Iowa State University.

**表 9-1 不同日龄幼鸡的饲料利用率**

| 周数 | 活体重(lb) | | 饲料消耗(lb) | | 饲料转化率(饲料/体重) | |
|---|---|---|---|---|---|---|
| | 周末 | 每周增重 | 本周 | 累计量 | 本周 | 累计量 |
| 1 | 0.29 | 0.19 | 0.31 | 0.31 | | |
| 2 | 0.61 | 0.32 | 0.48 | 0.79 | 1.50 | 1.30 |
| 3 | 1.07 | 0.46 | 0.78 | 1.57 | 1.69 | 1.47 |
| 4 | 1.64 | 0.57 | 1.05 | 2.62 | 1.84 | 1.60 |
| 5 | 2.31 | 0.67 | 1.28 | 3.90 | 1.91 | 1.69 |
| 6 | 3.13 | 0.82 | 1.67 | 5.57 | 2.04 | 1.78 |
| 7 | 3.96 | 0.83 | 1.84 | 7.41 | 2.22 | 1.87 |
| 8 | 4.81 | 0.85 | 2.03 | 9.44 | 2.38 | 1.96 |
| 9 | 5.65 | 0.84 | 2.21 | 11.65 | 2.63 | 3.06 |
| 10 | 6.47 | 0.82 | 2.28 | 13.93 | 2.78 | 2.15 |
| 11 | 7.22 | 0.75 | 2.14 | 16.07 | 2.85 | 2.22 |

来源：North, M. O., Commercial Chicken Production Manual, 2nd ed., AVI Publishing Company, Westport, Conn., 1978.

脂肪厚度可以由探针或者超声波仪器检测，而眼肌面积也可由超声波仪器检测，这两者是活动物体内的肌肉、骨骼和脂肪之比的标志。眼肌面积越大表明脂肪越少，瘦肉越多。

在动物生长时，脂肪沉积速度增快则肌肉增长速度变慢。而且，每日正常生命活动对营养的需要增加。因此，在动物到达成熟期时，需要一个合理的饲养方案使动物有一个比较充分的成长过程。表 9-1 描述了在适合肉用仔鸡大小的增长和脂肪积累的过程中每长 1 lb 所需要的饲料的磅数。

骨骼、肌肉以及脂肪的比例改变的速度随物种、饲养方式、动物类型、配给量以及性别不同而不同。在同种年龄或体重情况下体形大的牛要比体形小的牛瘦肉多。雄性和雌性年龄相同时前者一般要比后者瘦肉多。

摄入高能量比摄入低能量更容易导致脂肪增加速度加快。前者使胴体表层脂肪和大理石花纹的比例增加。动物摄入的高能量饲料越多，其表层脂肪和大理石花纹的比例越大。因此，动物必须接受足够长时间的充分饲养以使其大理石纹肉的比例达到最低标准，但要在表层脂肪的数量增加到影响瘦肉率之前进行屠宰。

蛋白质是肉中最重要的成分，而胴体中绝大部分的蛋白质都分布在肌肉中。因此，肉类生产也必须最大限度地提高蛋白质在胴体中的比例。这也是胴体中价格最高的部分。图 9-5 中描述了蛋白质总量在胴体中达到最大值并在动物继续生长时仍能保持稳定的过程。在那一点上，其他的生长多半是脂肪的积累。

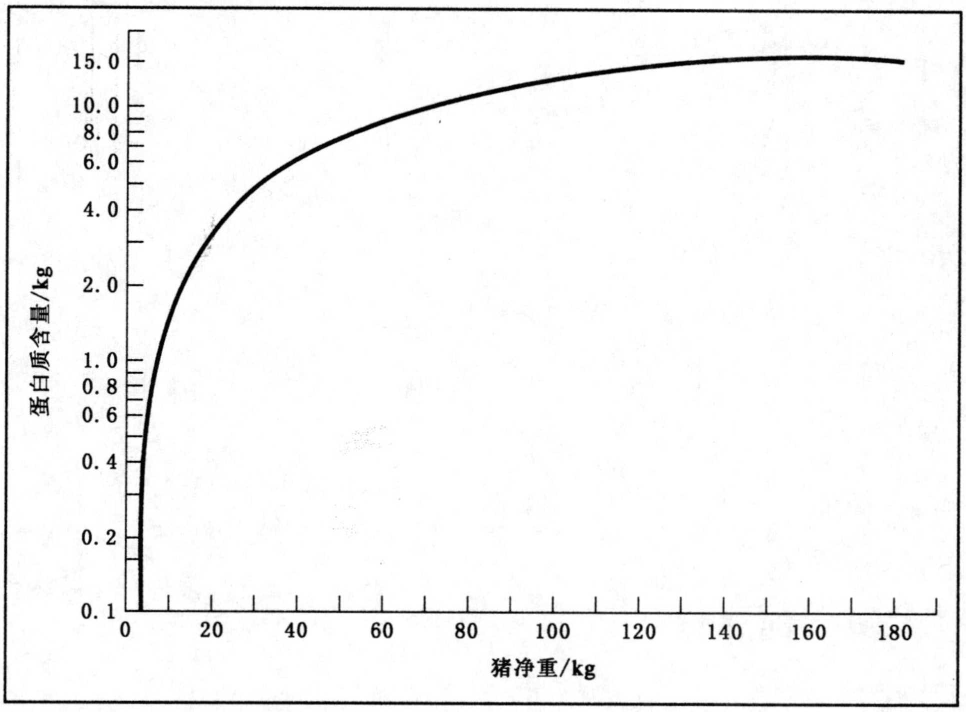


**图 9-5 蛋白质总量与猪净重之比。**
来源：Data from a series of studies summarized by Bailey and Zobrisky，National Academy of Sciences，1968.

## 思考题

1. 阐述增生和增肥这两个概念。
2. 区分时序增长和生理生长。
3. 举出 4 个生长的客观测量方法的例子。
4. 饲养了 5 个月的小羊在 10 月 10 日被送到牧场，每只 64 lb。12 月 29 日将其送往市场，每只 112 lb。计算其平均日增重。注意：10 月 10 日是一年中的第 253 天，12 月 29 日是第 333 天。
5. 解释为什么小牛使用校正天数体重，如 205 d 断奶体重。
6. 画出动物从出生到成熟的标准生长曲线。
7. 解释为什么在动物接近成熟时生长速率会降低。
8. 定义体内平衡这个概念。
9. 在肉用动物中，甲状腺素、生长激素、雌性激素以及雄性激素等激素以及激素类化合物起什么作用?

10. 找出 4 种能够添加到饲料中以提高生长速度的物质。

11. 解释性别如何影响肉用动物的生长。

12. 什么是补偿性生长?

13. 饲料的效率在肉用动物成熟期的生长中是否经常增加或降低? 请加以解释。

翻译:邓慧;校对:王俊玲,孙传禹

# 第10章

# 养殖企业

# The Feeding Enterprise

大部分牛、羊的饲养是在集约化或订单养殖场完成的。在一些地区，这二者的含义是一致的。一般意义上讲，订单养殖场是指饲养员饲养的家畜是属于其他人的，他们以此从雇主那里得到酬劳；与此相反，集约化养殖场饲养自己的家畜。

本章讲述的是集约化和订单养殖场的饲养方式问题。学习完本章后，读者应掌握以下内容：

1. 区分集约化和订单的饲养方式。
2. 推测畜牧业的分布和其原因。
3. 列举饲养企业的5项费用。
4. 列出影响动物生产性能的5种因素。
5. 给定数据后能够定义和统计余额。
6. 指出农场主如何通过价格保护政策来减少损失。
7. 解释所得税如何制约饲养企业的管理。

## 10.1 地理分布

牛、羊饲养的最大集中地是大草原和西部的玉米带，因为这些地方拥有：

- 理想的气候
  ——养殖场气候干燥使得泥泞问题较少
  ——低湿度使得动物更舒适并有更好的胃口
- 靠近谷物供应地——例如玉米、玉米副产品、高粱和小麦产地
- 人口稀少、地域开阔——几乎没有居民区，避免饲养场的气味和废物影响城市、乡镇的居民

20世纪后期随着这些地区动物饲养密度的提高，诸如肉类加工、设备供应、养殖咨询服务、兽医等相关和支持产业随之增加。

尽管本章重点是牛和羊的饲养,但大部分讨论和阐明的是牛的饲养范畴。养牛业的相关原理同样适用于养羊业,因此讨论羊的相关章节较少。

1998 年,全美几乎有 2 300 000 头牛,而排名前 10 位的州,其养牛总数占全美的 93%(表 10-1)。1998 年,排在最前面的得克萨斯州、堪萨斯州、内布拉斯加州和科罗拉多州的饲养场,牛的数目和市场销售额占全国的 79%(图 10-1)。

表 10-1 **1998 年美国各州养牛数目和饲养能力排名**

| 州名 | 年饲养数(单位 1 000 头) | 集约化饲养场的饲养能力 1 000 头以下 | 1 000～15 999 头 | 16 000 头以上 |
|---|---|---|---|---|
| 1. 得克萨斯州 | 5 774 | 8 | 56 | 73 |
| 2. 堪萨斯州 | 5 210 | 45 | 92 | 58 |
| 3. 内布拉斯加州 | 4 430 | 270 | 363 | 32 |
| 4. 科罗拉多州 | 2 550 | 54 | 101 | 19 |
| 5. 俄克拉何马州 | 907 | 3 | 23 | 9 |
| 6. 艾奥瓦州 | 584 | 200 | 110 | — |
| 7. 加利福尼亚州 | 575 | 4 | 8 | 12 |
| 8. 爱达荷州 | 554 | 19 | 41 | — |
| 9. 亚利桑那州 | 398 | — | 11 | 6 |
| 10. 南达科他州 | 307 | 50 | 57 | — |
| 总数(10 个州) | 21 289 | 653 | 862 | 209 |
| 其他州 | 1 500 | 189 | 141 | 10 |
| 全美国 | 22 789 | 842 | 1 003 | 219 |

来源:改自 Cattle Final Estimates, 1994 - 98, NASS, USDA, January 1999.

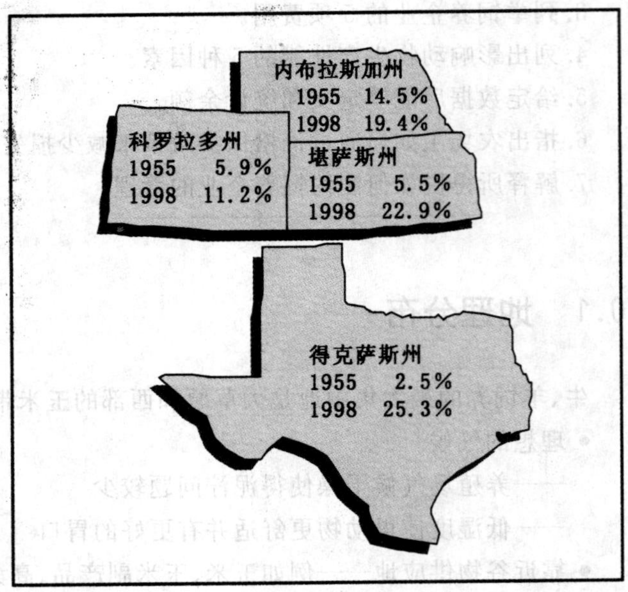


**图 10-1 全美各州养牛业市场份额。**
来源:改自 1998 USDA data.

从表10-1和图10-2中可以看出饲养能力在16 000头以上的饲养场，几乎取代了在玉米带曾经普遍存在的农户饲养模式。市场上超过80%的牛生活在饲养能力在1 000头以上的养殖场。许多低于千头饲养规模的饲养场被认为是牧场养殖场，它们大多位于艾奥瓦州、明尼苏达州和伊利诺伊州。

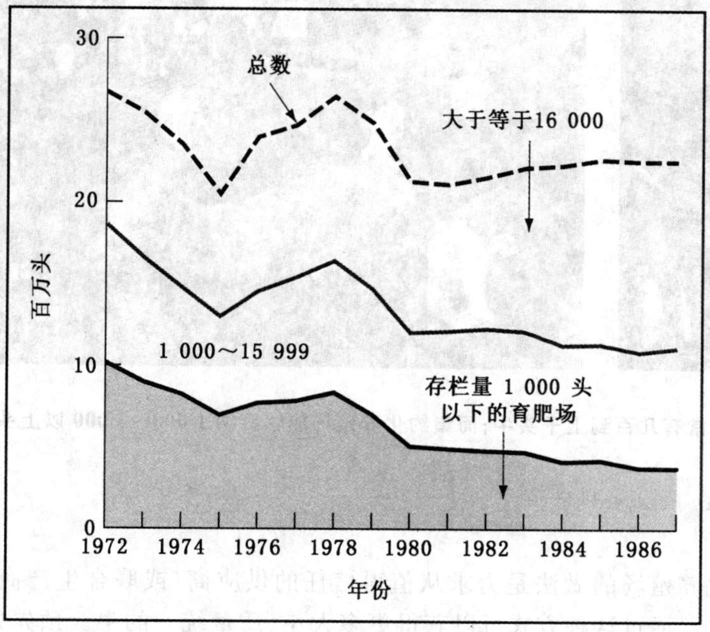


**图10-2　20世纪70年代以后，在大规模养殖场的牛的数量增加，而在小规模养殖场有所下降。**

来源：USDA.

大多数肉类加工厂在主要养殖区内或附近。分割好的肉包装在载重60～80 lb的包装箱内，通过运输车送到居民区的费用，要比把活牲畜运输到居民区后再屠宰的费用低(见第25章25.6)。

## 10.2 养殖场的管理

对于养殖企业，利润是目的。影响利润的主要因素是价格差额(农场主每百磅的购入价格与饲养周期后动物的售出价格的差额)、投入产出率、死亡损失、疾病防治等等。许多人不是亲自参与养牛业，而是投资于此行业以期望回收利润。大部分养殖企业是公司所有制的形式(有一些是合作社)，它们拥有经验丰富的管理者和雇佣工人。在大多数养殖场里，只有少部分牛归农场主所有，而大部分是为别人养的——这些人是拥有家畜却没有谷物的投资者。养殖场管理者以投资商的身份购买、管理和卖出牲畜。谷物和其他的饲料通常需要购进(图10-3)。

通常，集约化饲养场的管理者饲养1岁牛，这种牛的饲养周期是4～5个月，然而农场管理者倾向于饲养饲养周期更长的小牛。

养牛业是一项大的产业。购进牛的风险很高并且必须管理有效，因为决策也许决定着上千美元的利润或损失。

消费者期望好的产品和低廉的价格。科学的发展促进了定量管理、疾病防治、劳动力管理的发展。牛和饲料的价格每天都在变化。健康问题每天都发生，天气也许会减少饲料产量，饲料加工设备或许会坏掉而亟须更新，这都将会影响动物的食欲或生产性能。

图 10-3　如左图所示，中西部和中部的养殖场通常有几百到上千头牛；而集约化养殖场能够容纳 1 000～3 000 以上头牛，见右图。

来源：Amercian Hereford Association and Country Feedyards.

现在一些集约化养殖场的做法是力求从值得信任的供应商(或联合生产商)那里获得大部分的牛。通过这种方式可以获得更多大小、质量统一的牛。预先处理牛(饲养场接种疫苗或做其他准备)就会减少健康问题并且提高它们的性能(见第 29 章)。

饲养场的利润依赖于许多服务和人为因素，例如管理配料的营养顾问、处理健康问题的兽医、市场顾问与通讯员和管理财政记录、现金流动、合作关系、税务和一些其他问题的会计。外延服务可以提供以上服务的一部分。大多数管理者利用卫星或 E-MAIL 联合监视器获得最新的市场信息，用计算软件来实行饲料的定量配给和财政管理。在联邦限制动物饲养的法案和规定下，环境保护组织和各州起相关作用的组织可以监督肥料处理设备的操作、代谢废物、气味或者其他环境问题。

食品和药品管理机构管理和监督饲料添加剂的使用和动物的饲养管理。其他的联邦机构在法案的界定下管理和监督养殖业的其他方面。例如，职业安全和健康部门规定具体工作条件，国际税收服务机构负责雇员社会保障定期的补贴和总结报告。

## 10.3　资金和成本

大量的资本对于养殖业是必须的，创办养殖场每头牛大约需要投入 150 美元，并且部分或全部附属结构还要花费 300 美元或更多，再加上饲料费用和数月的劳动力工资、设备耗损和燃料费。银行、农场保障机构等借贷机构要求提交详细的工程费用、利润和现金流动分析后才会批准贷款。

大体上说，花费分为 2 部分：(1)购买育肥畜的花费；(2)饲养的花费。育肥畜的花费包括购买和运输动物的花费。除了最初的购买费用外还包括采购员的佣金、装车费用、运输过程中动物体重的减少①和死亡的损失。等级、大小、性别、时间、健康状况甚至从购入地到养殖场距离的不同都影响费用。饲养动物的数目和价格的季节性将在以后章节中讨论。

同样大小和质量的小母牛与成年公牛相比，前者的饲养成本低，但小母牛的死亡损失比较高；小母牛可能怀孕、流产或是引产。因为小母牛的胴体价值比阉公牛低，所以购买小母牛的价格低些。

饲养轻型育肥牛费用较高，但饲养重型育肥牛需要更高的投入。饲养轻型育肥牛并不意味着小骨架；选择大骨架，即饲养健康的有潜在补偿性的轻型育肥牛是个不错的选择(见第8章8.5)。

家畜在育肥场及运输过程中的死亡损失是值得注意的。大多数情况下，轻型育肥牛比重型育肥牛的死亡率高。

购入20～30头家畜，直接从一个牧场或一个市场购入比从几个市场用几周的时间购入死亡率低。后一种情况下，家畜有更大的染病几率并且承受更大的应激。

长距离运输家畜的费用较高。家畜的体重缩减和死亡率随运输时间的延长而增加。表10-2阐述了家畜体重减少随运输时间和距离的变化情况。在最初的3～4 h和前100 mi体重减少最快。

**表 10-2 家畜运输过程中体重减少的百分比**

| 运输时间和距离 | 体重减少量(%) |
|---|---|
| 运输时间 | |
| 3～4 | 1.00/h |
| 4～14 | 0.150/h |
| 14＋ | 0.085/h |
| 运输距离 | |
| 0～100 | 3.0 |
| 100＋ | 1.0/100 mi |

来源：Riley, J. G., Kansas State University, 1976.

装载和拖运是由卡车司机负责。运输家畜时不能超载并且应该快速运到目的地。运输车应该装备高效的排风设备，以免家畜吸入有害气体。

饲养的花费指家畜从购进到出售这一过程中的消费。大体包括：(1)饲料费用，包括组成和余额；(2)直接的股份分红；(3)死亡损失；(4)饲育场的使用费，包括管理和定期检疫的费用；(5)药物和其他细节上的花费。

饲料是主要的花费。每个家畜增重1 lb将消耗5～6 lb的饲料，整个育肥期总共约消耗1.5 t饲料。这是养殖场选址在粮食产区的重要原因。

养殖场加工每吨饲料需要4～6美元(切碎、混合、蒸干或制片)。饲养的中期至后期为提高动物的增重速度和增重效率，要饲喂精加工的配合饲料，饲料添加

①指从购进地到养殖场的运输过程中动物体重的减少量。

剂使用同样需要花费。

在订单养殖场，饲料涨价幅度与利润密切相关。家畜拥有者的可用资本用来(1)购买饲料；(2)购买家畜。2004年，1岁家畜的总共费用如下(包括饲料的费用)：

以每50 kg 78美元的单价购买680 lb肉用牛×饲养160 d的利率(利率为8.3%)：

530.40美元×0.085×160/365=19.76美元

所有者应该有足够的资本而不是通过贷款购买牲口和饲料，但是必须考虑这些资金投入其他领域所能获得的利润。

动物的生产性能如表10-3所示，其数据来源于集约化养殖场的肉用牛和小母牛。表中体现了它们入栏、出栏的平均体重和平均日增重。1998—1999年平均饲料转化率为6.65∶1(每增重1 lb大约需要90%的干饲料)。死亡率是1.31%，家畜每增重100 lb约消耗54.58美元。

表10-3 养殖场家畜生产性能[a]

| | 肉用牛 | | | 小母牛 | | |
|---|---|---|---|---|---|---|
| | 1999年1月 | 1999年5月 | 1998年1月 | 1999年1月 | 1999年5月 | 1998年1月 |
| 入栏重(lb) | 662 | 685 | 701 | 608 | 621 | 638 |
| 出栏重(lb) | 1 191 | 1 199 | 1 198 | 1 090 | 1 082 | 1 103 |
| 饲喂天数 | 172 | 169 | 172 | 174 | 165 | 178 |
| 日增重(lb) | 3.08 | 3.04 | 2.89 | 2.77 | 2.79 | 2.61 |
| 干饲料转化(lb) | 6.30 | 6.57 | 6.73 | 6.53 | 6.74 | 7.05 |
| 死亡率(%) | 1.17 | 1.49 | 1.22 | 1.19 | 1.25 | 1.67 |
| 增重消费($/cwt) | 47.26 | 48.92 | 58.65 | 50.35 | 51.74 | 62.05 |

a. 数据基于4个州的25个养殖场，这些养殖场都有营养和兽医顾问团。

来源：Feedstuffs, June Feedlot Analysis, 1999, provided by Dr. Marcus Hoelscher, special consultant, Hereford, Texas.

死亡损失在增重消费中占相当比例。家畜在饲养企业的死亡影响饲养场的收入。许多家畜在死亡前消耗了大量饲料。所有在市场上销售的家畜都需要在最初购买和随后的饲养过程中投入大量的资金。据饲养员估计家畜在饲养期的死亡率为0.5%～1.5%。

投资商和育肥畜所有者收取的费用包括：检疫费用、雇用劳动力费用、投资养殖场的利息、折旧费、运营费和一些利润余额。通常每头每天的费用为12～15美分。因为饲育场费用是基于每头牛每天计算的，所以养殖场通常要充分利用。全日制的雇工被要求整年工作。无论设备是否被充分利用，设备和厂房的折旧费、利息都是要付的。

## 10.4 影响动物生产性能和养殖场利润的因素

许多因素直接或间接地影响着养殖业的利润率。饲养动物的遗传潜力是一个因素。家畜增重越快，饲养成本越低。家畜如果能较快地达到出栏重，就消耗较少的饲料，花费较少的饲育场费用，每头家畜的成本也越少。小牛的遗传潜力很难估计，但常年雇佣于养殖场的经验丰富的饲养员饲养的动物通常表现良好。

正如第 9 章第 5 节所讨论的，家畜的前期饲喂方式影响其后期表现。低能量高蛋白的日粮可使动物有较高的机会获得补偿性生长，它们通常是低投入高产出。另一方面，散养的小牛通常没有养殖场的表现得好，生长环境恶劣或活动量大的小牛具有补偿性增重的潜能，但会受到呼吸或其他健康问题的困扰妨碍其生长。

由于以下 2 个原因，小母牛比阉割小公牛增重慢、效率低：比起阉割小公牛，小母牛性成熟时体重较轻，所以生长潜力小；小母牛比同样重量的阉割小公牛膘肥，生产相同重量的脂肪比相同重量的瘦肉消耗更多的饲料。此外，小母牛在**发情期**还会掉膘，除非投喂发情抑制剂。

> **发情期**
> 雌性动物发情，容易配种的时间。

饲喂期的不利环境将降低增重效率。此时家畜消耗更多的饲料来维持生存而不是生长和组织沉积。在寒冷的环境中，动物吃的较多但用以维持的需要也随之增加，所以较少的饲料用以增重。炎热的天气同样增加动物的维持需要，但此时饲料消耗和体增重都减少。养殖场管理者冬天增加粗饲料用量，夏天减少粗饲料用量，因为粗饲料在消化过程中会产生更多的体热而且成本较低。影响动物生产性能和应激的环境因素将在第 11 章详细论述。

对于以前没有定量配给的幼年家畜或小型家畜来说，较低的饲料消耗量是个问题。最初的定量配给包括诸如干草等家畜熟悉的草料。开食料中也会添加 2%～3%的糖蜜或促食剂。一旦家畜对饲养场环境和开食料熟悉，就应立即增加能量饲料使用量。食用高能配合饲料的家畜消耗较多的能量，加快了组织的沉积，其结果是更快和更有效的增重。

气候的改变影响饲料的消耗。在暴风雪前家畜大大地加速了饲料的消耗，但在暴风雪期间和之后不会食用和消耗饲料。最佳的"饲槽管理"——避免饲料在饲槽里积聚—— 对于避免饲料不足和减少饲料损失是必要的。

在大草原地区，高粱是主要的农作物。饲料加工——包括切碎、制成薄片和蒸煮——可以提高饲料消化和利用效率 2%～3%，但是能源和劳动力却不得不考虑。

粪便有着很高的肥料经济价值，从养殖场运出的粪便是很好的商品。粪便可被合理的施用于农田——通过直接撒播或灌溉系统——以提供氮、磷、钾。尽管在农田里发挥作用前，粪便中 50%的氮挥发了，但是磷和钾几乎没有损失。每百磅牛肉利润的 7～8 美分归功于养殖场的粪便。

## 10.5 利润

和其他行业一样，养殖业的利润是收入与成本的差值。因为利润可以是正值也可以是负值，所以利润与盈利不完全等同。养殖业中利润的形式有 2 种。一种是价格差额即毛利，指的是每英担(cwt)育肥家畜的购买价格与育成家畜出售价格的差值。另一种是养殖利润，指的是家畜每增重 1 英担的成本与育成动物每单位重量的售价的差值。下面的例子在图 10-4 中有所阐述。

例 1——价格差数

| | |
|---|---|
| 育肥畜出售价格(1 180) | \$80/cwt |
| 待育肥畜价格(700) | −70/cwt |
| | \$10/cwt 价格差数 |

待育肥畜价格(700)

(7 cwt)(\$10/cwt)=\$70 潜在利润

例 2——价格差数

| | |
|---|---|
| 育肥畜出售价格(1 180) | \$65/cwt |
| 待育肥畜价格(700) | −70/cwt |
| | −\$5/cwt 价格差数 |

(7 cwt)(−\$5/cwt)=\$35 潜在损失

例 3——饲养利润

| | |
|---|---|
| 育肥畜出售价格(1 180) | \$60/cwt |
| 增重成本(480) | −50/cwt |
| | \$10/cwt 饲养利润 |

(4.8 cwt)(\$10/cwt)=\$48 潜在利润

例 4——饲养利润

| | |
|---|---|
| 育肥畜出售价格(1 180) | \$53/cwt |
| 增重成本(480) | −50/cwt |
| | \$3/cwt 饲养利润 |

(4.8/cwt)(−\$3/cwt)=\$14.40 潜在损失

**图 10-4 价格利润与养殖利润举例。**

如果以 70 美元/英担的价格购进一头 700 lb 的肉牛，经育成后肉牛重 1 180 lb，此时育成牛的市场价格为 80 美元/英担，那饲养者获得的价格差额就是正值，每英担的利润为 10 美元(例 1)。那么如果购买了 700 lb 的育成牛，按每英担差 10 美元算，就可以获得 70 美元的收益。如果育成牛的市场价格是 65 美元/英担，那么价格差额即为−5 美元/英担(例 2)。这时将会造成 35 美元的亏损。

如果圈养牛的增重费用为 50 美元/英担，育成期结束时育成牛的市场价格为 60 美元/英担，那么肉牛饲养者获得的价格差为 10 美元/英担。饲养者每卖掉 100 lb 肉就可以获得 10 美元的利润。按 10 美元/英担的养殖利润算，480 lb 增重会带来 48 美元的潜在利润(例 3)。再看例 4，如果育肥牛每增重 1 英担需花费 53 美元，而育成牛的市场价格为 50 美元/英担，则可知每英担的育成牛损失 3 美元，总的损失为 14.4 美元。

若正的价格差额大于负价格差额，则企业盈利，且盈利额为两个价格差的差值。相反，则企业亏损。对于育肥厂负责人来说，价格差额和养殖利润同等重要。

## 10.6 价格保护

一些饲养员，尤其是农场主，经常在冬天或秋天购买牛犊来作后备或者直接放牧饲养，同时在这段时间以比春天价格低许多的价格购进大量的过剩谷物。有些时候在夏天就有人来预订这些在秋天才育成的肉牛。有些牛场的场主利用"集成方法"——秋天将牛交给订单饲养场饲养，育肥到春天价格上涨后再屠宰。这样可以避开秋天的低价期，同时也可以获得正价格差额即获得盈利。

大多数的饲养场饲养的动物品种单一，投资巨大，所以很容易受牛和饲料的价格浮动的冲击。肉牛价格的大幅下降和饲料价格的大幅上升将给饲养场带来巨大的经济压力，甚至可以导致饲养场倒闭。肉牛饲养者与拥有者之间、肉牛供应商与饲料供应商之间的期货市场和期货合同可以确保金融市场的稳定并降低交易风险。

在订单饲养的情况下，肉牛的所有者与饲养者通常以书面合同的形式达成一致。合同中会说明肉牛育肥的目标体重、育肥天数、育肥成本和可接受的死亡率。而一些合同只说明育肥成本和日增重的成本。牛育肥过程中的花费由肉牛所有者支付。

肉牛育肥的远期合约是一种价格保护的特权形式。肉牛所有者与饲养者之间的合同详细说明了育成牛的数量、质量、价格和交货日期。所有者提供了价格保护，饲养者保证了育成牛的交货时间和数量。这是一种合理的，对拥有少量肉牛的经营者(这些经营者选择不参加期货市场)的保护形式。这种远期合约涉及实体的牛和具体的价格。

饲养场经营者可以在签合同时说明谷物、草料和补充蛋白的购进价格，建立特定时间的饲料运输价格体系。

期货市场提供了另外一种形式的价格保护，它不仅仅是对牛实体和具体价格的约束，而且通过让投机者或其他人参与进来共同承担经营的风险。合同所制定的价格反映了贸易方——投机者或其他人——预测的未来肉牛的价格。一个"商品期货市场"在堪萨斯州或芝加哥(图 10-5)成立，连接了买卖双方，买卖双方与**期货市场**分别达成一致，这种情况往往是通过经纪人完成的。

**期货市场**
关于买卖的商品在未来的某一时间发货签订合同的场所。

**图 10-5 芝加哥商业贸易交换市场，活牛、胴体和其他用品期货在这里交易，提供银行电话、行业情景、展览会和价格波动等信息。**
来源：Chicago Mercantile Exchange.

期货合同规定数量(每份合同)、质量、运输时间与地点和所有可能影响商品价值的因素。买方买"肉牛"合同，卖方卖"肉牛"合同。没有只有卖方存在的合同,每份合同中只能有1个卖方和1个买方。买方与期货市场达成一致,根据合同在某一时间以某一价格接收货物。卖方与期货市场达成一致,根据合同在某一时间以某一价格将物品运输到买方手中。

因为期货市场出售的是合同而不是真正的牛,所以买方可以在交货日期之前将合同转卖。一旦转卖成功,就意味着买方就此退出了期货市场。在此过程中,合同的最终价格变化决定了这次交易是获利还是亏损。

因为可以在任何时候选择进入或退出期货市场,所以投机者也可以在没有任何实体商品时加入肉牛或谷物的期货市场。而且,他们以不同的价格买进或卖出合同,并以此获利或亏损。这类的投机者占有一定的市场份额,而且他们时刻准备好了在某一价格点上买进或卖出,所以说他们是十分重要的。

虽然期货市场与现在的肉牛饲养市场和谷物市场是互相独立的,但是却是紧随其变化而变化的,所以肉牛的所有者和饲养经营者依据肉牛市场和谷物市场来预测价格。投机者总是预测很多价格的起伏可能性。

**保值**

一种价格保护形式,一般通过商品的期货合同进行(例如:在肉牛育肥畜刚进入育肥厂时,就将其胴体以期货卖出)。

为了保护价格,在商品市场买进与卖出期货合同的行为叫做**保值**。为那些圈养牛和谷物保值的人称为套期保值者。如果肉牛所有者计划在秋季卖出育肥牛,那他就要在6月份靠卖出"10月份出售肉牛"的远期合约来保值,防止在6月至10月期间肉牛价格的下降。

例如,6月份肉牛市场表明10月份的肉牛的目标利润是75美元/头。如果饲养者比较愿意接受这个数字,他们就可以敲定这个价格,签订远期合约,以此预防饲养期间肉牛的价格下跌,当然,这样一来,如果肉牛市场价格上涨,饲养者也得不到多余的那部分利润。假设饲养场有400头牛,10月份时屠宰重为1 200 lb。6月份饲养员出售10月份上市的肉牛的期货合同12张(每张合同签订40 000 lb)。买方付的价钱的任何变化都随着当时这12张合同的价值变化而变化。10月份以市场价格将牛卖给买家,饲养员就买回来12张合同。如果在6月至10月期间屠宰价格下跌那么合同的价格也就随之下降,那么饲养者将能以较低的价格买进。与6月份的受保护的利润相关的损失可以在合同转让的过程中弥补回来。同样在此过程中的盈利也可以在合同转让过程中被抵消掉。所以在6月份合同转让之后饲养者的盈利或亏损可能都被减少。符合市场要求的牛的卖价是被订好的。并且每头牛计划所得的利润75美元是对饲养者的一种保护,即使在10月份牛未出售,同样可以获得利润。这种保护的费用包括经纪人费用,预收保证金的利息(中介合同的保证金)和如果肉牛的价格和未来的屠宰期货合同的价格不一致所带来的风险。

饲养场经营者也可以凭借饲料期货市场的价格浮动来减少风险。谷物的价格和谷物期货合同价格在收获季节也就是货源充足时价格最低。此时经营者可以尽可能多的购买并储存饲料,同时对于那些多余的谷物可以通过当年晚些的期货合同将其卖出。谷物价格的上涨将会抵消期货合同价值的上涨。

另外一种形式的价格保护是市场选择,在市场中可以选择买进或卖出未来某一时期按一定价格出售的一种特定形式的期货合同。这种合同的细节不需要协商。

通常,饲养合同和期货市场合同都希望提供最小的风险并获得最大的利益。

## 10.7 税收

饲养肉牛需要交税。有关税收和相关解释经常修订。通常购买肉牛饲料的费用可以在其购买当年扣除，而不是在其被用于饲喂的时候扣除。这是不同时期购进，商机不同的原因，例如价格或饲料的保证金等等。饲养者可以在收入丰足的年份大量购进谷物减少当年所需缴纳的较大的税款。

缴税是不可逃避的。牛最终是要卖出的，获得应征税的收入，所以税款只能延期上缴，而不是不缴。对于那些按现金收益而不是以实际获利为基础上报所得的纳税人来说，他们上缴的税款可以拖延到育成动物上市时再缴，而无需再购进动物时就上缴。

在这些情况下，11 月末动物将被屠宰时，当年的应征税收入可能受出售日期的影响。如果当年的应征税比较高，则可以将出售日期延到下年 1 月，这样可以晚一年缴纳部分税款。

税额也影响其他的经营决定。投资信用，紧缩应付税，都可能是某些投资的保证。工具和器械有一定的使用期，头一年的折旧率和之后每年的折旧率都应该被考虑进来。这些因素可能影响设备的购进。

## 思考题

1. 集约化育肥场和订单育肥场的区别是什么？
2. 说出集约化育肥牛产量前 4 个州中的 3 个。
3. 集约化育肥场和农场饲养的育肥牛的比例是多少？
4. 说出美国较大规模的育肥牛场选址根据。
5. 购进育肥牛时，小母牛与阉割公牛、体重较轻与较重的待育肥牛，哪种牛的每磅花费更高？
6. 除了饲养成本外，举出 4～5 种影响围栏育肥牛成本的因素。
7. 解释为什么环境变化会影响育肥畜的生产性能。
8. 名词解释并举出例子：价格差额，饲养利润。
9. 为了降低饲养及价格变化所带来的风险，我们应该采取哪些措施？

翻译：李想；校对：孙传禹，王俊玲

# 第 11 章

# 动物环境和适应性

# Animal Environment and Adaptation

家畜的生产性能受到遗传和环境 2 方面因素的影响。动物所处环境的好坏影响它们遗传潜力的表达程度(图 11-1)。一般来讲,环境包括对动物产生影响的管理、营养和疾病因素,也包括气候因素诸如温度、湿度和通风等。为了有效地提高动物生产性能,这些气候因素都应该合理控制或根据实际情况而进行改善。

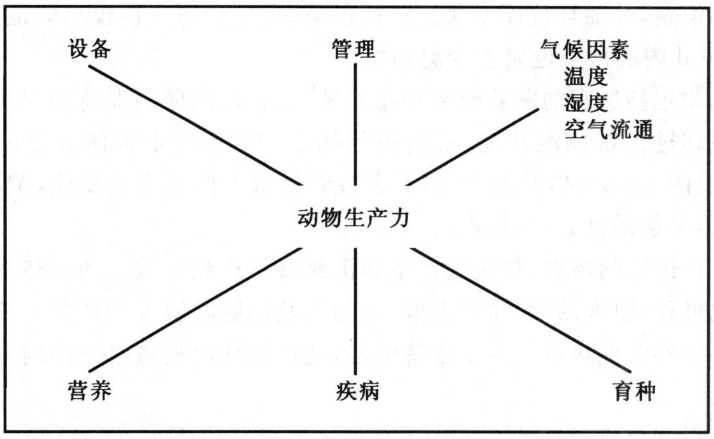


**图 11-1　动物生产力受遗传和许多环境因素影响。**

本章主要讲述动物环境中的一些细节因素,诸如(1)动物周围的小环境温度、湿度、通风、辐射和光照及其对动物的影响;(2)动物维持其体温而进行的体温调节活动(保温、产热或热量消耗);(3)改善环境和管理以使动物感觉舒适并提高其生产性能的一些内容。

人们进行了大量研究来测定为达高产的动物最适气候和环境,以及不合适的环境和气候因素对动物的损害程度。

多年来，生产者和科学家们都致力于研究使日增重、饲料利用率、产奶量、鸡产蛋量及其他生产指标达到最大化的管理系统；对于一个成功的企业而言，最高的动物生产性能仍然非常重要。现在由于能量、劳动力和其他消费的增长，人们的兴趣开始有些由产量最大化转移到更经济化的标准上了。而成本效益分析则揭示出给动物提供遮阴、防护、热量补充、降温、风扇、洒水器和其他相关环境控制装置的相对收益。

学完本章后，读者应该掌握以下内容：

1. 与动物环境相关的一些概念，如辐射、传导、对流、临界温度、风冷指数、变温动物和恒温动物等。
2. 说明动物是如何进行生理调节以适应高温或者低温的。
3. 比较夏季和冬季对畜禽的典型影响。
4. 区别遮阴、蒸发冷却、冷藏冷却和洒水器在冷却上的不同以及它们更适合哪些动物种类和环境。
5. 说明极冷和极热的饲料和饮水给动物造成的影响以及如何调整日粮来改善。
6. 详细说明并描述每个动物占多大饲养面积时会影响家禽或猪生产的收益。
7. 解释通风对于畜禽的封闭饲养的重要性。

**变温动物**
指没有能力维持恒定体温的动物。因此，它们的体温受环境温度的影响非常大，又名冷血动物。

**恒温动物**
指通过消耗或者散失热量来维持体温在95～105℉的温度范围内。通常也称为热血动物。

**辐射**
两个互不接触的物体之间的热交换。热量从高温物体发射向低温物体。

**传导**
通过媒介传递热量。热的分子通过与冷的分子接触，将热量传递出去。

## 11.1　热损失和热生成

动物可以划分2大种类：冷血动物（变温动物）和温血动物（恒温动物）。**变温动物**体温不恒定，并随环境而变化。包括鱼类，水生动物。在较小的范围内，出生后最初的10 d内的禽类也属于变温动物。

**恒温动物**包括所有的家养哺乳动物和鸟类，它们的体温保持相对恒定。如果动物的体温超过正常体温几度，就会引起死亡。畜禽的正常体温范围是从马的101℉到禽类的106℉（参见表12-6）。有些动物每天体温都会变化，范围为几度，通常情况下，早晨最低，下午最高。

为了维持恒定的体温，热量的产生和消耗必须达到一致。动物热量主要来自于体内消化过程、肌肉活动、瘤胃发酵、运动以及细胞呼吸等的产热。此外还有太阳辐射及其他外源性热量。为了维持恒温，动物必须消耗来自于体内或体外的额外的热量。

动物热量消耗或者产生主要有4个基本途径：(1)辐射，(2)传导，(3)对流和(4)蒸发（图11-2）。

**辐射**是两个非接触的物体之间的热交换。热能从高温物体传向低温物体。例如动物（或人）冬季站在太阳下面接收的太阳能就来源于辐射。辐射能通过电磁波传导，在接触到动物时转化成热量，这样，在阳光明媚的冬日，尤其是无风场所，动物会感到暖和。动物也能通过与墙和天花板之间的辐射损失热量，然而，如果墙或者天花板比动物体温高的话，相反的情况就会发生。

**传导**指的是热量从相互接触的暖的物体流向冷的物体。热分子通过运动与冷分子接触，将动能转化到冷的物体。传导热的转移量取决于接触物体的表面温度和两者的热传导率。卧在冰冷水泥地板上的猪会由于传导而损失热量，而卧在

**图 11-2 动物散失或获取热能的几种方式。**

用水暖加热的地板上的动物会因传导而获取热量。

**对流**是指热量通过空气或者水的运动从暖的区域传递到冷的区域。暖风吹到动物身上，便会以对流的形式给动物增加热量。站在 0℃速度 20 m/s 的风中，动物相当于暴露在零下 12℃（风冷指数）的"有效温度"下，并以对流的方式损失热量。

**对流**
通过空气或水的运动进行热量传递。

**蒸发散热**也会导致动物热量损失。当环境温度接近动物体温时，以辐射、传导、对流的方式散去的热量逐渐减少，动物就必须通过水蒸发带走热量，热量散去的多少取决于动物体表温度、空气流动速度、温度以及空气中的相对湿度。同时热量也可以通过肺部和呼吸道散去。由于物种差异，动物通过汗液蒸发冷却的能力也有所不同（见 11.3）。大多数家养动物此种能力都很有限。在气候潮湿的地方或者空气湿度高时，蒸发冷却显然没有太大作用。有关动物如何适应环境温度见框 11-1。

**蒸发散热**
是指热量通过汗液、喘气等方式从身体散去。热的液体分子通过蒸发离开身体，并带走热量使身体降温。

**框 11-1　畜禽调节自身适应环境**

你能想象出图 11-2 中的马如何应对高温(超过 100℉)高湿的夏季炎热天气以及如何忍受冬季温度在 0℉以下的严寒吗？在所有的家畜家禽中，马也许是最能适应极端天气和温度的动物。然而，请记住所有畜牧业中涉及到的动物都是常温动物，除了一些水产业中的变温动物外。后面的内容总结了常温动物如何自我调节去适应温度的变化。

- 温度降低时
  1. 通过以下方式减少热量的损失
     (a)周边血管收缩。
     (b)增加身体的防护措施[增加脂肪沉积、被毛的厚度(长度和密度的增加)，毛发直立]。
     (c)寻找躲避风、雨、雪的地方(如山的背风面)。
     (d)减少体表面积(如蜷缩着或者拥挤在一起)。
  2. 通过以下方式增加产热
     (a)增加采食量(采食更多能量和消化食物产生更多热增耗)。
     (b)增加身体活动，(如跳跃等运动)及在严寒下的非自主的自发性颤抖等。
     (c)寻找接触阳光照射。
- 温度升高时
  1. 通过以下方式增加热损失
     (a)周边血管扩张。
     (b)减少身体的防护措施(脱毛等)。
     (c)增加体表面积(如以伸展开的姿势休息)。
     (d)通过蒸发的方式如出汗，喘气等散热。

     当环境温度接近体温时，出汗和喘气成为主要的散热方式。而辐射、传导、对流几乎没有作用。事实上，这些热交换的方式增加了动物体的散热的负担。

     (e)避免晒太阳(如找到阴凉处休息)。
  2. 通过以下方式减少产热
     (a)减少采食量(低甲状腺素水平，低代谢率)。
     (b)减少运动量。

动物饲养管理者应尽量使动物保持舒适，以及尽可能好的饲养水平，这是他们的职责所在。对于处于极热或者极冷的天气时，他们必须注意保护动物。

来源：Compiled by the authors.

## 11.2 舒适区和临界温度

> **舒适区**
> 动物感觉舒适并且生产性能最高的温度范围。

> **临界温度**
> 是指处于这个温度时，动物必须增加或者减少能量物质的氧化来维持体温。

对于动物而言，存在一个生产性能最大化的温度范围，这个温度范围就叫做**舒适区**或者热平衡区。这个区域的下限就是最低临界温度，也就是说，低于这个温度时，动物必须提升自身的产热机制维持正常体温。临界温度的范围因物种、动物的年龄、脂肪含量、皮毛、体重和饲养水平而不同。凡是影响动物产热或者散热机制的因素都可以影响到临界温度。

温度低于**临界温度**时，维持需要的热量会因热消耗的增加而增加(图 11-3)。动物对于低温的反应就是增加采食量，或者颤抖，或者非颤抖的产热反应，如果动物还感觉冷或者温度还在临界温度以下，血液便会从四肢流向内脏，由此一些动物因为在恶劣天气条件下没有得到有效的保护措施会冻伤。

舒适区的上限或者说临界温度的上限更难定义，而且在物种之间变化更大，从某种程度上讲，在同物种内也变化很大。对于热应激耐受性强的动物通常有排汗能力强、单位体重体表面积大等特点。瘤牛，比如婆罗门牛，就比欧洲牛的热耐受力强。热应激会导致热性喘息(快速或者更艰难的呼吸)，这种喘息会增加维持的热量需要。一般来讲，处于热应激状态下的动物采食量会下降，减少热量摄入，如图 11-3 所示。

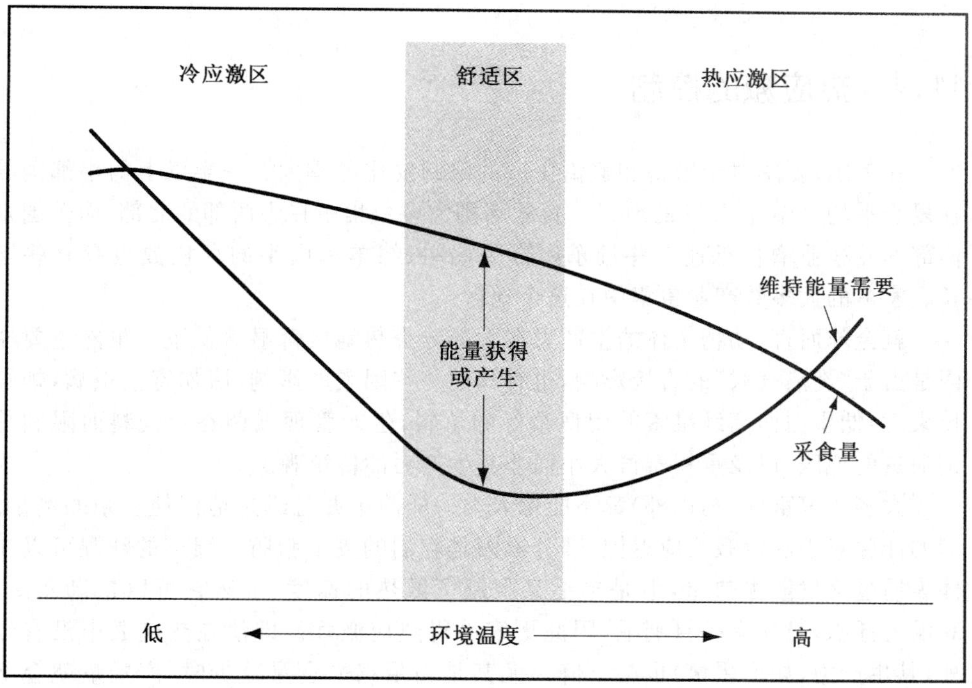


**图 11-3 温度升高时，体温上升，采食量下降；超过临界温度时，维持的能量需要增加，而动物获得或者产生能量的来源却减少。**
来源：Iowa State University.

## 11.3 温度应激的生理适应性

当处于异常温度条件超过一定的时间后，动物便会在某种程度上调整或适应该温度①。你也许会注意到，4 月份的 30℉要比 1 月份的冷得多。**环境适应性**与激素和生理调节 2 方面的变化有关。

> **环境适应性**
> 动物在几周内对于周围环境因素的适应。

当处于温度应激时，肾上腺和甲状腺便会分泌激素帮助调节体温。低温时，甲状腺素分泌增加，动物代谢速度加快，产热量增加。肾上腺皮质素的分泌也会由于冷应激而增加，这样也会进一步加快代谢速度。

处于热应激时，甲状腺素分泌减少，肾上腺皮质素分泌也会降低，动物机体产热量降低。

物种连续几个世代的适应性是由其群体的选择和基因变异而造成的，通过这种方式，种间或种内的群体就可以与其生存环境相适应。牛科动物中，以印度婆罗门牛为例，它们体躯大，胸腔宽阔，体表颜色浅，因此与欧洲的安格斯牛，海福特牛和夏洛来牛相比，更能适应高温气候。而后者体被长毛，单位体重表面积小，更适应冷应激的状况。

本章其他部分阐述了如何在实际生产中采取一些措施使动物感觉更舒适且高产。

①环境适应性指动物调整自身来适应环境变化。环境适应性有时用来描述对于单一因素或者应激源的直接反应。

## 11.4 热应激的控制

在美国,夏季对于家畜和家禽生产的限制要比冬季大。一半以上的牛都饲养在夏季平均气温在75℉的地区。育肥猪则大多数集中在中西部的北部,而美国东南部的养猪业增长迅速。并且东南部的奶牛、绵羊和肉牛的存栏数也有一些增长。家禽的大多数产业也集中在这个地区。

就全球而言,动物个体的生产力在大部分炎热地区都显著低下。虽然主要原因是由于"炎热气候"的直接影响,也有其他一些因素的影响,诸如寄生虫病,蜱媒传染病,低蛋白而高纤维素的貌似很好的草料,生产管理强调谷物饲料而限制总饲喂量的地区,以及重视畜群大小而非其生产力的传统观念。

大多数家畜(除马以外)都不能像人类一样简单并且迅速地消耗多余的热量。猪的汗腺对于热应激反应迟钝,部分原因是它们的皮下脂肪。绵羊的汗腺可以在体表通过蒸发散去热量,但是羊毛又限制了散热的速度,虽然它可以抵御寒冷。鸡没有汗腺,且又有一身羽毛,因此更容易得热应激症。即使在热应激中没有致死,其生产力(如产蛋量)也会下降。尤其是当蛋鸡采食量减少时,产蛋量就会下降,这也是春秋季节气候温和时产蛋性能好的原因。

一般奶牛都有汗腺,但是这些汗腺并没有适当地分布在体表,通过出汗,奶牛的蒸发冷却效率大约相当于人类单位体表面积散热效率的1/8。当温度超过75℉时,尤其是当空气湿度大于或者等于50%时。泌乳奶牛就很难将自身产生的热量散去。

热应激对于雄性和雌性动物的繁殖性能都有显著的负面效应。这些将会在第15章第4节中进行讨论和阐述。

显然动物对于炎热气候有一定的适应能力。以奶牛为例,通过脱毛减少被毛厚度,可以一定程度上改变体表反射的效率,并且增加皮肤散热的能力,可以减少甲状腺素分泌来减慢机体的代谢速度,进而减少热量的产生。处于严重的热应激时,动物也可以增加它们的呼吸频率,用吸入的干燥空气来不断替换肺内的热空气。这种可以散热的喘息对于鸟类更为有利,因为它们没有汗腺。

### 遮阴

遮阴是最简单又相对便宜的减少来自太阳辐射热能的方式。牧场分散的遮阴树和人工遮阴棚都可以给动物提供太阳辐射的保护措施。

你曾见过奶牛卧在树荫下吧?如果天气相当炎热时,它们会挑选有微风吹过的山顶的树荫下休息。它们卧在北面且与树保持距离。因此它们自身发出的辐射热能就不会通过较低树枝反射回来。

合理设计的遮阴棚可以减少奶牛、猪和绵羊获得的50%以上的辐射热。研究表明遮阴棚应当10～12 ft高,且有适当的空气流动,可能的话,应该建立在山顶,且四面开放。如果遮阴棚的长度是东西走向的话,便会阻止更多的辐射,阴凉处便会很凉快。但如果长度是南北走向的话,每天都会有半天是阳光照射的,这样就会使地面干燥,改善卫生状况。如果屋顶是倾斜的,应该北面比南面高些,这样可以使动物避免较热的南面的天空。

如果用的是金属或者木质的遮阴棚，其顶部应当是白色或者有光泽的，而下面应该是阴暗的，这样可以避免反射动物的热能。为了获取最大利益，木质遮阴措施应该在板子之间有一些小缝隙，让空气散去而尽可能少让阳光照射进来。

目前已经有商业的网状遮阴棚，用于在没有树或者人工遮阴棚的家畜饲养场中。细心使用的话，网状遮阴棚可以用大约 10 年，它的建造过程和搬运比金属，木质或者稻草的遮阴措施方便得多。一个 50 ft×20 ft 的网状遮阴棚，除去支撑杆和劳动力外，花费 250 美元。每头 60 $ft^2$ 的阴凉面积对于奶牛来说就足够了。而猪和绵羊则需要 20～25 $ft^2$。

## 蒸发降温

另外一个控制热应激的最为有效的措施就是蒸发冷却。洒水器、加湿器甚至是蒸发冷却器等都能提高猪场的效益，尤其是对于禽类和猪。因为地下水已经是很凉的，只有当发生空气运动时才会蒸发。

随着单栏限制饲养养猪制度的发展，降温装置变得很有必要。这是因为猪的汗腺不发达，且喘息散热效率也很低下，所以当处于热应激时，它们必须依赖于水降温(加湿器、洒水器等)。为了使蒸发冷却的效率最大化，很重要的一点就是动物应该是干燥的。理想状态时，猪应该是交替被弄湿，然后给它们一定时间来变干。对于禽类也是一样的道理。堪萨斯州立大学的研究给出了润湿器和间歇的洒水器在降低热应激时的效应值(表 11-1)。与控制措施相比，润湿器和洒水器都提高了平均日增重和平均日采食量。与润湿器和控制措施相比，间歇的洒水器还改善了饲料利用效率。

表 11-1 蒸发冷却降温对于猪的影响

| | 对照组 | 喷雾组 | 洒水组 |
|---|---|---|---|
| 平均日增重(lb) | 1.15 | 1.28 | 1.54 |
| 日采食量(lb) | 4.31 | 4.89 | 5.22 |
| 料重比 | 3.75 | 3.84 | 3.39 |

来源：Kansas State University Agr. Exp. sta. Report 371.

堪萨斯州的实验还表明，当温度超过 85℉时，泥坑、洒水器和润湿器能增加 10％的利润。佐治亚州的研究者也有类似的发现。

泥坑，作为一个实际操作中已经流行多年的措施，造价低廉，且能通过传导和蒸发冷却 2 种方式散热，但近些年来已经逐渐减少。随着集约化养猪的发展，洒水器更多地被人们青睐。集约化养猪时，泥坑建造难度较大，且与其他降温措施相比会引起更多的疾病。

洒水在蒸发迅速的干旱气候条件下自然地更有效。在潮湿地区，洒水器事实上能增加动物周围环境的湿度，还降低了蒸发速度。对于潮湿地区的奶牛而言，洒水只能弄湿其体表最外层的被毛，这样就成了组织热量散失的隔离层。为了达到降温的目的，应该将奶牛用凉水湿透，或者是交替弄湿，然后再给一定时间使变干。

弄湿绵羊羊毛的最外层也会阻止热量散失。因为水离皮肤还有一段距离，蒸发只能很小程度的降低其温度。在家禽生产中，很少洒水，因为这样会引起过于潮湿和通风负担。

商业上制造的蒸发冷却器，专门为家庭和办公室设计，也可以用来给湿度低的地方加湿。因为这些通常结构紧凑，且被封闭起来，所以在实际蒸发冷却的过程中，使用大功率风扇来使空气流动也是很有必要的。

放牧时，牧草的湿气蒸发同样也产生降温效应。你可以在夏季天热的时候，站在干燥，且耕种过的田地的下风向，然后向苜蓿地或者三叶草地的上风向挪动，然后你就可以发现从草地上吹过的微风要比从耕种的田地里吹过的凉快。因此，如果可能的话，在放牧条件下，为什么不把妊娠母猪群放在苜蓿地北面的小山的阴凉处(假设夏季吹的是南风)?

## 制冷降温

在湿度大和空气流动小的地区，洒水的效率很低。并会带来一些卫生方面的问题，且有时水供应也是有限的。此外，又因为湿度和空气流动的波动，很难获得相对稳定的冷却空气。此时也许就需要冷却降温。

越来越多的养猪者建造专门用于仔猪生产和产期饲养的厂房，都需要配有风扇和通风系统来通风换气。冷却空气装置在某些情况下很实用，但是这种系统的花费却必须考虑。而**地热系统**的安装却越来越普遍，而且实用。它们将空气通过埋在地下的管道运输并使之冷却到土壤的温度。一般而言，是55～60℉。

**地热系统**
是指一套建筑通风系统，该系统将空气通过地下管道，提供一个稳定的常年温度环境。

畜舍的完全独立使得这种降温装置更为高效。在湿度较低的情况下，温度也没有必要那么低。效益取决于花费、生产性能增加量以及饲料节省情况。对于猪的产房而言，降温有其专用装置。通过使用地热管道和空调装置系统，凉风可以直接吹到母猪头部。这对于降低母猪体温有特殊的心理作用。由于这套系统，母猪感到凉快，舒适，而小猪则继续保持温暖。在极端炎热时，管道也可以直接对着小猪。

而对于奶牛和禽类而言，这套降温装置带来的效益则较小，但是也有特例，那就是对于公牛或者公羊而言，在极其炎热的条件下，为了提高其精子活力和受精能力，可以使用这种装置来降温。

## 热应激状态下饲料和水的需要量

对于商业家畜和禽类，充足的饮水是最基本的条件，这是人们的共识。牛的饮水量是它们采食量的3～4倍，尤其是天气炎热时，它们需要更多的水。蛋鸡在50℉的时候消耗的水分大约是其消耗饲料的2倍，然而当温度上升到90℉时，它们的需水量则是采食量的5倍。家畜饮水量因环境温度和采食量而异。温度上升，动物蒸发散热量增加，其需水量也急剧地增加。处于热应激状态下的动物必须有充足的清洁饮水，这点是非常重要的。1996年NRC肉牛饲养建议指出牛的饮水量会因温度升高而显著增加。如，一个800 lb的育肥牛，在50℉、70℉、90℉时建议饮水量分别为：

| 温度(℉) | 预计每天饮水量(gal) |
|---|---|
| 50 | 7.9 |
| 70 | 10.7 |
| 90 | 17.4 |

采食大量干饲料的家畜，例如猪，也需要大量地饮水。猪的饮水量大约是它们采食量的2倍。妊娠期的家畜其饮水量也会增加，如表11-2所示绵羊的饮水量的变化情况。

**表 11-2 绵羊的估计饮水量(平均消耗每磅干物质的饮水量)**

| 环境温度(℉) | 生长育肥绵羊 | 怀有单只羊羔的母羊[a] | | | | |
|---|---|---|---|---|---|---|
| | | 妊娠期第1个月 | 妊娠期第2个月 | 妊娠期第3个月 | 妊娠期第4个月 | 妊娠期第5个月 |
| 低于59° | 2.0 | 2.0 | 2.8 | 3.0 | 3.6 | 4.4 |
| 59～68° | 2.5 | 2.5 | 3.5 | 3.75 | 4.5 | 5.5 |
| 超过68° | 3.0 | 3.0 | 4.2 | 4.5 | 5.4 | 6.6 |

a. 怀有双羔的母羊总饮水量比处于妊娠期第1个月的怀单羔的母羊的饮水量高出20%，在妊娠期第4个月时其饮水量要高出25%，第5个月时高出75%。

来源：改自 Nutrient Requirements of Farm Livestock, Agricultural Research Council, London, 1965.

而牛的大部分饮水是在上午以及傍晚进行的，这些时间的温度都在80℉以下。随着温度的增加，牛饮水频率增加，到90℉时，它们几乎每2 h喝1次水。这就意味着西南部炎热地区的农场的井要很近，这实际上是有一个界限的，许多农场主都将水井修建在离奶牛不超过1 mi的地方，即使在草场面积辽阔的放牧情况下。

南达科他州的实验表明，当饲料和饮水之间的距离超过300 ft时，育肥猪的增重便会减少。这对于采食着的小羊和牛来说同样重要，即使它们瘤胃里面可以储存一些水。

对于育肥牛而言，饮水的冷却可以使它们感到舒适，并能提高它们的生产性能。加利福尼亚的实验表明，65℉时的日增重要比90℉的高0.19～0.50 lb。由于能量消耗较高，饮水的机械制冷并不经济，但是也出现其他技术来弥补这个缺陷。井水要比池塘水或者溪水温度低。从池塘深处用地下管道引出水后，放到储水池中，水是凉的。储水池上部的遮盖物会保持池子里的水低2～3℉。较浅的储水池意味着水的新鲜性(如果是井水的话，则也很凉爽)。这种水池中的水更凉些，因为其表面的蒸发作用带走了热量。

处于炎热天气时，家畜的采食量也必须考虑。不论是什么家畜，高纤维日粮都会加重热应激。这样的日粮使得每**卡路里**的采食量的**热增耗**升高，也就意味着在消化利用这种饲料时，动物要产生大量额外能量，而且这种热量必须散去，对于处在热应激的家畜而言，这是很困难的。但是对于处于冷应激的动物而言，热增耗高的日粮却很有利。一般来说，夏季日粮应含有较多的精料，而使用的粗饲料应该很容易消化，并且纤维素含量要低。

> **卡路里**
> 使1 kg水升高1℃或者1 lb水升高4℉所需的能量。

> **热增耗**
> 动物在采食，消化，代谢饲料时所消耗的能量。

总体来说，处在热应激的家畜都会减少采食量。低消耗，伴随着由于热应激而增加的维持需要，使得动物变换成有用产品的能量减少。家禽饲养者用含有碎石的饲料作为动物的维持采食量。这种饲料一般含有高水平的碎石和B族维生素。某种B族维生素可以刺激食欲，增加采食量。这样的实践对于养猪生产也许有用。

## 11.5　冷应激的控制

在考虑家畜冷应激时,就必须考虑其机体的能量平衡。为了维持体温,动物体的热量代谢必须达到平衡。在冬季冷应激时,通过对流和传导散掉的热量显著增加。为了帮助动物御寒,饲养者可以提供补充热量来减少动物的热量损失,比如可以建造畜舍或者增加防风墙。

猪,尤其小猪,还有禽类,由于它们自身被毛稀少,且单位体重体表面积较大,其对于冷应激的耐受性相对较差。为了维持较高的生产水平,对这些物种必须采取有效的防寒措施。而牛和绵羊,则很少需要防寒。尤其是成年以后。绵羊的身体被厚厚的羊毛所覆盖,因此可以适应冷的气候。而牛体型大,单位体重体表面积小。这都意味着与机体产生的热量相比,热量损失较少。由于这 2 种动物都是反刍动物,它们采食热增耗较高的粗饲料,所以体内产生了相应的大量热量。

### 有效温度和风冷指数

冷应激对于家畜的影响程度受很多因素的影响。包括温度、风、湿度和畜舍。有效温度含义是多种影响家畜的环境效应的总和,它被定义为环境中所有热效应和冷效应的总和。虽然温度计上显示是 40℉,有效温度可能更低。比如,风和雨降低了肉牛体表的隔离能力,增加了传导的热损耗,也降低了有效温度。另一方面,天气冷时,站在太阳下的牛会感觉到比温度计上显示的温度暖和很多。关于有效温度的确定有个例子,那就是**风冷指数**。风冷效应见表 11-3。

**风冷指数**
是测量温度和风速对动物体感效应的指标。

表 11-3　牛处于冬季时的风冷指数

| 风速(mph) | 空气温度 | | | | | |
|---|---|---|---|---|---|---|
| | 30℉ | 20℉ | 10℉ | 0℉ | −10℉ | −20℉ |
| 0 | 30 | 20 | 10 | 0 | −10 | −20 |
| 5 | 27 | 16 | 7 | −6 | −15 | −26 |
| 10 | 16 | 2 | −9 | −22 | −31 | −45 |
| 15 | 11 | −6 | −18 | −33 | −45 | −60 |
| 20 | 3 | −9 | −24 | −40 | −52 | −68 |
| 25 | 0 | −15 | −29 | −45 | −58 | −75 |

来源:改自 USDA studies.

### 防风设施

使用防风设备可以充分降低冷应激对于家畜的刺激。冷气流和冬季的风都会增加动物的热损耗,增加动物的冷应激,并限制了正常的家畜生产。

防风设备可以减少对流和一些蒸发散热,提高家畜的生产性能,并能降低其他一些因素对于家畜的影响。合理放置的防风设备可以减少畜舍内的飘雪,还可以减少由于风将饲料吹出料槽而造成的饲料损耗。

防风设备一般有2种类型:(1)天然存在的防护设施,比如灌木和树木;(2)人为制造或者修建的设施。在农场及其建筑物附近栽种几行树就是有效的天然防护措施。而人工防护措施包括防雪墙,木隔板和80%的实心围墙。天然防风设备修建维护都比较便宜,但是需要提前好几年准备,而人工防风设备能迅速提供保护措施。

布置防风设备的时候,要考虑到主流风向,这点是非常重要的,应该降低寒冷北风的影响,但是不能阻止夏季的凉爽微风。这些凉风能够使家畜感觉舒适,并减少夏季扬尘以及由昆虫造成的问题。

一旦风速降低,雪就会落下来并四处漂动。为了防止雪在畜场堆积,畜舍的建筑应该建造在有防风设备保护的地方,但是却不能离防风设备太近,以免雪会堆积在其附近。

尽管实心防风设备可以最大限度的降低风速,但由于它们造价昂贵,并且可能会在下风向造成涡流,因此人工防风措施可以是实心的,也可以部分开口。为了减少涡流,建议实心防护设备的20%～25%是开放的。这样的开口可以更有效地减小涡流。

## 11.6 冷、热应激状态下的日粮调整

动物的采食量会在温度应激时产生变化,这点现在已经确定。处于冷应激时,动物采食量增加以产生更多热量来维持体温。维持体温的能量需求的增加引起了饲料利用效率的降低。家畜日粮是经过设计用来满足其能量和蛋白需求的。处于冷应激时,家畜能量需求增加,然而其蛋白需求却依然处于正常水平。考虑到这点,研究表明,对于处于冷应激的家畜,可以降低其日粮蛋白水平而不会影响生产性能。因此家畜虽然消耗了更多的饲料,但是其采食的蛋白量却没有变化。

处于热应激的家畜采食量会减少。一些养鸡和养猪生产者发现,日粮中添加脂肪对处在热应激中的动物非常有用。以蛋鸡为例,其维持和产蛋的蛋白需要基本不变,因此,是否能因其采食量下降而适当提高其日粮中的蛋白水平?用高能日粮(维生素、矿物质和蛋白)来刺激家禽采食量将会在第11章第4节中讨论。

## 11.7 其他环境因素

其他因素,诸如声、光、辐射也属于家畜环境的一部分。养殖者曾经对于飞机的噪声产生过忧虑,觉得它会影响家畜的生产性能。但是,这种噪声对经过短暂适应的动物的生产性能只有很小影响。已经有好几个试验专门就长时间的噪声和间歇噪声对于家畜的影响做了研究。结果显示,噪声对于动物的生产性能有很大的负面效应。

光对于动物生产性能的影响通常归咎于温度,这是因为白天的阳光总是和温度联系在一起的。光可以分解为以下3个方面:(1)性质(波长),(2)强度,

(3)持续时间(光周期)。到目前为止,这些因素中最重要的就是光周期了。日照长度或者时光周期与好几种动物的繁殖性能息息相关,并且光还与牛和马的被毛生长有很大关系。光对于大多数家畜的生长性状几乎没有影响,但是降低光照强度已经证明可以加快禽类的生长速度,可能是由于在弱光时部分地减少了争斗行为[①]。

**辐射**
两个非接触的物体发生热交换,高温物体向低温物体放射光线。

辐射会引起家畜的抑郁、食欲低下、关节弯曲、腹泻、便血和肌无力等。**辐射**有3类:α,β,γ,且随着对组织和构成物质穿透力的变化而对家畜产生不同的影响。其中β,γ辐射对于家畜的危害较大,它们能引起细胞和机体的迅速生长。影响辐射危害的因素包括家畜离辐射源的距离、辐射时间的长短以及针对辐射源的防护措施。

## 11.8　通风换气

空气流动有效地降低了环境湿度,不考虑温度的情况下,对于集约化饲养的畜禽,空气流动是十分必要的。请看例子(图11-4)中奶牛和猪每天产生的湿气,还有肉鸡(表11-4)所产生的热量和湿气。

表11-4　68～70℉时平均每千只肉鸡的产热量及湿气量

| 周龄 | 平均体重(lb) | 产热(BTU/h) | | |
|---|---|---|---|---|
| | | 每磅(活重) | 总量 | 排水量[a](lb/d) |
| 2周 | 0.45 | 26 | 11 700 | 130 |
| 5周 | 1.75 | 14 | 24 500 | 350 |
| 8周 | 3.75 | 10 | 37 500 | 500 |

a. 40%来源于呼吸,60%来源于排泄物,不包括由饮水器造成的浪费。
来源:改自 Lampman, C. E., et al. Idaho Agr. Exp. Sta. Bull. 456.

需要的换气量取决于单栏饲养的家畜数量,畜舍内外的温度以及室外空气湿度。通风系统应该根据预期的最大量来设计。

如图11-5的描述,设计良好的通风系统在冬季能更有效地换气,这是因为温度每升高20℉,空气的持水能力就会加倍上升。室外空气在30℉,相对湿度90%时,每1 000 $ft^3$ 的空气含有0.25 lb水;当温度升高到50℉时,其含水量会升高到0.54 lb(相对湿度90%);70℉时其含水量会增加到1.04 lb。理论上,肉鸡舍的通风系统每换气100万 $ft^3$ 就能除去790 lb(几乎100 gal)的水,室外的空气进入鸡舍后温度增加,然后被送出禽舍。

大多数几周龄的家畜能够制造充足的热量,因此畜舍几乎没有必要再补充热量。此外,还得考虑电能的损耗,因为在集约化饲养的畜舍内,一旦断电,窗帘就不能自动运转,而温度会迅速上升。因此在大型的畜场都备有发电机。

①竞争性行为是指有争斗的趋势,如打架,或者防御,及逃避或者服从同群动物中其他个体。

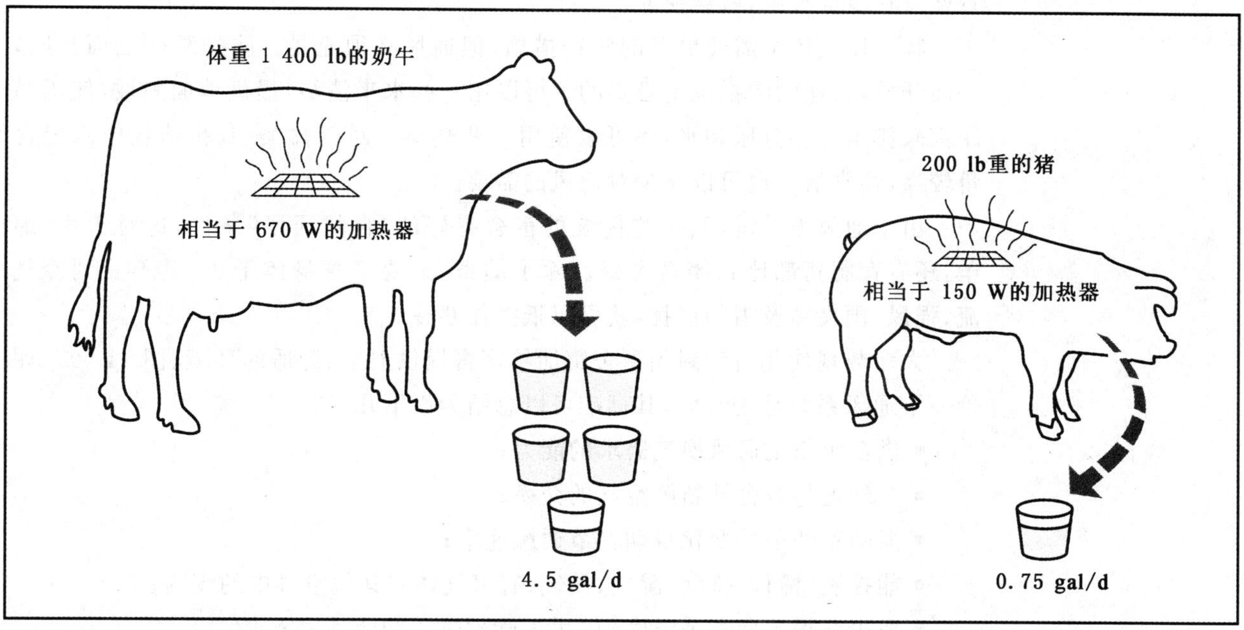


**图 11-4 1 400 lb 重的奶牛和 200 lb 重的猪每天所产的热量及湿气。**

来源：University of Wiscomsin Ext. Pub. No. 2812.

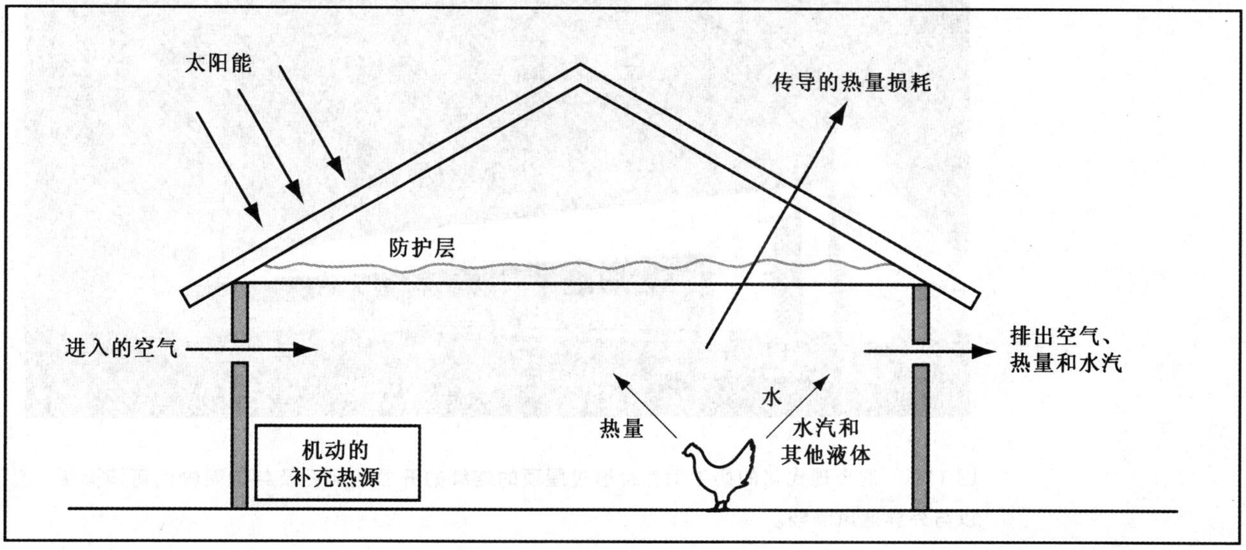


**图 11-5 简化的鸡舍模型通风系统，描述了热量和湿气的产生及排走。**

来源：North Centeral Reginal Ext. pub. No. 183.

防止氨气的沉积是通风系统的另外一个目标。由于排泄物中氮和水分含量较高，氨气生成速度很快，可引起畜禽流泪。高浓度的氨气维持一定时间后还会增加畜禽呼吸疾病的易感性。经常清粪能降低氨气含量。

通风对于封闭饲养的动物来说也非常重要，这是因为在封闭饲养的环境中湿度会迅速增加，水汽就会附着在墙上，垫草就会变湿，家畜就会发生感冒和其他一些呼吸系统疾病。如果饲养在这样的畜舍内，它们的被毛或者羽毛就会变湿，一旦暴露在冷空气中，就会受冻。

犊牛比成年牛需要更多的防护措施，但通风必须充足。防护结构三面封闭，一面开放，这样的围栏也是必要的。可以用一些水来清洁，提供地面斜坡，使用粪尿沟来排走大部分尿和水，还可以使用一些垫草。对于禽类，其排泄物中水分含量较高，经常清粪也可以减少对通风的需要。

由于通风很关键，而一些传统的畜舍有好的“自然通风”条件，这对于牛、绵羊，还有育肥猪都比封闭畜舍好。除了幼畜，只要家畜身体干燥，且不受到冷气流、强风、雨夹雪及雪的侵扰，就可以抵挡住寒冷。

大多数现代化自动封闭畜舍都能给家畜提供卫生、舒适的环境(图 11-6)。评价一个通风系统是否有效，其标准可以总结为以下几点：

- 供全年充足通风换气需求的能力；
- 合理地与畜舍外新鲜空气的交换；
- 能随室外条件变化自动调节通风速率；
- 能控制(稀释，排除)湿气、臭气、有害气体和其他空气中的废物；
- 减少获得预期畜舍温度[①]的手工管理过程和劳动力需求。

**图 11-6 这个现代化的奶牛饲养舍通过屋顶的连续的开放通风孔及结构两侧的可调面板，可以与外界通风流畅。**

来源：Purdue University.

①大型养殖场要有建筑监控系统，在一个中央监控室能够监测各种环境条件，诸如，报警器、窗帘、风扇、进风口、饲料、冲洗设备、加热和散热设施、灯光、降温设备和供水等。

## 11.9 地板或畜舍地面

不考虑季节因素，对于饲养者和室外饲养的家畜来说，泥泞都是个问题。当奶牛必须从深泥泞中穿过时，家畜的生产性能都会严重降低。对于养殖场来说，很重要的一点就是要有合理的排水装置。地面斜坡使泥泞问题最小化。混凝土板铺设的地面可以减少雨季带来的饲养问题。猪封闭饲养的增加已经减少了许多天气因素的影响。封闭饲养的猪都饲养在结实的带有垫床的混凝土地板上，或者部分的或者全部的漏缝地板上。漏缝地板可以使排泄物直接漏到粪坑或者用于清粪的粪槽中。这种系统可以使猪身体保持干燥清洁，并提高劳动效率。

地板板条的材料可以是混凝土、木质、不锈钢、钢板、塑料、玻璃纤维以及多孔金属板等。所有这些材料在养猪生产的某个阶段都可以使用。选择的板条材料几乎都取决于成本；其次是耐久性、保暖性、是否容易清洁以及猪只的大小。

## 11.10 空间需求

安装了小气候控制、机械饲喂—清洁系统和实施封闭管理后，饲养者希望对于每 1 美元的设备投资都能最大化地增加家畜或者家禽的饲养数量。蛋鸡就是一个例子(表 11-5)。随着鸡只密度增加，生产水平几乎不下降，但是平均每个鸡蛋消耗的饲料趋于稳定或者下降，因而利润也就更高一些。当地面饲养时，推荐每1～1/4 $ft^2$ 饲养约 4 lb 体重的鸡。

**表 11-5 饲养密度对于产蛋量的影响**

| 每笼鸡数[a] | 每 100 只母鸡产蛋 | 死亡率(%) | 体重(lb) | 料蛋比 |
|---|---|---|---|---|
| 4 | 78.3 | 7.6 | 3.65 | 3.03 |
| 5 | 77.2 | 9.1 | 3.43 | 3.84 |
| 6 | 75.1 | 6.4 | 3.30 | 3.88 |

a. 笼子 50.8 cm 高，底面积 1 935 $cm^2$。

来源：Cunningham, D. L., and Ostrander, C. E., J. Poultry Sci. 60: 2010, 1981.

从经济方面考虑，也要提高家畜的饲养密度，尤其是猪，要减少每头猪分配的空间(表 11-6)。漏缝地板可以使粪便直接漏到地板下面的收集箱内，因此在许多情况下可以提高饲养的集约化程度，还可以维持较好的环境卫生，也减少了劳动力花费。实际上，由于高的饲养密度，并且家畜自身可以用脚让地板上的固体粪便漏到收集箱内，因此漏缝地板是最有效的(图 11-7)。

表 11-6 猪的空间需要($ft^2$)

| 猪只 | 开放混凝土猪舍 | 封闭单栏饲养 | | |
| --- | --- | --- | --- | --- |
| | | 混凝土猪舍 | 装有漏缝地板 | 地板 |
| 母猪和仔猪 | — | 35 | 40 | 40 |
| 10～40 lb | 4 | 4 | 2 | 2 |
| 80～120 lb | 6 | 6 | 4.5 | 4 |
| 160～200 lb | 10 | 10 | 6 | 5.5 |

来源:Norris, W. H. M. and Nygaard, A., Purdue Univ. Agri. Exp. Sta. Res. Bull. 762, 1963.

**图 11-7 现代化猪舍的围栏被设计成可以提供良好的通风,自动化的饲喂装置,饮水装置和带有粪尿的地板。**
来源:Lester Building Systems.

## 11.11 家畜粪便管理

家畜饲养者面对的一个很大的问题,就是粪便的处理,我们第 1 章也讨论过。由于大规模的分栏饲养单元的动物密度较高,粪便的处理就显得很重要。将粪便作为肥料而处理、储存、应用都必须是在经济、环境上论证可行的。家畜群体可以产生大量的粪便(表 11-7)。粪便的处理形式可以是固体、泥浆或者流体。作为固体处理时,可以将其装载在撒料器上,然后撒在土地上。如果作为流体或者泥浆处理,可以装载在收集箱中,直到运出去浇到土地里。一些情况下,还可以通过灌溉管道抽到地里。另外一种作为流体的处理方式是使用化粪池,使其生物分解。如果在大规模分栏饲养的情况下,产生粪便量较大,且粪便不能很经济地施肥给作物,化粪池可以作为一种相对廉价的处理粪便的方式。此外,如果建造了 2 个或者 2 个以上的化粪池,在一些冲水系统中,循环水就可以得到利用。然而现在,任何粪便处理方式都有风险,如果粪便大量溢出,就可能杀死野生动物和鱼类。正如印度曾经发生的那样。

**表 11-7 动物每年的粪便产量**

| 物种 | 体重(lb) | 总粪量(t/年) |
|---|---|---|
| 奶牛 | 1 400 | 19～21 |
| 肉牛 | 1 000 | 11～12 |
| 育肥肉牛 | 600 | 6～8 |
| 猪 | 200 | 3～4 |
| 绵羊 | 100 | 0.75～1.0 |
| 肉鸡 | 4 | 0.05 |
| 马 | 1 000 | 8～9 |

来源：改自 Livestock Waste Facilitise Handbook, 2nd ed., 1985.

需要强调的是，表 11-7 里的粪量是指动物自身排泄的排泄物，不包括最终粪便里面的雨水、冲粪水，以及从粪尿沟或者家畜栏位冲走的垫草等非排泄物。此外，除了以上提到的因素，家畜粪便的营养成分也会由于饲料消化能力以及种间差异而不同。然而，其营养成分和可以施肥的总量是可以估计的。相应地，商业购买的化肥的使用量就可以适当的减少。此外，家畜粪便管理的法规、合理的应用方法及其等级评定应受到重视。

## 思考题

1. 解释说明恒温动物和变温动物在体温调节方面的不同之处。

2. 举例说明什么是辐射、传导和对流。

3. 何谓每日体温变化？

4. 说出动物可以用来蒸发散热的 2 种可行的方法。

5. 何谓舒适区？

6. 温度不断下降的冬季，动物的代谢率怎样发生变化？夏季呢？其中主要有什么激素参与调节？

7. 何谓环境适应性？何谓驯化作用？

8. 解释说明为什么高温对于动物的生产性能有负面效应？

9. 解释说明“喘气”对于动物降温的作用。

10. 给家畜建造遮阴设施时，你会采取什么样的设计方案和建筑材料？你如何设计整个建筑的走向？

11. 举出一些通过蒸发降温给动物提供附加降温的例子。

12. 地热降温的要点是什么？

13. 设计合理的通风系统的目的是什么？

14. 采食量和饮水量之间的关系如何？举例说明天气炎热时应提供给动物什么样的饮水。

15. 何谓饲料的“热增耗”？并比较粗饲料和精饲料的热增耗。

16. 分别比较气温 20°F 时，风速为 5 mi/s 和 15 mi/s 的情况下，动物所感受到的风冷指数。

17. 天气炎热的情况下，你会调节日粮中的哪些营养成分的比例？

翻译：马孝斌；校对：王俊玲，孙传禹

# 第12章

# 动物健康

# Animal Health

动物健康是一个比某种传染性疾病的存在和消失更广泛的话题，它还涉及动物生理福利。动物健康肯定会受到许多传染性疾病的影响，而且也会受到一些非传染性疾病例如动物的饲养密度、应激、烦躁、营养、水、温度、清洁度、精心养护、住所和其他因素的影响。当疾病发生时，畜禽的疾病控制必须建立在有计划的预防和处理措施的基础上。

饲养动物经验不太丰富的读者应特别关注健康动物的外表和行为。比如说正常而健康的动物是满足、机警并且精力充沛的。一个产蛋的母鸡有明亮的眼睛，一副专注警惕的神情，头高高抬起，皮毛、头和腿上没有污物。牧场上健康的牛会安心间歇地吃草，它们有光滑的皮毛，悠闲地散步，并且一般会和同群的其他牛挨得很近。一只健康的小羊会护食，而且和其他的小羊一起玩耍、跑跳，并不时地在太阳下伸展、休息。一匹健康的马会高昂着头，对事物好奇，有着平滑的皮毛，寻求友情，清瘦且干净，迈着自由、有节奏的步伐散步或奔跑。对于新的动物护理人员来说，观察动物、掌握动物健康的特征是很重要的，这样就能够发现不健康的动物。

用心的管理者和兽医必须要了解健康动物的特征并要有规律地观察那些性状，很快地记录下那些亚健康的不正常的外表或行为——低落的情绪，粗糙的毛皮，低垂的头，呆滞的目光，弓着的背，迟缓的动作，远离畜群以及不正常的过软或者过硬的粪便。

然而，导致采食量和体重减少的那些临床症状不明显的疾病或者少量的寄生虫病并不能明显地表现出来，除非采食量和增重是有记录的。

学习本章后，读者应掌握以下内容：

1. 列出影响动物健康的一系列因素。
2. 在这些影响因素中，比较那些降低动物舒适度和生产性能的因素的强度。
3. 定义疾病这个词，区分传染性和非传染性疾病，并分别举例。
4. 描述免疫过程和说明为什么接种疫苗是有用的。
5. 描述那些能为畜群管理者揭示畜禽健康状况正在减弱的性状。

6. 更好地理解畜群健康计划的重要性，并解释一个具体的计划将如何贯彻执行。

7. 说明兽医的任务。

## 12.1　动物健康与经济利益和人类安全的关系

每年美国动物疾病所造成的损失估计占动物和动物产品收入的15%。但是死亡损失只是总损失的一部分。其他的费用是控制和预防疾病的疫苗和化学药品、兽医的工资、病畜的生产性能降低、联邦政府的疾病净化计划和处理植物产品过程中必然的价值损失。美国农业部估计由于奶牛乳房炎的治疗和产奶量的减少造成的损失每年每头超过190美元，但是这种疾病并没有引起死亡率的升高。

对于生产者而言，有计划的免疫接种对于预防像鸡瘟和鸡的传染性支气管炎、猪和火鸡的丹毒、狂犬病、牛出血性败血病和羊的肠毒血症这样的疾病是十分必要的，并且花销十分可观。表12-1列出了某疾病引起的损失形式和疾病预防措施所获得的效益。

表12-1　通过接种疫苗来控制马立克氏病的好处

| 效益增加的原因 | 每年减少的损失(百万美元) |
|---|---|
| 白细胞组织增生导致的焦虑不安行为减少 | 27.3 |
| 其他焦虑不安行为的减少 | 6.3 |
| 争斗致死率的减少 | 5.6 |
| 争斗致种畜死亡率的减少 | 5.0 |
| 蛋用鸡死亡率的减少 | 15.4 |
| 蛋用鸡争斗的减少 | 0.1 |
| 饲料利用率的增加 | 3.2 |
| 产蛋量的增加 | 105.5 |
| 总共 | 168.4 |

来源：Purchase, H. G., and Shultz, E. F., Jr., "The Economics of Marek's Disease Control in the United States," World's Poultry Sci. J., 34: 198-204, 1978.

**抗生素**
抑制生命的一种化合物，它具有特异性，一种抗生素只对某种或某类细菌等起作用。

**人畜共患病**
可以在人和动物之间传播的疾病。

大部分年轻的单胃动物可以通过饲喂**抗生素**和其他的化学药品来预防某些特定的细菌性疾病。驱虫药可用来消灭、控制肠内的蠕虫，球虫抑制药可以被用来喂给年幼的鸡预防球虫病，但应用这些产品必然会增加生产成本。在本书的这次修订中，抗生素仍被允许用于许多家畜和家禽中；但是，美国很可能继欧洲之后禁止使用抗生素。

大量的抗生素在动物日粮和人类医学中的使用可能引起病原体向抗生素耐性方向进化，基于此考虑，动物日粮中抗生素将被限定在特定的生产阶段作为治疗使用。

一些疾病同时影响动物和人类，因此这些疾病被给予特殊的关注。这些疾病被称为**人畜共患病**，包括牛肺结核、布鲁氏杆菌病（人类的波浪热）、鹦鹉热（鹦鹉热病）、狂犬病、旋毛虫病、Q热病、沙门氏菌病及其他一些疾病。联邦政府的检测计划证实某些疾病已经在人们的控制之下(见第 12 章 11 节)。另外一些可以通过公共卫生、预防性的药物治疗和食物的彻底烹饪来控制。对其他可能的食物传播性疾病的详细讨论,请见表 25-1。由于消费者对动物感染性疾病的恐惧(通常是无根据的)所造成的国家税收的损失是无法估量的。

## 12.2 疾病的定义和分类

在家畜和家禽生产中,疾病可以被定义为对正常的动物机体健康的损害。

传染性的疾病是由特定的病原体引起的。这些病原体有:

- 病毒
- 细菌
- 真菌
- 原生动物
- 内在的寄生虫
- 外部的寄生虫

一些传染性疾病可以接触传染——它们可以被直接或间接地传播给其他的动物。例如球虫病,炭疽病和钩端螺旋体病。

非传染性疾病(没感染能力的)可能包括某些遗传畸形,营养缺乏(如贫血),代谢病(如妊娠毒血症),中毒(如铅中毒)以及其他疾病。

对"疾病"这个术语的定义不尽相同,以上的定义被认为是广义的。有些将疾病的定义限定为具有传染性的疾病,并简单地描述其他类型的伤害,诸如寄生虫侵染、基因异常、营养缺乏、应激综合症等等。由于动物数量巨大或人为的高密度饲养导致动物个体占用空间极其有限,从而导致疾病的威胁也显著地提高。

这一章节以及其他相关章节,主要是讨论动物健康和影响畜禽健康的因素,以及畜禽生产中可能损害动物健康、舒适程度和生产性能的诸多因素。

## 12.3 食肉动物的危害

封闭式饲喂如猪生产场、奶牛舍、肉鸡和蛋鸡舍都将食肉动物的危险降到最小。然而,野生食肉动物对于牧羊场和更小规模的牛场来说,仍然是个问题。事实上,21 世纪的初期,在利用法律法规对食肉动物进行强制控制前,食肉动物对牧场的威胁要严重得多。

土狼是对牧场影响最大的捕食动物,而美洲野猫、熊和美洲狮也是众所周知的掠食者。对于在农场和接近住宅区的羊群来说,家养的狗群同样也是掠食者。羊群的损失是显而易见的,每年经济损失都接近 100 万美元。

对马来说,普通的伤害是由金属丝所致的伤口,尤其是关在小围栏里的马。奶牛会因冻伤而造成的乳头损伤,粗糙的草料会造成割伤。家禽互啄和猪的咬尾、咬耳等同类相残行为将在第 13 章讨论。

## 12.4　营养缺乏

当猪在饲育场按常规生产，蛋鸡和肉用家禽放养在农场、并能吃到草和昆虫时，营养缺乏是不常见的，或是由于那时缺少相关知识而很少观察到。然而现在，最受关注的就是畜禽维生素、矿物质、氨基酸的缺乏。

随着非反刍动物的密集饲养越来越普遍，很多营养成分只能从配合日粮中得到，加上通过遗传选育和其他的技术应用于增加动物个体的生产性能，越来越多的营养缺乏表现被观察到并被加以确认。

营养缺乏可能是由以下原因造成：(1)低水平的营养，例如某种矿物质在土壤中含量较低，将导致草料和谷物中该种营养元素的含量特别低；(2)配合好的日粮在关键的营养素上含量很低；(3)营养素吸收机能的损伤；(4)体细胞中营养代谢完全或者不完全的阻断；(5)对于一种营养的不正常的需要，这可能是因为不完全的机体代谢，或者更可能归因于环境因素；(6)动物不能合成正常情况下消化道和体细胞本可以合成的某种营养物质(因而可能被认为此营养物质不是必需的)。

饲料供给短缺，比如长期的干旱，或者缺少好的饲养管理模式，能量或者蛋白质的缺乏可能引起生产性能降低，并容易受传染病的侵袭。畜禽一些常见的营养缺乏引起的症状见表 12-2。

> **日粮**
> 指 1 日(24 h)的饲料喂量，有时与饲料一词通用，不限时间。

现有的研究结果表明，通过供给全价配合**日粮**，营养缺乏是完全可以避免的。当泥土内缺乏某些矿物质时，可通过单独饲喂微量矿物质的复合物或者与浓缩料混合饲喂。当使用当地的较低成本的原料为主要饲料时，营养或许会缺乏，这时就要加入一些富含营养的成分，即使这些成分价格贵些。一个实例是中西部将玉米—大豆作为猪和家禽的饲料。这样的饲料在赖氨酸和蛋氨酸上的含量是很低的，所以像血粉、鱼粉、或者是商业来源的赖氨酸和蛋氨酸可以被加入饲料中。一些人工生产的或天然存在的营养素，像维生素和矿物质，也常常被加入其中。

认识到有 2 个水平的缺乏是很重要的。一种是严重的或急性的缺乏，会引起如表 12-2 中所描述的明显的症状。然而现在，在管理得好的牛群和羊群中是很少发生这种营养缺乏现象的。另一种是当营养需要处在缺乏边缘时比较难察觉和识别，这种现象可能会影响家畜的健康状况和阻碍畜禽达到最佳生产性能。

大量的研究都是有关家畜的临界营养缺乏的，生产者会提供一个“安全系数”，其数值略高于配合日粮中临界营养水平。在那些知识不完备，动物处在相当多的应激下，或者饲料的营养成分含量变化的情况下，这种现象尤为普遍。与此同时，营养成分处在高水平时就不应该添加了，某种矿物质过量也会干扰其他营养物质的吸收和利用，例如维生素 A 的极高水平可能会引起上皮问题。例如钙和磷，两种物质的比例和含量同样重要。现在，由于家畜和家禽使用配和饲料，在畜禽中很少观察到营养缺乏。

表 12-2 家养动物的普通缺乏疾病

| 缺乏的营养元素 | 影响的家畜种类 | 缺乏病 |
|---|---|---|
| 维生素 A | 主要是牛和羊 | 初生时小牛无力 |
| | 所有动物都会有某种程度的缺乏 | 夜盲症 |
| | | 角膜炎 |
| | | 繁殖问题 |
| | | 先天缺陷 |
| 维生素 D | 所有动物 | 软骨病 |
| | | 关节疾病 |
| | | 骨软化 |
| 维生素 K | 所有动物 | 出血 |
| 钙[a] | 所有动物 | 奶牛中的"产褥热" |
| | | 骨质疏松症 |
| | | 软骨病 |
| 磷 | 所有动物 | 异食癖 |
| | | 生长缓慢 |
| | | 不育症 |
| 硒和维生素 E | 所有动物 | 肌肉萎缩症 |
| | | 胎衣不下 |
| | | 家禽的"脑瘤" |
| 镁 | 主要是牛 | 牛低血镁症，兴奋过度 |
| | | 运输手足抽搐 |
| 锌 | 主要是猪 | 角化不全 |
| 锰 | 主要是牛 | 不育症 |
| | | 骨骼畸形 |
| | 家禽 | (雏鸡)锰缺乏症 |
| | | 骨骼畸形 |
| 钴 | 主要是牛和羊 | 不健康 |
| | | 瘦弱 |
| 铁 | 所有动物 | 贫血 |
| 铜 | 羊 | 地方性运动失调，贫血 |
| | 猪 | 贫血 |
| 碘 | 所有动物 | 甲状腺肿，无毛 |
| | | 局部或者全部秃头 |

a. 钙缺乏、钙磷比例和可利用维生素 D 的含量密切相关。非泌乳期的奶牛中高水平的钙可能造成产乳热。

来源：改自 National Research Council Publications：Nutritional Requirements of Sheep，1986；Nutritional Requirements of Dairy Catlle，1988；and Nutritional Requiremends of Beef Catlle 1996.

## 12.5 代谢紊乱

代谢紊乱很难和营养缺乏相区分。代谢过程受阻可能导致体细胞水平上某种营养物质的不足，甚至是在配合饲料完全适合的情况下。食物中营养成分的增加可以消除营养缺乏的症状(抵消代谢障碍)常使人们误认为是营养成分不足所引起。

常见动物代谢紊乱的总结如表 12-3 所示。

表 12-3 家养动物的普通代谢疾病

| 物种 | 疾病 | 原因 |
|---|---|---|
| 马 | 母马的低血镁症 | 钙不足(早期哺乳期) |
| | 氮尿症 | 体力工作突然增加或者食入高碳水化合物 |
| 牛 | 瘤胃酸中毒 | 可发酵的碳水化合物摄取量突然增加 |
| | 酮症 | 血糖过低 |
| | “脂肪牛综合症” | 过分的调理，特别是在干奶期 |
| | “产奶热” | 血钙过少 |
| | 运输手足抽搐 | 钙-镁缺乏 |
| | 低血镁症 | 镁缺乏 |
| | “高山病” | 与高海拔有关的慢性组织缺氧 |
| | 雄性尿道结石 | 钙-磷不平衡，未知的因素 |
| | 产后血红蛋白尿症 | 磷缺乏 |
| | 小牛全脂奶手足抽搐 | 镁缺乏 |
| | 光敏作用 | 肝脏病理学-可能与植物毒素有关 |
| 猪 | 低血糖症(小猪) | 产后没有哺乳 |
| | 猪应激综合症 | 遗传缺陷 |
| 羊 | 妊娠毒血症(酮症) | 削弱的碳水化合物代谢或者增加的怀孕应激 |

来源：改自 National Research Council publicalions: Nutritional Requirements of Sheep, 1986; Nutritional Requirements of Dairy Catlle, 1988; and Nutritional Requirements of Beef Catlle; 1996.

## 12.6 毒素和中毒

**毒素**
动物或细菌产生的一种有害化合物。

**毒素**是那些由动物细胞或者微生物产生的有害的化学物质。毒物被定义为那些对动物有害的化学物质，来源可以是生长的或者收获的植物，也可以是用化学或生物学方法制造的材料。实际上这两个术语可以互换使用，所以我们可以把他们一起讨论。

由毒素引起的疾病叫做**毒血症**。毒素通常可以分为 2 类:(1)抗原毒素:由细菌和其他微生物产生的毒素;(2)代谢毒素:由动物体细胞产生。

**毒血症**
由一种毒素引发的疾病。

抗原毒素通常是蛋白质,经常引发动物的抗体反应,出现体温升高等明显的疾病症状。(羊的)肠毒血症,是由牧场的 D 型魏氏梭菌引发的,是一种抗原性的毒素疾病。

母牛的**酮病**是由代谢毒素引起的。不适合的碳水化合物代谢,或者缺乏充足的碳水化合物(即低血糖),使得储存的脂肪大量分解来供给能量。此分解代谢的终产物——酮的积累,对动物是有毒的。

**酮病**
脂肪酸的部分氧化产生的潜在毒素物质,能导致母牛、母羊等发病。

迅速生长植物中含有高水平硝酸盐,那些生长被早霜阻断的植物,或者在快速生长期就收割的植物可能引起硝酸盐中毒。硝酸盐是蛋白质合成的中间阶段,在植物快速生长的特定时期是大量存在的。霜冻或收割阻止了植物从硝酸盐向蛋白质的转化。当瘤胃中硝酸盐转换成亚硝酸盐的速度比微生物将亚硝酸盐合成微生物蛋白快得多的时候,毒素就产生了。

大量无机和有机化合物都是家畜的毒素或毒物,包括以下:

| **无机的** | **有机的** |
| --- | --- |
| 铅 | 氢氰酸 |
| 水银 | 硝酸盐或者亚硝酸盐 |
| 砷 | 草酸盐 |
| 铜 | 多氯联苯 |
| 钼 | |
| 氟 | |
| 氯化钠 | |
| 硒 | |
| 锌 | |
| 硫磺 | |

南达科他州中南部的土壤中以及生长在那儿的草和谷物中都含有特别高水平的硒,导致牛角和蹄的畸形以及生产性能的降低。由于舔食含铅油漆而造成的动物铅中毒的案例现在很少发生了,因为现在使用乳胶漆。

在铝生产厂或者将岩石磷酸盐转化为饲料成分磷酸氢钙的工厂的下风向生长的草中,氟的残留是很严重的问题。

驱虫药(主要驱除蠕虫)例如四氯化碳、六氯乙烷、吩噻嗪、烟碱和镉在适宜的剂量和条件下是安全的,但是在高剂量或者对疲惫不堪的动物使用是有毒的。

一些如氯代烃、有机磷酸酯化合物和鱼藤酮这样的动植物杀虫剂,还有除草剂、灭鼠剂和木头防腐剂都已被证实是毒素。

## 12.7 寄生虫和原生动物

家畜和家禽常遭受到内在的和外在的寄生虫的侵染。这儿有不同寄主的普通的内在寄生虫:

**牛**
胃蠕虫
肠蠕虫：
　蛔虫
　绦虫
肺蠕虫
肝吸虫
幼虫

**绵羊和山羊**
胃蠕虫
肠蠕虫：
　蛔虫
　绦虫
鼻蝇蛆病

**马**
胃蠕虫(蝇蛆病)
肠蠕虫：
　圆线虫
　蛲虫
　蛔虫
　绦虫

**猪**
胃蠕虫
肠蠕虫
肺吸虫
猪肾蠕虫
旋毛虫

**家禽**
双孢子球虫
肠蠕虫：
　蛔虫
　绦虫
毛细管蠕虫
肉芽虫

影响畜禽的主要肠内寄生虫是蛔虫和绦虫。成熟的蛔虫卵随着粪便一起排出。如果温度和湿度适当，卵会发育成幼虫。被合适的宿主摄入后，幼虫(不成熟的蠕虫)会进入肠黏膜，刺激和破坏肠黏膜上皮。最终成熟的蛔虫进入肠腔内产卵，完成生命周期。除了未成熟的蛔虫引起的伤害外，大量的成虫会导致宿主营养缺乏，甚至引发肠内阻塞。

绦虫，在羊、牛和家禽中更为普遍，是扁平的、分节的蠕虫，有迂回的生命周期——生命周期的一部分会有一个或更多的次级宿主(昆虫、节肢动物和蛞蝓等等)。

在动物的消化道里，未成熟的蠕虫的头和颈持续进入肠的内层。体节不断以链状的方式从颈部生长出来，这样蠕虫可以达到几英尺长。每一节都有雌雄两性的生殖腺，当节成熟时，会产生数千个卵。当充满卵的节破裂，随粪便排出动物身体。一些会被次级宿主摄入，感染次级宿主或者主要宿主。

绦虫的头节仍然永久地固定在肠内层，这意味着清除绦虫比要清除蛔虫更困难。经处理的动物粪便里发现的绦虫节段也不能保证头和颈分离。

外部寄生虫(节肢动物)包括：

- 虱子
- 螨虫
- 苍蝇
- 跳蚤和扁虱

虱子可以通过刺吸血液来伤害他们的宿主，一些小螨，包括家禽螨，生活在皮肤表面，晚上摄取食物，白天离开宿主。但是，微小的北方家禽螨病，鸡的普通外部寄生虫，一生都在鸟类身上。其他的螨在毛囊、皮脂腺或者皮肤组织里挖洞。狗、猪和其他的哺乳动物的兽疥癣，是由螨挖洞造成的。

皮下蝇是幼虫的成年阶段，会引起牛生产性能的下降从而给生产者造成经济损失。即使苍蝇既不咬也不刺，但他们总骚扰牛。这些苍蝇将卵贴在毛的根部或者牛的腿上。成长的幼虫进入到动物的皮肤里，在动物的身体里移动，5 或 6 个月以后出现在背部的皮下。每个幼虫，此时称之为蛴螬，都在皮肤上造一个呼吸孔以利于生存。最后幼虫形成，掉到地下，化蛹形成年轻的成虫苍蝇。被感染的动物的兽皮的价值会降低；每年由这些寄生虫造成的损失估计会超过 100 万美元。

角蝇和厩蝇是讨厌的吸血昆虫，这会导致肉牛的生长速度变慢和奶牛的产奶量下降。其他的外寄生虫主要包括跳蚤、扁虱、马蝇和蚊子。

吸血的外寄生虫还可能是疾病的带菌者（例如蚊子传播马脑炎病毒，扁虱和一些苍蝇会在反刍动物中传播疾病）。其他的既不咬也不吸血的外寄生虫会将微生物从一个宿主传播到别的宿主。

皮肤碎屑和排泄物的显微镜检查对于完成和准确的内外寄生虫或者原生动物的感染诊断通常是必要的。

虽然一些化学药品被用于预防，动物管理制度包括有效的垃圾管理，工具定期严格的清洁，好的营养和照顾，对伤口的快速及时的治疗和不同牧场中动物轮牧或者一般有效的划分来减轻寄生虫造成的压力。这些做法中的每一项都是为了破坏寄生虫的生活周期或者增加动物的抵抗力。

对于一些寄生虫，预防计划是很有必要的。角蝇和苍蝇会在牛中传播眼传染病，特别是细菌疾病如急性传染性结膜炎。当牛在牧场上，由于一些原因例如风、阳光、花粉、高草，急性传染性结膜炎是很普遍的。用棉签将杀虫剂涂在牛的眼睛上会有效地减少角苍蝇和面苍蝇出现在头部。它们的使用会减少急性传染性结膜炎的发生，这对于断奶牛尤为重要。

治疗内部或外部寄生虫或原生动物，一般是给予寄生虫或原生动物有毒的化学药品。很明显，化学药品要依据一定的标准使用，在产蛋鸡和奶牛中，管理者要特别严格按照国家的有关规定，而且在宰杀销售之前要有一定的休药期。

## 12.8 传染性病原体的种类

术语“**易感性**”和“**传染性**”经常交替使用。病原体被定义为能够引起机体感染的生物。传染源是指可以从一个动物传播给另一个动物的病原体。易感源(communicable)被认为是传染源的(contagious)的同义词。动物局部的脓肿常常是由化脓性棒状杆菌引起的感染。但是，细菌不容易从一个患病动物传播到其他动物。相反，由炭疽杆菌引起的炭疽热，既是易感性的也是高度传染性的；它可以很容易地从一个动物传播到其他动物。

**易感性**
动物对某种传染病容易感受的程度。

**传染性**
疾病从一个动物传播给另一个动物的难易程度。

病原体有时会涉及到初级和次级传染源。举例，牛的放线菌病起初可能是由于植物的芒破坏了口腔黏膜，然后，一种寄居在牛口腔中的牛放线菌，定居在口腔中，引起传染性放线菌病。植物的芒是首要原因，使动物受感染的放线菌是第二病原。

病原体的大小从多细胞的真菌或者大的单细胞原生动物到小得只能在电子显微镜下才能观察到的病毒不等。

## 病毒

> **病毒**
> 一种复杂蛋白物质,能够导致疾病和在宿主细胞内繁殖。

**病毒**必须在宿主的活细胞中繁殖。它们缺乏细胞质,只能利用宿主的代谢系统进行复制。宿主细胞丧失了分化的能力,最终退化,然后释放出的病毒粒子又侵袭其他的细胞。

许多病毒有宿主特异性并可能有组织特异性。例如,猪霍乱,以前是最严重的猪病之一,只能在猪中发生。东方马脑炎病毒,对于人和马都有致病性并且可以传染给鸟,就主要影响宿主的中枢神经系统组织。许多呼吸疾病例如马鼻肺炎、犬瘟热、猪的病毒性肺炎和鸡的支气管炎都是由病毒引起的。

有些病毒病只有通过特殊的携带者才能从一个宿主传播到别的宿主(例如,马脑炎通过蚊子传播),然而其他一些病如猪霍乱是通过动物的直接或间接接触(如饲料、水、交通工具)传播的。管理措施包括隔离,严格的卫生设施,消除带菌者,减少其他生产单位的访问参观者和有计划地接种疫苗。

病毒病广泛散布的情况下,易感动物的免疫接种是常规步骤。产蛋后备鸡的疫苗接种计划见表 12-4。接种计划进一步的细节讨论将在后面的框 12-1 中进行。

**表 12-4　产蛋后备鸡的接种时间抽样**

| 接种周 | 疫苗类型 |
|---|---|
| 1 日龄 | 马力克氏病 |
| 15 d(1/2 剂量) | 传染性法氏囊病 |
| 20 d(1/2 剂量) | 传染性法氏囊病 |
| 25 d | 支气管炎,新城疫,传染性法氏囊病 |
| 30 d | 支气管炎,新城疫,传染性法氏囊病 |
| 49 d | 支气管炎,新城疫,传染性法氏囊病 |
| 10 周 | 鸡痘和喉气管炎(通常表示成 LT) |
| 12 周 | 支气管炎,新城疫,传染性法氏囊病 |
| 13 周 | 禽脑脊髓炎(通常表示为 AE) |
| 16 周 | 新城疫 |

来源:Commercial Egg Production and Processing. Purdue University Extension Publication, 2000, AS-545-W.

## 细菌

> **细菌**
> 一类单细胞的机体。

**细菌**是可用显微镜看见的,单细胞的,通过二分裂法来繁殖,在大小、形状、致病性和宿主特异性上差异很大的生物。肺结核、布鲁氏菌病和沙门氏菌病分别由分支杆菌属、布鲁氏菌属、沙门氏菌属的细菌引起。

**框 12-1** **疫苗接种计划的历史和发展**

对于特定的疾病，病原微生物或病毒很少，正常情况下幼龄动物不会感染（因此没有形成自然免疫），当接触到烈性病原时会引起很严重的疾病甚至死亡。对这些情况，科学家已经发现了形成动物免疫力的方法。下面的段落就要介绍这些方法的原理，这些发现始于一个世纪以前。

法国化学家及生物学家路易斯巴斯德在 19 世纪七八十年代发现了一种血清，注入这种血清的动物对炭疽热能产生抵抗力。血清从感染该病后痊愈动物的血液中分离出，已获得炭疽热的抗体。首先给绵羊注射血清，然后注射感染炭疽热微生物的培养物。一开始接受了血清注射的那些羊仍然健康。而没有接受血清注射的另一组绵羊，被注射感染有炭疽热微生物的培养物时就发病和死亡。

炭疽热是致命的疾病（急性的并且致病性强）。显然血清提供了暂时的被动的免疫力，直到动物自身产生足够的抗体（主动免疫）才能抵抗疾病。

在接下来的一个世纪中，一系列的发现和发展，导致针对所有种类和各种不同传染病的各种各样的疫苗接种技术的出现。大部分是直接引发易感动物中的免疫球蛋白或其他疾病抵抗系统的生成。在早期的几年，巴斯德使用的技术（1）注入痊愈动物的血清；（2）注入病原微生物的培养物；（3）依靠动物自身形成永久的抵抗力——大多数情况下被采用。血清制造工厂保存并使用那些不易使动物发病和能产生大量免疫血清的种类。血清的应用对于马和猪效果明显。活的培养菌被称为“菌苗”或者“病毒”——在实验室制备。

某些情况下，有些疾病是剧毒的，以至于在农场或经营牧场使用活的病原微生物或病毒的培养物有很大的危险。一个破瓶子或者注射器意外的插入可以污染土壤或者设备几十年，或者直接感染没有接受过血清注射的动物。最终，能引发抗体反应但不能引起严重疾病的弱毒培养菌或者灭活培养菌被开发出来。随着弱毒苗和其他技术得到发展，某些情况下，血清的注射已经不必要。

在技术达到精炼以后，要很长的时间，在生产单位才能摆脱使用活的微生物原料进行免疫预防。以猪霍乱为例，专业的培训计划促进了弱毒或者灭活病毒的使用。一个接触过疾病的小区域，禁止使用活病毒的法律的通过是为了最终能达到没有霍乱的目标。这些目标改善了种畜和待肥育猪的市场，并且为猪的生产提供了更为安全的环境。

特别对于家禽，个别注射剂费力又费钱，能够通过水或作为微粒服用的疫苗发展起来了。

在其他疾病和其他动物品种中也有相似的发展。

来源：USDA.

细菌主要通过产生毒素来伤害他们的宿主组织。一些细菌（如葡萄球菌和链球菌）产生并释放有毒物质作为它们新陈代谢的副产物。这些毒素即为**外毒素**，动物感染之后很快就会有症状出现。而另一些细菌，如沙门氏菌，产生内毒素——仅当细菌细胞溶解或破裂才释放的引起宿主损伤的菌体细胞成分。因此，动物感染细菌后，由内毒素引起的症状的出现要比外毒素引起的晚。

**外毒素**
产毒菌进行新陈代谢过程中在细胞内合成后分泌到菌体外的毒素。

使用抗生素或其他化学药品、接种疫苗、定期检测来消除被感染的个体可以减少细菌的传染。

## 原生动物

**原生动物**是单细胞动物，但比细菌大，其大小用显微镜可见。家畜中最常见的原生动物疾病是一类由原生动物寄生虫双孢子球虫引起的“球虫病”。双孢子球虫侵入消化道的上皮细胞，它们的大部分生命周期都作为细胞内寄生虫而存在。双孢子球虫常在宿主的肠道细胞中无性繁殖，引起宿主细胞的破裂，并且侵袭其他的细胞来继续复制。在许多代无性繁殖之后，雌性和雄性配子形成并在宿主细胞中结合，形成卵囊。卵囊随粪便排出，适当的温度和湿度下，孢子在动物体

**原生动物**
通过分裂繁殖的单细胞有机体，大多数能导致动物疾病。

外形成。形成孢子的卵囊能存活并且保持几天到几个星期的传染性。如果卵囊在这时期被新的宿主摄取，疾病就可以传播。

双孢子球虫有非常强的宿主特异性。有13种双孢子球虫感染牛，11种感染猪，但是没有牛的双孢子球虫种类可以传染给猪；感染鸡的是属于同一属的9种双孢子球虫，而没有一种可以感染火鸡或其他动物。

双孢子球虫引起消化道内层大面积损伤，导致消化和吸收的减弱，腹泻，并可能致死。通过在日粮中使用球虫抑制药预防双孢子球虫病。当疾病暴发时，经常在饮用水中添加抗双孢子球虫药物。

### 真菌

**真菌**

一类没有叶绿素，通过孢子繁殖的植物，能够导致动物健康问题。

**真菌**是单细胞或者多细胞的低等植物。丝状真菌中了解最多的种类，是在宠物和农场畜禽中引起外表感染“癣”的头皮癣。有时在人类中也可见，通过触摸感染的宠物就会感染。

鸟类中的曲霉病是丝状真菌引起的。这个内在的疾病是因为它们吸入了真菌孢子。孢子的萌发和生长是在呼吸系统里。幼鸟中的此病经常被叫做“禽曲霉病”，它有着类似肺炎的症状，而且它发生在鸟类一生的早期。

肺组织胞浆菌病，犬科和人类的全身的真菌病，是一种易感却不传染的疾病。病原微生物经常和灰尘微粒一起被吸入，并引起肺部感染。

真菌疾病很难治疗，通过阻止易感动物的暴露能最好的预防真菌病。应该避免使用霉变的饲料和发霉的稻草或者垫料。

### 立克次氏体和支原体

立克次氏体是一种有着和病毒相似的结构，但是个体比较大，很少影响家畜和家禽的微生物。支原体比立克次氏体小而比病毒大。已证实支原体会引起严重的乳房炎以及家畜、家禽的呼吸道疾病。

## 12.9　免疫和疫苗接种

免疫是动物对病原体产生抵抗力的一种状态。可以分为被动免疫和主动获得免疫（表12-5）。

表12-5　获得性免疫的类型

| 被动免疫 | 主动免疫 |
|---|---|
| 通过抗体的介入获得 | 从抗体产品中获得 |
| 天然物种或者种系中的遗传抗性 | 自然接触和痊愈 |
| 初乳 | 接种疫苗和菌苗 |
| 血浆或者丙种球蛋白 | |

尽管发现一些畜种不会感染特定传染病的特性已经几十年了，但对畜禽疾病

的遗传抵抗力的科学研究仅在最近才进行。有很多证据表明对奶牛乳房炎和眼癌的抵抗力是可遗传的(见表 18-1 遗传力估计)。许多商业家禽育种计划在寻求对某些疾病的遗传免疫力,如马立克氏病。其他动物种类的遗传免疫力也可能很高,但是因为这些物种较低的生产力和较长的世代,因而很少被研究,而且也不能很快的实现。

实际上,大多数持久免疫力是获得性的,要么通过暴露年轻的动物接触疾病要么通过人为的形式——疫苗接种。在自然环境中,新生的或刚孵化出来的动物立即接触到大量的微生物和病毒——在草垫或者窝里、土壤中、奶头上或者母畜的舌头上、水中等等。许多这些都可以引起感染,特别是体质弱的或者处于应激状态下的幼畜易感。

但是大多数新生动物天生就有疾病防御机制。血液中的疾病防御机制都有相对高水平的免疫血球素、非特异性免疫蛋白。

在人类、狗、猫和豚鼠中,抗体通过母体的胎盘传递给胎儿,但在猪、牛、羊和马中并不是这样。在后面的哺乳动物中,仔畜出生后头几天的母畜初乳中,有含量非常高的免疫球蛋白和其他蛋白质(用来制造其他特殊的抗体)和脂肪。(初乳的成分如表 6-5 示)。因此,年幼的动物可以获得对特殊病原的被动免疫。新生动物出生后几小时内摄取初乳是很重要的,因为肠吸收大的免疫球蛋白分子的能力会迅速降低。新孵出的鸡或其他幼禽通过吸收高含量免疫球蛋白的蛋黄获得被动免疫。

通过让年轻的动物接触现存的疾病获得免疫的发展解释了家畜和家禽生产中的几个现象。出生或者孵出来的最初几周被饲养在非常卫生的环境中或者完全新的设备里的动物,再转到正常的饲养环境或以前用过的带有正常数量的潜在病原的设备中会生病。同样的情况常会发生在当动物从一个国家转到另一个国家或者从一个地区转到另一个地区,并且遇到新的和不同的动物群体时。

## 12.10 繁殖和呼吸问题

在有许多病原体、营养缺乏和其他因素存在时,繁殖和呼吸问题是主要关注的问题。繁殖和呼吸问题揭示了当动物处于相当大的生产应激、很高的饲养密度、饲养人员和动物频繁的更换转移和快速急剧更换饲料的条件下,动物健康问题的复杂性。

牛的传染性繁殖疾病包括布鲁氏菌病、弧菌病、密螺旋体病,它们都可能由雄性携带和传播。接种疫苗可以有效地预防这些疾病。而维生素 A 或者磷的缺乏、低的能量和蛋白质水平、过高的环境温度以及其他的因素都会降低公牛和母牛的生产力。互作的可能性很高,要搞清楚造成繁殖问题的原因,困难是显而易见的。

所有物种的呼吸问题都是复杂的。尽管确定的病原体可以从鼻的菌种中识别,但是病原体经常以混合物形式存在。研究已经证明一种病原体的毒力可能会受到其他病原是否存在、灰尘、日粮和应激的影响。事实上,虽然有确定的如牛传染性鼻气管炎这样的呼吸疾病存在,但是许多呼吸传染病常常简单地被认为是

"呼吸疾病综合症"。

马可能会患马病毒性鼻肺炎，猪常患流行性感冒，气囊炎常出现在家禽中。要强调的是，单个动物的应激通常是发病和流行的起因。

## 12.11 净化与畜群重组计划

通过活病毒的减少使用、改良疫苗的继续接种、到最终疾病的消除，来逐步根除猪霍乱的过程在12.9中有所介绍。在美国，一些其他疾病已经根除或者已将发病率降低到不再对经济造成重大影响的百分点。

口蹄疫和传染性胸膜肺炎就是这样的例子。肺结核和布鲁氏菌病的发病率已明显降低。对于肺结核，使用的主要技术是国家常规检测所有饲养牛和捕杀所有被感染的动物。虽然会付给畜禽所有者一些赔款，但还是会有严重的经济损失。在一个大致的布鲁氏菌病的计划中，美国农业部赔偿计划是由州或国家的财政补贴。

达到更低的发病率后，牛的许多病例在屠宰场中被检测出来。这些牛被标记，农场主被要求进行确认，整个牛群也会接受检测。

随着一个地区检测为阳性的数目增多，其检查和监督计划的力度会增强。例如，检测和畜群隔离30 d，然后再一次检查。疾病携带者直接被屠宰。

净化计划要求国内和不同国家的生产者之间通力合作，遵守国家边界的检查和检疫条款。

当特殊致命的和对经济有重要影响的疾病例如口蹄疫暴发时，对于所有位于一定范围内的易感动物的消除和适当的处理（燃烧、埋葬、处理饲料）是重要的，接着清除和消毒，在此地区评定"哨点"动物。一段时期后，如通过检查，如果没有在"哨点动物"中发现明显的疾病存在的迹象，动物扩繁就可以继续进行了。

## 12.12 典型的畜群健康计划

大多数畜牧生产者遵守具体的健康计划。健康计划建立在动物的生活周期和全年日程表的基础上。一个推荐的猪群健康计划的例子，以时间和年龄为基础，见表12-6；一个详细的肉牛健康管理计划的例子，以年月为基础，见框12-2。

所有的健康计划都是在对个体和群体的完整记录的基础上进行的。

兽医定期的检查和会诊，是整个畜群健康计划的一部分，可按照合同按诊断家畜的数量或诊断小时数要求报酬。奶牛群的健康计划包括疫苗、乳房健康、肢蹄护理计划、定期的怀孕检查、进行预防接种和评定乳房炎、蹄传染病、小牛疾病和育种问题。奶牛群健康计划的简单的例子见图12-1。畜群健康计划的目的是预防疾病，维持正常的健康，保持畜群的高生产力。

表 12-6 猪群健康的推荐指导方针[a]

| 时间(年龄) | 疫苗和寄生虫控制 | 管理和育种 |
|---|---|---|
| | 育肥小母猪/大母猪 | |
| 6½月龄 | 驱虫;治疗虱子和疥螨;饲喂新鲜的公猪和母猪饲料。1周内重复。与淘汰母猪混合,开始时与公猪隔离。接种螺旋体、丹毒、细小病毒和伪狂犬疫苗[b] | 依照建立的基因选择标准和计划挑选小母猪。隔离购买的小母猪60 d。对购进的小母猪采集血样,监测本场未有的重要疾病 |
| 7½月龄 | 重复接种疫苗 | |
| 8月龄 | | 在第2个或第3个发情期繁殖(每次最少交配2次) |
| 交配后的3周 | | 怀孕检查不返情 |
| 9月龄 | | 怀孕检查(配种后的35～60 d) |
| 产前6周 | 梭状芽孢杆菌类毒素 | |
| 产前4～6周 | 大肠杆菌、巴斯德菌、支原体、传染性胃肠炎、伪狂犬病病毒。治疗虱子和疥螨 | |
| 产前2周 | 大肠杆菌、梭菌、支原体、传染性胃肠炎、巴斯德菌 | 哺乳期可以使用饲料添加剂来预防梭状芽孢杆菌的感染 |
| 产前7～10 d | 治疗虱子和疥螨并驱虫 | 可以使用饲料添加剂来预防便秘。在进入产房之前用清洁剂彻底清洁大母猪 |
| 分娩 | | 记录仔猪和母猪的信息。小猪生长环境——90～95℉。母猪65～70℉。 |
| 产后3～5周 | 注意母猪的钩端螺旋体,细小病毒、丹毒、伪狂犬病病毒。治疗虱子和疥螨 | 断奶小猪。提供舒适、卫生的设施和足够的食物 |
| | 公猪 | |
| 4～6月龄 | | 在饲养前的60 d挑选公猪并带到农场。(8月龄公猪就将在一定范围内使用)。将已购的公猪隔离60 d。购买的血样作为畜群中还未出现的重要疾病的替代品 |
| 购买后的第一个隔离30 d | 检查布氏杆菌病、钩端螺旋体、猪呼吸与繁殖综合症、细小病毒、放线杆菌、猪传染性胃肠炎和伪狂犬病病毒。<br>治疗虱子和疥螨,驱除体内寄生虫 | 饲喂没有加入药物的饲料并且观察有无痢疾、残疾、肺炎和溃疡 |
| 购买后的第二个隔离30 d | 接种伪狂犬病病毒、钩状螺旋体、丹毒和细小病毒疫苗<br>检查疥螨 | 使购入公猪接触本场公猪和母猪的粪便,和精选的母猪混合,观察生殖欲望和繁殖能力。提供围栏给母猪和留作种用的公猪来接触 |
| 每6个月 | 接种伪狂犬病病毒、钩状螺旋体、丹毒和细小病毒疫苗。然后驱虫<br>检查疥螨 | |
| | 小猪 | |
| 1日龄 | 梭菌抗生素 | |
| 1～3日龄 | 注射铁制剂 | 修剪猪獠牙、断尾、打耳缺、去势 |
| 3～7日龄 | 接种萎缩性鼻炎和传染性胃肠炎的疫苗 | 开始在饲料中饲喂口服铁 |
| 10～14日龄 | 铁(注射或者口服) | 开始加入口服铁,断奶 |

表 12-6 续

| 时间(年龄) | 疫苗和寄生虫控制 | 管理和育种 |
| --- | --- | --- |
| 3～4 周 | 接种萎缩性鼻炎、呼吸与繁殖综合症、传染性胃肠炎的疫苗、支原体和沙门氏菌霍乱的疫苗 | 接触早期饲料。断奶 |
| 断奶＋10 d | 治疗虱子和疥螨并驱虫 | |
| 断奶＋20 d | 接种丹毒和放线杆菌胸膜肺炎菌苗 | |
| 10～12 周 | 接种伪狂犬疫苗，再次接种丹毒和放线杆菌胸膜肺炎菌苗 | 排泄物检查 |
| 5～6 月龄 | 屠宰前正确遵守饲喂药物和停止接种的时间 | 从市场群中对 20%～30%的猪进行健康检查 |

a. 显示生产者咨询兽医后所用的大多数推荐的疫苗接种和寄生虫控制措施。
b. 伪狂犬病病毒。
来源：Pork Industry Handbook，PIH68，revised January 1997.

框 12-2 肉牛健康管理日程

| 月份 | 健康状况 |
| --- | --- |
| 1 月 | 找出疥螨。注意流产。治疗虱子。 |
| 2 月 | 注意蹄腐烂。用大肠杆菌疫苗控制小牛腹泻。在分娩以前喂给母牛。 |
| 3 月 | 提供干净干燥的分娩设备以及红外线灯。了解怎么通过胃管饲喂虚弱的小牛。为不能自己进食的小牛提供免疫血清。 |
| 4 月 | 用矿物质复合物中的 MgO(每头母牛每天 0.5 oz)来预防牛低血镁症。在转移至草场前为所有母牛驱虫。重复 3 周。存在牛毛滴虫病的地方，在繁殖季节前使用疫苗。繁殖季节前 4 周注射 2 次。将所有的公牛去势。蚊蝇季节前去角。 |
| 5 月 | 对公牛进行配种前检查。在配种前为母牛接种弧菌病、牛传染性气管炎、牛黏膜综合症、细螺旋体病(5 种血清型)疫苗。为所有小牛和青年牛接种传染性急性结膜炎疫苗。 |
| 6 月 | 为人工授精做准备。如果自然交配，一头公牛可配 25 头母牛。给小牛注入特殊的人造的助长素。检查同期发情产品的使用。为了有序管理，母牛应该循环使用。如果依据推荐的方法进行管理，同期发情就会发生。 |
| 7 月 | 对3 月龄大的所有小牛接种传染性急性结膜炎、梭菌(气肿性炭疽及黑腿病等)、巴斯德菌、杆菌、牛呼吸道合胞体病毒疫苗。后备母牛在 2～6 月龄时接种菌种 19。 |
| 8 月 | 检查传染性急性结膜炎并且用抗生素进行治疗。 |
| 9 月 | 注意牛低血镁症。检查蹄腐烂和眼癌。控制苍蝇。 |
| 10 月 | 母牛怀孕检查。怀孕检查的同时为犊牛催肥准备。给母牛和小牛驱虫并治疗外寄生虫。 |
| 11 月 | 犊牛催肥准备和断奶。 |
| 12 月 | 检查母牛的流产和发情期。 |

来源：改自 Herrick，J. B. “Cattle disease guide—Beef and dairy.” Feedstuffs 68，no. 30 (1996)：Reference Issue.

**奶牛健康计划**

新生牛：

人工第一次喂初乳。

用碘酒消毒脐带。

标识小牛身份并且提供单独围栏或畜栏。

接种疫苗：

2～6 月龄：

在一些州，为布鲁氏杆菌病接种菌种 19 疫苗。

4～6 月龄：

- 注射副流感病毒、梭菌、睡眠嗜血杆菌和牛呼吸道合胞体病毒疫苗，不要同时进行。
- 之后 2 周注射牛黏膜综合症疫苗，疫苗应是无致病力的类型。

11～13 月龄，或者配种前 2 周

- 每年接种细螺旋体病(5 种血清型)疫苗。
- 重复接种传染性鼻气管炎、牛黏膜综合症和睡眠嗜血杆菌疫苗。

成年母牛：

- 配种后的 1 个月，加大细螺旋体病、传染性鼻气管炎、牛黏膜综合症和大肠杆菌疫苗的剂量。

繁殖：

每隔 3 周由兽医进行牛群检查，包括：

- 配种后 30～45 d 进行母牛怀孕检查。
- 产后 0～15 d 和大约 30 d 进行检查。
- 对 3～4 次配种后没有怀孕的牛进行检查。
- 对产后 60 d 仍没有观察到发情的母牛进行检查。

寄生虫控制：

- 第一个放牧季节小母牛的蠕虫——去牧场后的第 3 和第 6 周。
- 用经核准的杀虫剂来连续地控制虱子。

乳房健康：

- 使用被推荐的挤奶前和挤奶后惯例。
- DHI 报告中监控体细胞数。
- 仔细为要治疗乳房炎的所有母牛做好身份登记；在规定时间停止挤奶。
- 按照兽医的处方来进行干奶计划。

紧急事件：

- 难产：出现非常大或不正常现象时请兽医。
- 疾病或者跛足动物：请兽医或根据兽医的建议治疗。
- 流产胎儿和死亡动物：安排兽医迅速验尸。
- 移植皱胃：通过外科手术移入替代品。

**图 12-1 奶牛群健康计划实例。每个畜群都应该有一个由兽医或者管理者制定的具体规划。**

来源：改自 data from Ohio State University; "Cattle disease guide——Dairy." Feedstuffs 1999 Reference Issue.

**图 12-2 堪萨斯州的一个动物医院。请注意奶牛运转和分类的围栏。下面的照片是医院中控制奶牛的斜道。**
来源：经 Kansas State University 授权。

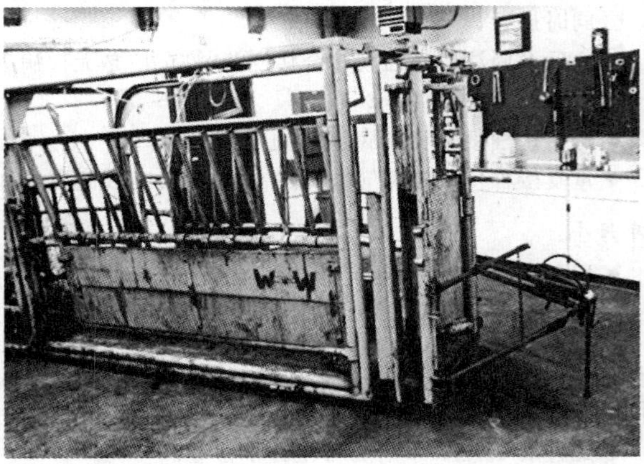

## 12.13 兽医工作

家畜和家禽生产系统中，兽医是畜群健康组织的成员之一。组织包括畜群的管理人员、所有的工人、营养学家和其他的专家。兽医要被集中培训关于动物疾病、医学、外科和诊断的内容。

为寻求专业的诊断，兽医可能要依靠微生物学家、寄生虫学家、新陈代谢或繁殖生理学家、病理学家、生物化学家以及其他学科的科学家。所有从事畜牧行业的人都应熟悉健康动物的特点，包括其体温、脉搏、呼吸。这些都列在表 12-7 中。正常的温度在 24 h 内有 0.5～1.0℃的变动，上午体温最低，午后体温最高。

高的环境温度常会导致体温升高，运动也会促使体温升高。传染病一般会引起发烧（高温）。毒血症或者休克会使机体温度降低。

体温因兴奋或锻炼升高，脉搏和呼吸会随着体温的升高而增加。脉搏可以通过触诊牛的面部或者尾部内侧的动脉、马的面部动脉、绵羊山羊大腿内部动脉来测定。但是通过触诊获得猪的正确脉搏是很困难的。

温度、脉搏和呼吸频率是健康的重要指标，而不正常的行为如进食量减少、动作缓慢、不正常的姿势是不健康的征兆。从适当的距离和处于自然状态下的动物可以最好的观察身体的特征。以下是可以帮助兽医和畜群管理者诊断疾病的症状，是治疗开始前的基本步骤：

表 12-7 普通动物的平均温度、脉搏和呼吸频率

| 品种 | 温度（直肠） | 脉搏（每分钟） | 呼吸（每分钟） |
|---|---|---|---|
| 奶牛 | 101.5°F (38.6℃) | 60 | 20 |
| 马 | 100.0°F (37.8℃) | 35 | 12 |
| 猪 | 102.5°F (39.2℃) | 60～100 | 8～18 |
| 绵羊 | 102.5°F (39.2℃) | 60～90 | 12～20 |
| 山羊 | 102.5°F (39.2℃) | 60～90 | 12～20 |
| 家禽 | 106.0°F (41.1℃) | 250～350 | 17～27 |

来源：改自 The Merck Veterinary Manual, 4th ed. Rahway, NJ: Merck & Co. Inc., 1973.

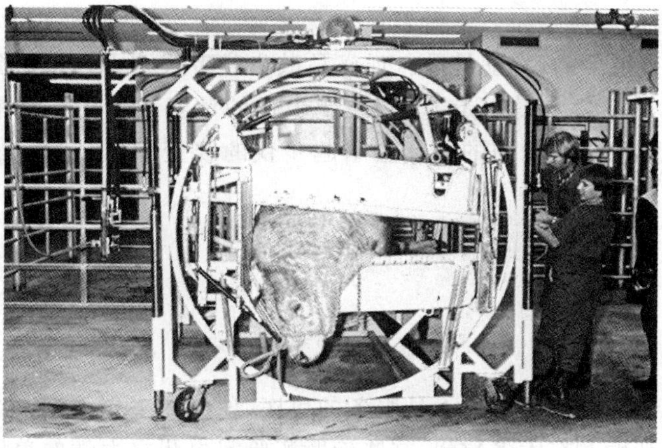

**图 12-3　一个兽医学院内的大型动物控制桌，可以 360°旋转，上图：倾斜的外科手术台，下图：兽医的临床病历为兽医学生提供训练机会。**

来源：经 Kansas State University 授权。

- 单个动物的检查用来确定疾病的种类和可能的原因，一般是对眼睛、鼻孔和耳朵的检查。眼睛和鼻孔流出较多分泌物，表明有呼吸问题。唾液的过多分泌表明舌头不灵活、中枢神经紊乱、牙齿问题、食道堵塞。头颈姿势的改变常由呼吸困难导致；患有肺炎的动物总是伸展头颈。
- 呼吸频率、节奏和深浅的变化表明有无呼吸疾病如肺炎。胸部水肿（有液体而肿胀）一般都伴随着循环系统紊乱和呼吸困难。
- 弓形后背一般与胸腹疼痛一起出现，例如由异物（钉子、电线等）穿透网胃

引起创伤性网胃炎造成。

- 腹部和它的对称、充满程度都是临床指标。腹部膨胀开始是背侧左边的腹部发生显著的水肿。另一方面,肠胃堵塞也经常会引起腹部膨胀。憔悴很可能是因为牛已经几天没有进食了。憔悴且腹部有压实感说明腹部有伤。
- 外阴、阴茎和阴囊的传染病可能引起不同程度的肿胀。雄性尿道堵塞例如尿道结石,可以通过检查阴茎而确定。阴道流出不正常分泌物,说明生殖道已感染。
- 乳腺的肿胀通常表明患有乳房炎,产奶期的奶牛如乳房松软无力说明全身感染或者代谢紊乱。
- 粪便要仔细检测。排泄通路的缺少或者便秘可能表明消化紊乱或者由于高烧引起的疾病。腹泻说明胃肠有炎症。粪便中有血说明患球虫病或者直肠损伤。胃溃疡或肠的前部流血可能会引起黑色的粪便。过多的黏液在粪便中反光,可能由肠炎引起。
- 肢蹄的畸形检查是很重要的,特别是马。观察马散步或者快跑可以检测到肢蹄的损伤。蹄叶炎将会减慢行走速度、改变步伐的节奏。骨折或者脱臼、关节损伤、蹄脓肿也是。胸腔的疼痛会引起步伐的改变和休息时肘位置异常。

## 12.14 诊断服务

为畜禽生产者和其他与动物健康有关人员服务的兽医,他们的工作得到一个或多个州的诊断实验室的帮助。在大多数州,这些诊断实验室由州立大学的兽医学院或兽医科学系管理,而在有些州则由州政府的执行部门管理。实验室用组织、活动物、死亡动物来例行检测或详细诊断并确定疾病和死亡的原因,并且通过电话或其他方式及时发布报告,这样可以适时制订治疗方案、调整管理制度。

兽医学院也开办诊所和医院,为兽医学生提供学习的机会、处理学校范围内的常规和紧急病例,以及来自整个州或邻近州的特殊不寻常的病例。大学、诊断实验室、门诊、兽医系为兽医和生产者开展会议和短期课程、发布公告和提供动物健康方面的其他资料。

许多畜禽生产者同样享有一些大型商业公司提供的诊断服务,特别是责任和利润由参与者共享的综合性企业。

## 12.15 生物安全

一个成功的畜群健康计划,需要一个严格的生物安全计划来减少外部疾病传入本农场和来自其他生产单位的危险。这意味着所有的动物都应该被保护,不受到人、设备或者交通工具传播疾病的危险。计划包括以下几点:

- 只允许本农场的员工进入动物生产单位。
- 要求照顾隔离动物或者设备的人员,在进入农场的其他动物单元前要遵守经过核准的消毒程序。

- 要求被邀请的参观者穿上耐用的塑料靴子。
- 在参观其他生产者的设备后，回到本农场时要遵守规程进行消毒。
- 从隔离处、外单位和外面来的设备在使用前后都要彻底地清洗和消毒。
- 进入农场时所有人员都有责任对运输卡车的手续检查核实。
- 为新购买的家畜提供隔离舍。其生物安全程序应和本场其他设备一样严格。隔离区的任何废弃物都不应该流入环礁湖，以避免污染。
- 维持有效的啮齿动物控制计划。

任何生物安全计划都应该是实用的、成本合理并且能被所有的农场人员理解。

## 思考题

1. 健康动物的几个特征是什么？
2. 人畜共患病的意思是什么？举出 4 种这样的疾病。
3. 传染性疾病和非传染性疾病的区别是什么？各举 2 例。
4. 下面的疾病是因为缺乏哪些元素？(a)软骨病，(b)角化不全，(c)贫血症，(d)甲状腺肿。
5. 哪些因素引起(a)瘤胃酸毒症，(b)缺血镁症，(c)泌尿结石？
6. 严重的体内寄生虫(例如内部蛔虫或者绦虫)会产生什么后果？
7. 解释牛蛆如何生存。
8. 什么是病原携带者？试举一例。
9. 是不是所有的传染病都易传染？举例说明。
10. 病毒的 2 个特征是什么？它和细菌有什么不同？
11. 怎么定义原生动物？举一例原生动物疾病。
12. 指出引起下面疾病的微生物类型：(a)布鲁氏菌病，(b)猪霍乱，(c)球虫病，(d)沙门氏菌病，(e)马脑炎。
13. 什么是支原体？
14. 举例说明动物是怎么获得(a)被动免疫，(b)主动免疫的。
15. 解释“检测和扑杀”计划是怎样根除牛的布鲁氏菌病的。
16. 解释畜群健康计划是怎么起作用的。
17. 举例说明兽医检查之前管理者怎么观察家畜生病的迹象。
18. 家畜家禽生产者在哪儿可以获得诊断服务？

翻译：卢昕；校对：孙传禹，王俊玲

# 第13章

# 动物行为
# Animal Behavior

与人类群体一样，动物个体之间也存在相互的影响与交流，并且在其中发展出友谊或恋情，或者产生统治与被统治的关系。同时，动物也具备独处或者领土占有的欲望，而且为所处的社会关系所制约与影响。

对动物行为的深刻了解及细致观察，包括这些行为在动物个体以及群体中的作用方式，对我们的畜禽生产实践具有重要的意义。例如，牛羊在户外对牧草的利用状况即受到动物行为模式的影响。因此，对这些模式的观察将会有利于确定牧场面积和形状、每组放牧动物的数量、灌溉设施的设置以及盐和矿物质混合物的放置，乃至轮转放牧代替长期放牧制度等牧场管理决策。在其他畜种中，对动物行为模式的了解和观察同样有助于生产实践的进行。例如，帮助确定猪肥育时的适宜群体数量、相关设备的设计，确定产蛋母鸡所需饲养空间的大小，或者是在何时或者何种条件下母羊和幼龄羊羔可以与其他的个体共同圈养等。

了解动物的行为方式以及它们是如何学会或习惯于使用某种设施或系统，还可以节省人员的工作时间。例如，奶牛习惯于听到铃声后即离开牧场前往挤奶厅[①]，或者是当听到挤奶厅无线电装置的声音时就开始进行迅速的泌乳过程。在没有个体电子识别系统的情况下，奶牛按照一定的规律有序地进入挤奶厅（图13-1），可以使牛群的饲养记录和管理变得更为简便。

本章将对动物行为学进行详细的介绍，具体包括动物的行为组成、交流、正常的行为特点以及动物行为学在畜禽生产管理和在解决具体行为学问题中的应用。通常，家养动物的行为可以被分成以下2个方面：(1)特定限制条件下的行为，(2)相对自然条件下的行为。针对任何一种行为的研究，我们的研究目标都是了解在最好的动物福利和经济运作模式下，动物个体之间相互影响和相互作用的现象与方式。

①Kiley-Worthington, M., and P. Savage. Applied Animal Ethology 4 (1978): 119-24.

**图 13-1 奶牛按照特定的规则有序地进入现代化旋转式挤奶厅。**
经 Purdue University 授权。

学习本章后，读者应掌握以下内容：

1. 动物行为学的定义，了解社会等级及其他重要概念。
2. 区分本能、印记和通过训练学习这3个行为学概念。
3. 列出动物接受刺激信号的感觉系统。
4. 区分视觉上的看到与感知。
5. 描述具体某物种的行为特点如何影响其养殖相关设施的设计。
6. 列出部分畜禽生产中常见的动物行为问题。
7. 解释为什么管理人员在评估动物设备或动物管理系统时，需要假设自己就是动物群体的一员并从动物的角度出发，来完成整个评估过程。

## 13.1 动物行为学是一门科学

**动物行为学：** 在自然或典型环境下针对动物行为进行研究的科学。

**动物行为学**是指研究正常生存环境下动物行为的科学。对于非家养物种，正常环境应理解为“野生环境”。对于家养的动物品种，应理解为正常生存条件下物种所处的生活环境，例如牧场、笼舍、养殖场或相关环境。在实际的研究中，以改善动物管理为目的而进行动物行为学研究的科学家被称作应用动物行为学家。虽然在多年的畜禽生产实践中，我们已经应用到很多动物行为学的理论与规律[①]，但是动物行为学仍是动物科学中一门相对新兴的学科。

1973年，3位动物行为学家分享了诺贝尔生理与医学奖。其中，Karl von Frisch 发现了蜜蜂在群体内传达信息的方式，例如，为群体的其他成员指示蜜源的方向和距离等。在其发现之前，大多数人认为动物，特别是昆虫，彼此之间并不

①关于动物行为学的早期认识大多是从营养学和繁殖学的研究中获得的。目前，大多数农业机构都拥有了经过动物行为学学习训练或者专攻动物行为学的研究人才。

能够进行有效的信息交流。

Konrad Lorenz，通常被认为是动物行为学的奠基人，其研究发现，在鸟类和哺乳动物出生后的几个小时或几天内，会发生一种快速且相对不可逆转的学习过程，这种过程被称作为**印记**。作为动物行为学的基本概念，印记包括动物认识自己的母亲以及自己所从属的物种等。目前，这个概念已经得到了更广泛的延伸，例如印记可以使大麻哈鱼记忆了自身孵化的河流等。

> **印记**
> 动物出生后的几天或几个小时里迅速且相对不可逆转的学习过程。

Nikolass Timbergen，作为第 3 位获奖者，对动物的生存行为进行了阐述。例如，在许多鸟类中，当鸟蛋进行孵化时，父母会把蛋壳运送到较远的地方以减少天敌对鸟巢的注意。

## 13.2 驯养和遗传对动物行为的影响

正如不同物种、品种和个体间在生理特征上具备不同的遗传特点，动物的行为特点也同样存在着遗传上的差异。

基因不仅为大脑、神经系统和激素系统的发育与形成提供了“蓝图”，同样也支配着机体的生物化学、解剖学以及生理学过程，诸如感知和繁殖周期等生物现象。

驯养相当于是选择的过程，即选择易于为人类控制与管理的行为学特点，具备这些特点的物种经过长期选择会得到保留。尽管这些特点也可能受环境的影响，但很大部分还是可以通过遗传而进行继承。

家养动物本身具备许多易于被人类管理的行为学特点，正基于此，这些动物才能够在农业商业企业中得到广泛的使用。某种程度上也可以说，该类行为学特点在物种进化过程中的固定为动物的驯养提供了必要的基础条件。

**1. 群居性** 通常，农场动物会被组织起来进行规模饲养。在实际中，部分动物，例如熊，习惯于独居。其他动物则通常是以一个小家庭或小群体的模式而存在，这类动物在大群体中却不能保持旺盛的生长繁育状态。在某些羊的品种中，例如美利奴，则趋向于群居；而其他品种羊的群居性并不很明显。

**2. 社会组织** 动物群体的成员通常是按照一定的群落优势或“啄序”而构成。该部分内容将在 13.9 中进行详细的讨论。

**3. 混配** 如果像部分野生动物一样，农场动物实行终身配对交配的繁殖体系，那么就需要给群体中的每一头母牛配备相应的一头公牛配偶。然而，在大多数实际的家养动物群体中，不同性别个体的数目往往存在一定的差异，养殖者通常按照需求将优先赋予某种性别，例如使用同一头公牛与许多头母牛进行交配繁殖。这种交配方式则有利于使用特定的配种计划，从而实现畜群的定向改良（发情期的动物行为本章 13.12 中进行详细讨论）。

**4. 幼畜的早熟性** 马驹、羊羔、牛犊、仔猪等幼畜在出生时就能睁开眼睛，并且在出生后的一两个小时里就能够站立并实现对母亲的跟随。我们可以利用动物早熟的特点使用成本更低的分群管理方式，这些动物不像人类的婴儿或小狗那样需要母亲太多的照顾。

**5. 适应性** 家用动物能够适应更为宽泛的环境条件，包括各种管理系统或者饲料。

**6.有限的活跃性和温顺的性情** 和其他大多数商品物种一样,牛只可以在相对简易、价格低廉的围栏内进行饲养,但是,鹿就可以容易地跳出这种围栏,这就是所谓的物种差异。从性情上讲,海福特牛是特别温顺的品种,然而婆罗门牛则反应敏感,通常需要更结实更高的围栏进行圈养。

上述大多数行为学特点被称作本能行为,也就是动物未经学习即表现出的一系列行为。对于本能行为,动物的中枢神经系统类似于进行过预先的程序设计,可以对特定的环境或特殊的刺激表现出事先设定的行为方式。最普遍的例子是动物的游泳能力,从未接触过水的狗,通常能够非常容易的学会游泳,然而人类往往缺乏这种本能。

同时,雏鸡孵化到一定阶段后就自动破壳而出,新生小猪自主地寻找母猪的乳房进行哺乳,这些生命现象都是本能行为的实例。

在家畜品种中,母性行为被看作是重要的本能行为。一个小母牛自从出生以后可能从来没有经历或者观察过任何抚育幼子的过程,但是当其成熟产犊后完全可以表现出一切正常的母性行为。相对而言,其他一些野生灵长类物种,例如黑猩猩和大猩猩,则必须通过对母性行为的观察进行学习。交配行为也是重要的本能行为,在没有观察过任何交配行为的基础上,绝大多数家畜青春期后都可以成功地完成交配,尽管部分年轻或经验不足的雄性家畜在初次交配时也会产生一些相应的困难。

动物的某些本能行为即使在缺乏适当的刺激或环境下仍然可以发生。在户外或野生条件下的母鸡经常掸擞身体的灰尘,从而抑制昆虫寄生。同样,笼养或干燥混凝土地面饲养的母鸡,即便身体没有灰尘也保持了掸擞灰尘的本能性行为。

许多行为学特点均受遗传因素的影响,因此可以通过选择进行改变。经过几个世代的驯养,实际相当于对目标的行为特点进行了"自然"的选择,适应限制饲养条件的家畜生长良好,同时保持了健康和繁殖特性;而不能适应的家畜则不能生存或者生长效率低下。经过这样的选择,后继的世代中将会得到更大比例的适于人工饲养的家畜。

除此之外,人类有意或下意识通过观察家畜的行为特征来决定母畜或公畜是否参与交配,从而给予群体额外的选择压力。例如,对于难于管理的母马、母牛、母羊或者其他公畜可能因此就失去交配的机会或者将被淘汰;也许,淘汰该类个体是由于表面上的其他原因,但动物管理的难易程度实际上也对选择以及育种决策产生了潜在的影响。

禽蛋孵化器的使用不再需要产蛋母禽进行孵化行为(替代了禽类一窝 10～12 个蛋的抱窝行为),因此,育种者开始在实践中进行剔除动物抱窝行为的选择。家禽育种者仅经过 5 个世代的选择就将该行为的群体发生率从 90%降低到不足 20%,从而提高了群体产蛋性能①。

目前在畜禽行为学研究中,已经对群落优势以及好斗性等行为学性状的遗传力进行了估计,估值范围从 0 到 0.57 不等②。通常,具备良好母性的母猪的后代小母猪也会有良好的母性表现,温顺安静的马驹也很可能是相似性格种马和母马的后代。

---

①Goodale, H. D., R. Sanborn, and D. White. Bull. Mass. Agr. Exp. Sta!, 1920.

②Craig, James V. Domestic Animal Behavior. Upper Saddle River, NJ: Prentice Hall, 1981.

## 13.3 环境对行为的影响

相对于遗传因素，环境对行为的影响更加复杂多样。动物的遗传资质在胚胎形成时即建立起来，然而环境对动物的影响甚至在这个时间以前就已经发生，并且在动物的一生中都将不断改变。

胚胎形成时的环境能够影响动物出生后的行为。这一点在实验动物中已经得到了证明，动物妊娠过程中的心理压力，特别对于胚胎发育期大脑和神经组织快速生长的阶段，这种压力可以导致胚胎发育为成体后持久性反常行为的发生[①]。同时，研究已经证明母畜怀孕期间的酒精、咖啡因以及其他药物的使用、或者身体损伤和疾病都对后代的行为产生影响。

包括本章介绍的印记效应在内，个体在管理、饲养和放牧过程学习到的行为方式，同样也受到后天环境的影响。

光照是重要的环境因素之一。**光周期**的概念是指在 24 h 中动物暴露在光照条件下的时长，光周期可以影响鸡的产蛋量以及山羊、绵羊、马的繁殖期，也因此可以在生产管理中为人类所利用。增加光照时间可以刺激禽类产蛋量的增加，反之则可以抑制产蛋。同样，人工光周期也被用来控制鸡、马和山羊的繁殖期（见 33.4 节）。

**光周期**
自然光照或人工光照的时长。

动物的群居饲养也是重要的环境因素之一。农场动物当与自己同种，特别是与异性成员一同饲养时，会相对较早的进入青春期。群体的大小、年龄的组成、性别的构成以及组内成员的社会优势等级都能够对动物的行为产生影响（见 13.9 节）。

## 13.4 生理学

动物的生理学可以被认为是联系遗传和环境的一门学科，具体可以定义为研究影响个体发挥生命功能的生理和化学途径的科学。基于**遗传**建立的潜在基础，生理学为研究机体如何感知到环境刺激并且做出反应提供了可行方法。

**遗传**
研究或描述基因通过精子和卵细胞在不同世代之间的传递规律。个体的遗传基础即通过精子和卵细胞而获得父本和母本的基因。

大多数神经系统的运作都为感觉上的刺激所激发，刺激则具体通过机体的感受器——视觉、听觉、触觉、味觉、嗅觉和其他方式而获得。生物机体通过 3 方面或 3 个水平对刺激做出反应，包括脊索、大脑下部（下丘脑和脑干）和脑皮质层。

由脊索启动的反应，被称为反射。例如，当手指上的感觉神经元触到烫的物体，信号即传到脊索，从而刺激运动神经元缩短相应的肌肉并抽回手指。

下丘脑和脑干控制维持着生命所必要的下意识行为，例如血压、心率、呼吸节率、体温以及运动的协调性。同时，下丘脑也与生气、兴奋、性行为、愉快和饥饿等感觉感受相互关联，尽管特定情况下这些感觉是可以为被意识所支配的。

大脑皮层支配着信息的储存、学习、思考和有意识的行为。大脑皮层富含神经中枢细胞，从而可以完成上述生命功能。

---

①Dahlott, L., E. Hard, and K. Larsson. Anim. Behav. 25 (1977): 958.

内分泌系统，包括能够产生并释放激素的腺体、激素通过血液循环系统完成个体新陈代谢的调节。例如，雌激素和孕酮控制着雌性动物的繁殖周期及发情行为；催乳素激发并维持母鸡的孵化行为。内分泌系统受到神经中枢活动的影响，主要是通过下丘脑，完成对内部和外部刺激的生理反应。

心理压力，例如将母羊或母牛从群体中孤立出来，或者是把动物运输到距离较远的新环境，都会对动物产生心理上的应激，该类压力通过内分泌系统的作用，将会降低雌性动物对异性的接纳能力，同时还会影响动物的受精率和疾病抵抗能力，甚至影响机体的其他功能。

物种、品种或品系间的行为学差异同样可能与动物的生理学及解剖学特点有关。在户外或牧场上的动物需要进行大量的针对体温调节的行为，例如移动到阴凉处，寻找水或者微风，或是寻找掩蔽处等。婆罗门牛体表单位面积的汗腺含量是海福特牛或安格斯牛的5倍，同时婆罗门牛的汗腺也具备更强的排汗能力（图13-2）。相反，猪既没有有效的排汗系统也没有与狗类似的喘气散热机制，所以喜欢在水里打滚，寻找洒水装置或者阴凉地以维持其在极端酷热条件下的正常体温。

**图 13-2 在得克萨斯州炎热的午后，海福特牛在阴凉处静止休息，然而婆罗门牛则可以在邻近的牧区自由放牧。**

经 Texas A&M University 授权。

## 13.5 感知过程和感觉系统

对所谓的“现实”，每个物种毫无疑问都具有自身独特且唯一的感官认识。并且，由于遗传基础和后天经验的差异，个体的感知亦不尽相同。应用动物行为学家之所以研究动物的感知，是希望发现并利用其中的规律以解释动物自身各种行为的发生。图13-3即描述了感知的发生模式。某些动物会更多地利用或者依赖某些特定的感觉系统而非平均地使用该套系统。也就是说，一些动物可能更多的使用视觉和听觉进行感知，而触觉的使用相对较少，反之亦然。

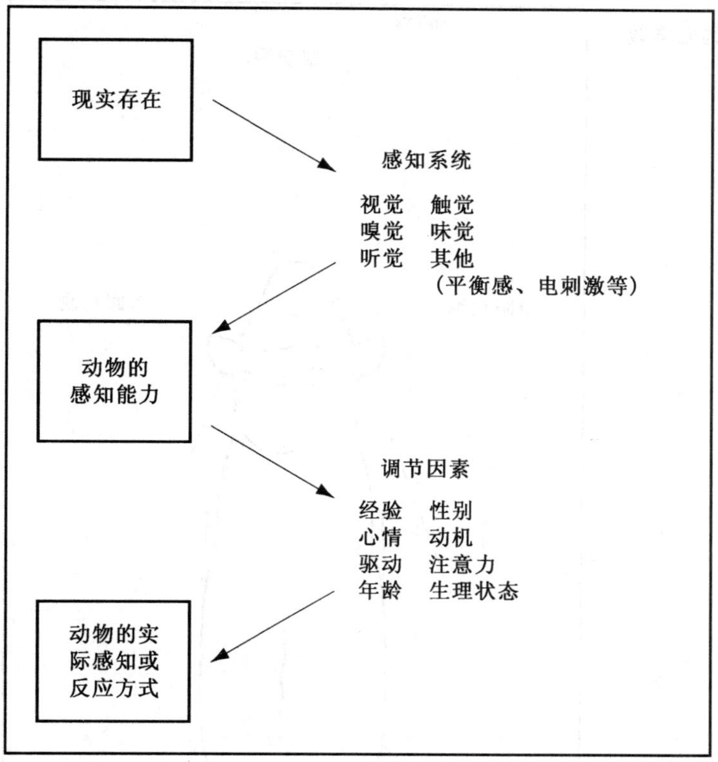


**图 13-3 动物感知的过程，包括感受系统对现实存在的感觉，并且根据动物自身经验或其他因素进行加工，从而最终得到动物的现实感知。**

来源：Texas A&M University.

## 视觉

畜禽动物的感觉器官与人类的相似，但是器官的感知能力却存在显著的差异。具体表现在动物的可视范围和其他相关方面，放牧家畜眼睛位于头部两侧，几乎可以提供360°的可视范围(图13-4)。同时与肉食动物相比，放牧家畜细长或矩形的瞳孔(图13-5)可以提供更为广泛的可视区域。然而，人类、鹰和其他肉食动物对深度具备更强的感知能力，这种能力则来自于双眼的前置，实现了双目并用的更强的视觉能力。

深度的感知对距离判断具有重要作用。但放牧家畜是被捕食者(受捕食者的攻击)，它们的视觉更倾向于最大限度的观察他们周围的情况。当然，放牧动物同样拥有独特的视觉聚焦方法，也能够同时对近距离和远距离的目标进行观察。但是，由于缺少称为毯(tapetum)的膜质层(人类和其他肉食动物的视网膜上能够聚集感光的细胞区域)，放牧动物的视觉通常被认为不如人类敏锐。

不同的物种对于不同波长光线的感受能力也存在差异。电磁波的长度范围为 $10^{-7}$～$10^{17}$ nm①，人类能够感受到的可见光平均波长范围为390～770 nm。然而，蜜蜂则能够感受到390 nm以下紫外线范围内的光线，从而能够区分出人眼所看不到的花朵斑纹和图案。许多研究者认为牛、绵羊、山羊和马不能识别红色，而猪和家禽则能够识别所有的颜色。然而，该理论还缺乏相关研究的支持。

①1 nm=$10^{-9}$m。

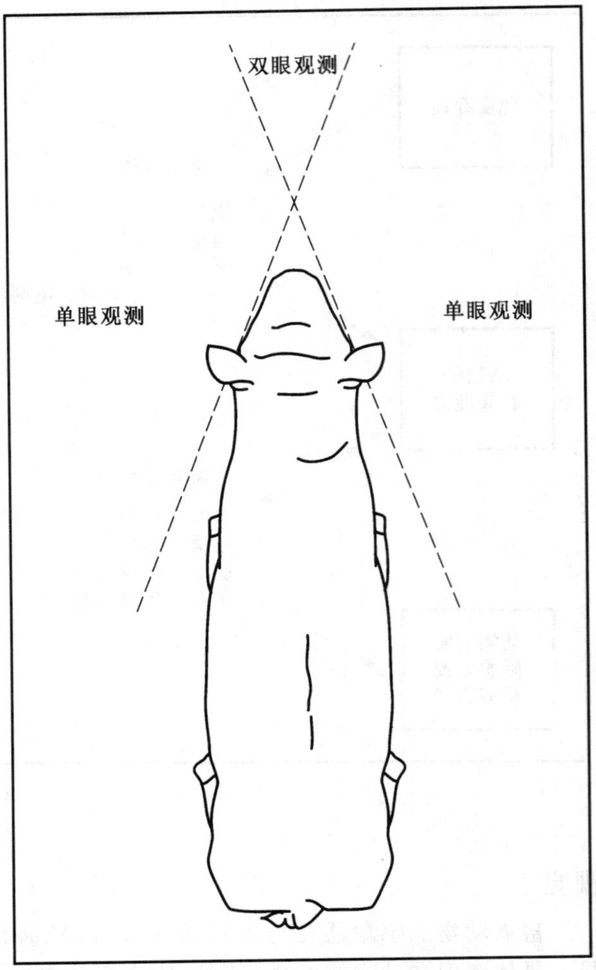


**图 13-4　青年公牛的近似视觉范围。双眼观测的立体效果使得双目并用有助于动物对深度的感知。**

来源：Texas A&M University.

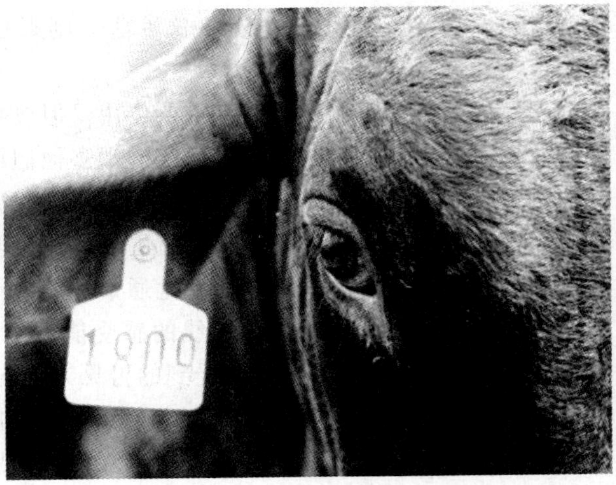

**图 13-5　放牧家畜瞳孔的形状以及眼睛位于头部两侧的生理特点，赋予该类动物接近 360°的可视范围。**

经 Texas A&M University 授权。

## 嗅觉

家畜的嗅觉比人类的更加敏锐，家畜能够通过嗅觉感受到人类甚至难以设想出的环境信息。所有的家畜都有被称作犁鼻器(Vomeronasal Organ：VNO)的附属嗅觉器官，它位于嘴和鼻腔之间。该结构能够使家畜感受到人类无法感知的气味，以及该气味极其微小的差异。当公牛、公羊或种马发生性嗅反射时(嗅闻雌性家畜的尿液以确定其是否处于发情状态)，即是吸入特定的气味分子，并通过VNO器官完成气味的鉴别(图 13-6)。

**图 13-6 种马嗅闻过发情母马的尿液后表现出性嗅反射(嘴唇蜷缩)。**
经 Texas A&M University 授权。

## 听觉

畜禽动物能够感知的声音频率通常被认为在人类的听觉频率范围之内，然而与人类相比，蝙蝠和狗能够感受到更高频率的声波。有些动物具备相对较大的耳朵，并且能够独立地控制耳朵的定向运动，例如骡，该类动物则能够轻易察觉并定位声音的来源。他们甚至也能够同时听到来自 2 个相反方向的声音(图 13-7)。

**图 13-7 骡相比于马拥有更大的耳朵，从而能够更轻易地感知大多数声音并定位其来源。**
经 Texas A&M University 授权。

## 触觉

农场动物的触觉较为发达。牛和马可以很轻易的发觉皮肤上的昆虫，并选择性地抖动相应的身体部位，将大多数昆虫驱散。几乎所有物种都表现出对身体相当的敏感，例如，在柱子或树上蹭痒、用蹄或角抓搔以及经常性的梳理身体。

同时，触觉在农场动物的交流中起到相当重要的作用。大体上来说，温和的接触可以使动物群体平静，有利于建立和维持群体关系，这一点在人类社会中也同样能够得到体现。家畜动物温和的接触主要表现为，相互的舔舐和抓搔，为其他的同伴拍赶苍蝇(在马匹头尾相接站立时)，还有用其他方法彼此清洁等。

在实际观察中，猪喜欢用身体倚靠同伴，尽可能地保持大部分皮肤的相互接触。婆罗门牛在躺卧时，比其他欧洲品种牛更喜欢亲近的接触。成熟的马则从不倚靠其他同伴躺卧。

观察动物喜欢接触和抓搔部位，或者了解动物自身不容易搔抓的部位，可以提示我们动物的哪些部分喜欢被爱抚和抓搔。同样，观察动物是否喜欢身体上的接触，也有助于我们在生产实践中针对性的选择单独饲养或群饲 2 种不同的饲养方式。

## 味觉

家畜可以轻易鉴别出苦、甜、酸、咸，也可以鉴别出这些味道的强度以及混合味道。例如，研究已经证明牛能够鉴别出 4%及 5.5%糖溶液的差异，以及 0.05%及 0.09%差别的盐溶液[①]。牛采食青贮料(酸味)可以减少他们对其他酸性饲料的味觉敏感性，而增加对甜味饲料的敏感性，这点与人类很相似。尽管家畜主要依靠味觉鉴别饲料，然而家禽通常被认为具有相对较弱的味觉感，其鉴别饲料还是主要依赖于视觉。家禽饲料的颜色是影响动物采食量的主要因素，但饲料的气味和味道则对牛、马、猪的饲料采食有更大的影响。

## 其他影响感知的因素

与人类一样，感觉器官察觉到的所有事物并非都有必要为动物所感知。当感觉信息进入中枢神经系统后，大部分信息都会被忽略，只有部分信息被附以记忆信息(经验)，并得到了进一步的加工。这种对信息的分类处理取决于个体的学习经验、年龄、生理状态、心情、注意力、动机以及其他因素。

例如，设想存在一头从未见过饲槽的放牧奶牛和一头已经适应饲槽采食的奶牛场奶牛，把它们同时置于有空饲槽的围栏内。尽管动物都看到了饲槽，但 2 个个体产生的感知则不同，从而继发的行为也必然不同。奶牛场的奶牛可能会接近饲槽，而放牧场的奶牛可能会视其为异物并感到恐惧。

不同的家畜个体和品种对接触、突然动作以及声音的反应敏感性都存在一定的差异。例如，美国科罗拉多大学研究表明在家畜拍卖场上，如果个体接触到突然的动作或间歇性的声音时，荷斯坦牛听觉和触觉的反应敏感性比肉牛更强。研究还表明年轻的小公牛和小母牛比年老的公牛和母牛对动作具有更强的敏感性。

奶牛通常性情温顺并且容易接近，但当其后代犊牛出生后对于接近它的人类则可能会产生一定的威胁。虽然，母牛的视觉感受能力在小牛的出生前后并无差异，但是她的感知能力和行为反应却发生很大的改变。

---

①Kudryavtzev, A. A. Proceedings of the XVI International Dairy Congress, Copenhagen, 1962, p. 565.

不安定的或者刚进入陌生环境的动物，很可能会对正常情况并不产生恐惧的物质也产生恐惧感。综上所述，好的动物管理者如果意识到并警惕这些影响动物反应的因素，就能够预测乃至尽可能避免上述一些行为结果的发生。

## 13.6 学习和训练

畜禽动物需要不断的学习，以适应所生存环境的各种改变。动物学习认识群内的成员、水源的位置、优质牧草或草料的地点、天敌的特征以及其他项目。马还需要学习懂得骑乘者的暗示命令。下文所列即为针对动物学习和训练的 4 项基本理念：

1. 如果利用奖励来鼓励特定行为的发生，或者用惩罚来减少特定行为的发生，那么，奖励或惩罚必须同时或者在该特定行为发生后立刻进行。如果间隔时间过长则会产生混乱。例如，如果马匹在展示过程中发生错误的行为，就应当立即给予适当的惩罚。当该个体离开展示场地后才给予的惩罚，则会导致动物的迷惑与恐惧。

2. 对于某些特定行为的奖励或惩罚通常需要反复多次，以完成学习的过程。

3. 临时性的重复训练或巩固具有重要的意义。如果动物忘记了学习的内容，那么重复的训练则可以增强个体的记忆。

4. 情感上的激励(刺激)能够影响动物学习的速度甚至内容。如果动物由于某一行为而得到惩罚，以至于感到恐惧，它可能学不会避免这种行为的发生但可以很快形成对训练者的恐慌。

动物之间也能够彼此相互学习。并不是牛群中的所有个体都会被电击后，动物才能学会躲避带电的围栏。当某个个体受到电击后，个体会跳跃并逃跑，整个牛群可能会迅速发生反应并且同时学会对带电围栏的躲避。观察表明，如果牛群由带电围栏进行圈养，群体中只有 30％的成员会受到围栏的电击。

厌恶的形成是一种特殊的学习方式。如果动物采食某些食物后感到不适，那么它将对该种食物产生很强烈的厌恶，即便是以前很受自己青睐的饲料。

## 13.7 动物的交流

动物通常是通过一系列感觉系统与物种内部的成员进行交流。当然，不同物种之间的个体也能够发生一定程度的交流。

畜禽动物的发声具有其特殊的含义。例如，鸡采食的叫声会吸引其他同类来进行采食。在采食过程中及采食后，母鸡与其所育仔鸡之间也会用特殊的叫声进行交流[①]。有经验的家禽管理者可以依据母鸡的叫声来判断个体异常的发生。马被发现可以发出 4～7 种不同的声音，鼻腔发出的呼哧声意味着危险的存在，马嘶鸣或嘶叫可能是一种痛苦的表达[②]。不同的强度或声音的重复也能够传达其他更

---

①Woodcorse et al. SPSS Abstract, Atlanta, GA, 2002.

②Feist, J. D., and D. R. Z. McCullough. Tierpsychol. 41 (1976): 337.

多的信息。

人们曾尝试教授其他动物人类的语言，但几乎均告失败。主要是因为在解剖学上，其他动物不具备发出人类宽泛频率声音的能力。然而人类却能够有效地利用人类的发音方式与其他物种进行有效的沟通。长时间低柔的音质通常对动物起到平和的作用。短而高的音调通常对动物产生刺激。

在畜禽动物中，视觉的观察是进行交流的重要方式。他们可以敏感地察觉到往往被人类所忽略的细微变化。动物体态的轻微变化、眼神的接触或是耳朵尾巴的位置都可能会表达大量的信息。重复或夸张的行为，比如尾巴迅速的嗖嗖挥动或腾跳，也可能代表一定的含义。马匹具有丰富的表现力，人类可以轻易的"读懂"来自马匹的恐吓、屈服、兴奋以及愉悦的程度(图 13-8)。

**图 13-8　种马(左)对正在饲槽采食的马匹做出剧烈的威胁表现(耳朵水平后伸、牙齿外露、头和尾巴向上、脖子微成拱形)，受威胁马正在倒退同时做出抗议或虚张声势的阵势(耳朵略微向后，嘴巴紧闭，牙齿隐藏，头和脖子比攻击者略低)。**
经 Texas A&M University 授权。

本章在 13.5 中对触觉进行过讨论，在动物交流模式的研究中对触觉的了解最少，但触觉却可能是最重要的动物交流方式之一。我们已经观察到动物之间经常发生某种程度上的相互触摸和梳理的行为。当然，不同物种之间也存在着差异。马匹彼此间的相互清理相当常见，猪则很少发生类似的清理行为；然而在躺卧时，猪群个体之间却经常保持身体间的接触。人类通常能够通过长时间温和的拍击使家畜保持平静，然而短且猛烈的拍击则可能引起动物恐惧或产生刺激。

## 13.8　认识动物的行为

成功的养殖者对畜禽动物的行为都有着很好的认识和了解，并且能够预见动物对各种应激的反应。这种能力对生产实践具有重要的意义，如：动物的操作、设计设备、管理牧草、饲养等。能够充分了解导致动物惊吓、恐惧、逃跑或者踢踏的原因，就完全可能避免由此而导致的动物或人的伤害。

很多畜禽动物的饲养者像对待人那样对待动物，但是却惊奇的发现动物对刺激的反应方式与人存在很多不同。例如，大多数动物不喜欢头部的轻拍以及前额的轻搔。对于很多动物来说拍脑袋即意味着威胁，轻搔牛两眼间的前额部位则意味着挑衅。当然，动物也通常只采用与自己同类的交流方式来对待人类。

同类动物很少保持目光的对视或者长时间的凝视。同样的道理，动物也不习惯于人类的直视。当人直视狗的眼睛时，狗通常会走开或吠叫，因为目光的直视对它们意味着威胁。

如果管理者和设计者把自己当作动物群体的一员，并且设身处地为它们考虑，深入了解动物的生活习惯和行为方式，畜禽管理与设备设计中的很多问题都可以迎刃而解。当然这是很困难的事情，除了在实践中要多留心，并细致观察，还要对动物的行为方式和感知能力有很好的了解。

举例说明，设计者可以亲自通过牛只的通道，并且将自己想象为行走的公牛，这样就可以了解到为什么公牛会在通道中发生停滞或倒退。假设您拥有 360°的视角，而且几乎对深度没有感觉，并且头贴近地面，当然会由于恐惧对刺激变得极为敏感。请注意图 13-9 和图 13-10 牛只通道的不同设计。

我们可以把自己想象成一匹拉着拖车的马。马可以通过它的视角看到拖车后的卸货地点，但是由于不能转动身体，所以不能进行双眼的观察，从而无法感知距离。经常拉货的马匹会对卸货地点有充分的信任，但没有经验的马可能因此而犹豫，它会谨慎的用后腿测量距离，甚至原地不动。有耐心和经验的人从动物本身考虑，可以充分了解动物不愿意后退的原因，而不认为是一种动物的反常行为。这样，训练人员应该更有耐性，给动物更多的训练。但是，如果认为不愿意后退是异常的行为，并对马匹进行惩罚，动物则可能受到惊吓，同时增加不信任感，使拉载货物更为困难，甚至导致马匹和训练者受到伤害。

如果不能够充分地从动物自身考虑问题，那么当我们在看到产床上的母猪和笼养的肉鸡时，可能会想到人类自身被约束的感受，而不是动物自身的实际感受。实际上，母猪 80%的时间都在睡觉，因而更喜欢常规的圈养方式。与此相反，马匹则需要更多的运动，长时间的圈养则会使马匹产生应激。因此，熟悉动物行为学的研究者可期在动物福利领域获得更具建设性的研究成果。

**图 13-9　使用开放式的通道，牛只可以看到前方与周围各种事物。受惊吓的牛将不肯前进，倒退甚至试图向四周逃避，从而增加人工时间和工作强度，也会对动物产生影响。**
经 Texas A&M University 授权。

**图 13-10 设计合理的通道系统，配有水压设备和药浴池。牛更愿意走弯曲的过道，这样的过道使它们感觉能够回到出发点。从牛的视角出发，可以看到逃跑的路径，并免受周围事物的影响。** 经 Texas A&M University 授权。

通常情况下，对动物活动和环境进行控制与管理的人员，可以从动物行为学的知识中获得很多益处。设计畜舍和饲喂设备时，需要考虑动物的行为特点，这些特点限定了动物的适应极限。例如，不同动物品种的排泄方式和习性具有很大差异。种马在排便场所的选择上非常谨慎。公猪则喜欢在潮湿的地方排泄，但这些地方通常位于睡觉和采食地点的下坡位置。因此，针对性设计的漏缝地板，一方面可以使粪尿漏下排出，同时地板还应该保持一定倾斜，饲槽和饮水器的设置也应遵循动物的习性。相对于正方形的猪圈，猪在矩形的圈舍内可以养成更好的排粪习惯。与马和猪相比，羊和牛似乎没有表现出特定的排泄习性。

下面的章节将对人工控制条件下的动物行为特点进行更为详细的讨论，这些行为的特点对于商业饲养活动更具实践意义。

## 13.9 群居行为和社会等级

家畜大多是群居性动物，这使得人类合理有效的进行大群的饲养管理成为可能。事实上，家畜具有很强的群居天性，孤立离群的个体会产生强烈的应激反应。孤立的个体通常会感到紧张并且他们的行为变得难以预计。

> **行为圈**
> 单个动物或动物群体所占据的领地区域，该区域中占领动物或群体行为自由舒适。

自由放养家畜通常有自身特定的活动范围，这个范围被称为**行为圈**。动物的行为圈经常会发生重叠，而占有者大多也并不对自身的行为圈有任何的保护行为。但另一方面，一些家禽的品种则具有非常强的领地感，动物会保卫自己的领地范围，以免受其他群体个体的入侵。在这种情况下，饲料和饮水设备的安置就需要保证群体间的个体不会发生彼此的侵犯。在一些物种中，这种行为被称作结团性或领地性。狗之所以具备保护人类家园和羊群的天性，一部分原因就是它们拥有强烈的结团和领地性特征(图 13-11)。作为实例，框 13-1 中详细讨论了牧羊犬的饲养与其保护畜群的行为特点。

**图 13-11** 雌性匈牙利种牧羊犬(护卫犬的一种)正在保护树下的羊群免受流浪狗或山狗的攻击。牧羊犬将羊群当作自己的团体成员,把所在牧场当成领地,甚至不允许摄影师进入牧场。

经 Texas A&M University 授权。

**框 13-1** **利用家畜护卫犬来防卫掠食动物**

图 13-11 所示是一种起源于法国的匈牙利种牧羊犬。近年,其他一些家畜护卫犬品种也被引入美国。它们迭育成熟,多为白色皮毛,并起源于欧洲国家。除匈牙利种牧羊犬外,其他受欢迎的白色犬种有:

- 土耳其阿卡巴士犬
- 法国大白熊犬
- 匈牙利哥威斯犬
- 意大利马雷犬

这些犬种,身材高大,皮毛白色并且异常勇敢。体高(肩胛高)25～34 in,体重通常达到 85～120 lb。牧羊犬(例如边境牧羊犬)习惯紧随主人和畜群,它们行动灵活目光敏锐,经过驯养可以独自完成保卫动物和财产的工作。这说明该类犬种本性独立,具备很强的自我照顾能力。

接受畜群为自己所属的社会群体,是牧羊犬良好表现的重要基础。牧羊犬通常在 8～12 周龄就被带入所要保护的动物群体进行训练。短期内,牧羊犬就可以和动物和睦相处,并接受它们成为自己的平等同伴,在某些情况下,也会形成优势的统治关系。它们很少伤害被保护的动物。一旦被驯养,它们即可和被保护动物一起长期生活,并完成保护的使命。

牧羊犬大部分时间会在某个固定地点观察被保护的动物以及周围地区的情况。如果入侵者到来,绝大多数牧羊犬都会在入侵者和畜群之间担当保护和预防侵害的职责。除非入侵者并不后退,忽视牧羊犬的警告,多数情况畜群不会受到攻击。自由独立是犬多年形成的天性,因此训练和管理牧羊犬需要相当的耐性,犬只主人的建议也尤为重要。

来源:改自 Taylor, Tamara. "Livestock guardian dogs-one answer to predators." Dairy Goat Journal, January/February 1996.

畜禽动物群体都是按照一定的社会等级或"啄序"进行组织构成的。啄序的概念首先来自于鸡群内部个体通过啄斗确定等级关系的行为现象。通常来讲,如果把 10 只相互陌生的鸟关养在一个笼子内,它们就将开始啄斗的过程,从而确立群体的优先权或统治关系。居于统治地位的鸟将会具有随意啄击其他个体的权力,并且通常不会受到啄击。位于第二等级的鸟将可以啄击除了第一等级以外的所有个体,依此类推所有的鸟都可能受到等级靠前个体的啄击,并啄击等级靠后的个体。等级关系一旦确定，如果有充足的饲粮、水和空间，所有个体都能够舒适生活。如果生活条件受到了限制，居于最高统治地位的个体将会显示出自身的优越权力，最低等级的鸟甚至有可能会饥饿致死。社会等级作为一个系统，实际规定了群体动物获得食物等物品的优先权利。

相互陌生的动物首次组群后，在建立优势等级的过程中会发生多次争斗。少量个体构成的新猪群可以争斗 3～6 h，大群动物可能争斗一天或者更长的时间。Stookey 和 Gonyou 的研究表明，由于缺乏必要的补偿性生长或恢复，上市前 2 周对猪群的重组对日增重会产生消极的影响[①]（图 13-12）。

小群动物的社会等级通常呈线性结构（A-B-C-D），相对而言，大群体的等级结构则要复杂得多。针对 11 个马匹群体的研究发现，3～5 匹马所构成的群体最容易形成线性等级，但是在大群体中经常可以观察到所谓的三角等级关系（图 13-13）。上述实验中，马匹的等级关系通过配对饲喂试验进行测定，试验只给 2 匹马提供 1 桶谷物，马匹之间可能发生咬、踢或其他进攻方式以争夺食物，控制料桶时间最长的马匹被认为占有优势统治地位。

对于大多数品种来讲，动物的群落优势在繁殖季节通常有更强的表现。当在群体中同时使用青年公牛和年长公牛时，明智的做法通常是将青年公牛单独与部分母牛隔离饲养。本书 19.7 中将对动物的好斗性与繁殖进行讨论。

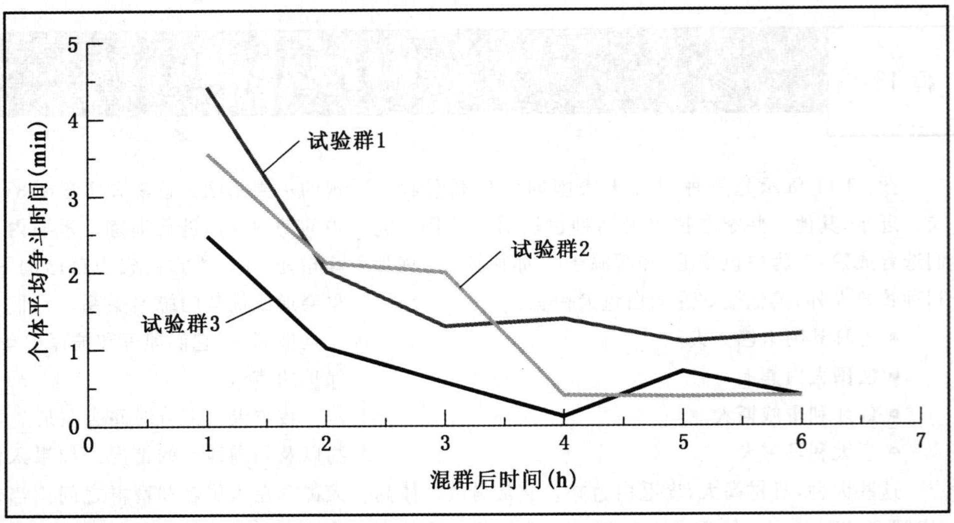


**图 13-12　混群后 6 h 内猪只的平均争斗时间。**
来源：Stookey，J. M.，and H. W. Gonyou. J. Anim. Sci. 72 [1994]：2804.

**图 13-13　10 匹马组成群体的等级关系。31 号个体对除 34 号外的所有马匹具有统治优势，34 号个体又从属于除 31 号的所有马匹。**
来源：Houpt，K. A.，et al. Applied Animal Ethology 4 [1978] 273-83.

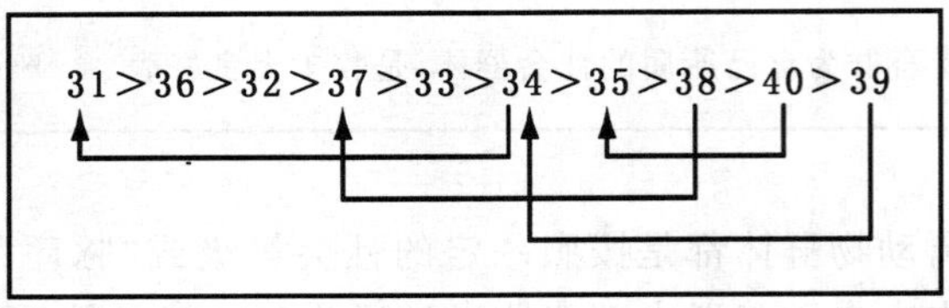


①Stookey，J. M.，and H. W. Gonyou. J. Anim. Sci. 72 (1994)：2804.

在动物群体确立社会等级的过程中，群内个体都会受到一定程度的应激，从而对生长和生产产生影响。这种应激在等级确定以后仍然在一定程度上存在，尤其是针对群体内等级较低的个体。研究表明，3～6 只的笼养规模对于蛋鸡该类应激有着一定的缓解作用。在母猪产仔阶段，良好的管理通常在仔猪断奶之后，再并成大群饲养。然而，在较为粗糙的管理中，2 头母猪和它们的仔猪可能一同圈养，实际在仔猪断奶的过程中就进行了并群的操作。

## 13.10 放牧和采食行为

马有上下门牙，可以吃到紧贴地面的牧草。牛羊只有下门牙，因此不能吃到紧贴地面的牧草，牛的嘴唇很厚而且它们习惯用舌头把草卷到嘴里，再用下颚的门牙和上颚的齿垫进行咀嚼或是切断牧草，从而完成进食。羊的体型比牛小，嘴唇更薄，因此能够吃到相对更紧贴地面的牧草。

马的放牧需要占用很大的草场，个体习惯在采食时同时不断移动。牛和羊在采食中，通常活动不多，经常间歇性的躺卧休息并进行反刍（图 13-14）（见 4.6 节）。动物习惯的放牧采食时间多为日出或黄昏，以及邻近的上午或下午时段。采食方式因畜种不同而各异，并且受温度、风力及牧草质量的影响。

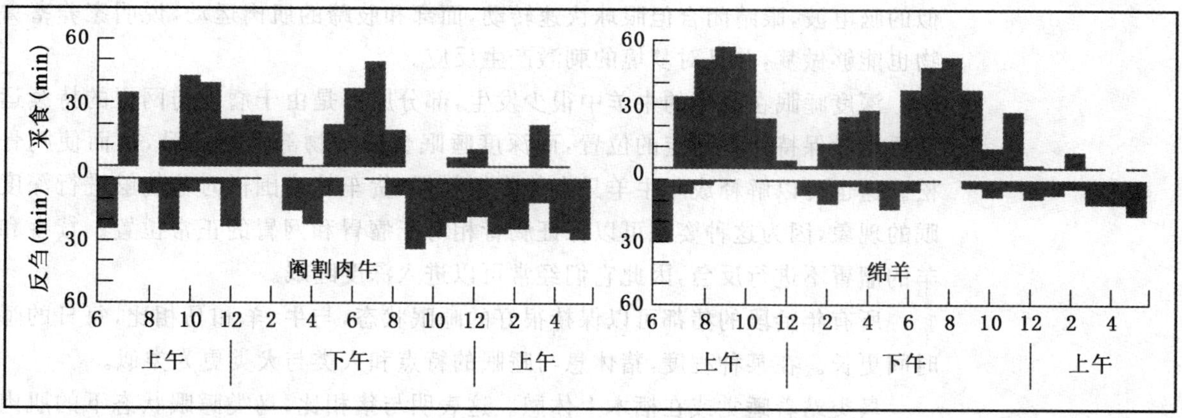


**图 13-14 牛、羊 24 h 内采食三叶牧草和反刍的时间关系。**

来源：Lofgreen，G. P. et al.，J. Animal Sci. 16 [1957]：773.

动物通常会避开近来排尿或排粪（尤其是同种动物）的地方进行放牧。动物经常性的习惯于在特定的地点进行排尿或排粪，如门边、建筑物、遮阴树的附近，所以往往这些地方的土地肥沃牧草茂盛，但动物却从不在这里采食牧草。相比于其他牧区，降雨丰富的地区，牧草丰盛，动物密度往往过大，因此有必要采用轮牧的制度来进行动物的放养。也就是在不同的放牧区域间，畜群进行周期性的转移。放牧的过程使草场草量下降，轮转放牧后，不仅牧草可以得到几周的恢复期，同时降雨的发生和时间也可以降低牧区粪尿对放牧的影响。

堪萨斯州菲林特山的牧场主发现牛在放牧采食时有顶风行进的习惯。因为该牧场夏季主要吹南风，所以牧场南部通常会放牧过渡，而北部的牧草却没有得到充分利用。因此牧场主通常在牧场的北部进行饮水（井水或者池塘水）和盐的提供,从而避免上述情况的发生。

牛、羊和马通常每天饮水1～4次,主要受温度、采食量和饲料类型的影响。牧草和青贮饲料的含水量相对较高,动物采食该类饲粮后饮水量就会相应减少。同时,反刍动物消化器官的可观容积也保证了动物的单次饮水量。

猪和鸡通常采用限制饲喂的方式进行饲养,并且饲喂干料,因此该类动物需要多次采食和饮水。猪实际上喜食湿性的饲料,并且可以有效地利用一定限量的高营养草料,如苜蓿。同时,猪和家禽都是非反刍动物,因此需要提供高能量易消化的饲料品种。由于该类动物采食量大,通常自主采食,个体可能在白天和黑夜的任何时间进行采食或饮水,因此动物能够得到足够的采食空间具有重要的意义。当然,该类动物经过学习或训练也可以形成特定的采食方式。

## 13.11 睡眠和休息行为

马通常一天中只睡几个小时,而且大多数情况睡觉都保持站立姿态。睡眠的持续时间长短不一,可能很短暂且没有规律。

通过观察发现所有的家养畜禽都会经历深度睡眠,深度睡眠的特点是肌肉放松、心率减慢、呼吸速率降低。同时,动物的深度睡眠甚至能够产生与人做梦时相似的脑电波,眼睛闭合但眼球快速转动,面部和肢蹄的肌肉运动,说明家养畜禽动物也能够做梦,并且对梦境的刺激产生反应。

深度睡眠在成年的牛羊中很少发生,部分原因是由于瘤胃与网胃的持续运动需要胸骨保持始终特定的位置,而深度睡眠会使动物舒适的侧卧,从而使胸骨放松。这也可以解释成年牛羊只有倚靠饲料桶、货车轮或围栏时才能够进行深度睡眠的现象,因为这种姿态可以保证胸骨相对于瘤胃和网胃的正常位置。犊牛和羔羊的瘤胃不进行反刍,因此它们经常可以进入深度睡眠。

所有年龄段的猪都可以保持很好的睡眠状态,与牛、羊和马相比,每日的睡眠时间更长。在某种程度,猪休息与睡眠的特点和人类与犬类更为类似。

鸟类站着睡觉或在栖木上休憩。这表明与猪相比,鸟类睡眠状态下的肌肉具有更好的保持力与平衡能力。鸟类之所以具有保持上述睡姿的能力,可以具体通过其行为特点进行解释,鸟在树上栖息时,跗关节弯曲,跟腱将脚趾拉回,从而脚趾可以紧紧抓住栖木,以保持睡眠的姿势。

除猪外,家畜的休息状态多为昏昏欲睡或轻度睡眠。通常情况下,牛羊一天有4～10 h都在进行反刍,反刍的时间又常分为15～20段在一天内发生,反刍动物的休息时间即多发生于反刍过程之中。

## 13.12 性行为和繁殖行为

本书第14章和第15章将对动物的生殖周期、激素的作用以及与繁殖行为和繁殖效率相关的管理体系进行讨论。本章论述的重点则主要是动物所表现出的繁殖行为特点。

畜禽动物(除了鹅)通常实行多配偶制(无特定配偶的自由交配)。在配种季节早期,经常可以观察到动物的求爱行为,特别是草原上的动物。多数母畜的发情表现没有特定的针对性。母牛进入情期会大叫或者发出其他声音,舔舐其他动物,可能爬跨其他母牛,一旦发情则静止站立,并接受其他个体的爬跨。发情期的母猪很少休息,有时发出轻柔的有节奏的哼声。如果机会允许,相比阉割公猪,发情期母猪更愿意接近正常公猪。母羊在发情前的数小时开始寻找公羊,并且和公羊保持一定时间的接触,也可能开始寻找安静的求爱环境。

母马发情的行为表现非常明显。个体姿态伸展、后肢伸长、尾巴呈弓形、尿液滴落、阴门有节奏的收缩。对大多数动物而言,母畜发情的最主要特点就是,阴门红肿,并且伴有黏液流出。

公畜的**性欲**随物种、品种以及个体的不同而不同。羊等季节性发情动物的性欲表现更为强烈。同时,具备正常性欲水平的公畜对发情母畜的反应十分迅速与激烈。通常,动物的求爱行为包括嗅闻阴门区域、从后侧部位轻推母畜(见13.5节)、吼叫或发出其他声音、拍踩地面、或者挑衅其他公畜等。

> **性欲**
> 雄性的性欲望。

在多数家禽中,求爱和**交配**过程都是由雄性发起的。在求偶的过程中,公鸡或雄性火鸡会在异性中移动,并靠近表现出接受求偶的异性个体。接受求偶的雌性个体有时会蜷缩蹲伏。雄性有时将一只脚放于异性背部,或者拍打着翅膀围绕雌性转动,并且进一步的相互刺激吸引。母鸡的每个反应都刺激公鸡进行下一步的行动。不久,交配即会发生,雄性禽类将站立于雌性背部或者雌性展开的翅膀上,雌性尾巴上翘,雄性下蹲(用喙咬住雌性头部的羽毛,并抓住其背部的羽毛以保持平衡),两者泄殖腔外翻并结合,射精完成即交配成功。

> **交配**
> 动物的性行为的一种,具体指雄性动物精液进入并储于雌性动物生殖道的过程。

家畜的交配过程具体包括,公畜后侧爬跨母畜,勃起的阴茎进入阴道与射精的完成。不同品种家畜的交配时间不同。通常,反刍动物的阴茎一经进入雌性生殖道,交配即告完成,而猪进行交配的时间大都在 4～6 min(某些情况下达到 10～20 min)。正常情况下,发情母畜会接受公畜进行多次交配,羊通常可以接受 3 次或 3 次以上的交配,马和猪可以接受 10～11 次的交配行为,这种情况在没有其他母畜发情的情况下尤为常见。

分娩来临之前,处于妊娠后期的母羊、母牛、母马和母猪通常会表现出很多特征。例如,乳房显著增大、阴门粉红肿胀、并有黏液流出、烦躁好动、有时也会出现筑巢或觅巢的行为。

胎儿出生时,通常夹在两只前腿间头部最先诞出。新生个体穿破羊膜,开始呼吸,母畜会舔净仔畜身上残余的羊膜和组织黏液,新生幼畜会努力寻找母亲的乳房并接受哺乳。当然,这个时间是印记效应作用最强烈的阶段(见 13.1 节)。

## 13.13 动物的异常行为

对畜禽动物正常行为的了解有助于饲养者和兽医及时发现动物的异常行为,并且将这些行为作为疾病、营养缺乏和其他问题的诊断线索。根据马匹的步态,如行走的直线性、平衡感、流畅性,这些行为特征都帮助人类可以判断动物是否残疾、受伤或患有神经系统疾病。垂头丧气、神经过敏、难受或痛苦都可能是动物内部机体失调的一种外在表现。

鸡群经常可以观察到同类相残的现象。有些研究认为,这种行为是建立等级优势过程中的必然混乱,更类似于采食行为而不是进攻行为,这种行为在高产母鸡中尤为常见。在少数情况下,这种争斗可以导致严重的后果,如断羽、流血、甚至死亡。降低光照强度和断喙可以有效防止这些问题的发生(见33.4节)。

舍饲的动物,可能是由于被限制活动而产生厌倦和愤怒,经常舔咬畜栏、圈舍、食槽和水槽。在育肥的过程中,对两群或者多群育肥猪进行的混群,或者拥挤以及厌倦都可能引发个体之间咬尾或咬耳的现象。因此,部分饲养者在圈舍悬挂轮胎或其他“玩具”以减少猪的厌倦感,大多数饲养者更是采用早期断尾的办法预防上述现象的发生。

饲养者经常会遇到种群中的母亲拒绝哺育犊牛和羔羊的情况。出现这种情况可能的原因有母畜难产、幼仔与母亲的体温差异、暴风雨雪、种群迁移、产仔环境拥挤等。有些情况下,如果产后将母畜和仔畜分开,当它们再次结合时,母亲熟识的气味可能已经丧失或者被其他动物的气味冲淡,这时母畜就会拒绝哺乳仔畜。当然,目前有很多重建母子关系的方法,例如将母畜和仔畜一同离群饲养,在仔畜身上擦拭母畜的羊水、组织、奶水、粪尿等,从而使仔畜具备母畜所熟悉的气味。

当然,并不是所有的动物异常行为都发生在生产场。在终端市场和大型家畜屠宰场,动物(尤其是牛)经常难以被赶入场地,这主要是因为动物对血腥味的厌恶。因此利用强制通风的装置驱散气味,可以减少运送家畜的困难,目前新建的屠宰场在动物的运输通道中都设置有通风装置,直到动物到达车间或屠宰场地。

## 思考题

1. 解释动物行为研究的科学定义。
2. 印记效应在何时发挥作用?
3. 针对固定的或遗传的行为学特点,举例说明下列家畜的行为类型:
   (a) 群居性;(b)社会性;(c)性行为。
4. 畜牧管理者应如何利用家养动物本能的排泄行为特点?
5. 神经系统对刺激产生反应的3个水平分别是什么?
6. 解释家畜和人的视野以及对深度感知存在差异的原因。
7. 动物可以辨别颜色吗?如果可以的话,有哪些物种可以辨别色彩?
8. 比较家畜和人类嗅觉的差异。
9. 哪些动物品种喜欢相互倚靠进行躺卧?
10. 列出对动物进行奖惩的指导原则。
11. 在人与动物的交流中哪种方法可能最有效,声音还是可见的视觉信号?
12. 从利用牛的视觉特点出发,如何更好地设计动物通道等操作设备?
13. 动物转群、混群的最好方式是一次进行还是分多次进行?并试解释其中的原因。

14.哪些家畜品种缺乏深度睡眠？

15.大多数家养动物是执行多配偶制还是一夫一妻制？

16.在封闭式的饲养条件下，有哪些环境因素可能导致动物异常行为的发生？动物有可能发生何种异常行为？

翻译：马妍，贾晋；校对：刘林，翟丽维

# 第14章

# 动物的生殖生理

# Physiology of Reproduction

繁殖是育种群扩繁，继而增加群体优秀个体数量的重要途径。优秀的种公畜可以通过繁殖获得更多的优良后代。对用于商品代家畜的生产而言，理想的繁殖效率也是保持较高生产力和降低生产费用的重要基础。

畜禽动物的繁殖机理同其他哺乳类动物及鸟类一样，首先是雌、雄动物的性细胞，即卵子与精子在雌性动物生殖道内结合，形成受精卵，尔后逐步发育成为胎儿，直至出生。本章将具体介绍动物生殖性能的重要性，并对精子在何处如何产生、迁移以及与卵子结合给予详细描述。此外，对雌性动物的卵子形成以及所特有的繁殖周期进行详细论述。

肉鸡、火鸡等禽类的产蛋行为是动物繁殖过程中的重要环节，同时禽蛋作为含有较多营养成分的食品，也成为人类食物的重要来源。本章也将针对禽蛋生产的生理学特性进行讨论，而具体影响禽蛋生产的环境因素以及禽蛋的营养价值将在本书15.6中进行阐述。蛋的物理学特性将在本书第34章进行描述与分析。

学习本章后，读者应掌握以下内容：

1. 列出畜禽群体具有高繁殖率的优势。
2. 列出雄性和雌性动物生殖系统的各个组成部分，指出其所处的位置并对具体结构进行描述。
3. 指出卵子和精子发生的确切位置。
4. 描述性腺的内分泌调控机制以及性腺本身的内分泌功能。
5. 指出与睾丸温度调节有关的结构。
6. 列出雄性动物的副性腺器官，并指出由该类器官所产生黏性液体的作用。
7. 讨论为什么要对大部分肉用家畜动物进行阉割。
8. 比较母牛、母猪和母马的卵巢、子宫以及子宫颈，指出它们在形态上的差别。
9. 描述成熟卵泡和黄体在外观上的差异。
10. 结合发情周期的不同阶段，描述卵巢相应的功能。

11. 列举出胎盘的几个主要组成部分。
12. 指出动物分娩前与分娩阶段的激素分泌的变化。
13. 列举禽类和哺乳类动物生殖道的差异。
14. 描述家禽的产卵过程。
15. 指出进行人工授精、同期发情、超数排卵和胚胎移植的具体原因。

## 14.1 繁殖性能和利润率

群体保持较高的繁殖性能对保证畜牧场的利润率具有至关重要的作用。懂得一定解剖学与繁殖系统功能的知识,并且能够重视畜群繁殖性能改良的管理者,通常都能够获得成功。通过群体良好的繁殖表现,我们主要可以从以下几个方面获益:

- 保证获得大量的后代。可以将更多的后代家畜投入市场或进行群体的补充,群体数量的增加也有利于选择强度的提高。
- 在预定的繁殖期内完成配种,使较多的雌性个体近似同期受孕,从而使后代在较短的时间跨度内出生,后代具有一致的年龄,便于管理。
- 降低相关的饲养管理费用。如果雌性畜禽不能在预定的时间受孕,还需要投入额外的饲养管理费用,直至再次发情。此外,还会导致包括人工授精的精液、服务费以及妊娠检查费等相关费用的增加。
- 减少由于妊娠或产犊困难而导致的优良个体淘汰。选择的重点可以更集中于对其他生产或品质性状的选择。除此之外,与种畜销售的利润相比,通过市场处理由于繁殖而淘汰的个体将造成很大的经济损失。
- 保证奶牛群体产犊间隔较短。个体2次产犊之间的间隔时间主要就是泌乳期。越接近产奶高峰的时段,奶牛的产奶量越高。因此,较短的产犊间隔就可以带来较高的生产能力。反之,较长的产犊间隔则会使日平均产奶量下降。因为产犊间隔过长,会使泌乳后期的时间拉长,该段时间远离产奶高峰,此时个体产奶量较低或基本处于干奶期。

## 14.2 雄性生殖系统

与雌性动物相比,雄性动物在繁殖过程中的作用相对简单。公猪、公牛、公羊、公马、雄猫等雄性动物在生殖过程中都完成同样的功能:(1)产生充足的具有生育能力的**精子**;(2)以自然的方式将精液(含有精子)输送到雌性动物生殖道内,或递送到适当的接收容器中以便用于人工授精。

> **精子**
> 雄性动物睾丸产生的雄性生殖细胞,携带有雄性动物随机抽样的一半基因。

雄性动物生殖系统由以下几个部分组成:

- 睾丸,产生精子
- 输精系统,用来递送精子或精液
- 副性腺,产生具有润滑和承载精子功能的液体
- 阴茎,雄性动物的交配器官,用于向雌性动物体内输送精液

图14-1中所示为公牛和公马的生殖系统模式图。

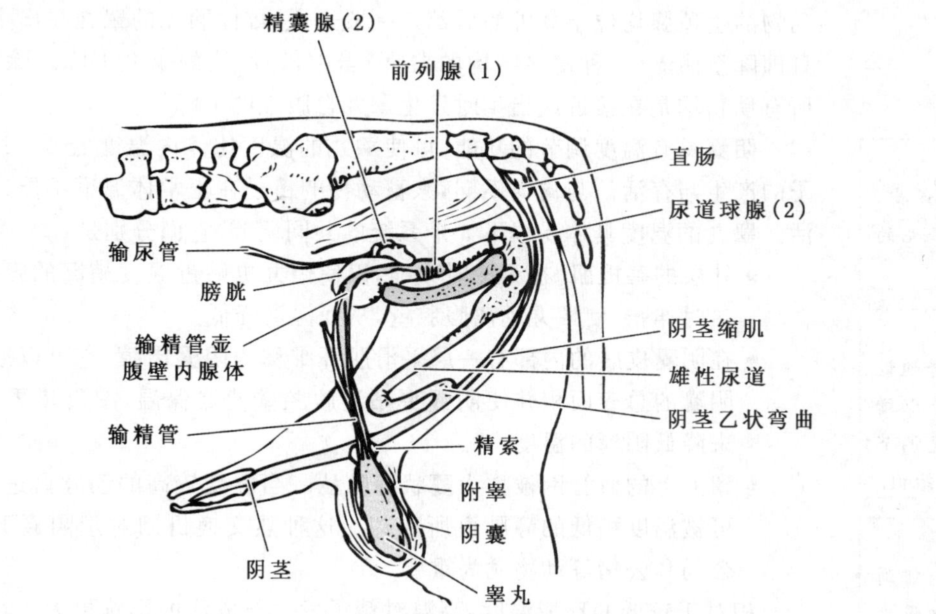


公牛生殖系统模式图

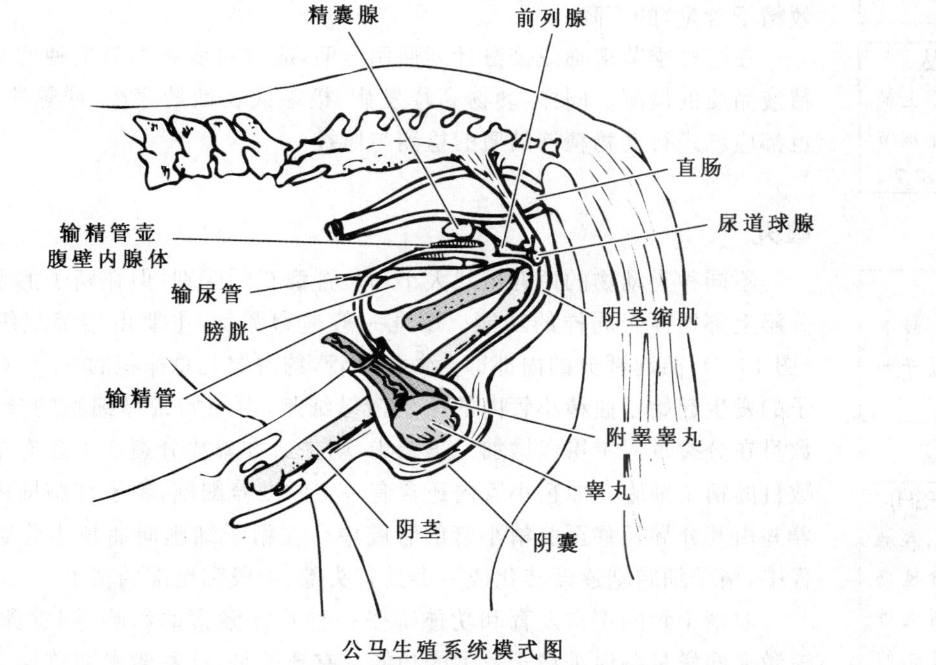


公马生殖系统模式图

**图 14-1　公牛和公马的生殖系统及其组成部分。睾丸、附睾和 2 条输精管，2 条输精管在其末端与尿道连接，合二为一。除此之外，图中还标示了动物的副性腺，具体包括输精管壶腹部的内壁腺体、精囊腺、前列腺和尿道球腺；除前列腺外，其他腺体均成对出现。图中还标明了公马没有公牛特有的乙状弯曲；这一结构也存在于公猪和公羊的生殖系统中。**

来源：Iowa State University and Purdue University.

雄性动物一旦达到性成熟，就会不断地产生精子和雄激素。雄性动物和雌性动物的生殖腺均位于肾脏的后部。一般来说，雄性胎儿的睾丸在出生时或出生首日即降至阴囊（一种皮囊结构的器官）当中，即所谓的睾丸下降。除家禽外，几乎所有动物均是在接近或出生时发生睾丸自腹腔的下降。

**阴囊**
从腹腔延伸而出，包裹雄性睾丸的囊状结构。

**睾提肌**
悬挂睾丸，并通过收缩和伸张以增强睾丸温度调节能力的组织结构。

**阴囊肉膜**
阴囊内部一组通过收缩和伸张来辅助调节睾丸温度的弹性组织和肌纤维。

**蔓状静脉丛**
分布于阴囊上的血管，有助于调节阴囊自身的温度。

**阴囊**具有温度调节的功能，可使睾丸的温度比体内温度低 4～8℉，以助于精子的产生与存活。与禽类不同，家畜动物的精子在正常体温下不能进行发生与存活。睾丸的温度具体受以下 3 个系统的共同调节，它们分别是：

- 外层的**睾提肌**，在天冷时收缩，以使睾丸更贴近温度稍高的腹腔壁，天气炎热时伸张，使睾丸远离腹腔壁，从而温度降低。
- 在阴囊皮肤的内部有一层平滑肌纤维称为**阴囊肉膜**，它可以通过收缩减少阴囊的总表面积并使阴囊更贴近腹腔壁使之保温，在炎热天气，通过伸张来降低阴囊的温度。
- 睾丸上的血管网被称为**蔓状静脉丛**。当温度较高的动脉血进入该区域时，可被温度稍低的静脉血所冷却。这种热交换机制对于阴囊下垂不明显的公马和公猪等动物尤为重要。

相对于较低的环境温度，高温对精子发生与成活的影响更大。在持续高温的天气，应该为雄性家畜，如公猪，提供适宜的阴凉处和相应的洒水降温装置。育种雄性家畜动物长时间暴露于高温之中，可能会导致个体所产精子数量与质量（有效精子含量）的下降。

在配种季节来临或公畜计划使用之前，应该对所有参与配种的雄性家畜进行精液品质的检测。同样，动物高烧发病、极端或长期的寒冷、或热应激发生之后，也都应该进行动物精液品质的检测与监控。

## 睾丸

**曲精小管**
睾丸内的一种管状结构，是精子的发生场所。

**促卵泡素(FSH)**
由垂体产生，在雌性动物和雄性动物中均起到促进生殖细胞发生的功能。

**附睾**
睾丸延伸出来的管状弯曲结构，用于储存精子并为精子成熟提供场所。

不同种类动物的睾丸虽然大小和位置都有所区别，但在精子的发生和雄激素分泌上都发挥着同样的功能。睾丸一般呈卵圆状，主要由结缔组织的凸起构成（图 14-2），凸起部分的内部即为**曲精小管**，约占睾丸总体积的 90%（图 14-3）。精子的发生起始于曲精小管内的原始精母细胞，由原始精母细胞的分裂开始，细胞数目在分裂过程中得以增加。第二步，则是通过减数分裂产生含有单倍体染色体数目的精子细胞。曲精小管内还含有一定的滋养细胞，精子细胞即由滋养细胞营养并由其介导迁移至曲精小管的管腔中。在精子细胞向曲精小管管腔迁移的过程中，精子细胞则逐渐转化成一个具有头部、中段和尾部的精子。

曲精小管的正常发育和功能都受一种垂体激素的影响，即**促卵泡素(FSH)**，该激素同样具备促进精子发生的功能。有趣的是，这种激素在雌性动物中也起到促进卵泡发育的作用。

新生的精子细胞（图 14-4）并不能很快就具备受精的能力。精子细胞还必须在睾丸和储存精子的**附睾**中经过一系列的成熟过程。例如，公牛精子的成熟过程需要 8～11 d 时间，在此期间应特别注意不能使动物过度劳累。尽管精子和卵子在遗传重要性上等价，但精子非常小，仅有卵子体积的 1/20 000。但与卵子相比，精子可以不间断地产生，而且数量巨大。

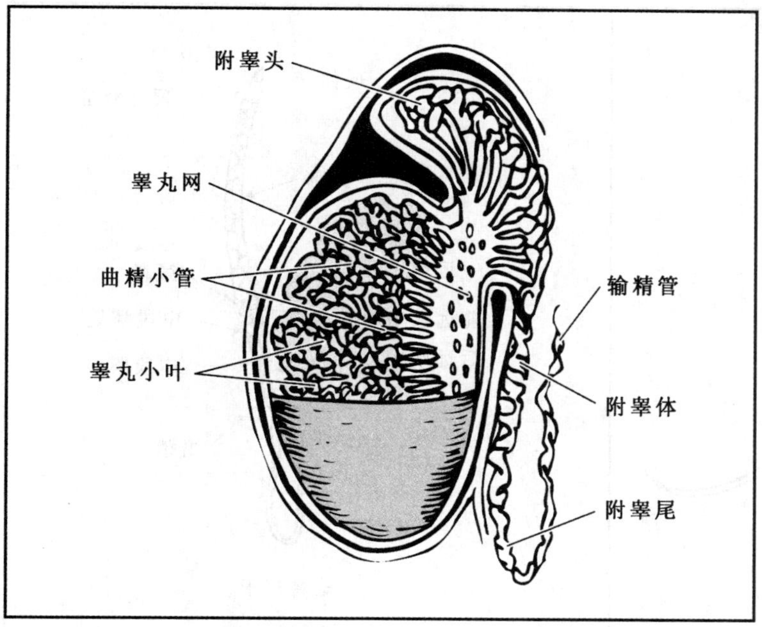


**图 14-2 睾丸和附睾。**
来源:Purdue University.

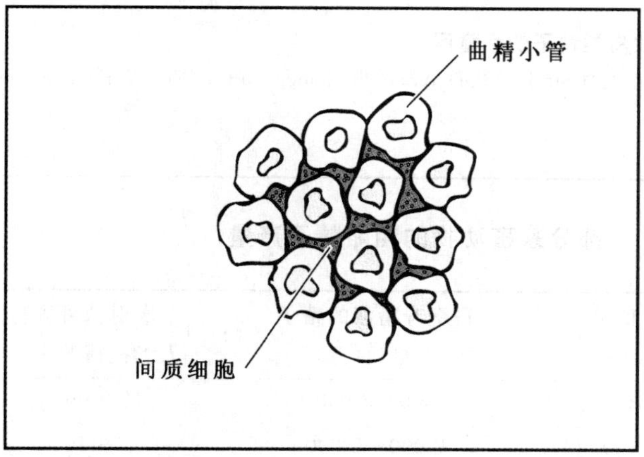


**图 14-3 曲精小管和间质细胞。**
来源:Purdue University.

正常情况下,公牛单次射出精液所包含精子的数目超过 5 000 000 个,这一数目的精子足够用于至少 500 头奶牛的人工授精。其他种类家畜单次射精所包含的精子的数量也非常巨大(表 14-1)。此外,据康乃尔大学对一组青年公牛的研究,每头公牛每周平均产生的精子数与睾丸体积存在很高的正相关,睾丸的体积通常用阴囊的圆周长来代表。

睾丸的第二个重要功能是产生雄激素。睾丸激素是重要的雄激素,主要由位于输精管之间的特定细胞产生。这种细胞被称为**间质细胞**,另外,睾丸激素的分泌受一种垂体激素,即促黄体素的控制,促黄体素有时也被称为促间质细胞激素 (ICSH)。睾丸激素为雄性家畜典型性征的发育所必需,如第二性征的出现(如强健肌肉的发育和雄性家畜体格发育等)、副性腺发育及性欲的产生等。

**间质细胞**
睾丸内部的间隙细胞,主要用于雄激素的生成。

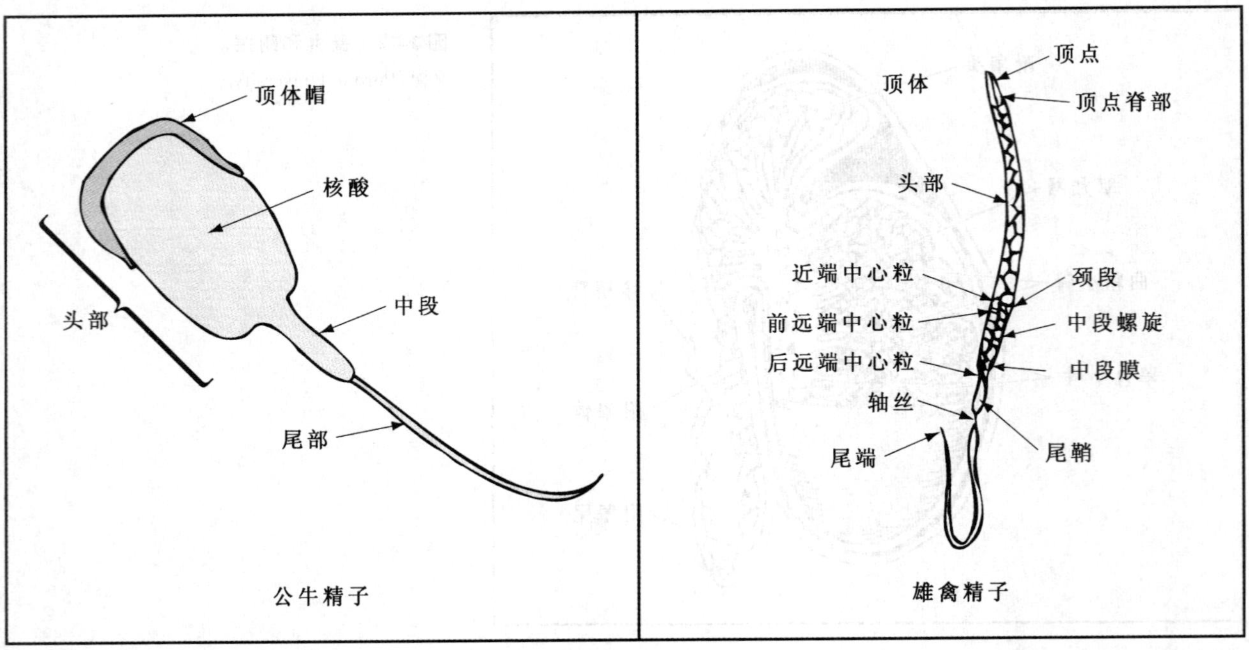


**图 14-4 放大 2 400 倍的公牛精子和放大 1 000 倍的雄性禽类精子的示意图。**

来源：公牛精子示意图来自 Iowa State University；雄禽精子示意图改自 Storkie，P. D. Avian Physiology，3rd ed. New York：Springer-Verlag，1976.

**表 14-1 部分家畜动物的粗略精子产量**

| 动物种类 | 平均射精量（mL） | 每毫升精液的精子含量（百万） | 单次射精可进行人工授精的次数 |
|---|---|---|---|
| 公牛（牛） | 2～10 | 300～2 000 | 100～600 |
| 公羊（绵羊） | 0.7～2.0 | 2 000～5 000 | 40～100 |
| 公羊（山羊） | 0.6～1.0 | 2 000～3 500 | 15～40 |
| 公马（马） | 30～300 | 30～800 | 8～12 |
| 公猪（猪） | 150～500 | 25～300 | 15～20 |
| 公鸡（鸡） | 0.2～1.5 | 0.5～60 | 8～12 |
| 公鸡（火鸡） | 0.2～0.8 | 0.7 | 30 |

来源：Nalbandov，A. V.，Reproductive Physiology of Mammals and Birds，3rd ed.，W. H. Freeman and Company，San Francisco，1976；and other sources.

许多曲精小管集中在一起构成的网状结构，称为睾丸网。不断产生的精子即通过这一复杂的网状结构进入附睾。紧贴着睾丸表面的附睾起始部由睾丸网延伸出的多个小管构成，而后形成一个长的单个螺旋式的管状结构，由头部、体部和尾部构成，其尾部又与延伸至腹腔的输精管保持连接。

附睾为未成熟的精子提供了暂时的储存场所，并为精子的迁移提供通道。它分泌的液体可营养精子并促进精子的成熟。精子在附睾中迁移的动力来自附睾内壁平滑肌的蠕动。在精液射出时，输精管的蠕动也可使精子通过输精管从附睾尾部向尿道流动。

对于性欲较低的动物个体，大量数目的精子将保存在附睾中几天甚至几周。长期储存将导致动物精子受精能力的下降。尤其是热应激过后，必须给予动物充分的时间用来产生新的有效精子，并且在使用该动物配种前，还应对其精液的品质进行鉴定。

睾丸上方的组织包括大量的血管、神经、**输精管**和睾提肌，这些结构组合在一起被称为**精索**。当对家畜动物实施阉割手术时，精索需要使用相关器械夹紧固定。

2 条输精管分别自 2 个附睾延伸而出，并进入腹腔，在膀胱入口处汇合并与尿道连接。

**输精管**
精子由附睾向尿道迁移的通道。

**精索**
睾丸与身体的连接部分，包括与睾丸相连的输精管、血管、淋巴管及神经。

## 副性腺

精子在从雄性家畜体内射出之前，要与副性腺的分泌物进行混合。第一个副性腺即是**输精管壶腹部内壁腺体**（猪中没有），该腺体位于输卵管与尿道结合处前方，实际是放大的输精管结构（图 14-1）。**精囊腺**是 1 对分为多片小叶的海绵状中空结构，位置靠近膀胱的颈部。**前列腺**单个存在，类似瘤状结构，通常位于马等动物的输精管和尿道的结合处。在其他物种中，则位于尿道壁内，达几英寸长。有时，前列腺随着年龄增加（尤其是人类）或因感染而发生肿大，从而导致排尿困难。**尿道球腺**也是成对出现，是最外端的副性腺腺体；公猪的尿道球腺体积稍大，常分泌凝胶状液体。

精子＋副性腺分泌液体＝精液

- 输精管壶腹部内壁腺体（部分物种）
- 精囊腺
- 前列腺
- 尿道球腺

精子和副性腺的分泌物混合在一起组成精液。副性腺分泌物增加了精液的体积，内含的营养物质和电解液还可以增强精子的成活能力，同时还可加强悬浮精子的运动能力。相对静止的精子通过和该液体混合变得具有活性。副性腺的分泌物中还含有氯化钠、氯化钾、柠檬酸、果糖和几种维生素等，它们可以给精子和某些酶的代谢提供能量。在公母畜进行交配时，副性腺分泌物还具有润滑功能。当副性腺分泌物流经尿道时，还可中和尿道中残余的尿酸，以增强精子的成活率。

**输精管壶腹部内壁腺体**
副性腺的一种，通常为生理通道的膨大结构，如一些物种的雄性家畜输精管尿道末端的膨大结构。

**精囊腺**
附着于尿道的 1 对腺体，靠近膀胱，产生的液体用于营养和携带精子。

**前列腺**
包绕于雄性家畜尿道起始部的腺体。

**尿道球腺**
位于雄性家畜前列腺后方尿道两侧的 1 对副性腺腺体。

## 尿道

**尿道**是从膀胱开口延伸并贯穿整个阴茎的长管状结构。它既是精液的通道又是尿液的通道。尽管不同品种雄性家畜的解剖结构和生殖生理特征基本相似，但阴茎的结构和功能却稍有不同。例如，公马在交配前阴茎的勃起主要是由该部位组织血液的增多引起。然而，公羊、公牛和公猪则不同，该类动物的生殖系统具有特殊的 S 状弯曲结构，被称为乙状弯曲，动物即通过该弯曲伸直实现阴茎的延伸。

**尿道**
动物由膀胱向外排泄尿液的通道，同时还是雄性射精的通路。

## 影响精子产生的因素

雄性动物一旦达到性成熟，将连续不断地产生精子。当然，家畜性成熟或精子开始产生的年龄在个体之间存在很大差异。

环境和遗传因素都会影响精子的发生。但是，环境因素通常只产生暂时的影响。如在良好的饲养条件下，突然的断食会暂时性的减少精子的发生。另外，如果摄入的蛋白减少也会直接减少动物精液中有效精子的含量。

在大部分地区或国家，维生素A和蛋白质的摄入是影响精子发生的最主要营养物质。在干燥的季节，则更容易发生该类营养物质的缺乏，从而影响动物的繁殖机能。

正如前文所提到的，高温会降低雄性家畜精子的产量，同时还会引起有效精子含量的急剧降低。因此，夏末配种母羊的受胎率相对较低，管理者通常需要给公羊提供凉爽的环境，同时只允许公羊和母羊在夜间接触，从而尽可能保证公畜繁殖力的发挥。除此之外，由疾病或感染所引起的家畜体温的升高也会影响精子的产生。

还有部分其他因素也会制约或影响精子的产生，包括遗传、青春期能量摄入不足以及隐睾症等(将在下文讨论)。

### 阉割

**阉割**
摘除或永久去除雄性动物睾丸功能的处理。

在生产实践中，养殖者一般会对肉用雄性家畜实施**阉割**处理，主要通过摘除睾丸或破坏精索进行。施行阉割的原因之一，就是相对于正常动物，阉割动物更加易于管理；由于没有性欲，阉割动物在肥育场中会变得更为平静。除此之外，阉割可以确保雄性动物的肉中不含有与性相关的气味，这点在猪中尤为明显。肉制品加工者收购待宰动物时，一般青年公猪、公羊或者公牛的价格较低，但大量数据表明，青年未阉割家畜胴体价值可能更高。这主要是因为未阉割家畜的胴体瘦肉比例较高，同时具有较高屠宰率，除此之外，该类动物在销售时肉中还未曾积累与性相关的任何气味。

幼龄阶段实施的阉割处理对动物产生的应激较小，因此该处理应尽早进行。养马者一般在2岁时进行青年公马的阉割，此时，动物应已明显出现的第二性征，尤其是颈肩部的特征。其他家畜动物则多在睾丸降至阴囊时对其实施阉割手术(公马的睾丸下降本身就发生较晚)。阉割后的肉用家畜更易管理，由阉割个体组成的群体很少发生争斗，因此还可以有效地减少受伤情况的发生。

### 隐睾

**隐睾**
处于胎儿发育阶段的雄性动物，一个或两个睾丸停留于腹腔中不能降至阴囊的现象。

动物可能发生1个或2个睾丸不能降至阴囊的现象，这种现象被称为**隐睾**，当其2个睾丸均留存于腹腔中时，动物将丧失生育能力，这主要是因为体内的高温阻止了精子的发生。隐睾动物之所以能和正常动物一样具有典型的第二性征，是因为留在腹腔中的睾丸仍能分泌正常的睾丸激素。

隐睾动物的外科阉割具有相当的困难。同时，作为一种遗传疾病，患有隐睾症的动物个体不能留作种用及参与繁殖。

## 14.3 雌性生殖系统

雌性动物生殖系统的功能比雄性动物更为复杂。和雄性动物相同，雌性动物的生殖系统在解剖学上必须完整，并且在生理上具有交配的欲望。在发情周期中，雌性动物的性细胞，也就是卵子，必须在适宜的时间成熟并释放，完成受精，同时该套生殖系统还需要对胚胎和胎儿的发育提供营养与保护。此外，雌性动物还需要完成分娩的任务，并完成抚育胎儿的使命。最后，为了畜群的正常繁衍，母畜在分娩后的较短时期内还需再次进行妊娠。

不同雌性家畜（母牛、母羊、母猪和母马）的生殖系统在形态和大小上存在一些差异，但它们所处的位置和功能却很相似。雌性动物的生殖系统中，除阴门外，其他结构均位于动物体内（图 14-5）。具体包括以下结构（按由里及外顺序排列）：

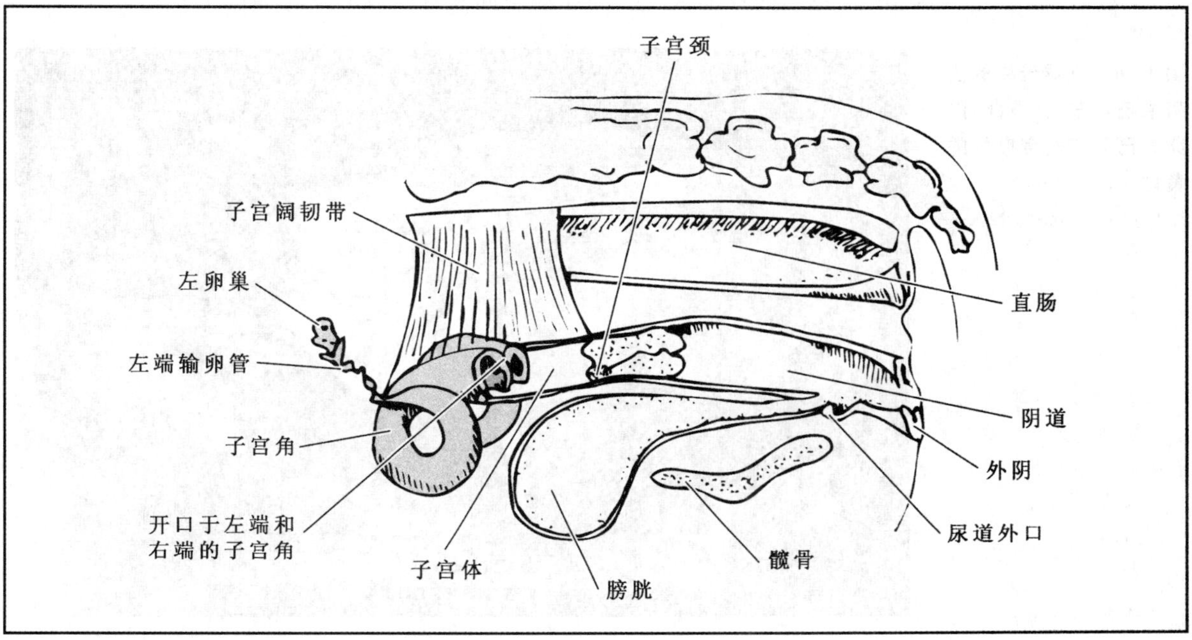


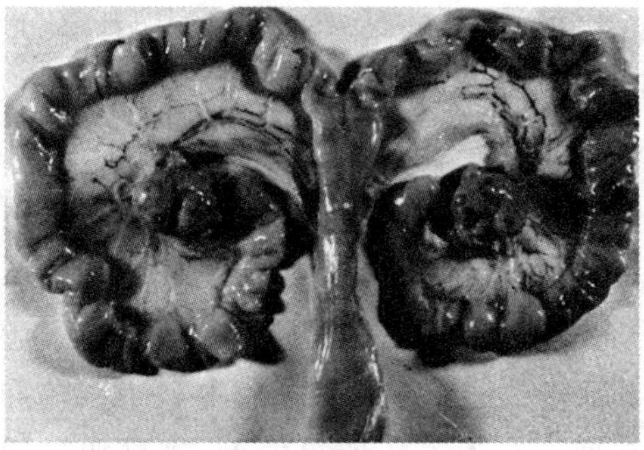

**图 14-5 母牛的生殖系统。羊、牛和马的子宫角比猪的稍短。照片所示为 1 头小母猪的生殖系统。主要展示的是较长的子宫角和卵巢，子宫角的内层还含有发育中的囊胚。**
来源：Iowa State University and Purdue University.

- 左右两侧的卵巢
- 左右两侧的输卵管（卵泡管）
- 左右两侧的子宫角
- 子宫体
- 子宫颈
- 阴道
- 阴道前庭
- 外阴

**卵巢**
雌性动物的性器官，在雌性动物达到性成熟时完成卵子的产生。

**卵子**
雌性动物的性细胞，由卵巢产生，携带有雌性动物随机抽样的一半基因。

## 卵巢和卵巢功能

**卵巢**是雌性动物的基本生殖器官，用来产生雌性配子（**卵子**）和雌性激素（雌激素）。和睾丸一样，卵巢发育于腹腔腰部的肾脏后部。睾丸要下降至阴囊中，而卵巢则保留于该区域，并悬挂于阔韧带，卵巢的外表面暴露于输卵管连接处。卵巢需要充足的血液供应，以获得足够的氧气和营养。此外，血液还可将由其他器官分泌的激素运输至卵巢，从而调节卵巢功能，同样，血液也可将由卵巢分泌的激素携带至身体其他靶组织或器官，实现功能调节。

牛的卵巢大致呈卵圆形杏仁状，大小约为 0.75 in×1.5 in（图 14-6）。母马的卵巢呈豆形，大小约为 1.5 in×3 in。母猪的卵巢分叶，呈葡萄状，大小约为 1 in×1.5 in。当然，卵巢的大小会随卵泡不同发育阶段的变化而产生变化。

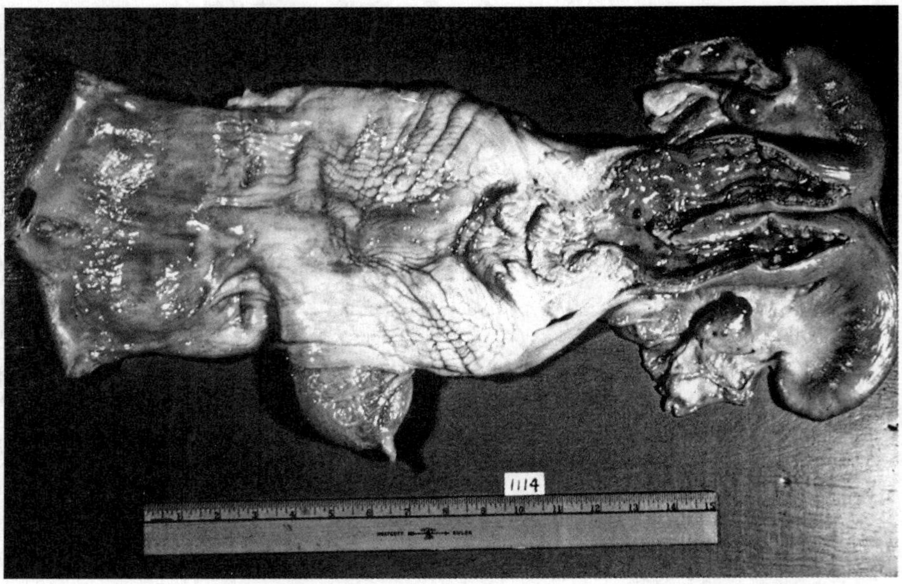


**图 14-6 妊娠母牛的生殖系统。右侧（下部）的卵巢已形成发育良好的黄体。**
经 Purdue University 授权。

**髓质**
身体器官的内层结构。

**皮质**
身体器官的外层结构，如卵巢、肾脏。

**输卵管**
连接子宫角与相应卵巢的通道结构。

**漏斗部**
漏斗状通道结构，例如母鸡输卵管最内端的结构。

**合子**
由单倍体雌性配子和雄性配子结合而形成的二倍体细胞。

卵巢由内部的**髓质**和外部的**皮质**构成。髓质包含丰富的血管和神经，皮质则包含卵子。皮质是成熟卵泡发育和雌激素产生的部位，同时在卵泡破裂释放卵子后，形成黄体并分泌孕酮。

## 输卵管

**输卵管**连接着卵巢与所对应的子宫角端部。输卵管不仅提供了精子游向卵子途经的通道，而且也是卵子受精的场所和受精卵向子宫迁移的通道。输卵管连接卵巢的部分形似漏斗，因此称为**漏斗部**。它附着于卵巢之上，当排卵过程发生时，卵子大都会成功地进入漏斗部，此时，漏斗部的毛状边缘几乎覆盖了卵巢的整个表面。在排卵后的 12 h 内，如果有具有受精能力的精子到达漏斗部，卵子受精就会在此发生。输卵管的内壁肌肉和腔内的微绒毛将会协助精子和**合子**在输卵管中的迁移。合子向子宫迁移的过程大概需要几天的时间，在此期间合子同时启动了有丝分裂的过程。

## 子宫

子宫和对应的子宫角为胚盘的发育和胚胎的附着提供了场所，是胎儿成活和发育的必要条件。子宫和其对应子宫角通过阔韧带悬于腹腔和盆腔中。不同物种子宫的大小和形状有所不同。母猪的子宫体相对较小，但它们的子宫角相对较长，每个子宫角能容下 8～10 个胎儿。母牛的子宫体自子宫颈末端仅延伸出来几英寸，然后与发育良好的两个子宫角相连(图 14-5)。母马子宫角则相对钝短，但子宫体发育良好。

子宫或子宫角的横截面主要有 3 层结构构成：(1)外部覆盖层；(2)中间平滑肌层，称为**子宫肌层**，由强厚的内环肌和较薄的外纵肌组成，用于子宫的收缩；(3)最内层结构，称为**子宫内膜**，其内含有丰富的腺体。子宫内膜的健康和正常地发挥功能对生殖功能尤为重要(如附植和胎盘的形成)。

**子宫肌层**
子宫的肌肉壁。

**子宫内膜**
子宫角和子宫体的最内层结构。

## 子宫颈

**子宫颈**被称为通向子宫的大门，它处于阴道和子宫体之间，起到控制物质进出的功能。子宫颈由厚长的平滑括约肌构成，直径为 1～2 in，长约几英寸。子宫颈的末端开口向阴道腔的部位称为子宫颈口。在人工授精中，输精枪应被引导进入子宫颈口，而防止仅仅进入相邻的阴道壁皱褶。

**子宫颈**
位于阴道和子宫体之间狭窄的颈状结构。

母马的子宫颈由多层肌层褶皱构成，尽管对人工授精构成一定阻碍，但操作仍很简便。母牛或母羊子宫颈的内表面由很多脊或环状结构组成，因此在人工授精中，必须通过直肠把握的方法引导输精枪进入子宫颈(见 14.6 节)。猪子宫颈的特殊螺旋状肌肉结构也起到一定的阻碍作用，但在人工授精操作时，猪的子宫颈也相对容易穿过。在自然交配过程中，公猪的阴茎实际上已经进入母猪的子宫颈开口端。

在所有物种的发情过程中，子宫颈均会发生膨大并分泌大量的稀薄黏液。而在妊娠时，子宫颈分泌的黏液则相对黏稠，通过形成栓塞等方式，封堵到子宫的通路。分娩时，子宫颈则必须高度膨胀舒张，以完成仔畜的生产。

## 阴道、阴道前庭和阴户

阴道被认为是母畜的交配器官，因为它在自然交配时承纳阴茎，并且还为胎儿的出生提供通道。阴道和阴道前庭在位于尿道外口的腹侧部交汇。处女膜即位于该交汇点之前，是组织的皱褶结构，有时动物会因为该结构导致初次交配的困难。

阴道前庭从尿道口延伸至阴户。阴户由较厚的皮肤褶皱以及被褶皱覆盖的阴蒂组成。阴蒂与雄性动物的阴茎是同源器官，即具有相同的胚胎发育起源。阴蒂位于阴道前庭的内腹侧，动物发情外阴膨胀时可见，因此可以辅助进行发情鉴定。

## 发情周期

在动物初情期后，其卵巢的功能与状态发生周期性的变化，即发情周期。卵子发生，即性细胞的生产，是指通过减数分裂形成雌性性细胞，因此卵子包含了动物半数的体细胞染色体。卵子被充满液体的水泡状的卵泡所包围，卵泡在卵巢的表面增大。同时，发育的卵泡壁上有专门细胞分泌雌激素。排卵通常发生在发情末期，母牛通常发生在发情后不久。此时，单胎动物的 1 个卵泡，或多胎动物的多个卵泡将会破裂，并把卵子排入相对应的输卵管中。

排卵时(图 14-7)，破裂卵泡壁上的细胞将增殖形成**黄体**(CL)。在排卵后的数天内，黄体会形成坚固肿胀的结构，并凸起于卵巢表面。如果动物受孕妊娠，则黄体将继续存在(图 14-6)，且成为一个内分泌腺，分泌用来维持妊娠的激素——孕酮。

**黄体**
一种活跃的组织，形成于卵巢，位于卵子脱落的部位。如果没有妊娠，这个组织将逐渐退化；如果妊娠，此组织变成功能性黄体并分泌孕酮。

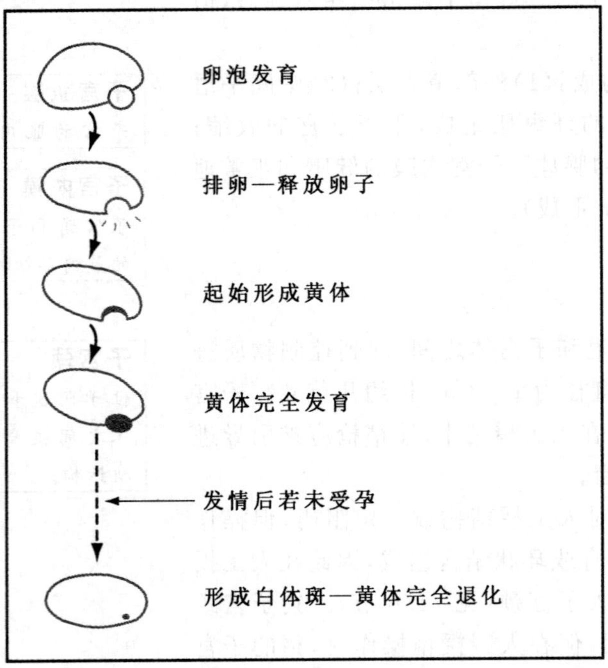


**图 14-7 排卵和黄体的发育(发生于卵巢同一部位,按时间顺序排列)。**
来源:Purdue University.

如果没有受孕,前列腺素将导致黄体退化,使其分泌能力减弱,数天以后又会有新的发情状况的出现并发生排卵。此时,黄体在卵巢表面将退化成为非常小的斑痕,即所谓的**白体**。

**白体**
指早期黄体完全退化后,黄体处形成的微小斑痕。

通过对雌性生殖相关激素的归纳,我们可以更清晰的了解卵巢生理变化规律,以及卵巢各种活动与雌性生殖系统中的其他事件的相互关系。相关激素归纳如下:

1. 促性腺激素释放激素(GnRH),产生于下丘脑,控制垂体分泌的 2 个生殖腺刺激激素,即促卵泡素(FSH)和促黄体素(LH)。

2. 促卵泡素(FSH),刺激卵泡发育及雌激素的分泌。

3. 促黄体素(LH),引发排卵,为维持黄体所必须。促卵泡素和促黄体素有各自特定的功能,但在生殖系统中它们需要相互协调,发挥功效。

4. 雌激素,由卵泡分泌,引起性兴奋,促进生殖道内液体分泌液的分泌和生殖道的肌肉收缩,并且引发垂体促黄体素分泌的增加。

5. 孕酮,由功能性黄体产生,维持妊娠,防止再次发情。胚胎附植过程中,孕酮可使子宫角和子宫体处的血管分布增加,促进胚胎生长;另外,还能促进乳腺小泡的发育。

6. 前列腺素($PGF_2\alpha$),由子宫壁产生的激素或类激素物质,未妊娠时引起黄体退化。

**发情周期**
雌性动物两次发情之间所发生的生殖系统生理事件的总和。绵羊大约为 17 d,牛、猪和马的大约为 21 d。

上述激素由特定部位释放,并最终进入血液循环。结合上述激素在发情周期中的作用,我们可以更清晰地理解生殖相关激素针对靶位点的作用方式。**发情周期**被定义为从一次发情开始后到下一个发情开始前的时间间隔。牛、猪和马的发情周期大约是 21 d,羊的大约是 16～17 d(表 14-2)。对未受孕母畜,发情周期包含 4 个阶段:发情前期、发情期、发情后期和发情间期。具体总结如下:

- 发情前期:介于黄体退化和发情之前的时期,在此期间,卵泡发育且雌激素分泌增加,牛的发情前期在发情周期的第 18 天至第 20 天。

- 发情期：母畜雌激素的分泌水平较高，最愿接受交配的时期。依据物种不同，发情期持续时间在 12 h 到数天之间。高水平的雌激素将导致促黄体素和促卵泡素的分泌高峰，促黄体素将在发情期末或之后不久引发排卵，如牛在发情期结束后 1 d 排卵。
- 发情末期：紧跟发情期之后的时期，此时黄体形成并开始产生孕酮，牛的发情末期大概在整个发情周期的第 2 天至 5 天。
- 发情间期：黄体分泌孕酮的最活跃时期。如果怀孕，黄体将继续维持且动物终止发情；如果没有妊娠，子宫壁分泌的前列腺素将导致黄体退化，再进入另一个发情周期。牛的间情期为发情周期的第 5 天至第 18 天。

表 14-2 **发情周期，发情持续时间及排卵时间**

| 家畜种类 | 繁殖周期(d) | 发情历时(h) | 排卵时间 | 建议配种时间 |
|---|---|---|---|---|
| 母牛 | 21 | 12～18 | 发情后 12～15 h | 发情结束前 4～8 h |
| 母猪 | 20～21 | 48～72 | 发情开始后 18～40 h | 发情开始后 24 h |
| 绵羊母羊 | 16～17 | 24～36 | 发情开始后 18～26 h | 发情开始后 12～18 h |
| 山羊母羊 | 19～20 | 34～39 | 发情开始后 9～19 h | 发情时的任 1 d |
| 母马 | 19～23 | 90～170 | 发情前或后 1 d | 发情时的任 1 d |

来源：改自 Nalbandov, A. V., Reproductive Physiology of Mammals and Birds, 3rd ed., W. H. Freeman and Company, San Francisco, 1976; and Bearden, H. J., and J. W. Fuguay, Applied Animal Reproduction, Reston Publishing Company, Reston, VA, 1980.

如果动物发生妊娠，发情周期将因黄体孕酮的分泌而被打断。在某些情况下，卵巢囊肿会导致持续不退的持久黄体，此时尽管动物没有怀孕，母畜却不表现发情。这种情况即为常被提及的乏情。季节性发情的母畜也会在发情季节或配种季节之间出现乏情期。另一方面，卵巢囊肿也可能持续分泌高水平的雌激素，导致动物发生频繁的或几乎连续的发情。

没有特定配种或繁殖季节的动物，如牛和猪，被称为连续发情动物，或**多情期动物**。其他，如马和大多数品种的绵羊，一般只能在每年的特定季节配种。该类动物在繁殖季节内也可以经历多个发情周期，因此被称为季节性多情期动物。随着白昼的缩短，如在秋天，绵羊这一季节性多情期动物即开始起始发情周期。大多数未孕和未在泌乳的母马在白昼逐渐延长的早春，性活动会逐渐活跃起来。尽管如此，在冬季月份将母马的光照时间每天延长至 16 h 也可以使马匹次年的发情周期提早开始。

> **多情期动物**
> 指每年或每个繁殖季节内，具备多个发情周期的动物。

## 14.4 妊娠

从受孕到后代的出生，雌性动物怀孕的阶段又称为**妊娠期**。表 14-3 给出了不同种类动物大致的妊娠时间。即使在同一个物种的动物中，妊娠时间也存在很大的差别，具体受年龄、种类、发育胎儿的数目和环境因素的制约。

> **妊娠期**
> 动物怀孕所经历的生理阶段。

确定动物获得最高受胎率的最佳配种时间，与发情阶段的排卵时间有关。在牛上，配种如选在发情后大约 12 h，受孕效率较高，因为母牛的排卵一般发生在发情后 12～15 h。该时间，如果母牛接受交配，可以减少受精前精子在生殖道的储存时间。针对母羊和母猪，母畜排卵一般发生在发情过程中和发情结束时，因此更易保证排卵和配种的同步进行。

表 14-3 部分家畜动物的妊娠期

| | |
|---|---|
| 母牛 | 279～290 d |
| 母猪 | 112～115 d |
| 母羊，母兔 | 144～151 d |
| 母马（轻型） | 330～337 d |
| 母驴 | 365 d |

本书 13.12 中详细讨论了性行为和生殖行为的发生，具体包括雄性和雌性家畜的求爱和交配行为。

对于精卵结合的详细过程，目前并不完全清楚。在部分物种中，精子首先将其头部贴于卵子表面，精子尾部的摆动也可能有助于精子穿越卵子的包膜。在酶的作用下，精子的头部和尾部先后穿越卵子的膜结构，并最终融入卵子的细胞质中。此时，卵子周围的膜结构发生变化，可以有效阻止其他精子的进入。

在受精卵内部，精子的核酸和卵子的核酸相互接近，核膜消失，染色质开始凝集形成染色体。从而，细胞开始分裂，合子进入生长状态。在少数情况下，单个受精卵会分裂成为 2 个完全独立的细胞，并各自发育。该种情况下，则可以产生 2 个在基因型上完全一致的同卵双生动物（图 14-8）。

**图 14-8 同卵双生动物由同一受精卵分裂产生。因此，该类动物具有完全相同的基因型。**
经 Iowa State University 授权。

在母牛、母羊、母马和母猪中，受精卵通过输卵管向子宫角慢慢迁移，进入子宫，附植于子宫壁。此时，受精卵已完成初始的分裂，即形成由少数细胞组成的细胞团。此后，大量毛细血管在受精卵的附植位置高度发育，在妊娠时给发育的胚胎提供充足养分。

## 附植

受精发生后，胚胎在通过输卵管进入子宫的过程中，大致发育到 16 细胞的桑葚胚阶段。进入子宫的胚胎，紧贴子宫内膜，并在酶的作用下消化组织产生小块凹陷，从而借此附植于子宫内膜。胚胎即在该位置上接受子宫内膜所提供的营养物质，继续发育。

## 胎盘的形成

胎盘发育自胚胎外部，由富含血管的膜结构构成。具体作用是：通过母体子宫内膜向胎儿转运氧气和营养，并从胎儿向母体的循环系统转运代谢废物。**胎盘**的结构简述如下：

> **胎盘**
> 哺乳动物用于进行母体与胎儿间营养和废物交换的组织结构。

1. **绒毛膜**：与母体子宫内膜相连的最外层膜（图 14-9，图 14-10）。

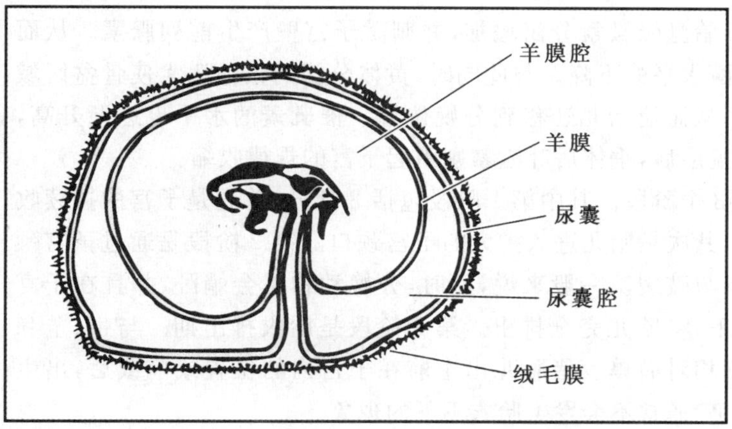


**图 14-9 胎盘模式图。**
来源：Purdue University.

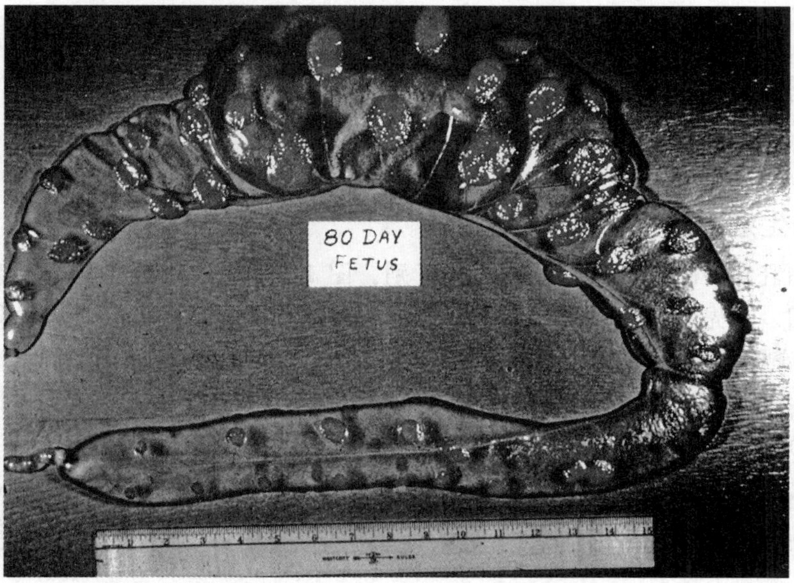


**图 14-10 绒毛膜外表面突出的子叶结构，胎盘内含发育到第 80 天的牛胎儿。**
经 Purdue University 授权。

2. **尿囊**:由绒毛膜向内的第2层膜,与羊膜共同构成一个充满液体的尿囊腔。尿囊膜还与胎儿膀胱相连主要用来清除废物。

3. **羊膜**:包裹胎儿的最内层膜,形成充满液体的囊或腔。液体的主要作用是用来缓冲震动对胎儿的影响。

胎儿的脐带由动脉和静脉组成,动脉主要从母体向胎儿输送氧气和营养,静脉则从胎儿的膀胱向母体转运代谢废物。胎儿和母体系统之间没有血液的直接交换;营养物质、氧气和代谢废物的转运都经由胎盘膜完成。此外,胎盘膜结构复杂,胎儿因此不能够从母体吸收有益抗体。正因如此,通过初乳给新生胎儿提供被动免疫的必要抗体,具有相当重要的意义。

**子叶**
胎儿胎盘绒毛膜与母体子宫肉阜相连的杯状结构。

**肉阜**
与子宫内膜结构不同,该结构与胎儿子叶状胎盘共同构成牢固的连接方式,因此被称为胎盘复合体。

胎盘的结构因动物品种的不同而各具特点。反刍动物胎盘的绒毛膜(图14-10)表面呈**子叶**状(杯状结构),并连接于子宫内膜相应的**肉阜**(隆起)处,形成非常坚固的连接,被称为胎盘复合体。马的胎盘呈弥散状;附植绒毛覆盖了绒毛膜更大的区域,但结合相对并不牢固。猪的胎盘结构与马相比则更为分散。因此,牛分娩时常见的"胎衣不下"现象很可能与胎盘的类型存在密切的关系。

### 分娩

**催乳素**
由垂体前叶分泌的一种激素,为动物乳汁的合成所必需。

妊娠的最后几天,胎盘雌激素分泌增加,并刺激子宫壁产生前列腺素。从而引起黄体的退化与孕酮水平的下降。与此同时,黄体分泌的松弛激素使骨盆区域的骨盆肌和韧带松弛,从而使胎儿迁移到分娩位置。**催乳素**的水平也逐渐升高,促使乳汁的合成。分娩前后,垂体后叶激素则引起子宫的规律收缩。

胎儿的出生包括3个阶段。其中第1阶段包括2部分,首先是子宫的持续收缩使胎儿向后方移动,其次是胎儿进入扩大的子宫颈口。第2阶段是通过子宫颈时,尿囊绒毛囊的脱离与破裂。一般来说,此时,分娩动物将会躺卧,并且在子宫和腹腔强烈的收缩之下,将胎儿完全排出。第3阶段是胎衣排出期。与牛、羊和马相比而言,猪的分娩相对简单。猪胎儿出生前在子宫内的位置或前或后,出生时往往为胎盘膜所包裹,通常不会发生胎衣不下的现象。

## 14.5 家禽的生殖系统

### 雄性家禽的生殖系统

**成年公鸡**
这里指达到性成熟,且未经阉割的雄性鸡只。

禽类与哺乳动物的生殖系统存在很大区别。图14-11是**成年公鸡**的生殖系统结构示意图。首先应该注意的区别是睾丸的位置,禽类的睾丸位于腹腔内较高的位置,与脊椎平行,并靠近肾脏前叶腹侧。与大多数哺乳动物不同,禽类的体温(大约104℉)并不能影响精子的发生。与雄性哺乳动物不同,雄性禽类的性染色体是相同的(ZZ),后代雏鸡的性别由携带2个不同性染色体(WZ)的雌性个体决定。

雄性禽类性成熟后,精子在曲精小管内迅速发生并成熟。禽类的附睾很小,不具备容纳大量精子的能力。因此,禽类的精子主要储存在连接睾丸和泄殖腔的输精管中。

与哺乳动物不同,禽类没有附性腺的结构。精子随着睾丸产生的精液流出。

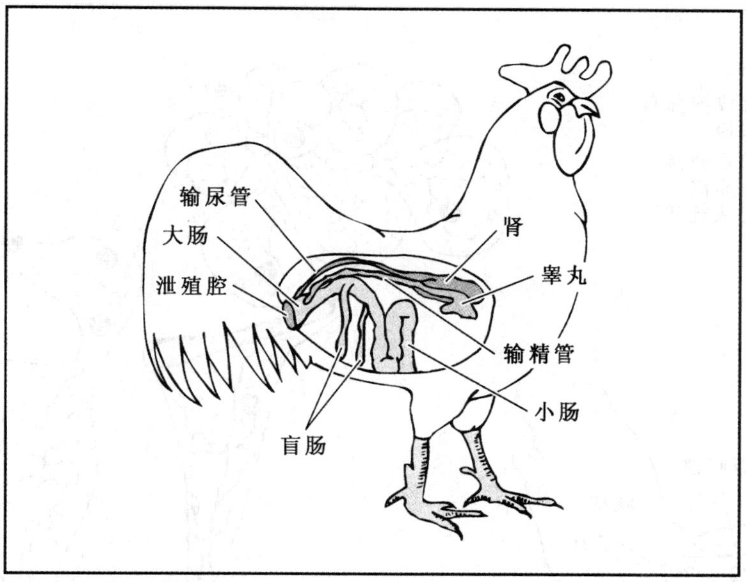


**图 14-11 公鸡生殖器官的侧切面模式图。实际中，公鸡的输精管更长并具有更多弯曲。并且睾丸、输精管和肾脏均成对出现。**

来源：Purdue University.

泄殖腔壁的特定区域也会产生一种透明的液体，并随着精子射出。泄殖腔壁上的乳头或小突起等同于哺乳动物的交配器官。交配时，母鸡的泄殖孔松弛、泄殖腔外翻，接受公鸡射出的精液。

雄性肉用禽类的阉割通常在 2～4 周龄时完成，具体操作需要在个体背部切口，完成睾丸的摘除。阉割公鸡的成体体重稍重，但仍可保持肉质的嫩度与多汁性。阉割公鸡通常在 20～24 周龄时体重达到 12 lb，并可以作为专门产品进行出售。

## 雌性家禽的生殖系统

雌性禽类生殖系统的解剖学结构和后代生产方式也与哺乳动物有很大不同。哺乳动物的胚胎发育过程中，左右两侧的卵巢和输卵管都正常存在。但是对于禽类来讲，右侧的卵巢和输卵管将发生萎缩，只有左侧的卵巢和输卵管在卵的形成过程中发挥作用。完整的禽蛋则形成于输卵管中(图 14-12)。

与牛或其他家畜相比，禽类所形成的蛋比哺乳动物的卵子要大得多。因为禽类的胚胎在蛋内发育，不能通过血管获得持续的营养供给，因此禽蛋需要含有胚胎发育直到孵化所需的全部营养。

禽类不具备明显的发情周期特征。小母鸡通常在 20～21 周龄时达到性成熟，并初次产蛋，而后一般会保持持续的每日产蛋。在自然界，未经选择的野生禽类通常在春天产蛋，大约产蛋 13 枚，然后性激素分泌降低，产蛋继而终止。催乳素分泌的增加，会刺激母鸡母性本能的表现，个体此时会卧于鸡蛋之上，直至蛋的孵化，也就是所谓的抱窝现象。孵化之后，激素水平反向变化，鸡蛋在输卵管中重新产生。目前，由于针对产蛋量的选择，以及管理中坚持每日对蛋的收集，辅以人工光照的调节，鸡和火鸡可以达到 300 d 或 350 d 连续产蛋的高效生产方式。

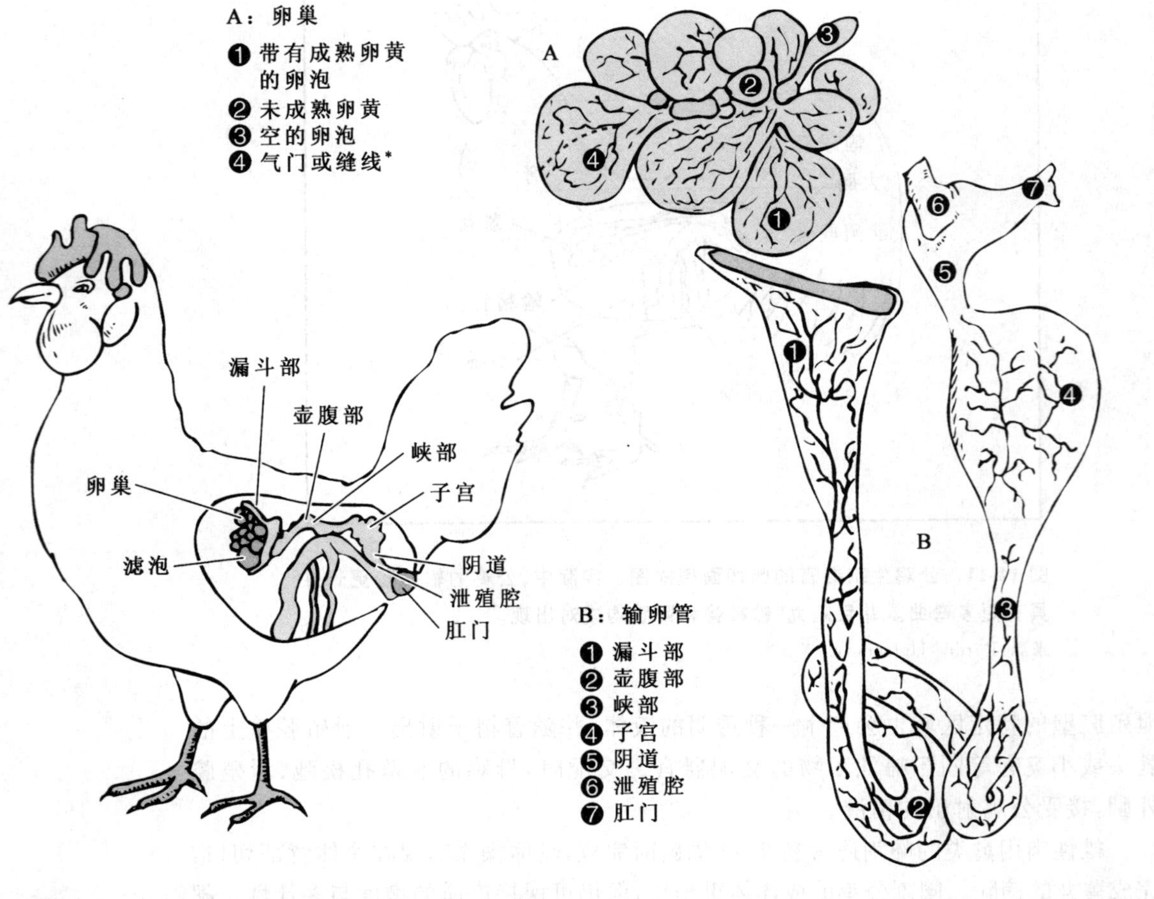


*成熟的滤泡沿着气门或缝线分裂，缝线位于没有血管的区域。

**图 14-12　母鸡的生殖道示意图，图示了具有功能的左侧卵巢以及卵巢内发育中的卵泡。漏斗、膨大部、峡部、子宫和阴道共同称为输卵管。漏斗也称做漏斗部。左侧图是生殖器官在母鸡体内相对的位置，右侧为放大图。**

来源：left drawing，Purdue University；right drawing is from Ohio State University Coop. Ext. Serv. Pub. MM-207.

## 禽蛋的形成

> **促黄体素（LH）**
> 由垂体产生的生殖腺刺激激素，在雌性动物中可导致卵巢滤泡的破裂（排卵作用），在雄性动物中可刺激睾丸激素的分泌。

图 14-12 的右图中所示为母鸡左侧卵巢和输卵管的放大图。显微检查可知禽类卵巢中含有大约 12 000 个生殖细胞，揭示了禽类理论上的潜在下蛋总数（生殖细胞呈白色圆盘状，位于卵黄表面）。自然光照条件下，蛋的生成通常开始于清晨，并于次日产出。不论在自然光还是人工光照的条件下，禽蛋产出 30 min 后，下一个蛋即开始在体内生成。上述过程主要受下丘脑分泌的促性腺激素释放激素（GnRH）和垂体前叶分泌的**促黄体素**（LH）控制，一定程度上受光照时间和光照强度的影响。

排卵之前，受促卵泡素的刺激，黄色或白色卵黄颗粒在卵黄中开始沉积，该类物质具备较高的脂肪含量，且含有大量的蛋白质和其他营养物质。因此，禽蛋卵黄体积逐渐增大。

当卵黄发育完毕后，血液中促黄体素的浓度将会增加，从而引发囊泡的破裂，成熟的卵黄及包含的卵子开始向输卵管的漏斗部移动(表 14-4)。

**表 14-4 蛋的形成**

| 输卵管部位 | 结构长度(in) | 事 件 | 驻留时间 |
|---|---|---|---|
| 漏斗部 | 3.5 | 受精 | 15 min |
| 壶腹部 | 13.0 | 蛋白的形成 | 3 h |
| 峡部 | 4.0 | 膜结构的形成 | 1 h |
| 子宫 | 4.0～4.7 | 蛋壳的形成 | 20 h |
| 阴道 | 4.7 | — | 几 min |
| 泄殖腔 | 1.0 | 蛋体旋转 | 50 min |

来源：改自 Winter，A. R.，and E. M. Funk，1946. Poultry Science and Practice. J. B. Lippincott Company，Chicago，Philadelphia，New York.

无论采用自然交配还是人工授精的方式，受精过程都在输卵管的漏斗部发生。受精不会对禽蛋的后续发育产生任何影响，如蛋白的分泌和蛋壳的形成。

在生成过程中，禽蛋会在子宫的壶腹部停留约 3 h。此时，壶腹部腺体分泌的高蛋白和黏性蛋白将在卵黄周围发生沉积。其中，黏性蛋白的前体来自血液，由壶腹部的腺体进行筛选处理，进而发挥功能。

发育中的禽蛋通过**峡部**需要略微超过 1 h 的时间，在这个过程中，机体分泌形成 2 层含黏性蛋白的包膜，包裹于蛋白外层。这 2 层膜紧贴于后形成蛋壳的内层，因此有时被称为壳膜。

> **峡部**
> 禽类生殖道中一个较短的部分，壳膜的产生以及蛋形状的形成在该部位发生。

禽类的子宫有时也被称作“壳腺部”。在长达 20 h 的时间内，该部分将分泌蛋白质、钙和其他物质，有时还将分泌色素，继而形成蛋壳。发育禽蛋最初进入子宫，稀薄的水状黏性蛋白将通过壳膜进行扩散，而后形成完整的蛋壳结构。蛋壳主要由碳酸钙($CaCO_3$)构成。禽蛋的最外层还有一层至薄的结构，主要由蛋白质构成，有时被称为表皮。

禽类的雌性生殖系统中没有子宫颈的结构，但在子宫和阴道之间发育有 1 块括约肌。同时，禽类的阴道是直接与泄殖腔相连。禽蛋较为尖小的一端在蛋的形成过程中通常位于前端，但在产出之前，禽蛋通常发生 180°的旋转，保持侧位。

禽类产卵的行为由催产素刺激产生，催产素也是由垂体前叶分泌的激素，可以促使子宫肌肉的收缩。实际上，在产蛋过程中，子宫壁的下垂或外翻可以使卵直接经过阴道和泄殖腔，而不与泄殖腔壁发生接触，最终完成产蛋过程。

## 孵育和孵化

表 14-5 给出了不同禽类的正常孵化时间。图 14-13 所示为鸡胚的发育过程。为保证孵化器的高利用率，受精禽蛋可储存几天后再进行孵化。在 55～60℉的温度条件下，受精蛋的保存不能超过 7 d。长时间的储存或储存在较高或较低的温度下，会导致受精蛋孵化率的下降。利用塑料袋包裹进行受精蛋的储存，在某些条件下得到了认可和利用，尤其火鸡蛋的保存。

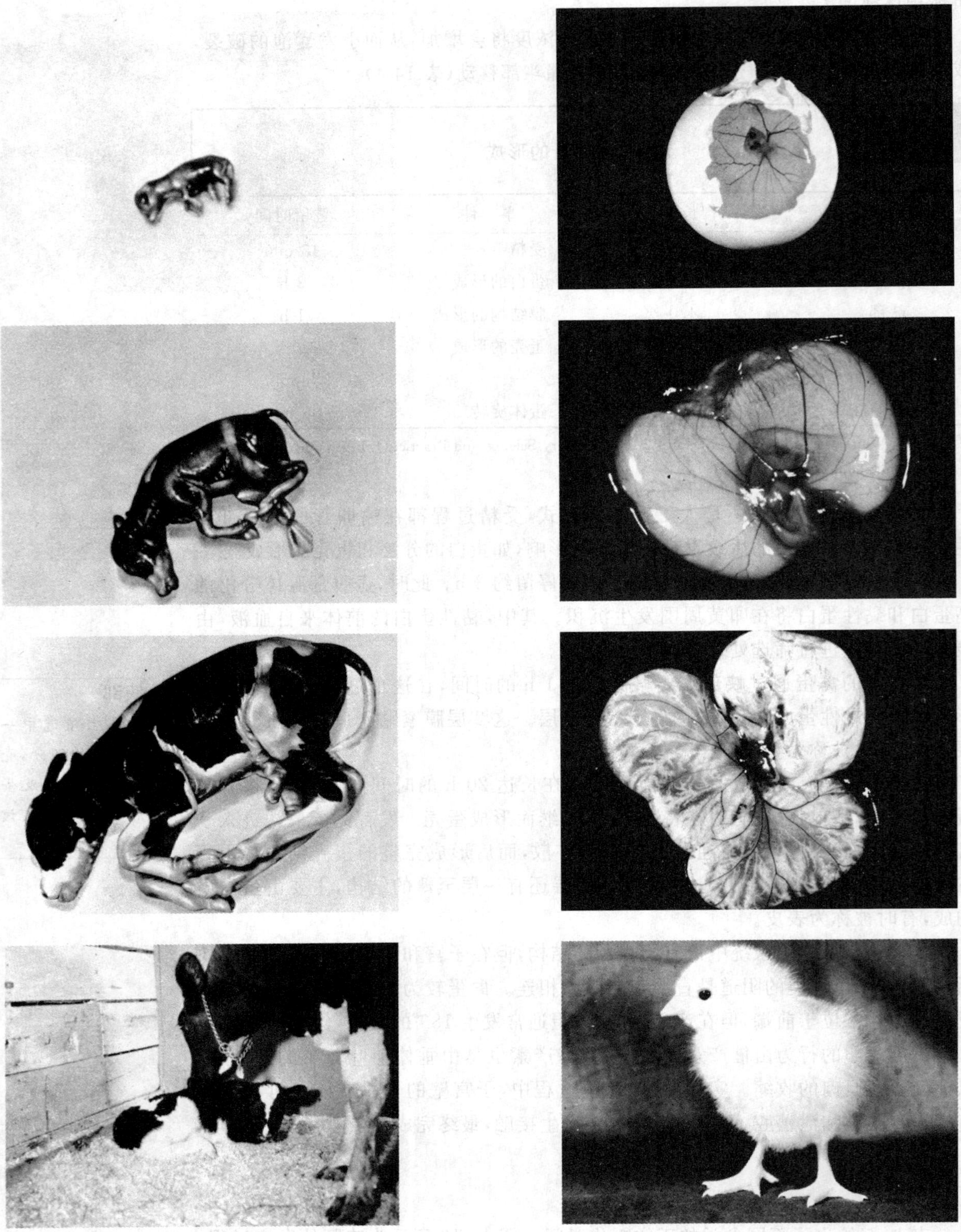

**图 14-13　牛和鸡胚胎的发育(直至出生的连续过程)。在妊娠或孵化期的后 1/3 阶段,胚胎需要大量营养物质。**

经 Purina Mills,Inc 授权。

表 14-5 不同禽类的孵化时间

| 品　种 | 孵化天数 |
|---|---|
| 日本鹌鹑(山齿鹑) | 17～18(23～24) |
| 鸽子 | 16～18 |
| 鸡和矮脚鸡 | 21 |
| 野鸡 | 24 |
| 珍珠鸡 | 26～28 |
| 火鸡 | 28 |
| 鸭(俄国鸭) | 28(35～37) |
| 鹅(除加拿大和埃及种) | 29～31 |
| 鸵鸟 | 42 |
| 鸸鹋 | 50 |

在发育过程中,胚胎的头部通常朝向蛋较为钝圆的一端,即气囊所在的位置。因此,特别是在孵化器中孵育时,受精蛋较钝圆的一端应保持朝上的位置。卵黄通常处于漂浮状态,使胚胎可以离开污染或脱水的蛋壳而避免致死。因此在孵化过程中,鸡蛋应该每天自动进行多次 90°的前后倾斜运动,以保证卵黄处于蛋白的中间,并不与蛋壳粘连。

对于所有的受精禽蛋,孵化器在孵化时都应保持 100℉的温度、75%的相对湿度和至少 21%的氧气(海平面的氧气含量)。风扇保证孵化器内气体循环,使足够的氧气进入,并确保二氧化碳的浓度低于 0.5%。上述任何条件的变化都会导致禽蛋孵化能力的降低。因此,在高海拔地区,禽蛋的孵化有时需要进行氧气的补充。

禽蛋孵化结束前 2～3 d,鸡蛋需要从孵育箱转移到孵化箱,从而完成出雏。相对孵育箱,孵化箱的温度稍低,但湿度稍高。

## 14.6 人工授精

人工授精技术为畜禽生产者提高畜禽生产性能和生产的潜在利益提供了机会。该技术的主要优势在于:(1) 广泛地使用优秀种公畜,更快地进行群体遗传改良;(2) 减少或消除小群体中的饲养种公畜的成本和风险;(3)降低特定生殖疾病传播的危险。

人工授精的最早记载,是 1322 年在马中的应用。1938 年,美国首次在奶牛中进行人工授精的商业应用。起初,这种技术的应用需要专业技师亲自到各个农场进行。60 多年后,超过 2/3 的奶牛利用人工授精的技术进行受孕,并且其中的 2/3 是由畜群的所有者或管理者直接操作完成。

例如,宽胸重型火鸡在生产实践中得到广泛推广,但该类火鸡的自然繁殖效率极低。20 世纪 70 年代中期,人工授精开始被引入火鸡的饲养,从而有效提高了动物的繁殖效率。目前,美国几乎所有的火鸡饲养者都利用人工授精技术进行生产。但另一方面,在美国由于畜禽管理体系和其他因素的限制,人工授精技术在肉牛、绵羊和马中的应用比例仅达到5%～6%。

人工授精技术已经普遍的应用于养猪生产。人工授精技术最早只是应用于纯种猪的繁育,但目前在商品猪的繁育过程中也得到了广泛的使用。在养猪生产中,采用冻精进行人工授精,目前仍不能保证得到良好的受胎率和产仔数。因此,猪的人工授精主要利用鲜精进行,鲜精由生产者自己收集和处理,或者通过商业途径获得。

精子运输和精液稀释技术的改进增强了精子保存过程中的存活力,从而促进了公猪精液的商业化使用。养猪业中,在20世纪80年代早期,公猪精液已经在小范围内开始销售,尽管当时只有少数几家公司提供人工授精服务。但目前,有多家商业公司提供专业的人工授精服务,具体包括精液采集及销售,甚至种公猪的选育改良。

动物单次射精精液所含的精子数可以满足对母畜的多次授精,因此精液往往通过稀释后进行使用。表14-1即给出不同动物品种单次射精的精液量,以及可满足母畜进行受精的次数。

公牛精液的采集通常采用假阴道和假台畜进行,也可以使用电刺激的方法替代假台畜。采用电刺激辅助采精时,需将设备放入公牛直肠,平均电刺激超过15～20 min后,动物即发生射精。对马和羊进行采精通常只利用假阴道进行。公猪则通常被训练进行假台畜的爬跨,并用手握法对阴茎保持持续适当的压力,从而完成精液的采集。

家禽的精液采集通常使用按摩法进行。按摩从骨盆向耻骨下部进行,使公禽尾羽向上、泄殖腔外翻。精子储存在输精管进入泄殖腔附近的一个膨大部位,通过拇指和食指积压最终可以将精液采集到相应容器,完成采精。

精液采集完成后,需要进行精子浓度及活力的相关检测,而后将精液稀释至理想浓度。鲜精通常保存在40℉的温度条件下,或室温保存在二氧化碳培养箱中。对于储存和备用的精液,稀释后通常装入小的塑料管内,缓慢降温到0℃,在液氮中迅速冷冻,即通过上述处理终止精子的代谢过程。

由于精子是单个的活细胞,几乎不受环境的保护,所以必须谨慎处理。精液的稀释液中含有甘油、卵黄、牛奶和化学缓冲剂等物质,它们可以保持精子的活性。甘油使精子脱水,以防止在冷冻过程中被水的结晶现象所伤害。牛的精液通常储存在－196℃,并且可以在该温度下多年储存。

使用冷冻精液时,首先要将储有冻精的细管置于32～35℃的水浴中,进行30 s的解冻。然后,通过输精枪将精液注入到母畜的生殖道内(图14-14)。对于哺乳动物来讲,输精枪的末端通常进入到子宫颈内,使精液输入到子宫颈的深部或子宫内。如果在储存过程中精子发生一定程度的失活,则应将精液注入到个体的子宫内部,以保证较高的受精效率。家禽的精液不宜进行冷冻和解冻操作,因此通常在采集后2 h之内使用。稀释的公猪精液可以保持72 h内的最佳受精效率[①]。

---

①稀释的精液指通过稀释液稀释后的精液,稀释剂的使用可以增加精液体积,同时有利于精液的保存与活力保持。

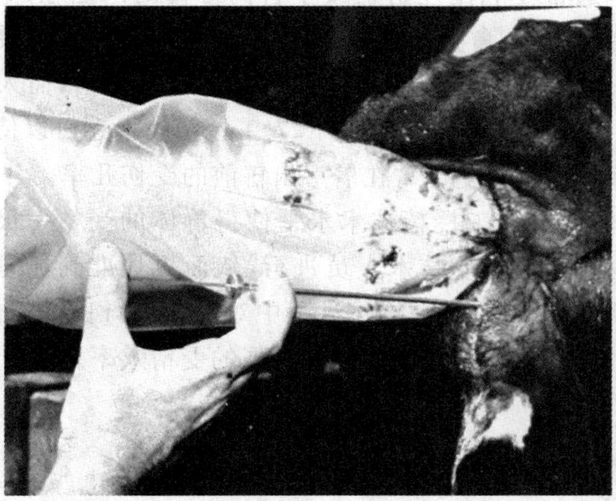

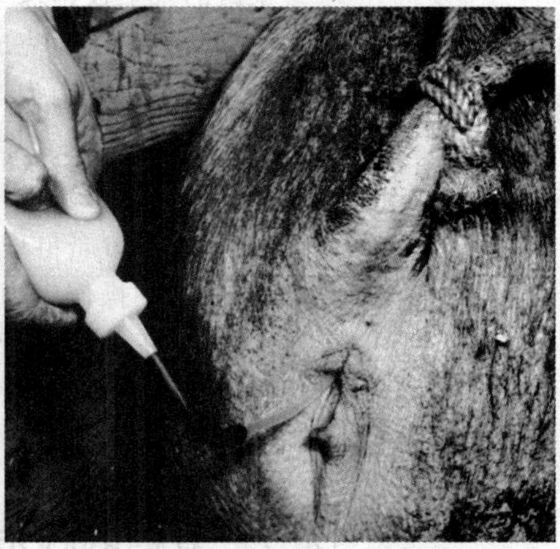

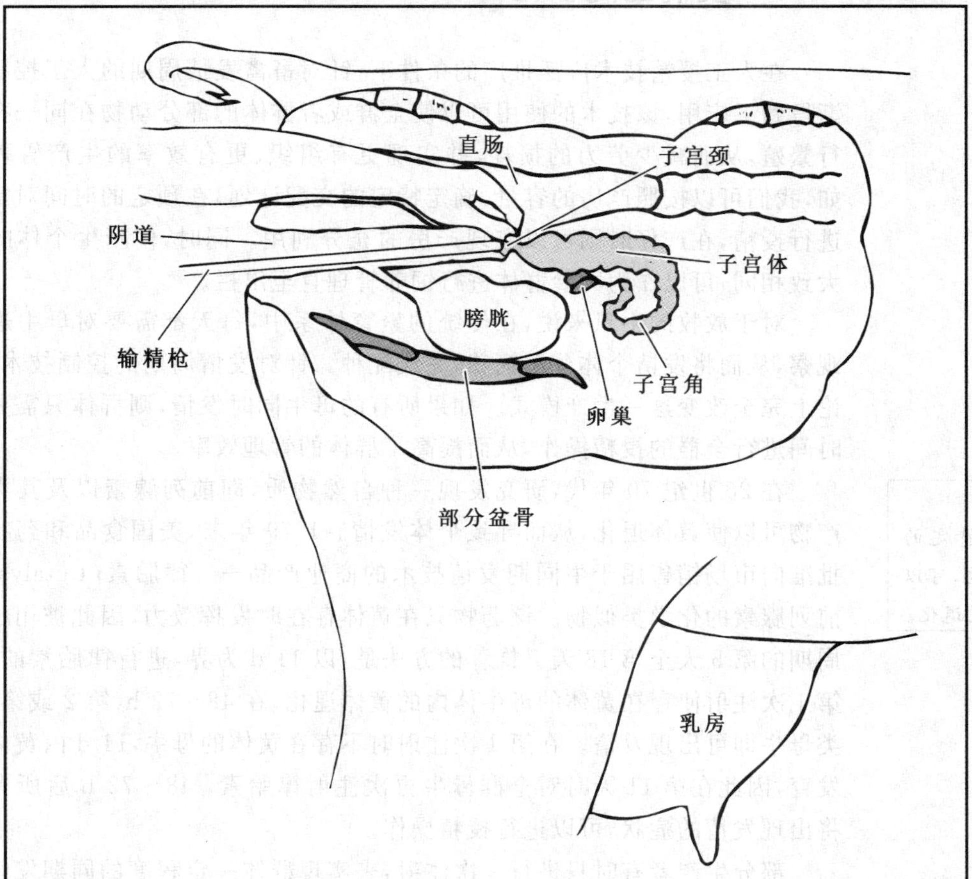


**图 14-14 牛进行授精操作时，操作人员的左手需进入直肠并控制输精枪穿过子宫颈，完成输精。猪的授精操作则通过螺旋状末端的导管进行，将导管置于子宫颈口，并轻柔地逆时针旋转以进入和穿过螺旋状的子宫颈，完成输精。**

图片经 Kansas State University 授权；drawing from Iowa State University.

家禽的人工授精操作，通常是利用注射器或小管向母禽的阴道输入0.05～0.1 mL的精液，从而完成授精。在禽类的繁育中，火鸡的饲养者对人工授精技术尤为偏好。主要是因为，火鸡的自然交配仅可达到50%～60%受精，而人工授精的受精率可达到85%或更高。除提高授精效率外，人工授精技术还可以使得群体中饲养的公禽数量减少，并且可以减少母禽在屠宰出售前的受伤几率。

当然，在部分畜群中，较低的人工授精技术水平使得群体的受精率极低。因此，人工授精的操作应当由熟练的专业技术人员进行，从而更加准确地对个体进行发情鉴定，正确地进行精液的解冻，并在操作过程中对动物进行良好的保护，同时精确地将精液输入到指定部位，从而保证群体高水平的受精效率。

## 14.7　发情的同步化

在人工授精技术广泛推广的条件下，针对畜禽发情周期的人工控制技术也逐渐得到了应用，该技术的使用可以使全群或者群体的部分动物在同一特定时段进行繁殖，从而减少劳力的损耗，并实现更有组织、更有效率的生产管理体系。例如，我们可以按照产房的容量，确定特定的交配计划，在预定的时间对定量的母猪进行授精，在产仔时则可以实现产房的充分利用。同时，使新生个体的出生日期大致相同，可以作为同龄群体进行饲养管理直至出栏。

对于放牧的牛只来说，在传统的繁育体系中，每天都需要对母牛进行发情的观察，从而将发情个体分群饲养，完成配种。针对发情周期的控制技术，可以从理论上完全改变这一生产模式。如果所有的母牛同时发情，则群体只需要在特定的时间进行全群的授精操作，从而提高了群体的管理效率。

**前列腺素**
动物体内特定的有机酸结构，可以使黄体发生退化。

在20世纪70年代，研究发现一种自然物质，即**前列腺素**以及其类似的化学产物可以使黄体退化，从而导致个体发情。1979年末，美国食品和药物管理部门批准向市场销售用于牛同期发情技术的商业产品——律胎素(Lutalyse)，即一种前列腺素的化学类似物。该药物只在黄体存在时发挥效力，因此被用于母牛发情周期的第5天至第18天。推荐的方法是，以11 d为界，进行律胎素的2次注射。第1次注射使存在黄体的母牛体内的黄体退化，在48～72 h(第2或第3天)内该类母牛即可出现发情。在第1次注射时不存在黄体的母牛，11 d内黄体必然得到发育，因此在第11天时对全群母牛再次注射律胎素，48～72 h后所有的母牛都将出现发情的症状，可以进行授精操作。

部分生产者有时只进行一次注射，来实现群体一定程度的同期发情。使用这种方法，单次注射使得母牛的功能性黄体退化，在48～72 h内发情。仔细观察可发现群体的发情周期也在逐渐同步化。那些对注射后没有反应的个体实际也即将发情，通过对这些牛的细致观察，鉴定发情的发生，并完成授精，可以使群体的所有个体的配种时间也相对比较接近。

**孕酮**
由卵巢黄体产生的一种激素，主要功能是对妊娠的维持。

另一种控制同期发情的方法是孕激素类制剂的使用，该类制剂也有多种商业产品可经选择。在前列腺素的使用中，个体功能性黄体是否存在对制剂的使用效果存在制约，而孕激素制剂只是简单地延迟动物的发情和排卵。该类化合物主要是模仿**孕酮**的生物学功能，即阻碍发情并维持怀孕。因此，妊娠母畜偶然被注射孕激素，实际上不会产生任何损害。

孕激素可以通过注射、植入或口服的方式进行给药。在12～15 d后，孕激素的作用即停止。经处理后，多数母畜的发情周期均会受到控制，从而达到同期发情。

青年肉用母牛同时使用孕激素和黄体酮时，也可以诱导动物出现首次发情。在针对5组青年母牛的研究中①，用人造孕酮(醋酸美仑孕酮：MGA)喂养14 d，然后在16 d后注射前列腺素(律胎素)。这种结合成功的引发了动物的首次发情，并且在试验群体内实现了发情的同步化(图14-15)。上述技术在猪中也得到了成功的应用，主要依赖的药物为促卵泡素(FSH)和促黄体素(LH)，或其他具备相似功能的制剂②(调节卵泡发育与排卵)。

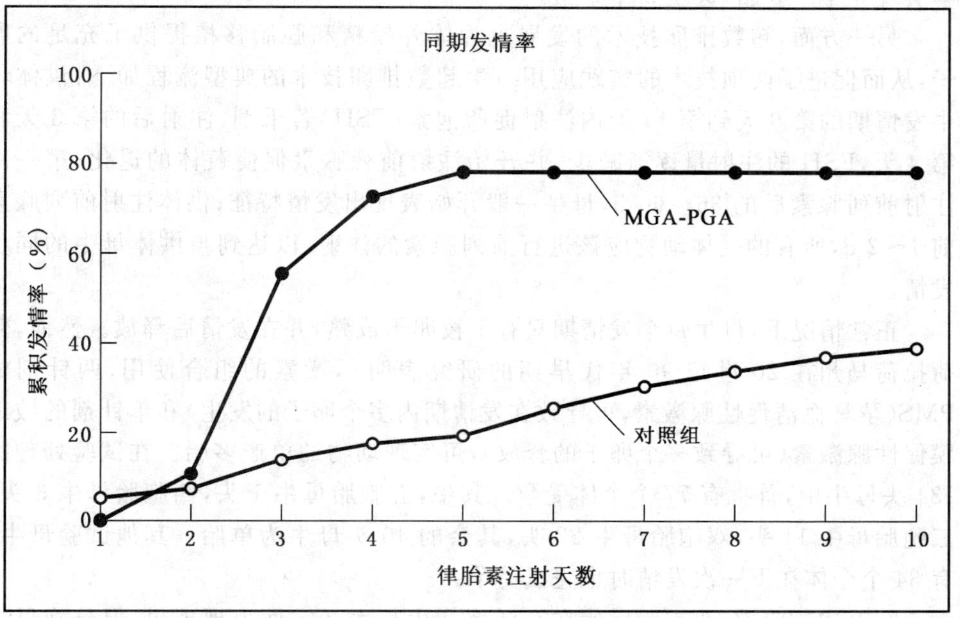


**图 14-15 繁殖季节的前10天青年母牛的累积发情率。如蓝色(译注：MGA-PGA线)曲线所示，在醋酸美仑孕酮(MGA)和前列腺素(PGA)的作用下，6 d内群体的累计发情率达到77%。黑色线表示在同一时期内，对照组的累积发情率只达到了25%。**

来源：Whittier, J. C., et al. J. Anim. Sci. 70 [1992]: 2622; NCR-87 project report.

与所有技术相同，同期发情的技术也不能保证100%的效率，但良好的计划与管理仍可以使该项技术得到高效的应用。同期发情技术除具备上述优点以外，集中的配种授精与分娩可以使群体的各个饲养环节，包括营养、健康、行销等方面，也可以保持相对的一致。

## 14.8 超数排卵

对于肉牛而言，如果饲养100头妊娠母牛能够得到90头以上的断奶犊牛，即

①Whittier, J. C., et al. J. Anim. Sci. 70 (1992): 2622; and NCR-87 project report.

②Britt, J. H., et al. J. Anim. Sci. 67 (1989): 1148. 研究所用制剂主要由孕马血清促性腺激素(PMSG)及人绒毛膜促性腺激素(HCG)构成，商品名为P. G. 600。针对卵泡发育及排卵，上述激素具备与促卵泡素和促黄体素相似的生理学功能。

达到90%的断奶活犊率,群体则被认为是达到了比较理想的繁殖状态。对于羊群来说,该指标较为理想的数值为150%。对于养猪生产来说,较好的饲养管理水平可以长期保持每窝新生个体最终能够获得9.5头的断奶仔猪。实践证明,群体繁殖效率的增加可以有效地提高饲养的经济收益。目前,新的生殖生理学知识以及精细的管理体系正使得动物繁殖效率的提高逐步成为现实。

传统的繁殖体系中,母牛和母羊每年只进行1次繁殖;母猪则平均能够略超过2次。发情周期的控制,超数排卵和种畜的选择(特别是绵羊)使得畜禽动物可以在任何季节进行交配和妊娠,辅以饲养管理的改进(如早期断奶等),可以使母羊实现3年产5胎,甚至2年3胎。

另一方面,超数排卵技术的发展也为体外授精和胚胎移植提供了充足的卵子,从而促进了两项技术的实践应用。牛超数排卵技术的典型流程如下:供体母牛发情期的第9天到第14天内注射促卵泡素(FSH)若干剂;注射后的第3天和第4天,FSH的注射量逐渐减少,并开始注射前列腺素促使黄体的退化;第一次注射前列腺素后的36～60 h,母牛一般开始表现出发情特征;供体注射前列腺素前1～2 d,所有的受体动物应该进行前列腺素的注射,以达到与供体母牛的同步发情。

正常情况下,母牛每个发情期只有1枚卵子成熟,并在发情后释放。然而,俄荷拉荷马州在20世纪90年代早期的研究表明[①],激素的组合使用,两针剂的PMS(孕马血清促性腺激素,可导致在发情期内多个卵子的发生)和单针剂的绒毛膜促性腺激素(可导致多个卵子的释放),可实现动物的单产多胎。在试验处理的134头母牛中,首批有77个个体受孕。其中,五胞胎母牛1头,四胞胎母牛3头,三胞胎母牛11头,双胞胎母牛22头,其余的40头母牛为单胎。其他试验母牛,有34个个体在下一次发情时也完成受孕。

在上述试验中,双胞胎后代在存活率和生长率2方面表现理想,但分娩母牛的再次受孕得到了延迟。在三胞胎、四胞胎和五胞胎的后代中,群体表现出很高的死亡率。同时,在所有试验个体中,近一半的分娩母牛出现了胎衣不下的问题(胎盘必须人工取出)。因此,基于上述问题,超数排卵技术在牛中的应用更多集中在胚胎移植领域(见14.9节)。

在具体实践中,牛超数排卵技术主要用来诱导高性能的母牛生产更多的卵子,继而将卵子受精,移植到受体母牛体内。人工授精技术的推广使优秀公牛在群体中得到了更广泛的使用,与此相同,胚胎移植技术的应用使得优秀母牛的遗传优势可以得到更广泛的推广。

补饲催情,即通过配种前的2周时间里增加日饲标准,以增加动物排卵和提高多胎率的方法,将在下一章中具体介绍(见15.3节)。

## 14.9 胚胎移植

第一次有记录的哺乳动物受精卵移植发生于1890年的剑桥大学,当时是将2

①Turman, E. J., et al. J. Animal Sci. 32 (1971): 962; and Turman, E. J., private communication, June 1, 1981.

个受精 32 h 后的卵子，从安哥拉母兔体内移植到另一只受孕 3 h 的比利时野生母兔的输卵管内[①]。比利时野兔最后产出 6 只幼兔，其中 2 只带有安哥拉兔的特征，其余 4 只则是来自比利时野兔的纯种后代。

相关研究在 20 世纪得到了进一步的发展，至 20 世纪 60 年代，胚胎移植技术的试验室操作已相对成熟，在很多物种中得以实现。在外来肉牛引入北美的时期，这些品种具备生长迅速的特点而极受喜爱，但严格的检疫制度和进口过程中的各种限制约束了品种的迅速推广。因此，为获得较高的繁殖效率，胚胎移植技术在该领域首先得到了迅速的发展[②]。

早在 1979 年，北美就有约 17 000 头牛通过超数排卵和胚胎移植技术完成受孕[③]。即从此时起，胚胎移植技术在肉牛和奶牛中逐步得到了广泛的应用。在生产实践中，该类技术主要用于选定优良个体的后代扩繁，并且产生的后代个体作为种畜进行销售。通过胚胎移植，辅以超数排卵的技术，还可以使我们通过特定供体母牛获得优秀种公牛后代的几率大大增加。目前，这项技术体系被广泛应用于奶牛的繁育，仅在美国荷斯坦奶牛协会的登记系统中，每年就有超过 20 000 头利用胚胎移植技术生产的个体进行登记。

胚胎移植技术同样对特定动物群体的培育具有重要价值，该类群体可能具备某一方向的特定期望表型或生产特点，例如出于研究目的的专门群体。

进行超数排卵的供体动物，通常在发情后 12 h 和 24 h 分别进行 2 次授精。而后，在受精卵子没有进行附植前，进行冲卵操作，即从供体动物的生殖道内将卵子冲出，并加以收集。收集的受精卵需要在显微镜下进行形态学的筛选，合格者直接植入受体动物，或者进行冷冻保存。冷冻胚胎也可以被成功移植；但是，冷冻和解冻的过程会对胚胎产生一定程度的损伤，与鲜胚移植相比，受胎率也会降低大约 50％。

胚胎移植技术的程序相对繁琐，因此成本相对较高。具体包括：超数排卵和同期发情所用激素，以及胚胎收集、筛选、储存以及移植技术所涉及的相关费用。相对较高的成本，以及较低的胚胎产量和移植成功率，使得该技术的应用仍仅局限于优秀母畜的范围。

Callesen 等人用 6 年的时间，进行了超数排卵胚胎的评估研究[④]。研究所用母牛经超数排卵处理，发情后第 7 天进行胚胎的采集。采集通过手术方法进行，共从 217 个供体个体收集到 2 211 枚胚胎。经过胚胎形态学上发育和质量的评估，其中 1 495 枚胚胎被认为可以进行移植（表 14-6）。然后，通过非手术方式将这些胚胎移植入受体母牛，受孕率达 42％，最终获得 623 头后代犊牛。通过专业人员的鉴别，移植所用胚胎被分别划归到 5 个不同的发育阶段，并且将胚胎质量划分为 4 个级别，具体参见表 14-6。研究表明，主要有 2 个因素影响超数排卵所得胚胎发育进度的评估，即供体母畜及胚胎鉴定人员。同时，胚胎质量的分级同样也受到鉴定人员的影响，因此胚胎的形态学评估存在一定的误差，更不可能简单从形态学上对胚胎性别进行鉴定。

---

①Heape, W. Proc. R. Soc., Lond. 48 (1890): 457-58.

②Betteridge, K. T. Embryo Transfer in Farm Animals. Canadian Dept. of Agriculture Monograph 16, 1977.

③Seidel, George E., Jr. Science 211 (1981): 351.

④Callesen, H., et al. J. Anim. Sci. 73 (1995): 1539.

**表 14-6 超数排卵母牛发情后7 d所采胚胎的发育阶段及质量分级**

| 胚胎质量等级 | 胚胎发育阶段 | | | | | |
|---|---|---|---|---|---|---|
| | 桑葚胚 | 致密桑葚胚 | 早期囊胚 | 囊胚 | 扩大囊胚 | 总计 |
| 1(很好) | 9 | 348 | 173 | 95 | 66 | 691 |
| 2(好) | 28 | 317 | 133 | 52 | 10 | 540 |
| 3(一般) | 35 | 147 | 30 | 7 | 2 | 221 |
| 4(不好) | 15 | 27 | 1 | 0 | 0 | 43 |
| 总计 | 87 | 839 | 337 | 154 | 78 | 1 495 |
| 平均质量等级[a] | 2.6±0.9 | 1.8±0.9 | 1.6±0.7 | 1.4±0.6 | 1.2±0.4 | 1.7±0.8 |

a. 特定发育阶段胚胎的平均质量等级值±标准差(Standard Diviation：SD)。

来源：Callesen，H.，et al.，J. Anim. Sci. 73：1539，1995.

胚胎移植技术的应用具有以下潜在优势：

- 获得更多的优秀母畜后代(图 14-16)
- 对怀疑携带有害性状的公畜进行基因检测
- 相对于整牛，胚胎在世界范围的运输更为简单，成本低，并且疾病传染的风险更低
- 可以从多种渠道获得种质资源，增加群体多样性
- 通过冷冻技术，可实现长时期保存

**图 14-16 优秀的娟姗母牛和其10个通过胚胎移植技术得到的女儿。例子形象地说明胚胎移植技术是特定母牛快速扩繁的有效手段。同时，与人工授精技术有利于公牛的遗传评估一样，胚胎移植技术可以加速供体母牛遗传潜质的评估。**

经 Agri-Graphics，Ltd. 授权。

胚胎冷却、细管封装、冷冻和解冻涉及到一系列关键步骤，但基本与精液的保存相似。没有经筛选的冷冻胚胎受孕率可以达到40%～50%，鲜胚的受孕率也只

能达到60%。冷冻技术的成功开发，使得收集的胚胎不需要立即进行移植，同样也可保存备用。

基于显微外科和显微操作的动物胚胎分离技术，使得我们有可能制造遗传上完全相同的同卵双生或三生个体。胚胎的分离和移植可以快速实现群体生产能力的提高。同时，所制造的具备完全相同遗传基因的动物将非常有助于相关科研工作的进行。

值得注意的是，仅仅胚胎移植和分离的方法并不能制造与供体动物基因型完全相同的后代。目前，该类个体的制造需要依赖克隆技术的应用。可以想象，一旦克隆技术能够完善便利的应用于动物育种，群体必将获得更为可观的遗传进展。

目前，与此相关的胚胎性别控制技术的成功率也已经达到了85%左右。该技术的发展使得饲养者可以在购买胚胎时，可以对胚胎的性别进行选择。随着精子性别控制技术的不断发展，我们可以预期在人工授精体系中将能够使用特定性别的性控精液，进而实现更大的产业潜在价值。当然，至今为止，分别包含X染色体和Y染色体2种精子的分离技术仍然不够成熟。框14-1列举了该领域部分技术的研发进展。

**框 14-1　今天的繁殖技术—明天的生产实践？**

**性别控制**

精子具有2种类型，一种携带X染色体，另一种携带Y染色体。分离这2种类型的精子可以使生产者对繁殖后代的性别进行预先控制。只用X精子受精将得到雌性后代，相反只利用Y精子受精将得到雄性后代。在马里兰的贝兹维尔，美国农业部（USDA）的研究人员已经研究得到了一套XY精子的分离技术，且该技术对精子的受精能力没有过大的损伤。

X染色体和Y染色体的主要区别之一，是在于X染色体的DNA含量较高。USDA的方法即利用该原理，精子首先用蓝色荧光染料染色。DNA含量较多的X染色体将会吸收更多的染料，然后让被染色精液通过流式细胞仪的光波，该设备里的光学监测器将测定荧光的亮度，从而测定差额。而后，流式细胞仪与电脑相连，较亮的X染色体被“标记”上正电，较暗的Y染色体则“标记”为负电。

最后，精子被排成一列通过两块电极板，带负电的Y精子和带正电的X精子将会分别被收集到不同容器中。

**卵收集**

通过超声波活体采卵技术，卵子可以从活畜的卵巢中取出。该技术具体利用探头，穿过阴道获得超声波图像，并引导针头进入卵巢。最终，卵子将被吸出、收集并进行筛选。

**上述技术在体外受精和胚胎移植中的应用**

利用精子的性别控制技术，我们可以利用特定性别的精子对收集的卵子进行体外受精。受精后的卵子在体外培育7 d后植入受体，从而获得供体母牛的特定性别的后代。

通过USDA和英国的通力合作，第一只利用性别预定技术繁殖的犊牛在1992年诞生。在随后的工作中，利用雄性精子受精的母牛共产下40头小牛，其中36头为雄性。

来源：改自 Carnaham，W. E. Hoard's Dairyman，November 1994；and USDA communications.

## 思考题

1.列出4个高繁殖力畜禽动物具备生产优势的原因。

2.列出雄性畜禽在繁殖过程中的2个基本任务。

3.解释阴囊的温度调节机制,并列出相关的组织结构。

4.试阐述导致母畜不孕的环境应激有哪些类型。

5.列出完成以下生理功能的组织:(a)产生精液,(b)产生睾丸激素,(c)储存成熟精液。

6.列出参与精子从睾丸到尿道运送的组织结构。

7.列出公畜附性腺的名称及其3个功能。

8.与公牛、公猪、公羊相比,公马的生殖系统结构有哪些不同?

9.列出对雄性肉用动物进行阉割的2个原因,并列举不同动物进行阉割的年龄。

10.针对群体中大量隐睾症个体的发生,生产者应如何处理?

11.列出雌性动物生殖道的主要结构。

12.描述成熟卵泡的外观特征,并与黄体外观进行比较。

13.阐述输卵管的功能。

14.试描述猪、牛和马3种动物的子宫及子宫角外形差异。

15.试阐明子宫内层的结构特征。

16.描述子宫颈的形态及其功能。

17.列出阴道的生理作用。

18.卵子在何处产生?何种激素引起卵子的发生?何种激素影响卵子的释放及排卵的时间?

19.成熟卵泡细胞主要产生哪种激素?这种激素对雌性动物有何影响?

20.黄体分泌的主要激素是什么?该激素对妊娠及非妊娠的雌性动物有何影响?

21.前列腺素的功能是什么?由何处产生?

22.列出发情周期各阶段的名称。

23.列出季节性多情期的家养动物。

24.给出附植和胎盘的定义,列出胎盘的3个主要结构。

25.胎盘的主要功能是什么?何种动物的胎盘结构呈明显的子叶肉阜连接状?

26.成功分娩所必需的主要激素有哪些?并列出分娩的各个阶段。

27.列出雄性禽类和雄性哺乳动物生殖系统的2个主要差异。

28.简述禽类动物交配的发生。

29.列出母鸡输卵管的各部分名称。并指明以下功能具体由哪些结构完成:受精、蛋白的形成、膜的形成、外壳的形成。

30. 列出鸡、鸭和火鸡的大致孵化时间。

31. 为什么人工授精技术得以在大多数家畜中日益普及？

32. 简述超数排卵、同期发情、胚胎移植和胚胎性别鉴定技术的优点。

翻译：张莉，高宇，林盈；校对：刘林，翟丽维

# 第15章

# 管理制度和繁殖效率

# Management Regime and Reproductive Efficiency

繁殖性状的遗传力很低①，也就是说，包括禽类产蛋率在内，相对于遗传因素，环境因素对动物繁殖力的影响更大。环境因素具体包括营养、健康状况和意外的身体伤害等。

经验丰富的兽医可以诊断出由公、母畜生殖道病变引起的繁殖障碍。有些动物通过治疗能痊愈，而有些可能难以治愈，只能将其屠宰淘汰。

良好的饲养管理可避免动物的身体伤害，如在饲槽和饮水器周围，铺设质地良好的防滑地板，可以确保蹄部健康，减少妊娠母牛意外摔倒引起的胎儿死亡或流产。研究表明奶牛在有凹槽的混凝土地面上，很少受伤并且活动自如，发情表现更加明显，牛群管理者进行发情鉴定也更加容易。

温度和季节也会影响繁殖力。体温过高会减少公鸡、公羊、公牛和公猪的精液量和精子活率。体温过高可由环境的高温引起，也可能由疾病引起。但是，由高温引起的繁殖力下降或不孕通常是暂时的。

营养是影响公、母畜繁殖力的主要因素。公畜前期和当前的营养状况将会影响精液产量、健康状况和精子的存活能力。卵子发育、受胎率和胚胎存活也会受到营养水平的影响。孵化率是衡量家禽繁殖力的一项重要指标，母禽的营养状况会对出生（出雏）时子代的健康，以及随后几天的存活率产生影响。

学习本章后，读者应该掌握以下内容：

1. 列出普通的日粮中保持高繁殖力所需的必需营养成分。
2. 说明青年母畜体成熟后，能量水平对其繁殖力的影响。
3. 什么补饲催情？如何进行补饲催情？

---

①遗传力的估计详见本书18.3节，参见表18-1。

4. 列出除遗传因素和营养水平以外，可能影响动物受胎率的4个以上因素。

5. 从妊娠前期到妊娠后期如何调配日粮？

6. 简述母鸡体重对产蛋性能的影响。

7. 什么是初乳？说明初乳对新生仔畜的重要性。

## 15.1 动物繁殖的必需营养

能量为公畜精子的形成、副性腺的分泌以及母畜卵子的形成所必需。为了提高母畜排卵数和受胎率，有时进行补饲催情（见15.3节），或在配种前数周提高日粮的能量水平。

能量水平和良好的体况对于产后母羊、母牛、母猪和母马再次配种至关重要。母牛产奶需要消耗很多能量，会导致常规日粮中缺乏足够的能量促进发情，引起个体的乏情。如果出现这种情况，母牛产后首次配种则不易受孕。虽然营养的多种功能在第3章中已经谈到，但在以下的段落中还要详细介绍它在动物繁殖方面的具体作用。

由于蛋白质在某些日粮中的缺乏，蛋白质已经成为限制性营养成分。尤其处于干旱地区的国家，家畜饲养只能采用成熟的牧草或干草，其中的蛋白质含量相当低（图15-1）。但是，精子、卵子、妊娠后的胚胎和子宫的发育主要需要蛋白质。公母畜生殖道的表皮细胞也含有大量的蛋白质成分。

**图15-1 半干旱地区的杂种肉牛及其$F_1$代杂种母亲（海福特×安格斯）。带犊哺乳肉牛有时进行蛋白质饲料的补饲。**

经 Hereford World 授权。

含有特定氨基酸的副性腺黏稠分泌物，起到运输精子的作用，和精子混合后构成**精液**。这些分泌物可为精子提供临时营养，延长精子存活时间。母畜生殖道内的黏液也含有氨基酸，这些黏液可以润滑生殖道，促进精卵结合。

> **精液**
> 由睾丸产生的精子和副性腺分泌物混合而成的液体。

在畜禽动物中，控制繁殖性能的大部分激素都由氨基酸组成。这些激素能够调控精子的形成、卵子的发生和排卵，并维持妊娠。

维生素A对动物的繁殖性能具有重要的价值，该物质在维持上皮细胞的正常功能和完整性方面起到重要作用。另外，如果畜禽只饲喂粗饲料和含胡萝卜素(维生素 A 的前体)较低的谷物，维生素 A 和蛋白质一样也会发生缺乏。缺乏维生素 A，公母畜生殖道的上皮组织会变干、变硬(角质化)，抑制了黏液分泌、精子和卵子的运动，阻碍早期胚胎的有效附植。

已经证明，维生素 E 对维持青年公鸡的繁殖力也很重要，可以防止孵化过程中胚胎死亡。

钙对于蛋壳质量是尤其重要的。蛋壳主要成分是碳酸钙，约占鸡蛋干物质重的 1/3。

由于土壤中缺乏磷，在许多牛羊的放牧地区，磷便成为繁殖动物的必需营养。中度磷缺乏时，会使动物初情期延迟、产后发情推迟、受胎率降低。

由于所有的营养成分具有普遍的功能意义，因此均为成年动物的胚胎发育所必需。除特定地区或情况外，正常情况下某些特定的营养成分在标准日粮中是充足的，但我们也不能因此而忽略其对繁殖性状的重要意义。除了上述讨论以外，据报道，其他的一些维生素和矿物质的缺乏也会对繁殖性能带来不良影响。表 15-1 进行了相对全面的总结。

表 15-1 维生素和矿物质缺乏对家畜繁殖性能的影响[a]

| 营养物质 | 对繁殖力的影响 | 对繁殖性能的影响 |
|---|---|---|
| 维生素 A | 初情期推迟 | 仔畜体弱、眼瞎，胎衣不下 |
| 维生素 D | 初情期推迟 | 仔畜佝偻病 |
| | 抑制发情 | 产乳热(Ca 和 P 同时缺乏时) |
| 维生素 E | 没有影响 | 硒也缺乏时，胎衣不下 |
| 钙 | 禽类的产蛋率下降 | 仔畜佝偻病 |
| | | 牛出现乳热证 |
| | | 禽类蛋壳质量下降 |
| 磷 | 初情期推迟 | 死产或仔畜体弱 |
| | 产后发情推迟 | 仔畜佝偻病 |
| 碘 | 除甲状腺素分泌减少外没有影响 | 早产、弱产或死产 |
| | | 仔畜甲状腺肿大 |
| 硒 | 繁殖力降低 | 胎衣不下(维生素 E 同时缺乏时) |
| 铜 | 发情期推迟 | 胎衣不下 |
| | 受胎率降低 | 弱羔 |
| 钴 | 受胎率降低 | 没有影响 |
| 锰 | 繁殖力降低 | 流产 |
| | 受胎率降低 | 初生重降低 |

a. 其他维生素和矿物质对动物繁殖也有影响，尤其在幼畜的生长发育和初情期开始阶段。

来源：改自 National Research Council publications.

## 15.2 繁殖群体的生长与发育

为了获得优秀的繁殖性能，家畜应保持体况的适度，既不能瘦弱，也不能过度肥胖。极度肥胖的家畜将会造成繁殖力的下降。因此，限饲具有重要的意义（图15-2）。虽然肥胖一定程度上受遗传因素影响，但动物肥胖潜力的实现还需通过饲喂大量饲料而获得。青年母猪、母羊或母牛在繁殖阶段过于肥胖会导致排卵数减少，在妊娠期间存活下来胚胎会更少。当然，由于肥胖而导致繁殖力降低的具体原因，目前还不完全清楚。

**图 15-2 以限制能量摄入为目的，妊娠母猪和青年母猪进行单独饲喂。让动物自由采食含大量青贮或干草的大体积日粮，也可以达到限制能量摄入的目的。**

经 Kansas State University 授权。

俄克拉荷马州立大学的科学家研究表明[①]，对青年母牛饲喂低能量水平的日粮，仅满足其在第一个冬季维持体重所需的营养水平，饲养并没有明显影响动物骨骼的发育以及而后的产犊率。在较高营养水平下饲养的青年母牛，冬季可以得到 150 lb 以上的增重，此时，动物的受胎率会略有增加，但难产率会大幅度提高。如果在高营养水平下进行饲养，青年母牛达到泌乳期后的产奶量则会相应降低，具体可能是由饲养期间脂肪在乳腺组织中的大量沉积所导致。

最近数年，在牛的生产实践中，肌肉丰满而脂肪沉积较少的动物成了养殖所追求的目标，与此相应，形成了只提供生长所需能量的饲养体系。在一些情况下，该体系使得动物在冬季难以获得繁殖所需要的正常能量水平，从而导致繁殖力的下降。同时，据普度大学(1980)的研究报道(表 15-2)，在母牛的配种季节中，或在配种季节之前进行冬季的补饲，将有利于个体繁殖潜力的发挥。

---

①Pope, L. S., et al. Oklahoma Agr. Exp. Sta. Misc. Pub. 55, 57, and 64.

**表 15-2 冬季能量摄入对小母牛身体状况和繁殖性能的影响**

| | 冬季每日整株玉米饲料供给量 | | |
|---|---|---|---|
| | 0 lb | 2.68 lb | 5.39 lb |
| 处理母牛数 | 112 | 113 | 112 |
| 起始体重(lb) | 496.1 | 502.0 | 493.5 |
| 冬季平均日增重(lb) | 0.07 | 0.48 | 0.77 |
| 夏季平均日增重(lb) | 1.72 | 1.50 | 1.32 |
| 夏末体况评分[a] | 3.07 | 3.44 | 3.72 |
| 受孕率(%)[b] | 69.2 | 73.9 | 83.5 |
| 平均妊娠数天数[c] | 42.8 | 55.8 | 63.6 |

a. 1= 极瘦;3=平均;5=极肥。

b. 授精母牛的受孕比例。

c. 配种期结束 65 d 后,通过直肠检查所估计的母牛妊娠天数。

来源:Lemenager, R P. et al. J. Animal sci. 51:837, 1980.

科内尔大学曾利用 20 年的时间,对青年奶用母牛的繁殖性能进行了研究,并积累了大量有关奶牛繁殖效率的数据(表 15-3)。研究表明,如果青年母牛从出生就进行低能量水平的饲养,初情期 (第一次明显出现发情)将大大延迟。这种情况下,与年龄相比,个体的体躯大小对初情期的发生更具决定意义。

**表 15-3 奶牛从出生到初产期间能量摄入量对繁殖效率的影响**

| | 饲养水平 | | |
|---|---|---|---|
| | 低 | 中 | 高 |
| 初情期: | | | |
| 饲养奶牛数 | 33[a] | 34 | 34 |
| 平均年龄(月) | 20.2 | 11.2 | 9.2 |
| 平均体重(lb) | 636 | 582 | 612 |
| 平均胸围(in) | 59.9 | 57.5 | 58.4 |
| 平均肩高(in) | 46.8 | 44.8 | 45.4 |
| 初次产犊: | | | |
| 饲养奶牛数 | 31 | 34 | 34 |
| 初配妊娠率 | 79.00 | 68.00 | 58.00 |
| 初孕平均配种次数 | 1.55 | 1.41 | 1.48 |
| 第 7 次产犊: | | | |
| 饲养奶牛数 | 18 | 18 | 21 |
| 受孕平均配种次数 | 1.61 | 2.11 | 2.05 |
| 母牛淘汰及原因: | | | |
| 不孕个体数 | 1 | 4 | 7 |
| 乳房炎个体数 | 11 | 19 | 15 |
| 产乳热个体数 | 4 | 1 | 0 |

a:初情期前,1 头母牛发生死亡。

来源:Reid, J. T. , J. Dairy Sci. 43: 103, 1960; Reid, J. T. , et al. , Cornell U. Agr. Exp. Sta. Bull. 987, 1964;and private communication, 1969.

如表15-3所示，低能量组的青年母牛在18月龄左右并没有达到初情期，该组母牛的初配日期推迟了若干月，其他所有的母牛均在18月龄时完成配种。因此，低能量饲养组在第一情期出现的较高受孕率，可能正是由于该组个体配种时年龄较大的原因所致。但在初次配种时，低能量饲养组的一些母牛需要多次配种才能受孕，因此初次受孕平均配种次数也较高。该研究还表明，饲养的最佳能量水平在不同动物个体之间存在差异。在其他研究中也证明，母牛从出生就饲喂较高能量的日粮，会导致个体受孕所需的平均配种次数增加。

该研究还表明，从出生到首次产仔期间，饲喂相对较低能量的日粮，可以增加母牛的繁殖效率。从长期来看，除少数个体由于不孕而淘汰，母牛受孕的平均配种次数较低(即使从数据中去除不孕的母牛数)，且犊牛的出生重与其他各组大致相当。

同时，上述研究也说明，针对发育期后备种畜提供的日粮只需满足动物的生长需要即可，而非进行肥育。低能量的日粮水平虽然可能推迟后备种畜的性成熟和体成熟，但不会降低动物的繁殖能力，甚至有可能提高个体最终总的繁殖效率。

在科内尔大学的研究中，所谓“低”能量为“标准营养供给的65%”(参见当时的NRC手册)。因为动物之间存在遗传变异，且饲养环境条件互不相同，如饲料质量、管理、环境应激在不同场间具有很大差异，所以，在上述研究中所采用的具体能量水平不能适用所有的农场或养殖场。但研究可以为特定种群的环境条件控制提供参考。在母牛的饲养和管理中，绝大多数个体在15月龄左右达到理想的骨架大小和体重，并完成受孕，从而可以在24月龄左右产犊，是目前可以预期实现最大经营利润的生产模式。

饲粮的能量水平对母鸡产蛋性能有上述的类似影响。与自由采食时提供的高能量日粮相比，通过每日限饲的方法(如增加日粮中纤维含量等)，使个体摄入的能量至少降低20%，即可推迟动物性成熟的发生(第一次产蛋的时间)。许多研究中都表明，通过限饲，动物的性成熟可以延迟8 d左右，这种延迟对生产并无很大影响。但是，动物初次产蛋的时间如果推迟8～21 d，通常个体的年蛋产量和蛋重都会有所增加。如果性成熟延迟超过21 d，重型蛋鸡的产蛋量也将会有所增加，但在来航鸡中没有发现过类似现象。

在20世纪60年代，市场逐渐开始偏好瘦肉型的分割猪肉，因此育种实践也开始了瘦肉型群体的选育。在该过程中，选育品种的繁殖性能也相应得到了一定程度的提高。

Spitzer等[①]对240头肉用产犊母牛进行体况评分和产犊后的日增重进行研究。体况评分采用了从1(瘦弱)到9(肥胖)9个级别的评定方法。研究发现，产犊母牛的体况评分在第4、第5或第6等级时，所产犊牛的出生重将大大的增加，并且产犊的难度没有明显增加。研究表明，中等适当的体况对母畜的发情以及受孕等方面均有所帮助。

种用公畜保持良好的生长状态且不肥胖，同样十分重要。例如，青年公牛的生长速度与性成熟、睾丸发育和精子的产量均存在正相关。如果有可能的话，应

①Spitzer, J. C. , D. G. Morrison, R. P. Wettemann, and L. C. Faulkner. “Reproductive responses and calf birth and weaning weights as affected by body condition at parturition and post paratum weight gain in primiparous beef cows.” J. Anim. Sci. 73 (1995): 1251.

该定期检查所有种用公牛的生殖系统健康，并且评定它们的精液质量，这一点在繁殖季节到来前尤为重要。

群体内部的社会等级或生存环境也会对动物的繁殖表现产生影响。例如，如果青年公猪能够经常接触成年公猪，或者不停调换与陌生猪群混群饲养，个体的初情期往往会提前到来。在种群内部，群体等级较高或体形较大的公牛通常可以获得更多的繁殖机会，即和群内较高比例的母牛完成交配。因此，在小群体内或单一公牛群体内的使用，会提高年轻公牛或者体型较小的公牛的利用效率。同时，人工辅助照明的技术已经在提高母鸡产蛋和提高母马繁殖力等方面发挥了显著的效果[①]。

## 15.3 补饲催情及相关讨论

母羊在配种前 2 周，开始使用谷物饲料饲喂或者补充增加谷类的营养物，使动物在发情前和发情过程中体重有所增加，该方法通常称为**补饲催情**。上述方法很明显是提高了动物个体的能量摄入，从而有利于提高多胎动物的排卵数和窝产仔数。与预期的结果相同，和肥羊补饲相比，瘦羊补饲催情通常可以获得更高的繁殖效率。在生产实践中，提供味美而且易于消化的牧草也是补饲催情的一种手段，把母羊赶到该类繁茂的草场上进行放养，同样也可以获得良好的补饲催情效果。

> **补饲催情**
> 在繁殖季节之前及过程中，饲以动物大量的营养物质，以提高动物排卵率的饲养方式，常用于养羊生产。

通常情况下，由于绝大部分母羊主要是采食常规的饲草，所以在配种季节来临之前体况都相对瘦弱，这也为补饲催情在羊群中能够获得良好效果提供了保证，该方法并因此得以推广。很明显，正是营养状况的急剧提高促进了动物的受孕与发育，并且提高了群体个体产双胎的比率。如果繁殖、营养和管理方面都得到科学的满足，羊群即可以达到可观的产双羔率。

牛产双胎的情况通常很少发生。但是，如果在繁殖季节里，母牛在配种前能够获得较高的谷物营养补充，将有利于动物产犊间隔的缩短(表 15-1)。

随着瘦肉型猪选育的增加，以及后备家畜发育阶段限制饲养体系的采用，补饲催情的方法在养猪生产中也在逐步得到推广，并证明可以获得与羊相类似的效果。研究表明，经产母猪和小母猪的补饲催情非常具有实践价值，尤其是小母猪进行限制饲养后，补饲催情的效果尤为明显。

## 15.4 影响受孕的其他因素

除本章前文讨论的因素外，影响公母畜繁殖效率的因素还有很多。例如，温度、饲料添加剂、激素、含有特定酶的饲料或者含有有毒物质的饲料等等。

环境温度达到 85℉以上，可以导致母猪的受胎率和窝产仔数下降。这主要是因为猪的排汗散热能力较弱，因此需要采用电扇或其他方式进行人工的辅助

---

①Koistra, L. H., and O. J. Ginther. "Effect of photo period on reproductive activity and hair in mares." American Journal of Veterinary Research 36 (1975): 1413.

降温。

公猪和其他公畜一样，比母猪更容易受到热应激的影响。因为热应激对精子的成熟过程影响较大。表15-4所示为俄克拉荷马州的测试结果，该研究将小公猪饲养在只有顶棚的室外圈舍，与饲养在有降温设施且环境温度控制在80℉以下的猪舍相比，成年后个体的配种受胎率相对较低。在俄克拉荷马州，猪的配种季节是从7月中旬至9月中旬，此时，白天温度通常在85℉以上。如8月份，室外饲养公猪的呼吸频率平均高于100次/min，而呼吸频率超过50次/min就表明猪已经发生了热应激。有关温度应激的具体内容在本书第11章中已做讨论。

许多饲料添加剂，如抗生素，能引起生长速度的快速增加。这可能意味着某些动物在到达性成熟时它们的体重将会有所增加。饲喂该类日粮的小猪，体重达200 lb的时间可提前2～3周，然而，性成熟却没有相应提前。但是，也有许多研究表明，牛在配种季节的体重并没有因为抗生素的使用而发生较大改变。抗生素的使用可以一定程度上抑制轻微感染的发生，因此仅可以使犊牛在生长初期的长势有所提高。

许多研究证明，在妊娠母猪的日粮中添加抗生素对窝产仔数、出生重或成活率都没有太大影响。在某些特例中，抗生素的使用有些会对繁殖性能产生微小的促进效果，但差异并不显著。很明显，不同世代内连续的饲喂抗生素对群体繁殖性能的改进没有任何长期影响。

自然和人工合成的激素，如孕激素、雌激素、睾丸酮和其他激素等，对特定繁殖器官发育与功能具有明显影响。但是，激素的使用对生殖系统的刺激较为强烈，是否具有副作用仍没有定论。因此，在真正的核心种畜中，并不使用这类药物。

如果给母猪饲喂发霉的食物，动物的阴门通常会发生潮红色肿胀，类似于发情症状，但不出现发情的其他特征。如果把发霉的食物从饲料中去除，这种情况即会消失。在某些饲草中的雌激素类化合物可能会影响到垂体功能，进而对草食动物的排卵产生不利的影响。

黑麦经常被一种名为麦角菌的黑色真菌所感染。在蒙大拿州的实验中，如果母猪在怀孕过程中所采食的谷类饲料中含有1%感染麦角菌的黑麦，其产仔猪即会发生体质孱弱，多出生后不久死亡，同时分娩母猪的乳房几乎没有发育。但是，麦角菌产生上述影响的确切原因，到现在为止仍然没有定论。

饲养管理等其他方面对家畜繁殖性能的影响，目前均在研究之中。维持育种群所需的高额费用及其他环节对高受胎率的需要，不断促进着针对如何提高动物繁殖效率的探索。

**表15-4 不同环境饲养的公猪对与配母猪(初配)妊娠的影响**

| 公猪饲养环境 | 公猪数 | 与配母猪数 | 受孕母猪(妊娠30 d) | |
|---|---|---|---|---|
| | | | 受孕个体数 | 妊娠率 |
| 只有顶棚 | 6 | 34 | 15 | 44.1 |
| 顶棚和喷水设施 | 6 | 36 | 23 | 63.9 |
| 低于80℉的室内 | 6 | 31 | 21 | 67.8 |

来源：Wetterman, Bob, Hog Farm Management, July 1979, p.10.

## 15.5 妊娠期的饲养管理

在配种前进行高营养水平的饲养,可以促进动物排卵的发生,从而有效提高畜禽的繁殖效率。但是,妊娠后仍保持高营养水平反而会增加胚胎的死亡率。

在母猪、母羊、母牛和母马的妊娠早期,胎儿所需营养主要是蛋白质和矿物质。妊娠早期,胚胎大小变化不大,对能量需求不高,主要进行骨骼生长,或以蛋白质为主要成分的组织的生长。但是妊娠后期,胎儿生长迅速,营养需求也迅速增加。同样,母畜妊娠前的营养摄入还需要保证母畜产后泌乳的进行。

几个不同地区的研究均表明,在妊娠早期,经产母猪和后备母猪可以进行限饲,同时将节省的饲料用于增加妊娠后期母猪的营养,可以获得良好的繁殖效果。

美国农业部的研究表明,母猪妊娠期间的增重与产仔数、仔猪初生总重呈正相关,参见表 15-5。

表 15-5 母猪体重或孕期增重和繁殖力的相关系数

| 繁殖性能指标 | 配种时母猪重 | 母猪体重变化 | |
|---|---|---|---|
| | | 配种后 109 d | 产仔 24 h 后 |
| 窝产仔猪总重 | 0.004 | 0.141 | −0.154 |
| 初生窝重 | 0.100 | 0.257 | −0.086 |
| 产活仔猪数 | −0.006 | 0.126 | −0.128 |
| 活仔猪总重 | 0.093 | 0.237 | −0.065 |
| 21 日龄窝仔猪数 | −0.068 | 0.064 | −0.127 |
| 21 日龄窝仔猪总重 | −0.017 | 0.120 | −0.064 |

来源:Bereskin, B., and L. T. Frobish, J. Anim. Sci. 53:601, 1981.

近年来,肉牛妊娠期的饲养水平也日益受到重视。饲草或青贮饲料是妊娠肉用母牛的主要能量来源,但同时还需补饲饼粕类饲料以满足动物对蛋白的需要,补饲谷物类饲料来满足能量需要,但补饲价格均相对较高。

俄克拉荷马州进行了相关领域的长期研究,研究从断奶犊牛开始,结果参见表 15-6。该地区由于天气相对比较温和,动物可以终年放牧,只在冬季(从 11 月到次年 4 月)进行补饲。在冬季,饲用牧草变干,适口性差,蛋白质和消化能也相对较低。因此,母牛在该季节营养水平较低,体重下降较多,但是在夏季能够得到一定的补偿。即使初产母牛冬季的饲养水平较低,母牛夏季的营养储备完全可以满足胎儿在冬季的生长发育。

同时,补饲水平较低的青年母牛,在冬季明显要消耗更多的牧草。研究还表明,如果青年母牛 3 周岁进行初次产犊,即使冬季饲喂中等或较高营养水平的日粮,其平均产犊率也相对较低。

最近,俄克拉荷马州立大学的研究人员又在秋末和冬季①进行为期 79 d 的放牧试验。在最初 30 d 的放牧期间,妊娠肉牛从百慕大群岛的草场就能够获得足够

①Wheeler, J. S., et al. Animal Science Research Report, July 1998.

的营养物质。但是，在试验后 49 d，每头母牛还是需要每天补饲 2 lb 含 25%蛋白质的日粮来控制体重的降低。

表 15-6 冬季饲养水平对妊娠肉牛繁殖效率的影响

| | 饲养水平 | | |
|---|---|---|---|
| | 低 | 中 | 高 |
| **每日补饲** | | | |
| 棉籽粕粉(lb) | 1 | 2.5 | 2.5 |
| 燕麦(lb) | — | — | 3 |
| 起始青年母牛头数 | 15 | 15 | 15 |
| 平均体重(lb) | 473 | 471 | 476 |
| 11 年后所剩母牛数 | 14 | 10 | 6 |
| 平均体重(lb) | 1 066 | 1 140 | 1 099 |
| 断奶犊牛的产出率[a] | 92.3 | 89.2 | 88.6 |
| 平均产犊日期 | 3 月 14 日 | 3 月 8 日 | 3 月 8 日 |
| 犊牛平均初生重(lb) | 77.3 | 76.9 | 78.3 |
| 平均断奶犊牛重(lb) | 479 | 479 | 468 |
| 断奶犊牛平均费用 | $7.13 | $9.66 | $13.30 |

a 依据母牛群每年产犊的累积总数计算。青年母牛在 2 周岁产第 1 胎。

来源：Pinney, Don, et al., Oklahoma Agr. Exp. Sta. Misc. Pub. 57, 1960, and Pub. 60, 1960.

## 15.6 禽类的繁殖效率

许多育种者都为所育的母鸡品系给出了性成熟时的最佳平均体重。越接近这个最佳值，体重越均匀，鸡的产蛋效率就越高。如果不调整日粮和管理措施，在寒冷月份饲养的青年母鸡达到性成熟时的体重将高于最佳值，而在温暖月份饲养的将低于最佳值。每偏离该品系最佳值 0.1 lb，每只母鸡在产蛋期的产蛋量一般将减少 2 枚。体重均匀度的影响参见表 15-7。

表 15-7 体重均匀度和产蛋量的关系

| 体重在群平均重 10%以内的鸡所占的百分率 | 对每年平均每羽鸡产蛋总数的影响 |
|---|---|
| 79 | 0 |
| 76 | −4 |
| 73 | −8 |
| 70 | −12 |
| 67 | −16 |
| 64 | −20 |
| 61 | −24 |
| 58 | −28 |
| 55 | −32 |
| 52 | −36 |

来源：改自 North, M.O., Poultry Digest 37, No. 442:606, 1978.

对火鸡来讲，情况则不同，使其生长达到最快速度的营养供给，一般也可以使其产蛋数达到最多。综合 37 个研究试验的结果发现，能量水平的下降将常会引起火鸡产蛋量的减少，但对繁殖力或孵化率则不产生影响[①]。

## 思考题

1. 解释为什么动物繁殖力的差异主要源自环境因素而不是遗传因素。举出 3 个不利环境影响的例子。

2. 哪些营养成分与精子、精液、卵子、副性腺分泌物和胚胎组织的组成成分密切相关？这些营养成分在什么时期的日粮中起到关键作用？

3. 简述营养过度和营养不足对家畜初情期的年龄、骨骼大小、妊娠率和难产的影响。

4. 对于某些品种来说，在配种前和配种时增加营养饲喂量的目的是什么？加以解释。

5. 热应激和含激素饲料等因素是如何影响家畜繁殖机能的？

6. 妊娠期的哪个阶段营养需要进行迅速增加？

7. 青年母鸡体重均匀性和产蛋潜力之间具有什么关系？

翻译：曾申明，张莉；校对：刘林，翟丽维

---

①Nestor，Karl E. Poultry Digest 38，no. 444（1979）：110.

# 第16章

# 泌　乳

# Lactation

泌乳是所有雌性哺乳动物都具备的重要生理功能，本章将就此作以详细阐述。奶牛是重要的产奶动物，因其高效的产奶性能为人类广泛利用，所以，本章将主要以奶牛为例，介绍乳的形成、排乳过程以及影响产奶的各种因素。不同家畜品种乳房的解剖结构以及泌乳的生理学基础也都基本相似。但无论何种家畜，相关工作人员掌握一定的与泌乳相关的知识都具有非常重要的实践意义。

充足的泌乳量不仅对于奶牛非常重要，对肉牛、猪、羊、马也具有同样重要的意义。在幼畜不能够自己采食青草和干饲料之前，母畜仍然需要用乳汁抚育幼畜（表16-1）。奶牛的产奶量远远超出了犊牛的需要，即当犊牛断奶后奶牛仍然能够维持泌乳。另一方面，尤其对于多胎动物，母畜的产奶量往往又太少。许多母畜分娩后甚至不能产奶，因此幼畜还需要进行特殊的照顾。

学习本章后，读者应掌握以下内容：

1. 描述激素对泌乳过程的调控机制。
2. 简述分娩后母畜是如何启动泌乳的发生。
3. 绘出家畜典型的泌乳曲线。
4. 绘制乳房的结构草图，并标出主要结构的名称，包括乳腺导管、乳池以及乳腺腺泡。
5. 描述泌乳过程中乳房内发生的具体生理学过程。
6. 说明排乳过程是如何启动的，并描述具体的排乳流程。
7. 举例说明乳中的哪些成分会影响其气味、味道。
8. 针对母畜的乳房健康问题进行讨论，特别是奶牛群体。

表 16-1 不同家畜品种的泌乳能力[a]

| | 单泌乳期平均产奶量(lb) | 每日产奶重占体重的百分比 |
|---|---|---|
| 奶牛(荷斯坦牛) | 60～65 | 4.4 |
| 肉牛母牛 | 18 | 1.6 |
| 母猪 | 12.8 | 3.4 |
| 母绵羊 | 3.3 | 2.2 |
| 母山羊(乳用) | 9.0 | 7.0 |
| 娱乐竞技用母马<br>(前16周的泌乳高峰期) | 30 | 3.2 |

a.上述数据不宜用于物种间的泌乳能力的简单横向比较,因为不同品种动物的乳成分结构差异很大,具体参见图16-2、图16-4和表16-2。

来源:Compiled by the authors and colleagues.

本章介绍的泌乳原理在哺乳动物内基本类似,可以通用,因此本章主要以奶牛为例,对泌乳的相关知识进行介绍。

幼畜出生后要及时食用初乳,并且在断奶前要一直保证母畜充足的泌乳,以满足幼畜的需要,这对幼畜的健康生长具有重要的意义。如果对幼畜进行提前断奶,那么个体必须及时补充高营养的幼龄动物日粮。例如,早期断奶的奶牛日粮中要添加代乳料,早期断奶仔猪在3周龄就要及时摄入仔猪料。提前断奶的主要目的是促进母畜繁殖能力的及时恢复,从而可以使生产获得更大的利润。

当分娩母畜的产奶量高于群体的平均产奶量时,相应的后代个体,如肉用犊牛、羔羊或者仔猪的断奶体重将会得到一定程度的提高。断奶体重的增加可以使生产者更多的获利,特别是在后代作为待育肥动物出售的情况下。

无论饲养何种家畜,生产者都应该充分了解乳的分泌和排乳的具体过程。由于不同动物的乳汁成分大致相似,生产者也可以选择最适宜的异种奶来饲喂孤畜(表16-2)。例如,我们可以将牛奶中加水,稀释脂肪和蛋白质成分后,再增加一定盐,来饲喂初乳期后的马驹。母畜哺乳期充足的营养供给不仅保证了较高的幼畜断奶体重,而且对于母畜体质的恢复,确保个体迅速再次发情,同样具有重要的意义。

表 16-2 泌乳中期不同动物的近似乳成分含量(%)

| | 奶牛 | 母绵羊 | 母山羊 | 母猪 | 母马 |
|---|---|---|---|---|---|
| 水分 | 87.5 | 81.5 | 87.5 | 82 | 90 |
| 干物质(总固形物) | 12.5 | 18.5 | 12.5 | 18 | 10 |
| 蛋白 | 3.4 | 5.2 | 3.4 | 6.4 | 2.2 |
| 脂肪 | 3.6 | 7.8 | 3.8 | 5.6 | 1.5 |
| 乳糖 | 4.8 | 4.7 | 4.6 | 5.3 | 5.8 |
| 灰分 | 0.7 | 0.8 | 0.7 | 0.7 | 0.5 |

来源:Compiled by the authors from numerous scientific pubtications.

除了遗传和营养条件以外,还存在其他一些影响乳产量的因素。例如高温,尤其在既高温又高湿的情况下,会严重降低动物的乳产量、改变乳品质。母畜的年龄以及饲喂仔畜的数量也会影响乳产量。如奶牛在第5或第6个泌乳期，会形成产奶的高峰。当母羊哺乳2只羔羊的时候，产奶量也会明显高于只哺乳单羔。

饲养员必须熟悉动物排乳的特点，以及哺乳期动物表现泌乳性能的各种需要。同时，还必须注意减少由于微生物感染而引起的各种乳腺炎症，如乳房炎等。

高产奶牛群通常产犊间隔较短，在12个半月到13个月之间。对于奶牛生产来说，群体平均较短的产牛间隔，意味着在给定的时期内，群体大部分个体都处于泌乳的高峰期。

## 16.1 不同家畜的泌乳特点

奶牛的泌乳高峰期一般出现在分娩后的第45天。高产奶牛高峰期的每日产奶量可达100～120 lb。在高峰期过后，日产量开始逐渐下降。因此产奶的持续性，即奶牛产奶高峰期过后仍保持较长时间的稳定泌乳，对于提高整个泌乳期总的奶产量非常重要(图16-1)。产奶的持续性受到许多因素的影响，例如遗传、营养、疾病、挤奶的频率、挤奶的充分程度(即是否将奶挤净)，泌乳期间的妊娠时间也对产奶的持续性有所影响。除了挤奶的频率、充分程度以及泌乳期妊娠这3个因素以外，本文将对其余大部分因素作以讨论。

不同品种奶牛的平均产奶量和乳成分存在差异。荷斯坦牛，因其产奶量高而闻名，约占美国奶牛养殖比例的90%。在官方的DHI(Dairy Herd Improvement)记录上，荷斯坦牛泌乳期的平均产奶量为19 000 lb，但是实际许多荷斯坦牛的泌乳期产奶量可达22 000 lb。

在DHI记录上，娟姗牛和更赛牛群体规模相对较小，平均产奶量可达11 500～13 000 lb。虽然，上述2个品种的泌乳期总产奶量较低，但与荷斯坦牛相比，其奶中平均的干物质含量相对较高，牛奶的价格也因此增高，因此得以与荷斯坦牛在市场中竞争存在。另外2个乳用品种，爱尔夏牛和瑞士褐牛的产奶量和奶成分上都居于荷斯坦牛与娟姗牛或更赛牛之间。

图16-1显示了部分杂交牛的日产奶量水平，其中可能包含了由杂种优势(由杂交产生的一种效应)而引起的产奶量增加。在该研究中，每头牛到断奶期(共196 d)的平均泌乳量为3 000～3 500 lb。某些被引进美国的欧洲大陆肉牛品种，例如纯种的利木赞牛和西门塔尔牛，它们的产奶量要高于传统的英国肉牛品种(安格斯牛、海福特牛、短角牛)，主要是因为这2个品种的育种目标兼顾了肉用与奶用2个方向。

与奶牛相比，乳用绵羊和山羊在世界上的分布更为广泛。通过适当的饲喂和合理的挤奶方式，山羊产奶期能持续305 d左右，产量达1 800～1 900 lb，成分与牛奶十分相似。在美国，山羊奶的需求量很高，许多地区已经引入现代化的山羊场，并生产和销售高质量的A级奶(见30.8)。

在美国5种主要的奶山羊品种中，动物305 d泌乳期内的产奶量为4 800～6 650 lb，而每只羊的平均体重却只有120～150 lb①。

①美国5个主要的奶山羊品种主要是：美国小耳拉曼查山羊、法国阿尔卑山羊、努比亚山羊、萨能山羊、吐根堡山羊。

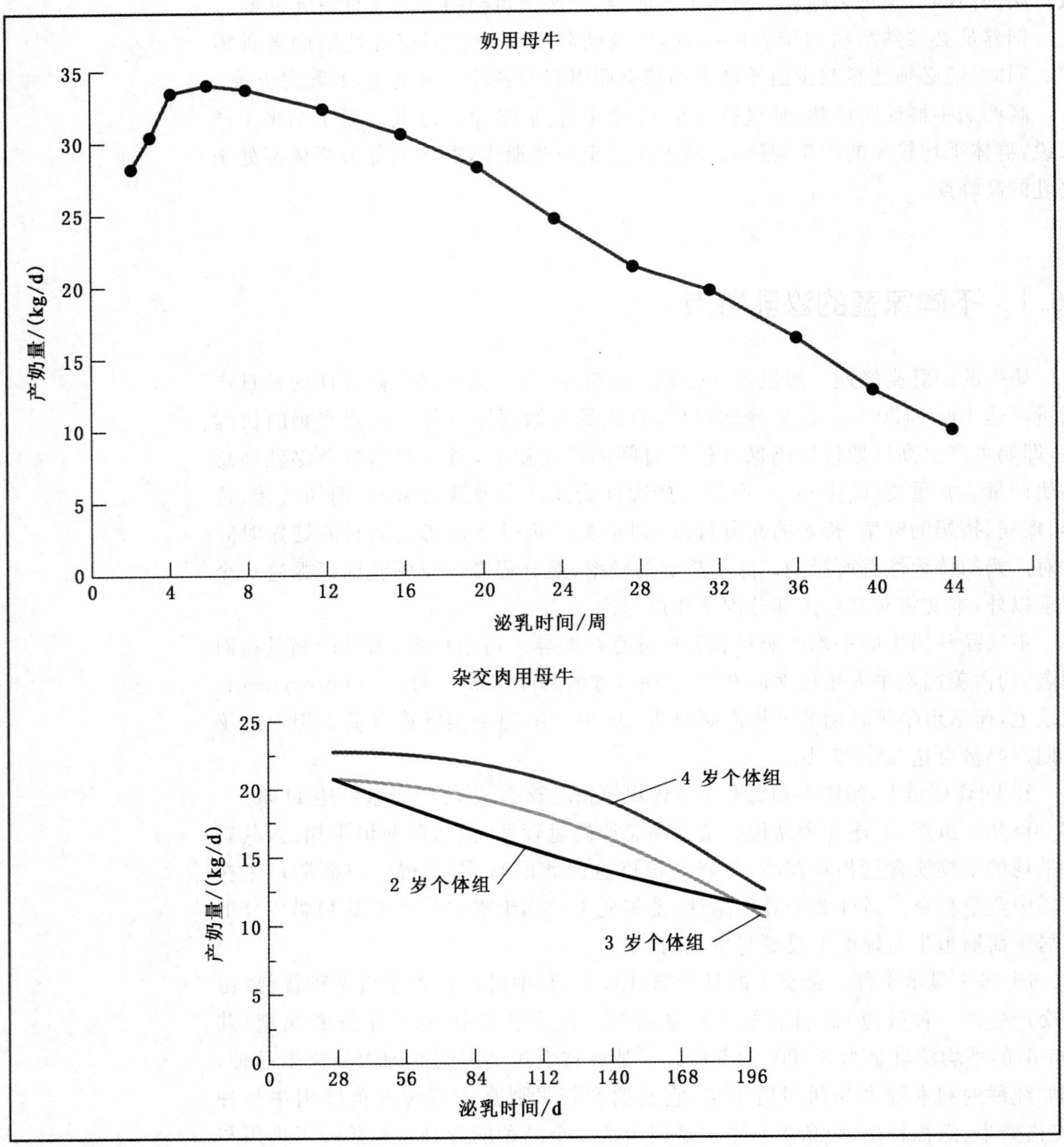


**图 16-1 奶牛和杂交肉牛的泌乳曲线。许多奶牛的实际产奶量高于上图所示，曲线仅给出了奶牛典型的泌乳变化趋势。泌乳曲线的顶点峰值越高，泌乳中后期的产奶持续力越强，动物泌乳期的总产奶量将会越高。**

来源：Easkins, Charles T., and D. Craig Anderson. J. Animal Sci. 50 [1980]: 828; and Satter, L. D., and R. E. Roffler. J. Dairy Sci. 58 [1975]: 1219.

世界上许多地区，母绵羊提供的奶主要为家庭内部使用。在部分欧洲国家，绵羊奶也被用于制作奶酪和干乳酪，且羊奶中脂肪和蛋白质成分均高于牛奶（表16-2）。目前，某些欧洲绵羊品种的产奶量已经得到了选育提高，泌乳期的产奶可达到 3 400～3 500 lb。

图 16-2 所示是绵羊的泌乳期曲线，可见动物泌乳 3～4 周时达到高峰[①]。在这个实验中，值得注意的是哺乳双羔母羊的泌乳量比单羔母羊高 59%。

猪奶与牛奶相比富含更多的蛋白质和脂肪。母猪产奶高峰期时，正常哺乳母猪的日产奶量达 15 lb，仔猪断奶后，产奶量开始显著下降(图 16-3)。早期断奶的仔猪(14～21 d)恰好利用了母猪泌乳高峰期的产奶。

马奶的蛋白质和脂肪含量低于牛奶，但乳糖含量高于牛奶(表 16-2)。如图 16-4 所示，娱乐竞技类母马在产奶高峰期时(大约产驹 40 d 后)，产奶量可达 35 lb，重型役用品种的母马在泌乳期产奶量最高达 40～50 lb。

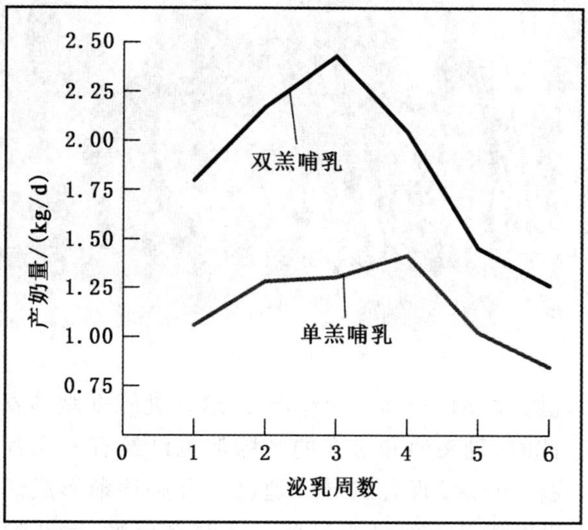


**图 16-2 绵羊的泌乳曲线。**
来源：Iowa State University.

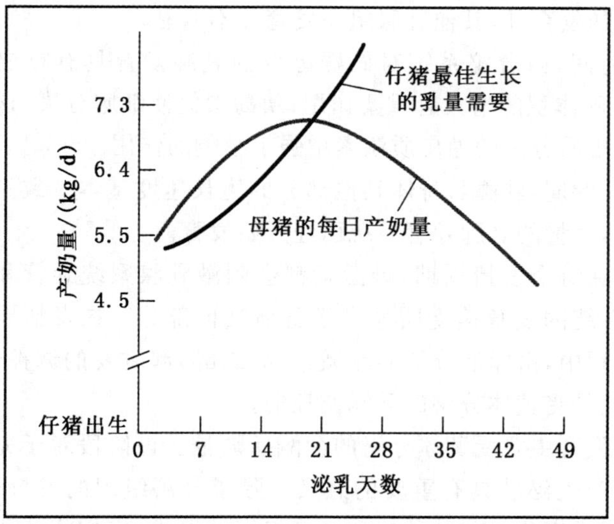


**图 16-3 母猪的泌乳曲线。**
来源：University of Georgia.

## 16.2 激素对乳腺发育和泌乳的调控

家畜在胚胎期，以及从出生到初情期，从初情期到分娩期，乳腺的生长发育过

①Baylan, W. J. "Milk production in the ewe." National Wool Grower, April 1984.

程基本相似；所不同的是乳腺发育的速度不同。下面我们将以牛为例详细介绍乳腺发育的生理过程。

研究表明：乳腺的发育从早期胚胎发育的第25天就已开始，此时，单层细胞分化形成线形的结构，称为乳腺索(Mammary streak)。这种乳腺细胞的发育一直持续到胚胎发育的第90天，此时，乳头池和潜在的乳腺池也已经有一定程度的发育。此时通过细致的观察，我们可以发现乳腺导管道已经开始逐渐形成。发育至180 d，初级乳腺导管将分支出次级和三级乳腺导管。此时至分娩，胎儿除了乳腺管、乳房悬韧带结缔组织的发育外，其他乳腺组织发育并不明显。

**图16-4　阿帕卢萨母马及其后代。在幼驹的哺乳阶段，泌乳期母马应进行补饲，增加额外的营养摄入(特别是提供能量的碳水化合物和蛋白质)。**

经 Appaloosa Horse Club 授权。

在胎儿出生以前的时间，内分泌系统对妊娠母畜的乳腺发育具有重要的影响。生长激素STH对乳腺体积的增大起重要作用；胰岛素促使细胞分裂，这也是生长的重要特征；肾上腺皮质分泌的糖皮质激素增强了孕酮的作用。

动物个体从出生到青春期，乳腺与身体其他部分的生长速度基本一致。此阶段，在生长激素的作用下，大量的乳腺导管系统已经开始发育。

动物从青春期开始，在每个发情周期，雌激素都会刺激乳腺系统导管和乳池的显著生长。此时乳腺系统的发育速度明显高于身体其他部分。在发情周期的循环中，发情前和发情过程中，由卵泡分泌的雌激素(雌二醇)起主要的调控作用。而在发情后的黄体期主要是受黄体分泌的孕酮调控期。

动物受孕后，乳腺的发育主要受黄体分泌的孕酮所调控。该阶段对于完成乳腺腺泡小叶的发育，从而产生泌乳具有重要的意义。除了分泌组织的发育外，乳腺组织还会发生一系列明显变化，例如，乳池和结缔组织的增长(它们将分化成不同功能的结缔组织层和结构)，以及中央和两侧悬韧带的发育。

临产前，胎盘雌激素和催乳素分泌明显升高。雌激素的升高刺激子宫释放前列腺素，使孕酮分泌下降。脑垂体释放的催乳素是发动和维持泌乳的必需物质。在这些激素和其他相关激素的作用下，乳腺腺泡开始分泌初乳。

分娩时肾上腺的糖皮质激素、催产素、促乳素会同时出现分泌高峰，从而使乳腺进入泌乳状态，促使动物在分娩后前几天分泌初乳，而后则刺激增加常乳的分泌。

## 16.3 乳房的位置、数量与外观

人、灵长类和大象的乳房都位于动物的胸部。与此不同，家养动物中除母猪的乳房是分布于腹部两侧平行位置，其余的家畜乳腺主要位于骨盆或者腹股沟区域。

乳腺和乳房的结构如图 16-5 和图 16-6 所示，具体包括了乳腺导管开口、乳头池以及乳腺池。不同家畜品种乳房的数量不同，同时家畜乳房的数量与内部乳腺发育的数量也不尽相同。位于两侧乳腺，有各自独立的导管系统，因此乳腺分泌的乳汁不会与其他乳腺所分泌的乳汁相互混合。

奶牛有 4 个乳头，分别具有各自独立的乳腺。每个乳腺腺泡所分泌的乳汁都流入各自的乳池，不会相互混合。

羊和兔各有 1 对乳房，包括 2 个乳腺，内部腺体的解剖结构与牛相似。从外部看，马有 2 个乳房，但是在每个乳房含有 2 个乳腺导管开口、2 个乳头池和 2 个乳腺池。

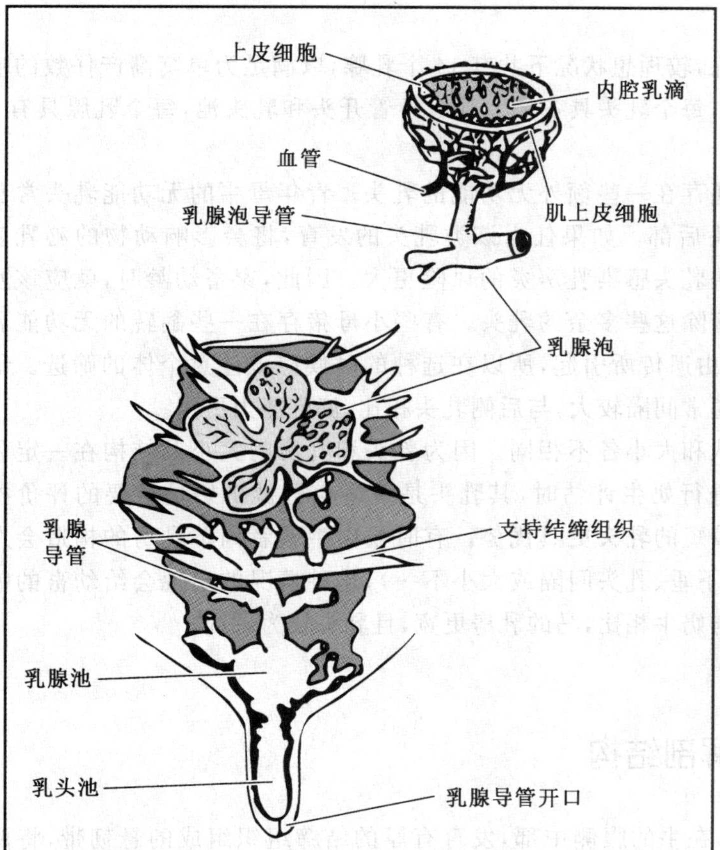


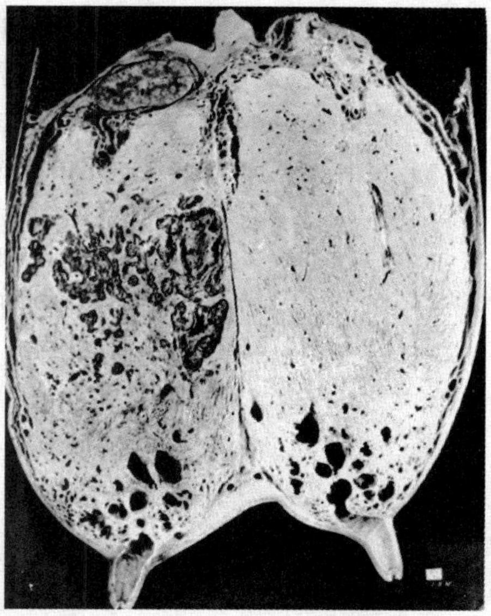

**图 16-5　乳腺的内部结构。结缔组织支持乳腺内部的导管及分泌组织。右图中，结缔组织相对难以识别，但乳腺池、乳头池及导管结构清晰可见。**

来源：drawing from WestfaliaSurge, Inc.；photo 经 Iowa State University 授权。

**图 16-6　奶牛乳房的俯视解剖示意图。中间粗厚的膜结构(中央悬挂韧带)对乳房起主要的支持作用。**
来源：WestfaliaSurge，Inc.

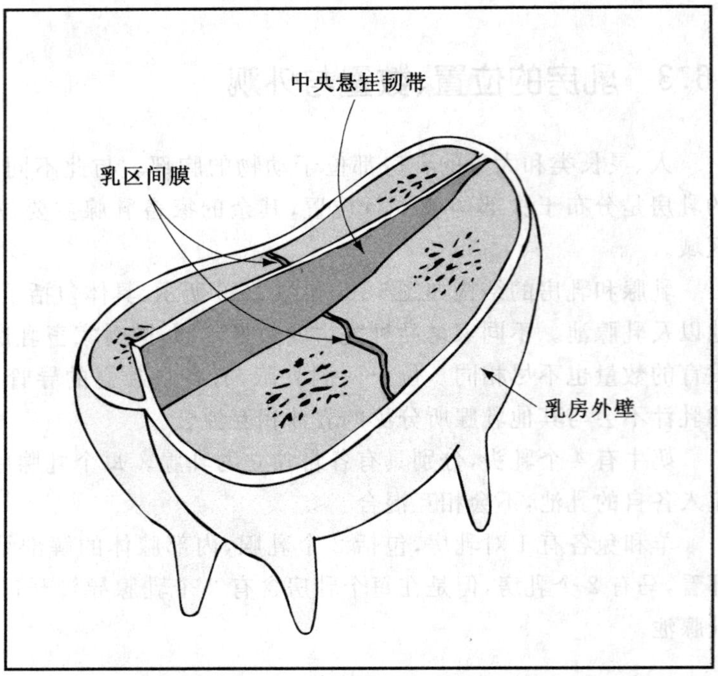


母猪有 2 排乳腺，较理想状况下共有 14 个乳腺，以满足为单窝高产仔数的哺乳。并且，与马一样，每个乳头具备 2 个乳腺导管开头和乳头池，每个乳腺具有 2 个乳腺池。

动物个体有时还存在一些额外无功能的乳头。青年母牛的无功能乳头常出现在正常的后侧乳头后部。如果任由该类乳头的发育，将会影响动物的泌乳表现，更重要的是，这些乳头感染乳房炎的风险更大。因此，家畜幼龄时，就应该及时通过手术的方法摘除这些多余的乳头。有些小母猪存在一些翻转的无功能乳头；这种情况一般是由遗传所引起，所以在选种的时候应该注意个体的筛选。母猪腹部前侧的乳头通常间隔较大，与后侧乳头相比，泌乳能力更强。

奶牛的乳头形状和大小各不相同。因为乳头和乳房的大小及结构在一定程度上受遗传影响。进行奶牛评估时，其乳头是否适合机械挤奶是重要的评价指标，与长乳头相比，较短的乳头更具优势。有时候肉牛或者肉羊乳房的构造会发生一定的缺陷(乳房下垂、乳头间隔或大小不一)，这种情况的出现会给幼畜的哺乳带来很大困难。与奶牛相比，马的乳房更宽，且乳头较为平钝。

## 16.4　乳房的解剖结构

**中央悬挂韧带**
动物乳房系统的主要支持结构。该结构有厚重的弹性组织构成，将乳房分成两半，延伸自腹壁直至乳房底部。

如图 16-6 所示，在牛的腹侧中部，发育有厚的结缔组织组成的悬韧带，将两侧乳房分开，该结构通常被称为**中央悬挂韧带**。这个强壮有弹性的组织给乳房以强大的支持，纵贯腹壁至乳房的底部，形成乳房区域的中央凹陷。侧部悬韧带起始于乳房两侧，延伸到中韧带，这两大韧带系统可以有效地进行乳房的支撑。

高产奶牛的乳腺组织和所产的乳汁的总重能够达到大约 100 lb，因此强大的支持结构对于乳房行使正常功能具有重要意义。

奶牛 4 个乳区的大小并不相同。通常后侧的乳区较大,它们总共完成大约 60%的泌乳量,而前侧乳区的产奶量约占 40%①。如果其中的一个乳区受到感染或损伤,其他乳区会对该乳区的泌乳损失起到一定的补偿作用。尽管如此,上述情况下,个体的产奶量仍会下降。

通常动物乳头的内部呈空腔状,有 2 个主要的结构,乳腺导管开头和乳头池。乳腺导管开头在乳头池的末端,与外界相通。该结构被环形括约肌所包围,以保持常态时的关闭。奶牛泌乳的快慢很大程度上取决于括约肌的强度。同时,括约肌的无力还易造成微生物的侵入,导致个体乳房发生感染。

乳腺导管开口前段的空腔被称为乳头池,由相当精细的膜结构构成。在泌乳过程中,乳头池会保存少量的乳汁。该部分所贮乳汁通常含有一定的细菌,因此在机械挤奶操作前,需要人工将乳头池的残余乳汁挤净。

乳腺池位于乳腺的基部,与乳头邻近。在排乳过程中,该结构的主要作用是接受来自乳导管和乳腺腺泡的乳汁。乳腺池容积较小,牛乳腺池的容积大约 500 mL。因此,动物哺乳或挤奶的过程中,只有相当少的乳汁来自于乳腺池。在排乳发生之前,绝大部分的乳汁还是产生并储存于动物的乳腺腺泡系统。

如图 16-5 所示,在乳腺导管之间的连接部都发育略有收缩的控制结,该结构的开关控制着乳汁向乳池的流动。因此,乳腺导管在排乳前也发挥着乳汁的储存作用。

乳腺的腺泡系统是一种圆形的突出结构,腺泡系统含有上百万的泌乳单元,即**腺泡**和支持腺泡的结缔组织(图 16-5)。每一个微小的腺泡都是由单层上皮细胞作为外壁的中空结构。单层上皮细胞在二次排乳期间不断的产生微小的乳滴,并将其释放到内腔。每个腺泡都与一条运输乳汁的微导管连接,并且通过连接的微血管网获取乳汁合成的必需营养。

> **腺泡**
> 中空的细胞囊泡。在乳腺系统中,呈球形结构,负责乳汁的合成,并将乳汁分泌于腺泡内腔。

乳腺系统的另一重要微结构是肌肉上皮细胞,这些细胞组成的纤维包围在腺泡外周,保持延伸以维持贮奶腺泡的形状。当受到排乳激素,即催产素刺激时,纤维发生收缩使乳汁流出,从而完成排乳的过程。

## 16.5 乳汁的成分

循环系统的液体,即血液和淋巴液,是乳汁的来源和前体。据估计,每形成 1 lb 乳汁需要 300～500 lb 的血液流经乳房组织。

乳汁由腺泡的上皮细胞分泌。乳汁的组成成分,例如维生素、矿物质和水分几乎直接来源于从毛细血管壁和细胞渗透过来的循环液。因此乳汁富含矿物质,常见的矿质元素都几乎包括在内。牛奶中的其他成分,例如酪蛋白、乳糖和乳脂,均由上皮细胞合成,其前体物质同样来自循环系统。

不同品种家畜乳汁的成分组成参见表 16-2。水是乳汁中比重最大的部分,通过简单的过滤即进入乳腺组织。乳汁中的其他营养物质将在以下部分进行讨论。

乳糖,是一种二糖,为乳汁中主要的碳水化合物,主要由葡萄糖和半乳糖构成。这两种化合物的化学结构很相似。因为血液和乳汁中都有葡萄糖,人们推测

①Rothschild, M. F., et al. J. Dairy Sci. 63 [1980]: 1138.

它可能是通过同样的过滤机制进入腺泡细胞的。这种推测具有很大程度的可信度,但研究表明腺泡细胞可由一些诸如乳酸、丁酸的小化合物合成一部分葡萄糖。这些小的游离脂肪酸是反刍动物碳水化合物分解的主要产物,所以其血液中的含量很高。

半乳糖显然来源于葡萄糖的转化。这种转化是在酶的作用下在分泌细胞内完成的,然后1个单位的葡萄糖和半乳糖结合形成乳糖。

乳汁中大部分的蛋白质是以酪蛋白的形式存在,也部分以乳白蛋白或球蛋白的形式存在。不同的蛋白由不同的氨基酸组成,并且以特定的结构存在。由此可见,乳腺细胞有构建乳汁专有蛋白的能力。

研究表明,构成酪蛋白、乳白蛋白和球蛋白的氨基酸直接来源于血液。它们在血液中游离存在,以实现氨基酸的运输。然而另有证据表明,血液中的蛋白和糖蛋白(碳水化合物和蛋白质形成的化合物)也能够被乳腺吸收作为氨基酸的来源。另外,乳腺组织具备合成某些非必需氨基酸的能力,从而用以合成乳汁蛋白。

乳脂的形成和上述情况大体相同。显然,构成乳汁脂肪的大部分长链脂肪酸也直接从循环液吸收。然而,部分短链脂肪酸在乳腺组织中由醋酸盐(一种小的二碳单元)合成,反刍动物乳腺中的醋酸盐通过直接吸收获得,非反刍动物的醋酸盐则由葡萄糖转化而来。

乳汁中的矿物质由乳腺细胞直接从血液中吸收而得。部分以游离状态存在,部分以化合态存在。乳腺细胞选择性的吸收矿物质,以此来控制乳汁中矿物质的数量和百分含量。因此乳汁中矿物成分的含量并不与血液完全相同,例如,钙和磷的含量比血液中的含量高,而硫和氯的含量较血液低。

乳汁中的维生素或其前体直接来源于血液。动物对维生素的摄入直接影响其在血液中的浓度水平,因此同样影响动物所产乳汁中的维生素含量。

## 16.6 乳汁的合成速率

乳腺上皮细胞生成小的乳滴流入内腔(图16-5),然后进入导管系统。泌乳间期乳汁持续合成,腺泡内的压力逐渐积聚升高(图16-7)。随着压力的增大,乳汁合成速度也相应降低,当腺泡内压大于血压时乳液合成即停止。

如上所述,乳腺内压影响着乳汁的合成,所以一些养牛场每天挤奶3次而不是2次。尽管管理、饲养和劳动力的需求较大,但每天挤奶3次可以提高15%~20%的乳产量①。这种产奶量的增加,大约一般直接来自于乳腺内压的释放,从而使得排乳间隔内乳汁的合成量增加。另一方面,部分生产者每天只挤奶1次,研究表明该种情况下,奶牛的产奶量将减少40%~50%,这同样是由于乳腺内压的升高使乳汁的合成率降低。

生产实践中,较后排出的乳汁通常乳脂含量较高,这种现象同样可以由动物乳腺内压的变化进行解释。当乳房压力较大时,大分子的脂肪细胞比小分子的化合物,如水、矿物质和碳水化合物更容易滞留在乳腺分泌细胞内。当奶牛进行排乳时,其乳腺内压逐渐降低,脂肪则更易从细胞中分泌,并通过导管系统排出。

①目前,奶牛的挤奶操作主要由机械完成,这套系统甚至可以满足每日超过3次的挤奶操作。

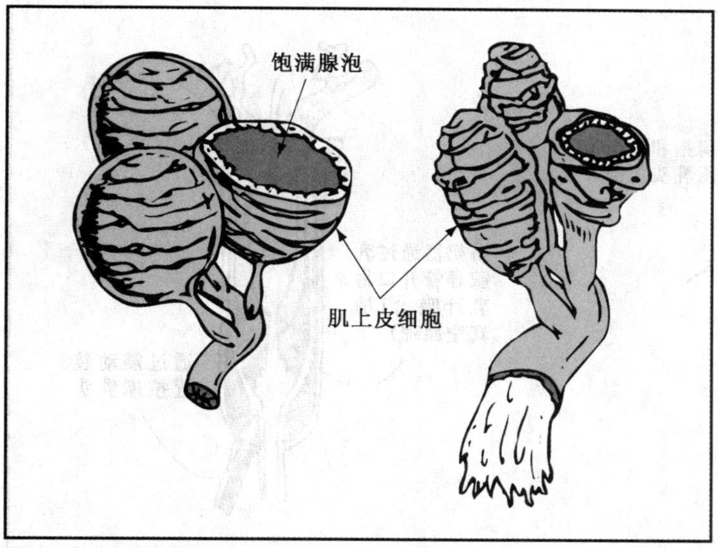


**图 16-7 排乳前，乳腺腺泡呈饱满状。排乳过程中，腺泡不断收缩。**
来源：WestfaliaSurge，Inc.

奶牛乳腺分泌细胞中的脂肪含量并不保持恒定。有时，较后排出乳汁的脂肪含量可以达到全部排出乳汁平均脂肪含量的 2.5 倍，尽管如此，通常还是将全部牛奶混合后一并售出。

## 16.7 排乳

哺乳或挤奶操作前，分泌的乳汁大部分储存在腺泡系统中。当相应刺激促使催产素释放时，乳汁才能够排出，该过程亦成为排乳反射。动物必须适当刺激才能引起排乳，例如让哺乳幼雏轻推乳房、挤奶厅和挤奶机械的声音、在挤奶之前用温水清洗乳头、或者按摩乳头。这些刺激会通过神经系统传到大脑，然后促使垂体后叶释放催产素。

排乳反射的第二阶段即在催产素的调控下完成。催产素分泌后，通过血液循环系统，到达乳腺，从而引起包围乳腺腺泡的肌上皮纤维发生收缩(图 16-7)。同样，还有部分肌上皮纤维将乳腺导管包裹，辅助腺泡内乳汁的运输。增加对乳腺的压力，如哺乳或挤奶设备提供的负压作，会促进乳的排出(图 16-8)。催产素的作用时间相对短暂，为 4～6 min；因此，挤奶过程应迅速在这段时间内完成。

在挤奶或哺乳的过程中，要避免对动物的骚扰，因为这样会中断正常的排乳过程。在挤奶过程中，即使挤奶方式的较小改变，或者陌生人进入挤奶区域，或者其他非同类动物进入挤奶区，都会造成排乳的中断。粗糙的奶杯衬垫导致动物的疼痛，或者机械挤奶的轻微漏电都会引起动物的敏感刺激，使正常排乳终止。

当动物受到惊吓或处于高度紧张状态，肾上腺髓质激素，即肾上腺素和去甲肾上腺素会释放并进入血液。这些激素会作用于肌上皮纤维周围含有催产素的血液，使血液流向机体的末端。没有足够的催产素作用，肌纤维将会发生松弛，使排乳终止。此状态也可能通过神经系统，使下丘脑抑制垂体后叶的分泌功能，从而难于释放足够的催产素，或者使肌上皮细胞不能对催产素做出反应。由此可见当动物受到干扰的时候，产乳量必然发生下降，所以无论是对于奶牛或者其他的

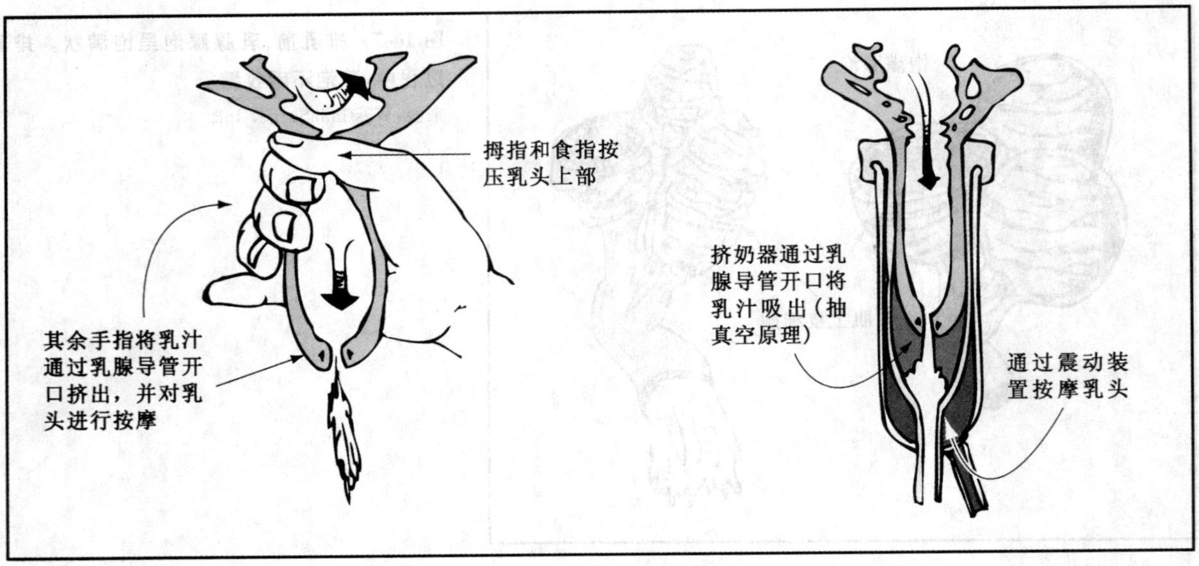


**图 16-8　挤奶操作示意图。乳汁通过正压或负压系统经乳头开口排出。**

来源：WestfaliaSurge，Inc.

泌乳动物，优秀的挤奶管理是保证生产的关键。

## 16.8　乳的营养成分

在正常的饲料供给和管理条件下，乳汁中糖、蛋白质、脂肪的比率一般都保持恒定。任何一个营养因素受到限制，都会造成乳产量的下降，但是并不会改变乳汁的成分。事实上，能量摄入的不足（能量饲料碳水化合物主要由谷物和粗饲料中提供）是主要限制乳产量的因素。

大量的实验证明，日粮中脂肪种类的差异会在某种程度上影响乳脂的种类。例如，在饲料中增加不饱和脂肪酸会使乳脂柔软。但是如果添加蛋白质和碳水化合物，则不会产生相同的效果，因为乳中的蛋白质和碳水化合物的前体都是机体和分泌组织的代谢产物。

饲喂的方法或者饲料成分的机械处理也会影响乳汁的组成。快速的改变奶牛日粮会使乳产量或者脂肪含量暂时下降。如果整体的日粮中粗纤维含量非常低或者经细致的碾磨，都会使乳脂的含量降低。因为，上述对饲料成分的处理会改变代谢过程中乙酸转化为丙酸的比率。即饲料机械处理方式的改变，使得瘤胃中碳水化合物消化吸收后转化为脂肪酸的比例受到影响，从而进一步影响分泌组织脂肪酸的利用与生产。

初乳排出后，随泌乳的进行，乳成分也会发生一些正常的改变。乳蛋白质和脂肪含量与产奶量呈负相关。因此，这些营养成分会在泌乳后期相应增加。乳糖含量与产奶量则呈正相关。造成这些改变发生的原因，目前还没有定论。

至今没有证据表明饲料中矿物质的水平（合理的变化范围内）会对乳中矿物质的含量产生影响。钙磷是乳汁中重要的矿物元素，但饲粮中钙磷的水平对乳汁中钙和磷的含量并无显著影响。如果奶牛饲粮中的钙磷含量较低，奶牛血液中的钙磷水平会相应下降，但机体会在乳产量下降之前充分调动储存在骨骼中的大量钙磷进行相应的补充。

当然，这并不是说奶牛生产者不需要关注奶牛日粮中矿物质的水平。血钙水平低或者奶牛对钙吸收的不充分，会使乳中钙含量不足导致低血钙症，或者“产乳热”。乳汁中任何成分的下降都是一种巨大损失。同时，不能依靠动物从骨骼中动用矿物质来补充乳中的不足。而且矿物质在机体消化和代谢方面还有其他许多的重要功能。

饲料中不同种类的维生素，对乳中维生素含量的影响不同。一般情况下，对于牛来说必需维生素，即维生素 A、维生素 D、维生素 E 和维生素 K，在乳中的比例与饲料中的比例大致相同。当然，维生素 A 在乳中的含量也与其前体有关，即胡萝卜素。乳中维生素 D 的含量变化主要受光照和饲料摄入 2 个方面影响。对于母猪来说，维生素 B 主要通过饲料获得，但是对于反刍动物，维生素 B 能够通过微生物合成而得到充分满足。

## 16.9 初乳

本书第 6 章已经对初乳进行了初步的介绍，初乳是妊娠最后几天以及产后前几天乳腺的分泌产物，富含蛋白质、脂肪、矿物质以及维生素 A 和维生素 C。初乳的营养成分与饲料的营养成分组成没有直接的关系，但饲料中各种营养成分的充足提供是初乳正常分泌的基本保证。初乳对哺乳仔畜具有重要的意义，初乳中的丰富营养成分将为仔畜的身体发育打下良好的基础。初乳中还含有一些特殊的蛋白质，主要是 $\gamma$-球蛋白，它在初乳中的含量是常乳的 300 倍，具有非特异性的抗病效果，能够增强仔畜对疾病和病菌的抵抗能力，实现被动免疫。

部分研究表明，通过给牛感染某些人的特定疾病，能够使乳腺分泌产生特殊的相应抗体，并通过乳汁排出。这一理论可能为人类提供一个简单而又无痛的疾病免疫方法。

饲料中添加的非营养型添加剂，某些会残留在动物体内，而且可能通过乳腺进入乳中。某些饲料或者注射针剂中含有的抗生素或者动物摄入多氯联苯(PCBs)，这些物质都会在乳汁中得到检测。严重时，该类奶不能进入奶链进行加工生产，严禁混入奶罐。

在奶牛养殖中，还有一种常见的方法，称为“干奶处理”。即在个体的非泌乳期，或称干奶阶段，乳房通过注射抗生素来防止乳房炎的发生。因此，在下一个泌乳期的开始时，必须对每头处理过的奶牛牛奶都进行测试，保证没有抗生素残留，才能够允许个体的产奶进入奶链，并混入奶桶。美国联邦政府严格规定不许残留有这些添加剂的奶制品上市。

## 16.10 味道和气味

牛奶的大部分味道都出自天然脂肪或者可溶脂，即乳中所携带的脂肪成分。因此，全脂乳比脱脂乳的味道更好。从乳脂中提炼的黄油可以用于烹调食物来提高蔬菜的风味。当然，奶的味道也不尽相同，但多为消费者所接受。同时，个人对奶制品的口味偏好也各不相同。

饲料的味道，通过动物的吸收或吸入，最容易影响乳汁的风味。这些味道部分可能来自于挥发性脂肪酸，这些物质可以溶入动物分泌的乳汁，改变乳的风味。奶的加工过程也可能导致乳汁风味的改变，但该类改变不是由于脂肪而产生，具体可能由于蛋白质或者糖类加热过度，或其他相关因素。奶在阳光或空气中暴露太长时间也会形成"氧化"味道，其主要原因是由短链脂肪酸的氧化而产生。

目前，已知的能够改变乳汁味道或气味的饲料种类有很多。大部分饲料都已经不在奶牛养殖中使用，尤其是预产期的母牛。然而，在目前的生产管理体系上，部分常规饲粮还是会对乳汁的味道产生影响。

在早春时节，母牛一般喜食生长迅速的青草，此时，乳有时会有"草"的味道。随牧草的成熟，几周后，这种味道会逐渐消失。

与卷心菜同科的油菜，或者野生洋葱也会明显改变乳的味道。草木樨、黑麦还有某些青贮饲料以及豆科饲料也会使乳掺入特别的强烈异味。雀麦草，是一种广泛用于奶牛的饲用草料，其在特定季节也会对乳的味道产生影响。

经测试，在母牛采食饲料后的 1 h 或 2 h 内进行挤奶，奶中会明显含有饲料的味道。因为某些味道几分钟就可以到达乳腺，而在 1 h 或 2 h 后浓度达到最高。在此之后，这种味道会扩散进入血液，从而自动解除或消除，或者被乳腺组织自身降解，从而使乳中饲料味道降低。因此，如果动物饲料可能会对乳的风味产生影响，为了防止该类情况的发生，建议在奶牛挤奶后立即进行饲喂，或者饲喂 3 h 后再进行挤奶。同样，在早春牧草上放牧的奶牛，建议在放牧后 2～3 h 再进行挤奶操作。

饲料和一些其他的气味除了通过消化吸收的途径进入乳中外，还可以通过其他方式进入乳汁。因为大部分该类物质都具有较高的挥发性，所以可以通过肺吸入进入循环系统。因此畜舍的通风非常重要，特别是在舍内饲喂带有强烈气味的青贮饲料的情况下。

特定的加工处理技术可以有效的去除乳中的挥发性味道。例如，加热，或者利用真空抽取去气味。上述 2 种方法都可以使其加速挥发，从而达到去味的功效。

## 16.11 乳汁的表观及其他质量因子

在外观上，乳汁最大的差异即是颜色，不同动物品种的乳汁颜色不同。更赛牛和娟姗牛的乳汁较黄，而其他品种的乳汁接近白色。乳汁呈黄色主要由胡萝卜素引起，它是维生素 A 的前体，其他黄色色素主要来自青草、干草、青贮饲料、黄色谷物以及其他特定饲料。大部分荷斯坦牛、爱尔夏牛、瑞士褐牛在小肠和肝脏中能够有效地将胡萝卜素转化为维生素 A，所以乳汁不会呈现黄色。然而，更赛牛和娟姗牛将胡萝卜素转化为维生素 A 的能力较弱，所以黄色色素可直接进入乳中。不同品种动物乳汁中的维生素 A 前体与人类均无差异，因此即使奶牛没有有效的将胡萝卜素转化为维生素 A，该过程仍会在人体内继续完成。

季节和饲料也会影响乳的颜色。在初春时节，奶牛此时会食用含有较高色素

## 彩页 A　奶牛生产

1. 用于产奶群更新的青年母牛。个体在 5 ～ 6 周龄，断奶前应单独饲养。犊牛的日粮包括初乳、牛奶、代乳料、开食料以及优质干草。

2. 青年母牛在断奶后至 22 月龄进行群饲。个体通常在 13 ～ 15 月龄通过人工授精进行配种，从而在 22 ～ 24 月龄产犊。在产犊前数周，青年母牛将被转移至成年母牛群，并开始适应新的日粮及挤奶流程。

3. 产奶母牛通常在分娩后 30d 达到泌乳高峰，泌乳期至少持续 305d，或在下次分娩前 60d 停止泌乳。母牛应在产后 100d 内再次配种妊娠，从而个体可以实现 12.6 ～ 13.0 月的产犊间隔。多数母牛采用全混日粮进行饲养，高产群体通常每日供以动物活体重量 4% 的牧草－精料混合日粮（以干物质计）。

4．多数奶牛利用A级挤奶器每日挤奶2次。个体可以很快适应挤奶设备，并很少在挤奶厅内进行饲喂。奶杯连接前，动物乳房应进行恰当处理，挤奶速度非常迅速，挤奶完毕后奶杯将自动脱落。排乳后，奶牛的乳头应进行药浴或喷雾处理，以防止2次挤奶间发生感染。

（经 Germania Dairy Automation, Inc. 授权）

5和6．牛奶通过清洁的不锈钢或玻璃管道输送到场内的奶罐中，迅速降温到38℉，并临时储存直至牛奶被运输到加工单位。

7，8 和 9. 在加工车间，牛奶均经巴氏消毒处理。40% 的 A 级奶以液体奶形式进行销售，其余则加工为奶酪、冰激凌及其他奶制品。

10. 奶牛育种者都希望培育出顶级的动物个体，如这头荷斯坦牛的世界冠军，这头 6 岁荷斯坦牛“ROBTHOM SUZET PADDY”的评定级别为“Excellent-93-2E”，在美国奶牛群改良协会（DHIA）的记录中，个体 365d 的产奶量为 59 300lb，乳脂量为 2 297lb，乳蛋白量为 2 038lb。该个体的所有者为 Robert Thomson, Jr., Family, Springfield, MO.

（除图片 4 外，上述图片均经 Milk Promotion Services of Indiana, Inc., and Agri-Graphics 授权）

## 彩页 B　绵羊生产

1. 作为瘤胃动物，绵羊可以有效地利用纤维类日粮。多数绵羊是季节性配种动物，配种季节主要为秋季，即日光照开始缩短的时期。绵羊的平均妊娠时间为 147d，因此，10 月中旬完成配种的个体将在次年 3 月份完成产羔。群体双羔的发生率在 45% 左右。科学的营养日粮对母羊的良好发育与泌乳具有重要的价值。

2. 羔羊如果日饲料采食量达到 1.5 ～ 2.0lb，个体即可在 6 ～ 8 周龄成功断奶。许多羊群的羔羊在断奶后，将继续饲喂高精料、低粗饲料的日粮。大型品种的上市体重为 105 ～ 110lb，上市日龄为 130 ～ 140d。其他羊群的羔羊会在夏季和秋季进行放牧饲养，即所谓的待育肥羔羊生产。最后，待育肥羔羊将在肥育舍进行 60d 左右的肥育，而后屠宰上市。

3. 用优质的牧草饲喂群体更新用的母羔，并注意羔羊寄生虫病的观察与处理，如有必要，还应加强对天敌的防护。

（经 Purdue University 授权）

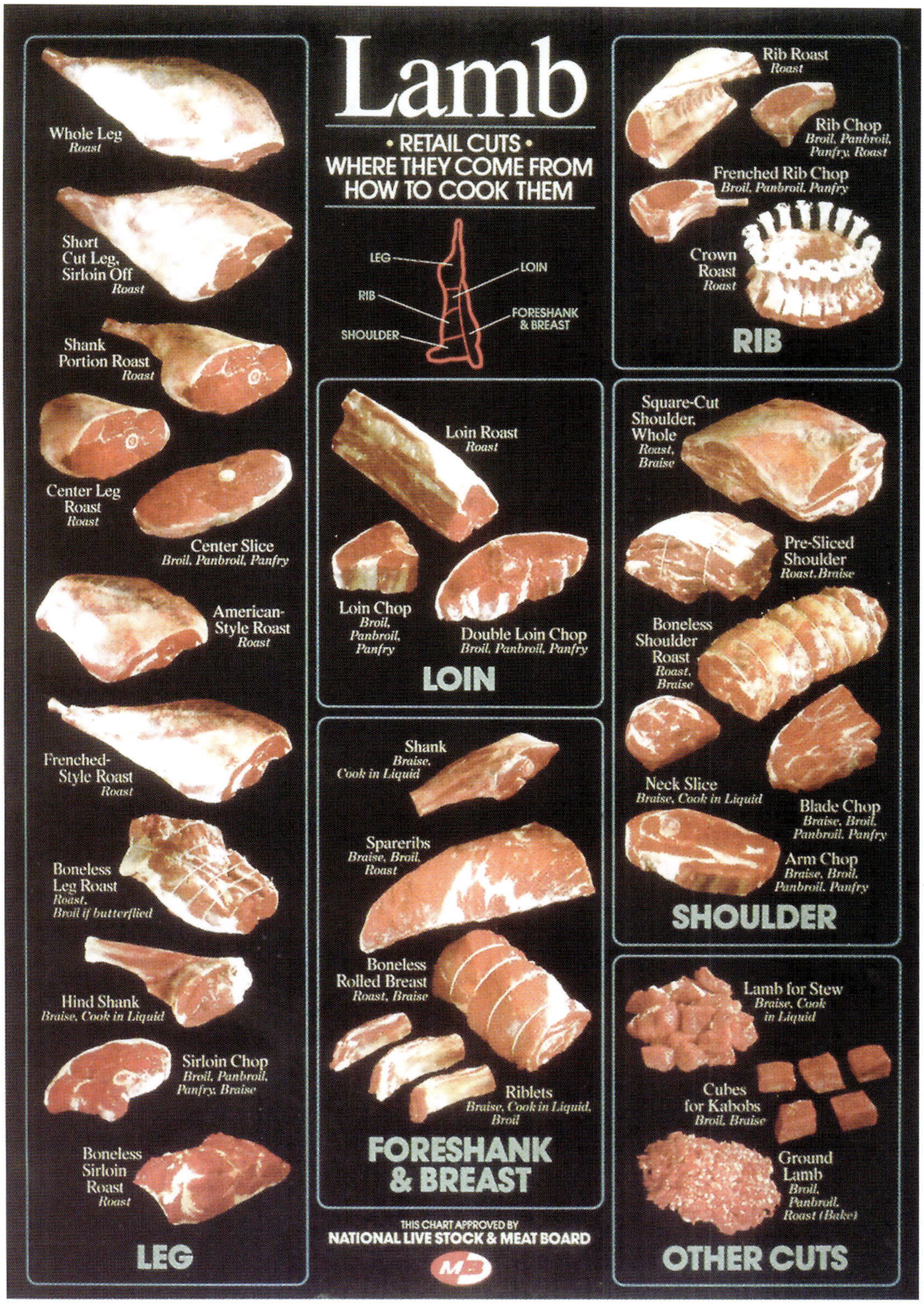


4. 优秀的绵羊品种和良好饲养管理条件可以生产出优质的羊肉产品，如美国农业部精选级和特优级。胴体产量等级被划分为1～5等。一级胴体产量个体的无骨零售肉块产出率，即精肉率可达47.3%～49.0%，包括腿部、腰部、肋部和肩部4个部位。

（经National Live Stock and Meat Board授权）

5. 羔羊肉为人类提供了优质的蛋白质来源。其中，羊排与羊腿最受欢迎，但针对低价肉块，目前也有许多的处理方法，所产肉产品也颇为营养美味。

6. 羊毛是绵羊产业的副产品，典型的肉用绵羊头均可产 8 ～ 10 lb 羊毛。羊毛销售按照产量（精毛量）、等级（细度）以及类型（羊毛长度）进行。不含污物的更长更细更一致的羊毛可以用于制做优质的织物，如华达呢（gabardine）和绉绸（crepe）。短粗的羊毛则更适于制作粗花呢（tweeds）、毛毯、麦尔登呢（melton）以及其他柔软表面的平滑织物。

（除图片 3、4 外，上述图片均经 American Lamb Council 授权）

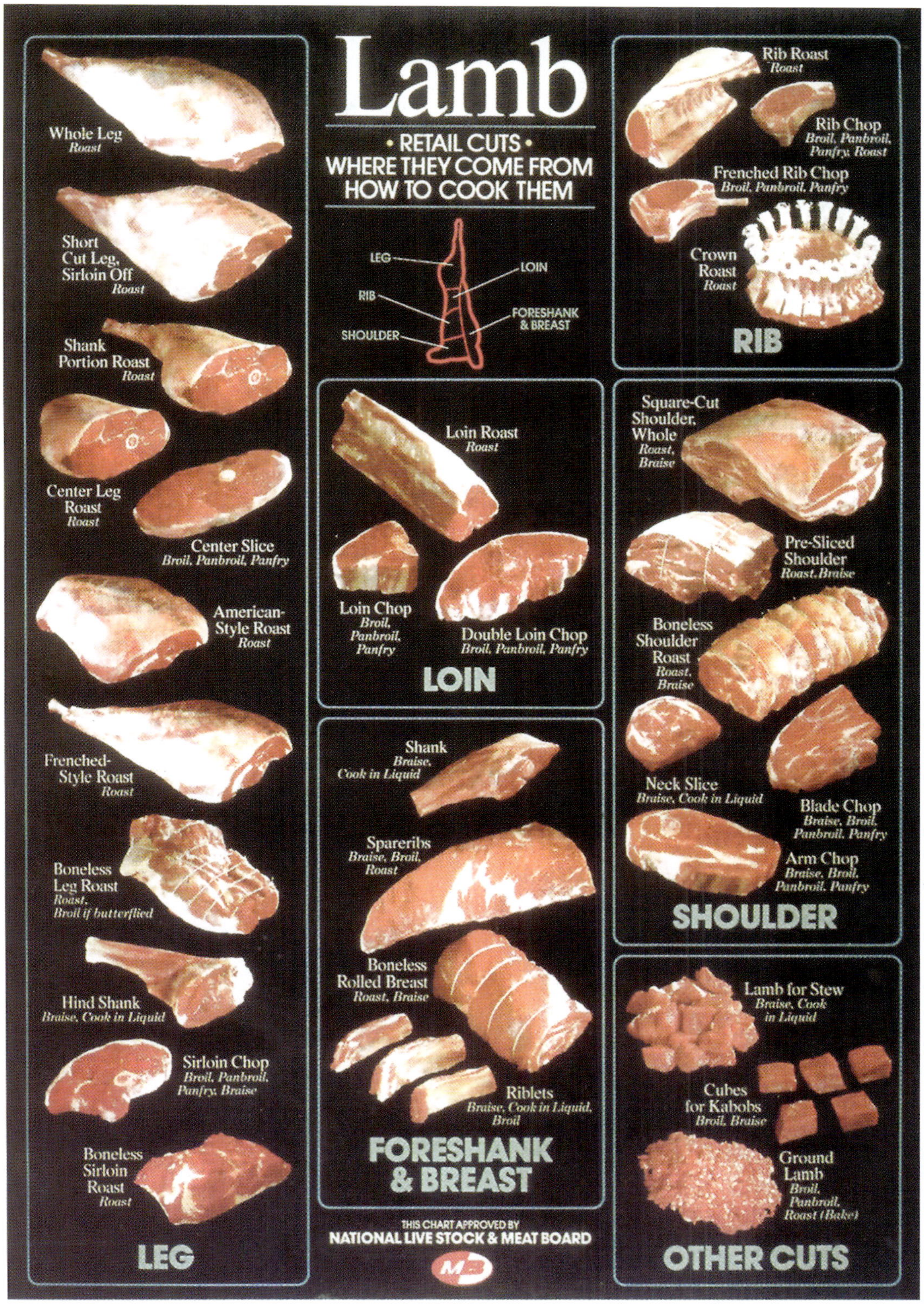


4. 优秀的绵羊品种和良好饲养管理条件可以生产出优质的羊肉产品，如美国农业部精选级和特优级。胴体产量等级被划分为 1 ～ 5 等。一级胴体产量个体的无骨零售肉块产出率，即精肉率可达 47.3% ～ 49.0%，包括腿部、腰部、肋部和肩部 4 个部位。

（经 National Live Stock and Meat Board 授权）

5. 羔羊肉为人类提供了优质的蛋白质来源。其中，羊排与羊腿最受欢迎，但针对低价肉块，目前也有许多的处理方法，所产肉产品也颇为营养美味。

6. 羊毛是绵羊产业的副产品，典型的肉用绵羊头均可产 8 ~ 10 lb 羊毛。羊毛销售按照产量（精毛量）、等级（细度）以及类型（羊毛长度）进行。不含污物的更长更细更一致的羊毛可以用于制做优质的织物，如华达呢（gabardine）和绉绸（crepe）。短粗的羊毛则更适于制作粗花呢（tweeds）、毛毯、麦尔登呢（melton）以及其他柔软表面的平滑织物。

（除图片 3、4 外，上述图片均经 American Lamb Council 授权）

## 彩页 C　肉牛生产

1. 带犊母牛的主要生产任务是每年生产 1 头强壮、健康的犊牛。

2. 肉牛牛犊由母牛哺育，205 日龄左右断奶。母牛可以提供充足的泌乳，犊牛断奶体重可达到 550 ～ 600lb。通常，肉牛以纯种形式培育改良，而后通过杂交体系进行繁殖，以在商品代制造充分的杂种优势。肉牛的繁殖期分别为 60d 或 80d，该时长可以保证群体母牛较高的受孕率。

3. 犊牛断奶后，部分母犊作为群体替代母牛进行留种。其余公牛被阉割后与青年母牛共同饲养，在冬、春及夏季饲以优质的牧草。该生产体系可以有效保证肥育前去势公牛与青年母牛的高效生长。

4. 进入肥育阶段后，体重在 700 ～ 900 lb 的待育肥牛按照性别进行分别饲养，动物被饲以高能量含量的日粮，直至体重 1 100 ～ 1 300lb 进行屠宰上市。

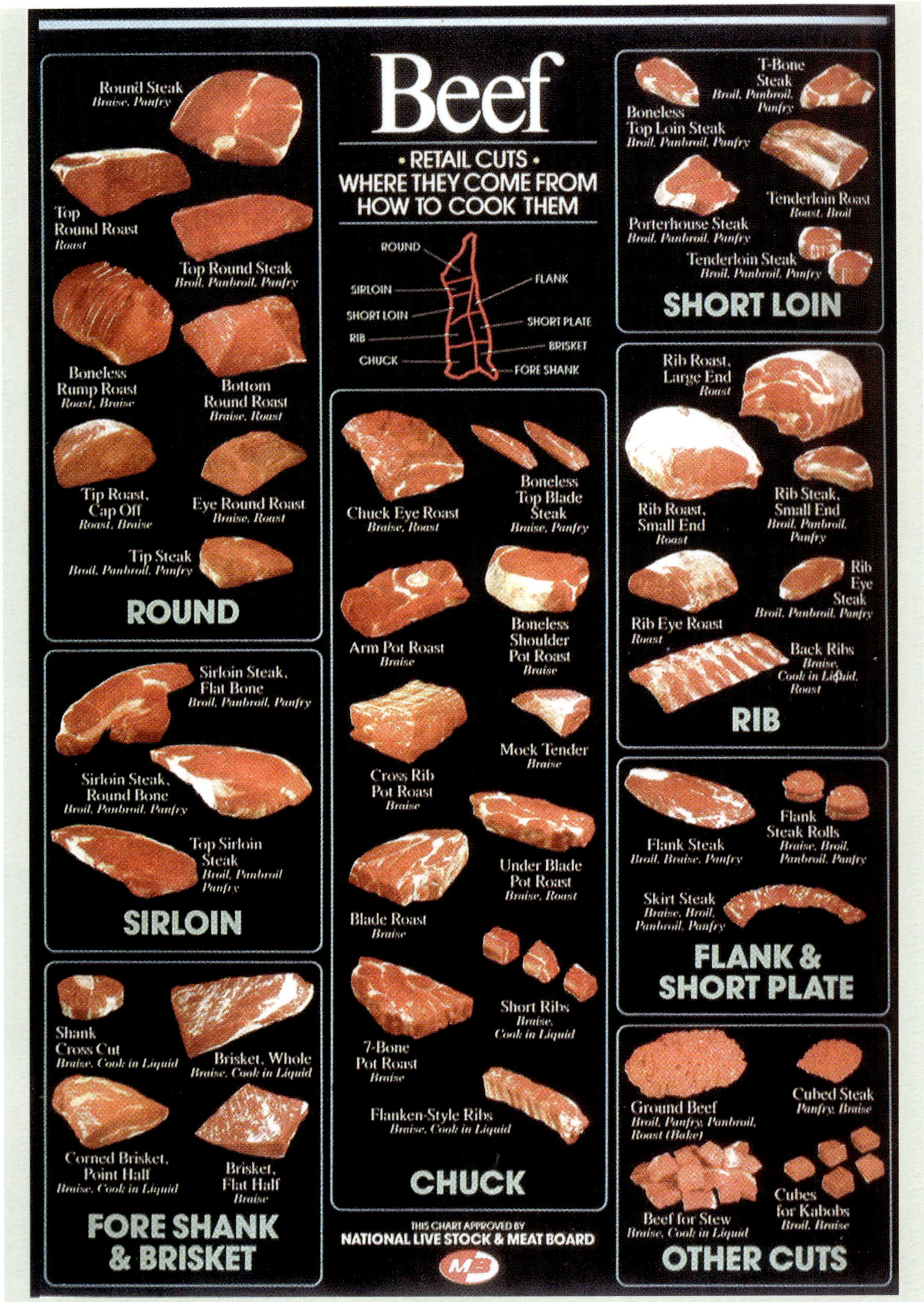


5和6. 目前，越来越多的肉牛按照胴体等级和产量进行贸易。腿圆、后腰和短腰的肉块能加工为高价值的零售分割肉块。多数肉牛胴体都可以达到美国农业部精选级。产量等级则主要用来评估胴体的瘦肉率与脂肪含量，肌肉发达、低脂肪含量的胴体更受青睐。

（经 National Live Stock and Meat Board 授权）

6.

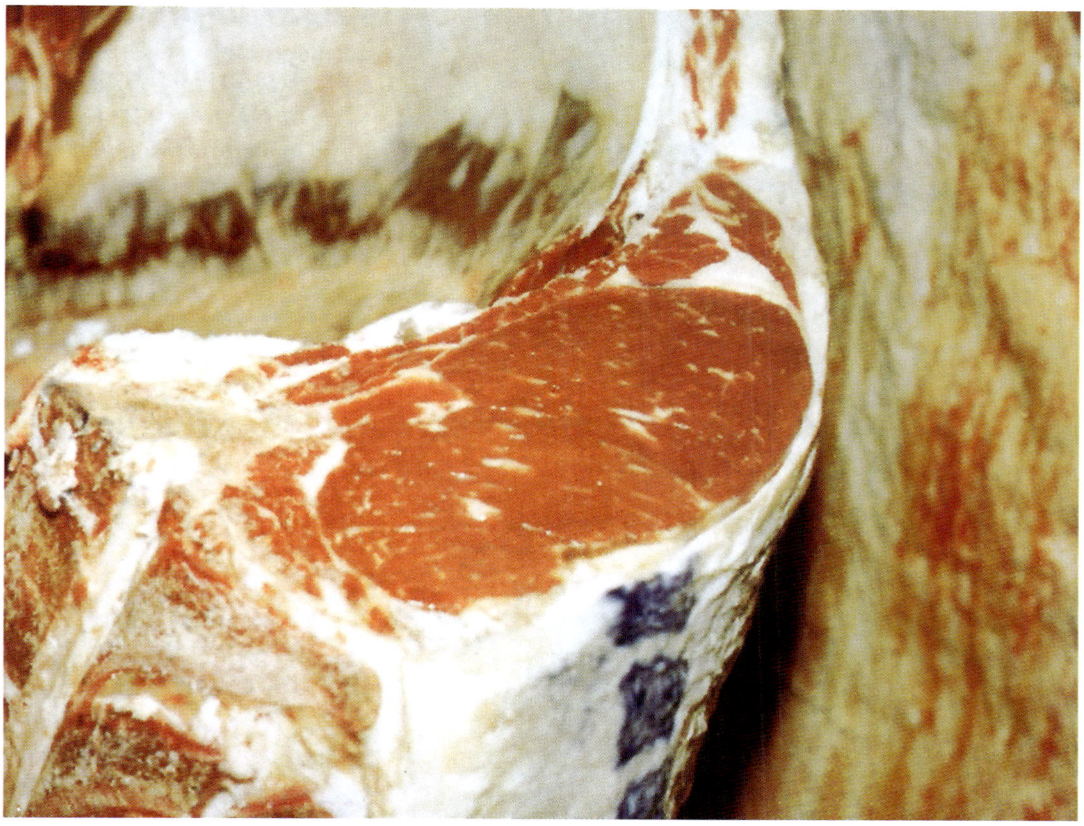

7. 高质量的牛肉切块非常受到欢迎。菜肴中适量的肉含量可为人类提供高质量蛋白，并使菜肴更加美味可口。

（除图片5外，上述图片分别经 American Chianina Association 和 Purdue University 授权）

1. 猪的妊娠期约为 114d，经产或初产母猪在产房分娩，通常单窝可产 9 ～ 13 头仔猪。科学合理的生产管理可使群体母猪平均每年产 2.1 窝仔猪，平均的窝产仔数可达 9 ～ 11 头。目前，仔猪通常在 10 ～ 14d 就进行断奶，即所谓的“隔离早期断奶”技术。

2. 在仔培阶段，不同窝别的仔猪被混群饲养。该阶段需要特别关注仔猪的生长与健康，特别是仔猪对早期断乳料的适应情况。但仔猪达 30 日龄时，体重约达 25lb，此时可以开始给个体饲喂开食料，该阶段大致为 20 ～ 25d。

3. 在全进全出的饲养体系中，仔猪群体相对固定不变。当仔猪体重达 45 ～ 50lb 时，即可以开始饲喂育成料，直至个体体重达 120lb 左右，此时个体日龄大致为 100d。达上述生产条件的育成个体可以进入肥育阶段。在一些情况下，小母猪与去势公猪将分别饲养，小母猪的日粮通常具有较高的蛋白和氨基酸含量。大多数生猪可在 170 ～ 180 日龄达到 230 ～ 260lb 的上市体重，从而最终完成屠宰销售。

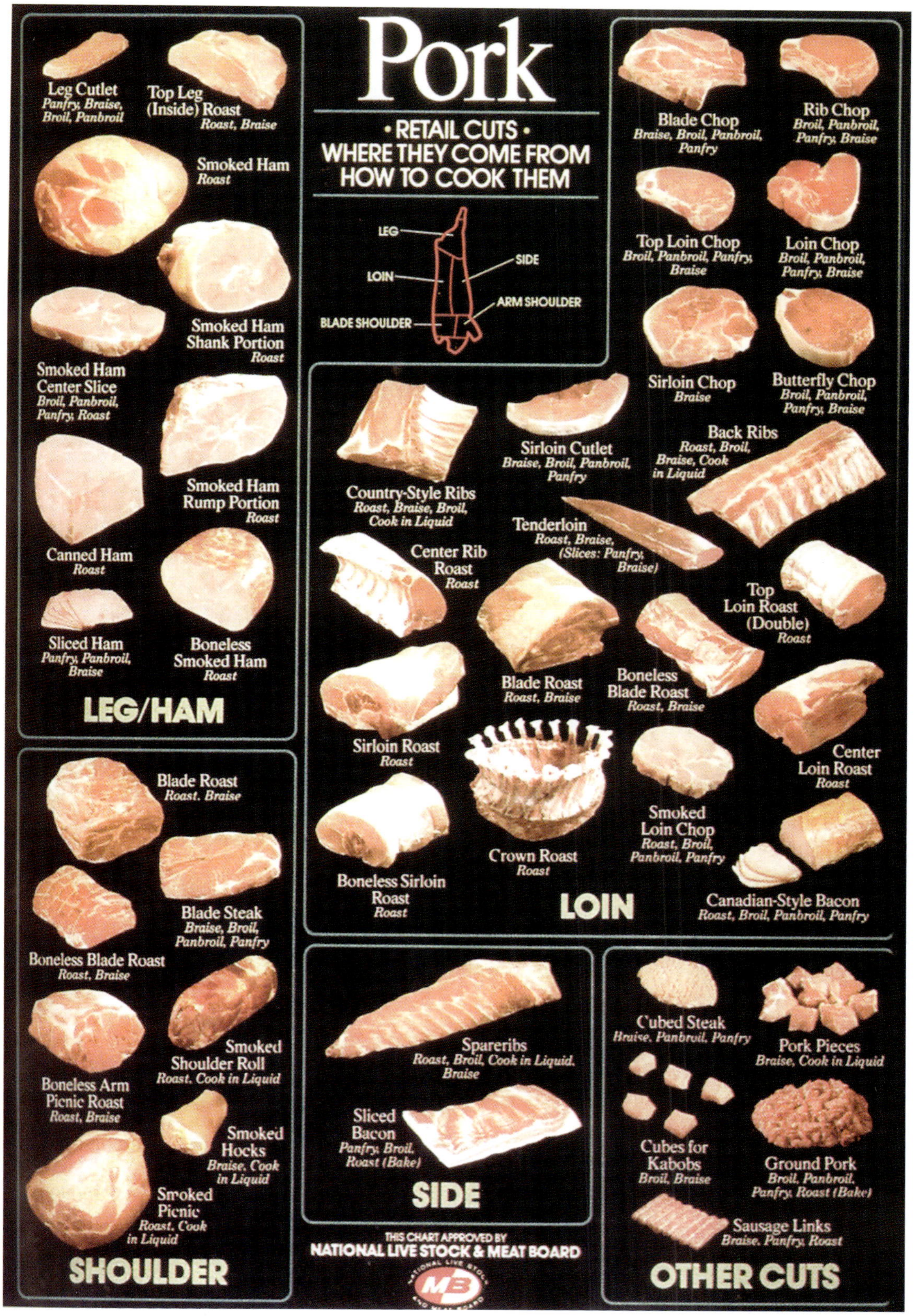


4. 美国胴体产量等级为一级的个体，其 4 个最具价值（精选）部位（后腿、腰部、颈背肉、前腿肉）的瘦肉块产出率应达 60.4% 以上。与传统的批发切块相比，加工商提供的盒装猪肉更受零售商欢迎。

（经 National Live Stock and Meat Board 授权）

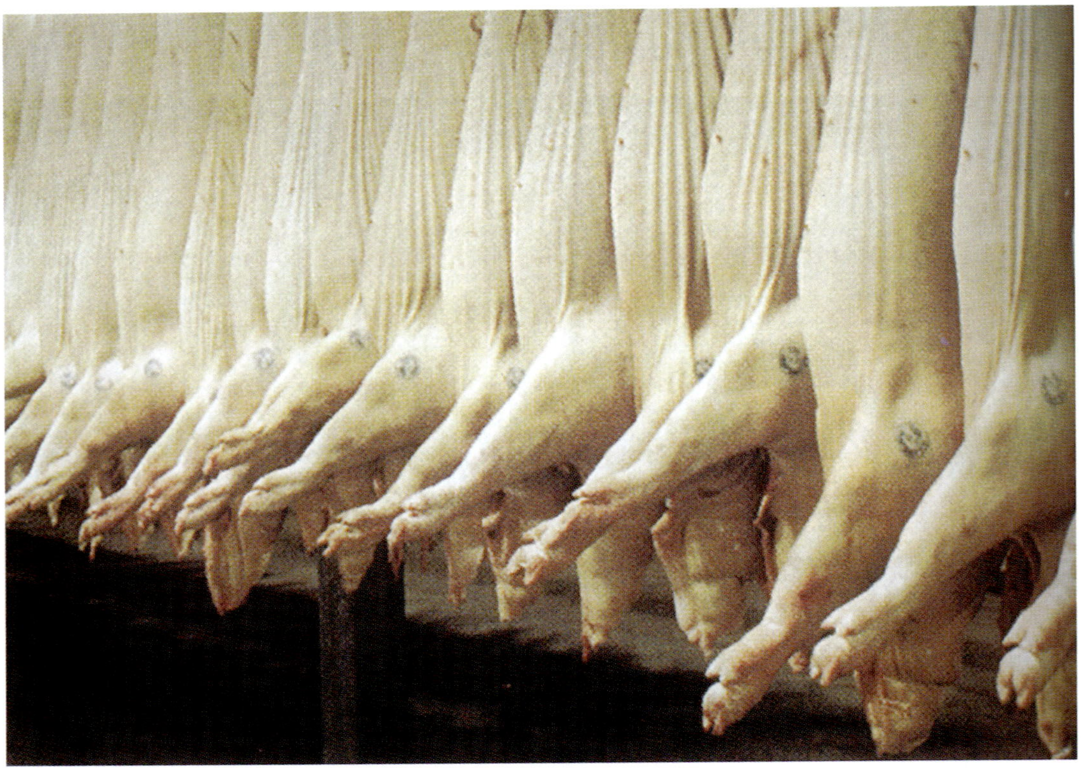

5. 市场流通的生猪目前逐渐趋于基于胴体等级及产量的贸易形式，该形式一定程度上刺激了高瘦肉率、低脂肪率的优质肌肉型胴体的发展。

6. 猪肉被认为是特殊的白肉，是主要的早餐肉类，如腊肉、香肠及火腿等。除此以外，猪肉可以被加工为诱人味美的佳肴，并为人类提供健康平衡的营养。

（除图片4外，上述图片均经National Pork Producers Council授权）

含量的青翠青草，此时乳中的色素含量将会增加。这种情况不仅在缺乏胡萝卜素转化能力的动物品种表现明显，其他品种的奶用动物也会因为不能将黄色色素完全转化而受到影响。但是，这种季节过后，更赛牛和娟姗牛的乳汁仍然会在较长时间内保持黄色，这可能是与动物存储于体脂中的黄色色素有关。

如果将风化、漂白的粗饲料、高粱、大豆等作为奶牛的主要饲料，动物的乳汁几乎会保持纯白色。单纯的维生素 A 不会对乳汁的颜色产生任何影响。但生产实践中，奶牛大部分优质日粮都会包括高质量的饲草，因此日粮必然会对乳汁的颜色产生一定影响。

## 16.12 乳房健康、乳房炎以及乳腺系统损伤

影响乳房健康的最常见疾病就是乳房炎，即乳腺炎症的发生。虽然这种疾病在奶牛中较为普遍，但几乎在所有的家畜中都有发生，特别是在猪中。此外，乳房炎也是人类的一种常发疾病。

临床乳房炎的诊断非常简单。发病个体的乳汁中常见碎片或凝块状物质(图16-9)，发病乳房通常肿胀、发热，对触摸较为敏感。隐性乳房炎在奶牛群体中普遍发生，且无明显临床表现，机体保持长期的低水平感染。隐性乳房炎的广发群体将会发生产奶量和乳品质的显著下降。这种低水平感染不易被奶牛养殖者发现，但是可以通过特定的实验室方法进行检测。当隐性乳房炎发生时，与正常乳相比，乳汁的白血球含量较高(对损伤或感染的反应)，同时乳腺内的上皮细胞会发生腐烂或死亡。

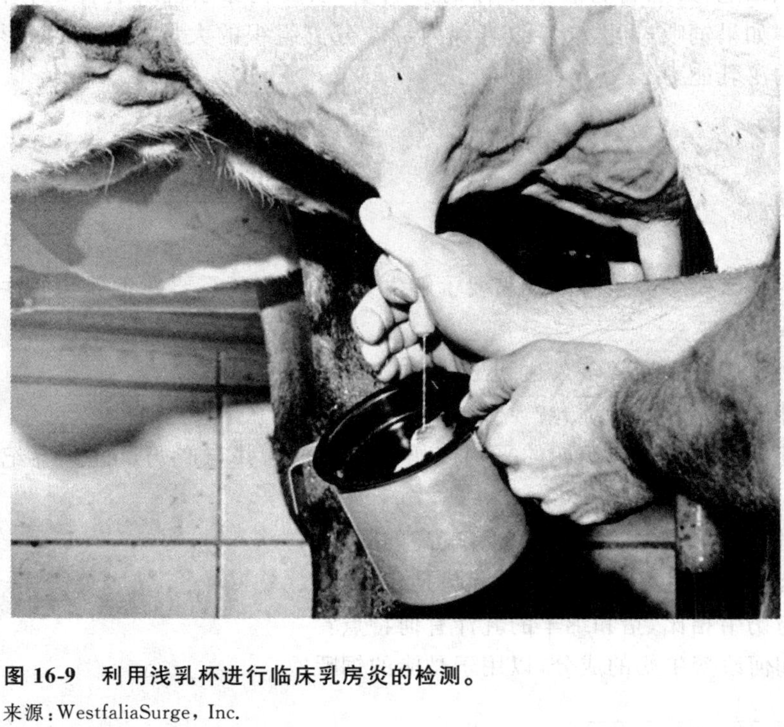

**图 16-9 利用浅乳杯进行临床乳房炎的检测。**
来源：WestfaliaSurge, Inc.

加州乳房炎检测法(CMT)是一种隐性乳房炎的检测手段，方法所提供的特

定制剂会与高浓度的白血球或表皮细胞形成一种凝胶结构。因此，该试剂与待测乳样混合后，如果产生部分或相当多的凝胶状物质，就需要对个体利用进一步的实验室检测进行确认，从而对动物进行治疗，或者直接淘汰。目前，大部分检测实验室都采用体细胞计数（SCC）的方法来进行乳品质量以及隐性乳房炎的监控。许多牛奶加工企业也会对低体细胞数原奶的提供者进行额外的经济奖励。

优秀的奶牛饲养者会采用全面的控制措施，有效的预防乳房炎的发生及恶化，具体包括以下环节。

1. 保证挤奶设备的干净清洁。

2. 保证挤奶机械的正常运行。

3. 使用正确的规范挤奶流程（乳房检查和准备、挤奶前药浴、适合的挤奶时间以及奶杯的使用、挤奶后药浴）。

4. 奶牛离开挤奶厅后，饲以新鲜饲料①。

5. 定期体细胞数进行监控，当计数过高时，及时排查原因。

6. 迅速的处理临床案例。

7. 在奶牛的干奶期，实施“干奶处理”。

8. 及时淘汰难以治愈的慢性乳房炎个体。

乳房的损伤在某种程度上受遗传的影响，因为损伤与乳房的下垂有很大关联（奶头和乳房的位置靠近地面）。这可能是因为乳房的中央悬挂韧带无力，使乳房位置下垂，奶牛行动时则易造成乳头的擦伤。

乳房的感染也一定程度上受遗传的影响，这主要与乳房的构造和结构有关。例如，括约肌较松弛的乳头更易感染。

青年母牛的乳房感染或损伤都会影响其成年后的泌乳表现。例如，如果部分分泌组织结疤，必然将会影响个体的产奶量，以及乳腺系统对乳汁的存储能力。青年奶牛如果饲喂过度，会导致乳腺内部非分泌组织的大量发育，从而影响个体成年后的泌乳能力。

## 思考题

1. 为什么奶牛养殖者不仅需要了解牛奶的组成，还需要熟悉养殖奶牛群体的品种组成？

2. 奶牛产犊后通常多久达到泌乳高峰？

3. 什么是泌乳的持续力？

4. 荷斯坦牛单个产奶期的平均产奶量是多少？并与产奶量的世界纪录进行比较。

5. 哪些品种奶牛的乳汁中含有较高的固形物？

6. 肉牛具备良好泌乳性能的优势是什么？

7. 与奶牛相比，猪和绵羊的乳汁有何特点？

8. 如何改变牛奶的成分，以用于马驹的饲喂？

---

①奶牛离开挤奶厅后，乳头仍在一定时间内保持开张。提供新鲜饲料，可以使奶牛保持站立，从而避免个体躺卧，防止此时环境细菌对乳腺的侵害，直至乳头闭合。

9.列出动物以下生理阶段调控乳腺系统发育的主要激素。(a)出生期到青春期;(b)青春期到妊娠期;(c)妊娠期;(d)泌乳发动期。

10.从外形上观察猪、牛、羊、兔和马的功能乳腺的典型数量分别是多少。

11.以上动物中,哪些动物单个乳腺内含有2个乳腺导管开口、2个乳头池、2个乳腺池?

12.多余乳头对奶牛的青年母牛有何影响?

13.经产母猪或小母猪中,常见的非正常乳头有哪些类型?

14.奶牛乳房的主要支持结构是什么?

15.乳腺导管开口周围的括约肌起什么作用?括约肌的强或弱会产生什么影响?

16.在乳腺系统中,乳汁主要储存在哪个部分?

17.描述什么是乳腺导管的网络结构,导管之间的连接部有何特殊结构?

18.描述乳腺腺泡和上皮细胞的结构组成,并说明这些细胞的功能是什么。

19.奶的主要成分有哪些?并列出主要的蛋白质和碳水化合物种类。

20.在2次挤奶或哺乳间,哪些因素会制约乳的合成?

21.解释外部刺激如何促使催产素分泌,当催产素释放进入血液后的靶目标是什么?

22.动物在挤奶或喂奶的过程中受到惊吓,催产素的分泌与调节会发生何种变化?

23.初乳和常乳主要的区别是什么?

24.举例说明在牛奶中不受欢迎的饲料气味。

25.解释为什么优秀管理可以降低乳房炎的发病率。

翻译:田见辉;校对:刘林,翟丽维

# 第17章

# 遗　传

# Genetics

理解和运用遗传、营养、繁殖、泌乳、生理、疾病控制、管理和市场营销等知识是改良动物生产性能、提高动物制品质量的主要方法。动物育种者把遗传改良作为他们主要的工作目标。

现代生物学研究已经不再仅仅局限于研究基因是如何从亲代传递给子代，以及基因对子代表型的影响。如前文所述(见 2.6 节)，遗传学已经发展形成了诸多分支，具体包括群体遗传学、细胞和染色体遗传学、分子遗传学以及基因定位的研究。群体遗传学从整体的角度研究基因，涉及大量的表型观察。与此相反，分子遗传学研究遗传物质(DNA 和 RNA)及其结构，以及它们在细胞中是如何调控代谢过程。本书以下 4 章的内容就侧重于介绍基因在世代间的传递，基因对农业动物重要性状的影响，以及通过选配方法改良动物品种时应遵循的规则。

表型特征是如何从亲代传递到子代的呢？传代过程中亲代与子代在生理上发生的唯一联系就是生殖细胞，受孕时来源于公畜的精子与来源于母畜的卵子融合形成受精卵。答案就在这些生殖细胞当中，它们都含有哪些物质，这些物质在公畜的睾丸和母畜的卵巢内是如何发生的，受精卵在妊娠期间如何分裂，生殖细胞内的物质又是如何发挥各自的功能？

学习本章后，读者应掌握以下问题：

1. 定义基因、染色体、DNA、核苷酸、基因型、表型、显性、隐性以及其他重要概念。
2. 解释基因是如何从亲代传递给子代的。
3. 区分单基因效应和多基因效应。
4. 解释什么是性染色体和伴性性状。
5. 区分基因遗传和细胞质遗传。
6. 解释环境因素从动物生命周期的什么阶段就开始发挥作用。
7. 列出选育畜禽良种的 4 条规则。

8. 解释为什么育种群中出现遗传变异是好现象。

9. 解释繁殖力和世代间隔是如何影响遗传改良的速率的。

## 17.1 基因和染色体

**脱氧核糖核酸(DNA)**
双链核酸,是染色体的组成部分,其核苷酸携带编码的遗传信息。

**脱氧核糖核酸(DNA)**被认为是所有生命有机体的遗传物质。DNA 中的核苷酸以双螺旋结构构成长的线性核蛋白链(图 17-1)。在普通的光学显微镜下不能观察核蛋白的链状结构,但在细胞分裂过程中,这些核蛋白链凝缩变粗,可以用显微镜进行观测。

上述核蛋白链即被称作染色体。染色体的片段被称作基因。基因是遗传最小的功能单位。

DNA 含有许多核苷酸,每个核苷酸由脱氧核糖、磷酸和含氮碱基组成。核苷酸可以排列成不同的顺序,因此每个基因的化学结构也都是不同的。

基因可被看成是以线性方式排列在染色体上的。每个基因位于某特定染色

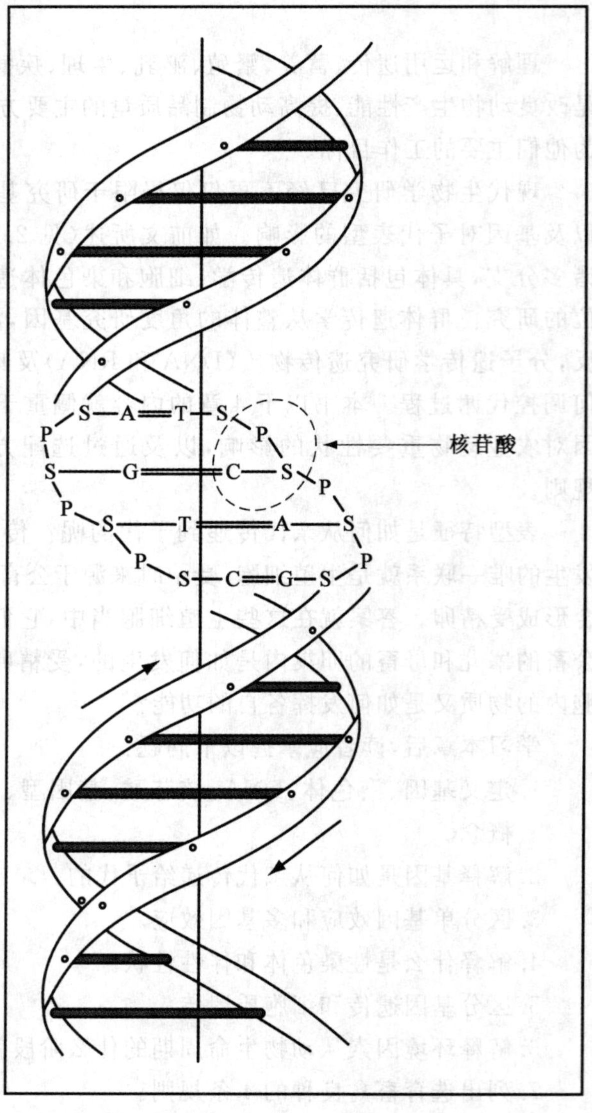


**图 17-1 DNA 双螺旋结构和重要组分示意图。环状核苷酸含有胞嘧啶,紧邻的核苷酸分别含有胸腺嘧啶和腺嘌呤。一个基因有数百个核苷酸。这些核苷酸的序列决定了转录过程中核糖核酸(RNA)所携带的遗传密码或遗传信息,RNA 将遗传信息携带至蛋白质合成场所并指导蛋白质合成,形成生理和物理特征。**

来源:Missouri Agr. Exp. Sta. Bull. 558.

体的固定位置。在大多数体细胞中染色体成对存在,所以基因亦是如此。1对染色体中,1条来自父本,另1条则来自母本。

图17-1是DNA的示意图。每个核苷酸都含有1个脱氧核糖(S),1个磷酸基团(P)和1个含氮碱基。这些含氮碱基有4种,分别为腺嘌呤(A)、胸腺嘧啶(T)、鸟嘌呤(G)和胞嘧啶(C)。一个基因含有大约600个核苷酸。

部分动物体细胞的染色体数目列于表17-1中,特定染色体上的基因总数目前尚不清楚。

虽然人们在单基因遗传方面做了大量工作,但是家禽和家畜大部分重要的经济性状都是由几个或许多个基因所控制的。单个基因或少数几个基因的遗传比较容易研究,我们在后面的章节中会举出一些这方面的例子。但是当涉及到多个基因的时候,遗传模式就不是那么简单了,需要应用不同的研究技术。

表 17-1 部分物种体细胞的染色体数目

| | |
|---|---|
| 牛 | 60 |
| 马 | 64 |
| 驴 | 62 |
| 猪 | 38 |
| 羊 | 54 |
| 鸡 | 78 |
| 火鸡 | 80 |
| 兔 | 44 |
| 狗 | 78 |
| 猫 | 38 |
| 人 | 46 |

来源:Charles E. Stufflebeam. 1989. Genetics of Domestic Animals. Prentice Hall. Inc. Englewood Cliffs, New Jersy.

## 17.2 基因的传递

**二倍体**
核内含有两套染色体的细胞。

**单倍体**
核内含有一套染色体的细胞。

**减数分裂**
发生在繁殖过程的早期,睾丸产生精子和卵巢产生卵子过程中的细胞分裂。细胞中的成对染色体分离,产生仅含一套染色体的新细胞。

**精子发生**
精子在睾丸的曲精小管中生成的过程。

**卵子发生**
卵细胞发育、形成的过程。

体内的所有细胞,除精子和卵子(以及某些血细胞)外,都含有两套或者说是**二倍体**数目的染色体(常记作$2n$),一半来自父本,一半来自母本。比如,牛有30对染色体。精子和卵子都只携带一套染色体,或**单倍体**数目的染色体($n$)①。染色体数目的减半是由于**减数分裂**的发生,该过程发生于睾丸内的**精子发生**过程和卵巢内的**卵子发生**过程。在精子和卵子生成过程中,配子内成对的基因发生分离。当配子融合成为受精卵时,基因再重新配对(图17-2)。

精子是在睾丸内由精原细胞发育而成的。精原细胞具有2套染色体,它经过1次染色体复制和2次细胞分裂,形成4个精子。精子发育成熟后,才能与雌性动物卵巢产生的卵子结合形成受精卵。

①精子和卵子只含有单倍体数目的染色体,具体只含有体细胞中成对的同源染色体的其中一条。体细胞含有全部成对的同源染色体,因此含有双倍体数目的染色体。

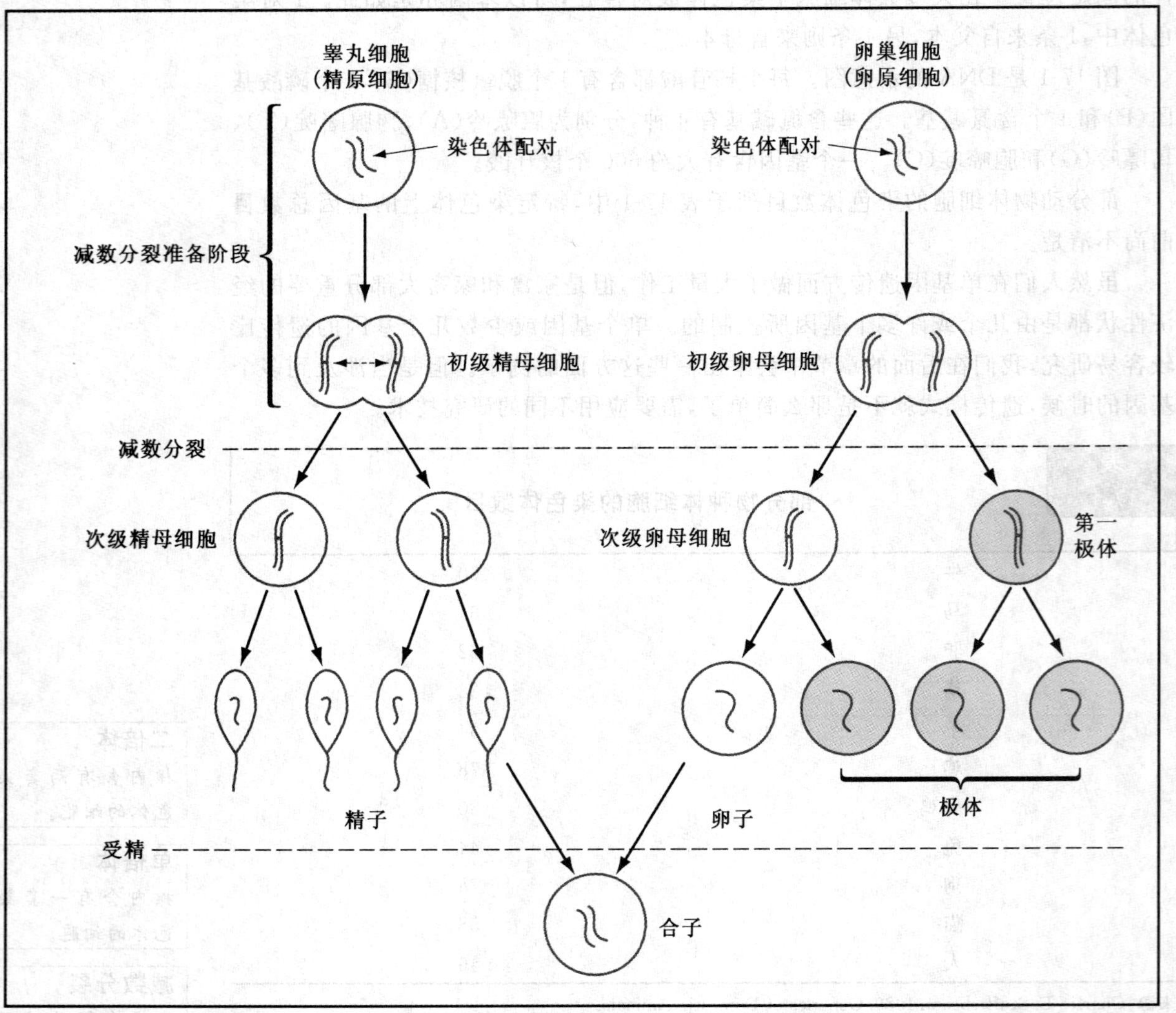


**图 17-2　减数分裂过程中精子和卵子的形成，及受孕后形成受精卵的过程。图中只描绘了一对染色体在精子和卵子形成中的变化，其他对染色体也发生了同样的变化。**

来源：Iowa State University.

> **有丝分裂**
> 在组织正常生长过程中的细胞分裂。染色体复制并分离，子代细胞中含有完整的染色体组。

> **座位(locus)**
> 特定的位点，通常用来表示染色体某个区段上基因所处的位置。英文复数形式为loci。

雌性动物的减数分裂过程与精子相似但不完全相同。对于雌性动物来说，分裂结果产生1个卵子和3个极体，其中极体在受精过程中是无活性的。从卵巢上脱落的成熟卵子含有母体细胞中每对同源染色体中的一条染色体的遗传信息。

**有丝分裂**与减数分裂不同：有丝分裂是组织在生长和维持过程中的体细胞复制。有丝分裂过程中，细胞内所有的遗传信息，包括双倍染色体的每条染色单体，都经过分裂，使新形成的细胞含有一套完整的染色体，它与母细胞的遗传组成是完全相同的。

值得强调的是精子和卵子均含有染色体组中的一套染色单体。当精子和卵子结合后，产生的受精卵具有同源染色体组的全部遗传信息。精子中的1号染色体与卵子中的1号染色体相匹配。其他的染色体按相似的方式进行配对。

由于每个基因在染色体上有其特定的**座位**，因此，细胞分裂过程中基因亦发生与染色体相同的行为。在减数分裂期间，每对基因的其中一个将会作为染色体的一部分迁移至细胞的另一端。这样，在细胞分裂后，每个新的精子或卵子都携带了每对同源基因中的一个。接着当染色体配对后，同源基因将同样的进行配对。

## 17.3 单基因效应

所有畜禽动物性状，不论是可观测的还是可测量的，均受到一个或多个基因的影响。在大多数情况下，重要经济性状均受多个基因控制。

首先，让我们概述一下受单基因影响的质量性状的遗传。这些例子将说明为什么子代在某些性状上可能与父母代相似或不同。

第一个例子是牛的无角性状。$P$ 为显性基因，表示无角；$p$ 为隐性基因，表示有角。如果基因型（细胞的遗传组成）是无角性状的纯合型（$PP$），那么该动物就无角。如果基因型是有角性状的纯合型（$pp$），则该个体有角。如果个体从双亲各继承了一个 $P$ 和 $p$ 基因，基因型就是 $Pp$，表型为无角。无角基因（$P$）相对于有角基因（$p$）是显性，它掩盖了有角基因的表达。遗传学家用大写字母表示显性基因，用小写字母表示隐性基因。当基因对中的 2 个基因相同时（$PP$ 或 $pp$）用专业术语"**纯合子**"表示，而"**杂合子**"表示基因对中的 2 个基因不相同（$Pp$）。有时用"等位基因"指占据同源染色体上同一位点但效应不同的基因。

前段曾提及基因型的概念，**基因型**是指个体细胞内染色体上的基因组合。**表型**是指个体性状的表现（通常是可观测或可测量的），例如角的有无。

在上面的例子中，如果基因型是 $pp$，表型就是有角。如果基因型是 $PP$，表型就是无角。相同的无角表型在 $Pp$ 基因型个体中也能观察到。因此，个体的表型或可观测的性状并不总是能揭示基因型。

图 17-3 为无角性状的遗传提供了一个基本说明。在例 1 中，公畜的基因型为 $PP$，母畜或母牛的基因型为 $pp$。减数分裂后，睾丸中每个精子中都含有 1 个 $P$ 等位基因。卵巢中每个卵子中都含有 1 个 $p$ 等位基因。理论上不管是哪个精子和哪个卵子结合，所生成的受精卵都是 $Pp$ 基因型，后代个体表型为无角，但对于有角性状而言，其基因型是杂合的，是有角隐性基因 $p$ 的携带者。

在例 2 中，公牛仍然是无角的，但其基因型为 $Pp$，因此，该公牛将产生两类精子。一半携带 $P$ 基因，另一半携带 $p$ 基因。母牛的所有卵子仍携带 $p$ 基因。那么，如果携带 $P$ 基因的精子与任意一个卵子结合，其受精卵的基因型为 $Pp$，小牛的表型为无角。但是，如果携带 $p$ 的精子与任意一个卵子结合，将产生有角的小牛，其基因型为 $pp$。

是什么决定特定类型的精子与特定的卵子结合呢？仅仅只是偶然性。在例 2 中，一半的精子携带 $P$ 基因，另一半的精子携带 $p$ 基因，因此，对于任一个精子来说，与特定卵子结合的几率是 50∶50。

在例 3 中，公牛和母牛均有角（基因型为 $pp$）。很明显所形成的受精卵均为纯合的 $pp$ 基因型，这是子代能从父母代继承的唯一基因型。

在例 4 中，公牛和母牛均为无角，其基因型都是 $Pp$。一半的精子携带 $P$ 基因（无角），一半的精子携带 $p$ 基因（有角）。卵子的情况也是如此。小牛携带 $PP$ 基因型的概率为 25%，携带 $Pp$ 基因型的概率为 50%，携带 $pp$ 基因型的概率为 25%。

**纯合子**
某一特定性状或基因型由相同基因组成的个体。

**杂合子**
某一特定性状或基因型由不同基因组成的个体。

**基因型**
个体的遗传组成。个体携带的影响一个或多个性状的基因组合。

**表型**
个体表现或展现的特征，包括外观和生产性能等。

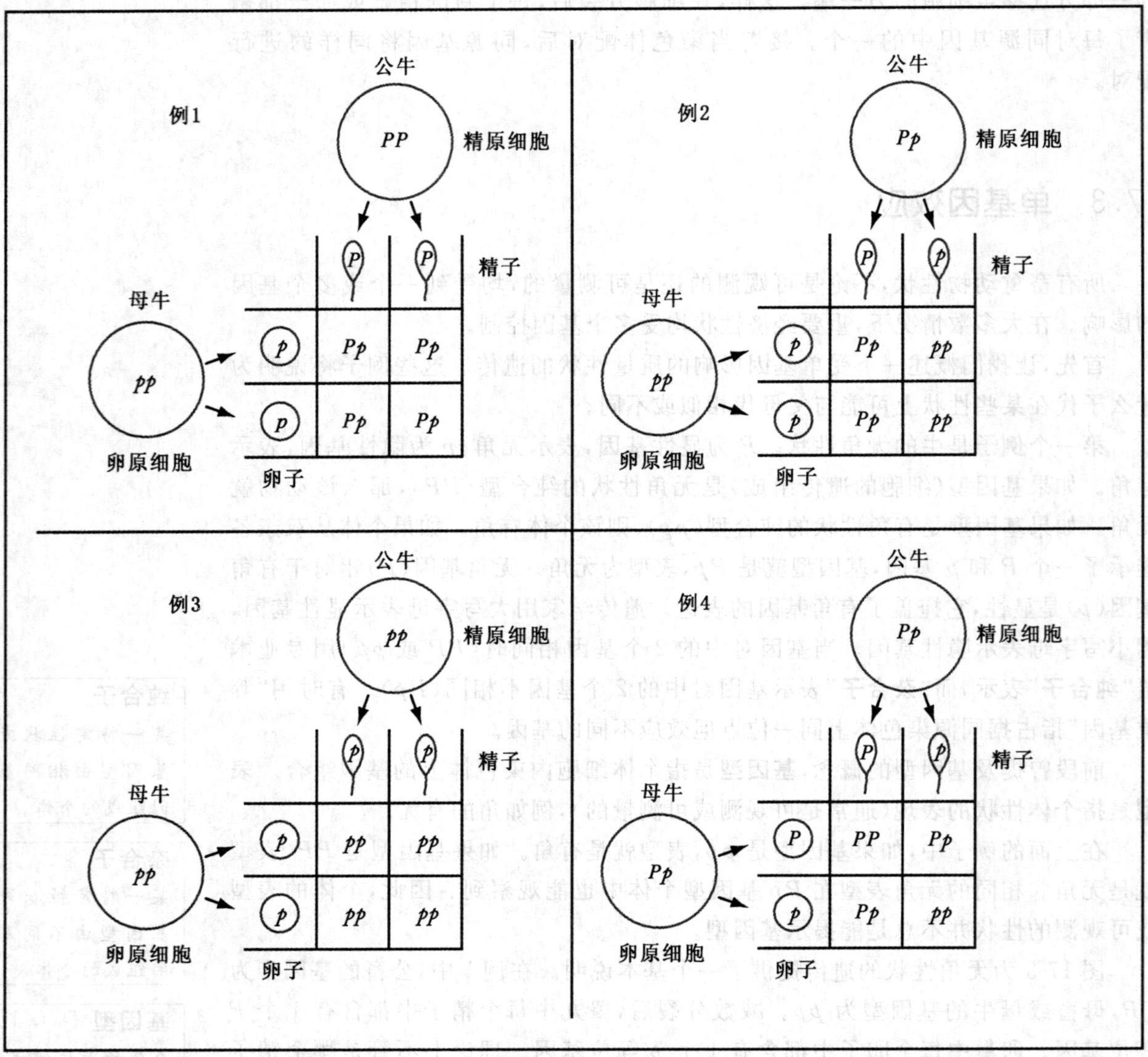


**图 17-3 以影响无角性状的基因为例，图示为 6 种基本交配类型中的 4 种。请注意子代中各种基因型的比例，以及子代中出现的与任一双亲都不相同的基因型。**

因此，基因型比例为：$1PP:2Pp:1pp$。如果这种基因型的公母牛进行大规模的交配，那么其后代将有 75%为无角，25%为有角。因此，在表型方面，无角和有角的比例为 3∶1。在 3/4 的无角后代中，有 2/3 的小牛携带隐性 $p$ 基因（有角）。很明显不能判定无角的小牛是否携带隐性 $p$ 基因。在无角品系的公牛中常见的似角状的小突起，很明显是由其他基因所造成的。

其余 2 种交配方式（图 17-3 未展示）是显性纯合子间的交配（$PP\times PP$）及显性纯合子与杂合子间的交配（$PP\times Pp$）。总言之，当一个性状只受 2 个等位基因影响时（如 $P$ 和 $p$），可能的基因型有 3 种（$PP$、$Pp$ 和 $pp$），共有以下 6 种交配方式：

1. $PP\times PP$　　4. $Pp\times PP$
2. $PP\times pp$　　5. $Pp\times pp$
3. $pp\times pp$　　6. $Pp\times Pp$

以上的一系列例子说明了大多数的遗传都遵循概率的基本法则。

另一种可能也是由1对基因控制的性状是毛色。以安格斯牛为例，$B$代表黑色，相对于$b$（代表红色）为显性。大多数安格斯牛的基因型为$BB$，小部分个体携带$Bb$基因型。这种$Bb$基因型当然看不出来，其表型是黑色。还有一小部分个体携带$bb$基因型，其毛色为红色。

红色安格斯牛很明显是由携带隐性红毛$b$基因的2头黑色牛交配所得。显然如果用2头红色安格斯牛交配，其后代的毛色将纯合。因为它们只携带$bb$基因型，这是它们唯一能遗传给后代的基因。

在家禽的肤色中，白色对黄色也是由1对等位基因控制的。$W$代表白色，它对黄色$w$显性。一只携带$WW$的母鸡将只产生白色的后代，不管与其交配公鸡的基因型如何。

第4个例子是肉牛的"侏儒牛"性状，它也是由1对等位基因控制的。侏儒牛通常在出生时或不久后死去。这些生长缓慢低效的牛对生产者造成经济损失。$N$代表正常牛，$n$代表侏儒牛。由于$N$对$n$显性，因此，很难挑选出携带侏儒基因的正常大小的牛。只有当这些牛产生了侏儒牛后才能被确定其携带了侏儒基因。因为$n$是隐性基因，所以侏儒牛的双亲必然都携带了$n$基因。

在这种情况下，虽然$N$是显性，$Nn$携带者体形正常，但仍有些迹象能揭示这些侏儒基因的携带者。通常它们的前腿更短、头短宽、其腰椎腹部处有很明显的隆起（可通过X光检测）。类似的例子还有牛的单蹄性状及羊的无毛性状。

并不是所有简单性状的遗传都符合完全的显性和隐性。也有可能是部分的显性，或者等位基因中的2个基因效应一样，即任何一个对另一个都不是显性，即所谓的共显性。以短角牛的毛色为例，$R$表示红色，$W$代表白色。$RR$基因型牛为红色，$WW$基因型牛为白色，$RW$基因型牛为杂花色或斑点状毛色。表17-2中列出了包括上述几个例子在内的畜禽中部分常见的与显隐性遗传相关的性状。

## 17.4 性别的遗传

是什么决定受精卵的性别呢？也同样是偶然性。每个正常的体细胞都含有1对性染色体。在哺乳动物中，雌性的性染色体由2条相同的$X$染色体组成。因此，雌性是同型配子，基因型为$XX$。雄性的一条性染色体和雌性一样，即$X$染色体，另一条染色体含有不同的性别基因，被命名为$Y$性染色体。所以，雄性是异型配子，基因型为$XY$。

目前还不完全清楚$X$和$Y$染色体的差异所在。似乎$Y$染色体上没有基因（尽管它的存在与性别决定有关）。

在睾丸细胞的每次减数分裂中，精母细胞[1]中的$X$染色体传递给一部分精子；$Y$染色体传递给另一部分精子。因此，精液中的精子一半含有$X$染色体，一半含有$Y$染色体。而雌性排出的卵子只含有$X$染色体。

①该细胞分裂成为2个精细胞（图17-2）。

表 17-2 畜禽动物的部分显隐性遗传性状

| 品种 | 显性性状 | 隐性性状 |
| --- | --- | --- |
| 牛 | 黑色被毛 | 红色被毛 |
| | 偶蹄 | 单蹄 |
| | 正常肌肉 | 双肌 |
| | 正常体型大小 | 侏儒 |
| | 无角 | 有角 |
| | 红色 | 黄色 |
| 马 | 栗色 | 非栗色(黑) |
| | 黑色鬃毛 | 栗色鬃毛 |
| | 正常的毛 | 卷曲的毛 |
| 家禽 | 条纹翅膀 | 非条纹翅膀 |
| | 抱窝(就巢) | 不抱窝 |
| | 腿骨有毛 | 腿骨无毛 |
| | 白色皮肤 | 黄色皮肤 |
| 羊 | 羊毛 | 粗杂毛 |
| | 白色羊毛(除卡拉库耳和黑色威尔士山2个品种) | 黑色羊毛 |
| 猪 | 黑色被毛(汉普夏) | 红色被毛 |
| | 偶蹄 | 单蹄 |
| | 立耳 | 垂耳 |
| | 白色腰带(汉普夏) | 无腰带 |

来源:Compiled by the authors and colleagues.

受精时,携带 $X$ 染色体的精子有 50%的几率与卵子结合形成 $XX$ 的雌性受精卵。同样,携有 $Y$ 染色体的精子也有 50%的几率与卵子结合形成 $XY$ 的雄性受精卵。所以我们说性别是由偶然性所决定的。后代中出现雌雄的比率各为一半,这种比率可能会有小的变动,但这种情况是正常的。原因可能是携带不同性染色体的精子其适应性和活性有差别,或者不同性别的胚胎其适应性也有差别。尽管有研究表明雄性胚胎生成的几率和出生前的死亡率要多于雌性胚胎,但对于某种交配方式能够提高特定性别比例的说法是没有科学依据的。

禽类性别的决定方式与哺乳动物相反,即 $XX$ 表示雄性,$XY$ 表示雌性。不过禽类遗传学家一般用 $ZZ$ 表示雄性,而用 $ZW$ 表示雌性。$W$ 表示一条性染色体的缺失或失活。因为雌性禽类携带有 $Z$ 和 $W$ 性染色体,所以与哺乳动物不同的是,禽类的性别决定完全由雌性决定。这种情况大大地增加了孵化产业的成本和人工,因为孵出的小鸡一半是雄性。

上述理论也可以解释某些性连锁性状的遗传特点。这些由性染色体上的基因所影响的性状称为性连锁性状,它们的表达与否取决于细胞中是存在 1 套还是 2 套基因。禽类性连锁性状中,雄性存在 2 套基因,雌性只存在 1 套基因;而在家畜中则刚好相反。性连锁性状在哺乳动物中主要由 $X$ 染色体上某个位点的等位基因控制,在鸟类中则由 $Z$ 染色体上的等位基因控制。

## 17.5 多基因效应

进行畜禽动物的改良时，必须认识到很多重要的经济性状都受多基因的控制，例如生长速度、体型外貌、产蛋、产奶、胴体特性等。当某个性状受 2 个、3 个或更多基因影响时，该性状的遗传特点将变得非常复杂。个体中基因的可能组合数量非常之多。

动物的遗传改良实际上就是选择携带有许多优良基因的个体。这需要将所有的后备种公畜禽和(或)所有的种母畜禽(小母牛、小母猪、小母羊、小母马和小母鸡等)在相同或相近的环境条件下饲养，然后选择生长、肥育、饲料利用率、产蛋量、产毛量等目的性状表现最佳的个体(图 17-4)。在相同的环境条件下，性状表现最好的个体很可能携带有影响该性状的有利基因。

尽管上述的改良原理没有角型或矮小型性状的讨论那样直接，但它是畜禽动物改良的基础。虽然这种情况下的改良进展可能非常缓慢，但在实际操作中最终可能得到的改良效果是无限的。

如上所述，大部分重要经济性状受多个基因的影响。例如我们知道，家畜的产奶量至少受 10 对基因的影响。牛奶中的乳脂率也至少受 10 对基因的影响。基于遗传学的研究，我们有理由推定其他重要的经济性状同样受到数量可观的基因的影响。

因为每对基因都位于染色体上特定的位置，畜禽动物选育的目的就是确定位于动物每条染色体上的基因都是“有利”基因。即我们所希望使个体生长更快、饲料利用效率更高、胴体质量更高和产奶量更多的有利基因，而不是那些不利基因。显隐性的效应在选育中几乎忽略不计，虽然我们认识到它在生产中的确会起一定的作用，特别是受隐性基因影响的不利性状效应在杂交中会被显性基因所掩盖，从而可能产生杂种优势。

**图 17-4 公牛中心测定站(左)提供了一致的环境条件，因此可对来自不同群体公牛的遗传优势进行比较。右图所示纯种公猪的场内测定设施。这 2 种情况下所有的个体都接受同样的饲养、管理和照料。**

经 Kansas State University 授权。

有证据表明影响重要经济性状中的显性基因效应多为育种者所偏好。似乎大多数情况下显性基因都是有利基因，至少在生长、饲料转化率、窝产仔数和其他一些特性中均是如此(见 20.4)。

## 17.6　细胞质遗传

**染色体**
位于细胞核内，在细胞分裂时通过显微技术可观察到的且含有遗传物质(基因)的细胞内结构。

**细胞质**
细胞中非细胞核的部分。

**染色体**位于细胞核内，**细胞质**则位于细胞核外，但细胞质同样也含有影响动物某些性状的物质或结构。

细胞质 DNA 的存在导致了细胞质遗传的发生。除核染色体外，细胞质遗传也能够自我复制并将性状独立地传递给女儿。在大鼠、野鼠、人以及植物中都存在许多细胞质遗传的性状[①]。有两个广为人知的例子，一是与植物和动物呼吸相关的线粒体，另一个是叶绿体，两者都含有高突变的环状双链 DNA 分子。

高等生物的卵子中含有大量的细胞质，即由细胞质介导的母系遗传使正反交产生的后代有所差异。作为母本的品系 A 与品系 B 杂交，后代与品系 A 会非常相似。如果以品系 B 作为母本，则后代与品系 B 非常相似。

精子含有很少的细胞质，因此父系细胞质遗传的现象很少发生。未来的研究可能会揭示细胞质遗传对畜牧业产业经济的影响，以及母系遗传是由细胞质遗传还是由生殖过程中母本的其他效应所产生的。

有时，畜禽动物后代的重要经济性状与其母本更相似，但这些大都被证实是由属于环境效应的母性效应所引起的。

## 17.7　基因型和表型

如 17.3 所述，动物个体的基因或遗传组成是指位于染色体上一系列特异的基因。表型是指可见和可以检测的特征总称。一头黑色安格斯公牛的基因型是 *PPBBNN*，表明他是一头黑色无角、体型正常的公牛。假如此公牛的表型确实如此，基因型就对应于表型。由于基因 *P*、*B* 和 *N* 是显性基因，显然动物个体的表型透露了基因型的部分信息。例如，所有黑色无角、体型正常的安格斯牛至少必须携带有 1 个 *P* 基因，1 个 *B* 基因和 1 个 *N* 基因。

育种者希望了解种畜尽可能多的基因型。他们知道正常体型的公牛携带有 1 个 *N* 基因，但他们知道另一条染色体上的基因型吗？无角小公牛出生时他们就知道它携带 1 个 *P* 基因，但怎样才能知道另一个等位基因的基因型呢？

很多性状的表型并不完全与基因型相符。尽管一头羔羊携有生长快、产毛和产仔多的有利基因，但环境还是会影响基因作用的发挥。如果羔羊的母亲在分娩后死去，小羔羊得不到正常哺育，它将生长缓慢。如果给饲以低蛋白的食物，其羊毛生长也会受损。羔羊成熟后如果与不育公羊发生交配，该羊高产仔性的遗传潜能就得不到体现。

尽管某只鸡具有生成黄色皮肤的基因型，但如果缺少黄玉米或紫花苜蓿的高

①Giles，Richard E.，et al. Somatic Cell Genetics 6 (1980)：543.

谷物含量的饲粮，动物皮肤也很难获得足够多的黄色素。

**环境**效应经常大大地掩盖了基因型的效应或遗传潜能。第 18 章将详细讨论该主题。

**环境**

从受精卵开始，所有作用于动物个体的外部条件。

另外，很重要的一点是我们要认识到在个体整个生命过程中遗传和环境因素何时起作用。图 17-5 即说明了此问题。当分别来自父亲和母亲的精子和卵子结合成受精卵时，个体的遗传组成就已确定。受精的详细过程已在本书第 14 章进行讨论。

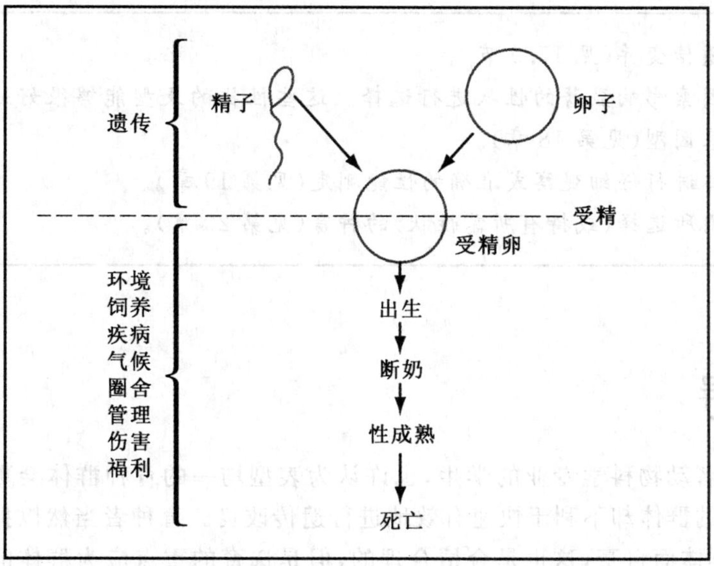


**图 17-5 个体的遗传组成在精子和卵子结合成受精卵时就已确定。在此之后任何影响因素都被认为是环境因素。**

任何影响受精后个体的外部因素都被认为是环境因素。这包括发育胚胎和胎儿在子宫的停留时间和禽类胚胎在蛋壳内的停留时间。例如，母体怀孕期间发生的营养缺乏将严重影响后代的发育及健康。维生素 A 的缺乏就是一个典型的例子。干旱发生时，很多妊娠奶牛只能采食到很少的胡萝卜素，即维生素 A 的前体。出生后的小牛多数表现为体弱；一些还表现为盲眼或视力低下，这种出生后个体的缺陷则是由环境引起的。

疾病发生，可能影响胚胎是否能够存活直至出生。钩端螺旋体病和布鲁氏杆菌病可以对胚胎产生直接的影响，并可在胚胎出生前将其杀死。该情况下胚胎的死亡是由环境因素(疾病)而不是由遗传因素造成的。

值得强调的是，个体的遗传组成一旦形成就不会改变①。环境因素可以影响个体的生长以及导致一些外部特征的变化，但却不能改变动物的遗传物质。例如，母牛因为受伤或乳房炎而导致的瞎乳头是不会遗传给后代的。母猪因营养不良而导致的矮小症也不会遗传给后代。去喙母鸡后代的喙更不会短于正常个体的喙。

上述例子说明部分环境因素可以影响动物的表型。表型与基因型的关联度是决定选育改良速率的重要因素。

①突变会引起个体遗传组成的改变，但发生几率很低，并不常见，因此本章不做讨论。

## 17.8 选育改良工作的原则

畜禽动物选育改良工作有4条原则，列举如下。育种者遵循这些原则可期获得较快的遗传改良进展。当然，这里的选择都是针对于重要的经济性状。具体原则如下：

原则1：拥有最大的遗传变异(见17.9节)。
原则2：针对受遗传因素影响显著的性状进行选择。这些性状的表型能够很好地体现个体的基因型(见第18章)。
原则3：对育种群个体进行仔细观察或准确的性能测定(见第19章)。
原则4：最有效地使用所选择(或持有所需性状)的种畜(见第20章)。

## 17.9 遗传变异

畜禽育种者，或者动物科学专业的学生，也许认为表型均一的育种群体会更受欢迎。然而，这样的群体却不利于快速有效地进行遗传改良。育种者当然以拥有表型均一的优良群体而自豪，这也是合情合理的，但是选育的重点应为群体的品质而不是整齐度。

牛羊饲养者喜欢购买外形一致的个体进行饲养。屠宰加工厂更喜欢收购大小、体型和育成时间一致的猪、羊和牛群。相比于质量相当但变异度稍大的群体，他们往往对较高整齐度的群体出价更高。对于加工者而言，均一的胴体同样也有利于产品的出售。

蛋鸡饲养者希望鸡蛋的大小一致，肉鸡饲养者希望肉鸡在同一时间达到上市体重。在畜禽业中对产品整齐度的追求根深蒂固。种畜购买者往往会被种畜群体高度的整齐性所打动。但是，被选育的种公畜(公鸡、公牛、公羊、公马和公猪)和种母畜并不是把“整齐度”和“变异”传给后代，它们传递的是基因。

同样我们要认识到，育种群的存在不仅仅是为了外观好看，为个人提供荣耀。是应通过选育改良为商品场提供更好的种畜，但在高度整齐的群体中很难取得改良效果。

比如，约翰和史密斯各有一群育种指数均值相同的小母猪，但约翰的猪群整齐度更好(图17-6)。两人都计划从猪群中选留5头后备母猪，并将其他的个体出售，谁会取得更大的改良效果呢？

结果是，史密斯会获得更大的改良进展，因为留种群与群体平均表型值的差异很大程度是由留种动物的基因型差异所致。史密斯种群的变异度更大，因而可以产生更大的“选择差”(见18.6)，下一代的遗传改良进展也就更大。如约翰的种群所示，种群的一致性越大，选择差就越低。

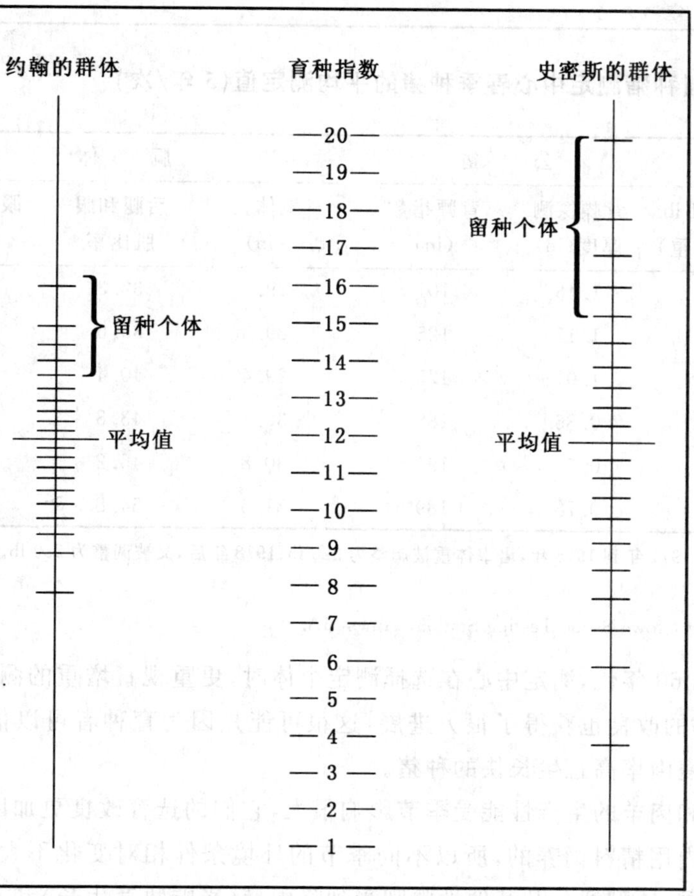


**图 17-6 约翰和史密斯的母猪育种指数分布图。**

## 17.10 遗传改良的实例

家畜群体的生产特性已经发生了很多变化。在家猪中很容易找到这样的例子,因为如前所述,猪的遗传改良进展较快,部分国家猪的育种目标已经多次修改。

在美国早期,腌肉和背膘易于保存,是体力劳动者所需要的高能量食品。并且,猪油可以用于肥皂、蜡烛以及军需品的生产。然而现在,猪油相应的市场已经不复存在,人们更需要的是瘦肉。

表 17-3 显示了 1956—1981 年春季艾奥瓦州种猪测定中心测定的种猪性能改良情况。请注意,瘦肉的改良效果非常显著,主要体现在背膘的探测厚度降低,后腿肉和腰肉的比例提高以及眼肌面积增大。这种变化并不能说明整个艾奥瓦州的猪群发生如此大的改变,即使是所涉及到的测定种猪群也不一定能够取得如此好的成绩。尽管测定中心能筛选出一些瘦肉型种公猪用于大群体瘦肉率的改良,但是其中 15 年中瘦肉率的显著提高,很可能是由于育种者自己提前选择一些瘦肉型猪个体送往测定站进行测定,尤其是在开始的几年,他们自然地希望自己提供的猪可以有良好的表现。

表 17-3 艾奥瓦州种猪测定中心春季种猪的平均测定值(5年/次)

| 年份 | 栏平均值 | | 公猪 | | 胴体[a] | | |
|---|---|---|---|---|---|---|---|
| | 日增重(lb/d) | (饲料利用率 1 lb 饲料 100 lb 增重) | 背膘探测厚度(in) | 背膘指数(in) | 胴体长(in) | 后腿和眼肌比率 | 眼肌面积($in^2$) |
| 1956 | 1.89 | 285 | 1.46 | 101 | 29.1 | 32.3 | 3.22 |
| 1961 | 1.80 | 284 | 1.17 | 125 | 29.3 | 35.6 | 3.87 |
| 1966 | 2.16 | 259 | 1.01 | 175 | 29.4 | 40.4 | 4.29 |
| 1971 | 2.11 | 249 | 0.86 | 188 | 30.1 | 43.8 | 5.15 |
| 1976 | 2.13 | 254 | 0.79 | 191 | 30.8 | 45.2 | 5.20 |
| 1981 | 2.01 | 244 | 0.78 | 189 | 31.5 | 54.8 | 4.94 |

a. 截止 1970 年,测定个体在约 200 lb 时屠宰;从 1971 年到 1976 年,屠宰体重被调整为 220 lb;1978 年后,又被调整为 230 lb。没有 1981 年后的数据记录。

来源:Stevermer, Emmett, Spring 1981 Summary, Iowa Swine Testing Station, Ames, IA.

在 20 世纪 60 年代,测定中心在选择测定个体时,更重视日增重的测定结果。但此时,瘦肉率的改良也获得了很大进展,这很可能是因为育种者可以依靠场内测定记录选择瘦肉率高且生长快的种猪。

由于肉牛和肉羊的生产性能受季节影响很大,它们的选育改良更加困难。猪是在固定圈舍内用精料饲养的,所以不同季节的环境条件相对变化不大。但是,牛和羊的断奶重、体型评分及其他性状则受到降雨量(影响牧草生长)和其他环境因素的很大影响。

家禽的产蛋量和生长速度的改良进展幅度较大,这主要是因为(1)性状遗传力高(≥35%);(2)种禽后代多,可开展高强度的选育;(3)个体由孵育箱孵化,通常在封闭的笼舍中饲养,生存环境相对稳定,因此母性效应和其他的环境因素不会显著影响遗传性状的表达。

俄亥俄州农业研究发展中心的科学家在对火鸡的生长和产蛋性状进行选育后,动物性状的表型值取得了很大的改良。由于存在"年效应"(每年的环境各不相同),在整个实验过程中设置了一个没有选择压力的对照群体,表 17-4 的数据来源于对照和实验群。在对生长性状进行选育的群体中,每年选择 14%~21%的母鸡留种。在对产蛋量进行选育的群体中,每年选择 17%~38%的母鸡留种。在进行了 5 世代的选择之后,产蛋量增加了 1 倍。生长速度在经过 4 代选择之后增长了大约 26%。

为什么产蛋量的改良速度要快于生长速度呢?表 17-4 的数据表明,火鸡经过选育后就巢性显著下降(无蛋时的抱窝时间)。也就是说,就巢性是限制火鸡产蛋量的重要因素。同时,经过选育母鸡的开产时间也有所提前。

表 17-4 在选择作用下,火鸡生长和产蛋性状的改变

| | 对照组 | 实验组 | |
|---|---|---|---|
| | | 8 周龄重选育组 | 产蛋量选育组 |
| 对生长性状进行 4 代选择后 | | | |
| 8 周龄体重(g) | 1 530 | 1 889 | |
| 24 周龄体重(g) | 5 997 | 6 905 | |
| 24 周胸宽(cm) | 5.0 | 5.3 | |
| 对产蛋量性状进行 5 代选择后 | | | |
| 开产日龄[a] | 19.5 | | 17.8 |
| 至 180 日龄产蛋量 | 57 | | 116 |
| 蛋重(g) | 84 | | 78 |
| 84 日龄内个体平均抱巢时间 | 1.47 | | 0.25 |
| 抱巢总时间(d) | 18.4 | | 7.4 |
| 84 日龄内鸡的平均后代数 | 27 | | 40 |
| 8 周龄体重(g) | 1 471 | | 1 475 |
| 50%产量时体重(g) | 7 810 | | 7 400 |
| 24 周龄胸宽(cm) | 4.8 | | 4.8 |

a. 从补充光照开始至产第一枚蛋(2 月 1 日)。

来源:McCartney, M. G., et al. Poultry Science, 47: 981, 1968.

## 17.11 繁殖力和世代间隔对改良速率的影响

家畜育种者经常羡慕植物育种人员在遗传改良方面取得的进展。玉米或者小谷粒植物的性状往往能够迅速被改变。在植物中,2 粒种子每世代就能够产生 700~2 000 个子代谷粒。利用半热带的气候环境,2 个世代的谷物能够在同一个季节中生长。我们可以设想一下群体的繁殖速度有多快。假设只用 1 颗含有 800 粒谷粒的玉米谷穗用于进行新品系的选育,并且以后每个世代中在每秆玉米上只产生 1 颗玉米穗,经过 2 年的种植就能产生 $3.276\ 801\times10^{15}$ 个子代谷粒。与畜禽相比,植物基因进行严格选择和快速复制的能力要大得多。

世代间隔是指 2 世代之间繁殖的平均时间间隔。世代间隔在畜禽动物中变化很大,并且影响遗传改良的进展。例如,家禽通常能够获得较高的遗传改良速度。这主要是因为,蛋鸡在 20~21 周龄时就开始产蛋。每只繁殖母鸡每年可孵出 250 多个小鸡,其中约一半是母鸡。而每一只公鸡能够繁衍数以千计的后代。一个世代间隔只要 1 年,甚至只需 7~8 个月。这使得家禽业中蛋鸡和肉鸡的专门化品系的选育速度非常快,这些品系能够迅速地取代传统的品种。选育的目标是获得最优良的种群,一旦获得这样的群体就进行快速扩繁。

因此在育种实践中,遗传育种和饲养管理水平的提高使得肉鸡生产性能的改良成效显著,这表现为生长速度和饲料利用率的增加(表 17-5)。自 1950 年以来,肉鸡达 4.65 lb(而非 3.0 lb)体重日龄的时间缩短了 40%,饲料消耗量减少了 46%。

表 17-5 肉鸡生产性能改良进展

| 年度 | 重量(lb) | 每磅增重消耗饲料(lb) | 上市日龄(周) |
|---|---|---|---|
| 1935 | 2.80 | 4.4 | 16.0 |
| 1950 | 3.00 | 3.5 | 11.0 |
| 1975 | 3.75 | 2.0 | 8.0 |
| 1994 | 4.65 | 1.9 | 6.5 |
| 2003 | 4.5 | 2.0 | 6.0 |

来源：Poultry Tribune，September 1995 (1935—1994). Purdue Poultry Extension Specialist (2003)。

猪是繁殖力最高的家畜，母猪通常会在1岁时就开始产仔，在良好的饲养管理条件下，一年可产2胎以上，一年1个世代。现在，经挑选的母猪通常在1岁时可产大约9头小猪，并且到18月龄可再产9头或更多的后代仔猪。

所选公猪的后代数也是可以推算的。1头公猪在经过挑选使用的2年后，在正常使用的情况下，他可以产生数以百计甚至数以千计的后代。但要注意的是，动物并不是植物，雌雄同体的玉米，其每颗种粒既可以作为父本，也可以作为母本。但在猪的后代中，将有一半是公猪，一半是母猪。

在许多羊群中，母羊在2岁后才会开始产羔。即便给予最好的饲养管理条件，群体的双羔率依然低于50%。因此，如果仅选择使用1头优秀的种母羊，经过多个世代甚至是多年以后，也不会对整个种群的品质产生很大的影响。

牛的情况又如何呢？大多数的母牛在2～3岁时开始产犊，而且犊牛的成活率通常低于100%。尽管理论上牛的世代间隔可为2～3年，但5年则更为实际，因为会存在一些不孕及流产的母牛，还有一些母牛直到4～5岁，甚至到10岁时才开始产犊。因此，尽管人们在实际生产中使用超数排卵、胚胎移植及性控精液等技术缩短了动物的世代间隔，减少了后裔测定所需要的时间，但是，牛的选育改良还是非常缓慢的过程。

尽管繁殖力和世代间隔对畜群遗传改良的速率有显著影响，在有些物种中还是阻碍遗传改良的瓶颈，但是在过去的1个世纪里，育种学家们对各个品种的改良均成效显著。而且，近年来科学的发展，可以使人类通过各种技术提高动物的繁殖能力(见第14章关于人工授精、超数排卵和胚胎移植的讨论)，从而进一步提高群体的改良速率。

## 思考题

1. 什么是脱氧核苷酸？它与基因和染色体有什么关系？

2. 核苷酸的3个基本组成成分是什么？

3. 列举出下列动物体细胞的染色体数目：猪、羊、牛、马、鸡。

4. 什么是有丝分裂和减数分裂？二者之间有什么区别？哪一种只在卵巢和睾丸的特定细胞中发生？

5. 在精子和卵子中含有的染色体数目是单倍体还是二倍体？受精卵是单倍

体还是二倍体？

6. 精母和卵子的形成过程有什么主要区别(参照图 17-2)？

7. 解释下列词语：

| | |
|---|---|
| 等位基因 | 同源性 |
| 染色体 | 纯合 |
| 显性 | 位点 |
| 基因型 | 表型 |
| 杂合 | 隐性 |

8. 杂合的黑毛个体(*Bb*)与隐性的纯合个体(红毛)交配，后代毛色的基因型分布情况将会如何？表型的分布又将如何？

9. 列举 3 种以上由 1 对隐性等位基因影响的性状。

10. 性连锁性状的含义是什么？

11. 为什么在实际生产中不能够准确地预测大多数重要经济性状的表型和基因型？

12. 举例说明环境效应会限制个体最佳表型的表现和基因型的完全表达。

13. 解释为什么遗传改良需要种群中存在相当大的变异，并举例说明。

14. 列举出有效的选育改良工作应遵循的 4 条原则。

15. 比较下列家畜和家禽的世代间隔：鸡、猪、羊、牛、马。世代间隔对遗传改良的速率有什么影响？

翻译：任军；校对：刘林，翟丽维

# 第18章

# 遗传力和遗传进展

# Heritability and Genetic Improvement

虽然，有经验的动物育种者都能够正确地观察或测量动物的表型性能。然而，在选择优秀种用动物的过程中，我们本来期望获得同样优秀的后代，但我们选择的准确性往往并不很高。为什么我们有时在下一代中会看到令人失望的结果呢？主要原因是我们没有正确的区分造成动物性能差异的2个部分，即遗传部分与环境部分。本章力求更好地解释遗传力的概念，以及通过选择能够预期获得的遗传进展。

**遗传力**可以被定义为畜禽动物的性状表型中遗传影响的相对重要性，其他的影响都被认为来自环境因素。性状遗传力的取值范围从0～100%。回顾本书17.7和图17-5，可以更好地理解在畜禽动物的生命周期中，遗传和环境是如何发挥它们各自的作用的。

> **遗传力**
> 特定性状表型中，遗传影响所占的比例。

学习本章后，读者应掌握以下内容：

1. 定义遗传力。
2. 解释为什么遗传力是针对性状的概念，而不是动物。
3. 畜禽动物的高遗传力、中等遗传力以及低遗传力的性状分别有哪些？并解释为什么这些性状的遗传力有所不同。
4. 请解释在畜禽群体中，如何提高或降低某一性状的有效遗传力。
5. 定义并计算选择差。
6. 给定选择差和遗传力，计算性状经一个世代选择的预期遗传进展。

## 18.1 遗传与环境影响

因为动物的基因型（遗传）在受精发生时即被确定，所以也可以说，动物的遗传潜力受精时已被确定。如果发生受精的精子与卵子含有许多优良基因，例如，高繁殖力、高生长率、高饲料利用率、良好的胴体以及其他目标性状的优良基因，则发育并最终出生的个体将具有优秀的遗传潜力。动物遗传潜力的实现程度则又取决于环境因素,例如,日粮、畜舍、气候、疾病发生、管理等。如果环境条件非常优异,遗传潜力就可能得到较好的发挥,甚至全部发挥。最适合的日粮、畜舍、卫生设施和管理将有助于实现动物的快速增重,高效的饲料利用率,优异的繁殖表现和顶级的胴体质量等。

当然,如果动物的遗传潜力较差,那么很明显,即使提供最好的日粮、畜舍、卫生设施和管理,动物也不能生产出顶级的产品。但总体上讲,好的环境有助于动物生产潜力的发挥。

动物的遗传潜力(基因型)在受精时被确定之后,环境对性状的影响也各不相同。有角性状在肉牛上由遗传(基因型 *PP*)所决定。毛色同样也由遗传所决定。基因型 *BB* 的安格斯牛是黑色;*bb* 则为红色。白羽的鸟将生育白羽的幼雏。纯系杜洛克猪只遗传红色的毛皮。萨福克羊头部和腿部明显的黑色斑纹也受遗传所控制。这些性状都是高遗传力的性状;遗传是影响性状的主要因素,环境发挥的作用相对较小。

那么,繁殖力又如何呢?我们可以想象一下所有可能提高或限制猪的窝仔数、鸡的产蛋量、牛的产犊率或者羊的双羔率的环境因素。与配个体的繁殖力、繁殖时间、日粮的数量和质量、疾病发生率、机械损伤以及其他因素都对繁殖力有重要的影响。即使动物的遗传潜力已被确定,许多不同的环境因素依然可以发挥作用,影响遗传潜力的发挥。因此,该类性状的遗传力通常较低。

很明显,动物的所有性状都受遗传和环境2方面的影响,只是两者的影响程度不同。图18-1表示了遗传和环境对牛日增重的不同影响。

| | 圈1 | | 圈2 | | 平均值 |
|---|---|---|---|---|---|
| | 动 物 | 日增重 | 动 物 | 日增重 | |
| 双胞胎(A、A′) | A | 1.20 | A′ | 1.80 | 1.50 |
| 双胞胎(B、B′) | B | 1.40 | B′ | 2.00 | 1.70 |
| 平均值 | | 1.30 | | 1.90 | 1.60 |

环境差异=0.60

**图18-1 家畜个体的表型差异来自于遗传(基因)和环境2个因素。本例情况下,环境对日增重的影响要大于遗传因素。**

两组的双胞胎肉用牛,双胞胎其中的一员在圈1喂养,另一个体则在圈2喂养。这2个圈舍位于不同的位置,畜舍的设计和所饲日粮均有差异。两组双胞胎之间没有任何关系。

圈1和圈2之间,个体0.6 lb的日增重差异显然来自环境的影响。当然,我们并不能确定这种差异来自于哪种环境因素(地理位置、日粮或畜舍的设计)。

最右列的个体均值显示了动物增重能力的遗传差异。因为,两组双胞胎各有1个个体在相同环境中进行饲养,所以均值0.2 lb的日增重差异明显来自于遗传因素。

以上情况,环境因素比遗传因素对日增重的影响更大。当然,如果这两个圈舍相邻,并使用相同的日粮和设备,环境因素导致的差异则会相对减小。

值得强调的是，全世界的遗传学家都在研究性状表型的差异，如图 18-1 所示。因此，通常对某一性状会进行多次的遗传力估计，并与其他估计结果进行比较汇集。最后，性状遗传力估计值的总平均则可以用于实际的育种实践，参见表 18-1。

表 18-1 部分畜禽动物特定性状的遗传力近似值[a]

| | 百分比 | | | | | 低遗传力(L)<br>中等遗传力(M)<br>高遗传力(H) |
|---|---|---|---|---|---|---|
| | 奶牛 | 育肥猪 | 肉牛 | 绵羊 | 家禽 | |
| 体型外貌： | | | | | | |
| 体躯结构评分 | 25 | 30 | 25 | 15 | — | M |
| 斑点数(荷斯坦牛) | 95 | — | — | — | — | H |
| 脸部遮盖 | — | — | — | 55 | — | H |
| 皮肤褶皱 | — | — | — | 40 | — | M,H |
| 功能乳头数 | — | 50 | — | 20 | — | M,H |
| 胫骨长 | — | — | — | — | 25 | H |
| 体高 | — | — | — | — | 45 | H |
| 繁殖效率： | | | | | | |
| 单次妊娠配种次数 | 5 | — | 10 | — | — | L |
| 繁殖间隔 | 0 | — | 10 | — | — | L |
| 出生数 | — | 10 | 5 | 10 | — | L |
| 出生重 | 60 | 5 | 40 | 30 | — | L,M |
| 受精蛋孵化率 | — | — | — | — | 10 | L |
| 生产性状： | | | | | | |
| 断奶重 | — | 10 | 25 | 30 | — | L,M |
| 12 周龄生长率 | — | — | — | 10 | 40 | L,M |
| 断奶后放牧增重 | — | — | 30 | — | — | M |
| 断奶后肥育增重 | — | 25 | 50 | 60 | — | M,H |
| 成熟体重 | 60 | — | — | 40 | 50 | H |
| 产奶量 | 25 | — | — | — | — | M |
| 乳脂率 | 50 | — | — | — | — | H |
| 饲料转化率 | — | 30 | 40 | 20 | — | M |
| 纤维长度 | — | — | — | 50 | — | H |
| 剪毛重 | — | — | — | 38 | — | M |
| 产蛋量 | — | — | — | — | 35 | M |
| 蛋重 | — | — | — | — | 60 | H |
| 健康和稳定性： | | | | | | |
| 存活率 | — | — | — | — | 10 | L |
| 耐热性 | 20 | — | — | — | — | L,M |
| 乳房炎抗性 | 25 | — | — | — | — | M |
| 长寿性 | 10 | — | — | — | — | L |
| 眼癌易感性 | — | — | 30 | — | — | M |

表 18-1 续

| | 百分比 | | | | | 低遗传力(L)<br>中等遗传力(M)<br>高遗传力(H) |
|---|---|---|---|---|---|---|
| | 奶牛 | 育肥猪 | 肉牛 | 绵羊 | 家禽 | |
| 胴体性状： | | | | | | |
| 体长 | — | 60 | — | — | — | H |
| 眼肌面积 | — | 50 | 55 | 53 | — | H |
| 背膘厚 | — | 50 | 40 | 50 | — | H |
| 腿肉比 | — | 55 | — | — | — | H |
| 瘦肉率 | — | 48 | 40 | 35 | — | M,H |
| 嫩度 | — | — | 60 | — | — | H |
| 胴体等级 | — | — | 35 | — | — | M |
| 大理石花纹评分 | — | — | 50 | — | — | H |

a. 参见本书第 32 章马的遗传力估计。

来源：改自 Craft, W. A., J. Animal Sci. 17:960, 1958; Shelton, Maurice, and Carpenter, O. L., Texas Agr. Exp. Sta. Lamb Report 21, 1957; Warwick, E. J., J. Animal Sci. 17:922, 1958; Minyard, J. A., and Dinkel, C. A., J. Animal Sci. 24:1072, 1965; Kinney, T. B., Jr., et al., Poultry Sci. 47:113, 1968; Carson, J. R., Purdue Agr. Exp. Sta. Bull. 754, 1962; Warwick, E. J., and Legates, J. E., Breeding and Improvement of Farm Animals, New York: McGraw-Hill, 1979; and other sources.

## 18.2 遗传力的含义

如前文所述，遗传力被定义为畜禽动物的性状表型中遗传影响的相对重要性。遗传力还有另一种定义方式。在动物个体之间，每个性状的表现都存在着很大的差异，这种存在于动物间特定性状的变异来自于遗传和环境 2 个因素。由遗传（祖先或父母）所导致的变异的比例，即遗传力。因此，遗传力又是个体表型变异可以被传递到下一代的比例。

遗传力的表示符号是 $h^2$。通常，遗传力的估计仅考虑加性基因效应，因此，遗传力又可以定义为加性遗传变异占总表型变异的比例：

$$h^2=\frac{\sigma^2 a}{\sigma^2 a+\sigma^2 n+\sigma^2 e}$$

其中，$h^2$ 表示遗传力，$\sigma^2$ 表示方差，$a$ 表示加性效应，$n$ 表示非加性效应（例如，基因显性作用、互作效应或上位离差），$e$ 表示环境效应。该公式从另外一个角度也说明了，我们是可以通过选择来实现动物群体的遗传改良。

当然，遗传力的概念还有其他含义。它还可以表示性状的基因型和表型间的相关程度。例如，如果猪的瘦肉（肌肉）性状的遗传力较高，较高瘦肉率的个体则很可能含有利于瘦肉发育的基因型。大多数性状，如瘦肉率，受到许多基因的影响，很多基因也可能尚未发现或命名。即使在这种情况下，我们还是可以推断，高瘦肉率的个体必然携带了较多的有利基因。

遗传力还表示了表型和育种值之间的相关程度。如果瘦肉性状的遗传力高，那么瘦肉型猪应该携带“瘦肉”基因，并且可以将这些基因传递给下一代。

几年前，蒙大拿的迈尔斯城曾在标准的日粮饲养体系下，对 7 头公牛的增重速度进行了比较，“十系”公牛在该测试中排名第一。一年半后，在相似的日粮饲养体系下，每头公牛的公牛后代再次进行了测试。公牛后代的表现可能优于或者低于父本，但十系公牛的后代群体仍然总体排名第一。这表明增重速度是显著的可遗传性状，即很大程度上受遗传的影响。

## 18.3 性状的遗传力

遗传力的概念是针对性状而言，而并非动物个体。虽然育种者必须将动物作为整体进行留种或者淘汰，但他们选择的仍然是动物所携带的性状。动物的遗传素质决定了所有性状的表现潜力，但是环境对某些性状的影响更大。因此，同一物种不同性状的遗传力差异很大(表 18-1)。遗传力估计通常以百分率表示，分类如下：

- 低遗传力：0～20％
- 中等遗传力：20％～40％
- 高遗传力：40％以上

值得注意的是，不管什么物种，与身体、胴体结构或身体组成有关的性状，特别是那些在断奶前观察或测量的性状，通常遗传力较高。与此相反，诸如繁殖力、断奶前增重以及断奶前存活率等，该类性状则更易受到农场环境因素的影响，具体包括日粮、畜舍、疾病控制以及管理等。因此，对影响该类性状的环境因素进行讨论具有重要的价值。

### 为什么某些性状是低遗传力性状

繁殖力的遗传力通常很低。高繁母猪的后代并不一定能够同样表现出高的繁殖力。大量数据证明，来自单胎或双胎的母羊产双羔的几率基本一致。产犊间隔是牛重要的繁殖力指标，该指标的遗传力同样很低。同样，奶牛单次妊娠所需的配种次数也属于低遗传力性状。诸如疾病或损伤等环境因素，可能是造成配种后返情的主要原因。

猪的育种者通常会将高繁母猪的后代留作种用，但这种做法并不具备科学的理论基础。母猪的高繁表现只能够证明个体本身具备高繁的遗传潜力，并且外部的环境因素也利于遗传潜力的发挥。当然，高繁母猪可能会将高繁殖力基因传递给后代，但不能够保证后代所处的环境同样有利于该遗传潜力的发挥。

同样，窝产仔数低的母猪的后代也并不一定就遗传得到了低繁殖力的遗传基础。母猪的低繁殖性能表现，可能由多种环境因素造成，如饲养环境和饲养水平、错误的授精时间、妊娠期的饲养水平、疾病的发生或者机械损伤等。性状的低遗传力表明，在绝大多数情况下，这些环境因素是造成窝产仔数变异的主要原因。

## 为什么某些性状是中等遗传力性状

表 18-1 涵盖了部分品种体型评分的遗传力估值，估值范围为 15%～25%。这些估值低于中等遗传力的取值范围，这可能会使人相当吃惊，因为过去种畜的选择通常都是只通过外部观察进行，并且体型占有很大的比重。通常，与不具亲缘关系的个体相比，具有亲缘个体之间的表型相似性更高，遗传力的计算也正基于此。数据可以是实际的体重、胴体体尺或者其他客观的度量值，但也可能是主观的评定数据，如体型评分等。

客观的度量方法，需要基于相同的度量精度。但是，体型评分的获得主要依靠人的主观判断，则可能受到如下因素影响：(1)评定人员当天的精神状态；(2)刚评定完的其他群体，或评定个体父母的评分；(3)观察动物的角度；(4)被毛；(5)评定即将结束；(6)动物的性情。这些因素及其他原因可能导致评定产生误差，因此使遗传力的估计值偏低。

与畜禽动物饲养相关的性状的遗传力通常较高。如表 18-1 所示，增重性状和饲料转化效率的遗传力估值范围为 30%～60%。对于同一育肥舍饲养的动物个体，影响性状表达的环境因素大体相同，只产生很小表型变异，进行肥育的动物都被饲以相类似的高能量日粮，以期快速增重提早上市，因此大部分的表型变异来自于动物所携带的基因型。值得注意的是，断奶后放牧肉牛增重的遗传力只有育肥场增重遗传力的 3/5。

产奶量、乳脂率以及其他相关指标均显著受遗传因素的影响。然而，环境因素的差异，如饲养条件、头胎产犊年龄、挤奶方法等，同样也能够造成表型数据的很大变异。该类指标较高的遗传力说明，选择生产性状优秀的母牛进行群体更替，选择预测传递力(PTA)排名较高的公牛进行繁殖，群体就可以预期取得良好的遗传改良效果。

## 为什么某些性状是高遗传力性状

肉用动物胴体性状的变异主要来自遗传因素。例如，猪的椎骨数，早在胚胎发育期就已确定，环境因素基本没有发挥作用。胴体长和腿长等骨骼相关性状也大多如此。

瘦肉率和脂肪含量也是高遗传力性状，并且具有重要的经济学意义。牛肉嫩度具有较高的遗传力，这表明饲喂高能量的日粮对嫩度的影响很小(见 26.7)。从而，嫩度性状可能可以通过选择来实现遗传改良。

马的各种性状的遗传力研究相对较少。这主要是因为，马的群体数量较小，同时，同代或不同代个体的管理方式和驯养方式多有不同。目前已有的部分估值如表 18-2 所示。

表 18-2 马部分性状的近似遗传力

| 性状 | 遗传力(%) |
|---|---|
| 牵引力 | 20～30 |
| 行走速度 | 40～50 |
| 慢跑速度 | 35～45 |
| 奔跑速度 | 35～40 |
| 运动能力 | 40～50 |
| 肩高 | 45～50 |
| 心脏周长 | 20～25 |
| 体重 | 25～30 |
| 性情 | 25～30 |
| 智力 | 30～40 |

来源：Warwick, E. J., and J. E. Legates, Breeding and Improvement of Farm Animals, 7th ed. New York: McGraw-Hill, 1979 Used with permission and other sources.

## 18.4 遗传力和选择成效

本书前文介绍了通过选择获得群体改良的 4 个基本原则(见 17.8)。第 1 个原则是“拥有最大的遗传变异”,该部分内容已经在本书 17.9 中进行介绍。本节将具体介绍第 2 个原则:

---

原则 2:针对受遗传因素影响显著的性状进行选择。

---

性状具有较高的遗传力是有效进行选择的基本保证,具体原因如下。例如猪的瘦肉率,因为瘦肉率属于高遗传力性状,育种者可以相当确定瘦肉型猪含有所谓的“瘦肉”基因。因为该遗传力性状的表型和基因型相对吻合,种畜可以准确选择。我们推测这些“瘦肉”基因将可以传递给后代,并且成为后代发育成瘦肉型个体的主要决定因素。后代的表型和基因型亦非常吻合。换句话说,如果某一性状遗传力较高,携带该性状的候选种畜则很可能是良好的育种素材,更易将该性状传递给后代。此外,由于选择的高效性,我们可以预期通过选择将获得快速的进展,特别是对于高繁殖率的猪和禽类尤其如此。

更进一步,如果我们选择的性状具有高的遗传力和重要的经济价值。那么,购买该性状育种指数较高的种公畜,并在群体内有效使用,就可以迅速的获得高额的投资回报。

另一方面,如果性状遗传力较低,环境的变异常常掩盖了基因型的作用,这使得群体的选择和替新工作更为困难。例如,母羊的繁殖力是低遗传力性状。生单羔的母羊可能具有高产基因,也可能不具备该类基因,育种者该如何区别呢?

此外,即使选择得到好的种畜,并在群体内使用,对于低遗传力的目标性状,后代个体的表现也不会非常接近动物所携带的基因型，这是因为环境因素对基因型表达的掩盖。这种情况下，选择效率将会降低，通过选择获得的遗传进展也相当缓慢。

当一个重要经济性状的遗传力很低时，育种者应当将更多的时间、精力和金钱用来改善环境因素的影响，而非进行种畜的选择。对于低遗传力的繁殖力，育种者应该贯彻执行严格的卫生管理，检测监控公畜的繁殖性能，饲喂科学的日粮，以保持动物最佳的繁殖状态(见第 15 章)，同时提供充足的设备，并在母畜产仔期间提供细致的看护。

目前，繁殖力主要受环境控制的观点仍然难以被广泛接受。多数养殖者可以引用众多的实例表明来自高繁个体的后代公猪或母猪，同样具有优异的繁殖表现，因此对繁殖力的选择明显有效。但是这里我们要强调的是，进行严格和细致选择工作的家畜生产者，往往也是一个优秀的动物饲养管理者，饲养管理才是繁殖力优异表现的主要原因。

窝产仔数的提高主要来自自发而无意识的选择，目前这种观点仍然往往为经验丰富的育种者所怀疑。但在实际中，养殖群体可能含有数目相同的高繁和低繁母猪，在毫无意识的选择下，后备母猪随机留种，其中更多的留种个体会来自于高繁母猪的后代，因为高的繁殖能力使群体中高繁母猪的后代个体更多，所占后代群体的比例更大。因此，这种繁殖力的改良是自发的，来自于绝对无意识的选择。对于其他动物品种，如奶牛、肉牛或家禽，也是如此。

当然，我们并不是建议中止对家畜繁殖力的选择。如果母牛每隔 12 个月就能完成 1 次产犊，那么它很可能具有相当高的遗传潜力(基因型)。如果母羊产下双羔或三羔，那么它也可能具有高的遗传潜力。窝产 15 头仔猪的母猪也是如此。这些基因都很可能被传递给后代。因此，如果环境可以做到并保持最优的状态，繁殖力的选择将更具价值。虽然低遗传力性状的遗传进展缓慢，但是重要的繁殖性状仍应当包括于长期的育种目标之中。

## 18.5 提高选择准确度的方法

畜禽动物的饲养者都希望选择更具高效(选择最佳的基因型)，从而实现最快的群体遗传改良进展。饲养者可以通过减少环境的变异，从而使表型(增重率、瘦肉率、或者其他可观察或测量的性状)更精确地反映动物的遗传潜力(基因型)。这种情况下，性状的表型差异将更多地取决于遗传因素。

待定的种用动物使用相同的饲料、畜舍和照料，可以使群体的选择更为精确，因为上述操作尽可能的减小了环境因素造成的性状表型变异。但是，如果我们需要购买种公猪的话，待选的公猪可能来自不同的育种单位，来自不同的地区、使用不同的育种计划、使用不同的饲养设备、更有许多未知的变异存在，这使得我们几乎不可能知道动物间表型变异的主要来源，既可能是遗传也可能是环境。

动物测定站的发展为上述问题的解决提供了一种较为有效的方案。在测定站内，所有的围栏和设备都保持一致。从标准的初始体重开始，所有的动物都饲喂以相同的日粮，力图消除一切影响动物表型的环境变异。因此，我们可以确定测定站中特定性状表现最佳的动物携带有性状的优势基因，并且可以向后代进行传递，详见框 18-1。

**框 18-1 肉牛性能测定的规则(例),摘自 1996 年夏印第安纳肉牛性能测定改良计划**

**计划目的**

(1)促进肉牛的性能测定和胴体评估,并教育生产者认知这 2 项工作的价值;

(2)对场内性能测定进行补充;

(3)为评估后备公牛的性能提供共同的环境;

(4)帮助饲养者挑选后代长势快、饲料转化率高、胴体价值高的公畜;

(5)通过公牛种用稳定性、骨盆面积、肋眼肌面积和肋脂肪厚度的评估,帮助牛肉生产者获得优秀的性能测定公牛。

**参与要求**

(1)欢迎任何牛肉生产者加入 IBEP(Indiana Beef Evaluation Program)性能测定。

(2)参加个人或公司必须是印第安纳肉牛协会(IBCA)或下属单位的当前会员。

(3)鼓励新会员参与该计划,新会员需要已经参与经牛肉改良联合会(BIF)认证的官方场内性能测定计划。为使公牛达到 IBEP 的拍卖标准,新会员必须加入官方的场内性能测定计划,畜群中主要犊牛的断奶数据必须向相关机构进行报告,并有相关机构完成处理。

**计划公牛要求**

(1)个体的出生日期必须在 1995 年 5 月 1 日到 10 月 31 日之间。

(2)IBEP 性能测定中必须登记真实的出生重。

(3)符合国家或国际育种协会规定的纯种个体定义。注册表的复印件或申请表,必须在运送公牛到测定站之前提交。如果符合如下条件,未经登记的公牛也可接收:a)满足所有其他的合格要求,b)公畜在各自的育种协会已注册/登记,c)公牛的育种组织在指定之列。

(4)公牛必须无角,或在运抵之前去角;去角创伤必须处理治愈,在运送期间无感染发生,否则个体将会予以拒收。

(5)交付测定站前,个体体重至少达到 450 lb,并且动物的体重日龄必须大于或等于 2.25 lb(包括出生重)。

(6)公牛在交付期间必须通过健康检查,如果个体出现生病、狂躁,或者存在可能会影响未来繁殖力的身体缺陷,如隐睾、睾丸发育不全、关节炎、蹄叶炎、“双肌”等,测定站将不予接收。推荐登记前在动物接种时进行阴囊触诊。

(7)如果测定站已满,每户的测定公牛数量将限制于 5 单位。一个单位指来自同一个公畜的 1~3 头后代公牛。牛主身份必须与动物在育种协会中的注册信息一致。

(8)动物进入测定站的次序需按照单位进行,参见上一要求。如果测定站未满,牛主可增加一个单位的名额,要求依然如上。如果测定站还有空间,名额继续增加,直到测定站满为止。不过,夏季,测定站通常不能达到饱和。

**健康要求**

(1)公牛在交付前的 30 d 之内,必须经过普鲁氏菌病检测并呈阴性,或者公牛来自于可靠的已鉴定群体,否则测定站将予以拒收。来自未经无肺结核认证州的动物同样要经过肺结核的测验。公牛还必须来自于无约翰氏病(类结核)的群体。

(2)动物必须无癣病和疣病。

(3)动物必须有官方的兽医检查证明,并且按照要求接种了如下疾病的疫苗或菌苗:牛鼻气管炎(IBR)、牛病毒性腹泻(BVD)、副流感病毒($PI_3$)、睡眠嗜血杆菌、钩状螺旋体、梭菌、牛呼吸道合孢体病毒(BRSV)、巴斯德氏菌。

(4)测定站交付时初次接种疫苗不得早于 2 个月(3 月 1 日)或晚于 3 周前(4 月 9 日)。兽医或业主必须出示所有要求的免疫证明、疫苗/菌苗的产品名称、产品的过期日期以及动物接种的时间。

(5)动物需要在 4 月 1 日前完成断奶和去角操作;在抵达测定站前要使动物习惯于饲槽饲养。当测定站接受牛主的申请后,具体的断奶/接种疫苗说明将会通过邮寄的方式送抵牛主个人。

(6)在性能测定前,公牛必须去除所有的内生和外生寄生虫。

**相关说明**

(1)如果在官方的性能测定前,个体的性能测定因任何原因被取消,测定站将退还交付人的全部费用。

(2)动物将会随时进行检测。当记录年龄和外观年龄存在差异时,根据牙齿的发育和结构,测定站管理委员会保留采取适当行动的权利。同样,动物随时可能被测血型。如果出身或血统存在不符的情况,管理委员会同样保留采取适当行动的权利。

(3)在以教育为目的的前提下,普度大学和印第安纳肉牛协会有权以各种形式编辑、使用和出版所有 IBEP 采集的数据和信息。

**框 18-1**　　续

**个体鉴别**

(1)动物必须具有清晰的个体特异的数字文身、冷冻烙印或常规烙印。在交付前，动物没有清晰的、数字的、永久的识别标志的将会被拒绝接收。强烈建议牛主在动物的左耳打上耳标，耳标号码与文身号码保持一致。

(2)动物运输交付时，测定站会给动物打上塑料耳标，用于性能测定的识别。

来源：Indiana Beef Cattle Association.

如果后备种畜无法运往中心测定站进行测定，人们有时会通过一些工作来标准不同场间的环境，以完成所谓的"场内"测定。参与"场内"测定的育种场必须进行标准的饲养试验。具体包括，从相同的年龄或体重开始饲喂相同的日粮，在相同的年龄或体重完成测定，使用相同的测量和观察手段。该种情况下，某些环境的差异仍然存在，但已被一定程度的降低，从而使更多的表型变异取决于遗传因素，因此选择的效力也将会得以提高。

参与奶牛群体改良(DHI)官方测定的群体中，通常利用数学的方法对产量进行校正，以减小部分特定环境变异的影响。产犊年龄、产犊季节、每天挤奶次数、哺乳期以及其他因素都不同程度的影响着动物的产量；但详细记录可以帮助计算出上述因素的影响程度(见第 30 章)。在上述情况下，环境因素通过数学的校正得到最小化，产量的选择也会因此而更加有效。

另一种提高选择准确性的方式，是通过在比较特定性状上，备选种畜与群体平均值的差异程度(图 18-2)，从而进行选择。动物的生存环境趋向于把个体的性

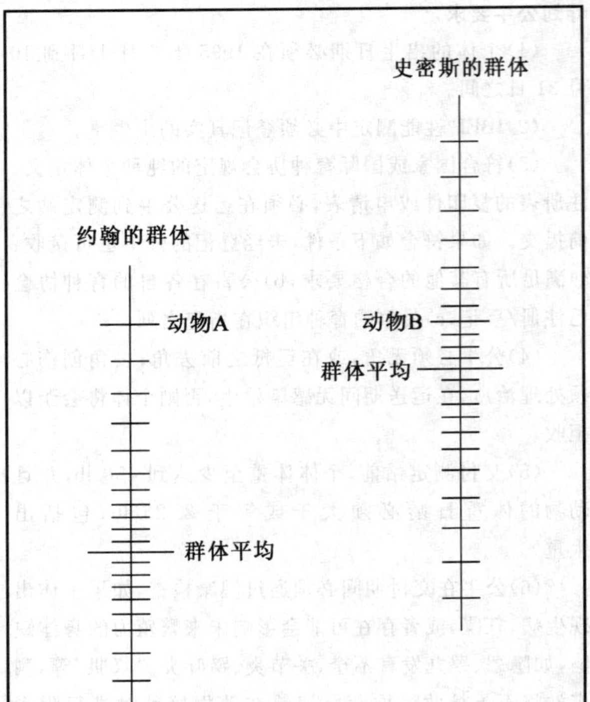


**图 18-2　在不同群体均值的畜(禽)群中，性能相同的动物在目标方向上背离群体均值越多，则越可能携带有对应性状的优良基因。即动物 A 很可能在遗传上优于动物 B。**

## 彩页 E　禽蛋生产

1. 绝大多数商业蛋鸡均源自白来航种的家系或品系。母鸡具有很高的产蛋效率，开产头年就可产出 300 枚左右的鸡蛋。

2. 在禽类生产中，雏鸡以平养方式育成，我们需要给个体提供温暖的环境温度，并注意个体对饲料及饮水的适应程度。对不满周岁的小母鸡，我们需要关注营养的供给以及光照的控制，通常母鸡可在 20 ～ 21 周龄开始产蛋。

3. 产蛋群体通常采用笼养的方式进行饲养，通常每笼 4 ～ 6 羽，产蛋舍所饲个体总数可达 60 000 ～ 100 000 羽。日粮、饮水、光照以及通风是影响禽类舒适程度与产蛋效率的主要因素。达 52 周生产期后，群体全部将由新育个体进行替换，或者采用强制换羽技术让全群进入次年的生产。

4 和 5. 鸡蛋的生产高度自动化，产蛋舍设备会自动收集新鲜干净的鸡蛋，并完成分级，直至生产出高品质的盒装产品。除东海岸地区，白壳蛋在美国广受欢迎。

5.

6. 鸡蛋可以为人类提供高质量的蛋白，可以加工烹饪为美味可口的菜肴。鸡蛋卵黄的胆固醇含量较高，对于血液胆固醇水平过高的个人，食用鸡蛋会产生不利的影响。但鸡蛋的蛋白部分则没有任何食用的禁忌。

（图片分别经 DeKalb Poultry Research, Inc.，The American Egg Board,and Purdue University 授权）

## 彩页 F　肉鸡和火鸡生产

1. 美国的肉鸡生产具有很高的生产效率，可以为市场提供经济的肉品切块。肉鸡的生产首先开始于具备优秀遗传潜质的繁殖群种雏鸡。

2. 雏鸡 1 日龄时，需进行“翻肛鉴别雌雄”，从而将雌、雄个体分群饲养。

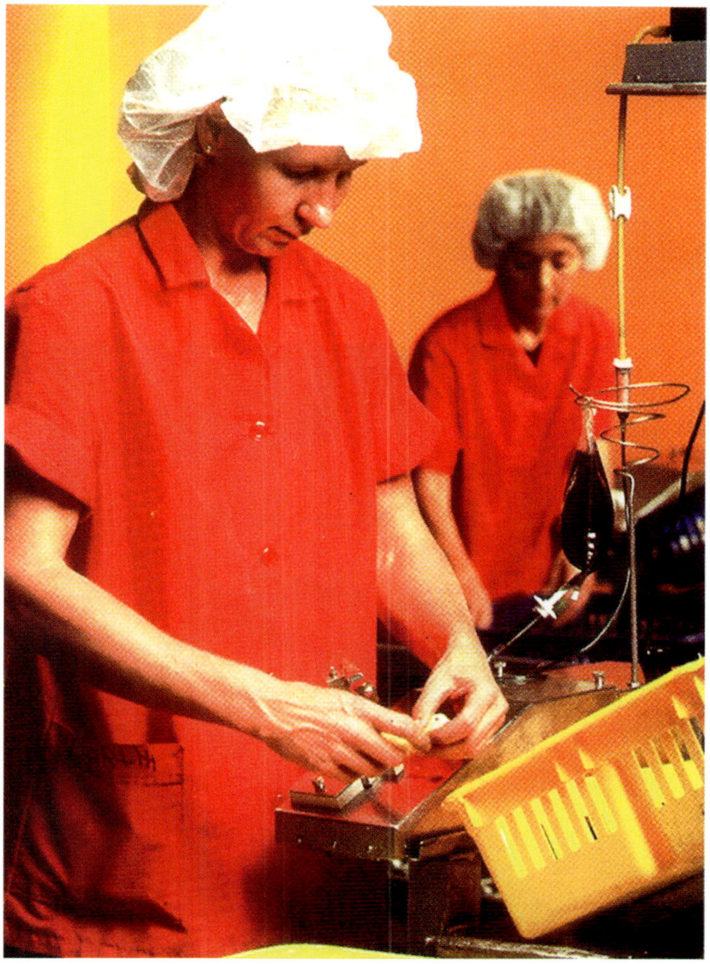

3. 所有的繁殖群种鸡和肉用雏鸡都需要按照规定的免疫程序进行免疫，以防止特定危险疾病的发生。

4. 肉鸡雏鸡是繁殖群种鸡的后代。科尼什白洛克（Cornish-White Rock）种的家系或品系在肉鸡生产中广为使用。肉鸡的生产高度集约化，肉鸡通常养殖规模庞大，多为平养，并被给予科学适当的圈舍、营养以及管理等生产条件。一般来讲，肉鸡将在48～50日龄体重达4.3～4.7lb时屠宰上市。

5. 人均的鸡肉消费量常年保持稳定增加。肉鸡生产相当高效，可以为市场提供优质的整鸡或分割鸡肉。经过加工的鸡肉营养美味，并且经济实惠。

（经 Ross Breeders, Inc. 授权）

6，7 和 8. 商业的火鸡生产同样也来自于繁殖种禽的优异遗传潜力，包括生长速度、饲料转化率以及优质的胴体性状等。与肉鸡生产相似，火鸡的生产同样是基于由数千个体构成的火鸡群，群体按照计划进行生长与管理，并最终屠宰上市。火鸡的人均消费量近年保持持续增加，但与肉鸡相比，火鸡的销售更受季节因素的影响。

7.

（经 Nicholas Turkey Breeding Farms 授权）

8.

翻译：刘林；  校对：翟丽维

能表现向群体的平均值聚拢。针对特定性状，如果个体的表现明显优于群体的平均值，那么我们可以肯定这个个体携带有对应性状的优良基因。

图 18-2 所示，史密斯的管理更加优秀，他为群体提供更平衡的日粮、更好的设备以及更多的照料。在这种情况下，动物 B 较高的性能表现则更多来自环境，而不是基因。动物 A 的性能表现则更多来自于基因，而非环境。

在家禽育种中，祖代群体的选择主要由特定的育种公司完成。因此环境的效应更加容易控制，从而使得群体表型变异主要来源于遗传因素。基础群的选择，可以将所有的候选种禽在同一个禽舍饲养、并采用相同标准的日粮，甚至相同的管理人员，因此可以更加准确的进行选择。

同样，禽类的繁殖特点可以使我们获得许多血缘关系极近的个体（全同胞兄妹），同时家禽的育种工作又主要集中在少数几家公司，所以家禽遗传改良的重点集中在特定品系的培育，而非个体的选择。

## 18.6 改良速度的预测

目标性状的高遗传力，选择差的最大化，以及后备种畜的精确评估，都有助于群体获得快速的遗传进展。遗传力对改良速度的影响在本章 18.4 中已有论述。正如图 18-3 所示，特定性状的预测遗传进展等于选择差与性状遗传力的乘积。

**选择差**可以定义为对某一性状进行选择时，种用群体表型均值与原始群体均值的离差。性状的高选择差依赖于动物群体内部存在较大的表型变异（见 17.9），并且动物需要经过细致和准确的选择（见第 19 章）。

> **选择差**
> 畜禽动物群体的繁殖过程中，部分动物被选择作为种用群体参与下一代的繁殖，该群体特定性状的表型值与全群均值之间的离差，即被称为选择差。

每世代的遗传改良速度可以通过简单的计算估计而得，且具备相当的准确度。当种畜进行精确和客观的选择后，选择差即被确定。选择差乘以性状的遗传力即可获得预期的遗传进展。图 18-3 所示为部分假设的例子。遗传力数据源自表 18-1。

例 A 和例 B 的计算相当简单，因为所选种用个体的性状可以直接观测，如 2 个例子中的肉牛断奶重和猪的背膘厚。当然，计算所用的平均值校正了性别、母畜年龄以及其他环境效应，并且在计算平均值时认为公畜和母畜的体重没有差异。预测后代群体的性能时，预测的选择进展被加入（如果下降则是减去）到群体的平均值中（如，+16 lb 的断奶重，−0.3 in 的背膘厚）。

如果例 A 和例 B 中仅对母畜进行选择，然后与代表群体平均值的公畜完成交配，选择差和预测进展都将减半。如果 2 个亲本相对于群体均值的选择差存在差异，则选择差可以按照图 18-4 所示进行计算。

| | | |
|---|---|---|
| A. 肉牛的断奶重： | | |
| 选作种用牛犊的平均值 | | = 580 lb |
| 全部牛犊的平均体重 | | = 500 lb |
| | 选择差 | = 80 lb |
| | 遗传力 | = 0.20 |
| | 预期进展 | = 16 lb |
| 后代的预计平均断奶重 = 500 + 16 = 516 lb | | |
| B. 猪达 230 lb 体重时的背膘厚： | | |
| 选作种用个体的平均背膘厚 | | = 0.8 in |
| 全群的平均背膘厚 | | = 1.4 in |
| | 选择差 | = −0.6 in |
| | 遗传力 | = 0.50 |
| | 预期进展 | = −0.3 in |
| 后代达 230 lb 体重时的预期平均背膘厚 = 1.4 − 0.3 = 1.1 in | | |
| C. 奶牛的产奶量： | | |
| 选作种用奶牛（繁殖替代群后代）的平均产奶量 | | = 22 000 lb |
| 群体的平均产奶量 | | = 18 000 lb |
| | 选择差 | = 4 000 lb |
| | 遗传力 | = 0.25 |
| | 预期进展 | = 1 000 lb |
| 后代的预期平均产奶量 = 18 000 + 1 000 = 19 000 lb | | |

**图 18-3　预期进展 = 选择差 × 遗传力。任何一项的提高都可加速群体的改良。**

$x$=选作种用公畜的平均值
$y$=选作种用母畜的平均值
$z$=全群的平均值

$$\text{选择差}=\frac{(x-z)+(y-z)}{2}$$

**图 18-4　平均选择差的计算。**

同母畜的数量相比，育种群只需少量的公畜参与繁殖，因此公畜的选择强度会更高。即与选作种用的母畜相比，种用公畜的性状平均值通常更高。因此，父本的选择差也要比母本更大。正是基于上述原因，特别是在人工授精技术得到广泛推广以后，畜禽群体所取得的遗传进展很大比重都来自于父系的选择。

奶牛群中，所有的母牛都要参与配种和产犊，但只有部分的后代小母牛能够得到保留。奶牛在产犊之后，才能够表现出人类所关注的生产特点，如产奶性状。因此，所有的母牛都需要进行繁殖，配种的过程并不指定哪些后代将会用于群体的更替（图 18-3 中的例 C），直到繁殖母牛完成了至少一个泌乳期，我们才能够对群体进行评估，从而选定用于群体更替的后代个体。在此之前，虽然母牛泌乳前已经产下犊牛，但这些犊牛中的雌性并不能并入群中进行生产。

当然，对群体遗传进展来说，用来生产群体替代母牛的公牛也同样重要，公牛的育种值必须加以估计。较好的方法是利用候选公牛的女儿的生产数据，通过与群体其他雌性个体进行比较，从而获得较为准确的育种估计结果。如图 18-3 例 C 中，用来繁育群体替代个体的亲本包括父本群体和母本群体，如果父本和母本个体的“育种值”的确比群体均值平均高出 4 000 lb，那么计算的选择差就会在后代群体内实现。随着人工授精技术的广泛推广，在较大的群体范围内，也可以仅使用少数高育种值的种公牛个体。如果群体只使用 1 头种公牛，那么选择将只能通过母畜进行，选择差也将因此减半。因为，动物个体仅能从母本获得一半的基因，而非全部。此外，如果需要计算每年的预期遗传进展，只需将选择差和遗传力的乘积除以特定动物的世代间隔。

家畜育种者同样需要认识到以下问题，即，仅仅通过一套选择方案的实施，针对整个大群而言，我们并不能够获得与上述假设案例相应的改良效果。在整个群体中，那些未选作种用的母畜仍然留在群中进行生产，其遗传潜质并未得到任何改变，并且该类母牛的数据同样用于计算群体均值。假设图 18-3 例 C 中，一头母牛的产奶量仅为 17 000 lb，低于群体均值，它的后代个体也没有成为替代个体进入群体生产，但是该母牛却依然在群体内存在，并影响着群体的平均产量。

影响动物改良速度的另一重要因素就是群体的平均世代间隔。例如，在羊和牛中，与动物完成一次妊娠分娩的时间相比，群体的平均世代间隔要长的多。

上述预测遗传进展的例子只是为了说明预测的可行性。性状改良的遗传进展取决于选择差的大小和遗传力估计值的高低。育种者可以通过提高选择强度来提高群体的选择差，即选择更少的更优秀个体进行繁殖。需要着重指出的是，特定的环境因素可以改变群体遗传力的估值，因此也会影响群体的改良进展。

## 18.7 多性状选择及改良速度

前文已经介绍，影响群体改良速度的因素主要包括，世代间隔、遗传力估值以及选择差的大小。育种者同样需要注意，多性状的选择也会减缓群体的改良速度。具体可以参考以下公式：

$$P=1/\sqrt{N}$$

公式中，$P$ 表示性状可获进展的百分率，$N$ 等于同时选择的目标性状的个数，且目标性状各自独立遗传并且遗传力估值相同。

如公式所示，如果选择增加第二个性状，第一个性状的遗传进展将约降低到原值的 71%。如果有三个性状要同时选择，第一个性状的遗传进展将大致降低到原进展的 50%。多性状选择必然降低单个性状的选择成效。针对某一特定的重要经济性状，群体中可以选择出一定数量的表现优异个体。但是，当选择更多的目标性状时，在所有性状上都表现优秀的动物将会越来越少。

多性状选择的方法包括：

- 顺序选择法
- 独立淘汰法
- 选择指数法

顺序选择法，即一次只对一个性状进行选择，方法为部分育种者所采用。当首个性状达到预期性能水平后，再进行第二个性状的改良，改良性状的顺序通常按照性状的重要程度进行。但我们这里并不推荐使用该方法。一方面，通过顺序选择的方法实现多个性状的改良，往往需要很多世代；此外，当 2 个目标性状间存在负的遗传相关时，则更不宜采用上述方式。

在目标性状间存在负相关的情况下，一个性状的选择会导致另一个性状遗传进展的减缓或丢失。当然，当性状之间存在正相关时，单个性状的选择则会引起2个性状的同时改良。

例如，对产奶量的选择也会导致乳脂量和乳蛋白量的提高。相反，在产奶量和乳脂率、乳蛋白率之间则存在负相关。市场的经济学要求奶牛的育种工作更侧重于产奶量，因此降低了奶牛群体2个率性状的遗传进展。

当选择2个性状时，育种者可以选用独立淘汰法。方法需要设立2个性状的选择域值。个体任一性状低于域值下限，无论其他性状表现如何，动物都不能选作种用。

选择指数法是多性状选择较为合理的方法。该方法通过建立单个指标，即指数以表示动物全部目标性状的性能表现。通过这一指数的使用，我们可以同时实现多个性状的遗传改良。该方法将在本书19.10中进行详细论述。

## 思考题

1. 遗传力的定义是什么？通常如何表示？

2. 请举出几个低遗传力的重要经济性状，如果群体期望获得这类性状的优异表现，工作的重点是什么？并解释原因。

3. 为什么单次妊娠配种次数、孵化率、断奶重和存活率等性状的遗传力估值通常较低？

4. 举出4个高遗传力性状，并解释该类性状遗传力较高的原因。

5. 如何得到遗传力的估计值？

6. 定义选择差，并举例说明选择差的计算方法。

7. 参照图18-3，学习如何利用选择差和遗传力估计值进行遗传进展的预测。

翻译：周家蓬；校对：刘林，翟丽维

# 第 19 章

## 种畜的评估

## Evaluation of Breeding Animals

通过选择可以对畜禽动物进行有效的改良，具体有 4 条原则。我们在前面的章节中已经对其中的 2 条进行了讨论，本章将详细论述第 3 条原则：

---

原则 3：对育种群个体进行仔细观察或准确的性能测定。

---

本章将重点介绍如何通过直观目测和特定的测量技术进行种畜重要性状的评定。实际上，有些性状可以直接通过目测准确评价，而有些性状则不可。

阅读本章时，请读者记住前一章节所强调的内容，即如果环境相同，表型是基因型的良好“指示器”；同时，动物群体中可用于选择的变异也大多数来自于遗传因素。换句话说，如果所有的候选种畜都采用尽可能相似的方法进行饲养和管理，优良种畜的选择将会更加简单，通过目测观察和测量技术进行的选择也将更加准确高效(图 19-1)。

虽然在本章中论述的部分观点也同样适用于家禽和奶牛的育种工作，但本章的论述要点主要集中在猪、肉牛和绵羊 3 种家畜。本书 30.6 将对奶牛产奶性状的评估进行详细的讨论，家禽育种方面的内容则在本书 33.1、33.7 和 35.3 中进行论述。

学习本章后，读者应掌握以下内容：

1. 列出种畜选择中重要的目标性状。
2. 列出畜禽育种者在选育计划中，有哪些因素会影响目标性状的选择及其重要程度。
3. 描述一种简单并实用的个体识别体系。
4. 解释如何估计没有出生记录的家畜的年龄。
5. 在种畜遗传评估中，为什么要利用中心测定站进行测定或将体重校正到标准年龄。
6. 列举 2 种用于测定活体动物的产肉能力的方法。

**图 19-1　群体部分母牛的后代具有较高的断奶重和较快的肥育增重速度。将这些母牛留种，并淘汰其他个体，将会提高整个群体的获利性。**

经 Beefmaster Breeders United 授权。

7. 列出种公畜开始使用前，评估其繁殖效率的方法。
8. 哪些性状能够通过目测获得精确的评定？哪些则不能？并说明原因。
9. 选择指数和选择阈值的定义，进行选择时两者的使用有何不同(参见第18章)？
10. 能够根据给定的数据计算性状的重复力。在首个繁殖季节后的群体淘汰工作中，重复力为什么是选择决策的重要依据？

## 19.1　目标性状

健康是选择种畜以及保证畜禽养殖业效益的首要因素。不论是受伤、传染病或营养不良，都会影响畜禽的生产表现和繁殖性能。所有的新选种畜都应当进行血液检测，并排除患有繁殖疾病的个体。尤其是动物通过自然交配进行繁殖时，这些疾病很可能会快速传播开来。新购进的动物应该至少隔离 3 周，以防止其将潜在的疾病带入。

除此之外，群体的繁殖性能也是我们关注的目标。优秀的母畜应该发情规律，能够排出足够数量的卵子，并在第一次配种后即受孕。公牛、公猪和公羊应该具有良好的雄性与兴奋性，能够产生足够浓度的精液，具有较高的精子密度、精子活力和正常健康精子比率。在繁殖期开始之前，应对种公畜进行繁殖性能的测试，以保证配种的顺利进行。

在大多数情况下，家畜具备潜在的较长的使用年限具有重要意义。例如，母羊达到 2 岁后，其屠宰价值相对很低(与待宰肥育羔羊和成年母羊的现价相比)，并且将其培育至繁殖年龄还花费了大量的投入。因此，牧场为了获得最高的利润，优秀的母羊必须具有较长的使用年限，并在死亡前大量的繁殖羔羊。在美国中西部，管理良好的羊群中，10 岁的母羊并非罕见。但在放牧的羊群中，7～8 岁以上的母羊则非常少见。

肉牛也同样要求具有较长的使用年限。小母牛通常在 2～3 岁时产下头胎。

同样，成年肉牛的屠宰价值通常较低，且将小母牛饲养至繁殖年龄的费用更高，因此，如果母牛一生中只繁殖3～4头犊牛的话，那么每头犊牛的平均成本就会相应增加。较长的使用年限可以使具有遗传优势的母牛长期繁殖使用，并且有助于提高整个畜群的生产能力。

对猪来说，使用年限并不很重要。首先，猪性成熟较早，小母猪通常在1岁前产第1胎，在17～18月龄即可产第2胎。由于小母猪性成熟较早，因此将小母猪饲养到繁殖年龄所需的费用相对较少。其次，母猪的产仔数通常是9头或更多，而不是仅产1～2头。第3个重要的因素是，与6月龄的育肥小母猪相比，2岁的母猪（很多母猪在第二胎产仔断奶后就被屠宰销售）每磅胴体的价值仅略有下降。

动物高效的生长也是我们所考虑的重要目标性状。饲养费用占整个家畜饲养业成本的60%～90%，饲料利用率越高，动物的经济价值也就越高。

产品质量也是另一个需要主要考虑的因素。对农场来说，产品可能是育肥羔羊或者犊牛，但所有肉畜的最终产品都是胴体。并且，多数与胴体品质有关的性状都是高遗传力性状（表18-1），所以育种者应该选择具有优质胴体的公母畜，肌肉发达、能够生产较多高价分割肉的家畜应优先选作种用。本书第23章将对胴体性状进行详细讨论。

羊毛的销售是绵羊养殖者的获利途径之一。羊毛的数量和质量主要由遗传决定，因此很大程度上取决于种公羊的选择，以及相应的群体母羊交配体系。

在选育计划中，畜禽育种者应该把主要的精力投入到上述哪些性状中呢？答案是，最有助于长期获得利润的性状；但具体情况又不尽相同，原因如下：

1. 公畜目标性状的选择受到母畜群体已经具备性状的影响。在繁殖力强、瘦肉率高、但生长缓慢的母猪群中，农场主在选择种公猪时更看重公畜的生长速度，这在终端杂交（最后一次交配）生产商品待宰生猪时尤为重要。

2. 有些性状既能在所选动物中得到表现，也可以在其**后代**中得到表达，如繁殖力、使用年限和饲料转化率。而其他的一些性状只能在后代中得到体现，例如生长速度和胴体品质。

> **后代**
> 祖先的后裔子孙，例如，个体是自己父母的后代。

3. 在后代中表现的重要性状，应重点考虑性状的遗传特性。如果性状遗传力较低，而受周围环境影响较大（并且已经证实此性状并不直接影响经济利益），则该性状在选择时就不是一个需要考虑的重要性状。然而，如果性状是高度可遗传的，那么其在种畜的选择中就应重点考虑。

4. 种畜所能获得的后代数量也应作为考虑因素之一。所选母牛、母羊和母猪在其一生中通常仅获得相对有限的后代，然而，公牛、公羊或公猪却可能产生成百上千的后代。虽然这并不影响目标性状的选择，但却影响到种公畜对群体的改良覆盖面积。

## 19.2 个体识别系统

任何完整的生产性能记录体系和家畜选择计划都是以准确的个体识别系统为基础。育种者自身可能熟悉群体的每一个动物。但是如果育种者不在现场，同时缺乏准确的个体识别系统，就会致使任何生产性能记录的保存体系均毫无意义。

大多数绵羊和牛的品种登记组织对动物的个体识别系统都有具体规定，通常要求养殖者将动物登记编号用永不退色的墨水刺于动物某只耳朵的内侧。有些畜种，特别是绵羊，也佩有耳标。因为动物的登记编号通常比较长，所以很多育种者也用一些私人的编号方法进行记录。这些编号方式也用于杂交动物（非纯种）的个体识别。图 19-2 所示即为某猪群的常用编号系统。

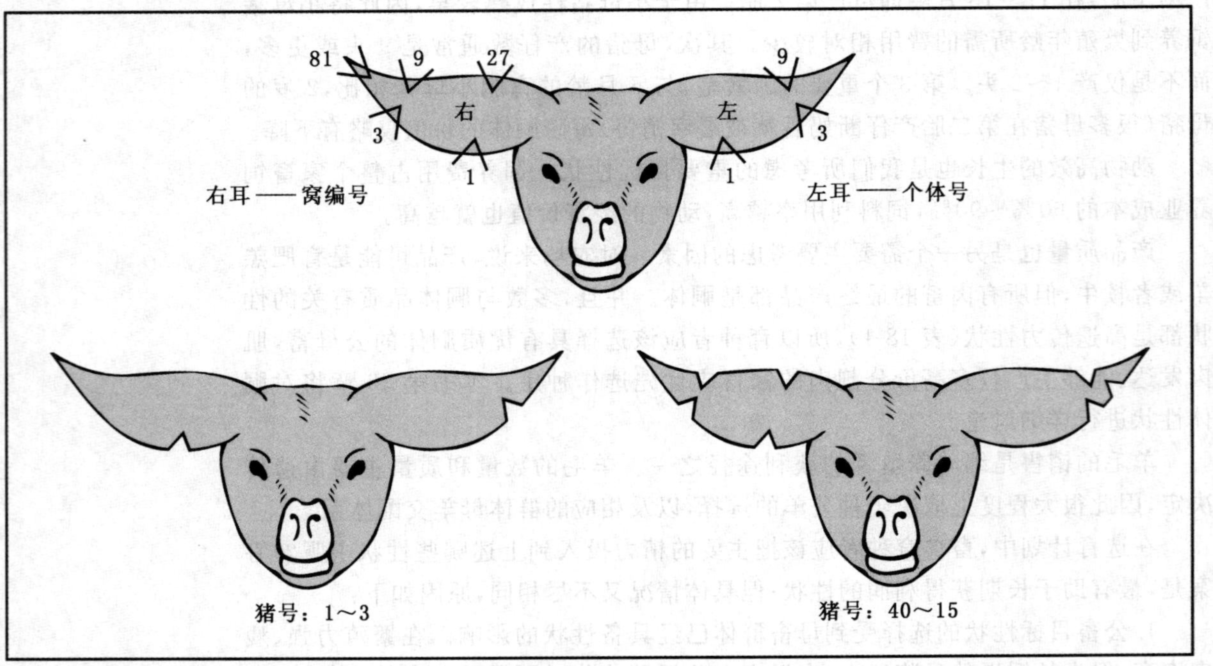


**图 19-2　猪在出生后不久即在耳朵上打缺口进行标识。图示方法已经被几个纯种猪的协会正式采用。猪的右耳被用来记录动物的窝编号，左耳记录个体编号。如果不在右耳耳尖打孔，该方法可以编号至 80 窝仔猪。右耳尖处的缺口代表数字 81，因此右耳可以编码至 161 窝仔猪，而且变化后还可以编码更多数字。**

在草原、牧场或者育肥场，为了更易识别，绵羊则多用颜料在动物身体上进行更大的标记（图 19-3）。在牛中，则常用耳标。在耐用性和持久性上，不同品牌的耳标差别很大。在某堪萨斯州母牛群体中曾进行过相关试验①，试验历时 23 个月。最终，4 种不同品牌耳标的保有率分别为 3%到 98%；在 5 个月时，保有率的变化范围为 73%～98%。可以利用特殊的长效颜料在动物身体表面进行大的标记编号，也就是所谓的油漆烙印。冷冻烙印则常被用于颜色较深的牛只。超低温的烙铁可以造成动物新的毛发生长缺乏色素，所以红色或黑色背景上能够显现出白色的编号（图 19-4）。虽然用于牛的热烙印编号有许多的缺点，但目前仍然应用于许多规模较大的畜群，主要的目的就是标识动物的主人身份。

许多奶牛场已经开始利用电子识别系统进行母牛的管理。例如，在母牛的颈部安装脉冲转发器，母牛进入挤奶间时，电脑系统会对动物进行自动识别。这样每头奶牛的产奶量都被系统记录下来，并保存到对应的个体性能记录之中。家禽则常利用翅号或腿环进行识别。

①Sprott，L. R.，and L. R. Corah. Progress Report 394. Kansas Agr. Exp. Sta.，1981.

**图 19-3 用特殊颜料对绵羊个体进行标识，该种颜料不会受到雨水冲蚀，但在剪毛时可以被清洗干净。**

经 Iowa State University 授权。

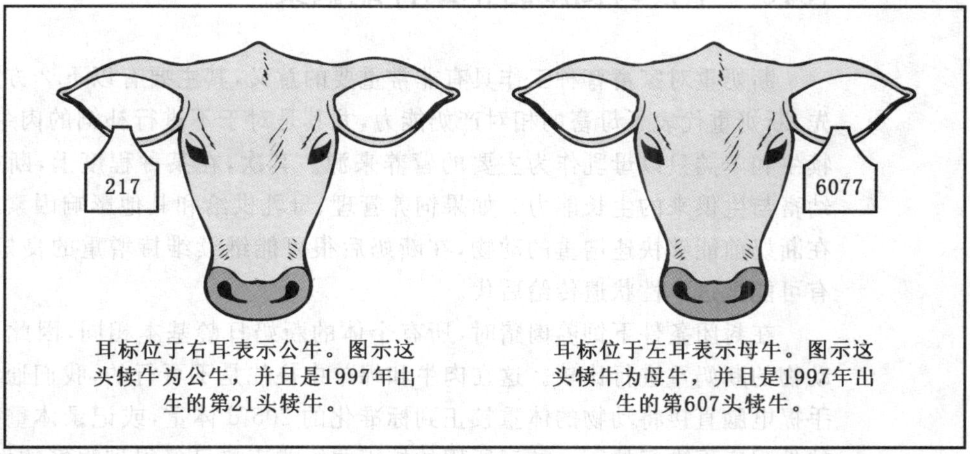


**图 19-4 犊牛出生后应立刻佩戴耳标(左侧照片)。下方插图所示为一种实用性的编号方法。右上角的照片所示为已进行热烙印编号的母牛和犊牛。**

图片经 Nation's Agriculture and Union Pacific Railroad 授权；drawing from University of Wisconsin.

## 19.3 出生日期

出生日期是评估动物生长状况的重要记录，而且有助于估计动物首次发情的时间，同时利于其他管理进行。在偶然没有记录的情况下，牛、马和绵羊也可以通过牙齿估计它们的近似年龄(图 19-5)。主要原因是，这些品种的动物都在相仿的年龄脱掉临时门齿(乳齿)。同时，富有经验的家畜饲养者还可以通过观察家畜头部的大小、耳或尾巴的长度以及腿长，对家畜的年龄进行估计。因为在获取营养物质后，动物骨骼的生长优先于肌肉和脂肪组织，所以骨骼的发育速度相对连续均衡。

## 19.4 记录的重要性

记录具有重要的意义，具体包括个体的出生日期、产仔数和死胎数，以及可能影响个体选择的环境应激和动物损伤。这些资料可以当场记录到小型的笔记本电脑中，然后把这些信息储存到永久性的记录表、工作簿或计算机中。

记录可以帮助育种者确定母畜的发情日期并及时配种。通过记录，育种者还可以及时发现动物发情的延迟或其他异常，而且可以更准确的推算出动物的预产期。

出生重常与新生幼畜抵抗外界刺激的能力有关。出生时较重的个体通常生长速度较快。有经验的家畜饲养者能够对动物的出生重进行准确的估计，但是，通过准确称量得到出生重记录可为随后的选择提供更为精确的信息。

## 19.5 生长与饲料转化率性能记录

断奶重对家畜育种工作具有非常重要的意义，其主要有以下 2 方面原因。首先，断奶重代表了母畜的相对产奶能力，尤其是对于不进行补饲的肉牛和绵羊，其犊牛和羊羔只以母乳作为主要的营养来源。其次，在某种程度上，断奶重揭示了幼畜与生俱来的生长能力。如果饲养管理、母乳供给和其他影响因素相似，那么，在断奶前能够快速增重的动物，在断奶后很可能继续维持增重的良好表现，而且有可能把这一性状遗传给后代。

在封闭条件下饲养肉猪时，所有个体的断奶日龄基本相同，因此可以直接对动物的断奶重进行比较。这在肉牛和绵羊中往往是不可行的，我们通常需要使用手提电脑直接将动物的体重校正到标准化的 205 d 体重，或记录体重后用适当的软件程序再进行校正。校正所用的校正曲线或表格已经得到很好的发展，在特定的年龄范围内，我们可以同时对不同年龄的犊牛进行称重，并且将个体数据校正为标准化的 205 d 体重，从而完成比较。羔羊的断奶重则通常校正到 60 或 90 d 的标准断奶重。猪的生长速度通常用达 230 lb 体重的日龄表示。在此方面，读者可以复习本书 9.2 中对生长速度的测量方法和断奶重校正公式的详细介绍。

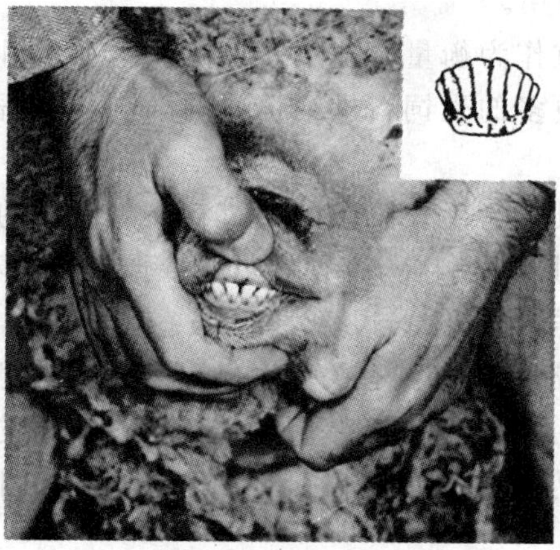

羔羊:具有所有的乳齿

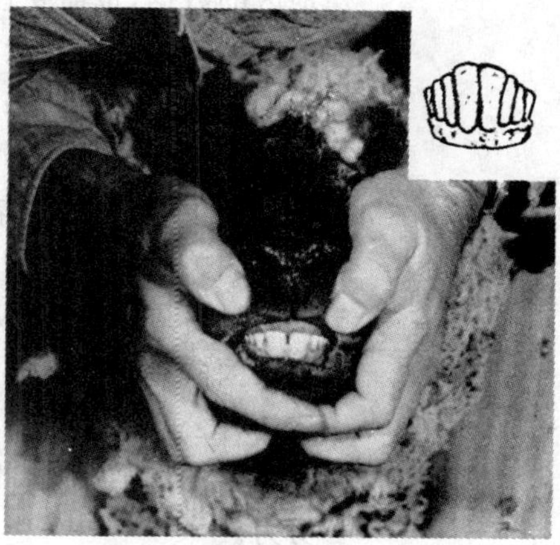

1 岁龄:具有 1 对恒齿

2 岁龄:具有 2 对恒齿

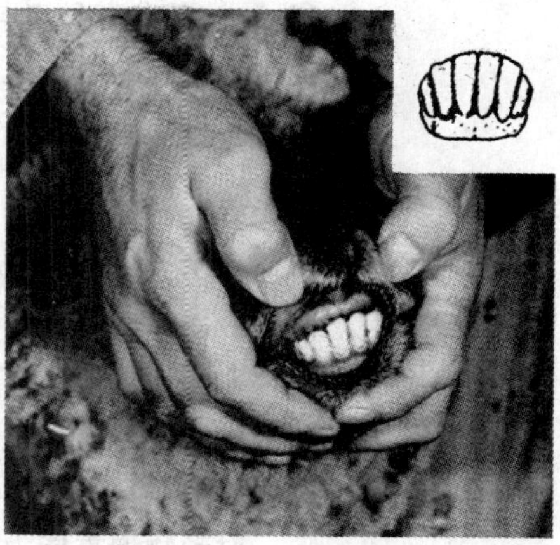

3 岁龄:具有 3 对恒齿

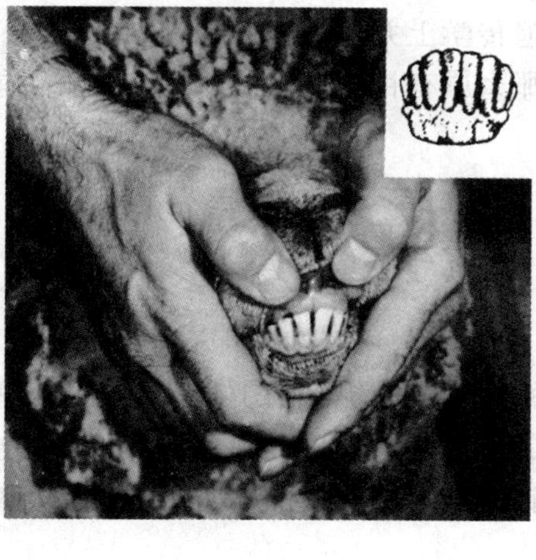

**图 19-5 绵羊 4 岁之前,可以通过牙齿近似估计个体的年龄。**

经 Iowa State University 授权。

另一方面,根据母畜的年龄对犊牛或羔羊的出生重进行校正,同样非常重要,因为年幼和年老母牛或母羊的产奶能力相对较弱。在植被稀疏的干燥地区,与多胎个体相比,单生羔羊的断奶重约 10 lb 或 11 lb。美国中西部的农场则饲料丰富,并且羔羊通常进行补饲,因此该项差异并不明显。

通过比较后代性能进行母畜的淘汰时,后代的断奶重也需要依据性别进行校正。公牛一般比阉牛重 15 lb 左右,而阉牛比母牛重 20 lb 左右。同样,来自不同地区的数据，也需要校正之后再行使用。

与其他生长性状相比，以断奶重作为衡量母畜生产性能的指标，可以获得更好的选择效果。断奶后，动物生长更多的受饲料供给情况的影响，而母畜产奶能力的影响则相对下降。

犊牛、羔羊或仔猪的断奶重与其随后生长阶段的增重存在着很强的正相关。这种相关对于绵羊和肉牛的群体尤其重要，因为育种者可以依据断奶重对2个品种的母畜进行选择，从而尽早完成群体的淘汰与更新。

大多数育种者或商业育种机构都希望得到有关种畜的更精确的信息，特别是候选种公畜的信息。一头种公畜在一年内可能把基因遗传给数以百计的后代，因此种公畜生产性能的精确评估尤为重要，值得育种者投入更多的时间、金钱和努力。

在美国的许多地区已建成了种猪、公牛和公羊的测定站，以供育种者使用(见18.5)。部分育种者与大学或育种协会联合来进行测定站的管理。这些测定站负责测定动物的增重速度和饲料转化率，测定取在动物断奶后和繁殖前的标准时间内。来自于不同养殖场或牧场的候选种畜在测定站中进行更加公平的比较，这种公平则来自于测定站的标准环境。

部分由家畜生产机构经营的测定站，要求测定动物达到一定的生长速度和饲料转化率标准，甚至将产肉能力也包括在内。这样在完成测定后可以将动物销售或自己留用。不能达到标准的动物将会被阉割，并屠宰上市。

在测定站的性能测定中，所有消耗的饲料都要经过仔细称量，以便计算动物的饲料转化率。如果需要测定单个动物的饲料转化率，则必须对个体进行单独饲养。

对动物增重能力(和/或饲料转化率)的选择并不妨碍选择动物理想的体躯结构。增重能力与产肉能力，或与体躯结构相关的性状，都可以同时进行选择，从而达到改良的目的。因为这些性状在遗传学上并不矛盾。尽管如此，如果部分“选择的机会”被应用于其他目标性状，那么原有目标性状的遗传进展就可能被相应降低。

## 19.6　产肉性能的测定

亲属的胴体信息可以作为候选种畜产肉能力评估的依据，但有时这些资料也难以获得或利用价值较低。这主要是因为，亲属的遗传基础与我们所关注个体的遗传基础存在一定程度的差异。目前，已经具备一些技术能够对候选种畜的产肉能力进行直接的测定。

猪的背膘厚可以通过金属测尺进行测定，但现在更常用的方法是超声波检测，有时也被称为超声波探针。通过该仪器测定的背膘厚与胴体瘦肉率成高度负相关(≤−0.90)。超声波检测一般在小母猪或公猪体重达到约230 lb时进行。如果在其他体重下进行测量，其测定值应校正到以230 lb体重为标准的数值。用金属测尺测量时，需先在离动物背部正中线2.5 in的位置取3个点，并对皮肤进行切口，然后再插入测尺分别进行测量(图19-6，图19-7)，测尺将很容易穿过脂肪层，达到覆盖眼肌的结缔组织层时停止，完成读数。

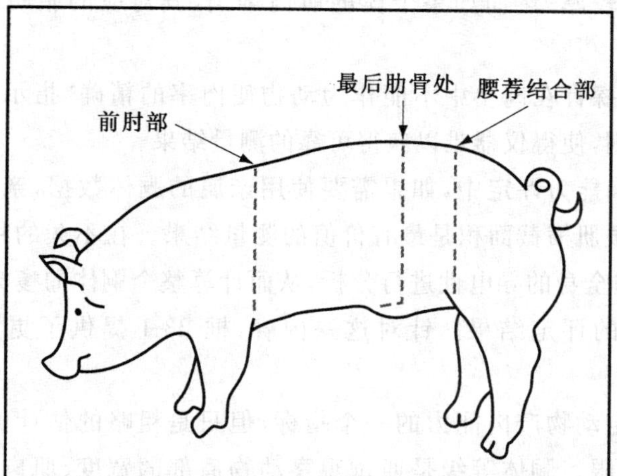


**图 19-6 测定背膘厚的位置。**

来源：Purdue University.

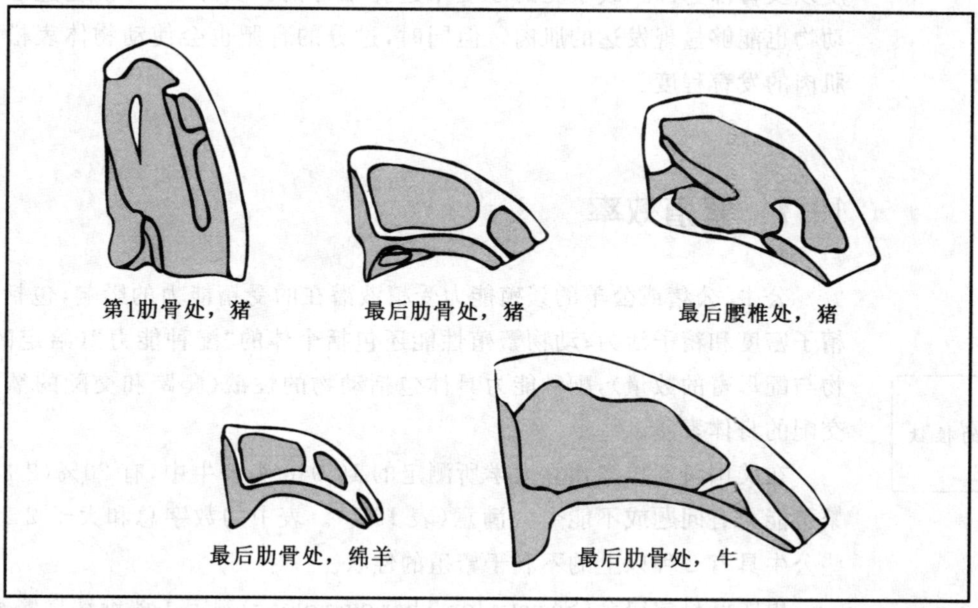


**图 19-7 超声波探针或声像仪测量位点的猪的肌肉结构示意图，及与羔羊和肉牛在最后肋骨处的横切面的比较。**

来源：USDA.

超声波探针是一种能够发射高频声波的仪器，并能够对声波从两类组织接合处返回的时间进行记录。除用于猪的背膘测定外，也可用于肉牛和绵羊的产肉性能的评定。这种仪器最初是被用来对金属部件和陶瓷内部的裂纹进行探测。理论上，高频声波穿透组织的速度因组织密度的不同而不同。当声波到达不同组织的结合处时，部分声波就会被返回。这种"回声"被显示于阴极射线显示器或直接进行打印，而后我们就可以通过手动或自动的方式，测定动物脂肪或瘦肉的深度。在测量猪的背膘厚时，超声波探针与金属测尺的测定位置相同(图 19-6)，但无需穿透皮肤。

超声波探针之所以成为如此完美的瘦肉率"指示器"，主要是因为仪器测定脂肪厚度的部位靠近眼肌中部。如果个体该部位的肌肉较薄，且呈肾形，则其对应位置的脂肪层会相对较厚；然而如果个体的肌肉丰满，其对应的脂肪层则相应较薄。

与猪不同，超声波探针在肉牛中不能作为动物瘦肉率的精确“指示器”，因为肉牛眼肌的形状不规则，使得仪器难以获得可靠的测量结果。

在候选种畜的产肉能力评定中，如果需要使用亲属的胴体数据，亲属个体的分割瘦肉比例和腰部眼肌横截面积是最有价值的测量结果。在不久的将来，利用电磁扫描方法①对机体全身的导电性进行分析，从而计算整个胴体的瘦肉量，可以提供更加精确与快速的评定结果。针对这一内容，框 23-1 提供了更为详细的资料。

胴体等级也是评定动物产肉能力的一个指标，但只是粗略的估计值，并不精确，所以其使用价值有限。胴体等级是通过观察动物肩部的宽度、肌肉的丰满程度以及臀部、大腿、或小腿的厚度来进行估计的。实际上，即使通过短暂的育肥，动物也能够显现发达的肌肉。但同时，过分的育肥也会使动物体表松弛，并掩盖肌肉的发育程度。

## 19.7 繁殖效率

公牛、公猪或公羊的繁殖能力受精液潜在的受精能力的影响，包括精液体积、精子密度和精子活力；动物繁殖性能还包括个体的“配种能力”（给定的时期内动物与配母畜的数量），配种能力具体包括动物的**性欲**（爬跨和交配的欲望）和完成交配的身体素质。

> **性欲**
> 雄性动物的性欲望。

在美国科罗拉多州立大学所测定的 10 940 头公牛中，有 20%（2 266）的公牛繁殖能力有问题或不能令人满意（表 19-1）。表中的数字总和大于 2 266，因为有些公牛具有 2 种以上的不利于繁殖的性状。

兽医产科学协会（Society for Theriogenology）制定了评价动物繁殖稳定性的一套标准，具体包括精子活力和形态学结构，以及阴囊的周径。阴囊的周径与睾丸大小和精液产量成正相关，青年公牛尤其如此。精子密度和活精子的比例 2 个指数在该标准中没有被使用，主要是因为这些性状在放牧或牧场环境条件下重复力相对较低。同时，不同公畜个体的性欲有很大差异，还有证据表明动物的性欲在一定程度上也是可遗传的。

①犹他州立大学的 D. L. Wishmeyer 等对电磁扫描技术在家畜性状测定中的应用进行了研究。该小组将活体羔羊固定于可移动台面，而后通过 TOBEC™ 电磁扫描仪，从而进行相关分析。初步的结果表明，利用电磁扫描的方法难以对活体动物的体组组成进行可靠估测。但将该方法用于猪和羊胴体的测定则可以获得较为可靠的结果（J. Anim. Sci. 74 [1996]：1864.）。

表 19-1 10 940 头公牛中的 2 266 头具有繁殖问题或不令人满意的原因

| 原因 | 公牛数量 | 占总体百分比 |
|---|---|---|
| 精液品质有问题或不令人满意 | 1 832 | 16.7 |
| 睾丸缺陷 | 1 931 | 17.6 |
| 阴茎缺陷 | 388 | 3.5 |
| 附睾或输精管缺陷 | 112 | 1.0 |
| 肢蹄缺陷 | 597 | 5.5 |
| 直肠触诊异常 | 547 | 5.0 |

来源：Elmore，R. G.，C. J. Bierschwal，C. E. Martin，and R. S. Youngquist，J. Theriogenology 3：209-18，1975.

如表 19-2 所示，种公牛的繁殖性能存在较大差异。针对某特定公牛，在第一头母牛开始产犊后的头 21 d 内，产犊母畜占与配母牛总数的比例表明了群体繁殖的一致程度。较高的一致性是使群体平均产犊间隔接近 365 d，以及犊牛出生时间相仿的重要基础。

母畜的繁殖性能相对较难评估。如同 19.1 中所述，繁殖性能具有可重复性，因此在第一个繁殖季节之后，我们通常就很有把握进行个体的选留或淘汰。但是，青年母牛、母羊或母猪的性情都可能影响动物的净繁殖率。如果母畜非常好动，就不可能很好的哺育后代；并且神经极度紧张的母猪也很可能将其所生的部分仔猪压死。

表 19-2 肉用种公牛繁殖性能的变异（繁殖交配期为 90 d）

| 公牛号 | 与配母牛数 | 产犊母牛数 | 产犊母牛百分比 | | 犊牛产量（%） |
|---|---|---|---|---|---|
| | | | 前 21 d | 前 42 d | |
| 5219 | 20 | 20 | 65 | 85 | 100 |
| 1116 | 19 | 19 | 37 | 63 | 100 |
| 0200 | 21 | 20 | 62 | 86 | 95 |
| 0310 | 19 | 18 | 16 | 53 | 95 |
| 2010 | 21 | 19 | 71 | 90 | 90 |
| 5238 | 21 | 19 | 38 | 66 | 90 |
| 2906（'67） | 18 | 7 | 6 | 28 | 39 |
| 2906（'68） | 22 | 9 | 23 | 32 | 41 |
| 2710（'67） | 20 | 7 | 26 | 36 | 36 |
| 2710（'68） | 22 | 21 | 45 | 81 | 95 |
| 6290 | 23 | 0 | 0 | 0 | 0 |

来源：Rich，T. D.，Effects of Management on Bull Reproductive Ability，Great Plains Beef Cow Handbook，GPE8451，Oklahoma Cooperative Extension Service，1975.

## 19.8　体型性状

当选择后备种畜或种禽时，主要的判断标准应该是动物的生产性能，但个体体型结构的健全性和合理性也应当相应考虑。体型性状的评定相对主观，但非常重要，因此我们必须尽可能准确的完成该项工作。

有些育种者组织会由两三位富有经验的畜牧场工作人员组成委员会，这个委员会运用一些数字系统对青年母牛或母羊的体型进行打分。这项工作可以在幼畜断奶时进行。根据需要可以将评分系统划分成若干等级，每个等级通常都用文字进行详细的描述，评定人员需要尽可能地使用统一的标准完成动物的评定。

委员会的出现提高了体型评分的可靠性。体型评分通常取评定的平均值，且委员会成员之间应相互核对。评定的重点则应集中在与生产性能有关的可观察的体型特征上，例如关节和骨骼的角度、骨架的大小、肌肉分布以及生殖和乳腺系统的特性。

大多数的育种者更加偏爱胸腔宽阔的动物，因为宽阔的胸腔能够为心脏、肺以及其他器官的运转提供充分的空间。因此，在进行选择时，拥有发达的胸廓和宽肋间距的动物往往更受青睐。

乳头的数目也是我们关注的重要性状，具体可以通过简单的计数获得，但是其位置和突起程度则是相对的概念。乳头应相对较大，并保持一定的间距，从而避免后代哺乳的困难。乳头的大小和突起程度都是高遗传力性状，因此，在进行育种群（雌性或雄性）评定时都被详细记录。乳头翻转常常导致动物哺育功能的缺失或困难，这种情况在猪中时有发生。

此外，动物个体可能在畜群中生活多年，在此期间，雌性动物多次怀孕，而雄性动物则经常配种，这就要求动物有直立、强壮和姿态正常的肢蹄。在选择用于人工授精的种公牛时，奶牛育种者也相当强调动物的肢蹄结构，因为他们希望将来的后备种牛不会因为肢蹄的问题而被淘汰。与倾斜的姿态相比，直立的腿部结构可以支撑更长的时间、更重的体重，并且关节处也不易产生劳损。如果动物小腿位于飞节外侧，则有部分体重得不到良好支撑，从而对腿部产生杠杆作用，影响动物的长期使用。

当然，非常直和非常弯的腿很容易被鉴别，但是介于二者之间的腿型则形状各异。腿的形状还可能受体重的影响，同时还与动物所站地面的类型有关，如土地、草垫和水泥地等。

完整的动物体型评分以及相关体重记录，可以使育种者做出很好的选择决策。当然，群体中长期患病或具有某些明显不满意性状（如具有花斑的纯种动物通常不予登记）的个体则必须进行淘汰。根据手工或计算机列表的数据进行选择，可以防止育种者个人的主观偏好。这可能看起来并不合理，但育种者的个人偏好却时常会对选择产生影响。例如，一个育种者可能宁愿选留一头有独特深厚感情的犊牛、羔羊或小母猪，却不愿意选留一头略微不好管理或好斗的动物。

## 19.9　其他生产性状

动物的体型有时对家畜饲养者，特别是对纯种育种者，具有一定的审美价值。

换句话说，笔直的腿和背线，以及面貌特点常常给育种者带来某种“美感”，有时这种“美感”甚至超越了动物的真实经济价值。但除此之外，部分性状还是可以进行客观评价的。例如，羊毛的品质、乳头位置和突起程度以及乳房大小等，这类性状虽然对审美价值没有太多意义，但评定的结果会非常客观。

乳头间距以及乳头翻转的检测非常容易进行，两者是评定母畜哺乳能力的重要指标。有经验的绵羊养殖者能够熟练完成羊毛品质的评价。具体可以将评测羊毛与不同等级的羊毛样品进行比较，从而确定质量等级。通过羊群内部个体间的横向比较也可以进行羊毛品质的选择。羊毛的密度和长度对羊毛的年产量具有重要的影响。覆盖于面部的羊毛数量也是我们通常所考虑的重要生产性状。

## 19.10 选择指数的使用

怎样才能确定候选种畜的种用价值呢？候选种畜在每个目标性状上的表现都各不相同，又如何才能公平的比较候选的个体呢？带着这样的问题，我们进入本节的学习。

选择指数实际上是候选种畜的某种净价值得分，可以根据性状的相对经济重要性，以及各性状的遗传力进行计算。不同的指数适用于不同的畜群或不同的年份，因为性状的相对重要性可能不断发生变化。

美国艾奥瓦州种猪测定站(1984 年秋)完成公猪性能测定后，制定了特定的选择指数。指数着重强调了动物的生长速度、饲料转化率以及通过超声波测定的背膘厚。选择指数的具体计算公式如下：

$$选择指数=500+(日增重\times100)-(背膘厚\times100)-饲料转化率$$

该选择指数考虑了饲养的成本、瘦肉猪与脂肪猪的市场价格差异以及各个性状的遗传力(表 18-1)。公式中因子 500 的设置是为了使优良公猪的指数达到 100 以上。例如，一头公猪每天的增重为 2.21 lb，增重 1 lb 所消耗的饲料为 2.57 lb，达 230 lb 体重时超声波测定的背膘厚为 0.8 in，则其选择指数的计算结果是 19.2。

在种猪的遗传评估中，来自全同胞的信息对个体的评估具有重要的价值。同窝个体在完成性能测定后进行屠宰，我们可以获得动物的胴体长、实际的背膘厚、后腿和腰部的比例以及腰部眼肌面积等准确信息，从而可以有效提高种猪遗传评估的准确性。

在实际的选择中，很明显，如果瘦肉型胴体的市场价格优势较大，同时饲料和劳动力价格相对较低，动物的增重速度也相对次要时，我们就可以选用更强调瘦肉率的选择指数。但对于瘦肉型母猪群来说，育种者往往不使用该指数，而是使用更侧重于生长速度和饲料转化率的选择指数。

STAGES(种猪测定及遗传评估系统)①是目前较新的种猪遗传改良评估系统。这个系统由普度大学研发，包括一系列用于分析生产性能数据的计算机程序，主要对多家纯种猪生产者提供的生产性能记录进行分析。繁殖数据和动物断

①STAGES 系统是涉及多方的合作项目，具体包括普度大学、美国农业部农业研究局及扩展机构(Agricultural Research Service and Extension Service)、全国种猪登记协会(National Association of Swine Records)、全国猪肉生产者联盟(National Pork Producers Council)及其他个体纯种猪协会。

奶后表型数据的分析都涵盖于体系之内。系统对所有目标性状进行遗传评估后，将合并得到 3 个可供选择的指数，即母本指数、总体指数和终端父本指数。

1996 年夏，印地安纳州肉用公牛评估项目进行了肉牛的生产性能测定，包括了背膘厚、阴囊周径和尻宽等数据。同时，项目针对每个肉牛品种，进行了性能指数的计算，所用公式如下：

$$\text{性能指数}=60\left[\frac{\text{公牛平均日增重}}{\text{品种组平均日增重}}\right]+40\left[\frac{\text{公牛每日龄体重}}{\text{品种组每日龄体重}}\right]$$

除选择指数的方法外，育种者还可以利用其他方式进行群体的选择。如果饲养绵羊的农场主想从 100 只母羔羊中挑选出 25 只，他可以首先根据体型保留一半动物，然后再在这些羔羊中选择生长速度最快的 25 只留作种用。

图 19-8 所示的表格也是育种者可以利用的一种选择方法。在该图所示的选

| 体重 | 体型结构等级 | | | | | | | | |
|---|---|---|---|---|---|---|---|---|---|
| | 大骨架 | | | 中等骨架 | | | 小骨架 | | |
| | 肌肉厚实 | 肌肉中等 | 肌肉浅薄 | 肌肉厚实 | 肌肉中等 | 肌肉浅薄 | 肌肉厚实 | 肌肉中等 | 肌肉浅薄 |
| 570＋ | | 23 | | 31 | | 40 | | | |
| 560～570 | 24 | | 47 | | 20 | | 16 | | |
| 550～560 | | 13 42 | 30 49 | 45 | | | | | |
| 540～550 | | | | 22 | | 48 35 | | 46 | |
| 530～540 | 19 | | | | 41 15 | | | | |
| 520～530 | | 34 | 12 | | | | | 27 | |
| 510～520 | 43 | | | 44 | | 38 | 14 | | |
| 500～510 | | 11 | | | 32 | | | | 36 |
| 490～500 | 25 | | 21 | | | | | | |
| 480～490 | | 50 | | 39 | | | | | |
| 470～480 | 可能的个体 | | | | | 29 | | | |
| 460～470 | 淘汰分割线 | 26 | 18 | | | | | | |
| 450～460 | | | | | | | | | |
| 440～450 | | | | | 17 | | | | |
| 430～440 | | | 33 | | | | | | |
| 420～430 | | | | | | | | 28 | |
| 410～420 | | | | | | | | | |
| 400～410 | | | | | | | | | |
| 390～400 | | | | | | | | | |
| 380～390 | | | | | | | | | |
| 370～380 | | | | | | | | | |
| 360～370 | | | | | | | | | |
| 350～360 | | | | | | | | | |

**图 19-8** 小母牛断奶时的选择标准表。在体重校正和体型评定完成后，所有候选后备种畜的个体号都录入该张表中。如图所示，根据育种目标和所需后备种畜的数量，我们可以划一条淘汰分割线，或在每列内画一条分割线，从而决定个体的选留。

择计划中，育种者为维持畜群规模，必须将40%的小母牛进行留种，所以选择的严格性就受到了限制。

## 19.11 利用亲属信息来评估动物的种用价值——后裔测定

许多人都认为，后代的生产性能表现是反映种畜种用价值的最佳标准，这种评定方法即被称为**后裔测定**。在家禽生产中，年轻的雄性个体可与大量的雌性交配，后代（肉鸡或小母鸡）的生产性能可在一年内完成测定。如果该个体被证明具有很高的遗传价值，则可以在群体中进行广泛使用。

**后裔测定**
通过后代的性能测定评估动物父母的种用价值，最终决定其父母是否留作种用及相关使用范围。

人工授精技术的广泛普及，使我们可以高强度的使用一头非常优秀的种公畜。这种特点被广泛利用到奶牛的育种工作中，即奶牛的后裔测定体系。牛群中的一头青年种公牛，通过人工授精与某地区的青年母牛进行随机交配，此后，种公牛的拥有者或育种服务机构将开始等待收集公牛女儿的生产性能记录。当然，等待时间可能会接近4年。在此期间，该公牛的精液被采集并冷冻保存。如果其后代性能非常优秀，那么这些精液就可能用于上千头母牛的人工授精。

**预测传递力（PTA）**
奶用动物遗传价值的预测值，用于替代早期使用的预测差异（predicted difference）和奶牛指数（cow index）。

对于奶牛来说，牛群中的大部分青年母牛都是通过人工授精而产生的，并且保存有对应的DHI记录。这些数据与青年母牛父亲和母亲的记录，经过计算机处理并储存。通常数据来自多个地区，也就是说奶牛育种通常是跨州的联合育种计划。在记录系统中，如果需要，在几分钟内就可找到指定种公牛后代的所有记录。经过计算，美国农业部会定期发布公牛概要，即根据**预测传递力**（Predicted Transmitting Ability：PTA）对同一品种公牛进行的排队，概要每年更新2次。公牛概要和其他相关信息，例如体型生产指数和体型线性评分，都可以直接通过不同品种的奶牛育种协会获得。

除奶牛外，用于处理其他畜种生产性能数据的计算机程序也得到了很大的发展。随着人工授精技术的不断推广，后裔测定也有望在其他家畜的育种工作中得到应用。

来自兄弟或姐妹（同胞）的数据，同样也有助于种畜遗传价值的评估。对于肉畜来讲，我们通常需要对动物的胴体价值进行选育，同胞的信息更加具有意义。在猪的育种体系中，与候选动物同父或同母的个体都可以用于遗传评估，尤其是这些个体屠宰后所得到的各种胴体数据，对于候选动物产肉性能的评定有很大帮助。对肉牛或绵羊来说，候选动物的半同胞（有一个共同亲本，通常是种公畜）通常也被用于进行胴体资料的采集。

所谓全同胞，即拥有完全相同父本和母本的个体（可通过胚胎移植获得），全同胞动物间存在着密切的亲缘关系。在繁殖过程中，后代接收到每个亲本各50%的基因，因此也可以说一个个体与其后代具有“50%的亲缘关系”。理论上讲，亲本是完全随机的将自身的一半基因传递给后代。也就是说，虽然全同胞个体来自于相同亲本，但在受精过程中，最初构成每个个体的亲本生殖细胞（精子或卵子）所携带的基因并不完全相同。从概率论的角度分析，全同胞个体A和B都获得了来自相同父本的50%的基因，但2个个体可能只有50%的父本基因完全相同，来自母本的基因也是如此。因此，全同胞个体A和B经由父本产生25%的“亲缘关系”，同样经由母本也存在25%的“亲缘关系”，“亲缘关系”的总和为50%。半同胞动物只有一个亲本相同,因此个体之间只存在"25%的亲缘关系"。

以上的解释并没有考虑亲本的部分基因可能处于纯合状态,或者群体的某些遗传性状实际上已经得到了固定。综合这些因素我们可以看出,亲子之间或者同胞之间的遗传联系程度远远超过群体的平均水平。

## 19.12　种用群体的淘汰

种畜开始在群体中使用后,其遗传评估通常仍然会继续进行。也就是说,我们必须对种畜在群体中的使用价值进行不断的论证。畜群需要不断的淘汰与更新,因此育种者同样需要足够的信息以进行个体淘汰的抉择。当母牛、母羊或母猪很年轻时就被挑选作为种畜,也可能会产生某些错误。动物真正的生产能力在年轻时还不十分清楚,而且用于选择的信息有时还会起误导作用。

家禽的生产性能已经经过了多年的高度选育,禽类的蛋品质和均匀度已经达到很高水平。因此动物一经进入产蛋饲养,商业生产者将很少对其进行淘汰。但当产蛋期(52 周)结束后,个体均会被立即淘汰,从而完成群体更新。因此在禽类养殖中,没有必要在群体的淘汰上投入更多的精力与金钱。

在其他动物群体中,在第一个繁殖季节结束之后育种者能够有把握地对动物进行准确的淘汰吗?如果青年母牛、母猪或母羊第一个繁殖季节表现优异,就能够说明个体以后的生产表现一定优秀吗?这两个问题的答案都取决于性状。表 19-3 列出了部分品种不同性状重复力的大致估值。重复力是衡量动物在连续几年或几个季节中同一性状重复表达程度的指标。重复力因性状的不同而不同,因此依据具体性状的重复力,育种者可以更加科学的决定群体的淘汰速度。

表 19-3　家畜生产性状的重复力估值

| 性状 | 肉牛 | 绵羊 | 猪 |
| --- | --- | --- | --- |
| 多胎性 | | 0.10 | |
| 后代出生重 | 0.30 | 0.30 | |
| 繁殖效率 | 0.10 | 0.20 | 0.10～0.16 |
| 后代断奶重 | 0.45 | 0.40 | |
| 断奶时后代等级 | 0.22 | | |
| 每年羊毛产量 | | 0.50～0.60 | |

来源:Compiled by the authors and colleagues from Several Sources.

在以下内容中,我们将通过计算肉牛断奶重的重复力,具体说明重复力的概念。具体过程如下,首先依据群体母牛所产头胎犊牛的断奶重,将该母牛群平均分成 2 组(高断奶重组和低断奶重组)(图 19-9)。然后,计算每组母牛所产二胎犊牛的平均断奶重,通过 2 组数据的比较即可获得初步的重复力估计值。

如图 19-9 所示,如果与低断奶重组的第二胎犊牛相比,高断奶重组第二胎犊牛的平均断奶重仍重出 89 lb,那么肉牛断奶重的重复力即为 1.00。这意味着在头胎犊牛断奶后,育种者完全可以根据母牛的头胎数据完成群体的淘汰,并且能够保证淘汰判断的准确。如果 2 个组第二胎犊牛的断奶重相同,则动物断奶重的估计重复力即为0;在这种情况下,育种者如果只根据头胎的数据进行淘汰,淘汰将没有任何可信度。实际计算的重复力为0.4,表明头胎犊牛断奶重特别低的母牛可以在第一个繁殖季节后即进行淘汰。但对于处于"分界线"的母牛,育种者应该一直等到动物得到第二胎数据后,再进行抉择。

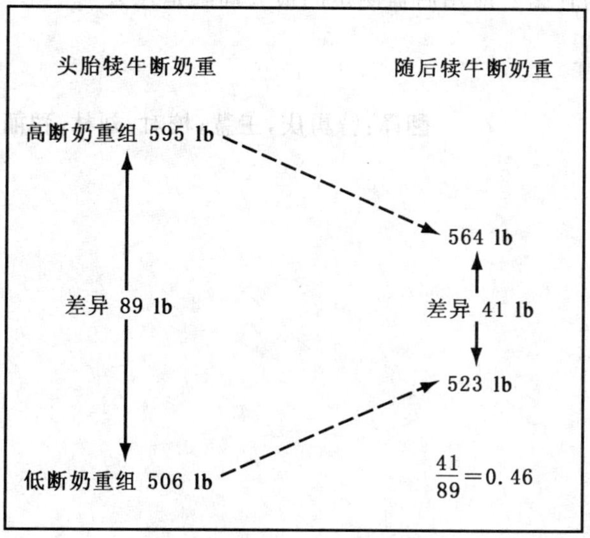


图 19-9 断奶重重复力的计算。

部分繁殖性状的重复力往往通常很高,具体包括产犊间隔、初配的受孕能力、青年母牛每12个月完成1次产犊的能力。因此,如果青年母牛、母羊或母猪在第一个繁殖季节受孕困难,则完全可以将其屠宰出售。这些个体不仅在首个繁殖季节的饲养费用很高,并且之后的受孕几率也非常低。由于母猪具有多胎性和连续产仔的能力,因此育种群母猪的使用年限通常在1年以下,但是如果一头小母猪与具有正常繁殖能力的公猪交配2次或3次后仍不能受孕,这头小母猪则应该被立即淘汰。

在重复力的计算过程中,造成母畜间永久性差异的因素也会被涵盖在内。雌性动物间的部分永久性差异可能由环境造成,所以重复力可能等于或高于遗传力。

## 思考题

1. 列出在种畜中有助于提高群体生产效率和生产性能的4个目标性状。

2. 对公畜进行选择时,除群体关注的目标性状外,还要强调哪些性状?原因是什么?

3. 为了进行动物群体的记录、选择和淘汰,常见的个体识别方法有哪些?

4. 解释养猪生产中通过打耳缺进行个体编号的方法。哪只耳朵代表窝号?另一只耳朵上的耳缺代表什么含义?请画出个体号为7、窝号为12的猪耳缺编号示意图。

5. 在绵羊、牛或猪中,任选一种动物,指出该种动物的永久性记录中应涵盖哪些重要的个体信息或数据。

6. 如何利用超声波探针进行活体动物的背膘厚和眼肌面积的测定?

7. 在选择种公畜时，精液的潜在受精能力和动物配种能力的含义是什么？

8. 选择种畜时，应着重强调动物的哪些体型性状？

9. 挑选肉用公牛、公羊或公猪作为种畜时，选择指数应包含哪些重要的性状？

10. 比较种畜的产量测定、性能测定和后裔测定这3种方法，哪一种能够最好地反映出动物的种用价值？为什么？应用后裔测定的最大局限是什么？

11. 重复力的含义是什么？

翻译：曾勇庆，王慧；校对：刘林，翟丽维

# 第 20 章

# 繁育体系

# Mating Systems

前 3 章讨论了基因的作用及其遗传的基本原理，并且着重强调了动物遗传改良工作 4 项原则中的 3 项。这 3 个原则分别是：

原则 1：拥有最大的遗传变异。

原则 2：针对受遗传因素影响显著的性状进行选择。

原则 3：对育种群个体进行仔细观察或准确的性能测定。

本章将集中对第 4 条原则进行阐述：

原则 4：最有效地使用所选择的种畜。

动物间所存在的遗传变异是进行育种工作的基础，变异的存在使得我们能够选择最好的个体作为种用亲本，从而繁殖出优秀的后代，达到改良群体性能的目的。当完成优秀种畜的选择后，我们所要进行的工作就是利用最优的繁育体系，最大限度地利用优秀个体所携带的性状，或者说是我们希望获得的基因。在美国，有句古老的谚语“这由基因决定”，这句话实际上非常正确客观地反映了动物的遗传规律。21 世纪，分子生物学得到了巨大的发展，分子生物学是预测基因并研究基因功能的最有用工具。利用分子生物学手段，科学家能够更加准确地测定基因的总体表达水平，并对基因之间的相互影响进行研究。

成功的畜禽育种者可以根据动物品种、育种目标和其他因素的差异，合理地选择群体适用的繁育体系，如随机交配、近交、远交、杂交。本章即将对不同的家畜配种方案进行介绍，并且对方案的适用情况进行讨论。家禽的繁育体系也同样基于相同的基本原理，该部分内容将在本书第 33 章和第 35 章进行详细介绍。

在了解不同繁育体系的同时，读者应考虑以下问题：

1. 选择特定繁育体系的目的是什么？
2. 体系是用来增加基因的纯合度还是杂合度？
3. 体系是用于增加还是减少群体的杂种优势？
4. 育种工作者使用该体系的最佳时机是何时？

学习本章后，读者应掌握以下内容：

1. 定义随机交配、近交、远交和杂种优势。
2. 解释为什么近交多用于品系培育，而一般不在商品代畜禽的生产中应用。
3. 列出通过杂交能够产生杂种优势较高的性状，以及杂种优势较低的性状。
4. 图示并描述轮回杂交体系的基本模式，并解释该体系多用于商品猪生产的原因。
5. 图示并描述3品种终端杂交体系，并解释该体系在商业肉牛生产中的应用价值。
6. 针对商业品种的改良进展，比较分析杂交体系与基于高强度选择的随机交配体系的区别。

## 20.1 随机交配

**随机交配**

经过选择后，所选种畜完全按照随机的方式进行交配的繁育体系。

**随机交配**(random mating)并不是指没有选择的交配，而是指经过选择的种公畜和种母畜以随机方式进行交配的体系。

在随机交配中，所选种畜的交配不受控制。种用公畜和母畜进行混群饲养，并随机的发生交配。在随机交配的群体中，例如牛、猪和家禽，每个雄性个体都拥有相同的机会和群体雌性进行交配。如果育种者缺乏必要的育种知识，采用随机交配的体系也可以获得相对优秀的后代动物。这种体系需要投入的劳动力相对较少，在繁殖季节所有的种畜只需要在同一群体中饲养即可。

显然，随机交配并不能在纯种繁育中使用。纯种繁育体系中，群体虽然来自多头种畜，但我们必须对每头动物的父亲和母亲均进行准确的记录。使用随机交配的情况下，我们则不能确定个体之间的亲缘关系，所以随机交配一般只在商品群中使用。

如果希望通过繁育体系获得更大的遗传进展，随机交配体系同样不适合这种情况。例如，某密苏里州的安格斯牛养殖者，其主要生产目的是为玉米带的育肥场提供待育肥牛。这种群体同样要选择和保留一定数量的后代母牛用于更新，该过程中，养殖者希望通过选留提高群体的整体品质，所以一般选用最好的公牛和最好的母牛进行交配，从而产生优秀的后代母牛，用于群体的更新。通过上述繁育体系获得的雌性后代，其品质明显高于随机交配生产的母牛。同样，通过该体系获得的公牛也非常优秀，可以卖给其他的育种场，或者阉割后作为育肥牛出售，从而获得更高的经济回报。

## 20.2 近交

**近交**(inbreeding)是指在品种内具有亲缘关系个体之间的交配。公母畜之间的亲缘关系越近,近交程度越大。许多植物可以自花授粉,从而产生最大限度的近交,家养动物则不能达到这个近交极限。在一个畜群中,最大限度的近交只有通过连续几个世代的同胞交配获得。实际上通常也不会进行这种操作。

**近交**
具有亲缘关系个体之间的交配行为。近交个体的亲缘关系越近,近交程度越高;反之亦然。

几乎所有的纯种动物都存在一定程度的近交。因为在纯种动物的繁育中,交配限制在同品种内的登记个体之间,这些个体往往具有一定的共同祖先,因此与随机交配相比,纯种交配个体之间的亲缘关系要更近。例如,在纯种杜洛克公猪的繁殖过程中,与配的纯种杜洛克母猪通常都会与该个体具备一定的共同祖先。如果动物与共同祖先的世代间隔仅仅 1 或 2 代,那么他们的近交程度则相对较高。如果个体在 4～6 代之内没有共同祖先,就可以视该交配组合不存在近交。

从遗传的角度讲,与随机选择的个体相比,在同品种内具有亲缘关系的个体含有相同基因(或者交配可产生的纯合子)的概率会更高。下文将会对近交的优缺点以及近交存在的风险进行详细的论述。

家畜饲养者往往通过近交进行优秀基因的整合,他们希望将一头优秀个体或者一个家系已知的优良基因通过近交的方式集中在后代个体之中。这些后代很可能具有顶级的品质,并且有希望能够生产出同样优秀的后代。这些动物将携带有许多优良的基因,也具备传递这些优良基因的能力。

理论上,近交的目的是生产只携带优良基因的畜群,并且实现多个世代所有优秀性状的真实遗传。在实际中,我们通常只能够生产具有特定优秀性状的近交家系(品系),不同近交系所携带的优秀性状可能各不相同。我们可以利用 2 个携带不同优秀性状的近交系个体进行交配,从而以期可以获得集成两系的优秀性状的后代(见 20.4 节)。

大多数的农场或牧场并不推荐使用近交,尤其在群体的最初构建阶段。因为近交存在一定的危险和缺陷。近交可以集中两个具有亲缘关系个体的优良基因,同样也可能在后代个体上集中品系的缺陷基因(图 20-1)。

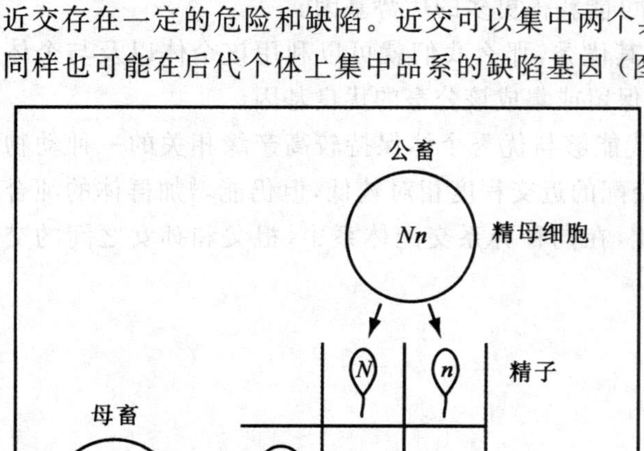


**图 20-1 携带矮小基因(*n*)亲本后代的可能基因型。如果公母畜之间具有亲缘关系,后代就更可能含相同的基因型。这种交配在后代中集中优良基因(*NN*)的概率为 1/4;同样集中缺陷基因(*nn*)的概率也是 1/4。**

这些缺陷基因可能不像矮小基因那样有害，但是高度近交的个体通常生活力很差，难于饲养。他们常常体型较小，对疾病和环境应激更加敏感。而且，近交后代中部分隐性基因的纯合能够引起动物的死亡或者发育的异常，这些隐性基因在亲本中以杂合状态存在，因此亲本表现正常。为了减少或杜绝近交的副作用，在近交使用过程中，我们必须严格地对动物进行筛选。

由于近交存在很多风险，而且近交系动物难于饲养，所以几乎没有农场、牧场或者生产单位进行近交品系的培育。只有能够承担风险的育种机构才会采取该种繁育体系进行动物的繁殖。来自较纯品系的个体可能体型更大，或者更易出售，这也是育种者进行近交的主要目的。在玉米和家禽育种中，部分个体公司已经培育了很多近交系；少数公司还发展了猪的近交系。在羊和牛的育种工作中，由于动物的发育速度相对缓慢，因此培养近交系的利润较低。目前，牛和羊的近交系大都是为国家农业实验站或者美国农业部所培育。

在培育近交系的过程中，很明显，连续的选择辅以近交的交配体系是最行之有效的方法。假定一头 $Nn$ 型公牛和 4 头 $Nn$ 型母牛(表 20-1)作为培育近交系的原始群体。原始的基因中有一半是 $n$。经过一个世代后，矮小个体得到淘汰，群体仍有 1/3 的 $n$ 基因。因此，这个群体内连续的交配并淘汰矮小个体，会使 $n$ 基因的概率大大降低。最后，群体会成为 $N$ 基因相对较纯的育种群，几乎没有 $n$ 基因存在。

从上例可以看出，在特定群体内，近交也可以造成一定的群体遗传变异，所以淘汰和选择也就相应简单而更加有效。

例如，某绵羊养殖者饲养有 25 只母羊，均利用同一只优秀的公羊进行配种。所产后代中选出 5 只优秀的母羔，进行群体的更新。该情况下，所产母羔均有一半基因来自同一头公羊，所以个体的基因型相对比较相近。如果公羊和母羔都表现出比较优秀的生产性能，如生长、产毛量、肉质等，那么这些个体可能都携带有影响这些性状的优势基因。

如果养殖者继续使用相同的公羊和这些后代女儿进行交配，则非常有可能获得非常优异的后代。这主要是因为，公羊和其第一代女儿都携带有优良基因，进行交配后，他们的后代将非常有可能获得更多的优势基因。

因此，一旦证明一头公畜极其优秀，那么我们就可以利用该个体以及与个体亲缘关系较近的动物，在品系内保留或集成该公畜的优良基因。

**顶交**

在系谱中集成特定个体的基因的近交交配方式。

**顶交**(linebreeding)是使后代能够与优秀个体保持较高亲缘相关的一种动物近交交配形式。虽然同种异系交配的近交程度相对较低，但仍能增加群体的纯合子含量。与父女的交配组合相比，在同种异系交配体系中，祖父和孙女之间的交配组合更为常见。

**远交**

亲缘关系相对疏远的个体之间的交配形式。个体通常具备不同的体型或生产特性。远交程度的大小依赖于远交个体上特性间的差异大小。

## 20.3 远交

**远交**(outbreeding)是与近交相对的概念。广义上也包括“杂交”(crossbreeding)，即不同品种动物之间的交配；以及“种间杂交”(species crossing)，即不同物种之间的交配。其中，以“杂交”相对常见。

远交就是指亲缘关系小于品种内平均亲缘关系的 2 个个体之间的交配。一般来说,远交的个体需要在4代或者6代以内没有任何亲缘关系。当育种者希望向一个品系或者群体导入某个理想的性状(实际上是性状的基因),就要用到远交的交配方式。在近交的育种方案中,远交的使用往往都是临时性质的。当育种者感到培育的品种(或品系)在某一性状上存在缺陷,就可以通过与特定品系的远交来获得希望的理想性状。

例如,某海福特牛育种者培育了一个品系,品系在其他性状上都很出色,只是某一特定性状低于平均水平,育种者就可以利用该性状表现优异的其他品系的海福特公牛进行杂交,从而导入所需性状的优势基因。上述方式又被称为异型杂交(Outcrossing),这种交配方式可以纠正因近交加剧引起的某些性状上的缺陷。

异型杂交可以在品种内制造杂种优势;但同时也会导致杂合子的增加,或者说是基因杂合程度的增加。因此,一旦畜群在目标性状上达到了预定的水平,育种者就应该开始采用近交的交配方案,以增加基因的纯合程度。

## 20.4 杂交

**杂交**(crossbreeding)是指两个不同品种个体之间的交配。在美国的育种实践中,杂交通常包括用所选的纯种公畜与另一品种的母畜,或者与2个或2个以上品种合成的杂种母畜进行的交配。

> **杂交**
> 不同品种动物之间的交配,是远交的一种极端形式。

杂种动物,不论是家禽、猪、绵羊或是奶牛,在出生时和出生后将会具有更强的活力和对环境应激的更高抗性,所以杂种动物通常生长更加迅速,繁殖能力也通常高于亲本均值。这种通过杂交获得的性能优势即被称为**杂种优势**。一般来说,这种育种体系更适用于大型的畜禽动物育种联合体。

> **杂种优势**
> 杂交后代表现优于亲本均值的现象。

早在几十年前,艾奥瓦州就对猪的杂种优势进行了相关研究(表20-1)。

**表 20-1 杂交对猪8周龄和5月龄体重的影响**

| 品种 | 窝头数 | | 纯种或杂种 | 体重(lb) | |
|---|---|---|---|---|---|
| | 出生 | 断奶 | | 8周龄 | 5月龄 |
| 巴克夏 | 8.1 | 6.1 | 纯种 | 29.9 | 124 |
| | | | 杂种 | 34.8 | 157 |
| 杜洛克 | 10.3 | 6.7 | 纯种 | 36.6 | 159 |
| | | | 杂种 | 35.8 | 159 |
| 汉普夏 | 8.7 | 6.6 | 纯种 | 31.1 | 144 |
| | | | 杂种 | 39.6 | 166 |
| 长白 | 8.2 | 6.3 | 纯种 | 33.2 | 150 |
| | | | 杂种 | 38.0 | 176 |
| 波兰猪 | 8.0 | 6.3 | 纯种 | 37.3 | 165 |
| | | | 杂种 | 38.4 | 173 |
| 泰姆沃斯 | 8.9 | 7.0 | 纯种 | 31.8 | 134 |
| | | | 杂种 | 36.5 | 155 |
| 约克夏 | 11.9 | 10.5 | 纯种 | 35.2 | 143 |
| | | | 杂种 | 38.2 | 150 |

来源:Hazel, L. N., Iowa State University, 1961.

如表所示，每个品种动物都挑选出部分母猪和表中所列全部品种的公猪分别进行交配。不同品种交配繁殖产生的后代的数据列于“杂交”一行。“纯种”同行的数据则来自于同一品种公母畜交配所产生的后代。

为什么杂种动物往往活力更强，生长速度更快，具有更高的繁育性能呢？遗传学的基本原理可以给出部分解释。

前文已经提到，显性基因一般都有利于畜禽动物的生产。优质基因大部分都是显性基因；缺陷基因大部分都是隐性基因。图 20-2 所示为，两个假定的纯种猪杂交后可产生杂种优势。与实际情况相比，这种假定的情况非常简单。例子涉及两个性状，即猪的窝产仔数和 10 日龄的存活率，假定每个性状都只受一对基因控制。涉及的两个品种是对不同的性状进行选择，经过多年选育成功。品种 A 是对猪的窝产仔数进行选择，在该性状上仅携带两个显性的优势基因(*AA*)。但品种 A 没有进行 10 日龄成活率的选择。现在假定，品种 A 中 10 日龄成活率这个性状都处于隐性纯合状态。品种 B 则完全相反，成功的对 10 日龄成活率(*BB*)进行了选择，但是窝产仔数非常少。如图 20-2 所示，我们可以对两个品种杂交后代的基因型和表型进行分析。

| | 品种 A | 品种 B | 杂交后代 |
|---|---|---|---|
| 窝产仔数 | 16(*AA*) | 4(*aa*) | 16(*Aa*) |
| 10 日龄存活率 | 25%(*bb*) | 100%(*BB*) | 100%(*Bb*) |
| 10 日龄窝存活仔数 | 4 | 4 | 16 |

**图 20-2 猪杂种优势遗传学基础的简单例证，括号中所列为基因型。**

在上述例子中，后代的表现不但高于双亲均值，而且高于任何一个亲本。需要强调的是，这只是一个非常简单的例子，实际中通常都更加复杂。第一，每一个性状都受许多对基因的影响。第二，个体的表现并只由基因型决定，环境因素也可能产生很大影响，尤其是繁育力和成活率这类低遗传力性状。第三，没有品种能够通过近交达到优良显性基因的完全纯合。在家畜近交系的培育中，特定基因的纯合速度相当缓慢，尤其是奶牛和绵羊。需要纯合的目标基因越多，近交系培育的速度也将越发缓慢。第四，即使我们没有对品种的某一特定性状进行选择，品种也不可能只携带有隐性的不良基因。

这里我们需要着重强调的是，通过杂交获得杂种优势，常常可以改进那些低遗传力的性状，例如可以提高动物存活率、提高生长速度、提高受精率等。我们必须认识到基因不是被创造出来的，只是在交配过程中进行重新的组合。同时，为了获得杂种优势，我们必须不断地进行品种的杂交(见 20.6 和 20.7)。图 20-3 也对杂种优势效应进行了形象的说明。

内布拉斯加、蒙大拿和弗吉尼亚的美国农业部科学家，和国家的农业实验站的科学家通过研究证明，许多肉牛品种都可以通过杂交产生杂种优势。表 20-2 所示为不同杂交组合的杂种优势。在这项研究中，海福特和安格斯母牛购买自商业的饲养者，所用公牛为经过后裔测定的个体，通过人工授精技术进行配种繁殖。所得后代群体一半为海福特母牛和安格斯公牛的杂交后代，另一半为安格斯母牛和海福特公牛的杂交后代。表的最后一行，“杂种优势”即为杂交后代与纯系亲本均值之间的表现差异。

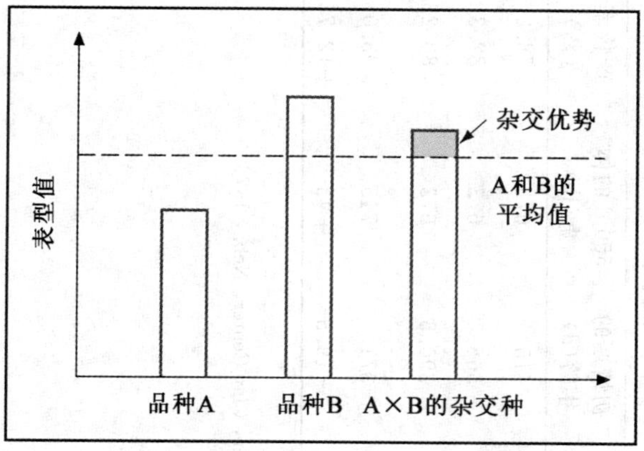


图 20-3 在某些性状上，杂交动物的表现可能高于亲本的均值。杂种优势即是杂交后代的表型值超出亲本均值的部分。

如表 20-2 所示，杂交后代的表现具有以下特点(1)出生重较大，(2)不易难产，(3)较低死亡率，(4)较高的断奶重，(5)后代青年母牛的初情期发生较早、产犊率较高。研究中，青年母牛的初情期通过发情鉴定进行确认。同时值得注意的是，群体得到改良的性状都是低遗传力性状。

在上述研究中，所得后代公牛全部进行阉割饲养，而后进行屠宰。研究收集了动物胴体、肉品质、肉风味等方面的数据。数据显示，后代公牛在胴体性状上并没有表现出明显的杂种优势。就像这本书所介绍过的，与生长和生活力有关的性状通常可以表现出高的杂种优势；但体躯的结构和组成方面的杂种优势则无明显表现。

在奶牛的杂交品种研究中，美国和英国的研究表明，杂交小牛的死亡率相对较低，而且杂种母牛的世代间隔也相对较短。部分杂交个体在产奶量上也能够表现出杂种优势，特别是在第一个泌乳期。然而在奶牛产业中，由于荷斯坦牛占有绝对的主导优势，因此鲜见杂交品种的商业应用。

在绵羊生产中，杂种优势已经得到多次证明。杂交羔羊将具有(1)更大的出生重，(2)更高的生活力，(3)更快的生长速度。表 20-3 即对绵羊的 3 个性状进行了比较，80%的情况表明杂交羔羊的表现都要比纯种羔羊更具优势。与存活率和断奶重等性状相同，杂交母羊的产毛水平同样高于亲本的产毛量均值。

在商品群生产中，杂交也可以用来从别的品种中引进新的性状。在落基山地区即有一个典型的例子，开始时，群体的大多数母羊都是相对纯系的罗曼布莱特绵羊或美利奴绵羊。这 2 个品种都是优良的细毛羊品种，而且罗曼布莱特绵羊又选育自美利奴的血液，所以 2 个品种具有相似的特性。作为优良的细毛羊品种，2 个品种都经过了高品质细毛产量的高强度选择。品种高品质的产毛也说明了选择的有效性。罗曼布莱特母羊四肢瘦长，能很好地适应地势崎岖的饲养环境，但不具备满足肉用需要的体躯结构。

当羊毛的价格处于下降趋势时，产毛羊群不会需要很多羊羔进行群体更新。因此，绵羊的产肉能力则变得相对重要。这时，羔羊饲养者将更偏好体躯结实的羔羊，与典型的产毛羊相比，这种羔羊能够产出更高比例的分割肉。此时很显然，携带肉用品种特性的羔羊将会为群体带来更高的收益。

这种情况下，牧场主可以向所养母羊群中引入肉用公羊，如汉普夏、萨福克等。群体母羊仍能产出高品质的毛，同样也能给饲养者提供更多的适于肥育的育肥羔羊。当然，群体也需要保有足够的母羊与优秀的毛用公羊进行交配，来生产替代母羊。通过这种方式，肉用基因实际没有在细毛羊品种中进行积累。

表 20-2 纯种与杂种动物的妊娠、断奶以及后代母牛繁殖能力的表现差异[a]

| 品种 | 妊娠至断奶阶段 | | | | | | 后代母牛 | | | |
|---|---|---|---|---|---|---|---|---|---|---|
| | 数量 | 妊娠期(d) | 出生重(lb) | 难产率(%) | 断奶前死亡率(%) | 断奶体重(lb) | 数量 | 初情期的年龄(d) | 550 d的体重(lb) | 产犊率(%) |
| 海福特 | 141 | 285.5 | 76.5 | 18 | 8.6 | 472 | 62 | 415 | 673 | 78.2 |
| 安格斯 | 166 | 281.6 | 68.1 | 12 | 8.6 | 496 | 64 | 366 | 673 | 82.3 |
| 纯系品种均值 | | 283.55 | 72.3 | 15 | 8.6 | 484 | | 390.5 | 673 | 80.25 |
| 杂种 | 375 | 282.9 | 74.3 | 11 | 3.8 | 507 | 132 | 371 | 715 | 93.0 |
| 杂种优势 | | −0.6 | +2.0 | −4 | −5.8 | +22 | | −19.5 | +43 | +12.75 |

a. 数据来自于美国肉畜研究中心(内布拉斯加州、克雷中心),内布拉斯加大学和堪萨斯大学的扩展研究项目。

来源:改自 USDA, ARS, Evaluating Germ Plasm for Beef Production, Cycle 1, Progress Report No. 3, U. S. Meat Animal Research Center, Clay Center, Neb., 1976.

表 20-3 杂种羔羊和纯种羔羊的比较

| 品种 | 每百只母羊的断奶羔羊数 | | 羔羊的出生重(kg) | | 羔羊日增重(kg) | |
|---|---|---|---|---|---|---|
| | 纯繁 | 父本杂交繁育 | 纯种羔羊 | 父本杂交繁育 | 纯繁 | 父本杂交繁育 |
| 汉普夏 | 87.8 | 98.3 | 4.75 | 4.89 | 0.259 | 0.272 |
| 萨福克 | 79.1 | 97.0 | 5.30 | 4.97 | 0.297 | 0.285 |
| 陶塞特 | 55.2 | 78.2 | 3.88 | 4.19 | 0.223 | 0.251 |
| 塔尔基羊 | 102.2 | 91.4 | 4.82 | 4.85 | 0.231 | 0.252 |
| CSC[a] | 99.7 | 104.9 | 4.12 | 4.49 | 0.219 | 0.254 |

a. CSC 羊是由哥伦比亚羊、无角短毛羊和考力代羊培育出来的一个品系。

来源：Sidwell，G. M.，and Miller，L. R.，J. Anim. Sci. 32：1084，1090，1971.

选择性杂交可以使 2 个品种相互弥补各自的不足，也就是所谓的互补性。在上面的例子中，毛用和肉用品种的杂交(如：罗曼布莱特×汉普夏)就可以产生出 2 类性状都有所改善的后代个体。

在生产实践中，美国中西部地区的农场主有时利用肉用母牛与其他肉奶兼用型公牛进行杂交，以提高所产后备母牛的产奶性能。肉猪的生产者也可以利用杜洛克公猪来增加后代的产仔数，用长白猪来增加后代的体长，或者用斑点公猪(spotted boar)增加群体的瘦肉率，其他品种也可被用来提供各种相关的有利基因。

品种间的杂交通常会在后代中产生混合或者繁杂的毛色式样。但对于产肉、产奶、产毛或产蛋来说，毛色的混杂并不重要。

最后需要强调的是，杂交可以实现部分低遗传力性状的改良。然而，良好的管理以及高品质动物的使用对于杂交体系的成功使用也具有非常重要的意义。

## 20.5 品系或家系间杂交

目前，在家禽的商业生产体系中，绝大多数的商品肉鸡或蛋鸡都合成自 2 个或 2 个以上近交品系或家系，只有少部分的育种孵化场在进行禽类纯系近交系的饲养。用于商品生产的禽类大多基于品系间杂交或家系间杂交，也就是我们所说的配套系生产模式，通常拥有统一的商品名称或代码。配套系生产的动物在颜色、生长速度、成年体重、蛋产量和胴体品质上都具有很高的一致性。家禽的繁殖力相对较高，因此在配套系的定型过程中可以进行大量的预试验。预试验中，配套系内不同近交家系或品系的组合需要反复验证，以保证上述商品代内的一致性。

**品系**的概念与前文所述的近交系相同。**家系**一般指种内的一个家族，该家族可能与品种中其他动物的亲缘关系均相对较远。品系或家系内一般会具备中等程度的近交。有时，这 2 个概念可以相互混用。

产业顶端的家禽育种机构需要保留许多品系或家系，依据商品代的生产需要，育种机构需要进行很多的杂交试验以确定哪种杂交组合会获得最优异的表现。在试验中，部分品系与其他许多品系都会得到良好的杂交效果，这些品系被称为具备一般杂交配合力。另外，部分品系只与少数 1～2 个品系具有良好的杂

**家系**
来自或与特定动物(或特定遗传群体)均具有亲缘关系的动物群体。

**品系**
具备区别于其他品种的品种内特征的动物群体。

交效果，则称这些品系具有特殊配合力。

在上述杂交试验中，通常要利用到正反杂交的模式。具体如下，A系、B系之间有2种杂交方式，第一种是A系作为父本，第二种是B系作为父本。2种杂交方式所产后代的表型值的差异可能会很大，这一点在雌性后代中尤为突出(图20-4)。这种现象可能是由于性染色体及其所带基因的差异而产生(见17.4)。A×B的杂交雌性后代(A是父本)将携带只来自A系功能性性染色体。B×A(B是父本)的杂交雌性后代只携带有来自于B系的功能性性染色体。

图20-4所示为白来航(*WL*)和新汉普夏红鸡(*NHR*)的杂交模式，所列为正反杂交后代的产蛋表现。如图所示，当白来航做父本时，后代的杂种优势较大。

| | | 母 本 | |
|---|---|---|---|
| | | *NHR*-53.1 | *WL*-61.4 |
| 父 本 | *NHR*-53.1 | | 62.5 |
| | WL-61.4 | 66.5 | |

**图20-4 正反杂交后代的产蛋率差异。**

来源：Hyre, H. M., et al. W. Va. Agr. Exp. Sta. Bull. 479.

## 20.6 轮回杂交体系

在只进行单次杂交的杂种鸡生产，杂交所使用的亲本双方的近交系都需要进行饲养。近交系母鸡一年可以获得250～275只后代雏鸡，且雏鸡生产及饲养的成本都很低廉。与此相比，育成母牛的价格昂贵，且一年只能产1头牛犊。猪和羊的饲养成本相对较低，且其繁殖能力较强，但与鸡相比，还是存在很大差距。

综上所述，在农场或者牧场通过近交系的饲养来获得替代母畜是非常不切实际的。近交系的饲养需要花费很多的时间和金钱，且后代中只有一半是母畜。同样必须强调的是，近交家畜通常都比较难于饲养。

因此，在家畜生产中，我们通常采用比较经济的轮回杂交体系来获取杂种优势。在实际生产中群体一般只饲养培育母畜，公畜通过购买等方式获得。与其他家畜相比，杂交的形式更常见于猪的生产体系，所以本文即以猪的杂交体系为例进行论述(图20-5)。

在轮回杂交体系中，用于第一批轮回杂交的公猪一定要来自不同的品种，而且携有群体改良所需性状的优良基因(见20.4)。如果杂交能够获得杂种优势，那么第一代的杂交后代将会含有2个品种的优良性状，并且具有较高的生活能力。我们可以预期获得更多的后代个体，并且实现后代的快速生长，这些个体被称为$F_1$代杂种猪，虽然性能与纯种动物相比仅略有优势，但个体表现相对整齐一致。当后代达到性成熟时，杂交母猪将会表现出更高的产仔和泌乳能力，这一点也是近交系母畜所不具备的杂种特点，也是轮回杂交的重要优势。

图20-5所示即为轮回杂交体系，杂交母猪(一半约克夏血液，一半杜洛克血液)和所选没有亲缘关系的公猪进行交配。所选公猪(斑点猪)不仅能够在后代中产生杂种优势，同样还能携带有这些杂交母猪所不具备的优良性状基因。杂交母

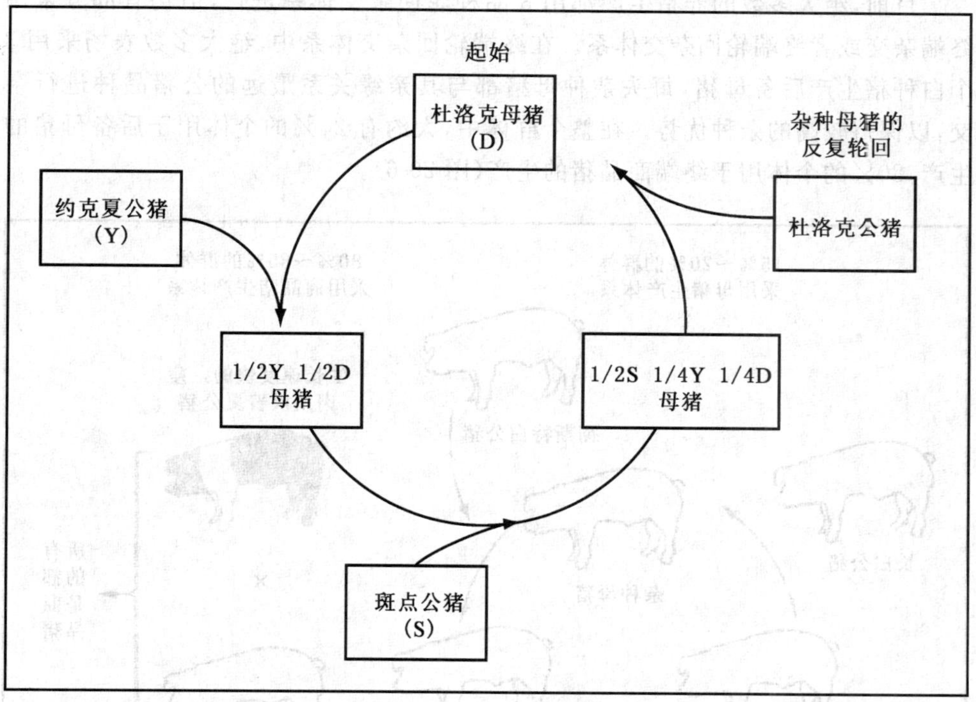


**图 20-5 猪群轮回杂交繁育体系。最初的母猪群体为相对较纯的杜洛克个体，后依次利用不同品种的公猪进行轮回杂交(约克夏公猪、花斑公猪、杜洛克公猪)。**

来源：Iowa State University.

猪和第二品种的公猪(斑点猪)交配产生的后代一般会在表现出杂种优势的性状上优于纯种猪 30%。这些后代母畜带有 1/2 的花斑猪血液，1/4 的杜洛克血液，还有 1/4 的约克夏的血液，并且最终与杜洛克公猪完成回交。

在最终的回交过程中，由于杂交母猪含有 1/4 的杜洛克血液，因此杂种优势仍会存在。3 个品种的轮回杂交体系最多能获得 86%的杂种优势，比 2 品种杂交高出 20%。

绝大多数猪群的轮回杂交方案，都只用 3 个品种。采用第 4 个品种杂交所产生的杂种优势很小，比采用 3 个品种高出 7%，或者说最大能够达到 93%。同时，育种者发现往往很难获得 4 种不同的品种公猪，更难于获得具备优秀目标性状的目标个体。因此，采用 3 个品种的优秀公猪进行杂交，虽然杂种优势略有损失，但在杂交体系中使用一头劣等的公猪将带来更大的损失。

在肉牛生产中，我们则越来越多的采用两品种轮回杂交和终端杂交相互结合的杂交体系。在二元终端杂交的体系下，所有后代都能获得最大的杂种优势效应，但均面向市场销售。这种体系的缺点就是所有的 $F_1$ 后代都进行出售，群体的更新母畜需要另行购买。

此外，还有一种常见的杂交体系被称为终端轮回杂交体系，该体系集中了轮回杂交和终端杂交的优点，并克服了 2 种体系的缺点。种群中半数的青年母牛(15～36 月龄)采用 2 品种轮回杂交生产的模式进行后备母牛生产。大龄母牛则与终端父本进行杂交，以获得具有优良生长与胴体表现的 3 品种杂交牛。这种体系只能在大群体中进行使用，群体涉及使用 3 个品种的公畜，因此需要有经验的管理以及多个独立的草场。

目前,绝大多数的养猪生产都用3品种轮回杂交体系进行,但仍有部分采用终端杂交或者终端轮回杂交体系。在终端轮回杂交体系中,绝大多数农场采用3个白种猪生产后备母猪,每头杂种母猪都与其亲缘关系最远的公猪品种进行杂交,以保持较高的杂种优势。在整个群体中,大约有20%的个体用于后备母猪的生产,80%的个体用于终端商品猪的生产(图20-6)。

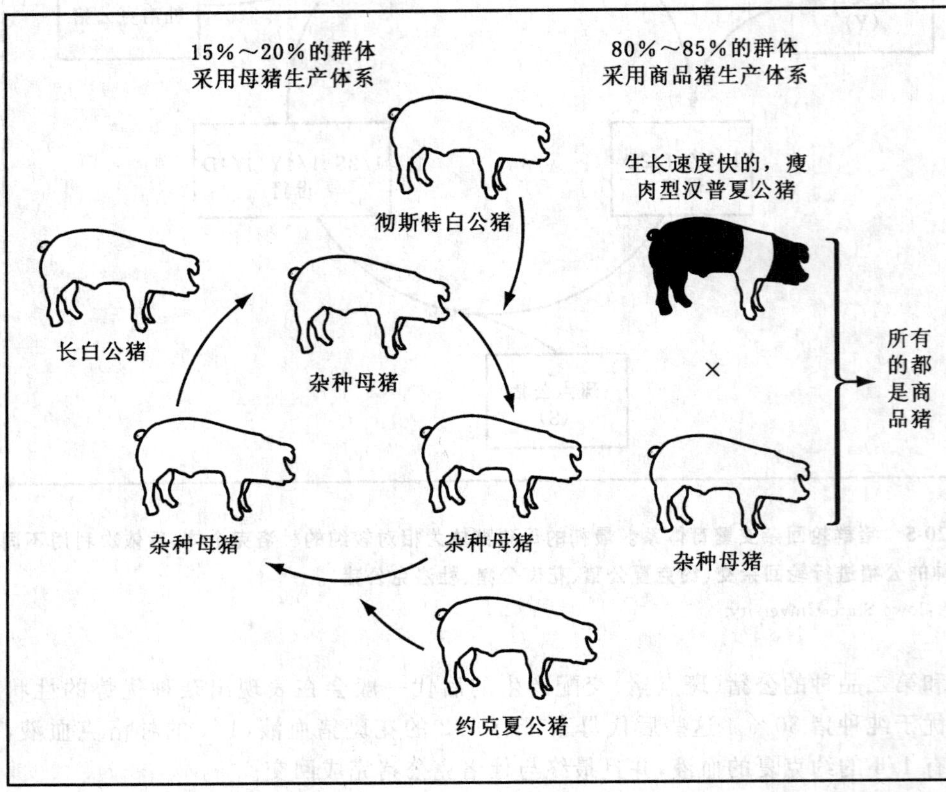


**图 20-6 采用3个白色品种的终端轮回杂交体系示意图。**
来源:改自 Pork Industry Handbook, PIH 39 and PIH 106.

除了保持杂种优势以外,终端轮回杂交体系充分利用了白种母猪(如长白、切斯特、约克夏等)的繁殖性能(繁殖力和泌乳能力)。然后,杂种母猪与生长迅速、肌肉发达和瘦肉型的公猪(如汉普夏、杜洛克或者花斑猪)进行杂交,最终完成商品猪的生产。

从20世纪50年代起,杂种优势就已经在商品肉猪的生产中得到了广泛的应用(图20-7);在绵羊中,轮回杂交体系也被广泛的用于杂种优势的获取和优质肉用羔羊的生产(图20-8);杂交的生产方式在肉牛中应用较晚(图20-9),但是目前也已普遍采用。

如表20-4所示,在美国内布拉斯加州,采用海福特、短角和安格斯3个品种的2品种和3品种轮回杂交体系均可使生产获益。

**图 20-7 多数育肥猪都是杂交品种，因此个体花色各样。**

来源：Courtesy of Cargill, Inc.

**图 20-8 纯种的萨福克母羊和蒙特代羊公羊杂交所产的 1 岁杂交母羊。**

经 Montadale Sheep Breeders' Association, Inc. 授权。

**图 20-9 在得克萨斯州的某牧场中参与杂交育种方案的契安尼娜公牛和安格斯母牛。**
经 American Chianina Association 授权。

**表 20-4 肉牛在不同轮回杂交体系下的杂种优势**

| | 对照 | 两品种轮回杂交 | 三品种轮回杂交 |
|---|---|---|---|
| 母牛 | 纯种 | $F_1$ 代杂交 | $F_1$ 代杂交 |
| 犊牛 | 纯种 | 回交 | 三品种杂交 |
| 配种个体数 | 431 | 410 | 211 |
| 获得断奶犊牛的比率(%) | 75 | 79 | 83 |
| 后代 200 日龄体重(kg) | 196 | 216 | 221 |
| 断奶时母牛平均体重[a](kg) | 147 | 171 | 183 |
| 断奶时母牛的平均增量[a](%) | — | 16 | 24 |

a. 所有可与公牛接触的母牛的平均值。
来源：Gregory, K. E. and Cundiff, L. V., J. Anim. Sci. 51:1224, 1980.

## 20.7 杂种优势与选择

杂种优势虽然可以影响动物的表现，但仍局限于少数性状，如繁殖力、生活力和生长速度等。在育种工作中，育种工作者会对产仔力、生活力和生长速度进行持续的选择。杂交的运用实际上只是最大限度使用所选优秀动物的一种方式,即通过杂种优势使动物的繁殖力、生活力和生长速度以及其他相关性状的表现到达最佳水平。因此,单纯只是为了获得杂种优势而进行的杂交,效果并不能得到保证。

在干旱地区,部分牧场主并不希望所饲的绵羊产双羔。因为在大多数年份,分娩母羊并不能够采食到足够的饲草来产生足够的乳汁,单羔在这种情况下具有独特的优势。因此,运用杂交增加产仔并不一定在任何情况下都能带来好处。

圈舍环境的改善和管理的改建,即环境控制,也能使动物的繁殖力、生活力和生长速度达到最佳水平。或许,如果环境适宜,我们的种群现在已经具备了达到最佳表现的遗传潜力。

当然,选择并不能完全替代杂交所带来的各种优势。正如在育种实践中,家禽育种工作者所取得的遗传进展速度最快,但他们仍然利用杂交体系进行生产。对于绵羊、猪和肉牛来说,仅通过选择达到最高的生产水平需要相当漫长的时间。反过来讲,这种说法也并不是否定选择的作用,严格的选择仍然是遗传改良工作的重要基础。

## 20.8 家畜改良业——畜禽动物的育种者

家畜育种者实际就是,面对商品群养殖者,饲养并出售种用家畜的个人或机构,具体包括公畜、母畜以及家禽的种蛋。育种工作者都是选择方面的专家,成功的育种者都具备高品质的育种基础群,并且严格实施持续的选择,以保持和改进动物的生产性能。优秀的育种工作还包括细致的计划和组织动物进行交配,以便最大限度地利用优秀种畜的遗传潜力。

不管育种工作者是在南印第安纳州经营 220 英亩的农场,还是在蒙大拿州经营 10 000 英亩牧场,或在加利福尼亚经营种蛋的孵化场,他们都是“种子资源”的供应商,因为他们为整个行业提供着种畜,具体包括生长、育肥、产蛋、产奶等多个领域。也就是说,育种者为商品群提供“种子动物”,就像杂交玉米公司为商品玉米生产提供种子一样。

大多数家畜育种者都是饲养和销售经过登记的纯种动物(在育种组织登记)。部分种畜提供商,尤其在种猪繁育中,也针对特定的繁育体系进行近交系的培养,例如彻斯特白、大白、长白、约克夏等,这些品种都是常用的母系白色品种。该类公司通常会出售 2 个或者 3 个品系配套的杂种动物,或者是用来生产杂种的近交系。

畜禽动物育种者的工作决定着未来家养动物的生产能力。性状总是稳定的通过遗传从一代到另一代。选择工作可以依据需求剔除携带某一性状的个体,从而在群体中实现目的性状的改良。因此为培育满足人类需求的性状,育种者需要对所饲品种或品系进行长期的严格的选择。

尽管市场提供的种畜多是由几个品种培育而来,但许多育种者仍然非常专注于自己所培育的品种。其中,许多人非常积极的参与地区或者育种协会的活动,经常参与国家或地区的品种展出,参与评选,从而宣传他们的畜群,并且推动品种的发展。

大多数育种组织都有自身相对统一的育种目标。他们雇佣秘书和专职人员促销品种，掌管动物登记，并帮助别人解决生产、销售和购买中出现的问题。然而，品种组织的主要作用仍然是对品种的品质和生产性能进行改良。同样，在同一品种内，不同的组织机构会经常性的进行交流合作，以求在育种方案上实现统一的标准。目前，在全美范围内就已经出台了许多高效的公畜评估方案和众多的品种改良计划。

家禽的育种机构相对集中，美国不超过12个的专业家禽育种机构即培育出了美国绝大多数的家禽品种。在家禽育种体系中，肉鸡、火鸡和产蛋母鸡的种禽都通常不被称为“品种”，而用商品名/或者号码进行标识。自20世纪40年代，专业的育种孵化场逐步发展壮大，原有家禽品种的概念也随之逐渐淡化。

## 思考题

1. 繁育体系的实施是创造基因还是对所选择动物现有基因的合理利用？试解释原因。

2. 在何种情况下，群体会采取随机交配的繁殖体系？

3. 定义并比较品种内的近交体系和杂交体系，并针对下述繁育目的，指出应选择哪种繁育体系：(a)基因纯化，(b)产生杂种优势，(c)隐性基因的纯合表达。

4. 什么情况下群体需要使用高强度近交的繁育体系？有何风险？

5. 在何种情况下近交系的培育者可能临时采用杂交体系进行群体繁育，并从中获益？

6. 给出杂交的概念，并列出杂交体系在肉畜生产中的主要优势。

7. 杂交可以提高哪些性状的群体表现？这些性状属于高遗传力还是低遗传力性状？

8. 定义杂种优势，并举例说明杂种优势是如何产生的。

9. 家禽育种者如何利用相应的繁育体系进行目标品系或家系的选育？

10. 图示说明轮回杂交体系的基本模式，试解释体系中繁殖个体及待售肉畜所具备的杂种优势。

翻译：戴慧洁，张拎燕；校对：刘林，翟丽维

# 第21章

# 品种

# Breeds

> **品种**
> 源于共同祖先，具有一定可与其他群体区分的遗传特性的群体。

畜禽的**品种**是经过育种和选择而形成的具有一定特性的动物群体。大多数情况下，品种特性的固定需要经过几个世代的选择。

历史上，一些曾经存在的品种由于实用性的要求已被淘汰。在特定的发展阶段，这些品种可能存在，然后会被更好的新品种所替代。或者就像我们所知的一样，许多前期的品种可能成为构建新品种所需的基础群。

目前，美国的食用红肉大部分来自于高性能的阉割肉牛、青年母牛、羔羊和生猪①。正如本书前文所介绍，即使利用动物杂交体系进行生产，获取杂种优势，所用品种的遗传优势仍是体系成功的基础保证。因此，保持并改良品种的遗传优势具有非常重要的意义。同样，品种间的遗传多样性也为提高重要经济性状的表现提供了可用的素材。当然，纯种的培育与饲养保持了动物品种的纯度和一致性，也为我们高效地生产高品质的肉、奶和蛋等产品奠定了重要基础。

直到19世纪中晚期，品种登记才开始要求注册个体的父母记录必须齐全。在此之前，为了提高品种的某些特性，群体通常会引入来自其他品种或品系的血液，这些品种可能来自于本地或其他地区，通过特定的繁育体系实现原有品种的遗传改良。因为当时与毛色的一致性相比，家畜饲养者更加关心动物的高产性和高效性。

学习本章后，读者应掌握以下内容：

1. 解释同一物种内存在不同品种的原因。
2. 在编年表上查找关注品种的大致育成时间。
3. 熟悉国外品种首次引入美国的大致年代。
4. 解释何为“外来品种”。
5. 列出猪、肉牛和绵羊的5个主要品种（马和赛马品种的介绍与图片将在本书第32章进行讨论）。
6. 解释品种选择的关键点。

---

①杂交动物也是来自不同品种动物的杂交后代（见20.4）。

## 21.1 品种形成的原因

首先,品种的形成是为了在特定的环境地区生产更多的肉、奶、蛋和羊毛等产品。

长期以来,畜禽动物的饲养者发现,部分动物更适合在一些特定的环境中饲养。在16或者17世纪,苏格兰多山地区的一位牧羊人可能已经发现,在他的羊群中,部分个体更加适应多山的地形。这些羊的行动更加稳健,采食牧草的速度更快,同时采食区域相对较小,从而提高羊毛的产量。很自然,他和其他牧羊人会保留这些特殊羊群的后代,并淘汰其他个体。长期如此,就形成了在这种特殊环境下具有高羊毛产量的羊的品种。

同时,在英格兰肥沃的山谷里,牧草肥美,作物丰盛,也许这里的某个绵羊养殖者发现群体的某些公羊和母羊总是可以产出育肥上市速度更快的羔羊。显然这些后代能更好地利用当地的饲料进行产肉和产毛。养殖者自然会挑选出这样最优秀的公羊和母羊延续后代,最后她和她的邻居们,或者她们的后代就可能会选育出适应在该地区特定环境特点下的具备高产肉性能的动物品种。

部分鸡的品种,尤其在早期的英格兰,是以娱乐为目的进行选育的。在意大利、西班牙和其他地中海地区,蛋被认为是重要的食品,所以具备高产蛋性能的品种得以发展。而法国早期的大多品种则都具有优秀的产肉性能。

针对畜禽品种而言,在不同时期,在全球的不同地区都有很多与上述例子相似的品种选育形成。简而言之,大多数品种都是由于动物对特殊环境的适应,并且能够在该环境条件下高效地生产所需的产品而被选育而成。

两个或者更多的品种可能同时形成,并在相同类型的环境中均具有适应性和高产性。在17和18世纪,目前世界上存在的品种大都已经形成。由于缺乏交流,在一个国家或世界某地区的饲养者可能完全不了解其他地区的发展情况。这也许是目前许多品种具备相似生产特性的原因。例如,在瑞典南部,通过对饲料利用率和产奶量的选择,形成了某奶牛品种,这个奶牛品种可能与智利南部适应相同环境的另一奶牛品种具有相同的生产性能。

品种培育是值得自豪的工作。相关的工作人员为了品种的形成以及品种特有性能特征的实现而不懈努力,如生产特性、花色和其他特征性状。这项工作可能需要多代的育种工作者完成,甚至延续几个世纪。

在本章的首段,品种被定义为具有明显特征的动物群体。这些区别于其他群体的特征通常指花色、绒毛或被毛的生长方式、大小和形状等,这些特征可以迅速成为动物有效和众所周知的"商标",当然,这类性状也并不一定与动物的重要经济性状存在关联。

## 21.2 品种形成的编年表

品种的发展可能在动物刚被驯养不久就已经开始。目前,我们对所有动物的驯养时间并不是都十分确认,记载显示猪分别在公元前2 900和1 500年在东亚和欧洲被驯化。现代鸡的祖先在公元前1 000年就在中国和印度被驯化。火鸡最早在中部美洲被驯养,年代已无法考证。牛羊在有文字记载前就已被驯养。圣经也多处涉及了各种牲畜的使用,并对动物生产能力的差异有所关注。表21-1介绍了大多数现存品种形成的编年表。

**表 21-1 品种育成与引进美国的编年表[a]**

| 年份 | 牛：奶牛和兼用牛 | 牛：肉牛 | 猪 | 羊 | 家禽 |
|---|---|---|---|---|---|
| 公元前 1000 年 | 约公元前 100 年：<br>荷斯坦—弗里斯坦—欧洲 | 公元前 700 年：<br>契安尼娜牛—意大利 | | 约公元前 1500 年：<br>安哥拉山羊—亚洲 | |
| 公元 1000 年 | 更赛牛—更赛岛 | | | 美利奴—西班牙 | |
| 1500 | | 安格斯牛—苏格兰<br>利木赞牛—法国<br>短角牛—英格兰 | | | |
| 1700 | 娟姗牛—娟姗岛 | 海福特牛—英格兰 | 巴克夏—英格兰 | 林肯—英格兰 | |
| 1750 | | | | 雪伏特羊—英格兰和苏格兰<br>莱斯特羊—英格兰 | |
| 1775 | | ● 短角牛 | | 朗布耶羊—法国<br>南丘羊—英格兰 | |
| 1800 | 爱尔夏—苏格兰<br>瑞士褐牛—瑞士<br>● 爱尔夏 | 西门塔尔牛—瑞士<br>夏洛来牛—法国<br>● 海福特 | 约克夏、塔姆斯—英格兰<br>汉普夏—美国<br>● 巴克夏 | ● 突尼斯<br>● 美利奴<br>● 南丘羊<br>罗姆尼—英格兰 | 来航—意大利 |
| 1825 | ● 更赛牛<br>● 娟姗牛 | ● 婆罗门牛 | 切斯特白猪—宾夕法尼亚 | 汉普夏、多塞特—英格兰<br>科茨沃德、牛津—英格兰<br>● 雪伏特羊<br>● 朗布耶羊<br>● 汉普夏 | ● 来航 |
| 1850 | ● 荷斯坦牛<br>● 瑞士褐牛 | ● 安哥斯牛 | 波中猪—俄亥俄 | 安哥拉山羊、牛津、萨罗普羊<br>萨福克—英格兰 | 柯尼什—英格兰<br>白荷兰火鸡—美国 |
| 1875 | ● 乳用短角牛 | | 杜洛克—美国<br>● 塔姆沃斯<br>● 约克夏<br>兰德斯—丹麦 | 考历代羊—新西兰<br>● 多塞特、萨福克 | 横斑芦花鸡—美国<br>普利茅斯、怀安多特—美国<br>奥品顿—英格兰<br>● 柯尼什<br>● 奥品顿 |

表 21-1 续

| 年份 | 牛：奶牛和兼用牛 | 牛：肉牛 | 猪 | 羊 | 家禽 |
|---|---|---|---|---|---|
| 1900 | | 皮麦斯—美国<br>赛尼伯—威吉岛 | 花斑猪—印第安纳<br>海福特—密苏里 | ● 罗姆尼羊、卡拉库尔<br>哥伦比亚—美国<br>芬兰长白—芬兰 | 洛岛红—美国 |
| 1925 | | 圣热特鲁迪斯牛—美国<br>● 夏洛来<br>布兰格斯莱牛—美国 | ● 长白<br>明尼苏达州 1,2 号;蒙大纳 1 号;马里兰 1 号,帕卢斯—美国 | 塔吉—美国<br>罗姆尔代—美国<br>德保雷特、莫纳代尔—美国 | 宽胸青铜种火鸡—美国[b]<br>新汉普夏—美国[b]<br>贝尔茨维尔小白火鸡—美国[c] |
| 1950 | | 夏布拉—美国<br>● 利木赞<br>● 西门塔尔<br>基阿尼纳牛[c] | | | |
| 1960—1970 | | | | ● 芬兰长白<br>库普沃斯—新西兰<br>派伦代尔—新西兰<br>波利帕依羊—美国<br>● 圣克罗斯 | |
| 1970—1980 | | ● 格尔布威<br>● 平兹高尔<br>● 塞勒斯<br>● 马奇加纳<br>● 曼安茹<br>● 布朗阿基坦 | | | |

a. 品种名称前未加点表示:根据可利用的信息,品种特征形成的大致时间(品种名称可能不同)、以及品种形成的地点。品种名称前加点表示:据可用资料,品种首次引入美国的大概时间。
b. 火鸡所谓为品系,而非品种。
c. 未引入;更确切地说,是将精液引入美国奶牛群体,形成美国契安尼娜牛。
来源:Jull, M. A., National Geographic 51 (1927): 379 (with permission); Briggs, H. M., Modern Breeds of Livestock, 3rd ed., New York: Macmillan, 1969; American Poultry Association, Standard of Perfection, 1958; and Miller, E. H., Mt. Vernon, Ohio, private correspondence, 1969, 1996.

如表21-1所示，奶用牛品种在很早就得到了培育。奶牛可以高效地利用草料进行牛奶的生产，牛奶又是人类很有价值的食品，也许正是这种观念促进了奶牛品种的发展。在一些特定地区，特殊奶牛品种的形成也可能是受到了当地制造奶酪或黄油的风俗的影响。奶品易变质，不易运输，通常需要在当地生产，因此高产奶牛也就成为了自然的首选产奶动物。地区奶牛养殖者间通常关系密切，更以所养动物的高产性能引以为荣，同时品种特征相似，也在一定程度上促进了种畜的交换和地区品种的发展。

荷斯坦奶牛，即荷斯坦—弗里斯坦奶牛，起源于2 000多年前的欧洲西部，即今天的荷兰。尽管1864年以后荷斯坦的名称才开始使用，但这个品种已经在多年前就经过了高度的选育，有着相对统一的性状。瑞士褐牛、娟姗牛、更赛牛和爱尔夏牛在相当有限的地区发展形成。瑞士褐牛伴随着瑞士的奶酪制造业发展而育成；娟姗牛则特别适应在缺乏石灰的娟姗岛土壤上产奶并且乳汁的脂肪含量较高。更赛牛的泌乳主要用于生产优质的黄油，成为仅有24 $mi^2$ 的更赛岛的主要产品。爱尔夏牛结合了良好的产奶性能和产肉性能，满足了西南苏格兰低收入地区的生产者的需求。

相比现代奶牛、肉牛和部分绵羊品种的早期发展，许多猪的品种是在近年才分化育成。这并非指几世纪前的肥猪养殖者没有培育品种，而是指猪的高繁殖力允许养殖者更快的育成品种，以充分适应环境的不断变化。北美大陆发现以后，许多种畜自欧洲运抵当今的美国，也就构成了美国日后畜禽品种选育的基础群体。在这个阶段，欧洲的育种者也在使用同样或不同的育种群来培育他们所需的新品种。

部分鸡的品种，尤其是肉用品种，是在20世纪上半叶的新英格兰地区发展起来的。靠近市场的地理位置也许是该地区成为这些品种育成地的主要因素。因此，在新英格兰地区小型农场的生产贸易量也相当可观。肉鸡在其他地区也有饲养，但密度较小。

1950年以前，全美各地尤其在谷物丰富的中西部地区，生产鸡蛋的小型农场非常常见，蛋鸡生产是该类农场多元化经营的一部分。大型的鸡蛋生产场则多分布于大城市附近。因此，适于规模生产和小型农场生产的品种在中西部地区都很流行。

自20世纪50年代以来，商业的育种机构开始通过一个或多个品种选育合成了许多特定的品系或家系，并将这些个体作为父母代以进行特定商品蛋鸡或肉鸡的生产。

从表21-1可明显看出，许多当代的品种是在欧洲，尤其是在英格兰和苏格兰选育而来。这些地方的畜禽生产者显然是辛勤而细心的优秀育种者，但其他地方的畜禽生产者也为品种的发展做出了很大贡献。

美国的大多引入品种都来自于欧洲。首先，早期在美国的定居者多数来自欧洲，友好的关系、祖先和相似的风俗习惯促进了美国与欧洲的贸易和交流。气候和地形的相似也使适应西欧环境的畜禽动物通常在美国也同样易于饲养。

在品种形成过程中，世界其他国家也做出了很大贡献，成功地选育了适应各自环境的畜禽品种。仅在过去的40～50年中，这些地区的品种资源就对美国的畜群改良工作起到了巨大的影响。

需要注意的是，部分来自欧洲的"大陆肉牛品种"①，例如契安尼娜牛，是通过精液在1971年引入美国的。契安尼娜牛是体形最大和最古老的牛品种，品种形成于意大利的契安尼娜谷，主要的选育目标是为了产肉和役用。

动物育种者通常将从国外引进的新品种，称为外来品种。外来的动物品种通常只有有限的动物群体、冷冻胚胎或者种畜精液可供使用。

## 21.3　种内变异

虽然每个动物品种都具有一定的特性，但品种内也同样存在着很大的变异性，尤其是重要的经济性状。由于品种通常在不同的环境中进行饲养，部分变异可能是来自于环境，但还有部分变异则来自遗传。在牛群中，犊牛断奶重的变异范围可能为75～100 lb。来自特定品种的奶牛群体，在乳脂率和乳蛋白率上也存在很大的差异，产奶量的差异则更大。在其他品种和物种的动物中，变异也同样广泛存在。

大多数的育种者对自身所育品种极为忠诚，他们甚至会因其品种某个特定性状不如另一个品种而感到愤怒。正因如此，当问到诸如"哪个品种产奶最好"时，研究者可以委婉的回答"种内的变异比品种间的均值变异更高"。

针对猪和肉牛的品种，上述委婉的回答是完全恰当的。但针对绵羊和家禽的品种时，这种回答往往并不恰当，并且可能会产生误导。对绵羊和禽类而言，不同品种的选育目的往往差别很大，因此特定性状的种间差异也相对明显。但在猪和肉牛的品种形成过程中，动物的选育目标基本一致，因此很难比较。具体的讨论参见下文及图21-1至图21-6。

种内的遗传变异直接表明了品种遗传上并非"纯合"。虽然同一品种的动物可能含有相同的毛色或控制其他明显特征性状的基因，但控制其他性状的基因往往存在差异。而且，在动物的交配过程中，我们很难获得2个完全相同遗传组成的雌雄动物以保证后代群体的"纯合"。此外，即使存在遗传组成相同的动物，育种者也很难对该类动物进行鉴别或鉴定。

同样需要指出的是，在动物的遗传改良工作中，遗传变异的存在是选择获得进展的必要基础(见17.8)。

## 21.4　牛的品种

由于地理适应性的差异和生产目的的不同，牛的品种被划分为2大种类，即奶牛和肉牛。美国部分常见的牛的品种如下：

---

①大陆肉牛品种，包括布朗德·安奎坦牛、夏洛来牛、契安尼娜牛、德国黄牛、利木赞牛、曼安茹牛、马克加娜牛、品扎嘎尔牛、塞莱尔牛、西门塔尔牛和其他起源于欧洲的品种。

**奶牛**

艾尔夏牛
瑞士褐牛
更赛牛
荷斯坦牛
娟姗牛
乳用短角牛
红白花牛

**肉牛**

安格斯牛
婆罗门牛及有关品种：
　布兰格斯莱牛
　西门布雷牛
　夏布拉牛
夏洛来牛
契安尼娜牛
德国黄牛
海福特牛(有角)
利木赞牛
曼安茹牛
无角海福特牛
无角短角牛
红安格斯牛
圣格鲁迪斯牛
有角短角牛
塞莱尔牛
西门塔尔牛

图 21-1 与图 21-2 所列为美国目前的主要奶牛和肉牛品种。在美国，10%～20%的牛肉产自以产奶为主要生产目的的品种，而类似的品种在其他一些国家可能是主要的牛肉来源。早期爱尔夏牛即作为乳肉兼用型品种进行选育，即同时满足奶用和肉用 2 种生产目的。目前，有些育种者也考虑将瑞士褐牛同样培养成为乳肉兼用的品种。乳用短角牛是短角牛的特殊分支，并且已经形成了颇具规模的具有优秀产奶性能的群体。当然，肉用母牛的泌乳在美国牛奶生产中也占有部分比例。

在现代家畜生产中，人们已经开始较少关注家畜品种的“标准分类”，而更多关注于特定品种特定性状的具体表现，如日增重、产奶量、胴体瘦肉率等。

虽然本章没有将所有畜禽品种的全部性状特征通盘列出，但在生产实践中的确进行了该类数据的大量记录。奶牛的 DHI 记录体系(见第 30 章)详细记录了美国主要奶牛品种的各项数据，包括体躯大小、平均产奶量和乳脂量及其他相关性状。表 30-1 即列出了部分数据。针对肉牛品种，多数美国各州的品种协会也会对相关的数据进行汇总，并进行品种记录信息的合并整理。

## 21.5 猪的品种

养猪生产的主要目的是产出瘦肉和高品质的猪肉。在众多猪的品种中，动物的培育目标基本相似，但培育程度有所差异。在美国，生猪曾经被划分为“油用型”和“五花肉型”两种。随品种选育的不断发展，这种分类已经消失。目前，养猪者都将培育饲养“肉用型”猪作为唯一的生产目标。我们可以注意到 20 世纪 40 年代中期的油用型猪(图 21-3)和现代的肉用型猪(图 21-4)，在体型构造上存在非常明显的差异。

红白花牛

瑞士褐牛

更赛牛

荷斯坦牛

娟姗牛

**图 21-1 美国部分主要的奶牛品种。**

经 respective breed associations 授权。

安格斯母牛和犊牛

婆罗门母牛和犊牛(理想模型)

布兰格斯莱公牛

美国海福特公牛和犊牛

夏洛来公牛

短角牛母牛和牛犊

**图 21-2 美国部分主要的肉牛品种。**

经 respective breed associations 授权。

圣格鲁迪斯牛

有角短角牛

利木赞牛

西门塔尔公牛

德国黄牛

西门塔尔母牛和犊牛

**图 21-2（续）**

品扎嘎尔母牛和犊牛

美国塔朗泰兹母牛

肉牛王(beefmaster)母牛

美国塞莱尔母牛

巴兹纳母牛和犊牛

曼安茹母牛和犊牛

**图 21-2（续）**

**图 21-3** 图示为 1944 年芝加哥国际家畜展示会上展示的"油用型"公猪，该个体为获"轻量"级冠军的汉普夏猪。
经 Purdue University 授权。

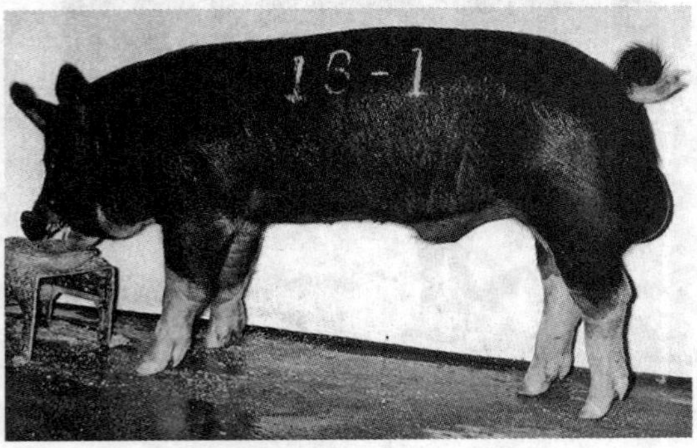

巴克夏公猪

切斯特白公猪

杜洛克公猪

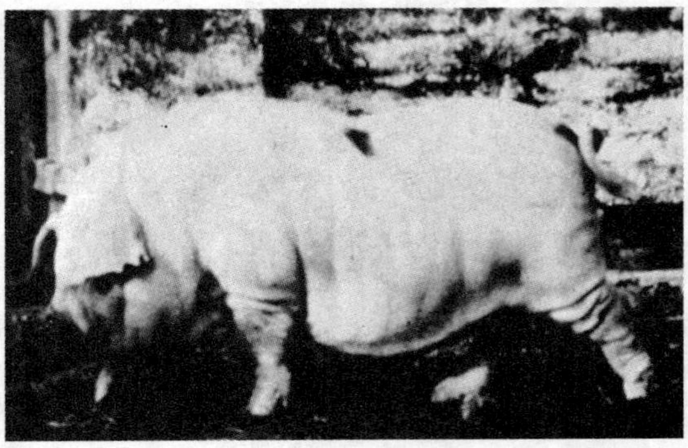

中国太湖猪

**图 21-4** 美国部分猪的品种。注：中国太湖猪不是美国的常见品种。
经 respective breed associations 授权。

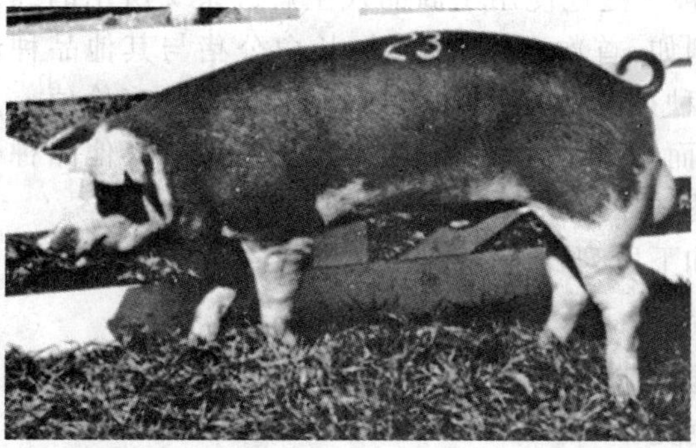


海福特公猪

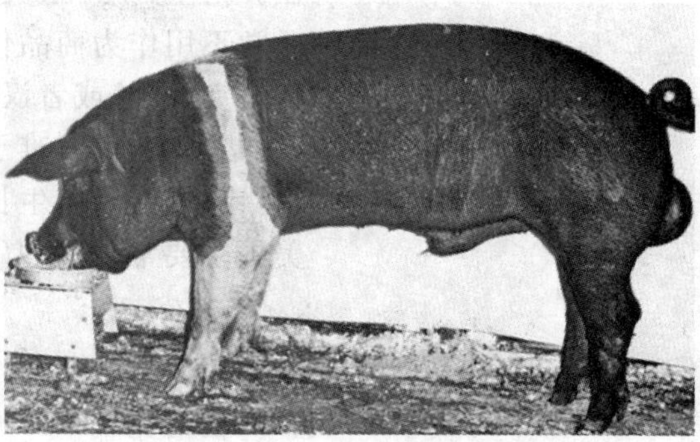

汉普夏公猪

长白公猪

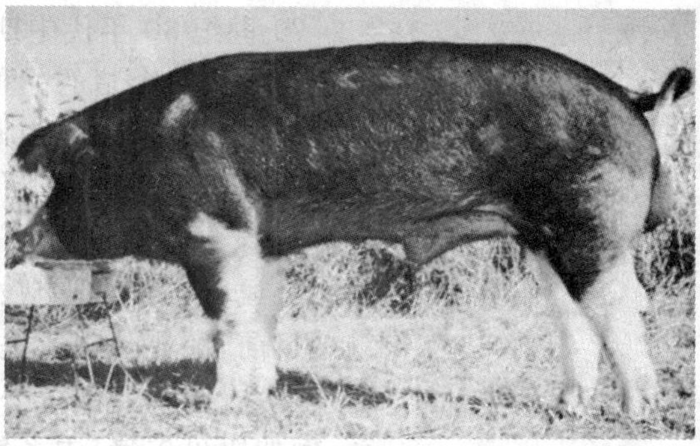

波中公猪

约克夏公猪

塔姆沃斯小母猪

斑点猪

图 21-4(续)

在养猪生产中，杂交繁育体系被广泛地使用于商品代生产。杂交所用的纯系品种通常不用作为商品代饲养。例如，首次引入美国时，长白公猪与其他品种母猪如杜洛克、波兰或者汉普夏等猪种杂交时，通常都会产生更高的生产价值。当时，长白猪高度近交，难于饲养，从而生产效率低下。但是，长白猪与其他品种杂交时，后代体躯强健，生长速度快，胴体的瘦肉率明显高于其他常规品种。

美国主要常见猪种(图 21-4)如下所列：

| | |
|---|---|
| 巴克夏 | 斑点猪 |
| 切斯特白猪① | 塔姆沃斯猪 |
| 杜洛克 | 约克夏① |
| 汉普夏 | 长白猪① |
| 波中猪 | |

20 世纪 30 年代中期到 50 年代中期，美国国家农业试验基地和农业部的育种学家培育了 7 个猪的品种，即明尼苏达州 1、2 和 3 号；蒙大拿 1 号；马里兰 1 号；贝兹维尔 1 和 2 号和帕卢斯猪。这些品种主要为商业的杂交生产体系而培育，为商品代个体提供优良的遗传基础。所育品种由多品种杂交合成而得，通过高强度的近交进行纯化，因此也可被称为近交系。目前，其他的培育品种也多采用相似的方法育成，但通常近交强度较小，需要更长的育成时间。

目前，商业公司所提供的种猪多来自育成的母系与父系，或者公司培育的特定杂交系。同时，部分公司还在其测定和育种规划中引进了部分外来品系或杂交系，例如康贝尔猪、中系猪、大白猪和白肩猪等，这些动物与美国的本地品种具有较远的亲缘关系，从而通过杂交能够预期获得最大的杂种优势。

与羊或肉牛相比，我们对猪的品种和品种内部个体或家系的生产性能有着更多的了解，但篇幅所限，不再赘述。消费者对高品质猪肉的需要，以及养猪生产的高饲料消耗和生产获利的较低边际效益促进了种猪测定站及场内测定计划的发展，从而有效地提高了人类鉴别具备高遗传潜力动物的能力。并且，这些计划和测定的实施也为不同的猪种积累了大量的性能记录信息。

## 21.6　绵羊品种

美国主要的绵羊品种如下所列：

| 细毛羊品种 | 肉用品种 | |
|---|---|---|
| 美利奴羊 | 切维奥特羊 | 牛津羊 |
| 朗布耶羊 | 哥伦比亚羊 | 萨罗普羊 |
| | 考力代羊 | 南丘羊 |
| | 陶赛特羊 | 萨福克羊 |
| | 汉普夏羊 | |

美利奴和朗布耶羊是优秀的细羊毛品种，然而很多羊肉和羔羊肉也产自于带有美利奴和朗布耶羊血统的品种。在主要的绵羊品种中(图 21-5)，羊毛生产仅占养殖总收益的较小比例，但是地位却十分重要。

---

①切斯特白猪、约克夏、长白猪和大白猪常被统称为“白种猪”，参见本书 20.6 的轮回杂交体系。

美利奴公羊

朗布耶公羊

切维奥特公羊

哥伦比亚公羊

考力代公羊

陶赛特公羊

**图 21-5 美国部分主要绵羊品种。**

经 Sheep Breeder and Sheepman 授权。

汉普夏公羊

牛津母羊

萨罗普公羊

南丘公羊

芬兰母羊

圣·克劳克斯公羊

**图 21-5(续)**

突尼斯公羊羔

萨福克羊

**图 21-5(续)**

除上述品种外,美国目前保有的部分肉用品种还包括塔尔基羊、巴拿马羊、罗姆尔代羊、德保雷特羊和蒙特代羊。世界上最新培育的品种有新西兰的库普沃斯羊和派伦代尔羊,澳大利亚的布尔达美利奴、塔斯马尼亚的考莫羊和美国的波利帕羊。芬兰兰德瑞斯羊(或芬兰羊)则在 20 世纪 60 年代末被引入美国,主要用于与肉用品种杂交,以提高杂交后代的繁殖性能。

目前存在一种观点,即认为美国所饲养的绵羊品种过多,其中部分品种并不必要。但事实上,每个绵羊品种都有热情的支持者和饲养者。不仅如此,部分大型的绵羊养殖单位实际上已经培育了自己的"品种"或家系,以专门性地适应特定的地区和需要。

不同品种绵羊羊毛细度的变化范围很大,具体参见本书第 27 章表 27-2。同样,部分品种(巴巴多斯、圣·克劳克斯)则可以产出类似毛发或皮毛的产品,例如卡拉库耳羊(框 21-1)。同时,其他绵羊品种的产品特性有着很大的差异。例如,南丘羊和萨罗普羊的体躯矮小紧凑,但能够生产出品质优异的胴体;其他的品种,如汉普夏、萨福克和哥伦比亚羊则更适合于商业化的羔羊生产,这些品种体型较大,生长速度也更快。

部分长毛羊也被划分到肉用品种当中,这主要是因为该类动物所产羊毛的质量较差,相比而言,产肉性能则更加重要。这些品种包括莱斯特羊、林肯羊、考荚

框 21-1

## 卡拉库耳羊及其羊毛

如图 21-6 所示，双生的黑色羊羔和成年长毛羊都来自于同一品种，即卡拉库耳羊。卡拉库耳羊可能是最古老的绵羊品种，在古巴比伦庙宇中就发现了具备卡拉库耳羊特性的绵羊图形。卡拉库耳羊起源于中亚，适应缺乏沙漠植物和水源有限的高纬度地区。

卡拉库耳羊是著名的“皮毛”用羊，与常规被毛不同，卡拉库尔羊羔羊的体表附有具有光泽的皮毛。这种卡拉库耳羊的新生羔皮在世界市场广受好评并极受欢迎，如卡拉库尔种的波斯羔羊和大尾羊羔，因其美观耐用的羔皮而著称。

该品种在 1908—1929 年之间被引入美国。如图 21-6 所示，卡拉库耳羊在体躯构造上与其他品种存在很大区别。一个主要的差异就是卡尔库尔羊是大尾羊品种。在原产地，它们能够在尾巴中储存大量脂肪，并在食用植物缺乏时加以利用。

由黑色显性基因控制的有色羊毛是卡拉库耳羊的重要特征。在出生时，大多数羔羊的被毛为具有光泽的黑色卷毛，面颊、耳朵和腿部也为光滑的羊毛所覆盖。随着羔羊的生长，卷毛将逐渐展开，毛色也将变成褐色或蓝灰色，且随时间推移逐渐变灰。

卡拉库耳羊在美国被认为是稀有品种，目前的数量大约只有 1 300 只。然而在中亚和南非，卡拉库耳羊的群体相当庞大。这主要是因为，该品种能够适应当地的严酷环境，并且可以提供奶、肉、油脂、毛皮和高纤维强度的长羊毛。

来源：改自 the American Karakul Sheep Registry and Letty Klein, breeder of Karakul sheep.

**图 21-6 初生的卡拉库耳羊双胞胎及其典型的黑色被毛(左)；成年的卡拉库耳公羊及其有光泽的长的被毛(右)。**
经 American Karakul Sheep Registry and Letty Klein 授权。

沃羊和罗姆尼羊，上述品种在美国并不常见，部分原因是由于该类动物的羊毛质量较差，并且在与外国产品的竞争中没有受到关税的保护。

绵羊饲养者也按商业生产用途(尤其在杂交体系)，将绵羊分为母系品种和父系品种。母系品种在繁殖力、母性能力、泌乳力、体尺和产毛量等性状上有较好的表现。父系品种则在生长速度、肌肉产量和胴体质量等方面表现突出。兼用品种则既可以作为父本也可以作为母本进行使用。常见的父系品种、母系品种和兼用品种如下所列：

| 母系品种 | 父系品种 | 兼用品种 |
|---|---|---|
| 边区莱斯特羊 | 切维奥特羊 | 哥伦比亚 |
| 考力代羊 | 汉普夏羊 | 陶赛特 |
| 德保雷特羊 | 蒙特代羊 | 林肯羊 |
| 精梳美利奴 | 牛津羊 | 罗姆尼羊 |
| 芬兰兰德瑞斯羊 | 萨罗普羊 | |
| 朗布耶羊 | 萨福克羊 | |
| 塔尔基羊 | 南丘羊 | |

在部分地区，研究者对不同品种绵羊的繁殖性能、生长能力和胴体特性进行了比较，研究结果参见表 21-2 和表 21-3。这些数据并不代表现有品种的生产性能，更不能够描述美国现有品种的特征。然而，上述研究的确收集了相当数量的不同饲养者和不同地域的品种数据，因此结果也具有一定的参考价值。

**表 21-2 4 个绵羊品种与 CSC 合成品系的繁殖性能**

| 品种[a] | 母羊繁殖性能 | | 后代羔羊表现 | | | |
|---|---|---|---|---|---|---|
| | 母羊数 | 每百头母羊的断奶羔羊数 | 羔羊数 | 出生重(kg) | 断奶重(kg) | 平均日增重(kg) |
| 汉普夏 | 156 | 87.8 | 93 | 4.75 | 27.0 | 0.259 |
| 萨福克 | 176 | 79.1 | 139 | 5.30 | 30.6 | 0.297 |
| 陶赛特 | 167 | 55.2 | 92 | 3.88 | 23.9 | 0.223 |
| 塔尔基 | 290 | 102.2 | 299 | 4.82 | 24.6 | 0.231 |
| CSC | 205 | 99.7 | 203 | 4.12 | 23.6 | 0.219 |

a. 前 3 个品种的群体分别来自美国 9 个不同的饲养场。塔尔基羊是来自美国农业部(Sheep Experiment Station, Dubois, Idaho)，塔尔基品种即在该处育成。CSC 指由哥伦比亚、南丘和考力代羊 3 个品种合成形成的品系(由 Dubois station and at Middlebury, Vermont. 培育)。
来源：Sidwell, G. M., and L. R., J. Anim. Sci. 32:1084-1090, 1971.

**表 21-3 6 个品种公羔的生长与胴体性状比较**

| 品种[a] | 26 周龄活重(kg) | 屠宰率 | 肉质等级[b] | 眼肌面积($cm^2$) | 无骨切块率[c] | 产量等级[d] |
|---|---|---|---|---|---|---|
| 萨福克 | 63.6 | 53.2 | 6.23 | 16.5 | 46.2 | 2.61 |
| 汉普夏 | 56.6 | 53.5 | 6.92 | 13.9 | 45.7 | 2.89 |
| 陶赛特 | 48.5 | 53.4 | 6.27 | 13.3 | 46.4 | 2.46 |
| 朗布耶 | 56.1 | 48.9 | 4.77 | 13.0 | 45.6 | 2.92 |
| 塔尔基 | 56.5 | 50.8 | 4.71 | 12.5 | 45.2 | 3.13 |
| 考力代 | 52.8 | 50.1 | 4.54 | 11.2 | 44.7 | 3.41 |

a. 数据分别来自各品种的 1～8 只母羊和 3～9 只公羊。
b. 4＝特选初级，5＝特选级，6＝特选高级，7＝极佳初级。
c. 腿、腰、肋和肩。
d. 数值越小，产量等级越高。
来源：Dickerson, et al., J. Anim. Sci. 34:940, 1972.

## 21.7 山羊品种

养殖者对山羊品种的兴趣在近年来有所增长，这一方面是由于美国4-H计划山羊的逐步推广；另外山羊也可以为偏远地区的家庭提供食用的乳品。美国大多数州还建立商品的奶用山羊场；美国奶牛群改良协会(DHIA)的概要中也经常包括部分奶用山羊的记录。

法国的阿尔卑斯羊、努比亚羊、萨能奶山羊和吐根堡山羊是在美国比较受欢迎的品种。图21-7中所示即为上述品种及美国的拉曼查山羊。

拉曼查母羊

阿尔卑斯母羊

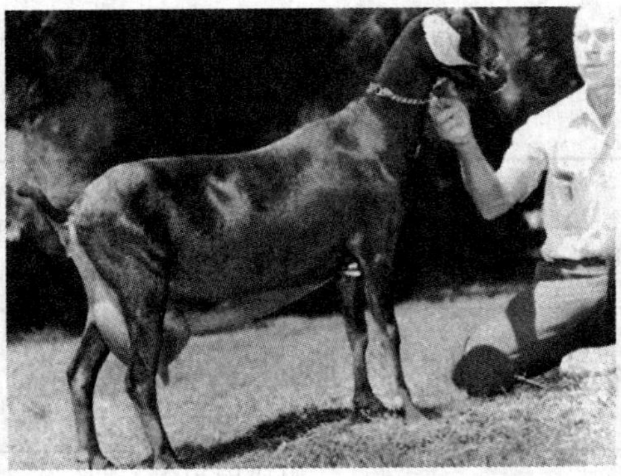

努比亚母羊

萨能母羊

吐根堡母羊

**图21-7 美国奶用山羊品种。**
经 Dairy Goat Journa 授权。

上述品种的祖先主要分布在印度、埃及、法国、瑞士和英国。每个品种都经过了高产奶量的选育，并且在努比亚羊中还进行了高乳脂率的选择。

不同的奶山羊品种具有各自明显的品种特征，努比亚羊有下垂的耳朵和凸起的鼻子，美国拉曼查羊则无耳或耳朵极小，吐根堡山羊面部下部有白色的条纹。但在被毛的样式和明暗程度上，这些品种的内部也存在着一定的变异。

目前针对羊肉（山羊肉）的生产，美国也正在选育部分新的山羊品种或杂交体系。多数奶用山羊品种并不具备理想的体躯结构。然而，努比亚山羊最初的选育方向为兼用品种，在该品种与美国西南部地方品种"西班牙"山羊进行的杂交中，杂交后代结合了努比亚羊的胴体品质和产奶量以及地方品种对当地条件的适应能力。同时，相关的研究人员也对布尔山羊进行评估，该品种来自南非，是体躯紧凑短腿的肉用型品种，目前在美国已开始商业使用。

## 21.8 家禽品种及其多样性

私人或主要家禽的育种机构都维持有主要品种的纯种群体，并以此为基础发展特定的家系或品系。这些家系或品系具体通过杂交、近交以及选择的实施得以育成。因此，本质上，在禽蛋或禽肉的生产中，所用动物的商品名称或识别编号比品种更为重要。图 21-8 所示为部分育成的禽类动物。

白普利茅斯洛克（White Plymouth Rock）是目前很多肉鸡品种的祖先。该品种肉用特征突出，与其他品种不同，白普利茅斯洛克的体表没有发育深色的"新生毛"（pinfeathers），因此胴体更具竞争力。除此以外，许多肉鸡的父系品系也都含有很高比例的科尼什（Cornish）的血液。

来航鸡（Leghorn）被认为是商品蛋鸡的标准品种。该品种体型较小，性成熟早，且具有较高的产蛋量。引入来航血统的蛋鸡家系或品系能够更加高效地利用饲料、时间以及养殖空间。同样，来航鸡的蛋壳呈白色，受到大多数消费者所青睐。

家禽育种者保留饲养有许多的禽类品种，并从中选择特定的个体，用于家系或品系的不断改良。品系或家系又进而用于商品代群体的繁殖，最终的生产目的也就是利用商品代家禽高效地生产人类所需的肉蛋产品（图 21-9）。

白壳蛋鸡，白来航种
(H & N p. g. /two)

褐壳蛋鸡
(Hubbard Golden Comet)

"Hubbard Golden Comet"的父本
(新汉普夏)与母本(合成系)

横斑普利茅斯洛克母鸡
(Barred Plymouth Rock Hen)

利用肉鸡
(H & N Meat Nick)

雄性火鸡
(White Holland)

雄性火鸡
(Broad-Breasted Bronze)

雄性火鸡
(Beltsville Small White)

新汉普夏红母鸡
(New Hampshire Red)

**图 21-8　美国常用的精选鸡种、商品肉鸡或蛋鸡品系以及各种火鸡①。**

经 USDA Hubbard Farms, Hy-Line Indian River Company, Pfizer H & N Inc., and DeKalb Ag Research 授权。

①译者注：图示英文为对应禽类的美国商品名。

来航母鸡
(Leghorn)

商品蛋鸡
(Hi-Line W-36)

商品蛋鸡
(DeKalb DK)

洛岛红母鸡
(Rhode Island Red)

科尼什公鸡
(Cornish)

**图 21-8(续)**

品种(breed)这个词很少用于火鸡,但青铜(Bronze)、荷兰白(White Holland)和贝兹维尔小种白(Beltsville Small White)火鸡种类也在发生分化。从标准青铜色品种中选择发展而来的宽胸青铜色火鸡(Broad-Breasted Bronze),在 20 世纪 40 年代和 50 年代的火鸡肉生产颇受青睐。近几年来,消费者们对无深色"新生毛"胴体的青睐也促进了宽胸(Broad-Breasted)或大胸白(large broad white)火鸡的发展,该类火鸡由白种火鸡与宽胸青铜色火鸡回交而得。美国农业部对贝兹维尔小种白火鸡进行了进一步的培育发展,以满足市场 6～8 lb 胴体的需求,并促进了市场对单年内上市火鸡的接纳程度。与此不同,大胸白火鸡屠宰上市年龄与体重的变化范围则通常较大。

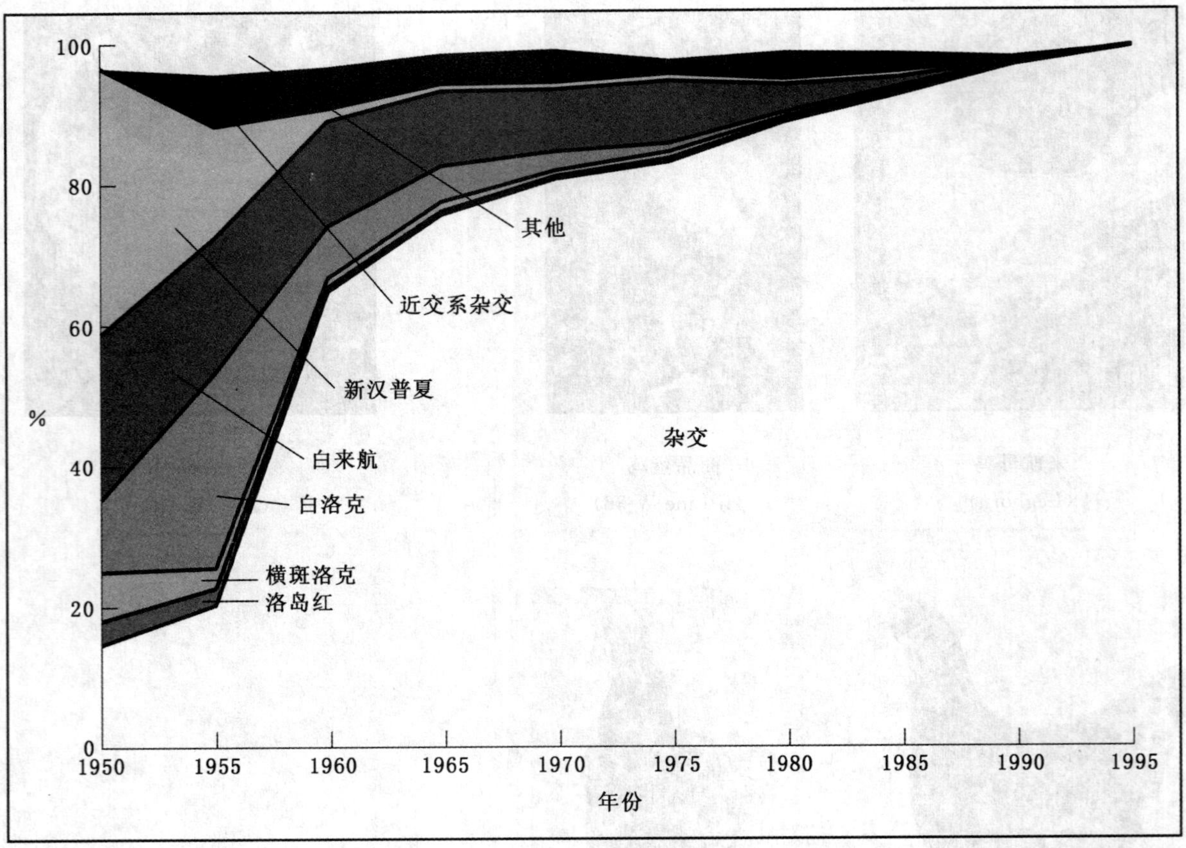


**图 21-9 美国国家家禽改良计划的品种贡献变化(1950—1997)。如图所示,商业品种在近年比较盛行;目前98%的禽类都是杂交品种。**

来源:USDA.

## 21.9 品种选择的关键点

正如本章 21.3 所述,畜禽品种内部存在很大的变异,但显而易见,从总体上讲,品种间则存在着更大的差异。因此品种的正确选择对育种工作具有十分重要的意义。肉牛育种者可以从 30 个或更多的肉牛品种中进行选择。与此相比,针对肉蛋的生产,家禽可供选择的有竞争力的品种相对较少。不考虑上述因素,针对任何物种的育种工作,育种者都应认真考虑遗传学家的以下几点建议:

- 任何品种都有自身的优点和缺点。
- 没有任何一个品种在任何条件下都具备所有的最优秀的重要性状。
- 所有品种的内部都存在很大的遗传变异。

育种者应该:

- 确定在自身特定优势地区内的具备最佳生产性能的品种。
- 研究市场对不同品种的需求,并与品种的潜在生产能力和获利性进行联系与分析。
- 考虑其他可能在重要经济性状上比当地优势品种表现更好的品种。

除品种因素外,育种者应该选择最优秀的动物个体,并且利用科学的遗传学原理及育种实践方法对群体进行进一步的改良。

## 思考题

1. 为什么同一物种内的部分品种对美国的特定地区有更好的适应性?

2. 现存的最古老的和体型最大的肉牛品种是什么?

3. 如何定义目前美国的外来肉牛品种? 对于培育这些品种的国家,它们是否也是外来品种?

4. 列出 1970 年以来引入美国的 3 个新的肉牛品种。

5. 美国南部应用婆罗门杂交牛的主要优势是什么?

6. 举出 3 种最新育成的绵羊品种,并指出芬兰兰德瑞斯羊的主要优点。

7. 什么是白种猪? 并至少举出 2 种目前在美国猪的育种群中有所使用,但整体养殖规模很小的猪的品种。

8. 你最喜欢的畜禽品种有哪些? 原因如何? 有看法认为,在同一物种内,品种内的变异比品种间的变异更大,你是否同意这种说法?

翻译:唐韶青,王鑫;校对:刘林,翟丽维

# 第 22 章

## 肉畜的销售

## Marketing Meat Animals

本章论述的要点是肉畜的销售。所谓肉畜指的是用于屠宰生产的动物个体，这些个体可能来自特定饲养生产流程，或者专业的饲养企业。该类生产的最终目的是通过动物个体的销售来实现生产者的市场盈利。

市场是连接畜产品生产者与加工者的纽带，同时也构成了生产者自身内部的相互联系。本章的论述没有涵盖畜产品加工者的加工以及市场营销等内容，该部分内容将在本书第 26 章详细讲述。本书第 25 章将介绍在肉制品销售给顾客前的具体加工处理流程。在本书的第 34 章及第 35 章 2 个章节中，我们将介绍蛋类的市场销售，并且针对家禽的市场营销进行深入的讨论。

市场由销售者和购买者相互联系而构成。市场的运作可以通过面对面的接触、电话或者合同，以及其他的各种交流方式进行。购买者也通过该种途径来寻找需要屠宰或者饲养的家畜个体。

在家畜的市场营销中，针对种畜或者奶用家畜的销售很少通过固定的市场完成，例如农产品集散市场或者每周进行的周期性拍卖会。该类动物个体的销售主要是通过私人的交易或者特定的拍卖活动而进行的。

在饲养完成后，绝大多数待宰牲畜都直接销售给肉产品的加工者，小部分的销售是通过合约生产的形式进行。这种销售模式就是我们要提到的**直接行销**。当然，直接行销的模式也包括通过经销商或者买方代理购买进行的贸易，其中经销商得到销售牲畜的授权，买方代理则获得购买者的委托。

**拍卖**作为另一种营销模式，在 20 世纪后半段直至 20 世纪 90 年代中期得到了极大的发展。至今拍卖的方式仍然占据了很大待宰牲畜的销售份额，同时在待育肥动物的销售中也占有很高的比重。

**农产品集散市场**或称公共牲畜围栏，是 20 世纪前半叶主要的待育肥动物以及待宰牲畜的销售模式。但目前该模式在待宰牲畜的交易中只占到少于 10% 的份额，在待育肥育成动物的销售中所占比例更小。

自 1990 年以来，通过拍卖或者农产品集散市场交易的成牛以及犊牛数量保

**直接行销**
在家畜生产者与肉产品加工企业之间直接进行牲畜贸易的销售模式。

**拍卖**
由买方连续竞拍出价，牲畜竞价最高者获得的销售模式。

**农产品集散市场**
由委托代理者代表牲畜的拥有者将牲畜集中出售的销售模式。

持相当的稳定。然而，通过委托代理销售的肉猪数量下降超过了50%，更多的生产者倾向于将他们生产的肉猪通过直接行销的模式进行贸易，销售给加工商。

针对畜禽产品市场营销的讨论同样涉及供给与价格的关系。供给与需求之间的相互关系决定了价格水平，通常又有众多因素影响供给与需求的情况，进而对价格水平产生影响。

因此，本章主要讨论畜禽产品数量或者说供给的长期发展趋势和周期性规律，以及不同年份之间重复出现的季节变动模式。

总之，随着畜禽饲养的逐年集中，生产单位数量相应减少而规模变大，设备和科学的生产管理可以在全年内保证较高的生产效率。因此，待宰畜禽供给在年际内的变化也逐渐趋于平缓。

学习本章后，读者应掌握以下内容：

1. 解释拍卖、直接行销以及农产品集散市场之间的区别。
2. 解释价格为什么受到供给与需求的影响。
3. 描述市场长期周期性波动的变化规律，并指出波动变化中的重要事件。
4. 与养牛生产相比，为什么养猪生产长期周期性波动的周期较短？
5. 理解肉畜动物年际内季节性波动的规律，并试阐明其波动原因。
6. 为什么待宰肉鸡的供给在全年内能够保持相对稳定？
7. 描述拍卖、农产品集散市场以及直接行销的市场份额变化趋势，并解释其原因。
8. 解释买方代理和经销商在肉畜市场贸易中的作用。
9. 说明美国联邦机构在肉畜市场管理及信息发布2个方面的具体职能。

## 22.1　供给、需求与价格

价格是供给与需求的函数。畜禽动物供给的波动主要表现为2种截然不同的属性，即周期性与季节性。长期的周期性规律以及相关影响因素将会在本章22.2中进行讨论。季节变动模式在不同年际反复出现，并且依不同品种以及待育肥或待宰牲畜而不同。

影响待育肥动物和待宰牲畜需求的因素各不相同。相对于待宰牲畜，待育肥动物市场需求的变化更符合季节变动模式，两者的价格变化规律有明显区别。因为需求对于价格的建立具有重要意义，因此，生产者、加工者以及零售商应该注意各种影响需求的变化因素，以及市场需求的不断改变(见第26章)。

在畜禽市场营销中，生产者与加工者之间通过签订定约销售协议进行的贸易不断增加，家禽和猪的市场尤为如此。这种模式的增加将有助于减少市场需求的周期性变化。在实际中，这些协议可以将需求的压力更早的转化到生产循环之中，这种压力可以提早转化至畜禽个体转入育肥饲养之前，从而一定程度上防止了生产的过剩或不足。

除本节所介绍的2种供给变化模式，在实际的畜禽供给与价格体系中，还存在多种其他形式的波动。这些波动的存在有各自不同的形成原因。但通过对周期性变化模式的学习，我们也可以更好地理解其他波动的变化规律，甚至可以对其进行科学的预测。

## 22.2 家畜数量的长期周期性变化

从长期来看，家畜数量、肉类的供给以及价格基本符合周期性变化规律。如图 22-1 所示，我们可以明显地看到动物数量峰值的周期性发生，如猪、牛等。通常，猪和羊数量的变化周期比牛更短[①]。在美国，牛的个体数量通常是经历 6～8 年的上升期，然后再进入 4～8 年的衰退期，变化周期大致为 10～16 年。

在 1990 年至 1996 年之间，美国肉牛母牛和牛肉的供给保持了连续的上升趋势。这种增长主要反映了近年美国人口的增长，以及牛肉消费的增加(图 22-1)。

上述变化发生的原因是什么呢？让我们从曲线的最低点出发，针对某一周期变化进行讨论。例如，肉牛供给的低水平“供应”(如 1980 年)表明牛肉生产相对较少。因此，与往年或整体趋势相比，牛肉的价格相对较高(该段时间人均牛肉需要量保持稳定或者有所上升)。从而，肉牛养殖的利润相对增高。因此，更多养殖者开始饲养肉牛；已经进行饲养的个人开始将更多青年母牛留群饲养，同时减少成年母牛的淘汰，从而增大群体的规模。

然而，母牛群体规模的增加往往需要很多年的时间。因为，青年母牛需要经历成熟、配种和产犊的过程，所产犊牛还需要进行育成和育肥，最终进行屠宰上市。在这个阶段里，由于市场的需求没有迅速得到满足，牛肉依然保持着高的价格水平，肉牛业发展也继续充满活力。因此，饲养者源源不断地进入这个行业，并且不断扩增。

最终，在 6～8 年以后，牛肉的供给将会与市场需求持平，或者超过需求。肉牛生产的增长远超过了人口的增加。牛肉价格开始下滑，肉牛养殖业的利润率也相应减少。此时，肉牛养殖的利润不仅远不如前几年，甚至目前比其他行业的利润率还要低。

在利润率下滑的背景下，肉牛养殖者开始控制饲养群体的数量。但群体数量的削减并不是简单的工作，饲养者需要淘汰和出售更多的群体母牛，同时减少群体保留青年母牛的数量，这些个体大多数直接或者间接的进入屠宰加工业。从而，导致市场牛肉的供给量进一步增加，价格相应进一步下滑。如图 22-2 所示，1995—1996 年，市场牛肉的过高供给导致肉牛价格下跌，全群母牛的数量也相应减少。

畜产品价格的下挫会对市场产生抑制作用，因此，在上述情况中，肉牛母牛群规模的缩减不可避免，但由于动物本身的生理特点和饲养模式，群体规模的缩减速度不可能达到我们希望的要求。但在产品市场价格低迷的形势下，母牛的群体数量会保持长期减少的趋势，直到市场供给与需求基本持平，或者价格预计开始反弹为止。

如此循环往复，如同钟摆一样，生产获利性的增加导致肉牛生产的膨胀；同样，产品价格的下滑引起肉牛数量的萎缩。

---

①自 1975 年，市场生猪的价格每 3～4 年出现 1 次峰值拐点，分别是 1975 年、1978 年、1982 年、1986—1987 年、1990 年、1993 年和 1994 年。

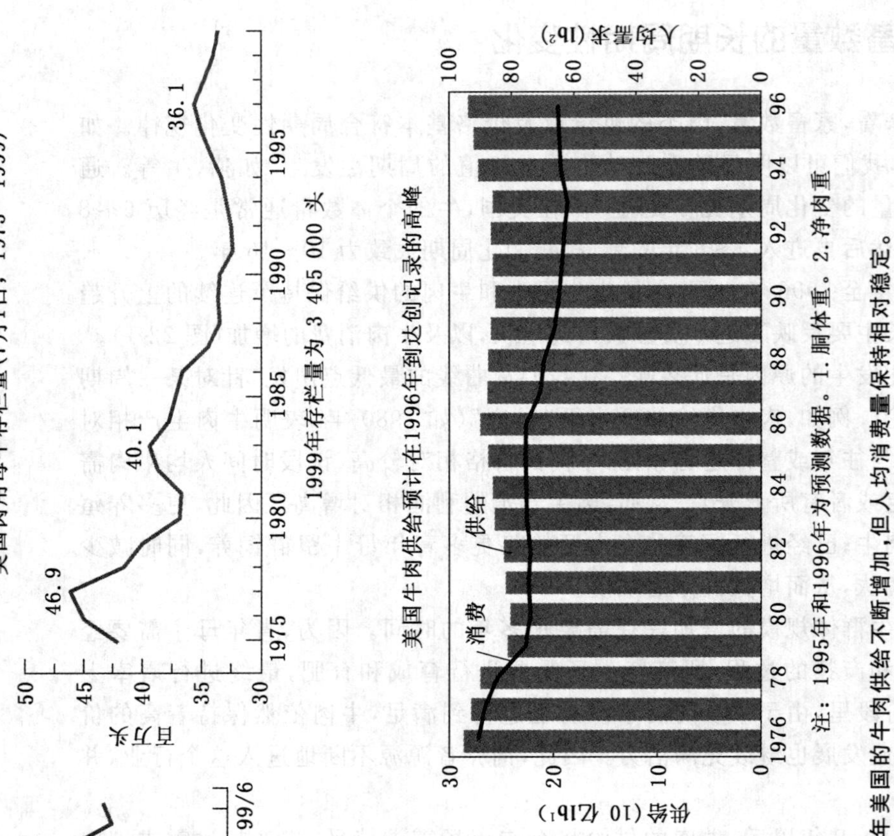


**图 22-1** 猪、羊以及肉牛生产的长期周期性变化。如右下图所示，近年美国的牛肉供给不断增加，但人均消费量保持相对稳定。

来源：USDA.

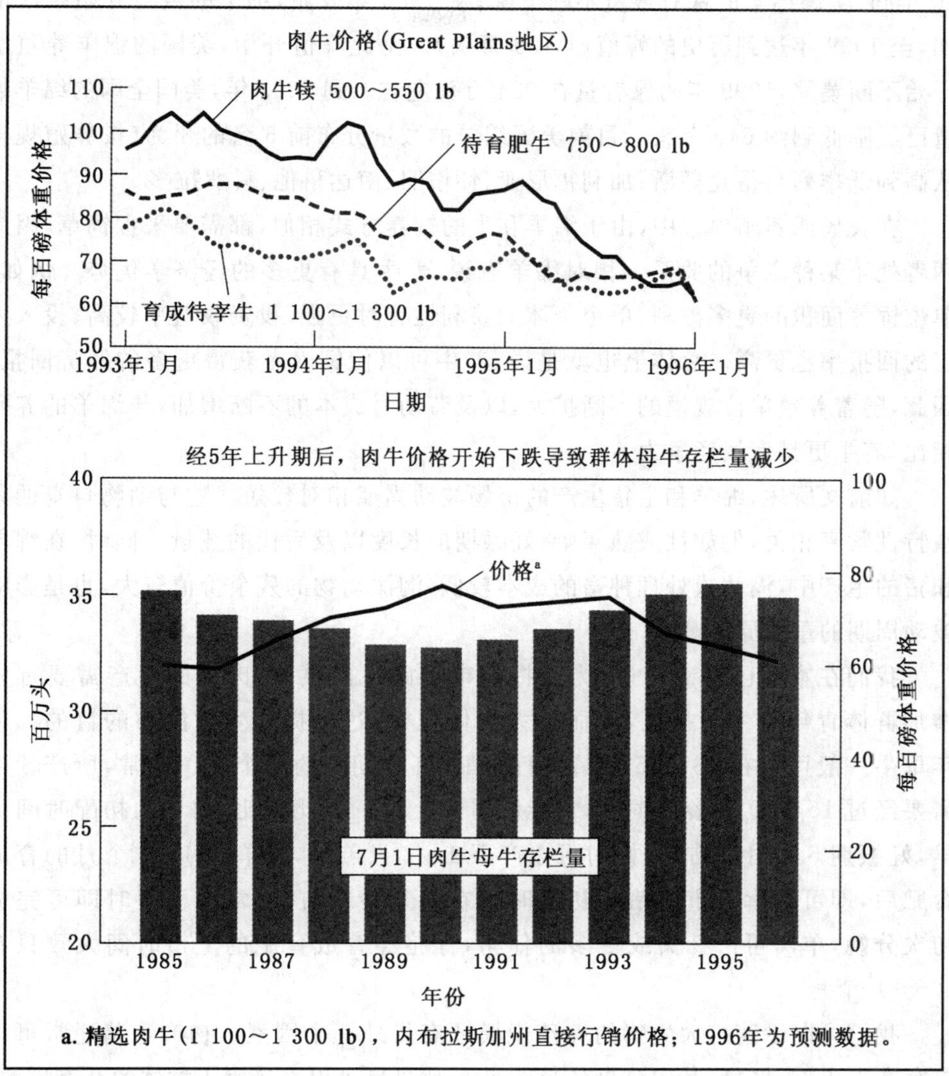


**图 22-2　过高的母牛数量和牛肉市场供应导致肉犊牛、待育肥牛以及待宰肉牛的价格下滑，参照图 22-1。如下图所示，肉牛价格下滑的第 6 年，群体母牛的数量才开始减少。肉牛生产在 1996 年中期开始萎缩，说明该产业已经开始进入长期周期性波动的萧条阶段。**

来源：USDA，ERS.

当然还有许多其他因素影响着市场的波动，例如影响市场的规律性、周期长度以及波动的幅度。在肉畜市场中，每种肉用家畜代表自身特定的肉产品，这些产品的供给与价格水平同样会对彼此产生影响。战争、经济萎靡、长期干旱、饲料供给等其他因素都会对肉畜市场产生明显的作用。例如，尽管肉产品的供给过剩，且价格低迷，但饲料价格的走低和充足供应同样可以刺激该产业的不断膨胀，不可避免的是，供给的进一步增加必然继续导致价格的持续下滑。

绵羊的饲养数量很大程度上受一些特定经济因素的影响。历史的记录表明，绵羊的养殖数量与农场或其他养殖单位的经济状况成反比。即，当畜产品价格上扬，产业的利润率保持较高水平时，绵羊的养殖规模反而下降。但当产品价格低靡，农场等养殖单位经济状况恶化时，绵羊的养殖数量反而增加。1986 年之前的

40年间，美国绵羊的保有数量不断下降；从1986年开始，绵羊的数量开始缓慢增加，至1999年达到历史的峰值(1 136万头)。至此峰值开始，美国的绵羊养殖量开始不断萎缩，1999年的保有量在924万头左右。到2002年，美国全国的绵羊数量已经降低到约640万头。目前美国绵羊的数量分布前5名的州为(按养殖规模从高到低排列)：得克萨斯、加利福尼亚、怀俄明、南达科他、科罗拉多。

在农场或养殖单位中，由于绵羊和牛的饲养方式相似，都需要采食饲草，因此两者处于某种竞争的关系。相对绵羊来说，养牛具有更多的经济学优势。例如，单位饲养面积的更多盈利、单个个体的获利性有时更强、投资收益率较高、投入人工的回报率也更高。总体上也就是说，养牛可以使饲养者获得更多的经济回报。因此，随着养殖单位规模的不断扩大，以及劳动力成本的不断增加，与绵羊的养殖相比，养牛更具市场竞争力。

如前文所述，绵羊和生猪生产的市场波动周期相对较短。这与动物自身的繁殖特性紧密相关，例如性成熟年龄、妊娠期的长度以及后代的数量。同时，在绵羊和猪的生产中，淘汰或处理种畜的成本较低，淘汰动物的残余价值较大，也是影响波动周期的重要原因。

我们在本章已经讨论过，为了提高市场的牛肉供应，肉牛的生产需要首先增加群体青年母牛的补充，从而扩大群体规模，达到提高生产能力的目的。青年母牛一般可以在13～15月龄进行初配，妊娠期长约9个月。通常，所产犊牛需要经过15～20月龄的饲养，才能够屠宰上市。与此相比，绵羊的初配时间更早，妊娠期5个月左右，分娩时可以产下1～2只羔羊，羔羊经4～6个月的育成育肥后，即可屠宰上市。猪的初配时间在8月龄左右，通常在1岁时即可完成初次分娩，单窝可产9头或更多的仔猪，仔猪经育成育肥的上市时间大致只有4.5～6个月。

我们可以迅速扩大生猪的养殖规模还有另外一个因素。初产母猪通常可以单窝产下10头仔猪，其中公母各半，5头后代母猪可以直接用于群体的补充扩增。但初产母牛通常只能产下1头犊牛，个体公母的几率各半，雄性后代则不能用于群体扩繁。与此相应，市场牛肉供给的提高必然得到延迟，相对缓慢。

产业进入衰退期时，生猪的饲养者可以更迅速的缩小养殖规模，同时经济损失较小。与肉牛相同，淘汰母猪通常直接售出用于屠宰，其价格仅略低于阉割公猪和没有经产的母猪。与此相比，经产母牛体型庞大，屠宰收购价格与正常待育肥牛相差很大。同时，肉牛种用群体的饲养投入更高。因此，与猪相比，淘汰肉牛种用个体的损失更大。也正是如此，肉牛的养殖者往往在淘汰动物时非常犹豫，希望获得更好的价格，从而也进一步延迟了群体总规模的缩减。

家禽生产的长期周期性波动规律相对难于把握，特别是近年。具体有以下原因：(1)近年，家禽的生产和市场需求急剧增加；(2)养殖者与加工者签订供货合同，按照协议生产，有利于生产与需求的协调；(3)禽类的生产周期较短，从孵化开始75 d或者更少的时间内，肉鸡即可屠宰上市。繁殖力高，家禽养殖者可以快速的对生产过剩或者不足做出反应；(4)多数规模化的加工商可以依据市场调节产品类型。比如，将整鸡进行分割，按照市场需求进行加工销售。

## 22.3 季节变动模式

除长期周期性波动及其他因素外，动物生产具备季节性变化的特点，使波动在年际之间反复循环出现，即我们所说的季节变动模式。季节性波动的发生主要基于季节性天气变化以及动物自身的繁殖周期。季节性的天气变化不仅影响到动物本身，同时还可以通过影响饲料的生产而对动物养殖产生影响。在一些情况下，季节性极端天气的发生一定程度上左右了动物养殖的生产计划。当然，现代化的圈舍与设备可以消除部分极端天气的作用，但是养殖者还是更倾向于按照惯例或者习惯的计划，进行养殖生产。

影响待育肥牛或待育肥羊供给及价格的因素基本相同。一般从秋季开始，待育肥动物的运输工作将越发频繁。如图 22-3 所示，在秋季月份，动物进入商业肥育阶段的数量最大。

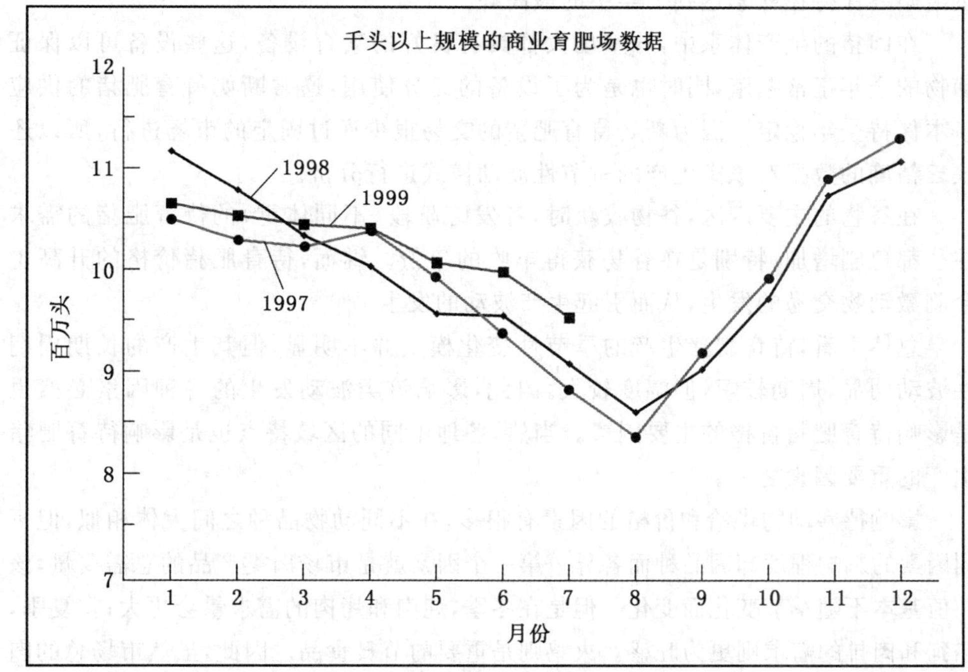


**图 22-3 每月进入商业肥育舍育肥的牛只数量(1997 年至 1999 年 7 月)。**
来源：USDA.

为什么如此多肉牛在秋季进入肥育阶段呢？因为大部分的犊牛或羊羔在这个阶段逐渐开始断奶。在很多地区，犊牛或羊羔大多在春季出生，每年 9 月份的时候达到 5～6 月龄。这些地区实行春季产犊(羔)的原因显而易见。对幼畜来说，春天天气温和，牧草丰富。对产犊(羔)母畜来说，更是有大量的优质饲草可以满足动物产奶的需求。

养殖者可以在动物的繁殖季节充分利用牧场的饲草，使动物在放牧季节结束时达到更大的体重，从而在犊牛或羔羊的销售中获得更多的经济回报，因此往往在9月份以后才将动物出售。同时,降雪会给动物饲草的供给造成困难,这种情况下,养殖者不得不花费更高的费用去购买刈割牧草,以满足动物的营养需求。因此,为避免上述问题的发生,养殖者通常希望在11月的中旬以前将适龄动物全部售出,以避免经济上的损失。

当然,如果生产者收获了足够的牧草,也可以将犊牛饲养过冬。在冬季犊牛的主要营养来源就是干草,在来年夏天再进行放牧饲养,也就是在第二个秋天再将犊牛出售或者进行育肥,此时动物已达周岁。上述饲养方式在绵羊中并不常见,主要是因为绵羊的胴体价值在1周岁以后即开始急剧下降。因此,饲养者通常只饲养低龄的绵羊,在个体达到周岁前完成饲养并出售。总体上看,待育肥牛和羔羊的供给相当程度上还受到以下2个因素影响,即生产的便利性和经济性。

实际中,待育肥牛和羔羊的交易几乎常年不间断的进行。在南部,秋季诞生的犊牛和羔羊可能在不同的季节饲养和上市。同时,高强度育肥流程也需要待育肥动物全年的稳定供给。但总体上讲,季节变动模式仍然对生产有着重要的影响。尤其是美国北部和加拿大的特定地区,在极端天气的作用下,待育肥动物的供给始终保持在秋季达到一年中的最高峰。

在肉猪的生产体系中,养殖场大都具有良好的繁育设备,这些设备可以保证动物的全年正常繁殖,同时也是为了设备的充分使用,通常断奶待育肥猪的供应基本保持全年稳定。因为断奶待育肥猪的交易很少通过固定的市场进行,所以还缺乏精确的数据对该类生产的季节性波动模式进行分析。

在谷物的主要产区,谷物收获时,各发育阶段(不同体重)的待育肥猪的需求往往都急剧增加,特别是在谷物获得丰收的年份。继而,待育肥猪价格的升高也会刺激动物交易的发生,从而引起生产波动的发生。

总体上看,待育肥猪生产的季节性变化模式并不明显,但其生产的长期周期性波动明显,周期较短,但幅度较大,因此,影响该类波动发生的各种因素必然也是影响待育肥猪价格的主要因素。当然,各地不同的区域特点也是影响待育肥猪生产的重要因素之一。

影响待宰动物供给和价格的因素有很多,在不同动物品种之间大体相似,但不同因素的影响程度却因品种而各异。第一个因素就是市场肉类产品的总需要量,该数值基本不随季节变化而变化。但是在冬季,炖肉和烤肉的需求量会更大;在夏季,热狗和肉排的需求则更为旺盛。火鸡则是重要的节日食品。因此,虽然市场总的肉产品需要量基本保持恒定,但产品需要的构成却随季节而不断发生改变。

第二个因素即是基本的经济学法则,价格是供给与需求的函数。如果市场需求不发生改变,产品的价格则随供给的改变而改变。针对肉畜市场,供给变化对价格的影响尤为强烈;供给的细微变化都可能导致价格相反方向的急剧改变。如图22-4所示,1995年1月,美国猪肉的人均供给量又创新高,但与此同时,猪肉价格与前期相比则大幅下滑。

第三个因素是肉产品市场的特殊现象,即肉产品的消费不会因为价格的细微变化而急剧变动。肉产品的需求量总体保持相当的稳定。如果供给稍稍增加,价格即相继下滑,同时市场的消费也会略有上升。但当产品价格保持低位运转时,市场还易出现过剩囤积的情况。

第四个方面的因素是,在某些情况下,供给受到生产便利性与经济性的很大

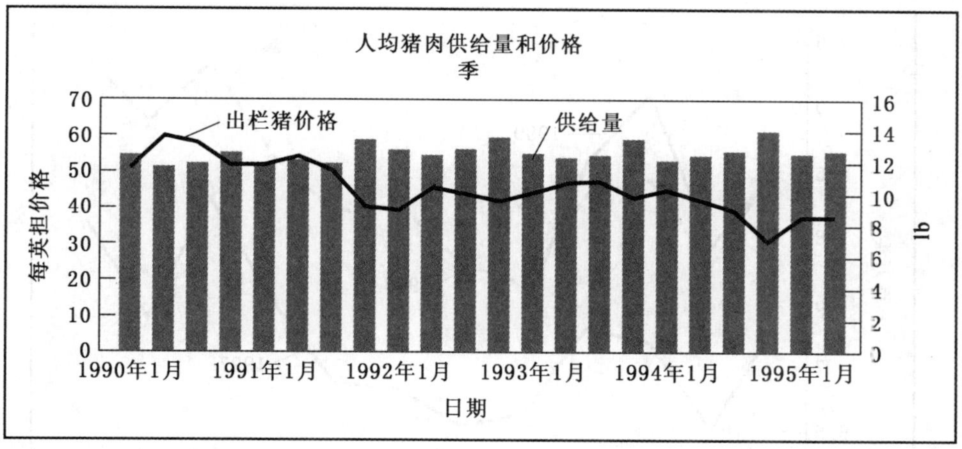


**图 22-4 出栏猪价格与供给量成反比。**

来源：USDA.

影响。本节已经在待育肥牛和羔羊的部分对该因素进行了讨论。该因素对待宰生猪的生产，以及其他育成待宰牛和羊的生产同样起着相似的作用。同时，如上文所述，肉产品的市场需求全年基本保持稳定，因此封闭式的动物生产体系也有助于生产供给与市场需求的协调。

在猪的育肥生产体系中，尽管大多数的生猪养殖者实行全年平衡的繁殖计划，但仍有部分养殖者的群体只在早春和秋季进行繁殖。流水线式的饲养和管理体系使得个体只需要 5～6 个月的饲养即可屠宰上市。因此，由于部分待育肥猪在特定季节进行繁殖，4～6 月份群体母猪将出现产仔高峰，在当年的 10～12 月份市场必然出现大量的待宰生猪(图 22-5)。同样来年春季的市场交易高峰，则源自于当年秋季的母猪产仔高潮。如此的季节变化模式会年复一年的重复出现①。

近年育肥猪生产的趋势还是向全年平衡繁殖结合快速肥育的方向发展。这种趋势明显削弱了生产的季节性变化模式。当然这种趋势必然大势所趋，但是，对于圈舍数量和设备有限的农场，特别是夏季作物收割需要大量劳力的地区，待育肥猪生产的季节变化模式仍然会长期存在。

图 22-6 所示为成羊和羔羊生产和屠宰的波动模式。在夏季的放牧时间，生产相对有所下降。在结束放牧的阶段，数量客观的羔羊与淘汰母羊将直接出售用于屠宰，因此导致了秋季动物屠宰量的相对上升。如图所示，波动曲线峰值的出现则主要依赖于来自育肥场所饲养的羔羊。

待宰羔羊主要来自 2 个来源，分别是放牧羔羊和饲养羔羊(饲料养殖)。来自美国中西部和南部地区农场的羔羊，通常通过放牧采食牧草进行育成，少数个体可能采食过部分谷类的开食料。一些年以来，在秋季停止放牧之前，美国西部许多羔羊也完全可以通过放牧的方式饲养育成，达到屠宰上市的要求。

除放牧羔羊外，美国中西部的部分养殖者会让群体提早产羔，利用开食料饲养，以期提早上市。部分美国南部的养殖者会让群体在冬季产羔，利用临时牧场进行饲养，在春季完成屠宰。这些个体即是零售市场上所谓“春羔”的通常来源。

与猪和牛的育肥生产相比，待宰羔羊的价格体系受供给的影响较小。这可能

①自 20 世纪 70 年代中期开始，生猪市场的最低价格水平主要出现在每年的 4 月份和 11 月份。

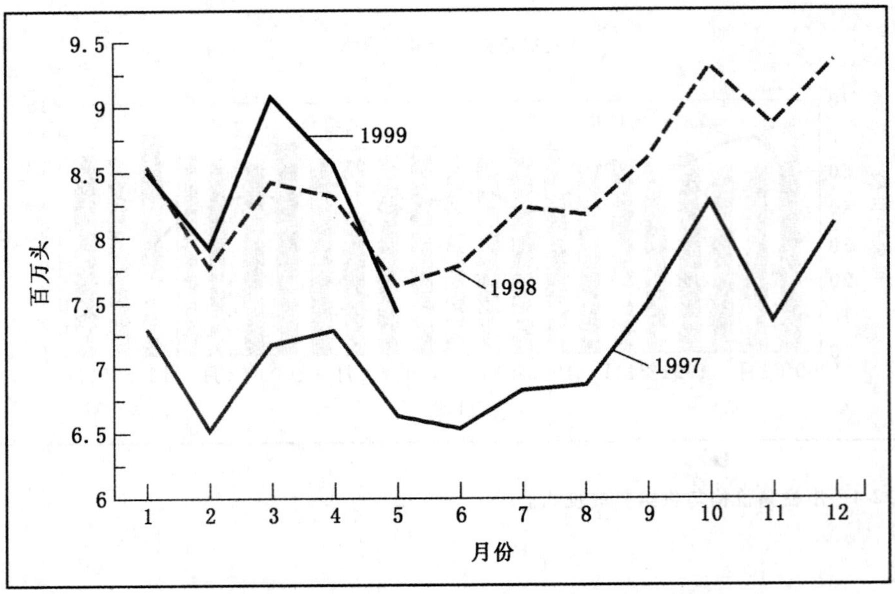


**图 22-5 1997 年至 1999 年 5 月美国月生猪屠宰量。通常在夏季生猪的屠宰数量较少，主要原因是上一年冬季配种的群体母猪数量较低。**

来源：USDA.

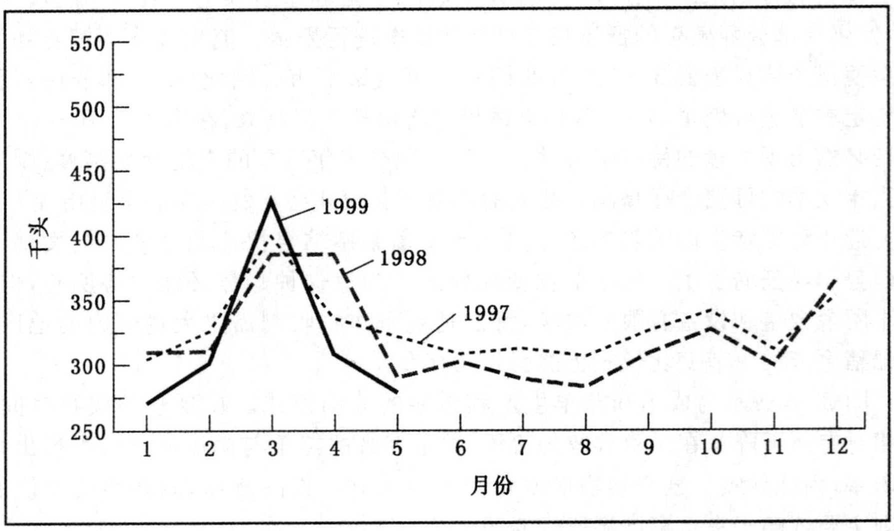


**图 22-6 1997 年至 1999 年 7 月美国成羊与羔羊的市场季节性变化模式。羔羊在秋季或冬季进入育肥舍，在次年的 3 月和 4 月完成育肥，屠宰上市。**

来源：USDA.

主要是因为，羔羊肉和成羊肉在肉产品市场中的份额较小，因此其价格也主要受牛肉和猪肉，甚至鸡肉与火鸡肉市场供给与价格水平的影响。

待宰成羊和羔羊的供给模式，从长期来看，还是逐渐趋于相对的稳定。商业化的羔羊育肥饲养愈发普及，逐渐占据了很大比例的羔羊生产市场，从而有利于市场稳定供给的实现。同时，待育肥羊的生产还会存在一定的地区差异，如图 22-6 和图 22-7 所示。尤其是主要以放牧为主的饲养体系，极端天气仍然对羔羊的生产有着巨大的影响。我们还需要认识到，与肉猪和禽类的生产不同，绵羊始终是以牧草作为主要营养来源的动物，并不适应长期只采食精料以及封闭式的饲养方式。

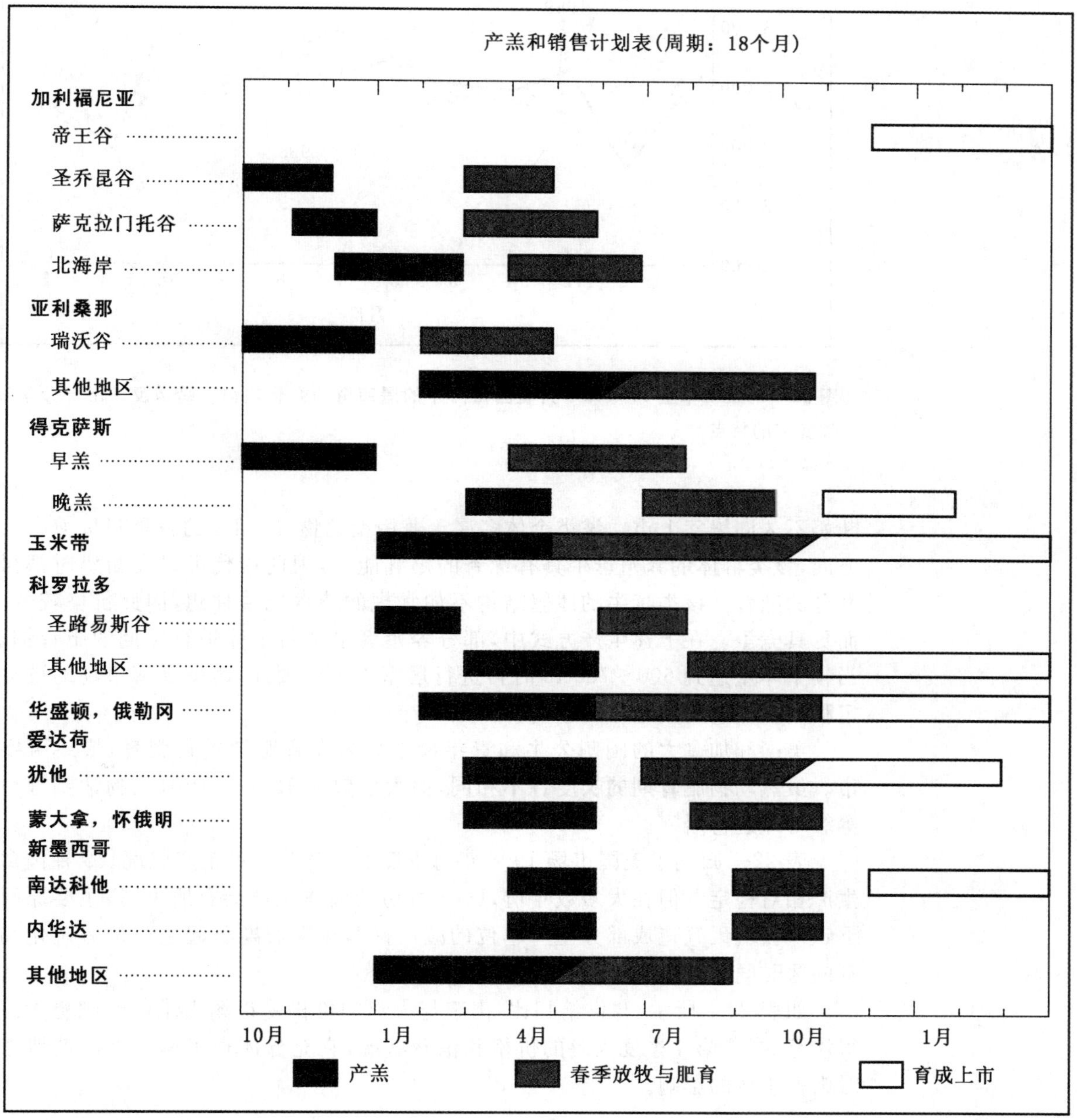


**图 22-7 供给受生产的便利性与经济性影响，这两个因素有很大程度反映了天气的变化特征。**
来源：USDA.

图 22-8 所示为肉牛屠宰生产的季节性波动规律。由于很大比重的个体在商业的育肥舍进行育成上市，同时较高比例的订单式生产方式，使得待育肥牛生产在全年保持相对稳定。同时，不同的屠宰销售模式在全年的不同阶段也起到了相互平衡的作用。大多数肉用母牛的淘汰多在放牧季节结束的阶段进行，该阶段母牛已完成分娩与幼犊的哺乳，因此大量的淘汰一定程度上导致了夏末市场屠宰数量的增加。当然，由于妊娠困难而淘汰的奶牛或肉牛母牛，其数量不受季节影响，全年基本保持稳定。

在部分的地区，质量中等、体重较轻的肉牛更受偏爱。这种犊牛在断奶时或

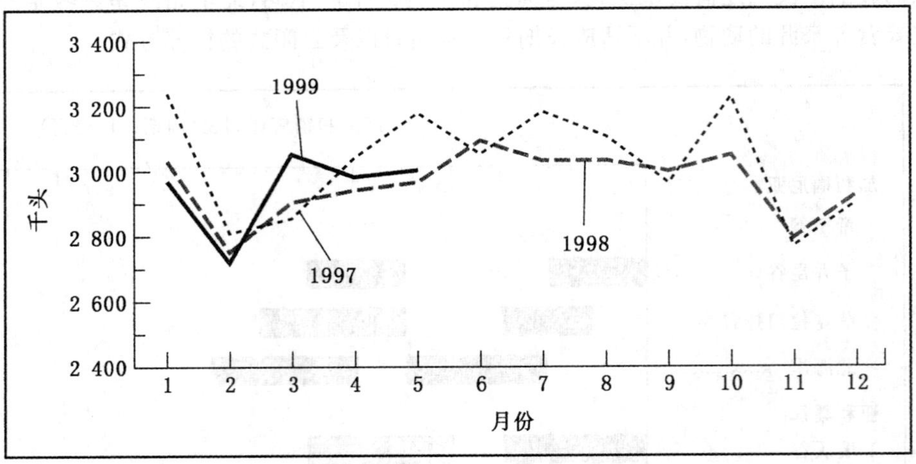


**图 22-8 1997 年至 1999 年 5 月美国每月牛的屠宰量的变化趋势。趋势反映出部分季节性变化的特点。**

来源:USDA.

断奶不久即屠宰上市。该类个体多属于兼用型动物,即动物的育种目标兼顾 2 个方向,该类群体的繁殖母牛具有优秀的泌乳能力,因此后代可以在断奶时都得到充分的哺育。该类犊牛的体躯结构不如常规的待育肥牛理想,因此价格较低,从而更具竞争。在上述生产方式中,部分养殖者也会对个体进行短期的肥育饲养,当犊牛体重达到 600～700 lb 时再进行屠宰上市。因此,肉牛屠宰市场的波动一定程度上还要受到地域的影响。

美国和加拿大的阉割公牛和青年母牛大多在育肥舍进行肥育,最终屠宰上市。虽然动物肥育期的长度各不相同,但大多数为 120～150 d,动物达到理想的等级时即进行屠宰。

表 22-1 归纳了美国市场 1998 年每季度的肉鸡及火鸡生产状况。2 种肉禽的生产相对稳定。但在大多数年份,1～4 月份的肉禽生产会有所下滑,主要原因如下:(1)极端天气造成部分生产单位的减产;(2)年末假期引起生产群体孵化和肥育的暂时间断。

如表 22-1 所示,与供给相比,肉鸡与火鸡的价格受市场需求的影响更大。值得注意的是,第 4 季度火鸡的价格和消费状况,它充分体现了季节性的消费需求对肉畜生产的影响。

**表 22-1 各季度肉鸡与火鸡的供给、消费与价格水平(1998,美国)**

| 季度 | 肉鸡 | | | 火鸡 | | |
|---|---|---|---|---|---|---|
| | 生产 (100 万 lb) | 人均消费 (lb) | 价格 (美分/lb) | 生产 (100 万 lb) | 人均消费 (lb) | 价格 (美分/lb) |
| 1 | 6 846 | 20.3 | 56.39 | 1 286 | 3.9 | 54.96 |
| 2 | 6 990 | 21.0 | 61.05 | 1 326 | 3.9 | 54.90 |
| 3 | 6 942 | 21.4 | 70.40 | 1 302 | 4.2 | 64.51 |
| 4 | 7 085 | 21.8 | 64.21 | 1 367 | 6.0 | 71.33 |
| 总计 | 27 863 | | 63.01(平均) | 5 281 | | 62.18(平均) |

来源:改自 USDA,Livestock, Dairy, and Poultry Situation and Outlook, May 25, 1999.

## 22.4 直接行销

目前，直接行销是美国生猪交易市场的主要贸易形式，约占市场份额的 90%，且大多个体通过胴体品质定价（等级和产量）完成销售。其中，猪肉的包装加工企业就主要通过胴体品质定价的形式来采购生猪。

虽然直接行销的概念隐含了不通过中间代理进行的概念，但是在实际中并不如此。肉畜的交易通常是通过卖家和买家（或者其代理）直接进行，例如买方代理。目前，通过直接行销方式所进行的待育肥和待宰动物交易正在逐年增加。

直接行销的方式通常没有规律，且没有固定的地点。因此，我们很难估计以该方式交易的待育肥牛或羔羊的数量及其比例。在生猪的市场交易中，直接行销方式交易的个体数量占据主要的市场份额（表 22-2）。其中，通过订单的方式进行的生猪生产与贸易更是不断增加。

绝大多数肉鸡和火鸡的生产都是通过订单的方式完成，因此本节不做讨论。禽类的订单式生产与贸易将会在本书 35.4 和 35.5 进行讨论。

如今，家畜的养殖单位或农场越发专业，且规模不断增加。同时，随着通讯与运输技术的发展，动物买卖双方通过直接行销的形式进行贸易更为简单。如今，农场主对饲养动物的价值与价格更加明晰。同样，肥育生产单位需要大量连续的购买动物，他们对动物的当前市场价值和价格也更加明确。

在目前市场的直接行销中，部分由饲养者和育肥者构成的组织起到了很好的辅助作用。例如，内布拉斯加州沙丘养牛协会，以及南达科他州畜群养殖者协会，两个协会通过信件的方式，向中西部地区的肉牛肥育单位发送本地农场的养殖信息，诸如，动物的年龄、品种以及性别等。艾奥瓦州和伊利诺伊州的部分肉牛育肥协会，也会组织会员到待育肥动物的产地进行旅行访问，这种访问的主要目的就是实际观察和挑选待育肥动物。同样，农场组织，即我们所说的养殖者，也会进行类似的回访活动。

待宰家畜直接行销模式的增加，主要有以下几个原因：

- 动物生产开始集中在少数规模较大的单位
- 加工车间由城市向动物的生产地进行转移
- 卡车和火车等便捷的动物运输方式
- 随生产和市场规模的增加，动物的购买者与生产者各自联盟的形成
- 现代化的通信系统使生产者更了解市场行情，更具信心与购买者进行直接沟通
- 动物的销售逐步开始按照等级和产量进行

**表 22-2 通过特定农产品集散市场和生猪的直接行销进行贸易的家畜数量** 千头

成羊和羔羊:特定农产品集散市场的接收量[a]

| 年度 | 丹佛 | 福特沃斯 | 堪萨斯城 | 奥马哈 | 全国性集散市场 | 南圣约瑟夫 | 南圣保罗 | 苏城 | 其他报告 | 总市场报告[b,c] |
|---|---|---|---|---|---|---|---|---|---|---|
| 1972 | 9 | 17 | 43 | 111 | 60 | 83 | 228 | 107 | 1 895 | 2 553 |
| 1982 | | | 21 | 33 | 21 | 18 | 137 | 24 | 1 176 | 1 430 |
| 1986 | | | 8 | 14 | 14 | 9 | 87 | 10 | 738 | 881 |
| 1994 | | | | 11 | | 8 | 64 | 82 | 1 238 | 1 403 |
| 1997 | | | | 2 | | 0.8 | 47 | 53 | 997 | 1 060 |

a. 农产品集散市场的总接收量(火车和卡车)。

b. 所有数据的汇总。

c. 报告分别来自41～68个农产品集散市场。

成牛和犊牛:特定农产品集散市场的接收量[a]

| 年度 | 丹佛 | 福特沃斯 | 堪萨斯城 | 奥马哈 | 全国性集散市场 | 南圣约瑟夫 | 南圣保罗 | 苏城 | 其他报告 | 总市场报告[b,c] |
|---|---|---|---|---|---|---|---|---|---|---|
| | | | | | 成　牛 | | | | | |
| 1972 | 16 | 122 | 437 | 1 165 | 360 | 373 | 916 | 748 | 9 141 | 13 278 |
| 1982 | | | 245 | 612 | 241 | 185 | 549 | 425 | 6 707 | 8 964 |
| 1986 | | | 161 | 320 | 153 | 140 | 391 | 230 | 5 430 | 6 825 |
| 1994 | | | | 79 | | 127 | 188 | 10 | 4 169 | 4 573 |
| 1997 | | | | 54 | | 121 | 180 | 48 | 4 549 | 4 953 |

a. 农产品集散市场的总接收量(火车和卡车)。

b. 所有数据的汇总。

c. 报告分别来自41～68个农产品集散市场。

**表 22-2 续**

成牛和犊牛：特定农产品集散市场的接收量[a]

| 年度 | 丹佛 | 福特沃斯 | 堪萨斯城 | 奥马哈 | 全国性集散市场 | 南圣约瑟夫 | 南圣保罗 | 苏城 | 其他报告 | 总市场报告[b,c] |
|---|---|---|---|---|---|---|---|---|---|---|
| | | | | | 犊　牛 | | | | | |
| 1972 | 3 | 96 | 61 | 12 | 15 | 30 | 126 | 27 | 571 | 941 |
| 1982 | | | | | 3 | 10 | 53 | | 67 | 133 |
| 1986 | | | | | 1 | 13 | 27 | | 31 | 72 |
| 1994 | | | | | | | 36 | | 12 | 48 |
| 1997 | | | | | | | 3 | | 92 | 96 |

a. 农产品集散市场的总接收量(火车和卡车)。

b. 所有数据的汇总。

c. 报告分别来自 23～46 个农产品集散市场。

生猪：特定农产品集散市场及直接行销的接收量[a]

| 特定农产品集散市场的接收量 | | | | | | | | | | | 内爱荷华和南明尼苏达的直接行销贸易量[d] |
|---|---|---|---|---|---|---|---|---|---|---|---|
| 年度 | 丹佛 | 福特沃斯 | 堪萨斯城 | 奥马哈 | 全国性集散市场 | 南圣约瑟夫 | 南圣保罗 | 苏城 | 其他报告 | 总市场报告[b,c] | |
| 1972 | 355 | 74 | 1 087 | 1 514 | 1 452 | 1 747 | 2 056 | 1 832 | 8 181 | 18 298 | 20 506 |
| 1982 | | | 246 | 821 | 1 141 | 740 | 1 125 | 1 405 | 4 671 | 10 150 | 21 499 |
| 1986 | | | 160 | 667 | 967 | 560 | 940 | 940 | 3 330 | 7 332 | 21 983 |
| 1994 | | | | 352 | | 451 | 468 | 468 | 1 368 | 3 045 | 28 669 |
| 1997 | | | | 139 | | 192 | 155 | 155 | 734 | 1 479 | 28 624 |

a. 农产品集散市场的总接收量(火车和卡车)。

b. 所有数据的汇总。

c. 报告分别来自 41～68 个农产品集散市场。

d. 接收量统计来自 14 个包装加工工厂及 30 个生猪集中场地。

来源：Agricultural Marketing Service, compiled from reports received from stockyard companies.

肉产品加工单位向动物饲养或育肥的地区不断转移，相当程度上促进了直接行销方式的发展。一系列调查表明，在选择动物生产的营销方式时，便捷性和地域性是影响决策的2大重要因素。同样，短距离的动物运输也可以极大地节省交易成本。同时，直接行销的方式也不会产生场地费或代理费等。尽管直接行销并不一定能够给动物出售带来更多的净利润，但交易费用的减少的确非常具有吸引力。

从另外一个角度，在直接行销的模式中，买卖双方通过电话或者面谈确定交易价格，因此动物在运离饲养场时价格已经确定，交易方式更加可靠安全。与此相比，如果养殖者的动物被运送到一定距离外的集散市场或者拍卖会，交易的可靠性必然下降。但反过来讲，随着肉牛商业育肥场与生猪育肥场的规模不断扩增，群体规模相对较小的养殖者必然难以受到动物收购者的青睐，通常加工商并不愿意每次只进行少量的交易。因此。许多小规模的养殖者并没有参与到直接行销的交易模式中(图22-9)。

**图22-9　直接行销的实例。如左图所示，买方在育肥场对待宰的育成肉牛进行出价，所购买的动物将被直接运往加工处理车间。如右图所示，买方公司的首席采购专员通过卫星与公司其他采购人员保持联系，并提供指导。**
经Iowa Beef Processors授权。

待宰家畜的直接行销使得我们可以利用胴体等级和产量对动物的价格进行评定，而不再必须进行活体动物的评估。活体评估的方法经常带来很多误差，例如估计动物产量的误差、等级误差等等，从而导致动物价格的错误判定。当然，基于胴体等级和产量的价格判定体系，也并不能消除这种偏差。不论是加工商自身还是美国农业部提供的胴体等级评定方法，都不能够总与动物胴体的实际价值保持一致。因为，虽然制定了等级评估的规则，但评估方法的本身还是建立在评定人员的主观性及业务水平之上。

**精肉率**
最初的动物胴体经整理或处理后，可以用于可销售产品生产的重量占胴体重的比例。

美国农业部谷物检测、肉类包装与活畜市场管理局制定了基于胴体等级及产量的家畜交易的程序性规定。具体要求加工商：(1)基于常温胴体质量进行动物买卖(防止冷却损失)；(2)称量毛重时，采用统一的设备，如钓钩、滚轴等；(3)必须向卖方提供详细的交易信息，包括合同中专业概念的解释以及胴体等级的评定方法；(4)公平对待所有卖方；(5)基于胴体价格进行交易的支付。具体价格可能依据**精肉率**或产量等级进行确定，如果加工商使用个体的等级评定标准，则必须向卖方提供纸本的评定规则说明。

通常,动物的养殖者和育肥者会发现,上述胴体等级和产量评估体系的运行,实际上有利于高质量、高产量的动物的出售,但不利于质量较低或者低产量的动物的交易。尽管还有其他因素对动物的交易产生影响,但是与基于胴体的评估体系相比,活体动物的评估更倾向于低估优秀动物,但过高的估计较差的个体。

同时,基于胴体的等级标准与动物的颜色或者动物的地区来源没有任何关系。但在活体评估时,对于特定地区来源或者来自于奶牛生产的动物,买方总是给予较低的价格。实际中,这些个体可能同样具有相当高的胴体质量。当这种情况发生时,基于胴体等级和产量的评估体系自然更有利于卖方的销售。

能够了解和熟悉群体动物的胴体质量,肉畜养殖者可以更好的制定所养动物的销售计划。如果繁殖所用的种用群体质量稳定,群体的饲养管理长期一致,动物的养殖者就可以对群体待宰个体的屠宰率和胴体等级进行精确的估计。

## 22.5 拍卖

家畜的拍卖通常由某个公司组织,所卖动物进行公开竞价,出价最高者获得动物的购买权(图 22-10)。家畜动物的拍卖活动非常常见。在美国,家畜动物拍卖活动的数量从 1930 年的 200 次上升到 20 世纪 60 年代的 2 300 次以上,之后略有下降,2000 年进行的拍卖会有 1 300 次左右。

**图 22-10 在家畜的市场销售中,拍卖的形式依然广泛普及。**
经 Kansas State University 授权。

拍卖会在肉牛养殖的地区非常盛行,例如密苏里、得克萨斯和内布拉斯加州的沙丘地区(图 22-11)。许多拍卖活动都集中在动物饲养的密集区。当然,拍卖的方式在待育肥猪的销售中也广为使用。

**图 22-11 密苏里州西南部现代的家畜贸易中心。该中心主要用于地区的家畜贸易活动，提供了家畜展示与买卖所用的现代化圆形拍卖场地。**
经 Purdue University 授权。

与农产品集散市场不同，拍卖会中的购买者同时出价，竞价购买。在农产品集散市场中，经销商通常只与买方单独商谈，经常在买主即将离开，下一买主开始出价时，确定成交或者拒绝买主的出价。当然，少部分的拍卖公司也进行非公开的动物买卖，通常在每周特定的一天进行。

在拍卖会的具体操作中，买方可以通过点头、举牌或者直接用语言进行竞价。拍卖开始时，拍卖师会首先给出竞拍动物的一个合理底价，然后购买者开始连续竞价，动物通常在很短时间内即可售予最高的出价者。拍卖公司的代理费用可能以委托拍卖的动物头数而定，也可能依据动物的价值而定。除代理费用外，通常还有场租费等其他费用。

传统的拍卖活动中，竞价时，动物被置于拍卖圆形场地的中间，买方则坐于环绕场地三面的露天看台。20 世纪 80 年代早期，电视拍卖和电脑网络拍卖的形式也逐渐开始出现。

电视拍卖通常由多方合作组织进行操作，需要雇用有资质的评估师在拍卖前进行动物的评估和标记。达到上市标准的动物首先被运输到拍卖行，与其他体尺相似、等级相同的个体集中饲养。如果组织良好的话，动物也可以在不同的地点进行饲养并通过一次拍卖出售，这种方式可以为买方同时提供更多的被选动物。拍卖动物的资料，包括体重、质量以及其他特点，将通过网络提前提供给有意竞拍的买方，最后通过电话竞价，完成拍卖。这里值得注意的是，家禽的市场营销很少通过拍卖的方式进行。

## 22.6 农产品集散市场

农产品集散市场，也称公共牲畜围栏或中心公共市场。该类场所是家畜交易的中心，具备完善的动物接收、照顾、管理以及买卖的相关设施，交易通常通过私下的谈判进行。所有的买卖双方都可以使用市场内的设施。本质上讲，所有的动物交易都要通过代理公司进行，代理公司通常作为卖方的代表进行交易。

目前，农产品集散市场在全部的动物贸易中只占很小的比重。自20世纪70年代起到90年代末，美国农产品集散市场的数量和规模均不断下降，与此同时，直接行销的贸易模式不断增加，拍卖则相对保持稳定(表22-2)。例如，通过奥马哈农产品集散市场销售的牛的数量削减了93%，从1972年的1 165 000头到1997年的54 000头。如今，只有不到2%的待宰生猪贸易通过农产品集散市场完成。

1994年，美国农业部谷物检测、肉类包装与活畜市场管理局报告有21家农产品集散市场于其监督范围之内，其中只有4家报告进行了全部3个品种(牛、猪和羊)较多数量的贸易活动，它们分别位于奥马哈、圣约瑟夫、圣保罗和苏城。

农产品集散市场的内部组成复杂，由很多相关的单位和个体构成。例如，市场管理公司、贸易代理公司、家畜交易所、经销商、贸易商以及市场信息服务机构，有时还包括了银行、保险以及运输等多家单位。

市场管理公司，主要提供市场所需的各种设施，例如围栏、动物通道、度量器具、动物卸载设备、饲料、饮水及相关设施。牛的围栏通常为开放式；羊和猪的圈舍通常都有所遮蔽。市场管理公司通常还需要提供相应的建筑进行集中办公。实际上，管理公司就是提供所谓的“动物旅馆”。公司雇员的工作即帮助卸载或装运动物、哄赶动物、度量动物的体尺或体重、分发饲料等。

贸易代理公司，多数情况通常代表卖方进行贸易。代理公司通过完成贸易收取代理费用，具体过程与房地产代理公司代理销售地产基本相同。代理公司只在市场的特定区域进行贸易，并由市场管理公司按照各代理公司的贸易量，分配待售动物。

代理公司的员工，即卖方的代理，通常将动物重新分圈饲养以使动物更具“魅力”，从而获得较高的成交价格。代理费用的收取通常按销售动物的数量计算，而不是按照销售价格的特定比例计算，并受政府调控，但近年政府基本放开了代理价格的调控。在动物销售完成后，除去代理费、饲料消耗、场租费、保险以及其他开支，代理公司将剩余的价额交付卖方，或者汇入卖方的银行账户。场租费和饲料销售是市场管理公司的主要收入来源，通常代理公司不需要支付圈舍的使用费用。

动物交易所，是由市场内的代理公司所组成的机构，主要起到宣传和促进市场发展的作用，并维护市场公平。交易所内可能发生非常激烈的争论，同时也促进各成员，也就是代理公司之间代理费用的标准化，并且也促进了代理公司服务水平的提高。大多数动物交易所都会雇用专职的执行秘书，以完成大量的该类工作。

经销商或者贸易商通常在多个市场之间进行动物交易，特别是针对待育肥牛市场。他们从市场管理公司租用围栏，购买或者取得动物的销售权，然后对动物进行重新分圈饲养，再进行出售，以期从中获利。一些市场会指定一定的围栏作为“经销商和贸易商专区”。

大量不同的买家构成了市场的重要主体，临近的加工商可能来此购买不同等级和质量的待宰动物，如牛、猪和羊。他们必须与其他加工商竞争，或者与买方代理竞争，这些客户也可能是在代表部分距离较远的加工商进行交易。

动物的养殖者也可能将待育肥动物拿到市场进行销售，如待育肥牛、待育肥羔羊，但该类贸易还是主要依赖于买方的代理和拍卖进行。此外，农产品集散市场基本很少见到待育肥猪的交易。

家畜的农产品集散市场具有自身的特点。可能某种动作，例如点头，或者几句话就完成了交易，而非必须依靠纸本的合同。同时，所有的动物均以活体出售。动物价格按照体重计算，并且在成交后马上支付。对于待宰动物的贸易，买方对动物屠宰率和胴体质量的估计更是往往要低于卖方或者代理公司的介绍。

## 22.7 经销商和买方代理

部分家畜经销商自己拥有或租用特定的场地，从而进行待育肥家畜或待宰动物的贸易。独立的经销商主要在玉米带以及其他主要的动物养殖地区进行交易，具体包括待宰育成猪、牛和羔羊的买卖。经销商所购买的动物将会最终出售给本地或外地的加工商，他们即在该过程中赚取差价，实现获利。

在谷物的主要产区附近，经销商所转卖的待育肥动物数量往往十分巨大。同时，部分买方代理也会通过经销商购买待育肥牛，当然其他动物也是如此。

在部分地区，经销商还参与到奶牛群更新、种用动物以及其他种类家畜的贸易之中。许多经销商还经营着许多其他业务，比如组织拍卖会或者经营某条卡车运输线等，部分还自己进行动物的肥育饲养。这主要是因为经销商经常购买一些零散的群体，如果有能力自己肥育，或者饲养管理这些动物，必然对自身的经营起到很大帮助。

通常，家畜经销商都与固定客户保持着稳定的贸易关系，当然也不可避免参与到部分的投机性贸易。他们通过市场、拍卖会以及其他经销商购买动物，然后重新分群饲养，稍后在原有或者其他市场再进行出售，也就是通过倒卖动物而从中获利。

前文提到了买方代理的概念，这些市场中的买方，通常代表其他地区的加工商进行待宰育成动物的贸易，交易形式涉及直接行销、农产品集散市场以及拍卖会多个方面。在交易过程中，买方代理没有动物的所有权，只是代理客户购买并提取佣金，主要是进行动物的挑选、组织运输以及为动物购买保险等服务性操作。

买方代理同时也代表育肥饲养者进行待育肥动物的交易，同样涉及到多种贸易形式。买方代理的活动范围不受地域和场所限制。加工商和育肥者之所以愿意雇佣代理进行贸易，主要原因如下：(1)买方代理通常在动物产地进行活动；(2)可以通过买方代理对动物价值进行评估，同时获得较为优惠的购买价格。

虽然，本节将农产品集散市场、拍卖、经销商以及买方代理进行分别讨论，但在实际的畜禽交易市场中，上述4种贸易方式之间往往发生重叠。组织管理拍卖会的单位或个体通常也是经销商或买方代理，农产品集散市场的代理销售人员也是如此。根据市场规模的大小，许多市场的交易都在联邦政府的监管之下进行(见22.10)。

## 22.8 联合销售和合伙经营

在某些情况下，部分中型和小型群体的养殖者将待售动物进行统一的销售，从而可以吸引更多的购买者，同时也可以对地区家畜的供给进行协调控制，从而实现动物更高的售价，并且可以节约市场营销的相关开支。尽管这种联合销售的方式所占的市场份额仍然不高，但该种营销方式在很多地区几乎所有的家畜品种中都得到了应用，特别是在种羊和待育肥猪的贸易中。例如，在艾奥瓦和邻近的几个州，约 300 个养猪生产者加入了加利福尼亚地区尼曼农场协会，正在进行所谓的"绿色猪肉"生产。上述会员所产的大部分动物都由苏城地区的苏城普瑞玛猪肉加工商(Sioux-Preme Pork)进行加工处理，肉产品主要销售到东西海岸的高端市场，即所谓的白餐布市场。该组织内的养殖者需要通过每年一次的检查，以确保正确的绿色饲养方式，即所谓的厚垫草生产，以及动物中没有抗生素使用。

近年，合伙经营，有时也称作是联盟，对于养猪产业的发展起到了重要的促进作用。特别是动物瘦肉率高、胴体质量均一的联盟，通常能够得到更高的出售价格。部分养猪生产者最初联合起来进行合伙经营，是为了可以节约运输费用，将动物运送较远的市场，从而获得更高的收购价格。此外，建立经营联盟的主要目的还是集中讨论和商议当前市场的行情，以稳定市场，增加成员获利①。

## 22.9 营销开支

家畜市场营销的开支来自很多方面，如不同的营销模式、动物的运输距离及其他相关因素，具体可能包括以下开销：代理佣金、场租费、动物保险、运输、家畜失重或动物损伤。费用的支出通常在市场或者由加工商从动物的售价中扣除(参见本书 26.5)。在待宰动物的交易中尤为如此。

农产品集散市场的佣金率和场租费通常较低，两者一般分别低于动物售价的1%。当上述费用按照所售动物的数量进行支付时，费用的比例相对于价值较低的个体必然更高。

拍卖会的代理费和其他费用与农产品集散市场差别不大。但是，每笔交易的动物保险费与运输费用差别巨大，因此没有必要进行详细的比较讨论。

对于动物饲养或育肥者来说，直接行销的一个优点就是贸易开支较低。当然，其中还有运输费用、动物运输保险以及动物的失重损失等。但是，直接行销不会产生场租费用。当加工商建立收购站，进行动物收购时，贸易的开支还会增加该期间动物饲养的费用。同样，对于买方来说，还需要考虑贸易发生过程中的交通费用，这点一定程度上也会对成交价格产生影响。如果动物生产者自身市场经验不足，对动物价值(如体重、质量等级、产量等级、屠宰率)的判断失误，缺乏与专业买方讨价还价的能力，以及对市场的了解匮乏，也会造成养殖者在贸易中的部分隐性开支。

体重损失，即失重，占动物贸易开支的很高比例，并且与动物失重的发生时间和定价的称重时间关系密切。来自胃肠内容物或尿液的动物失重只是表面的体重下降，动物的组织没有实际的损失，这种情况下按照胴体体重进行估价，卖方不会有任何经济损失。然而，如果动物按照活重订价，经济损失由卖方承担，买方实际获利。

①Pork Industry Handbook, PIH-12, 1996.

待宰动物正常的短途运输或贸易不会造成实际的机体组织损失，通常只是体内水分的流失。当然，极端炎热的天气、长途的运输、恶劣的饮水条件也很可能造成动物机体组织的大量损失。

贸易中，大多数动物的失重都是由胃肠内容物或尿液的损失引起，这类损失通常发生于动物装载以及运输的初期。如表 22-3 所示，2～9 h 的运输对动物失重的影响基本保持稳定。

表 22-3 待宰育成牛在运输过程中的失重

| 运输时间(h) | 运输批次 | 运输动物总数 | 失重(%) |
|---|---|---|---|
| 1 | 7 | 615 | 1.70 |
| 2 | 24 | 1 138 | 4.24 |
| 3 | 42 | 1 415 | 4.98 |
| 4～6 | 24 | 1 001 | 5.42 |
| 7～9 | 50 | 2 132 | 5.06 |
| 10～17 | 852 | 29 769 | 6.20 |
| 19～35 | 97 | 5 531 | 9.63 |
| 36～59 | 85 | 3 610 | 7.53 |
| 60～83 | 39 | 2 470 | 8.60 |
| 84 以上 | 22 | 1 078 | 10.81 |

来源：USDA, Guidelines for Establishing Beefpacking Plants in Rural Areas, Agriculture Handbook 513, 1978.

很明显，动物在何时何种情况下进行称重，是决定何方支付失重损失的重要因素。如果待宰动物直接销售给当地的加工商，动物的体重损失将会相对较小，具体失重的程度受以下 2 个因素影响。首先是动物的称重时间，是在抵达时还是在抵达后一段时间；其次是在运抵加工厂后，称重前是否给动物提供饲料和饮水。较长距离的运输，比如将动物运输到农产品集散市场或者拍卖行，会使动物的失重相对有所增加，但通常在动物出售前都会得到充足的饮水和饲料，从而可以使损失降到最低。

长距离的运输最易导致动物机体的组织损失，如待育肥牛和待育肥羔羊。当然，除了由于运输而产生严重应激的动物，如果在运抵后提供充足的饲粮和饮水，动物的体重同样很容易得到恢复。

在特定的地区或贸易中，还存在所谓的“笔头失重”，即人为计算出一定失重的交易形式。有时动物在育肥场或生产场及其附近的地点进行称重订价，为了防止称重时由饲料和饮水引起的人为体重增加，交易中通常计算出一定的“笔头失重”，从而避免体重的不符与相应损失。

大多数家畜的运输是通过卡车和火车进行。在市场所在地之间，通常都有建设完备的州际公路以及相应的卡车运输线路。运送动物的卡车都经过特殊的改造。同时，司机驾驶必须十分谨慎小心，以防止动物在运输过程中骨折或受到其他伤害，从而避免由此而来的巨大经济损失。

大多数运输过程中的损失都是由人为的错误造成的，如动物撞伤、骨折、甚至死亡。具体的失误可能发生在动物的装载、司机驾驶以及其他的操作环节之中。

运输过程中的过度拥挤特别容易造成动物的撞伤，尤其是较为瘦弱的个体往往缺乏脂肪层对机体的必要保护。不同品种动物的混合运输，或者不同体重级别的动物一同运输，也同样非常容易造成动物的伤害。在生猪和羊的运输中，高温高湿的天气往往容易造成动物的死亡。当然，还有很多原因可以造成动物运输中的损失，但良好的判断与管理可以避免大多损失的发生。

## 22.10 管理机构

肉类包装与活畜市场管理法案于1921年正式颁布，并经多次修改，法案明确规定了政府对公共家畜交易市场、经销商、进行州际贸易或进行动物饲养的加工商，具有审查监管的权力。这种政府性的调控涵盖了农产品集散市场、拍卖会以及肉制品加工等领域。仅在州内进行肉畜贸易和肉品加工的商家也需要严格遵守州内的相关规定。

上述法案由美国农业部颁布管理并强制执行，以保证市场公平竞争、防止垄断，同时必要时控制物价、抑制贸易的膨胀。因为大多数肉畜的交易市场都是公共市场，因此公众的利益必须得到保障。基于上述法案的调控体系要求所有的贸易必须保存交易记录，以备常规检查的进行。加工商严格禁止给任何地区或个体提供任何不适当的无端的优先权或优先利益。

美国农业部的谷物检测、肉类包装与活畜市场管理局(GIPSA)在各主要交易市场设立了执行办公室，从而对市场的运作进行日常监督，同时接收有关投诉。GIPSA的官员还负责检查市场衡器的准确度，并对称重过程进行监控。任何故意引起动物称重偏差的违法行为，如控制衡器等，都将受到肉类包装与活畜市场管理法案的制裁，具体包括罚款，甚至监禁等处罚措施。

## 22.11 市场信息

大部分的商业育肥场，部分生猪、肉鸡和火鸡的养殖者，以及很多其他农场和牧场都订阅了某种形式的市场电子信息服务。这些信息服务包括了产品的即时价格以及其他很多相关内容，订阅者在办公室里就可以通过视频获得上述信息。信息服务商具体提供了产品市场价格预测、许多产品的期权价格和不同地区的现金交易价、美国农业部和私人对市场的评述、产品历史期货交易统计以及许多相关信息。服务价格从每月几美金到30美金不等。

加工商和贸易商则拥有相同或更多的数据信息。提供类似信息的大屏幕在农产品集散市场的交易大厅、拍卖行以及其他交易场所中也非常常见。这些服务主要来自于美国农业部的市场新闻机构以及其他私人机构。农业部的市场新闻机构通常与各州的代理进行合作，全天候从主要的市场获取信息，例如拍卖会、加工商，信息的获取方式包括电话、面谈等等，最终对资料进行处理，并向媒体以及各个服务节点进行发布。

如今，上述基于网络的高速信息服务系统日渐普及，通过所谓的信息高速公路，美国的很多农户逐渐开始利用更快速的电子邮件系统进行市场信息的交流。

美国的网络用户在1996年1年就增长1倍，达到了2 600万。据估计到21世纪初，美国网络人口将超过5 000万。当然电视、广播以及报纸等传统信息来源，同样可以为广大的畜牧生产者提供市场信息，但与网络相比，通常更为简略，同时具有一定的时间延迟。

除此之外，很多私人的市场咨询公司以及生产者协会也会发行类似时事通讯的市场信息行情周刊，并且为会员或者订阅客户提供来电咨询服务，包括市场分析及销售指南等，部分基于电话录音的服务每天均多次更新。内布拉斯加州牛场主协会和得克萨斯牛饲养者协会即提供上述类似服务，甚至提供了部分不同类型和体重动物的销售案例。

## 思考题

1. 描述美国养牛和养猪生产的长期周期性波动模式。结合家畜的价格、家畜的群体数量以及人均消费量进行说明。

2. 在家禽生产中，为什么长期周期性波动表现不明显？

3. 影响家畜价格及供给的季节性因素有哪些？请举例说明。

4. 肉鸡、火鸡、生猪等动物的生产已经克服了季节性因素的制约，这种动物封闭式连续性的生产方式对市场有何影响？

5. 直接行销的定义是什么？该种贸易方式的市场份额是逐渐增加还是减少？并说明具体原因。同样，指出合伙经营，也称联盟经营的含义，并具体说明。

6. 对于家畜的卖家来讲，直接行销的2个潜在优势分别是什么？

7. 动物是如何基于胴体质量和产量进行交易的？饲养动物质量较好和质量较差的养殖户，哪个能从该模式中获益？

8. 与农产品集散市场相比，为什么养殖户更愿意采用拍卖的方式来进行动物贸易？

9. 回顾拍卖活动的典型程序。

10. 在美国，为什么农产品集散市场的贸易不断较少？以下2个机构的主要职能分别是什么？(a)市场管理公司；(b)贸易代理公司。

11. 介绍买方代理的主要工作内容。

12. 在肉畜市场中，“失重”的含义是什么？市场是通过哪些方式避免失重的发生以及运输过程中的其他损失？

13. 肉类包装与活畜市场管理法案的具体功能有哪些？

14. 目前，家畜生产者可以通过哪些方法获取即时的市场信息？

翻译：刘林；校对：翟丽维

# 第 23 章

# 待宰牲畜的评价

# Evaluating Slaughter Animals

现代的肉产品加工厂家都已经采用新的技术对胴体组成进行检测，并以此来确定胴体的价值(见第 25 章)。依据加工处理的需要以及消费者对胴体品质需求，家畜饲养者和种畜培育者也需要做出相应的反应(包括国内和国际)。育种者需选择胴体瘦肉率更高的种畜，饲养者则需按照产业的生产标准来进行待育肥动物的饲养。

由于大部分牲畜在屠宰前都需经过多次买卖，因此买主必须能够通过观察对动物进行比较准确的评价。在评价用于肉类屠宰加工目的的活畜时，买主必须评估屠宰率、胴体等级、精肉率和其他一些品质特性，然后给出动物每百磅活重的价格(图 23-1)。准确的活畜评价取决于评价者的知识水平和能力，他们需考虑各种影响胴体品质的因素，包括肉质、肥育程度、年龄、体重、擦伤或其他损伤以及影响胴体价值的健康状况。评价者(买卖双方)还要考虑动物副产品的价值，如毛、皮和内脏等。

**图 23-1　当家畜不在胴体等级和产量的基础上进行销售时，卖家和肉类加工企业必须能够对屠宰用牲畜做出准确的评估。**

来源：USDA.

动物评估研究可以揭示活畜的部分品质特性与其胴体价值的相关性，本章也将对该内容进行讨论。此外，本章还将介绍部分关于买卖双方对屠宰率和胴体价值的评估准确性的调查结果。

实际上没有绝对准确而公正地评价待宰牲畜的方法，因此更多的待宰牲畜交易是根据宰后胴体的等级和产量进行的。这种交易方法不需要按照活体的特性来评估胴体特性或估测胴体价值。

然而，基于胴体的评价体系仍存在部分问题。生产加工者以及他们的顾客仍在不断探索更加快捷、简便的技术来准确地评价包括瘦肉率、嫩度和口感等在内的胴体品质。

用以比较、评价或进行动物分群的活畜和胴体等级，将在第 24 章举例说明并加以讨论。

对于肉鸡和火鸡来说，年龄、体重、饲养制度和遗传背景在特定区域内相对统一，并不难以比较。然而，待宰家禽胴体价值的评价则受到一定限制，具体将在本书第 35 章中进行简要讨论。

学习本章后，读者应掌握以下内容：

1. 列出影响待宰牲畜单位体重价值的主要因素。
2. 区别肥育的同月龄的去势牛和小母牛在屠宰率和精肉率方面的差异。
3. 列出高胴体瘦肉率动物的外观特点，以及个体瘦肉率的相关评估方法。
4. 定义精肉率，并列出影响动物精肉率的重要因素。
5. 列举待宰家畜最常见的受伤部位和疾病。

## 23.1 年龄与体重

在实际中，我们普遍认为老龄家畜肉的嫩度要差一些。通过待宰育成牛、小牛与老母牛，或者 6 月龄的猪与成年母猪的比较，所得结论也的确如此。很多研究表明，对于肥育阶段的动物来说，年龄与嫩度之间的确存在正相关。但这种相关的程度通常并不高，只有 5%～6%的嫩度差异被证明是来自于年龄。遗传也是影响嫩度的重要因素，牛肉嫩度的遗传力大约为 60%，属于高遗传力性状（表 18-1）。

年老母牛、绵羊和生猪的肉的风味通常都比较强烈和独特，而小牛、羔羊和烧烤用乳猪的风味则相对比较温和。

消费者对风味的偏好不尽相同，在待宰家畜的评价中，除羊和羔羊外，通常不以由年龄导致的肉品风味的差异作为评定标准。羊肉的风味与众不同，与牛肉和猪肉相比，略微强烈。因此，很多消费者只购买幼龄羔羊肉，从而避免周岁羊和母羊肉的强烈膻味。与幼龄羔羊肉比较，周岁羊和母羊肉的价格也相对较低。

在没有经过限饲的条件下，大龄动物通常都经过了更长时间的肥育。一般情况下，该类动物产出的肉将更加多汁、美味。随着胴体脂肪比例的增加，在给定的品质等级内，瘦肉、骨骼、蛋白质和水分的比例会有所降低。并且，老龄动物的胴体通常更重。

美国农业部（USDA）制定的等级标准更侧重于青年动物。当肥育期和其他因素相似时，老龄动物的评估等级通常更低。体重较轻的青年动物通常肥育期短、胴体率占活重比例较低,但评估等级仍会相对较高。老龄动物胴体的骨骼大且坚硬发白,肉色偏深,随着年龄的增长,肉中的结缔组织变得更加坚韧。

在生猪生产中,动物通常都会被给予充足的日粮,以便早期肥育上市。当生猪的体重达到 50 lb 后,脂肪的沉积速度将大于肌肉生长速度(表 23-1)。因此,利用体重与其他品质指标进行联合评估,将有益于加工者对个体胴体品质的准确评价。

表 23-1 猪屠宰体重对胴体组成的影响

| | 宰前体重[a] | | | | | |
|---|---|---|---|---|---|---|
| | 73 kg | 85 kg | 100 kg | 112 kg | 126 kg | 137 kg |
| 胴体长度(cm) | 72.10 | 74.40 | 77.30 | 81.60 | 83.00 | 86.00 |
| 后腿比例(%) | 25.50 | 25.40 | 25.10 | 24.40 | 24.60 | 24.40 |
| 腰肉比(%) | 21.64 | 21.59 | 22.52 | 22.60 | 23.30 | 23.40 |
| 腰肉和后腿肉的瘦肉率(%) | 56.90 | 56.20 | 55.45 | 56.35 | 54.70 | 53.55 |
| 腰肉和后腿肉的修整脂肪[b] 含量(%) | 28.45 | 30.35 | 32.00 | 31.30 | 33.75 | 35.30 |

a. 转换成磅,相应的体重分别接近 33、39、45、51、57 和 62 lb。

b. 修整脂肪(fat trim)。

来源:Martin, A. H., et al., J. Anim. Sci. 50:699, 1980.

对羊和牛的生产来说,动物饲养和肥育的模式很多,动物日粮的能量水平也各不相同。因此,这些动物的体重与肉质或胴体价值很难建立起明确的相关。

怀俄明州的研究表明①,哥伦比亚羊等晚熟品种胴体较重,但也具有瘦肉型羔羊的生产特征。在传统的羔羊贸易中,较重的胴体通常会得到较低的评价,上述研究从某种程度上暗示了这种商业评价习惯的不恰当性,这种错误的认识实际也影响到了成熟体型较大的动物胴体的生产。

体重是屠宰加工业者十分重视的因素,因为消费者往往对分割肉块的重量有特定的要求。普通的消费者偏好中等大小的牛肉、猪肉和羊肉块。饭店、宾馆或公共机构则喜欢较大的肉块,这些机构服务的人群数量很大,较大肉块的单位重量的表面积较小,因此在烹调过程中的失重也相应较少,单位重量的肉块则可以生产出更多的肉制品。

## 23.2 性别和生殖状况的影响

性别,除了在妊娠等特定情况下会对屠宰率产生影响(见 23.5),一般对待宰羔羊或生猪的胴体评价并不重要。猪通常在 5~6 月龄屠宰,该日龄的小母猪很少经过配种妊娠。同样,上市公猪都要在早期进行阉割,避免猪肉产生强烈的气味,而影响动物的价格。

①Snowder, G. D., et al. J. Anim. Sci. 72 (1994): 932.

小母猪和去势公猪可以同群饲养[①]，并且同时进行胴体的评价，这种群体通常含有40%～45%的小母猪和55%～60%的去势公猪，且比例相对恒定。与去势公猪比较，通常小母猪的背膘厚薄大约0.1 in，腰部眼肌面积更大，后腿、肩部和腰部的瘦肉比例也更高。小母猪的生长速度比去势公猪要慢，但饲料转化率更高。由于小母猪更瘦，且背膘更薄，因此，可以达到较大的上市体重但仍保持良好的胴体价值。目前，成年母猪大都通过订单或直接出售给专门生产香肠的企业(如Jimmy Dean，Johnsonville等)，因此大部分的香肠肉都来自成年母猪。同时根据市场的情况，部分初步的分割肉块(腰肉、五花肉等)被直接出售到专门的企业进行加工，以满足初级市场的需求。

在待宰羔羊的生产体系中，也存在上述类似的情况。但市场中的母羊通常数量相对较少(相对于猪，羊群必须保留更多的母羊进行繁殖)。去势公羔的肥育期比母羔稍短。尽管去势公羔达到4～6月龄被出售时，导致胴体折价的因素并未表现，但公羔的售价通常较低，单位英担(重量单位)低出1美元或更多。老龄公羊和成年母羊的胴体都会带有较难接受的强烈味道，因而价格更会大打折扣，上述胴体一般不通过常规的零售渠道进行流通，往往剔骨后与其他肉类混合进行深度加工。

与阉割公牛相比，相同体重的肥育待宰青年母牛一般每英担体重的售价会低出1.5～3美元。在年老或体型较大的母牛中，这种价格差异会更加明显，因为该类母牛很可能由于妊娠而发生屠宰率的下降。目前，青年母牛的妊娠诊断以及终止早期妊娠的操作，已经使待宰母牛的妊娠发生率有了很大的降低。

相同年龄阶段的青年母牛通常比阉割公牛稍肥，因此到达相同肥育程度的时间相对较短。但由于青年母牛的胴体较小，且通常过度肥育，因此产出分割瘦肉块的比例较低(表23-2)。

**表23-2 性别和品种对牛胴体组成的影响**

| | 青年母牛 | 阉割公牛 | 成年公牛 |
|---|---|---|---|
| 荷斯坦牛： | | | |
| 平均宰前重(kg) | 281.6 | 331.0 | 328.3 |
| 肌肉(%) | 58.55 | 58.14 | 61.93 |
| 脂肪(%) | 18.95 | 17.68 | 14.52 |
| 骨和腱(%) | 21.00 | 22.26 | 22.08 |
| 安格斯牛： | | | |
| 平均宰前重(kg) | 300.6 | 357.6 | 324.0 |
| 肌肉(%) | 54.12 | 56.66 | 61.68 |
| 脂肪(%) | 27.74 | 25.13 | 18.58 |
| 骨和腱(%) | 15.86 | 16.64 | 17.61 |

来源：Fortin，A.，et al.，J. Anim. Sci. 50：81，1980.

①按性别分栏饲养作为一种提高效率、增加回报的手段，被应用于很多养猪项目。分栏饲养小母猪和去势小公猪的管理方式和日粮都会有所差异。

由于去势公牛与青年母牛的生长和肥育速度不同，即便是二者合群饲养，销售时也要将去势公牛与青年母牛分开，以便区分价格。

成年公牛即使经过了良好的肥育，与相对年龄段的阉割公牛相比，其质量评价等级较低①，因此其价格也会相对打折。然而，与阉割公牛和青年母牛相比，成年公牛的增重效率更高，且零售分割肉块的产出效率也更高。

## 23.3 肉质

肉用动物的生产目的是产出含有更高比例高品质瘦肉（或肌肉）的胴体。当然，肉品还要在肌肉中含有适度的大理石花纹（可见肌内脂肪），但过量的肌肉表面脂肪或肌群之间的脂肪条（肌间脂肪）则不受欢迎。因此，评价待宰动物的一个主要任务就是评估瘦肉率。事实已经反复证明，在任何品种内，肉质都存在着较大的个体差异（图 23-2）。

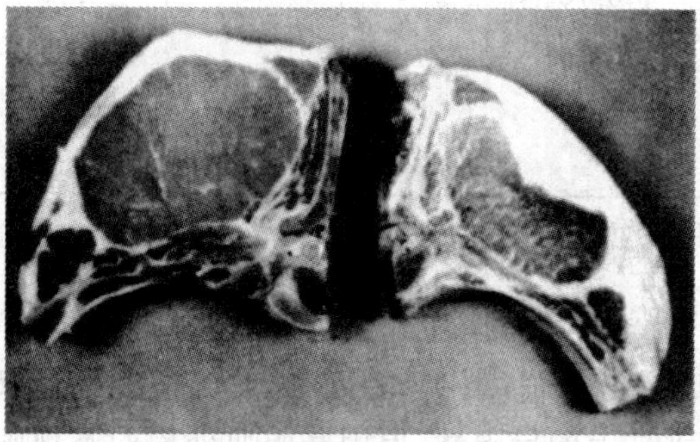

**图 23-2 两块猪肋排的瘦肉率比较。**
经 Iowa State University 授权。

动物的胴体含有 3 种主要组织：瘦肉、脂肪和骨骼。如果胴体的瘦肉率高，脂肪和骨骼的比例就会相应地降低。也有研究表明，瘦肉率与骨骼的比例呈正比，但相关程度不高。换句话说，瘦肉率高的动物，其骨骼含量也较大，脂肪则相对较少。

与其他活体测定方法相比，超声波测量技术（见 19.6）在预测猪胴体的瘦肉分割肉块产出率或总瘦肉率上更加准确（表 23-3）。虽然，基于外观或其他方式的评估预测方法也得到了很大的发展，并积累了很多经验，但超声波测量法则明显具有更高的准确程度。

背膘厚测定仪首先被应用于测定待宰生猪的膘情，由于其准确性，随后推广到后备母猪和种公猪的评定。利用超声波测定背膘厚度，从而估计个体的瘦肉率，与胴体背膘测定法相比，具有同等或者说更高的准确性。活体测定和其他测定方法与动物胴体属性之间的相关程度，参见表 23-3。

①在屠宰成年公牛前，必须尽可能降低动物的应激，以减少“黑切肉”(dark cutting beef)的发生。若瘦肉中的糖原含量降低，或在屠宰过程中不断降低，会引起肉色加深，从而降低肉品的价值。

表 23-3 活畜或胴体测定值与胴体性状间的近似相关程度

| 测定项目 | 胴体性状[a] | 猪 | 牛 | 羊 |
|---|---|---|---|---|
| 脂肪厚度,活体 | 分割瘦肉块百分比 | −0.70 | | |
| | 大分切肉块百分比 | −0.60 | | −0.55 |
| | 修整脂肪 | 0.65 | 0.65 | |
| | 胴体脂肪厚度 | 0.80 | | 0.75 |
| | 肌肉百分比 | | −0.65 | |
| 眼肌深度,活体 | 眼肌深度 | | 0.80 | 0.45 |
| 肢间宽度,活体 | 分割瘦肉块百分比 | 0.65 | | |
| 脂肪厚度,胴体 | 总瘦肉量 | −0.60 | | −0.60 |
| | 修整大分切肉块百分比 | −0.60 | 0.40 | −0.65 |
| | 修整脂肪 | 0.70 | 0.70 | 0.65 |
| | 肌肉百分比 | | 0.60 | |
| 眼肌面积,胴体 | 总瘦肉量 | 0.70 | | 0.40 |
| | 修整大分切肉块百分比 | 0.70 | 0.30 | 0.40 |
| 肾脂比例 | 瘦肉率 | | −0.55 | −0.60 |
| 胸脂比例 | 瘦肉率 | | −0.70 | |

a. 分割瘦肉块(lean cuts);大分切肉块(primal cuts);修整脂肪(fat trim);修整大分切肉块(trimmed primal cuts)。

来源:Compiled by the authors and colleagues.

本书 19.6 中对肉质测定方法进行了介绍,图 19-8① 形象地说明了超声波探针技术在牛和羊的肉质或总瘦肉率评估上的局限性,原因是眼肌外周的不规则形状使测量无法精确进行。

在生猪的基于胴体品质进行定价的贸易体系中,与外观评估和其他背膘测定法相比,超声波探针的方法更适用于流水线式的动物评估(生猪在狭窄通道内排队进行),且方法的评估结果也要更加精确。利用电子传感器评估胴体构成和价值的更多详细情况,参见框 23-1。

在同一品质等级的肉牛胴体内,个体肉质的差异仍十分显著。因此,有些零售商会亲自选择所需要的胴体,能够分割出最高比例修整肉块(trimmed cuts)的胴体往往最受青睐。

尽管探针和其他测量技术在评价肉品质上极为准确。但细致的观察与经验的积累,定期将个人评价结果与客观准确的评价结果进行比较,如活体探测、胴体背膘厚度、分割瘦肉块百分比等,人们仍然可以提高动物评估的技巧与准确程度。

①译者注:应参照本书第 19 章的图 19-7。

**框 23-1** **猪肉品质检测的先进技术**

越来越多的高品质胴体的生产者开始选择在市场上按照胴体等级和产量来销售牲畜。大部分屠宰加工者也都认同这一点，但认为需要一种准确和快速的方法，以避免延长屠宰和加工的时间。教育机构和私营企业的研究人员很早就清楚地意识到生产者和加工者的上述需求，到目前为止已经开发了很多现场评价胴体质量的先进技术。以下给出的方法主要用于猪胴体的评价，其原理也适用于红肉类动物（猪、牛、羊肉）。

- 电磁扫描：扫描仪由一个足够大的、中间能通过全胴体或大切块的电磁圈组成。电磁圈产生的弱磁场能量被胴体或切块中具有高传导性的瘦肉组织和具有低传导性的脂肪组织不同程度的吸收，脂肪组织很少或根本不吸收能量。这项技术在胴体进入扫描仪后自动定位，可消除操作误差。然而，这项技术的一个缺陷是需要操作人员在扫描后将胴体退回吊挂轨道，一旦该问题得到解决，该系统将提供一种准确而迅速的测定方法。迄今为止，大多数研究者都是利用电磁仪器（TOBEC™）进行胴体导电性的测试。
- 超声波：目前投入实际应用的超声波应用系统有 2 种形式。一套来自美国设备，在第 10 和最后的肋骨之间（从前到后数）的中线多点采样，用超声波成像技术来测定背腰的脂肪厚度及瘦肉厚度。多点读取值的平均值比单点测量的精确度更高。这种设备相当精确，很少出现维修问题。

另一个处在测试中的超声扫描设备是将多个超声波传感装置安装于曲状框内，然后对胴体进行全面的脂肪厚度测定。这种设备的好处是采用全自动的操作程序，可以减少产生人为操作误差的发生。

- 光学脂肪/瘦肉探针：这种方法是现今最流行、应用最广的线上胴体构成检测技术。在新西兰和欧洲首先开始使用，作为官方技术已被采用很多年。自 1991 年起，该项技术在美国也得到了广泛推广。这种装置由一个在两端装有光电二极管的探针组成。一个二极管放光，另一个二极管探测光的反射率。脂肪对光的反射率比瘦肉组织高，因此仪器可以同时检测出脂肪及瘦肉的厚度。脂肪厚度是这个设备检测构成的主要指标。技术的主要缺陷是操纵者必须经过高度训练，能持续对特定的部位进行检测。探头检测的特定位置位于距胴体中线 7 cm 处的倒数第 3 和第 4 肋骨之间。2 个探针的位置和角度都很重要。研究已经证明，单点测定脂肪/瘦肉厚度的固有误差可能导致瘦肉型猪瘦肉厚度的低估。
- 标尺：测量背膘厚度的最简单方法，利用小尺子延分割胴体的背中线，从最后肋反向进行测量。方法最大的缺点是测量的准确度主要取决于胴体分割的准确度。同时，因为覆盖在肌肉上的结缔组织可能外露且看似脂肪，所以很难在高速的流水线上准确的区分脂肪和瘦肉分界线。第三个缺点是这种测定技术存有固有误差，易导致肥猪瘦肉率的过高估计。也正是该技术的局限性促使了研究人员对上述其他方法的开发。

来源：改自 a progress report；经 Dr. John C. Forrest，Purdue University 授权。

对生猪瘦肉特征的目测评估，应该包括面颌部、背线、后腿、尾根部及其他部分的观察（附录 A）。瘦肉型猪的面颌部线条清晰且紧凑结实的，不笨重、松软或松散；背线及其两侧线条清晰流畅，行走时不会出现较重的折痕和皱褶；后腿基部通常略呈锥形，饱满适度；尾基部比较突出，类似于肌肉强健的重型马。肥胖的生猪通常尾基部下陷，四周充满脂肪，与苹果蒂形似。

肥育猪的背腰应足够宽阔，在没有过度育肥的前提下，可以保证脊椎两侧都发育出大而突出的眼肌（图 23-3）。

除品种因素外，其他的一些观察也有助于肉质的评估。特别是优秀肉用（肌肉）动物的躯体宽度并不一致。肩部和后躯（臀部、胫部和大腿部）的肌肉应丰厚膨胀而突出。肩部比其后部躯干更加粗壮，后腿亦是如此。动物解剖学教材中关于动物典型肌肉类型的介绍非常具有指导意义。这些知识告诉我们，躯干各部宽

图 23-3　瘦肉型与脂肪型动物(猪、牛、羊)的体型轮廓示意图。

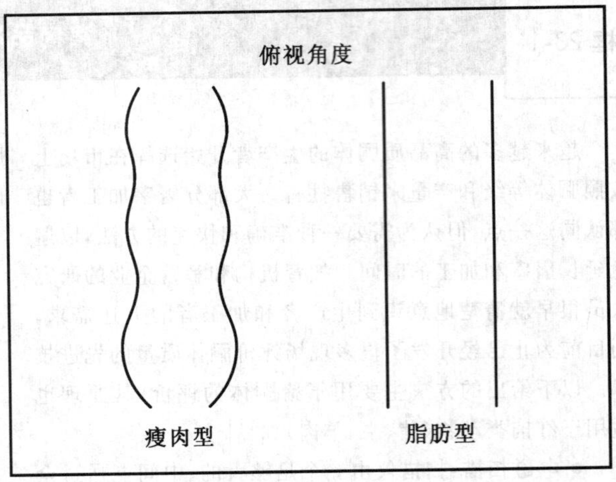


度一致的个体往往不是肌肉型动物，这类动物只是在缺乏肌肉的部位附加了多余的脂肪而已。

瘦肉型动物的肌肉在运动时特别明显。厚的脂肪层并不能掩盖瘦肉型动物的肌肉运动。红肉动物胴体最具价值的部位通常是：主要用于生产煎烤肉排、排骨和高档烤肉的后腿与臀部以及肋骨区域。图 23-4 所示为动物胴体的主要批发用大切块部位的相对价值(表 25-1)。

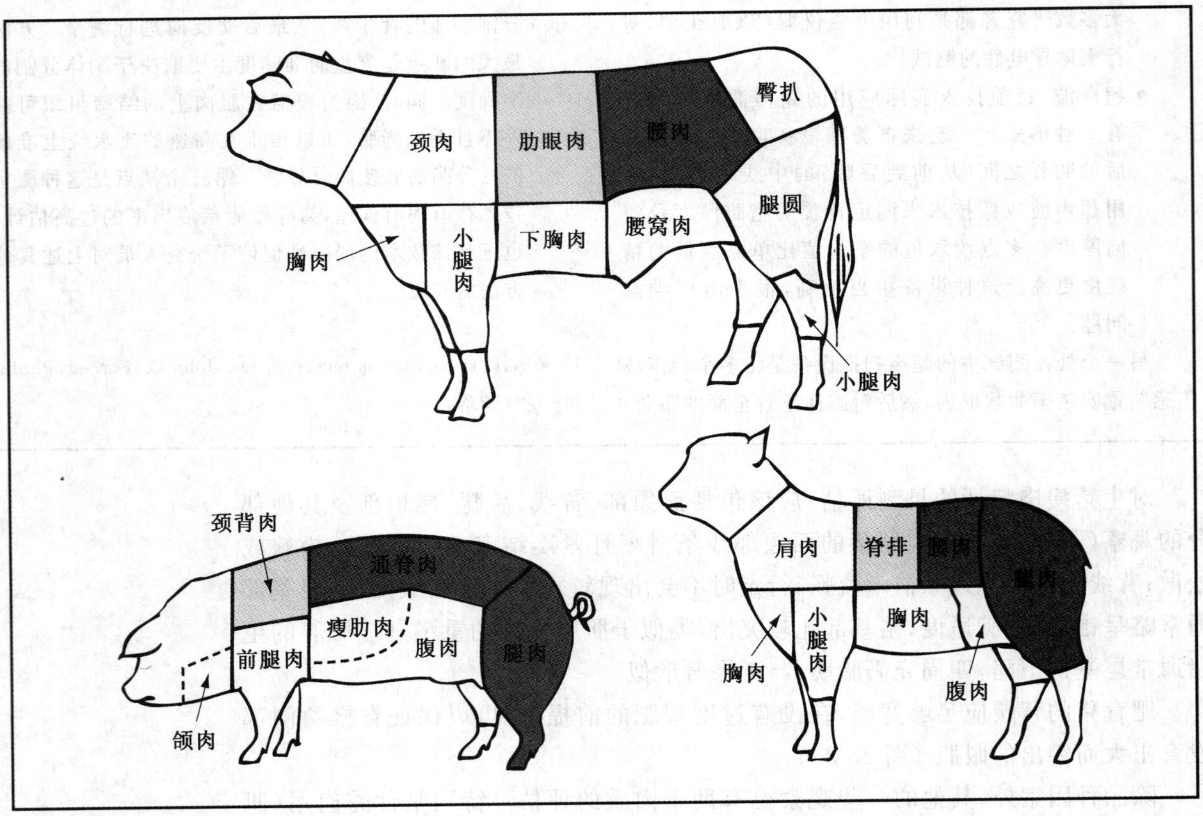


**图 23-4**　通常用于批发的牛、羊、猪肉块。深色的阴影表示更高的总体价值(重量×价格)。

来源：Iowa State University.

显然，动物胴体肌肉较厚的部分价格较高，且这些区域的肌肉走向大体一致。这种类型的肌肉在烹饪、切割和使用过程中都比较简单方便。同时，由于这些部位的肌肉多属于大肌群肌肉，因此相对运动较少，从而肉品也具有良好的嫩度。在批发和零售渠道中，躯体后 1/4 的价格通常比前 1/4 每磅高出 20%。

## 23.4 肥育

肥育阶段的主要生产目的是将脂肪沉积于肌群之外，具体沉积部位包括皮下、腹腔、独立肌群四周以及肌群之间。有关脂肪沉积的速度讨论可以参见本书第 9 章。大部分沉积于肌群之外的脂肪（肌间脂肪）在加工过程中（包括烹饪和进餐时）都将被修整去除。沉积于肌肉内的细致分散的脂肪被称作“大理石花纹”（图 23-5），它可使肉变得多汁、味美、美观、细嫩，是引发良好口感和食欲的要素。

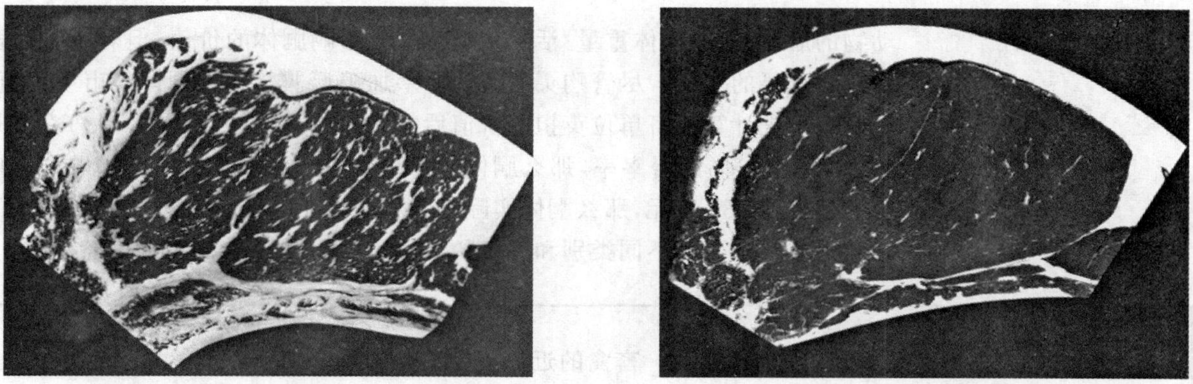

**图 23-5　大理石花纹的比较。左侧肉块含有更多的大理石花纹，即美国农业部所描述的“适中”等级，使肉品口感更加多汁。右侧肉块的大理石花纹则相对较轻。不考虑大理石花纹的因素，消费者可能选择购买任何一种，而选择的倾向很容易随着消费者的需求而发生改变。**

来源：USDA.

多汁性可能是大理石花纹带来的最重要的品质因素。大理石花纹的存在可以增加咀嚼时的润滑感，明显地使肉品更加可口。脂肪在受热过程中变成液态，可以迅速向敏感的味蕾传递风味。肉块表面的脂肪也有助于减少烹饪过程中的重量损失。但过多外部和内在脂肪也显然不受欢迎。目前，有超过 200 种的风味成分已被确定，其中大多数都存在于肉品的脂肪中。

肥育的程度会对肉块的外观产生影响。大理石花纹少的肉，尤其是猪肉，松软而渗水。这些肉放置于冷藏室中难以保持固定形状，因此也不能吸引消费者。同时，该类肉品在烹调后又容易发干，烘烤后容易松散，更难以切块造型。当然，脂肪过多的肉块同样也不受消费者的青睐。

仪器测定的结果表明，大理石花纹对肉的嫩度的直接影响很小，但有一定量大理石花纹的肉吃起来感觉更嫩，这可能是因为大理石花纹使肉品更加多汁，或总体上更加可口的缘故。

肌肉中大理石花纹的含量很难通过观察胴体或动物的肥育程度进行估计。但也并不是绝对如此，通常，动物肌肉外层的脂肪越多，肌肉内的大理石花纹也越多，外层脂肪与大理石花纹的相关系数为 0.4～0.6。

目前,在更精确的技术被开发和试验出来以前,采用目测或其他方法测量待宰活畜表层脂肪的含量仍然是评估胴体大理石花纹的重要指标。肥育程度可以通过触摸个体背部、腰部、尾臀部以及肋部进行评定。因为动物通常最先在背部和前肋部沉积脂肪,同时,腰部、尾臀部以及后肋部也能够很好地反映动物的肥育状况。

经过良好肥育的羔羊的尾根部比较厚实,阉割公牛则会胸部丰满而突出,而且去势后遗留的部分阴囊内将充斥脂肪。与自由舒适的大步行走相比,肥育程度高的牛羊走路时更加困难,随着脂肪在肋腰间的沉积,体态会左右扭摆,无法以自由而轻快的步伐前进。同时,脂肪量与瘦肉量呈负相关,检测两种组织产量的相关技术可以参见23.3。

## 23.5　屠宰率与精肉率

动物的屠宰率(冷胴体重量/活重×100)并不影响胴体的价值,但对待宰活畜的评价有着重要的意义。尽管购买活畜的屠宰加工厂非常熟悉胴体的市场价值,但还是需要事先计算活畜单位英担的价值后才能出价。如果买家对一头1 200 lb重的小牛高估了1%的屠宰率,那么胴体的产量将比预计的少12 lb,如果胴体单位英担的价格是133美元,那么胴体实际收益将减少16美元。由此可见,准确的屠宰率估计非常重要。不同类别和等级的待宰动物的近似屠宰率见表23-4。

表23-4　畜禽的近似屠宰率

| 生猪 | | 牛 | | 羊(去毛) | |
|---|---|---|---|---|---|
| 平均值 | 70 | 平均值 | 60 | 平均值 | 50 |
| 去势公猪和小母猪: | | 美国农业部: | | 美国农业部: | |
| | | 去势公牛和青年母牛: | | | |
| 美国一级 | 70 | 精选和特优 | 63 | 特优羔羊 | 54 |
| 美国二级 | 71 | 标准和良好 | 59 | 精选羔羊 | 53 |
| 美国三级 | 72 | 商用 | 57 | 良好羔羊 | 50 |
| 美国四级 | 73 | | | 肥母羊,可用级 | 49 |
| 美国可用级 | 69 | 母牛:美国农业部可用级 | | 瘦母羊 | 44 |
| 成年母猪 | 68～72 | 用于碎块和罐头 | 45～53 | | |
| **鸡** | | **其他禽类** | | | |
| 7周龄肉仔鸡: | | 鸭,5.61 lb | 71.4 | | |
| 公,3.81 lb | 76.3 | 鹅,12.71 lb | 68.5 | | |
| 母,3.01 lb | 76.6 | 火鸡: | | | |
| 12周龄烤用鸡: | | 公,5.51 lb | 80.0 | | |
| 公,8.21 lb | 73.2 | 母,13.81 lb | 79.0 | | |
| 40周龄来航母鸡 | 66.4 | | | | |

来源:改自USDA, AMS, Livestock Marketing Handbook, AMS 556, June 1978; Snyder, E. S., and Orr, H. L., Poultry Meat-Processing, Quality Factors, Yields, Ontario Dept. of Agriculture, Publication 9; and Jensen, L. S., "Turkey Growth Standards," Turkey World 56:10, 1981.

有哪些因素会影响动物的屠宰率呢？胴体的构成和肥育程度即是其中2个影响因素。较肥动物的屠宰率通常较高，且外观丰厚结实。体瘦、腿长、颈长以及诸如役用牛这样有棱角的动物，屠宰率则很低。

另一个影响屠宰率的主要因素是消化道内饲料和水的含量，即"填充度"，过度的填充会使胴体重占活重的比率减小，从而显著降低动物的屠宰率。牛皮或羊皮的厚度与重量也会对屠宰率产生影响。同样，生长浓密的羊毛同样会使屠宰率降低。

在传统的外观评价中，屠宰率低的个体或群体通常被过高评估，而屠宰率高的个体或群体通常被过低估计。总体上，屠宰率低估要比高估的情况发生得多。这与屠宰加工厂家在评估中过于谨慎，以及评估的倾向性有关。

虽然，屠宰率在对待宰生猪的评价中也十分重要，但重要性不及牛羊。主要原因是，猪是非反刍动物，因而由消化道内容物而造成的活重变异较小。

如前所述，高屠宰率不一定意味着好的胴体价值，过肥的猪也可能会有较高的屠宰率，但分割瘦肉的比率却远低于瘦肉型猪。

更好地衡量胴体价值的指标是精肉率，即胴体中实际上适合销售给消费者的肉块的比例。精肉率高的胴体在修整后的重量、肌肉重量和高档分割肉块产量上都有良好的表现。影响精肉率的因素主要有：(1)多余的脂肪量，(2)肌肉的发育程度。这2个因素可以通过测量表层脂肪、肾脏和盆腔脂肪以及牛的眼肌面积或羔羊的腿部构造来进行评价。同时，这些因素已经被归纳成公式，以全面评价胴体的精肉率或产量等级(参见25.4节)。

## 23.6 分级

美国农业部及私人的胴体分级体系及其详细说明将在本书第24章中进行介绍。等级是依据精肉率及相关的肉品质指标而确定的胴体级别，精肉率具体指瘦肉或有价值肉块的比率。本节将对活体畜禽胴体分级的精确性进行详细讨论。

与个体的胴体等级评定相比，买家运用屠宰率能够更准确地评价动物群体的胴体级别。因为，针对群体的评估在一定程度上可以抵消个体评价所产生的误差。

买家通常会高估低质量等级的动物，而低估高质量等级的动物，这似乎是人类避免过高或过低评价的天性，这意味着如果按照活畜的评价等级进行定价，低品质或低精肉率畜禽的卖家将能够更多获利，而高品质或高精肉率畜禽的卖家将会有所损失。

针对个体或群体胴体等级评估的准确性，有研究曾对16个肉类综合加工企业进行了调查，结果见表23-5，其中给出了5个最高值与5个最低值。值得注意的是，评估准确性的变化范围很大。通过表的最后一栏可知，与个体评价相比，群体评价的准确度有所提高。

表 23-5 活猪胴体等级评价的准确度

| 购买者 | 个体分级 | | 群体分级 | | 准确率之差 | 购买经验(年) |
|---|---|---|---|---|---|---|
| | 编号 | 准确率(%) | 组号 | 准确率(%) | | |
| A | 50 | 76.0 | 2 | 98.0 | 22.0 | 9.0 |
| C | 100 | 62.0 | 4 | 84.0 | 22.0 | 3.5 |
| D | 149 | 51.6 | 6 | 77.4 | 25.8 | 6.0 |
| E | 171 | 55.2 | 5 | 93.1 | 37.9 | 5.0 |
| G | 53 | 60.4 | 6 | 81.1 | 20.7 | 16.0 |
| P | 123 | 49.0 | 5 | 83.7 | 34.7 | 0.6 |
| S | 151 | 55.3 | 6 | 76.6 | 21.3 | 0.5 |
| T | 159 | 58.2 | 6 | 76.4 | 18.2 | 3.0 |
| U | 100 | 46.9 | 4 | 75.5 | 28.6 | 2.0 |
| V | 151 | 34.5 | 6 | 52.7 | 18.2 | 20.0 |
| 平均值 | 128 | 54.0 | 4.8 | 80.1 | 26.1 | 9.9 |

来源:改自 Purdue Univ. Agr. Exp. Sta. Bull. SB 650，1957.

常年购买活猪的经验与胴体等级评价的准确性之间相关性较低,但在胴体评价上花费相当长的时间的买家(数据并未展示),在活猪的胴体分级工作上却做得更好。

显而易见,买家在评价活猪胴体等级的能力上有较大的差异。因此,以活体分级为依据对屠宰畜禽进行定价的准确性很低。这说明只有部分买家能够在一定程度上对活体畜禽进行准确的胴体等级评价。

## 23.7 副产品

在牛、羊和犊牛的胴体价值中(表 23-6 和表 25-2),副产品的价值占了相当大的比例。副产品的价值在不同季节或者不同年份都有显著的差异,但是表格所给出的非胴体副产品相对价值的百分比是在一定范围内的合理的平均值。胴体的某些部分,例如部分骨头,也可能被列为副产品。

表 23-6 胴体和副产品相对价值的近似值 %

| | 胴体(含修整脂肪) | 皮革或生皮 | 其他副产品 |
|---|---|---|---|
| 羔羊 | 80.2 | 14.0 | 5.8 |
| 犊牛 | 86.8 | 7.8 | 5.4 |
| 牛 | 90.9 | 5.0 | 4.1 |
| 猪 | 92.9 | — | 7.1 |
| 禽 | 98.0 | — | 2.0 |

对犊牛、成牛和生猪来说,除了牛皮可能会被烙印或蛆虫损坏,动物个体或动物群之间副产品价值的差异并不会很大。然而羊与羔羊所产羊毛的价值却很大

程度上取决于羊的年龄、羊毛的生长以及羊毛的质量。动物屠宰所产的副产品多种多样,具体将在本书第25.11中作进一步讨论。

## 23.8 损伤与健康

大多数的淤伤都会造成动物肌肉细胞的破裂和肌肉组织毛细血管的出血,最终形成深色或不明显的淤点。这些淤伤部位不能用作食用,因此必须将它们从胴体上剔除,从而造成了直接的损失,并可能降低胴体主要部分的市场价值。

经常进行评定的人员已经习惯了装载、牵拉或卸载家畜的过程对动物所造成的淤伤,这种情况非常常见。比如,牛与猪(或羊)的混合装运通常会造成体型较小的动物出现较多的淤伤。牛的淤伤常发于动物躯体的突出部位,尤其是表皮近附于骨骼的部位。牛易发生淤伤的部位按顺序依次是:肩部、腰部的棱角和肋骨;猪大部分的淤伤发生在腿部,少数发生在腹部、肩部和背部。对羊来说,受伤的部位主要是腿部和腰部。卡车装载过密(或过疏)以及火车货厢的地板较滑也会造成动物的损伤与淤伤。在这些情况下,买家可以估算因淤伤造成的损失,并相应降低动物的评价值。

由于缺乏脂肪层的缓冲,较瘦的牛更容易造成淤伤。有角牛和极度恐慌的个体也更易出现较多的淤伤。买家通常会注意并记录上述情况的发生,并且留意淤伤常发动物的卖家。因为,淤伤可能由家畜饲养者或运输操作者的粗暴管理方式所造成,这些个人可能是缺乏足够的设备与能力来控制或装载家畜,而且他们并没有意识到有价值的肉块就位于这些动物的皮肤之下。

尽管联邦和州的检疫体系通常都能够保证零售肉块没有携带疾病,并适合人们消费。但待宰动物的评价者和买家仍对严重的疾病保持高度的警惕。当胴体在加工厂因疾病或其他的原因被淘汰时,其损失要由加工商完全承担,减少上述情况发生的唯一方法就是在购买动物时进行必要的检疫。针对所有的家畜品种而言,由于健康问题而淘汰的常见原因有:各种炎症(如肾炎、心包炎、腹膜炎、肺炎、关节炎)以及由脓毒引起的各类感染(包括脓肿、败血症和毒血症)①。

## 思考题

1. 分析以下因素对肉嫩度的影响:(1)结缔组织生长阶段;(2)育肥期加长;(3)遗传。

2. 嫩度、风味和肉色会对消费者的选择产生怎样的影响?

3. 在类似的年龄与管理条件下,下面每组中的哪种动物具备更高的瘦肉脂肪比?(1)去势公牛或青年母牛;(2)去势公牛或成年公牛;(3)去势公羊或母羊羔;(4)去势公猪或小母猪。

4. 与质量相当的待育肥或待宰去势公牛相比,待育肥或待宰青年母牛单位英担重量价格较低的原因是什么?

---

①USDA, FSQS. Statistical Summary, Federal Meat and Poultry Inspection for 1980.

5. 举出至少3种买方用以评定活体动物肌肉和脂肪含量的身体部位名称。

6. 列举牛、猪和羔羊价值较高的批发肉块。

7. 简述大理石花纹对零售肉块口味、外形和多汁性的影响。

8. 虽然屠宰率不是评估胴体品质的良好指标，但家畜购买者仍希望购得具备较高屠宰率的动物。试解释买方评定动物屠宰率所用的各种指标与方法，并指出猪、牛和羊的平均屠宰率分别是多少？

9. 解释利用屠宰率和精肉率计算胴体价值的差异，上述2个指标，哪项能够更好地反映动物的胴体价值？

10. 当买者通过目测估计低质量动物的等级时，会有何倾向？估计高质量动物时又会如何？

11. 指出在将动物运送到市场的过程中，动物体哪个部位最易受到损伤？

翻译：岳瑾，曹兵海；校对：翟丽维，刘林，李欣，郭庆睿

# 第 24 章

## 活畜的市场类型与等级

## Live Animal Market Classes and Grades

> **畜禽类型和等级**
> 由美国农业部制定，以最充分利用畜禽动物和提高肉品质量为指导思想，对畜禽活体、胴体和畜产品进行的统一分类。

对活畜市场进行类型及等级的划分，既有助于更准确地分析不同地区市场的销售与价格报告(图 24-1)，更可为活畜交易提供参考价格，使买卖双方可通过电话、电报和邮件的方式来进行贸易。与此同时，胴体或分割肉的等级也可作为消费者判断肉质好坏的标准，还可以作为评定猪、牛、羊的精肉率或瘦肉率的指标。

**市场类型**(class)指依照动物用途划分的不同类群，例如，肉牛、羊和生猪主要包括“待宰群”和“待育肥群”。顾名思义，待宰群是指准备屠宰的动物群体，而待育肥群则是指出售后将会进一步肥育的群体。除此之外，在肉牛的分类中还有单独划分出的第 3 类群，即“肉牛犊群”，尽管很多人认为肉牛犊群与待育肥牛群基本一致，但通常肉牛犊群还是被划分为单独的群体[①]。

在本书中，肉牛犊是指包括阉牛和小母牛在内的、经过断奶年龄但生长发育仍不充分而直接进行肥育的个体。“肉牛犊青年母牛”有时也指计划留作种用的母牛。在本书第 8 章我们曾经提到过，肉牛犊主要饲喂低能量高纤维日粮，而待育肥牛则饲喂高能量低纤维日粮。本章将主要讨论待育肥牛、羔羊和猪的评估及分级体系。

同一类型的动物又可划分为不同亚类(subclass)，亚类的划分通常按照个体的年龄(科尼什雏鸡、肉仔鸡、烤鸡)、性别、繁殖生理状况(青年去势公牛、成年公牛、成年去势公猪)以及体重进行动物分类。

**市场等级**(grade)是对亚类的进一步细分，将动物依照其相对价值进行分级。在待育肥动物中，主要的分级指标是体尺和背膘厚；在待宰畜禽中，则要考虑精肉率(产量)和肉品质。

学习本章后，读者应掌握以下内容：

1. 定义并区分畜禽动物的市场类型和市场等级。

---

①译者注：结束放牧前、达到屠宰体重、具有一定膘情的架子牛叫作“Feeder”，这里译作“待育把牛”；轻度肥育后、以谷物饲料为主进一步肥育的牛叫作“Stockers”，这里译作“肉牛犊”。

**TOPEKA 家畜拍卖**

**126 头猪(实际体重)—上午 10:00**
30～40 lb …… $23.00 至 $34.00
40～50 lb …… $36.00 至 $51.00
50～60 lb …… $54.00 至 $57.50
55 头 …… 平均体重 31 lb,售价 $34.00
6 头 …… 平均体重 48 lb,售价 $51.00
11 头 …… 平均体重 58 lb,售价 $54.00
6 头 …… 平均体重 69 lb,售价 $57.50

**212 头奶牛和小母牛(Spr. Hfr)—上午 11:00**
Hol. Spr. Hfr. …… $1160.00
Hol. Spr. Hfr. …… $1150.00
Hol. Spr. Hfr. …… $1110.00
Hol. Spr. Hfr. …… $1100.00
2 头 Hol. Spr. Hfrs. …… $1085.00
5 头 Hol. Spr. Hfrs. …… $1060.00
4 头 Hol. Spr. Hfrs. …… $1050.00
7 头 Hol. Spr. Hfrs. …… $1035.00
2 头 Hol. Spr. Hfrs. …… $1025.00
3 头 Hol. Spr. Hfrs. …… $1010.00
2 头 Hol. Spr. Hfrs. …… $1000.00
47 头 …… $800.00 至 $985.00
Hol. 初产母牛 …… $1100.00
2 头 Hol. 初产母牛 …… $1050.00
Hol. 初产母牛 …… $1025.00
Hol. 初产母牛 …… $1010.00
Hol. 初产母牛 …… $1000.00
11 头 …… $800.00 至 $985.00

**13 头种公牛—下午 3:00……最高价 $600.00**

**190 头后备小母牛(Hfrs)和肉牛犊(Strs.)—下午 3:30**
2 头 Hol. Fdr. Hfrs …… 238 lb,售价 $62.50
2 头 Hol. Fdr. Hfrs …… 445 lb,售价 $57.00
5 头 Hol. Fdr. Hfrs …… 539 lb,售价 $56.00
2 头 Hol. Fdr. Hfrs …… 550 lb,售价 $55.00
3 头 Hol. Fdr. Hfrs …… 650 lb,售价 $52.50
2 头 Hol. Fdr. bulls …… 183 lb,售价 $41.00
3 头 Hol. Fdr. Strs …… 497 lb,售价 $40.00
3 头 Hol. Fdr. Strs …… 375 lb,售价 $38.00
3 头 Hol. Fdr. Strs …… 503 lb,售价 $38.00
3 头 Hol. Fdr. Strs …… 608 lb,售价 $37.00

**82 头小肉牛—下午 5:30**
返场犊牛 …… $45.00 到 $62.50
淘汰瘦牛 …… $10.00 到 $40.00

**76 头待宰羔羊—下午 2:30**
待宰羔羊 …… 85 lb,售价 $89.00
3 只待宰羔羊 …… 133 lb,售价 $87.00
13 只待宰羔羊 …… 117 lb,售价 $85.00
3 只待宰羔羊 …… 133 lb,售价 $87.00
6 只待宰羔羊 …… 110 lb,售价 $84.00
3 只待宰羔羊 …… 105 lb,售价 $81.00
4 只待宰羔羊 …… 100 lb,售价 $80.00
**待宰母绵羊** …… $26.00 到 $45.00

**4 只待宰山羊** …… $40.00 到 $45.00

**298 头待宰生猪—下午 3:00**

**252 头直接屠宰生猪** …… $54.00 到 $55.50

**NEW HOLLAND 家畜拍卖**

今日肉牛 犊牛 绵羊 山羊 1295 696 187 342 上星期四 1429 759 257 224 去年 421 202 153 160 肉牛……[USDA]……[提供 32%的待宰去势牛和 47%的母牛]……待宰去势牛下跌了 1.00,小母牛没有充分检测,加工级(Breaking Utility)和商品母牛稳定,次低级和最低级升高了 1.00～1.50,青年去势公牛很少,成年公牛保持 1.00 的稳定增长。待宰去势公牛:精选级 2～3 1100/1450 lb 72.75～76.75;精选级和特优级 2～3 1250/1500 lb。76.50～77.75,良好级和低精选级 2～3 1075/1450 lb。67.00～72.00,低良好级 1～3 950/1400 lb。56.75～65.00。荷斯坦奶牛:高精选级和特优级 2～3 1300/1525 lb。59.50～63.50,精选级 2～3 1275/1600 lb。55.75～60.00,良好级 1～3 1200/1600 lb。51.50～54.50。小母牛:双精选级 2～3 1180/1265 lb。69.00/79.50。母牛:加工级和商品级 2～3 大型 36.00～39.00,高屠宰率 39.00～41.50,分割肉和骨用级 1～3 低屠宰率 29.00～32.00,大型 32.00～37.00,高屠宰率 37.00～39.00,最低级和次低级 1～2 低屠宰率22.00～26.00 大型 26.00～29.50 青年公牛 低精选级 1～2 1100/1400 lb 45.50～50.00 成年公牛:第一产量级 1300/2000 lb 42.00～48.00,双 1390/1620 lb 50.50～54.00,双 1375/1470 lb 59.00～61.00 第二产量级 1200/2165 lb 34.00～39.50。犊牛……肉用小牛和待宰犊牛稳定。农场需求优质荷斯坦公牛和小母牛。小白牛:低精选级 170/365 lb 57.00～67.00,高档优级和低精选级 150/300 lb 32.00～50.00,80/100 lb。15.00～28.00,标准级和低优级 60/80 lb。10.00～17.00 待宰犊牛:优级和精选级 270/500 lb。30.00～51.00。重返农场:散装 90/125 lb 荷斯坦公牛 75.00～100.00,一些 100.00～110.00,80/90 lb。55.00～80.00,小体型 90/100 lb。45.00～80.00,75/95 lb。28.00～50.00;散装 90/120 lb。荷斯坦青年母牛 110.00～150.00,少量 150.00～175.00,小体型 90/110 lb。70.00～120.00 绵羊……待宰羔羊十分稳定,少量供应的待宰母绵羊数量比较稳定。提供大约 90%的待宰羔羊以平衡待宰母绵羊。待宰羔羊:精选级 1～2 40/55 lb。135.00～154.00,55/75 lb 115.00～140.00,80/105 lb。85.00～95.00 待宰母绵羊:加工级和优级 1～3 20.00～40.00 山羊……[全部按头卖]公羊:成对大型 124.00～148.00,中型 75.00～90.00 哺乳羊:中型和大型 45.00～70.00 羔羊:精选级 30.00～45.00。

**美国农业部箱装分割牛肉的估计价值组成**

依据最低量手工分割牛肉的奥马哈离岸价格和工业产量(上午 11:30)。

139 手工分割肉块:精选级 1～十,精选级 1～3,良好级 1～3,良好级 1～3;50 s Lds550/700 700/850 14 Grd Lds 价格→118.83 116.97 97.39 96.37 ～0.79 ～0.94 # ～0.16～0.27 排骨:194.92 189.81 146.74 145.51 颈肉:85.07 80.38 75.59 73.74 腿圆肉:110.57 110.57 90.25 90.25 腰肉:170.98 171.37 130.41 128.87 胸肉:71.73 71.73 67.28 67.28 腹肉:67.63 67.52 67.84 67.67 腰窝肉:77.46 77.46 77.31 77.31。

鸡蛋价格(lambright Inc., LaGrange):12 月 2 日本周蛋:大号,84 美分/打;中号,62 美分/打;小号,36 美分/打;上周蛋:大号,84 美分/打;中号,62 美分/打;小号,36 美分/打。

**INDIANA FARMERS 家畜市场**

肉牛 215……[PDA]……与上周销售相比……去势牛,小母牛和母牛稳定。去势牛:精选级 1100/1450 lb。67.25～74.50,良好级 57.00～65.75,标准级 40.00～56.00 荷斯坦奶牛:低标准级 34.75～38.50 小母牛:精选级 1050/1400 lb。65.00～70.00 良好级 52.50～63.25,标准级 35.00～46.50 母牛:加工级和商品级 32.00～36.00 次低级和骨用级 26.00～31.50,最低级和低次级 18.25～26.25 降至 14.00 公牛:很少第一产量级 1250/1870 lb。33.50～35.00,第二级 900/1550 lb。25.00～31.25 育肥肉牛:去势牛:很少中型 No. 1 275/450 lb。43.00～54.00,中型和大型 No. 2 300/950 lb 29.00～40.00;小母牛:中型 No. 1 300/775 lb。35.50～45.00,中型和大型 No. 2 325/800 lb。22.00～33.50;公牛:很少中型和大型 No. 2 300/750 lb 20.00～27.50 犊牛 85 头……农场犊牛稳定 小白牛:很少精选级 140/250 lb。45.00～55.50,优级 140/265 lb。24.00～42.50,标准级和优级 75/90 lb。14.00～20.00,加工级 50/80 lb。6.00～13.00 农场犊牛:No. 1 荷斯坦公牛 90/120 lb。55.00～77.50,No. 2 90/125 lb。24.00～52.50;很少 No. 2 荷斯坦小母牛 80/100 lb。52.50～80.00 猪 64 头……去势公猪和小母猪稳定增长 4.00。去势公猪和小母猪:US1～3 225/270 lb。54.25～58.00,US2～3 250/285 lb。45.50～49.50,US1～3 105/2 150 lb。44.00～47.50。母猪:US1～3 350/600 lb。47.50～5.00,育肥猪 13 头…… US 1～3 20/50 lb。8.00～25.00——每头 绵羊 15 头……待宰羔羊:精选级 65/85 lb。90.00～93.00,待宰成年绵羊 17.00～32.00 山羊 1 头……中型 49.00——每头

**图 24-1 几份报纸中有关畜禽活体、蛋和期货合同市场的部分概要。注意图中所列的各种类群和等级。**

来源:Compiled by the authors from various news sources.

2.列举并定义各畜禽物种的主要市场类型。

3.举出畜禽动物或胴体分类所依据的主要指标。

4.列举影响畜禽活体或胴体等级的主要因素。

5.列举各畜禽物种的活体等级和胴体等级。

6.区别私人和联邦的肉品等级体系。

## 24.1 类型和等级的发展

畜禽类群的划分与描述可能追溯到早期的家畜交易。当时的贸易中一定也存在一些术语,从而相对统一地描述畜禽或畜产品的品质。

目前我们所熟悉并且使用的市场分类体系也仅仅是从约定俗成的分类方法发展而来,但目前的体系在全国范围内高度一致。目前所使用的美国农业部(USDA)等级体系,从1916年颁布以来已有很大发展。几乎所有肉用动物的等级标准图片(附录A)和详细表述都可以从美国农业部的等级体系中找到。该等级体系一直服务于行业,并随着需要和知识的更新而不断修订。体系的使用完全免费,很多生产者、销售者和消费者都将其作为一项重要的质量标准。

任何人都可以免费用"非官方"的畜禽活体类型和等级体系中的名称来评价畜禽。很明显,使用这些名称的准确程度取决于使用者的经验、知识和辨别能力。但是,只有美国农业部指定的分级员才能够使用"官方"的胴体等级体系对动物进行评估,分级员还有责任核查动物胴体的类型,譬如,在"羔羊"胴体中发现"周岁羊"的胴体,分级员就必须如实标明。

除了美国农业部的标准外,还有部分其他的胴体等级标准也在使用。许多加工处理厂都有一套自己特定的等级体系,这些特定的等级体系包括可能已经取得版权的等级名称,并且体系只能由他们自己的雇员使用。公众对该类等级体系的信任度则取决于运用该体系对胴体及分割肉进行分级时的精确程度。

## 24.2 牛的类型

如前文所述,牛的主要市场类型,包括待宰群、待育肥群和肉牛犊群。参照表24-1,本节将主要介绍其他类型的判定标准,如表24-1所示。亚类的概念将在以下内容中进行进一步介绍,但该概念在美国不同地区的理解可能略有差异。

- 阉牛:在尚未出现第二性征时去势的青年公牛。
- 小母牛:未发育出典型母牛生理特征的未成熟母牛。
- 母牛:已经发育成熟的雌性个体,经产或达到生殖年龄、臀部相对丰满、腹容量大、并具有成熟母牛的其他典型生理特征。
- 成年公牛:成年未去势公牛。
- 青年公牛:已发育成熟或开始出现第二性征的青年公牛(未去势),其肥育模式与去势牛和青年母牛相似。
- 小牛:通常是指3~8月龄的小牛。
- 小肉牛:16周龄以下(用于屠宰),主要饲喂牛奶或代乳料的牛。这种"特别饲养模式”下的犊牛并不采食谷物，而传统的肉用犊牛通常饲喂牛奶和谷物。

- 初产母牛：产犊后的青年母牛，个体通常大致 2 岁，随后迅速肥育屠宰。胴体特性介于小母牛和成年母牛之间。

亚类通常按照“性别及繁殖生理状况”和“年龄”进行划分，并在销售报告中体现（图 24-1）。在部分市场中，特定亚类的动物可能没有或很少出现。例如说，在市场上几乎没有 2 岁的去势公牛出售，部分类型的牛在东部市场也非常少见。部分表 24-1 未列出的年龄亚类也可能在市场贸易中出现。

**表 24-1　牛的常用类型名称**

待育肥群

| 性别和繁殖生理状况 | 年龄 | 体重[a] 范围(lb) |
|---|---|---|
| 阉牛 | 犊牛 | 300～500 |
| | 1 岁 | 500～800 |
| | 2 岁 | 800～1 050 |
| 小母牛 | 犊牛 | 300～500 |
| | 1 岁龄 | 500～750 |
| 母牛 | 青年 | 750～1 200 |
| | 成年 | |
| 公牛 | | |

待宰群

| 性别和繁殖生理状况 | 年龄 | 体重[a] 范围(lb) |
|---|---|---|
| 阉牛 | | 1 050～1 300 |
| 青年公牛 | | 1 050～1 300 |
| 小母牛 | | 1 050～1 300 |
| 母牛 | 青年 | |
| | 成年 | |
| 公牛 | 青年 | |
| | 成年 | |
| | 小牛 | 500 以下 |
| | 小肉牛 | 300～450 |

a. 销售报告中常按动物进行体重分类，如轻型牛（小于 500 lb），中型牛（500～800 lb），重型牛（800 lb 以上）。

来源：改自 USDA.

与阉牛、公牛或小母牛不同，屠宰小牛和小肉牛通常不进行上述分类。因为在屠宰时，该类个体第二性征的发育程度还不足以影响胴体的特性。依据体重划分亚类时，通常体重每增加 200 或 300 lb 即划分为新的体重组。

上述分类方式并不能标明动物的用途，例如肉用、乳用还是兼用，或者是否进行了杂交。许多肉用母牛是从奶牛群体中淘汰而来；小肉牛则主要来自乳用品种。奶用和乳肉兼用牛的公牛只有少数留作种用，其余大多数个体在阉割后作为肉牛进行使用。

## 24.3　绵羊的类型

表 24-2 总结了绵羊最常见的类型和亚类。几乎所有的待育肥羊都是羔羊。当绵羊超过 12～14 月龄时其胴体价值会发生急剧下降，因此待育肥羔羊应在 8～9 月龄前完成出售。通常，肥育良好的待宰羔羊的最佳活体重为 100～120 lb。

表 24-2 羊的常用类型名称

待育肥群

| 性别和繁殖生理状况 | 年龄 | 体重[a] 范围(lb) |
| --- | --- | --- |
| | 羔羊 | 轻型 60 重型 90+ |
| 母羊 | 青年 | |
| | 成年 | |

待宰群

| 性别和繁殖生理状况 | 年龄 | 体重[a] 范围(lb) |
| --- | --- | --- |
| | 羔羊[a] | 70～120 |
| | 羔羊(已剪毛) | 70～120 |
| | 1岁 | 100～130 |
| 母羊 | 青年 | 100～180 |
| | 成年 | |
| 公羊 | 青年 | 120～300 |
| | 成年 | |

a. 主要指阉羊和母羊;某些市场可能还包括经良好生长和肥育,上市体重为 100～110 lb 的公羔。
来源:改自 USDA.

不足 2 岁的母羊和阉羊之间没有明显的区别。而用于肥育或肉用的公羔的售价则通常很低(见 23.2 节)。在绵羊的销售报告中,依据体重划分亚类时,通常是每增加 10 lb 体重即划分为新的亚类。

待宰周岁羊通常刚满 1 周岁。通常,我们并不希望该类动物在出售之前过度发育成熟。一般情况下,待宰母羊和公羊都来自群体的淘汰个体。该类个体通常年龄较大,但在交易过程中仍要按照年龄或体重进行分类。

下文所列绵羊的主要亚类,这些术语与牛有某些相似之处。

- 阉羊:出现第二性征之前被去势的公绵羊。
- 母羊:任何年龄的母绵羊。
- 羔羊:通常指不足 14 月龄,尚未长出第 1 对永久性门齿的未成熟绵羊。
- 周岁羊:通常指 1～2 岁,已经长出第 1 对永久性门齿但还没长出第 2 对的个体。
- 骨化:骨骼或骨状物的形成。
- 公羊:没有去势的公绵羊。
- 成年绵羊:通常是指超过 24 月龄,已经长出第 2 对永久性门齿的个体。

年龄是衡量动物胴体价值的重要因素,因此美国农业部的分级员会在动物胴体上对个体的年龄进行检测。羔羊前腿踝骨末端由软骨层构成,由于还未钙化很容易折断,同时,个体肋骨狭窄,略显红色,前躯较窄,肌肉组织色浅且质地纤细。

周岁羊的骹骨末端逐步开始钙化,钙化完全则形成坚实的骨质连接。该类个体肋骨宽度适当,呈微红色,前躯稍宽,肌肉组织略发暗红且粗糙。成年绵羊胴体(2 岁或以上)则完全形成骨质连接,肋骨宽而白,前躯较宽,肌肉组织暗红并且粗糙。

## 24.4 猪的类型

所有生猪都有着相似的肥育过程，即生长、肥育并实现快速增重。与牛的类群划分不同，猪基本不按照年龄进行类群的划分。猪的常见类群如表 24-3 和图 24-2 所示。待育肥猪年龄通常较小，一般不按性别分类。在销售报告中，通常每增加大约 20 lb 体重即划分为新的类群。

**表 24-3 猪的常用类型名称**

待育肥群

| 性别和繁殖生理状况 | 年龄 | 体重范围(lb) |
|---|---|---|
| | 乳猪 | 30～180 |
| | 小猪(未满 1 岁) | 80～180 |

待宰群

| 性别和繁殖生理状况 | 年龄 | 体重范围(lb) |
|---|---|---|
| 阉猪和青年母猪 | | 160～360<br>(230～260 更佳) |
| 母猪 | 青年 | 250～600 |
| | 成年 | |
| 公猪 | 青年 | |
| | 成年 | |
| 去势公猪 | 青年 | |
| | 成年 | |

来源：改自 USDA.

阉猪和青年母猪可以同群出售屠宰，由此通常又被统称为“屠宰猪”或“上市猪”。在多数待宰群中，青年母猪大约占 40%。阉猪和青年母猪的胴体品质几乎没有差别。个体售价通常由体重确定。在实行公母分开饲养管理的地区，销售群体则可能是单一的青年母猪或阉猪。

在生产实践中，许多母猪产 1～2 窝猪后就被出售屠宰，因此通常被称作“轻型母猪”，其单位体重价格基本和未成熟的青年母猪相同。由于成熟母猪体形较大，饲养成本相对较高，因此，养殖户通常选择在母猪体重过大前，将个体出售。

成年公猪的胴体带着强烈的异味，因此针对屠宰市场销售时，成年公猪的销售价格会大打折扣。实际生产中，通常会将部分公猪去势，饲养 1 个月或更长时间后再作为成年去势公猪进行出售。然而，成年公牛和公羊的胴体则少有异味产生。

为了说明清楚并相互比较，猪中的主要类群定义如下。

- 阉猪：在第二性征出现之前被去势的公猪。
- 青年母猪：不到 1 岁、没有产仔的小母猪。(产 1 窝的母猪被称为“头胎”或“初产”青年母猪。)
- 母猪：超过 1 岁，或已产 1 胎或多胎的母猪。
- 成年公猪：没有去势的雄性成猪。
- 成年去势公猪：已经发育成熟或开始出现第二性征后去势的公猪。

待育肥猪

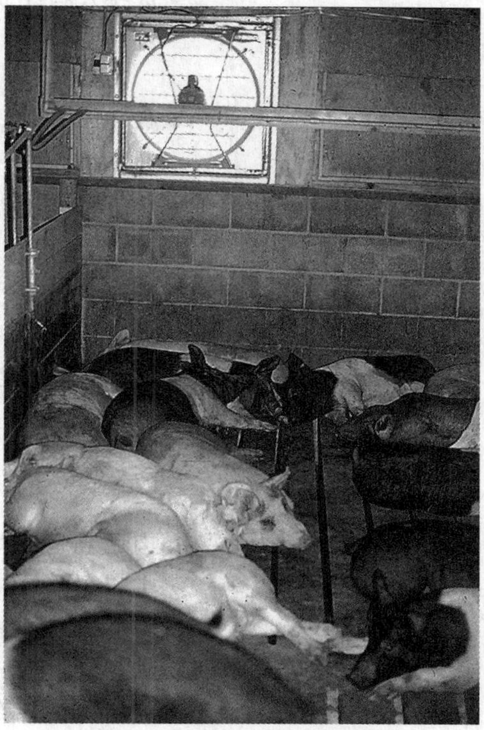

未满周岁的待育肥猪（中等日龄和体型）

**图 24-2 商品猪的两种类型。**
经 Purdue University 授权。

## 24.5 家禽的类型

在肉用家禽市场中，7 周龄的肉仔鸡占主导地位。具体肉禽产品又包括活禽、去毛胴体和全净膛胴体 3 类，3 类产品在各类型个体中均有销售，并广为流行。各种禽类的主要类型如下所列①。

### 鸡

- 洛克科尼什雏鸡或科尼什雏鸡②（Cornish game hen）：选自于科尼什或科尼什鸡与其他品种的杂交后代，胴体重不超过 2 lb 的未成熟幼龄（通常 5～6 周龄）仔鸡。
- 肉仔鸡或炸用仔鸡：通常指在 13 周龄以下③的个体，雌雄均可，肉质细嫩，皮肤光滑柔软，胸软骨柔韧。
- 烤用仔鸡：通常指 3～5 月龄的个体，雌雄均可，肉质细嫩，皮肤光滑柔软，胸软骨柔韧但不及肉仔鸡或炸用仔鸡。
- 阉鸡：外观无雄性性征，通常在 8 月龄以下，肉质细嫩，皮肤光滑柔软。
- 母鸡，用以烘焙或蒸煮的鸡只或其他禽类；成熟母鸡（通常 10 月龄以上），肉质不及烤用仔鸡嫩，胸骨柄也不再柔软。

---

①改自 USDA Agricultural Marketing Service Publication (7CFR Part 70)，May 1987.
②该名称不属于 USDA 标准，但有人建议用出孵肉仔鸡（squab broiler）代替科尼什雏鸡（Cornish game hen）。
③实际大部分在 50～52 日龄之间。

- 成年公鸡：已成熟的公鸡，皮肤粗糙，肉质变硬肉色变深，胸骨柄坚硬。

**火鸡**

- 炸-烤用火鸡：幼龄、未成熟火鸡，通常不到 16 周龄，雌雄均可，肉质细嫩皮肤光滑，胸软骨柔韧。
- 幼龄火鸡：通常不到 8 周龄，肉质细嫩，皮肤光滑，胸软骨柔韧性不及炸烤火鸡，性别不限。
- 周岁火鸡：发育充分的火鸡，通常不到 15 月龄，肉质嫩度适中，皮肤光滑度适中。
- 成年火鸡或老龄火鸡（公或母）：无性别限定的发育成熟或老龄火鸡，通常在 15 月龄以上，皮肤粗糙，肉质坚韧。

**鸭**

- 肉用雏鸭或炸用雏鸭：通常不到 8 周龄，无性别限定，肉质嫩，喙和气管柔软。
- 烤用鸭：通常指不到 16 周龄的个体，性别不限，肉质嫩，喙尚未充分硬化，气管容易凹陷。
- 成年鸭或老龄鸭：通常超过 6 月龄的个体，无性别限定，喙变硬，气管变硬。

**鹅**

- 雏鹅：无性别限定，肉质柔嫩，气管易凹陷的小鹅。
- 成年鹅或老龄鹅：无性别限定，肉韧性高，气管变硬。

**珍珠鸡**

- 珍珠雏鸡：无性别限定，肉质细嫩柔软，具有柔韧的胸软骨。
- 成年珍珠鸡或老龄珍珠鸡：无性别限定，肉质韧性高，胸骨坚硬。

**鸽子**

- 雏鸽：无性别限定，肉质极其细嫩的幼鸽。
- 成鸽：无性别限定，皮肤粗糙，肉变硬的成熟个体。

## 24.6 待宰动物及其胴体的美国农业部(USDA)等级体系

尽管美国农业部的官方等级体系仅能由政府的分级员用于对胴体的评定，但它也可以作为待宰畜禽活体评定分级的重要参考基础。对活体和胴体进行分级的标准以联邦法规的形式出版，之后由美国农业部再版发行。标准还提供了动物或胴体的标准等级图片（附录 A）。

购买者和销售者运用非官方标准对畜禽活体评定分级的能力不尽相同，该项工作主要依赖于评定经验的长期积累（见 23.6）。总体而言，购买者、销售者以及美国农业部的市场调研员，对待宰活畜的等级评定体系都有很好的理解认识。如图 24-1 所示，动物交易的价格即由评估活体等级而确定。

本书 25.4 将对在屠宰过程中胴体等级的评定体系进行详细讨论。这里需要强调的是，屠宰过程中美国农业部胴体等级标准(由 USDA 雇员执行评定)的使用是完全自愿的。美国农业部所提供的等级评定服务通常签订合同进行，合同周期可能以小时或以周计。由于很多消费者和零售商将 USDA 的胴体等级标准作为质量的评估标准，特别是针对牛肉和羔羊肉，所以很多加工者很愿意将自己的优质产品进行美国农业部的等级评估，该类产品的评估结果通常为特优级和精选级。

目前，在家禽贸易中，饲养者和加工单位通常会签订协议，提前约定所需产品的年龄和质量要求。美国农业部的等级标准即将具体的等级与禽类胴体和身体部位紧密联系起来，因此生产者可以更加准确的判断所饲群体的饲养状况，从而确定动物的上市时间。

生猪的胴体评定也存在一些系列标准，但美国农业部并不提供官方的评定服务。猪的胴体等级评定相对简单，主要有 2 点原因:(1)所有的生猪都是经过短期肥育后立即销售，年龄和体重的变异以及受年龄和体重影响的胴体特性差异很小;(2)大部分猪肉在工厂里被加工成“精装猪肉”，修整后的肉块具有相同的脂肪厚度，很多肉块还要经过腌制、熏制等处理。猪胴体不同部位的肉质存在一定差异，因此在生猪屠宰中，对分割肉块的等级评定比对胴体的分级更有价值。

尽管如此，猪的美国农业部胴体等级标准仍然得到了广泛的应用，并且以此为基础发展出了很多猪肉加工商个人所专用的胴体等级标准，并使生产者对动物的胴体质量变异有了更深的认识。

在羔羊市场上，屠宰个体的年龄和体重相对一致。因此与肉牛或其他动物相比，羔羊胴体品质的差异相对较小，胴体等级评估的发展相对缓慢。

肉牛在屠宰年龄、体重和饲养方式上都存在很大差异。因此目前肉牛的胴体等级评估发展迅速，高品质的肉牛胴体经评定后，通常以统一的分割肉块和重量作为新鲜的“精装牛肉”进行销售。

等级名称、规格或使用准则会定期地变化。因此，有关美国农业部等级体系的讨论必须以胴体分级的基本原则为基础。等级的评定规则、标准图片以及等级名称也必须依照实际的变化客观地进行制定。

胴体分级的目的是依照价值对胴体进行分类。由于胴体体积通常较大，其各个组成部分的价值可能存在很大差异，因此对胴体的分级需要从 2 个不同的方面进行考虑。其一是不同部位的数量组成比例，或者说是可食用肉的期望产量。比如，牛胴体分割块中价格昂贵的腰肉、排骨肉、或后腿肉是否占有较高比例？这些分割块是否丰满，以及瘦肉的比例是否高于骨骼或脂肪？

另一个需要考虑的主要因素，可能对于消费者最为重要，即对可食用组织品质的评价，这与肉的风味相关。肉的风味可能包括肌肉嫩度、大理石花纹以及其他一些特征。

在家禽的胴体评估中，动物的外形、皮肤的破损、羽毛的种类和皮肤颜色等均在考虑之列。同时。禽类的胴体评估更强调动物的肉品品质，例如“发育完好的肌肉层”或“饱满结实的腿”等因素都会涉及，但不会给出定量的标准，最终禽类动物的等级评定结果也是主要依赖于禽肉的品质。

精肉率，即胴体可产修整零售肉块的比例，该指标独立于美国农业部牛羊胴体品质的等级评定规则，但作用十分重要。

在猪的胴体分级中,我们更强调瘦肉率。当然,瘦肉和肥肉的比例可能被看作是影响肉品质的因素,但是对于加工者和零售商来说,该比例则是反映胴体产量的重要指标,因为他们的最主要产品就是瘦肉以及修整的分割肉块。

很明显,体躯结构和精肉率对牛羊胴体的分割有着重要的影响,从而可以影响胴体最终所能产生的利润,因此上述 2 个因素是加工者、批发商或者零售商最为关注的胴体指标。按照这种观点,肉牛胴体生产出的腰肉、排骨肉和后腿肉的比例越高,其评估等级则相应越高。然而,当消费者购买肉块时,他们所关心的只是肉块本身的质量。

## 24.7 待宰牛和肉牛的胴体等级

**质量等级**
由美国农业部制定,用来评定风味的官方标准;代表商品畜禽的胴体特性。

**产量等级**
美国农业部制定的等级标准,具体表示胴体所能产出的主要去骨修整零售肉块的数量,源自精肉率。

表 24-4 所示为部分最新修订的待宰牛、肉牛和小肉牛胴体的美国农业部等级名称。具体**质量等级**和**产量等级**的图示可见附录 A。等级标准对特优级评定的年龄限制为 42 个月①。胴体年龄可通过胴体的肌肉质地、骨骼大小和骨化程度来评定。

**表 24-4 美国农业部肉牛和小肉牛质量等级**

| 阉牛,小母牛和母牛 | 青年公牛 | 小肉牛和犊牛 |
|---|---|---|
| 特优级[a,b] | 特优级 | 特优级 |
| 精选级[a] | 精选级 | 精选级 |
| 良好级[a,c] | 优级 | 优级 |
| 标准级[a] | 标准级 | 标准级 |
| 商品级[d] | — | — |
| 可用级 | 可用级 | 可用级 |
| 次低级 | — | — |
| 最低级 | — | — |

注:等级及其规则说明已按照美国农业部需要进行修改。相关手册(USDA,Ams. 出版)有详细的等级规范可供使用。公牛和成年去势公牛的质量等级已经删除。
a. 等级中最大的年龄限制为 42 月龄。
b. 母牛无特优级。
c. 在 1988 年代替了“美国优级”(U. S. Good)。
d. 商品级仅用于 42 月龄以上的动物。
来源:USDA。

母牛、去势公牛和成年公牛均不符合特优级的标准,除非屠宰个体年龄较小,且肉质优良,动物很难达到精选级标准。需要注意的是,在 1988 年,阉牛、小母牛和母牛的优级(Good)被 USDA 良好级(USDA Select)所取代。4 岁以下的动物及其胴体评定的最低等级为标准级。商品级的评定对象年龄为超过 4 岁的动物及其胴体,但对公牛和成年去势公牛没有特别的年龄限制。其他等级均没有年龄限制。成年公牛和成年去势公牛无对应的质量等级标准。

①几乎所有的 USDA 特优级和精选级屠宰阉牛和小母牛都不超过 24 月龄。

目前，待宰阉牛、小母牛和母牛的精选级胴体规格是“年龄在 30～42 月龄，其肩后、背、腰、臀和肋部的脂肪层厚度适当；30 月龄以下的其脂肪层应相应略厚”。

在最新的质量等级标准中，体躯结构不再是决定质量等级评定的指标，但实际上仍会影响肉牛胴体的精肉率。尽管在对胴体进行分级时，有时仍然使用口头描述的方式进行，但目前已经建立或制作了一系列标准图片，以协助等级评定的更客观进行，如图 24-3 所示，图例清晰地表明了精选级和其他级别胴体所需具备的特征。胴体的质量等级主要由(1)发育程度和(2)大理石花纹所决定，除此之外肌肉硬度、色泽和质地等也是需要考虑的因素。

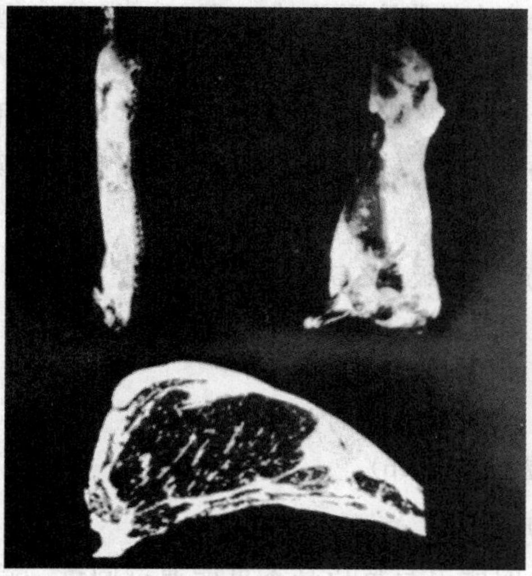

第 1 产量级

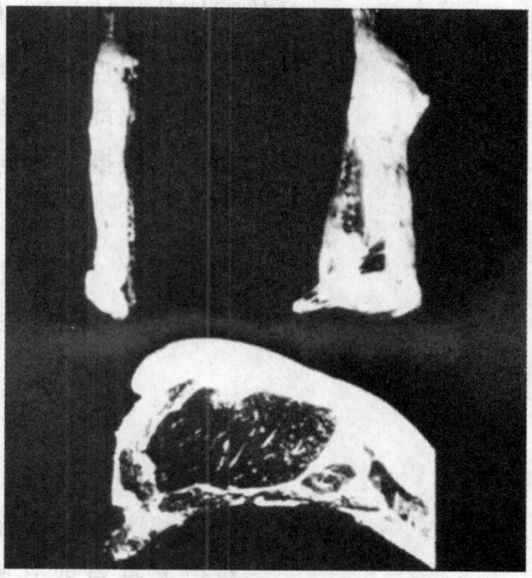

第 4 产量级

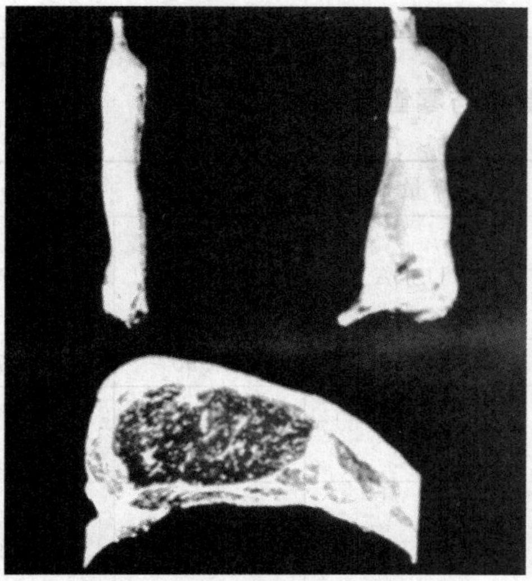

美国精选级

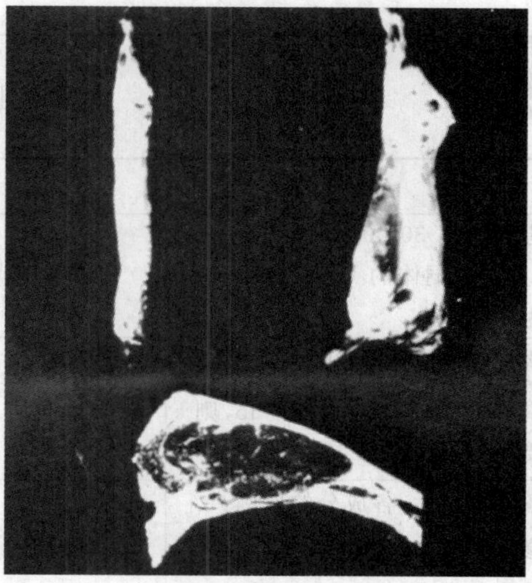

美国标准级

**图 24-3 牛肉胴体的 2 个产量等级和 2 个质量等级的外观和眼肌横切面。**

经 USDA，FSQS 授权；来源：Meat Evaluation Handbook，National Livestock and Meat Board.

肉牛精肉率或产量等级分为 5 级。具体决定产量等级的因素有眼肌面积、脂肪厚度、肾脏、心脏和骨盆的脂肪百分含量以及动物的胴体重。

第 1 产量级要求胴体具备最高的精肉率，等级规格具体为“肩部和腿圆的宽度要宽于背部……背部发育丰满，无扁平迹象……肩部稍微突出”。该级胴体达 500 lb 重时，眼肌面积应约 11.5 $in^2$，并覆有 0.3 in 厚的脂肪。通常“后腿外侧覆着一层薄薄的脂肪……透过脂肪可以看到肌肉”。

第 4 产量级(精肉率等级)的活体特征描述如下：“无骨零售分割肉块的产量低…背部的宽度要宽于肩部或腿圆……背腰部厚且丰满近平面，缺乏轮廓感”。对其胴体的描述如下：胴体表面几乎完全被脂肪覆盖，仅在胫部、下胸部和腰窝处可见少量肌肉；此外，在腰部、阴囊或乳房处有大量脂肪沉积。

美国农业部同样给出了胴体精肉率等级规则的等级计算方程，以便利用胴体尺寸和重量数据计算胴体的精肉率，并划分等级。方程如下(各影响因子按重要性排列)：

U.S. 肉牛胴体产肉量级＝2.50
＋(2.50×脂肪厚度，in)
－(0.32×眼肌面积，$in^2$)
＋(0.20×肾脏、骨盆和心脏的百分含量，%)
＋(0.003 8×温胴体重，lb)

胴体价值和产量的等级，如表 24-5 所示。

对待宰牲畜或其胴体进行分级的能力与技巧是不可能通过阅读一篇文章就得到改进的，即使有图表的辅助，正确评估的进行还需要更多的练习和实践经验。

**表 24-5 美国农业部肉牛产量等级与零售商的关系**

| | 产量等级 | | | | |
|---|---|---|---|---|---|
| 零售商卖出 30 000 lb 零售分割肉，且购进胴体的 USDA 产量等级为： | USDA 1 | USDA 2 | USDA 3 | USDA 4 | USDA 5 |
| 需购进牛肉胴体量(lb)： | 36 585 | 38 760 | 41 210 | 43 990 | 47 170 |
| 如果购进胴体重均为 600 lb，则需要(头)： | 61 | 65 | 69 | 73 | 78 |
| 准备和修整后，各成分的比例： | | | | | |
| 修整脂肪 | 7.5 | 12.6 | 17.7 | 22.8 | 27.9 |
| 骨头和失重 | 10.5 | 10.0 | 9.5 | 9.0 | 8.5 |
| 修整分割肉 | 82.0 | 77.4 | 72.8 | 68.2 | 63.6 |

来源：USDA，AMS.

## 24.8 待宰羔羊、绵羊及其胴体等级

目前美国农业部使用的待宰羔羊、周岁羊和绵羊以及其对应胴体的质量等级名称如表 24-6 所示。

表 24-6 美国农业部羔羊和绵羊的质量等级

| 羔羊 | 周岁羊和绵羊[a] |
|---|---|
| 特优级 | — |
| 精选级 | 精选级 |
| 优级 | 优级 |
| 可用级 | 可用级 |
| 淘汰级 | 淘汰级 |

a. 依据美国农业部的标准，此处的绵羊通常指 24 月龄以上，已经长出了第 2 对永久性门齿的个体。

来源：USDA.

2 岁以上的个体或对应胴体不能参与特优级评定。虽然胴体年龄是由美国农业部的分级员评定，但评估年龄只能作为分类的标准，而不能作为分级的标准，参见 24.3。值得强调的是，羔羊质量等级的评定需要考虑动物的体躯结构。

标准中，特优级羔羊描述如下：“发育适度粗壮，肌肉硬度和厚度适中……背部、腰部及臀部的宽度适中。”相比之下，淘汰级羔羊描述如下：“身体消瘦，骨骼棱角突出，肌肉较薄，体躯极端瘦窄。”

特优级的胴体则必须“通体覆盖着厚厚的肌肉层，相对于体长其体躯宽厚适中……腿部圆润，丰满程度适当；背部宽厚适中；适度的肩部厚度及丰满程度”。相对而言，淘汰级胴体则为“骨骼棱角相当突出……肌肉层极薄……腿部极其消瘦且凹陷……肌肉松软，含水量高”。目前，市场出售的羔羊几乎都为特优级，精选级或优级。

1969 年，美国农业部建立了羔羊和成羊肉的 5 个产量等级。决定羔羊胴体产量等级的主要因素为脂肪厚度、肾脏和骨盆脂肪百分含量以及动物腿部的结构。

1 级产量的羔羊与同级别的肉牛或胴体的标准相似，“眼肌覆盖 0.1 in 厚的脂肪，肾脏和骨盆脂肪占 1.5%，达到特优级腿部形状评分的平均值”。

4 级产量的羔羊“背部和腰部很宽，肩部和臀部平滑，腰窝部的深度和丰满度适中”。胴体的眼肌上可能覆有 0.4 in 厚的脂肪，肾脏和骨盆脂肪占其体重的 4.5%，腿部形状的评分达到精选级的平均分。

1 级产量的羔羊胴体的精肉率必须达到 47.6%～49.4%，具体指以腿部、腰部、颈部和肩部的去骨修整零售分割肉块的产出比例。4 级产量动物的精肉率应为 42.2%～43.6%。

## 24.9　待宰生猪和猪肉胴体等级

美国农业部待宰生猪和猪肉胴体等级名称采用的是美国1级(U.S. No. 1)、美国2级(U.S. No. 2)、美国3级(U.S. No. 3)、美国4级(U.S. No. 4)和美国可用级(U.S. Utility)。如图24-4所示,猪肉胴体的产量等级由背膘厚和肌肉发育程度评分所决定。标准对活猪的描述参见附表A,胴体照片参见图24-5。

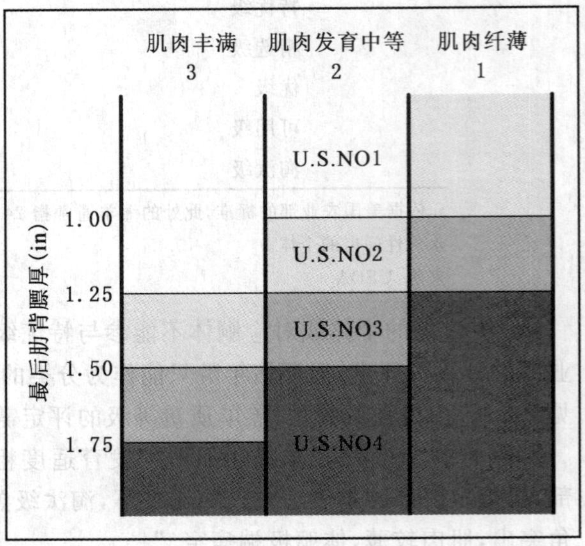


**图24-4　依据背膘厚和肌肉评分确定美国猪肉胴体产量等级。**
来源:USDA.

美国农业部的等级标准是生产者和加工者评定胴体相对价值的主要指标,也是加工包装商发展私人等级标准的基础。

U.S.No.1、2、3和4级都有令人满意的瘦肉品质和腹部厚度。等级完全依据胴体4个部位的瘦肉切块产量进行评定,具体包括后腿、通脊肉、前腿肉和颈背肉4个部位。4个等级冷却胴体的期望产量如表24-7所示。

标准中,美国可用级胴体则指"瘦肉品质低劣……胴体腹部厚度达不到标准……胴体柔软多脂"。

与利用产肉量或精肉率评定牛的产量等级相比,猪肉胴体分级的定量标准规则更早出现,时间可能早过10年。可能的原因是:(1)待宰生猪的年龄和体重更加一致,(2)早期对猪肉胴体的研究表明,某些特定的测量值与分割瘦肉百分产量或与胴体的体躯组成和品质存在很高的相关。

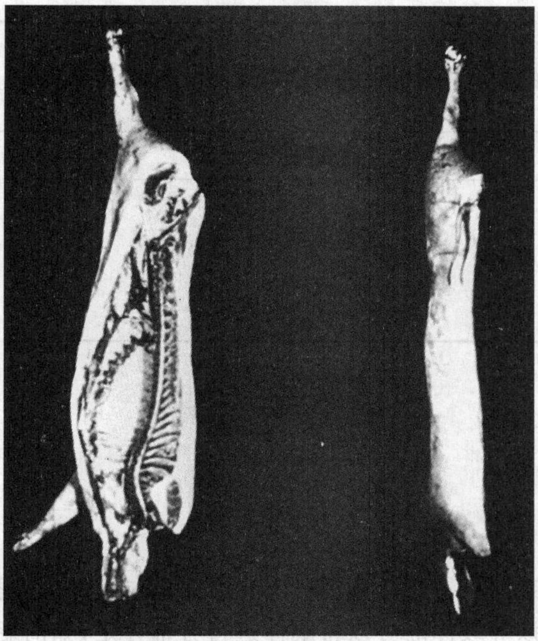

美国 1 级

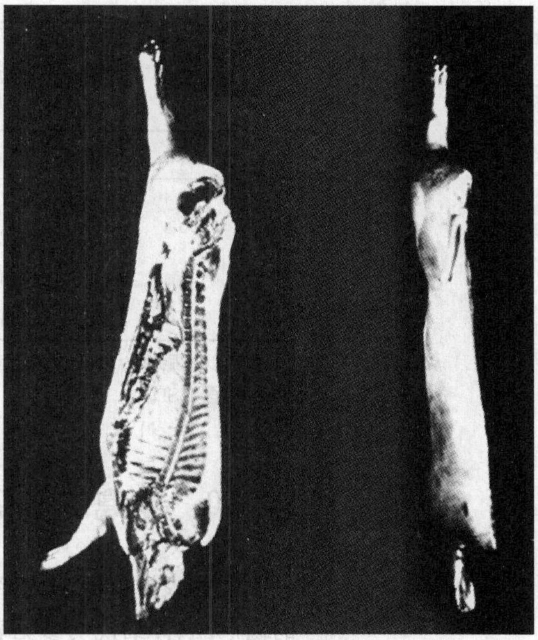

美国 2 级

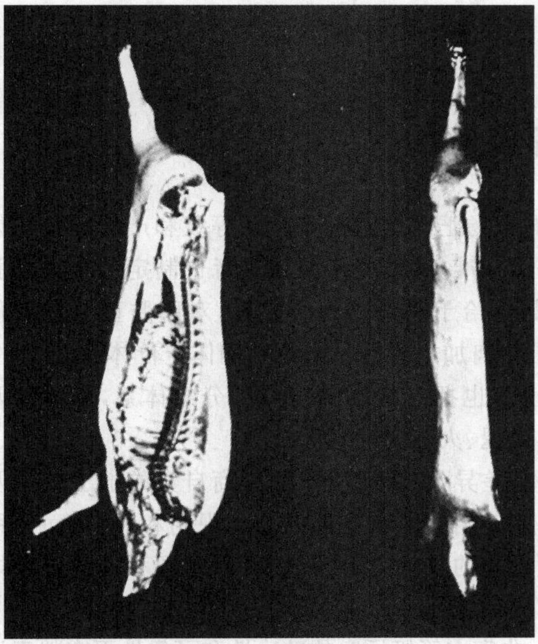

美国 3 级

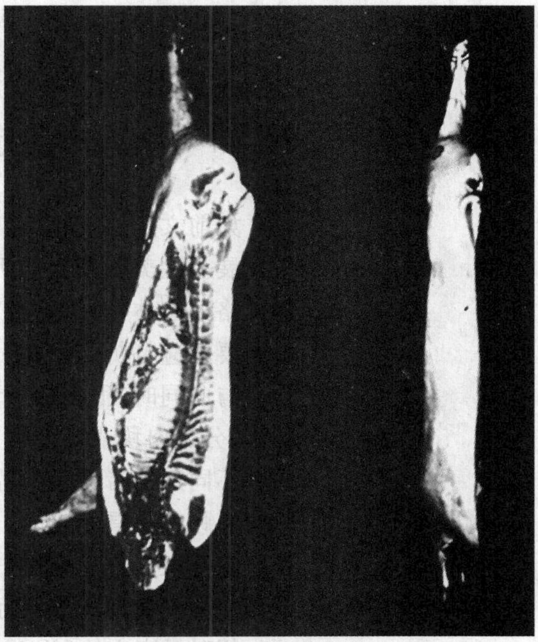

美国 4 级

**图 24-5　猪肉胴体的 4 个产量等级。U. S. No. 1 胴体椎骨上方的脂肪层很薄，肌间脂肪较少，俯视可见突出的后腿和肩部。**

经 USDA 授权。

表 24-7　不同猪肉胴体产量等级的 4 个主要部位的分割瘦肉估计产量(冷却胴体)

| 等级 | 瘦肉块产量 |
|---|---|
| U.S.NO.1 | 60.4%以上 |
| U.S.NO.2 | 57.4%～60.3% |
| U.S.NO.3 | 54.5%～57.3% |
| U.S.NO.4 | 54.4%以下 |

注：如果以温胴体为基础，产量大约降低 1%。
来源：改自 USDA.

## 24.10　家禽的等级体系①

美国农业部的家禽评定等级体系同样针对活禽、胴体而制定，也包括部分禽类的肉产品(详细说明参见表 24-8)。该等级标准可以将胴体进行分部评定，如前躯、腿部和胸部等。等级标准的具体细则会因购买者不同而发生变化，例如，肯德基会对所购鸡肉特定部位的大小进行具体规定。这样，顾客最终可以得到比较一致的肉块。等级标准同样对鸡肉卷或其他去骨禽肉，以及全净膛胴体的质量进行规定。质量 A 级的去骨禽肉产品应来自于 A 级的幼龄胴体，但也受其他质量因素的影响。

## 24.11　私人肉品定价和等级体系

如前文所述，高质量畜禽动物的市场正逐步向基于产品等级和产量的贸易体系发展。除美国农业部所制定的等级标准外，很多猪肉加工者也制定了个人的胴体价格评定体系，体系将对瘦肉型胴体给予额外的现金奖励，对脂肪型胴体的价格则要相应打折。框 24-1 即介绍了猪肉加工者的私人猪肉胴体定价体系。

与此同时，很多加工者以及零售商也拥有自己的肉产品分级体系，具体涉及胴体、分割肉块或其他加工肉品(如火腿、火鸡肉卷)等。

不同加工者使用的等级体系略有差异，主要取决于加工商自身的加工范围及所服务顾客的具体需求。有些也可能使用美国农业部的分类规则和种类，而使用自己的等级名称。查看一下当地报纸上的零售广告，我们可以发现私人的分级体系与美国农业部的等级标准有很多相似之处。

相对于官方的 USDA 等级标准，非官方等级评定的准确性和可靠性更有赖于评定者的能力和所用标准的区分辨别能力。很多零售商和顾客更青睐于选用 USDA 的等级体系，主要是因为该标准由完全中立的第三方，而不是加工者的雇员来完成产品的评定。然而，使用私人体系的公司也需要树立并维护自身最高级别产品的市场地位，因此他们同样关心雇员在评定分级过程中的准确度及其鉴别能力。

---

①来源：USDA，FSQS，改自 Agr. Handbook No. 31。

表 24-8 禽类胴体和不同部位全净膛禽肉（非全部涵盖）的质量标准规则概要（最低要求和允许的最大缺陷）

| 因素 | A级 | | | B级 | | C级 | |
|---|---|---|---|---|---|---|---|
| 体型结构： | | | | | | | |
| 胸骨 | 轻度弯曲或凹陷 | | | 中度凹陷，弯曲或钩曲 | | 严重弯曲或钩曲 | |
| 背部 | 正常（有轻微弯曲） | | | 中度钩曲 | | 严重钩曲 | |
| 腿和翅 | 正常 | | | 中度畸形 | | 畸形 | |
| 肌肉： | 肌肉发育良好，长度适当，有厚且丰满的胸部 | | | 肌肉发育适中（考虑种类和部位因素） | | 肌肉发育不足 | |
| 脂肪覆盖程度： | 充分覆盖，尤其在胸部羽毛较厚的部分（考虑种类和部位因素） | | | 在胸部和腿部有充足的脂肪覆盖，皮肤表面不会露出肌肉 | | 胴体各个部位都缺乏脂肪覆盖 | |
| 脱毛： | | | | | | | |
| 非突出真羽和绒毛 | 无 | | | 极少量 | | 少量 | |
| 突出真羽 | 无 | | | 偶见 | | 偶见 | |
| 肌肉裸露程度： | | | | | | | |
| 胴体重(lb) | 胸部和腿部 | 其他部分[a] | 局部 | 胸部和腿部[b] | | 其他部分[b] | 局部 |
| 0～2 | 无 | 1 in | 轻微 | 两部位分别1/3的肌肉裸露，但肉产量没有受到影响 | | 1/3的肌肉裸露，但肉产量没有受到影响 | 无限制 |
| 2～6 | 无 | 1.5 in | 可修整 | | | | |
| 6～16 | 无 | 2 in | 表面 | | | | |
| 16以上 | 无 | 3 in | 边缘 | | | | |
| 变色：[c] | | | | | | | |
| 胴体重(lb) | 胸部和腿部 | 其他部分[a] | 局部 | 胸部和腿部[b] | 其他部分[b] | 局部 | |
| 0～2 | 0.75 in | 1.25 in | 0.25 in | 1.25 in | 2.25 in | 0.5 in | 无限制[d] |
| 2～6 | 1 in | 2 in | 0.25 in | 2 in | 3 in | 1 in | |
| 6～16 | 1.5 in | 2.5 in | 0.5 in | 2.5 in | 4 in | 1.5 in | |
| 16以上 | 2 in | 3 in | 0.5 in | 3 in | 5 in | 1.5 in | |

Note: the first 体型结构 row reads 正常 / 中度畸形 / 异常 for A / B / C.

表 24-8 续

| 因素 | A级 | B级 | C级 |
|---|---|---|---|
| 脱臼和骨折： | 胴体：1处脱臼，无骨折 | 胴体：2处脱臼，无骨折；或1处脱臼，1处非突出性骨折 | 无限制 |
| | 局部：无 | 局部：可脱臼，但无骨折 | |
| 缺失部分：（仅指整个胴体） | 翅尖和尾部[e] | 翅尖、翅中和尾背部不如尾根宽，尾根和髋关节发育不充分 | 翅尖、翅、尾背部的宽度不及尾根至两髋关节的宽度 |
| 冷冻缺陷：（商品包装） | 背部和腿部稍微发暗。整体光亮。由于干燥偶见麻点。偶有小面积出现一层无色或微红的结冰 | 可能缺少光泽。由于干燥有少量麻点。中等面积出现一层无色或微红的结冰 | 出现大量麻点和大面积干燥 |

注：并不包括全部最低要求和允许的最大缺陷。

a. 裸露肌肉总面积的最大值取决于切口、破缝和缺失皮肤的大小。另外，如果切口和破缝总长度没有超出允许范围，胴体可能并不会暴露肌肉，从而总面积不会超出对应体重的最低标准。

b. 胴体所包含的部位为：翅膀、腿、整个背部和整个胸部，每个部分允许有1/3肌肉因切口、破缝和皮肤缺失而露出。

c. A级胴体的胸部和腿部或其他单独部位不允许出现肌肉瘀血和皮肤变色，如"蓝背"(blue black)。针对其他等级，由于肌肉瘀伤或"蓝背"，以及结合部的皮肤瘀伤而造成皮肤变色总面积不能超出体表面积的1/2。

d. 如果皮肤变色和肌肉瘀血对胴体部位的食用性没有影响，其尺寸和数量则没有限制。

e. 鸭和鹅翅膀第2个关节以外的部分可能会被去除，如果2个翅膀都是如此处理的，尾部则也必须从根部去除。

来源：改自 U. S. Government Printing Office：1988-201-053/80013。

**框 24-1** 加工商制定的猪肉胴体价格评定体系的特点

下表是1995年对美国中西部和东南部地区大型猪肉加工厂（年屠宰量超过100万头）的部分调查结果。正如作者所阐明的，调查体现了在制定生产和销售计划时，猪肉生产者准确了解基于脂肪、肌肉和体重的定价体系具有重要的意义。

| 加工商 | 基础活体价格(BLP) | 胴体基础产量<br>胴体基础价格(BCP) | 背膘[a](BF) | 腰肉厚(LD) | 体重级别 |
|---|---|---|---|---|---|
| A | 印第安纳/俄亥俄和艾奥瓦/明尼苏达加工商的均价 | 上季度生猪平均产量<br>假设73.4+%<br>BCP=BLP/0.734 | 基础值<br>=47.5%～49.4% | 随瘦肉率的变化而变化 | 基础值=170～210 lb<br>低于160 lb不加价 |
| B | 伊里诺伊和印第安纳/俄亥俄最高价的均值+$1.25 cwt | 标准产量=74.4%<br>BCP=BLP/0.744 | 报告按英寸计<br>基础值<br>=55.5%～56.49% | 随瘦肉率的改变而变化，加价/折扣依上周批发市场价格确定 | 基础值=161～200 lb<br>低于161 lb不加价 |
| C | 艾奥瓦/明尼苏达加工商的均价 | 标准产量=75.5%<br>BCP=BLP/0.755 | 小于27 mm，<br>加价=0.07×BCP<br>大于27 mm，<br>折扣<br>=0.014×BCP | 小于47 mm，<br>折扣= 0.02 ×BCP<br>47～54 mm，无折扣<br>大于54 mm，<br>加价= 0.02× BCP | 基础值=167～208 lb<br>基础值=167～222 lb<br>（背膘厚小于25 mm） |
| D | 艾奥瓦/明尼苏达加工商的最高价 | 标准产量=73.5%<br>BCP=BLP/0.735 | 基础值<br>=46.5%～48.4%[b] | 随瘦肉率变化，小于50 mm，无折扣<br>50～60.9 mm，<br>加价=$0.50/cwt<br>大于60.9 mm，<br>加价=$1.00/cwt | 基础值= 166～205 lb |
| E | 为当地市场价格，≥艾奥瓦/明尼苏达或印第安纳/俄亥俄或伊里诺伊加工商的平均价或直接用密苏里州的价格 | 无胴体价格。如果以73.4%作为对照产量，则胴体产量在73.5%以上每增加10个百分点加价4美分/cwt | 基础值<br>=45.0%～47.9%<br>加价或折扣由最后4个胴体的均值而决定，基于当前胴体的基础价格[c] | 随瘦肉率的变化而变化 | 基础值<br>=162～201 lb<br>折扣按活重计 |
| F | 使用胴体价格体系，无活体价格 | 如果以73.4%作为对照，美国西部玉米带平均高、低瘦肉率水平（49%～50%）和（47%～48%）的平均价 | 加价和折扣以背膘厚和胴体重为基础<br>基础值<br>= 1.01～1.20 in | 没有折扣或加价 | 基础值=172～194 lb |
| G | 爱奥瓦州/明尼苏达州肉类加工商的最高价 | 标准产量=73.5%<br>BCP= BLP/0.735 | 基础值<br>=47.1%～49% | 随瘦肉率的改变而变化 | 基础值=163～213 lb |
| H | 市场定价 | 标准产=74.0% BCP=BLP/0.740 | 基础值 = 49% | 随瘦肉率的改变而变化 | 基础值=170～221 lb |
| I | 市场定价 | 胴体重 产量<br>< 184 73.50<br>185～193 73.75<br>193～201 74.10<br>202～209 74.45<br>≤210 74.80<br>BCP = BLP/产量 | 基础值<br>=1.20～1.3 in | 没有折扣或加价 | 基础值=162～192 lb |

框 24-1 续

| | | | | | |
|---|---|---|---|---|---|
| J | 伊里诺伊和印第安纳/俄亥俄的均格。并竞争调价 | 基础值=74.5%<br>BCP=BLP/0.745 | 基础值=50%。瘦肉率公式包括 BL、LD和CW。(%瘦肉−50)×0.01×1.5×BCP | 基础值=50%。瘦肉率公式包括 BF、LD和CW。(%瘦肉−50)×0.01×1.5×BCP | 基础值=170～209 lb 如果在理想的体重范围内,加$1.00 BCP |

a.除加工商F,其他加工商均基于温胴体在第10肋骨处测量脂肪产肉比(Fat-O-Meater),加工商F则用直尺在最后肋骨处测量。

b.肉块瘦肉量平均为43%～44%,BCP则降低$1.00 cwt。瘦肉低于42%,则BCP降低$2.00 cwt。

c.基础价格不是针对个别胴体,而是来自所有个体。

来源:Kenyon, D., J. McKissick, and J. Lawrence. "Move to carcass value pricing requires understanding of premiums, discounts."Feedstuffs, June 3,1996.

私人的等级评定工作是由公司自身的雇员进行,所以私人胴体分级的成本可能会很低。所雇用的分级人员也可能只是兼职工作。同时,如果使用美国农业部的等级评定服务,公司的评定人员也会参与评估的过程,或事先选出参评的动物胴体。

在特定的领域或特定的肉品加工线,私人体系可能更有实用价值。美国农业部的等级体系则为全国家性的统一标准。规模大的加工商,凭借其广泛的广告宣传,可以有效地把他们最高等级产品设为"质量可靠的商标"。小的加工商则更青睐使用美国农业部的等级标准。他们认为顾客会把USDA的等级评定产品也看作"质量可靠的商标"。

对于牛肉、羊肉和猪肉来说,私人的等级体系通常可以针对分割肉块进行分级评定,而非仅局限于动物的胴体。由于在胴体的各部位之间,或在修整及加工前后,产品往往存在一定的质量差异,因此针对分割肉块进行的分级更具实践意义。大块的阉猪通脊肉(可能属于U.S. No.3或4)在修去过量的板油后,可能贴上"琼斯良好级"的标签进行出售。然而,来自于同一胴体的肩肉,可能由于在肌肉之间附有过多的脂肪,并难于修整,因此则不能达到"良好级"的评级标准。

## 思考题

1. 牛、羊、猪的2个主要市场类型分别是什么?
2. 美国农业部类型和等级标准对于畜禽动物的购买者、饲养者和销售者各有何种帮助?
3. 列举牛常见的亚类。青年公牛的定义是什么?初产母牛呢?
4. 简述羔羊和成羊肉的区别。
5. 待宰阉猪和青年母猪的最佳上市体重是多少?
6. 肉仔鸡和阉鸡的含义有哪些不同?
7. 畜禽动物的活体等级标准是官方的还是非官方的?说明原因。
8. 为什么对猪肉胴体不进行质量等级的官方评定?
9. 决定胴体价值的2个主要因素是什么?

10. 列举阉牛、小母牛、青年公牛、母牛、小肉牛及犊牛最高的 4 个质量等级。

11. 什么等级被美国良好级(U. S. Select)所取代?

12. 按从高到低的顺序列举美国肉牛的产量等级,影响产量等级的因素有哪些?

13. 说出羔羊最高的 4 个质量等级的名称。它们的产量等级和牛的相同吗?确定羔羊的产量等级时需要考虑哪些因素?

14. 列举猪的 2 个质量等级。猪的 4 个美国产量等级是什么?

15. 不同产量等级的分割瘦肉块产量有何不同?

16. 列举家禽的 3 个美国质量等级。并至少举出 4 种影响家禽质量等级的因素。

翻译:李欣,周同改;校对:翟丽维,刘林,郭庆睿,曹兵海

# 第 25 章

# 肉用动物的屠宰与加工处理

# Processing Meat Animals

本章内容包括从活体动物到增值产品以及各种副产品在内的肉产品加二处理。

学习本章后，读者应掌握以下问题：

1. 详细说明包装、加工、屠宰、制肠和其他关键术语。
2. 请用肉类加工厂的数量和密度来描述肉产品加工业。
3. 描述生产胴体的屠宰步骤。
4. 描述检疫和分级加工步骤，并了解相关的国家或州机构。
5. 为犹太人的消费而制定的肉牛屠宰步骤。
6. 批发肉块、分割肉块和零售肉之间的区别。
7. 解释热剔骨、盒装牛肉和家禽机械去骨在提高肉产品加工效率上的重要性。
8. 列举 3 种储藏技术，并解释每种技术是怎样防止变质的。
9. 列举专业的或程序化的肉品加工步骤。
10. 列举肉品加工中非肉类的副产品。

现代高附加值设备成就了今天的肉产品加工业，此种行业具有以下特征：

- 企业之间依靠原材料的购买和成品的销售来竞争。
- 肉品是容易变质的——必须进行加工和快速销售。
- 因为肉品容易变质并且销售很快，所以产品的周期很短。
- 很多副产品可以提高公司的总销售额（见 25.11）。
- 该行业是必需的，因为它将肉类产品加工成便于食用的形式。

在以上段落使用了加工这一术语来概述生产肉产品的步骤。应该指出，一些企业和工厂的肉品加工步骤一定程度上受限于动物的屠宰程序。一些加工步骤只适用于胴体和部分胴体部位。还有一些加工步骤只适用于副产品。一些企业通过在一个工厂内或者不同工厂间转移产品来完成不同的加工步骤，从而形成整条的生产链。在 19 世纪和 20 世纪，人们普遍采用了**肉类综合加工**这一术语来描述这种模式的企业。这一术语源于早期为了储藏和运输，使用经过包装处理的火腿、腹肉以及其他用盐浸泡在桶中的肉块。尽管这一术语仍在沿用，但已经不具有代表性。

**肉类综合加工**
动物购买者用其来屠宰和加工肉制品。

在本章中，屠宰这一术语指的是屠宰以及相关步骤。加工这一术语大体上指的是加工胴体、部分胴体或操控所有步骤。

在美国和加拿大，屠宰厂和加工厂，其规模有很大的不同。大多数屠宰厂位于家畜和家禽产区，有一些靠近终端市场。这些企业通过签订合约，或直接在终端购买和参加拍卖，直接从生产商那里购进大部分家畜。

如 2.5 所述，红肉和家禽屠宰加工厂的数量在减少，但其规模却不断扩大。1986 年以来，红肉屠宰厂的数量减少了 60%，大概从 5 200 家减少到了 2 050 家。家禽加工企业也经历了类似的变化，数量减少但是规模在不断地扩大，出现了一批更有效率的工厂。图 25-1 显示在 1994 年 6 526 家红肉和家禽屠宰加工厂的位置。如此众多数量的工厂都处于联邦政府的检疫监督下，包括许多为当地城镇和社区生产产品的小企业。只有通过联邦政府检疫的工厂才能把他们的产品卖到其他州或者对外贸易。在 1997 财政年度中接受检疫的家畜数量就超过了 1.31 亿头。

表 25-1 列出了 2003 年在肉制品和家禽业中的 10 家销售额最大的企业。3 家最大的企业是 Tyson 食品公司、Excel 公司和 Swift 企业。Tyson 食品公司以平均每周 1.488 亿英镑的销售额成为最大的家禽加工厂(见 35 章)。

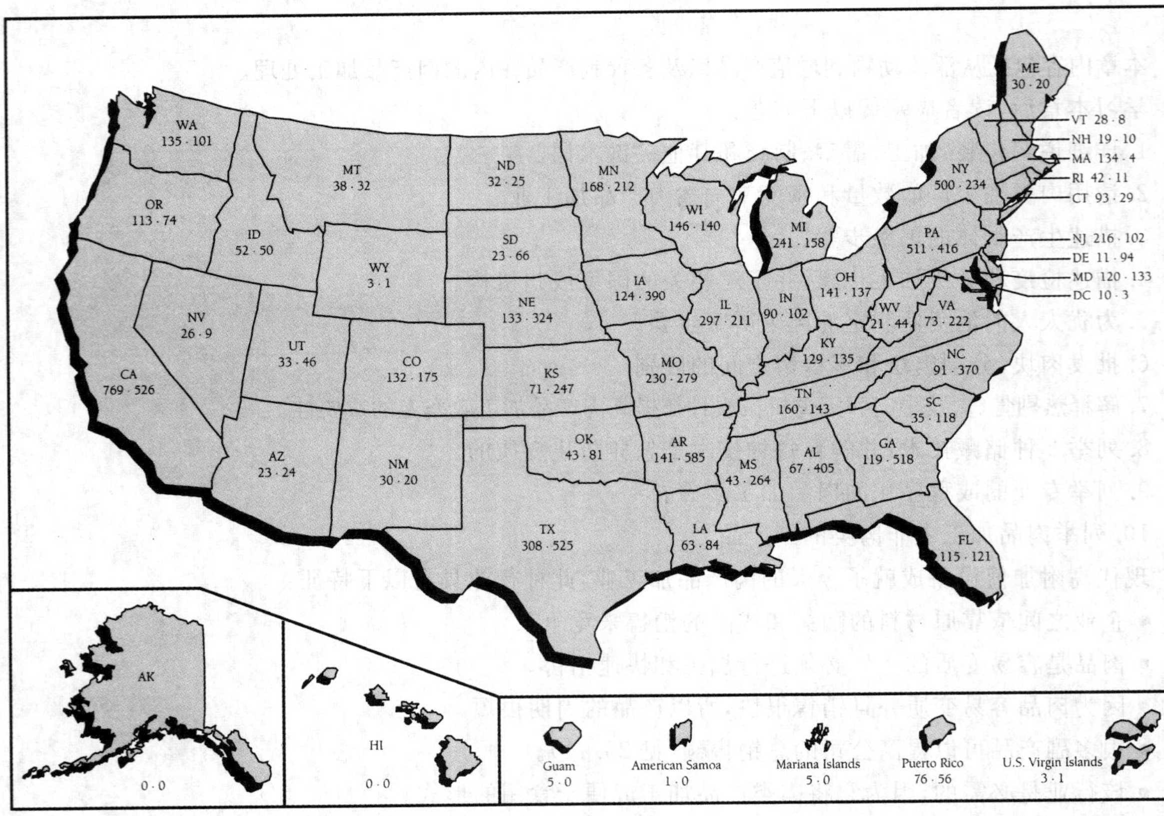


AK，阿拉斯加州；AL，亚拉巴马州；AR，阿肯色州；AZ，亚利桑那州；CA，加利福尼亚州；CO，科罗拉多州；CT，康涅狄格州；DE，特拉华州；FL，弗罗里达州；GA，佐治亚州；HI，夏威夷州；IA，艾奥瓦州；ID，爱达荷州；IL，伊利诺伊州；IN，印第安纳州；KS，堪萨斯州；KY，肯塔基州；LA，路易斯安纳州；MA，麻萨诸州；MD，马里兰州；ME，缅因州；MI，密歇根州；MN，明尼苏达州；MS，密西西比州；MO，密苏里州；MT，蒙大拿州；NC，北卡罗来纳州；NE，内布拉斯加州；ND，北达科他州；NH，新罕布什尔州；NJ，新泽西州；NM，新墨西哥州；NV，内华达州；NY，纽约州；OH，俄亥俄州；OK，俄克拉荷马州；OR，俄勒冈州；PA，宾夕阳法尼亚州；RI，罗得岛州；SC，南卡罗来纳州；SD，南达科他州；TN，田纳西州；TX，得克萨斯州；UT，尤他州；VA，弗吉尼亚州；VT，佛蒙特州；WA，华盛顿州；WI，威斯康星州；WV，西佛吉尼亚州；WY，怀俄明州

**图 25-1 1994 财政年度公布了联邦肉类和家禽检疫工厂的位置和数量以及从事食品安全与检疫服务的人员数量。图中显示了每个州的工厂总数量和雇员数量。工厂的总数量是 6 526 家，工厂数量每年都在减少。**

表 25-1 2003 年主要的肉品和家禽企业

| 排名 | 公司名 | 工厂数量 | 总产值(10 亿美元) |
|---|---|---|---|
| 1 | Tyson Food, Inc. | 128 | 23.0 |
| 2 | Excel Corporation | 27 | 12.0 |
| 3 | Swift Company | 10 | 8.4 |
| 4 | Smithfield Foods | 13 | 7.1 |
| 5 | Farmland Foods | 14 | 4.8 |
| 6 | Hormel Foods | 29 | 3.9 |
| 7 | Sara lee Foods | 15 | 3.7 |
| 8 | Oscar Mayer | 70 | 3.6 |
| 9 | Keystone Foods | 8 | 2.7 |
| 10 | Perdue Farms | 8 | 2.7 |

来源:Meat Processing, June 2003.

## 25.1 屠宰流程

屠宰流程因种属而异,一般包括致昏、放血、去绒毛和羽毛或皮以及云除肠、气管、肺、食管、胃、肠、附属器官、心脏和生殖器官,再去除头后,剩下的就是胴体。

为了实现人道性屠宰,工厂按照人道屠宰的规定进行操作,将动物击昏。下面介绍牛、猪、羊屠宰的主要步骤。

### 牛

几乎所有的牛都是用气栓枪击昏的,然后拴住后腿,提升,吊挂在悬空的轨道上。犊牛有时用电击昏,使用明亮的灯光去晃动物,使它们主动接近击晕者。下一步骤是放血,用刀插入其胸部前方位置,划向颈动脉和颈静脉。因为动物只是被击昏,所以放血时,心脏会排出机体内大量血液。

低电压胴体刺激是肉类综合加工企业所采用的一种加工方法,在击昏后 15 min 内用电流刺激胴体。电刺激引起一系列的肌肉反应和肌肉松弛并且降低机体 pH 值,肌肉松弛能加速释放机体能量。这一程序可以提高肉质(肉色、大理石花纹、质地),促进血液排出,易于去皮。一些加工商在屠宰完成后采用高电压刺激,这样可以直接对肌肉起作用,而不是对整个胴体起作用。

胴体修整的过程中,所有的大中型肉牛屠宰厂都用"轨道"修整法,即在修整胴体过程中,使胴体顺着轨道移动。首先,去掉头部后,将 1 条小腿去皮、去蹄,然后处理另 1 条。去皮者经常采用电动或气动剥皮刀割开皮肤,然后再剥离关键部位,例如胸部和肋腹部的皮(图 25-2)。大多数工厂采用剥皮机从胴体后方剥皮。去除内脏后,胴体劈半、冲洗、检疫,有时将其覆盖,再运送至冷却间。重量轻的犊牛和小牛要在胴体冷却后进行剥皮。

**图 25-2 特殊设计的用于分割牛胴体的劈半锯。从臀部到颈部,在椎骨的中间切开。**
经 Iowa Beef Processors 授权。

与轨道修整法不同的是,很多大企业以前曾采用支架系统,目前一些小型和封闭型的企业仍在使用。在这个系统中,放下排净血的胴体,背朝下、蹄朝上将胴体放在地面的支架上。先剥下小腿、胸部以及肋腹部的皮,再剥侧面的皮,然后提升胴体,背对着围栏剥背部的皮。

销售给传统犹太人的肉牛是按照 Kosher[①] 法进行屠宰的。由于要最大限度的排出体内的全部血液,所以在放血前并不将其击昏,而是用一把非常锋利的刀快速切开咽喉,因为咽喉连着气管、食管、迷走神经、颈动脉和颈静脉。刀口痛感很少,动物会在 3 s 内失去知觉。除了这些屠宰步骤,还必须使牛完全放松,并保证肺是健康的。Kosher 法必须在拉比(犹太学者称谓)或者是犹太法学委员会代表的监督下进行。由于 Kosher 法遵守犹太人的习惯并且有很多的限制(见 26.4),所以大部分健康的、高质量的肉牛将会按照 Kosher 方法进行屠宰。

## 猪

猪的人道性屠宰一般使用电击昏法。放血后悬挂于轨道上,大多数的猪要放在大桶里 143℉烫 3～4 min。这可以软化毛囊,通过去毛机就可以机械去毛。然后将胴体重新悬挂进行后续步骤。少数较小的毛不能机械去除,可以通过用火焰灼烧来去除。与剥离牛皮一样,许多工厂用手工、机械刀、剥皮机相配合进行剥皮,然后对剥下来的皮进行二次去毛。这样处理过的皮比烫过的皮有更高的价值,因为它可以用于皮革业和人类烧伤的手术治疗。去毛后,先去头,再去内脏。

## 羊

致昏后(一般用机械击昏或电击昏),将羊或羔羊悬挂放血,同时必须去头。在“关节”处去蹄,用刀划开毛皮,通常不用刀剥皮。羊和羔羊的皮连同留在胴体上的天然膜(称之为“连皮膜”)非常嫩,可以轻易地用刀割下,或者可以用拳头在皮和膜之间滑动来剥皮。有经验的工人可以熟练地剥皮而不损伤皮和胴体的表面。膜可以抑制冷却间内的水分挥发和胴体缩水,也可以使胴体表面更加光滑。

---

①Donin Rabbi Hayim Halevy. To Be a Jew, A Guide to Jewish Observance in Contemporary Life. New York: Basic Books, 1972.

### 所有畜种

去除所有畜种内脏的步骤基本相同。用锯或刀劈开牛和猪的胸骨和盆骨，便可去除内脏。而对于羊，将后腿悬挂于轨道上仅将胸骨劈开即可去除内脏，然后先去除肠和生殖器官，再去除剩下的内脏(胃、食管、肺、心脏、肝等)。肾和肾脏脂肪通常留在牛和羊的胴体里，但是要去除猪胴体内的肾。传统上一般将脾留在羔羊的胴体上。

在经过联邦或州检疫的工厂里，头和内脏必须要和相应的胴体做标记。它们通常一起通过加工流水线，内脏装在托盘内放在胴体下，直到都经过检疫人员的检查为止，然后再将肝和心脏从内脏中分离出来(见 25.2)。内脏的价值会在 25.12 中做进一步介绍。

为了便于快速将肉冷却，将大块的胴体沿脊柱锯开。牛胴体要完全锯开，并独立悬挂。猪胴体则锯到颈部即可。

然后将胴体冲洗干净，准备冷却。在少数工厂里，牛的半胴体用护罩盖住。具体做法是先将护罩用盐水浸泡，然后将半胴体的表面用护罩裹紧。这样处理过的胴体，在冷却并去罩后，表面光滑、整洁。另外，少量的盐使得外层的脂肪变白。护罩也可以降低胴体在冷却间产生的干耗。

随着加工的牛胴体数量增多，为了降低成本，同时由于在快速的胴体加工过程中只会产生少量干耗，所以护罩已经被很多厂家弃用。羊胴体的膜可以发挥和护罩一样的作用。同样，猪胴体上的皮肤和小牛上的皮肤也有相同的功能。

### 家禽

将家禽腿分别挂在钩环上，固定悬挂于过顶的轨道上(图 25-3)，然后在耳下颈静脉或头颈结合处的颈静脉处放血。在放血前通常将家禽进行电击昏。许多工厂都有自动屠宰线，利用旋转刀割断颈静脉和颈动脉，但家禽的头部在屠宰线上被导杆夹住，仍留在胴体上。

Kosher 法屠宰家禽需要让家禽的颈静脉像气管一样突出，这可以确保放血畅通，彻底。

在呼吸停止后，几乎所有的家禽(如后备鸡)都要在 125～126℉的温度下，经过 20～30 s 的熨烫。成年家禽有时熨烫的温度可达 180℉，但是熨烫时间要相对缩短。胴体在机器不断喷水的情况下，穿过旋转轮子上的橡胶手指采摘器，靠摩擦力就可以机械去除羽毛。残留的羽毛一般在去除内脏前用微烧或其他方法去除，然后去除腿、头和脂腺。鸭和鹅的胴体需要通过融化的蜡，然后快速暴露于空气中使其硬化。蜡脱落后只剩下残留的羽毛。在经过联邦检疫的工厂里，检疫员必须在摘除内脏的同时检疫内脏和胴体。在现代化的工厂里，包括内脏摘除在内的大部分屠宰步骤都是自动完成的。

**图 25-3**　屠宰线上的小火鸡(左图)和去除内脏后的胴体(右图)。
经 Ralston Purina Company and Pfizer H & N 授权。

## 25.2　检疫

在美国,分割肉上的圆图章传递了这样一个消息:即“美国检疫并通过”,表明这种肉是经过联邦授权的工厂加工的,有益健康,可以安全食用。图章只有 USDA 雇佣的有经验的检疫员才有权使用。它出现在所有美国肉类及肉产品,包括进入州际或国外贸易的家禽以及由某个其他厂家生产的肉制品上。在加拿大,由肉类卫生理事会的职员行使此职能。

联邦肉类检疫法案(1906)和美国批发肉法案(1967)提出,所有经营肉类及肉产品的工厂都应确保送往州际的肉制品在一定卫生条件下经过了加工、操作、储藏。对这样的工厂有一些具体的要求,即要有充足的清洁水、足够多的排污系统、充足的天然或人工的灯光、排风通畅、充足的用于清洗的热水。

这些法律同样适用于不需将肉制品运往州际的、并通过州肉制品检疫系统的工厂。如果一个州(在联邦政府的资金资助下)不能提供这样的系统,这样的工厂则必须要经过联邦政府的检疫。

家禽产品检疫法案对家禽加工工厂提供类似的检疫,并且在那些将家禽肉制品出售到其他州的工厂中进行实施。

根据法律,工厂必须强制性地接受检疫,政府用纳税人的钱,雇佣肉制品检疫人员并为其分配任务(图 25-5)。加工厂的成本负担主要来自机器设备和设备的维护费用。他们大多数的损失是因动物、胴体或肉制品有病而起。不过,现在动物已经按照合同喂养,或者按照“质量级和产量级”来进行买卖,所以这些损失引起的成本负担已经转移到了生产商一方。

所有的动物都要在屠宰前和屠宰后接受检疫;在生产火腿、辣味肉末、火鸡卷或其他肉制品的加工操作中,都要进行再检疫。检疫未合格的动物肉不能用于加工食物,而且会被盖上“检疫未通过”或“检疫废弃物”的章,有时也会将其隔离,并不进入加工区。未通过检疫的动物要单独屠宰,然后进行彻底的死后剖检。加工厂购买的“接受检疫”(见 23.8)的动物也要照此操作。

图 25-4 联邦肉类检疫图章或标志，主要应用于零售分割肉块或胴体、加工并包装的家禽分割肉块或加工并包装的肉类，例如辣味肠或维也纳小香肠。数字指的是应用检疫图章的工厂数量。

来源：USDA.

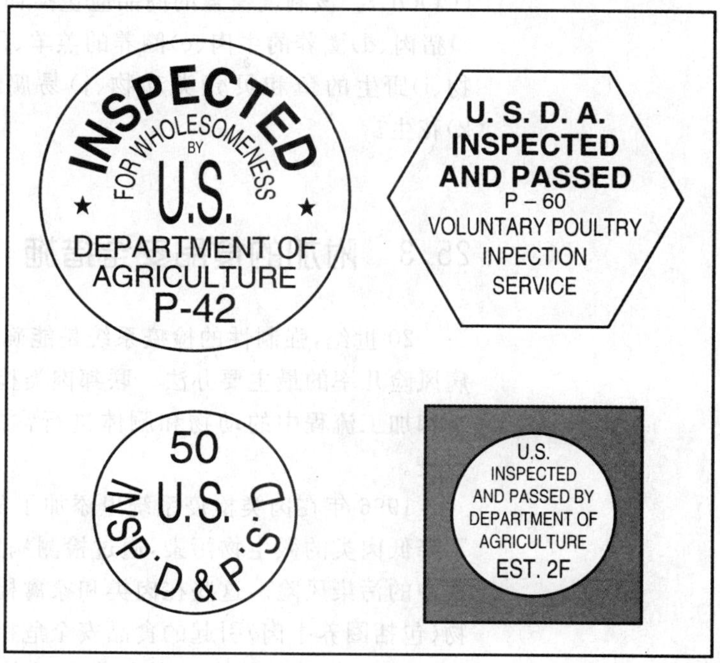


图 25-5 美国农业部的检疫人员(右)和工厂生产监督员在检验联邦肉牛胴体。可以看见分级图章就盖在后背和肩部。

经 Oscar Mayer and Company 授权。

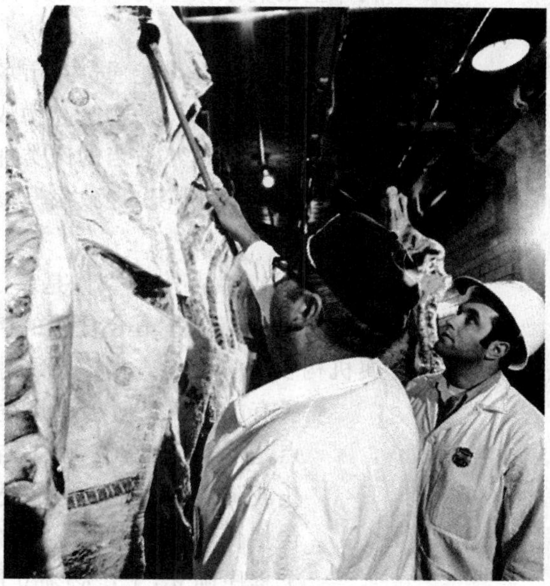

检疫员包括那些有经验并负责管理的兽医师和设施检疫员，都分布在屠宰线上的特定位置，对每个胴体、头、内脏进行检疫。肺、肝、肾、心脏和一些胴体上的淋巴结的正常与否是判定疾病的主要依据，所以要仔细检查。如果疾病证据确凿，每个胴体或分割肉应盖上“未通过联邦检疫并废弃”的章，按照特定规程将胴体装入特定的密封容器进行处理。胴体的分割肉块可能因为擦伤或局部感染而废弃，但是胴体的其他部分还能通过检疫。

2002 年修正了 1946 年通过的农产品购销法案，并且现在需要美国农业部在 2004 年 9 月 30 日前制定出相应的规则来实施强制性的原产国标签制度

(COOL)。该制度覆盖的商品应包括:a)牛肉的分割肉(包括小牛肉)、b)羔羊肉、c)猪肉、d)圈养的牛肉、e)圈养的羔羊、f)圈养的猪、g)农场饲养的鱼、h)贝壳类动物、i)野生的鱼和贝壳类动物、j)易腐败的农业商品(鱼、冷冻水果和蔬菜)和k)花生。

## 25.3　附加的食品安全措施

20世纪,强制性的检疫系统是能确保食物安全并降低肉类和禽类食物传播疾病风险几率的最主要办法。联邦肉类检疫法案和美国肉类批发法案规定,要对屠宰和加工流程中的动物和胴体进行常规检疫,其中也包括对加工设备和流程的检疫。

1996年在肉类检疫系统里添加了额外的肉类安全条例。这些条例主要是为了降低肉类的微生物污染,通过检测病原微生物和具体措施来降低屠宰和加工过程中的污染风险。这些在肉类和家禽检疫上的改变是在1993年大肠杆菌污染食物(包括圈养牛肉)引起的食品安全危机后提出来的。

据估计,大肠杆菌和其他食物的传染疾病(框25-1)每年在美国会引起多达500万的人类疾病(平均每100人中就有2人)。普通的胴体检疫不能检测出这些胴体上的病原微生物,而这些病原微生物恰恰是可能引起潜在食物传染疾病的祸根。

病原除了有可能通过在市场交易中的动物传播,还有可能从不同的来源污染肉制品,例如饲料、动物废弃物或者不适当的雇员卫生状况、设备及工厂设施。病原也有可能通过不适当的肉类加工和食品管理措施传播(例如不充分的加热或冷却、较差的卫生状况)导致病原微生物的存活和增殖,从而进一步增加食物污染的危险。

1996年食品安全条例是基于预防肉类污染而制定的,而以前的旧条例更多是为了监测和清除不适合食用的肉类而制定的。这个最新的条例正由农业部的下属机构食品安全检查局(FSIS)审查,现简要叙述如下。

- 所有加工工厂必须通过危害分析及关键点控制(HACCP)认证。关键控制点是一个点、步骤、程序,在这个程序中,控制措施可以把食品安全危险阻止或降低到一个可以接受的水平,或者消除食品安全危险。食品安全危险包括化学残留物质、金属残渣或者食物中不适合食用的任何物质。一旦这个程序确立,工厂必须立即对每一个可能存在危险的控制点上确立并实施监管体系。
- 每一个工厂必须有书面的卫生标准操作条例,便于人们了解他们是如何满足日常的卫生要求的。这个条例可以降低由不卫生操作引起的肉类病原体污染风险。
- 食品安全监管服务可以检查原料肉和家禽产品中的沙门氏菌感染,以此来证实是否符合沙门氏菌控制标准。之所以选择沙门氏菌作为检查的对象,是因为沙门氏菌是引起食物传染病的最主要来源。
- 屠宰厂需要检验胴体上大肠杆菌的数量,以此来证实是否有效地阻止和消除了粪便污染。

**框 25-1 可能的食物传播的病原体及其相关疾病**

对此问题进行探讨是为了让读者对食物中潜在的病原和相关疾病有更明确的认识。同时也希望这能增加人们对USDA食品安全和检疫服务体系为确保人们食用的动物产品的安全性所付出的努力给予更多的肯定。

污染食物的病原体会引起传染病。绝大部分可能携带病原的食物都是高蛋白、非酸性食物，例如肉类、家禽、海鲜、奶制品和蛋类。这些病原体可以在机体内增殖，通常在肠道内聚合成群。可以刺激肠道或者在其他情况下侵入其他的组织。许多病原体本身并没有毒性但会产生有害甚至致死毒素从而引起疾病。下面是几种通过食物传播的病原体的简略介绍。

- 空肠弯曲杆菌：感染的症状包括既有较轻的持续1 d的腹泻，也有2～10 d的连续严重腹泻并伴有发烧症状。
- 产气荚膜梭菌：食用含有大量该细菌的食物常会导致一些较轻的胃肠疾病，病症一般会在食用这种食物后6～24 h产生并且会持续1 d左右。
- 大肠杆菌：食用被该细菌污染的食物3～5 d后会产生由其引起的相关的轻微肠疾病。但是，由大肠杆菌O157：H7引起的疾病需要去医院治疗。出现溶血性尿毒症综合征（HUS），症状以严重的腹部疼痛，很少或没有发烧症状、严重（经常是出血性的）腹泻为特征。虽然仅仅有大约5%的可能性会发生HUS，但是尤其是对小孩和老人来说，却可能是致命的。
- 单核李斯特菌：这种细菌能够引起温和的或者严重的疾病。较轻的症状包括突然发烧、剧烈头痛、呕吐等与流行性感冒相似的症状。严重的会导致慢性病和死亡。
- 沙门氏菌：疾病经常会在食用被污染食物60 h或者70多小时后发生并持续1～2 d。共同的症状是恶心、腹泻、胃部疼痛、有时还会呕吐。导致小孩或者老人死亡的例子很少。
- 金黄色葡萄球菌：疾病通常在该菌分泌的毒素被消耗30 min到6 h后产生。症状包括1或2 d的恶心、呕吐、痉挛和腹泻。严重者需要去医院进一步治疗。
- 弓形体：食用含这种寄生虫未熟透的猪肉、羊肉和其他肉类引起急性或慢性疾病。急性病症与轻的流感很相似。

来源：改自 Jean C. Buzby and Tanya Roberts in FoodReview 18, no. 2(May-August 1995)：37.

下面的研究进一步证实了美国对于肉类安全的重视，并且提出了当人类食物链中的食物存在食物传染病时，我们应采取的措施。

德州农工大学获得农业部的资金资助，主持研究了如何降低肉牛胴体粪便污染的问题。研究表明，除了内表面以外，先冲洗胴体，然后用有机酸处理的效果比单独进行修整或冲洗的效果要好，而在内表面，有机酸和修整的效果则一样好。

另外，经美国畜禽及肉制品协会支持的5家国立大学研究发现，胴体修整和喷淋冲洗可以在很大程度上减少肉样本上的粪便污染。农业部为了制定可以快速检测和确定肉类和家禽产品中某种病原性细菌数量的方法而提供了很多的研究资金。快速检测方法是提高肉类和家禽联合检疫的必需工具。

据估计，肉产品加工业最新的HACCP认证体系每年要花费1亿美元，或者大约每镑产品的1/10美分。尽管如此，仍然有资料显示，由于控制了食品传染疾病而使肉产品加工业的成本节省了10亿～40亿美元。关于在食品传染病方面的详细介绍见框25-1。

## 25.4 冷却

一般来说，胴体要经过快速而完全冷却才便于储藏。家禽胴体在40℉或更低温度下短时间内冷却，多通过装有冰水混合物的大桶或空气冷却的方式实现。具体方法是：可以把胴体放入 32～33℉、50～200 ft 的含有半融化冰的大桶内来实现冷却。然后将胴体装入盒子，用碎冰覆盖以便于运输，或者用于进一步加工前的短期储藏。其他家禽（如火鸡）要进行真空包装、长时间冷冻（－20℉）、并且用热密封的塑料袋冷冻保存。

包装牛肉、猪肉、羊肉工厂里的冷却间的理想温度应保持在 27℉，因为当大量的热胴体进入冷却间时，可能会引起温度上升。可以用巨大的风扇加快冷空气的流通，从而加速胴体的冷却。

猪肉胴体一般在分割前要冷却 24 h。这主要是因为较厚部分的内部温度不易降低，例如大腿和肩部，一般会在 38℉彻底完成冷冻。

羊胴体也要经过 18～24 h 的冷却后才能进行分割，并用冷冻车运输。

因为牛的胴体更大更厚，33℉内完全冷却则需要更长的时间。胴体一般要经过 30 h 或更长时间的冷却后进行分割。最高质量的牛肉有时在冷却间的时间比它的年龄还要长（见 25.8）。

## 25.5　肉品分级

与联邦检疫安全所用的图章[①]（图 25-4）证明肉品可以安全食用的作用相同，联邦分级图章就代表肉品的相对质量。第 24 章介绍过对肉品进行分级的原因。

与肉品检疫不同，联邦肉品分级制度并不是强制性的，但是任何质量分级的牛或羊胴体必须进行质量分级。该服务对于那些提倡分级的加工商是很有用的；因此加工商会承担农业部这项服务的费用。

牛或羊的胴体产量级是对可食胴体进行评价的评价标准。这和胴体分割后的价值有密切关系。产量分级大致包括以下内容：

产量级 1——非常整洁、肌肉丰厚，可食用部分产量高。

产量级 5——非常肥胖、废弃部分多，可食用部分产量低。

如第 24 章所述，产量级根据眼肌的脂肪覆盖情况、眼肌面积、肾脂肪率、盆腔脂肪、心脏脂肪和胴体重来评价。产量级的印章盖在四分体的前部和后部上。

许多零售商，尤其是大的零售店，只买农业部分级的牛肉、羊肉、鸡肉。实际上，并不是政府不对猪肉进行质量分级，而是许多加工商仍会参照农业部的标准自行对胴体进行分级，尤其是当猪肉的分级是以等级和产量为基础的时候。小牛和犊牛的分级标准已经确立，但是分级标准只适用于剥皮后的胴体。

农业部雇佣分级员来执行分级标准，而且他们也会受到监督。分级员一般被派到某个厂或临近的几个厂内进行评级。

联邦分级制度规定，牛或羊胴体必须要在分级前进行冷却。分级工作在胴体冷却后和脂肪凝固后很容易执行。牛胴体的切割在第 12 和第 13 肋之间，以便于分级员评定眼肌中的瘦肉情况，包括胴体成熟度。而大多数的羊胴体并不会因为分级而割开肋骨，并且会以完整胴体的形式出厂。

联邦分级员决定肉的质量等级，然后对其进行暂时的标记。分级员或助手要

---

①在检疫和分级过程中应用的印章所用的印泥是由经批准的蔬菜燃料制成的，可以食用。

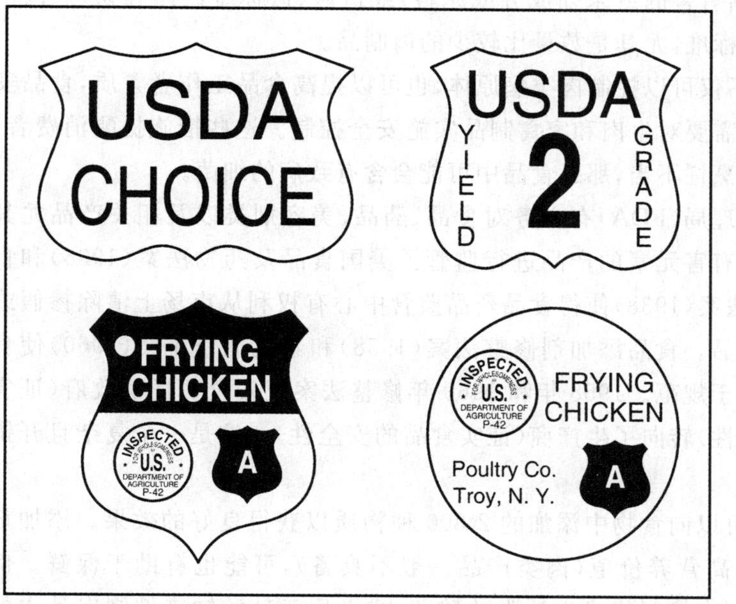


**图 25-6** 左上是用于肉牛或羊的联邦肉类质量分级印章；右上是牛肉产量分级印章。左下和右下的家禽检疫和分级标志可标示在包装袋上或鸡翅的价签上。

来源：USDA.

“翻动”整个胴体，以便在每个批发肉块和该胴体的一些零售分割肉上都盖上农业部的质量分级章。

家禽分级制度可以应用于活禽、胴体或者待烹饪的家禽和食用家禽产品。在很多情况下，为了确保销售合同的细节，需要从很多样本中随机抽样单独检查。去除家禽内脏后，对每个胴体单独分级，因此每只家禽都有一个等级章。分级员一般按照等级把家禽装到不同的箱子里或放在不同的传送机上。

私人或官方的分级制度其实一般都是按照相同的模式。尽管细节和那些农业部规定的分级制度有些相似，但是私人的分级标准或分级章必须明显的区别于农业部的标准和章。

第 24 章介绍了农业部的分级制度，并且上面也叙述了人们在主观的胴体分级中怎样遵守书面的分级标准。研究也直接指出，用照相机、传感器和电脑自动化或半自动化的分级装置可以快速确定脂肪和瘦肉的比例（表 23-1）。这些数据可以帮助分级员在分级过程中减少主观判断，从而增加分级的一致性和准确性。

为了量化分级标准（图 24-5），在猪的胴体分级工作中采取了大量措施，但是仍在寻找更精确、更稳定的分级办法。欧盟国家对流通的大量猪肉在自动化测量和分级装置①上进行了很多的研究。

## 25.6 其他肉类加工法规

通过对屠宰前后检疫以及持续检疫控制，农业部的食品安全检查局（FSIS）主要负责肉类批发食品供应。持续检疫包括卫生要求、温度控制、原料和标签。食品安全和检疫服务必须确保标签、成分、加工程序符合规定。该服务可以测定肉

①Kempster，A. J. Pig News and Information 2（1981）：145. 美国联邦农业局出版。

制品是否掺假(包括有害的或未知成分或原料)或造假(假标签或内容物)。肉产品必须遵守鉴定的标准,尤其是数量比较少的肉制品。

另外,该中心不仅可以控制肉类病原体,也可以提高食品工作者素质,食品安全和检疫服务中心需要对生肉和家禽制品实施安全控制。这些措施提醒消费者,如果肉产品管理或烹饪不当,那么食品中可能会含有致病的细菌。

食品和药物管理局(FDA)有义务对食品、药品、美容剂类以及相关产品尤其是涉及到添加剂和有害元素的产品进行监管。美国食品及药物法案(1906)和食品、药物及化妆品法案(1938)使得食品药品监管中心有权利从市场上清除掺假或明显具有毒性的食品。食品添加剂修整法案(1958)和着色剂修正案(1960)使食品添加剂的使用趋于规范。1958年和1960年修整法案把安全责任从政府(证实食品添加剂的安全性)转向了生产商(证实食品的安全性)。这是一个复杂且开销巨大的过程。

目前,加工商可以向食物中添加的2 800种物质以获得良好的效果。添加剂可以用来维持或提高营养价值(肉类产品一般不具备),可能也有助于保鲜。例如,可以用抗氧化剂来抑制猪或牛油脂的酸败,或者用亚硝酸钠来抑制肉品中的肉毒杆菌的毒性发展。许多添加剂都在加工和制备过程中发挥着重要作用,并且有的添加剂还可以增加食品的风味和成色。

2类主要的添加剂可以不用经过检测和批准过程。第一类就是经过资深专家公认安全(GRAS)的700种安全添加剂。过去这些添加剂曾广泛使用,但是出于对公众健康的考虑,一些在安全添加剂名单上的物质也要接受严格的检查。例如在腌肉时使用的亚硝酸钠。另一种不用检验的添加剂是在1958年率先通过农业部和食品药品监管中心审批的物质,其中的一些也出现在了安全添加剂名单中。联邦贸易委员会可以监控广告,并且他们的监管力度有时比农业部和食品药品监管中心都要大。

## 25.7　成品——批发和零售分割肉

彩页B、C、D中显示了羊胴体、牛胴体、猪胴体的批发销售分割肉块和零售分割肉块的位置。大多数羔羊胴体不经过分割处理,但是有些胴体需要进一步分割成批发销售肉块。更加有效的销售策划是,大的羔羊腿和背腰肉送到许多宾馆和饭店,其他部分则卖到了其他地方。

> **箱装牛肉(猪肉)**
> 肉类加工企业按规格修整并用于批发配送的牛或猪部分胴体。

目前,90%以上的牛肉、猪肉都以**箱装牛肉(猪肉)**的形式送往批发商、零售商、连锁店的分装车间和饭店。箱装牛肉(猪肉)指的是二级分割切块,真空包装运输,盒子内一般装有60～80 lb的"快锯分割"或"快刀分割"的肉块(图25-7)。

**图 25-7 在低温车间,肉牛胴体被分割成零售块(左上),并将一些骨头从分割肉块中剔除(右上)。然后将分割肉块用真空袋包装,再装箱以便于运输(左下)。**
经 Iowa Beef Processors 授权。

箱装猪肉也受到零售商的欢迎。因为这种方法能够提供给批发商或零售商所需要的更加一致的产品。对于包装商来说,则可以节省运输过程中的费用并且能够更好地利用修剪下来的碎肉。

当加工商销售二级分割肉块时,大多数的骨头、剩余的脂肪和未加工的分割肉块则留在工厂里,这样就降低了 30%的运输量。二级分割肉块通常包括颈肩肉、肩腿肉和剔骨肩肉;肋排肉、背眼肉、外脊肉;内外后腿肉、臀肉以及普通的或半剔骨的后腿肉。加工商也会销售粗制的、有确定的脂肪比例的碎牛肉和各种各样瘦的或特殊的碎肉块。消费者也可以自由选购,在这种情况下,他们可以买到瘦肉、脂肪和骨头,但必须付出手工费。当然,他们也可以买二级分割肉块。

真空包装的箱装分割肉看起来有些灰暗,但是在开包切开后则呈鲜红(鲜亮)的颜色。箱装分割肉能保持鲜红色至少 28 d。箱装牛肉也能提供零售商更高质量的分割肉块,并满足当地的购买习惯。

肉类生产商和零售商在箱装牛肉上有相近的存货控制,这种体系也使得生产商与零售商相比,需要更多的劳动力。

一些加工商已经在肉类的销售策划上有了很大的进步，他们提供适合家庭消费的切块，使用印有品牌标识的透明真空密封包装袋。零售商仅仅是配送产品，很少进行加工。零售分割肉块的加工处理也可能得到发展。

越来越多的零售商开始提供商店名和品牌名相融合的产品。在这种情况下，商店的名字和加工商[①]的名字一起出现在产品上。这种产品具有很多好处，例如可以提供更高的一致性、更能增加产品附加值、更高的安全性、增加消费者对于品牌产品的信心以及包装上更加完整的营养信息。

加工商也会从市场技术方面得到更多的支持，例如得克萨斯农工大学创立的计算机辅助零售决策(CARDS)程序这样的电脑程序以及全国家畜与肉类管理委员会肉类交易中心提供的 VBMM 系统。这些系统使得零售商可以把传统方法和经过仔细调整的方法所获利润作一比较，从而了解肉类产业中每个环节的消费情况和未来销售[②]预期。

在初级加工厂中或那些为快餐店或 pizza 产业制作冷冻牛肉饼的专业化工厂中，有很大比例的牛肉和猪肉都要进行磨碎处理。对磨碎的产品进行抽样，来检验瘦肉含量，然后将它们按比例进行混合，以达到联邦或州的质量要求标准，并且形成统一的产品形式。在经过混合和用 $CO_2$ 快速冷却后，通常将产品进行再磨碎，再用机器做成 1/4 lb 重(或其他重量)的馅饼。然后进行快速冷冻，有时会将其通过－320℉气态氮隧道，然后在冷冻状态下进行运输和储藏。

包括卫生检验在内的质量控制工序，将做好的馅饼通过金属探测器来检测是否存在铅弹、含有金属制品标签的碎屑或其他的金属。

许多猪胴体在屠宰厂制成批发和零售的分割肉块，原因有 2 点：(1)火腿、里脊和其他分割肉有时要进行成熟处理和熏制，需要价格不菲的设备；(2)很大比例的脂肪块可以直接由屠宰加工商加工成猪油。箱装猪肉可以切成任意大小分割块，真空包装后，像箱装牛肉一样，运往零售商。

尽管还是需要有经验的工人，但是机械化可以减少分割胴体过程中的手工操作。胴体的大小、形状、脂肪率和其他特征都有所不同，一致性很差，因而替代人力分割胴体的自动设备研发速度很慢。

切割和制罐等级的牛肉以及等级外的羔羊肉、老羊肉、羊肉或非常柔软的猪肉胴体这些质量极低的胴体是不会被购买用作批发或零售分割肉块的，这样的肉虽然通常也具有很高的营养价值，但是对于消费者而言，它们的外观太差，并且易腐败。这些胴体可能在工厂里就已经完全剔除了骨头。将易腐败的肉剔骨后作为无骨肉出售，用来制作汉堡或用作备用肉，例如香肠或罐装肉制品。

所谓的瘦肉分割肉用来区分猪肉的批发肉块，包括修整的腿肉、腰肉、**波士顿肩尖肉**(Boston shoulder)[③]和野餐肉。高质量的瘦肉型胴体的瘦肉含量大概有65%～70%，而腹部只有 35%。最高质量的美国一级猪肉胴体产出 60.4%以上经过修整的瘦肉分割块(见 24.9)。

**波士顿肩尖肉**
猪胴体肩部最上面的部分。有时也称作 Boston butt。

①Meat & Poultry 40, no. 7 (July 1995):52.

②Meat & Poultry 40, no. 7 (July 1995):52.

③Boston shoulder 这个术语是由全国家畜和肉类委员会提出的，并且被许多的零售商用来代替 Boston butt 这个术语。后者在一些市场和行业报告中仍被使用，shoulder 这个术语包括了野餐肉和 Boston shoulder。

所谓的**主要分割肉块**指的是牛、猪、羊(图 25-7 和图 25-8)胴体中价格昂贵的分割肉块。就猪肉而言,主要分割肉块指的是腿肉、腰肉、肩头肉和腹肉。牛肉的主要分割肉块指的是后腿肉、外脊肉、肋眼肉和颈肩肉。应当注意的是,重量最大的后四分体是牛肉主要分割肉块的重要组成部分。就羔羊肉而言,后腿肉、外脊肉和肩肉构成主要分割肉块,实质上和牛肉的主要分割肉块的构成比例一样。尽管羊的大腿仅占到体重的 1/3,但是它却能创造羊胴体一半的价值。这样的术语一般不在家禽分割肉块中使用。

**主要分割肉块**
牛、猪或羊胴体中价格最贵的分割肉块。

家禽胴体一般在冷却前或冷却后,在初级工厂里进行手工分割,但是有时批发商或零售商也会进行分割。为了便于零售,分割肉块一般用透明的材料包装好,鲜肉或冷冻①销售;一般将分割肉块按照鸡胸、后背、大腿或者其他部分进行分类和包装(图 25-8)。

一般对鸡肉和火鸡的骨架、后背、脖子、翅膀进行机械去骨并且将回收的肉进行产品加工。火鸡腿一般用于制作"火鸡火腿",另外,在一些快餐店开始流行制作鸡胸三明治。

## 25.8 成熟与嫩化

新鲜肉组织中存在的蛋白消化酶(蛋白酶)能很快使肉更加柔嫩。这些酶使肉的一些特定成分通过化学变化而分解,如结缔组织和肌纤维。这些酶在烹调产生的高温下仍具有活性。

肉类由于所需的低温环境和贮藏的损耗,一般不会在生加工处理过程中成熟。7 d 的成熟过程将增加肉的嫩度,而如果增加到 14 或 21 d,嫩度很少增加。仅仅是那些高质量的、高消费的肉才要经过成熟处理。精选级和特优级的牛肉以及羔羊胴体,或者从这些胴体分割下的分割肉块,一般都要经过成熟处理。除特殊的冷却机器和设备外,在加工处理这些胴体或切块时还需要进行额外的工作,同时也要考虑贮藏的成本问题。肉在成熟过程中有重量损失,而且成熟处理后这些切块表面还需要修整。在真空袋中成熟的牛肉切块损失量很少。切块由常见的肌肉组成,如腿肉和肩肉,很少经过成熟过程。它们的嫩化可以通过湿热烹饪来实现。

低质量的肉很少经过成熟处理,这是因为在嫩度上的轻微增加不足以促进其销售,并且这样的肉制品越来越多的用来制作碎牛肉和熟食。另外,育肥期很短的肉牛或羔羊胴体常在成熟过程中产生较大的干耗。

在牛肉加工工艺中经常使用对动物胴体进行电刺激的方法。如 25.1 中所提到的,对动物胴体使用低电压刺激至动物昏迷,可通过加速降低肌肉 pH 值和释放溶酶体酶(蛋白酶)加速成熟进程。因为电刺激导致急剧的肌肉收缩,所以它同时也对肌肉细胞产生拉伸和撕裂作用,这样结缔组织的变化也可促使嫩度的增加。

①1995 年 1 月通过的法案促进了冷鲜这个术语在家禽标签上的使用,现在一般用于 26℉以下的制冷。原来在 0～26℉的温度下的冷却称之为"预冷"。

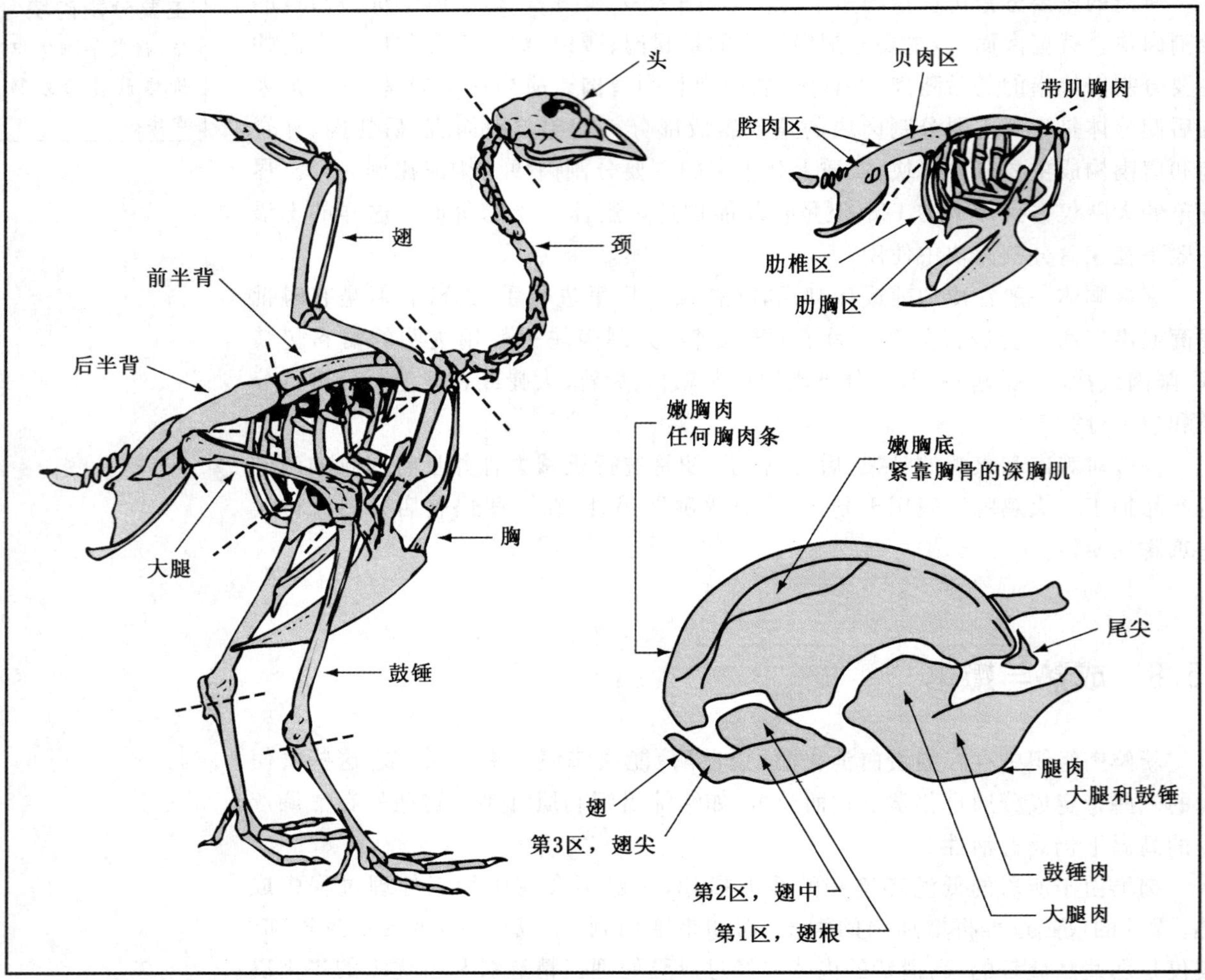


**图 25-8 肉仔鸡的胴体和零售分割肉块。图中(左、上图)骨骼的概图表明在每个分割肉块中都含骨头,并用骨缝分割法将胴体分成零售分割肉块。**

来源:USDA and Kansas State University.

电刺激增加嫩度的程度可通过测量在切割肌肉时下降的剪切力或直接主观评分进行判断。电刺激增加嫩度的程度为 12%～58%,这取决于胴体的类型和给予电刺激[①]的时间和方式。在商业上嫩度一般增加 25%～30%。

电刺激加速了胴体的变化,这些变化允许:更早的剔除肋骨、在车间里对肉牛胴体分级、热胴体[②]剔骨以及其他能降低胴体保存时间、存货及储藏费用的加工过程。

电刺激的其他用处包括可以增加肉的风味,大概是由于肌肉或细胞降解所释放的芳香成分的作用,而且增加了瘦肉的色泽,这显然是由于肉组织中胴体糖酵解加快的结果。

①Smith, G. C. The National Provisioner, February 10, 1979, p. 50. 称之为"预冷"。

②Bowles, J. E., et al. "Continuous versus intermittent electrical stimulation of beef carcasses and their effect on hot-boned muscle pH decline." Progress Report 394. Kansas Agr. Exp. Sta., 1981.

有些使牛肉嫩化的处理是通过在屠宰前向血流中注射纯化的酶溶液来实现，大部分是由特定热带植物制作而成的木瓜蛋白酶。木瓜蛋白酶与动物蛋白酶类似，是一种蛋白助消化剂。它由心脏快速推进到所有组织中。即使在动物放血后，大部分木瓜蛋白酶和循环系统液体一起残留在组织毛细血管中。

由于动物在屠宰后很快就被冷冻，木瓜蛋白酶或者许多蛋白水解酶的混合物很少能够在加热分割肉块前增加肉的嫩度，并且这些酶不会在烹调开始前从毛细血管中释放到到肌肉组织中去。这种特殊酶的活性是在130～160℉时最大。而在烹调过程中分割肉块的温度在短时间内超过了160℉，即高温烹调，所以酶的活动基本上停止了，也就几乎不存在“过度嫩化”的危险。

使用嫩肉剂很常见，当然一些分割肉块嫩度稍差，例如烤过的腿肉，因此要经过在135～145℉较低温度下相对长时间的烹调才能嫩化。酶浓度和烹调时间的长短决定了嫩化的程度。

一些加工商以浸、喷雾或注射的方式对用于公共机构和餐厅交易的分割肉块使用酶处理法。嫩肉剂在家用的干肉上也有使用，这一般跟季节有关系。

用酶使肉嫩化已经有几百年的历史了，显然这种方法先出现在热带国家，将肉用木瓜树叶包装或同未成熟木瓜果一起煮沸。木瓜树的果实和叶子中含有这种具有蛋白水解作用的木瓜蛋白酶。当前其他一些商业上使用的嫩化剂主要是菠萝蛋白酶（源于菠萝茎）、无花果蛋白酶（源于无花果树）、真菌的和细菌的酶分泌物以及胰岛素（源于胰岛）。也可能使用一些其他的嫩化剂。

许多不同酶制剂的众多效应有待于研究。这些酶制剂大都是混合物，并且肉也是由许多不同的蛋白组成。每种酶可能只对特定的蛋白有效。基本上猪肉或家禽不用经过成熟化处理或酶处理，这是因为这些动物的肉在嫩度上不存在问题。

有些牛肉加工商也用刀片来增加去骨牛肉分割肉块的嫩度。在加工过程中用许多小刀或切片切割肌肉组织。由于切割明显增加了肉块的表面积，在这里，环境卫生和微生物的活性就显得尤为重要。这种技术也应用在一些猪肉和其他肉的处理过程中。尽管嫩度有所增加，但增加的表面积会导致烹调中产生更多的重量损失。

## 25.9 腌制和熏制

火腿和熏肉是十分常见的加工肉形式，如野餐肉、波士顿肩肉（猪胴体肩部最上面的部分）、猪腰部肉和牛腰部嫩肉、牛胸肉、鸡肉、火鸡肉和鸡肠等。

腌制和熏制过程因加工商以及产品的形式和大小有所区别。腌制是一种储藏过程，熏制能加入特殊的香味而且也能帮助储藏。

盐是腌制液中的主要成分，仅仅在肉组织中少量存在就能促进储藏，因为许多的细菌在高盐浓度环境中不会生长。盐也能导致组织细胞脱水,甚至能抑制细菌生长。在处理中按一定的比例加入蔗糖能保持令人满意的风味。少量的亚硝酸钠也可提高肉的鲜红色,控制肉毒杆菌(产生毒素),同时可用作抗氧化剂。

异抗坏血酸钠(维生素C的一种形式)在加速发展和稳定亮红色的同时也能防止形成亚硝胺(一种潜在的致癌物)。将特定的磷酸盐复合物加入到处理后的腌肉混合物中可降低熏制和烹调中的水分损失。加工商有可能在腌制液中加入其他有特色的香味剂。

通常以溶液形式将这些腌制成分注射于新鲜分割肉块或家禽胴体,然后将分割肉块或家禽胴体浸泡到腌制液中,这种方法可以大量并快速地腌制分割肉块和家禽胴体。

腌制的时间取决于分割肉块和家禽胴体的大小。用目前的方法腌制每磅五花肉或腿肉大概需要2 d。腌制新鲜的猪五花肉或腿肉时,用多针头注射器向肉中注射腌制液。

通常情况下将腌制好的猪五花肉挂在熏炉的架子上,在125～135℉下熏制18 h。像山胡桃树、苹果树、栎树或枫木这种非树脂木的碎片可以产生熏透这些分割肉块的烟。一些加工商使用多功能熏制生产线熏制产品,将腿肉和其他分割猪肉块在恒定的155℉温度或180℉的熏制炉里加热来促进熏制效果、用负电电击五花肉,然后再暴露于带正电荷的烟微粒物中,通过电吸引力进一步促进烟对肉块的熏透。

许多腿肉和家禽作为“速食”产品来销售。这些火腿通常要在熏炉中熏制18～24 h,同时至少保证火腿内部2 h处于155℉的温度。为了生产出能作为快餐食品的禽肉,必须保证肉芯温度达到160℉。腌制和熏制加工工艺像肉处理过程中的其他步骤一样,要经过食品安全和检测中心雇员的严格检查。

## 25.10 特制肉产品

在肉类加工厂里连续生产大量的肉产品是一个冗长的过程——从速冻、切片以及包装腌制和熏制咸肉(腹肉)到向罐内添加辣椒或鸡肉杂碎肉。一些加工商致力于生产特定的肉产品,如午餐肉、辣味肉、红肠、独特的腊肠或鸡肉腊条,这些加工厂可能从其他加工厂购入皮肤破损的家禽胴体和其他原料。有些公司只生产这种用于生产特制肉产品的原料。

竞争和管理的精确性使加工商按照预定的和标准化的质量特性来生产肉制品。例如有固定的瘦肉和脂肪比率的“早餐肉”,制成熏肉,肉产品中混合的是瘦肉和碎脂肪片,这种更改原料结构的制成品的质地十分接近自然肉块的质地,用同样的方法还可制作鸡肉饼。

随着美国人在饭店用餐比例的升高，快餐批发食品，针对诸如大学餐厅和工厂食堂这样的群体服务的食品，在销售肉品的大小重量和品质特性上的整齐度和管理控制变得越来越重要，“部分控制”这个术语就是用来描述这种现象。按照标准尺寸和形状提供的猪排骨、牛后腿肉或火鸡腿有助于实现规范化的储藏和销售。

肉品加工厂能生产许多种类的香肠，小红肠和大腊肠的产量最大。小红肠一般来自牛肉和/或猪肉屑，先精细地剁碎，然后加入特定的香料和香味剂。这些混合物被压入到很长的人造肠衣内，然后由机器进行连接、水煮和熏制或先喷熏制液后再煮。水煮能使小红肠的内部凝固，冷却后由另外一个机器除去人造肠衣，生产出“无衣法兰克福香肠”(图 25-9)。肉品检查员也对加工设备和方法进行检查，再对小红肠产品进行化学分析，检查员要确保小红肠符合限制添加脂肪或水的规定。

**图 25-9 该设备可以在 1 h 内装进、连接、烹饪、熏制、制冷、分割并且包装 36 000 根香肠。**

经 Oscar Mayer and Company 授权。

用机械自动磨碎的肉在储藏上存在一定的问题，主要是因为这样增加了暴露的表面积，容易被腐败有机体污染。

在某种肉品加工处理中，谷类产品、牛奶产品和其他非必需的物质可以提高保水性、降低生产消耗或提高色泽、风味、质感和脂肪的稳定性。在联邦政府的检查中发现这些成分在工厂生产的香肠中含量可达 3.5%，而除了高蛋白的大豆以外，这些物质在产品中的含量都被限定在 2%以下。

人工肠衣在制作香肠上十分常见，而在制作一些特定类型的香肠时，天然肠衣有时更受欢迎。由于羔羊、猪或牛的天然肠衣必须经过彻底、仔细的清洗和修整，因此它们的价格更贵一些。

舌，作为一种特殊的肉产品，以新鲜或熏制方式出售，有些也用在肉成品中。尽管心和肝可能用于特殊香肠或其他成品肉的制作，但通常仍以新鲜形式销售。

还有其他的销售技术。加工商发明了罐装火腿，这样就能在室温下长期储藏。这大大增大了剔骨碎肉的销路。这些肉屑一般是从腿骨上剔除下来，或是零售商不易销售的大的腿肉，或者是交易高峰过后剩下的腿肉。

在熬汤、炖肉、婴儿食品和其他罐装产品中使用的鸡肉、火鸡肉、牛肉、猪肉和羊肉一般不易以零售分割肉块的形式销售。

## 25.11 肉制品流通体系

加工商与零售商、旅馆和饭店之间的衔接主要是肉类批发商及其下属的加工厂和大量的零售食品连锁店。

在肉制品行业中有许多垂直结构的链条，在构成育肥-屠宰-加工-零售的链条上，每个公司都拥有超过一种类型的产品。整体上物种大约包括 100%肉仔鸡、90%以上的火鸡、低于 33%的猪肉、不到 20%的肉牛。这种垂直的一体化系统允许公司协调各阶段的生产过程、建立统一的利益以及进行全程[1]质量控制。

许多食品连锁店都有肉类屠宰或者加工车间，有的还进行养殖。一些肉类加工商拥有饭店或者零售店。

独立批发商的明显增长要归因于多个因素。首先是由这种批发商供货的公共机构、车间和饭店的肉类消费水平有了显著的增长；其次是加工商向主产区的转移使加工商依赖那些肉制品匮乏区域的批发商来分销他们的产品；最后是分工专业化，部分加工商依靠批发商或代理商进行销售。

大多数批发商聘请销售人员经常拜访零售商、公共机构和饭店并给予报价。由于产品易腐败且竞争激烈，一般都用冷藏车运送肉类食品。

## 25.12 副产品

从药物制剂到足球的许多消费品都是畜禽加工的副产品，这里将副产品定义为不同于肉、精制肉或特殊肉品的任何产品。加工商收益的 2%～20%来自副产品，而副产品因动物种类、动物品质和相关价格而异。

猪副产品的价值在其总价值中占较高的比率(框 25-2)。最近几年，猪皮用来代替烧伤者失去的皮肤，猪的心脏瓣膜有时候也用来代替人类心脏瓣膜。

牛皮为鞋、行李包、钱包、书皮、服装和体育运动用品等提供了大量的皮革。一共有 3 种类型的皮革被用于各种各样的产品：马鞍上的皮带、小山羊皮手套和书籍封面上的装饰。皮革因品质不同而异，那些有烙印或虫孔的价值较低，是因为它们有很多已不能使用。毛皮是羊身上最重要的副产品，皮革是牛的最重要的副产品，而羽毛则是家禽的主要副产品。

---

① Thornton, G. "Measuring the competition." Broiler Industry. September 1995.

## 框 25-2 猪的浑身都是宝

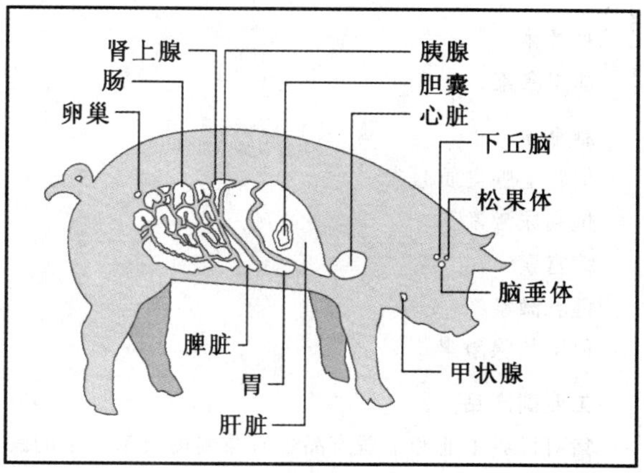


**人类必需品**

猪是高品质动物蛋白的来源，它所提供的有用食品是所有动物中最广和种类最多的。

猪身上的副产品在保持和提高人们生活质量上起了十分重要的作用。正在不断被发现新的和不同的副产品。

猪胰岛素可用于糖尿病的治疗。猪的心脏瓣膜可用来替代受损伤或病人的心脏瓣膜。猪的皮肤过去用来治疗严重烧伤的病人。

我们对猪的令人惊奇的利用曾经被生动的描述为“除了猪的叫声，我们可以利用它的全部”。

一个有活力的动物农业不仅能提供含丰富、重要营养素的肉，而且能提供实质上的备用资源和人类广泛依赖的有用副产品。

以下列出一些来自猪身上的重要的医药和工业产品。

**医药用副产品**

药物制剂是除了肉之外，猪对社会的第二重要贡献。科技的快速发展持续地增加了从猪身上获得的难以置信的“有益健康”和“挽救生命”的产品。

肾上腺
皮质激素
可的松
肾上腺素
去甲肾上腺素

血液
血纤维蛋白
乳猪血清
纤溶酶

脑
胆固醇
下丘脑

胆囊
脱氧鹅胆酸

心脏
心脏瓣膜

肠
肠抑胃素
肝素

胰泌素

肝
干肝

卵巢
雌激素
孕酮
松弛素

胰腺
胰岛素
胰高血糖素
丁酸甘油酯酶
胰酶
胰蛋白酶
糜蛋白酶

皮肤
烧伤修复
明胶

脾
脾素

胃
胃蛋白酶
黏蛋白
内因子

甲状腺
甲状腺素
降钙素
甲状球蛋白

**框 25-2　续**

松果体
褪黑激素

脑垂体
促肾上腺皮质激素
抗利尿激素
缩宫素
催乳激素
促甲状腺激素

**工业副产品**

猪对世界工业和消费产品也有重要的贡献。猪的副产品是不可被合成品替代的、用于广大制造业的化学原料资源。猪皮被广泛制作高品质皮革，用于服装、鞋、手提包、体育商品及室内装饰品等。

血
黏着剂
皮革处理剂
层板黏结剂
饲料蛋白
纺织品印花和染色

大脑
胆固醇

骨头和皮肤
胶
猪皮外衣，手套和鞋
干骨头
纽扣
骨灰坛

骨粉
饲料的矿物质源
肥料
瓷釉
玻璃
水过滤器

胆石
装饰品

毛
毛刷
绝缘体
室内装饰品

肉屑
商品饲料
宠物食品

甘油和脂肪酸
杀虫剂
除草剂
润滑油
打磨机
橡胶
美容剂
防冻剂
硝化甘油
塑胶制品
可塑剂
印轴
赛璐玢
地板蜡
防水剂
黏固剂
纤维软化剂
蜡笔
粉笔
留声唱片
火柴
油灰
纸分筛
绝缘体
油毯

来源：改自 the National Pork Producers Council。

肉牛的皮要比奶牛的更厚。青年牛的皮革或者来自饲养良好的动物的皮革要比奶牛和饲养管理不好的牛的皮革更厚些。为使牛皮不受细菌的影响，宰杀后将皮在盐水中浸泡 24 h，然后制成皮革。多数制革厂非常专业，从屠宰加工厂购买腌制的原皮。在装船运走制成皮革之前皮革常常用机器去除毛发和其他肉屑。将皮在用树皮制成的制革液中浸泡，或者在三价铬的溶液里浸泡一段时间。多数贵重高品质的皮革是用一系列工序来获得最大限度的缓冲性、耐刺性和耐穿性。铬制革法更多的用于体重较轻的牛和犊牛。

脂肪是所有物种的主要副产品。在肉品加工过程中适合人类消费的可食用脂肪，通常被用来制成猪油或油脂并最终用在涂味品、面粉糕饼、糖果和其他食品中。在加工厂制作箱装牛肉或猪肉时，将会修剪掉大量可食用脂肪。不能食用的脂肪，一般是从分散的零售商或者同样会有修剪工序的工厂获得，用于制作可降解的生物去污剂、浮选剂、蜡烛、塑料、甘油、其他化学药物、润滑油以及其他多种原料。因为脂肪具有极高的能量，因此也常常用于畜禽饲料，尤其是猪和家禽。

血粉、肉和骨屑、家禽的粉状混合副产品和骨粉也被用做许多畜禽的饲料或者宠物饲料。它们的名字暗示了它们的来源，多余的脂肪提取后，每个产品都要进行干燥和研磨。所谓的动物下脚料就是血粉和肉骨碎屑的混合物。这些饲料原料的营养成分见表 3-4。

宰杀后剥下的羊毛用来制衣、毛毯和其他用途，但也可制造羊毛脂。羊毛脂的原料是从羊身上的脂肪提炼出来的，因为它与人类皮肤的分泌物相似，所以越来越多地用作软膏剂和化妆品的成分。

家禽的羽毛可用作女式帽子、羽毛球、箭、装饰品、被褥、毛刷甚至花园的覆盖物。最广泛的用途是可水解羽毛粉，作为畜禽的饲料。地毯填充物、绝缘体、垫板、火炉和空调过滤器的垫子、黏结装订剂、小毛刷和数 10 种其他产品都是由牛毛制成。猪毛可用于填充垫子，也常常与牛和马的长毛混合使用。用机器卷曲处理的兽毛可提高垫子的充填效果。

胶和胶黏剂的绝大部分成分是从兽皮或骨头中提取出的结缔组织——胶原中分离得到的蛋白质。另外一种胶黏剂从干燥的血液中提取。尽管明胶在化学和物理上都与胶很相似，并且来自同样的原料，但它多数情况下用于食品。

许多药物和药物制剂是在宰杀畜禽时或宰杀后从腺体和器官中提取的。如 ACTH、甲状腺提取物以及胰岛素等。其他的，肾上腺素可用于缓解过敏和高烧症状、凝血酶有助于损伤或手术后的血液凝固。肝素是一种抗凝剂，用于防止外科手术中出现血液凝固。胰蛋白酶是一种胰腺分泌的蛋白消化酶，用于溶解脓汁和伤口碎屑。肝脏提取物用于治疗贫血等许多例子。

## 思考题

1. 肉类加工产业的 4 个特点是什么？是以大规模公司为基础吗？
2. 综合肉类加工企业这个术语的衍生义是什么？
3. 新型的屠宰厂位于什么地点？为什么？
4. 举出 3 个最大的肉牛屠宰厂。
5. 将动物致昏的人道屠宰方法是什么？
6. 将动物击昏后先放血、后屠宰的目的是什么？什么时候放血结束？
7. 对胴体进行电刺激的作用是什么？
8. 屠宰牛和猪时，哪个常用剥皮？哪个常用烫洗？

9. 为什么要完整保留羊身上的“连皮膜”？

10. 描述屠宰前后的检疫情况。在屠宰过程中，动物胴体上需要仔细检疫哪3个部位？

11. 什么人可以成为肉品检疫员？肉品检疫是强制性的还是义务性的？谁承担这笔开销？

12. 官方的质量分级是怎样的？这种服务是强制性的还是义务性的？谁承担这笔费用？

13. 肉品冷却间，猪肉、羊肉以及牛肉胴体的理想温度是多少？

14. 简要叙述：(1)联邦肉品检疫的发展情况，(2)联邦肉品质量发展情况。

15. 牛肉和羊肉是怎么样分级的？影响分级的最主要因素是什么？

16. 食品安全和检疫中心和美国农业部的职责是什么？为了减少微生物污染的危险，在肉品检疫过程中都做了哪些追加的规定？

17. 为什么越来越多的肉品要包装(箱装)？

18. 列举出牛肉、猪肉、羊肉的批发分割肉块。

19. 在提高肉的嫩度上使用了(或正在使用)哪些方法？

20. 列举出由大型肉品加工厂储藏和加工的5种不可食用的副产品，并且这5种副产品可以增加收入。

翻译：郭庆睿；校对：陈军，曹兵海，李欣

# 第 26 章

# 肉 制 品

# Meat as a Food

肉制品是畜牧业生产的主要产品。肉类消费趋势、肉品质，以及为维持或提高肉品质而采取的一系列措施，一直是畜牧业生产的重要内容。本章将围绕这些内容进行叙述。

学习本章后，读者应掌握以下内容：

1. 描述不同畜禽肉制品的消费趋势。
2. 解释什么是肉制品的弹性需求。
3. 列举影响肉类消费的因素。
4. 了解肉制品促进组织及其在畜牧业中的作用。
5. 比较肉制品与其他食物主要营养特征的不同之处。
6. 列举影响肉风味、嫩度、色泽及其他主要肉品质的因素。

## 26.1 肉制品的消费趋势

美国零售业的人均肉制品消费量增长很缓慢(图 26-1)，仅由 1970 年的 166 lb 增长到 2002 年的 181 lb(剔骨修整后①的肉制品)。而同时，人们对于肉制品的消费习惯却在各种家畜之间来回更迭。

例如，牛肉一直是美国消费者的首选，但近些年牛肉的消费量已下降到人均 65 lb。1986 年猪肉消费量达到最高峰，人均 59 lb，随后逐年下降，在 20 世纪 90 年代后期稳定在人均 49 lb。2000 年初，猪肉的人均消费量又增加到 58 lb。但是从 1970 年起，禽肉制品的人均消费量由 43 lb 增长到 67 lb。

有以下几种因素造成了禽肉制品消费的快速增长。首先，牛肉、猪肉等红肉的价格要高于肉鸡和火鸡。调查数据显示，美国人的肉食消费每年都略有增长，

---

①过去的消费习惯是以胴体重量为购买单位的，而现在，人们更多地以去骨修整后的肉块作为购买的基础。

但从总体趋势上看，人们更乐于购买相对便宜的食品。其次，社会上的一些阶层开始更加关注健康，他们认为禽肉含有较低的脂肪和胆固醇，所以许多人把餐桌上的红肉量控制在一个适度的水平。第3个原因是，消费者可以选择更多的禽肉品牌和深加工产品。禽肉生产者为消费者提供了各种选择，并能稳定供应高质量的产品。

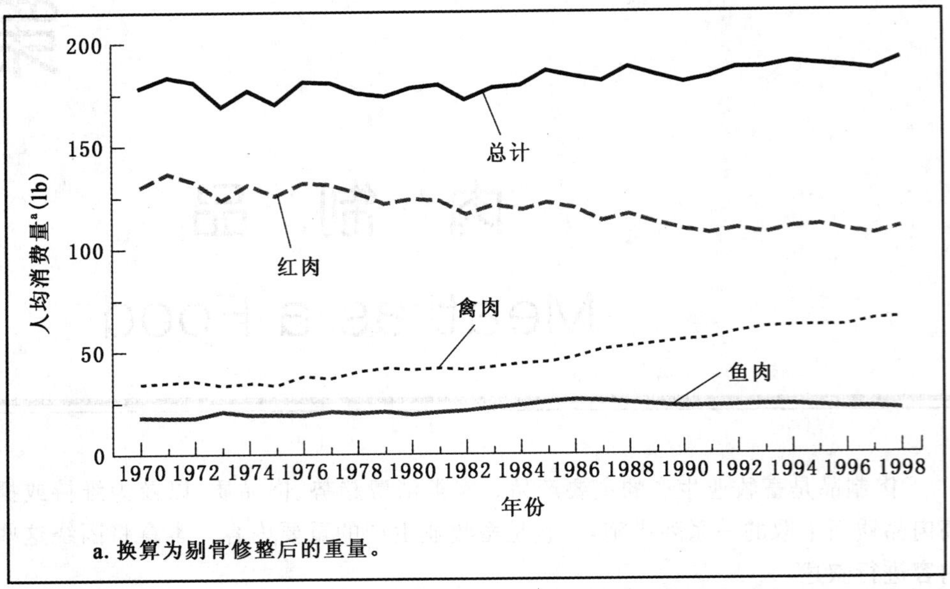


**图26-1　1970—1998年美国人均肉制品年消费总量。2002年，人均肉制品年消费总量超出1970—1974年30 lb——主要原因是禽肉制品的需求增加。**

来源：USDA，ERS.

羔羊肉比较昂贵，高收入家庭吃得较多些。目前由于消费者对于能量摄入问题的重视，因此羔羊肉的消费量也有所下降。经济萧条时期，绵羊的饲养量增加，而农业繁荣时期，绵羊的饲养量则显著减少。绵羊饲养总数已由1943年的5 200万只下降到1999年的900万只。

随着羔羊饲养量的减少，供需问题逐渐显现。例如，20世纪50年代中期，全美经营羔羊肉的零售商减少了一半，此后还在持续下降。而且，由于羔羊肉的产出相对较少，分级又细，加工时单位体重的损失又大，所以羔羊肉的售价相对较高。

人们的购买习惯与上面叙述的消费量变化趋势并不完全一致。消费者们喜欢食用瘦肉，而且希望买回的肉可以直接进行煎、烤或微波处理。他们经常采购食品，并希望在餐桌上有更多的花样。随着单亲和父母均外出工作的家庭数量的增加，人们用于做饭的时间越来越短。也就造成了速食业和速食食品销量的增加(如牛肉末)，明显改变了人们对各种等级肉及高品质肉的需求。

## 26.2　需求弹性

美国及其他发达国家对食品的需求量变化相对较小。这意味着与消费者的购买能力相比，食品的总需求量变动不大。换句话说，就是美国人的胃口不会因为收入的变化而变化。同时，尽管每年美国家庭在食品上的花费都在稳定增长，但是花费在食品上的钱在总收入中所占的比例却在下降（图 26-2）。例如，1997 年食品消费仅占总收入的 10.7%，其中 6.6%是在家中就餐花费的，其余的 4.1%是在外就餐时消费的。

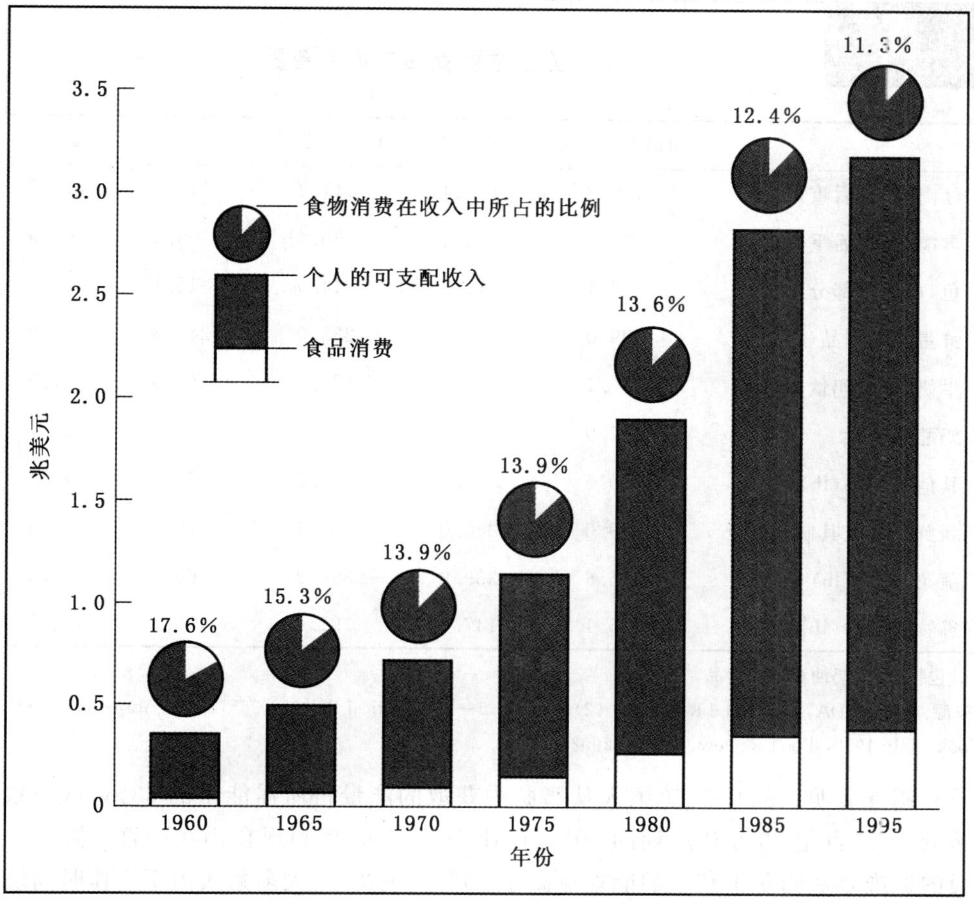


**图 26-2 食品消费随着可支配收入的增加而增加，但在总收入中所占的比例并没有明显变化。**
来源：FoodReview，1995，5-8；and USDA，ERS，November 1996.

上面这些数据是粗略估计出来的，若要依据食品中消费的干物质量而进行准确的计算，难度较大。

几乎没有一种物品的需求像食物一样缺乏弹性。尽管衣服和住宅同样是生活必需品，但当人们有钱的时候，通常会选择购买更多的衣服和更大的房子，而资金紧张的时候则削减这部分开支。当可支配收入增加时，人们会购买更多的汽车、照相机、运动器材和其他奢侈品。类似这样的产品需求弹性较大。

食品需求弹性较小的特性，是发达国家所有从事农业生产的人都应该遵循的原则。所有的食品生产者、为食品生产者提供服务的人员以及食品加工者都必须服从这一原则。食品生产者必须承担这种风险，包括因产品过剩引起的剩余和价格的降低，或者因消费者购买力下降引起的消费量降低，都只能听天由命了。但无论如何，“民以食为天”，任何时候都需要食品。

不管经济是否景气，发达国家人们的食品消费量相当，但是所消费食品的种类却有明显的不同。这种食品消费种类的变化，包括脂肪、肉类、蛋类及其他肉类食品的消费，主要由于健康观念的影响。

表 26-1 显示了近几十年不同类型食品的消费变化情况。数据反映了各类食品消费量的变化趋势。其中红肉的计量单位是胴体重量，鱼肉的计量单位是可食用重量。

表 26-1 美国主要食品年均消费量

| | 1970—1974 | 1980—1984 | 1990—1994 | 1998 | 2002 |
|---|---|---|---|---|---|
| 红肉，剔骨后重(lb) | 126.2 | 121.4 | 111.3 | 115.6 | 113.6 |
| 禽肉，剔骨后重(lb) | 34.1 | 42.3 | 60.4 | 65.0 | 66.9 |
| 鱼，可食用部分重(lb) | 12.1 | 13.0 | 14.9 | 15.1 | 22.0 |
| 鲜蛋及其制品(枚) | 299.0 | 264.0 | 235.0 | 243.6 | 250.0 |
| 牛奶，包括奶饮品(lb)[a] | 770.1 | 665.1 | 629.5 | 582.5 | 521.5 |
| 奶酪(lb) | 12.9 | 19.5 | 25.7 | 28.5 | 26.7 |
| 其他奶制品(lb) | 40.9 | 45.0 | 53.6 | 50.1 | 48.1 |
| 新鲜水果及其制品(lb) | 229.0 | 260.0 | 269.1 | 272.8 | 261.8 |
| 蔬菜，鲜重(lb) | 335.6 | 339.0 | 394.2 | 363.1 | 358.4 |
| 谷物及面粉(lb) | 135.1 | 147.0 | 191.6 | 175.5 | 181.2 |

a. 包括酸奶、奶油和速冻食品。

来源：改自 USDA，ERS，Food Review 18 (2)；6，1995，5—8；Statistical Bulletin，965，1999，Agricultural Outlook，July 1999，Food Review，Winter 2002。

调查表明，1994 年，美国人从脂肪中获取的能量占所需能量的 33%，这个数字低于 20 世纪 70 年代后期的 40%，该比例自 1993 年到现在仍在一直下降。一般的标准是从脂肪中获取的能量应高于 30%。现在，绝大多数人由于工作时间缩短，机械化程度提高，劳动强度降低，因此所需的能量也减少。同时社会上强烈宣传降低体重的好处，保险公司、教育机构和其他机构研究表明，超重的人不长寿。

有些人过度地关心外表，想变得苗条，所以零售店购买肉时会更多地考虑能量问题。他们通过修去肉块上的脂肪以降低食物中的脂肪含量，同时减少含能量高的食物摄入量。“增加蛋白质摄入，同时减少能量摄入，对于保持健康、特别是老年人的健康，十分有益”，这一观点已被人们广泛接受。表 26-2 为美国研究理事会推荐的人体最佳摄入量水平。

目前美国的肥胖人比例几乎是过去 10 年的 2 倍，估计约有 64%的美国人是超重或肥胖患者。更严重的是，幼儿和青少年中的超重患者比例也在明显增加。目前，约有 15%的幼儿和 6～19 岁的青少年超重，远高于 1980 年的 5%。肥胖不但导致健康问题(增加患Ⅱ型糖尿病、心脏病、关节炎的概率)，同时还影响一个人的自尊心。美国人超重问题的主要原因是缺乏锻炼和频繁的外出就餐。在前面我们曾提到，人们外出就餐的比例正在提高，而且各种场合下的食物中都含有极高的能量。

尽管美国时有通货膨胀问题，但与 20 世纪前 50 年相比，一般消费者的可支配收入越多，其购买力也就越大。同样也有能力购买更多昂贵的高蛋白食品。随着食品加工业、储藏及运输技术的提高，人们对易腐败食品的购买量也随之增加。

尽管总体上人均食品消费总量没有太大变化，但是不同食品类型、甚至不同家畜产品的消费量之间却有明显的差异。如果一种食品的消费量增加，是由于消费者收入增加，健康问题、一时的爱好、食品价格降低、有效的销售计划及广告和促销活动，则可能会引起另外一些食品消费量的降低。

表 26-2 美国主要健康机构推荐的热量与营养物质的理想摄入量

| 名称 | 推荐量 |
| --- | --- |
| 热量 | 摄入量取决于个人的需求和对体重的要求 |
| 能量来源 | |
| 脂肪 | 成年人少于 30% |
| 饱和脂肪酸 | 成年人少于 10% |
| 多不饱和脂肪酸 | 成年人少于 10% |
| 单不饱和脂肪酸 | 成年人少于 15% |
| 胆固醇 | 成年人每天的摄入量低于 300 mg |
| 钙 | 推荐饮食用量(RDA)与年龄、性别有关 |
| 铁 | RDA 与年龄、性别有关 |

来源：改自 Glaser, L. K., National Food Review, 12 (1989):1.

为增加销售量而进行的肉类促销活动，我们将在 26.5 进行叙述。其他食物，例如柑橘、土豆、小麦、牛奶等食品的生产者和加工者同样需要花钱做促销。尽管这些促销活动的效果并不明显，但有些促销活动仍然十分有效。是否所有食物的销售量(以干物质为基础计)都能通过促销活动而增加，还是个疑问。

## 26.3 影响肉类消费的地理和其他因素

南部各州的肉鸡人均消费量较高，而红肉消费量则不高。红肉消费量最高的地区位于北部中心地带，那里是牛、羊、猪的集中养殖区。但是，与地理位置相比，风俗习惯、收入及其他因素对消费量的影响可能更大。

品质良好的分级牛肉销售渠道较好，但也存在明显的地域差别。收入高的地区、批发商和零售商更乐于购买高质量、体重大的肉牛。商业人士、观光者、旅游者在餐馆里经常点牛肉类的菜。调查表明，当人们在外就餐时，通常会吃更多的肉，而且是高质量的肉。

出售的羔羊，特别是来自中西部和东部育肥场的羔羊，无论体型大小、体况还是体重，都比较相似。大多数羔羊屠宰后都遵循 USDA Choice 或 USDA Prime 的分级标准。有些羔羊质量也存在地域差别。西部一些地区的羔羊直接来自放牧场，饲喂的谷物较少，育肥后体重偏轻。随着西部谷物种植面积的扩大，育肥场数量的增加，这种地域差异正在逐渐缩小。

地域差别只是造成肉制品差异的一种因素，而非必然因素。地域差异主要由以下几方面原因相互作用而产生：

- 用于生产高质量育肥猪、牛、羊的谷物产量。美国西南、东南及落基山脉地区用于育肥的谷物相对较少。

- 运送各等级的牛、羊肉到全国各地的费用。
- 现行的收入水平和质量标准。
- 肉制品加工者、批发商、零售商的生活及风俗习惯。
- 地理区域、乡村与城市、收入水平、某一区域人口数量的增加引起的环境问题、质量标准等引起的差异。城市的家庭主妇在食品(包括肉食)上的花费要高于乡村,高收入家庭更普遍的选择便利的外出就餐[①]。

用于食品的花费还受家庭成员数量的影响。比如,成员较多的大家庭通常生活相对简朴,购买在家就餐时所需食品是其主要花费,很少购买昂贵食品(如购买普通牛肉而不是眼肌肉)。

26.3介绍了食品的需求弹性及其需求弹性小的原因,即使人们购买力很强,但也不会吃太多的食品。而且,与低劣食物相比,现在人们更多的食用高质量食品,例如肉、蛋、奶类等。现在人们对于高品质的食品或某种有特殊价值的昂贵食品的购买力在不断增加,而不仅仅是增加食品数量的购买。

从经济学角度看,羔羊肉、火鸡肉、牛排等类食物的需求弹性远远大于猪肉、普通牛肉和午餐肉。购买力的增强引起羔羊肉、火鸡肉、牛排等消费量的增加,而对于后者却几乎没有什么影响(只有略微的下降)。

猪肉在美国通常被认为是较低等的肉类。对于大多数家庭来说,猪肉是餐桌上最常见的食物。只有在西部地区,由于那里的猪肉产量较少,才作为招待客人的食品,而这些地区的猪肉消费量和收入密切相关。

## 26.4 节假日和宗教信仰

肉的消费量与节假日或宗教信仰有很大关系。例如,尽管一些家庭喜欢吃火腿,但在感恩节和圣诞节,火鸡则成了那一天必须食用的传统食品。

天主教徒在复活节前的第7个星期三和耶稣受难日是禁止吃红肉和禽肉的。教义规定,在四旬斋期间的每个礼拜五是禁止吃肉的,但这一规定并不是绝对的。现在,由于天主教徒逐渐接受了在四旬斋过程中食用速食食品,并限制自己每天只食用一次肉食,所以宗教对肉类消费量的影响已远小于从前。

犹太教的饮食风俗习惯(犹太饮食法典)对美国犹太人的饮食习惯也产生一定的影响。传统而保守的教义对于犹太饮食法典必须严格遵守,该法典禁止食用猪肉或猪肉制品。而牛肉和羊肉也只有根据严格的工序进行屠宰、检查以及制备才可食用。

25.1已经介绍过犹太教宰杀动物的步骤。教徒们禁止食用动物血、坐骨神经和内脏,牛羊主要的动脉和静脉血管也必须切除。从臀部切除坐骨神经和与其相邻的血管是一项复杂耗时的工作,所以臀部经常作为非犹太人食用部分出售。传统的犹太人只食用牛羊的前半部分。

---

①Smallwood, D. M., et al. Food Review 18, no. 2 (1995): 16.

供犹太人食用的牛、羊通常在靠近销售地点的地方宰杀，因为供犹太人食用的新鲜肉的保存时间在未经洗礼前不能超过 72 h，就算经过洗礼的肉放置时间太久也不易出售。因为新鲜肉在冷却前容易剔除血管，所以犹太肉贩更乐于购买那些刚刚宰杀的牛羊肉。商人在市场上收购优质牛、羊的同时，转手卖给犹太人。

其他一些特殊的犹太教节日也明显影响肉类生产者和加工者。犹太人不使用阳历而使用阴历，阴历一年只有 364 天，节日的日期很难确定。犹太教的屠夫除了每个礼拜六禁止屠宰外，阴历年中的其他 13 个节日也禁止屠宰。有时，10 天之内有 4 个禁屠日，有时，连续两天都是禁屠日。在这些节日中，对依赖于向犹太人出售高品质、加工好的牛羊肉商贩们有较大影响。特别是如果节日在周末之前，影响更大。

## 26.5 肉类和肉制品的宣传

肉制品是一种可以和其他高蛋白动物产品（奶酪、蛋类和鱼类）竞争的食品。同时，与其他种类的食品相比，肉制品也具有一定的竞争力。因为消费者在不停地选择：早餐时是吃面包还是熏肉和鸡蛋，午饭喝豆浆还是吃汉堡包，晚饭吃炖菜还是烤猪肉？许多美国人每天至少吃两顿肉，但肉制品与非肉类食品的竞争仍然存在。

肉制品宣传广告的目的是促使人们花更多的钱购买更多的食品或者昂贵的食品，这是肉制品促销活动的本质。一些促销活动大力宣传日常饮食中肉的营养价值及摄取充足的肉类制品对人体，特别是对青少年和老人的重要性。一些食品，如炸鸡，烤牛肉或熏制火腿等，其促销侧重于食品的风味、口感、多汁性和嫩度。另外，有一些广告宣扬吃肉是身份的象征，但现在此类广告已明显减少。

促销是加工商的一项主要业务，肉制品加工者和零售商一般都会对肉制品进行促销。由于肉制品对于零售商来说利润较高，所以他们愿意花钱为肉制品做广告。各种不同的促销手段对于促进肉的销售量大有帮助。

许多肉类组织在全美范围内进行宣传活动。如以前的美国畜禽及肉制品协会①，就拥有众多的员工，并受到产品加工者、市场营销者、批发商和零售商的大力支持。该机构为人们提供专业人才和信息，并开展多种宣传活动，如电视、广播和烹饪学校，举办肉制品展览及现场演示等，同时还为学校提供各种教学材料，为食品杂志提供原料信息。这些活动的经费主要来自肉类生产者，由市场经销人进行策划，内容必须符合肉制品加工者的要求。机构的经费通常由大学的研究小组管理。

美国肉类协会（American Meat Institute）是一个全美范围内的加工商贸易协会，制定肉制品生产过程中的技术要求和行业标准，并且经常召开学术研讨会，举行设备展览。该协会提供及时的技术信息，并帮助会员们提高加工技术。

其他贸易组织如美国肉类加工者协会（American Association of Meat Processors，主要是小型加工企业商贩）、美国肉类协会（American Meat Institute，主

①美国畜禽及肉制品协会（National Live Stock and Meat Board）的角色已经由美国牛肉生产者协会（National Cattleman's Beef Association）和美国猪肉生产者理事会（National Pork Producers Council Board）取代。

要是大型加工企业）、美国肉类联合会（American Meat Association，其前身是国家独立肉联厂主协会（National Independent Meat Packers Association）及国家肉类销售者联盟（National Association of Meat Purveyors）等。这些组织同样执行行业中的技术要求和行业标准，并为会员们举办教育培训。

## 26.6 营养价值

为准确比较食品中的营养成分，应以干物质为基础。表 26-3 中列出了风干基础上的各类肉制品及其他食物的营养成分含量。

同等肥度的肉在风干基础上的蛋白质含量从 20%～80%（每 100 g 中的含量）不等。谷物和蔬菜中蛋白质的含量为 2%～10%。一些谷物生产者在广告中声称他们的产品中蛋白质含量高于肉制品，也许风干的谷物中蛋白质含量可能会高于某些新鲜肉块，但这种可能性非常小。因为在去掉肉中的水分后，肉中蛋白质含量比谷物中蛋白质含量高出许多。

表 26-3　风干基础上，每 100 g 肉制品及其他食品中所含的营养物质

| 食品种类 | 热量 (kcal) | 蛋白质 (g) | 脂肪 (g) | 脂肪酸 | | | 维生素 A (IU) | 烟酸 (mg) |
|---|---|---|---|---|---|---|---|---|
| | | | | 饱和脂肪酸(g) | 不饱和脂肪酸 | | | |
| | | | | | 油酸 (g) | 亚油酸 (g) | | |
| 熏肉，烤肉 | 554 | 26.1 | 52.2 | 16.3 | 2.40 | 4.6 | 0[a] | 5.2 |
| 脂肪含量 21%的碎牛肉 | 561 | 47.8 | 40.7 | 16.8 | 16.1 | 1.0 | 72 | 10.5 |
| 扒里脊牛排 | 282 | 45.5 | 8.7 | 3.7 | 3.3 | 0.4 | 22 | 8.9 |
| 烤制火腿 | 563 | 41.4 | 43.7 | 15.6 | 18.2 | 3.9 | 0[a] | 7.1 |
| 烤肉 | 422 | 73.9 | 12.3 | 3.9 | 4.4 | 2.3 | 281 | |
| 炸肝 | 468 | 52.8 | 21.6 | 6.0 | 8.4 | 2.2 | 109 000 | 33.6 |
| 炸土豆片 | 441 | 6.5 | 22.9 | 5.6 | 3.9 | 10.8 | 0[a] | 5.2 |
| 油炸圈饼 | 498 | 7.3 | 26.7 | 8.0 | 14.1 | 8.0 | 60 | 1.9 |
| 燕麦粥 | 56 | 2.2 | 0.9 | 0.2 | 0.3 | 0.4 | 0[a] | 0.1 |
| 全脂牛奶 | 465 | 24.8 | 24.8 | 15.8 | 6.5 | 0.6 | 961 | 0.6 |
| 脱脂牛奶 | 348 | 32.8 | Trace | 1.2 | 0.4 | Trace | 2 050 | 0.8 |
| 含大量凝乳的白干酪 | 446 | 53.0 | 19.0 | 12.2 | 4.6 | 0.4 | 7.3 | 0.6 |
| 水煮蛋 | 554 | 41.5 | 41.5 | 11.8 | 13.8 | 4.2 | 1 800 | 0[a] |

注：食品间营养成分的比较是建立在统一的风干基础上（90%的干物质含量），前提是从食物中摄取的水与饮用水的营养作用相同。

a. 表示所含物质为零或可忽略不计。

来源：改 USDA，SEA，Nutritive value of foods；Home and Garden Bull. 72，September 1978.

与第 5 章中提到的非反刍动物一样，人类也需要从饮食中获取必需氨基酸（蛋白质的基本组成单位）。例如只饲喂植物性饲料的猪会缺乏一些营养元素，如果人们的日常饮食主要由作物和蔬菜构成的话，也会缺乏这些重要的营养元素。

而肉类食品却能够提供比例适宜的各类氨基酸。

表 26-3 的数据显示，在风干基础上，除燕麦含有大量的纤维外，各种食物所含的热量都相差不大，但脂肪含量和饱和脂肪酸的含量却差异较大。有研究者认为这 2 种物质的含量与人类心血管病的发生有很大关系。同时研究也指出，肉鸡、脱脂奶、动物肝脏和瘦肉中饱和脂肪酸含量较低。

尽管心血管病受到遗传、日常运动量和情感等诸多因素的影响，但心血管健康与饮食的关系越来越引起研究者的关注。

由于氨基酸是构建组织的重要成分，所以对于处于生长发育期的青少年和老年人来说，氨基酸可以加快组织修复，因此，应该在日常饮食中补充大量肉类。而对于手术后或意外受伤失血过多的人更应提供高蛋白食物。

第 3 章中我们把提供能量的营养物质划分为 3 类——碳水化合物、脂肪和蛋白质。肉类中碳水化合物含量非常低，而主要以脂肪和蛋白质作为供能物质。

肉的能值变化与肉块所在部位、育肥程度及脂肪含量有关。许多人在吃肉时会剔除多余的脂肪，仅食用瘦肉部分或者通过减少每天肉制品的摄入量来减少能量的摄入。

许多氨基酸是机体用来合成酶或激素的原料。同时身体的蛋白质代谢过程也是需要消耗大量能量的过程。事实上，肉并不是一种高能食品。瘦肉是减肥食谱中的主要食物，它真正含有的能量很低，由于节食的人每天摄入的食品总量较少，肉制品可以补充其他普通食品无法供给的维生素和矿物质。

与其他种类的食品相比，肉类含有丰富的维生素（表 26-3）和矿物质，尤其是维生素 $B_{12}$ 和铁。肝脏和一些其他部位的肉中这些营养元素的含量非常高。因为肝脏是身体新陈代谢的中心，维生素和微量元素作为身体重要生化反应的催化剂存在于此，同时肝脏也是此类营养元素的储存仓库。

## 26.7 嫩度

肉的嫩度是消费者购买肉时关心的一个重要指标。通常人们认为，肉越嫩，食用时的口感越好。但是有些关于肉嫩度的研究结果却与此恰恰相反或者很混乱。原因主要有以下几个方面：(1)人工咀嚼和机器搅碎所测定的嫩度是完全不同的，而这两种测定嫩度的方法都在研究之中；(2)嫩度测定的标准较主观、不够精确；(3)有许多因素影响肉的嫩度；(4)一些未知因素的影响。

人们都知道不同肉的嫩度差别很大。不同物种，同一物种的不同品系，甚至同一个体的不同部位，肉的嫩度都不尽相同。就算在相同环境饲养，同一年龄、同一体重、同一育肥水平屠宰后的肉嫩度也变化极大，这表明遗传是影响嫩度的一个原因。表 18-1 中牛肉嫩度的遗传力达 60%，说明遗传是影响嫩度的主要原因。

有研究表明，肉的嫩度与肌纤维大小有关。肌纤维越细，肌肉纹理越细腻，肉的嫩度越好。随着动物的成熟，肌纤维不断变粗，肉的嫩度也随之受到影响。但生长成熟过程中的一些其他变化可能会抵消一部分由于肌纤维变粗而引起的嫩度下降。短时间内用高浓度日粮育肥肉牛所生产的肉嫩度较佳，延长育肥时间会降低肉的嫩度。大部分关于禽肉的研究都表明，年龄越大的禽肉嫩度越差，而肉鸡由于宰杀时年龄较小，所以肉的嫩度上基本不会受到影响。

用高能日粮饲喂的畜禽由于肌间脂肪(大理石花纹)的沉积,会在某种程度上提高肉的嫩度。但是,用机器测定的大理石花纹沉积状况与肉嫩度的相关性要低于用人工品尝方法测定的相关性。无论以上的研究结果正确与否,肉中的大理石花纹沉积越多,品尝者就会感觉肉越嫩。大多数的研究都认为大理石花纹的沉积状况会影响嫩度的3%～11%。

将肌纤维约束成束的胶原蛋白等结缔组织对肉的嫩度也有明显影响。胶原蛋白和弹性蛋白嵌合在三级结缔组织中,它们由液态转变为胶原态,一般称之为"基础物质"。由于肉中结缔组织的含量很难测定,所以其成分多少对嫩度的影响目前还知之甚少。随着动物成熟而增多的结缔组织会降低肉的嫩度①。

不当的育肥方法会增加肉中的结缔组织含量②。饲喂方式也会直接影响肉的嫩度,从而影响育肥效果。

普度大学的一项研究表明,通过切片取样试验,比较火鸡屠宰后立即加工和冷却3 h后再加工的肌肉嫩度,可以看出冷却后再加工的肌肉嫩度有一定的提高(表26-4)。为了获得最佳的储存效果和最大的嫩度,冷却45 min后保存在61℉,或冷却45 min保存在46℉,或冷却后90 min保存在32℉时,均可达到最佳效果。与小母牛和阉牛相比,母牛和公牛屠宰时年龄较大,因此肉嫩度欠佳。由于母牛和公牛的育肥程度较低,所以胴体冷却后容易变硬,降低了肉片和肉干的嫩度。这类胴体适于加工成肉末或混合肉制品,这类制品由于大理石花纹较少,所以看上去较硬。美国农业部基于肉的成熟度和大理石花纹沉积状况而制定了胴体质量分级标准,这也就限制了嫩度的测定工作。

动物一生中最常用的肌肉被称为运动肌肉,肉质较硬。沿着牛、羊、猪背部分布的腰肉(主要是腰肌)和眼肌(背腰最长肌)都称为支持肌肉,肉质都很嫩。眼肌主要位于腰和肋骨部位,并一直延伸到颈肉(或羊和猪的颈肉)。腰肉是位于腰椎下的最小肌肉。

时下,人们都在努力寻找一个可以在活体动物身上进行肌肉嫩度预测的性状。该性状不但可以用于评价屠宰后的肉嫩度,而且可以用于选择育肥个体和育种。一些科学家认为,一定的育肥时间比胴体分级能更有效地保持嫩度,而另一些则认为一定的脂肪厚度对保证嫩度十分必要。

**表26-4 火鸡腿部的平均剪切值**

| | 胴体冷却时的温度 | | | |
|---|---|---|---|---|
| | 61℉ | 61°—46°—32℉ | 32℉ | 平均值 |
| 公鸡[a] | 8.83 | 8.84 | 9.58 | 9.08 |
| 母鸡[a] | 9.54 | 9.91 | 12.15 | 10.53 |
| 平均值 | 9.19 | 9.37 | 10.86 | 9.81 |

a.表示母鸡与公鸡肉的嫩度存在差异。

来源:Welbourn, J. L, et al., Food Sci. (1998): 450.

由于屠宰后胴体肉的成熟,通过机械切割、高温、冷冻或电流等刺激,肉的嫩

①Dutson, Thayne R. Proc. of Reciprocal Meat Conf., 1976, p. 336.

②McIntosh, E., Nelson, D. C. Acker, and E. A. Kline. J. Agr. and Food Chem. 9(1961):418.

度会有所提高。提高肉嫩度的一些方法我们已在 25.7 中介绍过。烹调方式也会影响嫩度，但不同部位烹调后嫩度的变化，或不同烹调方法对嫩度的影响我们就不在这里详细说明了。

由于肌纤维被冰晶结构撑裂，结缔组织被拉伸破坏，所以冷冻肉的嫩度较鲜肉大。肉保存在－10℉时，嫩度会明显增加，但如果继续降低温度，嫩度不会再有所改善。但如果保存温度高于－10℉，则会因为冰形成的结晶过大，严重破坏了组织结构，在解冻时汁液损失过大而影响肉的嫩度。

## 26.8 风味和香气

一般年龄较大的畜禽肉及小腿、肩膀和腰腹部的肌肉风味较浓。尽管在加热过程中半固态的脂肪对肉的风味也有一定的影响，但大理石花纹的沉积状况是影响肉风味的主要因素。

很多人推测肉的风味与氨基酸，特别是谷氨酸有关。同时嘌呤、核苷酸、核苷也都会影响肉的风味。

与影响肉香味的因素不同的是，影响肉风味的化学因素均是不易挥发的。肉的风味主要是由一定量的糖、脂肪和小分子蛋白质产生，在牛肉着色深的部位榨出的肉汁中含有大量的这些成分，当然肉汁中也含有一定量的芳香因子。

研究者们目前已查明，鸡胸肌中至少含有 15 种风味因子，在消化道内发现这些因子，并且通过特殊的微生物活动起作用。还有一些研究显示，在正常条件下饲养的鸡肉会产生一种特殊的，强烈的"鸡肉风味"，而在无菌条件下饲养的鸡则缺乏味道，其消化道中正常菌群数量也较少。

肉中的大部分风味，特别是一些特殊畜种的味道，都来自于脂肪。在去掉脂肪的情况下，人们很难再分辨清楚肉的品种。

敞开放置的未经包装的新鲜肉，其风味会减弱，这也许能证明风味因子是挥发性的，但是也有可能这些特殊因子在空气中被氧化或发生了其他特殊的化学反应而引起了变化。

然而一般在吃肉时，很难从肉的风味中分辨出肉的香味。显然，肉的芳香因子也具有芳香性，这是因为肉的风味很浓，且包括了各种香味。

因为猪肉脂肪中的化学成分不如鸡、牛、羊脂肪中的稳定，容易氧化产生不良气味。而空气和盐分会加重这一不良气味 ，因此劣质包装的熏火腿、熏肉和香肠，特别是暴露在空气中储存相当长时间后极易产生氧化酸败的不良气味。所以猪肉的保存期一般是冷冻后不超过 6 个月，如果是腌制品储存时间应更短。

猪的身体上有时会有一种特殊的难闻气味，被称为"性别气味"或"公猪气味"。虽然这种气味被认为是成年公猪特有的气味，但事实上该气味并不只局限在公猪身上。无论什么品种，青年母猪、阉公猪和经产母猪都和公猪一样有这种气味。尽管这种气味产生于脂肪，但是其产生原因目前还没有弄清楚。

## 26.9 大理石花纹

大理石花纹是由于脂肪沉积在肌纤维间形成的，通常与动物饲养的时间及高能日粮的饲喂有关。大理石花纹的形成也受遗传因素的控制。

研究表明，大理石花纹的形成会增加肉的汁液性，改善肉的风味，提高肉的嫩度，所以有大理石花纹的肉食用时口感较好。人们买肉时也会偏好有大理石花纹的肉。

肉类鉴定专家一般通过视觉对肉中的大理石花纹进行鉴定。虽然这种鉴定方法带有主观性，但仍有高水平的鉴定专家——他们在2个不同的场合能准确地给特定的分割肉打出相同的分数——因此评分技术仍是有价值的。脱脂肉（除去表层脂肪的肉）通过醚提取方法测定肌肉中的脂肪总含量，虽然该指标很重要，但并不能很好地反映大理石花纹分布状况。另外，还有其他一些测定方法：(1)随机取一正方形肉块，计数其表面的大理石花纹花片；(2)测定脱脂肉的重力；(3)使用敏感的光学仪器，观察光在肉表面的反射情况；(4)采用电子成像技术；(5)使用超声波测定。

## 26.10 色泽

牛肉的最佳颜色应该是浅红色或亮樱桃红色，小牛肉以灰粉色最佳，羔羊肉应该呈深粉色到紫红色，新鲜猪肉的正常颜色应该为灰粉色到粉色。对于禽肉，皮肤表面有略微色素沉积的要优于纯白色的。

这些颜色是由色素沉积在肌肉上形成的，受到色素浓度和化学特性的影响。肉色会随饲喂方式、宰前预处理、储存、光线、包装、空气、腌制情况及其他环境因素的改变而变化。

肌肉的颜色变化范围很大，不同畜禽，或同一个体胴体的不同部位，颜色都有所变化，这种情况在猪肉上最常见。因此"双色"火腿十分常见，这种火腿肉在靠近骨的地方颜色较深，而靠近表面的地方颜色较浅。鸡和火鸡的腿部、背部肌肉为深粉灰色，而胸部和翅膀上肌肉的颜色则较浅，呈半透明状。鹅和鸭的胴体颜色都相对较深。

肌红蛋白是肌肉的主要色素来源。它在肌肉中的浓度及其化学衍生物的转化程度是影响肌肉颜色的首要因素。

同一物种不同个体肌肉颜色出现差别的原因至今还没有完全弄清楚，但可以肯定的是，这与肌肉的功能有关系。肌红蛋白浓度是可以遗传的。肌红蛋白浓度及其转换程度与育肥方式、宰前处理、宰后肌肉 pH 值下降等有关。屠宰前饲喂牛高能日粮能加深牛肉的颜色。屠宰前一段时间内通过饥饿与降温相结合的方法，也可加深牛肉或猪肉的颜色。

## 26.11 贮藏

最常用的保存方法是将环境中会引起组织腐败的因素——水、空气、高温等去除或限制其功能活动,从而避免肉的腐败。例如罐装食品就是通过杀死腐败菌并隔绝空气来防腐的,低温也可通过限制或杀灭腐败菌的活性而用来防腐,去掉食品中的多余水分也可以防腐。25.8 中提到的腌制方法是由于增加了盐的浓度而阻碍了细菌的正常活动。

但有一些保存方法会造成肉的风味和颜色变差,或者改变肉的其他特有品质。这些不良变化可能发生在防腐过程中,也可能发生在后期的储存过程中。

26.10 曾提到腌制肉时会引起肉的颜色发生变化。腌制配方中的亚硝酸钠可以固定腌肉的颜色,盐和糖会形成腌制产品特有的风味。这种颜色和风味深受爱吃火腿和熏肉的人喜爱。但正如 26.8 中提到的,过高的盐浓度在长期保存时会产生腐臭味,而真空包装可以避免这种现象的产生。

目前最实用的肉制品保存方法是冷冻保鲜法。具体方法是将肉由－10℉急速降至－30℉,以免在冷冻过程中结成过大的冰晶而破坏肉的结构,随后再保存在 0℉左右。在此温度下冷冻并保存,可以杀死或抑制腐败菌的活动,同时也可以抑制肉中酶的活性,从而在保质期内维持肉特有的风味、色泽、芳香等品质。如果包装良好,禽肉、牛肉、羔羊肉可以保存 6 个月以上,但 6 个月是新鲜猪肉的最长储藏期,而腌制的猪肉只能保存 2 个月。

尽管大部分火鸡肉、部分鸡肉和一些加工过的红肉制品以冷冻的形式在零售店中销售,但是在零售店里购买冷冻肉的现象仍不是很普遍。大量调查研究显示,随着肉在加工厂被分割、包装、冷冻、储存,肉制品的规格越来越统一,冷冻牛排以及其他分割肉深受顾客喜爱,同时,零售业的人力及营业面积有所下降①。同时,由于顾客及零售商的顾虑,加之协会的合同约束,制约了冷冻分割肉的加工。预计今后便利店中的冷冻肉销售量会大幅增加,虽然便利店货架有限,但各类分割肉可采用小包装。

冷冻脱水法是一种安全有效的肉制品保存方法。但是如果在真空或空气中脱水,仍会引起风味和质地的变化。在真空冷冻条件下脱水,形成的冰晶会直接变成水蒸气,肉中的水分含量将降低 1%～2%。经这种方法处理的肉可以在室温下保存而不变坏。在食用前,这种肉应复水 15 min。这种食品在旅行者、登山运动员和军事人员中十分流行,这种方法也常用于加工速食汤。

延长食品的货架期,可以降低损失并为消费者提供优质的食品。而延长货架期所采用的食品短期防腐技术有很多种。堪萨斯州立大学研究发现,增加钾含量至 10%,既可以保持肉的芳香,又可控制菌群数量,与普通保存法相比,可延长 1 倍的保存期。

用阴极管发出的电子波或放射性元素发出的放射线照射食品,产生的放射性食品也有很好的保存效果。当这些电子波和放射线穿透食品时可以杀死食品中的大部分甚至全部有害菌,而杀菌的效果取决于放射波的剂量。高剂量的放射波

---

①Tuma, Harold J., et al. Frozen Meat. Kansas Agr. Exp. Sta. Research Pub. 166, 1975.

照射后会破坏肉的风味、香味和色泽。这种风味的变化是由于肉中的脂肪和含硫氨基酸被破坏而产生的，大部分人不喜欢这种变化，通常牛肉比猪肉更易发生这种不良反应。

低剂量放射线进行照射也可有效的延长肉制品的保质期，如照射后，鸡肉在34℉下可由原先的10 d延长到60 d，而不会引起明显的风味和色泽的变化。与普通方法相比，低剂量照射会杀死更多的有害菌。但是经照射处理杀菌后的肉制品应立即包装，防止有害菌的二次污染。

限制放射防腐法应用的原因是放射处理会影响肉中的酶活性。这样，一方面放射处理极大的延长了食品的保质期，而另一方面未丧失活性的酶仍然会将肉降解。因此，放射防腐法主要用于已丧失酶活性的熟肉制品。采用放射方法延长保质期时会使得分割肉有轻微老化和嫩度降低的现象。

微波处理15～20 s可以大幅减少常见腐败菌的数量①，同时也可以杀灭一部分病原体。这样极大的延长了食品在家用冰箱中的保存期。

## 思考题

1. 简述在过去25年中，美国人均禽肉消费量的变化趋势和在此期间牛肉、猪肉和羊肉的主要消费方式。

2. 分别列举3个影响总肉制品消费量或影响某种家畜肉制品消费量的因素。

3. 举例说明犹太教徒在制作肉制品加工时的特殊方法。

4. 列举肉中的3种特有重要营养成分，并解释说明这些营养成分对人体的重要性。

5. 比较火腿和燕麦的营养成分差别。

6. 影响肉嫩度的因素有哪些？如何提高肉嫩度？

7. 肉的风味和色泽产生的化学基础是什么？

8. 列举3种肉制品的保存方法，并叙述其原理和方法。

翻译：蒋晓哲，俞英；校对：陈军

①Cunningham，F. C. J. Food Protection 43(1980)：651.

# 第27章

# 羊毛与马海毛
# Wool and Mohair

绵羊属于多产家畜(见彩页B)。如前所述,在世界范围内,反刍动物生产是高效的,也是人类主要的奶源。现代肉用型羔羊生产鲜嫩可口的羊肉,许多人对精心烹制的羔羊腿和羊排津津乐道。这一章着重叙述绵羊的另一个重要(产品)作用——天然动物性纤维:羊毛。本章也介绍一些其他动物纤维。

毛是肉用动物生产的最有价值的副产品。目前为止,天然动物性纤维主要用于纺织品(包括马海毛、山羊绒和羊驼绒等动物性纤维)。对于消费者来说,羊毛是一种值得信赖的且功能繁多的纤维。妇女们穿戴上毛纺织品既保暖,又显得很有魅力。

羊毛用于服装及其他织物已有12 000年历史。现在,基本上每家衣柜里都挂有毛料服装,还有羊毛与其他天然纤维或羊毛与合成纤维混纺的服装。

美国的毛纺工业比毛纺工业大国澳大利亚和新西兰的规模小。例如,澳大利亚一直保持1.2亿只绵羊的饲养规模,每年可生产的净毛①超过10亿lb。新西兰位居第二,有近0.5亿只绵羊,每年生产4.7亿lb净毛。

相反,1998年美国有640万只羊,生产0.49亿lb羊毛,相当于0.28亿lb净毛。现在美国羊毛产量是1970年总量的1/3(图27-1)。但是,肉用型羔羊备受美国农民和消费者的青睐,所以育种主要选择肉用性能而不是产毛量。

虽然羊毛仅占美国消费纤维的一小部分,但却是其重要的组成部分;人年均消费毛量超过1.5 lb(图27-2)。

通常,美国纺织厂中90%羊毛是用于生产服饰的精纺或粗纺用毛。美国本国生产羊毛仅占总消费量的20%,主要靠从澳大利亚和新西兰进口来平衡余缺。

---

①原毛(污毛):指从羊体上剪下的毛。洗过的毛或净毛则表示原毛除去羊毛脂和杂质后的毛。10 lb原毛相当于5.8 lb净毛。

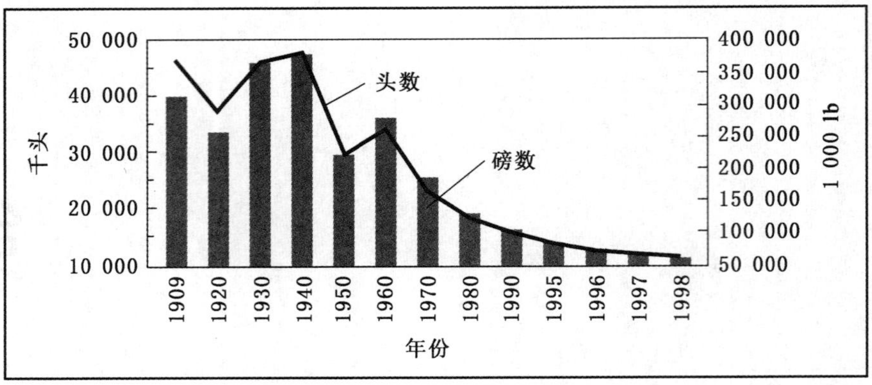


**图 27-1　1909—1998 年，剪毛绵羊、羔羊总数和羊毛总产量。注意：自 1940 年以来，绵羊数量和羊毛产量显著下降。**

来源：USDA.

**图 27-2　近年，美国羊毛消费总量与其他纤维消费所占比例。**

来源：USDA.

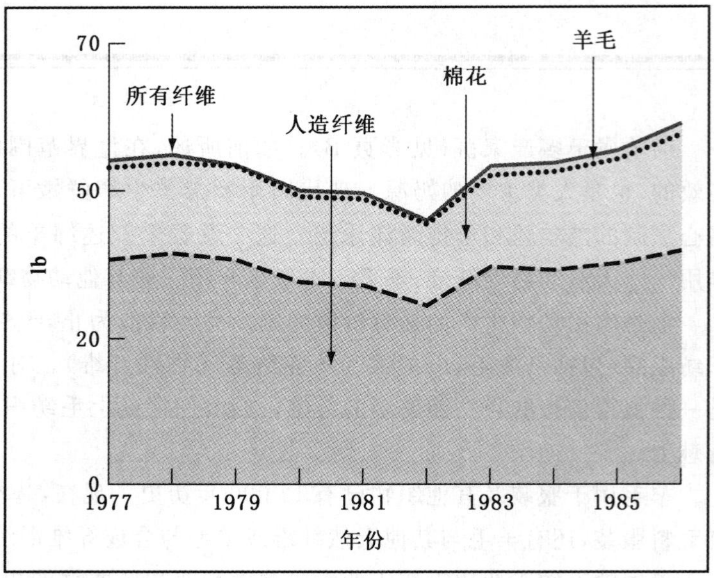


学习本章后，读者应掌握以下内容：

1. 列出并描述羊毛的主要特性。
2. 羊毛、马海毛和其他毛纤维的品质特性或特征。
3. 描述美国纺织业用毛量，并与棉花或化学合成纤维用量比较。
4. 解释羊毛的分级系统，以及支数分级系统和血统分级系统的区别。
5. 列出并叙述羊毛加工的基本步骤。
6. 比较美国和其他羊毛生产大国的羊毛产量。
7. 描述怎样剪毛和销售。
8. 列出除绵羊和山羊之外的其他产毛纤维的动物。
9. 定义污毛（原毛）、净毛、地毯毛、精纺毛、粗纺毛、衣料毛和其他关键词。

## 27.1　羊毛的特性

单根毛纤维的细度为 18～40 μm（或 1/1 000～1/2 000 in），长度为 1.5～

5 in,甚至更长。羊毛主要由氨基酸构成,尤其是含硫氨基酸(蛋氨酸和胱氨酸)。氨基酸之间肽链的连接方式可能会解释羊毛的某些特性。

羊毛有弹性　可伸长30%,也可以压缩,但很快恢复自然形态。这个性质成为某些羊毛含量较高毛纺织物的特性,可以被用力折握、拧拉,但挂一夜,就可以恢复原状。

羊毛纤维中成千上万的氨基酸分子以相互缠绕的链连接在一起,并彼此相邻,这就是化学交联。当拉伸羊毛纤维,这些链就被拉展,一旦外力消失,它们就恢复到原来的自然形态(图 27-3)。

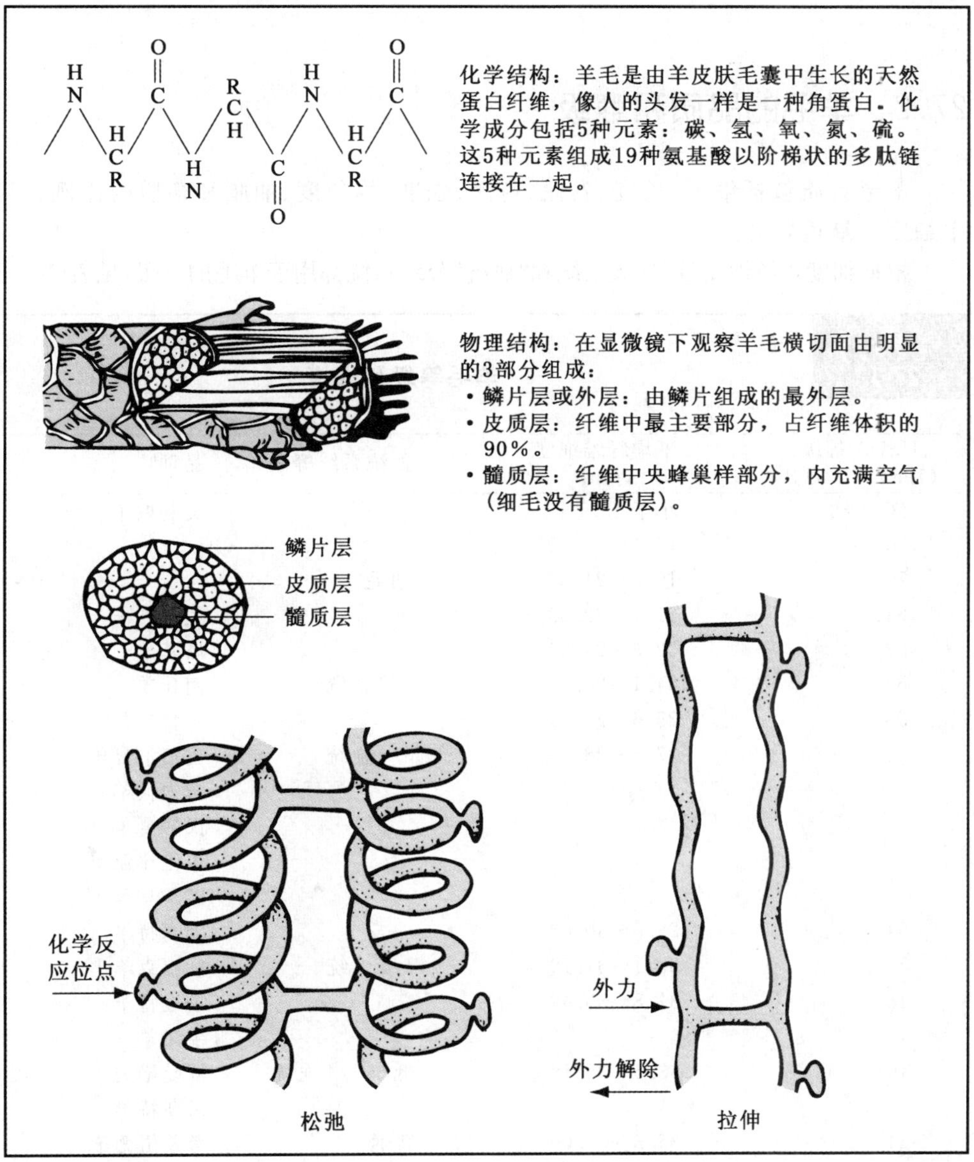


**图 27-3　羊毛纤维的特征。**

来源:American Wool Council.

**卷曲**

羊毛纤维上的自然波浪,使羊毛具有弹力和恢复力。

羊毛有**卷曲**　这种天然的波浪形弯曲增加了羊毛的有效弹性,并使羊毛纤维具有其他优点。弯曲防止了衣服中彼此相邻的纤维靠的太近,这个特性使其具有较强的绝缘性。但这取决于纤维的结构和细度，粗纺纤维60%～80%的体积内含有空气。

每根毛纤维的最外层是扁平的鳞状细胞，彼此交叠在一起，包裹着纤维，像一层很薄的膜，阻止雨水，但水蒸气可以穿透这层膜。纤维中间的蛋白质细胞吸收穿透这层膜的湿气。这种特性可以使水溶性染料与蛋白质反应，使染料与纤维成为一体。

显然，卷曲、鳞片、鳞片下纺锤状细胞的活性使较短毛纤维彼此粘连，纺成连续不断的长毛纱。

羊毛有强度　通常，单根毛纤维的强度大于相同细度的钢铁强度。

## 27.2　羊毛的品质和等级

羊毛品质包括细度、长度、卷曲、色泽、强度、均匀度、油脂和杂质的比例。其中细度是最重要的。

根据细度，"纺纱支数"分级系统和"血统"分级系统都用于羊毛的分级，见表27-1。

表27-1　羊毛等级和规格

| USDA 等级（1969年1月）[a] | 平均纤维细度（μm） | 血统系统等级 | 品种[b] |
|---|---|---|---|
| 细于80 | 小于18.1 | | 美利奴羊 |
| 80 | 18.1～19.59 | | |
| 70 | 19.6～21.09 | 细毛 | |
| 64 | 21.1～22.59 | | 兰布列羊 |
| 62 | 22.6～24.09 | | 塔基羊 |
| 60 | 24.1～25.59 | 1/2血统 | 南丘羊 |
| 58 | 25.6～27.09 | | 蒙特代羊 |
| 56 | 27.1～28.59 | 3/4血统 | 雪洛泊夏羊 |
| | | | 考力代羊 |
| | | | 汉普夏羊 |
| | | | 哥伦比亚羊 |
| | | | 巴拿马羊 |
| 54 | 28.6～30.09 | | 陶塞特羊 |
| 50 | 30.1～31.79 | 1/4血统 | 萨福克羊 |
| 48 | 31.8～33.49 | | 雪维特羊 |
| | | | 牛津羊 |
| 46 | 33.5～35.19 | 低于1/4血统 | 罗曼诺夫羊 |
| | | | 莱斯特羊 |
| 44 | 35.2～37.09 | 普通 | 考兹伍德羊 |
| 40 | 37.1～38.99 | | |
| 36 | 39.0～41.29 | 粗毛 | 林肯羊 |
| 粗于36 | 大于41.3 | | |

a. 最后确定等级标准的时间。

b. 没有根据羊毛细度确定品种的等级。众所周知，品种内的等级范围很广，平均数不能精确确定。

来源：羊毛等级数据来自USDA，C&MS，Marbeting Bull，53，1971。品种表摘自Montana Agr. Exp. Sta. Circ. 218，1958，and Pohle，Elroy M.，"New Wool Standards"，National Wool Grower，1965，11。

尽管“血统”分级系统很有名而且一直被使用，但纺纱支数系统是目前的 USDA（美国农业部）分级的基础。纺纱支数系统实际上反映的是毛纱的支数，即指理论上 1 lb 净毛能纺成长度为 560 yd 的毛纱数。表中所列的 USDA 等级用于毛条（毛条是一种半成品加工毛，也即梳毛机已经将短毛纤维梳理掉后的净毛所纺成的长条，但这种长条还没有被捻成纱股）。

USDA 没有提供分级服务，但是事实上这个标准是进行贸易的指南。

最初，羊毛等级分类系统用于美利奴羊育种。美利奴羊可生产优良、高品质的羊毛，并且细度的遗传力高。由于其他不同品种的发展，原来的“血统”系统已经用来简单地描述相对细度。

细度很重要，因为细羊毛可以纺出更细的纱，织成更紧密的织物，制造更轻的面料和服装。细毛通常卷曲多，这是羊毛另一特性。卷曲使得单根纤维在纺纱的过程具有好的抱合力，因此一根强度较大的纱用几根毛纤维就可以纺成。卷曲也使得衣物更轻，毛感更好。每英寸细毛常有 15 个或更多的卷曲；粗毛的卷曲较少。美国北部的羊毛通常比来自南部的羊毛卷曲多一些。

纤维的长度是影响羊毛品质的因素之一。尽管细毛羊毛被的纤维通常相对较短，但还是越长越好。相同根数的纤维，长度越长，所纺的纱越长。

毛纤维的长度用英寸表示。但是，在毛纺工业中，根据羊毛加工方式的不同，用不同的专业术语来描述羊毛的相对长度，如图 27-4 所示。

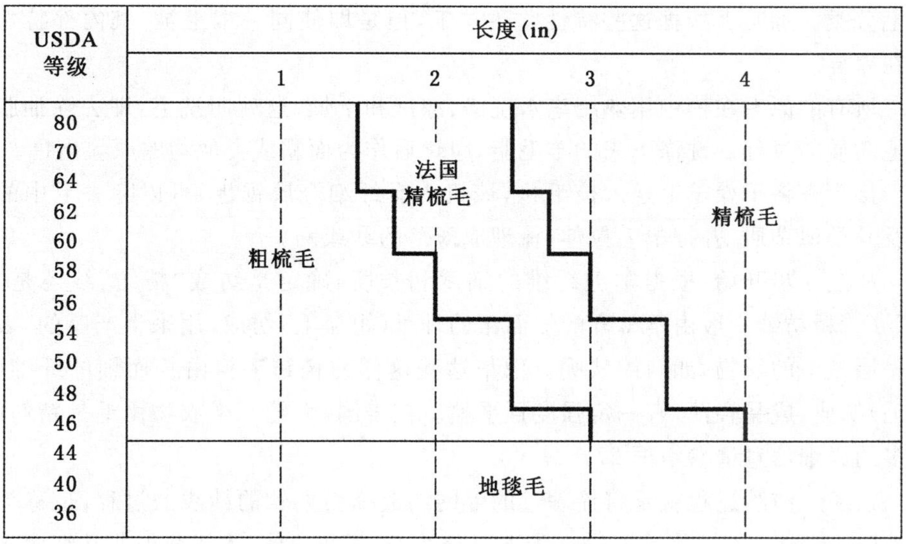


**图 27-4　确定羊毛等级时，长度常与细度结合考虑。**

来源：USDA.

精梳毛长度很长，只用普通梳毛机就可以将纤维梳理、拉直，生产精纺纱。精纺纱很光滑，用来纺织轻且质量高的毛料。这种长度也称毛丛长度。“法国精梳毛”的加工与精梳毛类似，但由于纤维有点短，需使用特殊的梳毛机。粗梳毛长度不够，即使使用特殊的梳毛机进行梳理，也只能做纺织花呢或其他含毛织物的原料。小羔羊和高龄母羊的极短羊毛纤维称作“下脚”毛。因为不能有效地梳理，只能作为制毡或其类似物的原料。

图 27-4 也表明细毛纤维较短，但仍然可以用普通的梳毛机梳理加工。

估计羊毛含脂量时，也应考虑毛被中的油脂及杂质。重10 lb的细毛羊毛被，净毛为5.5 lb，意味着含有4.5 lb油脂和杂质，这是很正常的。换句话说，净毛的缩减率是45%。

细毛羊毛被中油脂和杂质含量通常比半细毛羊或者粗毛羊多。因为很多细毛羊饲养在尘土飞扬的干旱地区，细毛羊含有较多的油脂，因此缩减率可能是60%或更高。来自美国西部的半细毛羊羊毛缩减率通常为40%～53%。有的生产者为了增加原毛等级，常常进行套毛除边，也就是在剪毛时从套毛中除去劣等毛（如头、腿下部、腹部及尿、粪污染部分的毛）。

传统上，经验丰富的买卖双方根据销售经验，按细度、长度、缩减率和其他特性精确估计羊毛品质。近几年，以评价为目的，"核心"羊毛包（"coring" bags）的实行和测定样本数量不断增加。测量纤维细度和分类的仪器是一种专为测定单根羊毛纤维细度的带刻度楔形卡的投影显微镜。包括数字化或光电激光设备在内的新技术，尽管设备昂贵，但可以提供快速和准确的测量①。

## 27.3　羊毛的加工

在工厂，每根毛被都被分成不同的部分，并根据细度、长度以及其他的特性将羊毛分类。加工者根据这些特性购买羊毛，但是即使同一根毛被，其内部特性也存在差异。

所有的原毛在槽中用热肥皂水洗涤、漂洗和干燥，这就叫洗毛，即去除油脂和其他杂质的过程。洗涤下来的羊毛脂，净化后作为面霜或类似物的原料出售。

接下来将干燥羊毛送入梳毛机，该机内有纤细金属锯齿，可以除去毛中的稻草及其类似杂质，并把羊毛拉伸、梳理成薄薄的纱或网。

> **精纺毛料**
> 由细度细而长的纤维纺成的高品质毛纺织物。

从这一步开始，根据羊毛纤维的细度和长度，确定是纺成"精纺"纱还是"粗纺"纱。粗纺纱一般由不整齐的短而粗的纤维（短梳毛）纺成，用来生产厚的、表面有一层绒毛的织物，如斜纹软呢。像华达呢这样的**精纺毛料**由长而细的纤维（精梳毛）纺成，成品轻薄，有一定强度且平整。在美国，大约一半衣物用毛是精纺纱。更多的详细信息请参考框27-1。

粗纺纱纺纱过程就是将梳理过的毛网纺成细而柔软的纱线的过程，也称为纺粗纱（roving）。不过将毛网进一步进行分类、梳理和拉伸，才能获得非常细而光滑的精纺纱。

粗纱纺成纱是用机器将粗纱加捻而成，并将纺成的纱缠在线轴上制成筒子纱。筒子纱有各种各样的用法。当然，大多数可以直接用来编织或用机器织成织物。在洗涤之后的任何加工环节都可以立即染色，包括纺纱阶段和毛料后整理阶段。

---

①Lupton, D. J., et al. "Comparison of three methods of measuring wool fiber diameter." Sheep and Goat, Wool and Mohair, 9 1988. Texas Agr. Exp. Sta., Texas A&M University System.

**框 27-1** 精纺和粗纺的区别

精纺和粗纺是羊毛产品分类中的 2 个种类，不同点如下

| 粗纺 | 精纺 |
|---|---|
| **加工** | |
| 由较短毛纤维纺成 | 由较长羊毛纤维纺成 |
| 长 1～3 in | 长度大于 3 in |
| 由中等细度或直径较粗的纤维纺成 | 由直径较小的纤维纺成 |
| 纤维经洗涤、梳理 | 纤维经洗涤、梳理、精梳、除去杂质 |
| **纱** | |
| 体积大、不均匀 | 细、光滑、均匀 |
| 捻度低 | 捻度大 |
| 伸直强度低于精纺毛 | 伸直强度高 |
| **织物外观** | |
| 柔软 | 毛股较紧 |
| 有绒毛 | 表面光滑 |
| 厚重 | 较轻 |
| **特点** | |
| 由于含有空气更绝缘 | 不太绝缘 |
| 不像精纺产品那样耐用 | 比粗毛产品耐用 |
| 表面的一层细毛会降低光泽 | 在穿着中磨损部分可发亮 |
| 不能很好保持折缝 | 保持折缝和形状 |
| **应用** | |
| 毛衣、地毯、粗花呢 | 套装、服装、华达呢 |

粗纺毛

精纺毛

来源：Fact Sheet ＃2 Processing Wool，American Wool Council.

## 27.4 世界和美国的羊毛生产

近几年，由于美国1/4～1/3的羊毛生产靠进口，所以分析世界羊毛产量非常重要(图27-5)。目前，全世界生产的净毛大约是31.4亿lb(大约56亿lb原毛)，人均净毛量略高于3/4 lb。传统的产毛大国有澳大利亚、新西兰、中国、前苏联和乌拉圭。

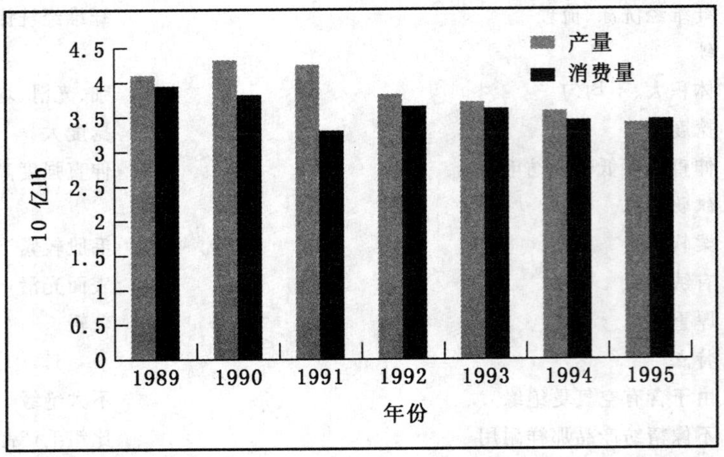


**图 27-5 世界生产和消费的净毛量。**
来源：USDA.

5个南半球产毛大国(澳大利亚、新西兰、阿根廷、南非和乌拉圭)每年的羊毛产量占世界羊毛出口量的2/3。

世界大约80%的羊毛是衣料毛，用来生产服装和类似的织物，如图27-4可分为精梳毛、法国精梳毛和短梳毛。剩余的是地毯毛，用来制造小毯子、地毯填料和类似物的原料。

因为南半球国家的劳动力低廉，并且生产成本较低，羊毛非常便宜，支付了美国进口关税后，在价格上还能与美国本土生产的羊毛竞争。

如前所述，美国的羊毛生产呈下降趋势，毛纺厂的需要量超过本国的生产量。例如，1998年美国工厂进口毛占总需要量的75%，可以预见，将来这种趋势还可能持续。但是，美国每年生产羊毛创造的价值超过了0.29亿美元。在产毛大州，羊毛销售所占份额显著(图27-6)。1998年，5个主要的产毛大州(得克萨斯、怀俄明、加利福尼亚、蒙大拿、科罗拉多)羊毛产量占美国羊毛总产量的51%。

## 27.5 羊毛市场

美国大多数羊只在春季剪毛。春季产毛量占总产毛量的96%，故羊毛供应具有季节性。其他羊毛来源于屠宰羊和羔羊。

尽管羊毛生产具有季节性，如果很好的管理，羊毛是不容易腐烂的，因此，羊毛加工全年是相对稳定的。当南半球秋季羊毛短缺时，厂商可以从秋季产量相对高的地区进口以求供应平衡。

美国平均油脂毛被(原毛)重量为7.8～8.0 lb。在西部的一些州，如蒙大拿州和怀俄明州，羊毛生产是主要的产业，对油脂含量高且羊毛品质优良的羊进行选择，已经成为一种趋势，并且效果较好，羊毛重量通常可超过 10 lb。

剪毛能手用电动的专业剪毛剪几分钟就能将一只母羊或者羔羊的全身羊毛剪下(图 27-7)。保证羊毛具有高品质的关键是剪毛时确保羊体干燥以及羊毛的干燥储存，因为湿羊毛易被霉菌侵蚀。通常为了外观好看，毛被的里面朝外，用纸质绳子捆扎，然后装在大袋子里。

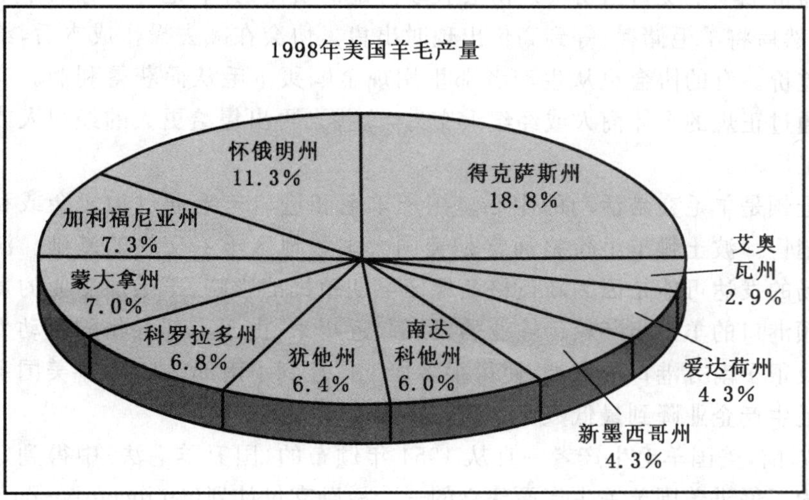


**图 27-6 1998 年十大产毛州的产毛量占美国产毛总量的百分比。除艾奥瓦州外，其余州都在美国西部。**
来源：USDA.

**图 27-7 专业剪毛机剪毛速度非常快，而且还没有“二茬毛”，因此毛纤维长，并且羊体不留茬毛和皮肤创伤。剪毛机在春季的需求量很高，剪毛机剪毛以羊只数收费，通常 2.00～2.50 美元/只。**
来源：Stewart Division, Sunbeam Corporation.

在美国，大多数生产的羊毛通过一种称为“羊毛库”生产者协会销售。这种销售模式在以羊毛生产为主要产业的平原和西部各州很有效。有的协会控制几个州的大多数生产。

羊毛市场合作的优点是显而易见的，特别以羊毛生产作为副产业的很多农场或地区。几乎没有生产者能与市场(价格)变化保持一致，尤其是每年只卖一次羊毛的生产者。美国每年原毛价格变动范围较大。例如，自从 1997 年开始，价格从

1988年每磅138美分，降到1993年的每磅51美分。

很少有生产者能准确判断羊毛等级或缩减率，因此不能很好地与买方交易。由于生产者缺少羊毛储存设备，也不了解贮存方式，如果他们依靠直接销售，只能在货源多而价格低的剪毛时间出售。

贸易协会可以雇佣评价羊毛等级和判断羊毛供应趋势与价格趋势的羊毛分级专家，也可以购买储存设备，并在出售之前将羊毛分成品质不同的级别储存。这样可使货源集中，吸引买方，并为生产者创造了讨价的机会。

生产者通常把羊毛交付给协会。协会收取一定的费用，并登记每个等级羊毛交货的数量，然后将羊毛储存；等到高价出现时出售。协会在减去操作成本后，给生产者支付差价。有的协会也从生产者那里用现金购买羊毛从而获得利润。有的羊毛可以通过正规的个体商人或经纪人交易，这些人再出售给更大的经纪人或者直接卖给工厂。

美国波士顿是羊毛交易活动的中心。国产羊毛和进口羊毛通过拍卖会或私人谈判进行销售。波士顿羊毛价格通常是美国大多数地区羊毛交易的基础。波士顿羊毛市场的发达可能是因为新英格兰地区早期殖民的影响，羊毛加工业的发展以及波士顿港口的羊毛集装箱运输业的发展。近年来，由于南部各州的劳动力成本低廉以及很多南方港口的发展，使得很多加工厂迁到了南部。1996年美国主要的国内羊毛生产企业降到最低数6个。

1996年以前，美国羊毛生产者一直从1954年颁布的《国家羊毛法》中得到好处。此法是为了促进美国羊毛生产而建立的一个激励支付计划(an incentive payment plan)。当羊毛法生效后，USDA(美国农业部)每年都会给原毛确立一个平均激励价格或者扶持价格。

生产者通过正规的渠道出售羊毛，然后计算出这一年的平均销售价格。扶持价格超过国家平均销售价格的比率用来计算每个生产者的报酬。在这个法案逐渐淘汰过程中，1993年扶持价格为每磅2.04美元，生产者接受的平均价格是每磅51美分①，即低于扶持价格1.53美元。因此，1993年政府支付率达300%(1.53除以0.51)，使所有生产者的平均价格提到2.04美元。

1996年是国家羊毛法案使用的最后一年，平均价格确定为每磅1.04美元，或者比2.12美元的扶持价格低1.08美元，支付率是104%。但是，即使这个项目扶持度降低50%，生产方也可以得到52%支付率。

没有了来自《国家羊毛法》的激励支付，羊毛平均销售价格从1997年的每磅84美分下降到1998年的60美分。这期间羊毛产值也额外下降了8%。

## 27.6 广告和促销

20世纪90年代中期，大约162.4亿lb的人造纤维在美国加工②。其中约66%的化学纤维(107亿lb)，33%的棉花(52亿lb)，剩余的1%为羊毛(8亿lb)，亚麻和丝绸(12亿lb)。与化学纤维和棉花相比较，羊毛的需求量较低。和几年

---

①自从1975年开始，当原毛价格低于每磅45美分时，美国生产者接受的最低价格是每磅51美分。
②USDA, ERS. Cotton and Wool, November 1995.

前一样，现在羊毛还是被认为是一种比人造纤维奢侈的纤维。

近几年，广泛采用羊毛和其他纤维混纺。由于羊毛是一种耐用和品质好的稳定纤维，现在有种趋势就是服装生产者在广告中将含有任何比例的羊毛都称作是"毛纺"。1939 年羊毛产品商标法规定所有含毛的产品，除了室内装潢和地毯，在商标中都需标明羊毛占总纤维重量的百分比和每种纤维的百分比。标签上"未曾用过的"或者"新的"羊毛，仅是用来描述以前没用过或者不能再次利用的羊毛。

作为一种纤维，羊毛单独或者与其他纤维结合(全毛产品或混纺产品)存在于织物中，羊毛的优点促使服装生产商积极的促销羊毛和羊毛产品。纽约的羊毛局就促进了羊毛和羊毛产品的销售。它赞助国家级广告，也资助个体公司的毛纺广告，提供相当多的关于羊毛的教育材料，给其他羊毛促进团体捐助资金。

生产者也做出了积极的贡献。羊毛生产者已经投票通过了从激励扶持计划中扣除(一部分)收入，用来促销羔羊和羊毛。扣除额高达市场中每交易 1 lb 羊毛扣 1 美分，每交易 1 lb 屠宰羔羊(没有剪毛)扣 5 美分。这些钱交给美国绵羊生产者委员会用于促进产业发展和教育工作。近来，养羊业领导人与 USDA 合作发展了一个有益于养羊业和毛纺工业的行业结账项目。每年美国绵羊生产理事会主办"美国羊毛小姐"和"用羊毛装扮自己"的竞赛。

## 27.7 马海毛

马海毛是安哥拉山羊所产纤维，纯白，有弯曲，生长一年的纤维可达 10 in 长(美国南部和其他热带气候的安哥拉山羊每年剪毛 2 次)。纤维很光滑，因此也就缺乏羊毛的黏结性质。纤维细度介于细毛和粗毛之间。

美国生产的马海毛几乎 90%来自得克萨斯州，其余的部分来自新墨西哥、俄克拉荷马州和亚利桑那州。1998 年，剪毛的安哥拉山羊总数大约是 70.5 万只。每只羊产毛量是 7.2 lb，每年总产量是 510 万 lb。

传统的马海毛主产国家是南非、美国、土耳其、阿根廷、莱索托、澳大利亚和新西兰。美国马海毛产量占世界总产量的 42%～44%，每年出口几百万镑的马海毛净毛。

马海毛最大优点就是其光泽、韧性及对染料的亲和性和牢固性，因此，就应用于那些具有特殊用途的高品质的纺织品中。来自山羊的马海毛经常含有 10%～30%的白垩色和暗淡色的底绒纤维。优质马海毛首先必须通过梳绒除掉这些纤维。

1954 年颁布的《国家羊毛法》也为马海毛的生产提供了一个扶持计划。1994 年，马海毛的扶持价格是每磅 4.74 美元，但市场价是每磅 2.56 美元，因此，政府给生产者在每磅羊毛市场价的基础上加 1.98 美元。如 27.6 所述，羊毛法现在已经被废止了。

本章前面对于羊毛的叙述，包括市场、加工和激励扶持计划，也适于马海毛。细微的差异不在这里讨论。

## 27.8 其他的纤维和皮毛

除了家畜中的绵羊和安哥拉山羊外，生产毛纤维的动物还有骆驼、羊驼、小羊驼和马驼。在南非这些动物非常普遍。

羊驼在高海拔地区分布很广。羊驼毛是一种柔软而具有光泽的细纤维。比羊毛干燥且没有油脂。每只羊驼每年平均产毛量2.5～3 lb，有白色、浅黄褐色、茶色、奶油色、黑色、棕色和灰色。一般深色优于浅色。

骆驼是大型动物，非常适于在低海拔生存。纤维属于粗毛，管理粗放，死毛①含量比羊驼多②。柔韧性是骆驼毛的一大优点。

山羊绒是一种来自山羊毛被底层的非常纤细的纤维（直径为11～18 μm）。几种肉用型山羊在秋冬季节生产羊绒。与羊毛或者马海毛产量比较，山羊绒的产量较低（每只仅0.2～0.3 lb），羊绒每磅45美元，被尊称为奢侈的纤维。大多数加工过的羊绒用来生产羊绒衫及其他羊绒衣物。如卡拉库尔羔羊卷曲的毛，见框21-1。

羊绒生产大国是中国、伊朗、阿富汗和蒙古。由于环境有益于羊绒生产，得克萨斯州的某些品种以及品种间杂交羊在产绒量上具有较大的发展潜力。

小羊驼的纤维非常纤细柔软。小羊驼是年均只产0.5 lb驼绒的小动物。

在外貌上，马驼很像骆驼，生产的纤维颜色为浅黄褐色到褐色。

## 思考题

1. 列举和描述羊毛5种重要的特性。
2. 羊毛主要的化学成分是什么？它们如何连结而使羊毛具有弹性？
3. 请列出2个羊毛等级分类系统的名称和它们的依据。
4. 说出2个生产优质羊毛的羊品种和2个生产劣质羊毛的羊品种。
5. 列表并描述羊毛加工的主要步骤。
6. "粗纺"纱、"精纺"纱或其织物的主要区别是什么？哪个用来生产轻薄高质量的服装？
7. 马海毛和羊毛的区别是什么？

翻译：罗海玲；校对：陈军

---

①死毛是一种令人讨厌的动物纤维，粗硬、无弯曲、白垩色、髓腔发达。
②Teh, T. H., et al. J. Anim. Sci. 68 (Suppl. 1, 1990): 497.

# 第28章

# 养猪产业
# The Business of Producing Pork

养猪企业的效益与管理者的兴趣、文化程度、奉献精神和管理能力密切相关。成功的生产者能够把生产的科学和管理的艺术同可靠的经营方法紧密地结合起来，促进企业的维持和发展（见彩页D）。

与其他肉类生产一样，大量的猪肉是由少数大规模的猪场提供（图28-1）。2002年，美国不到10%的养殖场拥有全国75%的生猪。这些大规模的猪场通过提高工作效率、批量采购和销售而获益。因此，在行情好的年份里，往往获得更高的利润；在行情差的年份里，他们的损失也会相对较少一些。

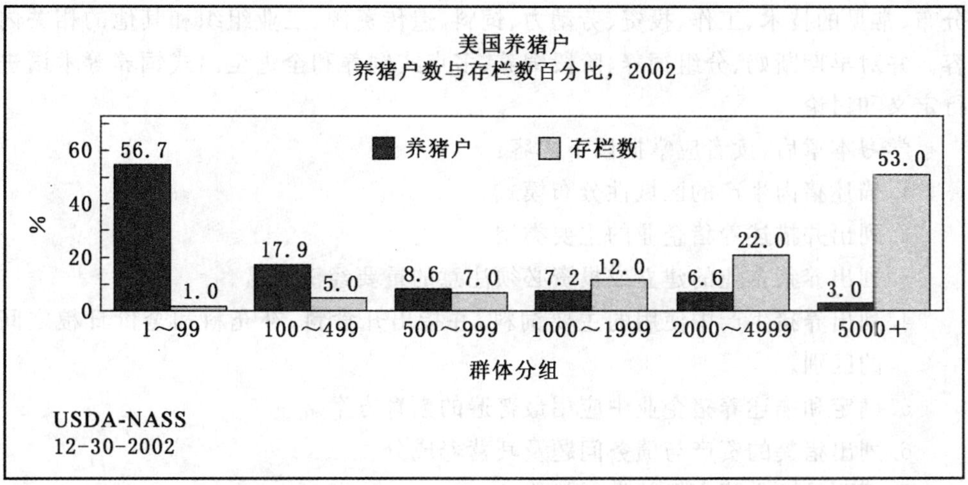


**图28-1　少于3%的养猪户提供大多数的美国猪肉，其存栏数达到5 000头或者更多。**
来源：USDA，NASS.

大多数猪是在某种联合或者合约的形式下生产和销售的。一部分企业专门致力于生产从断奶仔猪（30～40 lb）到出栏体重（260～280 lb）的猪。他们可能会和专门饲养母猪的繁殖场定下合约，后者会将所产仔猪饲养至断奶后，出售给前者。同时前者可能还会和屠宰加工企业签约，提供出栏猪。合约会预先确定猪的数量、体重或体重范围、价格；对于育肥猪，合约还要规定送达屠宰场的时间。在一体化经营体系中，养猪场拥有生猪，饲喂日粮由屠宰加工企业、饲料企业或其他的生产企业提供。养殖场只负责支付劳动者的工资、设备和猪群的日常开支。现在最完整的体系来自斯密斯菲尔德食品公司和墨菲农场。

在猪肉生产中，育肥猪和自繁自养猪生产倾向于分开进行。即使有的生产者同时进行猪的分娩和育肥，但这2个养猪阶段也在分开的设备中进行，有时候甚至相隔几英里远。

21世纪初期，养猪产业按照均衡、稳定的原则来经营管理，即常年提供稳定的猪肉供给来满足稳定的消费者需求。加工厂、肉猪育肥场、仔猪扩繁场都想充分利用他们的设备、劳动力和管理技能。管理者关心的是每头母猪每年所产的断奶仔猪数，每单位劳动力或饲养空间产出的上市猪肉重，以及投资回报等。

与传统的猪肉生产系统形成了鲜明对比的是，经过许多生产者的实践总结，利用春秋的季节优势，进行季节产仔，用牧草或木屑保温来代替设备，从而降低养猪成本，同时也避开农作物种植和收获等劳动力密集需求的时期。

最近10年，消费者更加喜爱使用传统养殖技术生产的“天然猪肉”和绿色猪肉。

为了区别待育肥猪和育肥猪的经营管理与自繁自养经营中相应环节的不同，所以在讨论待育肥猪和育肥猪的专业化经营之前，先讨论一下自繁自养系统。

对任何一种猪生产系统来说，为了使投资获得满意的利润回报，养猪生产体系都必须拥有一个合理的繁育体系、一个合适的饲养程序、优秀的职员和出色的管理。将猪养于舒适的环境中，最大限度地减少生产系统中的臭气和粪便。使用最新的科学技术来评估养猪生产中的操作方法和技术。监控市场行情，控制风险，而且对于合约中涉及的相关条款进行仔细的磋商。

本章将介绍这些生产系统及其中的各个环节，也讲述有关猪肉生产的区域性分布、常见的技术、工作、投资、劳动力、饲料、遗传资源、工业组织和其他的相关内容。并对早期断奶、分组饲养、阶段饲养、多点式饲养和全进全出式饲养等术语进行定义和讨论。

学习本章后，读者应掌握以下内容：

1. 描述猪肉生产的区域性分布模式。
2. 列出并描述养猪企业的主要类型。
3. 列出养猪企业的建立或投资必须注意的重要经济因素。
4. 列出养猪生产中使用的主要饲料，并指出开食料、补充料和全价日粮之间的区别。
5. 确定和描述养猪企业中应用最普遍的繁育方案。
6. 列出猪粪的资产与债务问题及其营养成分。
7. 阐明最近生猪市场的发展趋势。
8. 了解促进猪肉和猪肉制品发展的国家组织。

同时，对于没有相关学科知识背景的读者，附录B中提供了猪各个部位的图解和相关术语的解释。

## 28.1 地理和季节性分布

中西部偏北的地区仍然是生猪的主产区，玉米主产区艾奥瓦州仍然是生猪的最主要产州。而北卡罗莱纳州由于大规模密集饲养，所以其在所有州中排列第 2（图 28-2）。由于西部和西南部的部分地区有一些大规模的养殖场，因此这些州也有较高的猪肉产量。

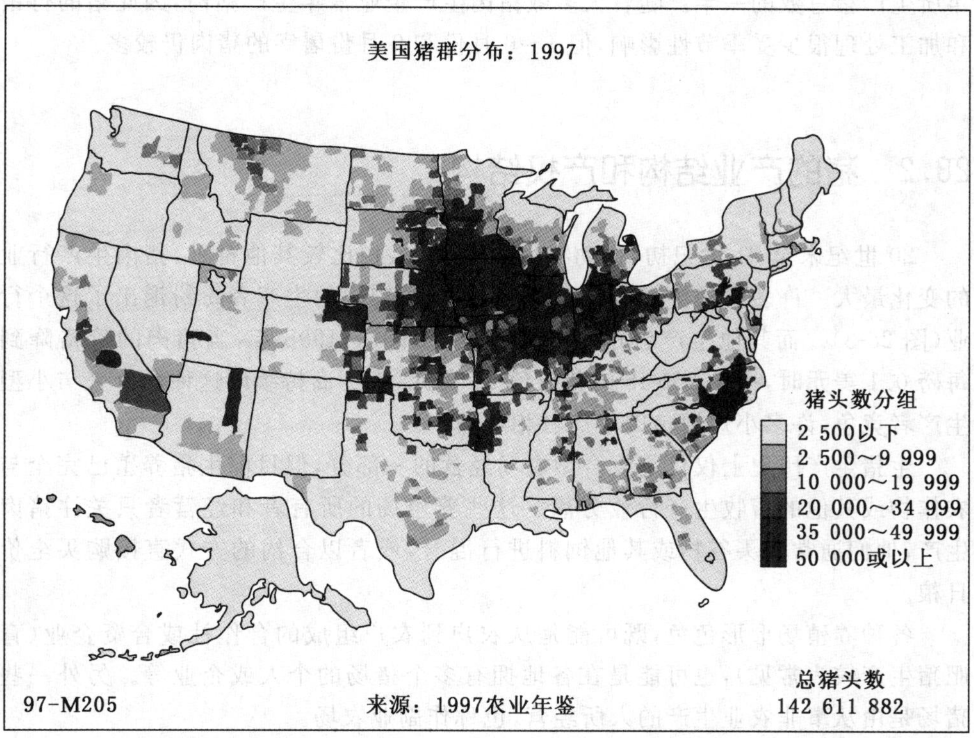


**图 28-2 大多数的肥猪都饲养在玉米主产区，北卡罗莱纳州也有许多集约化养殖场。同样在人口密度较小的美国西部也有一些大规模养殖场。**

来源：USDA，NASS.

**表 28-1 美国猪肉生产前 10 位州**

| 排名 | 州 | 12-1-02 存栏数（1 000 头） |
|---|---|---|
| 1 | 艾奥瓦州 | 15 300 |
| 2 | 北卡罗来纳州 | 9 600 |
| 3 | 明尼苏达州 | 5 900 |
| 4 | 伊利诺伊州 | 4 050 |
| 5 | 印第安纳州 | 3 150 |
| 6 | 密苏里州 | 2 950 |
| 7 | 内布拉斯加州 | 2 900 |
| 8 | 俄克拉荷马州 | 2 490 |
| 9 | 堪萨斯州 | 1 530 |
| 10 | 俄亥俄州 | 1 440 |
| 总共 10 个州 | | 49 310 |

来源：USDA，NASS.

表28-1显示2002年底美国10个主产州所产猪的数量分布。这些州拥有美国5 980万头猪中的80%。

因为大多数猪都在5～6月龄屠宰，12月1日或者每月的存栏数据仅代表每年所生产猪总数的一半。随着大多数猪肉生产企业常年生产猪肉，因此猪的行销和加工处理很少受季节性影响，但4～6月份和9月份屠宰的猪肉仍较多。

## 28.2 猪的产业结构和产权结构

20世纪末至21世纪初，在动物生产行业中，相比较其他畜种，猪肉生产行业的变化最大。许多猪肉生产者，尤其是那些规模较小的生产者纷纷退出了这个行业(图28-3)。而其他生产者迅速扩大规模。1997—1998年，当猪肉的价格降到每磅0.1美元时，一头260 lb的猪仅值26美元，大厂商持续以这种低价来与小型生产者竞争，许多小规模猪肉生产者相继破产。

生猪生产历史上仅仅是复合型农场经营的一部分，但目前生猪养殖已完全与农作物或其他的畜牧生产行业分离。这些养殖场的所有者和经营者只关注猪肉生产，他们通常购买谷物或其他饲料进行混合，或者以合约的方式直接购买全价日粮。

各种养殖场形形色色，既可能是从农户到农户组成的合作社或合资企业(育肥猪生产较为常见)，也可能是在各地拥有多个猪场的个人或企业等。另外一些猪场是由从事非农业生产的人所经营，也称作副业农场。

即使猪生产仍然只是复合型农场经营的一部分，但也有很多获得良好效益的农场，他们通过合约方式生产更多的猪肉：一方农户提供设备、劳力；而另一方可能是一个饲料供应商，则提供猪、日粮，并进行监督管理。

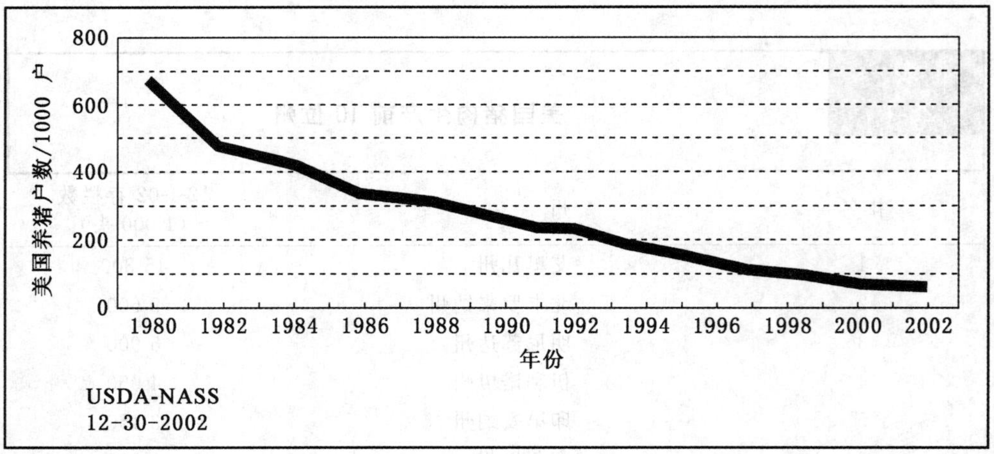


**图28-3 养猪户的减少反映了美国整个农业行业的专门化进程。许多以前的猪肉生产者现在投身于农作物生产或其他的畜牧行业。**

来源：USDA，NASS.

由于一些新技术的应用，给养猪生产以及其他行业带来了很大的便利。但同时也受到经济问题的很大影响，例如资金流动、资产净值的回报、承担经济风险的能力、购买或销售在价格谈判中的杠杆作用。

由于养猪业的发展,规模的迅速增大,已经导致整个行业内部及工业领域产生了诸多问题,特别是环境和社会问题。

粪便有异味,而且含有很高比例的磷和固体物。如果过剩的磷进入河流或湖泊,将促使藻类的快速生长。如果大量的粪便固体(主要是来自谷物的未消化碳水化合物)进入到河流或湖泊中,他们的分解将会耗尽水中的氧气,从而导致鱼类的死亡。猪规模越大,产生的粪便越多,难闻的气味越容易使附近的居民感到不快,同时粪便管道破裂将会严重的污染河流和湖泊。

相应地也存在许多类似的社会学问题。一些生产者和社会的其他成员反对养猪产业与传统家庭作坊式生产模式脱轨。一些传统的生产者感到他们被大规模的养殖企业挤出了市场。

许多养猪户面临着附近居民的经济补偿诉讼和损害赔偿金要求,理由是他们居住地的财产价值下降以及健康受到损害。有些州已经制定了严格的猪场建设和操作规程。由于不正确的粪便处理或排放,一些生产者已经交了高额的罚金。曾经一个农场由于发生了粪便泄漏被依法关闭。按照联邦法规,达到一定规模以上的养猪户必须得到联邦政府的允许,而且一些州和郡也要求在建设新场前必须得到正式批准。

由于消费者的青睐,使得生产者开始关注“天然猪肉”的生产和加工,特别是面对上面提到的环境和社会问题时。“天然猪肉”的生产加工方法,在加工企业和各生产者之间有所不同。但总的要求是母猪必须饲养在牧草上或者厚的稻草垫料围栏中。或在比较自由的环境中饲养至屠宰体重。

针对上面提到的问题,国家猪肉生产委员会和个体经营者围绕环境保护的指导方针,一起致力于建立和实施一系列有利于环境保护的猪场建设和操作规范。

本书的目的并不是提倡一种产权形式、一种生产规模或一种生产系统,而排斥其他种种形式。而主要是描述目前猪肉生产系统的组成和特点。关注的焦点是现在和未来更加广阔的猪肉生产贸易。

## 28.3 自繁自养模式

美国大多数生猪生产企业是自繁自养模式。这些养殖户饲养一群大、小母猪,分娩仔猪,而且喂养这些猪使它们达到 230～280 lb 的上市体重。其猪肉生产规模、生产频率(季节性分娩和每 6 周生产 1 批母猪)差异很大,劳动力需求及每头上市猪的设备投资也有显著的差异。

越来越多采用自繁自养模式的养猪户将母猪分娩、仔猪保育和肉猪育肥 3 个阶段分开在不同的设备中进行饲养(图 28-4),但是这 3 个阶段也可以在一条“生产线”设备中进行(图 28-5 和图 28-6)。也有一些生产者春季和秋季在牧场上分娩仔猪,并在敞棚或有很少遮盖物的圈栏中进行育肥饲养。表 28-2 说明了自繁自养模式下养殖管理的具体流程。

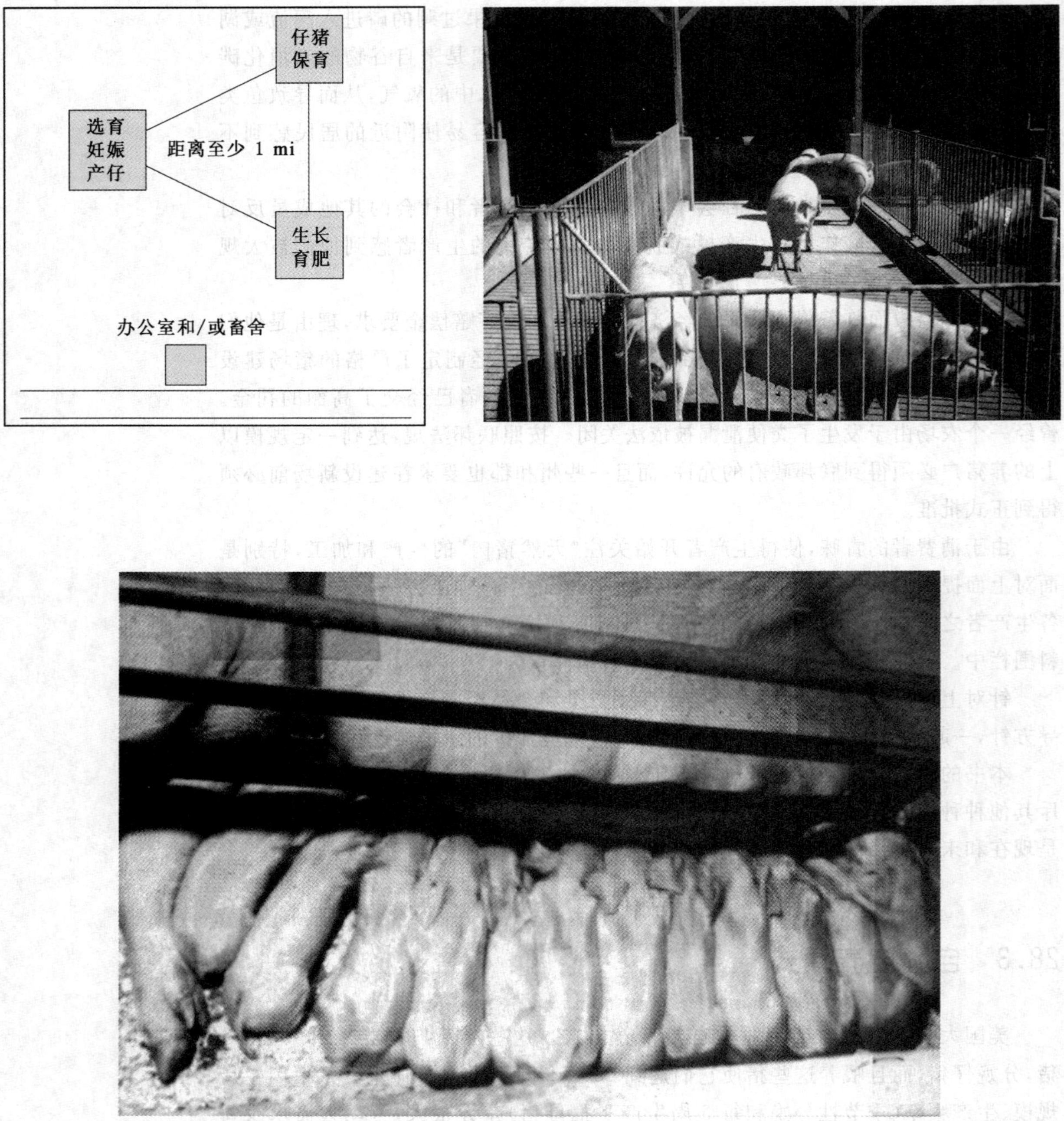


**图 28-4 照片介绍的是优质的妊娠母猪和一大窝仔猪。妊娠/产仔、仔猪保育和生长育肥的分群饲养减少了疾病在整个养殖场的扩散风险(见图画部分)。**

来源:Photos Courtesy of Purdue University and Pig Improvement Company;drawing from Pork Industry Handbook,PIH-22.

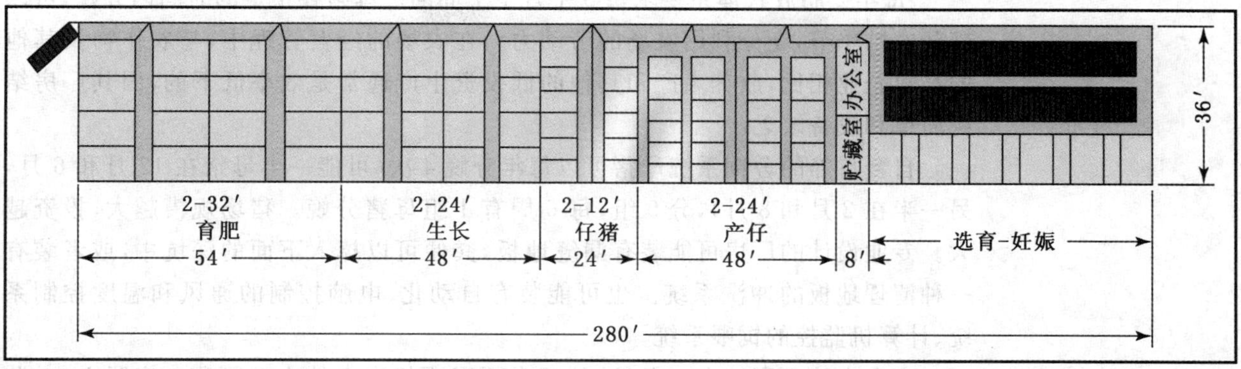


**图 28-5 一个 100 头母猪的猪场生产线平面图，有 2 间 12 头母猪的产仔舍，每 6 周产 1 批。**

来源：Pork Industry Handbook，PIH-22.

**图 28-6 佐治亚州一个完全封闭的猪场，请注意污水处理池。**

经 Purdue University 授权。

**表 28-2 9 组 24 头母猪自繁自养的房舍使用计划（天数）**

| 母猪分组 | 开始选育 | 转至产仔 | 产仔室 | 断奶和转至保育室 | 仔猪保育室 | 进入生长育肥 | 出售 |
|---|---|---|---|---|---|---|---|
| 1 | 0 | 110 | A | 141 | A | 172 | 296 |
| 2 | 16 | 126 | B | 157 | B | 188 | 312 |
| 3 | 32 | 142 | A | 173 | A | 204 | 328 |
| 4 | 48 | 158 | B | 189 | B | 220 | 344 |
| 5 | 64 | 174 | A | 205 | A | 236 | 360 |
| 6 | 80 | 190 | B | 221 | B | 252 | 376 |
| 7 | 96 | 206 | A | 237 | A | 268 | 392 |
| 8 | 112 | 222 | B | 253 | B | 284 | 408 |
| 9 | 128 | 238 | A | 269 | A | 300 | 424 |
| 1 | 144 | 254 | B | 285 | B | 316 | 440 |

来源：Pork Industry Handbook，PIH-75，1996.

每年2胎放牧体系要求每6个月1个周期。母猪在预定的时间内分娩，可以避开农忙季节，充分利用农场的劳动力。在农场的经营管理中，与农作物及其他的畜牧企业相比，放养生产和其他的低投资生产通常是效率低下的，因其厂房结构简单和设备缺乏。

自繁自养的舍饲系统母猪可以每年分娩4次(可能一半母猪在12月和6月，另一半在2月和8月)，分9组，每6周有1组母猪分娩。猪场规模越大，投资越大。专业设计的厂房可能装有漏缝地板，粪便可以掉入下面的深坑中，或者装有一种清理地板的冲洗系统。也可能装有自动化、电脑控制的通风和温度控制系统、计算机监控的饲喂系统。

畜舍占地面积较少。但是，处理粪便需要相当大的土地面积。实际上，一些州粪处理规范中要求必须有处理这些粪便的土地委托书，并且土地的大小要足以吸收该场一年排出粪便中所包含的营养成分。可能是由于法律责任问题，获得设备贷款之前，贷方将会要求附近的土地所有者写下接受部分粪便的许诺。

和其他商业一样，猪肉生产者把自己的经营管理指标与标准的生产指标以及其他场的生产指标相比，从而确定自己的生产和利润目标。表28-3列出了一些生产性能指标以及可达到的目标。

表 28-3 猪场管理中的生产指标和预期目标

| 生产性能方法 | 生产性能指标 | | | 预期目标 |
|---|---|---|---|---|
| | 优 | 平均 | 差 | |
| 断奶窝仔猪数 | | | | |
| 小母猪 | 高于9.5 | 7.6～9.5 | 低于7.6 | 10.0 |
| 大母猪 | 高于10.5 | 8.5～10.5 | 低于8.5 | 11.0 |
| 平均日增重(lb) | | | | |
| 40 lb上市 | 高于1.5 | 1.3～1.5 | 低于1.3 | 1.7 |
| 达230 lb日龄 | 低于182 | 182～227 | 高于227 | 165 |
| 饲料利用率(lb饲料/lb增重) | | | | |
| 40 lb上市 | 低于3.0 | 3.0～3.5 | 高于3.5 | 2.8 |
| 达230 lb时腰肌面积($in^2$) | 高于5.5 | 4.7～5.4 | 低于4.7 | 6.0 |
| 达230 lb，第10根肋骨的脂肪深度(in) | 低于0.9 | 0.9～1.3 | 高于1.3 | 0.8 |
| 胴体瘦肉率 | 高于56 | 52～56 | 低于52 | 57 |
| 市场交易折扣(%) | 低于2 | 2～5 | 高于5 | 1.5 |
| 生长育肥死亡率(%) | 低于2 | 2～4 | 高于4 | 低于2 |
| 每年出售公母比例 | 高于19 | 15.5～19.0 | 低于15.5 | 21.0 |

来源：改自 Pork Industry Handbook，Purdue University Cooperative Extension Service.

一些人可能会认为只有密集型、高投资的养猪户才能达到以上目标。事实并非如此。对于一个低投资或季节性产仔的养猪户而言，劳动力的需求量较高，但是通过选用优秀猪种、全价日粮和提高经营管理措施，同样也可以达到其中一些目标，从而获益。

**多点式生产、早期断奶隔离、按性别和阶段饲养**

越来越多的生产者采用了多点式生产系统，如图 28-4 所示，一般由 3 个区域组成：(1)母猪怀孕分娩区；(2)仔猪保育区；(3)生长育肥区。多点式生产通常可以得到更加健康的猪。以畜舍、场房以及不同区域为单位采用全进全出制进行饲喂管理，这样不但可以减少疾病传播、而且可以提高饲料的利用效率。猪肉生产者也可以制定管理日程表(类似于表 28-2)来更加充分地利用时间和设备。

尽管许多猪都在 3～5 周龄断奶，但是 10～14 d **早期隔离断奶(SEW)**已经在许多大的养殖场广泛应用。这包括为了确保它们健康的生长，用专门的饲料进行特饲，采取一系列的保护措施使这些猪不被疾病感染。在 10～14 d 期间，每窝猪仍然能够通过母乳获得对大多数疾病的被动免疫。在母猪妊娠之前或妊娠初期，通过注射疫苗也可以增强对疾病的免疫力。

**早期隔离断奶(SEW)**
在 10～14 日龄的断奶母猪，与其他年龄段的猪分开隔离饲养，以避免疾病的传染。

SEW 将年龄间隔在 7 d 以内的所有小猪并窝转群至特别护理的畜舍(一种温度可以控制的隔离畜舍)中，当猪群转入时温度控制为 85～86℉，以后每周下调 3～4℉。实施全进全出制管理方式，猪群转出时必须进行严格的清洗和消毒。

早期隔离断奶系统的优势在于能够提供特别配制的日粮，便于小猪从母乳饲喂阶段向日粮饲喂阶段的过渡。高水平的管理更能防止猪被其他猪群、工人、鼠害以及设备污染。一般在这种畜舍中饲养 6 周，重量达到 50 lb 以后，将会转移到分隔开的生长育肥猪舍中去饲养(见彩图 D)。

按性别和阶段饲养也可应用于 SEW 系统和其他直到上市都养在一起的生产系统。分性别饲养是指把刚断奶的小公猪和母猪分开饲养至上市年龄，因为大多数母猪都比公猪瘦小，因此它们的营养需求也不同。

按阶段饲养是指调整或改变日粮配方来最大限度地满足猪生长发育的营养需求。例如，含可消化蛋白和碳水化合物比较高的日粮可用来饲喂早期断奶仔猪。当仔猪体重超过了 20 lb，适应了固体饲料后，饲喂另外一种专门配制的日粮，直到它们达到待育肥猪体重——大约 40 lb 之后按阶段饲喂 2 种或更多种生长育肥期日粮。

猪群一般在生长育肥舍中饲养 120～127 d，体重达到 240 lb 以上后上市(见彩页)。

## 28.4 待育肥猪生产企业

待育肥猪生产需要饲养繁育群，通常选用与种公猪杂交而具有杂种优势的母猪。因为待育肥猪一般在体重达到 30～60 lb 时出售，需要极少的饲喂，因此，劳动力或其他费用也相对较少。生产中要充分利用畜舍和劳动力。控制疾病以及使用合理的繁育群管理手段。尽可能使母猪按计划有节律地分娩。

低投入的待育肥猪养殖户通常都是一些相对较小的企业(50～100 头母猪)，乡村家庭农场或个体养殖户，通过充分利用劳动力和设备以获得现金收入。低投入的待育肥猪生产通常要使用一个产房(一个经过改造的畜舍或一个混凝土平房)和半开放式哺育间。繁育群通常成群的在敞棚畜舍(图 28-4)或牧场上饲养，6～8 周龄时出售。

高投入的待育肥猪养殖户通常拥有200头以上的母猪，猪场由全日制的工作人员管理。拥有可控制环境的畜舍和设备，尽量减少对劳动力的需求。通过签署一个底价购买协议，直接把仔猪送往育肥场，这样不仅可以减少销售费用，同时可以避免由于集中饲养导致猪群之间疾病的传播。

贯穿玉米生产带的几个主要猪肉生产企业，拥有充足的饲料供给，同时他们将饲养、生产母猪和待育肥猪的区域选择在南部玉米生产带，大约在密苏里的中部或南部。这个区域的气候更加适合母猪生产，同时可以降低加热设备的能耗。在育肥猪阶段，猪群将会转移到北方进行饲养。

## 28.5 育肥猪的生产管理

育肥猪的经营管理不需要维持繁育群，省去了分娩和仔猪保育等工作。但是他们需要通过稳定的渠道，以合理的价格获得优良的待育肥猪。

为了减少健康和管理问题，当购买待育肥猪时，必须注意：

- 体型和体重一致（例如每头猪都在45～50 lb范围内）
- 外观上看起来灵敏、机警、无外伤以及疾病
- 健康的去势猪
- 无寄生虫（体内和体外）
- 去尾猪
- 生产和出售猪的企业必须具有可靠的信用

小猪和其他猪群混在一起经过远距离运输后，易产生疲劳、口渴、饥饿等应激。同时在抵达目的地后，也面临着设备、圈栏、群居和食物的变化。为了减少这些应激，运输过程中应该尽可能给它们提供舒适的环境，水和特制的食物。掺入电解质的水和食物中加入抗生素饲料添加剂的饲粮对于减少应激、腹泻和降低死亡率都有帮助。

与母猪饲养企业相比，从事育肥猪生产的养猪户有更大的优势，可以根据预期的利润情况来改变生产规模。这样维持生产规模带来的损失将会降低；同时也可以在短期内增加生产规模。成功的育肥猪养殖户应该具有：(1)不用像管理母猪那样特别注重劳动力和管理时间的安排以及技术的应用，而应该特别注重对生长育肥猪进行不断饲喂以达到出售体重；(2)买卖与谈判的技巧；(3)能够不断从定期猪肉的出售或合约饲养的报酬中获得稳定的收入。

低投资猪育肥体系采用水泥或土质地面的简单、开放式畜舍。在畜舍上的投资是低廉的，但需要更多的劳动力，并有苍蝇、臭味和废物处理等方面的问题。因为设备上的投入很低，当获得的利润空间较小时，从自由市场购买猪就会比按照长期的合约来购买大大地减少开支。高投资猪育肥体系使用先进的设备，可控制畜舍的环境，减少劳动力的需求。但是，管理者必须最大限度利用这些先进的设备，因为不管使用与否，都要继续投入维持这些设备的费用。许多使用这一系统的养殖户都在持续地从待育肥猪生产场购买待育肥猪，因为他们可能都是待育肥猪生产的股东或合伙人。有的仅仅是替其他企业饲养，由于劳动、设备和工具的投入。按照每天每头猪或者每磅肉支付报酬。

## 28.6 投资

在养猪业中，不论选择何种养殖方式或养殖体系，首先应该考虑资本问题。当然，首先需在购买动物方面进行投资。通常，那些想在这一行业投资的人会先去参观一些养猪企业，通过向专家咨询，制定适合自己需要的计划，然后向银行或信贷机构寻求资助。信贷机构和经营者需要考虑如下问题：经营者投资比例如何？企业是否具有竞争力的产品？收入能还清债务（包括本金和利息）吗？除了支付贷款，是否有足够的流动资金支付每天的饲料、医药和其他的经营管理费？猪舍和机器设备容易损耗，应用寿命有限，因此必须在一定的时间内分期偿还，可能是 8～12 年。

表 28-4 估计了各种养猪生产体系具有竞争力的最小规模以及规模限制。这个表格并不是说较小的养猪户不能增加农场的收入或利润。许多小的养殖户通常利用农场可用的劳动力、闲置的畜舍和土地，以及一些其他废弃的资源。在这种情况下，通过利用这些有限的资源，甚至一个非常小的养殖企业，也能获得显著的利润。

一个新建的猪场为了有效地利用劳动力、畜舍和管理技术，必须具有足够大的规模。表 28-4 说明一个高投资的自繁自养型猪场需要饲养 100 头母猪，每年可生产 1 500 头仔猪，去除支付劳动力、经营管理、可控制温度的畜舍、废弃物处理、饲料加工以及紧急事件处理设备等费用。一个可行的目标是如果每头母猪每年平均产 2.1 窝仔猪，每窝有 9 头断奶，那么先前提到的一个有 216 头母猪的饲养场（分成 9 组，每组 24 头母猪），每年可产 4 100 多头仔猪。表 28-5 中描述了在这种类型和生产规模下的投资费用。

**表 28-4 不同养猪生产系统具有竞争力的最小规模和可行的最大规模**

| 生产系统 | 具有竞争力的最小规模 | | 可行的目标 | |
|---|---|---|---|---|
| | 母猪数 | 每年生产猪数 | 母猪数 | 每年生产猪数 |
| 母猪饲养企业 | | | | |
| 待育肥猪生产管理 | | | | |
| 低投资体系 | 36 | 540 | 150 | 2 250 |
| 高投资体系 | 100 | 1 500 | 400 | 6 000 |
| 自繁自养式管理 | | | | |
| 两胎放牧体系 | 25 | 375 | 150 | 2 250 |
| 低投资舍饲体系 | 60 | 900 | 150 | 2 250 |
| 高投资舍饲体系 | 100 | 1 500 | 400 | 6 000 |
| 待育肥猪育肥企业 | | | | |
| 低投资系统 | — | 600 | — | 5 000 |
| 高投资系统 | — | 1 500 | — | 15 000+ |

来源：Pork Industry Handbook，PIH-48.

表 28-5　9组24头母猪的自繁自养体系下投资和管理花费

| 设备 | 购买价格 | 时间(年) | 每年固定花费 |
|---|---|---|---|
| 出生设备 | | | |
| 器材 | $26 000 | 8 | $4 108 |
| 畜舍 | 58 300 | 15 | 5 130 |
| 产房数 | 2 | | |
| 每舍箱数 | 20 | | |
| 仔猪保育设备 | | | |
| 器材 | 13 000 | 8 | 2 054 |
| 畜舍 | 29 200 | 15 | 2 570 |
| 生长育肥设备 | | | |
| 器材 | 36 000 | 8 | 5 688 |
| 畜舍 | 144 000 | 15 | 12 672 |
| 妊娠/选育设备 | | | |
| 器材 | 16 200 | 8 | 2 560 |
| 畜舍 | 64 800 | 15 | 5 702 |
| 以上总计 | | | |
| 器材 | $91 200 | | $14 410 |
| 畜舍 | 296 300 | | 26 074 |
| 周边设备 | | | |
| 化粪池 | $11 000 | 20 | $693 |
| 粪便处理设备 | 35 000 | 10 | 4 130 |
| 拾取 | 18 000 | 5 | 4 824 |
| 载运拖车 | 7 000 | 20 | 581 |
| 饲料压榨和储存设备 | 35 000 | 15 | 3 652 |
| 以上总计 | $106 000 | | $13 880 |
| 总计 | $493 500 | | $54 364 |
| 器材 | 197 200 | | 28 289 |
| 畜舍 | 296 300 | | 26 074 |

来源:Pork Industry Handbook,PIH-83,1996.

## 28.7　劳动力和经营管理

只有对动物和生活都充满爱的人,才能管理好动物。此外,在猪的生产管理中,还需要许多技术知识和技巧。在一个普通的农场中,所有的管理由1～2个人完成,那么管理者必须精通:育种技术、用药、器械维护、饲喂方法、疾病控制、粪便处理以及生产性能记录和财政预算等。表28-6说明大规模、高投资体系的劳动效率更高、劳动成本更低以及人均生产量更大。

表 28-6 各种猪生产系统的劳动力需求、成本以及人均生产量

| 生产系统 | 生产每头母猪所花劳动时间[a] | | 劳动成本[b] | 每个人的生产量 | |
|---|---|---|---|---|---|
| | 直接 | 总 | | 母猪群规模 | 每年产猪数 |
| 母猪饲养企业 | 每头母猪[a] | | 每头猪 | | |
| 待育肥猪生产管理 | | | | | |
| 低投资体系 | 20 | 26 | $11.62 | 150 | 2 250 |
| 高投资体系 | 14 | 18 | 8.13 | 215 | 3 200 |
| 自繁自养生产管理 | | | | | |
| 两胎放牧体系 | 36 | 48 | 9.49 | 85 | 1 250 |
| 低投资舍饲体系 | 34 | 45 | 8.97 | 90 | 1 300 |
| 高投资舍饲体系 | 22 | 28 | 7.61 | 135 | 2 050 |
| 待育肥猪育肥企业 | 每 100 头猪[a] | | | | |
| 低投资体系 | 75 | 100 | 4.11 | — | 4 000 |
| 高投资体系 | 60 | 80 | 3.31 | — | 5 000 |

a. 母猪生产企业以 1 头母猪为单位，包括种公猪、后备母猪及其处于各种生长阶段的育肥猪，这样每头成年母猪每年可以生产并销售 14～16 头猪。育肥猪生产企业以购买所得的 100 头猪为单位；连续饲养，每年将会有 100 头猪出售，在任何一段时期都仅有 1/3 的育肥猪存栏。

b. 劳动力费用为每小时 $9.00。

来源：改自 Pork Industry Handbook，PIH-48.

大型养猪户，可能有 100 万甚至更大的投入、几十个员工，每年有数千头猪的产出，管理者必须注重人员的选择、培训和管理，提高生产效率和生产性能的方法（包括动物和员工），遗传资源、饲料来源、产品质量以及财务问题，其中财务问题包括投入成本、合同条款以及猪销售收入等。

以生产生猪为第二产业的作物生产企业，由于每月的劳动人数都在变化，所以他们可能更喜欢牧场放牧式或者其他一些日程安排灵活的生产系统。即使这样，一个有稳定劳力供应的地区，以饲养生猪为主的地区，以户外全职养猪为主要劳动力来源的地区，管理者通常会尽量避免使用牧场放牧式体系，因为与高度自动化、环境管理体系相比，每生产 1 头猪所需劳动力将会增加 50%～100%。

生产者通常也设计一些适应于自己农场的设备，以有效的利用家庭劳动力（青少年、配偶、农作物生产淡季的劳动力等）。因此，这就是个人和家庭在企业成功中所产生的作用。

## 28.8 饲料

第 3 章和第 5 章中介绍过营养原理、饲料成分、营养需求、日粮组成、饲料加工以及低成本日粮等内容，生产者可以通过如下方法饲养好处于各年龄阶段及各级别的猪：(1)购买知名厂家的饲料，并按厂家的饲养手册和管理建议饲养；(2)按照大学及其附属部门提供的配方公式和建议进行日粮的配制。即便如此，由于饲料是生产中最大的花费所在，生产者也可以根据饲养成本做出自己的选择和决定。节约型饲养是企业获得效益所必需的。

表 28-7 各种猪生产体系的饲养需要和饲料转换率

| 生产系统 | 每单位生产所需饲料[a] | | 饲料转化率 |
|---|---|---|---|
| | 玉米替代物(bu) | 购买饲料重量(lb) | (lb 饲料/英担产量) |
| 母猪饲养企业 | 每头母猪单位[a] | | |
| 待育肥猪生产管理 | | | |
| 低投资体系 | 60 | 1 130 | 474 |
| 高投资体系 | 56 | 1 165 | 453 |
| 自繁自养生产管理 | | | |
| 两胎放牧体系 | 202 | 2 350 | 400 |
| 低投资舍饲体系 | 203 | 2 495 | 406 |
| 高投资舍饲体系 | 197 | 2 550 | 400 |
| 待育肥猪育肥企业 | 每 100 头猪[a] | | |
| 低投资体系 | 960 | 10 650 | 394 |
| 高投资体系 | 930 | 10 400 | 382 |

a. 母猪生产企业以 1 头母猪为单位，包括种公猪、后备母猪，及其处于各种生长阶段的育肥猪，这样每头成年母猪每年可以生产并销售 14～16 头猪。育肥猪生产企业以购买所得的 100 头猪为单位；连续饲养，每年将会有 100 头猪出售，在任何一段时期都仅有 1/3 的育肥猪存栏。

来源：Pork Industry Handbook，PIH-48.

饲料花费在待育肥猪生产中占总生产成本的 50%，在自繁自养体系中大约占 60%，在待育肥猪育肥体系中大约占 70%。表 28-7 列出了各种基本生产体系的饲养需要和饲养效率的数据，这些在 28.3 中都有过说明。给出的价值是平均值，很多生产者正从他们的饲养投资中得到回报。饲料转换率可能是评定动物性能和企业效率的最好措施。通过总饲料(lb 或 kg)消耗与总猪肉生产量之比来计算。在母猪饲养企业中，还需要考虑繁育群的增重，因为最终这些猪是要被出售并加工的。而在育肥猪企业中，只需考虑饲料回报率。

表 28-7 的数据表明，在母猪饲养企业，包括饲喂妊娠和哺乳期的母猪、公猪和饲喂到繁育阶段的后备母猪。假定所有后备母猪繁育群均来自本畜群，那么，饲料转换率与以下因素有关：疾病、死亡率、饲料损耗、受孕率、出售仔猪的数量、遗传能力、生长效率以及市场销售运输中的重量损失等。

表 28-7 将所需饲料分为 2 类，谷物饲料（玉米替代物）和购买的饲料（补充料和开食料）。如果饲喂谷物而不是玉米，在有些情况下饲料需求就要调整。高粱与玉米在重量基础上是等价的：1 lb 玉米相当于 1.14 lb 燕麦，也相当于 0.96 lb 小麦，还相当于 0.94 lb 大麦。根据谷物在总体日粮中的比例，这些等价关系可能会发生变化。表中购买饲料的数据完全基于使用包含 40%粗蛋白的补充料，如果其中的附加蛋白质、矿物质和维生素分开购买的话，数据并不会受到很大的影响。

生产者可以选用不同的方式提供猪日粮。自己种植或购买谷物、购买补充料。自配日粮，通过一日粮配方公式，将所有日粮按配方比例运至料槽搅拌或自动给料器即可。

表 28-7 中除了开食料外，其他均由经营者自己生产谷物、购买添加剂以及其他所需成分。开食料主要用于断奶前，与其他料混合使用，用量较少。研究表明

养猪户每年使用饲料量超过 100 t,通过自己配料供给,将会获益。100 t 饲料大约能生产 250 头商品猪。自己配料需要考虑如下因素:(1)营养知识;(2)时间和有效的劳动力;(3)日粮成分的效果和成本;(4)称重、粉碎和混合设备;(5)储藏设施;(6)饲料用量;(7)个人喜好。

## 28.9 遗传资源和繁育方案

第 20 章介绍过配种体系和繁育计划。饲养和销售纯种公猪和后备母猪的生产者,将会着重选择那些具有优秀的、最高商业价值性状的家畜。这些优秀的种畜不仅可以满足其他育种场的需求,也可满足杂交育种的需要。

大多数商品猪生产企业不管采用哪种特殊的生产方式,都沿用轮回杂交体系,图 20-5 和图 20-6 中早已说明。这些杂种猪通常都超过了它的父母平均窝产仔数、产奶量等。在同样的饲养环境中,杂种仔猪比纯种仔猪更健壮。大多数生产企业从群体中选留后备母猪,通过引入不同品种的优良种公猪与之杂交,在连续几个世代中维持较高水平的杂种优势。

在评估种公猪时,公猪生产记录、健康史和性能记录都是非常重要的。对于后备母猪也是一样,这些记录非常重要。通过购买这些优良猪,用来建立基础群或者进行群体改良配种计划。此外,还要考虑其行为特征、肢蹄、体型、系谱记录和品种。因此,当选择后备种公猪时,为了保证它的遗传进展,评估将会花费很长的时间。

第 2 章已经介绍过,养猪场规模越大,越重视对经济性状的选择。由于繁殖技术的不断发展,几个全球化大公司向商品猪场提供优秀种公猪已初见成效。这和 20 世纪中后期家禽工业的发展模式类似。

## 28.10 粪便和臭气处理

最近联邦政府的法律法规以及各个州的配套政策,为猪和其他动物生产者粪便的处理提供了特别的引导。

所有动物管理都被政府法规定义为动物饲养管理(AFOs),对于那些超过一定规模的,根据其动物数量或总动物体重,定义为集中动物饲养管理(CAFO)。

拥有至少 2 500 头体重达 55 lb 以上的猪;或者拥有 10 000 头体重低于 55 lb 的猪的企业就可以称得上一个大的 CAFO。

一个中型的 CAFO 拥有 750 头,每头重 55 lb,或者拥有 3 000 头猪和一个沟渠或管道,沟渠和管道用来从养猪场排出粪尿和污水,以免在水通过饲养区时与猪群接触。

许多州通过代理机构,对 CAFO 实施管理、发放许可证。对于粪便和臭气处理,州也可以有其他特别的规章制度和许可要求。

联邦规定,所有的 CAFOs 要获得许可,至少要做到以下几点:

1. 书面的营养管理计划。
2. 每年向州许可机构提供年度报告。

3.保留至少5年以上的营养管理记录。

因为粪便中含有较多的磷,所以许多粪便处理计划中需要考虑,排泄物中磷的含量、土地中磷的利用率、庄稼对磷的吸收等。例如,对大型CAFOs要求,每年分析粪便中的营养成分,每5年对使用这些粪便的土壤进行分析,在距地表水源100 ft以内的土地里禁止使用这些粪便。中型CAFOs的要求一般与大型CAFOs相同。猪粪便中氮的含量比磷多很多,但是很多氮都挥发了。然而,有些州也要求对氮提供类似磷的数据和操作规程,同样也可能提出其他管理要求,如果州立法机构发现有任何饲养场在污染地表水,可能会没收CAFO许可证。

对于饲养管理企业,由动物散发的臭气——氨、硫化氢,以及其他挥发性化合物,让工人以及邻居很厌烦。然而,直到写本书之前,很多州对于这一问题的解决仅仅只是间接地提到"隔离距离"的办法,即猪场离最近的居民区、公园或者其他公共设置的最小距离。

任何一点的气味浓度不仅受散发的影响,而且还受到风向和风速的影响。对气味的研究数据很少,主要是因为气味散发、气味传播的距离随着环境的不同而不同、对人的生理效应也不同。

尽管人们做了相当多的有关气味处理方法的研究,但还没有找到简单有效的办法。根据观察和经验,通过下面的办法可以使气味的副作用降到最低:

1.将猪场建在下风向,并尽量远离居民区或者公共设施,小山后面或者远离公众的视野。

2.种植树和灌木丛作防护林,既为了阻挡风的流通,也降低了公众的可见度。

3.在猪场的下面建一个密封的粪池或粪坑,保证液体粪便不暴露在空气中。避免用开放的污水池,如果污水池已经存在,用稻草或者其他材料盖在上面以减少挥发。

4.在清空粪池或粪坑,并运走液体粪便之前通知邻居。保持设备清洁,避免溢出或者滴在马路上。

5.使液体粪便保持在土壤表层下面。

## 28.11 市场销售

21世纪初,生产者建立的待育肥猪或者育肥猪的销售计划,主要集中在保证稳定的销售和限制价格危机上。稳定的销售可以通过长期销售合同来保证,价格危机可以通过利用期货市场或者合约条款来保证。

10年前,80%以上的育肥猪在所谓的现金市场上销售,在出售的那天,商谈价格。如果当时有大量的猪上市,储藏库中存有大量的新鲜猪肉,或者那天加工工人罢工,那么猪肉价格就会降低。长时间育肥猪供过于求,没有市场,加工厂就不再需要更多的猪,生产者为了承担价格风险,那些猪只能再饲养更长的时间后出售。

现在,调查显示,不到20%的育肥猪在现金市场上销售。80%以上是通过与加工者预先签好供求协议,或者猪场本身隶属于加工者或其他企业,根据预先安排好的合约进行买卖,大多数长期销售合同并不能消除价格风险,只能限制价格风险。谈判中合同条款随时会变,因而在签合同之前的商谈很重要。交货日期、重量和数量，以及上述指标的变化范围，有些情况下，白天或者晚上的交货时间也特别说明其中。每英镑活体重或者胴体价格根据一系列公式计算而来。公式中主要考虑公共市场价格因素，比如临近地区活猪市场预期价格或者批发猪肉价格。

育肥猪的价格计算公式通常会考虑猪肉的品质及瘦肉含量，还会考虑玉米价格的变化、主要的生产成本或者一些其他影响成本的因素。

有些协议包括共同承担风险的规定。例如，如果用公式计算的价格为，每100 lb活猪在50美元到60美元之间，就按这个价格给生产者；如计算结果是60美元以上，生产者将得到额外的一半；如果计算价格低于50美元，比如46美元，生产者则得到48美元。在这种情况下，生产者承担着低于50美元一半价格的风险，但是也可以被补偿，获得超出60美元一半的补偿。对待育肥猪生产来说其价格合同也类似。

2000年[①]的调查显示许多合同是用现金交易或现货交易价格作为基准价格计算得来。但随着现金买卖育肥猪的比例越来越少，出现了一个问题，“用现金市场来衡量整个猪肉市场供求中可靠性如何”？很多研究表明，加工商拥有高质量的育肥猪。如果这是事实的话，大多数在现金市场上卖出的育肥猪一般都是低质量的，那么价格也就偏低，用此价格计算出的预期价格也就偏低。

猪肉工业也在不断研究和学习其他食品生产工业的运作模式，通过公式确定交易价格的经营模式仍在继续。事实上，在蔬菜工业中所有的产品也都是通过合同交易的，对于大的交易量，现金或现货市场并不实用。所以通过公式确定价格仍然是交易的基础，至少是部分基础，也需要考虑一些其他因素，比如劳动力、能量或其他的生产成本、育肥猪的平均零售价格，甚至要考虑国家消费价格索引(National Consumer Price Index, CPI)。

## 28.12 猪肉工业组织

3个国家机构促进猪肉工业的发展。国家猪肉生产者委员会(NPPC)，总公司位于艾奥瓦州的首府得梅因，主要工作为公共政策的发布，比如联邦法规制度，同时与44个州猪肉生产组织紧密联系在一起工作。NPPC经费主要来自于会员费和销售肉时的自愿扣除，写本书时，每销售100美元扣10美分。

国家猪肉促进和研究委员会(NPB)，位于NPPC国家办公室里，经费主要通过联邦立法获得，每销售100美元扣除40美分。NPB的主要工作是为媒体和消费者提供产业信息，按照生产实践提供产业分析报告、组织会议、赞助研究。2002年NPB在环境问题、疾病预防、畜舍条件、猪肉质量以及其他的问题上赞助资金达270万美元。

尽管这2个组织是独立的法律实体，但他们仍然紧密地在一起工作。写本书时，他们是在一起办公的。年度国家猪肉工业贸易展，国家猪肉展销会都会吸引大量的生产者和猪肉工业人事参与，内容包括产业展示、研讨会、设备展示、畜舍设计以及管理创新等。

---

①Lawrence, John D., and Glenn Grimes. Production and Marketing Characteristics of U.S. Pork Producers. Ames, Iowa: Iowa State University, 2000.

美国肉类出口联盟(USMEF),总部位于科罗拉多州的首府丹佛,促进牛肉、羊肉、猪肉的出口贸易。经费由肉类工业承担。对于特定的工作,将会获得联邦出口促进基金资助,这项基金是由美国农业部对外农业服务中心提供。USMEF分别在新加坡、汉城、东京、大阪、香港、上海、台北、莫斯科、彼得堡、墨西哥、伦敦等城市设有办事处,同时在其他地区也设有代表机构。

## 思考题

1. 美国哪些州是生猪的主产区?为什么?

2. 请描述全封闭式猪肉生产企业,包括畜舍类型以及饲养周期中猪群的周转。

3. 定义和解释下列概念:多点式生产系统、早期隔离断奶、分性别饲养和阶段饲养。

4. 有些猪肉生产者专门饲养待育肥猪,请描述这类企业,包括这类猪的销售年龄和体重、典型窝仔数、重要的经济和管理问题。

5. 猪日粮的主要组成是什么?饲料在猪生产成本中所占百分比大概是多少?

6. 请描述猪生产中常见的繁育体系,为什么这种体系如此普遍?

7. 大多数猪肉是怎么加工销售的?多数情况下待育肥猪是怎么销售的?

8. 请描述猪肉工业促进组织是怎样获得经费资助的。

翻译:吴彩凤;校对:陈军,黄瑞华

# 第 29 章

## 母牛和母羊生产

## The Cow Herd and Ewe Flock

集约化的牛、羊饲养企业需要大量的饲草饲喂，所以，大多数饲养场都位于谷物主产区，尤其是玉米、高粱和大麦的主产区。以屠宰为目的的饲养动物通过采食高能配合饲料获得较快的增重以及高品质的胴体。

相比较而言，母牛和母羊能够有效地利用青草、干草和青贮饲料等粗饲料（见彩页 B 和 C）。美国的许多山区和草场都饲养着大量的母羊和母牛，例如内布拉斯加州的沙丘地区、西部的山区草甸地区、堪萨斯州的弗林特山地区、南达克塔州的西河村、密苏里州的草原，以及东南部曾经大量种植棉花的区域。这些地区的土地面积辽阔，多的可达几千英亩。在干旱和半干旱地区，每 5～50 arce 饲养1 头母牛，每 1～10 arce 饲养 1 只母羊。

也有部分母牛和母羊饲养在集约化作物生产地区。这些地区的饲料来源主要是农作物的副产物（如玉米秆），以及作物轮作体系中的非永久性牧场。

养殖育肥牛和育肥羊是一项非常好的商业投资。养殖场将断奶后的小牛和小羊出售给育肥场。这项商业投资的主要开支包括土地、育种、设备、饲养和健康费用，同时还有劳动力和管理上的投入。20 世纪末，美国的绵羊数量有所下降，而肉牛的数量却在增加（图 29-1）。

本章分别论述育肥牛和育肥羊的生产，主要包括地理分布、企业类型、生产成本、营养需要和管理方式等内容。

学习本章后，读者应掌握以下内容：

1. 描述育肥牛和育肥羊的养殖企业类型。
2. 明确此类公司在美国的分布区域并解释原因。
3. 区分不同规模下的劳动效率差异以及不同企业之间的兼容性。
4. 解释为什么饲料是饲养的主要成本，区分每种动物在繁殖期不同阶段的饲料需要的差异。
5. 叙述育肥生产中最常用的育种体系。
6. 列举断奶前后降低疾病风险的措施。

7. 描述育肥牛、育肥羊，以及淘汰母牛和母羊的常见市场体系。

8. 了解以下概念：体型评分、母牛和母羊的生产阶段和繁殖阶段、预饲期、预处理(包括免疫接种程序)、公羊、母羊的繁殖育种、增加产羔次数等。

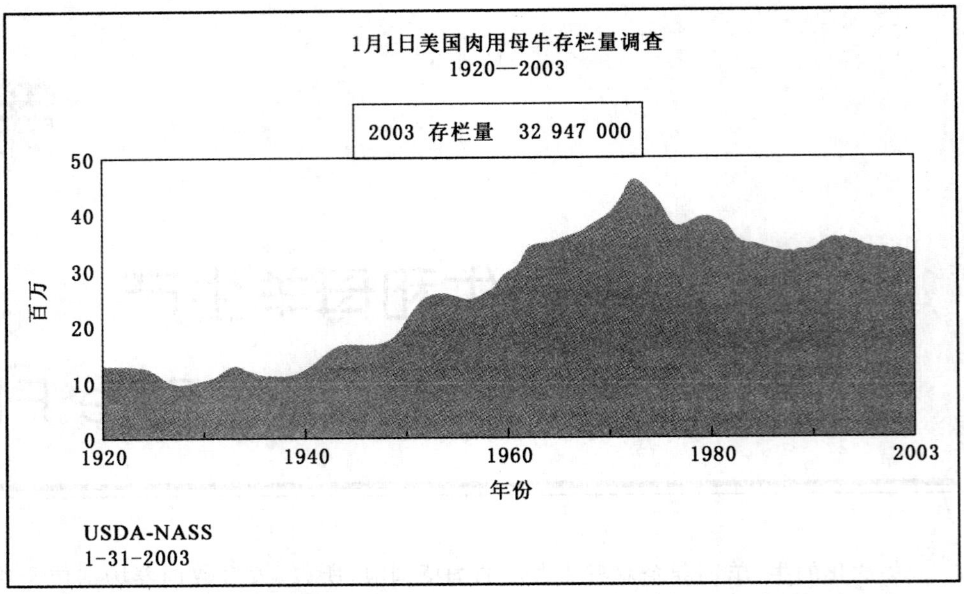


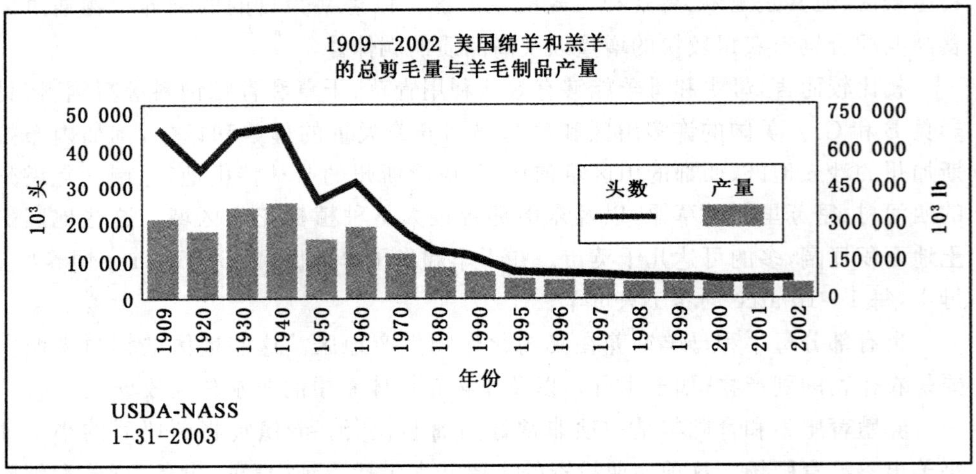


**图 29-1　20 世纪美国肉用母牛存栏量与绵羊存栏量变化趋势的比较。**
来源：USDA，NASS.

## 29.1　育肥犊牛的生产

育肥犊牛生产是商业化带犊母牛生产(非纯种场)的核心内容(见彩页 C)，这是一项大而复杂的工程，很多人从事该行业。饲养不同类型的育肥牛，饲养纯种牛也饲养杂种牛(图 29-2)。

市场上小牛的价格与土地和母牛的投资密切相关，因此美国西部地区的一些农场主通过租赁政府的土地，来降低资金的投入。而且肉用母牛体格粗壮且耐寒，可利用大量的山区和草原，所以与其他畜禽的生产相比，对畜舍和设备的要求不高。需要注意的是，对于带犊母牛群而言，合理的管理是保证盈利的关键。

**图 29-2 太平洋西北海岸某牧场的母牛和犊牛。**

经 Oregon State University 授权。

育肥犊牛(和肥育公牛)市场十分复杂,把握市场时机是关键。从获利的角度看,销售市场与生产效率同等重要。大多数育肥犊牛通常在出生后 6～8 个月的春、秋 2 季出售,一些精明的管理者在充分认识到这一点后,尽量避开这段时间出售育肥犊牛。他们会在常规时间之后,为育肥场提供育肥用牛。所以,在生产早期签订合同,将有助于在生产周期中"锁定"一个合理的价格和利润空间。

## 29.2 母牛群的地理分布

美国的肉用母牛(或带犊母牛)饲养的特点是牧场数量多、而每个牧场饲养的母牛数量少。据统计,美国 2002 年(图 29-3)大约有 80.5 万个带犊母牛群,其中大约 78%的牧场只饲养 50 头或更少的母牛。但是,这些小牧场的母牛总数只占美国母牛总数的 29%。

另一方面,只有 5.4%的带犊母牛场规模超过 500 头。这些牛场的平均规模达到 820 头,母牛数占全美肉用母牛的 14.3%。规模较大的牛场主要位于美国的西南部、中部平原及西部地区(图 29-4)。

美国育肥牛的生产主要集中在 5 个地区:东南部、北部中心地区、西南地区、大平原地区以及西部各州(表 29-4)。这些地区饲养的品种以及相应的生产体系各具特色。但其共同特点是有充足且相对便宜的牧草。每个地区的牧草种类各不相同,但是反刍动物可以利用各种草料。

在东南部的一些州,通常母牛和犊牛每年放牧 10 个月甚至更久。这些地区在春、秋 2 季冷季型牧草产量丰富,而炎热的夏季狗牙根草生长旺盛。任为了满足冬季放牧的需求,秋季时,要在狗牙根草生长的地带种上冬生黑麦草。由于东南部生产的育肥牛超出了本地区需求,所以许多育肥牛被运到玉米带地区或其他有草原的地区进行育肥。

在南部草原地区,大量种植冬小麦,秋季播种来年夏季收割。事实上,由于降雨能促进冬小麦分枝、分蘖,增加秸秆和麦穗的产量,所以如果降雨量足够,种植冬小麦有利于提高谷物产量。

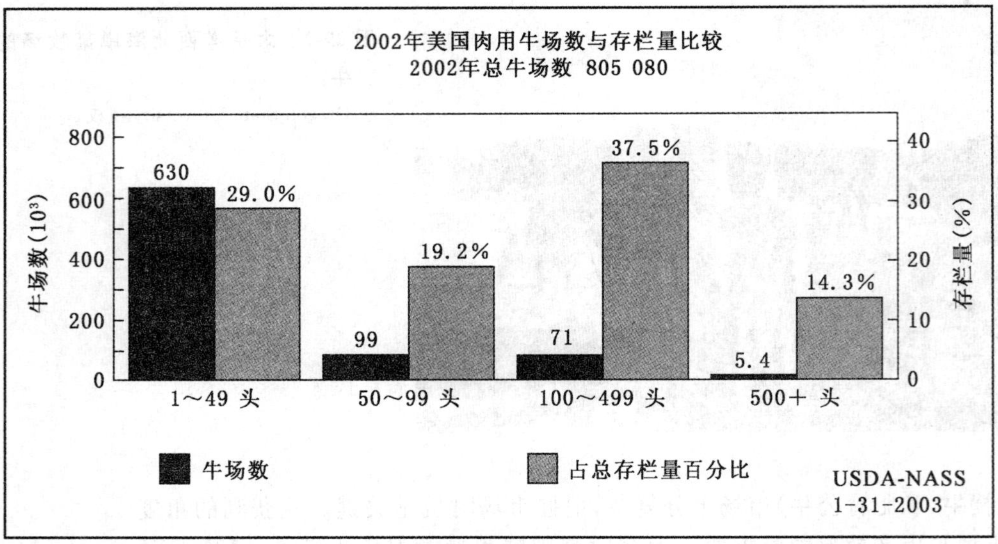


**图 29-3　2002 年美国肉用母牛的交易量与存栏量。由图可以看出,头数少于 50 的牛场约占总牛场数 71%。**

来源:USDA，NASS.

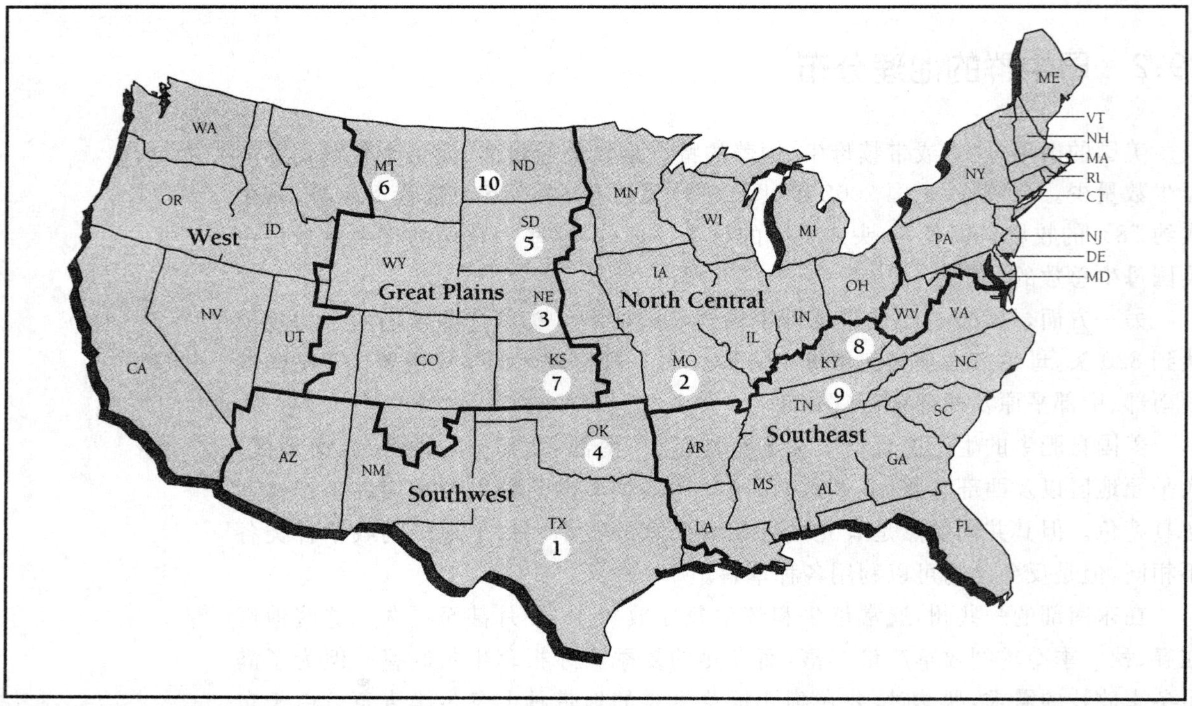


AK,阿拉斯加州;AL,亚拉巴马州;AR,阿肯色州;AZ,亚利桑那州;CA,加利福尼亚州;CO,科罗拉多州;CT,康涅狄格州;DE,特拉华州;FL,弗罗里达州;GA,佐治亚州;HI,夏威夷州;IA,艾奥瓦州;ID,爱达荷州;IL,伊利诺伊州;IN,印第安纳州;KS,堪萨斯州;KY,肯塔基州;LA,路易斯安纳州;MA,麻萨诸州;MD,马里兰州;ME,缅因州;MI,密歇根州;MN,明尼苏达州;MS,密西西比州;MO,密苏里州;MT,蒙大拿州;NC,北卡罗来纳州;NE,内布拉斯加州;ND,北达科他州;NH,新罕布什尔州;NJ,新泽西州;NM,新墨西哥州;NV,内华达州;NY,纽约州;OH,俄亥俄州;OK,俄克拉荷马州;OR,俄勒冈州;PA,宾夕阳法尼亚州;RI,罗得岛州;SC,南卡罗来纳州;SD,南达科他州;TN,田纳西州;TX,得克萨斯州;UT,尤他州;VA,弗吉尼亚州;VT,佛蒙特州;WA,华盛顿州;WI,威斯康星州;WV,西佛吉尼亚州;WY,怀俄明州

**图 29-4　美国西南部和中部草原带是肉用母牛数量最多的地区。图中示出了肉用母牛饲养量排名前 10 位的州。**

来源:Compiled from Cattle，USDA，NASS,1999 ,1.

由于玉米是最主要的饲料原料，因此玉米带地区是育肥牛的饲养基地，并且处于这些地区的养牛者在育肥牛生产上也有一定的竞争优势。牛还能利用玉米秆、其他作物残渣以及青贮饲料等(图 29-5)。另外，玉米带地区的育肥牛场一般都是一些多样化经营的农场，他们在秋季购买育肥牛，利用冬季劳动力和作物残渣对育肥牛进行育肥。但是漫长且严酷的冬季可能会相对削弱玉米带的竞争优势。

**图 29-5 小母牛和成年母牛利用作物收割后残渣。**
来源：Kansas Farmer.

生产高品质的育肥牛是玉米带地区的传统产业，无论是在玉米带或其他地区——草原带、西部及东南部地区，高品质育肥牛都有广阔的市场。

南部草原地区和西部玉米带被公认为商业化养牛业中心。这两个地区有着共同的特点：好的饲料企业和动物，大量的谷物饲料、充足的草料和半干旱气候。由于这些特点和大量饲喂的优势，这两个地区的生产成本比其他许多小农场低很多。因此，尽管内布拉斯加、堪萨斯、俄克拉荷马、得克萨斯和南达科他州的肉用母牛养殖数量全部排在全美前 10 位(图 29-4)，但他们仍然从东南部和西部地区购买待育肥牛。

绝大部分育肥牛由以下地区生产提供：南达科他州的西河村、西内布拉斯加地区、堪萨斯的弗林特山区、俄克拉荷马州的奥色治地区及与其毗邻的密苏里州。虽然其中一些地区并不适合发展集约化的种植业，但其适宜的气候孕育了大量的野生饲草。为育肥生产提供了充足的饲草来源。

牛肉加工业随着草原带养牛业的增长而发展，它与养牛业共同构成了该地区的主要经济支柱。

美国西部许多地区是干旱或半干旱地区，植物匮乏。在这些地区，牧场主放牧一头母牛(包括一头母牛及其直到断奶的犊牛)通常需要 50 acre 或更多草地，所以这些地区的母牛必须体格健壮，才能适应远距离地寻找水源和草料。但由于该地区生产的绝大部分待育肥牛会运至草原地区或玉米带地区去育肥，所以尽管谷物饲料匮乏，西部地区仍然非常适合生产待育肥牛，他们拥有着全美几个最大的母牛饲养企业。因为这些地区谷物匮乏，绝大部分生产出的待育肥牛经船运至草原地区或玉米带地区去育肥。

## 29.3 带犊母牛企业的类型及饲养规模

育肥犊牛的生产在饲养规模、管理体系、饲养品种等多个方面都有较大差异。

通常牧场生产规模较大，而舍饲生产通常占地较少、饲养规模也较小，但这2种都是良好的家庭型生产方式。大规模的农场一般在西部、草原带、玉米带、东南部。并且大多数的农场都是多向经营的，既种植作物又饲养家畜，其中一些非农业的全职经营者也通过养牛增加其收入，在这种情况下，每个农场饲养的母犊牛数量通常较少。但是育肥犊牛的生产者会为不同规模的育肥场（从5头到10头甚至几千头牛）提供育肥犊牛。

在许多地区，就像食腐动物利用腐坏物质一样，饲养牛是为了利用作物残渣和其他低质量的粗饲料。尽管如此，和其他畜种一样，卓越的遗传基础、繁殖性能、良好的营养状况、健康状况、周到的管理，可以使带犊母牛生产获利。所以为了获得较高的利润，生产性能测定是非常必要的。利润指标如下：

- 高妊娠率：95%
- 断奶犊牛存活率：95%
- 断奶犊牛体重：550～600 lb
- 高生产效率：低的可变成本和固定成本（见表29-1中的"生产效率"）
- 高品质牛肉：高市场价格

肉牛生产的利润与畜群大小有密切关系。堪萨斯州农业管理协会的一份报告概要中提到：协会172个肉牛群①的数据表明，100头的母牛群平均每头牛的成本比50头母牛群的低4%。另外，由于大规模饲养可降低劳动力成本、折旧费及固定资产利息，200头和300头牛群的平均每头牛成本比100头牛群的分别低4%和6%。

表29-1　某盈利的肉用带犊母牛饲养企业制定的性能测定标准

| 性能测定 | 评定等级 | | | 牛群 |
|---|---|---|---|---|
| | 优秀 | 一般 | 差 | |
| 妊娠率(育种季节的百分比) | 95 | 85 | 75 | |
| 犊牛断奶时 | | | | |
| 　犊牛断奶率 | 95 | 90 | 85 | — |
| 　每头母牛的断奶犊牛率 | 90 | 77 | 64 | — |
| 犊牛断奶时体重(lb) | | | | |
| 　平均断奶体重 | 550 | 460 | 380 | — |
| 　每头母牛的犊牛断奶体重(lb) | 496 | 352 | 242 | — |
| 生产效率 | | | | |
| 　母牛的饲养成本 | | | | |
| 　　草料成本[a] | $100.00 | $100.00 | $96.00 | — |
| 　　　饲喂时间(月) | 4 | 5 | 6 | — |
| 　　　每头母牛的需要量(t) | 2.0 | 2.5 | 3.2 | — |
| 　　放牧成本[b] | $46.55 | $54.00 | $48.00 | — |
| 　　　放牧时间(月) | 6 | 6 | 6 | — |
| 　　　每头母牛所需的放牧面积(acre) | 1.33 | 2.00 | 4.00 | — |
| 　　秸秆和其他作物副产品[c] | 0 | 0 | 0 | — |
| 　　　放牧时间(月) | 2 | 1 | 0 | — |

①Muirhead, S. "Kansas farm management association summary." Feedstuffs. April 18, 1994.

表 29-1 续

| 性能测定 | 评定等级 | | | 牛群 |
|---|---|---|---|---|
| | 优秀 | 一般 | 差 | |
| 谷物饲料成本 | $13.00 | $10.00 | 0 | — |
| 蛋白补充料成本 | $14.00 | $5.60 | 0 | — |
| 盐和矿物质添加剂成本 | $12.60 | $9.80 | $4.00 | — |
| 每头母牛总饲料成本 | $186.15 | $179.40 | $148.00 | — |
| 每头母牛的非饲料成本[d] | $72.50 | $48.00 | $19.50 | — |
| 每头母牛的可变成本[e] | $258.65 | $227.40 | $167.50 | — |
| 母牛所产育肥犊牛的价格 | | | | |
| 市场价格 $75 | $338.25 | $243.75 | $167.25 | — |
| 利润 | | | | — |
| 除去每头奶牛可变总成本后[e] | $79.60 | $16.35 | −$0.25 | — |
| 除去每头奶牛饲料成本后 | $152.10 | $64.35 | $19.25 | — |
| 无亏售价 | | | | — |
| 除去每磅可变成本后售价[ef] | $0.58 | $0.70 | $0.76 | — |
| 除去每磅饲料成本后售价[f] | 0.42 | 0.56 | 0.67 | — |

a. 假设好、中、差生产者在收割、储藏、饲喂的干草量损失率为 5%，15%，25%。不同等级干草的售价不同，好、中、差级干草的售价分别为 $50/t，$40/t，$30/t。

b. 好、中、差草场的估计产量分别为 3 t/acre、2 t/acre、1 t/acre；放牧所需的围栏和饮水的成本为 $7.00/acre。成本基于 Purdue Ext. Publ. ID-68，表 C-19 和表 C-20。

c. 作物秸秆及副产品的成本不计。

d. 非饲料成本包括：疫苗接种、育种费用、保险、垫草、雇用劳动力、公共消费、燃料、设备维修、市场调查和运输费用。

e. 总成本，还包括投资和家庭劳动力成本。

f. 无亏售价是在母牛淘汰率固定的基础上，假设售出犊牛的价值超出淘汰母牛价值的售价。

来源：Trouble-Shooting the Beef Cow-Calf Operation. ID-138，Purdue University.

在繁殖季节（尤其是使用人工授精技术时）和产犊季节，牛群必须经常进行检查，高效的管理和优秀的劳动力是必需的。在冬季应保证合理的工作时间、充足的劳动力和草料供应，除非牛群很大，一般牛群在冬季不需要全天护理。牛群在放牧期间，除育种、产犊、收获干草和一些维护工作外，所需的劳动力和费用都很少。牛群管理所需劳动力见表 29-2。

一些育肥牛场并不饲养繁育母牛，而只是购买断奶后体重达 400～500 lb 的犊牛，通过放牧或饲喂廉价粗饲料至体重达到 700～800 lb 时，再经高能日粮强度育肥后出售。这种特殊的生产体系不需要管理母牛，所需劳动力较少。与饲养母牛群相比，虽然这种体系投资回报快，但风险却很高。

附表 B 为牛、犊牛身体各部及其术语介绍。

表 29-2　放牧管理下每头母牛每年所需劳动力

| 头数 | 母牛类型 | | 预饲期牛（h/头） | 放牧育肥牛（h/头） | 冬季放牧育肥牛（h/头） |
|---|---|---|---|---|---|
| | 犊牛断奶时出售（h/头） | 犊牛周岁时出售（h/头） | | | |
| 40 以下 | 14.0 | 23.0 | 9.0 | 2.74 | 11.5 |
| 40～80 | 11.0 | 17.0 | 6.6 | 1.40 | 7.15 |
| 80～120 | 7.0 | 11.5 | 4.8 | 1.15 | 5.40 |
| 120～200 | 5.0 | 8.0 | 3.5 | 1.00 | 4.15 |
| 200～500 | | | 2.0 | 0.90 | 2.65 |
| 500 以上 | | | 1.6 | 0.85 | 2.20 |

来源：肉用母牛数据来源于 Farm Management Guides，MF-266 (1981)，MF-358 (1979) and MF-360 (1979)。Manhattan：Cooperative Extension Service，Department of Economics，Kansas State University.

## 29.4　饲料及带犊母牛的其他费用

在放牧季节，大多数地区只需补充盐和矿物质。将盐和矿物质混合后制成大块舔砖或松散地放在补盐器中，置于牧场上或水源附近。尽管复合舔砖完全可以满足动物的需要，但许多牧场更加喜欢使用松散的盐矿物质混合物（例如，6 份矿物质盐与 4 份钙磷混合）满足牛的需要。

肉用母牛每年大概需要 5 t 的牧草，其他牛，如公牛、后备牛和断奶牛消耗量相当。在非放牧季节，每头牛平均大概需要 3 t 的干草和 2 t 的牧草。根据气候影响，各地区有异。

在冬季，为便于制定来年春天的产犊计划，最好将母牛群分为成年母牛群、初产母牛群、后备青年母牛群。如饲养在一起，为满足初产母牛和后备母牛的需要，成年母牛可能会饲喂过量，而按照成年母牛需要设计的日粮，初产母牛和后备母牛则会饲喂不足，引起后备母牛生长不充分，推迟其发情期。在玉米带地区，一种特殊的生产方式——通过人工输精的早期妊娠从而使小母牛自行断奶的方法已得到推广应用。

母牛的营养目标是维持母牛的最佳生产性能。尽可能在 60 d 的配种期内使母牛全部受孕，产犊时间提早（假设早春产犊）。这样，母牛在泌乳期可以吃到更多的青绿多汁饲草，从而增加犊牛的断奶重。表 29-3 的数据表明在北部草原地区，肉用犊牛的出生时间对 190 日龄牛的体重影响。

美国不同地区有其各自适宜的产犊时间。在冬天暴风雪严重的地区，尽管晚春产犊会降低断奶体重，但可以降低因暴风雪引起的犊牛死亡率。秋季产犊需要较低的劳动强度和畜舍要求。而且到来年春天时犊牛已足够大，可以有效利用草料，降低了饲养成本。并且秋生犊牛可以根据需要直接饲养在育肥场，在售价上具有一定优势。

表 29-3 肉用犊牛出生月份对 190 日龄犊牛体重的影响

| 出生月份 | 犊牛数量 | 犊牛断奶前日增重(lb/d) | 190 日龄断奶时体重(lb) |
|---|---|---|---|
| 2 月 | 108 | 2.07 | 464 |
| 3 月 | 710 | 2.00 | 451 |
| 4 月 | 979 | 1.91 | 434 |
| 5 月 | 351 | 1.86 | 424 |
| 6 月 | 124 | 1.77 | 407 |

来源:Minyard, J. A., Proceedings, The Range Beef Cow, South Dakata State University, Agriculture Research and Extension Center, Rapid City, South Dakota, 1973.

表 29-4 在一个母牛年,体重 1 110 lb 母牛的 4 个不同生长阶段的营养需求

| | 阶段 | | | |
|---|---|---|---|---|
| | 1<br>产犊后(泌乳早期) | 2<br>妊娠早期和泌乳期 | 3<br>妊娠期 | 4<br>妊娠后期(产犊前) |
| 各阶段持续的天数 | 82 | 123 | 110 | 40 |
| 可消化养分总量(lb/d) | 13～15[a] | 11～12 | 9.5 | 11.2 |
| 总维持净能(Mcal/d)[b] | 15.49 | 12.34 | 9.84 | 12.96 |
| 总可代谢蛋白(lb/d) | 1.77 | 1.33 | 1.05 | 1.37 |
| 钙(g/d) | 34 | 27 | 20 | 28 |
| 磷(g/d) | 24 | 18 | 15 | 18 |
| 维生素 A(UI/d) | 38 000 | 38 000 | 25 000 | 26 000 |

a. 取决于母牛的泌乳能力、年龄和体况。

b. 包括 0.34 Mcal 产奶净能/lb。

来源:改自 Nutritional Requirements of Beef Cattle, 7th ed., National Research Council, 1996; and Cow Herd Health, Kansas State University, 1997.

表 29-4 列出了肉用母牛 1 年中 4 个阶段的不同营养需要。第 1 阶段:产后 82 d 内,母牛大量泌乳,子宫逐渐恢复到产前的正常状态,并准备再次受孕,同时由于该阶段犊牛从牛奶中获得大量营养,母牛必须补充足够的能量和蛋白质饲料,以保证足够的产奶量以满足犊牛的生长需要,所以此阶段对营养的需求是全年最高的。尽管泌乳期母牛可从嫩草中获得充足的蛋白质,但是仍然需要饲喂谷物饲料来获取额外的能量。

第 2 阶段:母牛处于妊娠早期并且还在泌乳期。如果母牛是在春季产犊,必须增加体重以准备过冬。在这个阶段,犊牛开始减少奶的摄入量,增加草料的采食量。所以除非是干旱或其他特殊原因,一般情况下,放牧母牛不需要补饲。

第 3 阶段:犊牛通常已经断奶,母牛处在妊娠中期。母牛自身仅为维持需要,同时为胎儿的发育提供营养。所以此时的营养需求最少,可以饲喂品质低一些的粗饲料。

第4阶段：妊娠后期即产前50 d，是另一个关键时期。此时，母牛开始为泌乳做准备，同时胎儿在这个阶段的生长将占全期的70%～80%。任何体况不佳的母牛此时都应摄入足够的营养以恢复体重。

除以上提到的各个因素外，母牛的营养需要还随体型大小、产奶水平、体况及环境因素的不同而有所波动。

现在，母牛体况监视系统已广泛得到应用，用以减少超重牛和极瘦牛（参见15.2）。通常通过对妊娠早期和妊娠过程中母牛体况的肉眼评估，把极瘦牛计作1分，肥胖牛计作9分。Spitzer等[①]的一项大规模调查研究表明，评分为4、5、6分的母牛体况良好，其犊牛的出生重较大。

该研究还发现，在产犊后，产犊和增重评分较高的母牛，其繁殖效率也较高。在60 d的配种期内，母牛的发情和受孕也更佳，而且产犊后，犊牛的断奶重也更大。

## 29.5 待育肥牛的断奶和管理措施

犊牛通常在出生后6～8个月断奶。生产上通用的断奶时间为205 d，生产者会经常比较不同牛群间的205 d体重。断奶对于犊牛来说是一个艰难时期，它们第一次与母亲分开，会引起犊牛强烈不适。另外，断奶时体重较大的犊牛会直接运至育肥场，这对它们也是个难关。

> **育肥前准备**
> 育肥犊牛由出生地运至育肥场前的准备工作：断奶、疫苗接种及断奶后的各种训练。

如果在断奶前30～45 d，对犊牛做好充分的**育肥前准备**工作，那么在育肥场中，这些负面影响可降到最低。育肥前工作包括：(1)去势和去角；(2)驱虫；(3)驱除蚧螨；(4)埋植促生长剂；(5)接种牛传染性鼻气管炎(IBR)、牛病毒性腹泻(BVD)、牛呼吸道合胞体病毒(BRSV)、钩端螺旋体病、放牧地的其他传染病及黑腿病等疫苗；(6)将日粮调整为舍饲育肥型日粮。

如果这些卫生保健和管理工作在运输前30～45 d内完成，犊牛可避免在运输和转群过程中的应激反应，从而减少疾病和死亡。犊牛准备工作的详细接种计划见框29-1。

断奶时体重较大的犊牛，生长较快，将直接从出生地牧场运至育肥场。如果它们的断奶重为600 lb，并有很好的遗传因子，会很快增至1 000～1 200 lb。

育肥牛应根据其体重进行分群育肥。如果将较重的大型犊牛混在普通犊牛中，普通犊牛将很快达到选择等级，但达到等级时的体重较轻，而当大型犊牛达到选择等级时，紧凑型牛将会出现过度肥育（超过1、2级）。

犊牛体重在650～700 lb时最适宜育肥，所以断奶时体重较轻的，只有400～500 lb的犊牛，在送至育肥场之前大多数应预饲一段时间。如在8.3中所述，预饲可有效利用本地的饲料资源和冬季闲散劳动力，迅速增重而获利（见彩页C）。

---

①Spitzer, J. C., et al. J. Anim. Sci. 73(1995): 1251.

**框 29-1 阿拉巴马州育肥前处理获得具有附加值犊牛的计划(计划 A)**

预处理后的犊牛可缓解犊牛在断奶、运输、转群至商业育肥场或海关的隔离场过程中所造成的应激。此类犊牛不易感染呼吸道疾病和其他疾病,可更快地过渡到育肥,投入低、增长快。所以买家愿花更多的钱购买这种预处理过的犊牛,以下的接种计划是阿拉巴马州具有附加值犊牛计划的3种利用方式之一,它有利于加强购买者与育肥场经营者之间的联系。

计划 A(断奶前、断奶时以及船运后的处理步骤):

● 断奶前 3~4 周第 1 次免疫接种

1. 接种经检疫过的可用于随母断奶犊牛的 IBR-P13-. BVD-BRSV 疫苗
2. 巴氏杆菌、溶血症、白细胞毒素的预防接种
3. 需要船运的母犊牛的普鲁氏病的免疫接种
4. 梭状芽孢杆菌的免疫接种(如果需要)
5. 细螺旋体病的免疫接种(如果需要)

● 断奶时的第 2 次接种

1. IBM-PI3-BVD-BRSV 致弱活病毒疫苗免疫接种
2. 巴氏杆菌、溶血症和白细胞毒素的免疫接种
3. 梭状芽孢杆菌免疫接种(如果需要)
4. 细螺旋体病的免疫(如果需要)

● 断奶后至运输前 4~6 周的接种

下表中的数据说明,只进行 1 次免疫接种并不能产生良好的免疫力,在 1 次免疫的基础上进行 2 次免疫可明显提高抗体水平。

来源:改自"Proper preparation of calves for shipment is essential." Feedstuffs, May 15, 1996. Floyd, extension veterinarian, Auburn University.

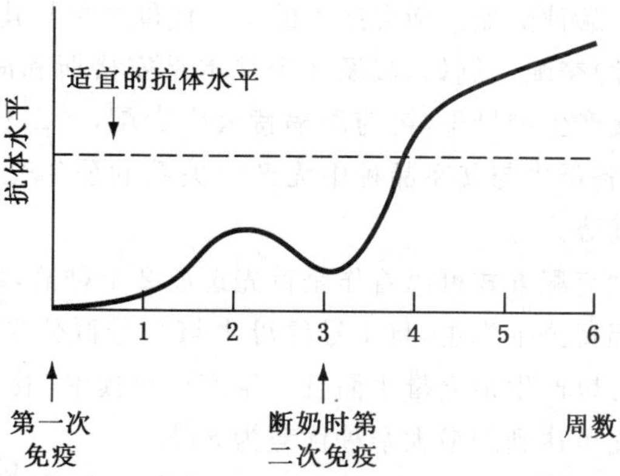


## 29.6 待育肥牛的销售

将犊牛运至育肥场出售时,需要注意一些问题,如协商价格、签订买卖条款和商议运输方式等。经销商将牛运至该地区或邻近地区的育肥牛拍卖场进行拍卖,在购买时,购买人会要求畜主提供牛只的系谱记录,包括牛只编号及从出生到出售之间的畜主记录。这将有效地解决育肥牛在运输过程中遇到的血统问题:由不同的经销商购买的来自不同牧场的育肥牛混在一起,经过多次中转运输后,仍能追溯其来源地。不断地倒手,会加重待育肥牛的应激,导致一些待育肥牛出现较高的发病率和死亡率。

育肥用青年母牛与阉牛一起运至育肥场育肥。淘汰的劣等牛通过正常渠道出售,只能获得极少的收益。在购买时,要从牛群中发现混杂的劣等牛,经验十分

重要，挑出的劣等牛将被淘汰或低价出售(见第8章)。

由于年龄或其他原因淘汰的母牛通常直接被屠宰加工。但随着汉堡需求量的增加以及最近的一些研究表明，经3个月育肥的淘汰母牛具有很高的营养价值，因此，这项投资也变得有利可图了。

## 29.7　带犊母牛的交配体系

在学习本章前，请复习一下第20章(20.6和20.7部分)关于交配体系(以猪为例)的内容，有助于对本章的理解。目前杂交已被广泛应用在育肥生产中。杂种优势不仅对育肥牛的提供者有益，而且也对育肥牛场的经营者有益。

二元杂交现已广泛用于肉牛生产中。如海福特公牛与安格斯母牛杂交，其犊牛去角后，黑身白面，通常称为“黑片”。这种杂交体系的杂种优势只存在于犊牛中，所以纯繁的后备母牛需从其他育种者处购买。

第20.6和20.7中介绍的二元轮回、三元轮回杂交体系，可使牛群的后备青年母牛产生杂种优势，获得比普通母牛更快的生长速度和更高的产奶量。

在二元轮回杂交体系中，通常需要2个品种的公牛，每个品种分别与性能互补的母牛品种交配。杂交产生的子一代母牛再与其父本品种性能互补的公牛(即母本品种)交配。例如，假设2个父本是安格斯和海福特。安格斯作为父本与海福特杂交产生的母牛，再与海福特公牛交配，子二代再与安格斯公牛交配。子一代后，后备母牛与父系品种中无亲缘关系的公牛交配，连续产生的后代中都将产生杂种优势。

这种交配方式可以看作是首先选取2个种群，1号群以安格斯公牛为主，2号群以海福特公牛为主，将1号群母牛与2号群公牛杂交，反之亦然。这种杂交系统不但可以产生杂交母牛而且可生产杂交犊牛，最大的杂种优势可达67%。三元轮回杂交可达到的最大杂种优势为86%。

种公牛选育非常重要，因为公牛提供50%的遗传资源，其后代有50%的机会获得遗传进展。种公牛的性能测定包括育种值和遗传潜力的测定，主要的生产性能测定有出生重、断奶重、周岁重、生长率、测定日的饲料利用率及后代达育肥要求时的年龄。公牛的饲喂试验一般应持续140 d。

如果一头公牛出生重为70～90 lb、205 d断奶重为600 lb以上、周岁体重为1 100 lb以上、日增重为3.5 lb以上，则被认为是极其优秀的公牛。此类公牛的后代犊牛活力高、增长快，可以卖个好价钱。这种公牛如果与青年母牛或小型牛交配，可能会由于胎儿过大，引起难产，所以通常与成年大型母牛交配。

杂交生产计划中，经性能测定的公牛不但能提供长期的遗传进展，并且在子一代就可表现出良好的杂种优势。

位于内布拉斯加州的美国肉畜研究中心的一项研究将参与杂交的品种直接分为几个育种组(表29-5)。那些含有多个X的品种杂交后，其杂交后代生长更快、成年体重更大、瘦肉率更高、性成熟年龄更早、产奶量更高。

表 29-5　根据4个主要性状确定的杂交育种群

| 育种群 | 生长速度和成年后体型 | 肉脂比 | 性成熟年龄 | 泌乳能力 |
|---|---|---|---|---|
| 娟姗牛-X | X | X | X | XXXXX |
| 海福特-安格斯-X | XX | XX | XXX | XX |
| 无角红牛-X | XX | XX | XX | XXX |
| 南德温牛-X | XXX | XXX | XX | XXX |
| 塔朗泰兹牛-X | XXX | XXX | XX | XXX |
| 品扎嘎尔牛-X | XXX | XXX | XX | XXX |
| 沙希华牛-X | XX | XXX | XXXXX | XXX |
| 婆罗门牛-X | XXXX | XXX | XXXXX | XXX |
| 瑞士褐牛-X | XXXX | XXXX | XX | XXXX |
| 格尔伯威肉牛-X | XXXX | XXXX | XX | XXXX |
| 西门塔尔牛-X | XXXXX | XXXX | XXX | XXXX |
| 曼安茹牛-X | XXXXX | XXXX | XXX | XXX |
| 利木赞牛-X | XXX | XXXXX | XXXX | X |
| 夏络来牛-X | XXXXX | XXXXX | XXXX | X |
| 契安妮娜牛-X | XXXXX | XXXXX | XXXX | X |

来源：U. S. Meat Animal Research Center，Clay Center，NE.

## 29.8　母羊群的分布和类型

尽管美国农业部并没有收集自1999年后每年的羊只存栏数据，但事实表明，绵羊和羔羊的存栏量在持续下降，已从1991年的13百万只下降到2002年的8百万只。以下几种因素造成了绵羊和羔羊存栏量的下降：羔羊肉和普通羊肉需求量下降、廉价的人造纤维对羊毛的取代、肉食动物的侵害、可用劳动力的减少和成本增加及相关加工业的减少和市场结构的调整。尽管如此，到2003年，估计仍有6.3万家母羊和羔羊的育肥企业。

调查显示，1999年531万只繁育羊和后备羔羊中的82.5%分布于美国西部的17个州。其中排名前10的州如下：

1. 得克萨斯
2. 怀俄明
3. 加利福尼亚
4. 犹他
5. 蒙大拿
6. 南达科他
7. 爱达荷
8. 新墨西哥
9. 科罗拉多
10. 艾奥瓦

图29-6显示了美国西部的母羊群。

美国绵羊生产主要有2种类型：放牧和舍饲。一条横跨南北的草原带将美国的绵羊生产分为2大区，一类是东部的舍饲生产区，另一类是西部的放牧生产区，只有少部分例外（图29-7）。

**图 29-6　西部山区和草原放牧饲养的羔羊群。**
经 Oregon State University and Western Livestock Journal 授权。

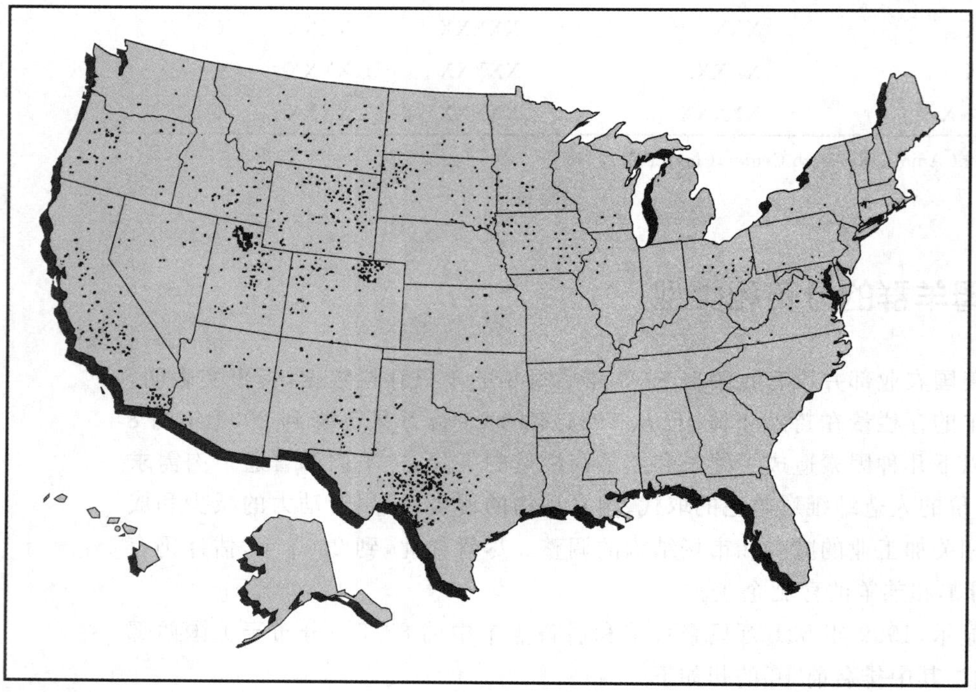

**图 29-7　1999 年美国 724 万只母羊的近似分布(一个点代表 5 000 只)。**
来源：USDA.

因为羊可以更好地利用晚生植物(见彩页 B)，所以绵羊比牛更适合那些少草多灌丛和灌木的放牧地。超过 2/3 的商业放牧羊生产者，还饲养牛，有些甚至还饲养山羊。这是因为这几种动物对不同植物的利用率不同，将其混在一起放牧可更有效的利用放牧地。例如得克萨斯州的爱德华高原，在一块地上同时放牧牛、绵羊、山羊，使草地得到充分利用。

在夏季放牧地条件较好、能提供足够营养的情况下，大多数羔羊断奶后就直接屠宰出售，只留一部分作为待育肥羊出售。一些缺乏谷物饲料的地区，牧场主极少设立专门的育肥场来育肥羔羊。因而 1999 年，市场上销售的绵羊有 49%集中来自加利福尼亚、得克萨斯、科罗拉多等几个州。

玉米主产区和东部的一些州绵羊更适宜舍饲。这 2 个地区能够提供充足的浓缩料用于羔羊的育肥生产，同时也用来饲喂母羊。在舍饲地区，每个牧场拥有的畜群规模和场地都非常有限，大多数羊群的数量不足 100 只。由于谷物饲料的大量供应，大多数生产者在羔羊幼龄阶段采用栅饲方式育肥，大约在羔羊 3～5 月龄时完成育肥上市。通常羔羊 130 日龄，体重约 110 lb 时出售，极少数的羔羊作为待育肥羊出售，只有其中一些体重较轻的羔羊将被作为待育肥羊出售。母羊一般每年放牧 4～8 个月，其余时间饲喂作物副产品或在育肥场中饲养。表 29-6 提供了北部玉米主产区的羊群生产数据和影响羊群生产的因素。

## 29.9 母羊群所需的资金投入和劳动力

母羊生产企业所需的资金投入是多样化的。但如果已有场地、畜舍、设备以及可利用的闲散劳动力和作物副产品，则主要投资成本就是购买羊的资金。相反，如果需要购买土地、修建畜舍、雇用劳动力，购买或收购饲料等，则资金投入较大。但总体上，相对于其他养殖业而言，养羊业初期投资较低，同时还可获得价值较高的产品。影响获利的主要因素有断奶羊存活率、死亡率、淘汰年龄及生产成本(表 29-6)。

表 29-6 羊群舍饲条件下的平均生产力和影响利润的因素

| | |
|---|---|
| **饲养 7 年(1994—2001)的羊群平均生产力** | |
| 妊娠率(%) | 95.48 |
| 母羊的产羔数(同一公羊) | 1.81 |
| 每只母羊生产的可出售羔羊 | 1.62 |
| 每只母羊生产的羔羊重量(lb) | 201.43 |
| 出售时羔羊的体重(lb) | 124.6 |
| 每公担(重量单位)羔羊的售价 | $84.11 |
| 羔羊至出售时的饲养成本 | $24.17 |
| 每获得 1 lb 增重所消耗的饲料量(料肉比) | 3.01 |
| 羔羊从出生到出售时的死亡率(%) | 10.71 |
| 每只母羊的剪毛量(lb) | 9.1 |
| **影响母羊效益的关键因素** | |
| 妊娠率改变 5% | $6.25 |
| 每只母羊多出售 0.10 只羔羊 | $7.38 |
| 羔羊出售时的体重增加 5 lb | $4.56 |
| 每公担(重量单位)羔羊的售价升高 5 美元 | $10.00 |
| 每磅羊毛的售价增加 0.25 美元 | $2.00 |
| 延长母羊的使用年限(从 5 年延长到 6 年) | $3.20 |

来源：改自 Minnesota Community and Technical College, Pipestone.

为保证每只母羊有较高的回报，需满足如下生产目标[①]：

- 高妊娠率（大于95%）
- 高产羔率（大于175%）
- 低于10%的羔羊死亡率
- 健全的营销体系
- 高产量、高质量的羊毛
- 种用羊群使用寿命长

但是，与产品价值相比，绵羊生产所需的劳动力较多。母羊繁殖周期的不同阶段所需劳动力不同，并且因饲养强度的不同所需的劳动力也有所差异。其中产羔需要劳动力最大，因为此时的母羊需时刻观察。舍饲条件下，一年所需的劳动力见表29-7。

西部及平原地区的一些州拥有大面积的土地和大批羊群。许多生产者租赁政府的土地进行放牧。由于土地是非私有的，所以没有永久的设备投资。同时又因放牧场面积很大，羊群需要随队的管理者或牧羊人。通常，一个放牧季节一个牧羊人要管理约1 000只的母羊。但近些年，特别是美国限制了西班牙巴斯克人（牧羊人）的移民后，造成了牧羊人的极度短缺。

**表 29-7 舍饲条件下每只母羊所需的年均劳动力**

| 母羊的数量 | 每只母羊所需的时间(h) |
|---|---|
| 35只以下 | 7 |
| 35～75 | 6 |
| 75～100 | 5 |
| 100～200 | 4 |
| 200～300 | 3 |
| 300～500 | 2 |
| 500只以上 | 1.5 |

来源：Kansas State University Farm Management Guide MF-421，1982.

## 29.10 母羊生产的饲料及其他成本

养羊业的饲料成本占总成本的60%。体型评分及调整日粮供应可以保证大多数羊的体重在理想范围内（图29-8）。一般处在泌乳期的母羊会因泌乳，体重减少5%～7%，但其体重和体况将在下个妊娠期得到恢复。

平均体况的母羊配种期体重155 lb、平均饲料需要量及饲养成本指南[②]如下：

- 放牧7个月
- 700 lb优质的豆科牧草或豆科干草

①North Central Regional Extension Publication 240（1993修订版）.

②改自North Central Regional Extension Publication 240.

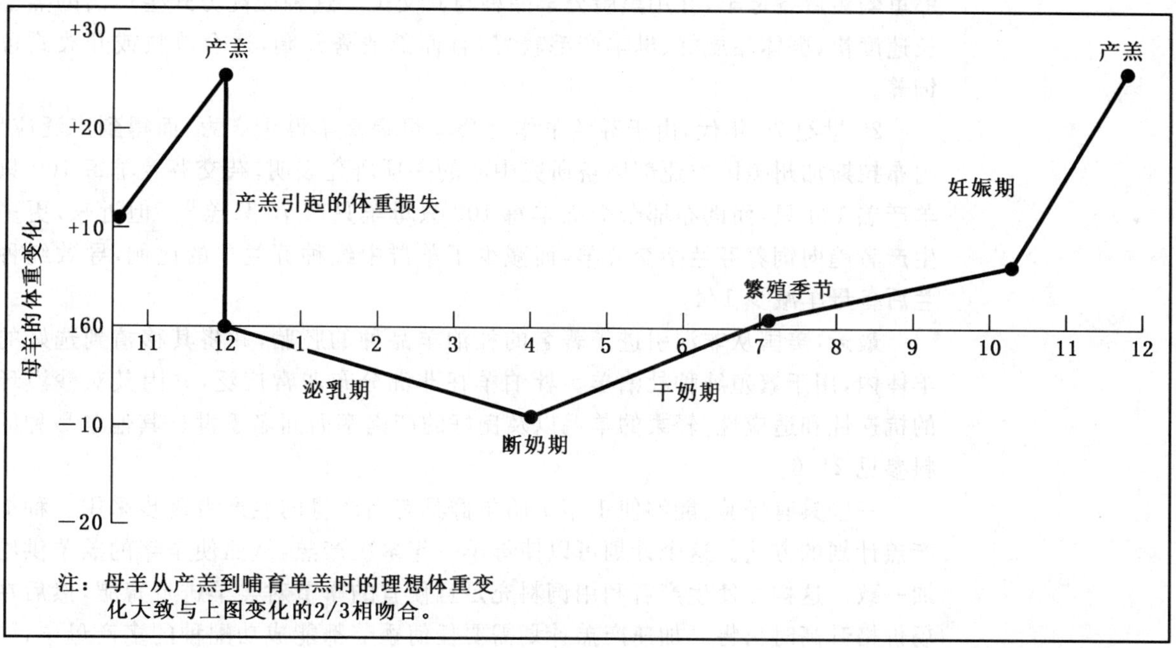


**图 29-8 体重 160 lb 的母羊从产羔到哺育双羔的体重变化。**
来源：Sheep Industry Handbook，SID Nutrition.

- 产犊前需 45 lb 的谷物饲料（催情补饲绵羊和妊娠后期绵羊）
- 60 d 泌乳期需 90～120 lb 的谷物饲料和补充饲料（根据哺育单羔还是双羔）

在放牧条件下的饲料成本更低。其中牧场的租借费用包括土地管理局(BLM)和国家森林服务处(NFS)管理费，是低廉的饲养成本的一部分。西部牧场中约 20%的饲养者使用的是 BLM 或 NFS 的牧场，他们生产的母羊占西部商业母羊生产总量的 50%。

由于多数育肥羔羊饲养在开放的牧场上，距离总厂区较远，所以通常不为羔羊提供饲栏日粮。

除饲料外，还有一些其他成本，包括兽医费用、疫苗接种费、市场营销费、后备母羊费、农场管理费和利息，平均每只羊所需成本总计约 37 美元/只（以 90 年代中期的生产成本为基础计算）。

## 29.11 羊的育种体系

绵羊品种通常分为母系品种和父系品种。母系品种通常能生产优质羊毛的白脸母羊，例如美利奴羊和朗布耶羊（第 21 章）。这些品种比较能适应放牧条件，并且具有繁殖率高、产毛率高、产奶量高和使用年限较长等特性，所以无论是放牧地区还是舍饲地区，后备母羊通常从这些品种或这些品种的杂交羊中挑选。而公羊更趋向于选择生长快、饲料利用率高、肉质好的肉用品种。

放牧绵羊的生产者通常会保留足够数量的母系品种的父本和母本、或者至少是父本，用来长期生产本群所需的纯繁后备母羊。舍饲饲养者一般从放牧饲养者那里购买后备母羊,并用黑脸公羊品种与其交配。这种交配方式生产出的羔羊生长速度快、胴体品质好、母羊产毛较好,且面部清秀开阔,适合放牧或开放式舍饲饲养。

20世纪70年代,由于芬兰羊作为公羊可提高羊群生产力,而得到广泛应用。内布拉斯加州美国农业部肉畜研究中心的一项研究表明,杂交芬兰羊每100只母羊产羔134只,而朗布耶杂交绵羊每100只母羊只产75只羔[①]。但近来,更多的生产者趋向饲养芬兰杂交公羊,而减少了羊群中纯种芬兰羊的比例,导致纯种芬兰后备母羊减少1/4。

最近,美国从非洲引进了著名的杜泊羊品种的胚胎,并将其移植到选好的母羊体内,用于繁殖纯种杜泊羊。杜泊羊在非洲分布非常广泛,并因其对沙漠环境的抗逆性和适应性、轻柔的羊毛以及良好的产肉率而闻名于世。其他羊品种的资料参见21.6。

一些具有经验、能够使1年1胎羊群具有高产量的生产者逐步采用一种加速产羔计划的方法。这个计划可以使母羊一年多次产羔,从而使全年的羔羊供给更加一致。这样可使生产者利用饲料充足且便宜的季节对羔羊进行育肥,然后在市场价格升高时出售。加速产羔计划需要任何季节都能成功配种的多产母羊,同时利用同期发情控制技术刺激母羊在非繁殖季节发情。

其中一种体系是2年产3胎。计划中的所有母羊都应按照以下的2年制计划表进行生产:

| 交配 | 产羔 |
|---|---|
| 5月 | 10月 |
| 1月 | 7月 |
| 9月 | 2月 |

我们可从中了解到快速产羔是如何增加产羔速度的,这种方法对劳动技能和管理技术有一定的要求。制定一个成功的计划有助于生产更多的羔羊,获得比1年1胎更高的回报。

另一种提高繁殖效率的方法是在母羔羊1岁时进行配种,而不需要再额外的多等1年。在良好的营养和管理条件下,许多在年内出生较早的母羊在9～10月龄时就已达到标准体型,进入发情期。对于采用此种方法进行产羔的小母羊,在其妊娠期、产羔期、泌乳期和产羔后恢复期都应提供特殊的营养和照顾,以保证其能达到成熟体型。

绵羊饲养者应熟知所要求的理想体型。绵羊身体各部位及常用专业术语见附表B。

## 29.12 羊的管理问题

如何防治肉食动物是绵羊业的一个主要问题。在西部和草原地带,土狼是防治成本最高的肉食动物,它们经常攻击或捕杀母羊和羔羊。而在人口密集的地区,流浪狗会造成大量的羊只死亡。在舍饲区,人们可以使用电围栏、夜间围栏、

---

①Laster, D. B., et al. J. Anim. Sci. 35 (1972): 79.

训练有素的狗和其他各种方法减少肉食动物的侵害，但是在放牧区，人们能用的防治方法就相当有限。

体外寄生虫对一些羊群危害很大，特别是在一定区域内舍饲的羊群（见12.7）。

现在，无论是牧场还是集约化企业都相当缺乏训练有素、经验丰富的工作人员。

在养羊业中，15%～20%的羔羊死亡率并不罕见。集约化饲养会增加以下几种疾病的发病几率：呼吸道疾病、肠毒血症、影响胚胎存活率和羔羊出生率的生殖系统疾病等。

## 29.13 羔羊市场

多数待育肥羔羊在体重达 60～75 lb 时直接出售给育肥者、经销商或拍卖会，从牧场到育肥场的远距离运输，会增加运输成本、加大活重的缩减率，同时还可能引起一些疾病。这种情况也会发生在那些舍饲羊群中，由于补饲大量谷物饲料，在体重达 110～130 lb 的大型羔羊运至屠宰场的过程中会引起疾病。

一些中西部地区的生产者通过市场，联合出售育肥后的羔羊，待组成大群后，更为经济的运输。在东部的一些州也有专门的加工厂，为民族市场和该地区育肥羊的出口提供服务。

近几十年，由于较低的市场容量限制了羔羊市场和加工厂的发展。致使许多生产者与加工商的距离越来越远，导致加工商不能为消费者提供充足的羔羊产品。目前，许多中西部地区的绵羊生产者面临的主要问题已不再是协商售价，而是寻找销路。

鉴于这些原因，2003 年由山区州际羔羊产业合作社（Mountain States Lamb Cooperative）（包括西部 10 个州的生产者组织）和 B. Rosen & Sons, Inc. 以及纽约和科罗拉多州的工厂组成了联盟，从而形成了一个完整的由牧场或育肥场直接为加工商和零售商提供产品的体系。该联盟（称作 MSR）表示正在计划形成一系列拥有注册商标的产品，其中包括一条天然生产线（无抗生素和激素）和一条有机生产线，并保证所有的原料来自于农场，并直接加工包装。

与淘汰母牛、母猪相比，母羊和公羊的淘汰成本相对较低，所以，羊生产者的竞争优势是拥有能正常产羔的母羊和健康的断奶羔羊。

## 思考题

1. 为什么育肥场中育肥牛的生产是一种特殊的商业？举例说出几个有代表性的育肥牛养殖公司。

2. 为什么近几十年美国东南部一些州育肥牛的比例有所上升？

3. 母牛群和待育肥牛生产饲喂的主要饲料各是什么？估计一头犊牛从出生到断奶所需的总饲料量。

4. 待售犊牛在预饲期的工作有哪些？

5. 试述犊牛生产中常用的 2 种交配方式。

6. 三元轮回杂交系统所能达到的最大杂种优势是多少?

7. 美国饲养绵羊最多的区域是什么地理类型? 为什么?

8. 试述放牧绵羊生产的交配方式。母系品种和父系品种的意义是什么?

9. 列举影响绵羊生产利润的 3 个最重要的因素。

10. 产羔后,母羊体重理想范围内的体重损失是多少? 多长时间可以恢复?

11. 解释加速产羔计划建立的基础。其优点和要求是什么?

12. 作为一名绵羊生产者,你愿意尝试母羔羊 1 岁时配种繁殖吗? 如果愿意,解释原因。

翻译:蒋晓哲,俞英;校对:陈军

# 第30章

# 奶业生产

# The Business of Dairying

21世纪初，奶业生产高速发展，由以往拥有几十头牛的农场型经营管理发展成为拥有3 000头甚至更多奶牛头数的专门以生产牛奶为主的企业型经济。所生产的牛奶主要供应为液体奶或者加工成冰激凌、酸奶、奶酪以及其他的产品（见彩页A）。第31章将重点介绍牛奶产品。

奶业生产是一项长期的、投资相对较高的产业。牛奶生产者在承担风险的同时，还会追求人力、资本、饲养、管理等方面的收益。

这一章主要叙述影响奶业生产效益的因素，如牛场选址、牛场规模、资金投入、人力、饲养、产品类型以及其他因素。

学习本章后，读者应掌握以下内容：

1. 列举奶业生产的特点或优势。
2. 图示奶牛数和奶牛单产的近期发展趋势。
3. 解释为什么在美国的一些州，奶牛群的数量更多。
4. 列举奶业生产的主要费用。
5. 列举奶业生产中必要的管理条例。
6. 列举主要的奶牛和奶山羊品种。
7. 图示奶牛泌乳曲线，在曲线上用点描述出大致的日产奶量。

## 30.1 奶业的特点和发展趋势

为了更好地了解现代奶业，首先列举出一些有益于奶业生产的特性，如下：

1.职工技能培训和人员的补充，因为泌乳牛每天至少挤奶2次，为了取得高的产奶量，员工的技能素质必须很高。

2.奶业生产可以得到持续稳定的收入，因为一般都是2周回收1次销售奶的收益，这样可以增加奶业生产的现金流通。

3. 奶业是一项长期的投资项目，因为每头牛所需的畜舍和设备都需要大量的资金投资。要想得到更高的效益，就必须使用一些节省劳动力的机械设备。

4. 奶是一种易腐产品，必须尽快冷冻保存和运输到加工厂。要不断加强产品的质量控制，包括运输、加工、奶及奶产品的储藏等。

5. 奶是一种高需求和高营养的食物，它含有人体所必需的营养物质，被誉为“自然界最理想的食物”。这就保证了牛奶需求的稳定性。

6. 奶业生产企业，从经济学的角度上看，是最稳定的家畜生产企业之一。与牛肉、羊肉、猪肉生产不同的是，奶业生产在一个相当长的时期内波动较小。由于奶的供需稳定，以及联邦市场法律的保护，使得奶的收购价格也更为稳定。

7. 与其他种类的家畜相比，高产奶牛可更加高效的将谷物和优质牧草中的能量和蛋白转化为人类所需求的食物。

美国在1940—2002年间，奶牛数由2 500万头下降到不足900万头，奶牛场的数量也由460万个下降到不足10万个。也就是说，1940年的每46个牛场到2002年只剩下1个牛场。但同时，牛场存栏数和奶牛单产得到了显著增加(图30-1)。由奶牛群改良计划(Dairy Herd Improvement，DHI，一种奶牛群改良记录系统)中的记录可知，在1940年每胎泌乳牛的平均产奶量为8 100 lb。如今在DHI登记的牛群中，奶牛的平均单产记录已经超过了22 700 lb(表30-1)。

如今液体奶(全奶)是奶牛场的主要产品，虽然许多液体奶经过加工厂加工后制成其他奶制品。但奶(全奶和人造奶)的价格仍然以成分定价制度为准(其中包括蛋白、乳脂和其他干物质等的含量)。

表30-1给出了2002年在国家合作奶牛群改良项目(NCDHI)登记的各个品种牛的大致情况。其中包括主要奶牛品种的平均产奶量、奶成分含量、牛群以及牛只头数。

**表30-1　2002年，在国家合作奶牛群改良计划中登记的育种值的正式官方平均值**

| | 安格斯牛 | 比利时褐牛 | 更赛牛 | 荷斯坦牛 | 娟姗牛 | 红白花牛 |
|---|---|---|---|---|---|---|
| 奶牛群数量 | 144 | 292 | 189 | 18 835 | 1 127 | 33 |
| 单群奶牛数 | 50 | 49 | 46 | 178 | 139 | 54 |
| 总牛数 | 7 226 | 14 192 | 8 616 | 3 356 044 | 156 638 | 1 797 |
| 奶牛单产(lb) | 15 878 | 17 847 | 14 931 | 21 919 | 15 652 | 20 086 |
| 乳蛋白率(%) | 3.16 | 3.36 | 3.37 | 3.05 | 3.59 | 3.02 |
| 乳脂率(%) | 3.89 | 4.05 | 4.54 | 3.64 | 4.62 | 3.67 |

来源：改自USDA，ARS，Summary of DHI Herd Averages，2002.

奶的其他特性对于消费者来说，也同样重要。饲养和管理可以改善奶的口味。不同奶牛奶的颜色也不尽相同，这种情况同样存在于品种间。例如，更赛牛牛奶的颜色很黄，但由于一些消费者的偏爱，得到了商家的大力宣传。

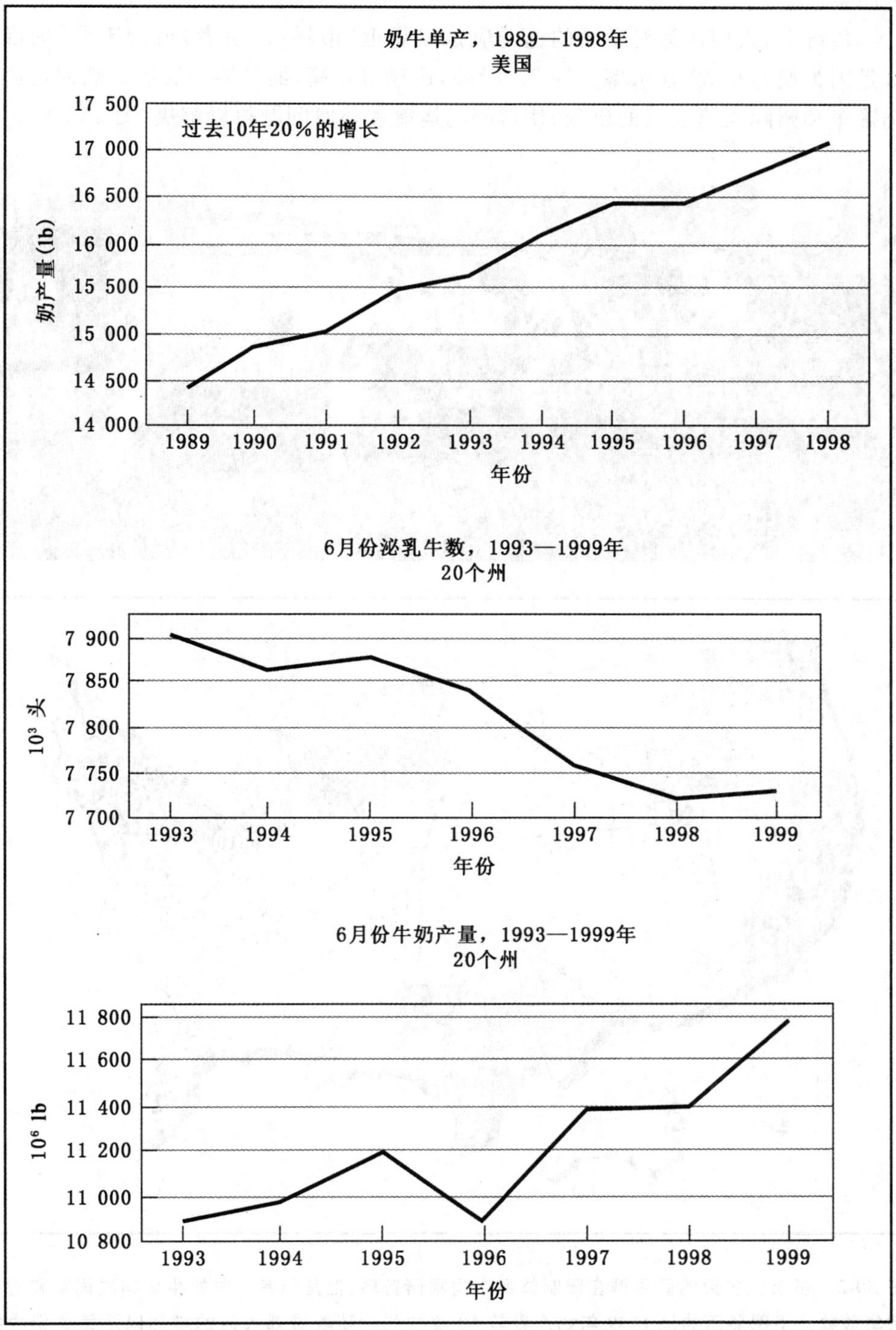


**图 30-1　通过遗传选择和高质量的奶牛群管理，使得奶牛单产在不断增加，同时奶牛群的数量在不断减少。**

来源：NASS.

## 30.2　选址、规模和生产类型

哪里是奶牛场的最佳选址地点？取决于市场、饲料来源、人力、甚至气候等各种因素。

传统上，人们认为奶牛场的选址应该以靠近“市场（消费者）或加工厂”为准。这是因为奶容积大（含水率大约87.5%），运输费用高，而且容易腐败。然而，真空奶罐车和州际高速公路的出现，使得奶的运输和防腐问题得以解决（图30-2）。

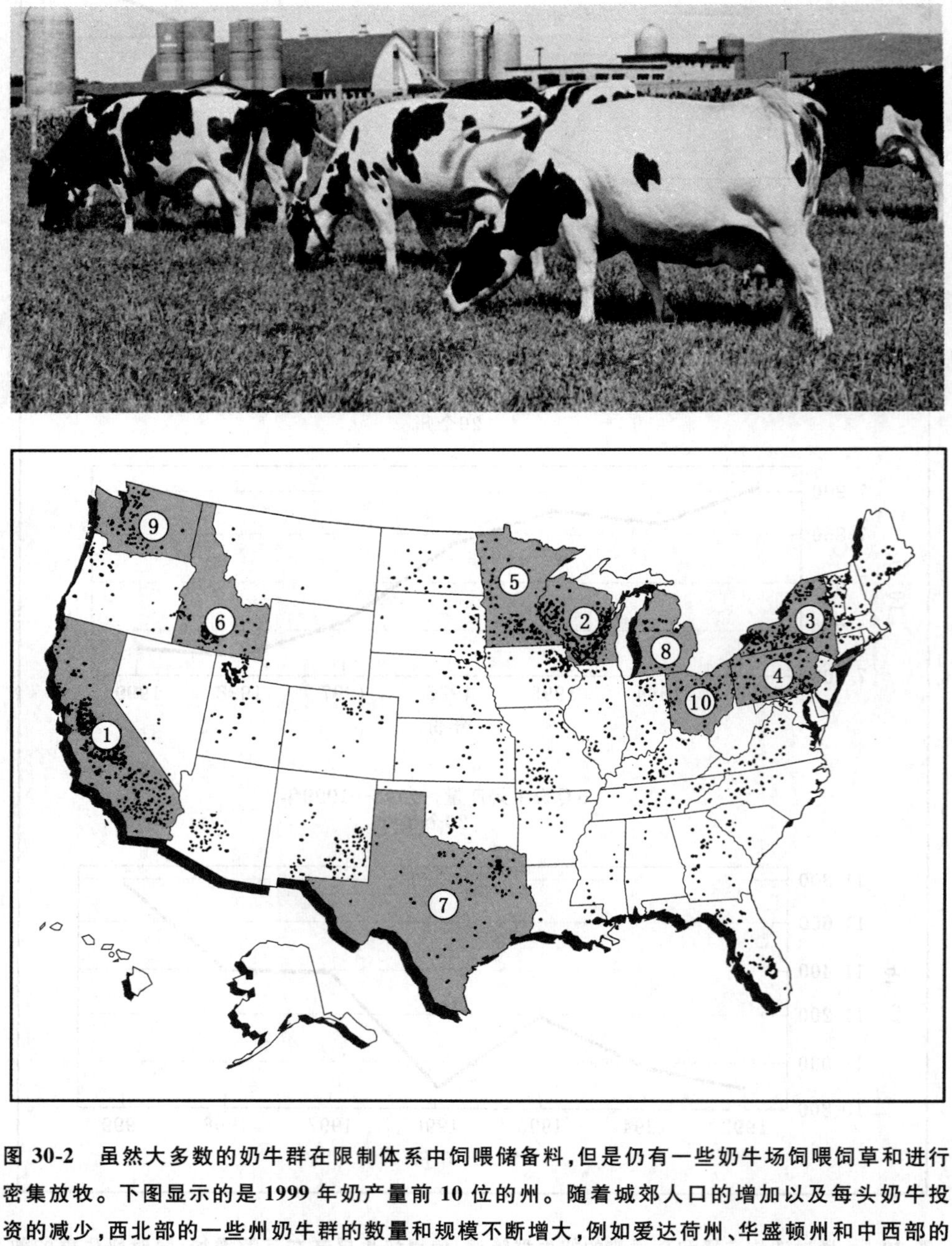


**图 30-2 虽然大多数的奶牛群在限制体系中饲喂储备料，但是仍有一些奶牛场饲喂饲草和进行密集放牧。下图显示的是1999年奶产量前10位的州。随着城郊人口的增加以及每头奶牛投资的减少，西北部的一些州奶牛群的数量和规模不断增大，例如爱达荷州、华盛顿州和中西部的印第安纳州。**

来源：Photo courtesy of Holstein Association and Milk Production；map source USDA，NASS，July 1999.

丰富的饲料供应对于奶业生产至关重要。泌乳期奶牛对能量需求很高，这时必须提供大量的谷物和优质牧草。为了降低运输费用，奶牛场应靠近牧草种植区。

气候同样影响着饲料供应和泌乳母牛的生产性能。虽然泌乳牛能很好地适应寒冷的气候，但如果奶牛生活在温度超过 85℉、高湿的环境下，采食量和产奶量将会明显下降。这些都可以通过管理和设备使影响降到最低，例如遮阴、产房、加强通风以及洒水设备。第 6 章和第 11 章中已经介绍过这些内容。

奶业生产需要昂贵的设备以满足卫生和劳动力的要求，同时也需要专业的知识和技巧。因此一个奶牛场的规模必须足够大，以便更好地利用设备，降低每单位产品的成本。

许多奶牛场，劳动力主要来自农场主家庭，可能也雇佣一些在其他农场工作的雇工。尽管如此，对于一些拥有几千头奶牛的大型奶牛场来说，必须雇用大量的工人。这样的牛场也很多，例如在加利福尼亚、爱达荷、亚利桑那、得克萨斯和佛罗里达以及其他的一些州。根据各州产业类型的不同，人力费用的差别也相当的大。

劳动力的成本在奶业生产中占用相当大的一部分，这时劳动效率就显得极为重要。例如，挤奶厅，它配备了无缝管道和自动化仿真挤奶系统，这个系统可以将奶沿着线路直接运至不锈钢罐里(图 30-3)。

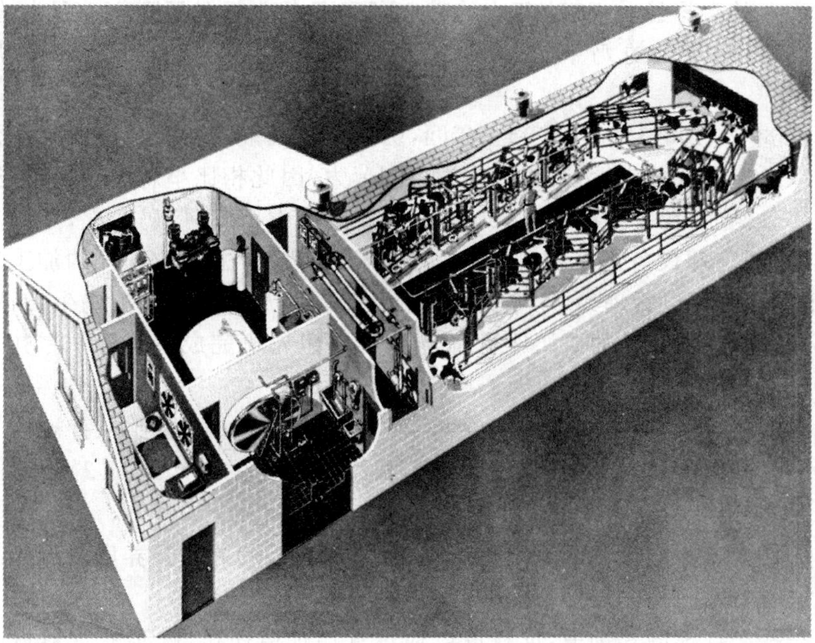

**图 30-3 牛奶生产中，可以高效节省人力的挤奶厅。**

来源：WestfaliaSurge，Inc.．

一个经营好的奶牛场，需要一定数量产量高的奶牛，同时也需要先进的机械设备。

表 30-2 显示了 1998—2002 年奶牛群规模的分布情况，由表中数据可知，小规模奶牛场在不断减少，大规模奶牛场在不断增加。

表 30-2 2002年，国家合作奶牛群改良项目登记的奶牛群规模

| 奶牛规模 | 奶牛群数量 | | 总奶牛头数中占的比例 | |
|---|---|---|---|---|
| | 1998年 | 2002年 | 1998年 | 2002年 |
| 小于50 | 10 897 | 7 968 | 9.3 | 6.6 |
| 50～99 | 15 293 | 11 732 | 24.9 | 18.5 |
| 100～199 | 6 164 | 5 344 | 19.5 | 16.4 |
| 200～299 | 1 458 | 1 439 | 8.2 | 7.9 |
| 300～499 | 1 017 | 1 145 | 9.1 | 9.9 |
| 500～999 | 780 | 926 | 12.7 | 14.6 |
| 大于1 000 | 429 | 613 | 16.3 | 26.0 |
| 所有群体 | 36 038 | 29 167 | 100.0 | 100.0 |

来源：改自 USDA，ARS. DHIA Summary of Herd Averages，8，1999 and 8 2002.

例如，表30-3中DHI登记的613个最大的奶牛群中，每群大约有1 875头奶牛，奶牛的单产超过了22 700 lb，比DHI登记的奶牛平均单产21 211 lb高出了1 500 lb。

USDA的数据显示，2001年大约有97 500个奶牛场和不到900万头的奶牛。统计了500头以上的奶牛群体，占总奶牛头数的35%，却生产出奶总产量的39%[①]。

由表30-2可知，1998—2002 3年间，奶牛群规模不断增大。由于大规模的奶牛场可以更加有效地进行管理、利用设备和劳力，因此相比小规模的奶牛场，有很大的优势。例如，在一个拥有2 700头奶牛的牛场中，每天挤奶3次，牛奶直接通过输送管道、冷却设备运至奶罐中，运输奶罐的卡车运往70 km外的加工厂。这样，一个管理者可以管理约25个工人(合计每个工人负责100头奶牛)。所有的奶牛都在一个“双三十”的挤奶厅里挤奶，3人一组轮班完成挤奶操作。其余的工人负责饲养、人工授精、产犊以及奶牛进出挤奶厅。

如上所述，由于较高的设备投资和购买高产奶牛费用，奶业一直被认为是一项长期的高投资项目，也就必须建立：(1)长期的奶业生产计划；(2)足够的高产泌乳母牛。

奶牛作为主要的投资对象，需要大量的金钱用于购买和饲养后备母牛。部分资金可通过贷款获得，但与其他固定资产相比，牛是有寿命的。

在一些小规模的农场中，饲料可以通过直接种植获得，购买的饲料只占成本的一小部分，但对于大型的奶牛场来说，饲料所占成本很大，所需的现金支出也就相当大。

对于一个奶牛场来说，场房和设备在一定时间内只需一次投资。在20世纪90年代后期，对于一个提供200头奶牛挤奶的“双十”挤奶厅来说，冷库及相关设施的费用高达20万美元，这还不包括畜舍、饲料加工设备及其他的必要设施。经济效益的高低直接与挤奶设备有关，而畜舍和饲料设备的投资仅仅与牛群数有关。

一些大的奶牛场，常规费用花费很大，如兽医费用、设备维修、动力等。一个

①来源：美国农业部(USDA)，国家农业统计局(NASS)。

产业要有收益，必须协调人力、管理、风险等各个方面，使得各方面都得到收益。奶业是一个独特的产业，因为不仅其具有稳定性，而且能够很好地促进现金流通。每 1 天或 2 天供应 1 次牛奶，每 2 周或 1 个月结算 1 次。

## 30.3 劳动力

相比其他家畜生产，奶业生产中人力所需的花费占有很大的比重，所以最有效的利用人力至关重要。

奶牛场工作的工人必须经过培训，具备很高的技能。同时也应该很细心，讲究卫生。奶牛必须保持清洁。乳房炎一经发现，就应该细心护理以防疾病的传播。要保持设备、乳头的清洁，做好预防措施，以确保高质量的牛奶。发情鉴定、人工授精以及新生牛犊的护理及饲养都需要由专门培训过的工人来完成。

综上所述，奶牛场是独立运作的生产实体，牛场主都拥有自己的土地、设备、奶牛，并且还承担了所有的风险。奶业中这种情况非常普遍，但同时也存在着其他商业及资本运作方式，例如公司制和股份制形式。

## 30.4 饲料及其他成本

30.2 章节提到饲料供应是作为奶牛场选址的因素之一。在许多奶牛生产中，饲料费用占整个生产成本的 45%～60%。

第 6 章介绍了反刍动物营养，提到了青年母牛、成年母牛的饲养规范。表 6-1 和表 6-2 给出了不同生产阶段奶牛的营养需要量。6.5 和 6.6 提到了饲喂奶牛的一些注意事项，表 6-7 给出了奶牛全价饲料配给量。因为小牛犊在 4～6 周龄前瘤胃不具有反刍功能，第 5 章也提到过。

草料——牧草、干草、青贮，以及新鲜的粉碎饲草是大多数奶牛饲养体系的基础。高品质的饲草(饲料价值高于 150)可以提高饲料利用率和牛奶产量。奶牛消化系统的能力是有限的。如果饲草品质低，奶牛吃得少，而且能够消化的也少，自然无法提高产奶量。

密集放牧——奶牛被限制在一块草场上采食，这样可以有效的利用草料，对于一般的小型农场是实际可行的。同时奶牛限制在肥育场饲喂新鲜粉碎草料，也可以更有效地利用饲草，不过粉碎及运输的费用以及天气情况，都必须考虑在内，以便决定是否可行。

一些奶牛生产者，在生长的旺盛期收割整株牧草和干草，然后每天定量饲喂奶牛。这样可以更加有效地提高饲草生产和利用效率，和放牧相比，也不用每天粉碎新鲜草料。

青年母牛应该在 22～24 月龄时转至泌乳母牛群中。奶牛生产者为了增加泌乳牛头数，尽可能多地饲养青年母牛，但有一些由于外观和身体缺陷必须淘汰。这些淘汰牛并没有进行牛奶的生产，这必将会增加巨额费用以及消耗大量的饲料(图 30-4)。

本场饲养还是购买后备母牛？由于管理等各种因素，必须根据实际情况而定。对于自繁自养的农场主来说，它会因为“本场饲养小母牛费用更低”，“土地和人力资源更充分”，“自己农场里疾病更少”等原因，自己饲养后备母牛。但是，生产者在饲养后备母牛时，一定要选择最好的小母牛和最合适与其交配的公牛进行繁殖。

**图 30-4 因为饲料和人力的缘故，饲养后备奶牛的费用是非常大的。上图为科罗拉多一个奶牛场的情况，这些牛犊将被饲养至 2 岁产奶的年龄。**
经 Hoards Dairyman 授权。

奶牛场饲养后备母牛需要很大的投资。在资金有限的情况下，应该将更多的投资用于泌乳母牛的生产。更加有效地利用有限的饲料、场地、劳动力。

同时，有些农户专门培育后备母牛。比如某个农户，可能没有挤奶设施或者销售市场，但有充足的饲草和饲料，还有饲养后备母牛的技术和经验。这样的农户就可以购买小母牛，养到配种年龄，并人工授精，然后在生下小牛前卖掉他们。一般来说，这些农户都是和大型奶牛厂签订了合同以饲养后备母牛。

## 30.5 公犊牛的管理

只有很少量的公犊牛(亲属具有很高的生产性能，预示着其具有很高的育种值)饲养至成熟，以用来进行人工授精或自然授精。多数情况下小公牛都用来生产小牛肉或者育成肉牛。

小牛肉的生产必须经过严格的饲养管理，以母牛的饲养标准饲喂到 350～420 lb，生长迅速，12～16 周龄达到上市体重。由于小牛肉肉质鲜嫩，以致小牛肉的价格要高于普通肉牛的价格。

小牛肉生产受下列因素的影响：(1)公犊牛出生时的购买价格和生产费用；(2)代乳料和其他饲料的费用及饲料转化率；(3)兽医费用和死亡率；(4)出售小牛肉的价格。其他的饲养管理因素，如饲养天数、每个饲养周期饲养的小犊牛数、每年饲养几批。由于使用全价奶饲养公犊牛成本太高，所以常用含有乳清及其他代乳品代替优质奶饲养公犊牛。

在一些长期的饲养规划中，必须饲养公牛和阉割公牛。最终的效益依赖于牛肉的价格以及饲料的价格。

当生产小牛肉时，一些大型牛（荷斯坦牛、比利时牛）的犊牛通过延长饲养周期。可以获得很大的效益。这些大型牛生产速度快，粗饲料利用率高，料肉比较低，胴体更有棱角，与肉牛品种相比肌间脂肪含量更少，也有更高的瘦肉率。

## 30.6 奶牛群生产管理

好的饲养管理措施可以使奶业生产得到很高的效益，下面是一些重要的奶牛群管理措施：

- 选育高产量和体型外貌，尤其是乳房、四肢及蹄好的牛（图 30-5）

**图 30-5 除了选择高产奶量外，绝大多数育种者优先选择坚实的骨连接、丰满的乳房、挺直的四肢和蹄。图示为娟姗牛群。**

经 Agri-Graphics，Ltd 授权。

- 维持优良的繁殖性能和群体健康以达到 12.5～13 个月的产犊间隔
- 根据奶牛产量及身体状况进行饲养
- 利用记录进行群体管理和计划的制定
- 为奶牛提供舒适清洁的畜舍
- 选用合理的挤奶流程以确保高质的牛奶及健康的乳房

将在下文中就选育、产犊间隔、饲养管理、生产记录进行介绍。畜舍和挤奶流程将在第 31 章中进行叙述。奶牛群目标的更多细节。参照框 30-1；同样附录 B 也列举了部分奶牛的群体目标及其相关术语。

牛场管理者可以通过人工授精公司（AIC）选择可靠的种公牛。75％的奶牛群体使用人工授精（AI）技术，并记录精子的使用目录。通过奶牛群体育种改良项目（DHI）和人工授精公司的合作，从全国选取计划交配的青年公牛，经过验证，使用这些经过评估的年轻公牛，取代那些年老的种公牛。大多数的牛场管理者选择的精液[1]中,80%的精液为有系谱记录的公牛,20%的精液为有后裔信息的年轻优秀公牛。

**框 30-1** **奶牛群育种目标**

在大多数奶牛场,牛奶的销售额大约占总收入的90%。扩大牛群规模前,增加奶牛单产通常是增加利润的最佳途径。如今,许多奶农不断控制生产花费,更加着重于每头奶牛的净收益。下面是一些荷斯坦牛群的生产管理目标。

| 项目 | 牛群目标 |
|---|---|
| 奶牛单产(lb) | >21 000 |
| 乳蛋白量(lb ) | >660 |
| 乳脂肪量(lb) | >740 |
| 产犊间隔(d) | 365～380 |
| 初次配种时间 | 50～60 |
| 产后妊娠时间 | 85～100 |
| 平均配种次数 | 1.5 |
| 成活率(%) | 85～90 |
| 干乳期时间 | 45～60 |
| 泌乳牛比例 | >90 |
| 使用登记公牛比例 | >90 |
| 使用验证公牛比例 | >80 |

如今,许多牛群已经达到或超过了上述目标,每一牛群管理者都应根据牛群目前的情况,建立和调整当前的选育目标。选育目标的建立对奶产业的发展以及未来有很大的益处。

来源:DHI 记录概要。

精液来自人工授精公司(AIC)的顶级种公牛和年轻优秀种公牛。种公牛要根据其预期传递力(predicted transmitting ability PTA)划分等级,每年发布2次,包括如下信息:产奶量、乳脂、乳蛋白量、乳脂率、乳蛋白率、体型、乳房得分等。人工授精(AI)的种公牛的平均传递力(PTA)远高于非人工授精的公牛的PTA(例如,奶产量高750～1 200 lb),所以使用人工授精公司的种公牛的精液将会获得更大的遗传进展。大多数奶牛育种者根据奶量PTA、乳蛋白PTA、体型PTA建立选育目标。同样,如果奶牛管理者想选育头胎难产率,那么就会选择那些头胎难产率低的种公牛以达到目标。

理想的奶牛胎间距为12.5～13个月。在产犊后85～100 d内妊娠,便可以满足期望的产犊间隔,以产更多的奶(图30-6)。同样为了达到一个理想的群体产犊间隔,也必须控制母牛传染病的传播,奶牛群必须在一定的日程安排内,由经验丰富的兽医进行牛群繁殖及健康工作的检查。

图30-7所示亚利桑那州进行人工授精的娟姗牛群,运用电子辅助装置跟踪

①国家动物育种协会NAAB提供的数据显示美国每年大约生产精液1 300万支。

检查配种日期。压力传感器(固定在臀部)或记步器(固定于脚踝处)将牛只是否达到发情期的监测报告传给牛场管理计算机。通过 1 d 2 次的观察,牛场管理者对有信号的牛进一步观察,一旦鉴定这些牛正在发情,就立即配种。

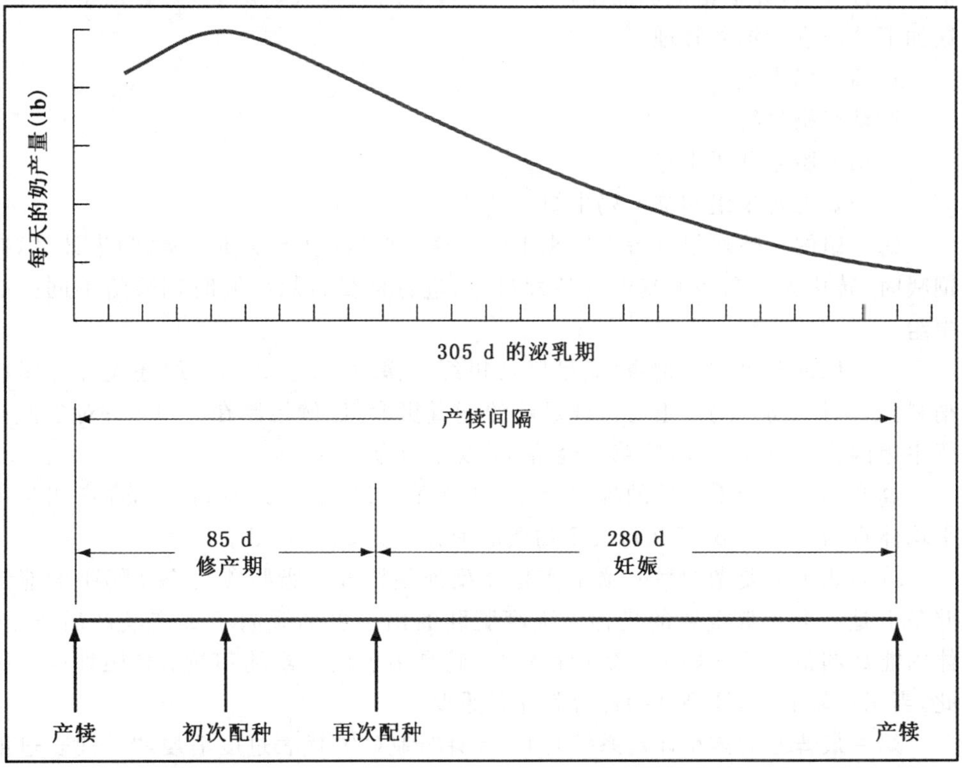


**图 30-6 奶牛生产和繁殖图解。有 12 月龄产犊间隔的奶牛将会有 305 d 的泌乳质期和 60 d 的干乳期,必须在产犊后 85 d 内妊娠。**

来源:Purdue University.

**图 30-7 左图为利用开放顶置遮阴篷式的娟姗牛群以及能够自动饲喂全价日粮的栅栏;右图为产犊后 40 d 固定在奶牛脚踝处的记步器。**

经 Purdue University 授权。

6.3中已经简要介绍过奶牛日粮配比公式，如这章所提到的，优良牧草对奶牛日粮的改善及产奶量的提高至关重要，如今，绝大多数奶牛场饲喂的是**全价混合日粮(TMR)**，日粮中的营养成分按照一定的配比混合在一起。同样，许多奶牛场都将牛群分组，并根据他们的生产水平进行不同的饲喂。例如，大的奶牛群可根据如下分组进行饲养管理：

**全价混合日粮(TMR)**
所有饲料按照一定的比例混合而成，理论上，每口饲粮都含有一定比例的所有营养成分。

1. 高产奶牛组
2. 低产奶牛组
3. 第一胎泌乳奶牛组
4. 非妊娠奶牛组和临产奶牛组

每一组的饲喂量根据每天每头牛的营养需要量(以干物质为基础)来计算，在饲喂时，转化为以饲喂为基础的各种料重，进行称量、混合，同时饲喂给不同的奶牛组。

为了保证充足的干物质、能量以及粗纤维摄取，大多数奶牛组还应计算粗料精料比，例如，高产奶牛组为保证足够的能量摄取，比例控制在50∶50；对于低产奶牛组因为能量需求少，牧草更经济，所以比例为60∶40。

高产奶牛每天干物质的摄取量应为体重的3.8%～4.0%，例如，高产奶牛组平均体重为1 450 lb，那么每天干物质的消耗量为55～58 lb。

许多奶牛需要做的另一项工作是体型外貌评分。脂肪覆盖率在奶牛的能量储备上是一个非常重要的指标。极度肥胖的奶牛更加倾向于难产及产后乏情。体内能量储备不佳的奶牛产奶量也较少，较易出现代谢紊乱和降低繁殖性能。因此，当奶牛转群时，体型外貌评分就非常重要。

奶牛最普遍的体型评定系统是0～5评分制(“0”代表过度消瘦，“5”代表过度肥胖，主要是通过观察或用手感觉尾臀部的脂肪覆盖)。为了更加有效地进行管理，需要在奶牛产犊期、泌乳高峰期、泌乳中期、干乳日期等进行记录，记录时间和评分(表30-3)。

通过这些生产记录，来评定奶牛群的当前生产状况，以建立和改变预期的生产目标。显然个体记录对生产目标的制定作用很大，美国**奶牛群育种改良项目(DHI)**中登记的奶牛群数大约有3.6万。由USDA(美国农业部)和州农业推广组织通过州奶业协会来登记记录奶牛群。

**奶牛群育种改良项目(DHI)**
美国农业部的一种对奶牛和山羊生产性能进行记录的程序。

**表30-3 奶牛体况评分**

| 评分时间 | 期望评分 | 范围 |
|---|---|---|
| 成年母牛 | | |
| 产犊期 | 3.5 | 3.0～4.0 |
| 泌乳高峰 | 2.0 | 1.5～2.0 |
| 泌乳中期 | 2.5 | 2.0～2.5 |
| 干乳开始期 | 3.5 | 3.0～3.5 |
| 青年母牛 | | |
| 6月龄 | 2.5 | 2.0～3.0 |
| 配种(13～15月龄) | 2.5 | 2.0～3.0 |
| 产犊期 | 3.5 | 3.0～4.0 |

来源：Patton, R A., et al., Body Condition Scoring-A Manangement Tool, Michigan State University, 1988.

对于多数DHI项目中的成员来说，每月将有一位资深测定员对每一奶牛场的每头奶牛的产奶量进行记录，并吸取奶样。收集的奶样将送到州立牛奶检测实验室，分析奶样中乳蛋白、乳脂及体细胞等情况。这些结果及牛群信息输入计算机，传至美国9个奶牛场记录处理中心(Dairy Records Processing Centers)中的1个。经统计分析，每月最新的报告将直接反馈给DHI成员。

**图30-8 奶牛群体改良计划的监督员每月定期记录每头牛的产奶量，收集每头牛的奶样。**
经 Kansas State University 授权。

反馈给奶牛场管理者的DHI报告中的信息包括：(1)产量、收入及饲养成本概要；(2)育种及繁殖概要；(3)群体平均的牛奶产量、乳脂、乳蛋白产量及波动值。

此外，还有2份报告用来决定哪些动物该淘汰或保留。在群体中，根据预期生产力(PPA，根据群体内的期望偏差计算)进行个体排队，以此决定在下一个胎次使用生产力最好的母牛，同时使用个体的生产记录成绩和系谱信息计算母牛的预期传递力(PTA)。

许多农场的电脑都已经直接与奶牛场记录处理中心数据库相连。生产者通过电话直接获取记录便可以每周或每天而不是每月更新记录，这样便可以及时做出管理决策。包括产犊、干乳期牛、配种牛等信息。很多育种者认为与其花费时间来处理一些杂事，不如花时间分析记录中的信息，这样在奶牛场运作上，可以更大的提高效率。

## 30.7 淘汰牛的销售

牛肉是奶业生产的主要副产物。据估计在美国消费的牛肉中，15%～20%最初来自于奶牛育种。这个数字包括前面所述的公牛和阉公牛，但主要来自于奶牛群中的淘汰母牛。在2001年，大约3 570万头牛被屠宰，其中7.4%来自于淘汰的奶牛[①]。

---

①来源：美国农业部(USDA)，国家农业统计局(NASS)。

使用淘汰牛生产牛肉可为奶牛生产者带来5%～10%的收益。其中，22.3已经介绍过各等级胴体牛的供求和价格走势；第23章介绍过胴体鉴定。

## 30.8 奶山羊的管理

过去的30年里，美国的奶山羊产业迅速发展，到1982年时达到鼎盛，随后急剧衰落降到4.6万头奶山羊。1998年DHI记录中，奶山羊饲养前5位的州有，加利福尼亚州、威斯康星州、俄亥俄州、纽约州、俄勒冈州。这5个州大约占有登记奶山羊的50%。

在等级A标准(图30-9)下，绝大多数的山羊奶都是以巴氏消毒奶的形式售出。美国美味奶酪产品与欧洲进口的奶酪相比，近年来越来越受欢迎。研究表明，美国的奶山羊品种主要有努比亚奶山羊、阿尔拜因奶山羊、瑞士萨能奶山羊、赖满娇乳山羊、吐根宝山羊、奥博哈斯利奶山羊。在所有品种中，最优秀的奶山羊品种在305 d泌乳期中平均奶产量已经超过了4 000 lb，最高纪录由托根伯格山羊创造，为6 650 lb。在1998年，所有品种的奶产量为1 775 lb，其中乳脂率为3.66%，乳蛋白率为3.15%。

**图30-9 在一个现代化的挤奶室里，员工给奶山羊挤奶。**

经American Dairy Goat Association and The Coach Farm, Pine Plains, New York授权。

**母奶山羊**
母山羊。

**母奶山羊**在10～12月龄，体重达到85～95 lb时开始配种。奶山羊的发情周期平均为21 d，通常从8月开始到来年的1月，随着光照周期的缩短开始发情。双胞胎、三胞胎的现象很普遍。绝大多数的新生羔羊体重在6 lb左右。

母奶山羊泌乳期可达8～10个月。商品化的奶山羊通过推迟配种时间、人工控制光照、激素处理控制发情等来减少奶产量的季节性变化。奶山羊在第3或第4个泌乳周期达到最大产奶量，以后不断降低。有研究表明，与产单羔或双胞胎的比较，三胞胎、四胞胎可以增加产奶量。

奶山羊生产所需设备和奶牛相似。为了防止肉食动物，如狗，高大而结实的栅栏对于奶山羊的限制性饲养非常重要。由于奶山羊采食的喜好，优质的牧草对奶山羊的生产来说非常有益。宽松而卫生的畜舍环境对羊分娩非常有益，而潮湿和有风的畜舍，对奶山羊的健康非常有害。

羔羊如果生活在一个干燥和保温的环境下，能够抵御低温。在潮湿、不清洁的畜舍环境中，球虫病非常的普遍。公山羊的关节炎和脑炎(CAE)是奶山羊死亡和奶产量下降的主要原因。很多奶山羊饲养者使用巴氏消毒处理初乳，然后给羔羊饲喂，这样可以减少CAE由奶山羊传染给羔羊。同样，为了维持山羊群的健康，必须采取一系列控制体内寄生虫传播的措施。

## 思考题

1. 描述在奶牛场中所需的高素质员工和劳力。
2. 为什么奶业是一个稳定的产业？对比其他产业，描述奶业生产中的现金流通。
3. 比较妊娠奶牛和肉牛所需牧草的质量差异。
4. 描述在美国，泌乳奶牛数、总产奶量、奶牛单产的变化趋势。
5. 奶价的制定是基于什么样的标准？
6. 与其他产业相比，在美国的一些区域，哪些特征使得奶业更具有竞争性？
7. 举例说明现代奶业的专门化、大投资。
8. 在生产牛奶的总成本中，饲养成本占有多大的比例？
9. 定义"TMR"，解释"以饲喂状态为基础"与"以干物质为基础"的计算方法。
10. 后备母牛饲养至22～24个月的产犊月龄，有哪些优势？
11. 描述小肉牛生长饲养和销售中，获得经济效益的主要影响因素是什么？
12. 奶牛群体育种改良项目(DHI)记录提供的几种信息类型是什么？
13. 为什么对母牛进行体型评分？什么时候进行体型评分？
14. 奶山羊的日平均产奶量和每胎平均产奶量是多少？

翻译：高强；校对：陈军

# 第 31 章

# 牛奶的生产加工和销售
# Milk Handling and Marketing

牛奶属于易变质食品，而其中鲜奶的消费量最大。因此，为了保持牛奶的新鲜度，达到人们所期望的优良品质，生产加工过程尤为重要。牛奶的生产必须在洁净的环境中进行，所使用的器械必须经过消毒。生产者应在短时间内将牛奶快速冷却、加工并送到消费者手中。奶制品生产，例如冰淇淋、干酪或黄油等，可能需要更多的时间，同样也要在牛奶变质前完成生产的全过程。

本章要介绍的是牛奶的生产加工和销售，从挤奶到将牛奶送到消费者手中的全过程。主要内容包括牛奶卫生法令、挤奶设备、冷却和储藏过程、牛奶的加工器械、营销过程和规章制度以及奶制品的消费量等内容。

学习本章后，读者应掌握以下内容：

1. 了解牛奶生产设备的 6 大重要特征。
2. 描述不同挤奶车间设计上的差别。
3. 明确拴系式牛舍、散放式牛舍和散栏式牛舍的特点。
4. 描述挤奶设备的工作原理，包括抽真空、脉冲装置，以及如何使奶从乳头流出。
5. 描述挤奶、加工、储存和运输过程。
6. 绘制美国 12 个月的牛奶生产量的示意图。
7. 区分鲜奶和奶制品，并区分Ⅰ类、Ⅱ类和Ⅲ类牛奶。
8. 详细说明联邦市场法规，并描述这个法规在定价系统中的作用。
9. 详细说明巴氏消毒法和牛奶均质化。
10. 对近年来鲜奶、脱脂牛奶或低脂牛奶和干酪的人均销售趋势进行对比。

## 31.1 牛场设施

奶牛的牛舍规划要和整个牛场设施相协调。牛场设备有：

| | |
|---|---|
| 挤奶设备 | 牛群转移设备 |
| 饲料库和通道 | 垃圾处理区 |
| 散放式牛舍或散栏式牛舍 | 运动场 |
| 配种室和兽医室 | 观测牧场 |
| 产房 | 交易通道 |

合理的设计和完善的设备是生产高质量牛奶的必要条件。整个牛奶生产过程应该按以下的标准进行：

- 卫生标准高于 A 级
- 劳动力利用效率高
- 设计有弹性，便于扩大牛场规模
- 为奶牛提供一个舒适、清洁的环境
- 为人、牛和机器提供安全和合理的空间

**散栏式牛舍** 设计的可以让奶牛自由选择休息的畜舍和大厅。

**挤奶厅** 奶牛、山羊或绵羊挤奶的专门场所。

常用的牛舍和挤奶系统是**散栏式牛舍**和**挤奶厅**（图 31-1 和图 31-2）。散栏式牛舍允许奶牛自由出入和躺卧，但不能转身。奶牛可以从大厅后的通道进入。如果设计合理，牛站立的位置可以保证尿和粪都落在粪尿沟内。每天至少清理粪尿和湿垫草 1 次，清理时可以用铲车、自动链刮板式清粪装置或直接用水冲洗。

**图 31-1　装有自动挤奶装卸系统和原位清洗系统的现代挤奶厅示意图。**
经 Fair OAKS Dairy，IN. 授权。

比起拴系牛舍和散放式牛舍，散栏式牛舍和挤奶厅所需要的劳动力较少。利用自动传输系统（螺丝、皮带组成）或驱动往返系统，投料时只需较少的劳动力（图 31-2）。

**图 31-2 散栏式牛舍可以节省垫草和劳力。母牛更加干净，每头牛所占的空间更少。驱动穿梭路的使用可以使饲喂实现自动化。**

经 USDA，South Dakota State University and Fair OAKS Dairy 授权。

在设计合理和管理适当的散栏牛舍中，乳房炎、乳头病和腿病的发生率都较低。牛舍的造价越低，牛场设备管理就越有弹性。例如，当牛数增加时，仅仅增加散栏式设备，增加的牛就可以在现有的大厅里挤奶。

现代拴系牛舍一般可以容纳 2 排奶牛，每排 30～45 只。牛的头部朝外，身后有一条通道，前方是一条饲料槽。每头牛有一个单独的栏位并且要很快地学会识别和进入栏位。拴系式牛舍还有一些其他的优点。纯繁育种者更喜欢这种牛舍，因为这样可以更有效地展示和销售奶牛。但由于挤奶要在栏位里进行而不在挤奶厅，这增加了挤奶的不便。然而管道式挤奶系统和自动拆卸机器的使用可以提高挤奶的效率。

符合卫生标准是牛奶出售的决定因素，因此，在挤奶过程中首先要考虑的是卫生情况。美国的大部分州都立法规定挤奶、加工器械和加工过程的要求。所有城市和乡村都设立了牛奶卫生法令。

为了保证供应给消费者高质量的 A 类牛奶，每位生产者在得到生产许可证之前必须通过最基本的检查。卫生法令也要求所有奶牛不能携带威胁消费者健康的疾病。

对牛场的多次常规定点检查保证了牛舍、挤奶设施和周围环境的干净清洁。挤奶厅的清洁和水源的干净、充足是每次检查的重点。

每次检查后都会张贴一份乳牛场检查报告。如果牛场没有及时纠正违规的做法，将会被吊销 A 类牛奶生产许可证。

除以上卫生法规之外，牛奶运输工还要经常收集奶样并确保牛奶达到一定的化学、细菌和温度标准[①]。最低标准和目标如下：

| | | |
|---|---|---|
| 温度 | 在挤奶后 2 h 冷却到 7.2℃或更低 | 目标：4～5.6℃ |
| 细菌数 | 在与其他生产者的牛奶混合前，每毫升奶样 | 目标：每毫升 10 000 个 |

①巴氏消毒法(PMO)中规定的最低标准。标准可能已经有所更改。

| | | |
|---|---|---|
| | 不能超过 100 000 个 | 或更少 |
| 体细胞数 | 个体生产者的牛奶中每毫升不能超过 750 000 个 | 目标:每毫升 200 000 个或更少 |
| 抗生素 | 0 | 目标:阴性 |

大多牛奶生产者所销售的牛奶质量比标准规定得更高。例如,牛奶能迅速冷却到 4℃并一直保持到销售。同时牛奶行业一直鼓励更高标准的颁布,以提高牛奶品质。

## 31.2 挤奶机和程序

在美国,所有的牛场都是机器挤奶。挤奶机在设计和价格上差别很大,但是所有的挤奶机都主要由 4 部分组成:挤奶装置、间歇脉冲装置、真空泵和牛奶输送管道(图 31-1)。

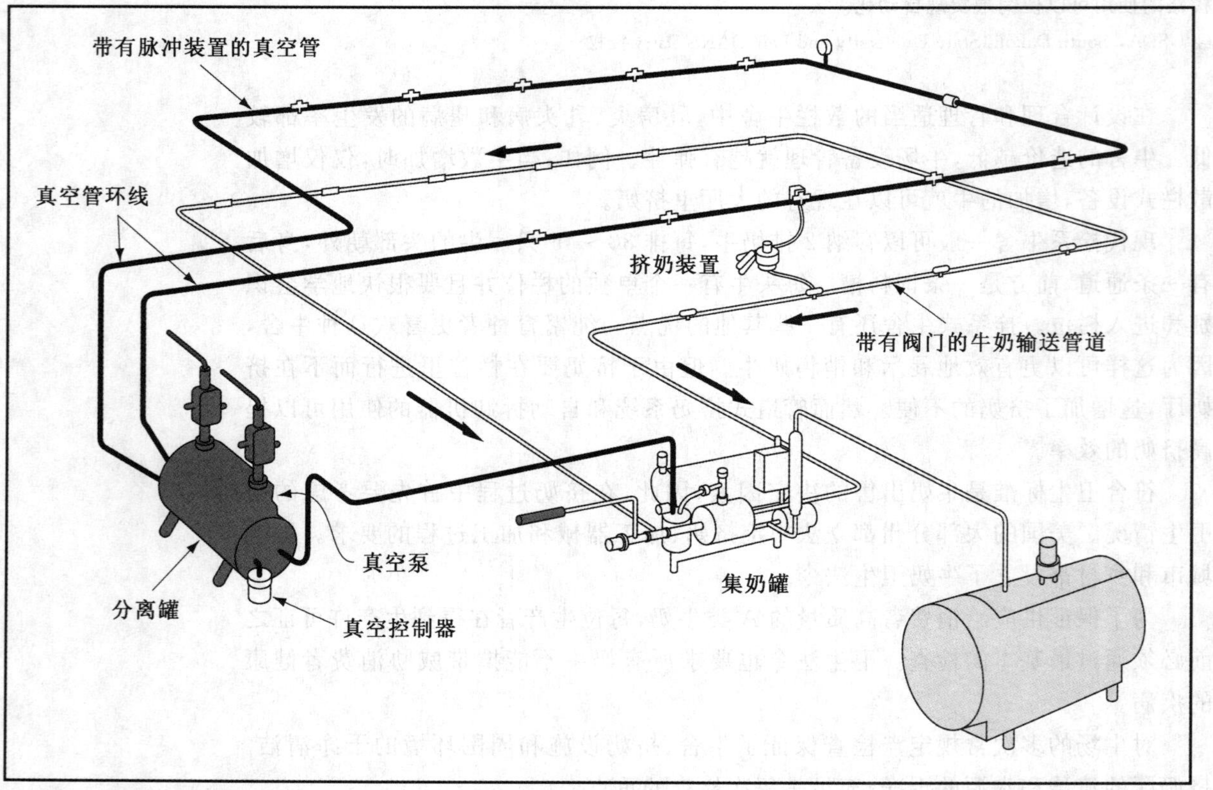


**图 31-3 挤奶厅的机器挤奶管道系统。注意真空泵及其线路,以及牛奶从集奶罐流至冷却罐和储存罐的管道。**

来源:WestfaliaSurge, Inc.

每个挤奶装置由 4 个乳头杯组成一个"集乳器",有的悬浮在奶牛的下方,有的由自动分离臂支持或连接,将乳头和空气管相连。

利用脉冲式真空将所有的牛奶从乳头中吸出。脉冲式真空可以按摩乳头并促使牛奶流入牛奶传输管道。脉冲系统使真空状态和充气状态在乳头杯内套管和脉冲室之间相互交替,从挤奶阶段进入休息阶段。脉冲频率在每分钟 40～70

次，挤奶和休息的时间之比从(50：50)～(70：30)。

挤奶时，在乳头杯内套管和脉冲室之间的真空水平是 12～15 in 汞高(图 31-4)。这使乳头外部可以产生吸力，打开乳管，再加上适当的挤奶操作和排乳，牛奶就被挤出进入管道。

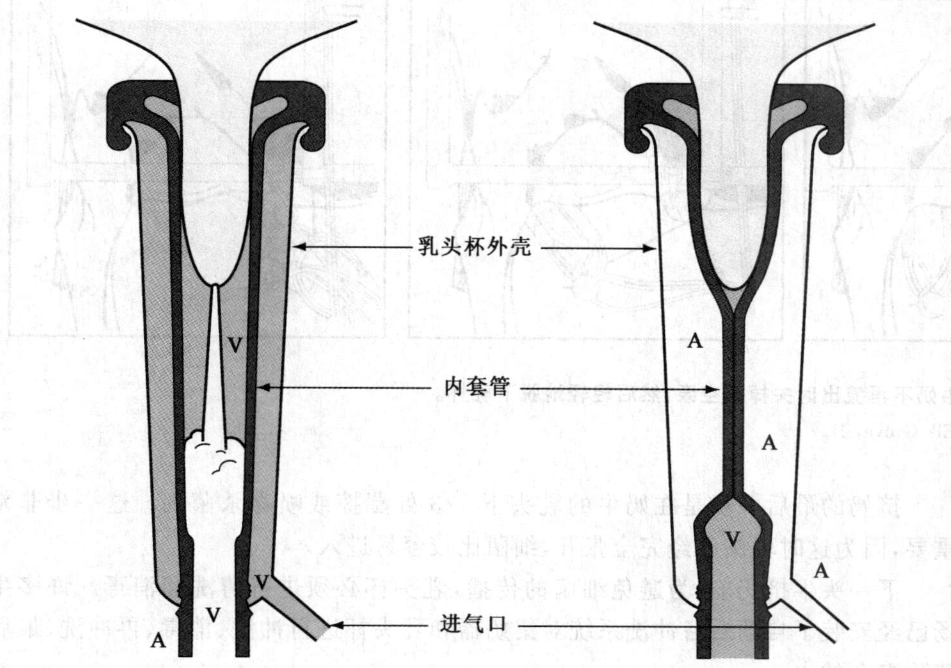


**图 31-4　挤奶和休息时乳头杯的状态。**

来源：WestfaliaSurge，Inc.

休息时，脉冲装置把真空打破，让空气进入乳头杯内套管和金属外壳之间；这就可以使乳头周围的乳头杯内套管松开。从而按摩乳头并让牛奶从乳房的蓄奶池流出并通过泌乳管流到泌乳池中，牛奶便可以在下次抽真空状态时被抽出。这样还可以防止乳头壁较低的部位充血。

安装在脉冲器下方的牛奶传输系统包括把牛奶挤出输送到"集奶罐"的小管和软管。最后，牛奶从集奶罐流入牛奶仓中的奶罐冷却。其中，所有的管道应当大小合适且易清洗。

在挤奶前要对乳房进行一系列的准备工作，确保挤奶过程顺利进行。挤奶工要先挤出每个乳区的一部分奶并检查是否有异样。另外，"第一把奶"一般细菌含量较高，最好丢弃。每一个乳头都要用温和的消毒水清洗，再用专用的毛巾擦干。有些生产者在牛乳头上蘸一些消毒剂(FDA 提供)来防止细菌进入牛奶。如果在挤奶前蘸消毒剂，大约 30 s 内就要用专用毛巾将每个乳头擦干。乳头完全干后，在第一次脉冲 45 s 之前，将乳头杯安在乳头上，然后从最小的空气量开始缓缓地充入空气。

挤奶速度是非常重要的，挤奶过程通常在 3～6 min 完成。手动除去真空的方法是关掉集奶器的开关,轻轻地将乳杯移走。由于安装了自动分离器,一个工人可以管理几头牛。机器可以识别牛奶流量的减少,并在牛奶不再流出时关掉真空泵,然后轻轻地脱下乳杯(图 31-5)。

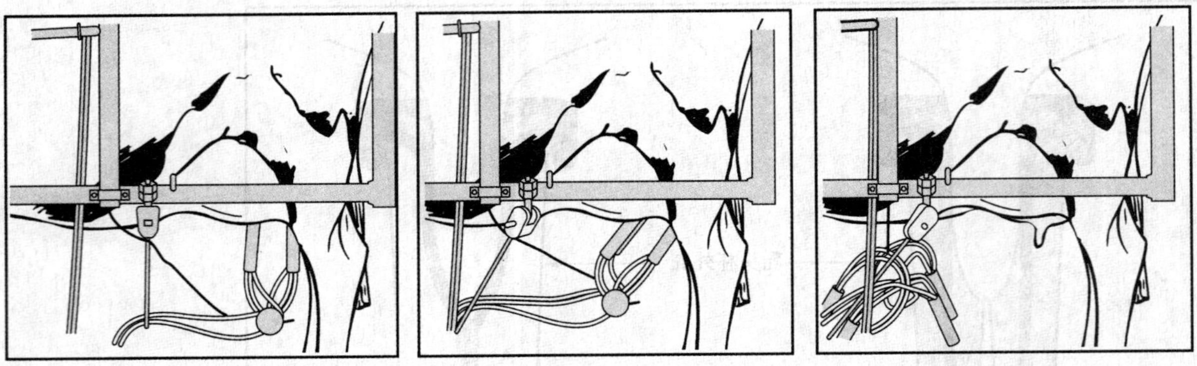

**图 31-5 自动分离器在牛奶不再流出时关掉真空泵,然后轻轻地脱下乳杯。**

来源:Westfalia Systemat, Elk Grove, IL.

挤奶的最后一步是在奶牛的乳头下 1/3 处蘸擦或喷雾杀菌剂。这一步非常重要,因为这时乳头已经完全张开,细菌比较容易进入。

下一头牛挤奶前,为避免细菌的传播,乳头杯必须进行清洗和消毒。许多牛场已经安装了自动后备冲洗系统对集奶器和乳头杯进行冲洗、消毒、再冲洗、最后清除多余的水。

在图 31-1 中可以看到,挤奶厅的设计要合理,挤奶工可以轻易地接触到每一头奶牛的乳房。一般设计 2 组奶牛,每组数头位于挤奶员的两侧。例如双 8 或双 10 排列。现在,大部分挤奶厅是人字形设计。

近年来,平行式挤奶系统越来越流行。在这个系统里,母牛组(平均十几只)分成 2 排,平行站立,后乳房冲向挤奶工。每个挤奶器从乳房后面而不是从侧面接入。与其他新式系统一样的是,挤奶后牛群可以快速地离开。

挤奶过程要变成固定的程序。挤奶工和母牛都要习惯这个标准程序。一个好的挤奶工必须拥有敏锐的观察力、勤劳踏实、动作轻柔、值得信赖的品质。成功的奶牛场管理者会吸引和留住这些优秀的挤奶工。

## 31.3 冷却和保存牛奶

为了抑制细菌的快速增殖和酸度的提高,牛奶应在不锈钢桶中迅速冷却至 4℃。桶内装有一个搅拌器可以使进入的温和的牛奶慢慢混合来加速牛奶的冷却(图 31-6)。在新的牛奶冷却装置中都安装了记录温度的温度计。热量吸收系统用来吸收冷却牛奶时散发的热量并利用它的热能将水加热或给挤奶厅和牛舍保暖。另外,一些牛奶场用“平盘冷却法”将热奶中的热量转化到水中。这个过程使牛奶在进入不锈钢罐之前降温,降低了冷却的成本,同时生产热水。

所有的牛奶冷却装置的设计和安装都比较简便,可以智能化有效地进行清洗。完全的自动**原位清洗系统**(CIP)不需要很多的劳力作清洗工作。清洗用的水和清洁剂在挤奶单位、管道和不用拆卸的冷却罐中循环。一般的清洗过程,无论是手工操作的还是 CIP 系统都包括以下几步:

**原位清洗系统(CIP)**
用来清洗挤奶器、牛奶加工器械和牛奶储藏设备的自动清洗装置。

1. 挤奶后,应在干奶渣附着在表面之前迅速地用温水清洗。禁用热水(超过 140℉),因为牛奶中的蛋白残余物会在高温下凝结。
2. 用去污剂和高温水(大约 120℉)清洗。
3. 用干净的水冲洗去污剂的残余多次。
4. 下次挤奶时再次消毒,以进一步保证接触牛奶的内表面没有存活的细菌。

**图 31-6 牛奶的规模化生产。用软管和不锈钢或玻璃罐将牛奶输送到冷却罐,然后运输到卡车上。**
经 WestfaliaSurge, Inc.; and Fair OAKS Dairy. 授权。

奶罐车每天都会从大型奶牛场收集牛奶,并隔几天到农庄收购牛奶。牛奶运输员需要经过培训并由州立卫生组织颁发工作许可证。牛奶运输员的工作主要是检查牛奶的表观和温度,测量牛奶的体积,采集奶样,在牛奶加工车间进行牛奶品质检测。最后将牛奶用软管从冷却室输送到罐车上。

从挤奶、牛奶运输再到加工车间的整个过程是非常重要的。牛奶应一直保存在一个封闭系统中,需要快速冷却并保持低温,然后经过适当的加工为消费者生产出高质量的产品。

## 31.4 牛奶销售

大部分奶牛场通过牛奶行销合作社卖掉他们的牛奶或直接卖给加工商。当然,也存在其他销售途径,例如直接卖给消费者,但很少牛奶生产者这样做。

在某些地区,合作社早在65年前就已经成立了。他们能够控制市场上大部分的牛奶生产,所以他们为生产者提供更高的讨价还价的能力。他们会派遣经验丰富的人和牛奶预订者进行交易,也可以帮助生产者解决生产和卫生的问题。

牛奶生产是有季节性的(图 31-7),而消费是没有季节性的。在生产过剩期,不是所有的牛奶都能作为鲜奶销售,有一些要用于奶制品的制造。如果没有合作社,加工者就有可能停止向一些生产者收购牛奶或以更低的价格向一些生产者购买牛奶来进行奶制品的制造。有了合作社,所有生产者的牛奶都有一部分分成剩余类,这些过剩的牛奶在贫乏期用于加工成奶制品。因此每个生产者都有一部分牛奶以一个较低的价格卖掉。目前,在人口密集区都成立了行销合作社。

大部分牛奶的销售和定价都是根据"联邦市场法规"确定的。联邦立法的目的是促进牛奶市场有序发展,保证消费者能够买到干净卫生的纯牛奶(图 31-8)。

每个法案可能会有不同,但是所有的法案都包括建立最低价的规定,即加工商必须按牛奶的分类给生产者付钱。另外,在鲜奶富足的季节,所有的牛奶都会集中起来。这样可以让农场主都能以较高的价格卖出一部分新鲜奶和较低的价格卖出一部分作为奶制品加工的牛奶。

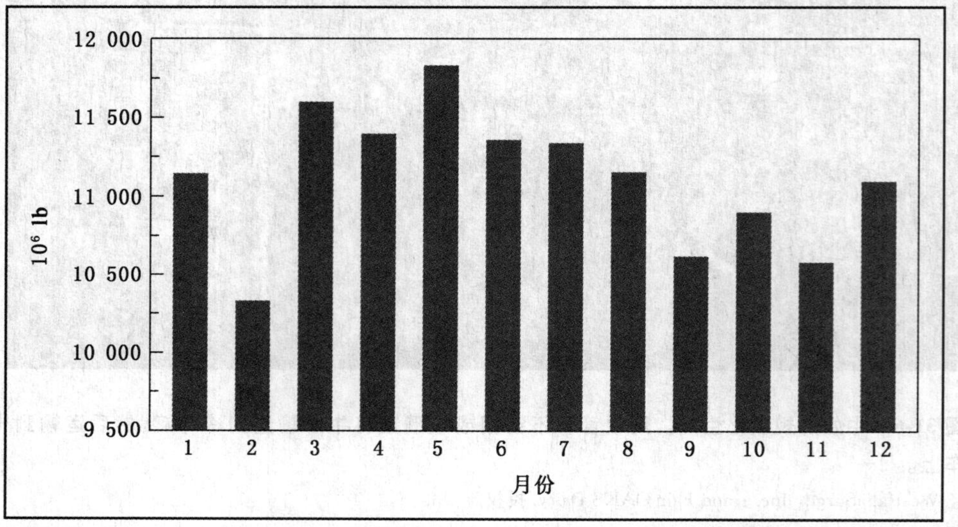


**图 31-7 1997 年 20 个州的所有母牛的每个月牛奶生产量,反映出牛奶生产的季节性。美国的牛奶产量通常在第 2 年冬末(2 月)和秋季较低。**

来源:改自 USDA data.

牛奶的加工商所付的最低价是根据牛奶的订单量、分类、重量和品质以及加工方式统计出来的,而不根据生产者购买的方式、购买的途径和出售的价格。依据这个法规,奶农可以直接或通过合作社卖掉他们所有的奶,卖给他们想卖的人。

Ⅰ类牛奶是价格最高的牛奶。Ⅰ类牛奶可以加工成全奶、低脂奶、脱脂奶和调味奶,以及牛奶饮料和酸奶。用于加工奶产品的 A 等奶定价要比Ⅰ类牛奶低1~2 个档次。市场上大部分的饭后甜点、手工奶酪和冰淇淋的制作是用Ⅱ类奶。Ⅲ类牛奶大多被用作生产黄油和干酪。这几类牛奶的质量并没有什么不同,而是根据某些成分的比例分为Ⅰ类奶和Ⅱ类奶。

因为春季牛奶产量较高,大部分牛奶要被用于制造奶制品,因此要对牛奶进行分类。

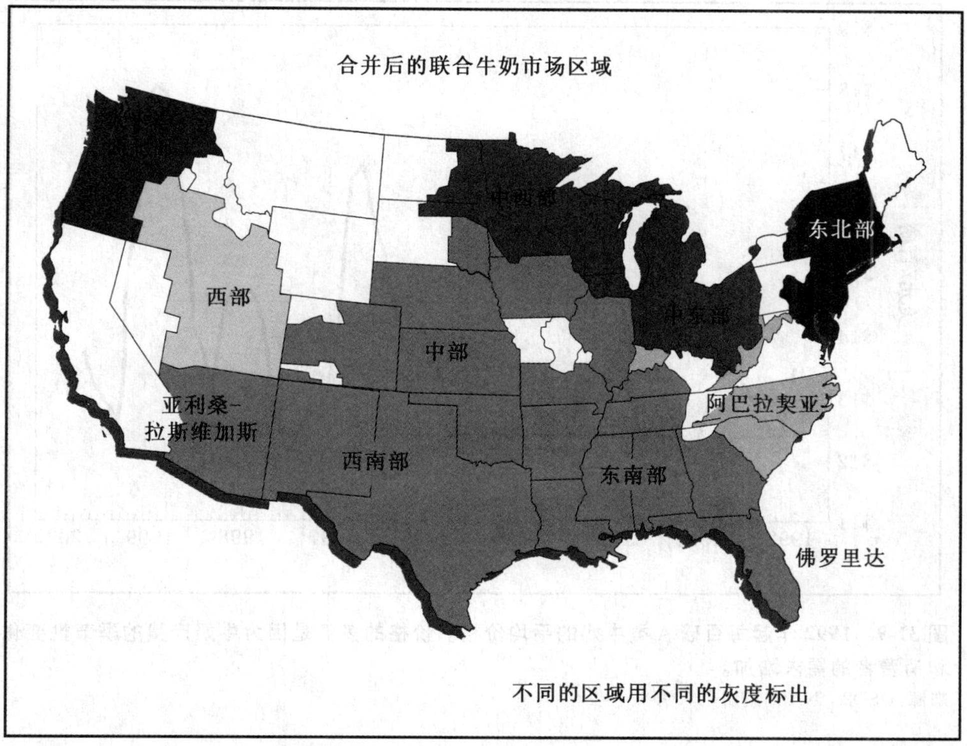


**图 31-8 11 个联盟牛奶市场法规(FMMO)地区，1999 年 10 月。这是按照牛奶分类将以前的 31 个联盟牛奶市场法规区合并为 11 个。**
来源：USDA.

牛奶加工业的变化已经影响了农场牛奶生产的市场。一方面是加工车间越来越少，而另一方面牛奶产量越来越大。这个生产加工企业的集中意味着鲜牛奶或冰淇淋车间将在小城镇中消失。

## 31.5 牛奶定价体系

付给牛奶生产者的价格是以百磅为基础的。加工商为每百磅的奶支付的平均价格依据以下几点来决定：(1)供求关系——将牛奶卖给加工厂并且具有竞争力的价格，(2)加工商和生产者联会之间讨论的价格，或(3)根据之前协商订立的法规，例如联邦市场法规。

1996 年之前，33 个联邦牛奶市场法规是根据基本价格(BFP)制定的。这个基本价格是根据中西部每月生产牛奶的价格确定的，并通过一个价值公式用黄油、脱脂干奶和奶酪的市场价格进行校正。

市场的最新变革是 1996 年联邦的农业改良和改革法案(FAIR)的颁定。这个法案的目的是：(1)将 33 个联邦牛奶销售法规合并为 11 个；(2)为生产者和加工商营造更为公平的市场。

从 1992 年到 1999 年中期，每 100 lb A 类牛奶的平均价格从 1995 年中期的 12 美元到 1998 年 12 月的最高 18 美元(图 31-9)。但是，在 1999 年前 6 个月，每 100 lb A 类牛奶的平均价格降到了 14.43 美元。每 100 lb 高质量牛奶可以多得 50～75 美分。因此，一些奶农在此刺激下饲养了产高固体含量奶的奶牛，生产高

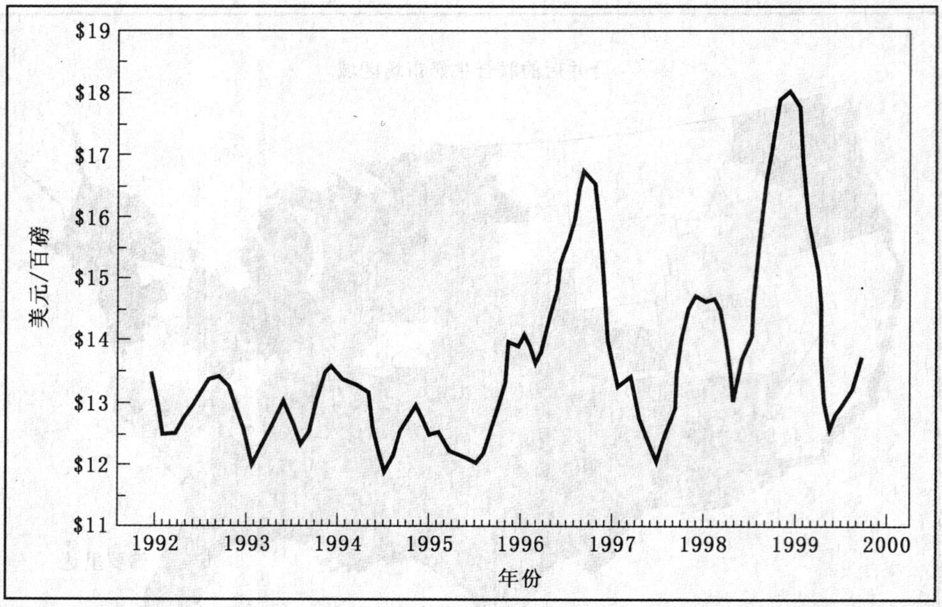


**图 31-9　1992 年起每百磅 A 类牛奶的平均价格。价格的多变是因为牛奶产量的季节性变化和消费者的需求增加。**
来源：USDA，NASS，July 1999.

质量的牛奶。

最新的牛奶定价方法是多因素定价（MCP）。这个方法是根据牛奶中多种成分如蛋白质、脂肪和其他与消费者购买的产品一致的固形物定价。依据 MCP 法定价，奶农们更愿意生产高质量的、味道佳和营养好的牛奶。

决定生产者的牛奶价格的各种成分和标准如下所示：

| **成分** | **各种成分的价格** |
|---|---|
| 乳蛋白 | 每磅 1.5～1.9 美元 |
| 乳脂 | 每磅 0.6～0.95 美元 |
| 其他固体成分 | 每磅 0.58～0.90 美元 |
| A 类牛奶的价格差① | 每磅 0.05～0.4 美元 |
| 体细胞——每 100 000 个低于 350 000 个/mL | 每英担 0.038～0.075 美元 |

在多因素定价（MCP）中，乳蛋白的价格为主要依据，这和以前的定价方法不同。不同品种牛的乳蛋白和乳脂含量不同。在这个体系中，荷斯坦牛在产奶量上占很大优势。但是其他品种的牛生产的牛奶具有更高的价值，含有更高的固形物弥补了产奶量的不足。

## 31.6　奶制品的生产制造

38％～40％的鲜牛奶以全奶、脱脂奶或低脂奶（1％～2％的乳脂）消费。所有

①根据用于鲜奶的Ⅰ类牛奶成分进行的价格调整。剩余的用于Ⅱ类牛奶和Ⅲ类牛奶。用于Ⅰ类牛奶，Ⅱ类牛奶和Ⅲ类牛奶的百分比分别是 40％，15％和 45％。

牛奶都要经过巴氏消毒，大多采用超高温瞬时杀菌法（HTST），即牛奶经 72℃，保持 15 s 杀菌，从而消灭牛奶中的致病有机体。

脱脂奶是不含脂肪的奶。通常用离心法去除牛奶中的脂肪。鲜奶经离心后，形成下层高密度的水和无脂的固体，上层轻的奶油或脂肪。市场上销售的大部分脱脂奶用其他的无脂固体（碳水化合物和蛋白质）来满足营养和消费者的需求。

奶油中含有的脂肪量有很大的差别，这取决于离心力的大小。半奶油半奶含有 12％的脂肪，咖啡奶油含有 20％的脂肪，淡奶油含有 40％的脂肪。

上市的全奶已经经过均质化处理。牛奶挤出后，如果静置，牛奶将会分层，奶油升到顶部，无脂物沉到底部。均质化是经过强烈的打压，脂肪球被打散成微小的质粒散布在奶中，从而使牛奶长期得保持混合状态。均质化牛奶中小球的数量是未处理牛奶中的 1 万倍[①]。

各州都规定了全奶的脂肪含量（3.25％左右）。任何乳脂含量的牛奶都能达到这一水平。通常，用全奶和脱脂奶混合可以使脂肪含量达到 1％～2％。

通常，生产冰淇淋或软冰淇淋球时，也需要通过牛奶混合来满足脂肪含量的要求，另外，还要加一些糖和其他成分。

除了黄油和大部分奶酪的生产，现代牛场的工作都是流水线式的。将奶油（加上少量的盐）进一步用离心搅拌器搅拌，便可分离出黄油。搅动形成大型的脂肪球，然后形成块状的固体，最后加工成条状或圆饼状的黄油。

制作奶酪时，将全奶或脱脂奶中加上其他的成分，放入一个带有特殊的细菌或酶的大桶里。乳凝块或其他的产品将加入的蛋白凝结。搅拌混合物、蛋白结块，液体、乳清被排出。除乡村奶酪外，其他奶酪在这个过程中都会经过发酵，然后储存一定的时间以达到独特的风味和每一种奶酪想得到的独特品质。

一些牛奶的副产品例如干脱脂奶、乳清和干乳酪可以作为家畜的饲料成分。表 31-6 列出的是这些饲料的营养成分。

干脱脂奶是指不含水和脂肪，蛋白含量很高并且易于消化的奶。这种牛奶中的蛋白的质量和必需氨基酸水平很高（见第 4 章），所以干脱脂奶在非反刍动物如猪、鸡、犊牛和宠物饲料中的价值很高。另外，干酪乳的成分和价值也很高。

乳清是制造干酪的副产品，其中可消化的碳水化合物和维生素 B 的成分很高，但是蛋白质含量很低。发酵微生物可以产生大量的维生素 B。乳清中含有一些家畜和家禽的“不明生长因子”。

其他各种各样的牛奶副产品，例如外壳奶酪、过期的液态奶和液态乳清，也都被用作家畜的饲料。干副产品尤其是干乳清和乳酪也被大量加工成人类的食品。

## 31.7 牛奶产品消费趋势

表 31-1 描述了奶产品平均消费量的趋势。黄油和液态奶的消费正在下降，干酪消费增长。

①Dairy Handbook a Alfa-Laval. Alfa-Laval AB, Dairy and Food Engineering Division. P. O. Box 1008, S-722 14 Vasteras, Sweden.

表 31-1 奶产品的总消费量(lb)

| | 1978年 | 1988年 | 1998年 | 2003年[a] |
|---|---|---|---|---|
| 鲜牛奶和奶油 | 255.0 | 238.0 | 219.0 | 207.8 |
| 黄油 | 4.4 | 4.4 | 4.2 | 4.7 |
| 美国干酪 | 9.6 | 11.6 | 12.0 | — |
| 其他硬干酪 | 7.3 | 12.0 | 16.5 | — |
| 白软干酪 | 4.7 | 3.8 | 2.7 | — |
| 脱水和浓缩牛奶 | 7.5 | 7.9 | 2.2 | — |
| 冰淇淋 | 17.7 | 17.8 | 19.5 | — |
| 冻牛奶 | 7.7 | 7.8 | 7.9 | — |
| 其他冷冻产品 | 2.2 | 2.7 | 2.1 | — |
| 干奶产品 | 6.0 | 7.2 | 7.3 | — |
| 总销量(转换为鲜牛奶) | 549 | 585 | 580 | — |

a. FAPRI-UMC Report #03-03，April 2003.

来源：改自 USDA，ERS Statistical Bulletin 965，July 1999；and Agricultural Outlook，July-August 1999.

人造黄油产量和使用的增加，无疑是黄油消费下降的主要原因。非黄油用的乳脂比用于黄油的还要多，例如冰淇淋、无黄油面包和其他加工类食品等。

其他乳产品的消费趋势也很明显。一些人消费更多的脱脂奶和低脂奶。人们意识到低热量的饮食可以预防肥胖和心脏病，同样也希望保持良好的体形，因此他们尽量少摄入脂肪。脱脂奶和低脂奶提供蛋白质、碳水化合物、矿物质和维生素而含有较少的脂肪(表31-2)。大部分奶制品都强调低脂，通常只含1%～2%的脂肪和较多的维生素。1996年，在西部各州的一个低脂牛奶产品宣传中提到，低脂奶具有乳脂的质地和全奶的美妙味觉并且比炼乳具有更少的脂肪(每8 oz含有0.29 g)。许多消费者更加喜欢这种产品而不喜欢脱脂奶，或许是因为低脂奶的口味更好而脱脂奶没有得到人们认可。

表 31-2 液态牛奶产品中的营养成分(每8 oz)

| | 全奶 | 脱脂奶 | 2%的低脂奶 | 1%的低脂奶 |
|---|---|---|---|---|
| 能量(cal) | 150 | 85 | 121 | 102 |
| 蛋白质(g) | 8 | 8 | 8 | 8 |
| 脂肪(g) | 8 | <0.5 | 5 | 3 |
| 脂肪的热量比(%) | 48 | 0 | 37 | 26 |
| 钙(mg) | 291 | 302 | 297 | 300 |
| 维生素 A(IU) | 300 | 500 | 500 | 500 |

来源：改自 American Dairy Association.

低脂的奶制甜点的消费量也在急剧的增加，包括酸奶酪。他们首先被本地官方接受，然后又在饭店和家庭中储藏和食用。

技术的进步和广告的宣传使干酪的消费更加广泛，尤其是切达干酪和白干酪类(图 31-10)。很多干酪被包装成小包装——在展示柜中展示,用作圣诞节的礼物,涂抹在面包上,制作色拉和冷食。干酪的用处越来越广泛。美国的消费者把干酪作为肉的替代品,认为干酪提供的蛋白质比需要量更多。但是我们也要承认干酪是一种高营养的食品,尤其是含有高质量的蛋白质。

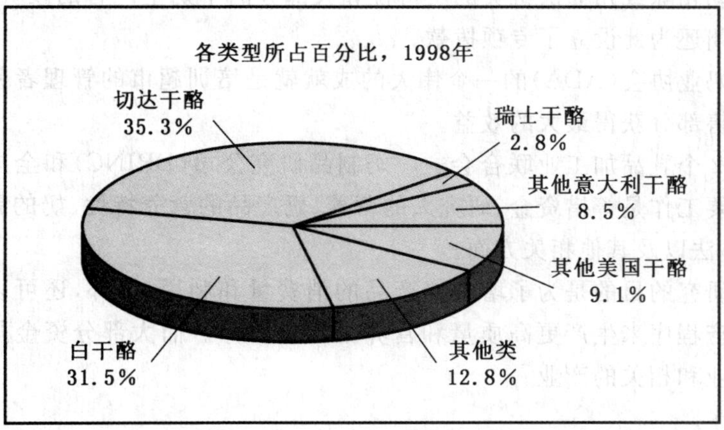


**图 31-10 在美国,最受欢迎的干酪是切达干酪和意大利干酪/白干酪类。**

来源:USDA, NASS, April 1999.

很多的脱脂或全脂乳在家庭烹调时使用得越来越多,并被用来加工成食品,如薄烤饼、松饼、蛋糕胚、谷类食品、饼干、小饼干、面包和蛋糕等。干酪制造的副产品,也在某些食品制造中被使用。

不同牛奶产品的利用和更大的消费群体将会发展起来。乳脂的独特风味将被开发,乳脂加热后,会使黄油的风味素分解产生一种奶酪味的风味,或和糖一起加热产生奶油糖果味。牛奶的蛋白质和碳水化合物也具有独特性,这类新产品正在研发中。

## 31.8 乳制品行业的发展

奶产品的生产是由零售商、加工商、美国奶业协会(ADA)、各州的代理和品种协会共同促进的。

在超市,消费者购买牛奶和奶制品是非常看重品牌的。因为大部分鲜奶是在超市销售的。大量的广告宣传促进产品的品牌,同时也增加了对全部牛奶产品的购买量。为了占据最好的销售场所和在大部分地方有自助展示冷柜,批发商的竞争是非常激烈的。

1983 年,美国议会成立了由 36 个美国奶业带头人组成的国家乳品业促进和研究理事会。主要工作是达成合作项目,保持和扩展牛奶和奶产品的市场和利用。在这个项目中,销售每百磅所得到的钱中大约有 15 美分用来广告宣传、营养研究和培养、产品发展、公共关系和项目评估。

美国奶业协会是乳品加工业联合会的一部分,在奶产业发展中起带头作用。生产者筹措资金,用来办报纸、杂志、广播和电视广告。为了进一步的发展,协会还和其他食品的生产营销者合作，开发了多种乡村干酪鲜桃色拉、牛奶和饼干或其他的组合。

牛奶的生产和销售在大部分州是一个非常重要的产业，州立牛奶协会在与美国奶业协会（ADA）和其他组织合作下促进牛奶产业的发展。通过捐赠、牛奶支付支票的自动扣除或州立法机关的所得税和大部分的牛奶生产者的投资得到基金。少数几个州还为此设立了专项拨款。

美国奶业协会（ADA）的一个伟大的成就就是培训超市的管理者使他们能够在牛奶销售部分获得最大的效益。

另外 2 个乳品加工业联合会——奶制品研究公司（DRINC）和全国乳品业联合会的主要工作是筹措资金、研究人的营养、奶产品的营养特性、奶的副产品的利用，生产方法以及其他相关方面。

这项研究的目的是为了增进奶产品的消费量和利用，另外，还可以提供更加有效的生产程序来生产更高质量和营养全面的产品。而大部分资金则来自牛奶生产加工业和相关的产业。

## 思考题

1. 散放畜舍和拴系畜舍有什么不同？
2. 说出整个挤奶系统的主要组成部分。
3. 拴系畜舍的主要优点和局限性是什么？
4. 说出满足人的消费标准的牛奶产品应满足的 3 种质量标准。
5. 挤奶器的脉冲率和振动频率的意义是什么？
6. 解释“人字形”和“平行式”挤奶厅的 2 个主要差别。
7. 描述将挤奶器安上乳房之前需做的准备。
8. 牛奶冷却的标准是什么，这个过程是怎样完成的？
9. 从一次挤完奶到下次挤奶之前，冲洗挤奶器械要做的 4 个步骤是什么？
10. 为什么很多奶农都加入合作社？
11. 影响每 100 lb 鲜奶价格的主要因素是什么？
12. 在加工车间里巴氏消毒和均质化是怎么完成的？
13. 比起20 年前，哪些牛奶产品不再受欢迎，哪些更受欢迎？
14. 美国的哪些协会和组织极大地帮助了牛奶产业的发展？

翻译：姚俊峰；校对：唐韶青

# 第 32 章

## 马与小型马

## Horses and Ponies

马业正逐渐成为畜牧业的重要部分。最近几十年，美国的马与小型马的数量持续快速增长，随着美国人口的增长与经济的繁荣，马业有望进一步发展。也就是说，马业与经济发展密切相关。

本章介绍马与小型马产业、品种及其特性，并介绍其选择、管理、育种、训练以及骑术的内容。马与小型马的营养与饲养在第 7 章已经做了介绍。本章中常提到的术语“马”与“轻型马”包括马和小型马。我们把过去用于耕地、田间工作以及驮运日用品和农产品的体型大、肌肉强健、体重 2 000～2 600 lb 的马称为驮马，而体型小、肌肉细致、体重较轻、用于休闲和放牧的马称为轻型马(图 32-1)。

学习本章后，读者应掌握以下内容：

1. 从马匹及其表演的近似数量描述轻型马业的规模。
2. 区分骑乘马、赛马和驾车马，并分别列举其主要品种。
3. 分别列举出 2 种或以上的轻型马、驮马和小型马品种。
4. 列举并描述马的 5 种主要体色。
5. 描述马的体质结构，并列举出至少一个与头、颈、肩、背、蹄和腿有关的理想性状。
6. 列举并描述马的 3 种自然步伐。
7. 区分乳齿与恒齿的外观差异。
8. 至少列举 2 条正规马房的标准。
9. 列举根据马的年龄及特殊需要制定的主要饲喂类型。
10. 阐述草料在马饲料中的重要性及选择干草的标准。
11. 区分自然交配、人工辅助交配及人工授精。
12. 列举若干重要的、具有代表性的、应被列入免疫计划的疫苗。
13. 阐述母马季节性发情时间以及如何将母马发情周期应用于早期育种。
14. 列举几种导致母马受胎率下降的因素。
15. 列举几条可确保顺利产驹以及幼驹健康成活的合理的管理方法。
16. 列举几个成功训练马的基本指导方针。

**图 32-1　马与小型马在工作和休闲中很受欢迎。左图是一匹分隔马将小牛从牛群中分隔出来。右图显示的是一匹在专业表演中乘用小型马。**

经 Quarter Horse Journal and Silver Summit Farm 授权。

## 32.1　马业的规模和范畴

1915 年美国马的数量达到最高，估计约 2 660 万头，而 1959 年下降到最低，约为 300 万头。此后，马的数量开始增长，到 1998 年[①]达 690 万～710 万头。增长的主要原因是骑马在青年和成年人休闲娱乐活动中的盛行和 4-H 计划。

大约 390 万个家庭拥有乘骑和娱乐用轻型马。平均骑马人数约 3 000 万[②]。每年大约有 10 000 场马术表演，可创收 2.2 亿美金。

在美国，约有 50 万的马被用作“牧牛马”。主要集中在南部大农业区和东南部大草原和落基山脉有牛群的农场中。有时，在商业饲养场它们也被用来“跨栏”。

赛马占马群总数的 1%略多一些。在美国，每年近 142 万匹赛马参加比赛。其中约 7 万匹为纯血马，参加约 5.6 万场比赛，其参赛者还包括鞍马和夸特马(图 32-2)。赛马是仅次于篮球的最受观众欢迎的体育活动，每年约 7 000 万观众观看比赛。

赛马的收视率和经济效益主要取决于政府是否允许对赛马结果进行赌博。被允许地区可收取赌金税，这对收税的部门(州或当地政府部门)意义重大。

尽管数量明显减少了，驮马和骡子仍然是一些小农场的主要动力来源，或者被一些人当作业余爱好饲养和喜爱(图 32-3)。

①American Horse Council Foundation.

②United States Equine Marketing Association, P. O. Box 2529, Leesburg, VA 22075.

图 32-2 左图是一个女孩和她的马正在进行绕桶比赛。右图是戴好马具的参赛者正在以紧密阵型原地待命。
经 Quarter Horse Journal and Quarter Horse Association 授权。

图 32-3 左图是印第安纳北部的拍卖会，正在拍卖一对比利时马。右图是一匹强健的克拉斯代重挽马，其以力量和漂亮的外形著称，能很好地完成驮运工作、展览和简单娱乐项目。
来源：the Farmer's Exchange，New Paris，IN；Clydesdale Breeders of the United States and Maureen Blaney.

## 32.2 类型、毛色和品种

对于大多数的家畜和家禽品种来说，同一品种的动物基本上都具有相同的毛色。毛色几乎是区分不同品种的首要特征，但马却不是这样的。

马的主人通常都对毛色具有强烈的偏爱，毛色通常是用于描述和分辨不同马匹的首要特征。但是，仅仅根据毛色购买马匹会影响马匹的质量和使用年限。同时，以毛色为主要目标制定育种计划会降低其他性状的遗传进展。然而，一些颜色在某些品种中是受歧视或禁止的。马的 5 种常见的单毛色为：骝色、黑色、褐色、栗色和白色，下面分别简单描述：

- 骝马：红色与黄色混合。浅骝毛偏黄色，深骝毛则偏红色，最深的骝毛是红褐色。骝马经常有黑色六端（鬃毛、尾巴、腿）。
- 黑马：全黑、无任何浅色区。黑马的眼睛、蹄、皮肤几乎都是黑色的。六端黑色。
- 褐马：身体为褐色，通常在鼻口、眼和侧腹有浅色区。许多褐毛马因颜色太深而被误称为黑马。鬃毛和尾巴是黑色的。
- 栗马：被毛主要为红色，从亮黄红色到深红褐色都有。鬃毛和尾巴通常与被毛颜色相同。如果鬃毛和尾巴的颜色略浅，则被称为麻栗毛。鬃毛和尾巴无黑色。栗色被一些品种协会定义为亮红色。
- 白马：真正的白毛马从出生到整个生长期都是纯粹的白色。偶尔的毛色改变是季节性变化。年龄不影响毛色。

下面介绍主要的复毛色：

- 暗褐色和鹿皮色马：被毛的主要颜色为暗黄色，在浅黄色和脏帆布颜色之间变化，鬃毛、尾巴、皮肤和四肢颜色从白色到黑色均有。暗褐色的马通常在背部有斑纹。鹿皮色的马通常有黑色的六端。
- 青毛马：深灰色或近黑色，8 岁或 10 岁以后头部会长出越来越多的白毛，直到最后完全变成白色。2～5 岁期间会长斑纹（小片或黑色的小点）。
- 银鬃马：一种金色，可以从亮铜色到浅黄色之间变化，鬃毛和尾巴为白色。真正的银鬃马无黑色六端。品种志中将其理想的颜色描述为“接近硬币的颜色”。
- 斑毛马：斑点马，通常是白毛色基础上的花斑上含有多种颜色。
- 沙毛马：被毛为白色，混杂一种或更多的单色。大多数沙毛为骝毛、栗毛或者黑毛与白毛的混合，分别被称为沙骝毛、沙栗毛和沙青毛。

毛皮类型在一些品种的马中也是很重要的，如：

- 阿帕卢萨：单色基础上的花纹。有 4 种不同特征：(1)点花纹：2 个主要的特点是豹纹（白色上遍布全身的斑点）和斑带（在腰部和臀部上没有斑点的白色条带）；(2)杂色斑点：特别是鼻口与生殖器周围；(3)眼睛周围有白色圆环（外环）；(4)四肢上的垂直斑纹。
- 花毛：是在任一基础毛色上的花斑，由白斑和色斑结合而成。花毛主要有 2 大类型：特米诺花毛和欧窝花毛（表 32-1）。

早在 5 000 年以前，人们就已经开始驯养马了，经过多年的育种和选择，培育出了许多不同用途的专用品种。马通常被分为以下几种类型：骑乘马、赛马、驾车马和驮马。表 32-2 所示的是每个品种的主要用途、身高和体重。

驮马与小型马在体质结构上存在很大差异，驮马的体高通常为 64～68 in(16～17 手宽)，体重通常为 1 t 甚至更重（图 32-3）。大多数小型马，如图 32-4 中的设得兰小型马，肩高大概只有 36 in(9 手宽)，体重仅 500 lb。另外，骡子作为娱乐休闲及役用动物也开始受欢迎。图 32-4 中的骡驹是由 2 种不同的马科动物杂交产生的后代——公驴与母马的后代。

图 32-4 列出了不同的马与小型马品种的其他外形和结构的差异。表 32-1 介绍了大多数马与小型马品种的产地和主要毛色。表 32-2 介绍了根据类型、主要用途、体重与体高的范围分类的不同马品种。

表 32-1 常见马与小型马品种的产地和毛色

| 类型与品种 | 产地 | 毛色 |
|---|---|---|
| 轻型马 | | |
| 美国白马 | 美国——白马农场内珀维尔，内布拉斯加 | 雪白色被毛、粉红色皮肤、黑色眼睛 |
| 夸特马 | 美国 | 常见栗毛、骝毛和暗褐色毛，但也有银棕色、黑毛、褐色花纹或者铜色 |
| 美国鞍马 | 美国——肯塔基 | 毛色有骝毛、褐毛、栗毛、灰毛、黑毛或金毛 |
| 阿帕卢萨马 | 美国——俄勒冈、华盛顿、爱达荷 | 多变，通常在腰部和臀部为白色，上面有深色或蛋形的斑点。斑点直径不到 4 in |
| 阿拉伯马 | 沙特阿拉伯 | 骝毛、灰毛、栗毛，偶见黑色，通常在头部和腿部有白色斑纹。皮肤通常为深色 |
| 乘马 | 英格兰——诺福克及其东边比邻县 | 栗毛、骝毛、褐毛，偶见杂色和黑色，白色斑纹 |
| 摩根马 | 美国——新英格兰州 | 骝毛、褐毛、黑毛和栗毛，大片白色斑纹不常见 |
| 摩洛哥斑点马 | 美国——由乘马和鞍马改良 | 斑点。次要颜色多于 10% |
| 帕洛米诺马 | 美国 | 金色（颜色接近金色硬币，或略浅或略深）。鬃毛和尾巴为白色、银色或象牙色，有不超过 15% 的深色或栗色毛发 |
| 美国花马 | 美国——改良于西班牙引进马 | 中间色或多色，白色上分布许多斑点。有 2 种不同的类型：特米诺花毛（白斑越过背部并向下伸展）和欧窝花毛（白毛从体侧或四肢向上伸延，但不越过背部）。斑点直径大于 4 in |
| 标准竞赛用马 | 美国 | 骝毛、褐毛、栗毛和黑毛常见，但是偶尔也有灰色、杂色、暗褐色 |
| 西纳田步行马 | 美国——西纳田中部盆地 | 栗色、黑色、杂色、白、骝毛、褐色、灰色和金色，蹄与腿常带白色斑纹 |
| 纯血马 | 英格兰 | 骝毛、褐毛、栗毛和黑毛，偶尔有灰色，普遍存在脸上及腿部的常带白色斑纹 |
| 驮马 | | |
| 比利时马 | 比利时 | 栗毛或杂色上，带黑色斑点 |
| 挽马 | 苏格兰 | 骝毛、褐毛、栗毛和杂毛上有白色点，特别是在脸部和腿下部 |
| 佩尔什马 | 法国 | 黑毛、灰毛或有斑纹的灰毛 |
| 夏尔马 | 英格兰 | 骝毛、褐毛、黑毛和灰毛，带有白色斑纹 |
| 萨克福马 | 英格兰 | 栗毛，带有白色斑纹 |
| 小型马 | | |
| 美国小型马 | 美国——梅森市 | 类似于阿帕卢萨马，腰部和臀部为白色并有深色的圆形或蛋形的斑点 |
| 设得兰小型马 | 设得兰群岛 | 所有的毛色，纯色的或混合的 |
| 威尔士小型马 | 威尔士 | 任何颜色，头部和躯体无大量白斑 |

来源："Meet the Breeds," Pamphlet, Kentucky Horse Park, Lexington, KY, 1989, and numerous breed association publications.

表 32-2 不同品种的马的类型、用途、体高和体重

| 类型 | 用途 | 品种 | 体高(手宽)[a] | 体重(1b) |
|---|---|---|---|---|
| 骑乘马 | 三步态鞍马 | 美国白马<br>美国鞍马<br>阿帕卢萨马<br>阿拉伯马<br>克利夫骝马<br>密苏里狐狸小跑马<br>摩根马<br>摩洛哥斑点马<br>帕洛米诺马<br>花斑马<br>纯血马 | 14.2～17 | 900～1 400 |
| | 五步态鞍马 | 美国鞍马 | 15.2～16.2 | 900～1 400 |
| | 步行马 | 美国田纳西州步行马 | 15～16 | 1 000～1 200 |
| | 牧牛马 | 分级的，杂种或下列纯种<br>阿帕卢萨马<br>阿拉伯马<br>摩根马<br>摩洛哥斑点马<br>帕洛米诺马<br>花斑马<br>夸特马<br>纯血马 | 4.1～16 | 1 000～1 300 |
| | 马球乘用 | 分级的，杂种或所有品种的纯种，但主要为纯种 | 14.2～15.2 | 1 000～1 250 |

表 32-2 续

| 类型 | 用途 | 品种 | 体高(手宽)[a] | 体重(1b) |
|---|---|---|---|---|
| | 涉猎与跳跃 | 分级的，杂种或所有品种的纯种，但主要为纯种 | 15.2～16.2 | 1 000～1 250 |
| | 小型马骑术 | 康尼麻拉马<br>哥特兰马<br>美国小型马<br>设得兰马<br>威尔士马 | 9～14.2 | 500～900 |
| 赛马 | 速度赛马 | 纯血马 | 15.1～16.2 | 900～1 150 |
| | 带具赛马(快步和舞步) | 标准马 | 14.2～15.2 | 900～1 200 |
| | 1/4哩赛马 | 夸特马 | 14.2～15.2 | 1 000～1 200 |
| 驾车赛马 | 重装马术 | 乘用马 | 14.2～16.1 | 900～1 300 |
| | 盛装马术 | 美国鞍马(主要的，其他品种也可) | 14.2～17 | 900～1 400 |
| | 驾车马术 | 标准用马 | 14.2～15.2 | 900～1 200 |
| | 马车赛的小型马：<br>带具小型马<br>重装小型马 | 乘用马<br>设得兰马<br>威尔士马 | 9～14.2 | 500～900 |
| 驮马 | 动力、使役——尤其冬季、阅兵(广告) | 比利时马 | 16～17 | |
| | | 挽马 | 16～17 | |
| | | 佩尔什马 | 16～17 | |
| | | 夏尔马 | 16～18 | |
| | | 萨克福马 | 16 | |

a. 体高用手宽和英寸(14.2 手宽=14 手宽+2 in，或者 58 in)

来源：改自Horses! Horses! Horses! by Dr. M. E. Ensminger, 3699 E. Sierra Avenue, Clovis, CA 93612.

**图 32-4 常见的马、小型马、驴和骡品种。**

经 USDA and American Donkey and Mule Society 授权。

阿帕卢萨马(种公马)

摩洛哥斑点(种公马)

美国白马(种公马)

帕洛米诺马(种公马)

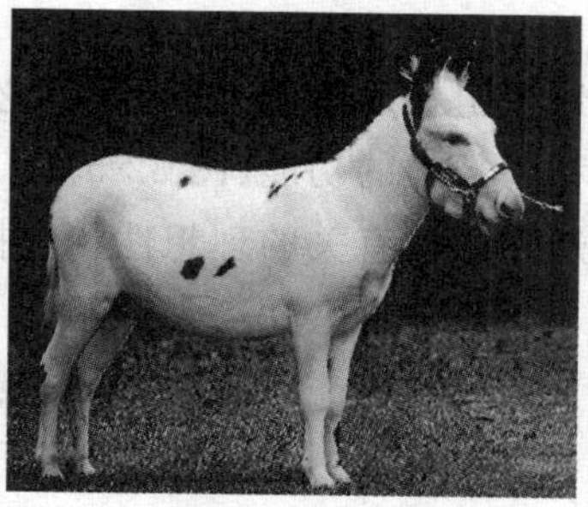

驴(杰克)

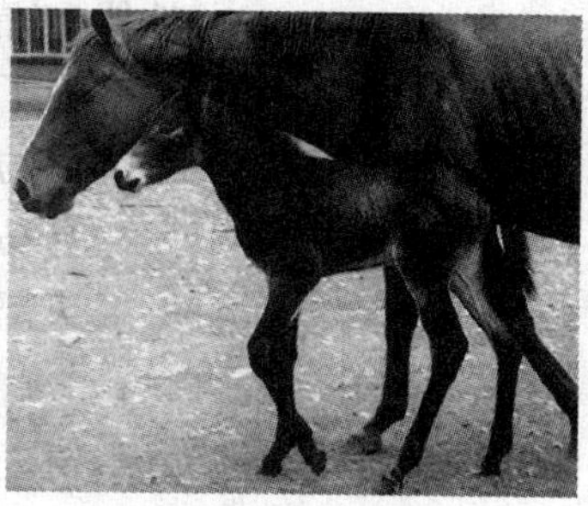

小骡驹和母马

**图 32-4　续**

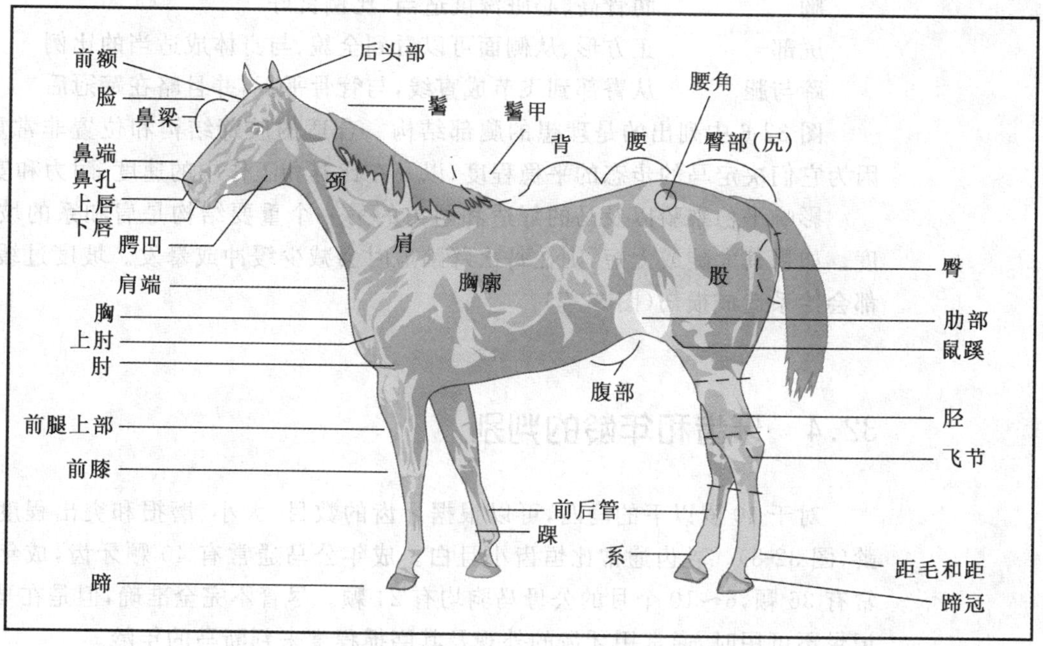


**图 32-5　马的体型结构。**

来源：American Quarter Horse Association.

## 32.3　马的体型结构

马、小型马或骡的预期性能，无论是用于使役（牵引、装卸、拉运）、赛马（短距离或长距离）、打猎或跨越还是用于娱乐（乘骑、表演），都与其特定的体型有着直接关系。

体型是指肌肉、骨骼和其他身体组织排列组合形成所要求的对称和优美的外形。马的所有者和育种者对不同品种的体型有不同的期望。不同用途和不同类型的马的理想形体不同。因此，育种者寻求理想的体型（形态）的马以获得期望的性能（功能）。

为了正确地评定马的体型外貌，我们必须了解所期望得到的马的功能、其各个部位的组成和各部位的功能（图 32-5）。

与马体构造和部位有关的理想性状包括：

| | |
|---|---|
| 头部 | 耳朵直立并与头部相称 |
| | 眼睛明亮且大，位于两侧适当的位置以保证广阔的视野 |
| | 鼻孔——大 |
| | 腭与唇——轮廓分明 |
| 颈部 | 细长，与头部比例适中并应在胸腔处连接 |
| 肩部 | 与系形成适当夹角（45°～50°） |
| 鬐甲 | 尖、突出、比后面部位略高 |
| 背部 | 短、宽、平直 |
| 胸 | 肋骨高、心脏深度适当、比例良好 |
| 尻部 | 正方形、从侧面可以看到全貌、与身体成适当的比例 |
| 蹄与腿 | 从臀部到飞节成直线，与管骨平行，并且略在蹄冠后 |

图 32-6 中列出的是理想的腿部结构。合适的肢蹄结构和位置非常重要的，因为它们决定马的步态的平稳程度，以及在比赛和工作中的速度、耐力和安全性。

影响平稳乘骑以及马的舒适和耐力的另一个重要结构是肩和系的坡度和长度。如果其太陡或太短，则在每次蹄踏地时会减少缓冲或暴发。坡度过缓或过长都会给系造成损伤（图 32-7）。

## 32.4　牙齿和年龄的判别

对于 10 岁以下的马匹，可以根据牙齿的数目、大小、磨损和突出程度判断年龄（图 32-8）。乳齿通常比恒齿小且白。成年公马通常有 40 颗牙齿，成年母马通常有 36 颗，6～10 个月的公母马驹均有 24 颗。尽管不完全准确，但是在马的出生记录不可用时，通常用牙齿的外观及其磨损程度来判断马的年龄。

鉴别年龄需要仔细检查牙齿的数目、大小、磨损和突出程度。导致牙的外观和磨损差异的因素包括饲料的质量和质地、马的饲喂或放牧是否稳定、疾病、牙齿的护理和遗传。例如，在沙地山脉附近或牧场的马通常比稳定饲喂的马牙齿磨损得要严重些。

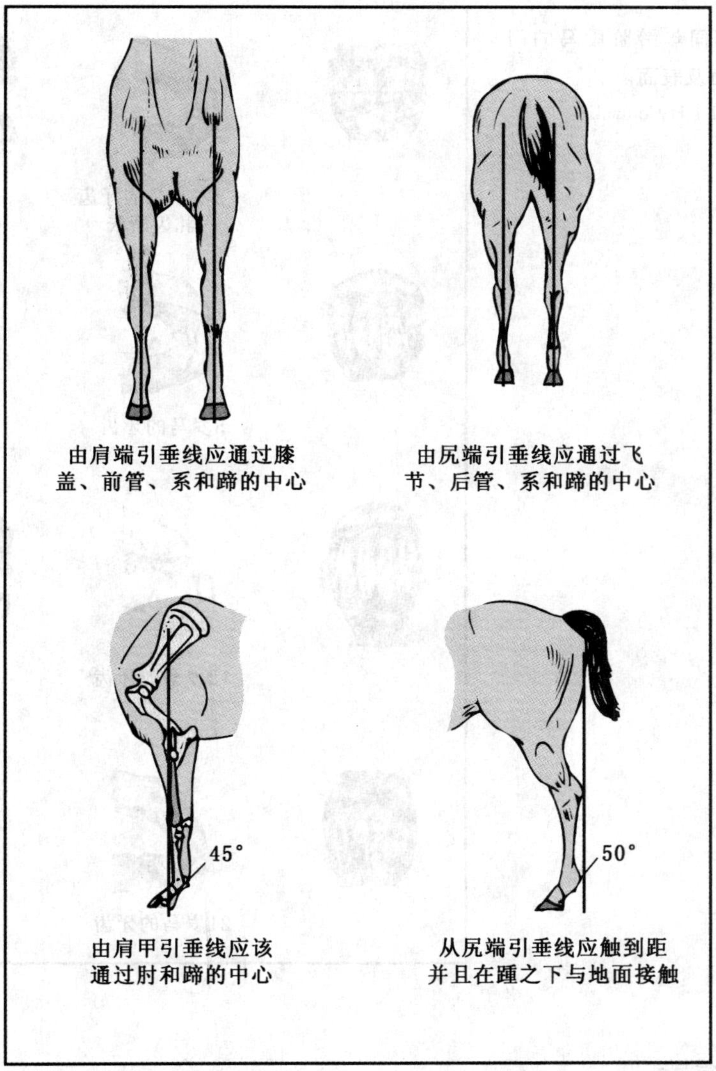


**图 32-6 理想的腿部结构。**

来源:改自 National 4-H Council.

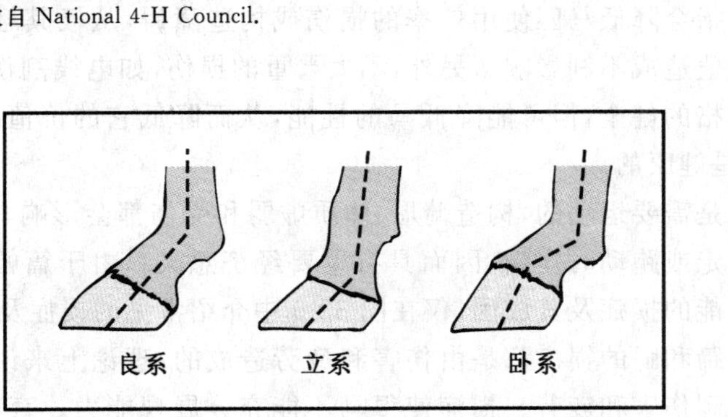


**图 32-7 良系的角度为 45°。**

来源:National 4-H Council.

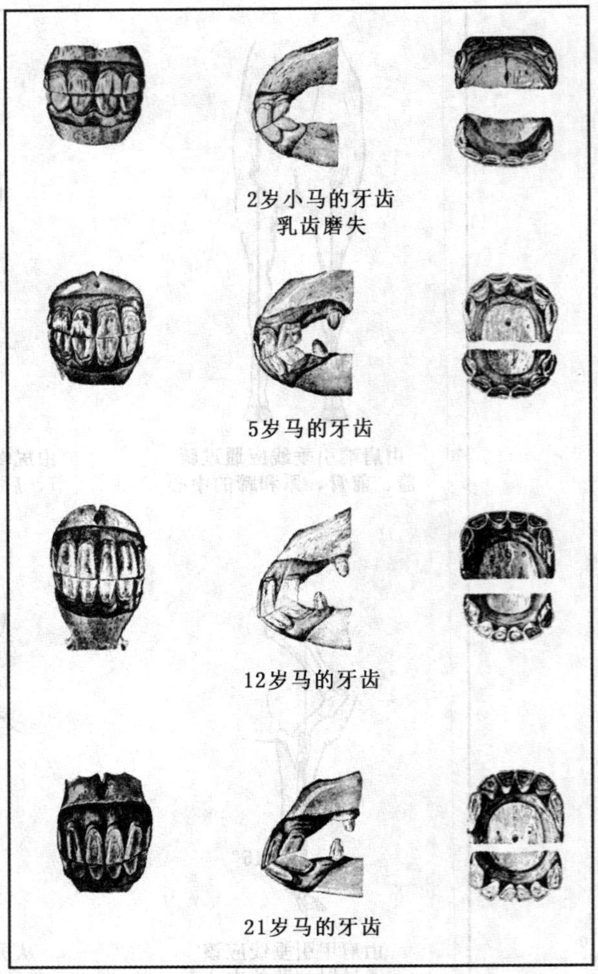


**图 32-8** 不同年龄阶段马的门牙正面、侧面及表面。
来源：National 4-H Council.

## 32.5 损症

损症是指会降低马匹使用效率的损伤或构造障碍，从极其轻微到很严重，可对马匹的价值造成不利影响。另外，不太严重的损伤，如电线割伤（或并发症），虽然不影响体格的健全，但可能降低马的性能，从而降低它的价值。马通常会有小毛病，但仍是健康的。

因为马是需要运动的，构造畸形、体质虚弱和受伤都会影响马的行走或跑动，或者导致行走或跑动时疼痛，因而具有重要经济意义。由于篇幅所限，不再详细讨论所有可能的损症及其成因，仅在图 32-9 中介绍常见的损症及其发生位置。

大部分蹄和腿的损症都是由伤害和疲劳造成的；理论上来说，结构有缺陷的马更容易受到伤害和疲劳。损症使得马不能充分展现能力。育种目标中应排除由于结构缺陷导致具有损症的母马或种公马。

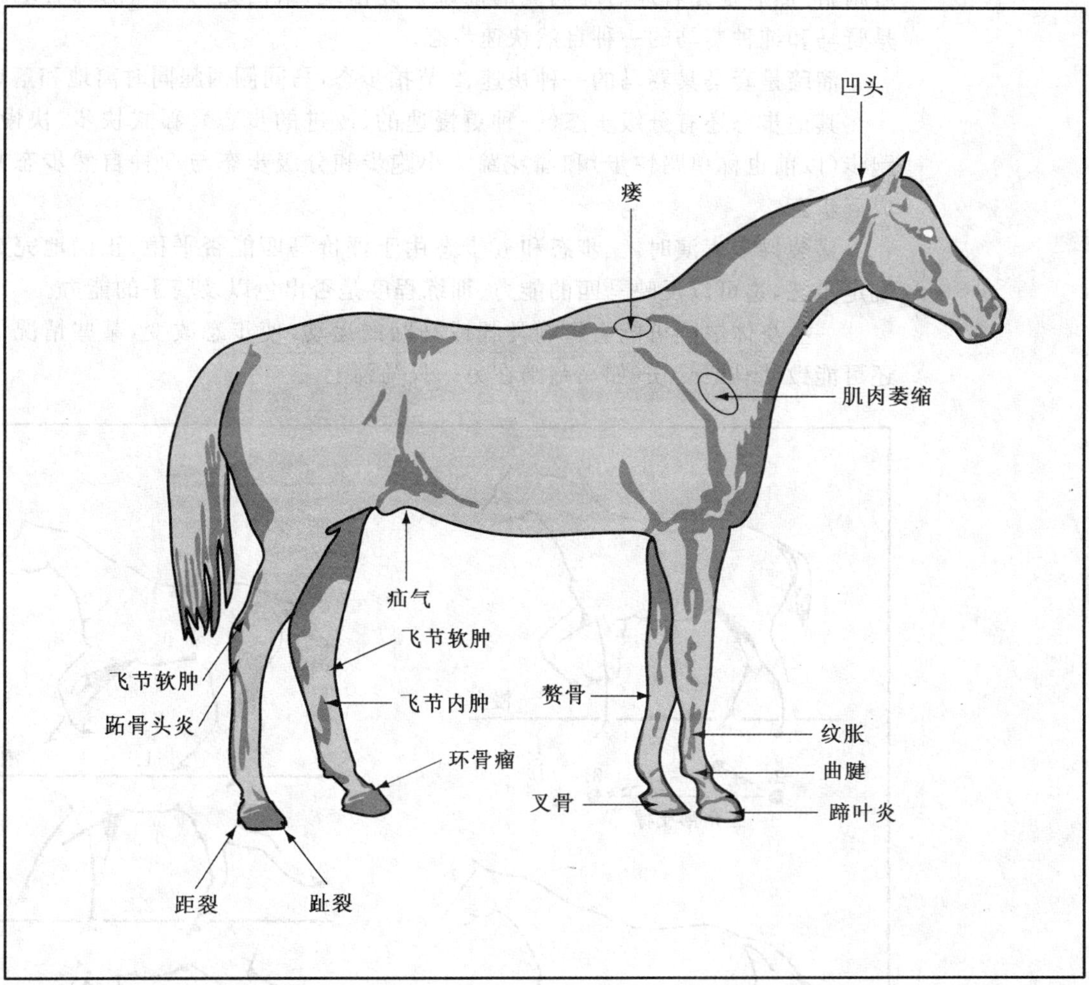


**图 32-9 马(小型马、骡)常见损症的名称及发生的位置。**

来源:Purdue University.

## 32.6 步态

步态指马蹄和腿部天生的或后天训练获得的节奏性动作。马有 3 种自然步态,分别是慢步、快步、跑步或飞驰。节拍表示马步的动作数目(图 32-10)。

慢步是一种自然、慢速、平走的 4 节拍步态——指所有的马蹄分别在不同时间离地和着地。步伐轻盈、匀速和清晰。

快步是一种自然、中速、2 节拍、对角线步态,一只前蹄和另一侧的后蹄同时离地和着地。在某个瞬间,四蹄会同时离地。

慢跑是介于慢速和中速之间的一种受限制的、3 节拍步态。2 条成对角的腿组成一组同时着地,另外,2 条腿分别着地,并且分别在另一组 2 腿落地时前后落地。

飞驰是一种快速、4 节拍步态,4 蹄分别着地——先是某一后蹄,然后是另一后蹄，再然后是先着地后蹄同侧的前蹄快速落地，最后是另一只前蹄着地。飞驰是野马和纯种赛马的一种自然快速步态。

溜蹄是套马具赛马的一种快速、2节拍步态，马同侧两腿同时离地和落地。

其他步态还有分级步态（一种更慢速的、改进的步态）、狐式快步、快慢步、小跑步（以前也称单蹄快步）和溜花蹄。小跑步和分级步态与3种自然步态共同组成五步态。

盛装舞步表演时，三步态和五步态用于评价马匹能否平稳、正确地完成每个规定步态，这可以反映马匹的能力、训练程度是否出色以及骑手的能力。

一些身体缺陷可能会影响马腿或马蹄的运动，使步态改变，某些情况下甚至还可能致使马匹受伤（如马蹄踏在另一只马蹄上）。

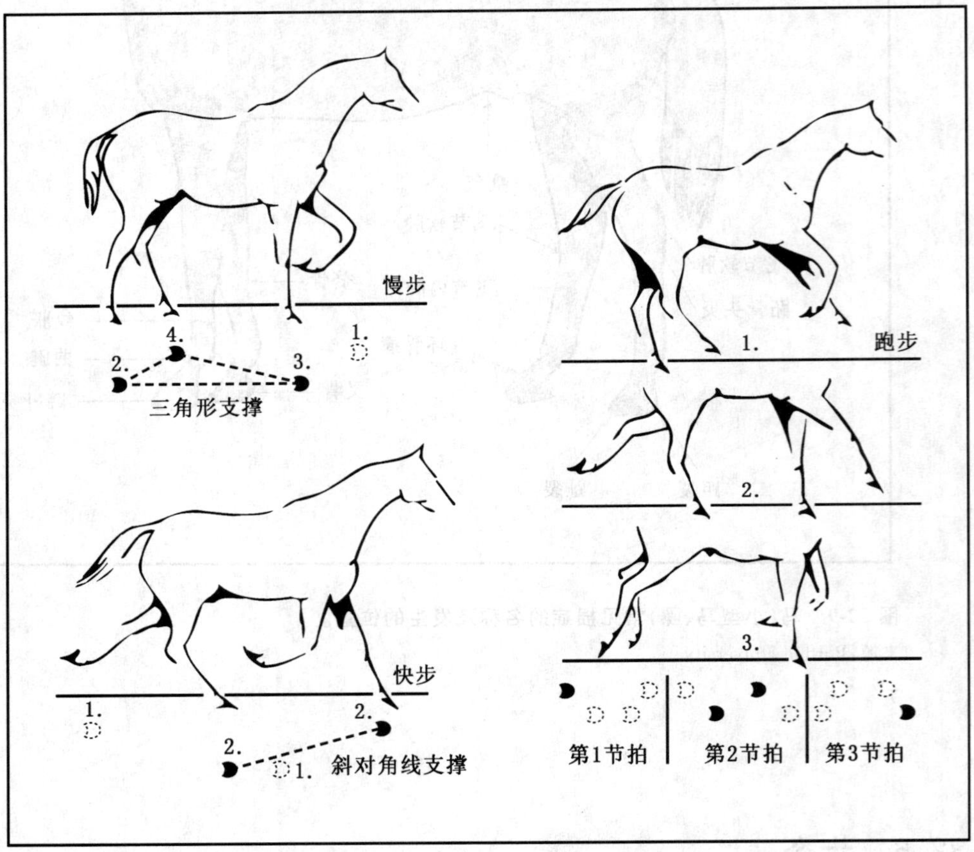


**图32-10　马和小型马的3种自然步态，分别给出了马蹄和腿的位置。黑色实心蹄印表示接触地面的马蹄。**

来源：Horses! Horses! Horses! by Dr. M. E. Ensminger, Clovis, CA.

## 32.7　马厩及栅栏

许多马匹都饲养在马厩或者小型围栏中，与自然环境下马匹自由地在山坡和草原上放养存在着很大区别。一些行为特征是马在自然环境下生存所必需的——长而强健的腿部、快速奔跑、放牧能力以及用腿和牙齿战斗的能力。

对饲养在马厩中的马匹而言，为了保持健康和活力、防止由于厌倦而养成坏习惯或坏脾气，需要足够的锻炼。而户外肥沃的草场既能提供体育锻炼的场所，又能满足部分营养需要。

合理的管理包括提供安全实用的设备。栅栏应选用硬木板、木桩和横木、金属管、缆绳、机织、光滑金属线、或者其他光滑结实材料围成，不应选用带刺的金属线。此外，白色聚乙烯材质围成的栅栏尤其受欢迎，不需要涂漆，目前可以在市面上购买到。但是，不应选用带刺的金属线。

马厩、运动场、围栏中都不应该出现锋利的、凸出的物体以及任何对马匹会造成伤害的物体。此外，还要避免会卡住马蹄的物体，如马厩地板上的障碍物或者地缝。

马场还应该提供足够的遮蔽物，以供马匹躲避严寒酷暑的天气(图 32-11)。对于小型家庭式马场，简单经济的屋舍就足够了，加上正确的管理，就能够保证马匹的舒适健康。马舍的 2 个最重要条件是充分流通的新鲜空气和可以控制的湿度。圈养马匹会产生大量的热和蒸汽。正确的通风设计和合理的管理措施能够及时排出热与蒸汽。初学者往往在天冷时关闭通风设施。在天气很冷时可能会关闭通风设备，希望让马匹更舒适，结果却导致马厩湿度过高、空气不流通、新鲜空气不充足和难闻的气味。

**图 32-11 美观的养马设备，用于马匹躲避恶劣气候且易于管理。**
来源：Courtesy of FBi Buildings.

## 32.8 马匹饲养指南

第 7 章介绍了马的营养和饲养。散养在牧场上的马会间歇采食——少吃多餐。圈养马匹的饲喂时间安排应该接近马的自然饮食习惯。马可以随时吃到干草，每天少量供给 2～3 次谷物类饲料，而不是一次性大量供给。任何时候都要保证充足、干净和新鲜的水。

表 32-3 列举了能基本满足马的营养需要的饲养指南。从表中可以看出，各种营养成分的比例随着年轻马匹的成熟而不同，或者根据马主对马的不同需要(维持、生长、妊娠、泌乳或工作)而改变。

表 32-3 马的饲养指南

**维持日粮：**

粗蛋白占总比例的9%

每天草料量为体重的2%

草料、矿物质盐砖、水通常能够保证

**妊娠期日粮：**

粗蛋白11%

钙0.6%、磷1.5%

每天浓缩料增加到体重的1%

自由采食水和草料

**泌乳期日粮：**

粗蛋白13%～14%

浓缩料为体重的1.5%

经常饲喂少量谷物类粗粉

钙1%、磷0.7%

**工作期日粮：**

根据运动量调整

粗蛋白8%～10%

根据运动量轻、中、重，能量水平分别比维持需要

高25%、50%、100%

经常饲喂谷物类粗粉

每天草料量最低是体重的1%

**断奶期日粮：**

粗蛋白16%

钙1%、磷0.8%

1月龄时限制采食浓缩料1 lb/d

自由运动，自由采食矿物质、水和优质苜蓿

**1岁龄日粮：**

粗蛋白14%

钙0.6%、磷0.5%

每天干草采食量为体重的1.5%

充分的运动，充足的水和矿物质

来源：4-H Animal Science Meeting Guide Notebook，Minnesota Extension Service.

另外，从表32-3中还可以看出，在马的日粮组成中，草料占到50%甚至更多。按照规定，干草量(或者将牧草换算成干草当量)应该低于体重的1%，这样才能保证马消化系统的正常工作。明智的管理员只购买和饲喂马匹优质干草。如果收割和贮藏方式正确，绿色、多叶、早期收割的，不含灰尘、真菌和杂草的牧草，就可以成为优质干草。如需大量购进草料，除了视觉评估外，还应该根据草料检测结果购买。

## 32.9 健康管理

与其他物种的管理一样，成功的健康管理要求能够识别有效的健康指标——以便在发现异常征兆时及时采取措施。此外，还需要健全健康计划或疾病控制措施，而不仅仅是在发病以后再治疗。

马对很多传染病都是易感的，应该在征得马主和兽医同意的前提下，通过正确的疫苗接种计划得以控制。表32-4列举了几种比较重要的疾病以及疫苗接种的时间表。

表 32-4 马疫苗接种时间表

| 疾病/疫苗 | 无接种历史的马驹，断奶小马和成年马 | 1岁马 | 表演用马匹 | 娱乐用马匹 | 繁殖母马 | 备 注 |
| --- | --- | --- | --- | --- | --- | --- |
| 破伤风类毒素 | 第一剂：3～4月龄<br>第二剂：4～5月龄 | 每年1次 | 每年1次 | 每年1次 | 每年1次：产前4～6周 | 如果最后一剂未在6个月内注射，刺伤或者手术的时候需要注射疫苗；如果刀伤或创伤有可能感染破伤风病毒则需要注射抗毒素 |
| 脑脊髓炎（EEE、WEE、VEE） | 第一剂：3～4月龄<br>第二剂：4～5月龄 | 每年1次：春季（2剂，间隔3周） | 每年1次：春季（2剂，间隔3周） | 每年1次：春季（2剂，间隔3周） | 每年1次：产前4～6周 | 地方性流行的地区每6个月注射1次，VEE作为一种联合疫苗与EEE或WEE一起使用，但是只有存在委内瑞拉爆发危险时才用 |
| 流行性感冒 | 第一剂：6月龄<br>第二剂：7月龄<br>第三剂：8月龄<br>（每3个月重复接种1次） | 每3个月1次 | 每3个月1次 | 每年1次：陈列（展览等）前增加剂量 | 至少1年2次，产前4～6周注射1剂 | 马驹第一次免疫注射建议至少3剂 |
| 马病毒性流产（EHV-1，EHV-4） | 第一剂：5～6月龄<br>第二剂：6～7月龄<br>第三剂：7～8月龄<br>（每3个月重复接种1次） | 每3个月1次 | 每3个月1次 | 非强制性，但推荐每年2次 | 怀孕第5、7、9月（灭活EHV-1疫苗） | 如果第一次接种在3月龄前，推荐使用3剂量；建议母马配种和产犊前4～6周接种。有的兽医建议全年都进行保护 |
| 轮状病毒 | 不建议马驹使用 | | | | 怀孕第8、9、10月；孕后30～60 d维持免疫；每年都进行；咨询兽医意见，是重复注射一支还是继续接种一个疗程 | |
| 狂犬病 | 第一剂：3～4月龄<br>第二剂：4～5月龄 | 每年1次 | 每年1次 | 每年1次 | 每年1次：配种前，狂犬病疫苗（狂犬病流行地区建议使用） | |
| 肉毒杆菌中毒 | 3剂，每剂间隔30 d；根据当地具体情况决定首次注射的年龄 | 每年1次 | 每年1次 | 每年1次 | 每年1次：产前4周 | 只在发病流行地区使用 |

来源：改自 the American Association of Equine Practitioners.

马的大部分疾病都可以靠初次疫苗接种和之后每年的维持免疫来预防。这类疾病包括破伤风、腺疫、流行性感冒、东部和西部脑脊髓炎、病毒性流产（繁殖母马尤其易感染）。此外，当马匹从一个马厩转移到另一个新马厩时，需要对其传染性贫血进行 Coggin 氏检测。

常规观察对正确评估马的健康状况是必要的。通过常规观察来熟悉马的正常的特性和行为，并及时发现一些不正常的行为。常规观察的重要指标包括食欲改变、体况和体重变化、粪便黏稠度和颜色变化、尿液颜色和流动性的变化、出汗过多或不足、咳嗽、警戒程度的改变（或情绪低靡）或被毛的变化。

根据观察结果和一些不正常的迹象，严密检测马匹的一些重要指标，包括体温、心率和呼吸频率。此外，还应检查黏膜颜色和皮肤的柔韧性是否正常。

马疝痛和蹄叶炎是 2 种主要的饲养类非传染性疾病，在第 7 章已进行了详细的介绍。密闭环境下饲养的马匹，更需要防止传染病和寄生虫病的发生。马匹要定期驱虫（每 3～4 个月 1 次）以预防体内寄生虫病。

## 32.10 马匹肢蹄和牙齿的保健

马蹄护理是管理的重要一环，因为蹄是马的根基。如果忽视了蹄部，就会影响或妨碍马的正常表演。图 32-12 给出了马蹄各部分的构造。蹄部和蹄底部共同支撑着马的重量，当马蹄着地时还有缓震作用。马蹄蹄叉部也同样重要，因为马每走一步产生的力都会对侧面软骨产生一个作用力，从而挤压血管，使血液流回心脏。

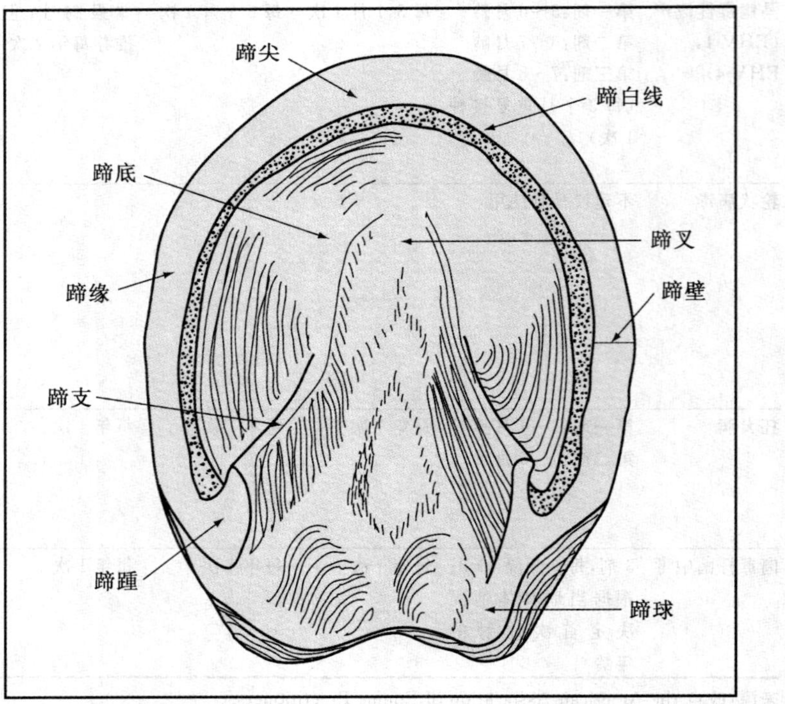


**图 32-12 马蹄的外部构造图。马的体重不是压在蹄底，而是靠蹄壁支撑。可以看出当马蹄接触地面时，位于蹄支之间的楔形蹄叉，会把压力传给蹄踵部。**
来源：Purdue University.

正确、定期的蹄部护理对于维持马蹄正常功能是必要的。怀孕母马、小马驹，以及乘用马应该每 4～6 周进行一次蹄部修整。饲养在马厩中的马匹，应该每天都要对其进行蹄部检查和足底清理，预防马蹄叉腐疽①的发生。足底部安装有马蹄铁的乘用马，应该根据使用的剧烈程度对其定期检查，每 4～6 周更换或者加固马蹄铁。只有经过培训或者有经验的人员才能修马蹄或钉马蹄铁，尤其是乘用马和参加表演的马。

马的牙齿也需要定期检查和维护。锉牙是指把牙釉质尖锐的地方锉平。应定期进行锉牙(每半年或 1 年 1 次)有助于马的咀嚼，减少舌头或面颊受伤。咀嚼会导致上牙外侧和下牙内侧磨损和变形，形成尖锐的牙尖。牙尖会影响咀嚼，如果太锋利了还可能伤害舌头和面颊。

为了预防牙齿问题的发生，老龄马匹每年 2 次，其他马匹每年至少进行 1 次口腔检查，及时发现和治疗牙齿问题。日常检查还需要注意一些不正常的外部表现，包括采食时头部动作不协调、面部肿胀、咀嚼时过多的食物漏出、采食量下降和口臭。

## 32.11　母马和种公马的饲养管理

第 18～第 20 章从遗传学角度讨论了畜禽的选择原理和育种规划。除了体型和气质的选择外，应该根据生产性能记录对母马和种公马进行选择，如具有后代生产性能记录的话，则同时根据个体本身和后代的生产记录。体型性状以及生产性能具有中等或高等的遗传力(表 18-2)。

对于马而言，大部分遗传改良的选择都是针对公马进行的。种用公马的业主选择能与每匹母马最佳互补的公马，生产体型优秀的马驹。同样，母马业主会选择那些与母马体重相似，能够校正母马缺陷的公马。在较大的群体中，尤其是生产赛马的马群，应选择性地对某些母马进行配种。但是，在娱乐用和役用马群中，只要怀孕不影响马的正常使用，所有的母马都会配种。

接下来介绍配种方法，一旦选定种公马，就要采用这些方法指导配种。作为复习，请参考第 14 章有关繁殖解剖学和生理学的内容。

配种方法包括自然交配和人工授精。放牧条件下的自然交配，只需简单地将种公马与母马放在一起牧养。当母马表现发情征状时，通常都已经配种结束。在特定时间内，一般只有一头种公马与一群母马同时放养，如果有 2 头或更多的种公马，则可能引发争斗以致互相伤害或者伤害母马。虽然放牧条件下的自然交配很难进行正确的配种记录，但是交配方便，妊娠率高。

另一种常用的配种方法是人为控制发情母马和种公马，母马要求“适合配种”，这种配种体系被称作“人工辅助配种”。有时会采用人工辅助配种方法，尤其是在大群配种时，这种方法更具优势；例如，配种时不需要移动母马或者种公马。人工辅助配种和人工授精技术的成功与否很大程度上取决于最佳配种时间的把握。

在使用人工辅助配种或者人工授精技术的马场，通常会在发情季节时用一头公马每隔 1 天对母马进行试情，以检查母马是否发情。

马是季节性发情动物。冬季，未怀孕母马处于不活跃的繁殖状态，即乏情期，

①马蹄叉腐疽，指的是马蹄蹄叉部的一种疾病，多种微生物都能致病。

对公马没有反应。但是，春季和夏季，母马处于活跃的发情周期①。发情特征是接受公马爬跨。马的发情周期大约是21 d，情期持续5～7 d。发情结束前24～36 h排卵。因此，如果在发情期结束前配种，母马很容易受孕。一些配种员在发情的第3天进行人工辅助配种，以后每隔1 d重复1次直到发情结束。有些配种员能够对卵巢进行直肠检查，根据排卵时间计算配种时间而进行配种。

人工授精可以减少疾病的发生和传染病的传播，减少对母马或者种公马的伤害。在输精前对精液质量进行评估。另外，一头种公马在一个季节内可以与更多的母马配种，一生中与配母马的数量大大增加。一些品种协会不允许登记人工授精生产的马驹，而其他品种协会允许使用人工授精技术，但其前提是只进行一次正常输精。通常用台畜或者母马收集输精用的精液。公马爬跨时，引导阴茎进入假阴道中，收集精液。母马输精的时候，把输精管导入子宫颈，注入精液。

一些育种者选择在每年年初进行配种，但是正如我们前面所讲的，母马在冬季是不发情的。因此，需要从12月份开始人工延长光周期至每天光照时间长达16 h，可以刺激激素分泌，发情活跃，60～90 d内排卵。

另一项控制发情周期的技术是使用激素，如前列腺素$F_{2\alpha}$（prostaglandin $F_2$ alpha）。该激素具有类似于前列腺素的作用，会引发黄体退化，同时降低孕酮活性，缩短间情期。其他一些激素，如人绒毛膜促性腺激素（human chorionic gonadotrophin），具有很高的黄体生成素活性，可以通过静脉注射加速排卵。而孕酮或人工合成的孕酮则用于抑制母马发情。

低受胎率或其他大部分的配种问题，都是由于未能与排卵时间同步配种导致的，部分是因为未能准确地观察到发情信号所致。此外，母马生殖道感染也会降低受胎率，因此，必须严格注意配种卫生，包括对外生殖器的严格消毒，母马尾巴的固定，以减少传染源进入生殖器的机会，此外，还包括种公马阴茎的彻底消毒和清洗。

配种前和怀孕期间，马的营养也很重要（见第7章）。应该认真检查种公马和母马的体况，保证既不过胖也不过瘦②。

## 32.12 怀孕母马和马驹的管理

尽管马的平均妊娠期约为345 d，但是由于品种、马驹性别（雄性马驹要稍长几天）和营养水平等差异，马的妊娠期为320～360 d。

马的主人应该在妊娠期最后的3个月内为其增加能量、蛋白、矿物质以及维生素的摄入量。怀孕母马的营养需求在妊娠期最后3个月内会大幅度增加，因为马驹在此期间发育迅速（约增长50%）。而在这之前，通常提供优质牧草、新鲜饮水和补充微量元素，便能维持母马的体重。如果牧草质量较差，则需要给母马补

①大部分母马产驹后7～9 d间有“产后发情”现象。一些马场管理人员喜欢在产后发情期对某些母马进行配种，但要在兽医全面检查，证实母马没有伤口、淤伤和感染发生后才可进行。

②体型外貌评分体况评分已经建立（Dr. D. R. Hennike, Texas A&M University），得分1表示体况太差，得分9表示过胖。体况非常好的马得分应该是中间分值——5分。

充谷类或干草，如果草料质量差或缺乏则还需要添加维生素。

在母马怀孕后期（第 9～第 11 个月），应该为其提供平衡饮食，维持体况得分为 6.0～7.5。得克萨斯农业工程大学研究建议，在这一段时间以及泌乳早期，饲料中添加脂肪有助于改善母马产后的繁殖效率，提高产奶量。此外，怀孕母马还要按时间表接种疫苗，如表 32-4 所示。不仅母马受益，马驹也能从初乳中得到母源抗体，从而获得被动免疫。但应该注意的是，这些疫苗必须在产驹前 4～6 周注射。

不提倡怀孕母马在怀孕后期进行繁重的工作，但仍需要足够的锻炼，以保持肌肉张力。随着分娩时间的接近，母马应被移到干净、消过毒的马厩中，或者，如果天气允许的话，放在一处干净、多草的围场中。怀孕母马的马厩应该通风良好，150～170 $ft^2$（近似正方形），地面铺上舒适的合成材料或干净的稻草，避免使用锯屑、刨木花或其他容易粘附到马驹鼻孔内的物质的材料。马厩中也不能有障碍物，并且要为母马划分出单独隔离的地方。

分娩的早期征兆是母马在产驹前几天乳房肿胀，乳头小导管有乳白色液体流出。此外，产驹前 7～10 d，骨盆部位的肌肉和韧带开始松弛，臀部凹陷。母马表现紧张不安、活动次数增加、排尿频繁、痉挛和出汗。如果出现后面提到的这些特征，就要做好产驹准备，固定马尾，清洗和消毒乳房和外阴部。

第 14 章已经讨论了分娩的各个阶段，在此不再详细介绍。但是，还需要介绍某些管理事项。例如，做一些难产准备工作，减轻难产对母马和马驹带来的伤害。马难产时请兽医或专家进行指导。管理员还要注意产驹后胎盘是否很快排出。如果没有及时排出，则应该打结或用塑料包起来，减少污染，直到排出为止或者接受兽医处理。

管理员还要注意把新生马驹口鼻中的黏液清理干净。脐带保留体外 1～1/2 ft，并迅速在 7%～10%碘酒中浸蘸，防止细菌侵入体内。如果母马分娩前 30 d 没有接种破伤风疫苗，则要给马驹注射破伤风抗毒素。马驹要足够强壮，才能够在出生后 2～3 h 内自行哺乳。有些马驹需要辅助哺乳，而有些非常虚弱的马驹则要借助胃管食用初乳。

有些情况下，新生马驹很难排出黑色胎儿粪便，即胎粪。如果在 12 h 内排不出胎粪，说明马驹便秘，应服用灌肠剂。

母马产驹后也可能便秘。饲喂 7～10 d 碎麦麸和温水混合物以及优质苜蓿干草会降低便秘发生率或减轻便秘。有时由于子宫持续的收缩或者胎衣不下会导致腹疝，对母马还应该进行经常检查看是否有腹疝症状。

应该为哺乳母马补给浓缩料，以补充额外的营养需要、保证充足的泌乳和避免体重过度降低（图 32-13）。

## 32.13 调教

调教应该在马驹很小的时候就开始。套缰绳、“使其温顺”、整理马蹄和刷拭等在马驹哺乳期间就应该开始，马驹断奶的时候就应该套上缰绳。而前两年是马生长发育和成熟的阶段，通常不进行额外的训练，但是一些训练项目——刷拭、抚摸、牵行——是值得继续进行的。

**图 32-13 放牧的哺乳母马和马驹。补给浓缩料，尤其是牧草不充足或质量较差时。**
经 Tennessee Walking Horse Breeders' and Exhibitors' Association 授权。

马大约到 2 岁的时候，开始进一步的训练。驮物练习（让马匹习惯背部上放大袋物品，以后才能接受马鞍），上笼头（习惯嘴里放马嚼子和缰绳）、上马鞍以及慢步或站立上鞍。马匹会逐渐习惯背上负重运动。训练的时候，可以用简单的马嚼子（嘴里含一块简易的木棒）或者生牛皮或绳索辔头（松垮绕在鼻子上）。

当马匹熟悉并习惯马鞍和马笼头的时候，就可开始训练"绕圈"。可以借助一个短柱（皮制肚带连在缰绳上）或者用一根穿过马蹬的控制索，使两个马镫在马腹下面系在一起。在骑乘前，应该先教马转弯、停止和后退。这样，在第一次骑乘的时候，马才会知道如何对来自鼻子上或马嚼子上的压力作出反应。

刚开始的几次训练最好在小的圆形围栏中进行。因为开始的几次骑乘是让马懂得如何负荷额外重量的运动，如何在上马下马的时候保持站立。第一次骑乘的经历往往会决定马匹以后对骑乘的态度。因此，骑手应该让马匹尽可能感到愉悦。

一旦马匹熟悉了骑手的重量后，可以进入下阶段的训练。这时，转弯、停止和后退动作都应该没有问题了。骑手把手放低，马就会接受到大致向某个方向的力量。骑手首先使用缰绳控制方向（向左或右拉缰绳指示要求马匹移动的方向）。几次训练后就可以结合缰绳和颈索了。颈索有 2 条，都握在一只手中。如果要求马匹右转，右边的缰绳向右拉马嚼子，同时左边的缰绳会在颈部背面上被拉动，就能在这个点上产生力的作用。马擅长学习，经过几次重复训练，当颈左上部受到缰绳的力时就会向右转。最终结果是，只有来自于那个点的缰绳上的力量会让马匹转弯。骑手通常比较喜欢使用颈索，因为它省力，骑手手臂移动幅度较小（图 32-14）。同样，含在马嘴内的马嚼子移动也较轻微。腿部施压也需要包含在训练项目中——训练马匹"靠边通过"或者向远离腿压的一边移动，这一招对役用马匹尤其有效。

当马匹对缰绳和腿部提示动作的反应让人满意了以后，可以开始更高难度的训练[①]。主要是简单动作的组合，指令用到的也都是马匹早期所学的动作。

**图 32-14 耐心、理论知识以及经验是成功的驯马师的必备特征。马匹训练的目标就是培养镇定、有教养的马匹，这样才能够充分发挥马的潜力。**
经 Quarter Horse Journal 授权。

训练早期，只能期望马的反应比较接近期望值。随着训练的逐步展开，要求更高的准确度和更快的反应力。不同的马匹性情和学习速度不同，成功的驯马师或有耐心的马爱好者可以适应这种差异。驯马师应该借助各种强化措施（奖励）来加强马匹对某些刺激的反应。

如果从小马驹就开始调教，并根据训练步骤循序渐进的话，大部分马主能够成功地培驯马匹。但是，如果训练年龄较大的马匹，最好由有经验的驯马师负责。

## 32.14 骑术

骑术指的是骑手正确的身姿。正确的骑术有助于骑手提示马匹做出某些调整，同时不影响，甚至有可能增强马的节奏和平衡性。例如，当马跳跃的时候，跳跃赛骑手必须前倾，保持平衡。但是分隔马的骑手必须把重心放在后面，因为马的前躯往往很低。

骑术还包括上马动作和下马动作。西方骑术，习惯从左侧上马。左手放在马颈的背部，轻轻地握住缰绳，以便控制马匹，然后上马。骑手面向马的后方或者侧面，左脚蹬马蹬，右手抓马鞍的前鞍，借助弹跳或提升，抬起右腿从马屁股上跨过马鞍。下马的顺序与上马相反。无论上马还是下马都要求骑手能完全控制住马匹。

在马鞍上，骑手应抬头，肩膀向后，背要直但不能僵硬（图 32-15）。与马匹接触的部位有臀部、大腿内侧和小腿上半截。腿的姿势有助于维持平衡和上身的姿势。可以通过调整马蹬的位置来维持腿部的正确姿势。肩膀、臀部和脚后跟要成一直线。骑手的脚后跟放低有助于骑手缓冲马迈步时产生的震动。脚趾指向前

①通过多次重复练习而记住的刺激因素，被称作“习惯性”刺激因素，或者也常常被称作暗示。

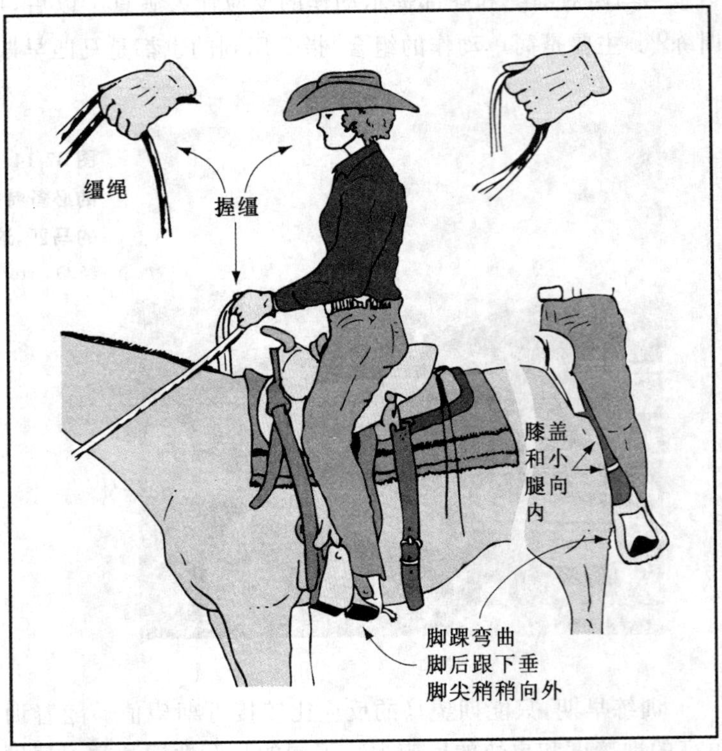


**图 32-15　西方骑手正确的身姿。要求骑手坐着的时候肩膀向后，双膝弯曲，脚后跟下垂。肩膀、臀部、脚后跟成一直线。**

来源：National 4-H Council.

方或者稍稍指向外侧。脚掌放在马蹬上不动，靴子的后跟贴近脚蹬。

骑马时，手姿和手法也非常重要。西方马术表演，要求缰绳握在一只手中，并且2条缰绳之间只能隔一个手指或者是紧挨着。握缰的手放在前鞍的上前方，这样骑手控制马匹时只需稍微动一下手即可。英国马术表演，骑手用两只手握缰。马嘴和骑手的肘间、缰绳和前臂成一直线。

无论是哪种骑乘，骑手的两手都要跟上马头的运动，这可以通过肘部的弯曲来实现。通常上臂是下垂的，与上半身成直线。但是当骑手跟随马头部和颈部的运动“伸和缩”时，上臂的位置也会发生些许改变。骑手应该努力成为“好手”，在不妨碍马表演的情况下给出各种暗示。

## 思考题

1. 美国大约有多少匹马？主要是用于娱乐还是役用？举例说明。
2. 马的毛色共有5种常见色，分别列举并描述。
3. 列举并简单描述美国5个主要的马品种，并根据乘用、挽用和小型马分类方法对其进行分类。
4. 简单讨论体型和紧凑度对马的生产性能和使用价值的重要性。
5. 写出5步态中的3种自然步态和2种后天获得的步态。
6. 如果马匹圈养，可能出现什么问题？即使在非常冷和恶劣的天气时，马厩封闭很严，又会出现什么问题？
7. 蛋白和能量需要如何随着马的发育和工作而发生改变？
8. 优质干草具有哪些特征？

9. 列举马的 2 种主要与饲喂有关的疾病。

10. 为什么需要对马进行锉牙？

11. 马匹需要多长时间进行一次下列管理？(a)驱虫；(b)接种最新疫苗；(c)修蹄；(d)锉牙。

12. 列举马的几种可以用疫苗控制的疾病。

13. 马的主人可以根据哪些特征确定为母马配种的时间？

14. 列举马分娩前比较重要的管理技术。

15. 至少列举 3 项有助于新生马驹成活的管理技术。

16. 骑术的定义是什么？包括哪些？为什么骑术很重要？

17. 马的调教通常从什么时间开始？主要的步骤和程序有哪些？

翻译：孙东晓；校对：唐韶青

# 第33章

## 鸡蛋生产
## The Business of Producing Eggs

美国蛋鸡个体产蛋量从1990年的232枚增长到了2002年的253枚,这个数字表明美国蛋鸡的生产性能呈上升趋势,并且还有进一步增长的可能。与其他的食品加工业一样,鸡蛋加工业的前景是由消费者在零售商店和餐馆对蛋产品的消费情况决定的。

现代的消费者在购买食品时,更加重视食品的安全性以及食品对他们的健康、精力和长寿的影响。美国心脏联合会在2000年底的一次调查研究表明:"普通人每天吃一个鸡蛋就可满足营养需要",这个结果无论对于鸡蛋的生产者还是消费者都是个好消息。

2002年美国全国的鸡蛋产量为730亿枚,经济价值达45亿美元。鸡蛋经过整蛋包装处理(占总数的60%)或者破碎加工成液体(在所谓的破碎车间进行)提供给饭店、商场,当然,也可以包装售出。总之,这些鸡蛋经过加工处理后,其价值将增长2~3倍。

但是这些鸡蛋的去向和**肉仔鸡**不同,美国的肉仔鸡有15% 用于出口,而鸡蛋只有1% 用于出口,少量的整蛋出口到加拿大、香港和其他地区。和整蛋出口相比,经深加工的蛋产品更有出口潜力。

**肉仔鸡**
饲养用来产肉的青年鸡,公母均可。

禽蛋行业作为一个整体无论在地理分布还是在生产厂家之间都是相当集中的。鸡蛋生产排名前5的州占据了总产量的50%。2003年排名前280位的鸡蛋生产公司生产了差不多95% 的鸡蛋。大概有60家企业的产量都超过100万枚,其中的12家甚至超过了500万枚。

同时,大量的特殊鸡蛋生产厂家来满足特殊的市场需要。一般来说,这些厂家规模都比较小。市场上有相当数量的褐壳蛋(在某些地区)、有机蛋、散养鸡蛋和功能蛋的需求。

作为一个特殊的行业,鸡蛋生产非常关注饲料转化率和营养成分、劳动力、管理水平对高品质产品的影响(见彩页E)。行业生产利用动物遗传育种、动物健康、设备、畜舍设计的技术与产品并需要大量的电力与燃料消耗。这是一个竞争激烈的行业，每个企业都需要大量的投资、精明的管理、认真地挑选和训练人员，以及制定财政风险控制策略。

上述这些因素促进生产力和生产效率的稳步提高。全美蛋鸡生产水平从1990年的每只鸡每年256.8枚增长到了2002年的263枚[①]。

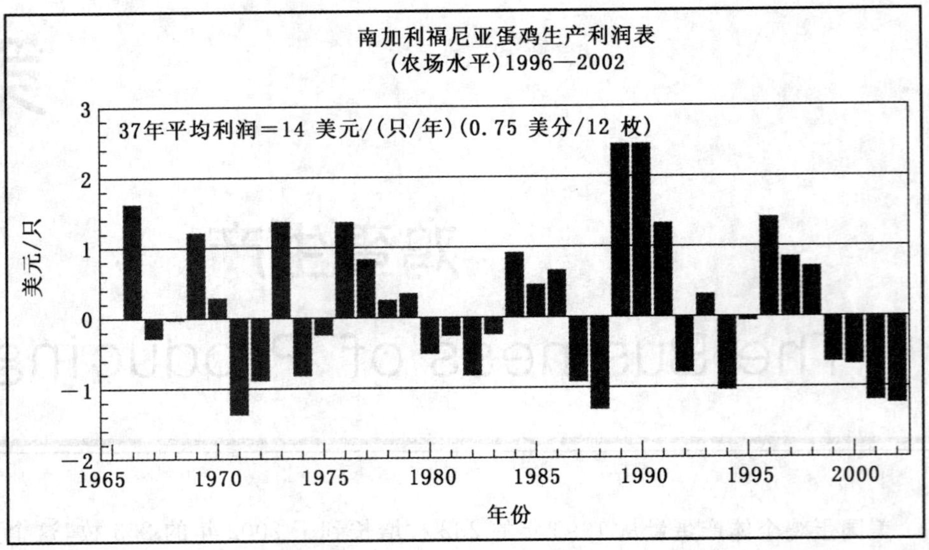


**图 33-1 南加利福尼亚州的蛋鸡生产水平随着年份和季度的变动情况，美国其他地区的情况也是这样。虽然美国国内有大量的鸡蛋出售是在签署了长期的销售协议下进行的，但鸡蛋价格仍然存在着临时性的小幅波动。本表是根据加利福尼亚的媒体报道及市场价格和平均生产成本绘制的。**

来源：Don Bell，poultry specialist，University of California.

鸡蛋可以说是一种日常必需品，很多的生产部门都在生产，每个部门都在努力使投入成本降低，并承受着供应量的大幅波动。但是，每年的消费量却相对比较稳定，所以当供给增加时，价格就降下来。任何生产日常必需品的公司都承受着供给过剩的危险。

大多数的鸡蛋生产厂家在大多数的年份是有利可图的，但是利润也是浮动的(表 33-1)。生产厂家之间的利润差异很可能比不同年份的利润差异还要更大一些。和其他日常必需品生产行业一样，当行业处于营利时，效率比较高的生产者就会很快地增加生产规模，而效率较低的生产者就会丧失市场份额。

由于鸡蛋生产厂家的地理分布比较集中而且每个场内鸡舍也比较密集，所以非常容易受到疾病和食品安全突发事件的影响。21 世纪早期在几个洲的一些鸡群中暴发的禽流感导致了鸡蛋产量锐减并最终导致了鸡蛋价格的增长。

鸡的饲养管理不但要注重生产的效率而且还要关心鸡的福利。因为饲养环境越舒适，鸡可以产越多的鸡蛋。笼养方式的蛋鸡饲养可以减少每只鸡或每打蛋的饲养成本也可以节省劳动力。如果在产蛋一定时期之后采用强制换羽技术(鸡的产蛋将中断一段时间)就可以降低育成鸡的生产成本(孵化费用、育成费用等)。强制换羽可以使鸡进入到第 2 甚至第 3 个产蛋周期。因此现在大多数的鸡都是采用笼养并进行强制换羽来进入第 2 个产蛋周期。

---

①Don Bell's Flock Projection and Economic Commentary，November 5，2002.

但是无论是强制换羽技术还是笼养的饲养方式都受到了动物福利保护主义者的挑战(欧洲比美国的情况还要严重些)。所以美国家禽产业的生产设备和技术在动物福利这个科学的指导方针下都进行了一定的改革。

学习本章后,读者应掌握以下内容:

1. 阐述近期美国蛋产品消费市场的趋势,以及鲜蛋和鸡蛋加工产品的消费比例。
2. 阐述美国鸡蛋生产厂家的规模和这些生产厂家的地理分布。
3. 列举近几十年来美国鸡蛋生产厂家地理分布上的改变和地域集的原因。
4. 阐述 4 种蛋鸡的生产管理方式和它们的差异。
5. 阐述典型的蛋鸡饲养周期,从孵化到一个或多个产蛋周期。
6. 阐述光照周期对产蛋量的影响。
7. 定义强制换羽,阐述有关经济上的和动物福利方面的事宜。
8. 阐述笼养、平养和散养方式相关的饲养问题。
9. 阐述蛋的需求量随季节的变动规律以及它对鸡蛋价格的影响。
10. 阐述后备母鸡是如何进行饲养的。

## 33.1 美国鸡蛋生产厂家的地理分布

近几十年来大部分的鸡蛋生产厂家都发生了戏剧化的变革。图 33-2 显示了 2001 年美国各州的鸡蛋生产量,表 33-1 列出了 1981 年到 2001 年蛋产量排名前 10 名的州和 2003 年的饲养鸡数。由表 33-1 可以看出,美国俄亥俄州的蛋产量从 1981 年的 24 亿枚排名第 10,跃居到 2001 年的第 2 名,鸡蛋总产量 79 亿枚,增长了 230%。2001 年,艾奥瓦州的鸡蛋总产量为 80 亿枚而 20 年前这个州都不在前 10 名之列,产量在 20 年里猛增了 350%。阿拉巴马州,佛罗里达州和北卡罗莱纳州的产量则跌出了前 10 名之列。

2003 年的母鸡数量表明各州的产量还在继续变动。在 2003 年中期内布拉斯加州的母鸡总数增长到第 7 名。

为什么会发生这么急剧的变化呢?这里有几个原因。(1)美国东南部地区的劳动力价格失去了竞争力,因为这个地区出现了许多新的行业瓜分了劳动力资源,并且那里的鸡场设备都已经陈旧需要更新了。另外,东南部地区的鸡蛋生产行业超过了蛋产品的需要量。在二三十年前东南部低廉的劳动力使繁重的鸡蛋生产行业提高过多。(2)美国全国的谷物价格降低尤其是西部的玉米生产带也是这种变化的原因之一。(3)大规模的蛋鸡场为农田提供了大量的有机肥料。玉米的生长需要大量的磷和氮而恰恰鸡粪中这两种成分都很高,所以玉米产量非常高。(4)处在玉米生产带的各州农业补贴的增加,促进了禽蛋产业的积极性也促进了经济的增长。这些州、郡提供的税收和其他优惠政策都促使了家禽业的改革和兴建。(5)这些州的农场主和其他一些人都设法增加本地市场对玉米的需求量。他们促进了鸡蛋生产和其他动物的养殖,甚至也促进了酿酒行业的发展。

**图 33-2　2001 年美国鸡蛋生产分布图，图中排名前 10 的州颜色加深。各州的密度数据在这里没有进行描述。得克萨斯面积非常大，所以显然佛罗里达北部、加利福尼亚南部和密苏里州的饲养密度要比得克萨斯大。**

来源：USDA，NASS.

表 33-1 1981 和 2001 年美国各州鸡蛋生产量及 2003 年各州母鸡数量

| | 鸡蛋产量($\times 10^6$ 枚) | | | | 母鸡数量(千只) | |
|---|---|---|---|---|---|---|
| | 1981 年 | | 2001 年 | | 2003 年 | |
| 排名 | 州名 | 蛋数 | 州名 | 蛋数 | 州名 | 母鸡数 |
| 1 | 加利福尼亚 | 8 400 | 艾奥瓦 | 8 676 | 艾奥瓦 | 37 131 |
| 2 | 佐治亚 | 5 578 | 俄亥俄 | 7 900 | 俄亥俄 | 28 478 |
| 3 | 宾夕法尼亚 | 4 268 | 宾夕法尼亚 | 6 662 | 宾夕法尼亚 | 22 729 |
| 4 | 印第安纳 | 4 093 | 印第安纳 | 6 025 | 印第安纳 | 21 970 |
| 5 | 阿肯色 | 3 996 | 加利福尼亚 | 5 996 | 加利福尼亚 | 19 033 |
| 6 | 得克萨斯 | 3 224 | 佐治亚 | 5 086 | 得克萨斯 | 14 017 |
| 7 | 阿拉巴马 | 3 095 | 得克萨斯 | 4 734 | 内布拉斯加 | 11 604 |
| 8 | 北卡罗莱纳 | 3 078 | 阿肯色 | 3 427 | 佐治亚 | 10 996 |
| 9 | 佛罗里达 | 2 802 | 明尼苏达 | 3 112 | 明尼苏达 | 10 460 |
| 10 | 俄亥俄 | 2 431 | 内布拉斯加 | 3 001 | 佛罗里达 | 10 205 |

来源:USDA, NASS and United Egg Producers. United Voices, July 20, 2003.

加利福尼亚州的排名和总产量下降的原因可以归结为以下几个:人口的快速增长,城市的快速发展和土地价格的增加。由于人口密度很大,动物饲养中产生的气味会影响到周围居民,并导致群众反对动物的养殖。再加上,有些州制定了新的严格的环境条例,这些条例对于一般的动物生产者是无法做到的。

宾夕法尼亚州和印第安纳州的蛋鸡生产水平有所增加,但增长的速度和美国全国的整体增长水平接近,所以在排名上没有变化。这 2 个州临近人口密集的大城市有着上百万的消费者,并且他们还临近玉米生产带有着充足的玉米供应,但这两个州的人口数量不断增长并且颁布了新的环境条例,所以这 2 方面因素的作用使鸡蛋生产水平基本保持稳定。

上面提到的这些因素说明了一个事实,那就是经济和其他因素共同影响着鸡蛋生产行业的分布。所以,鸡蛋产业在今后 20 年中的变化是无法预测的。

## 33.2 鸡蛋生产机构的类型和规模

鸡蛋生产机构的类型可以分为以下几类:

1. 商业化生产,产品直接包装或经过一些加工处理后出售(图 33-3)。

2. 种禽生产,生产的鸡蛋将用于孵化父母代和祖代的雏鸡。

3. 特种蛋生产,有些部门进行有机蛋和放养鸡鸡蛋的生产。有些部门则主要满足农民市场的需要,或者与一些家庭签订协议每周定时递送。这些生产部门一般较小,往往是满足一些特殊的市场需要。

4. 业余生产,这些人可能圈养上几只鸡生蛋满足一日三餐,还有些育种者也会饲养一些纯系的并且很老的蛋鸡品种留做育种素材。

商业化生产的鸡蛋占总鸡蛋产量的绝大部分,这些厂家一般拥有二三十万到

**图 33-3　在大多数的商业蛋鸡生产单位，饲料的添加和鸡蛋的收集都是由电脑控制的。每排鸡笼前的皮带可以将鸡蛋运送到鸡舍的一端，然后通过鸡蛋升降机把不同高度皮带上的鸡蛋汇集到更大的皮带或其他的运输机上。后者贯穿所有的禽舍，最终将鸡蛋运送到存放车间。**

来源：Purdue University.

两三百万的白羽蛋鸡，采用笼养方式生产白壳鸡蛋。这些白羽蛋鸡可能是白来航的一些改良品系。大规模的生产厂家中也有少数生产褐壳鸡蛋，尤其是在英格兰。褐壳蛋鸡的主要品种有：洛岛红、新汉普夏鸡和普利茅斯洛克鸡。

一个典型的蛋鸡舍一般可以饲养 125 000～175 000 只产蛋鸡，鸡舍中有 3～5 排的笼具，笼具之间设有 3～5 个过道。上层的笼具向里凹，下层笼具的后半部用帘子遮挡。这样，每层笼中的鸡的排泄物就可以直接落到笼子下面的粪池。

一个鸡场一般有 5～10 个鸡舍，所有鸡舍都与一个鸡蛋存储间相连，有时这个车间还进行鸡蛋的包装和破碎加工处理。鸡群一般处于不同的产蛋阶段，因此交错包装所有的鸡蛋可以使每箱鸡蛋的重量和体积保持稳定。

饲养密度对鸡舍总产蛋性能和个体的产蛋水平都有明显的影响。一般来讲，每只鸡的空间越大，产蛋量越高，鸡蛋越大，死亡率越低。但是，因为鸡只密度减小，产热量也会减小，生产单位数量的鸡蛋所用的饲料，禽舍和设备费用将会增加，在北部寒冷地区取暖费用也会增加。

表 33-2 总结了近 5 年来对北卡罗莱纳州鸡的饲养密度的研究结果。这个研究比较了在 216 $in^3$ 的笼具中饲养 3 只和 4 只鸡时的产蛋水平。这 2 种饲养方式平均每只占有空间分别为 72 $in^3$ 和 52 $in^3$。

表 33-2 单笼鸡饲养数量对产蛋量和存活率的影响

| | 每笼 3 只 | 每笼 4 只 |
|---|---|---|
| 产蛋数/入舍鸡 | 246.4 | 233.9 |
| 饲料重/打(lb) | 3.69 | 3.66 |
| 蛋重/打(oz) | 24.7 | 24.6 |
| 产蛋总重/入舍鸡(lb) | 32.3 | 30.4 |
| 鸡蛋破碎率(%) | 3.0 | 3.4 |
| 死亡率(%) | 7.7 | 10.3 |

来源：Bell, Donald D., and John Carey. Progress in Poultry, June 1988. University of California Cooperative Extension.

笼具大小和单笼饲养鸡数在美国的不同养鸡场也不同。2000 年美国相关科学研究小组推荐蛋鸡的活动空间在 67～86 $in^3$ 是比较适宜的。他们还推荐了其他的一些指导建议，包括笼具底部的倾斜度（满足鸡蛋滚出笼具到传送带的基本要求）不应该超过 8°；采食空间应该能够满足在同一时间采食；禽舍内的空气的氨含量不能超过 25 ppm。这些建议通过了美国鸡蛋生产者联合组织的验证，对于生产者来说符合或优于这个指导建议的生产操作是可以采用的。

乳头饮水器可以悬挂在每个笼子或者两个笼子之间。饲料添加器械（链条或软螺旋带）和鸡蛋运输带应该布置在每个鸡笼前。

循环通风系统对鸡舍是至关重要的。通风系统可以为鸡提供充足的氧气并且可以排除鸡舍内的二氧化碳、氨气、代谢废气和粪便异味。以一个饲养规模为 125 000 只的鸡舍为例，安装 50 个排风扇，每个风扇直径为 4 ft，就可以为每只鸡每分钟提供 6 $ft^3$ 的通风量。

在大多数的商业生产中，通风系统、鸡蛋收集系统和饲料供给系统都是由电脑控制的。电脑控制的参数可以在办公室进行设置和更改，甚至可以通过远程电话来控制。鸡场中还应该配备有发电机来应付突发的电力供应中断。电力中断或生产系统出现问题时，鸡场中的安全系统会通知全体员工出事的位置。

大多数的大型鸡蛋生产公司都有联合企业分布在不同的地区，经常是分布在几个州。很多私有公司的财务数据是保密的。这些私有企业占地规模可能很大，也许包括农场生产和大型的鸡蛋生产场。

少数几个大型的鸡蛋生产企业是公有的，或者是公有企业的附属单位，这种鸡场的股票可以在股票市场上买到。其中一些企业以联合的形式进行管理，鸡场大部分的所有权经常是掌握在从事玉米生产的农场主手中。

很多较大的鸡蛋加工企业从事鸡蛋的包装和破碎处理。他们加工的鸡蛋部分是来自自己公司，其余是来自其他的鸡蛋生产企业。大多数情况下与后者的鸡蛋交易是在长期签订的合同下进行的。合同中所规定的饲料和资金很可能是由大型公司提供的，在某些情况下，鸡群也归这个公司所有。2003 年，鸡蛋的生产量主要被 4 个最大的公司所控制（表 33-3）。

表 33-3 2003年美国最大的5家鸡蛋生产公司

| 公司名称 | 产蛋鸡数量(百万) | 公司总部所在地 |
|---|---|---|
| Cal-Maine Foods | 20 | 密西西比,杰克逊市 |
| Land O' Lakes | 20 | 明尼苏达州,明尼阿波利斯市 |
| Rose Acre Farms | 17.5 | 印第安纳州,西摩市 |
| Michael Foods | 14 | 明尼苏达州,明尼阿波利斯市 |

来源:United Egg Producers.

育种群生产的鸡蛋要少很多,因为用于育种的鸡群在规模和数量上都较小。这其中包含了肉鸡品系的育种群体,这些种鸡群的产蛋量占总产蛋量的15%(图33-4)。

图 33-4 华盛顿家禽育种部门。右图是工作人员在用电子仪器记录鸡个体产蛋量。
来源:Pfizer H & N..

大多数用于生产商品蛋鸡的种用蛋鸡来自几个世界级的蛋鸡育种公司。育种公司利用自身的资源,通过长期的选育,培育出具有较高遗传价值的蛋鸡品系。商品系蛋鸡是“四系配套”,即“两系配套”品种杂交的后代。对大量纯系和杂交系进行测定,最后挑选出4个系作为上市商品系的祖代。

4种祖代鸡的杂交一般是在育种公司中进行的。在这些鸡的后代中,选择2个品种作为父系亲本,另2个品种作为母系亲本,然后使父系中的公鸡与母系中的母鸡交配生产蛋鸡的父母代种蛋。这些用于孵化父母代鸡的种蛋将被运送到授权的经营公司。然后进行孵化、性别鉴定和免疫,最后把这些1日龄的雏鸡转入育成鸡舍进行培育。

在遗传研究和选择蛋鸡品系时,育种公司会采用单笼饲养方式,并将这些父母代蛋鸡个体的产蛋数量、蛋重和其他生产性能记录下来。选定品系后,育种人员会将鸡群转入铺有网床或板条的圈中进行平养。这种饲养方式下,鸡的排泄物可以漏到网床下的池中;圈舍中还人为地提供了很多产蛋窝,一般采用人工收集鸡蛋。

在这些授权的父母代公司中，受精蛋被生产出来并孵化出雏鸡提供给商品鸡蛋生产厂。在这些生产过程中采用了高度的机械化操作。

**特种蛋**的生产过程在规模、数量和类型以及特定的市场上都存在很大的差异。农贸市场或者野燕麦食品零售店里特种蛋的价格差异很大。特种蛋的总的市场占有率不到5%。

> **特种蛋**
> 富含特殊营养成分的鸡蛋，如：富含维生素K，ω-3脂肪酸或散养鸡所产的蛋。

蛋鸡的饲养方式可以分为笼养、平养(这2种方式占所有蛋鸡总数的95%)和放养。鸡蛋的检验和包装可以人工进行也可以由机器完成。通常在这些过程中生产者可以获得收益，当然收益中要抵消掉劳动力花费和其他成本才是纯利润。

用于有机蛋生产的母鸡和放养以及其他非笼养的母鸡一般是在平地进行饲养，这种鸡舍的舍外可能还有一个活动场与其相通。在这些禽舍的地面一般铺有垫草或垫料，通常是稻草或玉米芯等。这样，鸡的粪便可以被垫料吸附然后通过更换垫料清除掉，同时，鸡还可以利用垫草做窝、产蛋。

由于饲养者的目的不同，"业余"饲养的鸡数存在较大的差异。有些可能是4-H或FFA项目饲养的鸡群，有些可能只是随便饲养些蛋鸡用于家庭食用。但是，也有相当数量的鸡被一些所谓的保种者饲养着，这些人只是喜欢保留一些特殊的鸡品种，否则，在今天这种商业化生产下，这些品种可能会消失。

笼养和平养方式各自的优缺点有待进一步探讨。因为如果鸡感到健康和舒适，就可以生产更多的鸡蛋，使用期限也会更长一些。

通过长期的选育，目前的商品系适宜笼养，生产性能也很高。与30多年前甚至更久以前相比，现在的蛋鸡体重轻，产蛋量高并且存在的健康和疾病问题也少了很多。在这些饲养方式中保持鸡群健康舒适的关键是：饲养设备保养良好，饲养人员细心照顾，并且还要有一流的管理水平。

## 33.3 生长后备母鸡

几乎所有后备母鸡的饲养管理都与它们要转入的禽舍规模和蛋鸡操作的整体时间表相联系。祖代种鸡场要拥有并培育自己的种用后备蛋鸡，被授权的父母代种鸡场也要进行鸡群的配种和种蛋的孵化以及后备鸡的育成工作，后备蛋鸡还可能在公司中一个特殊部门专门进行培育。在后2个部门中，他们之间一般会签订长期和多个品种的买卖合同，合同中有关买卖的特定品系、后备母鸡的饲养数量、饲养日期、周龄和体重范围都是由购买的商品蛋鸡场来决定。合同中当然也会明确特定的免疫流程，这些免疫流程要针对当地的疾病流行情况制定。

如果是为一个能够饲养125 000只蛋鸡的鸡舍培育后备鸡的话，那么育成鸡舍就应该饲养130 000只育成鸡来满足需要，因为要考虑到鸡群存在一定的死亡率并保证产蛋鸡舍应该有足够的鸡来填满，避免空笼。

对于不同品系的蛋鸡，每个育种公司都会提供一份详细的饲养流程。一份笼养蛋鸡指南一般包括以下内容：

1. 在雏鸡入舍的前2 d应保持禽舍温度在29.4℃。
2. 保持相对湿度为60%。
3. 第1周内在笼具的底部应该铺上报纸。

4. 雏鸡转入以后，应该在每个笼子的报纸上放上一把饲料。

5. 第1周内每天应提供22 h的光照（光照强度保持在1～2只蜡烛的亮度）。

6. 仔细照料雏鸡，注意它们饮水、饲料、疾病和其他一些问题。如果雏鸡持续吱叫，那就说明饲养环境不舒适。

有些育成鸡舍是平养方式。在这种方式下，雏鸡一般被圈入育雏器（盘状，温度保持在32.2℃左右），每个育雏器可以放大约500只雏鸡。根据季节来决定保暖措施，用育雏器控温时，温度要逐渐升高，但是当雏鸡有挤群现象时就要提供补充的供暖措施。一些平养的指导措施和笼养建议是类似的。

由于这些雏鸡都进行过性别鉴定，所以送到产蛋鸡舍的鸡都是母鸡（只有少数例外）。这其中个别的公鸡很快就可以被识别出来，因为它们的鸡冠很大很鲜艳，从而可以剔除掉。

特殊的培育指南中可能还会分别提供不同育成阶段的建议，包括：能量密度、蛋白含量和其他的一些营养素的水平。百只鸡饲料消耗量和预期生长体重都可以从这些指南中获得。饲养者可以抽取一定数量的鸡并参考每周的饲料消耗量来得到这些数据。如果这些雏鸡是替其他蛋鸡公司培育的，那么该公司的负责人就会监督这批鸡的生长情况甚至在鸡群育成车间视察。

在这个培育指南中还会有详细的光照建议。根据品系的体重和周龄，提供合适的光照时间和光照强度。开产时间是基于光照刺激产生的生理反应。光线传播到鸡的眼睛后，引起下丘脑发生反应，垂体激素的分泌量增加，最终导致卵泡发育。

育成期满后，鸡群将转入产蛋鸡舍（16～18周龄），转群前育成舍中的光照和饲喂制度应适当调整并最终和产蛋鸡舍的饲喂光照制度吻合，这样，转群后的鸡群就可以比较容易地适应产蛋鸡舍的饲养环境。一个基本原则是：当鸡群转入产蛋鸡舍后光照时间不能减少。

饲养管理员一般承担着转群的责任，送达蛋鸡舍的健康蛋鸡数目直接关系到管理员的工资。育成鸡在育成舍中被工人抓到运输笼具中，然后这些笼具被装到卡车上托运到蛋鸡舍。育成鸡舍和产蛋鸡舍可能只有几英尺远也可能有两三百英里远。经常要专门找一些员工来将运来的育成鸡放入到蛋鸡笼具中。一栋鸡的转群一般要用3～4 d的时间，这主要取决于季节、天气、距离和车辆情况。对于一个典型的125 000只鸡的鸡舍，运输距离300 mi，可以分3 d运完：傍晚捕捉、装笼、装车；第二天清晨到达产蛋鸡场，这样在上午10点鸡就被放到产蛋笼中了。

## 33.4 产蛋鸡群的管理

因为产蛋鸡都是采用笼养并且都是为了一个生产目标——产蛋，所以商业蛋鸡的操作非常相似。育种公司提供的管理指南是专门为自己的品系设计的，但是这些指南提出只需关注以下3个方面：饲料、饮水和通风。这些可以简化鸡群的生产管理，使其适合自动化管理。然而，表33-4的数据表明事实并非如此。2002年美国排名前25%和后25%鸡群的生产数据表明，不同饲养管理水平下鸡的产蛋量、死亡率、饲料转化率和其他一些指标存在很大的差距。

表 33-4 美国排名前 25%和后 25%的产蛋鸡群的生产性能比较表[a]

| 测量指标 | 最优 25% | 最劣 25% | 差值 |
|---|---|---|---|
| 产蛋数/入舍蛋鸡数 | 237.8 | 211.5 | 26.3 |
| 产蛋数/100 只鸡/d | 85.8 | 77.7 | 8.1 |
| 产蛋期死亡率(%) | 2.4 | 9.4 | 7.0 |
| 饲料消耗量/只/d(lb) | 0.195 | 0.227 | 0.032 |
| 饲料消耗/打(lb) | 2.86 | 3.33 | 0.47 |
| 单箱平均蛋重(lb) | 48.5 | 45.0 | 3.5 |

a. 2002 年进行孵化的鸡群。表内为 21～60 周龄的数据记录。

来源：Bell, Don. The U. S. Egg Industry—Egg Production and Flock Productivity, 1990 to 2000. Davis: University of California-Davis, 2002.

蛋鸡的产蛋性能必然会受到育成期饲养管理水平的影响，但是产蛋阶段的饲养管理也严重地影响鸡的产蛋性能和鸡舍的利润。产蛋鸡舍的关键指标有：通风状况、鸡的健康、饲料和饮水的供给、弱鸡和死鸡的及时清除、光照时间和光照强度以及饲喂频率。

放牧和室外饲养的动物可以轻松得获得新鲜的空气，但是对于一个完全人工控制环境的高密度的产蛋鸡群来说，如果排风扇停止工作 2～3 h 整个鸡群就会窒息而死。所以必须重视以下几个问题：鸡舍的通风换气、风扇的自动调节、应急发电机和故障警报系统的正常运行。

在 21℃时，100 只蛋鸡每天需要的饮水量大于 5 gal，因此 125 000 只鸡每天需要的饮用水要大于 6 000 gal。100 万只蛋鸡将需要 20 000 gal 的饮水，如果温度更高，需要量也会更大。这些都表明鸡舍的储水能力的重要性，当供水中断时应该有足够的储备来满足需要。有时，乡村的水源可以作为供水水源也可以作为应急的后备用水。

但是这些用水要保证较高的品质。因为饮水的乳头是同时开启的并且不会泄漏，所以供水应该非常清洁没有污垢和杂质。地下水（从水井中抽取的）和水库水都可以作为水源，但是在使用这些水之前要进行必要的饮水指标检测：浑浊度、pH 值、硝酸盐、铁离子、氟化物、硫酸盐、磷酸盐和微生物。这些指标的安全值一般会在饲养管理指南中列出来，在蛋鸡的供水过程中也经常要用到过滤器和其他一些水处理设备。

不同品种蛋鸡的营养需要量都有明确的公式给出，并且育种公司和饲料或预混料供应商都会提供饲喂建议，他们也会帮助解决饲养中出现的一些问题。专家或顾问会定期的来鸡场察看并及时地给出管理意见和技术支持。

后备母鸡进入到蛋鸡舍后进行笼养，并采用自动化的供料和供水系统，但是鸡需要一个过程才能适应这些变化。进入蛋鸡舍后，这些鸡会根据一定的情况被放入不同大小的笼具，它们也会找到新的伙伴（所以需要建立新的“社会关系”），另外，乳头饮水器的功能和放置的位置也会存在差异，都需要一个过程才能适应这些。鸡舍内的背景噪声——排风扇、饲料传送带、鸡蛋采集皮带发出的噪声，以及饲养人员的工作程序等都与育成舍不同，这些都会造成应激。饲养员应根据免疫日程对新转进的鸡群进行及时的免疫，保证光照的时间和饲喂的频率，甚至是饲料原料的配比与育成后期相似来尽量减小转群后这些应激产生的不利后果。

对于每一种蛋鸡品系，育种公司根据鸡群的周龄会提供预期的生长目标。为了说明这个问题，这里摘录了一些数据作为参考(表 33-5)。从表中可以看出 19 周龄蛋鸡的预期平均产蛋个数为每只鸡每周产蛋 0.63 枚，这很可能是转群后的第 1 和第 2 周的情形，到 27 周龄平均产蛋数量达到每周 6.39 枚，然后逐渐降低最终降至 78 周的 4.56 枚。一箱鸡蛋装 30 打(360 枚)，到 36 周龄时预期的单箱蛋重为 48 lb。每只蛋鸡 78 周龄预期的累计产蛋个数为 323 枚。

强制换羽后进入第 2 个产蛋周期，这个产蛋周期的预期生产数值也会给出。禽舍每周都有人员抽查一些样本测定鸡的体重和产蛋数，并且将这些抽样群体的数据结果记录进计算机，最后打印出来和育种公司提供的预期数值进行比较。表 33-5 给出了鸡群第 1 或第 2 个产蛋周期的生产性能数据。

表 33-5　鸡群管理预期目标示例，一个产蛋周期

| 周龄 | 产蛋数/只(入舍鸡) | 累计蛋数/只(入舍鸡) | 体重(lb) | 单箱蛋重(lb) | 每 100 只每天耗料量(lb) |
|---|---|---|---|---|---|
| 19 | 0.63 | 0.63 | 3.11 | 36.6 | 16.5 |
| 23 | 5.99 | 17.02 | 3.45 | 41.8 | 22.0 |
| 27 | 6.39 | 42.36 | 3.62 | 44.8 | 22.9 |
| 36 | 6.11 | 98.54 | 3.75 | 48.0 | 22.9 |
| 50 | 5.64 | 180.53 | 3.75 | 51.0 | 23.1 |
| 64 | 5.11 | 255.61 | 3.75 | 52.1 | 23.8 |
| 78 | 4.56 | 323.01 | 3.75 | 52.4 | 23.8 |

来源：DeKalb Poultry Research，Inc.

从表 33-5 可以看出从产蛋初期的每箱(30 打)蛋重 36.6 lb 增长到 52 lb。市场上出售的单箱蛋重标准为 48 lb，这大概是产蛋初期较轻的单箱重和产蛋后期较重的单箱重量的平均数。所以如果每个禽舍的鸡群交叉排列，就可以用电脑将年轻母鸡的轻蛋和大龄母鸡的重蛋进行混合收集，就可以保证送往市场的每箱鸡蛋重量在 48 lb 左右。

## 33.5　强制换羽

对于生物学家和鸟类学家来说，鸟类更换羽毛是一个正常的生理过程。不同鸟类的换羽一般发生在特定的某个周龄并以特定的方式进行。在换羽期间，蛋的产生过程将会非常缓慢或者停止，但是当换羽之后，蛋的产量、蛋壳的质量以及蛋重水平都会有显著的提高，一般会超过换羽之前的水平。换羽可以在预定的时间段内诱导发生，一般是在 60～70 周龄时通过缩短光照周期(更改光照制度)和限制一段时间的采食量来诱发换羽。

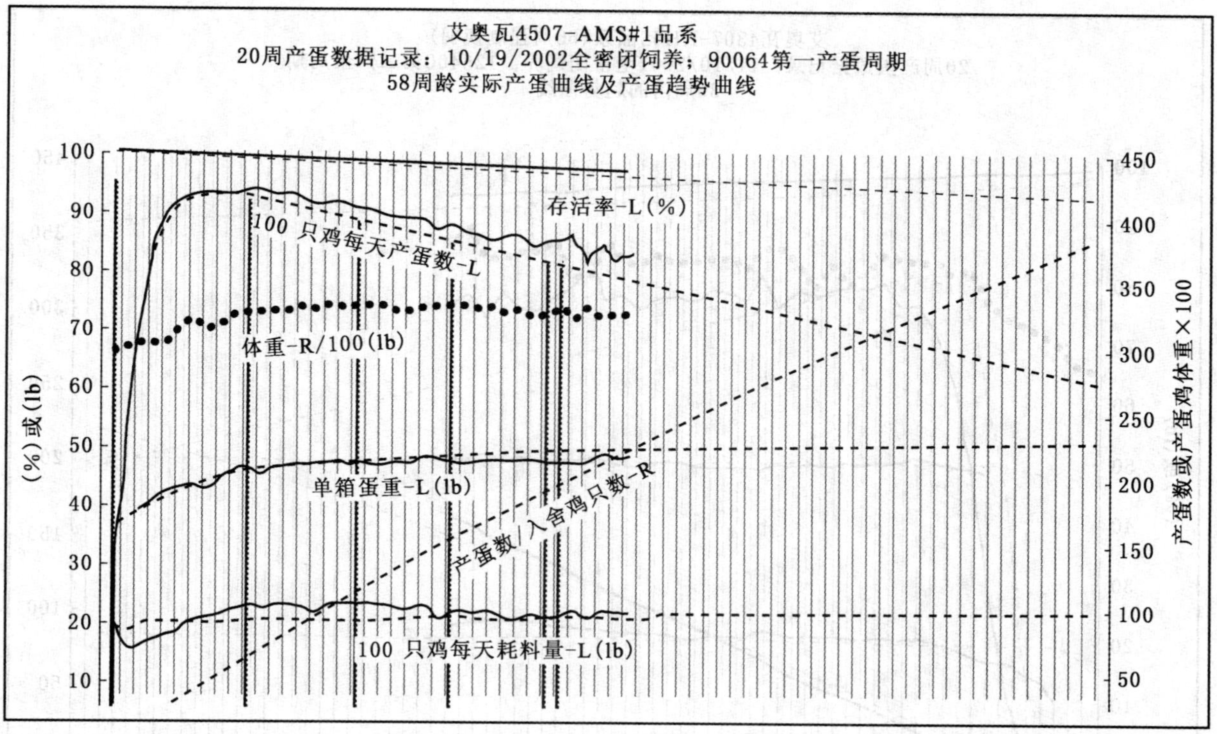


**图 33-5 鸡群生产性能。上面是第 1 个产蛋周期和第 2 个产蛋周期的生产性能，下面是强制换羽后的生产性能，表示了 20 周龄后蛋鸡的生产性能，一直到 6/21/03 周末。题目中的 HYW 代表蛋鸡的品种。曲线上方插入的标签解释曲线的含义。L 表示参考左侧坐标的数据，R 表示参考右侧坐标的数据。鸡群的生产性能数据可以用来与育种公司提供的预期生产性能数据进行比较。**

来源：AGRI-TECH，Sparboe Agricultural Corp.

强制换羽可以延长鸡的使用寿命，促使进入第 2 或第 3 个产蛋期，并且可以减少需要购买的 16～18 周龄的后备母鸡数量。在强制换羽期间鸡群的产蛋基本处于停滞状态，但是大多数的生产投入仍然继续。

这种持续的生产投入可以由购买后备鸡的费用和换羽后更好的生产性能抵消掉(图 33-6)。85％以上的商业鸡蛋生产厂家的管理日程中都对鸡群实施了强制换羽。大多数鸡群只进行 1 次强制换羽，少数鸡群进行 2 次(第 2 次强制换羽一般在 95～100 周龄进行)。当然，鸡群强制换羽还要根据鸡群的生产性能、健康状况和市场上鸡蛋价格的波动进行调整。

虽然更换羽毛是鸟类的一种自然现象，但是一些动物福利支持者对强制换羽的实施进行挑战，他们对换羽中的限饲和导致的体重减轻表示抗议。美国相关的一个科学家小组在 2000 年的蛋鸡生产指南报告中建议蛋鸡饲养商：(1)生产者和研究者需要共同努力来开发其他办法诱导换羽，避免对鸡进行限饲；(2)生产者应该保证鸡有合适的、美味的饲料供应；(3)强制换羽导致的重量减轻不符合动物福利要求；(4)换羽导致的死亡率不应该超过正常鸡群的死亡率。在很多部门，其他方式的诱导换羽方式正在研究中。

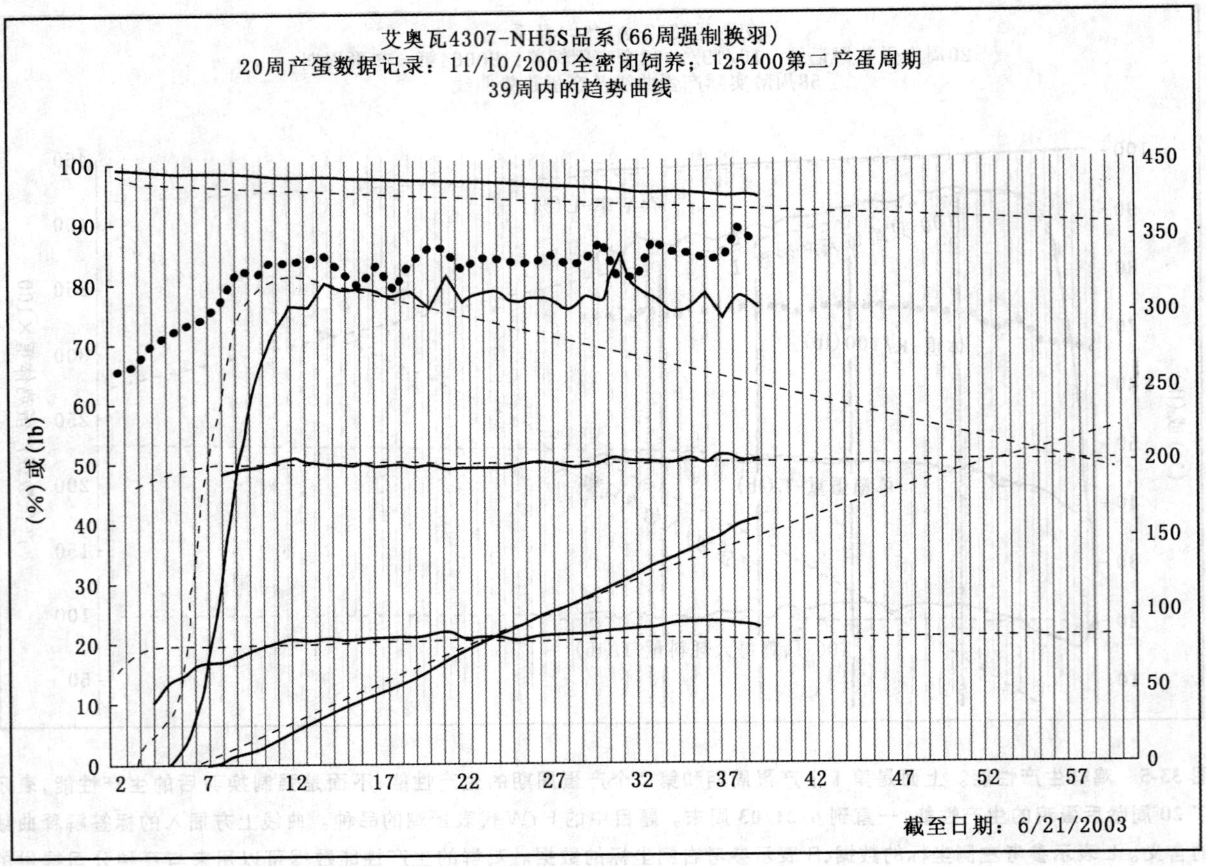


**图 33-5　(续)鸡蛋生产公司的经理，包括场地经理，每周绘制这种图监控各群的生产量和生产效率。这可以帮助他们改善鸡群管理或挑选鸡群。**

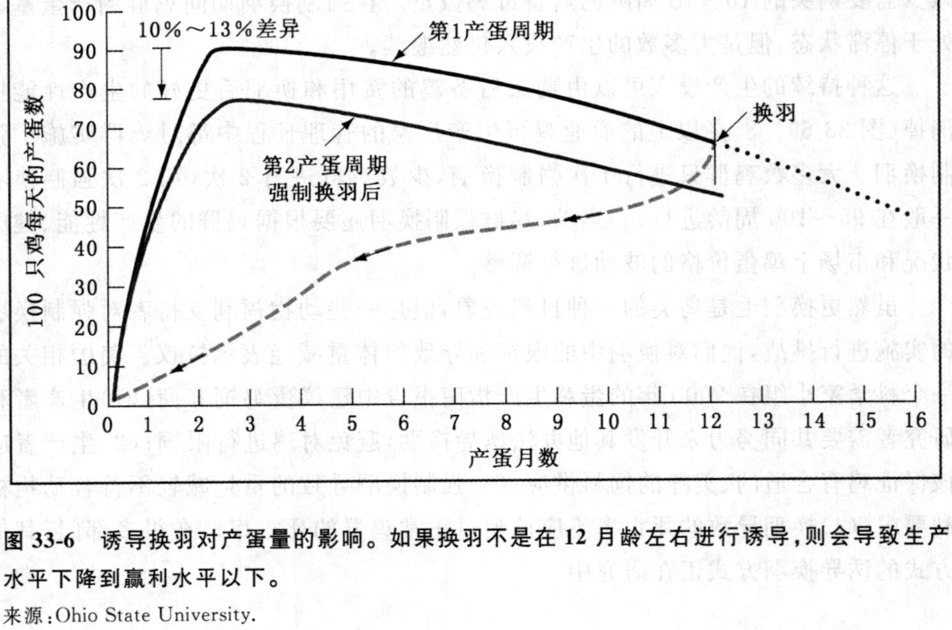


**图 33-6　诱导换羽对产蛋量的影响。如果换羽不是在12月龄左右进行诱导，则会导致生产水平下降到赢利水平以下。**

来源：Ohio State University.

## 33.6 粪污处理与利用

鸡粪中含有大量的碳酸钙所以特别适合酸性土壤的使用，因此，家禽粪肥是玉米农田和其他农田的极好肥料。在一些蛋鸡生产场中，鸡粪是重要的经济收入来源。考虑到氮肥和其他化肥的商业出售价格以及鸡粪对土壤 pH 值的调节作用，在 21 世纪早期的鸡场中产生的鸡粪被大量应用到农田中，其价格接近每吨 30 美元。每吨鸡粪的装载、托运以及播撒到 10 mi 内的农田中需要的全部费用大概在 15 美元左右。

禽舍内的通风换气系统可以使鸡粪的含水量降到 30%～35%。这样可以减少因氨气挥发而导致的氮损失并且可以解决寄生虫的问题。鸡笼下面的集粪池大多设计成可以容纳一年或更长时间粪便的尺寸。这些粪便一般一年清理一次并通过一个滑道装到播粪车中。在一些鸡场中，粪便每天通过笼前的一个传送带运送到播粪车中，或者运送到一个相连的堆粪场中，通过进一步的加工和包装，可以生产出价值更高的主要在草坪和花卉中使用的产品。在第 28 章中讨论过一个超过 82 000 只鸡群，每年超过 45 d 的生产操作是符合 CAFO 要求的。而对于那些少数将鸡粪液化处理的企业来讲，鸡群的大小不可以超过 30 000 只。

和其他的动物生产要求一样，CAFO 允许的粪便处理方案强调，粪便不能倾卸到地表水中，也不能将氮、磷超标的粪便清洗污水排放到地表水中。粪便中的磷可以通过在饲料中加入一定量的植酸磷酶进行削减。因为这种酶可以增加家禽对饲料中磷的利用率，所以可以降低日粮中磷的添加量，从而降低排泄粪便中磷的含量。

家禽饲养过程中释放的粉尘颗粒和氨气、硫化氢还有其他一些臭味气体在 CAFO 中都有限定，所以生产者必须对这些指标进行监督并控制这些气体的排放量，保证气体的排放指标在要求的范围内。

和其他动物饲养场一样，场址的选择、设备设计科学以及一流的管理技术是避免严重的环境问题的重要因素，也只有这样才能与周围居民相处融洽。

## 33.7 鸡蛋的市场

图 33-7 是“Midwest Large”牌鸡蛋每月的产量和每月中旬的价格。因为绝大部分的鸡蛋是由商品蛋鸡场全年供应的并且全年的鸡蛋消费量变化不大，所以鸡蛋价格的波动往往是由于节日市场(如复活节)需求的增加造成的。短暂的供给过剩和供给不足也会导致鸡蛋价格的一些波动。

从图 33-7 可以看到价格的波动比供应量的波动要更加频繁。当向日常生活中提供的鸡蛋增多时，鸡蛋价格就会下降，并且价格下降的百分比是供应增长的百分比的平方。

因为绝大多数的鸡蛋是由大型的、高投资的商业化鸡场生产的，所以大多数的鸡蛋生产商都设法控制销售风险。同样，那些包装和鸡蛋加工的企业也需要稳定的鸡蛋供应保证正常的生产。所以，90%以上的商品鸡蛋，或是鸡蛋加工企业本身所拥有的，或是与鸡蛋加工商签订了长期的合同。

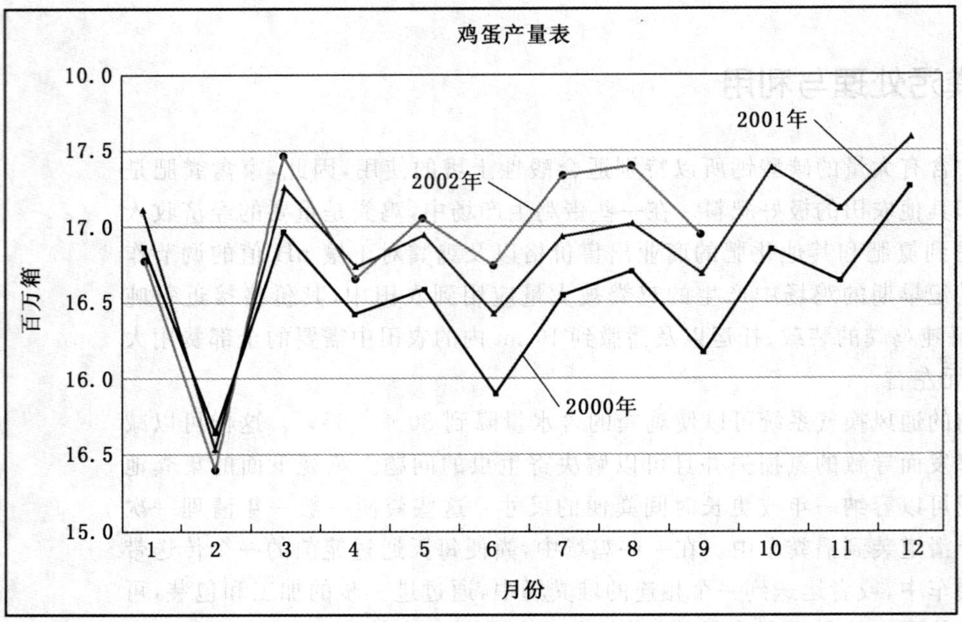


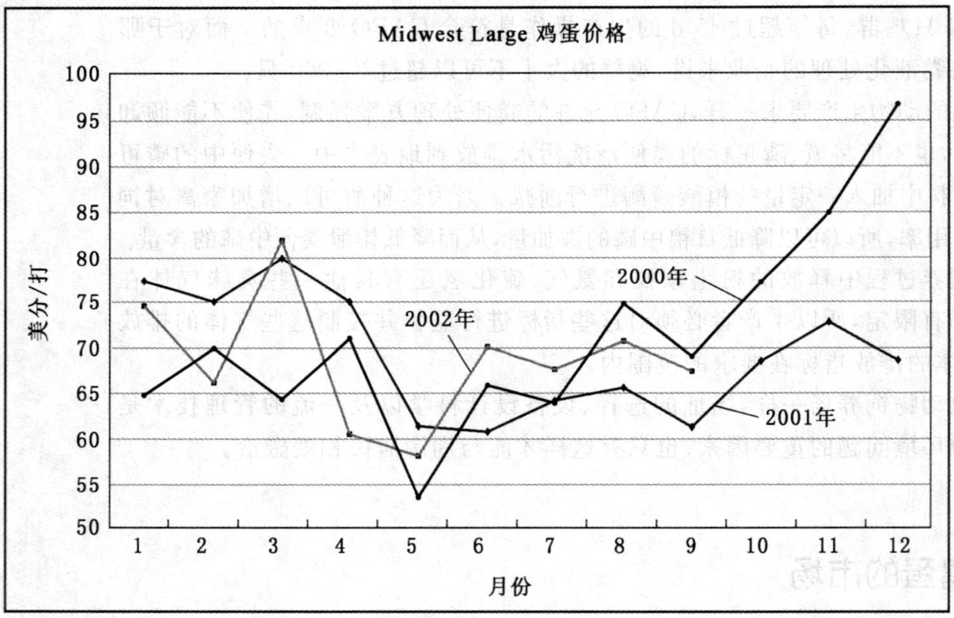


**图 33-7　上图是美国鸡蛋每月产量和密德外特鸡蛋每月的价格数据，下图说明了价格变动幅度比供应变化的幅度大得多。因为除供应量外，其他因素也会对鸡蛋价格造成相当大的影响。如复活节、感恩节和圣诞节期间鸡蛋需求量会猛增。**

来源：United Egg Producers.

但是有很多合同是供求双方秘密签订的，把鸡蛋放到蛋托上的生产商和把鸡蛋加工处理包装的加工商之间的合同大概包括以下几个内容：

1. 合同的有效期，一般是以年为单位或者以产蛋母鸡的代数为单位。
2. 每年供给的整箱鸡蛋数，或者供给鸡蛋的数量范围。
3. 一个用于计算价钱的公式，公式中还要确定影响价格的一些因素。

4. 单箱鸡蛋的重量，一般是 48 lb。单箱重超出或低于 48 lb 时价钱的补加和折扣。

5. 单箱重量的评定方法，以整车蛋重或是单个蛋托蛋重为标准。

6. 由哪方提供包装材料，包括包装场地、蛋托以及蛋托的包装皮等。

7. 由哪方承担运输费用。

8. 鸡蛋的交货地点，在装运码头还是陆运中心。

9. 装货后多久付款，以何种形式，支票还是现金。

少量鸡蛋是运送到集贸市场以后才商订下价格的，但是，这可能是导致许多合同签订的重要因素。一家叫做阿恩巴里的私有公司专门从事提供鸡蛋市场信息的服务。在美国，每个交易日中买方和卖方都在不停地询问“大个/中等的鸡蛋你那里出多少钱买/卖?”。鸡蛋的买卖双方每天都会买阿恩巴里的信息报纸。阿恩巴里提供的参考数据[来自纽约拉之外特(New York Large White)、密德外斯特(Midwest Breaber)或其他公司]可能会作为买卖双方计算鸡蛋价格公式中的一个重要参数。

有机蛋和其他功能鸡蛋的市场价格可能以长期的合同中的规定进行买卖，也可能在交易市场上临时讨价还价进行买卖，在这些买卖中阿恩巴里公司提供的信息可能会作为参考。

## 思考题

1. 请列出美国鸡蛋产量排名前 5 位中的 3 个州。1990 年，为什么鸡蛋生产行业会从东南部向玉米生产带转移?

2. 美国笼养蛋鸡占总蛋鸡饲养数量的百分比是多少? 形成这个比例的原因有哪些?

3. 如果你是某商品蛋鸡生产场的经理，这个场的蛋鸡采用笼养，如果有人对这种饲养方式有意见，你将如何应付?

4. 现在商品蛋鸡的主要品系有哪些?

5. 解释光照(自然光照和人工光照)如何影响蛋鸡产蛋。

6. 在多少周龄时对后备母鸡进行转群比较合适?

7. 说明强制换羽的定义。如何诱导强制换羽? 为什么要对蛋鸡进行强制换羽?

8. 列举一个长期的买卖合同中应该包含的几个主要条款。

9. CAFO 是什么意思? 它和鸡蛋生产有什么关系?

翻译:安建勇;校对:唐韶青

# 第 34 章

# 蛋品生产
# The Egg as a Product

本章主要讨论的是用于加工成食品的鸡蛋。鸡蛋是大量营养元素的来源，可用作主菜、沙拉、饭后甜点和小吃。美国农业部或私人公司对鸡蛋进行分类和分级。鸡蛋现在是贸易对象之一，可买卖或者进行深加工，同样，它也是商业利润的来源之一。

鸡蛋的品质包括蛋壳的质量和形状、蛋壳和蛋黄的颜色以及鸡蛋的风味，这些属性受到遗传与环境的影响。运输、保存和加工过程可能会影响鸡蛋的某些品质。

学习本章后，读者应掌握以下内容：

1. 描述一个鸡蛋并且认识鸡蛋的主要部分。
2. 比较蛋黄与蛋白的物理与营养指标。
3. 根据美国农业部蛋品分级标准，列出决定鸡蛋分级的主要因素。
4. 阐述影响鸡蛋质量的主要因素。
5. 阐述如何合理地运输和保存鸡蛋，从而能保持鸡蛋的品质。
6. 列出一些含有鸡蛋的加工产品。
7. 阐述美国人均消费鸡蛋的趋势。

## 34.1 特征和属性

图 34-1 显示了鸡蛋的各个组成部分。蛋黄是胚胎发育需要的营养元素的来源之一，它与母鸡输卵管相连。蛋黄也是鸡蛋受精的部分，蛋黄的组成成分——胚盘是受精发生的地方，尽管绝大部分餐桌上消费的鸡蛋是不受精的。蛋黄的黄色是脂溶性色素，其中大部分是通过消化道经过血液与淋巴输送到蛋黄的黄色素，而这些黄色素通常是来自于补充的紫花苜蓿和黄玉米。与自由散养的鸡蛋相比，商业饲料饲喂的鸡蛋的蛋黄颜色一般偏浅。而浅色蛋黄的鸡蛋也有市场（蛋

黄酱和特制面包)。因此,如果给母鸡饲喂含黄色素较低的饲料,鸡蛋的蛋壳就变成"白垩色"。

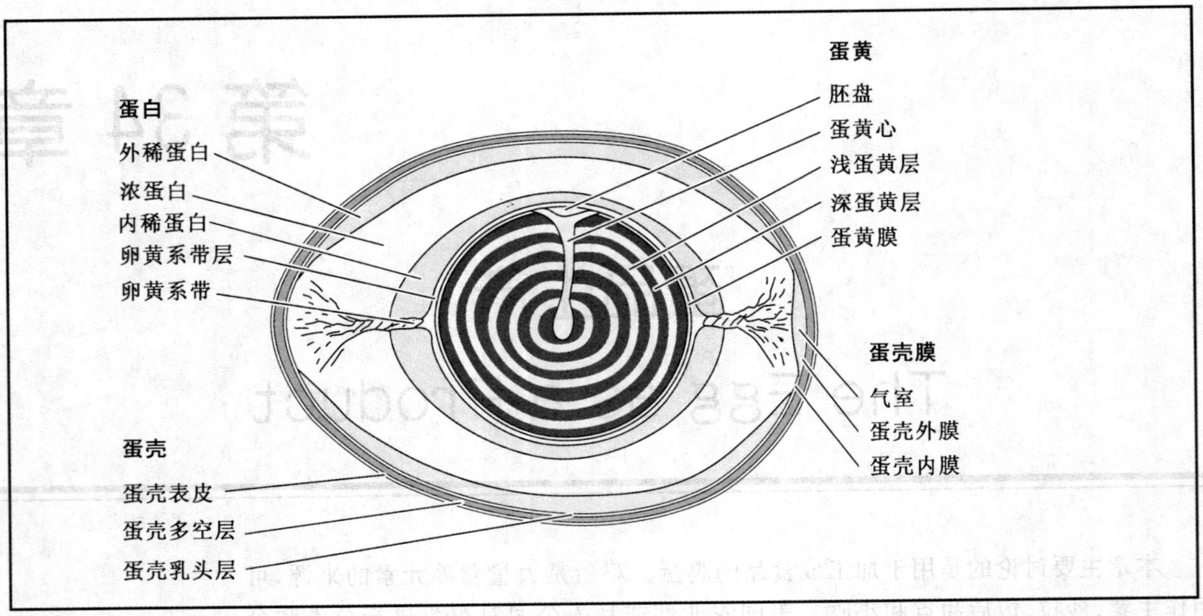


**图 34-1　鸡蛋的组成。**

来源:USDA.

**蛋白**
蛋中白色的黏状蛋白质。

**蛋白**(浓蛋白和稀蛋白),包括在卵黄膜与蛋壳内膜之间的所有物质。卵黄从输卵管分泌出以后,包被在卵黄周围。当蛋打破以后,浓蛋白高度较高并且不易扩散。卵黄与蛋白的组成成分见表 34-1。

**表 34-1　全蛋的平均组成**

| | 蛋重的比例(%) | 比例(%) | | | |
|---|---|---|---|---|---|
| | | 干物质 | 蛋白质 | 脂肪 | 灰分 |
| 全蛋 | 100 | 34.5 | 11.8 | 11.0 | 11.7 |
| 蛋白 | 58 | 12 | 11.0 | 0.2 | 0.8 |
| 蛋黄 | 31 | 52 | 17.5 | 32.5 | 2.0 |
| | | 碳酸钙 | 碳酸镁 | 磷酸钙 | 有机物 |
| 蛋壳 | 11 | 94.0 | 1.0 | 1.0 | 4.0 |

来源:改自 USDA, FSQS, Agricultural Handbook No. 75, 1977 and No. 8, 1989。

围绕着蛋白周围的 2 层蛋壳膜是纤维状蛋白质,它为蛋白提供一层保护屏障。蛋的大头部分是由 2 层膜形成的气室。

首先形成的壳内膜是由 2～3 层钙化物(乳头状)沉积在壳薄膜的外膜上,然后覆盖、黏合在一起而形成的。除了一定数目的气孔(图 34-2)外,第 2 层是由多孔的碳酸钙形成的。第 3 层,也就是外层,是一层薄的蛋白质,具有缝合蛋壳的作用。最外层的膜叫做表皮。

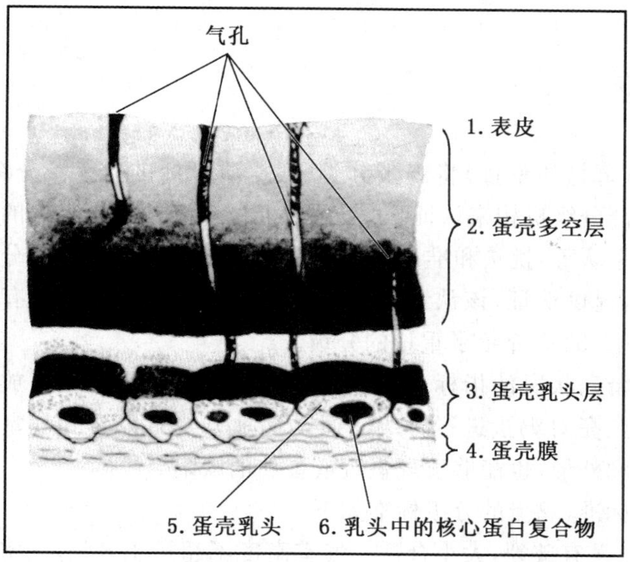


**图 34-2 蛋壳的横截面图。**
来源：USDA.

蛋壳的形状和强度非常重要。搬运或移动装蛋箱时，太长或太大的鸡蛋很可能被压碎，或者受到挤压而产生裂纹。尤其是又短又圆的鸡蛋会滚动得更快，这些鸡蛋在传送带上运送或者分级机上分级的时候，很容易被压破或者压破其他的鸡蛋。蛋的外形与纹理结构的均匀性对鸡蛋的外表有帮助。

蛋壳的构造和厚度是鸡蛋的主要品质。气孔有利于受精蛋呼吸氧气，促进胚胎发育。而气孔对于食用鸡蛋则是有害的，因为不断损失的二氧化碳会导致鸡蛋氧化和品质下降。

蛋壳强度的测量通过：(1)测微计尺寸的壳横截面；(2)蛋壳破裂需要的力量；(3)比重。强度小或多孔蛋壳内会有更多的空气，这会使鸡蛋浮在水中、密度相对较低。

浓蛋白比例是衡量蛋品质的一个主要指标。消费者更喜欢浓蛋白，因为煎鸡蛋或做荷包蛋时，浓蛋白含量较高的鸡蛋能保持一个较小的轮廓，更有形。浓蛋白比例是通过将鸡蛋打破，放在一个平面上，然后根据蛋白高度(哈氏单位)来测量的。

蛋白品质可能受到很多因素的影响，其中，稀蛋白较多表示鸡蛋新鲜度不够。在产蛋后期，鸡蛋的哈氏指数一般较低。青年母鸡产的鸡蛋的稀蛋白相对较多，尤其是在环境温度较高时更加明显(见 34.4)。

消费者偏爱蛋白清亮、蛋黄高、蛋黄颜色均匀、卵黄系带不明显的鸡蛋。卵黄系带是螺旋样的浓蛋白。蛋黄被蛋白包围后，能有助于其固定位置而不至于粘在一侧。食用鸡蛋可通过强光扫描来剔除血斑蛋(蛋形成的过程中，毛细管破裂引起的)与肉斑蛋(母鸡输卵管或者卵巢中的组织)，血斑与肉斑在蛋形成过程中是经常发生的。

鸡蛋非常有营养。蛋白的氨基酸组成非常平衡，因此其蛋白质的含量和质量都很高。蛋黄包含脂肪和胆固醇，也含有很多蛋白质和脂溶性维生素 A、维生素 D、维生素 E、维生素 K 与一些微量元素，如铁、磷、硫、铜、钾、钠、镁、钙、氯和锰。

鸡蛋大约含有 4.5 g 脂肪(其中 1.5 g 是饱和脂肪)，213 mg 胆固醇，6.25 g 蛋白质和 70 cal 的热量。许多营养学家相信如果摄入适当，鸡蛋是一种健康、营养均衡的食品。

## 34.2　分类和等级

分级工厂按照大小(每打的重量)将鸡蛋分类,根据质量标准分级。分级、分类后的鸡蛋由美国农业部分级机构来认证①。美国农业部专家帮助有组织的购买者(零售商、饭店、学校、军队等)挑选和准备他们需要的鸡蛋。美国农业部分级机构对分级工厂抽样检测,提供认证,该认证是购买时的依据。每批产品都有官方的分级证明。表34-2和图34-3介绍了重量的分级。

等级是内部质量和蛋壳状况的指标。通过光背景或者把鸡蛋的大头放在盒子的开口处(内有光源)照亮对鸡蛋进行分级。通过这种方式可以看到气室的大小以及明显的蛋黄轮廓和外形,也能够发现蛋黄或蛋白的缺陷。

根据美国农业部的标准,鸡蛋的分级标准如下:

- AA级:蛋壳清洁,没有破裂,大小合适。气室高度不超过1/8 in,气室可以活动,内部是空的或含有气泡。蛋白清晰并且结实,在照蛋前转盘时,蛋黄的轮廓略清晰。蛋黄没有明显的表面缺陷。
- A级:蛋壳清洁,没有破裂,大小合适。气室高度不超过3/16 in,气室可以运动,内部是空的或有气泡。蛋白清晰并且基本坚实,在照蛋前转盘时,蛋黄轮廓较清楚。蛋黄没有明显的表面缺陷。
- B级:蛋壳清洁,没有破裂,大小合适。蛋壳表面成片的污染不超过鸡蛋表面积的1/32或者散在的污染不超过鸡蛋表面积的1/16。蛋壳表面没有明显的污染或粘连污染物。气室高度要高于3/16 in,气室可以活动,内部是空的或有气泡。蛋白硬度可能较差,较稀薄。照蛋时,蛋黄轮廓清楚可见。蛋黄可能颜色较暗、大而扁,能看到清晰的胚盘发育,但不是血蛋。没有其他明显影响食用性的缺陷。允许有小的血斑或肉斑(总直径不超过1/8 in)。

**表34-2　美国为消费者制定的新鲜鸡蛋蛋重分级标准**

| 大小或者蛋重等级 | 每打鸡蛋最小净蛋重(oz) | 每30打鸡蛋最小净蛋重(lb) | 每个鸡蛋最小重量(oz) |
|---|---|---|---|
| 巨大 | 30 | 56 | 29 |
| 特大 | 27 | 50.5 | 26 |
| 大 | 24 | 45 | 23 |
| 中等 | 21 | 39.5 | 20 |
| 小 | 18 | 34 | 17 |
| 矮小 | 15 | 28 | — |

来源:USDA, FSQS, Agricultural Handbook No. 75, 1972.

①这部分描述分类和等级的材料自1995年11月4日起有效。AMS/USDA.

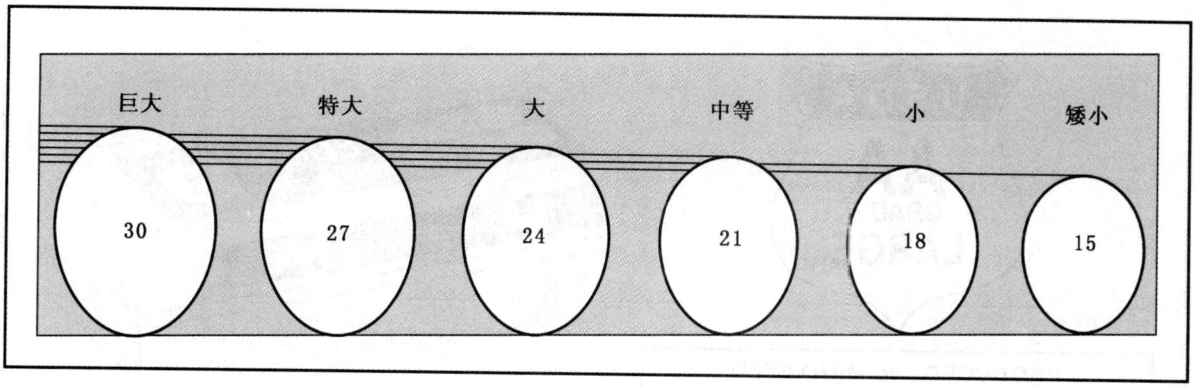


**图 34-3 根据每打鸡蛋最小重量表示的鸡蛋的规格(以盎司为单位)。**
来源:USDA.

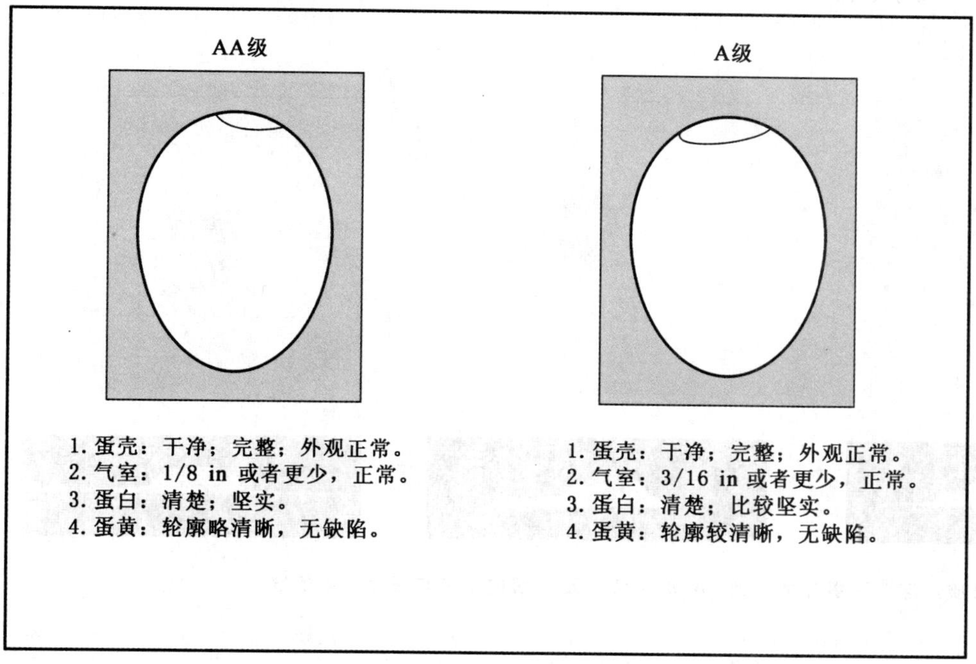


**图 34-4 AA 级以及 A 级鸡蛋的气室差别。新鲜鸡蛋的气室最小,因为很少的气体从鸡蛋中释放出。其他的标准见图下面的简介。**
来源:USDA.

大部分鸡蛋都经过自动化的、以亮光背景的电子扫描设备分级装置进行扫描。肮脏的或不对超声波反射的鸡蛋不进行分级。在自动化分级装置中,扫描设备和电子信号检测鸡蛋并自动地将不合格的鸡蛋从包装线上剔除。

用于深加工的鸡蛋,一般不进行分级。但是,这些鸡蛋的供货合同也指定品质特征和每一打鸡蛋的重量。用于纸盒包装线检测的扫描器,能剔除破裂的鸡蛋或者有其他缺陷的鸡蛋。当鸡蛋被分为 1 打、3 打、30 打或者更大的包装的时候,每一种等级包装要求一定的耐压力。分级的标签和典型的蛋品包装纸盒如图 34-5 所示。图 34-6 是 3 种等级的鸡蛋“打破后”的情况。

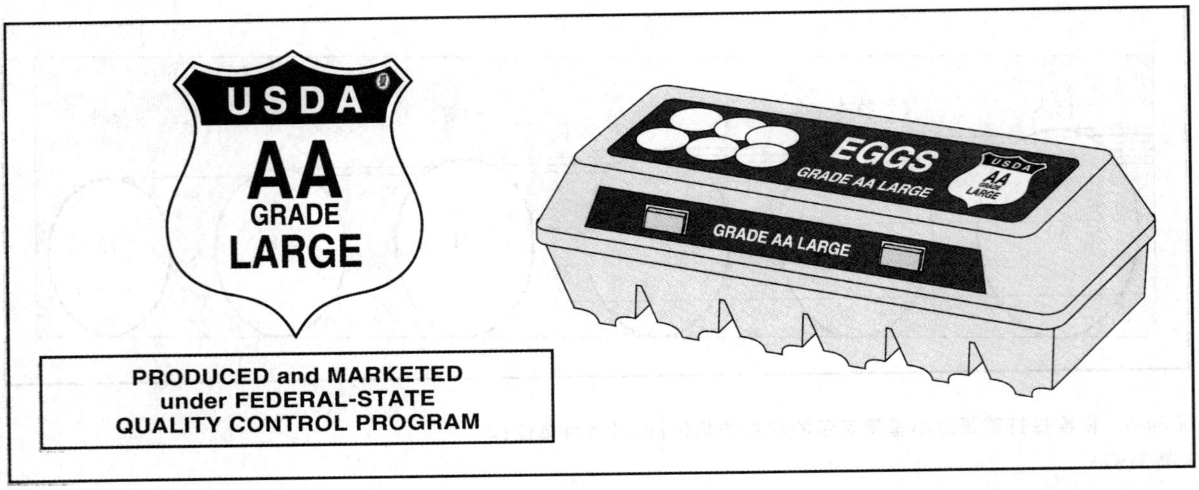


**图 34-5**　鸡蛋包装盒上(AA 级)官方标志(左边)。注意美国农业部标志与 AA 级、A 级鸡蛋的典型标志。
来源:改自 USDA.

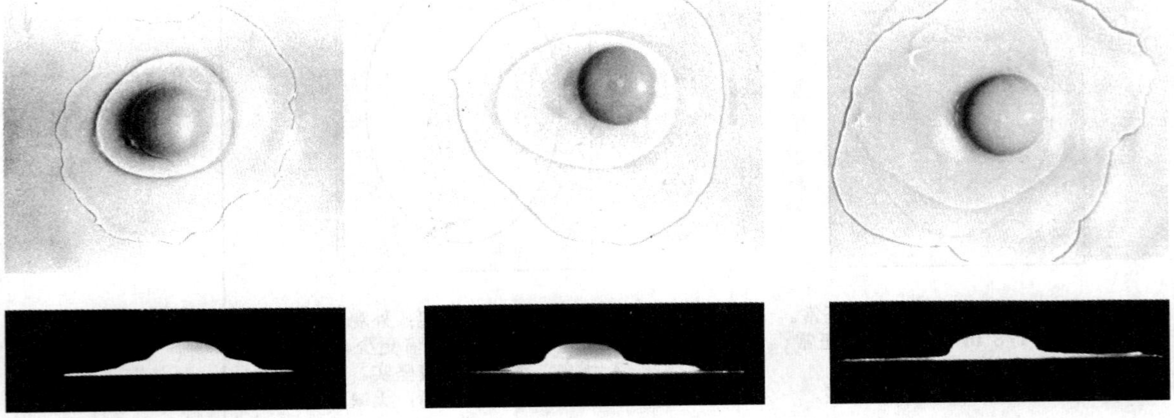

**图 34-6**　鸡蛋的内在品质。这些鸡蛋分别达到 AA 级、A 级以及 B 级的蛋白与蛋黄质量标准。
经 USDA 授权。

## 34.3　遗传和蛋品质

蛋品质主要性状的遗传力平均为:蛋形为 0.60,质量密度与蛋白质量为 0.35。蛋黄有或无的遗传力的范围较大。

因为这些性状有较重要的经济价值和比较高的遗传力,育种人员在实验群体与商业群体中测量这些性状时投入了巨大的精力。

## 34.4　季节和日龄对蛋品质的影响

随着母鸡年龄的增加,蛋壳的厚度和强度下降,造成鸡蛋内部品质下降,尤其是当鸡蛋存储以后，破蛋率明显增加。因为蛋壳中25%～40%的钙来源于骨骼而不是日粮，因此在产蛋期，母鸡的身体具有保存骨骼钙的作用。

低温和低湿也能增加蛋壳厚度与密度。27℃以上高温和高湿会使蛋壳变薄，蛋重下降。产蛋后期，蛋黄上的血斑与肉斑逐渐增多。天气逐渐变暖的时候，特别是在第1个产蛋年，血斑率与肉斑率增高。实际上，当饲喂干燥混合日粮的时候，蛋黄颜色很少受季节影响。而散养条件下，春季的蛋黄颜色将变得更深一些，这是由于青草中含有较多的叶黄素。

## 34.5 产蛋鸡健康和营养水平对蛋品质的影响

所有的营养元素对鸡蛋生产都很重要，有些营养元素与其他相比显得更加重要。也就是说，这些元素在自然日粮中比较缺乏，配合饲料的时候需要格外注意。例如：一只母鸡生产1个鸡蛋大约需要2.2 g的钙，同时身体的其他功能也需要钙，而且消化道的吸收率小于100%。因此，一般的日粮配合推荐3.5%的钙，尽管在高温天气，由于采食量下降需要提高钙的含量。当钙的含量超过6%的时候，生产性能反而会下降。钙与维生素$D_3$的含量之比也是非常重要的。蛋黄着色受到很多营养元素的影响。叶黄素是主要的蛋黄着色剂，紫花苜蓿与黄玉米中的叶黄素对蛋黄颜色的富集效果差不多。众所周知，较高的叶绿素衍生物的含量能使蛋黄颜色变绿。

饲喂部分雌激素和日粮中添加棉籽饼会出现杂色蛋黄。有些棉籽饼包含棉酚，而棉酚会使蛋黄转化为橄榄绿或者橄榄褐。蛋存储期间，棉酚也会增加杂色蛋黄。棉酚是有毒的，它会减少产蛋量。基于以上这些原因，只有"脱棉酚"的棉籽饼才用于家禽的日粮中。

蛋白品质或化学成分很少受到日粮的影响。多数研究表明日粮与浓蛋白高度有关。氯化铵能增加浓蛋白的高度，却会降低生产性能，引起其他副作用。

蛋鸡吸入高浓度的氨或者鸡蛋存放在高浓度的氨气中会引起浓蛋白高度下降和杂色蛋黄的增加。

一些疾病会影响蛋品质，同时也影响蛋产量，甚至当鸡似乎已经恢复健康的时候仍然如此。鸡的支气管炎将会引起薄皮蛋与畸形蛋。这种疾病和其他的因素一起使鸡生产稀水样的蛋白。有些药物也会影响蛋品质。

鸡在受控环境和标准日粮的饲养下，就能生产出匀称的鸡蛋，蛋的品质特征也比较一致，包括蛋黄颜色、蛋白厚度和风味。

## 34.6 带壳蛋的传送和包装

A级或者AA级鸡蛋的质量要求在生产线上安装冷却系统。温度越快地下降到4～7℃或更低的温度，鸡蛋的内在品质就被破坏的越少。各州的法律都要求鸡蛋必须储存在7℃。为了防止变质和失重，仓库冷却器的相对湿度应保持在70%～85%。

在许多现代化的生产车间，从产蛋舍的传送带上运出到鸡蛋冷藏前，鸡蛋的清洗、扫描、大小测定和包装都已经在一条生产线上完成。

普通商品鸡蛋用高于32℃的带有清洁剂和卫生消毒剂的水来清洗，并且水温要比刚来的鸡蛋温度高7℃。如果洗涤液比鸡蛋温度高，就不会被鸡蛋吸收。洗涤液不仅能除去污染物和脏物，还能减少细菌的含量。但是鸡蛋不能浸泡在水中。因为浸入水中1～2 min，微生物就会穿透蛋壳，进入鸡蛋内部。

不管是在小型的养鸡场，还是在饲养100万只鸡的饲养场，人们都会将30个鸡蛋的蛋盘堆在一起，然后送到冷藏室，最后通过冷藏车送到打蛋或者分级场。

鸡蛋经合理的清洁方案处理，通常被喷上非常淡的油或者油化乳液，有时用特殊的硅树脂产品。这是为了密封蛋壳上的气孔来防止更多的蒸发和变质，同时使鸡蛋更加美观。

然后，这些鸡蛋按大小排序装入零售袋中。建议在放鸡蛋以前，把包装箱或者硬纸箱提前24 h放到冷藏间。干燥的纸箱能吸收30打鸡蛋产生的1 lb的水。由于失重的原因，这能降低按箱大小分级带来的影响。美国农业部的分级机构就地对纸箱的产品或者样品进行检查，确保质量达到用户合同的要求，并且对每一批要发送的产品提供证明。

运输鸡蛋的关键是在最短的时间内快速的冷却、清洗、漂清、卫生处理、上油、大小分级和包装，并且快速地送达到零售商的手中。

## 34.7 带壳蛋的分发与销售

大部分鸡蛋从分级工厂到零售商或饭店，或者通过代理商销售。近年来，主要的零售商、饭店与一些市场零售额超过10％的美国食品销售商的合并，提高了鸡蛋的运输效率。随着柜台电子销售数据的积累，鸡蛋供应商可能不仅能查到每箱鸡蛋的重量和等级，而且还可查到运输的先后顺序。当这些运蛋卡车送到零售商的时候，零售商能快速地把这些鸡蛋运到商店。

人口稠密区的大型鸡蛋生产商每周6天都可以直接向零售商店出售，发送各种大小不同的包装完整的鸡蛋。价格和含量以及一些其他的条文将通过合同的关系建立。合同中规定的鸡蛋价格可根据商讨确定。在订购或者连续性购买的基础上，有些鸡蛋将直接卖到农民手中或者送到消费者家中。

## 34.8 蛋加工和蛋产品

在美国，超过30％的鸡蛋被送到打蛋商手中，这个比例还在增加。术语“打蛋商”常常被用来指那些把有壳的鸡蛋转化成液态蛋白或者蛋黄的工厂或者贸易人员。打蛋工厂可能干燥或冷冻这些产品，或者进一步加工成消费者需要的产品。本书写作的时候，美国有71个鸡蛋加工厂在美国农业部(USDA)或食用安全和检查委员会(FSIS)与加工检查项目监督下运行。

大多数的液态蛋产品供应给快餐店及其他饭店加工成炒鸡蛋或其他的美食(图34-7)。还有一些用于加工成蛋制品。粉碎车间或者其他分离设备的加工产品包括蛋糕、薄烤饼、蛋黄面包、春卷、薄饼、面条和蛋黄酱。

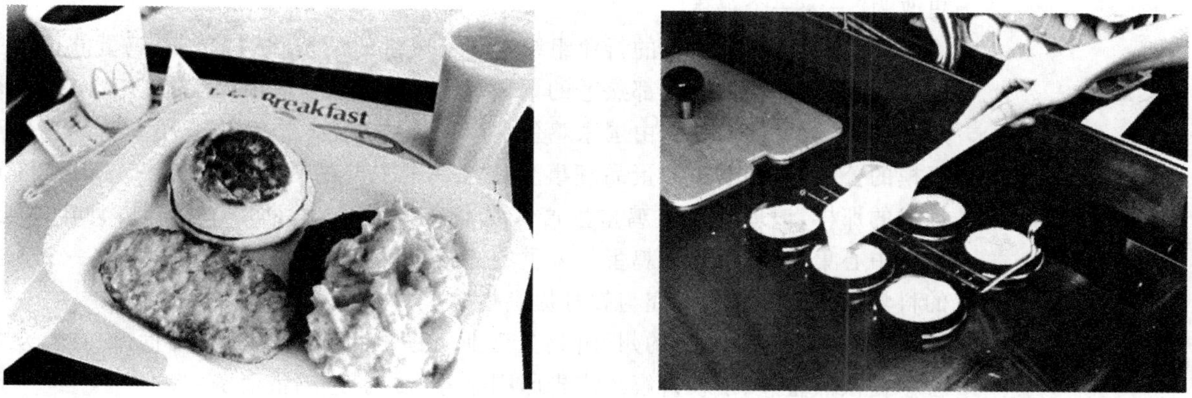


**图 34-7 炒鸡蛋配培根与薯饼(左)以及三明治夹鸡蛋(右)都是现代流行的早餐快餐。**
经 Pfizer H & N 授权。

由于鸡蛋含有各种丰富的营养成分，是一个滋生有利或有害细菌生长的良好媒介。如果控制不好，细菌会在鸡蛋内快速繁殖，破坏蛋的内容物。全部的打蛋设备都是由不锈钢组成的，而且必须定期进行蒸汽消毒、清理以及其他的卫生处理等。为了避免外界细菌侵入，整个过程必须具有计划性并且进行全程监测。质量检测实验室必须有规律地检测生产线上的样本是否含有病原体，比如沙门氏菌或者其他的细菌。产品必须经过巴氏消毒。

许多鸡蛋产品的营养价值、口味或者烹饪属性实际上与新鲜鸡蛋的营养价值相同。然而，工业化生产的许多产品增加了蛋白比例或混合了其他成分，比如香料、调味品与防腐剂，从而造成了加工产品与新鲜鸡蛋的差别。

## 34.9 消费趋势

美国人均蛋消费量从 1990 年的 234 枚增加到 2002 年的 255 枚，并且有继续增加的趋势。鸡蛋消费量增加可能是由于以下 2 个原因造成的：(1)更多加工过的液态蛋用于快餐和真空包装食物的加工；(2)消费者对鸡蛋的营养价值与健康价值更加认同。

近年来，快餐已经形成了特色早餐，这能提供更多的营养而不是一个油炸饼或者一个甜饼。鸡蛋或蛋肉三明治可以在上班路上的窗口订购。墨西哥煎蛋卷和薄烤饼是快餐店和其他饭店的常见菜。鸡蛋是烤薄饼的主要成分。从 1990 年到 2001 年，液态蛋加工成该类产品的比例从 20%增加到 31%。

20 世纪 60 年代和 70 年代的有关研究指出，血液中高水平的胆固醇含量可能是导致人类心脏病和循环系统堵塞的重要原因。蛋黄含有大量的胆固醇，大部分病人都被警告要少食用鸡蛋，因此，鸡蛋的消费量急剧下降。

然而，后续的研究发现了 2 种类型的胆固醇——好的(高密度脂蛋白)和坏的(低密度脂蛋白)。而人体内合成胆固醇的类型(受遗传因素或其他因素的影响)与血液胆固醇含量的关系比从食物中摄入的胆固醇的关系更大。而通过全国蛋鸡群体的遗传改良，现在鸡蛋的胆固醇含量已经从 270 mg 降到了 220 mg。

但是，美国心脏协会此前建议的每周最多吃 3 个鸡蛋的建议，已经在 2000 年更改为“一天一个鸡蛋”。

高效的、富有创造性的行业组织提高了鸡蛋的消费和消费者对鸡蛋的正面关注。例如：大部分消费者都熟悉的词语“难以置信的可食用的鸡蛋”，这个短语被用于广告、教育与文化。由国家鸡蛋生产核查委员会(所有超过 75 000 只鸡生产规模的公司)赞助的美洲蛋品理事会就是一个主要的鸡蛋促进组织。如第 33 章描述的那样，该理事会与鸡蛋生产人员联合，共同地资助一个蛋营养评定中心。这个中心集中收集、提供鸡蛋与人类的健康与营养的关系的准确信息。一个独立的科学家小组对它的研究与教育提供指导。

在鸡蛋行业较发达的州，由鸡蛋工业资助的组织通过集市售货摊、在公众集会中提供煎蛋卷、学校讲解与广告印刷品等形式促进鸡蛋消费。

与食品工业一样，新产品开发也通过这些组织资助，研发工作通常在大学食品科学系或工业实验室和试验厨房中进行。美国的公众似乎总是准备好接受任何诱人的食物。

## 思考题

1. 画一个鸡蛋横截面草图并识别它的主要部分。
2. 比较蛋黄和蛋白的外观特征以及它们的营养特征。
3. 描述当鸡蛋生产以后，为保证鸡蛋的品质，应如何传送和保存。
4. 为了零售需要，鸡蛋需进行质量分级与大小分类。如何测量鸡蛋品质？每打鸡蛋的重量与连续蛋重分级的差异是什么？
5. 如果打开一个存放过的鸡蛋与一个新鲜的鸡蛋放在平底锅中，它们的外观有什么不同？
6. 描述一个鸡蛋蛋壳和它的功能。它的组成是什么？蛋壳的重要性是什么？
7. 保存鸡蛋的推荐温度是多少？
8. 鸡蛋加工的比例是多少？加工鸡蛋的主要用途是什么？
9. 描述美国近 10 年来人均鸡蛋消费量趋势。

翻译：侯卓成；校对：唐韶青

# 第 35 章

# 商业肉鸡的生产与加工

# The Business of Commercial Poultry Meat Production

近年来，家禽产品的生产量显著增长，尤其是肉鸡的生产（见彩页 F）。这些专门被培育用于产肉的高产鸡群在 48～50 d 内，采食不到 10 lb 的混合高能饲料，体重就可以达到 5 lb。与 1961 年相比，肉鸡年产量大约增长了 5 倍（图 35-1 和表 35-1）。

最近几年美国肉鸡产值每年都超过 160 亿，占每年禽肉总产值的 80%。在美国，鸡肉普遍作为高品质肉类消费。2002 年，每年鸡肉人均占有量就已经稳定地增长到 80 lb。

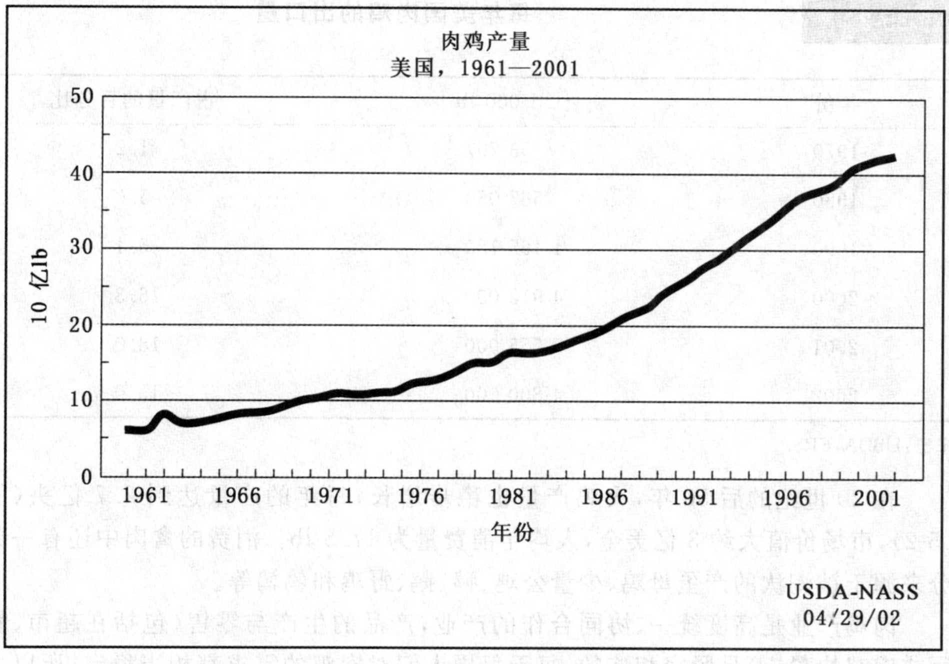


**图 35-1　从 1961 年开始，肉鸡年产量从 50 亿 lb 增加到 400 亿 lb。**
来源：USDA，NASS.

表 35-1 美国肉鸡产量和消费趋势

| 年份 | 肉鸡产量 百万只 | 肉鸡产量 百万磅 | 平均生产价格(美分/lb) | 产品总价值(百万美元) | 人均消费量(lb) |
|---|---|---|---|---|---|
| 1955 | 1 092 | 3 350 | 25.2 | 844 | 13.8 |
| 1965 | 2 334 | 8 111 | 15.0 | 1 218 | 29.6 |
| 1975 | 2 950 | 11 095 | 26.3 | 2 899 | 36.9 |
| 1985 | 4 470 | 18 810 | 30.1 | 5 668 | 56.1 |
| 1997 | 7 764 | 37 591 | 37.7 | 14 159 | 73.0 |
| 2000 | 8 390 | 39 884 | 40[a] | 16 000[a] | 80.5 |

a. 估计值。

来源：Brown，Robert H. Feedstuffs，October 1979，p. 94；Poultry and Egg Situation，May 1990；USDA，NASS. Poultry Production and Value，May 1996；USDA，ERS. Agricultural Outlook，January 1999.

不断选育的高产肉鸡品系、饲料营养的改进、节约劳动力的先进设备的应用、流水线式的生产模式、生产销售以及各企业间的纵向联合、明细的生产规划安排和严格的成本控制，这些都使得生产者大规模生产出了价格低廉、体型均一的产品，并且相对于其他肉类产品来说更具吸引力。这些年来，虽然美国鸡肉人均消费量的增幅并不大，但这种不断增加的肉鸡产量可能还会持续几年，这主要是受鸡肉产品出口的影响。现在出口的产品已经占到了15%，1990—2001年肉鸡出口稳步增加，尤其是对俄罗斯、香港、日本、墨西哥和中国的出口。但在2002年，由于俄罗斯的暂时出口禁令引起了出口的下降(表35-2)。

表 35-2 每年美国肉鸡的出口量

| 年份 | 1 000 lb | 占产量的百分比 |
|---|---|---|
| 1970 | 93 707 | 1.2 |
| 1980 | 567 050 | 5.0 |
| 1990 | 1 165 180 | 6.1 |
| 2000 | 4 918 000 | 16.3 |
| 2001 | 5 555 000 | 18.0 |
| 2002 | 4 800 000 | 15.0 |

来源：USDA，ERS.

在20世纪的后50年，火鸡产量也稳步增长，每年的产量达到2.7亿头(图35-2)，市场价值大约3亿美金，人均年消费量为17.5 lb。消费的禽肉中还有一部分来源于被淘汰的产蛋母鸡、少量公鸡、鸭、鹅、野鸡和鹌鹑等。

肉鸡产业是高度统一、协同合作的产业，产品的生产与零售(包括在超市、餐厅或肉鸡快餐店)是紧密相连的，每天每周人们对肉鸡的需求都相当稳定，所以生产和加工的每一步都应该仔细全面，这样才有利于创造产值和规避风险。

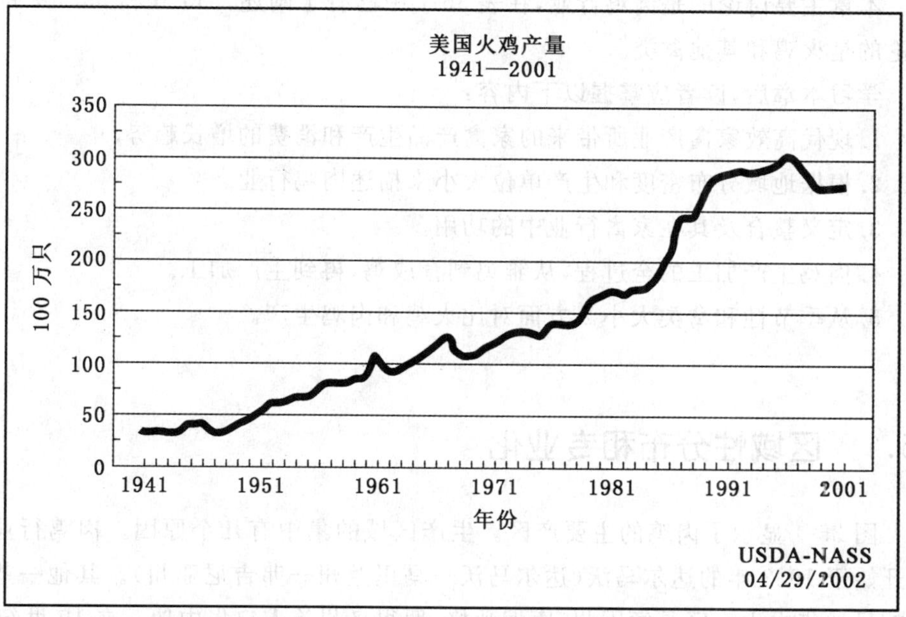


**图 35-2　美国火鸡产量从 1950 年起一直持续增长，1996 年达到 3.03 亿只的高峰。至今为止保持平稳。**

来源：USDA，NASS.

**图 35-3　快餐店对鸡肉进行加工。肉鸡在快餐店中出售已经成为禽肉人均消费量增加的新途径。**

来源：Courtesy of Pfizer H & N.

肉鸡人均消费的不断增加主要与越来越低的成本有关。产品生产和加工方面的利润是很小的。大规模的生产需要大量的投资，而且疾病的治疗又较昂贵，所以大多数生产者都拥有成熟的疾病防御体系。

育种者们一直在努力，试图通过育种培育出具有抗病性能的肉鸡品系和改善鸡肉的风味，这点是有据可依的。

本章主要讨论的是肉鸡行业，在表35-1中已有了阐述。35.6和35.7 2部分讨论的是火鸡和其他禽类。

学习本章后，读者应掌握以下内容：

1. 现代高效家禽产业所带来的家禽产品生产和消费的增长趋势。
2. 根据地域分布密度和生产单位大小来描述肉鸡行业。
3. 定义整合及其在家禽行业中的功用。
4. 肉鸡生产加工的全过程，从雏鸡到育成鸡，再到生产加工。
5. 从季节性和禽类大小2方面对比火鸡和肉鸡生产。

## 35.1　区域性分布和专业化

图35-4显示了肉鸡的主要产区。生产区域的集中有几个原因。肉鸡行业真正开始于1923年的达尔马沃（达尔马沃—马里兰州—弗吉尼亚州）。其他一些发展较早地集中生产区是缅因州、康涅狄格、罗得岛州等人口集中地。在19世纪50年代，温和的气候丰富的劳动力资源和不断增加的谷物产量等各方面因素促使肉鸡行业在南方各州不断发展（表35-3）。虽然大部分肉鸡生产是在南部和东部，但在其他地区也有运作良好的例子，尤其是谷物的高产地区。人口和劳动力密度稍小，环境压力小的地区也是很好的肉鸡生产区域。

表35-3　2002年肉鸡生产最发达的8个州

| 州 | 只数（10亿） |
|---|---|
| 佐治亚 | 1.3 |
| 阿肯色 | 1.2 |
| 阿拉巴马 | 1.1 |
| 密西西比 | 770 |
| 北卡罗来纳 | 735 |
| 得克萨斯 | 588 |
| 马里兰 | 293 |
| 特拉华 | 251 |

来源：USDA，ERS 2002.

在美国，火鸡的生产在部分地区不发达（图35-5）。比如：明尼苏达州、北卡罗来纳州、阿肯色州、弗吉尼亚州、密苏里州、加利福尼亚州和印第安纳州。

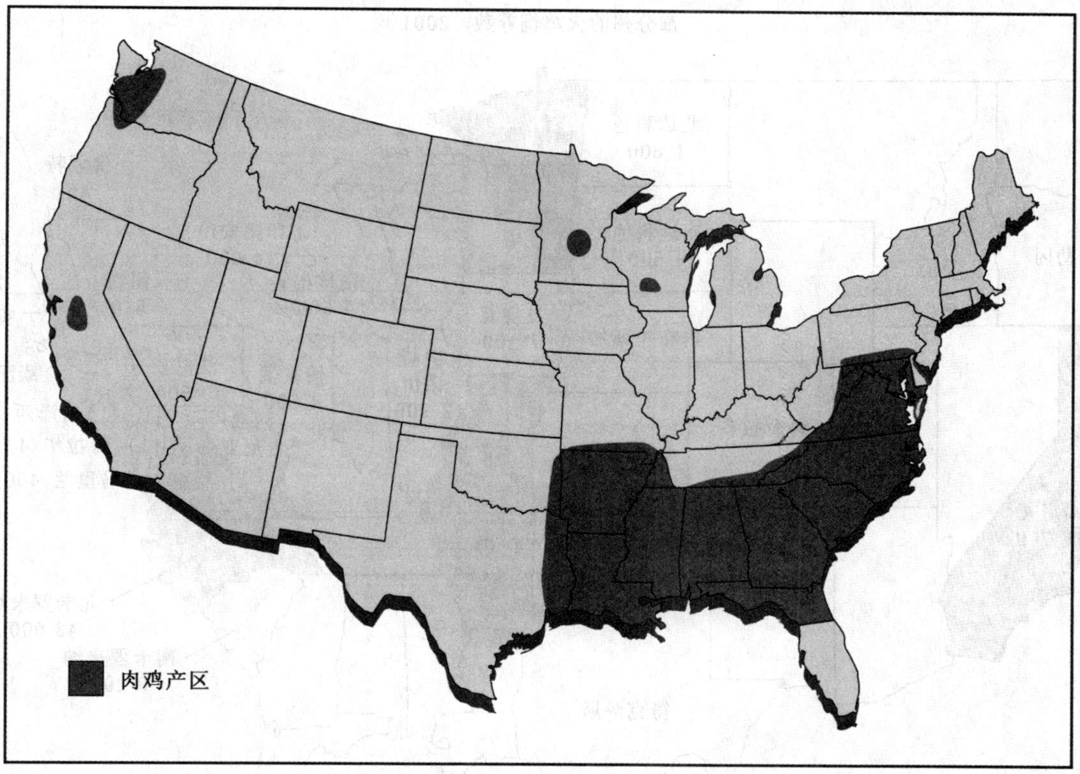


**图 35-4　肉鸡产业主要集中在美国的南部和东南部地区,以及中西部地区和太平洋沿岸的各州。**
来源:Agri-Bio Corporation and USDA.

## 35.2　肉鸡养殖机构:类型与规模

事实上,所有的肉鸡都是在各方签署的合约下养殖的。这个合约一般是由加工者、饲料供应者和养殖者 3 方共有或由加工者所有。签约的公司一般要承担大部分或者所有的价格风险,还要提供雏鸡和饲料。养殖者负责提供鸡舍、设备、燃料、劳动力和日常管理。而且这些都由公司代表监督,代表们会参观考察一些鸡舍的基本条件、设施。至于那些垫草、药物和其他投资应根据合同由另外一方负责提供。

1950 年,美国上市肉鸡数约为 6.31 亿只。从那时起,肉鸡生产就扩大了 13 倍,每年上市的肉鸡达 84 亿多只。鸡的养殖机构的数量逐渐减少,而规模不断增加。这些高效率的生产设备和先进的管理模式降低了每磅肉鸡的生产成本。

表 35-4 显示了 2002 年即主型产品的平均周产量排名前 10 名的加工公司,单位是 10 万 lb。

这 10 个公司每年生产、屠宰、加工全国 70%以上的肉鸡,产业的高整合度有望在未来继续保持。

目前肉鸡生产公司的数目已经降至 42 个——而行业整合还将继续进行。

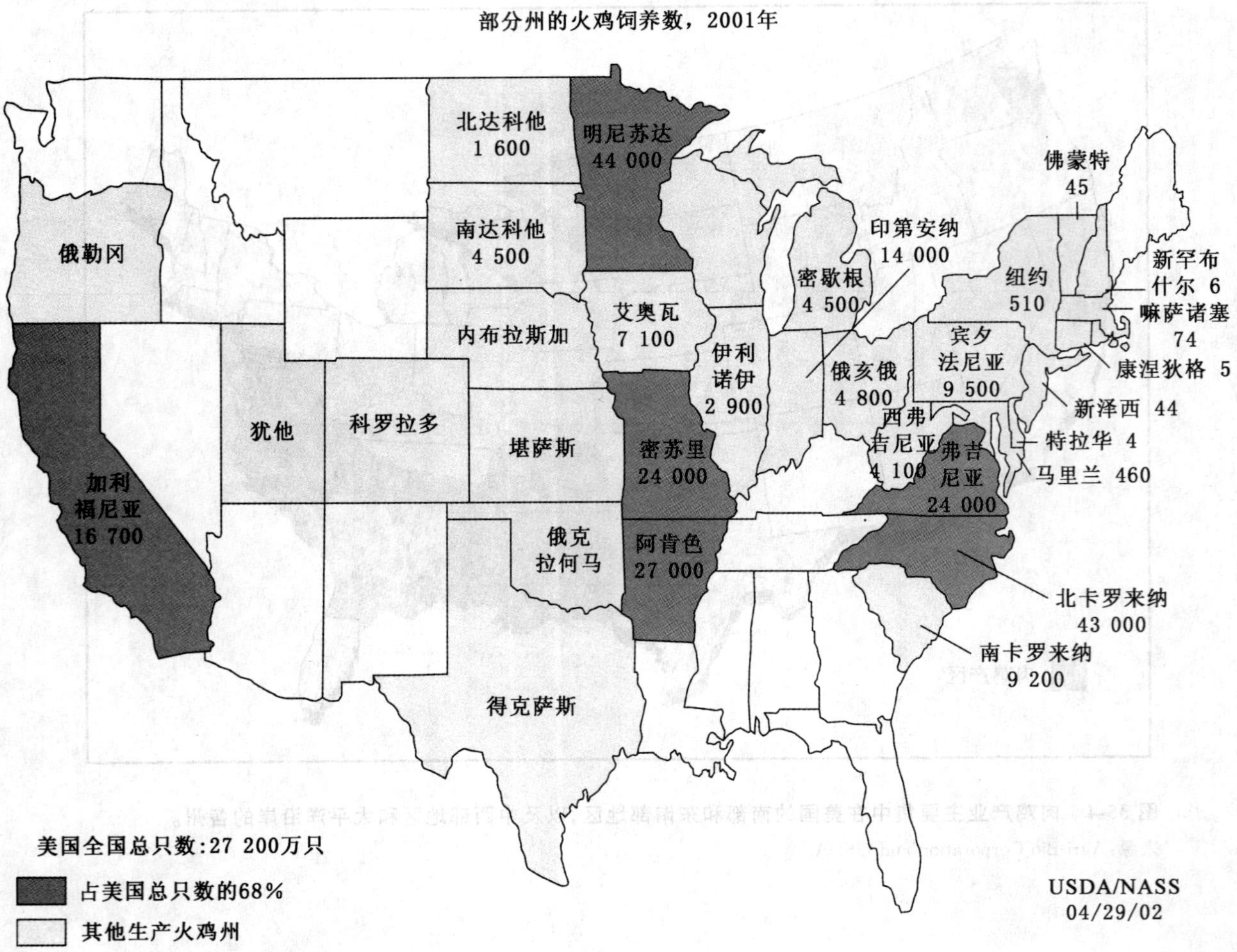


图 35-5　美国饲养火鸡的主要州，其中深色区域地区生产的火鸡占全美国的 68%。

“整合”这个词现在常用来形容家禽产业。一些投资、家禽的饲养、肉产品的加工以及销售都可以通过合同而连接。

大型企业和承包人都是肉鸡生产的加工者，他们会确保计划的实施。一天加工数百只肉鸡，为加工环节提供一个稳定的加工数量，也可能是一个饲料公司和养殖者、加工者签约以确保数量足够、质量可靠的饲料供应。有些情况下，合同人是一个代理人或是企业主办者，他们可以和所有参与者签约，这样可以掌握签约技巧以确保合同的公正，也可以获得风险承担保证。

在肉鸡生产区域的一些主要公司中，大部分家禽被养在所谓的“常规鸡舍”中，这些鸡舍大概都是 400～500 ft 长，40～50 ft 宽，内部没有柱子，两侧是开放的，安装窗帘用来抵御寒冷和恶劣的天气（图 35-6）。大多数情况下，天花板是被隔开的，还有一些风扇用来通风换气。大多数畜舍都是采用泥土地面，还有的采用混凝土或沥青地面。以上这种类型的畜舍在佐治亚州和得克萨斯州最常见，因为那里饲养成本低，气候适宜。

**表 35-4 2002 年排名前 10 位的肉鸡生产企业(依据分割肉鸡的产量)**

| 排名 | 公司名称 | 平均每周分割鸡产量(百万磅) | 加工厂 |
|---|---|---|---|
| 1. | Tyson Foods, Inc. | 148.84 | 106 |
| 2. | GoldKist, Inc. | 61.53 | 24 |
| 3. | Pilgrims Pride Corp. | 57.53 | 27 |
| 4. | Con Agra Poultry Co. | 51.53 | 30 |
| 5. | Perdue Farms, Inc. | 48.15 | 26 |
| 6. | Wayne Farms, LLC | 29.15 | 26 |
| 7. | Sanderson Farms, Inc. | 25.11 | 14 |
| 8. | Mountaire Farms | 19.71 | 6 |
| 9. | Cagles, Inc. | 16.41 | 8 |
| 10. | Foster Farms | 15.54 | 16 |
| | 前 10 位公司的总产量 | 473.27 | 283 |
| | 总产量 | 663.13 | 343 |

来源:WATT Poultry USA, January 2003.

**图 35-6 左图是刚孵化出的肉雏鸡。右图是在一个有门帘的鸡舍中接近上市体重的肉仔鸡。**
来源:Pfizer H & N.

完全的环境控制是完全隔离的,一般表现为没有窗户、水泥地面和全自动的通风系统,这种类型在北部各州常见,包括达尔马沃地区。育雏舍在每批肉鸡出雏当天或是第 1 周提供热量补给。

一般垫草可以是切碎的稻草、木材刨花或碎屑、木屑、切断的树皮、稻壳、磨碎的玉米棒,或者是某些没用的废料。在垫草选择上主要考虑其可利用性、成本和吸水能力。大多数肉鸡生产者都认为干燥的垫料较好,因为它比较软,类似于为肉鸡提供了一个厚垫子,而且空气的流通使它更干燥。垫草一般是在一批雏鸡运进之前放进畜舍中的,通常是 3～5 in 厚,有时垫草会被反复使用 2～3 次后才被淘汰。

一些肉鸡生产者坚持认为，应该让每一批雏鸡都用新垫草，这样可以减少或避免疾病传播给下一批鸡。也有一些人坚持用旧垫草，因为在很多情况下，某些低水平的疾病暴发会促使家禽建立一个自然的早期免疫系统，而且垫料的重复利用可以节约成本。在某些潮湿易使垫草腐烂的地方，尤其是饮水器周围，重复利用的垫料应该被移除，并且残余的其他物品也应被彻底地移开。有时它们被切成小段加热几天，这样可以有足够的湿度，促使微生物分解发酵，也可使垫料温度提高到杀死致病有机物的程度。

育雏伞、喂料器和饮水器通常是悬挂在天花板上。在生长期结束之后，就把它们向上移出来，这样更利于抓鸡、畜舍的消毒、机械化消毒以及垫料的移动和更换。

有多种常用的机械式喂料器和饮水器（图 35-7），通常可提供 3～7 d 采食的饲料。饲料被螺旋式输送机输送到悬挂的喂料器中，鸡也可以从开放式饲槽中吃到饲料，这种饲槽上装有缓慢移动的连环链。饮水设备是开放式的水槽，这种水槽中的水不断循环，即当鸡顶开阀座时水会流到一个小杯中。一个饲养员要饲养大量的鸡，对设备的依赖性很大，因此，避免机械损坏、水泄漏或其他故障尤为重要。

**图 35-7 几日龄的肉仔鸡正在使用现代化的饮水系统。**
来源：Chore-Time，Milford，IN.

对所有的鸡而言，充足的采食和饮水空间是必需的。伴随着群体的快速建立，弱小的鸡可能会被排挤而不能得到足够的饲料和充足的饮水，以致生长缓慢。

## 35.3 肉仔鸡的管理

通常用通风良好的货车或卡车将 1 日龄的杂交公母肉仔鸡运到生产部门。孵化室是肉鸡生产联合组织的一部分。

在运输前要对鸡进行免疫。提前为雏鸡准备好鸡舍、垫料、水和加温设备是很重要的。有时要限饲 2～3 h 以使肉鸡先饮水。孵化器区域的温度应在 32.2℃ 或更高。

用细网丝、硬帆布或者 18 in 高的纸板型“雏鸡护栏”将刚孵化出来的雏鸡圈养在鸡舍内的一小块地方，这样它们可以就近采食和饮水，有必要的话，还要补充孵化器的热量，诱导雏鸡采食和饮水。饲料起初是被分撒在报纸或育雏盒的顶部，或从小的开放式喂料机或饲料盘中获得。特别小的沙粒、花岗岩石或其他非融解物质也可食用。在消化过程中，沙粒被储藏在嗉囊中，起研磨作用。

几天以后，圈养区域不断扩大，并最终解除圈养，这样，鸡就可以在整个鸡舍中活动，以便充分接触大盘机械式喂料器和饮水器。

饲养密度是每只鸡 0.5～1 $ft^2$，这取决于期望的相关利润率。肉鸡的价格、不同鸡群密度下的不同杂交模式的生产性能、鸡舍的成本，以及其他因素都将影响饲养密度的大小。

研究表明饲养密度可以提高到每只鸡 0.4 $ft^2$ 而体重的增长不会明显降低，并且饲养密度适度提高可提高单位饲料转化率，这可能是由于减少活动量的缘故[①]。在大多数商业肉鸡场，鸡的饲养密度通常是每只鸡 0.7～0.8 $ft^2$。

大多数肉鸡场的经营决策都是在鸡入舍前制定的。购买与销售协定，或一份包含公司和养殖户职责的合同，设备运转，垫料到位，饲料配给量已明确规定后再将雏鸡运到生长鸡舍。

生长阶段的管理包括：(1)对雏鸡疾病症状或低生产性能表征的基本观察；(2)检查喂料、饮水和通风设备以保证其运转正常；(3)维持适当的饲料和饮水的供应。

疾病暴发通常可通过免疫接种或经饲料、饮水或喷雾来投放药物进行预防和治疗。个体的单独治疗成本很高。

大型肉鸡公司的规模和节省劳动力的设备，结合高度熟练的经营管理，可大大减少劳动需求。佐治亚州的调查表明[②]，一般年产 732 000 只仔鸡的鸡群管理员在仔鸡的整个生长阶段可将管理每 1 000 只鸡所需的劳动时间缩短近 3 h。装备了机械式启动装置的喂料机和乳头饮水器的生产操作所需的劳动量是传统喂料机和饮水器操作所需劳动量的 60%。

## 35.4 合同制养殖

合同制肉仔鸡养殖的原则是养殖者有土地、劳动力和一定的资金或能力来承担价格风险。然而，如果养殖户的劳动力、土地和一部分资金（厂房和设备）投入到了企业中，他们就会有动力来获得好的产品，从而优化鸡群管理。

合同制公司（联合企业）提供雏鸡、饲料和有经验的鸡场工作人员，这些人员会按照已制订好的养殖程序检查生产部门或根据养殖情况来调整方案、处理潜在问题。

大多数合同都会保证养殖户每千只鸡的最低收入。通常合同会规定公司（加

---

①参考 Scientific Aspects of the Welfare of Food Animals. Council for Agr. Sci. and Tech. Report No. 91, November 1981.

②①Lance, G. Chris. Poultry Sci. 74 (1995): 398.

工商、饲料生产商或其他公司)和养殖户平分超过最低保证以上的那部分核算的利润,或者当肉仔鸡或分割加工好的屠体的价格超过先前制定的水平时,每1 000只肉仔鸡或每1 000 lb肉仔鸡所得的更高的报酬会支付给养殖户。当然,这笔核算可能包括死亡、淘汰的费用或扣除额,运输费用、医药费和其他开销。某些合同规定,运输费用应按每磅的规定价格支付给养殖户,这一价格取决于饲料转化率。

为了使养殖户觉得在鸡场和设备上投资是值得的或有利可图的,合同通常会维持多年。在某些案例中,公司会提高养殖户在这些投资上的信贷金额。

当然,由于多种因素,联合肉鸡生产和加工体系的效率会有所不同,这些因素包括:养殖者的管理水平、鸡舍的质量、各鸡舍的容量、交通的便利,以及饲料厂、孵化厂和加工厂之间的距离。因此,合同条款将这些因素考虑进去是合理的。

近几年,快速增长的特许经营汽车穿行餐馆和以高脂肪油炸或烧烤鸡肉为特色的饭店已成为垂直集成经营的一部分。这些零售企业的商家是由加工商或养殖户组织起来的。

## 35.5 从生长/饲养鸡舍到加工厂

多数肉鸡是在40～42日龄体重长到4.0～4.2 lb后屠宰的。从20世纪70年代开始,肉鸡上市加工的平均体重一直稳定增长。对于鸡的单位体重而言,体重越重,生产和加工越有效率,在养殖场“空闲时间”更短(通常在鸡群周转14 d之间按计划进行清扫、消毒、修理设备等),管理雏鸡和成品鸡所需的劳动更少,并且对于生产的鸡的每一磅体重而言雏鸡的成本也就越低,在鸡场,每磅鸡肉或屠体的劳动力和加工成本也较低。

每月加工的肉仔鸡数量常会有所浮动。在主要的节假日,生产商和加工商都试图避免高强度的工作量,并且由于7周的固定生长期,这会导致如图35-8所示的周期性屠宰模式。价格似乎除了受供给影响外更受到其他因素的影响。

通常在加工前12 h要禁食禁水,这会避免饲料的浪费,这些饲料在加工时会残留在消化道中,禁食禁水还会获得最大的屠宰率。

每群鸡的加工日期通常是预定好的,这是因为肉鸡的合同制计划生产保持了加工厂的工作和市场上鸡肉的稳定供应。由于鸡在黑暗中较为安静,搬运起来也更为容易,所以通常会在深夜或清晨装载。有经验的工作人员会在很暗的灯光下在鸡舍内工作,人工抓鸡并把它们放到金属仓(板条箱)中。这些箱子由铲车装载到卡车上,通常6 000～6 500只鸡1车。

在加工厂中,卡车可能会停在通风的可加热或降温的棚子内直到箱子被铲车装卸完毕。在一个宽大的传送带上将这些箱子倒空,再由工人将每只鸡用镣铐固定在加工生产线上。通过对工人的培训和指导可使对鸡的伤害和其死亡损失降到最小。鸡肉加工已在第23章进行论述。

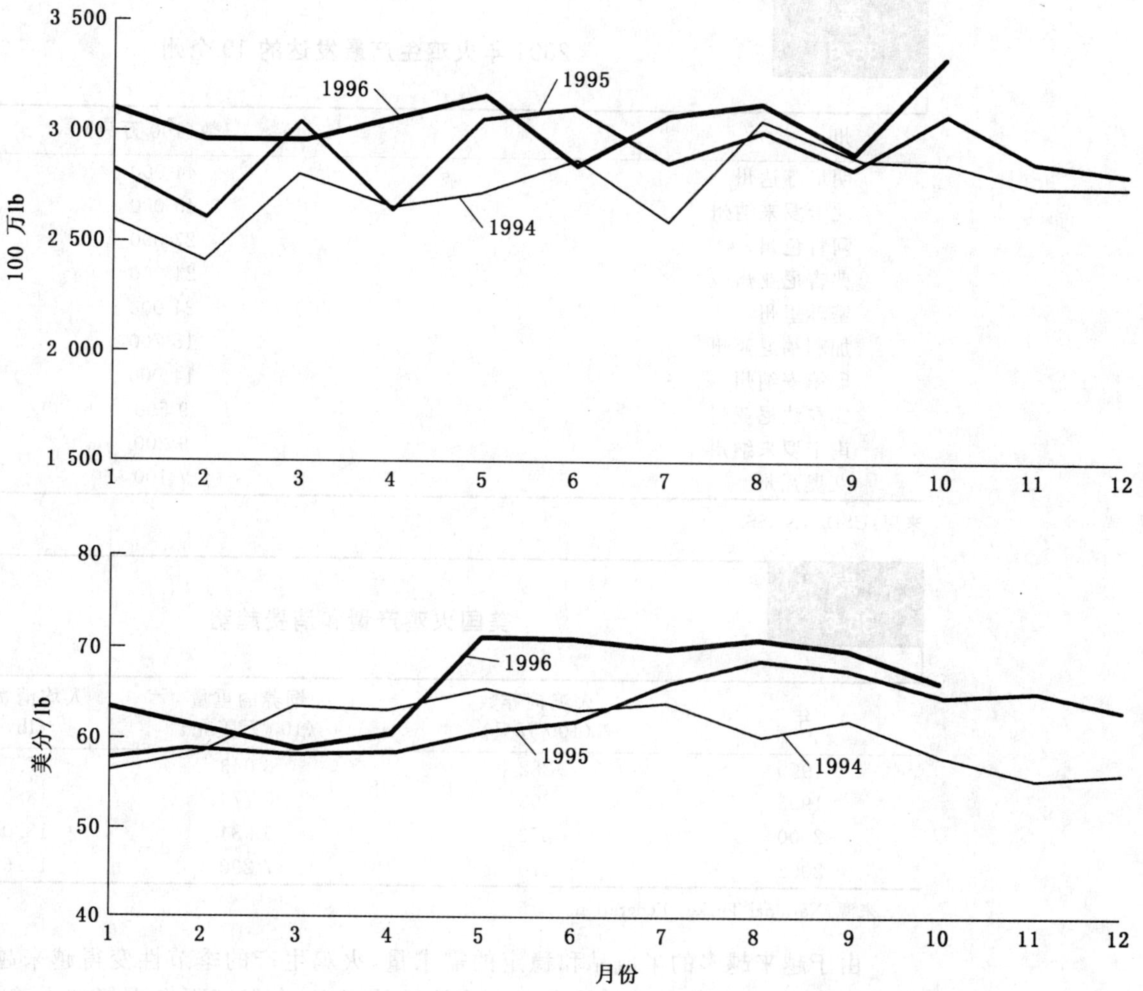


**图 35-8　近几年肉仔鸡胴体重(上图)和价格(下图)的季节性变化。**

来源:改自 USDA。

## 35.6　火鸡生产

火鸡业和肉鸡业很相似,但火鸡生产更具季节性,生长周期更长,母鸡和公鸡分开饲养,并且很大一部分火鸡是在开放式牧场或圈养(见彩页 F)。火鸡生产的排名前 10 的国家参见表 35-5。美国 2002 年火鸡的人均消费量是 17.5 lb(表 35-6)。从生产商到加工商的垂直集成管理和肉鸡行业相似,并且前 15 名的加工商控制着全美 90%以上的生产量。一些大的加工厂由生产商所有。

最近几年,火鸡肉的年产量和人均消费量非常稳定(表 35-6)。尽管人均消费量稍有变化,但很少作为家庭烹调进行经销,全部或大多数火鸡主要用于预煮火鸡产品,例如用于三明治内的切成薄片的胸脯肉。相对来说多数的母火鸡在成品时会轻一些——14 周龄大约 15.5 lb 重——故作为整鸡来焙烤,公火鸡上市时体重较高——18 周龄大约 32 lb 重——大部分会进一步加工成预煮品,例如三明治肉、法兰克福香肠、肉片或单个产品如火鸡腿。

表 35-5 2001年火鸡生产最发达的10个州

| 州 | 只数(100万只) |
|---|---|
| 明尼苏达州 | 44 000 |
| 北卡罗来纳州 | 43 000 |
| 阿肯色州 | 27 000 |
| 弗吉尼亚州 | 24 000 |
| 密苏里州 | 24 000 |
| 加利福尼亚州 | 18 700 |
| 印第安纳州 | 14 000 |
| 宾夕法尼亚州 | 9 500 |
| 南卡罗来纳州 | 9 200 |
| 艾奥瓦州 | 7 100 |

来源:USDA,NASS.

表 35-6 美国火鸡产量和消费趋势

| 年 | 火鸡饲养数(100万只) | 饲养的重量(100万美元) | 人均消费量(lb) |
|---|---|---|---|
| 1990 | 282 | 6 043 | 17.5 |
| 1995 | 293 | 6 779 | 18.0 |
| 2000 | 270 | 6 934 | 18.0 |
| 2002 | 270 | 7 290 | 17.5 |

来源:National Turkey Federation.

由于越来越多的半成品和稳定的需求量,火鸡生产的季节性变得越来越小。尽管如此,一年中前6个月较高的火鸡幼雏的产出,会保证更多更好的火鸡肉供假日旺季从感恩节到新年的所需。

美国和加拿大目前的火鸡产业可以追溯到一个从英格兰到加拿大的移民,他在1927年带来一些青铜色宽胸火鸡。它的生产效率和肉质都优于本地的北美火鸡,从而提高了火鸡肉的生产和消费量。长期以来,持续的遗传选择和选配导致更多火鸡胸脯肉、粗壮大腿和白羽品种的出现,后者意味着去羽毛后可获得均一的白色屠体。

火鸡的饲料转化率从用作轻型肉鸡的每磅上市鸡肉消耗2.2 lb饲料,到作为重型烘烤型的每磅鸡肉消耗3.4 lb饲料不等。由于在主要品种内的选择和育种体系,使得培育幼禽高效品系和家系有了明显的进展。

通常用和肉鸡相似的设备和补充供热器将1日龄的雏火鸡圈养起来。火鸡全年在南方的开放式围栏或牧场中饲养,待温暖的春季后回到北方饲养直到上市(图35-9)。但是,在北方的中部各州,很多雏火鸡是在完全圈养的环境下饲养到上市的。

## 35.7 其他肉用生产型家禽

来自产蛋和种鸡群的鸡肉和火鸡肉占据了整个禽肉供给的5%。由于日龄较大，这些产品嫩度降低，它们通常被用于做汤、鸡肉馅饼和其他加工食品。一些母鸡作为炖品零售。

**图 35-9 达到上市体重的公火鸡。**
来源：Nicholas Turkey Breeding Farms.

阉鸡作为专门的产品来生产。这些鸡是在 10 日龄至 4 周龄之间被去势的公鸡。它们在 5～6 月龄，体重达到 10～14 lb 后被屠宰，所产的屠体肉相对较嫩，多汁且风味可口。

在 1996 年大约有 2 700 000 只鸭在联邦政府所管制的鸭场进行加工①。大部分鸭是在东北各州，中西部（特别是印第安纳州）和加利福尼亚州生产的。鸭的饲喂与肉鸡和火鸡饲喂相似。鸭在 6～8 周龄体重达到 6～7 lb 后上市。

在北方中部各州的牧场，鹅的养殖较发达。传统上，南达科他州在鹅肉生产上位于首位，每年生产大约 200 000 lb 鹅肉②。大部分鹅以大群方式饲养在哈特派殖民地。鹅肉的需求量与火鸡的季节性需求量一致。鹅肉通常在感恩节和圣诞节上使用。鹅肉通常要比火鸡肉多汁。鹅一般在 20 周龄以上，体重超过 10 lb 后去毛。

野鸡和鹌鹑（北美鹑）常出现在一些高档饭店的菜单上或为家庭消费。野鸡和鹌鹑用与肉鸡相似的方法来经销和加工，只是群体更小。由于营养和其他管理知识不足，生产成本通常更高。

鸵鸟产业近几年在美国已经普及开来。这些鸵鸟包括来自非洲的鸵鸟，来自澳洲的鸸鹋和来自南美的美洲鸵。鸵鸟因它们的皮毛而闻名。它们的皮毛被加工成高档的皮毛制品，例如靴子和钱包。育种人员还促使鸵鸟为他们生产红肉，即鸵鸟肉。在 20 世纪 90 年代，美国鸵鸟产业估计拥有 500 000 只鸸鹋、200 000 只鸵鸟和少量的美洲鸵，饲养群庞大但鸵鸟肉的市场有限。

鸵鸟的生长发育、行为和特性与为生产商业禽肉产品而培育和饲养的家禽有很大的不同。最明显的就是它们的体型大小，成年鸵鸟体重 200～350 lb，站立时有 7～10 ft 高。鸵鸟 3～4 岁达到性成熟并开始交配。具有特色的是，一些雌鸵鸟在春季只与一只雄鸵鸟交配。孵蛋期大约要 6 周。雏鸵鸟大约在 3 月龄达到

①USDA. Agricultural Statistics，1998.

②Poultry Digest 38 (1979)：392.

成年体高。鸵鸟还因奔跑速度而知名，能达到每小时 40 mi。种用鸵鸟可活到 50 岁。

当需求和市场都满足时，鸵鸟的肉、皮和羽毛都具有商业价值。鸵鸟肉有着和牛肉相似的肌理和颜色，并在铁和蛋白含量上可与其媲美。烹熟的鸵鸟瘦肉切片比牛肉和鸡肉所含的脂肪低得多。一些饭店已将鸵鸟肉加到了他们的菜谱中。

鸸鹋也是一种大鸟——大约 2 岁时达到成年体重，有 5～6 in 高，重达150 lb。雌性鸸鹋在 18 月龄就可产蛋并可持续超过 15 年。孵蛋期大约是 50 d，在此期间由雄鸸鹋孵蛋。

鸸鹋的羽毛、肉、油和装潢蛋都可作为产品。鸸鹋肉类似于鸵鸟肉。

## 思考题

1. 大多数肉鸡是在合同制公司里生产出来的，这是什么意思？典型的肉鸡生产合同的一般特征是什么？

2. 为什么合同制肉鸡生产在东南部的各州比较普遍？

3. 描述一下大多数肉鸡是如何生产出来的，包括畜舍类型，进出育成舍的日龄以及配料供给类型。

4. 总体描述一下用于肉鸡生产的配种体系。大多数是单个品种还是几个品种的杂交？这些育种工作是由育种工作者负责还是由专业的育种专家负责？一个育种规划的最重要的几个目标是什么？

5. 肉鸡在多大和多重时被送去加工？简述一下这个过程。

6. 列举 5 种鸡以外的肉用禽类。

翻译：徐桂云；校对：唐韶青

# 第 36 章

# 水产养殖

# Aquaculture

水产养殖是指生产和饲养水生生物，包括鱼类、软体动物（如牡蛎、蛤类、贻贝）、甲壳动物（如螃蟹、龙虾、小龙虾、对虾），以及水生植物。水产养殖可以被看作是畜牧业的一种，或者是一个大部分生物都在水中养殖并被用作食物的产业。除了给人类提供食物来源以外，水产养殖也提供许多体育用品、鱼饵和装饰品等。

水产养殖为全世界的人类提供食物已有几千年的历史，可以追溯到 3000 年前中国人的鱼类养殖。在美国，虽然某些形式的水产养殖业在 18 世纪晚期已有所发展，但直到 20 世纪 50 年代商业鲶鱼养殖在南方各州的大规模扩张才成为一项主流产业。随着知识的积累和技术的进步，水产业稳步发展成为美国农业的重要组成部分，在各州都发展了商业化的养鱼业。

美国所消费的大部分斑点鲶鱼和鳟鱼、1/3 的大麻哈鱼和一半的对虾都来自于水产养殖。水产养殖是美国农业的一个快速发展的部门，为某些农场主提供了一种革新或发展多元化的途径，同时为他们或其他人提供投资的机会。

每当谈及现代畜牧业时，人们几乎总是将其与奶牛、肉牛、猪、绵羊、马等的繁殖和管理联系起来，近来或许还有另类产业如奶羊、鸵鸟甚至野牛。既然如此，我们为什么要单列一章来探讨水产养殖呢？原因很简单——水产养殖为全世界的人们提供了重要的食物来源，而且毫无疑问地，随着全球人口的膨胀，未来水产业将发挥更大的作用。

20 世纪 80 年代，美国鱼类和海产品的消费增长明显。如今每人每年大约消耗 14.5 lb 去骨加工的产品。虽然鱼类和海产品的消费量仍比不上牛肉、猪肉和鸡肉，但已达到或超过火鸡，远超过小牛、羔羊和羊肉。水产品的总体增长可能是由于它们能促进健康。更确切地说，许多水产品含有高水平的 $\omega$-3 和 n3 脂肪酸。这些脂肪酸类在脂肪酸的第 3 位存在特异的化学键从而产生独特的性质。例如，爱斯基摩人吃大量的鱼类脂肪（如鲸鱼脂肪）而几乎从不患有心血管疾病（CVD），许多居住在地中海周边的人同样因吃大量水生生物而很少患此病。流行病学家研究发现 n3 脂肪酸与多种健康益处有关。通过吃水产品而摄入丰富的 n3 脂肪酸，可直接使饱和脂肪减少和多不饱和脂肪酸（PUFA）尤其是n3的逆转性增加，进而使血脂情况得到改善，减少中风风险，降低血压，减少心血管疾病（CVD）的机会。

家畜家禽生产的成功经验（1.8和1.9）以及几乎所有的动物科技理论（如遗传、营养、疾病防治）都可以成功地在水产业中得到应用。和其他农业生产一样，一个高质量销路好的产品的持续生产对于一个成功的水产业是必需的。

目前更专业的水产业者必须提供足够数量的高质量产品通过大型城市的鱼市出售。小型的生产者常常要通过促销和不断生产消费者需要的产品来开发本地市场。

水产养殖成功的关键在于：(1)及时实施针对所饲养品种的有效管理；(2)保持所饲养品种的水环境在最佳状态。优质的水质需要把水温控制在可接受的范围内，保证足够的氧气，合理的营养和控制pH值，以及缺氧和污染物的管理措施。

本章将探讨水产养殖的特征并阐述其原理，主要是其在商业化鱼类生产中的应用。

学习本章后，读者应掌握以下内容：

1. 确定世界上主导水产业的国家和地区。
2. 描述美国水产业的特征。
3. 列出美国的一些软体动物和甲壳动物养殖的例子。
4. 区分美国生产的较重要的暖水鱼和冷水鱼的种类。
5. 描述水温改变如何对鱼的代谢率和活动产生影响。
6. 列出几个影响水质的重要因素。
7. 列出一些养鱼水体中当氧气过度消耗时的直观表征以及引起氧气耗尽的原因。
8. 简要阐述4种养鱼的方法。
9. 比较肉食性和杂食性鱼类摄食行为的不同及这些不同怎样影响它们的食物组成。
10. 定义一个“全价配方饲料”和一个高质量饲料必备的特性。
11. 列出一些引起鱼类应激的因素类型及较重要的疾病预防措施。
12. 列出鱼类捕捞上市前应考虑的因素。
13. 给出编写营销计划的要点。

## 36.1 全球水产业

全球食用鱼生产包括水产养殖和“捕捞”资源，即生长于海洋和其他水域的野生鱼类。20世纪90年代中期，捕获的有鳍鱼类和贝类的总产量可达92 t之多，这些鱼的2/3被直接食用，剩余的被用于制备鱼粉和用于工业或动物饲料的鱼油。由于鱼类资源的限制，捕捞渔业的产量很难提高。

另一方面，水产养殖对全球渔业生产的贡献在过去的几十年里剧增。例如，

20 世纪 80 年代中期水产养殖提供了约占全球食用鱼产量的 1/8。到 1995 年，它的贡献已成倍增长，超过全球供应量的 1/4。随着养殖业的持续增长和技术的提高，水产养殖应该可以弥补大部分甚至全部的捕捞渔业供给和全球人口及消费需求持续增长之间的差距。

从全球的角度上看，目前中国以其占全球 64% 的产量成为全球鱼类养殖的领跑者(表 36-1)。中国的鱼类产量在提供人类食物方面仅次于猪肉。鲤鱼是世界上最流行的食用鱼，其产量约占全球鱼类养殖的半壁江山，其中主要在中国养殖。

正如表 36-1 所示，大部分其他水产养殖产量领先的国家也都在亚洲，在这些国家，鱼类在人们食物组成中占的比例比世界上的其他地区高。虽然美国的水产养殖是个相对年轻的产业并只占全球产量的 2%，但仍居世界第 8。2000 年美国水产养殖增长至 500* t，大约比 1995 年提高了 21%。1995 年，美国全年生产量约413.4* t，产值约为 7.29 亿美元。

表 36-1 2000 年主要的水产养殖国家及其预期的产量

| 国家 | 排名 | t(×10³) | 占全球产量百分比(%) |
|---|---|---|---|
| 中国 | 1 | 22 500 | 64.3 |
| 印度 | 2 | 2 400 | 6.86 |
| 日本 | 3 | 1 400 | 4.01 |
| 韩国 | 4 | 1 220 | 3.50 |
| 菲律宾 | 5 | 1 000 | 2.86 |
| 印度尼西亚 | 6 | 875 | 2.50 |
| 泰国 | 7 | 680 | 1.94 |
| 美国 | 8 | 500 | 1.43 |
| 孟加拉国 | 9 | 475 | 1.36 |
| 中国台湾 | 10 | 300 | 0.86 |
| 其他国家 | | 3 640 | 10.40 |
| 总计 | | 34 990 | |

来源：改自 FAO Fisheries Department Review of World Aquaculture Outlook, 1999.

## 36.2 美国水产食品生产

美国有 100 多种水生生物通过养殖生产。根据产量和产值，表 36-2 中列出了一些比较重要的种类。淡水鱼类(主要有斑点鮰鱼、鳟鱼、罗非鱼和杂交斑点鮰鱼)的产量占美国水产养殖的 60%。牡蛎的生产主要集中在东北海岸、墨西哥湾和太平洋西北岸，它与贻贝和蛤类的总产量居美国水产第 2 的位置，约为水产养殖总产量的 1/3 之多。

* 译者注：原书数据，对比表 36-1，数据应×10³。

表 36-2　1995年美国主要的水产养殖品种

| 品种 | 产量(t) | 产量百分比 | 产值(美元×$10^3$) | 产值百分比(%) |
|---|---|---|---|---|
| 斑点鲶鱼 | 202 706 | 49.0 | 350 681 | 48.1 |
| 牡蛎 | 109 080 | 26.4 | 70 646 | 9.7 |
| 小龙虾 | 26 375 | 6.4 | 52 752 | 7.2 |
| 鳟鱼 | 25 240 | 6.1 | 34 815 | 4.8 |
| 大麻哈鱼 | 14 106 | 3.4 | 75 504 | 10.4 |
| 蛤类[a] | 13 481 | 3.3 | 19 221 | 2.6 |
| 钓饵鱼 | 9 883 | 2.4 | 71 355 | 9.8 |
| 罗非鱼 | 6 838 | 1.7 | 22 634 | 3.1 |
| 杂种斑纹鲈 | 3 772 | 0.9 | 21 161 | 2.9 |
| 对虾 | 1 000 | 0.2 | 8 820 | 1.2 |
| 软体动物 | 930 | 0.2 | 1 218 | 0.2 |
| 鲟鱼 | 20 | 0.0 | 290 | 0.0 |
| 总计 | 413 431 | | 729 097 | |

a. 包括贝壳重量。

来源:改自 FAO 1997 data。

美国供食用的水产养殖可被划分为鱼类养殖(主要指淡水鱼养殖)、软体动物养殖和甲壳类养殖。其中,鱼类产量超过60%,软体类约占33%,而甲壳类约有6%。

表36-3列出了美国养殖的主要鱼类的特点。注意不同品种生长和繁殖温度的差异。例如鳟鱼、大眼狮鲇和大麻哈鱼需要较冷的水域,而斑点鲶鱼、杂种斑纹鲈和罗非鱼更喜欢暖水水域。

掌握鱼类的基本结构和一些鱼类品种将有助于你更好地认识到它们在生长和外表的不同,评估和描述它们的生长条件。鱼类的外部组成和一些在美国商业养殖的鱼类图画都列举在图36-1和图36-2中。

表 36-3　美国食用鱼类及其生产条件

| 品种 | 生产可行性评估 | 养殖难易 | 市场可行性评估 | 水温要求 | | 食物蛋白含量(%) | 最常见生产系统 |
|---|---|---|---|---|---|---|---|
| | | | | 生产(℃) | 繁殖(℃) | | |
| 大西洋鲑 | 中等 | 易 | 高 | 10～17 | 6～10 | 42～50 | 流水道、围网[a] |
| 沟斑点鲶鱼 | 优 | 易 | 高 | 27～29 | 22～28 | 28～30 | 池塘、笼养 |
| 银大麻哈鱼 | 中等 | 易 | 高 | 9～14 | 7～13 | 45～50 | 流水道、围网 |
| 杂种斑纹鲈 | 优 | 中等 | 中等 | 25～27 | 16～20 | 45～50 | 池塘、笼养、水再循环系统 |
| 大口黑鲈 | 优 | 中等 | 高 | 13～27 | 16～18 | 40 | 池塘 |
| 虹鳟鱼 | 好 | 易 | 高 | 10～16 | 10～13 | 45～50 | 流水道、围网 |
| 小口黑鲈 | 中等 | 易 | 中等 | 10～21 | 14～17 | 45 | 池塘 |
| 罗非鱼 | 好 | 易 | 中等 | 27～29 | 27～29 | 28～32 | 笼养、水再循环系统 |
| 大眼狮鲇 | 中等 | 难 | 高 | 22～25 | 9～13 | 40～50 | 池塘 |
| 金鲈 | 差 | 中等 | 高 | 21～25 | 10～16 | 40～50 | 池塘、水再循环系统 |

a. 围网与笼养类似,但比笼养的容量大。

来源:Indiana Aquaculture Plan, Indiana Aquaculture Association and Purdue University, 1997.

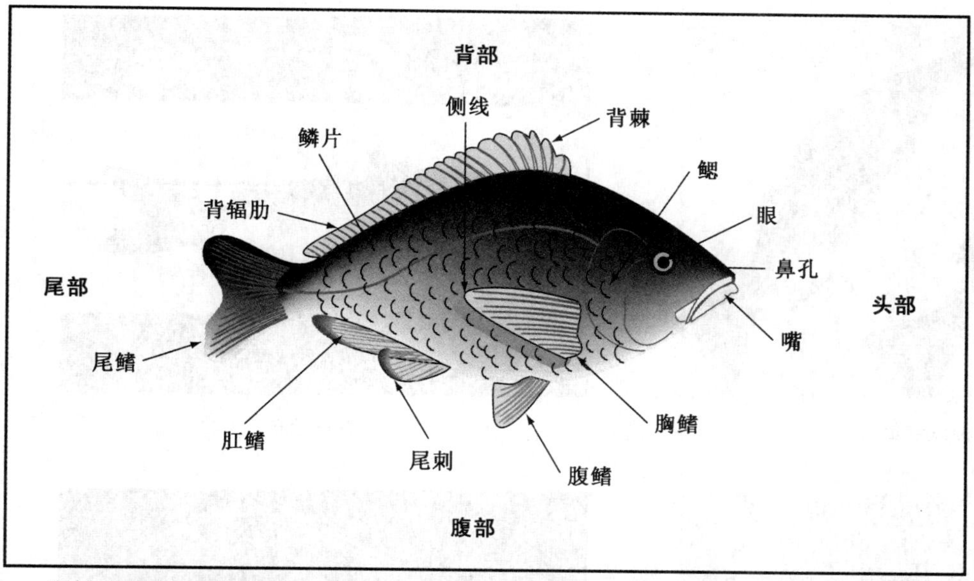


**图 36-1 鱼的结构及其标准术语。**
来源：Purdue University.

沟鲶是最普通的养殖鱼类，大约占美国水产养殖总产量的 50%。斑点鲶鱼肉呈白色，味道鲜美而温和，属于暖水鱼类。因此，被大量养殖于密西西比三角洲流域的商业鱼塘——密西西比生产总量大约占美国总量的 60%，得克萨斯州、阿拉巴马州和路易斯安那州紧随其后。美国大约有 177 000 acre 的鱼塘用于养殖斑点鲶鱼，我们将在第 4 节详细讲解斑点鲶鱼的养殖。

罗非鱼因其肉质柔和白嫩而在大多数州养殖。罗非鱼是各种棘鳍鱼类的总称。尼罗罗非鱼和蓝罗非鱼是最普遍养殖的品种。作为暖水域鱼类，罗非鱼必须饲养在 26℃以上。由于受消费者欢迎，罗非鱼的生产持续增加，养殖区域也不断扩大。先进的养殖系统可以提供相当便宜的能源（如太阳能温室、改良的建筑物隔热），从而使罗非鱼可以生长在美国北部更冷的水域和更靠近大城市市场。美国罗非鱼每年的生产量大约在 15 000 000 lb，而现在消费者的需求已远远超过国内的供应量。其余 50 000 000 lb 的罗非鱼主要从中国台湾进口。

杂交杂种斑纹鲈是来自美国东西海岸的野生海水鲈鱼与生活在淡水水域的白鲈鱼的杂交品种。这个杂交品种是为补充商业捕捞杂种斑纹鲈数量下降而发展起来的。

这种新的杂交品种因肉味温和、肉质致密而受美国消费者的欢迎。另外，它作为商业养殖鱼类迅速流行起来的原因是因为它的生长率、疾病抵抗力和存活率优于父母代。研究人员发现杂交杂种斑纹鲈非常适合池塘养殖并积极研究提高其生产技术。杂种斑纹鲈的上市体重为 1.5～2.0 lb，价格比沟鲶的高。

鳟鱼养殖大多在爱达荷州，每年大约有 5 000 万美元的产值，大约提供 88% 的美国本土产虹鳟，它的肉为白、粉红甚至橙色，味淡而略带核桃味。大多数的鲑鱼被饲养在流水道里，一种由许多水池组成的连续流水系统，我们将在第 4 节对它作进一步的描述。

杂种斑纹鲈

沟斑点鲶鱼

罗非鱼

虹鳟

**图 36-2　美国水产养殖的几种经济食用鱼类品种。**

经 Illinois-Indiana Sea Grant Program 授权。

1995 年，大西洋大麻哈鱼总的产量只占美国水产养殖总量的 3.4%，但因为它高昂的零售价格，大麻哈鱼却占总市场价值的 10.4%。以前大麻哈鱼因它美味和口感而通过高端的餐馆销售，如今生产者正通过中等规模的餐馆来促进更多的消费。

牡蛎主要被养殖在东北海岸、墨西哥湾和太平洋西北部。在美国，牡蛎的养殖已有一百多年的历史了，由于广受欢迎而被作为高价值的海鲜大量养殖。注意在表 36-2 中牡蛎的产量包括了壳重，壳大约占牡蛎重量的 92%，这样 1995 年真正能够食用的牡蛎产品大约为 8 773 t。

螯虾是美国养殖最普遍的甲壳类。大约 90% 的螯虾养殖在路易斯安那州。路易斯安那州传统的养殖方式是把螯虾单独饲养在泥塘中，或与水稻轮养。

在美国养殖的另一种甲壳类是淡水虾。大约 70% 的养殖虾产自得克萨斯州。对虾养殖在泥塘中，池塘结构与斑点鲶鱼塘相似，对水质要求也同样高。最近美国的养虾生产倾向于试验并发展大规模水再循环养成系统。

目前，西半球仅饲养世界总产量 20% 的淡水虾。但是美国在饲养技术上却处于领先地位，尤其是高密度育苗和管理。绝大多数的种虾是在南部海岸的南卡罗来纳、佛罗里达和得克萨斯的育苗场生产的。

如今，专业的水产养殖者必须生产足够的高品质的水产品来通过大城市的鱼市销售。小规模的生产商常常通过促销手段和持续销售消费者喜欢的产品来发展当地市场。

美国的水产养殖者可以大致分为3个类型①。其中最典型的一类就是专门生产受欢迎的品种如鳟鱼、大麻哈鱼或斑点鲶鱼的成熟的生产者。第2类养殖者在摸索不同的养殖方法，或者生产其他的品种如罗非鱼、杂交鲈或甲壳类动物如对虾和小龙虾。第3类养殖者是那些生产规模小但试验其他种类如大眼狮鲇的养殖以确定他们在水产业中作为食用鱼类养殖潜力的生产者。

## 36.3　水源和影响水质的因素

没有什么比生活在水中的生物更依赖所生活的环境（图36-3）。例如，作为冷血动物，鱼类的活动和生长都极大地依赖水的温度。另外，它们也依赖水提供充足的氧气和营养，维持适宜的pH值，分解和去除消化后的废物。下面我们将就几个对鱼类健康和活动比较重要的影响因素进行探讨。

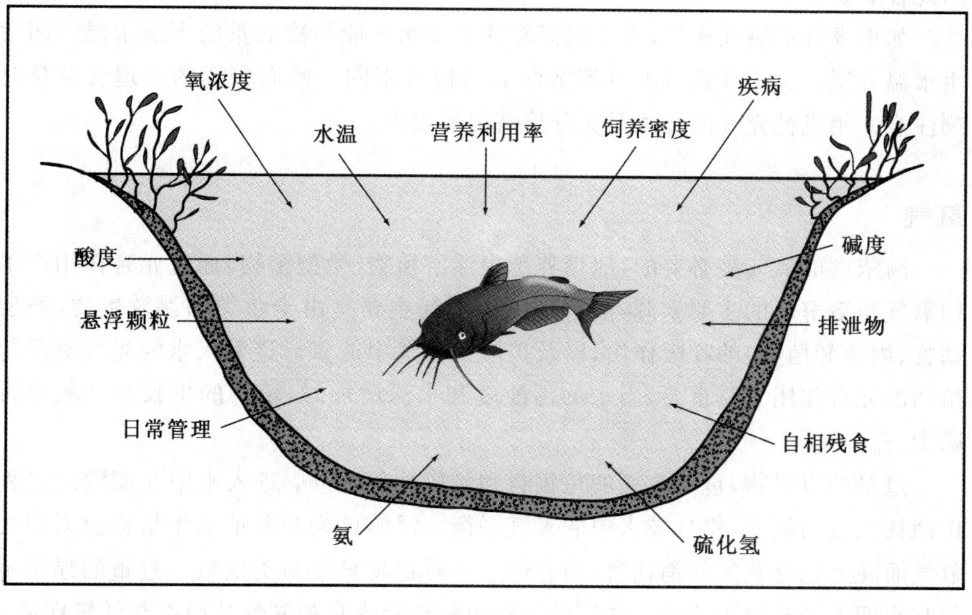


**图36-3　鱼依赖的水环境和影响鱼类健康和活动的因素。**
来源：Illinois-Indiana Sea Grant Program.

### 水源

水产养殖的成功需要充足的清洁淡水水源。根据鱼类的不同需要，水源可来自井、泉、小溪、湖泊、储水池或城市水源。许多水产养殖系统需要非常大量的水，例如，爱达荷州的鳟鱼饲养依靠大量高质量的冷溪水。另外，高密度养虾也需要大量的淡水，与其他大多数形式的池塘养殖相比养虾有更高的水质要求②。

---

①Farmline. Aquaculture Laying Groundwork for Future Growth, May 1992.

②Goldburg, R., and T. Triplett. Murky Waters: Environmental Effects of Aquaculture in the United States. The Environmental Defense Fund, 1997.

## 水温

当水温上升时,鱼的新陈代谢率上升,而当水温下降时效率下降,从而直接影响鱼的活动、饲料消耗和氧需求,例如,水温每上升10℃,代谢率便增加1倍。

如表36-3所示,每种鱼的繁殖和生长需要各自不同的水温范围。水温过高或低于理想的范围将导致生长缓慢,延长达到可出售规格的时间。温度超限也能导致应激增加和疾病易感性,在极端的情况下可导致鱼类的大量死亡。温度的急剧变化,例如鱼群转移时可能会发生,即使不超过9~12℃也会引起鱼类应激和死亡。

另一个与水温和鱼类活动相关的因素是水温分层,即受环境温度影响,水体从上而下分成不同水温层,这些水层分别被称为表层、温跃层和湖底静水层。表层即最上层,因天气变暖而形成,具有温暖、质轻、低密度和氧气充足的特点。温跃层,即中间层,具有显著而突然变冷的水温范围。湖底静水层最冷,密度最大,因此含氧量最小。

如果没有机械性充气,由于暖而轻的上层水不能与冷而重的下层水混合而发生水温分层。这可导致鱼类可用溶解氧的极大不同。然而警觉的管理者总是时刻注意并用机械充气的方法避免分层情况的发生。

## 氧气

高浓度的氧气是必要的,池塘养殖中浮游植物(微型植物)通过光合作用产生的氧气是溶解氧的主要来源,而溶解氧的消耗主要是由于鱼类和浮游生物(微型动物、细菌和植物)的呼吸作用,以及扩散至空气中的氧。透射入水的光线对浮游植物的光合作用尤其重要,当水的污浊度和水深增加时,植物的生长和产氧率将减少。

过量的有机物,包括吃剩的鱼饲料和氮废物等物质,进入水中在腐败的过程中消耗大量的氧气,将打破水中的氧气平衡。浮游植物和其他水生植物白天释放氧气而晚上也是氧气的消耗者,当它们过量时也将导致鱼类缺氧。过量的浮游植物和水面上的蓝绿藻死亡后的腐败过程也将消耗大量的氧气从而引起低氧环境。

鱼类必须有足够的氧气来维系生存和生长,它们的需要取决于它们的种类、发育阶段和养殖条件。大约4 ppm是鱼类健康、生长和繁殖所需要的浓度。

商业养鱼者应密切的观测他们的鱼塘和其他养鱼设施的氧气消耗情况,可以通过目测和使用测氧仪来测量(图36-4)。一般氧的浓度在早上最低,因为晚上的呼吸作用和缺少光合作用。如图36-4所示,通常当浓度低于4 ppm的时候就应该充气。低氧的信号包括水的颜色变深,鱼儿在深夜或黎明时贴着水面游泳。

用溶氧仪可以很容易地检查水的溶解氧是否达到了期望的4~5 ppm。如果偏低,就应该用机械充气泵充气。

**图 36-4 氧的浓度可以通过测氧仪测量，理想的浓度是 4～5 ppm。如果氧的浓度下降，就应通过机械加氧。**
来源：Illinois-Indiana Sea Grant Program.

## 二氧化碳

了解水中的 $CO_2$ 与植物的适宜生长和鱼的健康之间的关系也是非常重要的。白天伴随着光合作用，浮游植物和水生植物消耗 $CO_2$。相反，在晚上，$CO_2$ 通过呼吸作用释放出来。浮游生物大量死亡会导致过高浓度的 $CO_2$。$CO_2$ 的浓度高于 20 ppm 被认为过量，将影响鱼的健康。理想的 $CO_2$ 浓度是在 5 ppm 以下。

## pH 值

水产养殖人员应该定期监测水的 **pH 值**（氢离子浓度），尤其是在怀疑 $CO_2$ 超标时。监测工作最好安排在早上，此时的 pH 值较低。适合鱼类生产的理想 pH 值为 6.5～9.0。通常 pH 值在白天升高，晚上降低。pH 值高于 11 的碱性水或低于 4 的酸性水都是致命的。

> **pH 值**
> 物质酸碱度的指数，7.0 属中性，大于 7.0 为碱性，小于 7.0 为酸性。

## 含氮废物

水环境中的高**氨**会使鱼类中毒。氨是鱼类的代谢和细菌分解有机物的产物。它以氨气（$NH_3$）或离子氨（$NH_4$）的形式通过鱼鳃和粪便排泄到水中。$NH_3$ 毒性较低，它的浓度的增加与水的 pH 值和温度有关，当水中 $CO_2$ 的浓度超标浮游植物死亡时，氨的浓度将达到最大值。当这些情况发生时，就应对水中氨的水平进行监测，用商用试剂盒可以很容易地检测出来。

> **氨**
> $NH_3$，由水中有机物分解或氮源在消化器官如瘤胃中腐败产生。

氨经过细菌硝化作用将转化成对鱼类健康不利的$NO_2$。$NO_2$通过鳃膜进入体内血液，当含量过高时，$NO_2$会结合红细胞的血色素形成正血铁红蛋白，而此混合物无法输送氧气。因本身的含氧低，正血铁红蛋白使血液呈现特异的棕色。

当氨水平超标时，可以采取以下几种处理方法，包括通过施加农用石灰来调整pH值，减少或停止投喂，必要时应使用新水冲洗系统。

### 其他水质要素

水透明度也会影响鱼的健康和生长。当悬浮颗粒积聚使水变污浊时，水再循环系统将出现问题。悬浮的颗粒过多会局部阻塞鱼鳃，从而降低它们的呼吸能力，增加它们对疾病的易感性。悬浮的颗粒也将引起鱼肉质的改变。施加凝絮剂，维护过滤系统的正常运转可以有效地降低过多的悬浮颗粒。

**碱度**
衡量水对pH值的缓冲能力的指标。

**碱度**和水硬度也与鱼类活力降低有关。碱度(水缓冲能力)用碳酸钙的百分含量(ppm)表示。水的硬度主要由钙离子和镁离子来决定。虽然他们在一些水中差别很大，但碱度和硬度在大多数水域中很相似。有些种类像小龙虾和杂种斑纹鲈在水硬度较低时将受到不利影响。一般硬度不能超过50 ppm。碱度和硬度可以通过向水中添加钙和碳酸盐(例如石灰、碳酸钙、碳酸钠)来调节。

其他水质因素包括硫化氢和铁。硫化氢通常与残留食物和粪便的积累或水源中高水平溶解态的铁有关。过多的铁将在鱼鳃中形成红色的沉淀物，对鱼鳃形成刺激作用。

## 36.4 鱼类养殖方法

随着水产业的发展，已经逐渐形成4种不同的生产方式：(1)池塘；(2)流水道；(3)笼子；(4)水循环系统。下面将对每种方式进行简要描述。

### 堤坝式池塘

**堤坝式池塘**
用泥土围成的鱼塘。

**堤坝式池塘**系统是使用最普遍的鱼类生产的系统，尤其在斑点鲶鱼饲养最集中的美国南方地区(图36-5)。在同一养殖场中根据不同阶段拥有3种类型的鱼塘——产卵、鱼苗期、养成期①。

所有商业鱼池构建的都类似，但是池塘的尺寸和每种类型的数量将取决于养鱼场的大小和项目的目的。总之，确定场址和地形非常重要，它将确保：(1)可利用的充足水源；(2)土壤适宜的化学和物理特点；(3)场址可免受洪水侵扰；(4)池塘很容易排水。

池塘形状也是值得考虑的重要因素，因为它能影响鱼的日常饲养管理和劳动效率。大多数堤坝式鱼池设计成矩形，以便于饲养和收获以及保持高质量的水。形状不规则的鱼池在管理上会存在诸多麻烦。

①不同阶段鱼的体型大小：产卵期，从孵化到1 in长；鱼苗期，1～8 in；养成期，从鱼苗到上市。

**图 36-5 封闭式斑点鲶鱼农场鸟瞰图和堤坝式鱼塘养殖系统。**
来源：Illinois-Indiana Sea Grant Program.

典型的堤坝式池塘体系的布置和设计图如图 36-6 所示，是由 4 个池塘组成，并有 1 个水井供水和道路围绕。每个池塘 15～20 acre，这样可以节省建造成本，而且便于管理。小于这个亩数的池塘单位价格会更昂贵一些，而更大一些的单元又难管理。

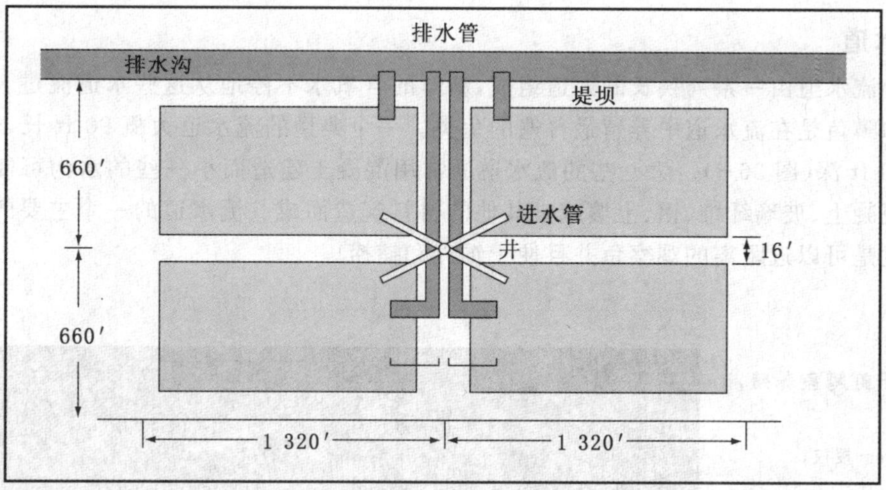


**图 36-6 典型的堤坝式斑点鲶鱼池塘示意图。**
来源：Southern Regional Agricultural Center Publication ＃101.

无论池塘有多大，堤坝式的池塘建造都必须考虑到：(1)堤宽；(2)堤坝出水高度；(3)堤的深度和坡度(图 36-7)。主堤应该用砾石或碎石铺面，至少 20 ft 宽。侧堤应该不少于 16 ft 宽。必要时可以使主堤更宽些以容纳水井，使水井能够提供水源给邻近的池塘并利于通行(饲喂、捕捞等)。

**出水高度**是指堤坝高于正常水面的那段高度，应该在 1～2 ft 之间，出水高度过高会增加费用，妨碍设备进出池塘。堤坝出水高度过低则容易在大雨时被侵蚀和溢水。

> **出水高度**
> 鱼塘水面和堤坝顶部的垂直距离。

堤坡是指单位英尺高度与水平距离的比例。对于大多数类型的土壤来说，如果适当压实，合理的内坡度为 3∶1。

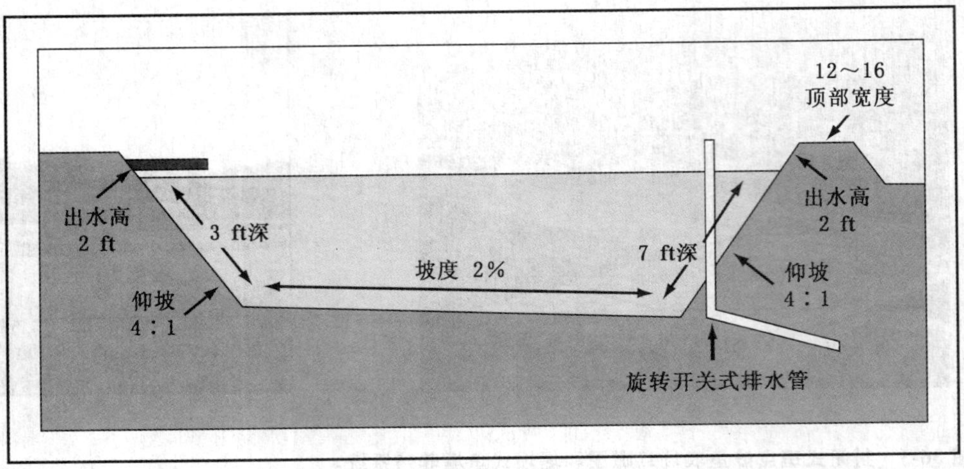


**图 36-7　典型的鱼塘横切面图,包括:理想的深度、坡的斜度和堤坝的宽度。**

来源:Illinois-Indiana Sea Grant Program.

商业鱼塘在浅水区的水深在 2.5～3.5 ft 之间,倾斜而下到达的深水区水深不要超过 6 ft。鱼塘底部要求平坦和一定的倾斜度,便于捕捞和排水。

## 流水道

流水道由一系列狭长的渠道组成,新鲜的含氧水不停地从这些水道流过。鲑鱼和鳟鱼是在流水道中养殖最普遍的鱼类。一个典型的流水道大概 90 ft 长,9 ft 宽,3 ft 深(图 36-8)。大一些的流水道通常用混凝土建造而小一些的水沟可能是由混凝土、玻璃纤维、铝、土壤或是其他的材料筑造而成。流水道的一个主要的优点就是可以近距离的观察鱼并且便于饲养和捕捞。

**图 36-8　流水道系统最常见于虹鳟鱼养殖,要求有持续新鲜的冷水供应。**

经 Illinois-Indiana Sea Grant Program 授权。

如图 36-9 所示，位于流水道上的天然泉水提供了一个理想而廉价的大量自流水源。如果水源必须不停地泵入则能源耗费将大大增加。水源位置有着 8%～10%的坡度能够使水流依靠重力流过水沟，这样的水流和每个单元池间 1.2～2 ft 的落差足以提供足够的水的流动。

**图 36-9 天然泉水为流水道系统提供了一个稳定的水源。**

经 Illinois-Indiana Sea Grant Program 授权。

## 笼养

笼养是指将笼子悬挂于不能洒网捕捞的水体中饲养，或者有些情况下采用笼养是为了方便饲养管理(图 36-10)。这种养殖方式也易于鱼群观察、饲喂和捕捞。

**图 36-10 两种放置于水中的鱼笼——都便于鱼群的观察、饲喂和捕捞。**

经 Illinois-Indiana Sea Grant Program 授权。

农场池塘或坑池(正如一些公路边看到的那样)是极好的笼养场所。但是如果用于水产业，这些场地必须杜绝污染物如庄稼和饲育场的流出物，不能混有野生鱼，含有限的水生植物，并且平均深度应在4～5 ft。在这种水体中的笼养生产相比于需要新建鱼塘有启动资金少的优点。

笼子一般由一个框架（如聚氯乙烯或塑料管）和塑料或纤维网组成，形成一个方形、矩形或圆形的形状。内部网衬悬于笼内用于将鱼网住。很多系统也采用一种附着在笼子靠上方的内侧部分的“渔环”，用来防止饲料漂出笼子。每个笼子都安装有漂浮材料使笼子的上部高出水平面。

## 水再循环系统

近年来第4种商业养鱼方法发展起来，这种方法被称作水再循环系统。生物滤器、固体滤器、泵和培养槽是一个再循环系统的主要组成部分。这种方法利用水槽养鱼而且循环利用装在一个闭环系统里面90%的水。几个型号和款式的玻璃纤维水槽已经实现商业化并被广泛地应用于再循环系统。

**图 36-11 水再循环系统中，水从池塘泵出，通过滤器清除废弃物，然后又重新回到池塘中。**

经 Illinois-Indiana Sea Grant Program 授权。

水再循环系统要求特殊的设备和成熟的管理来确保正确的水温和水质得以不断地维持。持续不断的机械充气对于维持水中充分的溶氧是必不可少的。另外，特殊的**生物滤池**对于去除代谢废物是必需的，并且通过池塘中的自然生物过程和在水沟中频繁地换水把氨和亚硝酸盐（含氮废弃物）转化成相对无毒的硝酸盐。

> **生物滤池**
> 利用生物有机体使水中有害物质的性质发生改变或失活的污水过滤系统。

闭合水再循环体系的一个主要优点是能够在水温很难维持稳定的区域内常年的使用。再循环体系能够降低和升高水温以适合养殖的鱼类。设计和管理适当的再循环体系比池塘养殖更容易控制鱼病和天敌。

再循环体系主要的局限在于：(1)较高的设备和建筑造价，特别是涉及到产量；(2)再循环和维持水质的费用；(3)高密度饲养所要求的高级管理。在近 20 年中，许多大学已经对再循环体系做了很广泛的研究，并且有关商品鱼生产上的生物、工程和经济方面的研究仍在继续。

在美国，与其他养殖体系相比，再循环体系的商业化使用较少，但是随着设计工艺的提高和经济管理的改善，该体系将被更加广泛地使用。

## 36.5 渔业管理

水温和水质控制等重要方面已经在 36.3 中进行了讨论。要想成功，养殖者也必须合理地处理好鱼的储备、饲养、捕捞和销售。

养鱼实践随饲养的鱼种和生产方法不同而不同，本章节主要介绍一些比较重要的管理规范，尤其是那些已经在现代斑点鲶鱼场成功使用的实践。

成功的渔场要有养殖设备来饲养健康、高质量、大小均一的幼鱼。每群鱼应该大小均匀，但平均大小可以小至 4 in，大至 10 in 长。这些小鱼可以从其他商家买到或在渔场当地生产。如果是在渔场生产，生产者一定要有额外的专业知识和设备来完成鱼的产卵、孵化、并一直饲养到鱼苗阶段。从鱼卵到长成可以出售规格的斑点鲶鱼几乎需要 2 年的时间。一旦开始蓄养鱼苗，大约需要 200 d 才能养成市场规格的斑点鲶鱼。

决定养殖期长短的一个主要因素是水的平均温度。斑点鲶鱼在 24～29℃时生长最快，16℃以下生长极其缓慢。

在池塘养殖中，鱼苗在开始蓄养时的大小和单位英亩水面中蓄养的鱼苗数也影响着生长期的长度。当每英亩的鱼苗饲养密度增加时，鱼苗的日增长就下降。虽然据报道说斑点鲶鱼饲养密度有高达 12 000 lb/ac，但是大多数斑点鲶鱼养殖场的饲养密度一般在 2 000 ～6 000 lb/ac 之间。

高密度放养要求熟练的管理并且定期监测水质，特别是水中的溶氧浓度。当水质或鱼类活动(如进食行为减少)突然变化时，管理者必须能够迅速做出正确的反应。

### 营养和饲喂

影响鱼的饲喂和营养水平的因素有：(1)品种；(2)天然食料和补充食料的量；(3)放养密度；(4)水温和水质。

鱼类可以分成**肉食性鱼**、**草食性鱼**和**杂食性鱼**。例如，鳟鱼一般表现肉食性，喜欢捕食小鱼和昆虫，饲养时鳟鱼从食料中获取动物蛋白。相反，斑点鲶鱼则是一种杂食性的鱼，可以吃各种各样的低等蛋白食料。

> **肉食性鱼**
> 食肉的鱼类。

> **草食性鱼**
> 食草的鱼类。

> **杂食性鱼**
> 既食草又食肉的鱼类。

有关研究表明，鳟鱼的蛋白需求推荐量是 40%～45%，而斑点鲶鱼需要的理想蛋白水平是 30%～32%，大部分营养研究都是以这两种鱼为研究对象。虽然水产业中经常使用相似的食谱饲养不同鱼类。当所饲养的种类资料有限时，生产者通常对肉食性鱼饲喂蛋白水平高一些的食料，而杂食性和草食性的鱼则饲喂较低蛋白水平的食料。

在鱼塘环境生长的鱼可以有机会吃到一些水生植物或小动物，而笼养、水沟或循环体系饲养的鱼则完全依靠定时提供的配方饲料。虽然有些生产者会添加饲料补充自然的生长环境，但为了取得理想的效果，大多数人都采用完全配方饲料饲养。

如果生产商采用高密度饲养，小鱼的生长速度会受到不利影响。进食时，由于大鱼的挤撞和有限的进食空间，小鱼往往难以获得充足的食物。

环境温度或水源导致的水温降低会使鱼的代谢速度减缓。由于在冷水中能量消耗少，鱼的食欲也相应减小。因此，在养殖温水鱼如斑点鲶鱼的情况下，水温降到4～7℃时，饲养者应减少饲料供给。

作为温水鱼，斑点鲶鱼在水温上升到16℃时，采食量提高。饲料转化率也随着水温的升高而提高。在水温16℃时，斑点鲶鱼每吃4.0 lb饲料可增长1 lb体重。27℃时，饲料转化率逐渐提高到1.5∶1。而当水温达到和超过29℃时，斑点鲶鱼食欲下降，活动减少。水温高于32℃时，应添加很少或不加饲料。

活跃的食性凶猛的鱼需要高水平的溶解氧。当水中溶氧量降低时，氧气不足可导致鱼的呼吸和新陈代谢的损害。如果出现这些情况时，饲养人员必须采取措施，充分充气来改善鱼的活动，或者在严重的情况下至少可以减少鱼的损失。

鱼的饲料组成应该根据最新的国家研究委员会(NRC)的推荐①。饲料中应该含有合理的成分和含量：(1)有足够的能量；(2)易消化；(3)蛋白含量充足，氨基酸比例平衡；(4)味道鲜美可口。为确保氨基酸比例均衡，应该只用高质量的蛋白饲料。维生素和矿物需要添加到饲料中。因为鱼不能自身合成足够的维生素C，所以总是需要添加维生素C。

鱼自身合成蛋白需要的来自食物的能量比温血动物要低，部分是因为鱼不必维持一个恒定的体温。但食物的能量水平是非常重要的，低能量食物可以造成其他营养成分不能被有效利用，而能量水平太高的食物又使鱼对生长所需食物的摄取减少。

当设计一个全价饲料配方时，根据饲料的消耗量，饲料混合物一定要能满足动物日常各项营养的最低需求。鱼类的能量需求是通过摄食来满足的。因此，设计配方的第一步就是确定每磅饲料中需要的能量水平，然后再确定其他的营养成分并组成一个理想比例的饲料配方。这样就能确保在满足鱼的食欲的同时又能吸收适当水平的各种养分。

鱼粉和大豆粉中含有的蛋白含量和平衡的氨基酸水平成为鱼类食谱中优良的蛋白源，而其他的饲料，如棉粕或血粉有时也被用到。因为玉米和玉米副产品的成本较低和较高的淀粉含量而成为常用的能量来源。淀粉在饲料的制粒和压制过程中也可用做黏合剂。

在有些配方中，脂肪和油类也作为高浓度的能量和必需脂肪酸的来源添加到饲料中。因为它们会妨碍颗粒的黏合性，在制粒的过程中并不混在颗粒中，而是把它们喷射在饲料颗粒的表面。这样的一层外壳有助于减少微小颗粒、粉尘以及饲料废弃物。表36-4就是一个较合理的斑点鲶鱼饲料配方。

① National Research Council. Nutrient Requirements of Fish. Washington, DC: National Academy Press, 1993.

**表 36-4 斑点鲶鱼饲料配方简例**

| 成分 | 比例 |
|---|---|
| 鱼粉，鲱鱼 | 8.0 |
| 豆粉，48%的蛋白含量 | 48.3 |
| 玉米粉 | 31.0 |
| 米糠 | 10.0 |
| 磷酸二钙 | 1.0 |
| 黏合剂 | 1.5 |
| 脂肪（喷涂） | 0.05 |
| 复合微量元素[a] | 0.05 |
| 复合维生素[a] | 0.05 |
| 维生素 C | 0.03 |

a. 根据 NRC 推荐的标准。

来源：Swann，La Don，1999. Fish Nutrition Pamphlet. Illinois-Indiana Sea Grant Program.

饲料生产商通常配制和销售 2 类饲料——浮性或沉性颗粒。尽管悬浮颗粒的成本较高，但它们在水中的稳定性比沉性颗粒料更好。另外，挤出的颗粒比压制的颗粒密度低且颗粒完整性可以保持得更久，当鱼类摄食缓慢时这是一个很大的优点。悬浮颗粒也让管理者可以更好地观察鱼类的活动。例如鱼类摄食不活跃可能是由于水质不好，而投喂快速沉淀的饲料就难以监测这种情况。

一些企业仍喜欢用沉性颗粒的饲料，因为它们成本低廉，或者有时掺入部分悬浮颗粒，便于观察鱼类的摄食活动。颗粒的大小也是采购鱼饲料时考虑的因素。大颗粒可以减少鱼类摄食所消耗的能量，且饲料颗粒的完整性可以保持更长久。

投喂量根据鱼的大小和不同生长期而定。大多数的饲料公司会在饲料包装袋上针对不同配方提供推荐的投喂量。自动投料机通常用于喂养鱼苗和小鱼，因为鱼苗和小鱼需要频繁投喂。然而这种饲喂方法在大鱼饲养中会导致过度消耗，降低饲料效率，所以在饲养大鱼时，人们宁愿每天人工饲喂 1～2 次。至于池塘养鱼，一般是利用架设在车上的机械投喂器沿着池边投喂。

调查研究表明，鱼类能够经历“补偿性生长”，如同牛、羊或猪在早期缺乏足够的养料一样。在阿肯色州的研究中发现，在冬季不进行投喂，斑点鲶鱼的体重会下降，但在随后的夏季生长期内，它们在体重上的增加比在冬季经过补充饲喂的鱼大得多。一些研究人员相信冬季补充饲喂达到体重增加的鱼比冬季不饲喂的鱼更有可能抵抗疾病和其他应激。

饲料是饲养食用鱼的主要成本。在池塘养鱼中，饲料一般都能占到总成本的 58%～60%。因为受到设备和设施的限制，大多数生产者都是直接购买鱼饲料而不是自己配制。

为了控制饲料成本，应该按照饲料厂家建议的投喂量根据鱼的大小和水温投喂。过度投喂会增加成本和水中有机废物的含量。这些额外的有机废物会增加细菌分解的耗氧量，从而降低了鱼类可用的氧。由于水温高时鱼类进食减少而发生过度投喂，所以建议当水温超过32℃时不要投料。

与斑点鲶鱼不同，鳟鱼是冷水鱼，所以生产者就不能用相同的饲养管理方法进行饲养。例如，它们的最低生长温度在3℃左右，达到该温度或更低的温度时，鳟鱼减缓进食并且只需要维持生命的食物。当水温增加到超过3℃，鳟鱼的摄食变得活跃，在18℃以下，它们的生长速度随温度升高而增加。水温在13～18℃，鳟鱼生长效率最高。

除小鱼外，鳟鱼一般不在商业化的养鱼场进行人工饲喂，而是根据需要通过机械投喂器或带有定时装置的投喂器投喂。

## 36.6 鱼类健康管理

和其他家畜一样，养鱼的重点在于鱼病的预防而非治疗。疾病控制需要在鱼的生长期(从鱼苗生长到上市)将环境应激减小到最小。这就要求合理及时的管理。鱼类生产者努力保持每群鱼都健康以使这些鱼能够按期上市，从而有利可图。这就需要鱼类在整个生长期内不受巨大应激和疾病的侵扰。

患病的鱼通常是因为已经受应激影响了很长一段时间。应激包括：(1)恶劣的水质；(2)饲养密度过高；(3)品质低劣的饲料；(4)环境污染；(5)鸟和其他动物的捕食。

在第12章已经讨论过，疾病被分为非传染性(如营养性的)和传染性疾病。非传染性鱼病有(1)与营养有关的代谢异常；(2)杀虫剂或其他化学物质引起的化学中毒；(3)与水质相关的环境条件；(4)生理状况(例如由不良管理措施引起的突然变化导致血液化学变化和器官功能异常)。

鱼的传染病是由寄生虫、细菌、真菌和病毒引发的。

原生动物是最常见的鱼寄生虫，能在皮肤上或鳞片表面或鳃上大量繁殖引起呼吸困难。

大多数与细菌有关的疾病都是由于上述应激造成的。其中过度拥挤和氧气不足是引起与细菌有关疾病的主要原因。影响鱼类的细菌性疾病数量和种类很多。大部分都是内部疾病，虽然有些出现在鳃和身体表面。

真菌类感染经常出现在野生鱼中，而在鱼的人工培育中并不常见。病毒性鱼病很少，但一旦发生可引起鱼群迅速死亡，特别是小鱼。

管理良好的池塘养殖会制定和实行一套疾病防治计划，包括以下的管理措施：

- 经常性有计划地放干池水以使池塘有足够的干露时间以杀死寄生虫和虫卵。
- 小心检查和治疗所有新进的鱼是否已感染疾病。在放归正常鱼群前应进行2个星期的隔离检验。
- 每次用完对所有设备进行消毒。
- 维持高水质、充足氧气，正确的pH值和适当的温度范围。

- 避免投喂过剩或不足。
- 进行治疗时，不用违禁药物。

早期发现潜在的疾病问题需要定时观察鱼的行为，比如摄食减少或精力不足。应随机取样检查有没有寄生虫，如痛处或破损。当鱼出现疾病征兆时，应寻求有资格的鱼类病理学家或兽医的帮助，以保证正确的诊断和治疗(图 36-12)。另外，许多州都有兽医诊断实验室可以对鱼病的诊断和治疗有所帮助。

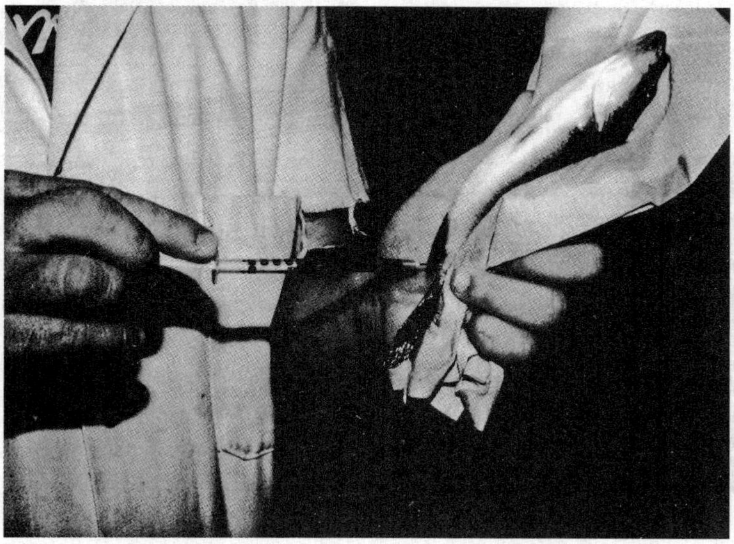

**图 36-12 鱼群一旦出现发病症状就应马上送往病理实验室，以便分辨出疾病的类型并给出合适的治疗方案。**

经 Illinois-Indiana Sea Grant Program 授权。

## 36.7 鱼的捕捞

当鱼上市时，必须尽快收获和加工或将活鱼尽快运送到加工厂。临时性存放在蓄水的储存箱内或延误加工，就会增加鱼类死亡或品质降低的风险。

上市前必须对鱼进行疾病检测，重量检测和异味检测，否则加工厂会拒收①。因为捕捞、运输和加工过程都必须在一定时间内一气呵成，应在所有的销售细节都准备好后才能进行捕捞。

生产商一般采用 2 种捕捞方式，部分捕捞或完全捕捞。部分捕捞使用大网孔的围网，这样可以对鱼进行大小分级。这种方法常被用于斑点鲶鱼生产中收获符合市场标准尺寸和重量的个体(如 1.25 lb 或更大的个体)，而让小个体的鱼漏过渔网。

完全式捕捞就是捕捞鱼塘中所有的鱼。例如，将整个池塘围网，或者池塘较大时排水将鱼集中到较小的范围内再用网捕捞。因为排水既费时又费水，通常只用在小型鱼塘中，如鱼苗池或杂种斑纹鲈等肉食性品种的鱼塘。但是，在大型的鱼池中，由于形状不规则或岩石、树桩等不规则结构使得捕捞变得困难时，这种方法非常实用。新建的池塘应该有平整的底部并去除障碍物以便于捕捞。

---

①在斑点鲶鱼的池塘中，蓝藻会使鱼产生异味，使鱼产品产生霉味。因为饲养者必须饲养鱼到加工，因此，异味会产生重大的麻烦。1999 年，敌草隆被环境保护委员会(EPA)批准使用，用于清除池塘的蓝藻。

技术熟练的拥有充足设备和人力的渔场主可选择自己捕捞(图 36-13)。其他的农场可以雇佣专门的拥有设备和人力的捕捞队,每磅鱼大概花费几分钱。大多数的商业养鱼场都有拉拽围网的机械设备。鱼群一旦集中,用装在卡车上的吊臂将网兜伸入水中来装载鱼。网兜装满后,将被吊起并倒入装满水的卡车内,并尽快地运送到加工厂。

**图 36-13 当达到捕捞标准时,小型的鱼塘可以通过人工围网来捕捞。然而,在几英亩大的鱼塘中就必须借助机械来围网捕捞。**
来源:Purdue University.

一个非常重要的常规是在拖网前 1～3 d 停止投喂,以减少饲料和粪便物质在运鱼卡车上水池中的沉积。

## 36.8 销售

那些已签订合同的生产商不用担心去开发一个合适的市场或价格。当鱼上市时,根据以前与加工商签订的协议,他们已经有市场了。但是那些还没有合约的生产者应该在开始渔场生意之前就确定是否能得到合同和选择偏爱的营销方法。

在生意开始时,每一位水产业生产者都应该有一个销售计划,以:

- 确定潜在的客户和竞争对手
- 估算成本和利润,确定一个不亏损的价格
- 预期未来事件,例如客户的偏好
- 确定备用行动方案
- 设定生产和销售目标
- 定期评价水产项目的执行情况

鱼可以通过其他企业批发出售或直接零售给顾客。大的养鱼场产量大,可以通过直接批发给加工厂或通过合作者、其他批发商或零售商销售。渔场主通过批发销售得到的价格低,但是销售成本比起直接卖给消费者也低。

市场上有些经销店倾向于从一个源头买进几种鱼而不是从几个源头买进同一种鱼，或是只大量的购进一种鱼。小的渔场主可以通过将自己的产品与其他人的合在一起而受益，这样可以更容易进入这些经销店。

对于产量小的生产者或不能定期供应商品鱼的生产者来说，直接卖给消费者通常是一种很好的销售选择。最适宜的市场规格(如 1.5 lb 斑点鲶鱼)和产品形式(如去脏带头鱼或鱼片)必须在成功的营销过程中确定。在直接销售时，每磅的销售成本和价格都会更高些。

小型生产者也应该争取直接卖给餐馆和其他食品店的机会，但是大多数零售渠道除了要求产品品质高以外(图 36-14)，还坚持要求产品的持续供应和产品规格均匀一致——这些要求对于小型生产者是很难的。

**图 36-14 供消费者购买的上等去骨斑点鲶鱼肉在品质、风味和状态上都有相应要求。**
经 Purdue University 授权。

## 36.9 成品加工程序

与其他肉类动物的加工一样，鱼类加工厂变得越来越大，越来越专门化，而且经常购进和加工大量的单一品种的鱼。

在为消费者准备好产品之前，鱼类加工还包括如下所列的几个步骤：

- 检查有无异味
- 收鱼并称重
- 将鱼打昏，去头
- 去内脏，去外皮(或鳞片)
- 清洗、冷却、检查
- 切块(切成需要的大小、形状和重量)
- 包装，贴上标签
- 放于低温保存以供快速出售或在正确的温度下冷冻保存
- 将产品运送到零售商手中

像其他类型的肉类加工一样，鱼肉加工也必须执行适当的卫生和加工程序，以符合或超过健康规定。

## 36.10 鱼类食品的特点

如果烹调得当，鱼将为消费者带来一道美味的高蛋白食物，同时鱼肉富含不饱和脂肪酸、B族维生素和微量矿物质，而且饱和脂肪酸含量低。消费者购买的绝大多数鱼每克含有的卡路里比一般的红肉都低。

有健康意识的人特别感兴趣的是鱼类较低的胆固醇和较高的 $\omega$-3 脂肪酸含量。$\omega$-3 脂肪酸可以帮助降低血液胆固醇水平，特别是可以降低低密度脂蛋白(LDL)胆固醇的水平。$\omega$-3 脂肪酸已经被证明可以减少动脉栓形成的风险，而动脉栓可引发中风和心脏病发作。$\omega$-3 脂肪酸还有降低血液凝固的作用。

在前面的36.2中已经指出，普遍养殖的品种如果养殖、加工和消费者烹调得当，都有非常受欢迎的微甜的口味。

## 思考题

1. 水产业何时在美国迅速扩展？
2. 水产生产的主要国家有哪些？并指出这些国家提供的水产品占世界水产品的百分比。
3. 说出生长在美国的2种冷水鱼和2种温水鱼。
4. 美国哪个州在斑点鲶鱼生产方面领先？
5. 水的分层现象是怎样给养鱼业造成问题的？
6. 列出影响养鱼水质的4个因素。
7. 从饲养场流出的有机物质会给鱼类生产造成什么问题？
8. 为何在早晨测得的水的pH值高会引起鱼类生产者的关心？
9. 硝酸盐和亚硝酸盐含量水平高怎样影响鱼的健康？
10. 什么形状和大小的堤坝式池塘符合商业斑点鲶鱼场的需要？
11. 什么种类的鱼最常养殖于流水道？
12. 简单描述鱼笼，并列举出与池塘养殖相比笼养在管理方面的优点。
13. 比较水再循环体系与其他养殖体系要求的工艺技能和管理技术。
14. 书中提到鱼通过摄食来满足自身的能量需求。为什么设计鱼的完全配方时应该首先考虑满足鱼的能量需求？
15. 当水温低于或高于某类鱼饲养需要的温度范围时，投喂量需要做什么样的调整？
16. 生长晚期斑点鲶鱼的最佳饲料转化率比例是多少？
17. 比较浮性饲料和沉性饲料的优点。
18. 鱼能经历补偿性生长吗？做出解释。
19. 列举养鱼过程中一些重要的鱼病预防措施。

20. 描述部分捕捞的方法。

21. 比较鱼类销售中合同式养殖、批发销售和直接零售的差别。

22. 什么类型的脂肪酸在鱼和海产品中含量高？为什么这些东西对人类健康很重要？

翻译：李荣；校对：柳南，唐韶青

# 第 37 章

# 伴侣动物

# Companion Animals

学习本章后,读者应掌握以下内容:

1. 描述各种可以作为宠物的动物。
2. 解释较其他动物而言,这些动物更适合做宠物的特征。
3. 了解宠物在人类生活中扮演的角色以及它们为人类提供了什么。
4. 描述伴侣动物群的总特征。
5. 解释造成动物群体过剩的主要原因。
6. 阐明人类社会对宠物有哪些义务、要负哪些责任。

## 37.1 什么是伴侣动物?

本章将对伴侣动物进行概述。伴侣动物或者宠物起源于何时何地?有一种学说认为,驯养宠物始于西方世界,源于农民或村庄的百姓寻求食物的需要。这一学说来源于考古学的证据:以色列北部曾发掘出 12 000 年前人和狗葬在一起的墓穴。这两者不是简单地投至于墓穴中,而是人的手置于狗的肩部,这也许象征着他们之间某种特殊的联系。正像本章正要介绍的那样,伴侣动物的概念可以延伸到很广的范围,但是本章将主要重点介绍猫、狗和观赏动物(图 37-1,图 37-2,图 37-3)。

通常认为,大多数伴侣动物是很少甚至没有经济价值的动物,因此,它们更常被称为"宠物"。伴侣动物所包含的动物范围是极为广泛的,它不仅包含特种动物,也包含家畜。现在,你会发现许多种特种动物被当作宠物饲养。比如,众所周知,前伊拉克独裁者萨达姆就以驯养老虎为宠物而闻名。但是,这些动物被认为是不易驯养和教化的。驯养特种动物作为宠物最大的问题之一就是由于主人对他们缺少适当的关心致使它们缺乏驯化。通常来讲,特种动物(如臭鼬、蜥蜴、鹿、黑猩猩、毒蛇、浣熊等)不宜作为宠物。实际上,它们是很危险的,在有些情况

**图 37-1** 一个小女孩正在和猫玩耍，儿童和宠物的经典场景。

**图 37-2** 孩子们正在和山羊玩耍。

**图 37-3 一只纯种的拳师犬,可用作宠物或展示。**

来源:Purdue University.

下可能伤害主人。由于诸如此类的种种原因,在美国驯养这些特种动物作为宠物是违法的。

同大多数的动物一样,当特种动物性成熟以及它们的荷尔蒙分泌改变时,它们的行为也会发生变化。大多数特种动物表现为好斗。此时,许多主人会发现他们不再能驯服这些动物,而且很难再合适地安顿它们。另外,特种动物对饲养管理的要求已远远超出了人们的能力,因此,许多动物被放生或被赠予当地的动物保护组织。

在特种动物种类中,观赏鱼和观赏鸟属于那种很容易饲养和生存的动物。一般来说,它们艳丽的颜色使其成为职业办公室中的最爱。其次,它们也得到家庭的宠爱。饲养观赏鱼和观赏鸟的优势在于,它们的视觉吸引力、易照料、付出的精力少①。如果饲喂正确的话,观赏鱼和观赏鸟基本上只需要喂食,无需清洁卫生或密切关注。从另一方面来说,猫和狗们则需要被给予更多的照料和精力。如果主人们都想把他们的动物照料得很好,那么他们就要定期带猫和狗们去看兽医,让它们充分锻炼,给予它们均衡的营养,合适的居住条件等,使它们保持健康以及良好的精神状态。

①本章中所提到的"义务"是指公司或家庭为观赏宠物做出的努力。

## 37.2 人类与宠物

美国人喜欢宠物，这在数据中也有所体现。整个美国大约有61 000 000只狗和74 000 000只猫。而且大约45%的美国人都拥有1只猫或1只狗。大多数宠物们都被照料得非常好。例如，近50%的狗和猫都会收到圣诞礼物，而且，20%～25%的猫和狗还有额外的生日礼物。美国人花费在宠物上的钱是相当可观的。表37-1描述了美国人在他们的宠物身上的花费。

表 37-1 美国人在宠物上的花费

| 年份 | 100万美元 |
|---|---|
| 2003 | $31.0(估计) |
| 2002 | $29.5 |
| 2001 | $28.5 |
| 1998 | $23.0 |
| 1996 | $21.0 |
| 1994 | $17.0 |

从20世纪90年代早期以来，宠物业中的宠物供给和宠物服务(如宠物美容、宠物照料等等)领域的业务产生了稳定的增长，并彼此为生存和创业提供机会。宠物产业中业务的增长，很大一部分是因为消费者有了更多的收入，可以用来花费在他们的宠物身上。同样，在过去的10年中，生活方式趋向的改变及美国人对宠物需求的转变也导致了人们在宠物身上的支出显著增长。越来越多的经营宠物相关业务的公司，包括生产、销售和提供服务的很多公司都进行了大规模的合并，以保持它们在全球经济中的竞争力。宠物产业的经济实力同人们的财富总量密切相关。不仅仅在经济比较繁荣期，人们付出时间来增进与动物的感情，在经济下滑的年份也会如此。这些行为清楚地表明了许多主人和他们的宠物之间有深厚的感情。

人们选择宠物，通常是为了：(1)享受同它们玩耍所带来的快乐，增进同动物的感情；(2)建立伙伴关系；(3)做孩子们学习的助手；(4)做交流的伙伴；(5)安全。小孩子们要避开动物，因为动物有可能扑向他们，吓到他们，或弄脏他们的食物。但孩子长大以后，他或她往往想要一只宠物，这种角色的转变发生在孩子们长大离家时。因此，父母们通常会增加他们的孩子和宠物之间的友谊。

除了前面提到的原因之外，人们出于最根本的需求，往往会选择一只狗或猫作为自己的宠物。例如，许多动物是用来工作的(警犬、猎犬、导盲犬)、用来展示的、用来谋取额外收入的(如繁殖小狗用来转售)、或者用于医疗研究的。这里的医疗工作并非“药物测试”，而是宠物们被大量地引入护理机构和家庭中，为悲伤、病痛的人们提供一些安慰。也许这些治疗和满足感来源于通过一个人和宠物之间的纽带所产生的缓和压力的抚慰效应。

动物研究实验不是仅局限于家畜或宠物，而是已经延伸到了那些与人类生理形态相近的专门化动物，比如猴子和啮齿动物。总的来说，针对动物的科学研究可以分作医学研究和营养研究 2 类。人类针对动物的研究首要驱动力是为了找到针对人类疾病的治疗或解决办法。在许多情况下，为了弄清楚特定基因的病理机制，实验要求动物以牺牲作为代价。而且，很多情况下调查者需要知道某些特殊药物（例如那些用于癌症病人的药物）会对动物造成什么样的影响。这些科学研究总的任务是帮助调查者利用动物的生理系统挽救人类的生命。

在营养学研究中，喂养许多动物的食物都是：(1)最好的满足了动物的营养需求，(2)挑选出能够保证其生长发育而不必额外消耗食物的产品。在 2 种情况下，这些因素都在持续变化着，因为新的基因品种的农作物以及动物的新品种被引入到人类社会中来，产生了许多种类的副产品。例如，酒糟是从谷物中提取酒精后的副产物。这些副产品的营养价值是否适合人类社会的需求，仍然有待于研究者们进一步的研究。

营养需要的确定需要经过多次实验，包括“有根据的猜测”；例如，许多研究者在要喂养鸵鸟的时候，会先喂养本地火鸡。用火鸡的饮食喂养鸵鸟，研究者们可能会发现一个与火鸡全价料的发展有关的问题。火鸡的饮食被用来作为“基准”，所以研究者们有了一个最初的起点来为鸵鸟设计饮食。

无论是否有兴趣，许多公司都参与了一个项目，即保证实验动物的福利。实际上，许多评审委员会①是由这个领域内的专家、统计学家、兽医和外行公民组成的。这种由不同类型的人组成的评审委员会的一个共同的目的是实验动物的福利。

为了提供优良的设备，许多大学和私人产业都归属于实验动物护理评估鉴定协会(AAALAC)，这是一个私人的非营利性组织，旨在保证实验动物在科学研究中的福利。目前，超过 650 家公司、大学、医院、政府机构和其他研究所都从中受益，同时作为回报，他们会履行义务照顾动物。这种参与是志愿行为，是除了遵守当地法律、州法律和联邦法律中关于规范动物研究的规定之外的补充。

## 37.3　动物和人类社会

大多数猫和狗的主人是尽职尽责的，但还是有许多猫和狗们死在了动物庇护所里。在美国境内有将近 6 000 间动物庇护所。根据国家慈善协会的数据，每年有将近 6 000 000～8 000 000 的猫和狗进入动物庇护所(图 37-4)。其中，近 50％的宠物被实施了安乐死。另外，动物庇护所每年大概要花掉纳税人的 20 亿美元。死在动物庇护所中的动物数量之所以那么大，主要归因于大量流浪动物的存在。或许导致流浪动物存在的最大因素在于，许多动物的主人随便沿路“丢弃”他不想要的宠物，或者不想为他的宠物的行为负任何责任。这些被遗弃的动物们会以非常快的速度繁衍。还有，许多主人允许他们的宠物们到处乱跑，很多这样的宠物会和别的宠物，或流浪动物交配繁殖。这样在很大程度上导致了“人口过剩”、不受欢迎的动物的增多。据估计，1 只猫和它所生的小猫在它的有生之年可以繁衍

①提交研究者的详细的草案，判定他或她满足所申请的工作的资格。

将近420 000只后代，而1只母狗和随后的孩子可以共繁殖67 000只后代。因此，美国被丢弃的猫和狗的全部数量的估计值令人非常惊愕，从而使目前处于安乐死动物的数量已经达到了3 000 000～4 000 000只。这意味着大约每7.8 s就有1只猫或狗被实施了安乐死。专家们认为解决的办法是普遍实施绝育手术。只有阉割才能降低这些不受欢迎的动物的数量。

在对宠物实施了绝育手术的城市或小镇上，潜在的宠物的数量降低了30%～60%。同所有项目一样，这个项目的成功需要许多人们有计划的控制宠物的数量，从资助绝育诊所，到协调上至大众传媒的教育运动，下至地方兽医等各方的力量。例如，中北部印典娜州阉割动物组织(NCISN)和福利组织认为安乐死对于宠物是不必要的。此外，这家组织建议，通过心理前摄的拯救，积极努力的收养和支付得起的绝育手术，来避免通过安乐死来削减动物数量的必要性。NCISN组织的另一个主要功能是降低宠物们所遭受的痛苦、遗弃和忽视，最终达到不再有宠物无家可归这一目标。在富有同情心的人们的帮助下，NCISN组织已经负责为超过5 000只动物做了绝育手术。它们中的一大部分(2 100只)在志愿者的努力下又被重新寄养在新的家庭中。

**图37-4 这种庇护犬是牧羊犬与拉布拉多犬杂交的后代，和许多庇护动物一样，这种犬的主人需要有高度的责任心。同时，这种犬被认为是极好的伴侣动物。**

来源：Purdue University.

一般来说，人们不希望受到更多的法律约束。然而，这也许是更直接地影响动物数量过剩的必要步骤之一。这就是，如果法律要求每只从市或县的动物庇护所里收养的宠物都必须在特定期限内实施绝育手术，那么被人们丢弃的宠物的数量就不会导致不受欢迎的动物数量的急剧增长。同时,法律规定提高不实施绝育手术的宠物的许可证费用也会激励新的宠物主人为他们的宠物实行绝育手术。与所有成功的项目一样,教育也是解决这个问题的一个极为重要和必需的部分。具体一些讲,人们需要意识到宠物数量过剩和实施绝育手术的现状。连同这个教育活动一起,一笔绝育手术津贴会更进一步的鼓励新的宠物主人为他们的宠物实施绝育手术。

## 37.4 狗和猫的营养

宠物饲料产业是个很大的产业,美国的总销售额大概有 118 亿美元,而全世界的销售额约为 300 亿美元。宠物饲料产业以每年 4%～6%的速度增长,并在农业中扮演了主要角色。具体一些讲,宠物饲料业利用了近 900 万 t 的干饲料,经许多加工厂生产出产品(150 万 lb 的家禽、猪肉和牛肉)。此外,350 万 t 的谷物和 100 万 t 的大豆也被用于宠物饲料配方。

大约在 1860 年的英格兰,历史上第一次用于商业用途的宠物饲料是小狗饼干。从那个时候起,宠物饲料业以破纪录式的速度增长。宠物食品有罐装的、干的、半潮湿的等种类来满足各种营养需求,也向宠物主人提供了很多选择。所有著名的宠物饲料公司都有一个共性:多年的研究和奋斗使得美产的宠物饲料都能用来保证宠物狗和猫的营养均衡。自从 1958 年,宠物饲料学会的成立是美国的宠物饲料业兴起的第一步。这是一个具有挑战性的任务,因为宠物饲料业被要求为它们的客户和客户的宠物们提供能满足复杂的营养需求的产品。与复杂的构成和细致的承诺相一致的是必须要有一个"不偏不倚"的管理机构来检查食品的质量,确保消费者们所付出的金钱物有所值,更重要的是,确保他们的宠物获得所期望的营养。美国饲料管理协会提供了统一、公平的贯彻和执行机制,用法律、规章、标准和强制执行政策来规范宠物食品的生产和销售,从而生产出安全、有用和高效的宠物食品。同样,宠物饲料学会鼓励智能化和创造性,促使它们被有关成员和机构所接受。

正如前面提到的,宠物的主人可以选择许多种类的宠物食品饲喂宠物。在日常管理中,宠物主人需要考虑喂养宠物的后勤工作。例如,宠物主人可以每天喂宠物 1 次、2 次、3 次,或者放任它们自由取食。因此,根据这张日程表,也就规定了主要的饲喂方式(例如,干食品还是罐装食品)。无论选择哪一种,宠物主人都要小心谨慎,不要喂得过多或过少,应该保持食品营养成分的均衡。为了宠物的健康,应该定期去拜访兽医,并问他或她有关宠物体重的问题。控制宠物的体重是非常容易的,因为宠物的主人可以全面地控制它们的饮食,规定它们的摄入量。食物的数量和种类可以根据当前的状况进行调整,(例如,怀孕、工作、生长或维持)。表 37-2 和表 37-3 分别提供了狗和猫所需的营养推荐值。

表 37-2　**犬的营养推荐**

| 营养成分[a] | 干物质成分含量 | 生长和繁殖期最低需要 | 成年最低需要 | 最高需要 |
|---|---|---|---|---|
| 蛋白 | % | 22.00 | 18.00 | |
| 精氨酸 | % | 0.62 | 0.51 | |
| 组氨酸 | % | 0.22 | 0.18 | |
| 异亮氨酸 | % | 0.45 | 0.37 | |
| 亮氨酸 | % | 0.72 | 0.59 | |
| 赖氨酸 | % | 0.77 | 0.63 | |
| 蛋氨酸-胱氨酸 | % | 0.53 | 0.43 | |
| 苯丙氨酸-酪氨酸 | % | 0.89 | 0.73 | |
| 羟丁氨酸 | % | 0.58 | 0.48 | |
| 色氨酸 | % | 0.20 | 0.16 | |
| 缬草氨酸 | % | 0.48 | 0.39 | |
| 脂类[b] | % | 8.0 | 5.0 | |
| 亚油酸 | % | 1.0 | 1.0 | |
| 矿物质 | | | | |
| 钙 | % | 1.0 | 0.6 | 2.5 |
| 磷 | % | 0.8 | 0.5 | 1.6 |
| 钙磷比 | % | 1∶1 | 1∶1 | 2∶1 |
| 钾 | % | 0.6 | 0.6 | |
| 钠 | % | 0.30 | 0.06 | |
| 氯化物 | % | 0.45 | 0.09 | |
| 镁 | % | 0.04 | 0.04 | 0.3 |
| 铁[c] | mg/kg | 80 | 80 | 3 000 |
| 铜[c] | mg/kg | 7.3 | 7.3 | 250 |
| 锰 | mg/kg | 5.0 | 5.0 | |
| 锌 | mg/kg | 120 | 120 | 1 000 |
| 碘 | mg/kg | 1.5 | 1.5 | 50 |
| 硒 | mg/kg | 0.11 | 0.11 | 2 |
| 维生素 | | | | |
| 维生素 A | IU/kg | 5 000 | 5 000 | 50 000 |
| 维生素 B | IU/kg | 500 | 500 | 5 000 |
| 维生素 E | IU/kg | 50 | 50 | 1 000 |
| 维生素 $B_1$[d] | mg/kg | 1.0 | 1.0 | |
| 核黄素 | mg/kg | 2.2 | 2.2 | |
| 泛酸 | mg/kg | 10.0 | 10.0 | |
| 烟碱酸 | mg/kg | 11.4 | 11.4 | |
| 吡哆醇 | mg/kg | 1.0 | 1.0 | |
| 叶酸 | mg/kg | 0.18 | 0.18 | |
| 维生素 $B_{12}$ | mg/kg | 0.022 | 0.022 | |
| 胆碱 | mg/kg | 1 200 | 1 200 | |

a. 设定的能量浓度是 PFG 推荐的 3.500 kcal ME/kg，如果日粮中能量浓度高于 4.000 kcal ME/kg，以上营养成分需加以调整。低于 3.500 kcal ME/kg，则不需要调整。按以上数据配制的低能日粮不能满足生长的繁殖需要。

b. 对粗脂肪的真正需要还没有建立，最低需要量是基于粗脂肪是必需脂肪酸的一种来源这一共识。粗脂肪可以作为脂溶性维生素的载体，增加适口性，以及提供充足的能量。

c. 在决定最低能量水平时，碳酸铁和氧化铁，低效能的氧化铜这些来源的铁铜元素由于生物活性低而不应考虑进最低营养需要。

d. 加工过程可能会破坏日粮中高达 90% 以上的维生素 $B_1$，这一点应该在配制日粮时予以考虑，以使加工后的日粮还可以满足营养需要。

来源：改自 Feedstuffs，July 2001.

表 37-3 猫的营养推荐

| 营养成分[a] | 干物质成分含量 | 生长和繁殖期最低需要 | 成年最低需要 | 最高需要 |
|---|---|---|---|---|
| 蛋白 | % | 30.00 | 26.00 | |
| 精氨酸 | % | 1.25 | 1.04 | |
| 组氨酸 | % | 0.52 | 0.52 | |
| 异亮氨酸 | % | 1.25 | 1.25 | |
| 亮氨酸 | % | 1.20 | 0.83 | |
| 赖氨酸 | % | 1.10 | 1.10 | |
| 蛋氨酸-胱氨酸 | % | 0.62 | 0.62 | |
| 苯丙氨酸-酪氨酸 | % | 0.88 | 0.88 | |
| 羟丁氨酸 | % | 0.42 | 0.42 | |
| 色氨酸 | % | 0.73 | 0.73 | |
| 缬草氨酸 | % | 0.62 | 0.62 | |
| 脂类[b] | % | 9.0 | 9.0 | |
| 亚油酸 | % | 0.5 | 0.5 | |
| 花生四烯酸 | % | 0.02 | 0.02 | |
| 矿物质 | | | | |
| 钙 | % | 1.0 | 0.6 | |
| 磷 | % | 0.8 | 0.5 | |
| 钾 | % | 0.6 | 0.6 | |
| 钠 | % | 0.2 | 0.2 | |
| 氯化物 | % | 0.3 | 0.3 | |
| 镁[c] | % | 0.08 | 0.04 | |
| 铁[d] | mg/kg | 80 | 80 | |
| 铜(最高)[e] | mg/kg | 15.0 | 5.0 | |
| 铜(最低)[e] | mg/kg | 5.0 | 5.0 | |
| 锰 | mg/kg | 7.5 | 7.5 | |
| 锌 | mg/kg | 75 | 75 | 2 000 |
| 碘 | mg/kg | 0.35 | 0.35 | 0.35 |
| 硒 | mg/kg | 0.1 | 0.1 | |
| 维生素 | | | | |
| 维生素 A | IU/kg | 9 000 | 5 000 | 750 000 |
| 维生素 B | IU/kg | 750 | 500 | 10 000 |
| 维生素 E[f] | IU/kg | 30 | 30 | |
| 维生素 K[g] | — | — | — | |
| 维生素 $B_1$[h] | mg/kg | 5.0 | 5.0 | |
| 核黄素 | mg/kg | 4.0 | 4.0 | |
| 泛酸 | mg/kg | 5.0 | 5.0 | |
| 烟碱酸 | mg/kg | 60.0 | 60.0 | |

表 37-3　续

| 营养成分[a] | 干物质成分含量 | 生长和繁殖期最低需要 | 成年最低需要 | 最高需要 |
|---|---|---|---|---|
| 吡哆醇 | mg/kg | 4.0 | 4.0 | |
| 叶酸 | mg/kg | 0.80 | 0.80 | |
| 生物素[i] | mg/kg | 0.07 | 0.07 | |
| 维生素 $B_{12}$ | mg/kg | 0.002 | 0.002 | |
| 胆碱[j] | mg/kg | 1 200 | 1 200 | |
| 牛磺酸(最高) | g/kg | 0.10 | 0.10 | |
| 牛磺酸(最低) | g/kg | 0.20 | 0.20 | |

a. 设定的能量浓度是 AAFCO 2000 的 PFG 推荐的 4 000 kcal ME/kg。如果日粮中能量浓度高于 4 500 kcal ME/kg，以上营养成分需加以调整。低于 4 000 kcal ME/kg 则不需要调整。按以上数据配制的低能日粮不能满足生长及繁殖需要。

b. 对粗脂肪的真正需要还没有建立，最低需要量是基于粗脂肪是必需脂肪酸的一种来源来确定的。粗脂肪可以作为脂溶性维生素的载体，增加适口性，以及提供充足的能量。

c. 如果猫的尿液的平均 pH 值低于 6.4，尿道结石的风险会随着镁含量的增加而增加。

d. 由于生物活性低，决定最低需要时，加入饲料中的碳酸铁以及氧化铁中的铁元素不应予以考虑。

e. 由于生物活性低，在决定最低需要时，加入饲料中的氧化物中的铜元素不应予以考虑。

f. 每千克日粮中每含有 1 g 鱼油时，则在最低营养需要的基础上增加 10 IU 的维生素 E。

g. 如果日粮干物质中含有高于 25% 的鱼干，则不需要额外添加维生素 K。

h. 加工过程可能会破坏日粮中高达 90% 以上的维生素 $B_1$，这一点应该在配制日粮时予以考虑，以使加工后的日粮还可以满足营养需要。

i. 如果日粮中含有抗生素或维生素拮抗物，则不再需要额外添加生物素。

j. 当甲硫氨酸超过 0.62% 时，甲硫氨酸可能用于代替 B 族维生素作为甲基的供体，3.75 份的甲硫氨酸可代替 1 份的 B 族维生素。

AAFCO 官方出版，2000。

来源：改自 Feedstuffs, July 2001.

## 37.5　品种及其特征

不同品种的建立是在人类的控制下进行的。然而，狗的一些行为是可以从野生动物，例如山狗及其他动物上发现其踪迹的。从 1884 年起，美国犬协会(AKC)，作为一个非赢利性组织(更多的信息可以登录 http://www.ack.org)，已经培育了 7 个犬品种和 1 个兼用犬品种(表 37-4)。这些品种如下：竞跑犬、劳役犬、宠物犬、狩猎犬、守护犬、非运动犬、牧羊犬以及兼用犬。

人们非常喜欢竞跑犬，把它们当作快乐的伙伴，竞跑犬包括波音达猎犬、黄金猎犬、雪达犬和小猎犬。这些犬对水和森林有非凡的本能，而且运动犬中的一些品种可以积极地参与狩猎等其他活动。这种犬需要常规的锻炼。

狩猎犬非常擅长于狩猎并继承了祖先的特点。这种犬拥有非凡的嗅觉能力，具有通过气味跟踪猎物的本能并尽力捕获猎物或者确定它们所追踪的动物。这类犬又可分为：法老王猎犬、挪威猎麋犬、阿富汗猎犬以及比格犬等。例如，“黑褐猎浣熊犬”非常擅长奔跑以及捕猎浣熊。它们会追踪浣熊的踪迹，并直立地站在树旁，向浣熊吠叫等待猎人的到来。另一方面，比格犬也可以做同样的工作。它们擅长于穿过密丛追逐兔子并很少吠叫。

表 37-4 犬的品种

| 竞跑犬 | 役犬 | 宠物犬 |
|---|---|---|
| 布列塔尼犬 | 秋田犬 | 阿芬平斯澈犬 |
| 波音达猎犬 | 阿拉斯加雪橇犬 | 布鲁塞尔格里芬犬 |
| 德国短毛指示犬 | 安那托利亚牧羊犬 | 骑士查理王猎犬 |
| 德国刚毛指示犬 | 伯恩山犬 | 吉娃娃犬 |
| 切萨皮克海湾寻回犬 | 拳师犬 | 中国冠毛犬 |
| 卷毛寻回犬 | 斗牛马士提夫犬 | 英国玩具猎鹬犬 |
| 平毛寻回犬 | 杜宾犬 | 哈威那犬 |
| 金毛寻回犬 | 德国宾莎犬 | 意大利灰狗 |
| 拉布拉多猎狗 | 巨型雪那瑞 | 日本狮子犬 |
| 英国塞特犬 | 大丹犬 | 马尔济斯犬 |
| 戈登雪达犬 | 大白熊犬 | 曼彻斯特㹴 |
| 爱尔兰雪达犬 | 大瑞士山地犬 | 迷你品犬 |
| 美国水猎犬 | 可蒙多犬 | 蝴蝶犬 |
| 克伦伯猎犬 | 哥威斯犬 | 北京犬 |
| 可卡猎鹬犬 | 马士提夫獒犬 | 博美犬 |
| 英国可卡犬 | 纽芬兰犬 | 贵宾犬 |
| 英国激飞猎犬 | 葡萄牙牧牛犬 | 巴哥 |
| 田野猎犬 | 罗威纳犬 | 西施犬 |
| 爱尔兰水猎犬 | 圣伯纳犬 | 丝毛㹴 |
| 新斯科舍鸭鸣犬 | 萨莫耶德人 | 玩具狐㹴 |
| 寻回犬 | 西伯利亚哈士奇雪橇犬 | 约克夏犬 |
| 史毕诺犬 | 标准雪纳瑞 | |
| 索塞克斯猎犬 | | |
| 威尔士跳猎犬 | | |
| 匈牙利短毛指示犬 | | |
| 魏玛猎犬 | | |
| 硬毛指示格里芬犬 | | |
| **狩猎犬** | **护卫犬** | **非运动犬** |
| 阿富汗猎犬 | 艾尔谷犬 | 美国爱斯基摩犬 |
| 美国猎狐犬 | 美国斯塔福郡㹴 | 卷毛比熊犬 |
| 巴仙吉犬 | 㹴 | 波士顿㹴 |
| 巴吉度猎犬 | 澳大利亚㹴 | 斗牛犬 |
| 比格犬 | 贝林登㹴 | 中国沙皮犬 |
| 黑色和褐色猎浣熊犬 | 博德猎狐犬 | 中国松狮犬 |
| 寻血猎犬 | 牛头㹴 | 大麦町犬 |
| 苏俄牧羊犬 | 凯安㹴 | 芬兰狐狸犬 |
| 腊肠犬 | 丹迪丁蒙㹴 | 斗牛犬 |

表 37-4 续

| 狩猎犬 | 护卫犬 | 非运动犬 |
| --- | --- | --- |
| 英国猎狐犬 | 爱尔兰㹴 | 荷兰狮毛犬 |
| 灰狗犬 | 凯利蓝㹴 | 拉萨犬 |
| 哈利犬 | 湖畔㹴 | 罗成犬 |
| 依比沙猎犬 | 曼彻斯特㹴(标准型) | 贵宾犬 |
| 爱尔兰猎狼犬 | 迷你牛头㹴 | 舒柏奇犬 |
| 挪威猎麋犬 | 迷你雪纳瑞 | 西巴犬 |
| 水獭猎犬 | 罗福㹴 | 西藏狮子犬 |
| 贝吉格里芬凡丁犬 | 诺里奇㹴 | |
| 法老王猎犬 | 帕森拉塞尔㹴 | |
| 罗得西亚脊背犬 | 苏格兰㹴 | |
| 萨路基犬 | 西里汉㹴 | |
| 苏格兰猎鹿犬 | 短毛猎狐㹴 | |
| 惠比特犬 | 史塔副郡牛头㹴 | |
| | 威尔士㹴 | |
| | 西部高地白㹴 | |
| | 钢毛猎狐㸆利 | |
| **牧羊犬** | **杂种狗** | |
| 澳大利亚牧牛犬 | 法国狼犬 | |
| 澳大利亚牧羊犬 | 俄国黑色看家犬 | |
| 带须牧羊狗 | 伊茂格伦看家犬 | |
| 比利时玛伦牧羊犬 | 那不勒斯獒 | |
| 比利时黑毛牧羊狗 | 普洛特猎狗 | |
| 比利时特武伦牧羊犬 | 美洲赤狗 | |
| 博德牧羊犬 | | |
| 弗兰德牧羊狗 | | |
| 伯瑞牧羊犬 | | |
| 迦南狗 | | |
| 卡迪根威尔士矮脚狗 | | |
| 高大聪敏长毛的牧羊狗 | | |
| 德国牧养狗 | | |
| 老英国牧羊犬 | | |
| 彭布罗克威尔士矮脚狗 | | |
| 波兰低地牧羊犬 | | |
| 匈牙利长毛牧羊狗 | | |

来源：改自 the American Kennel Club (AKC) Web site, http://www.akc.org.

役犬用于完成特定的工作任务，例如，西伯利亚哈士奇雪橇犬用于拉雪橇帮助人们穿过冰土雪原；而杜宾犬则可以用于看家护院。这些犬被看作迅速的学习者和出色的伴侣。由于西伯利亚哈士奇雪橇犬和杜宾犬与生俱来的身材和力量，它们并不适于在一些家庭当作宠物，特别是那些有孩童的家庭。此外，由于这些动物的身材和体力让人望而生畏因此为了人们的安全它们必须经过恰当的训练。

护卫犬家族成员个性独特：即大部分护卫犬精力充沛、易怒以及对其他动物毫无忍耐性——包括对其他的狗。一般来说，大部分护卫犬体表丝毛，需要特别的照料才能保持整齐。另外，护卫犬家族的跨度很大，从很小的诺福克㹴、凯恩㹴、或者西部高地白㹴到很大的艾里㹴。这些现代护卫犬的祖先原本培养用于狩猎，猎捕小动物。这些犬并非非常流行的宠物，它们的主人需要有培训出它们一些可爱特点的决心。

宠物犬身材矮小，但许多情况下也会非常暴躁。尽管身材矮小，当走到陌生的环境时，它们也会嚎叫易怒。宠物犬在公寓生活以及狭小空间的个人城市生活中非常受欢迎。除了个头小，这些宠物犬也没有其他犬科天生的特征，如皮毛脱落，引起脏乱，需要用心照顾等。因为体重只有 10 lb 易于控制，宠物狗的另一个优点是容易训练。

美国犬协会(AKC)培育的非运动犬不仅各种各样，而且在个性及外表上有很大的差异。例如，中国松狮犬、斗牛犬和斑点狗在习性和外貌上就有显著差别。这种犬在体型、皮毛、个性等各个方面有明显的差别。

1983 年，AKC 培育了牧犬系。这类犬从前被划分为役用犬，并且都具有控制其他动物活动的体能。例如，威尔士矮脚狗可以用跳跃等方式，跟在牛群后面，指挥一群数倍于它们大小的牛到草地上去。如今，牧羊犬们大多数被用来作为家庭宠物，很少用于放牧。然而，出于本能，这种狗以会保护孩子们回家而闻名。一般说来，牧羊犬是很优秀的宠物，而且容易被驯服。

当给一个特殊的种类归类时，这个特殊的种类会被归于杂交品种。杂交品种的狗更有竞争力，更容易在美国犬业协会活动中赢得冠军。但是，他们不具备参加锦标赛的资格。

如今，爱猫协会（CFA）承认了 37 个可以参加锦标赛展览的血统明确的品种，其中 4 种是杂交品种——美国短尾、西伯利亚、拉博姆和拉格姆菲。爱猫协会的目标是：(1)提升猫的福利，改良它们的品种；(2)对杂交猫和小猫进行登记；(3)颁布对举办猫咪展览的管理法规；(4)实行猫咪展览在组织规章下的许可制度；(5)提高猫咪繁育者和展览举办者的兴趣。1906 年，爱猫协会成立。首次被该协会许可举办的猫咪展览会一个在布法罗举行，另一个在底特律举行。1907 年，爱猫协会的首次年会在麦迪逊花园广场举办，总共花费 155.25 美元。目前，他们的费用已经超过了 200 万美元。目前，爱猫协会已经组织举办了大概 400 场展览。为保证展览的高标准而为展览提供裁判，完成了一项严格的训练项目，使参展的猫满足爱猫协会的品种标准。要看到更多关于这些品种的图片和细节，请访问网站：http://www/cfainc.org。

## 思考题

1. 什么是伴侣动物？
2. 在美国，主要的伴侣动物有哪些？

3. 主人们想从伴侣动物身上得到什么？
4. 解释一些宠物是如何被用于与工作有关的活动。
5. 阐述受欢迎的和不受欢迎的动物的总数。
6. 宠物饲料业的规模有多大？
7. 谁监控和保证宠物食品的质量？
8. 在典型的狗粮和猫粮中，哪些是基本的成分？
9. 是什么让猫的饮食变得特殊？
10. 狗和猫都有哪些品种？
11. 描述一些品种的狗的一般特点。

翻译：范启鹏；校对：唐韶青

# 附录 A
# 分级图解

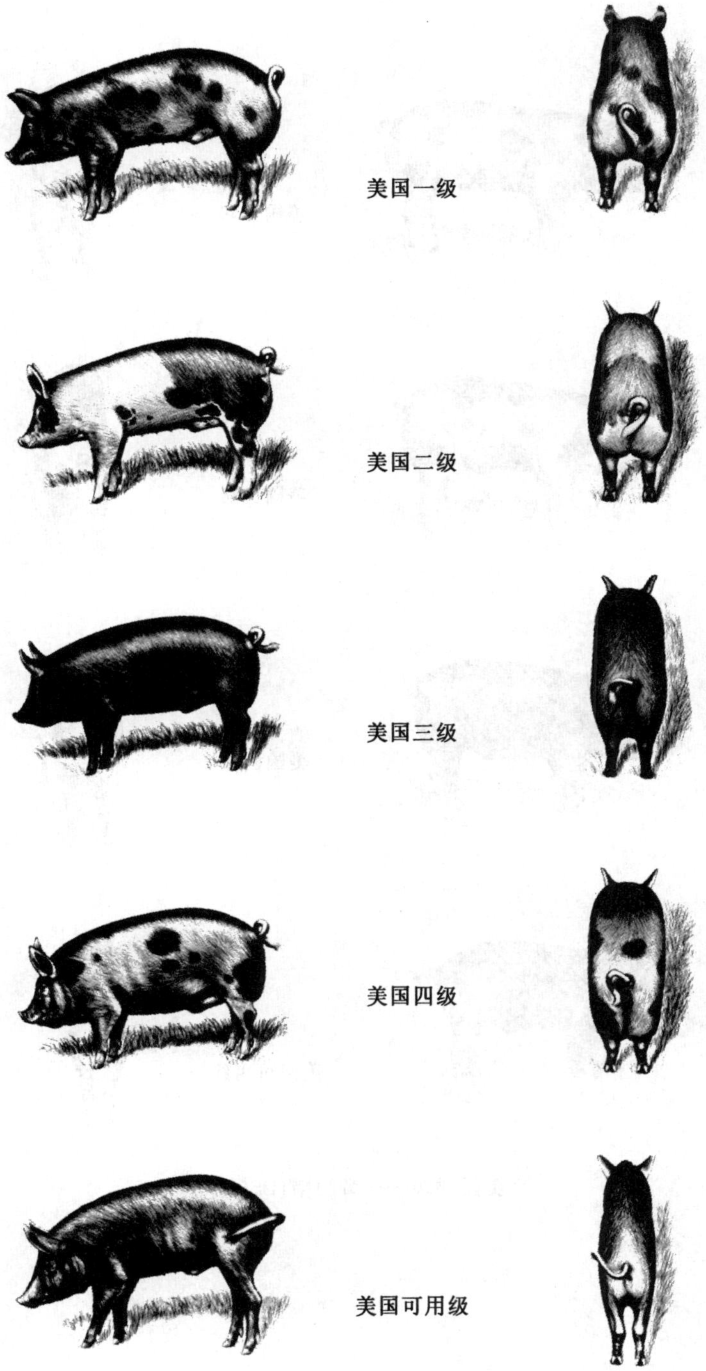


美国屠宰评级——去势公猪和育肥小母猪(USDA)

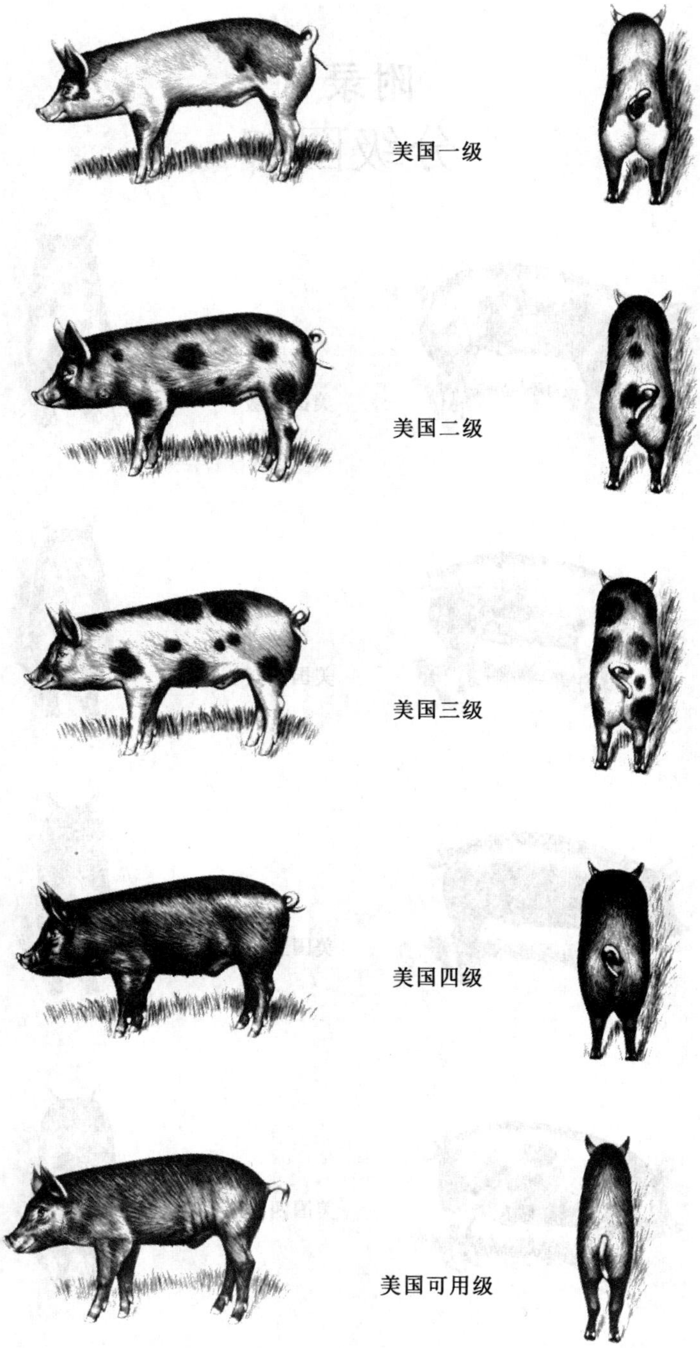


美国评级——育肥猪(USDA)

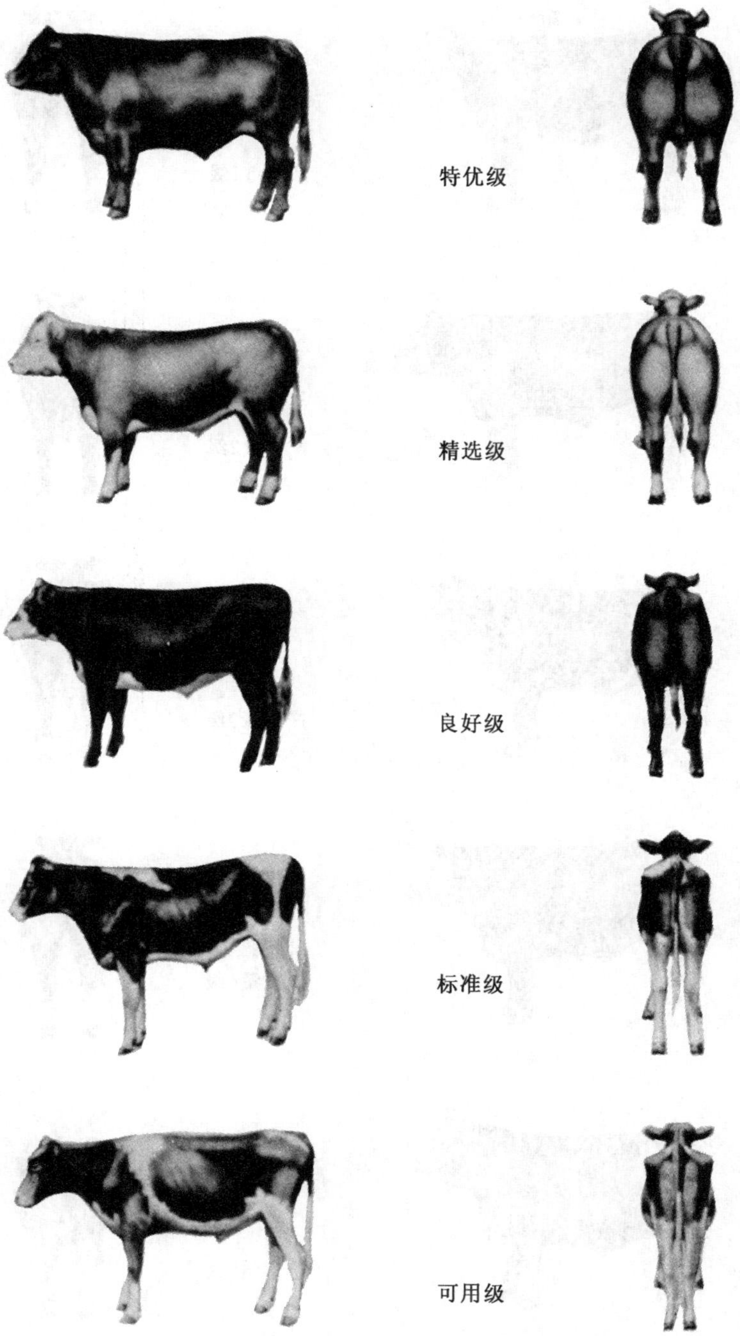


美国质量评级——屠宰阉牛(USDA)

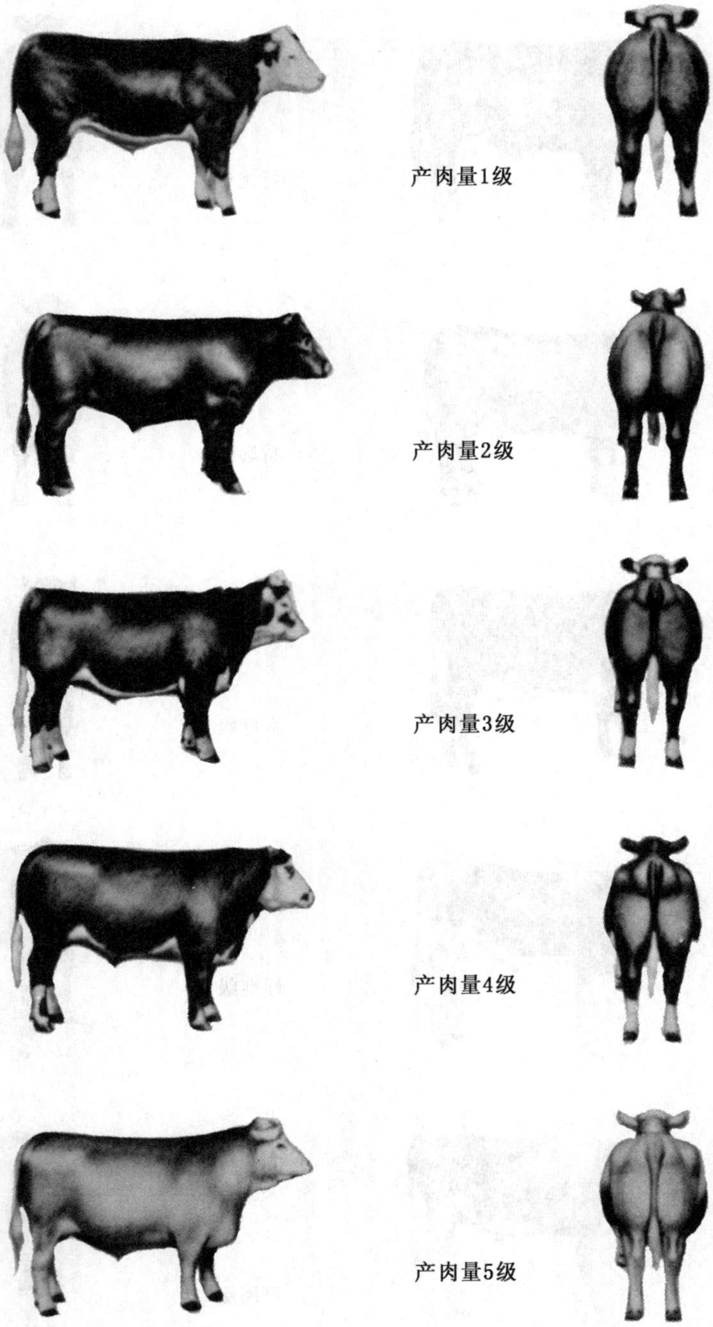


美国产肉量评级——美国上等屠宰阉牛(USDA)

# 附录B
# 畜禽的身体各部位及其术语图解

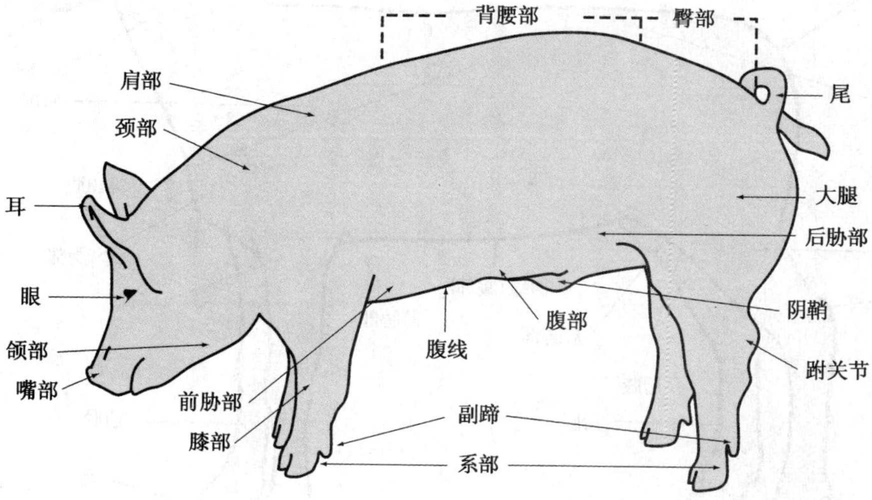


商品猪的外貌部位及其术语(Purdue University)

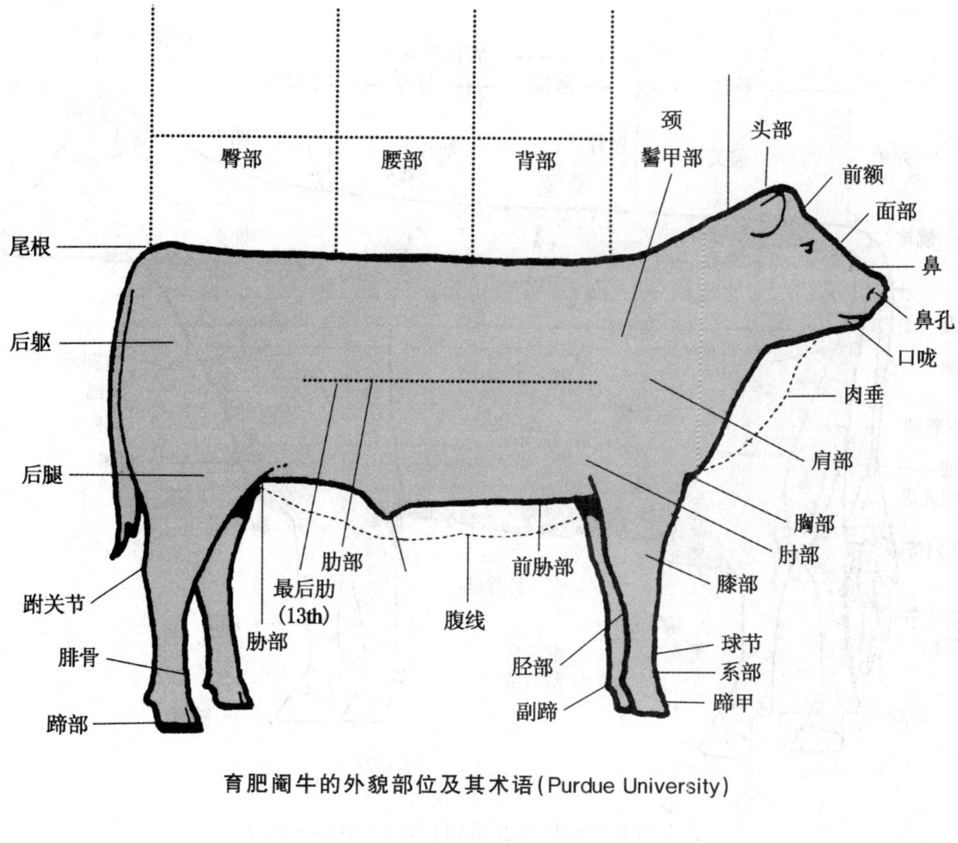


育肥阉牛的外貌部位及其术语(Purdue University)

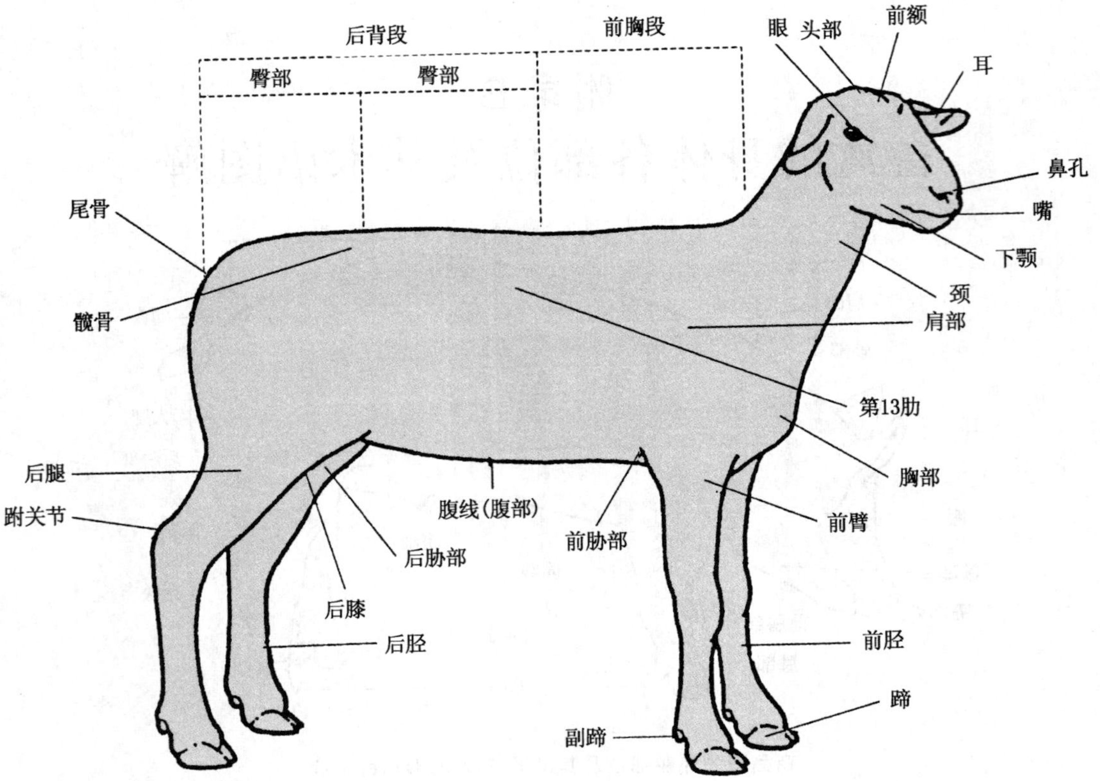


羊的外貌部位及其术语(Purdue University)

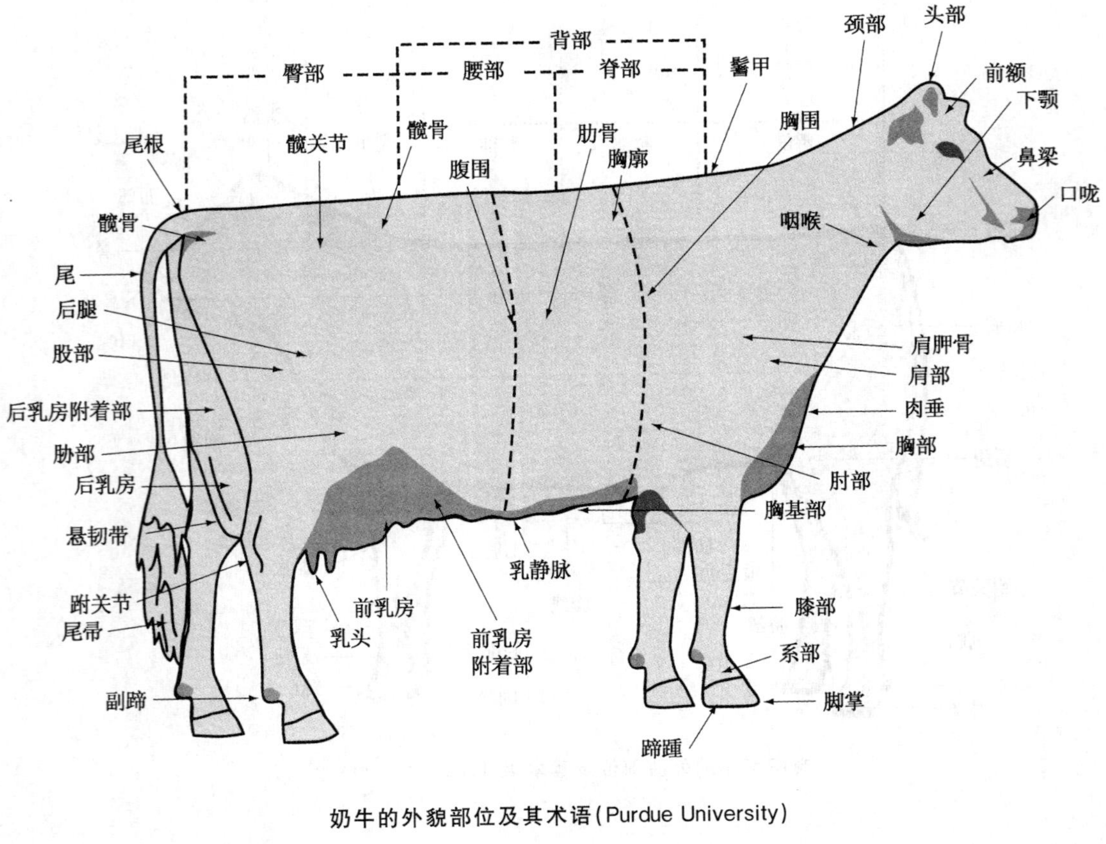


奶牛的外貌部位及其术语(Purdue University)

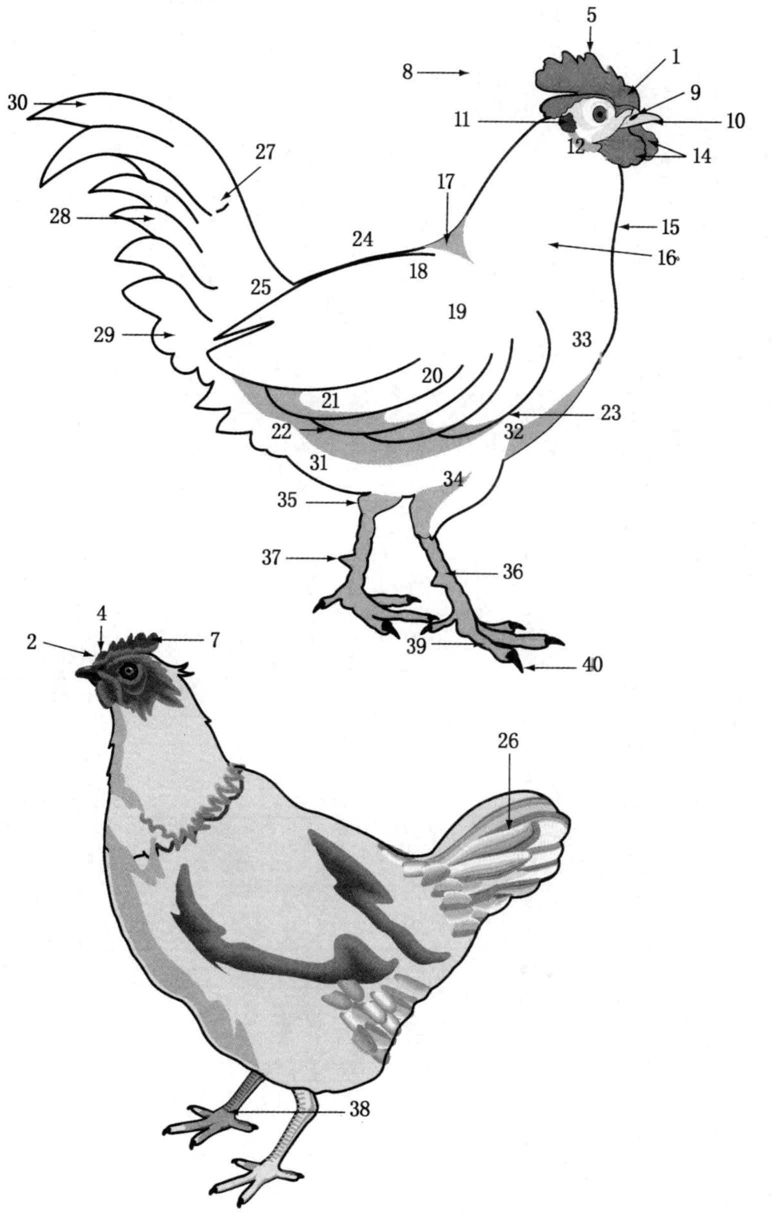


1. 单冠 2. 玫瑰冠 3. 冠体① 4. 冠叉 5. 冠尖 6. 扁骨 7. 冠穗 8. 眼 9. 鼻孔 10. 喙 11. 耳 12. 耳叶 13. 面部 14. 肉垂 15. 颈 16. 梳羽 17. 鞍(腰) 18. 肩 19. 翼弓 20. 翼梁 21. 翼端 22. 主翼羽 23. 副翼羽 24. 背 25. 鞍羽 26. 尾垫 27. 覆尾羽 28. 小镰羽 29. 主尾羽 30. 大镰羽 31. 绒毛 32. 躯 33. 胸 34. 大腿 35. 踝关节 36. 跖 37. 距 38. 残距 39. 脚趾 40. 爪

鸡的外貌部位及其术语(Purdue University)

翻译:曾勇庆,王慧

①译者注:原书图中缺少指引数 3,6,13。

# 术语表①

本术语表并非下述词汇的词典式定义，或本书的补充讨论，而是针对一些对学生可能是新词意的词汇，给出的“工作定义”。下列词汇的标准注释可参考其他书籍进行定义。本术语表中未涵盖的词汇请读者参考索引进行对应查找。

**ADF**：见酸性洗涤纤维。

**ADG**：见平均日增重。

**ATP**：见三磷酸腺苷。

**A 类牛奶**：奶牛场在非常严格的质量和卫生标准下生产的牛奶，所产全部牛奶的 90％均被卖到乳制品场进行加工。

**BST**：见牛生长激素。

**CIP**：见原位清洗系统。

**CL**：见黄体。

**Cwt**：百磅的缩写，100 磅。

**DHI**：见奶牛群改良计划。

**DNA**：见脱氧核糖核酸。

**DNA 探针**：带有特殊碱基序列的单链 DNA(可以用放射性物质或免疫性物质标记)，通过杂交，DNA 探针常用于检测互补的碱基序列。

***E. coli***：见大肠杆菌。

**ET**：见胚胎移植。

**$F_1$ 代**：特定的杂交或交配所产生的后代中的第一个世代。

**FDA**：见食品及药物管理局

**FSH**：见促卵泡素。

**Kosher 肉**：按照传统犹太人规则进行加工处理的肉。

**LH**：见促黄体素。

**ME**：见成年当量。

**MGA**：见甲烯雌醇乙酸酯(醋酸美伦孕酮)。

**NDF**：见中性洗涤纤维。

**NFE**：见氮自由浸出物。

**NIR**：见近红外反射。

**NPN**：见非蛋白氮。

**NRC**：见国家研究委员会。

**pH**：表示物质酸度的指数，pH 值为 7.0 表示物质是中性的，高于 7.0 则表示偏碱，低于 7.0 表示偏酸。

**PPA**：见预期生产力。

**PST**：见猪促生长素。

**PTA**：见预测传递力。

**γ-球蛋白**：血液和初乳中含有的一种蛋白质，可以提高机体的抗病力。

**SEW**：见早期隔离饲养。

**TDN**：见可消化养分总量。

**TMR**：见全混合日粮。

**TOBEC**：电磁扫描仪的商品名，通过测定机体总的电传导性可以作为测定猪肉质量的方法。

**VFAs**：见挥发性脂肪酸。

A

**氨**：又称氨气，有机物质或有机体在分解过程所产生的物质，例如在反刍动物瘤胃中产生。

**氨基酸**：蛋白分子中含氮的成分。

B

**白蛋白**：构成蛋白主要组分的黏性蛋白。

**白膜**：阴囊壁内的疏松组织和肌纤维，通过其收缩和放松可以帮助调节睾丸温度。

**白体**：早期的黄体逐渐消退后仍保留的很小痕迹。

**半乳糖**：一种六碳单糖，和葡萄糖连接后，在牛奶中形成乳糖。

**瓣胃**：反刍动物胃的第三区室，接收来自于网瓣连接口的物质。

**胞亲**：同胞。个体和另一个动物具有相同的亲代，兄弟或姐妹。

**饱和脂肪**：所含的脂肪酸上没有双键，附着在脂肪酸上的氢原子数已达到最多的脂肪。

**保值**：一种价格保护的形式，通常通过商品的期货合约进行(如待育肥牛刚进入育肥场时，即以期货形式卖出其屠宰的胴体)。

**背膘**：活猪或猪胴体背部的脂肪。

**鼻口部(muzzle)**：牛、马或羊的鼻部。

**边际效益**：通常指每单位商品的出售价格和成本的差数。

**变温动物**：具有较弱的或没有维持恒定体温功能的动物，

---

①译者注：本术语表直译自原版书籍，部分原版英文词汇属于生僻单词的注释说明，因此译者特将该类词汇中英文均列于此，以说明本意。此术语表针对本书编制，请读者对应阅读。

因此环境在很大程度上影响着体温。常指冷血动物。

**变种**:特定的品种资源或特殊品种的家禽群体。

**表面活性剂**:见去垢剂。

**表型**:动物表现出来的特征。外表和性能特征都包括其中。

**并指(趾)**:一种遗传缺陷,由隐性基因引起。发病脚只发育有单个脚趾,并可能感染动物一个或更多的脚。

**病毒**:能够引起疾病的一类大且复杂的蛋白质,只有在宿主细胞内才能繁殖。

**病原体**:带病生物体。

**波士顿肩**:猪胴体肩部的顶端部分。

**补偿性生长**:零增长或慢速增长期后,发生的超正常的快速增长。

**补饲催情**:为改善排卵率,在繁殖季节之前和繁殖季节期间饲以动物更多营养物质的饲养方式;在绵羊管理方面这种方法最常用。

C

**草食动物**:通常只采食植物性物质的动物。

**侧部**:指身体或物体的侧面。

**孱弱**:由于体重下降引起的不正常的瘦弱体况。

**产后**:出生后。

**产量**:屠宰率、泌乳期的产奶量、产毛量、洗净后的净毛百分率等生产指标。

**产量等级**:表示可以从屠宰后畜体获得的较均匀的、无骨的、较大碎块数量的美国农业部评分登记。

**产卵**:雌鱼向体外排卵。

**产前**:出生以前。

**产肉性能**:动物的肌肉含量或肌肉与脂肪和骨的比率。

**长寿性**:动物产业中多指种用动物具有较长生殖年限的属性。

**肠源性毒血症(肠毒血病)**:肠道内由梭状杆菌分泌的毒素引起的急性疾病,多发生于采食过多浓缩精料的羊和牛个体中,发病率和致死率都很高。

**超数排卵**:在一个发情期内使动物产生并释放多个卵子,用于胚胎移植操作。

**沉积物(sediment)**:沉淀到非流动水环境(鱼池、储水池)底部的物质,如吃剩下的食物、土壤或粪便。

**成年当量(ME)**:用于将个体幼龄的性能记录转化为达到此品种成年时的性能指数。可对检测动物的记录进行更加精确的评估。

**成年公火鸡(TOM)**:通常指性成熟的、未交配(或未阉割)的雄性火鸡。

**成年公鸡**:通常指性成熟的、未去势的雄鸡。

**成年公牛**:通常指性成熟、未去势的公牛。

**成年公羊**:通常指性成熟、未去势的公山羊。

**成年公猪**:性成熟的未阉割猪。

**出水高度**:指池塘水面和堤岸之间的垂直距离。

**初产母牛(heiferette)**:指产犊后的青年母牛,个体通常大致两岁,迅速进行干奶处理并肥育屠宰。

**初乳**:产后初期分泌的乳汁,包含有利于新生儿建立被动免疫的抗体,营养也较丰富。

**雏鸽**:幼龄的鸽,可迅速育成并用于生产肉制品。

**储奶罐**:农场在牛奶被收走之前使用的能够储存从几百到几千加仑的牛奶的冷却罐。

**触觉**:触摸的感觉。

**触诊**:依据对动物组织进行抚摸或按摩而进行的诊断方式。

**传导**:通过媒介传导热能,热的分子通过接触将动能传递给较冷的分子。

**传染**:病原体对动物组织或器官的入侵。

**传染性**:疾病的特性,即特定疾病易在动物之间传播的属性。

**垂体**:位于脑底部的内分泌腺,产生和分泌多种进入血液的激素,帮助调节多种机体过程。

**纯合体**:某一性状的基因型(基因对)由相同的基因组成的动物。

**雌激素**:一种促进雌性生殖道和乳腺发育的雌性激素。

**雌性阉割**:切除卵巢或切断通向子宫输卵管的操作。

**次级宿主**:病原体的宿主,但通常动物本身没有表现出症状。

**粗蛋白质**:饲料中氮含量的6.25倍,该指标的确立是源于氨基酸包含16%的氮。粗蛋白质包含非蛋白氮部分。

**粗饲料**:可消化能含量低、纤维含量高的饲料。

**促黄体素(LH)**:由垂体分泌的一种刺激生殖腺的激素,促使雌性动物体内卵泡破裂,引发排卵,也可促进雄性动物睾酮的分泌。

**促间质细胞激素(ICSH)**:与促黄体素同义,由垂体分泌的一种激素,可以刺激睾丸生成睾丸激素。

**促卵泡素(FSH)**:由垂体分泌的一种激素,可以促进母畜卵泡的生长和公畜精子的形成。

**促性腺激素释放激素(GnRH)**:调控两种来自垂体激素(促卵泡素和促黄体素)释放的激素。

**催化剂**:能加速化学反应速率,但本身不直接参加反应却能加速反应的物质。

**催乳激素**:一种垂体前叶激素,为乳汁合成所必需的。

D

**大肠杆菌**:寄居在大多数脊椎动物肠道内的一种细菌。因为它是遗传学上研究最详尽的一种生物,所以许多应用重组DNA技术的工作都选择在该细菌中进行。

**大理石纹**:在瘦肉中散布的脂肪微粒,即肌内脂肪。

**代谢物**:代谢反应或酶反应的产物或底物。

**待肥育动物/饲养者**:(a)具有一定体重和身高的小羊、小猪或小牛,在适合屠宰之前需进行生长肥育;(b)从事饲养家畜事业的人。

**待育肥牛(动物)**:用于描述相对较轻或较瘦的待肥育动物的术语,或者通常购买的可利用低质粗饲料的母牛。在水产养殖方面,用于描述比小鱼大但是比食用鱼小的鱼,通常超过 8～10 in。

**单倍体**:指细胞核中只有一套完整的染色体,如性细胞。

**单糖**:单糖分子,一种碳水化合物。

**单胃动物**:该术语指具有 1 个胃的动物,和反刍动物有 4 个胃形成对比。

**单杂交**:两个不同品系之间的杂交,通常指两个近交系间的杂交。

**胆固醇**:质膜构成、胆汁和性激素的合成所需的类固醇,在不同的体组织中均有存在。

**胆汁**:肝脏的分泌物,储存在胆囊,分泌后,在小肠中乳化脂肪。

**弹性价格**:多指支付给奶生产者的原奶价格,此价格依照牛奶成分而划分为不同价格等级,并从而决定牛奶用于液态或深加工生产。

**弹性需求**:受多种因素影响或改变的某一商品的需求趋势。价格弹性是指当价格增长或降低时,需求量的变化趋势;收入弹性是指需求量随着消费者收入的增加或降低的变化趋势。二者都和购买力有关。

**蛋白质**:一类包含氨基酸的营养物质,在饲料中可能单独存在或者以复合物的形式存在,包含碳、氢、氧等元素,通常也含有硫。

**登记**:由品种协会对动物进行的注册记录。

**登记证书**:显示动物已作为纯种动物被品种协会记录的证明。

**等大(isometric)**:指生长尺寸,如生长过程中的身体结构体积的相同。

**等级**:描述动物本身某种特性的指标。也是包括按照动物产品质量进行的产品分级。

**等位基因**:位于同源染色体相应的位点上的交替存在的基因。

**低血糖**:血液中葡萄糖含量过低的现象。

**堤坝式池塘**:由土制的、筑坝封闭的池塘。

**底物**:酶起作用的底物。

**地热(换气系统)**:指通过利用埋在地下的管道抽风使全年提供恒定温度的建筑物换气系统。

**地域性**:动物保护以及居住于特有的地理性区域或领地的属性。

**电解质**:溶液中能够电离的物质。

**垫草;一窝仔猪(litter)**:(a)草垫,铺在某些动物单元地面上的锯屑草末或刨花;(b)母猪所产的一窝仔猪。

**淀粉**:重要的非纤维性多糖,是谷物和植物块茎的主要组成部分,经消化后产生葡萄糖供给能量。

**顶交**:把特定个体的基因集中的近交方式。

**动物行为学**:对动物在自然生存或特定的环境下发生行为进行的科学研究。

**胴体**:屠宰肉食动物后所得的主要部分。不同动物之间有所差异,但通常指去掉头和内脏器官的部分,牛和羊需去掉皮和胫骨。

**毒素**:来源于动物或细菌的一种有害的化学物质。

**毒血症**:由毒素引起的一种疾病。

**犊(幼仔)**:大型哺乳动物的未发育成熟的幼龄动物,通常用于牛犊。

**犊牛肉**:3 周龄以下犊牛用于屠宰而生产的牛肉。

**犊牛育肥前预处理**:在幼仔进行断奶、预防接种和其他的断奶后的操作,需要从农场转移到饲育场前进行的预备处理。

**断奶**:停止供奶;将仔畜和哺育母畜分开的饲养操作。

**断奶后**:从仔畜断奶到屠宰或选作种用的时期。

**断奶前**:后代从出生到断奶这段时期。

**对流**:能量通过空气或水流动的过程。

**多情期**:指一年中动物有多个发情周期或繁殖季节。

E

**二倍体**:在细胞核内有两对完整的同源染色体的细胞。

F

**发酵**:通过微生物作用把一种或多种的物质转化成更有价值物质的过程(如,瘤胃发酵)。

**发情期**:雌性动物处于发情的时期,此期适合配种,也叫动情期。

**发情周期**:发生于雌性动物两个发情期之间生殖系统的生理反应,绵羊约为 17 天,牛、猪和马为 21 天。

**繁殖力**:母畜或公畜的生殖能力。

**繁殖效率**:在给定的时间范围内产出较多的后代的能力。

**反刍动物**:具有功能性瘤胃和其他 3 个胃室的动物,是可以对食物进行反刍咀嚼的动物。

**非饱和脂肪酸**:含有一个或更多的双键的脂肪酸,往往是液体,没有饱和脂肪酸稳定。

**非颤抖产热**:由较低的环境温度引发的动物体内产热。

**非传染性疾病**:不从个体向其他动物传播的非病原性疾病。

**非反刍动物**:不具有功能性瘤胃的动物,有时叫做单胃动物。

**肥胖**:过度的胖。

**分解代谢**:将体内的大分子转化为小分子。

**分泌**:通过细胞质膜释放出物质的过程,如牛奶的泌出。

**分娩(猪)**:母猪的产仔行为。

**分娩**:产仔行为。生小牛(calving),生小羊(lambing),生小猪(farrowing)或生小驹(foaling)。

**风冷指数**:测定温度和风速对动物体感效应的指数。

**浮游动物**:在水中生活和成长的动物。

**浮游植物(生物)(phytoplankton,plankton)**:在水中生存的用显微镜可以看到的植物或动物。

**辐射**:两个未接触物体间的热传递,温度较高的物体向温度较低的物体发射热射线。

**附睾**:睾丸前端的弯曲管道,精子储存和成熟的场所。

**副产品**:价值明显低于主产品的产品。对肉牛而言,主产品是牛肉,副产品包括皮和其他的部分。

**腹部**:身体的下腹部,如胃。

**腹股沟**:两大腿内侧和躯干相连接的折皱或凹陷,包括相近部位的区域。

G

**甘油三酯**:由甘油和三脂肪酸组成的化合物。

**羔羊(lamb)**:常指周岁以下的羊。

**高繁性**:产出多个后代的能力。

**睾丸**:雄性成对的性器官,性成熟后产生精子。

**公羊(RAM)**:未去势过的性成熟的公羊。

**光合作用**:有光存在时,植物把二氧化碳和其他的元素转化成简单的碳水化合物,同时释放出氧气的过程。

**光周期**:日光照或人工光照的时间。

**国家研究委员会(NRC)**:提供关于不同种动物的营养需求的出版物。

H

**禾茎饲料**:谷类植物的收割后的干燥的茎与叶,用作饲料。

**合成代谢**:机体组织的合成过程。

**合子**:由雌雄配子结合形成的二倍体细胞。

**核苷酸**:组成遗传物质染色质的化学成分。

**核苷酸序列**:确定编码何种蛋白质的核酸碱基序列。

**盒装牛肉(猪肉)**:肉类加工企业按规格修整,并用于批发配送的牛或猪胴体分块。

**痕量元素**:动物仅需极少量的矿物营养元素(以每磅体重需求的毫克数估量,或更小的单位)。

**恒温动物**:利用或分解能量来维持体温的动物,通常在95~105℉,特指温血动物。

**后备母牛**:产犊之前的母牛,也指第二次产犊之前的母牛。

**后备母猪**:产仔前的母猪,有时指第二次分娩之前的母猪。

**后代**:由亲代生出的动物。后裔,第一代或者更后的一代。

**后裔**:后代。

**后裔测定**:通过对后代的测定,来选择亲本,从而扩大其群体使用范围的育种措施。

**呼吸**:植物和动物将化学能转化成其他种能量的过程,消耗氧气产生二氧化碳。

**胡萝卜素**:维生素A的前体,大量存在于植物黄色和绿色色素中。

**壶腹部**:蛋鸡输卵管中分泌蛋白的部分。

**壶腹部**:副性腺的一种,通常为生理通道的膨大结构,如在一些物种雄性家畜输精管尿道末端的膨大结构。

**化粪池**:人造的土制储存坑,用于接受从限制饲养的房舍中冲出的动物排泄物。有时二级或三级池中的水,可以循环地重新用做冲洗。

**怀孕(settle)**:雌畜配种后受孕。

**环境**:动物自受胎后所面临的所有外部条件。

**环境适应性**:动物经过几天或几周时间对某些环境因子的适应。

**换羽(molting)**:蛋鸡产蛋期自然或强制的中断。

**黄体(CL)**:卵巢上的卵泡脱落后发育的活性组织。如果没有受孕,黄体会逐渐退化;如果受孕,黄体发挥功能,产生孕酮。

**黄体溶解**:卵巢黄体的退化或损坏。Lutalyse™是一种商业的前列腺素产品,又称为律胎素,也可以使黄体溶解,多应用于同期发情处理。

**挥发性脂肪酸(VFAs)**:由瘤胃发酵产生的一类挥发性有机酸,最常见的是乙酸、丙酸和丁酸。

J

**基因**:遗传物质的最小功能单位。每个基因是一个有特定结构的核酸,影响特定性状,有时叫做性状决定因子。

**基因定位**:确定基因在染色体上的相对位置。

**基因型**:动物的遗传结构。动物所携带的一个或多个性状的基因序列。

**基因组**:个体的全部遗传密码,DNA的基因总数。

**基因座位**:特殊的位点,通常用于说明一个基因定位于染色体上的位置。

**畸形**:结构、行为或外表的异常。

**疾病**:机体调控失调或病变。

**挤奶厅**:用于对母牛、山羊或绵羊进行挤奶的特殊设备。

**脊部**:鱼的身体上部或水线以上的部分。

**脊椎动物**:具有分段的脊柱和内骨架的生物。

**寄生虫**:以寄居于其他生物体为生的动物。

**加工**:以让消费者使用为目的,清洗处理鱼或其他肉类动物产品的过程。

**家系**:同一品种内一组源于某一优良祖先的动物群体。

**家系**:有共同祖先的集体后裔。

**甲烯雌醇乙酸酯(醋酸美伦孕酮)(MGA)**:合成的用于抑制发情的孕酮物质。

**间质细胞**：睾丸内部的间隙细胞，产生雄性激素或称雄激素。

**减数分裂**：在生殖过程初期，睾丸和卵巢中精子和卵子形成时进行的细胞分裂。细胞中的各对染色体被分离，每对染色体的其中一个分别进入两个新形成的细胞中。

**碱度**：pH 缓冲液缓冲能力的衡量指标。

**交配**：性交行为，雄性动物的精液排到雌性动物的生殖道内的过程。

**教槽料**：与大龄动物隔离后，专门饲喂幼龄动物的饲料。

**节肢动物**：节肢动物门的成员，主要包括昆虫。

**结肠**：大肠的后段。

**结缔组织**：支持组织的一种类型，由蛋白质组成，有较强的韧性。有的以有特征性的肌束存在，有的作为肌细胞间的连接组织。

**近红外反射技术(NIR)**：使用 NIR 分光计进行快速获得草料的质量评估的方法。

**近交**：有亲缘关系的动物进行交配。亲缘关系的远近程度不同近交程度也发生改变。

**经产母猪**：通常指分娩一次或两次以后的母猪。

**精纺品**：由直径较小的长纤维组成的高质量羊毛织物。

**精料**：高可消化能、低纤维的饲料。

**精囊腺**：附着在尿道上的成对腺体，在膀胱附近，其产生的液体可以运输和滋养精子。

**精肉率**：经加工处理后可销售的产品重量占最初的胴体重量的比率。

**精梳毛**：具有特定较长毛长的，可用于精纺毛纺生产的羊毛。

**精索**：睾丸和身体之间包括血管通路、血液、淋巴和神经等支持睾丸的区域。

**精液**：由睾丸和附属的雄性生殖器产生的精子和附属腺液体的混合物。

**精子**：雄性动物的性细胞，由睾丸产生，携带产生它的雄性个体所携带的一半基因。

**精子发生**：睾丸输精管内产生精子的过程。

**颈枷**：用平行的木棒或管子在颈的两侧限制动物的圈栏设置，通常用于母牛。

**净能**：饲料中的能量。指动物消化和代谢所食饲料后，动物可用于生长、繁殖或劳作的能量。

**竞争性**：动物的竞争好斗性行为。

**就巢性**：母鸡就巢的趋向，其行为表现为孵蛋的欲望表现。也用于描述其他物种的该类行为。

**驹(foal)**：新生的幼马或小型马。

**卷曲**：羊毛纤维的自然波浪，使羊毛具有弹性和恢复力。

K

**卡路里**：热量单位，即将 1 kg 水加热升温 1℃ 或将 1 lb 水加热升温 4℉ 所需要的热量。

**开放式牛舍**：允许母牛相对自由地选择休息处的散养圈栏。

**开司米**：来源于特定山羊品种的绒毛。

**抗生素**：抑制生物存活的化合物。具有特异性，特定抗生素仅能抑制特定的种属或菌株。

**抗体**：存在于循环体液、初乳和奶中的一种化学物质，对特定的疾病或传染病有免疫性。

**抗氧化剂**：阻止氧化作用的化合物，常用于配合饲料中防止维生素的氧化损失。

**抗原**：当注入到机体时，可通过特异抗体引起免疫应答的一种物质。

**可消化养分总量(TDN)**：衡量饲料中可消化能的指标。

**克隆**：制造与某个体遗传性状完全一致的拷贝。

**括约肌**：环状肌纤维的排列，如围绕在乳房的乳头微管周围的括约肌。

L

**勒克斯(lx)**：国际照明单位，和 0.929 ft 烛光或 1 lm/m² 相等。

**类型**：指动物的结构或构造，或它生产的产品类型。如肉用型猪、毛用型羊。

**离子载体**：有时用于改变瘤胃发酵的化合物或物质，可以改进饲料的利用效率。

**劣等或血统不明的生物(scrub)**：没有或很少得到改良的动物，或不明品种的动物，或者是混杂的杂种动物。

**临界温度**：动物所处环境温度的上限和下限临界值，超过界限，动物就必须增加或减少能源的氧化作用来维持体温。

**淋巴**：自组织各处滤出后汇入淋巴管的相关透明液体，其中包含水、盐和各种淋巴细胞。

**流出物(runoff)**：沉淀或多余的动物液体废料，不能渗入土壤而且可能潜在地进入其他水资源，如湖泊、池塘或河流。

**流水道**：持续流动的水产养殖水系统，通常用于鲑鱼养殖。

**瘤胃**：成年反刍动物的 4 个胃中最大的一个，是进行有效微生物消化的生理部位。

**漏斗管**：漏斗状通道结构，如母鸡输卵管最内部的结构。

**卵巢**：雌性的性器官，性成熟后产生卵子。

**卵黄带**：增厚卵白的螺旋状带，在胎位部位保留了卵黄。

**卵磷脂**：一类用做稳定剂的饲料添加剂。

**卵泡(卵巢)**：发情周期晚期在卵巢表面可以看到生长的泡状物，其中含有发育的卵子。

**卵子**：由卵巢形成的雌性性细胞，携带该雌性动物体内所携带的一半基因。复数 Ova。

**卵子发生**：卵子的形成和发生过程。

M

**马海毛**：安哥拉山羊所产动物纤维，多用于室内装潢，制作地毯和衣服，比普通羊毛长且弯曲较少。

**蔓状静脉丛**：分布于阴囊上的血管，有助于睾丸温度的自身调节。

**盲肠**：马大肠前端一个袋状结构。

**毛丛**：可用于制作精纺毛纱织物的足够长的羊毛纤维。

**酶**：有机催化剂，可以加速或减慢化学反应，同时在反应中本身并没有被消耗。

**每人**(per capita)：指按人均计算。

**美格**：指畜体或某些部位的外形的完美或健康。

**醚提取物**：通常指用乙醚从饲料中提取的油脂(脂肪、油等)。

**泌乳期**：动物乳汁分泌的时期，一般从分娩开始到后代断奶为止。对于奶牛而言，一直到停止挤奶。

**棉籽酚**：存在于棉籽中的或经不适当加工处理的棉籽粕中的黄色色素，对于非反刍动物，特别是鸡和猪有毒。

**免疫**：对传染性因子或抗原的抗性作用。

**莫能菌素**：瘤胃中可增加丙酸含量的离子载体。

**母鸡**：成熟的雌性鸡或火鸡。

**母马(驴)**(mare)：大约2岁或更年长的雌性马(或驴)，具体界定由品种而差异。

**母牛**：雌性牛，通常是怀过一胎和分娩过一胎的牛。

**母畜**(dam)：动物的母亲。

**母羊**(ewe)：任何年龄阶段的雌性绵羊。

**母山羊**：雌性的山羊。

**木质素**：难以消化的物质，非碳水化合物，但是作为植物细胞壁和树木的组成部分和纤维素有紧密连接。

**牧群**：一群动物，尤指肉牛、奶牛或猪。

N

**内毒素**：由动物在体内分泌的毒素。

**内脏**：通常指屠宰时从动物体腔中取出的器官，包括胃、肠、肝和其他的附属器官。心和肺可能也包括其中。部分或全部的器官位于机体的这个大腔中。在鱼方面，它包括腮、心脏、肝脏、脾脏、胃、和肠。

**内脏去除**：从动物体内切除内部器官的方法。

**奶牛群改良计划**(DHI)：美国农业部推广服务的奶牛和山羊生产性能记录体系。

**黏液**：由含有多糖蛋白复合物的黏液腺分泌的黏稠液体分泌物。

**尿道**：泌尿管道的一部分，传送来自膀胱的尿液，在雄性动物中也是精子射出的通道。

**尿道球腺**：前列腺后侧的成对副性腺，位于尿道的两侧。

**尿囊**：胎膜中间层，参与脐带和胎盘的形成。

**牛生长激素**(BST)：近年通过分子生物技术生产的多肽类激素，注射到泌乳牛体内，可提高奶产量。

**农产品集散市场**：通过代表所有者利益的集中并出售动物的市场。

**浓缩料**：与其他饲料混合使用以改进全日制粮的营养平衡的饲粮。

P

**拍卖**：指销售动物时，进行持续(升高)竞价，动物(最终)被售于最高出价人的行销过程。

**胚胎**：由合子形成到胎盘(或胎儿阶段)开始的整个妊娠阶段的幼仔发育生命体。

**胚胎移植**(ET)：把来自于优良供体母畜的5～6 d的胚胎转移到受体母畜的一个子宫角中，如果移植两个胚胎，则分别转移入两个子宫角内，在牛中该技术得到普遍应用。

**配种**：配种或交配行为。

**皮层**：器官的外层部分，例如卵巢或肾脏的外层。

**品系**：从一个特定的动物或基因库传承下来的或与其相关的动物群体。

**品型**：品种区别于另一品种的显著特征。

**品种**：源于共同的祖先，并具有有别于其他群体的特定可遗传性状的动物群体。

**平衡**：根据动物的需要(维持需要、生长需要和繁殖需要)饲喂合适的饲粮或饲料。

**平均日增重**(ADG)：生长性状的度量指标，即动物个体或群体每日增重状况。

**平胸类鸟**：鸵鸟、鸸鹋或美洲鸵。该类动物以红色肉出名，皮则多用于制作皮制商品。

**曝气**：向水中进行溶氧的过程。

Q

**期货契约**：在将要生产的早期，以合约的方式将产品售出的一种价格保护形式。

**期货市场**：签订将来交货的商品买进或卖出的合约的市场。

**齐口**：整套牙齿都完好无损的口腔。

**骑术**：骑士在马上的身体位置和操纵动作。

**鬐甲**：动物肩胛部后边的区域。

**千卡**：1 000卡路里。

**千克**(kg)：公制质量单位，和1 000 g或2.205 lb相等。

**前列腺**：围绕在雄性尿道前端的腺体。

**前列腺素**：机体的某一有机酸；可以引起黄体溶解。

**切齿**：门牙，用于切断食物。

**青春期**：动物进入体成熟，能进行有性繁殖的年龄。

**青刈饲料**：刈割期收割并饲喂动物的饲料。

**青贮**：由无氧储藏和草料发酵作用制成的多汁饲料。

**清洁剂**：降低表面张力的化合物。由于有显著的抑菌效应,所以用在混合料时,也用于奶牛厂设备的清洗。

**驱虫药**:消灭或驱除肠内寄生虫的药物。

**去势(阉割)**:雄性动物睾丸的切除。

**去势公牛(steer)**:青春期前去势的雄性牛。

**去势公畜**:青春期和第二性征发育后去势的雄性猪、羊或牛。

**去势牲畜**:阉割的雄马或小型马。

**全价混合日粮(TMR)**:日粮各成分混合组成,理论上动物所采食的每部分饲粮将含有恰当比例的所有营养成分。

**全价料**:对于动物而不是人类营养平衡的、混合后可以单独饲喂的饲料。

**群居性**:以群体形式生活的趋势。

R

**染色体**:位于细胞核内,在细胞分裂时通过显微技术可观察到的且含有遗传物质(基因)的细胞内结构。

**热增耗**:因采食所造成的额外热生成,其因采食量的增加而增加。

**人工辅助配种**:依据母畜(母猪、母羊)发情状况,人工辅助与选好的公畜进行配种的繁殖操作。

**人工授精**:向雌性动物生殖道输入精液的过程。

**人畜共患病**:能在人和动物之间传播的疾病。

**妊娠期**:个体从怀孕到分娩的时期。

**妊娠期**:怀孕的持续时间。

**日粮**:为满足动物的营养需求,饲喂给动物的饲料混合物,各种物质的含量可有差异。

**绒毛膜**:胎盘膜的最外层,与子宫内膜内层紧密联系。

**溶解氧**:溶解于水中的维持动物生命所需的氧。

**肉阜**:子宫内膜圆盘状的区域,和胎绒毛叶形成紧密,被称为胎盘复合体。

**肉品包装加工商**:指待宰并进行肉类加工的动物的买主。

**肉食动物**:食肉的动物。

**肉仔鸡**:无论是公是母,以生产鸡肉为饲养目的的幼龄鸡。

**蠕动**:通过肌肉收缩推动食物原料通过消化道的过程。

**乳化剂**:能够促进溶液内部颗粒向另一溶液内部均匀分布的物质,通常添加到流体食物中,用来增强脂类物质的溶解度。

**乳腺导管开口**:开口于乳头末端,由环状括约肌紧密支撑。

**乳腺系统**:乳房、乳头和其他部分与乳汁分泌有关的组织,包括乳房周围循环的液体。

**乳腺炎**:指乳腺感染,通常和异常乳的分泌有关。

**乳用特征**:产奶奶牛的乳用特点,尤其是其颈、肩和腿臀部位表现出的肥瘦的特征。

**软骨病**:异常的骨发育,骨容易弯曲或变形。

**软体动物**:软体动物门的成员,包括贝壳类动物,如蛤、蜗牛和牡蛎,但不包括甲壳类。

S

**三磷酸腺苷(ATP)**:通用的能量传递分子,能量在组织器官的氧化过程中被捕获并以 ATP 的形式储存起来,反之则释放出能量供机体使用。

**三月期(trimester)**:3 个月的时间跨度。

**山羊肉**:山羊的肉。

**疝痛(结肠)**:源于结肠的急性腹痛。

**社会次序**:动物表现出的社会优势顺序。

**摄入物**:消化道的内容物。包括饲粮、消化液、细菌等。

**摄氏度(℃)**:温度的度量单位,正常大气压下,0℃等于水的冰点温度,100℃等于水沸腾的温度。

**肾上腺皮质激素**:影响代谢过程(如糖原沉积或抗炎效应)的类固醇类物质,包括应激激素(皮质醇和皮质酮,以及肾上腺素和去甲肾上腺素)。

**生长激素**:哺乳动物体内由垂体分泌的一种蛋白激素,可以促进泌乳和生长。

**生物安全**:指防止畜禽群体中发生疾病侵入或交叉感染的计划系统。

**生物滤池**:利用生物有机体改变水中有害物质的性质,或使污水毒性失活的过滤系统。

生物效率:排出物的营养素与摄入食物的营养素的比率。

**生子(beget)**:成为……父亲。

**声波仪**:发射声波,再测量声波从组织之间的连接点反射回时间的一种电子仪器。电子探针。

**食糜**:消化的饲料、唾液,包含酶的消化液,和/或消化道内存在的微生物的混合物。

**食品及药物管理局(FDA)**:卫生局和公共事业部的联邦代理,由它来批准所有新药的合法性,主要作用是保护消费者免受不安全的食物和欺诈性行为的伤害。

**食肉动物(perdator)**:以杀死或伤害为目的,袭击或骚乱其他牲畜的动物。

**食团**:一定数量的经过咀嚼和准备吞咽下去的饲料。

**市场分类和等级**:由美国农业部建立的将活体动物、胴体、畜牧产品分类的统一标准,在很大程度上取决于对某一动物的最大利用和利用时质量指南的把握。

**适口性**:味觉上能够引起快感的属性。

**受精**:精子和卵子的结合。

**受精**:卵子和精子的结合,合子的形成。

**舒适区**:动物生活舒适,并可达到最高生产性能的温度范围。

**输精管**:睾丸中的管状结构,精子在其中产生。

**输精管**:精子从附睾进入尿道的通路。

**输卵管**:子宫角前部通向相应卵巢的管道。

**输卵管峡部**:鸟类生殖道相对狭小部分,动物在此形成壳膜,开始形成蛋的形状。

**栓系畜舍**:指动物被拴系单独的圈栏里饲养方法,或圈栏的类型。

**水生物**:指水里生长的动物或植物。

**四元杂交**:由两个经单杂交得到的亲本后,再次杂交配得到后代的繁育体系。

**饲料转化率**:表示每单位增重所需要的饲料干物质量(如饲料利用率是 2∶1 表明动物增重 1 bl 需要食用 2 bl 的饲料干物质)。

**酸性洗涤纤维(ADF)**:衡量纤维饲料相对的可消化能力的指标。

**酸中毒**:体液中碱性物质的减少,酸性物质增加的现象,通常多发于反刍动物饲粮突然改变而引起的瘤胃 pH 降低。

**随机交配**:允许动物自由随机选择交配对象的繁殖模式。

**髓质**:机体器官的内部组成部分。

**损症**:动物的结构或身体或某一部位完整性的缺陷。

T

**胎儿**:胚胎阶段以后,胎膜(胎盘)机能完善后、出生前的动物。

**胎盘**:哺乳动物中提供母体和胎儿系统之间营养物质和废弃物交换的结构。

**肽**:连接在一起的两个或更多的氨基酸。

**探针**:用于测定背膘厚的小金属尺,有时不指尺子而是一种电子探头。

**碳水化合物**:营养物质中的一类,由碳、氢、氧 3 种元素组成,且氢、氧元素比为 2∶1。

**糖原**:动物淀粉的一种类型,在肝脏中形成多聚糖,需要时,是能量的直接来源。

**淘汰**:因年龄老化、生产性能低或有不良性状而从畜禽种群中剔除的过程。

**提睾肌**:连接睾丸的肌肉,收缩或放松有利于温度的调控。

**蹄叶炎**:马的消化机能障碍,常由经常性过度饱食引起的。出现高烧、蹄部畸形、绞痛等症状。

**体内平衡**:即使环境条件发生改变时也能维持生理稳定。

**体外(in vitro)**:在人造的环境,如实验室中,而不是在活体内(in vivo)。

**体型结构**:动物胴体或胴体某部的结构或形状。

**体重损失**:体重的减少。通常用于描述家畜在运输过程中的重量损失,在相同的条件下比较运送前和运送后的体重。

**同类相残**:动物通过啄食或咬(同类)其他动物使其流血的行为倾向。

**同源性**:指生物学体系中,属于相同的或相应的结构的特性,如同源染色体。

**酮**:仅由脂肪酸的局部氧化产生的潜在的有毒物质,能导致母牛、母鹿或母羊发生酮病。

**屠宰率(%)**:胴体重除以活体重再乘以 100。通常用冷却胴体重进行计算。

**脱氧核糖核酸(DNA)**:双链核酸,染色体的组件,包含在核甘酸里编码的遗传信息。

W

**外毒素**:不由宿主而由一些其他生物分泌的毒素,如肠道生物分泌的毒素。

**网胃**:反刍动物的第二胃,在其中细菌继续进行消化,有蜂窝状粗糙内层,因此也叫蜂窝胃。

**危害分析及关键点控制(HACCP)**:对于食物安全生产的每个危险区,食物安全计划都需要对对应的关键控制点进行控制。

**微量素分**:饲粮中添加的极其少量的营养添加剂。

**微量元素**:维生素、矿物元素、抗生素、药物和其他通常需求量极少的物质,以毫克、微克等计数测定。

**围网**:用于捕捞鱼的网。

**维生素**:一类营养物质,需要量都极少,在机体代谢过程中,通常作为催化剂或催化剂组分起作用,而不是能量或氮需求的来源。

**未经阉割(intact)**:用来描述未被阉割的雄性动物的术语。

**喂时状态**:动物采食日粮或饲料时,摄入营养的即时状态。

**污水(turbidity)**:多泥的或浑浊的水,由过多的尘土微粒或浮游生物造成的。

**污水**:从动物饲养场如畜牧场或鱼池,排出的废水。

**无氮浸出物(NFE)**:饲料的组成部分,主要由糖和淀粉组成。

**无脊椎动物**:没有脊索但是具有坚固的外形骨架的动物。

X

**吸收**:营养物质通过胃肠道毛细血管进入循环系统的过程。

**系谱**:有关祖先的记录。

**细胞质**:细胞的非核部分。

**细菌**:一类单细胞生物体。

**下丘脑**:和激素释放有关的脑的组成部分,也和食欲及体温有关。

**先天性**:出生时即存在的属性,指在妊娠期间发生的遗传缺陷或其他的缺陷。

**纤维素**:植物含纤维部分中一种常见多糖,可以被动物瘤胃、盲肠和结肠中微生物产生的纤维素酶消化。

**显性(基因)**:受孕发生后基因成对存在,其中一个基因对成对的另一个基因施加影响的趋势。显性基因存在不同程度的显性效应:从部分显性到完全显性到超显性。

**线粒体**:亚细胞的细胞质结构,是三羧循环活性位点,在其上合成大量的 ATP。

**腺泡**:中空的细胞囊泡。在乳腺系统中,呈球形结构,负责乳汁的合成。

**腺胃**:禽类砂囊前食管的膨大部,或称前胃或真胃。

**相关**:一变量的改变程度与第二个变量的改变程度的相关程度。

**消化率**:营养素在消化系统内被吸收的百分率。

**消化作用**:胃肠道内初步吸收营养素的化学、物理分解作用。

**硝酸盐**:由亚硝酸盐转化来的化合物,比氨和亚硝酸盐毒性小,含氮物质发生化学变化时形成。

**小公鸡(cockerel)**:未满周岁的幼龄雄鸡。

**小母鸡(pullet)**:幼龄的雌性小鸡,通常指产蛋前的母鸡。

**小牛肉**:产自吃奶或饲喂含乳饲粮犊牛的肉品,犊牛大部分在16周内达到上市体重(350～425 bl)。

**小山羊(kid)**:任一性别的幼龄山羊。

**小型马(pony)**:马肩隆离地的垂直高度小于14.2掌(大约57 in)的小型马种。

**小羊驼**:来自安第斯山脉的野生反刍动物的动物纤维,精细、有光泽的类羊毛绒毛。

**协同作用**:两种或更多的结构或药物共同发挥作用的情况。

**泄殖腔**:禽类消化道末端膨大的组织,排空消化道、尿道和生殖道的废物。

**新陈代谢**:在生物系统内发生的所有物理和化学过程。

**行为圈**:单个动物或动物全体所长期占据的领地区域,该区域内,占领动物或群体的行为自由舒适。

**形态学**:研究生命体的形状和结构的科学。

**性别**:个体的解剖学性别。

**性能测定**:选择育种群时使用的测试和记录,有时,来自不同生产者的动物以一个群体的形式在中心测试站进行检测。

**性腺**:雄性的睾丸或雌性的卵巢,生产性细胞的器官。

**性嗅反射**:公牛、公猪或公羊表现出的与求爱和性活动相关的行为,嘴唇向上卷起,在母畜的阴门或排出的尿液附近嗅闻。

**性欲**:雄性动物的性冲动。

**雄激素**:与雄性动物第二性征发育有关的激素之一。

**畜群(drove)**:动物群体,多用于猪群,有时也用于牛。

**畜群**:一群鸡、火鸡、绵羊或山羊等。

**嗅觉(olfactory)**:与嗅(smell)有关的感觉。

**选择差**:某一性状,群体的均值(通常指畜群、禽群或其中一部分)与那些被选作下一代亲本的动物的均值的差数。

**选择差**:畜群某种或几种性状的平均水平和将被选为下一代亲本的群体均值间的差异。

**选择阈值**:由育种者制定的性状标准,低于该标准的,育种者将拒绝选其为种用动物。

Y

**亚硝酸盐**:通过微生物作用由氨转化来的氮的存在形式。

**咽**:咽喉的上部,呼吸道和消化道的连接处。

**阉割公猪**:性成熟前被去势的公猪。

**阉鸡**:以产肉为饲养目的,大约6周龄进行去势的公鸡。

**阉牛**:幼龄时去势的小母牛和小公牛经过生长和肥育,作为肉用的个体。

**阉羊(wether)**:青春期前阉割的雄性青年山羊或绵羊。

**盐度**:指水中的盐含量。

**眼肌**:四蹄动物的背最长肌,肋骨、腰排之间主要的肌肉。

**验证公牛(DHI)**:至少有多个女儿完整的泌乳期记录的进行遗传评定的公牛。

**羊膜**:胎盘的最内层膜,包裹着胚胎及支持胚胎生长的羊水。

**羊肉(mutton)**:产自日龄超过一年羊的肉品。

**氧化性**:与氧结合的能力或趋势。

**一体化**:通过合约或所有权使特定行业的几个企业联合经营的模式。

**胰腺**:产生和分泌胰液进入十二指肠,以提高消化能力的腺体。

**遗传,遗传学**:研究或描述基因通过精子或卵子从一个世代传递到下一个世代的学科。个体遗传就是指经由精子和卵子从父源和母源获得基因的过程。

**遗传力**:遗传影响特定性状的程度。

**异味**:鱼或者其他食品的异常气味,如酸败的味。

**抑菌剂**:抑制细菌生长、繁殖或杀死的混合物。

**易感性**:易被疾病传染的程度。

**阴囊**:从雄性腹腔延伸出来,包裹睾丸的囊状物。

**隐睾**:胎儿发育过程中,睾丸的一侧或两侧不能下降到阴囊内,仍保留于体腔内的症状。

**隐性**:一个基因对某一性状的影响具有被其配对的基因所遮蔽的倾向,参见显性。

**印记**:动物生命早期即出生后几小时或几天内发生的,迅速的和相对不可逆的学习过程。

**应激**:动物体内导致生理性紧张的物理、化学和情感等不利的因素的总和。

**营养素**:机体正常代谢必不可少的化学元素或化合物。

**优势(社会)**:一个动物在群体中发挥其社会影响力或表现得在其他个体之上的倾向。参见群居次序和啄序。

**有丝分裂**:正常的组织生长时进行的细胞分裂。染色单体分离导致每个新形成的细胞中都有一套完整的染色体对。

**幼龄母马(filly)**:雌性幼马或小型马。

**幼马(colt)**:幼龄的马或小马,通常小于1岁,有时仅适用于幼小的雄马。

**幼禽(poult)**:雄性或雌性火鸡仔。

**幼猪(shoat)**:通常指体重在60～160 bl之间的任一性别的猪。

**鱼苗**:达到1 in长的鲤科小鱼,处于孵化和1 in长之间的生长阶段。

**鱼苗期**:体长在1～8 in或10 in之间的幼鱼,用来在特制设备里进行库存式饲养。

**鱼片**:用于零售或消费者使用的无骨鱼片段。

**预测传递力(PTA)**:取代“预测差值”和“母牛指数”的评价指标,用于预测奶牛的遗传价值的指标。

**预期生产力(PPA)**:通过和同群母牛比较,对母牛将来泌乳期的产奶能力进行的评估,尤其用于淘汰选择。

**预饲期**:指动物尤其是犊牛被置于育肥场前,所进行的适应性饲养。

**原毛**:从活羊身上剪下的未经加工的羊毛。

**原生动物**:通过分裂增殖的单细胞生物,许多可能会引起动物的疾病。

**原位清洗系统(CIP)**:自动化的清洗装置,用于挤奶过程、奶的处理和储奶设备的清洁。

**远缘杂交(远交)**:亲缘关系相对疏远个体之间的交配形式,个体通常具备不同的体型或生产特性。远交程度的大小依赖于远交个体上特性间的差异。

**孕酮**:由卵巢中黄体分泌的激素,有助于维持妊娠。

**运动性**:向四周运动的能力。

## Z

**杂合子**:动物特定性状的基因型或基因对由不同的基因组成。

**杂交**:不同品种动物的交配,远交繁殖的特殊类型。

**杂食**:以植物和动物混合为食的生存方式。

**杂种**:动物的亲代为不同的种属的杂交后代。

**杂种**:来自遗传上不同的亲本的后代,包括细胞、植物或动物。

**杂种优势(heterosis)**:杂交后代的表型比亲本的均值好的趋势。

**杂种优势(hybrid vigor)**:杂交后代的某些性状比亲本的均值好的趋势,亦作 heterosis。

**载体**:质粒、病毒等携带新的 DNA 进入细胞的物质,易于传染疾病。

**早期隔离断奶(SEW)**:仔猪在 10～14 日龄时断奶,同时为了减少疾病的感染而与其他年龄阶段的猪群分开饲养的操作。

**兆卡**:1 兆卡,1 000 千卡或 100 万卡,通常用于表示饲料中的能量。

**真菌**:通过孢子繁殖的没有叶绿素的植物。包括霉菌,能够引起动物健康问题。

**蒸发散热**:身体散热的方式(排汗、喘气);热的液体分子通过蒸发作用从身体挥发到空气中,使躯体感到更加凉爽。

**正反交**:将交配的母畜品种和公畜品种互换。母畜 A×公畜 B 是母畜 B×公畜 A 的反交。

**支原菌**:细菌的一种,其所含的细胞没有真正的细胞壁,比大多数细菌小,但是比病毒大,有许多致病种类。

**脂蛋白**:脂类和蛋白质的混合物,血液中脂类以脂蛋白的形式运输。

**脂肪**:储存于机体的疏松结缔组织中的脂肪。

**脂肪**:一种营养物质,通常由甘油和 3 个脂肪酸组成。日粮中最主要的能量来源,包括碳、氢、氧 3 种元素,氢和碳的比值比碳水化合物高。

**脂类**:表示脂肪、油和脂肪类似物的术语。

**脂酶**:胃液和胰液中存在的一种酶,作用于脂肪生成甘油和脂肪酸。

**直接行销**:家畜生产厂家和肉加工处理厂家之间进行的直接交易。

**指数**:总的性能评分,通常用于评定种用动物。组成指标的每个组分的权重一般是由它的遗传力和经济重要性决定的。

**质量等级**:由美国农业部制定的评价风味等特性的法定标准,能够显示市场上流通的动物的胴体品质。

**中性洗涤纤维(NDF)**:测定饲料中所含的纤维素、溶血素、木质素和不溶解的无机盐的方法,不同饲料摄取潜能的指示剂。

**中央悬挂韧带**:乳腺系统的主要支撑物,把乳房分成两部分的高弹性组织,从腹壁延伸到乳房基部。

**种公马(stallion)**:通常指性成熟后,未交配或阉割的马或小型马。

**种公畜**:雄性亲本。

**种群**:特殊物种的特定部分或所有动物的集合。

**种鱼**:以繁殖后代为饲养目的的成年鱼。

**重复力**:描述动物在连续几个的季节、妊娠或泌乳期重复其某一性能特性趋势的指标。

**周岁幼畜**:通常指年龄为 1 岁,但是不到 2 岁的动物。

**皱胃**:反刍动物的第四个胃室,食糜在此经酶进行消化,通常又称为真胃。

**猪促生长激素(PST)**:猪体内产生的促生长类型激素。

**猪肩肉(picnic)**:屠宰后的猪肩胛下部分的肉。

**主要分割肉块**:牛肉、猪肉或羔羊胴体最有价值的分割肉块。

**转基因生物**:通过将外源遗传物质插入生殖细胞而产生的生物。

**啄序**:社会次序,动物中建立长幼强弱次序的倾向。

**子宫**:雌性的生殖器官,胚胎和胎儿发育的地方。

**子宫肌膜**:子宫的肌肉壁。

**子宫颈**:位于阴道和子宫体之间狭窄的颈状结构。

**子宫内膜**:子宫壁和子宫体的内膜。

**子叶**:胎儿绒毛膜与母体子宫相连的杯状结构。

**自由选食**:指不同的饲料原料分别放在动物能够采食的区域,动物按喜好选吃不同比例的饲料。

**总能**:饲料中的所有能量含量;即燃烧所能产生的热能。

翻译:黄瑞华;校对:刘　林

# 索 引

C

**D**

**E**

G

**M**

**Q**



**R**

**T**

**W**

**Y**

**Z**